多孔隔热耐火材料

李远兵　殷 波　李淑静　尹玉成　著

本书数字资源

北 京
冶 金 工 业 出 版 社
2024

内 容 提 要

本书共分4篇：概论篇、原理篇、材料各论篇和应用篇，共16章。概论篇为第1章；原理篇包括第2~6章，主要为多孔隔热耐火材料隔热原理、制备原理、孔结构与性能表征和结构/性能关系；材料各论篇包括第7~14章，介绍各种多孔隔热耐火材料特点；应用篇包括第15~16章，主要阐述多孔隔热耐火材料的侵蚀和设计与选择。

本书可供从事多孔材料、耐火材料科研和生产技术人员及高等院校有关专业师生阅读参考。

图书在版编目(CIP)数据

多孔隔热耐火材料/李远兵等著. —北京：冶金工业出版社，2024. 3
ISBN 978-7-5024-9771-2

Ⅰ. ①多…　Ⅱ. ①李…　Ⅲ. ①多孔性材料—隔热材料—耐火材料—研究　Ⅳ. ①TQ175. 79

中国国家版本馆 CIP 数据核字（2024）第 048694 号

多孔隔热耐火材料

出版发行　冶金工业出版社　　**电　话**　(010)64027926
地　址　北京市东城区嵩祝院北巷39号　　**邮　编**　100009
网　址　www. mip1953. com　　**电子信箱**　service@ mip1953. com

责任编辑　于昕蕾　美术编辑　彭子赫　版式设计　郑小利
责任校对　石　静　李　娜　责任印制　窦　唯
北京捷迅佳彩印刷有限公司印刷
2024年3月第1版，2024年3月第1次印刷
787mm×1092mm　1/16；46. 75印张；4彩页；1142千字；727页
定价 268. 00 元

投稿电话　**(010)64027932**　**投稿信箱**　**tougao@cnmip. com. cn**
营销中心电话　**(010)64044283**
冶金工业出版社天猫旗舰店　**yjgycbs. tmall. com**
(本书如有印装质量问题，本社营销中心负责退换)

前　言

隔热耐火材料，是具有低导热系数和低热容量的耐火材料，通常也称保温耐火材料或轻质耐火材料。隔热耐火材料是多孔固体中的一种，多孔固体按形态分为多孔状和纤维状，按照多孔固体的分类，隔热耐火材料中纤维及其纤维制品都是属于纤维状隔热耐火材料，而其他不含纤维或不以纤维状为主的隔热耐火材料称为多孔状隔热耐火材料，本书中称为多孔隔热耐火材料。

耐火材料行业经常所说的“轻质、保温、隔热耐火砖”，在国家标准中称为“定形隔热耐火制品　shaped insulating refractory product”，其定义为“总气孔率不小于45%的定形耐火材料”，但耐火纤维制品除外。ISO 标准中定义为“shaped insulating refractory product”，但美国 ASTM 标准、日本 JIS 标准和英国摩根公司等均称为“insulating firebrick，简称 IFB”，它是典型的多孔隔热耐火材料。

由于使用要求不同，多孔隔热耐火材料由单一的隔热保温功能向结构支撑、耐高温、高耐磨、高抗蚀等多功能复合发展，尽管其品种繁多、性能各异，但始终离不开核心——孔结构。本书从孔的基本概念出发，系统总结了孔的隔热原理、制备原理、孔结构及表征和孔结构/性能的相关性；针对不同种类多孔隔热耐火材料的原料组成、微观结构和性能进行了分析和讨论，探讨了多孔隔热耐火材料的侵蚀机理；通过对本研究团队十多年来的研究成果进行归纳，系统全面地对多孔隔热耐火材料的基本原理、合成制备、结构表征、性能检测和安装设计施工等方面进行了论述，总结了多孔隔热耐火材料最新成果，提出了新的研究思路和研究方法。

本书中，关于“粘土”和“粘度”中的“粘”字，根据1988年3月国家语言文字工作委员会与国家新闻出版署联合发布的《现代汉语常用字表》的“说明”中确定恢复使用15个曾被废止使用的汉字，其中就有“黏”字；“黏土”“黏度”是规范术语，而不是“粘土”和“粘度”。另外，本书中关于“形”和“型”两字，本书基本是用“形”字，一般指外形、形状，而“型”

字重在于表现事物的类型、种类等。

本书共分4篇：概论篇、原理篇、材料各论篇和应用篇，共16章。概论篇为第1章，主要包括孔与多孔概念、多孔固体、多孔介质和隔热耐火材料；原理篇包括隔热原理、制备原理、孔结构及表征、性能表征和结构与性能；材料各论篇主要包括 Al_2O_3 多孔隔热耐火材料、SiO_2 质多孔隔热耐火材料、Al_2O_3-SiO_2 质多孔隔热耐火材料、Al_2O_3-CaO 质多孔隔热耐火材料、Al_2O_3-MgO 轻质多孔隔热耐火材料、MgO-SiO_2 质多孔隔热耐火材料、其他多孔隔热耐火材料和轻质耐火骨料及隔热耐火浇注料，各章重点介绍了原料基本组成特性、成孔方法和成型工艺对多孔隔热耐火材料组成、结构和性能的影响；应用篇包括多孔隔热耐火材料的侵蚀和多孔隔热耐火材料的设计与安装。

本书主要以武汉科技大学材料学部无机非金属材料工程系几位教授和宜兴摩根热陶瓷有限公司多年来对多孔隔热耐火材料的研究与开发、应用为基础编写的。其中，1.4.3节、2.6.3节、3.4节、3.5节、5.2节、10.3节、10.4节、10.6节、14.5节、15.6节和16.4~16.7节由殷波先生撰写，4.3节、4.6节、8.3节、11.3.2节由李淑静女士撰写，第4、5章中性能检测标准部分由尹玉成先生撰写，其余章节由李远兵先生撰写，全书由李远兵教授负责统稿。

在编写的过程中，6.4~6.6节由张美杰女士提供材料；8.1.3节 SiO_2 微粉由埃肯公司吴伟先生提供材料；8.2节轻质硅砖由中钢洛耐（洛阳）新材料有限公司刘勇先生提供材料；10.2节由Imerys公司郜剑英博士提供材料；10.3.2节六铝酸钙得到山东圣川新材料科技股份有限公司李斌先生的帮助；13.2.2节由顾华志先生提供材料；13.4.3节得到北京创导郭海珠先生的帮助；13.4.4.2节由广东山摩新材料有限公司贺晓红先生提供材料；14.2节由湖南嘉顺华新材料有限公司张德强先生提供；16.2.3节由郑州瑞泰科技李沅锦先生提供材料，在此一并感谢。特别感谢87岁高龄的吴清顺教授为本书提供了许多珍贵的矿物照片和宝贵意见。感谢李沛航先生提供许多词语的英文解释，感谢朱文茜女士提供一些矿物形貌和设备的摄影。

对本书编写工作做出贡献的尚有研究团队的成员：杨力、李晓星、刘静静、张文泽、徐娜娜、向若飞、廖佳、胡梁、吴梦飞、黄柯柯、陈若愚、王庆恒、刘建博、李鑫、魏志鹏、罗瀚、周琪润、李雪松、胡娇娇、王海路、范祎博、向坤等。

借此书出版之际，对上述人员一并致以诚挚的感谢！

本书内容涉及的主要研究成果是在“十三五”国家重点研发计划（2017YFB0310701）和国家自然科学基金（51772221，51502213，51902229，52372290，52372291）等项目资助下完成的。

由于本书内容涉及面广，加之作者水平有限，时间仓促，书中难免存在不妥之处，敬请读者批评指正。

李远兵

2023年10月

目　　录

第1篇　概　　论

第2篇　原　　理

第3篇　材料各论

第4篇　应　　用

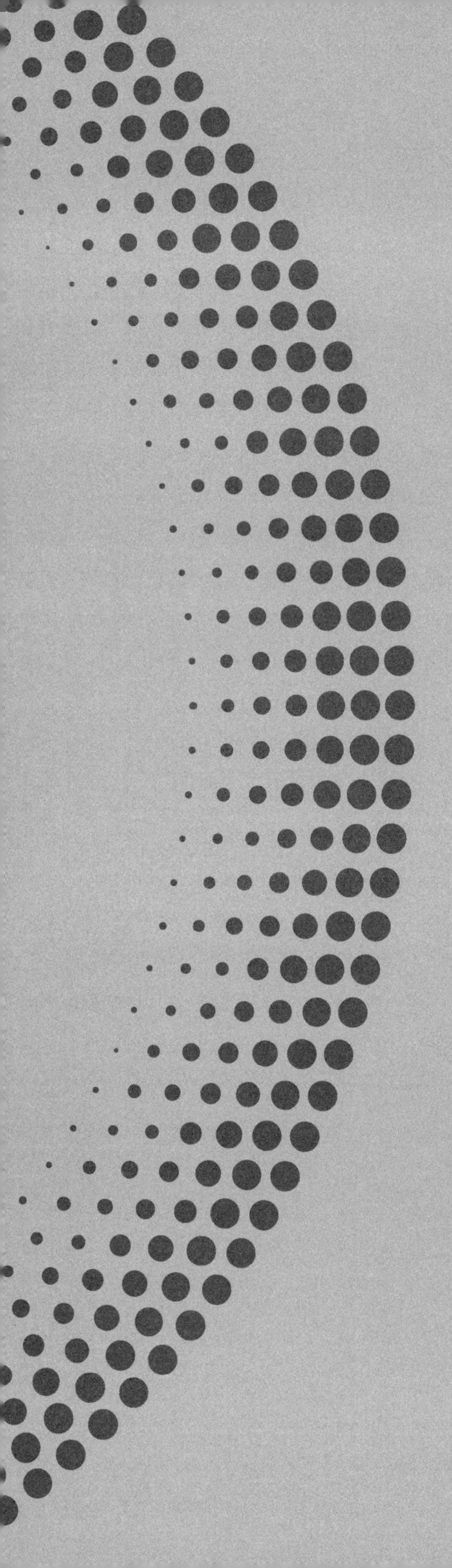

第1篇

GAILUN

概论

1 多孔隔热耐火材料概述

多孔材料广泛存在我们的日常生活中，起着结构支撑、吸能减振、隔热保温、过滤分离、吸附交换等不同作用。人们对多孔材料的使用，除了结构支撑外，更多的是孔隙带来功能方面的应用，并且向多功能与结构复合方向发展。

孔结构对多孔材料性能的影响最为显著。作为一种复杂的、非均匀的体系，多孔材料的行为不能用其中各组分单个行为的简单叠加来预测和表征。多孔材料的气孔分布错综复杂，孔形各异，孔径分布跨越了微观、细观（或介观）和宏观三种尺度，多孔材料的性能除与总孔隙率相关，还与孔径分布、气孔形态和尺寸有密切联系。因此孔结构的概念、精确甚至定量描述是十分重要的。

1.1 “孔”与“多孔”

1.1.1 Pore 和 Porous

孔、孔隙或气孔，最常见对应的英语单词是 pore，pore 来自拉丁语 porus，孔隙；来自希腊语 poros，孔隙，门孔；维基百科对孔的英文解释是：“ A pore，in general，is some form of opening，usually very small”；孔的另一种英文解释为“any tiny hole admitting passage of a liquid（fluid or gas）”，即允许流体通过的小洞。其形容词 porous，即多孔的，可渗透或疏松的意思，其英文解释“having many small holes that allow water or air to pass through slowly”，也提到了水和空气能通过的小孔洞。

Pore 也指毛孔：组织中的微小开口，如动物皮肤中，主要作为出汗孔，或如植物叶子或根茎中者，主要作为吸收及蒸腾作用的途径。

Pore 另指细孔，微孔空隙：岩石、土壤或疏松的沉积物中不含矿物质的部分，液体可以从中通过或被其吸收。

1.1.2 Cell 和 Cellular

“孔穴（cell）”一词来源于拉丁文的“cella”，作为孔的解释为“小隔间，小空间：封闭的小洞或小空间，比如蜂房内的巢室或植物子房内的小室或昆虫翅膀内以血管分界的区域”。“cell”牛津词典中英文解释为“each of the small sections that together form a larger structure，for example a honeycomb；any small compartment，the cells of a honeycomb”，即（大结构中的）小隔室（如蜂房巢室）。维基百科的英文解释为：“A **cell** is a single unit or compartment，enclosed by a border or wall. A cell is usually part of a larger structure. More specific meanings depend on the context in which the work is used”，即“外面由边界或壁包围的单独的单元或隔间，通常是一个大的结构体，具体的意义要根据上下文来确定”。cell 的形容词 cellular，英文解释为“full of little cells”，是蜂窝状的，网状的意思。

cell 和 pore 作为孔的区别在于，cell 形容有一定形状的孔，pore 没有特定孔的形状，指很小的孔，有人也将“cell”理解为“pore”的组合体，见图 1-1-1。

1.1.3 Foam

Foam，一般叫泡沫，维基百科一种解释为“Foam is an object formed by trapping pockets of gas in a liquid or solid”，即一种具有小气泡的物质（液体或固体），我们比较熟悉的液态泡沫见图 1-1-2。

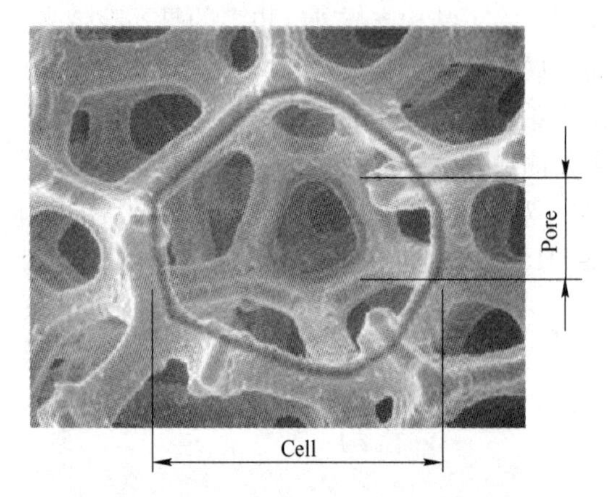

图 1-1-1 Cell 和 Pore 作为孔的区别

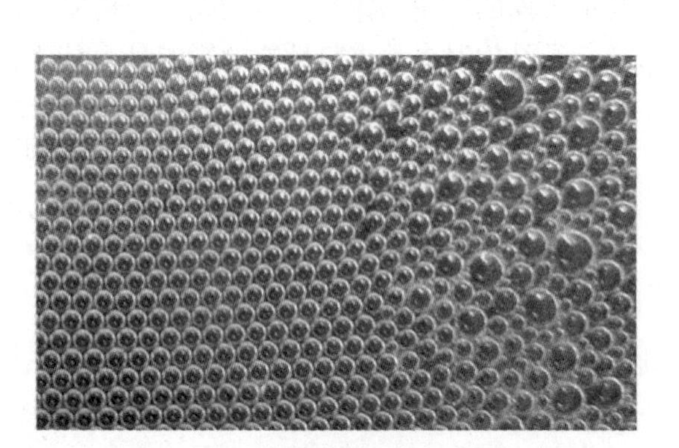

图 1-1-2 泡沫表面有序排列(左)和无序排列(右)的气泡

对于固体泡沫，有另一种解释“Foam，a class of lightweight material in cellular form; made by introducing gas bubbles during manufacture”，即“在生产过程中通过引入了气泡制备的一类具有网状结构的轻质材料”，被认为是三维网状结构的一个亚类（sub-class of cellular structure）。

1.1.4 其他“孔”的单词

Void，中文翻译为“空白，气孔，缩孔，孔隙”，维基百科为“a noticeably empty space，such as a defect like a bubble in a (generally solid) material，the absence of matter”，即为有缺陷、不太好的空间。英文中的前缀“vac，vacu，van，void”尽管都有“empty”空或虚的意思，但还是有差异，例如单词“vacancy”作“空”来讲，其实是“空位”，即原子级别的空缺。

Hole，中文为“孔、洞、孔眼”等，相应的英文解释：(1) A hole is a hollow space in something solid，with an opening on one side，有一个开口的孔洞；(2) A hole is an opening in something that goes right through it，可以通过的孔洞；(3) the home of a small animal，小动物的家。

Bubble，其英文解释为“a ball of air or gas in a liquid，or a ball of air inside a solid substance such as glass”，即液体或固体内的球形气泡。

Cavity，其英文意思为“ a space or hole in something such as a solid object or a person's body”，指实体内或表面的空洞或空腔，比 hole 正式。

Hollow，其英文解释为“having a hole or empty space inside”，即中空的意思。

1.1.5　有关“多孔物质”概念

1.1.5.1　多孔材料与多孔介质

多孔材料（porous materials），包含了多孔固体（porous solids）和多孔液体（porous liquid），尽管我们所说的多孔材料一般是指多孔固体材料。

多孔固体与多孔介质（porous media）：介质，其英文释义为“A medium is a substance or material which is used for a particular purpose or in order to produce a particular effect”，介质可以是固体、流体（液体和气体），但强调通过这些物质可以产生特殊的目的或者效果，例如流体在多孔固体内流动等。多孔介质含有大量孔隙的固体称为多孔固体，孔隙空间中充满单相或多相流体。当关注的重点为固体中的流体行为时称多孔固体为多孔介质。

1.1.5.2　Celluar solid 与 Solid foam

L. J. Gibson 和 M. F. Ashby 在《Cellular solids：Structure and properties》一书中对 Cellular solids 作了这样一个定义：“A cellular solid is one made up of an interconnected network（互连网络结构）of solid struts or plates which form the edges and faces of cells”，并认为有三种典型结构：（1）two-dimensional cellular materials honeycombs（二维的蜂窝体，如图 1-1-3（a）所示）；（2）a three-dimensional foam with open cell（开口的三维泡沫，如图 1-1-3（b）所示，也有人称为“网状泡沫材料”）；（3）a three-dimensional foam with closed cell（闭口的三维泡沫，如图 1-1-3（c）所示，也有人称为胞状泡沫材料），而且

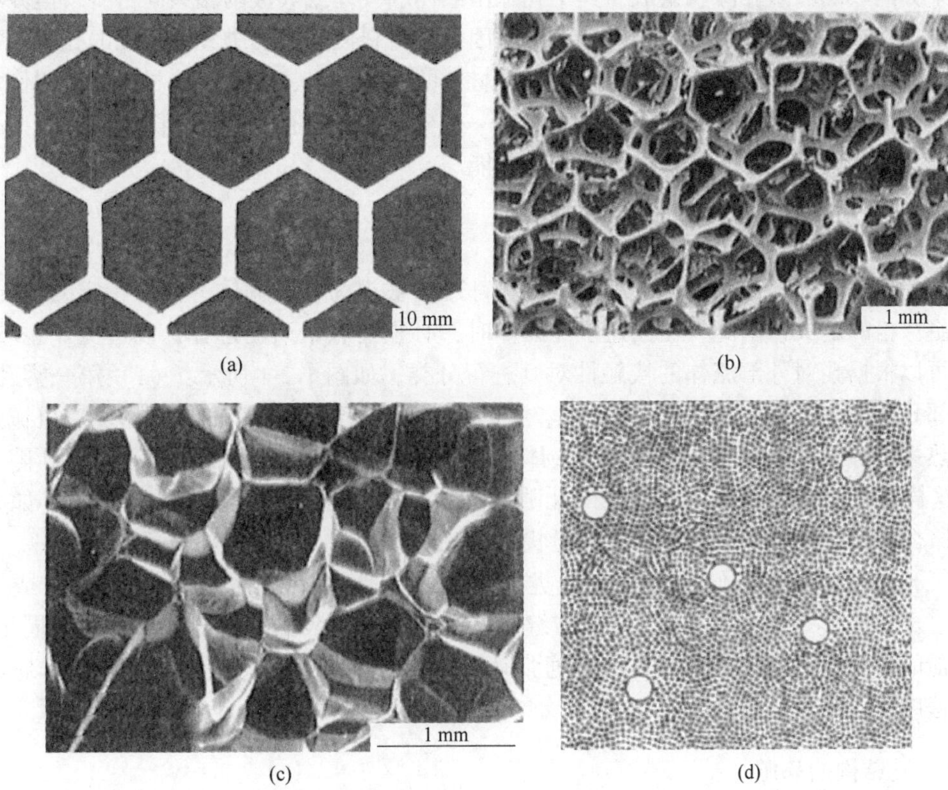

图 1-1-3　多孔固体（Cellular solid）的示例

（a）二维蜂窝；（b）开孔三维泡沫；（c）闭孔三维泡沫；（d）具有孤立气孔的固体

在此书中作者认为材料的相对密度低于30%以下的多孔固体才称为“真正的 cellular solids”（原文为“true cellular solids”），而那些具有孤立气孔的固体不能称为 cellular solids（见图1-1-3（d））。因此，“cellular solids”只是多孔固体的一个类型。有文献也把多孔固体分为蜂窝体、泡沫体和天然/人造多孔体，其中蜂窝和泡沫体为 cellular solid，这部分将在后面多孔介质和多孔固体中详细阐述。

1.2 多孔固体

多孔材料（porous materials）包括多孔固体材料和多孔液体材料，多孔固体材料具有相对稳定的孔结构，能够长期发挥功效并容易储存，通常情况下多孔材料指的是多孔固体材料，多孔液体材料综合了多孔固体材料的特点与优势，并具有良好的流动性，有着重要的研究与应用价值。本书中所叙述的多孔材料，未作特别说明，等同多孔固体。

1.2.1 多孔固体的定义

在某种程度上，大多数材料都是有孔的，我们也很难发现或制造出没有孔隙的材料。多孔固体，英文定义为“Porous solid：a solid with proes，i. e. cavities，channels or interstices，which are deeper than they are wide”，即有孔隙的固体，这些孔隙包括孔洞、通道和裂隙等，并且它们有一定的纵深。这是广义的多孔固体材料的定义。

多孔材料是一类包含大量孔隙的材料。它是由固体物质组成的骨架（也称网络体）和骨架分隔成的大量孔隙所组成，其中孔隙由液体、气体或气液两相共同占有，但并不是所有含有孔隙的材料都能够称为多孔材料，因为在材料使用过程中经常遇到的孔洞、裂纹等以缺陷形式存在的孔隙，这些孔隙会降低材料的使用性能，因而这些材料不能叫作多孔材料。所谓的多孔材料，要具备两个因素：一是材料中包含有大量的孔隙；二是这些孔隙可以满足某些设计要求，具有一种或多种功能。

1.2.2 多孔固体的定性描述

任何含有气孔、通道或缝隙的固体材料都可以被视为多孔固体，而在特定的情况下，需要更严格的定义，因此，在描述多孔固体时，必须注意术语的选择，以避免产生歧义。我们可以根据孔对外部流体的接触性对其进行分类，如图1-2-1所示：（1）第一类孔隙，与相邻孔隙完全隔离的孔隙，如区域a，称为闭孔，它们影响材料的体积密度、机械强度和导热系数等性能，但对流体渗流和气体吸附等过程却影响不大；（2）第二类孔隙，像b~f这样与固相外表面有连续通道的孔隙被称为开孔。有的可能只在一端开放（如b和f）；那么它们被称为盲孔（即死角或囊状）。其他的可能在两端开放（通孔），如e。

气孔也可以根据它们的形状来分类：它们可能是圆柱形的（开放的（c）或盲孔（f））、墨水瓶形（b）、漏斗状（d）或缝隙状。粗糙的外表面与孔隙接近但又不同于孔，如粗糙的表面（g）。为了进行区分，通常认为一个粗糙的表面不是多孔的，除非它的不规则程度比它的宽度要大。

1.2.3 孔结构的来源

有一类多孔材料是坚硬的块状固体，外观尺寸超过其孔隙尺寸多个数量级，它们可以

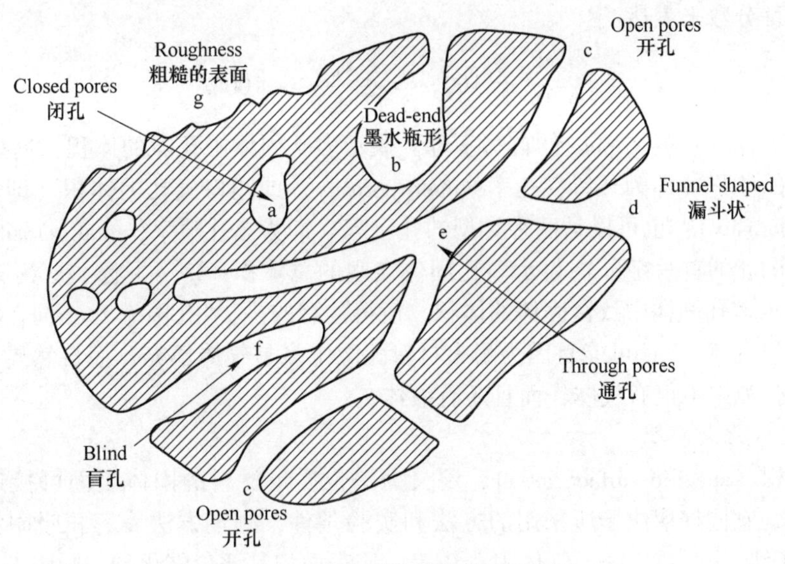

图 1-2-1 多孔固体的横截面示意图

称为团聚体（agglomerates）；另一种多孔材料是松散的，或多或少松散堆积的单个粒子的集合，可以称为聚集体（aggregates），颗粒本身是无孔的（例如沙子），因此被颗粒间空隙网络包围，其性质仅取决于组成颗粒的尺寸、形状和填充方式；在其他情况下（例如喷雾干燥的催化剂），颗粒本身可能是显著多孔的，因此可能需要区分内部（或晶核内）空隙和晶核间空隙。一般来说，内部孔隙的大小和总体积都会小于颗粒之间的空隙，然而，它们通常对固体的表面积起主要作用。

团聚体和聚集体之间的区别并不总是明确的，事实上，这两种形式是可相互转换的，例如，通过研磨前者和烧结后者。因此，多孔材料可以通过以下几种不同的途径形成：

（1）孔隙是特定晶体结构的固有特征，例如沸石和一些黏土矿物。这种晶内孔通常具有分子尺寸，并形成高度规则的网络。

（2）多孔材料由小颗粒松散堆积（即聚集）和随后的固结（即团聚）形成，例如在一些无机凝胶和陶瓷中。这些过程是组成性的，因为最终结构主要取决于初级粒子的原始排列及其大小。

（3）去除法（subtractive），即选择性地去除原始结构中的某些元素以形成孔隙。例如，通过氢氧化物、碳酸盐、硝酸盐、草酸盐的热分解形成多孔金属氧化物，以及通过多相固体的化学蚀刻形成多孔玻璃。

（4）自然过程形成的孔结构组织，例如植物和动物孔结构。植物和动物组织的孔隙结构至关重要，必须满足严格的条件，由细胞分裂和自组织的自然过程决定，而这些过程目前尚不完全清楚。

1.2.4 孔结构的定量描述

为了准确描述多孔固体中的孔结构，需要有些基本的量化参数。

1.2.4.1 孔隙率

孔隙率（porosity），指多孔固体中孔隙所占体积与多孔体在自然状态下所占体积之比，一般用百分数来表达：

$$P = \frac{V_p}{V_t} \times 100\% = \frac{V_p}{V_p + V_s} \times 100\% \tag{1-2-1}$$

式中，V_p（下标p是英文pore的首写字母）表示多孔固体中孔隙的体积，这里的V_p可以是开口气孔的体积（即为开口气孔率，open porosity）或闭口气孔的体积（即为闭口气孔率，closed porosity），也可以是两种类型的孔一起（即为总孔隙率，total porosity）；V_t（下标t是英文total的首写字母）表示多孔固体表观的总体积；V_s（下标s是英文solid的首写字母）表示多孔固体中致密固体的体积。值得注意的是，"孔隙率"一词在耐火材料行业多称为"气孔率"，这可能是因为耐火材料孔隙中多是气体填充，而自然界中的多孔固体材料，其孔隙中不仅有气体，而且还有液体。

1.2.4.2　比表面积

比表面积（specific surface area），定义为单位质量材料的固体表面可接近（或可检测）的面积。它同样取决于所采用的方法和实验条件，测定方法有容积吸附法、重量吸附法、流动吸附法、透气法、气体附着法等。比表面积是评价催化剂、吸附剂及其他多孔固体的重要指标之一。比表面积的大小对多孔固体的热学性质、吸附能力、化学稳定性、渗透程度等均有明显的影响。

1.2.4.3　孔径与孔形

在多孔材料的实际应用中，"孔径"（pore size）是一个非常重要的性质，但它不容易精确定义。由于孔隙的形状通常是非常不规则和多变的，导致对"尺寸"有各种各样的定义，孔径问题比比表面积更复杂。此外，孔隙通常由相互连接的网络组成，孔径大小取决于所测量的方法。因此，孔隙结构的定量描述通常基于某一种模型。

为了简化，当已知或假设了孔的形状时，最好采用圆柱状、棱柱状、孔洞和窗口、裂缝或球体等词来描述。但对实际多孔固体来说，孔形（pore shape）十分复杂，主要因为：(1) 同一材料中有不同形状的孔隙；(2) 孔隙之间连接的大小、形状和位置各不相同；(3) 孔径分布不同。为更好地描述孔形的复杂性，有必要引入"连通性（connectivity）""渗透性（percolation）""迂曲度（tortuosity）"以及后面章节提到的"分形几何（fractal geometry）"等概念的描述符。

在多孔固体的应用中，孔径是一个重要参数，测量孔径的方法也很多。只有当孔的几何形状明确或已知时，孔径才具有精确的含义。多数情况下，多孔固体孔隙的极限尺寸是其最小值，在没有任何进一步的精确性的情况下，其被称为孔隙的宽度（即狭缝形孔隙的宽度，圆柱形孔的直径）。当比较圆柱形孔隙和狭缝形孔隙时，为了避免尺度变化产生的误导，应该使用圆柱形孔隙的直径（而不是其半径）作为其"孔隙宽度"。

1.2.5　多孔固体的分类

不同的多孔固体不仅有不同的孔隙率，也可能有不同的孔隙形状、尺寸与排列方式等，因此有不同的多孔固体类型。下面根据孔结构形式和材料特点，对多孔固体进行一些分类。

1.2.5.1　多孔结构类型

根据孔结构的特点，可以把多孔固体分为如图1-2-2所示的两大类型：纤维状

（fibrous）和多孔状（porous，包括团聚体和聚集体），其中典型例子见图 1-2-3。

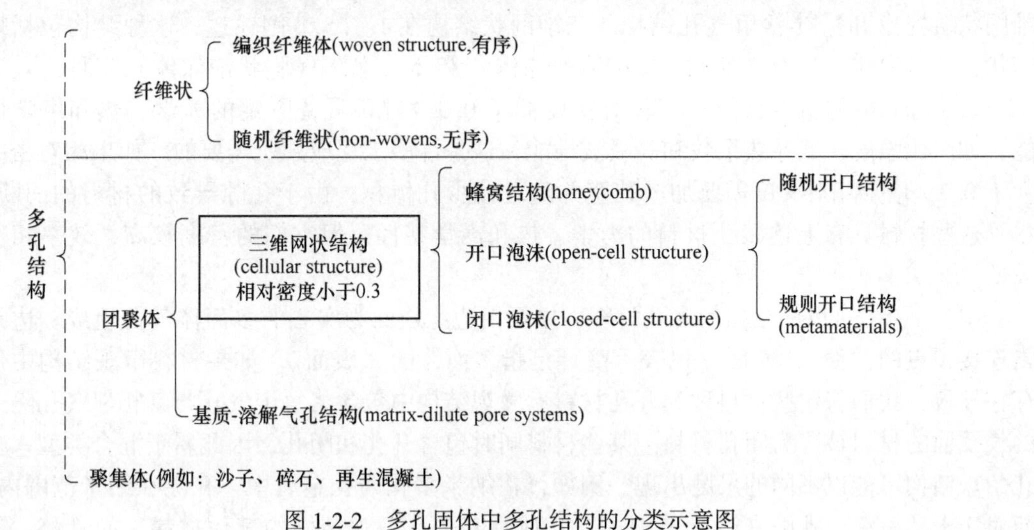

图 1-2-2　多孔固体中多孔结构的分类示意图

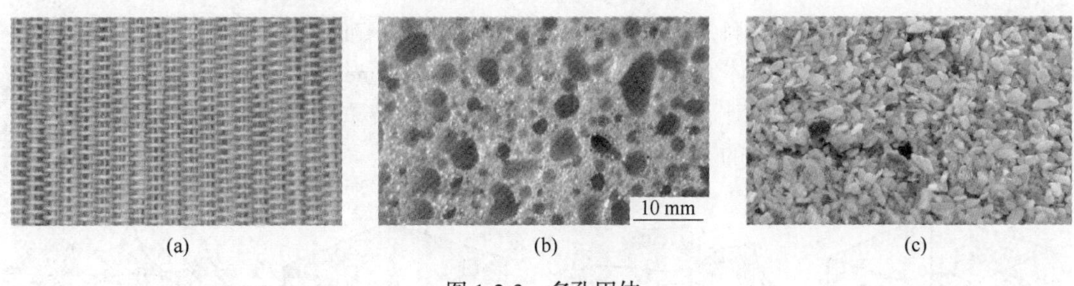

图 1-2-3　多孔固体

（a）平纹织物（纤维状）；（b）海绵（团聚体）；（c）沙子（聚集体）

纤维状的材料基本上可以分为两类：一类是有序排列的编织体，通过机织、编织、缝合或针织制成的织物；另一类是纤维随机排列，以机械、化学或热等黏结合成的随机网状结构（见图 1-2-4）。

图 1-2-4　不同干燥方式耐火纤维的 SEM 图

（a）传统干燥；（b）微波干燥

多孔状的固体，这里分为团聚体和聚集体两类，其中团聚体分为 cellular structure（三维网状结构）和基质-溶解气孔结构。三维网状结构在 1.1.5 节阐述过，这种结构包括蜂窝状、开口泡沫（也有文献称三维网络泡沫体）和闭口泡沫（胞状泡沫体）三种，具有 cellular structure 的多孔材料，其相对密度低于 0.3，材料具备一定的力学、热和声学性能，如高比强度、低导热系数和高吸波性能，这是许多工程应用所需要的。如果相对密度大于 0.3，增加相对密度需要加厚孔壁并随之减少孔体积，由于孔隙导致的材料的间断，尽管这些材料具有上述多孔材料的力学、热和声学特性，但它们的密度较高，效率相对较低。

（1）具有 cellular 结构的多孔材料，主要由边缘或面为实心的多面体气孔组成。边是指连接顶点的“线”，而面（也表示壁）是指多面体的“表面”。如果材料微观结构中仅存在孔棱，我们将这些材料称为开孔材料。微观结构中包含将每个气孔与其相邻气孔隔开的气孔面的材料被称为闭孔材料。某些材料同时包含开孔和闭孔，因此属于混合类型。多孔微观结构可能以不同的尺度出现。例如，在纳米多孔开孔金属中，孔隙在纳米范围内，而对于天然海绵，孔隙在毫米范围内。其他具有多孔微观结构的其他材料，如骨骼、软木、木材、植物茎和其他动植物组织。多孔材料固有的三维结构复杂性对其有效的力学、热学和声学性能有很大的影响，因此，需要三维真实模型来准确地评估多孔固体的结构-性质关系，其中代表性特征体元（单元）（representative elementary volume，REV）是最简单的团聚体多孔模型之一，对于规则和周期性多孔结构有着重要意义，图 1-2-5 为 REV 的举例（面心立方和简单立方的 REV）。

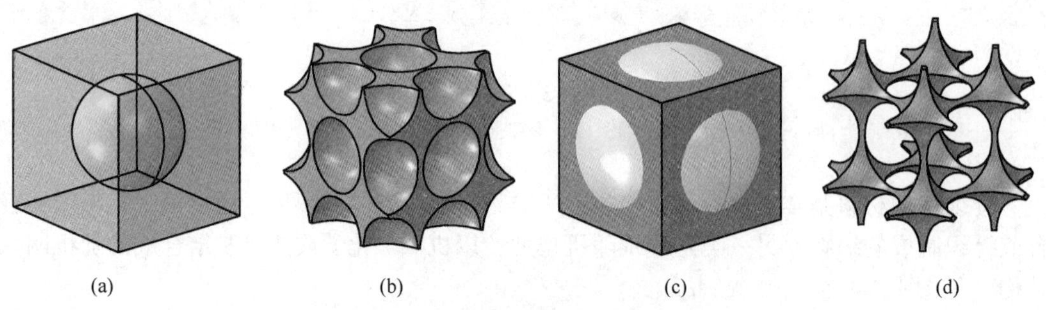

图 1-2-5 面心立方与简单立方的代表性特征元（REV）
（初始几何设计基于在球形空隙的立方体内创建空腔。RVE 由 8 个构建块组成，
根据球体的半径，可以形成面心立方（fcc）或简单立方（sc）晶体）
（a）fcc 单元的模块；（b）fcc 的 REV；（c）简单立方单元的模块；（d）简单立方单元的 REV

（2）基质-溶解气孔结构（matrix-dilute pore structure）是指具有孤立的孔隙多孔结构，孔隙可以是天然的，也可以是人工制备，如图 1-2-6 所示。

（3）聚集体（aggregates）是多孔结构的另一大类，作为聚集体，我们认为它是没有固结、或多或少松散单个颗粒的集合体。其中颗粒被颗粒间的孔隙网络所包围，其体积分数可能高达 80%。聚集体代表了一大类粗颗粒材料，包括沙、米、砾石、碎石、矿渣、回收的混凝土和土工合成物。聚集体多孔结构的主要几何模型和研究方法有蒙特卡罗球形堆积法（Monte Carlo spherical packing method）、离散元法等。

1.2.5.2 多孔结构大小

根据孔隙尺寸的大小，按照国际纯粹和应用化学协会（International Union of Pure and Applied Chemistry，IUPAC）的定义可以对多孔材料进行以下分类：

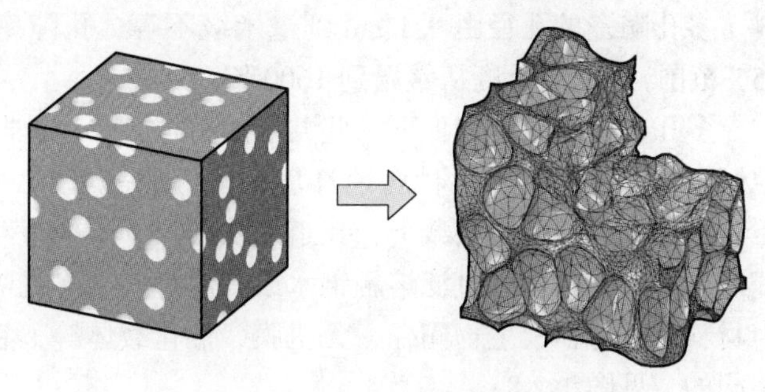

图 1-2-6 具有孤立孔隙的固体示意图

（1）孔隙直径小于 2 nm 的为微孔（micropore）材料；

（2）孔隙直径在 2～50 nm 之间的为中孔或介孔（mesopore）材料；

（3）孔隙直径在 50 nm 以上的为宏孔（macropore）材料。

然而这种分类方式并未得到广泛采用，因为使用多孔材料的规则是多种多样的。

1.2.5.3 材质类型

多孔固体按材质可为多孔金属、多孔陶瓷、多孔塑料和天然多孔材料，前三者都是人造多孔材料，即金属、无机非金属（陶瓷）和有机高分子（塑料），后面为天然多孔材料；不同的材质，其制备方法、形状结构和性能有着一些差异，因而在细分类型上也有些不同，见图 1-2-7。

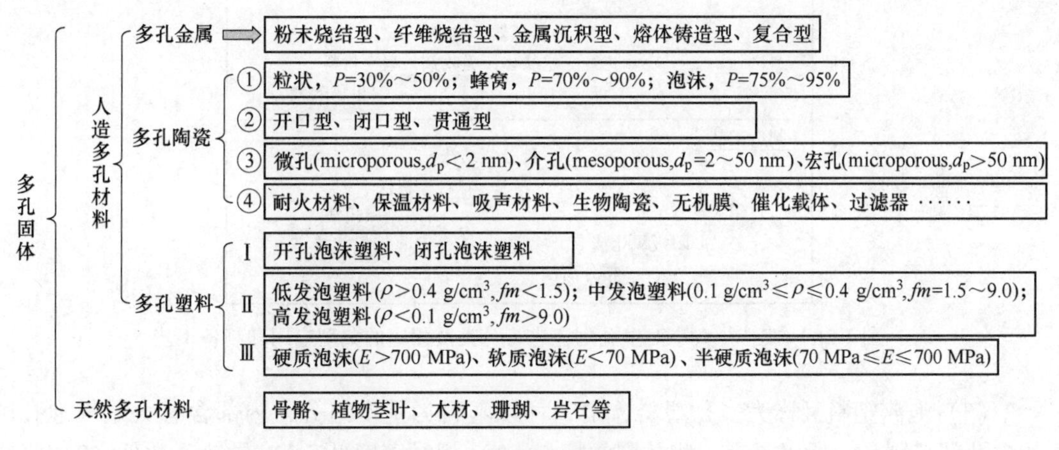

图 1-2-7 多孔固体按材质的分类

（P 为 porosity，即孔隙率；ρ 为体积密度；E 为弹性模量；d_p 为孔径；fm 为 Foam multiple，发泡倍率，即致密塑料密度与同材质的发泡塑料表观密度之比）

（1）多孔金属材料是一种兼具功能和结构双重性的新型工程材料，这种轻质材料不仅保留了可焊性、导电性及延展性等金属特性，而且具备体积密度低、比表面积大、吸能减震、消声降噪、电磁屏蔽、低导热系数。

（2）多孔陶瓷是一种具有大量彼此相通或闭合气孔的无机非金属材料，其主要是利用材料中孔结构与材质相结合具有独特性质来达到所需的功能，也称为多孔功能陶瓷。简单来讲，多孔陶瓷是一种含有较多孔洞并且因孔结构而具备某种功能的一类无机非金属材料。多孔陶瓷的孔径由 0.1 nm 到毫米级不等，孔隙率在 20%～95%范围（也认为 50%～95%范围），使用温度从常温到 1600 ℃。

多孔陶瓷材料具有如下一些共同的特性：1）化学稳定性好，通过材质的选择和工艺控制，可制成适用于各种腐蚀环境的多孔陶瓷；2）具有良好的机械强度和刚度，在气压、液压或其他应力负载下，孔道形状和尺寸不会发生变化；3）耐热性好，用耐高温陶瓷制成的多孔陶瓷可过滤熔融钢水或高温燃气。多孔陶瓷按用途可分为隔热耐火材料、吸声材料、过滤器、生物陶瓷、无机膜、催化载体等，它们的孔径大小和制备工艺也是不尽相同的，见图 1-2-8。

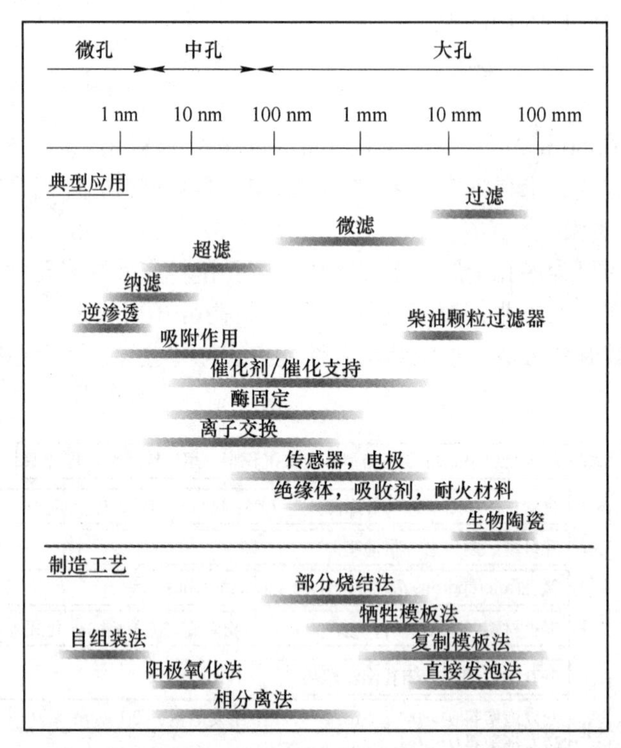

图 1-2-8 按孔径大小对多孔陶瓷进行分类及相应的典型应用和制备工艺

（3）泡沫塑料又称为多孔塑料，是一种以塑料为基本组分，内部含有大量气泡孔隙的多孔塑料制品，所以具有一些共同的特点：1）相对密度低；2）导热系数低；3）吸收冲击载荷好；4）降噪性能好；5）比强度高。

1.3 多孔介质

1.1.5.1 节讲述了多孔介质与多孔固体的区别，多孔介质属于多孔固体，只是当人们关注流体（液体和气体）在多孔固体中的传质传热时，称多孔固体为多孔介质。流体在多孔介质中流动，称为渗流（seepage，percolation），在英文文献中，渗流相当于“flow in porous media，flow through porous media 或 porous flow”。研究渗流的行为，包括多孔介质固体骨架形变问题，称为渗流力学（poromechanics，也有称 seepage mechanics），其维基百科的英文释义为“the study of more general behaviour of porous media involving deformation of solid frame is called"，渗流力学是流体力学中的一个分支。研究多孔介质，多数从力学角度，而研究多孔材料，多是从材料物理与化学的角度。多孔隔热耐火材料的隔热过程，即多孔介质热传递过程，因而本节需要阐述多孔介质的基本要点。

1.3.1　多孔介质的概述

多孔介质是多相孔隙介质的简称，多孔介质中的“多”许多学者认为指的是多相，而不是指“多”孔，“孔”是指有孔隙，但具体对于孔隙的多少、形状连通与否等有不同的看法，因此多孔介质简单地定义为“多孔介质就是有孔隙的固体”。

真正的多孔介质是一类包含大量孔隙的固体材料，广泛存在于自然界中，几乎所有的天然材料、人造材料以及生命体都是多孔介质。由于研究领域差异，多孔介质可分为地质体多孔介质，如土壤、岩石、煤炭等；人造多孔介质，如建筑材料、多数耐火材料、核反应堆冷却棒、服装材料、化工材料、金属材料等；生命体多孔介质，如人体、动物体、植物体等。

中国科学百科词条给多孔介质的定义是：由多相物质所占据的共同空间，也是多相物质共存的一种组合体，没有固体骨架的那部分空间叫作孔隙，由液体或气体或气液两相共同占有，相对于其中一相来说，其他相都弥散在其中，并以固相为固体骨架，构成空隙空间的某些空洞相互连通。

多孔介质由固体物质组成的骨架（skeleton，也称 matrix 或 framce）和由骨架分隔成大量密集成群的孔隙（pore）和裂隙（void）所构成的物质。多孔介质内的流体（fluid，主要包括液体或气体）以渗流方式运动，研究渗流力学涉及的多孔介质的物理-力学性质的理论就成为渗流力学的基本组成部分。多孔介质的主要物理特征是孔隙尺寸极其微小，比表面积数值很大。多孔介质内的微小孔隙可能是互相连通的，也可能是部分连通、部分不连通的，孔隙性（porosity）是多孔介质的主要特征之一。

1.3.2　多孔介质特性

多孔介质的主要特性有多孔、饱和、渗透和毛细管力等，在传质或传热方面主要的基本参量有孔隙率、饱和度、渗透率、导热系数等。以下主要讲述多孔介质的几个基本参数。

1.3.2.1　孔隙率

孔隙，是多孔介质最显著的特征。没有孔隙，也就没有多孔介质。从某种角度来说，例如传质角度，孔隙相互连通并能储存流体才使得多孔介质具有了特殊的意义和价值。为了衡量多孔介质孔隙的发育程度和储存流体的能力，人们引入了孔隙率（porosity，又称孔隙度或孔率）。孔隙率是多孔介质理论最重要的概念之一，也是建立多孔介质理论的基础。

1.2.4.1 节讨论了多孔固体的孔隙率，在多孔介质中，存在两种孔隙率：有效孔隙率和绝对孔隙率。有效孔隙率为多孔介质中相互连通的孔隙体积与多孔介质外观体积的比值，用符号 P_{eff} 表示。绝对孔隙率为多孔介质中所有孔隙的体积与多孔介质表观总体积的比值，用符号 P_t 表示，即总孔隙率。

也有学者根据孔隙率的大小，可以将多孔介质分成 5 类（见图 1-3-1）：孔隙率为 0，为固体；孔隙率为0~0.3，为致密介质；孔隙率为0.3~0.9，为疏松介质；孔隙率为0.9~1，为纤维介质；孔隙度为1，为虚空。这里包括了多孔介质的两个极端。

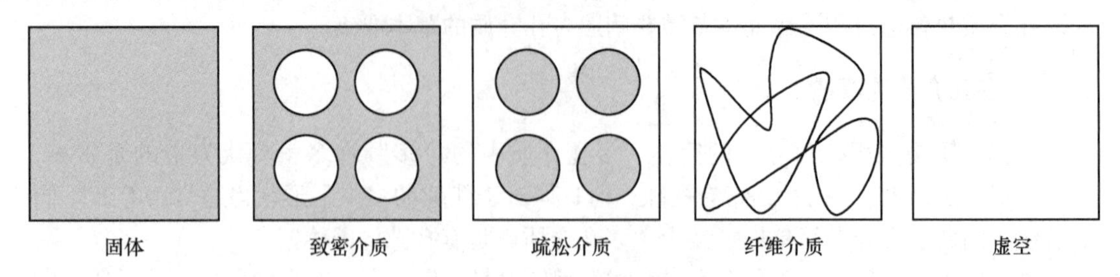

图1-3-1 多孔介质不同孔隙率的分类

从多孔介质传质过程来说，绝对孔隙率一般不具有实用价值，习惯上人们把有效孔隙率直接称作孔隙率。但如果传热过程，多孔介质中连通孔隙和孤立孔隙的传热机理是不一样的，因此不能随意忽略孤立孔隙的影响，特别是后面章节将讲述的多孔隔热耐火材料。

1.3.2.2 渗透率

渗透率（permeability）表征了多孔介质在压力驱动下，通过多孔介质的流体的流速与该方向上压力的梯度的关系，渗透率是多孔介质输运特性之中一个非常重要的参量，它可以通过达西定律（Darcy′s law）确定，表达如下：

$$v = \frac{k}{\mu} \times \frac{\partial P}{\partial x} \tag{1-3-1}$$

式中，$\partial P/\partial x$为流体流动方向上的压力梯度；k为渗透率，μ为流体的动力学黏度；v为流体在孔隙之间的流速。

从式（1-3-1）中可以看出，渗透率与孔隙率之间没有固定的数学关系，即渗透率不仅与孔隙率相关，还与孔隙分布、大小等有关。一般来说，渗透率可以表示多孔介质中连通孔隙面积大小和孔隙的弯曲程度的复杂性，渗透率越大，孔隙中流体的流动性越好。

1.3.2.3 饱和度

多孔介质的孔隙，可以饱和其他流体（液体、气体或液体与气体的组合），多孔介质是一种具有一定容积的特殊容器。多孔介质饱和流体的过程与骨架颗粒表面、孔隙结构等关系密切。多数情况下，多孔介质都是与流体物质耦合在一起而成为多相物体。多孔介质的孔隙可以同时饱和几种流体物质，如油、气、水等。每一种流体对多孔介质的饱和程度是不一样的。为了衡量某种流体对孔隙体积的占有率，即对多孔介质的饱和程度，某流体的饱和度（saturation）定义为该相流体的体积占整个孔隙体积的百分数，其大小会在一定程度上影响多孔介质传热/传质的特性，从而反映多孔介质传热/传质能力的大小，公式如下：

$$S_F = \frac{V_F}{V_p} \times 100\% \tag{1-3-2}$$

式中 V_F——流体所占多孔介质孔隙的体积；

V_p——多孔介质孔隙的总体积。

多孔介质除了具有上述性质外，还有许多其他的性质，如导热系数、热容、毛管压力、电导率等。

1.3.3 多孔介质基本理论及模型

多孔介质定义为存在以固体介质为骨架，内部具有众多孔隙、裂隙或洞穴的介质。多孔介质的特征十分明显，主要体现在以下三点：

（1）多孔介质内流道十分复杂，流道的截面形状变化不一；

（2）流道之间或连接或部分连接；

（3）流体在多孔介质内流动具有随机性，很难准确描述流线轨迹。

流体在多孔介质的研究主要有三个尺度：孔隙尺度（the pore scale）、代表性特征体元尺度（representative elementary volume，REV）以及域尺度（the domain scale）。孔隙尺度的维度远小于代表性特征体元的维度，代表性特征体元（REV）的维度远小于域尺度的维度，从研究范围上可将多孔介质的研究分为三类：分子水平、微观水平及宏观水平。

实际多孔介质的孔隙结构往往具有很大的随机性和不确定性，传统欧氏几何难以直接对孔隙结构特征进行定量描述。在分形几何之前的研究中，连续介质假设和均匀化方法被引入对孔隙结构进行简化，使其能够符合欧氏几何的描述范畴，从而对渗透性能进行量化的研究。如今比较普遍的孔结构定量描述主要分为欧氏几何和分形几何的构造描述。

多孔介质渗流研究方法通常有实验方法、解析方法以及数值模拟。实验方法的测试结果准确可靠，但测试周期长、可重复性差、实验成本高等缺点使得实验方法的应用受到了很大限制。解析方法是对流动控制方程在一定条件下进行直接推导求解得到渗流性能的一种解析表达，具有求解严谨、关系清晰的优点，缺点是无法对复杂孔隙结构中的流动过程进行直接求解。

数值模拟方法（numerical methods）是通过计算机编程的方式，对渗流流动控制方程进行离散求解，得到一定条件下的流场分布和势场分布，进而可计算得到渗透率的解。相对于实验方法，数值模拟方法具有计算速度快、成本低、可重复性强等优点。常用的数值模拟方法包括三大类：（1）计算液体动力学（computational fluid dynamics，CFD），包括有限元法（FEM）、有限体积法（FVM）、有限差分法（FDM）等；（2）孔隙网络法（the pore-network model，PNM）；（3）介观数值方法（the mesoscopic numerical methods，MNM），例如格子玻耳兹曼方法（the lattice Boltzmann method，LBM）、分子动力学方法（MD），每种方法都具有各自的特点及优势。

1.4 多孔隔热耐火材料

1.4.1 隔热耐火材料定义

耐火材料作为高温工业热工设备的炉衬材料，既是“容器”“管道”，也对热工设备的隔热保温、高温熔体的质量和高效安全生产起着至关重要的作用。目前多数工业炉窑的炉衬由保温层（绝热层）、隔热层（永久层）和工作层复合炉衬材料组成，各层承担不同的结构支撑和隔热保温等功能，各层也有自己的安全工作温度范围，各层间工作温度相互影响（见图 1-4-1）。

隔热耐火材料，其标准定义为“具有低导热系数和低热容量的耐火材料”，是一种通

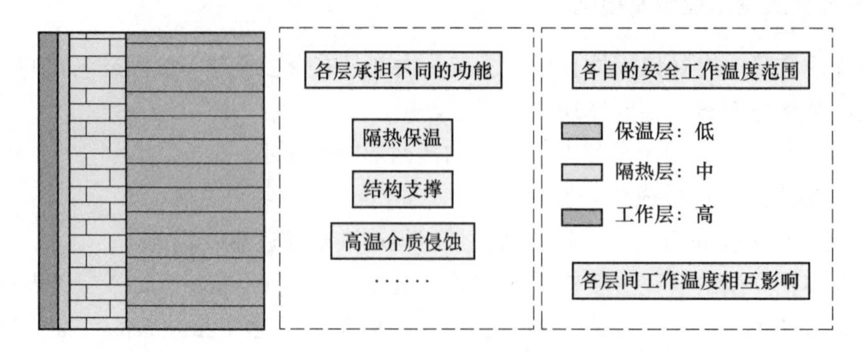

图 1-4-1　典型工业窑炉复合炉衬结构（书后有彩图）

用术语（见 GB/T 18930—2020），通常也称保温耐火材料或轻质耐火材料。

定形隔热耐火制品，标准定义为“总气孔率”（也称真气孔率，英文为 true porosity）不小于45%的定形耐火材料（见 GB/T 16763—2012），但耐火纤维制品除外。相对于重质耐火材料而言，普通隔热耐火材料的强度小、耐磨性低、抗侵蚀能力弱、高温体积稳定性差，常不直接用于耐磨、耐侵蚀等要求苛刻的工作层，而是用于工作层后面的隔热层、保温层。为了实现炉衬的高效隔热保温，在满足工作层结构支撑、耐磨、抗侵蚀等使用前提下，工作层用耐火材料应尽量采用低导热材料以提高保温能力和减少蓄热及散热损失，因此高强、耐高温、高耐磨、高抗蚀等复合功能隔热耐火材料的研究开发越来越受到重视。

1.4.2　隔热耐火材料分类

由于隔热保温的要求不同，隔热耐火材料由单一的隔热保温功能向结构支撑、耐高温、高耐磨、高抗蚀等多功能复合发展，其品种繁多，因此可以按化学矿物组成、使用温度、气孔率（体积密度）、存在形态与显微结构等不同角度进行分类。

1.4.2.1　化学矿物组成分类

按化学矿物组成与命名，分氧化物和非氧化物隔热耐火材料。氧化物主要有一元系的，例如 Al_2O_3、SiO_2、MgO、ZrO_2 等；二元系统的，例如 Al_2O_3-SiO_2、Al_2O_3-CaO、Al_2O_3-MgO、MgO-SiO_2、CaO-SiO_2 等；三元系统的，例如 Al_2O_3-SiO_2-CaO 、Al_2O_3-SiO_2-MgO 等，如表 1-4-1 所示。非氧化物轻质隔热材料主要有碳化硅纤维或轻质砖、碳纤维等。

表 1-4-1　主要氧化物隔热耐火材料化学矿物组成分类

系统	主要化学组成	主要物相	典　型
一元	Al_2O_3	刚玉	氧化铝纤维、氧化铝空心球及制品、轻质刚玉砖
	SiO_2	石英或无定形 SiO_2	玻璃纤维、轻质硅砖、硅藻土
	MgO	方镁石	轻质镁砖
	ZrO_2	四方或立方氧化锆	氧化锆纤维、氧化锆空心球或轻质隔热砖

续表 1-4-1

系统	主要化学组成	主要物相	典　型
二元	Al_2O_3-SiO_2	石英、莫来石、刚玉、玻璃相	硅酸铝纤维、莫来石多晶纤维、轻质黏土（高铝、莫来石）砖、漂珠、珍珠岩
	Al_2O_3-CaO	六铝酸钙、二铝酸钙	轻质六铝酸钙骨料或砖
	Al_2O_3-MgO	镁铝尖晶石	镁铝尖晶石空心球或轻质砖
	MgO-Cr_2O_3	氧化镁、氧化铬	轻质镁铬砖
	MgO-SiO_2	镁橄榄石、顽火辉石	镁橄榄石纤维或轻质砖
三元	Al_2O_3-SiO_2-CaO	钙长石或玻璃相	生物可溶性纤维、钙长石轻质砖
	Al_2O_3-SiO_2-MgO	堇青石、玻璃相	生物可溶性纤维、堇青石轻质材料
	CaO-SiO_2-MgO	玻璃相	生物可溶性纤维
	CaO-SiO_2-H_2O	雪硅钙石、硬硅钙石、硅灰石	硅酸钙绝热材料

1.4.2.2 按温度分类

A 分类温度

隔热耐火材料的分类温度是根据加热永久线变化、荷重软化点和蠕变等高温性能来确定的。不同类型的隔热耐火材料、不同标准，对隔热耐火材料要求也是不尽相同的。目前，耐火纤维及制品的分类根据国家标准 GB/T 3003—2017 来确定，其分类温度是指 24 h 加热永久线收缩不大于 3%（纤维板和纤维异形硬制品）或 4%（纤维软制品：棉、毯、毡、纸等）的温度，见表 1-4-2。

表 1-4-2 耐火纤维制品的分级（GB/T 3003—2017）

级别	最高使用温度/℃	加热永久线变化的试验温度/℃	级别	最高使用温度/℃	加热永久线变化的试验温度/℃
085	850	850	135	1350	1350
090	900	900	140	1400	1400
095	950	950	145	1450	1450
100	1000	1000	150	1500	1500
105	1050	1050	155	1550	1550
110	1100	1100	160	1600	1600
115	1150	1150	165	1650	1650
120	1200	1200	170	1700	1700
125	1250	1250	175	1750	1750
130	1300	1300			

注：最高使用温度：在氧化性或中性气氛下，比最高使用温度低 100~250 ℃，在还原性气氛下比最高使用温度低 200~350 ℃。

多孔隔热耐火材料中定形隔热耐火制品分类主要有国家标准 GB/T 16736—2012、美国 ASTM 标准 “Standard Classification of Insulating Firebrick” C155-97（2013）

(见表 1-4-3)、国际“Shaped insulating refractory products”标准 ISO 2245—2006 (见表 1-4-4)、日本“Insulating Fire brick”标准 JIS R2611 等。不同国家的标准规定上是有些差异的，比如日本标准“JIS R2611”，它除了对定形隔热耐火材料的加热线变化有规定外，还对隔热耐火材料的耐压强度、导热系数等做了限定。

表 1-4-3 隔热耐火砖的分类标准（ASTM C155—97（2013））

类 别	不大于 2%的加热永久线变化下试验温度/℃（°F）	体积密度/g · cm^{-3}
16	845（1550）	≤0.54
20	1065（1950）	≤0.64
23	1230（2250）	≤0.77
26	1400（2550）	≤0.86
28	1510（2750）	≤0.96
30	1620（2950）	≤1.09
32	1730（3150）	≤1.52
33	1790（3250）	≤1.52

表 1-4-4 定形隔热耐火砖分类标准（ISO 2245—2006）

类 别	加热永久线变化下的温度/℃	L 级产品的最大平均体积密度/g · cm^{-3}
75	750	0.40
80	800	0.50
85	850	0.55
90	900	0.60
95	950	0.65
100	1000	0.65
105	1050	0.65
110	1100	0.70
115	1150	0.70
120	1200	0.70
125	1250	0.75
130	1300	0.80
135	1350	0.85
140	1400	0.90
150	1500	0.95
160	1600	1.15
170	1700	1.35
180	1800	1.60

定形隔热耐火制品的分类主要是依据加热线变化不大于 2%的试验温度和体积密度这

两种来划分，其中GB/T 16736—2012的加热线变化是12 h，样砖的长度尺寸为228 mm×114 mm×65 mm或者67 mm（参考标准ASTM C210）；而ASTM标准C155-97（2013）的加热线变化是24 h，样砖的长度尺寸为228 mm×114 mm×65 mm或者67 mm（参考标准ASTM C210）；ISO 2245—2006标准的加热线变化是12 h，样砖的长度尺寸为100 mm×114 mm×65 mm或100 mm×114 mm×75 mm。

尽管分类温度有一些规定，但多数隔热耐火材料（轻质砖或耐火纤维）生产厂家都是按经验和自己的产品特征来制定产品的分类温度，因此也称为“牌号温度”。

B　使用温度

隔热耐火材料的最高使用温度与分类温度是有差别的，最高使用温度多指实用中允许的最高温度。隔热耐火材料在不同的炉型上使用，其加热工艺、气氛、燃料等不同，同一使用温度下其服役寿命也不一样，同时使用温度与加热时间的长短有关，因此对隔热耐火材料长期使用温度及时间，没有权威的定义和标准可循。一般长期使用温度为安全使用温度，多比最高使用温度低200 ℃左右。

常见各种氧化物隔热耐火材料的使用温度如图1-4-2所示。如果按照使用温度来分类，可为三类：

（1）低温隔热耐火材料，使用温度为低于600 ℃；

（2）中温隔热耐火材料，使用温度为600~1200 ℃；

（3）高温隔热耐火材料，使用温度为高于1200 ℃。

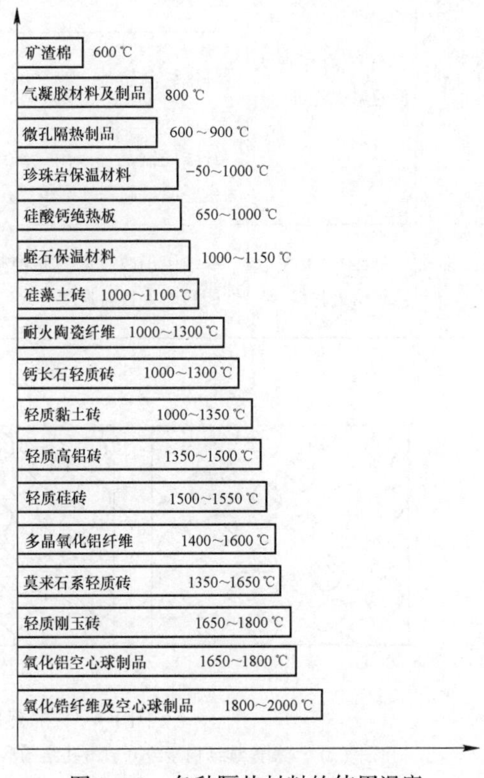

图1-4-2　各种隔热材料的使用温度

1.4.2.3　按存在形态分类

1.2.5.1节中叙述了多孔固体分为纤维状和多孔状，其中多孔状可分为团聚体和聚集体，按照多孔固体的分类，隔热耐火材料中纤维及其纤维制品都是属于纤维状，而其他不含纤维的均为多孔状。

耐火材料行业，也有文献将隔热耐火材料按形态分类：粉粒状隔热耐火材料、多孔状隔热耐火材料、纤维状隔热耐火材料和复合隔热耐火材料。

粉粒状隔热耐火材料是将粉体、多孔或中空颗粒直接填充在炉衬间隙中或炉顶上空腔内构成隔热保温层。材料中无论是粉体或致密颗粒堆积形成孔隙，还是多孔骨料或空心球堆积本身孔隙和堆积孔隙，隔热保温都是因为材料中存在着大量孔隙，正如纤维也可以直接填充作为隔热耐火材料。因此本书中把粉粒状隔热耐火材料归为多孔状隔热耐火材料。隔热耐火材料按形状分为纤维状、多孔状、纤维/多孔复合状这三类（见表1-4-5），本书主要讨论多孔状隔热耐火材料，也称为多孔隔热耐火材料。

表 1-4-5 隔热耐火材料按存在形态分类

分类	主要特征	细分描述	典型产品	结构特点（图1-4-3）
多孔状	材料内存在大量气孔实现其隔热	粒状或粉末状：多孔骨料或空心球散状隔热填料	膨胀珍珠岩与蛭石、硅藻土等；漂珠、耐火空心球、轻质耐火骨料等	气相连续结构型（图1-4-3（a））
		不定形：多孔骨料或空心球为主要原料	轻质耐火浇注料	固相连续结构型（图1-4-3（b））
		定形制品：多孔隔热砖	莫来石质隔热耐火砖、氧化铝空心球砖	固相连续结构型（图1-4-3（b））
纤维状	材料内存在大量的耐火纤维	纤维散状隔热填料	硅酸铝纤维散棉、多晶莫来石纤维散棉	气固相连续混合型
		纤维软制品	耐火纤维棉、毯、毡、纸等	气固相连续混合型（图1-4-3（c））
		纤维硬制品：以耐火纤维为主要原料制备纤维板等	耐火纤维板、耐火纤维异形硬制品	气固相连续混合型（图1-4-3（c））
纤维/多孔复合状	纤维/多孔复合隔热耐火材料	纤维用于改善的材料绝热性能和增大材料强度	纳米微孔隔热制品、硅酸钙绝热材料、硅质绝热材料、镁质绝热材料等	气固相连续混合型（图1-4-3（c））

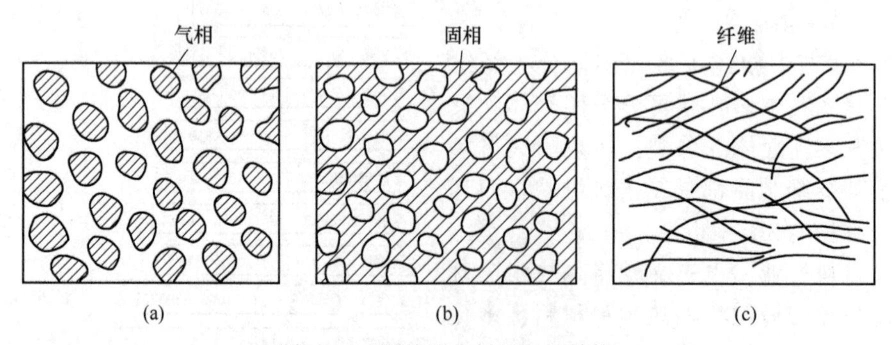

图 1-4-3 隔热耐火材料组织结构

（a）气相连续结构型或开放气孔结构型；（b）固相连续结构型或封闭气孔结构型；（c）固相和气相都为连续相的混合结构型

1.4.3 隔热耐火材料发展历史

耐火材料行业俗称的“轻质耐火砖或轻质砖”，国标术语为“定形隔热耐火制品，shaped insulating refractory product”，ISO 标准也是“shaped insulating refractory product”，但美国 ASTM 标准、日本 JIS 标准和英国摩根公司等均称为“insulating firebrick，IFB”，

它是典型的多孔隔热耐火材料。

隔热耐火砖是一种很早便广泛应用的隔热耐火材料。隔热耐火砖最早应用可追溯到1920年前后，在此之前，耐火材料主要有两个功能：(1) 阻隔高温；(2) 熔炼金属时阻止侵蚀。隔热耐火砖的出现拓宽了耐火材料的这两个基础功能，增加了减少热流传递和热损失，隔热保温的功能。尽管当时隔热耐火砖外观相对粗糙，但从减少热损失角度，隔热耐火砖开始逐步用于重质砖的背衬材料。随后隔热耐火砖也开始用作窑炉的热面工作炉衬，并且随着隔热耐火砖技术持续提升，现在其窑炉热面的应用变得更为重要和普遍。

世界上第一块隔热耐火砖产于1915年，采用的是美国加州Lompoc附近丰富的硅藻土原料。硅藻土是一种多孔硅酸盐材料，密度极低，耐火性能较好。这种第一代隔热耐火砖的生产是像切岩石一样直接从硅藻土矿床上切出砖的形状。由于这种可切割的矿床数量较少，于是很快人们便采用了另一种方式，即通过开采，煅烧或加热处理硅藻土矿，然后将加工过的硅藻土压制成砖。然而硅藻土不适于1100 ℃以上的温度，于是人们开始用天然黏土像生产其他耐火材料一样来制作隔热耐火砖。这项工作始于1930年前后且持续至今。

早在1920年前后，人们便已认识到隔热耐火砖可通过两个方面来降低热损失：首先，比起传统重质耐火砖，隔热耐火砖能更有效地阻止热流的传递；其次，隔热耐火砖由于质量轻，蓄热更低。

最早对隔热耐火砖的兴趣源自间歇或周期性操作的热工设备。用户从减少的热流损失和降低的蓄热损失中获益。随后，隔热耐火砖又在连续操作的热工设备中得到了应用，如隧道窑、高炉热风炉等。隔热耐火砖的高隔热效能不仅节省了能源，而且还因为降低了炉衬厚度减少了窑炉自重。

在1950~1960年，耐火纤维开始在市场上出现。由于耐火纤维具有更好的隔热效果和更低的蓄热性能，使其应用范围不断扩大，1973年的石油危机更促进了隔热耐火砖的应用。在现有的应用领域，如炼铁系统中的高炉和高炉热风炉，由于性能优异且价格低廉，隔热耐火砖用量越来越大。以往生产炼铁用焦炭的焦炉很少使用或不用隔热耐火材料，而在新的设计中则采用了大量的隔热耐火砖，另一新的应用则是锂电池正负极材料加工窑炉的炉衬。总之，现在很多的炉窑都已采用隔热耐火砖取代重质耐火砖砌筑。

因此，隔热耐火砖有很好的前景，并且由于生产和供应商众多，用户也不必担心隔热耐火砖的供应不足。隔热耐火砖的研发工作也在持续进行以生产出新的产品，隔热耐火砖发展具有如下趋势：

(1) 性能优良且高温热态性能更稳定。高温窑炉热工设备可以维持更长时间的安全运行周期以保证窑炉设备更少的停机维修频率，可以显著影响客户的经济效益，而隔热耐火砖作为窑炉衬里中的核心部件起着十分重要的作用，根据以往的项目经验，窑炉高温段耐火隔热耐火砖是设备维修频率最高的部件之一，性能优良且高温热态性能更稳定的隔热耐火砖是客户窑炉热工装备基础稳定运行的需求，这点始终是核心趋势。

(2) “绿色、低导、节能”的趋势日益提高。在“碳达峰、碳中和”的目标背景下，高耗能行业重点领域节能降碳改造得到格外的重视，越来越多的生产厂家自身和终端客户都已经把窑炉装备环保绿色排放、单位产品能耗及窑炉的外壁温度明确为项目验收要求。隔热耐火材料越靠近窑炉热面，其隔热节能效果越好，所以隔热砖在大部分窑炉工作层的推广和使用会越来越普遍。

（3）产品规格尺寸标准化。由于各家设计院和窑炉公司不同的设计使得隔热耐火材料厂商也只能分别生产各种不同型号及规格的产品满足客户需求。相较于定制化的产品，标准化的产品不仅在产品的交货周期，以及产品制造过程的模具、加工、检验、包装，乃至客户在设计时所预留的余量及采购阶段的备货库存等各个环节都具有优势，随着市场的竞争愈发激烈，窑炉装备主要部位的产品的标准化也会逐渐成为设计共识，也有利于隔热耐火砖生产制造领域进行进一步的智能化和自动化转型升级，实现行业绿色可持续发展。

参考文献

[1] Gibson L J，Ashby M F. Cellular solids structure and properties [M]. New York：Cambridge University Press，1997.

[2] Li K，Gao X L，Subhash G. Effects of cell shape and cell wall thickness variations on the elastic properties of two-dimensional cellular solids [J]. International Journal of Solids and Structures，2005，42 (5/6)：1777-1795.

[3] Li K，Gao X L，Subhash G. Effects of cell shape and strut cross-sectional area variations on the elastic properties of three-dimensional open-cell foams [J]. Journal of the Mechanics and Physics of Solids，2006，54 (4)：783-806.

[4] Lee Y，Fang C，Tsou Y R，et al. A packing algorithm for three-dimensional convex particles [J]. Granular Matter，2009，11 (5)：307-315.

[5] Kanouté P，Boso D P，Chaboche J L，et al. Multiscale methods for composites：A review [J]. Archives of Computational Methods in Engineering，2009，16 (1)：31-75.

[6] Zhang J，Chai S H，Qiao Z A，et al. Porous liquids：A promising class of media for gas separation [J]. Angewandte Chemie，2015，54 (3)：932-936.

[7] Hammel E C，Ighodaro O L R，Okoli O I. Processing and properties of advanced porous ceramics：An application based review [J]. Ceramics International，2014，40 (10)：15351-15370.

[8] Bargmann S，Klusemann B，Markmann J，et al. Generation of 3D representative volume elements for heterogeneous materials：A review [J]. Progress in Materials Science，2018，96：322-384.

[9] Rouquerol J，Avnir D，Fairbridge C W，et al. Recommendations for the characterization of porous solids (Technical Report) [J]. Pure and Applied Chemistry，1994，66 (8)：1739-1758.

[10] Gibson L J，Ashby M F. 多孔固体结构与性能 [M]. 刘培生，译. 北京：清华大学出版社，2003.

[11] 李彦霖，段尊斌，霍添，等. 多孔液体新型材料研究及应用进展 [J]. 化工进展，2017，36 (4)：1342-1350.

[12] Manickam S S，McCutcheon J R. Characterization of polymeric nonwovens using porosimetry，porometry and X-ray computed tomography [J]. Journal of Membrane Science，2012，407：108-115.

[13] Chen Y，Wang N，Ola O，et al. Porous ceramics：Light in weight but heavy in energy and environment technologies [J]. Materials Science and Engineering，R. Reports，2021，143：100589.

[14] Loucks R G，Reed R M，Ruppel S C，et al. Spectrum of pore types and networks in mudrocks and a descriptive classification for matrix-related mudrock pores [J]. AAPG bulletin，2012，96 (6)：1071-1098.

[15] 何东杰. 基于单幅图像的多孔材料几何模型三维重构研究 [D]. 武汉：武汉理工大学，2009.

[16] 焦堃，姚素平，吴浩，等. 页岩气储层孔隙系统表征方法研究进展 [J]. 高校地质学报，2014，20 (1)：151-161.

[17] Grenestedt J L，Tanaka K. Influence of cell shape variations on elastic stiffness of closed cell cellular solids

[J]. Scripta Materialia, 1998, 40 (1): 71-77.
[18] 刘培生，崔光，陈靖鹤．多孔材料性能与设计［M］. 北京：化学工业出版社，2020.
[19] 曾令可．多孔功能陶瓷制备与应用［M］. 北京：化学工业出版社，2006.
[20] Saggio-Woyansky J, Scott C E, Minnear W P. Processing of porous ceramics [J]. American Ceramic Society Bulletin, 1992, 71 (11): 1674-1682.
[21] Grenestedt J L. Influence of wavy imperfections in cell walls on elastic stiffness of cellular solids [J]. Journal of the Mechanics and Physics of Solids, 1998, 46 (1): 29-50.
[22] Aichlmayr H T, Kulacki F A. The effective thermal conductivity of saturated porous media [J]. Advances in Heat Transfer, 2006, 39: 377-460.
[23] Raeini A Q, Blunt M J, Bijeljic B. Modelling two-phase flow in porous media at the pore scale using the volume-of-fluid method [J]. Journal of Computational Physics, 2012, 231 (17): 5653-5668.
[24] Chen L, He A, Zhao J, et al. Pore-scale modeling of complex transport phenomena in porous media [J]. Progress in Energy and Combustion Science, 2022, 88: 100968.
[25] 杨松岩，俞茂宏．多相孔隙介质的本构描述［J］. 力学学报，2000，32（1）：11-24.
[26] 刘俊丽，刘曰武，黄延章．渗流力学的回顾与展望［J］. 力学与实践，2008，32（1）：94-97.
[27] Mohsen S K, Sadia A, Shaheer A M, et al. Porous Media, Nanofluid Flow in Porous Media [M]. London: British Library, 2020.
[28] 卢奇．颗粒状多孔介质的对流换热特性研究［D］. 大连：大连海洋大学，2020.
[29] 黄坤．多孔介质等效导热系数预测方法研究［D］. 大连：大连理工大学，2021.
[30] 王阳．多孔介质热质传递机理及高温矿井蓄热控温技术研究［D］. 太原：太原理工大学，2021.
[31] Schwartz D S, Shih D S, Evans A G, et al. Porous and cellular materials for structural applications [M]. Washington: Library of Congress Cataloging, 1998.
[32] Fu J, Thomas H R, Li C. Tortuosity of porous media: Image analysis and physical simulation [J]. Earth-Science Reviews, 2021, 212: 103439.
[33] 李传亮．多孔介质的有效应力及其应用研究［D］. 合肥：中国科学技术大学，2000.
[34] Guo Z, Zhao T S. Lattice Boltzmann model for incompressible flows through porous media [J]. Physical Review E, 2002, 66 (3): 036304.
[35] GB/T 18930—2020，耐火材料术语［S］.
[36] ISO 2245—2006, Shaped Insulating Refractory Products-Classification [S].
[37] JIS R2611—2001, Insulating Fire Bricks [S].
[38] GB/T 3003—2017，耐火纤维及制品［S］.
[39] ASTM C155, Standard Classification of Insulating Firebrick [S].
[40] ASTM C210-95 (2019), Standard Test Method for Reheat Change of Insulating Firebrick [S].
[41] GB/T 5988—2022，耐火材料　加热永久线变化试验方法［S］.
[42] GB/T 16763—2012，定形隔热耐火制品分类［S］.
[43] 李楠，顾华志，赵惠忠，等．耐火材料学［M］. 北京：冶金工业出版社，2010.
[44] 李楠．保温保冷材料及其应用［M］. 上海：上海科学技术出版社，1985.
[45] 李红霞．耐火材料手册［M］. 北京：冶金工业出版社，2009.

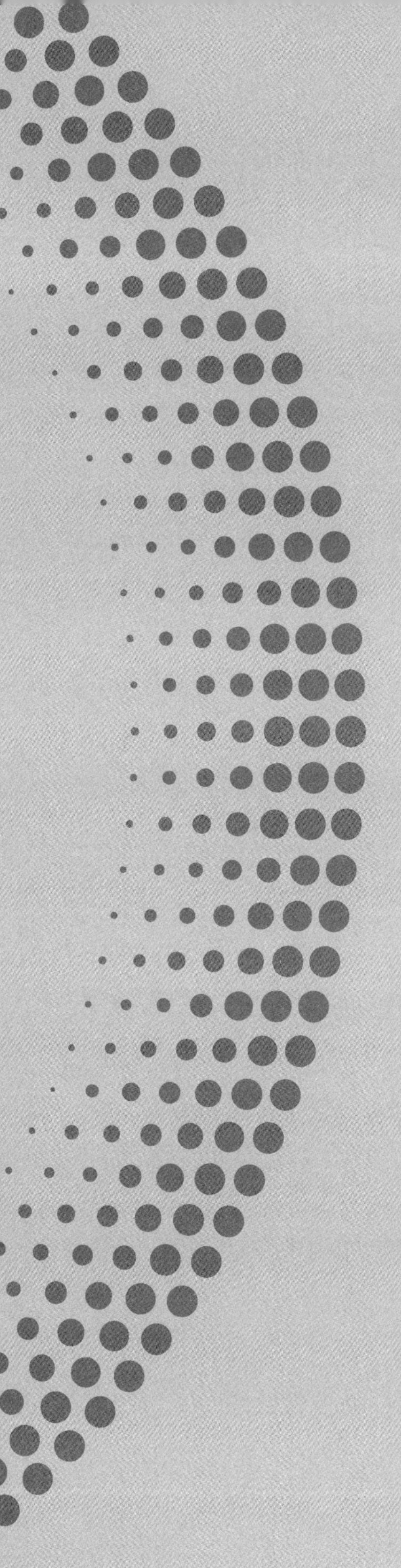

第2篇

YUANLI

原　理

2 多孔隔热耐火材料的隔热原理

多孔隔热耐火材料一个重要功能就是隔热保温，本章主要阐述传热的基本原理、多孔隔热耐火材料的传热过程、导热模型和影响因素，并列举了多种耐火材料的导热系数。

2.1 传热学的基本概念和定律

传热学是研究不同温度的物体或同一物体具有不同温度部分之间热量传递规律的学科。传热的基本方式有热传导、对流传热和热辐射三种，具体如下：

(1) 热传导。物质内部或相互接触的物质之间的传热方式，物质并不做相对运动，只是热运动能量借助格波或电子从高温区传向低温区。热传导是固体传热的主要方式。

(2) 热对流。热对流为流体传热的主要方式。物体之间或流体内部，通过流体的相对流动，把能量从高温区带到低温区。工程上的对流问题，往往不是单纯的热对热方式，而是流体流过物体表面时，依靠热传导和热对流联合作用的热量传递过程，称为对流传热过程。

(3) 热辐射。任何具有一定温度的物体都在不停地向外部辐射电磁波，借助电磁波将能量从一个物体传送到另一个物体，这种传递热量的方式称为热辐射。在高温（600 ℃以上）和真空条件下，物体不相互接触时，热辐射是传热的主要方式。

传热学几个基本概念：

(1) 温度场。温度场为某一瞬间，空间（或物体内）所有各点温度的总称，又称温度分布。

(2) 等温面。等温面为同一时刻，温度场中所有温度相同的点连接所构成的面。

(3) 热流密度。热流从高温等温面沿其法线向低温等温面传递，单位时间内通过单位面积上传递的热量，称为热流密度，用符号 q 表示，单位为 W/m^2。

(4) 热流量。单位时间内通过某一面积上传递的热量，称为热流量，用符号 Φ 表示，单位为 W。

(5) 稳态传热。稳态传热是指传热系统中各点的温度仅随位置而变化，不随时间而改变，这种传热过程称为稳态传热，即发生在稳定温度场内的传热过程。

(6) 非稳态传热。非稳态传热为温度既随位置变化又随时间变化的传热方式，即发生在非稳定温度场的传热过程。

温度差的存在是导热的必要条件，在不涉及物质转移的情况下，热量从物体中温度较高的部位传递给相邻的温度较低的部位，或从高温物体传递给相接触的低温物体的过程，即热量从高温等温面沿其法线向低温等温面传递，这个过程称为热传导，也称导热。法国科学家傅里叶（J. Fourier）在对各向同性连续介质导热过程实验研究的基础上，提出了傅里叶定律，见式（2-1-1）。

假如固体材料垂直于 x 轴方向的截面积为 ΔS，材料沿 x 轴方向的温度变化率为 $\frac{dT}{dx}$，在 Δt 时间内沿 x 轴正方向传过 ΔS 截面上的热量为 ΔQ，对于各向同性的物质，稳态传热具有如下的关系式：

$$\Delta Q = -\lambda \times \frac{dT}{dx}\Delta S\Delta t \tag{2-1-1}$$

式中，常数 λ 称为导热系数（或热导率，thermal conductivity），$\frac{dT}{dx}$ 称为 x 方向上的温度梯度。式中负号表示热流是沿温度梯度向下的方向流动。即 $\frac{dT}{dx}<0$ 时，$\Delta Q>0$，热量沿 x 轴正方向传递；$\frac{dT}{dx}>0$ 时，$\Delta Q<0$，热量沿 x 轴负方向传递。

由式（2-1-1）可以看出，导热系数 λ 就是单位温度梯度下在单位时间内通过单位垂直面积的热量（即热流密度），它反映了材料的导热能力，它的单位为 W/(m · K) 或 J/(m^2 · s · K)。

材料的热性能和电性能类似，例如电性能中的电阻率是电导率的倒数，导热系数的倒数为热阻率，$R=1/\lambda$。

热阻：表征材料对热传导的阻碍能力大小。热阻越大，材料的导热能力越差。

式（2-1-1）只适用于稳态传热，即传热过程中材料在 x 方向上各处的温度 T 是恒定的，与时间无关，$\frac{\Delta Q}{\Delta t}$ 是常数。

热扩散率（导温系数）其定义为：

$$\alpha = \frac{\lambda}{\rho c_p} \tag{2-1-2}$$

$$\frac{\partial T}{\partial t} = \frac{\lambda}{\rho c_p} \times \frac{\partial^2 T}{\partial x^2} \tag{2-1-3}$$

式中，λ、ρ、c_p 分别为导热系数、密度和定压比热容。

热扩散率仅对非稳态传热（式（2-1-3））有意义，在稳态传热过程中，温度不随时间变化，各部分物质的热力学能亦不发生变化。单位体积热容的大小对导热过程没有影响，所以热扩散率也就不起作用。

与导热系数不同，热扩散率综合了材料的导热能力及单位体积热容的大小，表示材料扩散热量能力大小。热扩散率大的材料，热量穿透一定距离所需时间就短，材料温度变化传播快。常温下各类材料的导热系数与热扩散率见表 2-1-1。

表 2-1-1　常温下各类材料的导热系数 λ 与热扩散率 α

材　料	λ / W · (m · K)$^{-1}$	α/ m^2 · s^{-1}
金属	4~420	$(3\sim165)\times10^6$
非金属（少数例外）	0.17~70	$(0.1\sim1.6)\times10^6$
液体（非金属）	0.05~0.68	$(0.08\sim0.16)\times10^6$

续表 2-1-1

材　料	λ / W·(m·K)$^{-1}$	α/ m^2·s^{-1}
气体	0.01~0.20	(15~165)×10^6
普通隔热材料	0.04~0.12	(0.16~1.60)×10^6

材料的导热系数大小取决于物质的种类和温度，此外还与物质的湿度、密度及压力等因素有关。一般来说，导热系数大小排序为：金属材料>非金属材料>气体和蒸气。

一般情况下，气体的导热系数在 0.01~0.6 W/(m·K)，其中氢气的导热系数最大。从图 2-1-1 中可以看出，空气的导热系数随着温度的升高而增大。混合气体的导热系数不能按相加性规律计算，只能用实验方法测定。

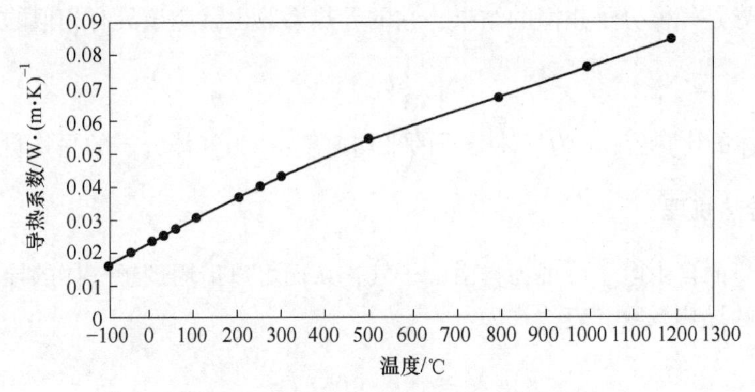

图 2-1-1　空气导热系数与温度的变化关系

液体导热系数一般比固体材料的低，在 0.07~0.7 W/(m·K) 之间。液体中，水的导热系数最大，λ 值为 0.68 W/(m·K)。油类的导热系数值较小，一般为 0.01~0.15 W/(m·K)。图 2-1-2 为一些液体的导热系数随温度的变化曲线。实验研究表明：除水和甘油外，大多数液体的导热系数随温度升高而下降。

固体材料中，各种纯金属的导热系数一般在 12~419 W/(m·K) 范围内变化，其中以银的导热系数最大，在常温下其值达 419 W/(m·K)。纯金属达到熔融状态时，导热系数变小。比如，常温下铝的导热系数为 228 W/(m·K)，但在 700 ℃的熔融状态又为 92 W/(m·K)。同样，冰的导热系数是 2.2 W/(m·K)，水为 0.6 W/(m·K)，而水蒸气为 0.025 W/(m·K)。合金的导热系数低于纯金属的导热系数，其变化范围是 12~130 W/(m·K)。大多数纯金属的导热系数随温度升高而减小。

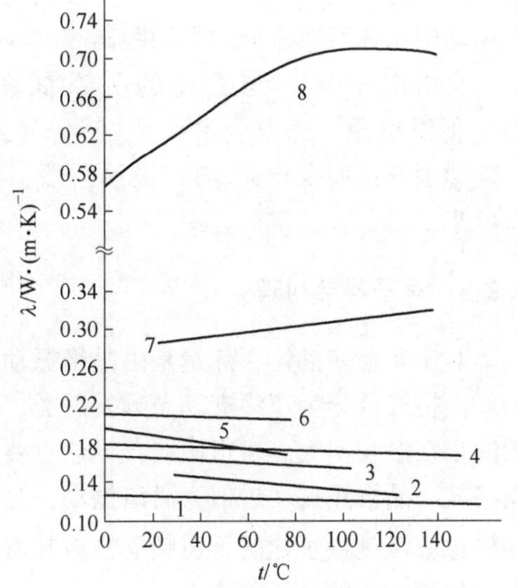

图 2-1-2　各种液体的导热系数

1—凡士林油；2—苯；3—丙酮；4—蓖麻油；5—乙醇；6—甲醇；7—甘油；8—水

2.2 固体材料热传导的微观机理

热传导又称导热，物质各部分之间不发生质点的相对位移，靠物质的分子、原子或电子的振动或运动，使热量在物体内从高温处向低温处传递，或将热量传递到与之直接接触的低温物体的传热过程称为热传导。可见热传导存在于静止物体内部或垂直于传热方向做层流流动的流体中。气体、液体和固体的热传导机理各不相同。在气体中，热传导是由分子不规则的热运动引起的；在大部分液体和不良导体的固体中，热传导是由分子的动量传递所致；在金属固体中，热传导的主要是自由电子的运动。因此，良好的导电体也是良好导热体。

2.2.1 气体导热机理

气体热传导是气体分子碰撞的结果，它的导热系数也就应该具有相似的数学表达式。

$$\lambda = \frac{1}{3}c_V \cdot v \cdot l \tag{2-2-1}$$

式中，c_V为气体的比热容；v为气体分子的平均速度；l为气体分子的平均自由程。

2.2.2 电子导热机理

金属中大量的自由电子可视为自由电子气，从而可以借用理想气体的导热系数公式来描述自由电子的导热系数，表达式为：

$$\lambda_e = \frac{1}{3}c_e \cdot v_e \cdot l_e \tag{2-2-2}$$

式中，c_e为自由电子比热容；v_e为自由电子运动速度；l_e为电子运动平均自由程。

自由电子的比热容越大，则电子从高温区向低温区运动时，携带的能量越多；电子的运动速度越高，则单位时间内有更多的电子通过所考虑的截面；电子的平均自由程是电子在运动中相邻两次碰撞的平均距离。

自由电子导热与温度的关系如图 2-2-1 所示：(1) 低温阶段，随温度呈线性变化；(2) 中温阶段，不随温度变化而变化；(3) 高温阶段，随温度增加略有减小。

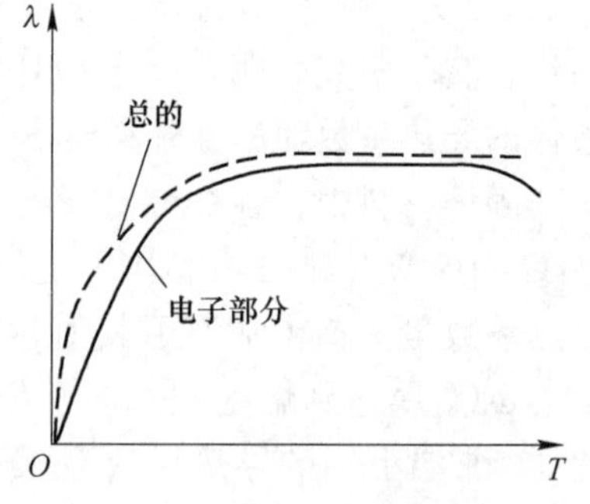

图 2-2-1 金属导热系数的理论曲线

2.2.3 声子导热机理

对于非金属晶体，热量是由晶格振动的格波来传递的，而格波可分为声频支和光频支两类。因光频支格波的能量在温度不太高时很微弱，导热主要贡献源于声频支格波。晶格热振动近似为简谐振动，晶格振动的能量同样也应该是量子化的。声频支格波被看成是一种弹性波，类似于在固体中传播的声波，因此把声频波的量子称为声子。

格波在晶体中传播时遇到的散射可看作是声子和质点的碰撞，理想晶体中的热阻可归结为声子与声子的碰撞。因此，可用理想气体中热传导概念来处理声子热传导问题。气体热传导是气体分子碰撞的结果，声子热传导是声子碰撞的结果。则导热系数具有相似的数学表达式：

$$\lambda_p = \frac{1}{3} c_p \cdot v_p \cdot l_p \tag{2-2-3}$$

式中，c_p为声子的体积热容，是声子振动频率 ν 的函数 $c_p = f(\nu)$；v_p为声子的平均速度，与晶体密度、弹性力学性质有关，与角频率 ω 无关；l_p 为声子的平均自由程，也是声子振动频率 ν 的函数 $l = f(\nu)$。

对声子导热而言，热阻来源于声子扩散过程中的各种散射，它会影响声子的平均自由程，声子散射主要有四种机制：

（1）声子的碰撞过程。声子间碰撞概率越大，平均自由程越小，导热系数越低。声子的平均自由程随温度升高而降低：低温下 l 值的上限为晶粒的尺度，高温下 l 值的下限为几个晶格间距。

（2）点缺陷的散射。散射强弱与点缺陷的大小和声子波长的相对大小有关。在低温时，为长波，波长比点缺陷大得多，犹如光线照射微粒一样，平均自由程与 T^4 成反比；在高温时，波长和点缺陷大小相近，平均自由程为一常数。

（3）晶界散射。晶界散射和晶粒的直径 d 成反比，平均自由程与 d 成正比。

（4）位错散射。在位错附近有应力场存在，引起声子的散射，其散射与 T^2 成正比。平均自由程与 T^2 成反比。

此外，声子的平均自由程 l 还与声子的振动频率 ν 有关。ν 不同，波长不同。波长长的格波易绕过缺陷，使自由程加大，散射小，因此导热系数 λ 大；声子的平均自由程 l 还与温度 T 有关。温度升高，振动能量加大，振动频率 ν 加快，声子间的碰撞增多，故平均自由程 l 减小。

2.2.4　光子导热机理

固体中分子、原子、电子的振动、转动等运动状态的改变，会辐射出电磁波，具有较强热效应的波长在 0.4~40 μm 间（相当于红外、近红外光区）。这部分辐射线就称为热射线。热射线的传递过程称为热辐射。热辐射在固体中的传播过程和光在介质中的传播过程类似，有光的散射、衍射、吸收、反射和折射。因此光子的导热过程，即光子在介质中的传播过程，辐射能的传递能力表达式为：

$$\lambda_{\mathrm{r}} = \frac{16}{3}\sigma n^2 T^3 l_{\mathrm{r}} \tag{2-2-4}$$

式中，σ 为斯忒藩-玻耳兹曼常量，$\sigma = 5.67\times10^{-8}\ \mathrm{W/(m^2 \cdot K^4)}$；$n$ 为折射率；l_{r}为辐射线光子平均自由程。

任何黑体都会辐射出能量，也会接受能量。温度高的单元体中，放出的能量多，而吸收的能量少；而温度低的单元体中，放出的能量少，而吸收的能量多。导热系数 λ_{r} 是描述介质中这种辐射能的传递能力。

光子的导热系数 λ_{r}关键取决于光子的平均自由程 l_{r}。对于辐射线是透明的介质，热阻很小，l_{r}很大；对于辐射线是不透明的介质，热阻较大，l_{r}很小；对于辐射线是完全不透明的介质，$l_{\mathrm{r}} = 0$，辐射传热忽略。

单晶、玻璃对于辐射线是比较透明的，在500~1000 ℃时辐射传热已很明显。而大多数烧结陶瓷材料是半透明或透明度很差的，其l_r要比单晶玻璃的小得多，因此，一些耐火材料在1500 ℃高温下辐射传热才明显。

光子的平均自由程l_r还与材料对光子的吸收和散射有关。吸收系数小的透明材料，当温度为几百摄氏度时，光辐射是主要的；吸收系数大的不透明材料，即使在高温下光子的传导也不重要。在陶瓷材料中，主要是光子散射问题，使得l_r比玻璃和单晶都小，只是在1500 ℃高温下，光子传导才是主要的，因为高温下的陶瓷呈半透明的亮红色。

陶瓷与耐火材料中存在的气孔能使光子发生散射，引起光子衰减，进而导致光子的平均自由程和光子导热系数减小。

2.3 多孔隔热耐火材料的隔热原理

2.3.1 隔热耐火材料的传热过程

多孔隔热耐火材料中包含有大量的气孔，通过隔热耐火材料的热传递就是通过固相与气相的传热。固相传热主要是以热传导为主，而通过气相传热就比较复杂了。

图2-3-1为隔热耐火材料热传递的示意图。当热量Q_0由高温区传递到隔热耐火材料内部时，在没遇到气孔之前，热传递过程在固相中，即主要为固相热传导。在遇到气孔后，可能的热传递途径变成两条：(1) 通过固相的热传导，由于热传导方向变化，热传导的路线增长，即热阻增大；(2) 通过气相传热，气孔中气体的热传递方式有传导、对流和辐射这三种，在图2-3-1中对应的传热量分别为Q_1、Q_2和Q_3，隔热耐火材料传递的热量可用式(2-3-1)表示：

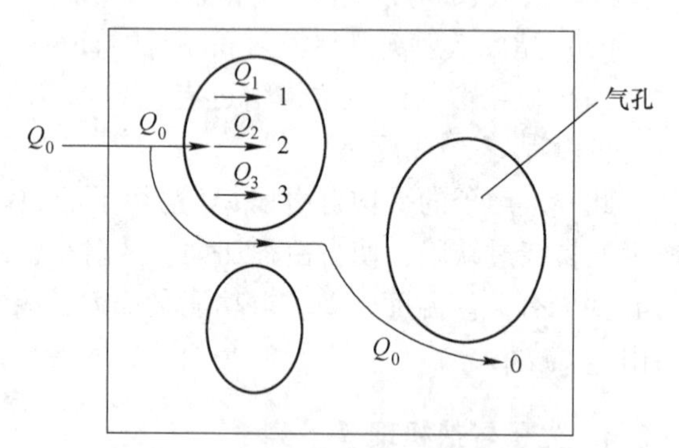

图2-3-1 隔热耐火材料中的热传递

$$Q = \lambda_e \frac{\Delta T}{\Delta L} \tag{2-3-1}$$

式中 Q——通过隔热耐火材料传递的热量；

ΔT——隔热耐火材料两边的温差；

ΔL——隔热耐火材料的传热距离；

λ_e——隔热耐火材料的有效传热系数。

其实高温隔热就是阻隔热从热端传到冷端，有效导热系数表征热传递过程传导、对流和辐射这三种途径的总和。

隔热耐火材料主要分为纤维状和多孔状隔热耐火材料，对于纤维状隔热耐火材料来说，其隔热机理如图2-3-2所示，归纳起来就是四点：(1) 辐射限制于多个界面的相互作用；(2) 固体传导限制于曲折复杂路径；(3) 对流限制于微小孔隙；(4) 气体传导取决于气体类型。

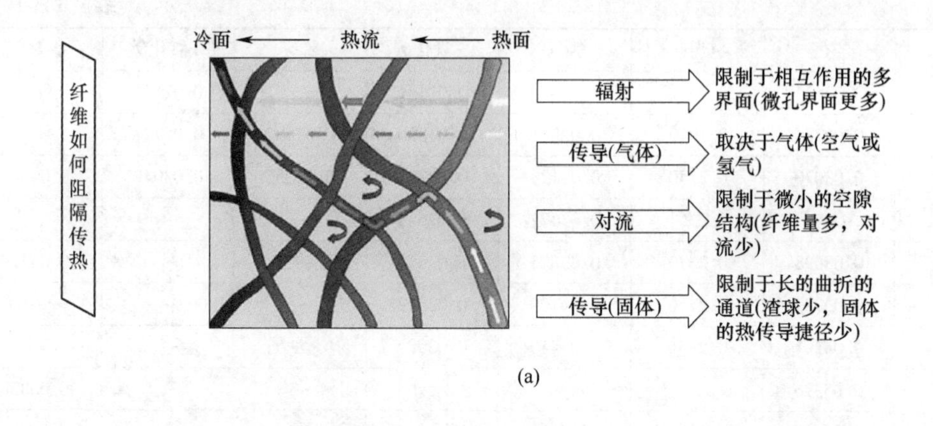

(a)

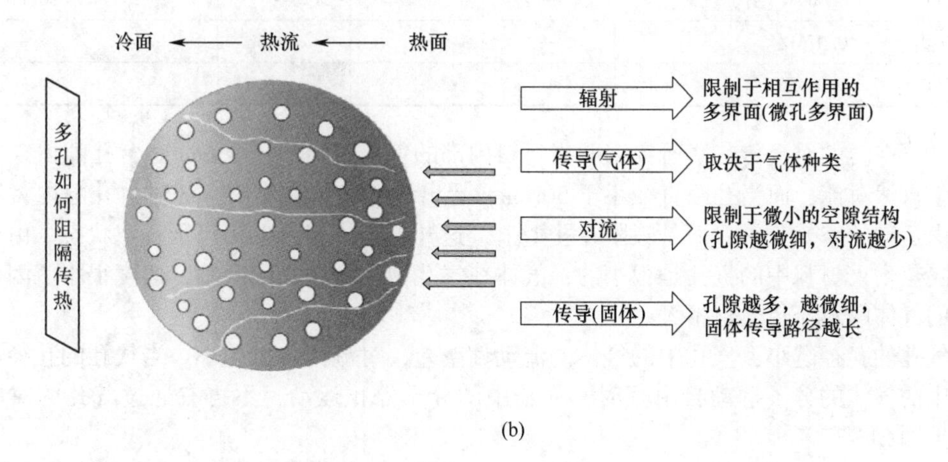

(b)

图 2-3-2 纤维状和多孔状隔热耐火材料传热示意图（书后有彩图）

（a）纤维状隔热耐火材料的热传导过程；（b）多孔状隔热耐火材料的热传导过程

而对于多孔状隔热耐火材料阻隔传热过程和纤维状隔热耐火材料相同，由于多孔状隔热耐火材料中有大量的气孔，气孔中的气体相对固相来说导热系数很低，导致式（2-3-1）中 λ_e 低；同时由于大量气孔的存在，增大了固相热传导的路径，即增大了传热距离 ΔL，因而传递的热量 Q 降低。对于纤维状多孔隔热耐火来说，材料内部有纵横交错的纤维，其热传导路径会更长，因此传递的热量会更少。

多孔状隔热耐火材料（本书简称“多孔隔热耐火材料”）通过气孔传热主要包括以下几个方面：

（1）空气的热传导。通常气体的导热系数是很小的，见表 2-3-1。大多数隔热耐火材料气孔中的气体为空气，空气的导热系数在常温下约为 0.026 W/(m·K)。它的导热系数比固体材料要小得多。因而，通过气孔的传导传热是很小的。

表 2-3-1 不同温度对应部分气体的导热系数 λ （W/(m·K)）

温度/℃	空气	氢气	氮气	二氧化碳	氧气	一氧化碳	水蒸气
0	0.02373	0.1675	0.02407	0.01454	0.02291	0.02326	0.02373

续表 2-3-1

温度/℃	空气	氢气	氮气	二氧化碳	氧气	一氧化碳	水蒸气
20	0.02524	—	—	0.01604	—	0.02484	—
50	0.02733	0.1919	0.02861	0.01826	0.02687	0.02721	—
100	0.03070	0.2140	0.03128	0.02221	0.03035	0.03047	0.03349
150	—	0.2361	0.03477	0.02628	—	—	
200	0.03698	0.2570	0.03815	0.03059	—	—	0.04419
250	0.03977	0.2756	0.04129	0.03512	—	—	—
300	0.04291	0.2954	0.04419	0.03989	—	—	—
500	0.05396	—	—	—	—	—	0.06838
800	0.06687	—	—	—	—	—	0.1103
1000	0.07618	—	—	—	—	—	—
1200	0.08455	—	—	—	—	—	—

(2) 空气的对流传热。研究表明当材料内部的气孔直径小于4 mm时，孔隙内空气不会发生自然对流，而当孔隙直径小于50 nm，超出了空气自由程70 nm时，孔隙内将不再有自由运动的空气分子，而是吸附在孔壁上，这样的气体实际上相当于真空状态。由于大部分隔热耐火材料中的气孔是很小的，气体在气孔中的流动受到限制，速度很小，因而气孔中的气体的对流传热也不大。

气孔的孔径越小，气孔中的气体的流动性越差，对流传热也越小。当气孔的孔径小于气孔中的气体的分子运动自由程时，气孔中的分子停止运动，不再有通过气孔的对流传热，见图2-3-3。

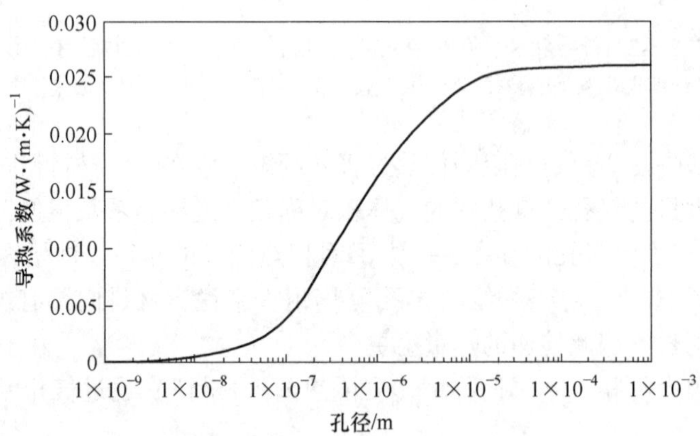

图2-3-3 含空气气孔的导热系数与孔径的关系

(3) 空气的辐射传热。不同种类的气体的辐射和吸收能力各不相同，单原子和分子结构对称的双原子气体，如惰性气体、H_2、N_2、O_2、空气等，无反射和吸收的能力，可以看作透明体。

由于在大多数隔热耐火材料中的气体为空气，可以看作无反射和吸收的透明体。因此，通过气孔的辐射传热主要是通过气孔的高温壁向低温壁的辐射。但总的来看，通过气孔的辐射传热也是不大。

2.3.2 隔热耐火材料导热模型

隔热耐火材料大都具有多孔介质特征，多孔介质内部的传热机理特别复杂，涉及多种传热和换热模式，在温度高的情况下，固体骨架表面之间的辐射传热、气体的对流与辐射等传热无法忽视，因此通常用有效导热系数 λ_e 来描述隔热耐火材料的综合传热表观效果，λ_e 值一般介于构成隔热耐火材料的固相导热系数和气相导热系数之间，它取决于隔热耐火材料的结构、孔隙率和固相、气相材料本身性质。

隔热耐火材料的有效导热系数 λ_e 与固相导热系数 λ_s、气体导热系数 λ_g 和孔隙率 P 的关系研究主要集中在 Series Model（SM）、Maxwell-Eucken 1（ME1）、Parallel Model（PM）、Maxwell-Eucken 2（ME2）和 Effective Media Theory Model（EMT）五种经典导热模型，见式（2-3-2）~式（2-3-6），这五种模型的相对有效导热系数 λ_e 与孔隙率 P 的关系见图 2-3-4。其中 Series Model（SM）模型对应固-气并联模型。

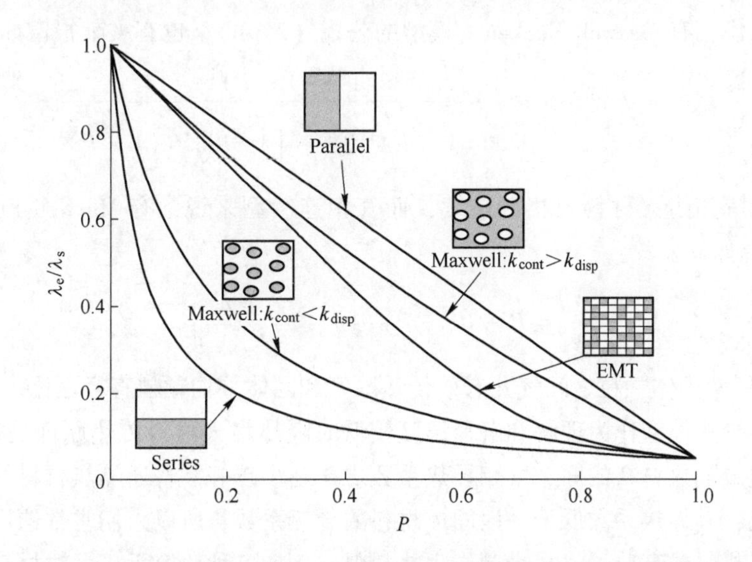

图 2-3-4 几种导热模型结构示意图和相对有效导热系数与孔隙率的关系

（1）固-气并联模型（Parallel Model）公式：

$$\lambda_e = \lambda_s(1 - P) + \lambda_g P \tag{2-3-2}$$

（2）固-气串联模型（Series Model）公式：

$$\lambda_e = \frac{\lambda_s \lambda_g}{\lambda_g(1 - P) + \varepsilon \lambda_s} \tag{2-3-3}$$

（3）固相连续模型（Maxwell-Eucken 1）公式：

$$\lambda_e = \lambda_s \times \frac{2\lambda_s + \lambda_g - 2(\lambda_s - \lambda_g)P}{2\lambda_s + \lambda_g + (\lambda_s - \lambda_g)P} \tag{2-3-4}$$

（4）气相连续模型（Maxwell-Eucken 2）公式：

$$\lambda_e = \lambda_g \times \frac{2\lambda_g + \lambda_s - 2(\lambda_g - \lambda_s)(1 - P)}{2\lambda_g + \lambda_s + (\lambda_g - \lambda_s)(1 - P)} \tag{2-3-5}$$

（5）有效介质模型（Effective Media Theory）公式：

$$\frac{(1-P)(\lambda_s-\lambda_e)}{\lambda_s+2\lambda_e}+P\times\frac{\lambda_g-\lambda_e}{\lambda_g+2\lambda_e}=0 \tag{2-3-6}$$

对于纤维状多孔隔热耐火材料来说，与纤维方向平行的导热系数大于与纤维方向垂直的导热系数。当热流方向和纤维方向平行时，采用固-气并联模型（Parallel Model）计算出式（2-3-2），通常 $\lambda_g \ll \lambda_s$，式（2-3-2）可近似为：

$$\lambda_e \approx \lambda_s(1-P) \tag{2-3-7}$$

当热流方向和纤维方向垂直时，采用固-气串联模型（Series Model）计算出式(2-3-3)，通常 $\lambda_g \ll \lambda_s$，式（2-3-3）可近似为：

$$\lambda_s \approx \frac{\lambda_g}{P} \tag{2-3-8}$$

对于多孔状多孔隔热耐火材料来说，存在两种情况：固相连续型和气相连续型。对于固相连续型来说，有 Maxwell-Eucken 1 模型的公式（2-3-4），也有文献报道如下公式：

$$\frac{\lambda_e}{\lambda_s}=(1-P)^{1.3}+\frac{1-(1-P)^{1.3}}{0.56(1-P)^{1.3}+\frac{\lambda_s}{\lambda_g}[1-0.56(1-P)^{1.3}]} \tag{2-3-9}$$

对多孔状隔热耐火材料固相不连续，而气相连续型来说，有 Maxwell-Eucken 2 公式(2-3-5)，也有如下公式：

$$\frac{\lambda_e}{\lambda_g}=P+(1-P)\bigg/\left(\varphi+\frac{2}{3}\times\frac{\lambda_g}{\lambda_s}\right) \tag{2-3-10}$$

式中，φ 为相邻两固体颗粒之间气孔有效传热厚度和固体平均颗粒直径之比。

以上5种导热模型作为理解和解释温度较低时隔热耐火材料传热原理是很有帮助的。例如，一般组成隔热材料的固、气相导热系数之比越小越好。普通隔热材料的气孔中所含的气体为空气，其导热系数低于一般固体材料的导热系数，所以人们常常选用导热系数低的无机非金属材料或高分子材料来制作隔热材料，例如各种建筑无机保温材料、隔热耐火材料和聚氨酯泡沫塑料等。

隔热耐火材料随着使用温度升高，固相和气相除了热传导外，气孔的辐射传热作用就十分明显，见图2-3-5；无论是多孔状隔热耐火材料（见图2-3-5（a），Al_2O_3 空心球，直径100 μm，壁厚2 μm），还是纤维状隔热耐火材料（见图2-3-5（b），SiO_2玻璃纤维，直径15 μm），随着温度的升高，气体的辐射传热增大，因此，需要考虑辐射传热对有效导热系数的影响。

总之，影响多孔隔热耐火材料的有效导热系数 λ_e 非常复杂，许多研究者根据不同的实验条件，结合经验公式和理论模型，总结了有效导热系数的相关性，取得了有意义的结论，但是通常难有普适的公式来表达。隔热材料的导热系数主要与固相结构、孔隙结构和外界条件这三大因素有关。固相结构包括晶相种类、晶体结构、晶粒形貌大小、晶界特征等，孔隙结构包括气相种类、孔结构参数等，外界因素主要有温度、气压和风速等。下面定性讨论导热系数的影响因素。

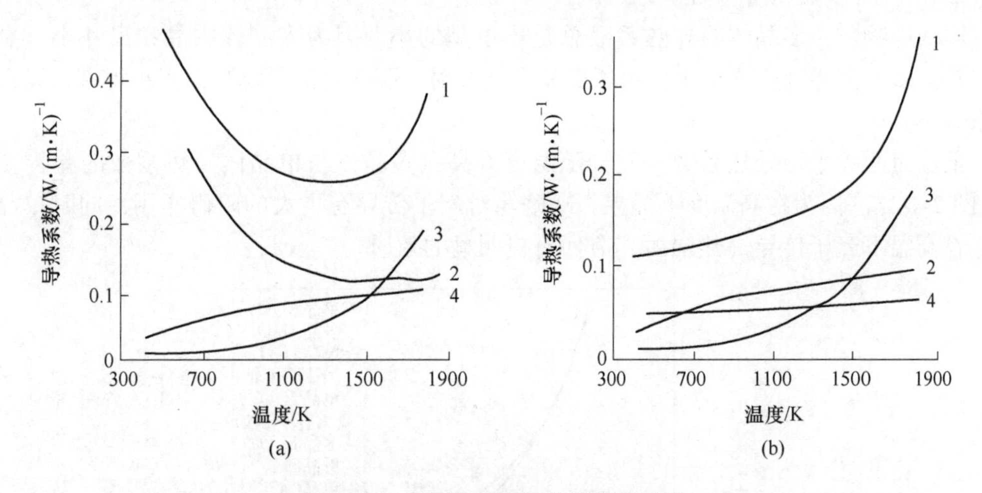

图 2-3-5 不同导热系数与温度的关系

(a) Al_2O_3空心球，直径 100 μm，壁厚 2 μm；(b) SiO_2玻璃纤维，直径 15 μm

1—有效导热系数；2—固相传热；3—辐射传热；4—对流传热

2.4 影响导热系数的材料结构

2.4.1 固相结构的影响

隔热耐火材料多数是由固相和气相组成，固相的显微结构（晶体结构、晶体结晶习性和晶粒大小等）对固体材料的导热系数影响很大。

2.4.1.1 晶体结构

声子传导与晶格振动的非谐性有关。晶体结构越复杂，声子间碰撞概率越大，声子或格波的散射加剧，热阻变大，导热系数降低。例如，镁铝尖晶石的导热系数（24.7 W/(m·K)，20 ℃）比 Al_2O_3（33 W/(m·K)，20 ℃）和 MgO（43 W/(m·K)，20 ℃）的导热系数都低。莫来石（6.96 W/(m·K)，20 ℃）的结构更复杂，所以导热系数比镁铝尖晶石还低得多。图 2-4-1 为几种多晶氧化物的导热系数与温度的关系曲线。

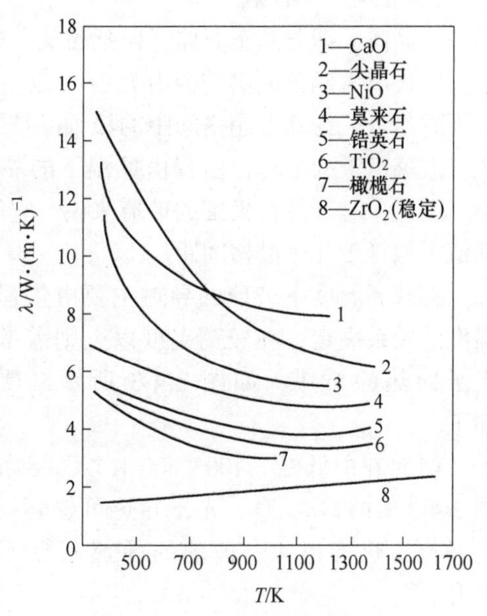

图 2-4-1 校正到理论密度后多晶氧化物的导热系数曲线

2.4.1.2 各向异性晶体

对于各向异性的物质，热膨胀系数较小的那个方向，导热系数较大；反之，热膨胀系数较大的那个方向，导热系数则较小。例如，石英、金红石、石墨、BN 等都是在热膨胀系数低的方向导热系数最大。

2.4.1.3 多晶体与单晶体

同一种物质，多晶体的导热系数总是比单晶的小。因为多晶体中晶粒尺寸小、晶界多、缺陷多，晶界处杂质也多，声子更易受到散射，因而它的平均自由程小得多，所以导热系数小。

低温时两者平均导热系数一致，随温度升高，多晶体与单晶体导热系数的差异变大(见图2-4-2)。因为在高温度下晶界、缺陷等对声子传导有更大的阻碍作用，同时单晶比多晶在高温下光子传导（热辐射）方面有更明显的效应。

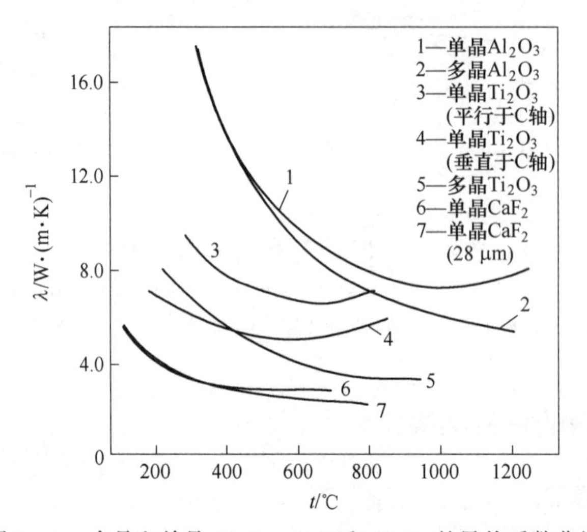

图2-4-2 多晶和单晶Al_2O_3、CaF_2和Ti_2O_3的导热系数曲线

2.4.1.4 非晶体

非晶体，即非晶态固体，包括玻璃、树脂、橡胶等，其结构特点是近程有序，远程无序。以玻璃为例，玻璃结构由无数“微晶”分散在无定形介质中构成，和晶体相比，玻璃可看作直径为几个晶格间距的极细晶粒组成的多晶体，它的导热机理可用声子传热来理解，玻璃声子的平均自由程由低温下的晶粒直径大小变化到高温下的几个晶格间距的大小。因此，对于晶粒极细的玻璃来说，它的声子平均自由程在不同温度将基本上是常数，其值近似等于几个晶格间距。

在较高温度下玻璃的导热主要由热容与温度的关系决定，在较高温度以上则需考虑光子导热的贡献，如图2-4-3所示，具体如下：

(1) 在中低温（400~600 K）（相当于图2-4-3中的OF段），光子导热可忽略；温度升高，热容增大，玻璃的导热系数不断上升。

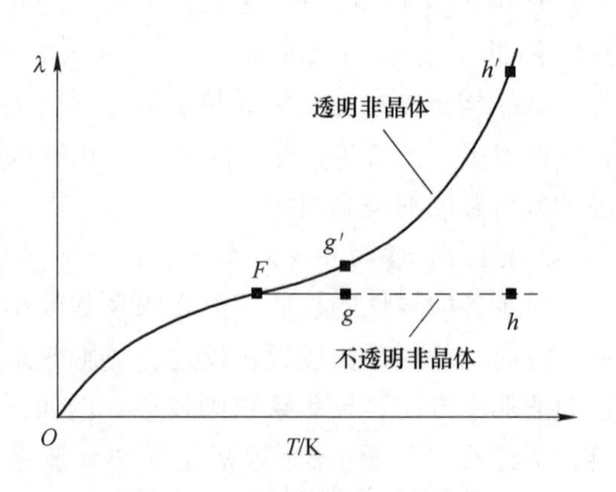

图2-4-3 非晶体导热系数曲线

(2) 从中温到较高温度（600~900 K），随着温度的不断升高，声子热容不再增大，逐渐为一常数，因此声子导热对导热系数的

贡献也不再随温度升高而增大，见图 2-4-3 中所示的 Fg 段。如果此时光子导热对总的导热系数的贡献已经开始增大，则表现为图 2-4-3 中的 Fg'段。

（3）温度高于 900 K，随着温度的进一步升高，声子导热变化仍不大，这相当于图 2-4-3中的 gh 段。但由于光子的平均自由程明显增大，光子导热系数将随温度的三次方增大。此时光子导热系数曲线由玻璃的吸收系数、折射率以及气孔率等因素决定，这相当于图 2-4-3 中的 $g'h'$ 段。对于不透明的非晶体材料，由于它的光子导热很小，不会出现 $g'h'$段。

晶体和非晶体的导热系数与温度曲线见图 2-4-4，两者比较分析如下：

（1）低温下，忽略光子导热，非晶体的导热系数都小于晶体的导热系数（$\lambda_{非晶体}<\lambda_{晶体}$）。其原因是在该温度范围内，非晶体声子的平均自由程比晶体的平均自由程小得多（$l_{非晶体} \ll l_{晶体}$）。

（2）高温时，非晶体的导热系数与晶体的比较接近。这是因为，当温度升到 c 点或 g 点时，晶体的平均自由程 l 已经减小到下限值，而非晶体声子平均自由程等于几个晶格间距的大小。而晶体的声子的热容也接近为常数 $3nR$。光子导热还没有明显的贡献，故两者较接近。

（3）两者的 λ-T 曲线的主要区别在于非晶体的 λ-T 曲线无 λ 的峰值点 m，这也说明非晶体的声子平均自由程在几乎所有温度范围内均接近一常数。

实验研究表明，许多不同组分玻璃的导热系数曲线几乎都与理论曲线相似，虽然几种玻璃的组分差别较大，但其导热系数的差别却比较小，说明玻璃组分对其导热系数的影响要比晶体中组分对导热系数的影响小。图 2-4-5 是石英玻璃和石英晶体的导热系数对比，在 100 K 时，石英晶体的导热系数几乎要比石英玻璃的导热系数高 2 个数量级，石英晶体的导热系数随着温度升高而下降，而石英玻璃则随着温度升高而增大（图 2-4-5）。

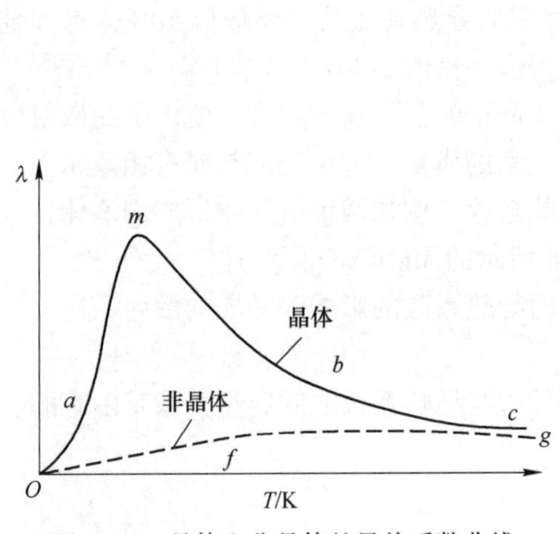

图 2-4-4 晶体和非晶体的导热系数曲线

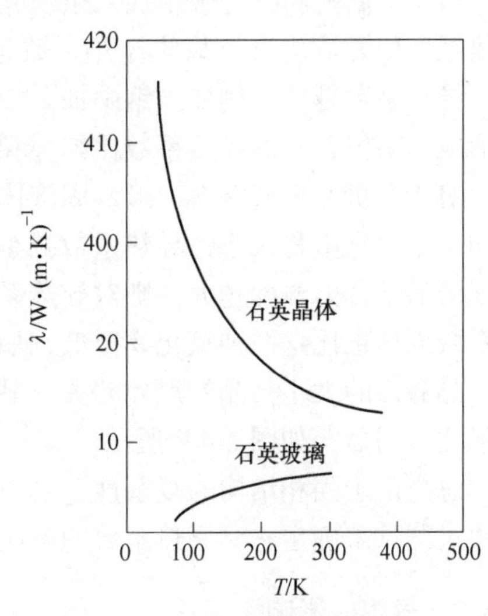

图 2-4-5 石英晶体和石英玻璃的导热系数曲线

多孔隔热耐火材料中一般都存在晶体和非晶体，这种晶体和非晶体共存材料的导热系数往往介于晶体和非晶体导热系数曲线之间，可能有以下三种情况：

（1）当材料中晶相比非晶相多时，在一般温度时，它的导热系数将随温度上升而稍有下降，在高温下导热系数基本上不再随温度变化；

（2）当材料中非晶相比晶相多时，导热系数通常将随温度升高而增大；

（3）当材料中所含的晶相和非晶相为某一适当的比例时，其导热系数可以在某个温度范围内基本上保持常数。

2.4.1.5 化学成分和杂质

不同组成的晶体，导热系数往往有很大差异。这是因为构成晶体的质点的大小、性质不同，它们的晶格振动状态不同，传导热量的能力也就不同。

一般来说，质点的相对原子质量越小，密度越小，杨氏模量越大，德拜温度越高，则导热系数越大。

轻元素的固体和结合能大的固体，导热系数较大，如金刚石的 $\lambda = 1.7\times10^{-2}$ W/(m · K)，比较重的硅、锗的 λ 高（Si、Ge 的 λ 分别为 1.0×10^{-2} W/(m · K) 和 0.5×10^{-2} W/(m · K)）。常见氧化物陶瓷中，ZrO_2的导热系数比较低，常温下 3 W/(m · K) 左右。

较低相对原子质量的正离子形成的氧化物和碳化物、氮化物具有较高的热传导系数，如 BeO，SiC，BN 等，BeO 陶瓷的导热系数在目前所有实用陶瓷材料中为最高的，纯度 99% BeO 陶瓷的导热系数可达 310 W/(m · K)，是致密 Al_2O_3 的 6~7 倍；α-SiC 常温下的导热系数约为 100 W/(m · K)，尽管 α-SiC 的导热系数在隔热耐火材料中比较大，但由于 α-SiC 能够吸收红外波段某一频率的光，可作为红外遮蔽剂，在纳米 SiO_2 绝热板中添加，可显著降低材料的导热系数。

固溶体的形成降低导热系数，而且取代元素的质量和大小与基质元素相差越大，取代后结合力改变越大，则对导热系数的影响越大。

对于金属材料，合金中加入杂质元素将使导热系数降低，杂质与基体的差异越大，对导热系数的影响越大，基体导热系数越高，合金元素对导热系数的影响越大，晶粒越细小，导热系数越低，例如当钢中加入 2%的铝，它的导热系数几乎要降低 50%，再如金和银形成固溶体，它的导热系数比纯金和纯银低得多，见图 2-4-6。

对于无机非金属材料，形成固溶体时，由于晶格畸变，缺陷增多，使声子的散射概率增加，平均自由程减小，导热系数减小；溶质元素的质量、大小与溶剂元素相差越大，以及固溶后结合力改变越大，则对导热系数的影响越大。例如两种氧化物形成固溶体，其导热系数同样也比这两种氧化物要低，如图 2-4-6 所示的 MgO-NiO 固溶体。

晶界面的大小与晶粒尺寸有关，晶粒尺寸对导热系数的影响和晶界的散射一样，在低温下比较明显，如图 2-4-7 所示。

总之由于固相结构的复杂性，要建立固相结构与导热系数之间定量关系是困难的，通常通过测试来确定它对导热系数的影响。

2.4.2 气相的影响

2.4.2.1 气相有效导热系数

气孔能引起声子的散射，气孔内气体的导热系数很低，因此气孔总是降低材料的导热能力的，在较高温度下，气孔率 P 越大，材料的导热系数越小。

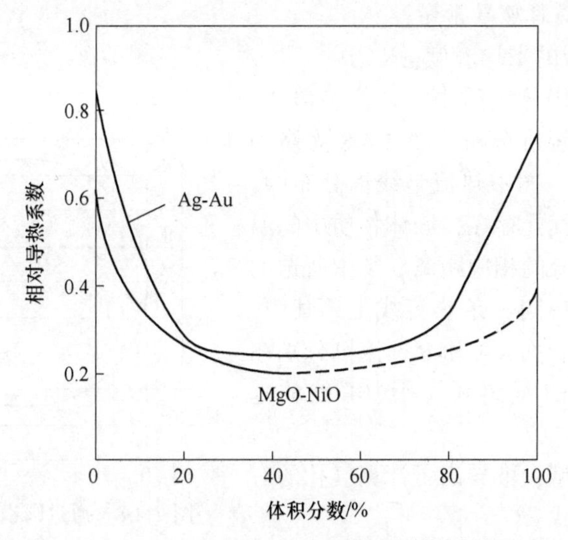

图 2-4-6 Ag-Au 和 MgO-NiO 两种固溶体的导热系数

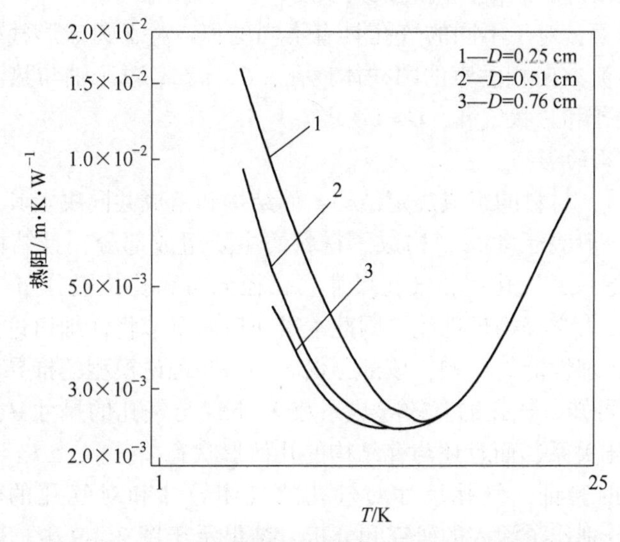

图 2-4-7 KCl 晶体热阻与晶粒尺寸（D）和温度的关系

隔热耐火材料中的气孔，其热量传递有三种形式：（1）当气孔的尺寸较小时，气孔的对流可忽略不计；（2）在温度较低时，气孔的辐射热传递也很小，气孔的传热由气体的热传导来决定；（3）随着温度的升高，气孔中气体的热传导和对流稍有增大，但辐射热传递则明显增大，因此在气孔较小、温度较高时，可近似地把气孔的辐射传热等同气孔总的热传递。

为了确定气孔本身的有效导热系数，分析影响它的因素和规律，洛勃（Lob）提出了一个物理模型并进行了定量分析，已知气孔表面的温度分布，根据傅里叶定律，便可计算通过气孔的热辐射量。在单位时间内，通过单位面积、温度降为 Δt 时热辐射量为：

$$Q = 4\varepsilon\sigma T^3 \cdot \Delta t \tag{2-4-1}$$

式中 ε——气孔辐射表面的热发射率（emissivity）；

σ——斯忒藩-玻耳兹曼常量；

T——辐射区域的平均温度，K。

假设气孔周围的固体物质中，是稳态传热，则可确定气孔表面的温度分布。图 2-4-8 为洛勃提出的气孔传热模型。图中热流是线性分布的，所以尽管有圆截面的气孔存在，固体物质中的温降仍然正比于固体部分的相应距离。图中所选的 A、P、Q、B 四点均在同一条热流线上，其中、P 和 Q 两点在气孔的表面，A 和 B 两点则分别在 t_1 和 t_2 的等温线上。AB 线离开气孔中心线的垂直距离为 Y。

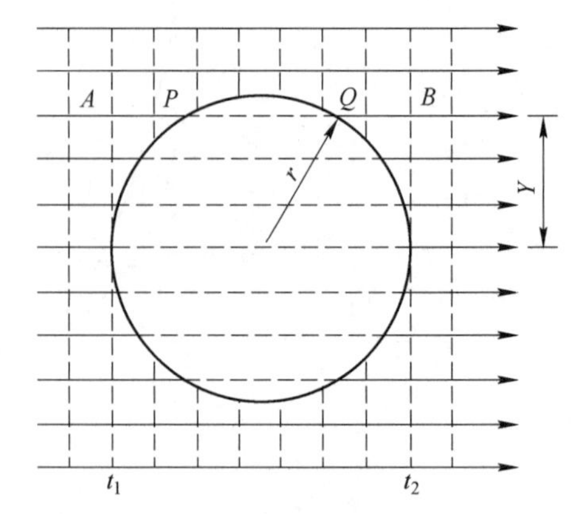

图 2-4-8　通过圆横截面气孔的热流图

洛勃根据以上模型，推导出了计算气孔的有效导热系数一般表达式：

$$\lambda_g = 4G \cdot d \cdot \varepsilon \cdot \sigma T^3 \qquad (2\text{-}4\text{-}2)$$

式中　d——气孔或裂缝在热流方向的最大长度；

G——几何因素，对于不同的气孔具有不同的值：对于圆球形气孔，$G=2/3$；对于轴与热流方向相垂直的圆柱体气孔，$G=\pi/4$；对于轴与热流方向相平行的圆柱形气孔和片状气孔，$G=1$。

2.4.2.2　孔结构的影响

在材料科学领域，材料的组成决定结构，而结构和组成共同决定其性能。对多孔隔热材料而言，孔隙率一般高于 45%，构成了材料的主要组成部分，且结构复杂，所以不同孔结构参数（孔的形状、气孔率、气孔尺寸、孔径分布和孔位置分布等）在很大程度上决定了材料的热学、力学等物理性能。因此本书在后面章节将详细讨论孔结构的表征及对多孔隔热耐火材料物理性能的影响，该部分仅阐述一些理论模型的推导和分析。

由式（2-4-2）可知，气孔的有效导热系数 λ_g 不仅与气孔的尺寸 d、热发射率 ε 和温度 T 的三次方成正比关系，而且还与孔结构的几何形状有关。

关于洛勃模型的验证，气孔尺寸对气孔的气体导热和对气孔的辐射导热的影响，Kingery 和 Klein 等分别作了深入的研究和分析，结果示于图 2-4-9 中。研究选定的气孔尺寸的变化范围为 0.005~0.5 cm，因此气孔中对流对导热的贡献可以忽略；研究选定的温度变化范围为室温到 2000 ℃，便于简化，气孔表面的热发射率均等于 0.5；气孔内的气压等于 1 个大气压（1 atm=101325 Pa）。为进行比较，图 2-4-9 中还列出了 ZrO_2 导热系数曲线。主要分析如下：

（1）气孔中气体有效导热系数一般随温度升高而增大。孔径为 0.1~0.01 cm 时，导热系数从室温下的 0.015 W/(m·K) 增加到 1800 ℃下的 0.167 W/(m·K)。相同温度下，孔径越小，导热系数越低，孔径小于 0.005 cm 时，从 1200 ℃开始，其导热系数反而随着温度升高而急剧下降。这是由于孔径不断减小，气体分子运动的平均自由程逐渐接近于甚至大于孔径，使得导热系数趋于更低；同时还由于温度的升高，气体分子运动的平均自由程也随着增大，以至于当孔径足够小且温度又很高时，就会出现上述的 0.005 cm 气孔在 1200 ℃以上导热系数急剧下降的现象。

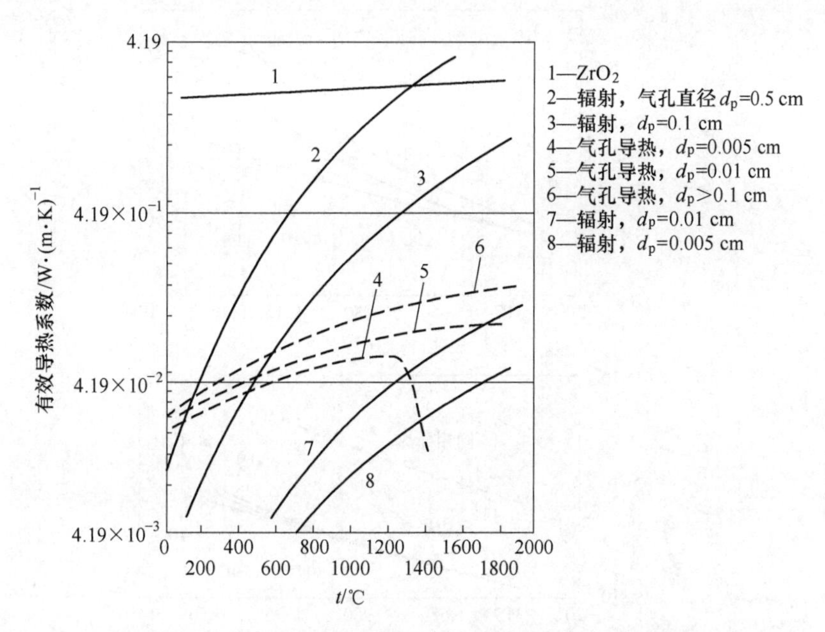

图 2-4-9 不同孔径和温度对气体导热和辐射导热的影响

（2）气孔的辐射导热受温度和孔径的影响较之气体导热更为明显。相同温度下，孔径越大，有效导热系数越大；相同孔径，温度越高，有效导热系数也越大，例如，0.5 cm 的气孔在 1300 ℃时的有效导热系数已与 ZrO_2 的相等。

（3）气孔总的导热中，气体导热和辐射导热所占的比重主要取决于温度，但也与气孔尺寸有关。孔径为 0.1 cm，低于 550 ℃时，气体导热大于辐射导热，高于 550 ℃时则相反；孔径为 0.01 cm 时，1650 ℃以下时气体导热大于辐射导热，高于 1650 ℃时则相反。

2.4.2.3 气体的热发射率

由图 2-4-10 来讨论气孔表面热发射率对有效导热系数的影响。当 ZrO_2 的气孔直径为 0.25 cm，气孔表面热发射率 $\varepsilon=0.9$ 时，在 1427 ℃左右或以上，气孔的有效导热系数将大于 ZrO_2 固相的导热系数，而且不同的 ε 值对导热系数的影响很大，在高温下更是如此。但是当气孔直径等于 0.01 cm 时，气孔表面的 ε 对有效导热系数的影响已小到可以忽略。

当气孔率保持不变时，多孔隔热耐火材料的导热系数主要取决于材料内部的气孔形状、尺寸及相互之间的连通情况。气孔尺寸越小，材料的导热系数越低，其主要原因在于：（1）气孔尺寸的减小降低了对流传热效率；（2）气固界面的增多，增大了固体传导距离，降低了材料的热传导。因此，在保持材料气孔率不变的情况下，减小气孔孔径有助于导热系数的降低。

尽管 Loeb 模型给出了气孔孔形因子 G、气孔尺寸 d、辐射常数 σ、热发射率 ε 和绝对温度 T 之间的关系。但是 Loeb 模型只适用于气孔直径大于 1 μm 的绝热材料；当气孔尺寸为纳米级，无法预测其导热系数。大量研究和理论推导证明：当气孔尺寸小于 50 nm，气孔基本上处于真空状态，即气体被吸附在孔壁上，气孔内空气处于静止状态，其隔热机理将在后面章节阐述。

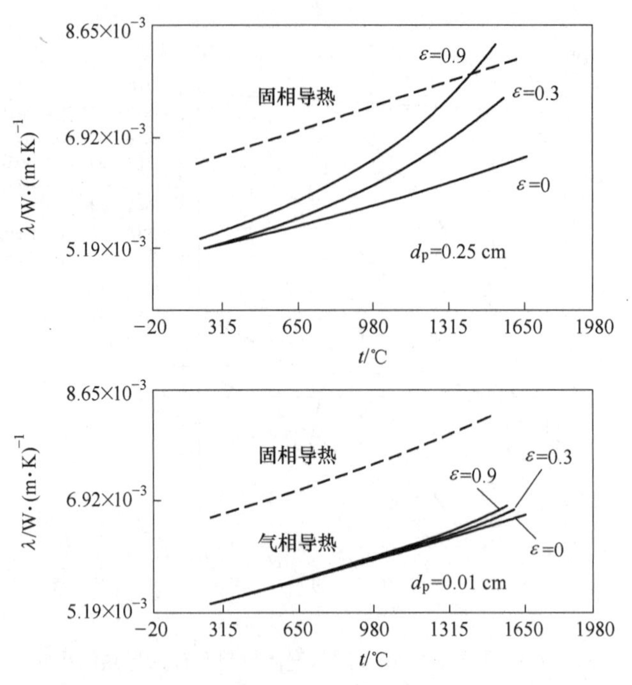

图 2-4-10 气孔表面热发射率对有效导热系数的影响

2.5 影响导热系数的环境因素

2.5.1 温度

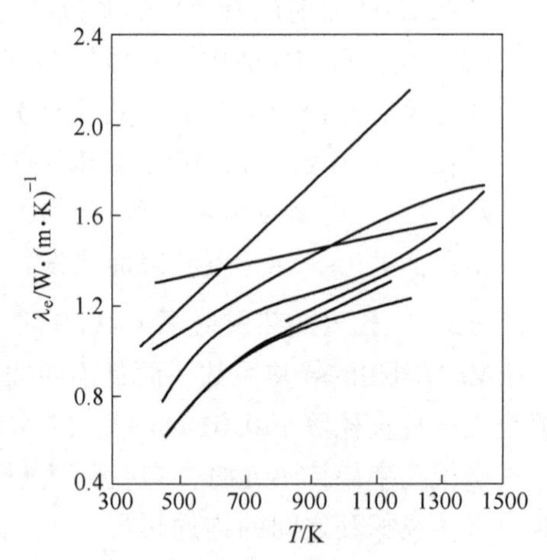

图 2-5-1 对同一耐火砖，不同研究者所测试的 λ_e-T 曲线

多孔隔热材料中，除了内因（固相和气相）对导热系数影响外，外界因素对导热系数影响最重要的就是温度，多年来，为了探究材料有效导热系数与温度之间的关系，研究人员不仅建立了多种理论模型，进行许多预测性的研究，而且还进行大量实验验证。结果表明：不同研究者对同一种材料所预测和实测的导热系数，尽管数值上有差异，但所得到的 λ_e-T 曲线趋势相当一致（见图 2-5-1）。

由于工程实践的需要，人们根据实验结果，建立了各种物质或材料一定温度范围内 λ_e-T 曲线经验关系式，反映材料导热系数随温度变化的规律。

2.5.1.1 无机非金属晶体材料

除 ZrO_2 等少数晶体材料外，绝大多数无机非金属晶体材料的导热系数 λ 在室温以上几乎都与绝对温度 T 的倒数近似成正比，或热阻率 R 与绝对温度 T 近似成正比，可近似地表示为：

$$\lambda = a/T + b \tag{2-5-1}$$

$$R = gT + h \tag{2-5-2}$$

式中，a、b、g 和 h 是由实验确定的常数。式（2-5-1）和式（2-5-2）已为大量实验结果所证实而且也与声子导热的理论相吻合，见图 2-5-2 和图 2-5-3。

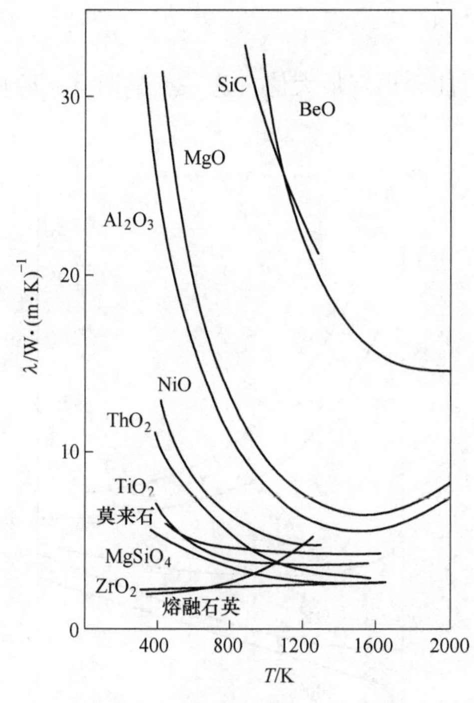

图 2-5-2　几种陶瓷材料 λ-T 曲线

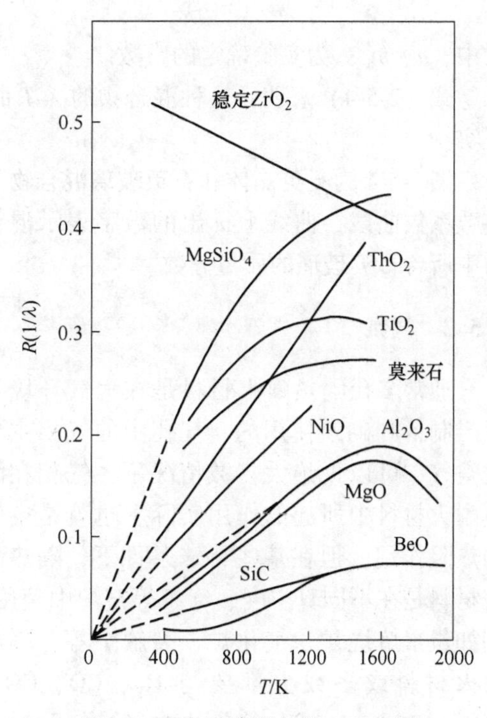

图 2-5-3　几种陶瓷材料 R-T 曲线

因为随着温度的升高，当温度约为 0.28 德拜温度时，导热系数出现最大值，温度再升高，声子热容已逐渐接近为一常数，但格波（声子）振动的振幅却不断增大，振动的非简谐性程度也增大，使声子平均自由程逐渐减小，进而使导热系数不断减小。

当温度升到足够高时，例如对高温氧化物来说在 1300~1500 ℃时，辐射导热的贡献开始明显增大。光子导热贡献的增大，在一定程度上抵消了声子导热随温度升高而减小的量，因而使得总的导热系数几乎不随温度变化而变化。如温度再升高，导热系数反而会随着温度升高而略有上升，热阻则会有所降低。

2.5.1.2　玻璃等非晶体材料

对于玻璃等非晶态材料，由于其结构上的明显差别，非晶体的声子平均自由程比较小，非晶态的 λ_e-T 曲线和晶体的曲线变化规律不同。在室温以上，玻璃等非晶体的声子平均自由程基本为一常数，导热系数 λ 随着温度升高几乎成正比增大，并可近似地表示为：

$$\lambda = c/T + d \tag{2-5-3}$$

式中，c 和 d 均为常数，可参考 2.4.1.4 节。

2.5.1.3　晶体和玻璃的混合物

实际生产过程中，大多数多孔隔热耐火材料的原料都来源于天然矿物，原料中不可避免带有杂质元素，这些杂质元素容易在材料生产或使用过程中产生玻璃相，因此晶相和玻璃相混合是很常见的。这类材料的 λ-T 曲线通常也反映组分上的特点，可近似表示为：

$$\lambda = \frac{1}{aT + b + \frac{c}{T}} \tag{2-5-4}$$

式中，a、b、c 为实验确定的常数。

式（2-5-4）表明：这种混合物的 λ-T 曲线可能会出现最大值，这一点早期有实验所证实。

图 2-5-4 为石英晶体和石英玻璃混合物的导数系数曲线，曲线上标出的数字表示混合物中所含石英玻璃的质量分数。

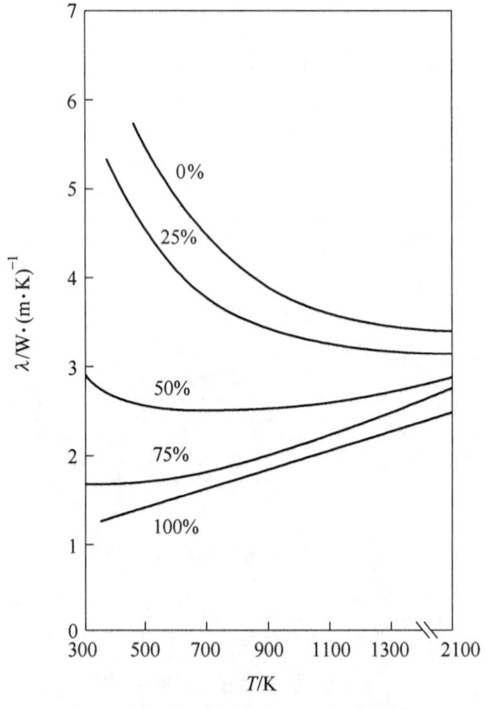

图 2-5-4 石英晶体和石英玻璃混合物的导数系数曲线

2.5.2 气氛

通常多孔隔热耐火材料是在大气环境下生产制备和砌筑使用的，气孔中的气相主要是空气，可以说绝大多数情况下，气相在隔热耐火材料中所起的作用实际上也就是空气的热阻作用。但在某些特殊条件下，隔热耐火材料是在不同真空度、气氛等窑炉中使用，例如炭素焙烧炉、气化炉、裂解炉等，隔热耐火材料或多或少都要与 H_2、CO、CO_2、CH_4、NH_3、He、Ar 等气体接触，气氛对隔热耐火材料导热系数的影响不容忽视。

多孔隔热耐火材料中，气体的导热系数除了与气孔结构有关外，还与气体的组成有关，一般情况下，气体的相对分子质量越小，它的组成和结构越简单，其导热系数也就越大，如表 2-3-1 和图 2-5-5 所示。从表 2-3-1 和图 2-5-5 中可以看出，H_2 的导热系数最大，几乎是空气、N_2、CH_4、NH_3、CO、CO_2、Ar 和水蒸气的 6~10 倍，空气、N_2、CH_4、NH_3、CO、CO_2、Ar 和水蒸气之间的导热系数相差不大。

一般来说多孔隔热耐火材料在不同气氛中的导热系数与所处气氛的导热系数几乎是一个趋势：气孔内气体的导热系数越大，则隔热耐火材料的导热系数越大，这仅对于总孔隙率高于 30%的耐火材料而言，因为当耐火材料的总孔隙率低于 30%时，材料结构以固相连续而气相孤立存在，气相的导热系数对隔热耐火材料导热系数的影响较小。图 2-5-6 为氦气、空气和氩气下多孔隔热耐火砖（87%总孔隙率）的导热系数与温度关系。

2.5.3 气压

耐火材料经常用于稀薄气体介质中，例如有些钢的冶炼，因此有必要了解气体气压对

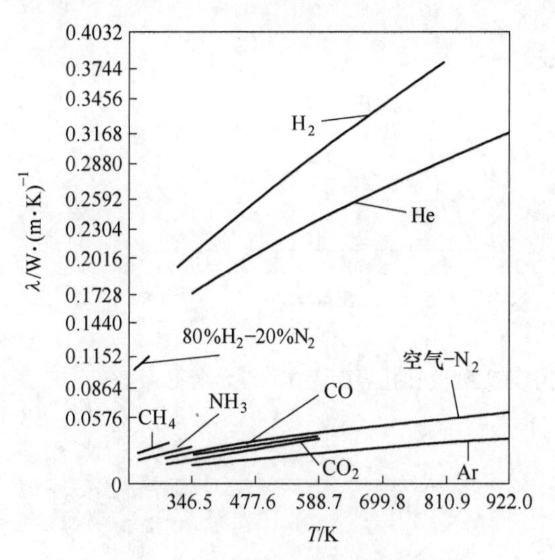

图 2-5-5 不同气体的导热系数-T 曲线

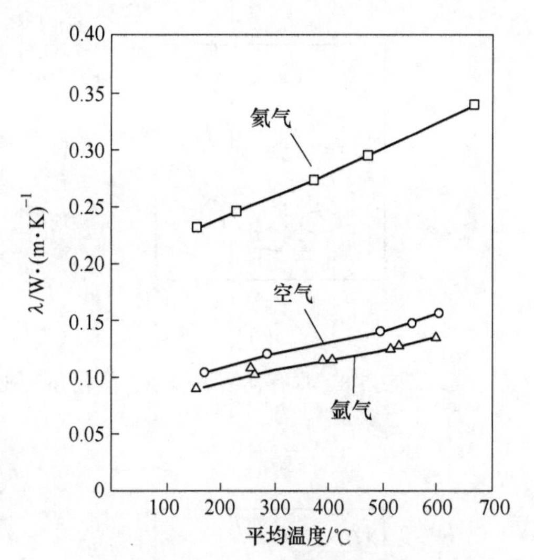

图 2-5-6 氦气、空气和氩气下隔热耐火砖（87%总孔隙率）的导热系数与温度关系

耐火材料导热系数的影响。

对致密耐火材料（总孔隙率低于 30%），有研究认为分为以下几种情况：

（1）具有致密晶界的晶体材料，即无裂纹（包括微裂纹和大裂纹，microcracks and macrocracks）和孔界面（porous boundaries）的晶体材料（见图 2-5-7（a）），其导热系数，和前面讨论的晶体一样，先随温度升高而降低，然后再上升，整个温度范围内导热系数几乎不受气体的成分和压力影响（见图 2-5-7（b））。

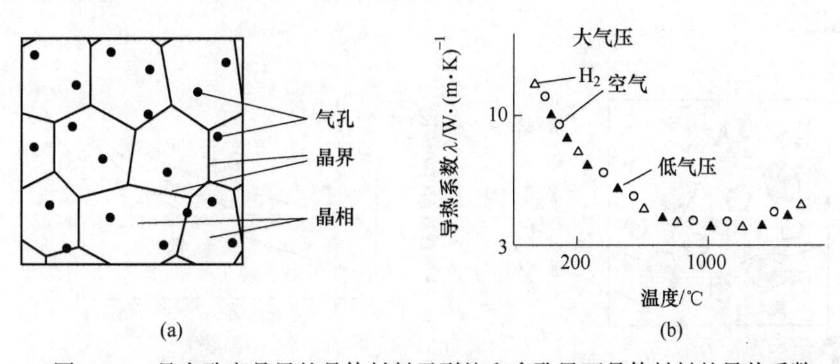

图 2-5-7 具有致密晶界的晶体材料无裂纹和多孔界面晶体材料的导热系数

（2）具有连续玻璃相、晶相和气孔分散其中，且无裂纹和孔界面的固体材料（见图 2-5-8（a）），其导热系数随温度的变化规律和前面讨论的玻璃类同，整个温度范围内材料的导热系数几乎不受气体的成分和压力影响（见图 2-5-8（b））。

（3）具有微裂纹晶体材料（见图 2-5-9（a）），导热系数随着气压减小而降低；当气压较高时，其导热系数随温度的升高总体趋势下降，气压较低时，导热系数随着温度的升高而增大（见图 2-5-9(b)）。

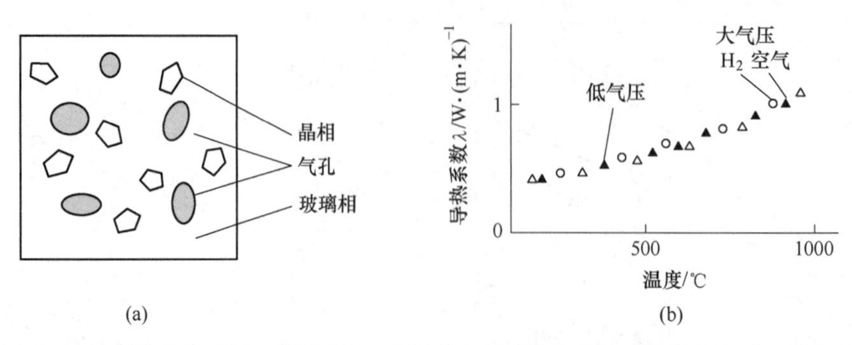

图 2-5-8　具有连续玻璃相、晶相和气孔分散其中且无裂纹和孔界面固体材料的导热系数

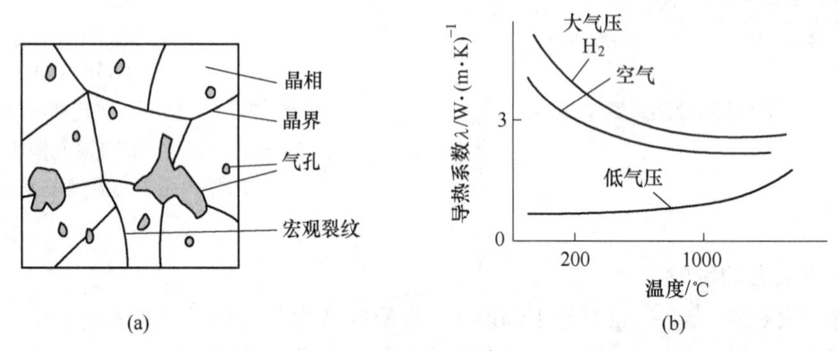

图 2-5-9　具有微裂纹晶体材料的导热系数

（4）具有微裂纹连续玻璃相且气孔和晶相孤立分散于玻璃相中（见图 2-5-10（a）），导热系数随着气压降低而减少；无论高气压和低气压，其导热系数均随温度的升高总体趋势升高（见图 2-5-10（b））。

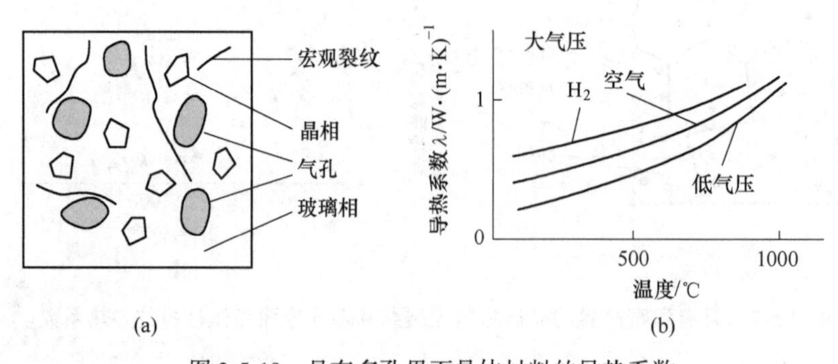

图 2-5-10　具有多孔界面晶体材料的导热系数

（5）界面多孔且有晶粒气孔的晶体材料（见图 2-5-11（a）），低于 800 ℃时，气体对导热系数的影响比较大，高气压条件下材料的导热系数随着温度升高降低，低气压则相反；高于 800 ℃时，无论是气压高低，导热系数随着温度变化都是略下降后再上升，如图 2-5-11（b）所示。

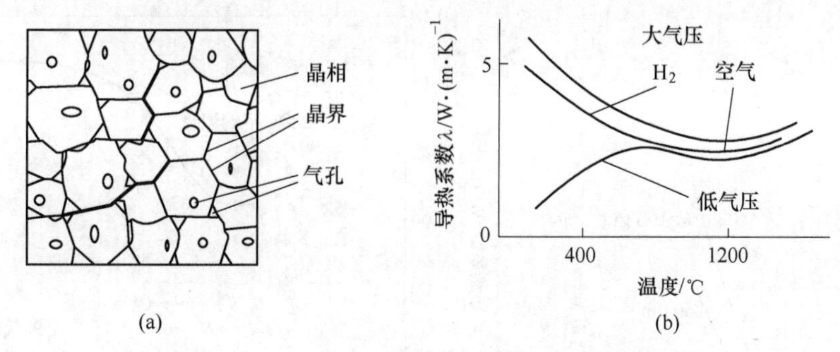

图 2-5-11　界面多孔且有晶粒气孔晶体材料的导热系数在不同温度与气压大小关系

（6）界面多孔且有微裂纹、有晶内气孔的晶体材料（见图 2-5-12（a）），其导热系数总体上随着气压升高而增大；在低气压阶段，导热系数升高缓慢；在中气压阶段，导热系数会迅速增大；高气压阶段，导热系数基本恒定，具有微裂纹和大裂纹的情况趋势都类同（见图 2-5-12（b））。

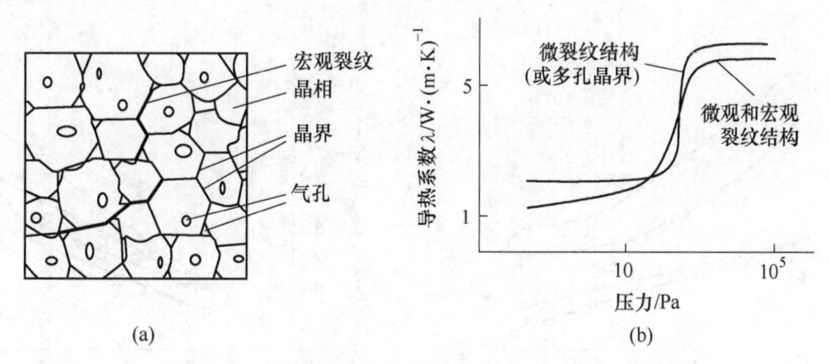

图 2-5-12　界面多孔且有微裂纹、有晶内气孔晶体材料的导热系数与气压关系

气压对致密耐火材料的影响主要取决于材料的显微结构，特别是孔结构、宏观、微裂纹和多孔界面，其中最重要的是晶粒接触表面、裂纹和多孔界面的体积分数。

相对于多孔耐火材料（总孔隙率低于 30%），由于多孔隔热耐火材料（总孔隙率高于 30%）的气相占主导地位，其导热系数一般是随着气压的升高而增大，这主要与气体的对流强度有关，当透气度在 50～100 μm^2时，对流传热对导热系数的影响很重要；当材料透气度和气压较低时，对流传热可以忽略，如图 2-5-13 所示。通常隔热耐火材料在空气条件下，导热系数与气压的关系如图 2-5-14 所示，当气压低于 130 Pa 时，导热系数随着气压上升而迅速增大，当气压高于 130 Pa 后，导热系数随气压升高而缓慢增大，

但对于不同材料，其气压对导热系数的影响程度也不一样，见图 2-5-15。一般来说，在低于 500 ℃时，气压对多孔隔热耐火材料导热系数的影响微弱；在高于 1200 ℃时，气压对多孔隔热耐火材料导热系数的影响比对致密耐火材料更甚。

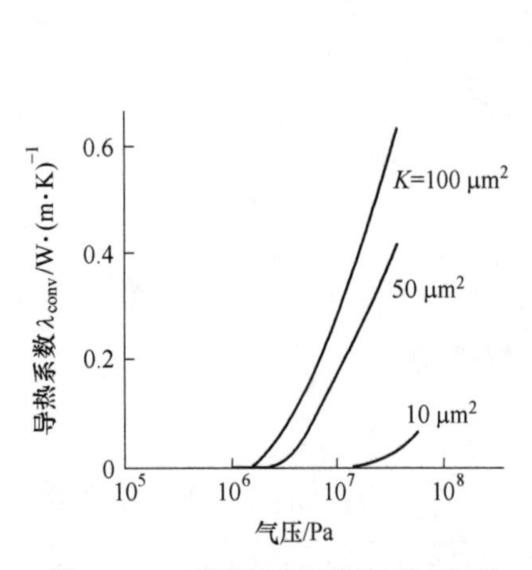

图 2-5-13　不同透气度下气压对隔热耐火材料导热性能的影响

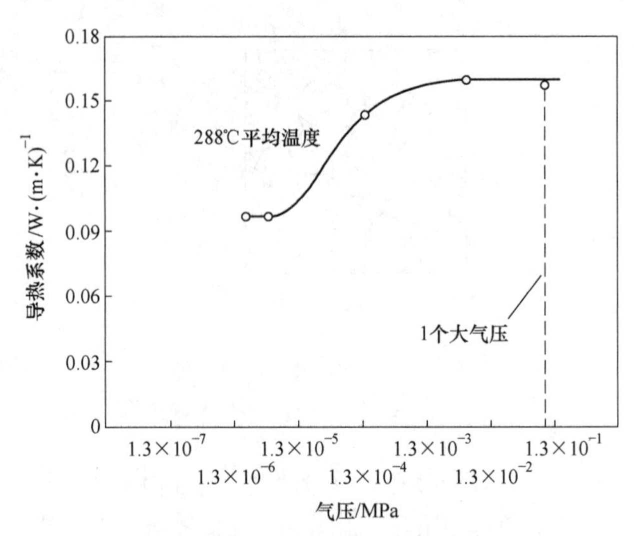

图 2-5-14　不同气压对隔热耐火材料的影响（82%的孔隙率）

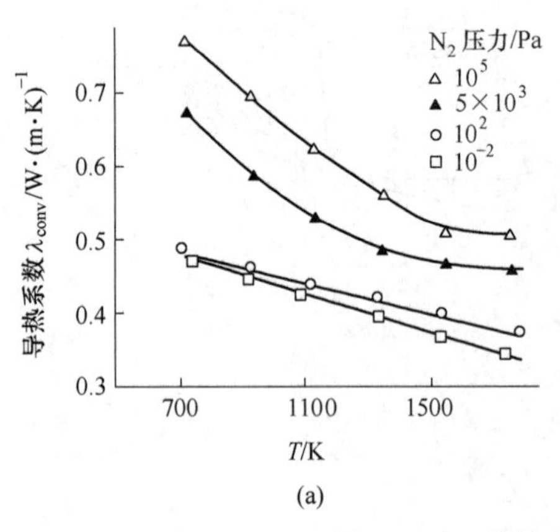

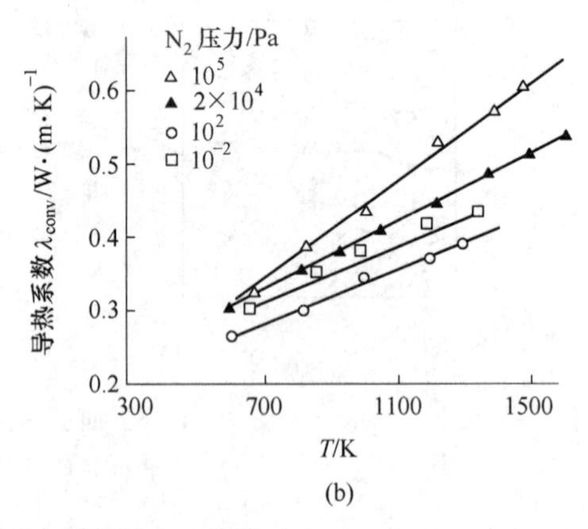

图 2-5-15　不同气压下隔热耐火材料的 λ-T 曲线

（a）Al_2O_3，ρ=1.1 g/cm³（b）黏土砖，ρ=0.6 g/cm³

2.6　典型耐火材料的导热系数

2.6.1　常用致密耐火氧化物的导热系数

耐火材料主要以氧化物为主，由于氧化物的导热系数一般要低于非氧化物耐火材料，例如 SiC、Si_3N_4、石墨等（见图 2-6-1），因此隔热耐火材料多数以氧化物为主，多数耐火材料用于钢铁工业，因此也列出了一些钢水的导热系数以及常用气体的导热系数，见图 2-6-2。

常用致密耐火氧化物中，ZrO_2 导热系数比较低，且导热系数随着温度的变化不明显，有研究报道在 1400 ℃下，孔隙率几乎为零的稳定 ZrO_2，其导热系数仅为 2.72 W/(m·

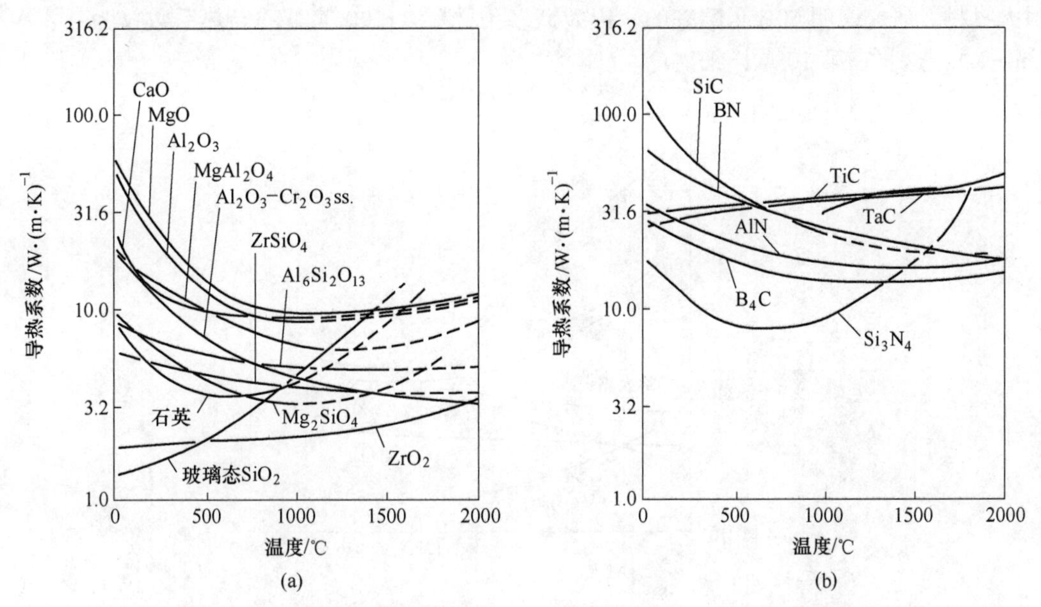

图 2-6-1 一些耐火材料致密氧化物(a)和非氧化物(b)导热系数与温度曲线

K)，而ZrO_2纤维 1000 ℃的导热系数为 0. 10 W/(m · K) 左右，加上ZrO_2具有高熔点、高强度、韧性好、耐腐蚀、抗热震性好等优点，ZrO_2纤维和空心球等产品为特种隔热材料，主要用于航天航空等热障涂层和高温绝热材料。

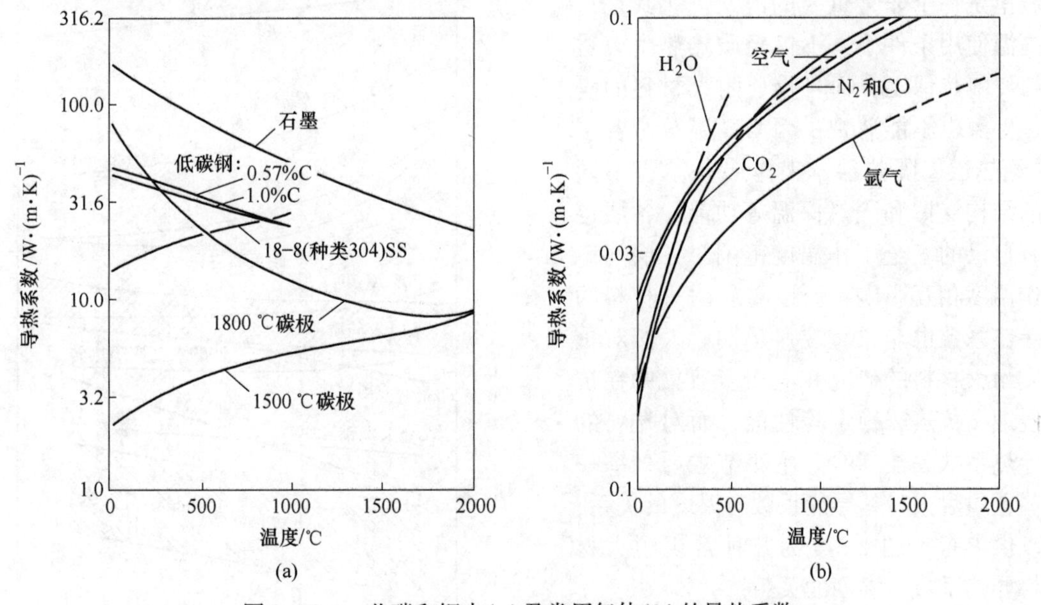

图 2-6-2 一些碳和钢水(a)及常用气体(b)的导热系数

除了ZrO_2以外，还有一些导热系数的氧化物，如六钛酸钾（$K_2Ti_6O_{13}$），除了自身导热系数低以外，其导热系数具有负的温度系数关系，即随着温度的升高而降低，且高温下导热系数很低，如图 2-6-3 所示。此外还有六铝酸钙（CA_6）也是一种非常有前景的隔热耐火材料，研究表明 50%孔隙率的六铝酸钙多孔材料，1200 ℃下的导热系数仅为 0.4 W/(m · K)，这将在第 10 章详细讨论。

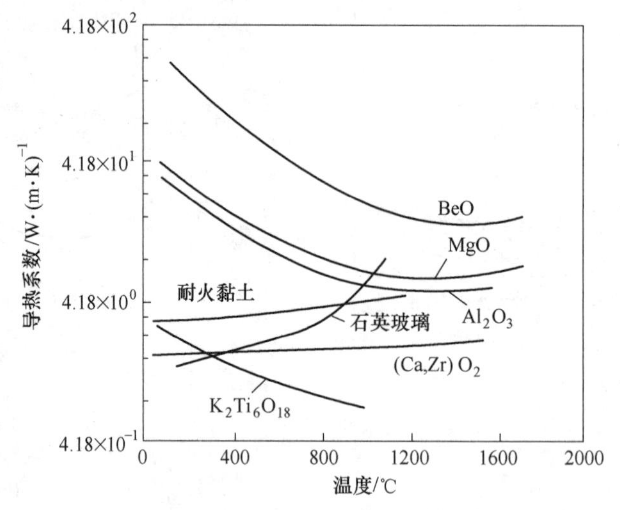

图 2-6-3 几种耐火氧化物材料的导热系数

2.6.2 常用重质耐火材料的导热系数

耐火材料的导热性能在工程应用领域里是一个非常重要的因素，尤其是在高温使用条件下，不仅轻质隔热耐火材料要隔热保温，而且重质耐火材料的隔热保温也不能忽视，因为高温窑炉各层（绝热层、隔热层、工作层）承担不同的结构支撑和隔热保温等功能，各层也有自己的安全工作温度范围，各层间工作温度相互影响，所以重质耐火材料的导热系数也非常重要。早期，人们对重质耐火材料的研究和应用多数集中在抗侵蚀、抗热震稳定等性能，而对材料的导热系数关注得少。本小节主要列举一些重质耐火材料导热系数与温度的关系，以供参考。图 2-6-4 为几种常规耐火材料导热系数与温度的关系。

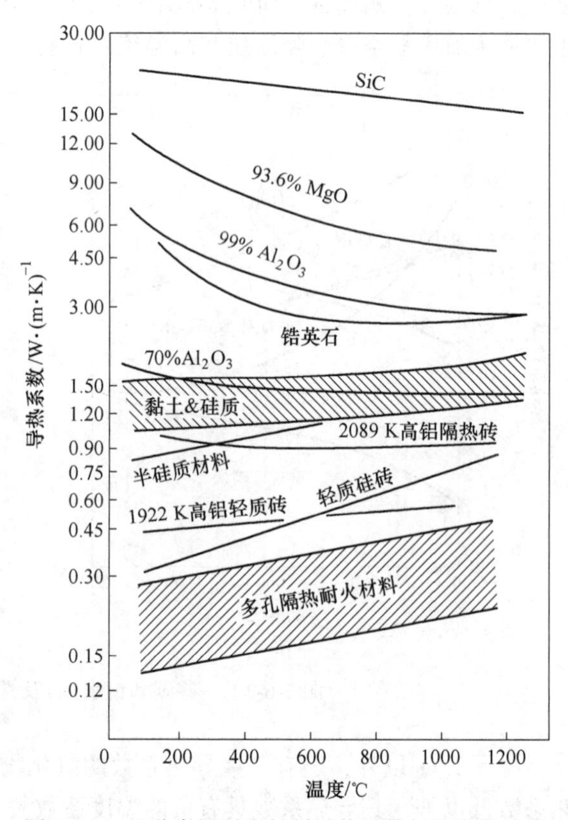

图 2-6-4 几种常规耐火材料导热系数与温度的关系（不包括含碳耐火材料）

如图 2-6-5 所示，曲线 1 表示纯 MgO 的导热系数与温度的关系，曲线 2~6 的导热系数均低于曲线 1，从趋势上来说，MgO（最导热相）含量对导热系数影响是显著的，但不是主要因素，当然也不是定量关系。由于存在其他显微结构参数变量，孔隙率对导热系数的影响也不具有关联性。

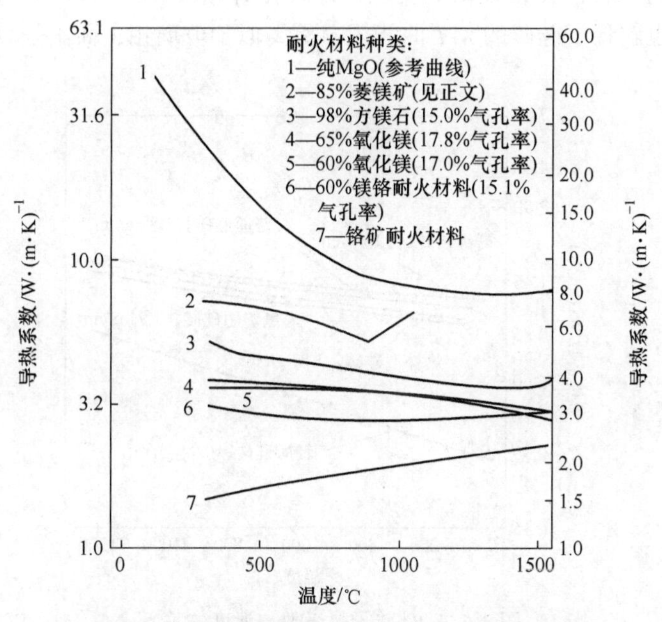

图 2-6-5 几种碱性耐火砖导热系数与温度的关系

图 2-6-6 所示，和 MgO 对镁质耐火材料一样，Al_2O_3 对 Al_2O_3-SiO_2系耐火材料导热系数的影响是明显的，但也不完全；孔隙率和导热系数有相关性，但关联性不强。

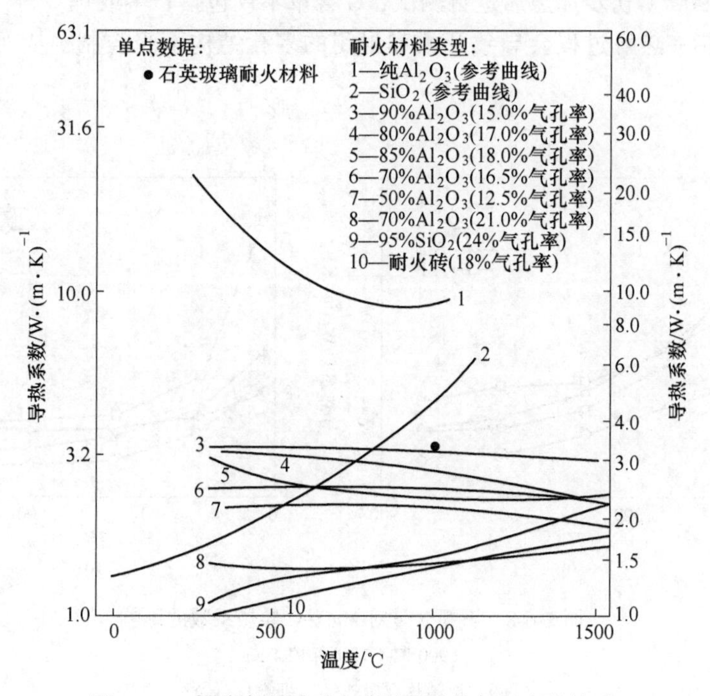

图 2-6-6 部分高铝质耐火砖导热系数与温度的关系

图 2-6-7 为各种硅砖，包括高级硅砖、普通硅砖、热补型硅砖和轻质硅砖，它们的导热系数与温度的关系。对硅砖来说，其导热系数是随着温度升高而增大的，多年来这个数据被认为是反常的，后来 X 射线衍射发现，硅砖含有 8%～10% 玻璃相和高达 25%～30% 的无序晶体，这也解释了硅砖的 λ-T 曲线规律更类似于玻璃相，而不是有序晶体。

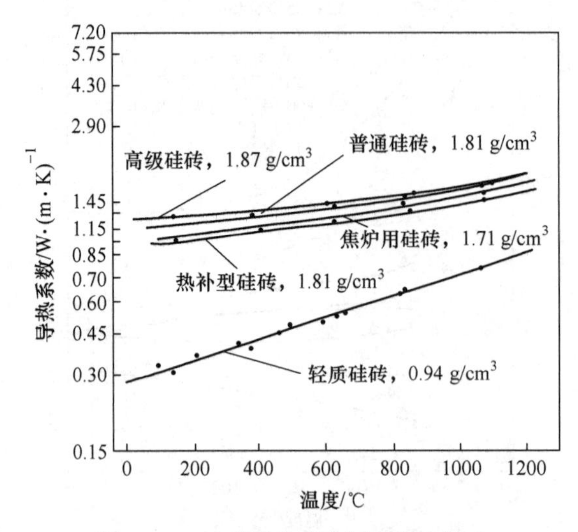

图 2-6-7　硅砖导热系数与温度的关系

通过对比表 2-6-1 和图 2-6-8（a）和（b）发现：无论是添加厚鳞片石墨还是细鳞片石墨，MgO-C 砖的导热系数不会随着材料中碳含量的增加而上升。这可能是因为 MgO-C 中的 C 含量在 900 ℃初步加热后进行测试，C 含量不仅包括石墨或焦炭粉，还含有树脂热解形成炭，树脂在热解过程会导致开放和封闭的多孔结构不受控制，从而影响了 MgO-C 砖的导热系数。

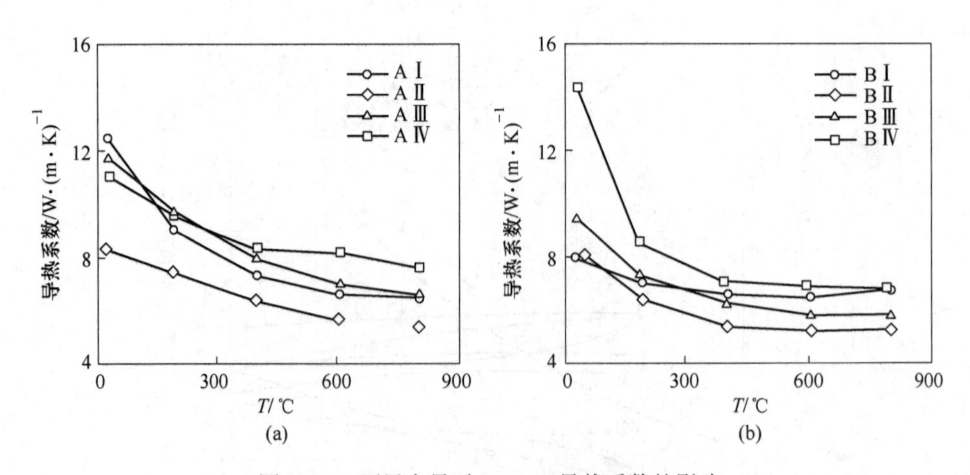

图 2-6-8　石墨含量对 MgO-C 导热系数的影响

（900 ℃下埋碳保护 4 h）

（a）厚鳞片石墨；（b）细鳞片石墨

表 2-6-1　不同镁碳砖的特征

样品编号	添加的碳种类	初始加入的碳含量(质量分数)/%	开口气孔率/%		导热系数测量后的体积密度/g·cm^{-3}
			900 ℃×4 h 处理后	导热系数测量后	
AⅠ	厚鳞片石墨	9.1	12.7	13.8	2.87
AⅡ		9.8	11.6	12.9	2.88
AⅢ		12.0	10.8	11.1	2.90
AⅣ		15.8	10.7	10.7	2.87
BⅠ	细鳞片石墨	8.8	12.7	13.9	2.93
BⅡ		10.0	12.7	12.1	2.95
BⅢ		11.2	11.0	12.6	2.91
BⅣ		14.0	11.6	12.5	2.86

图 2-6-9 为不同结合类型 SiC 制品的导热系数，一般来说纯 SiC 的导热系数都高达 200 W/(m·K)，但由于一般 SiC 耐火材料中含有 5%~15%的结合剂，导致其常温导热系数降至 30 W/(m·K) 左右。

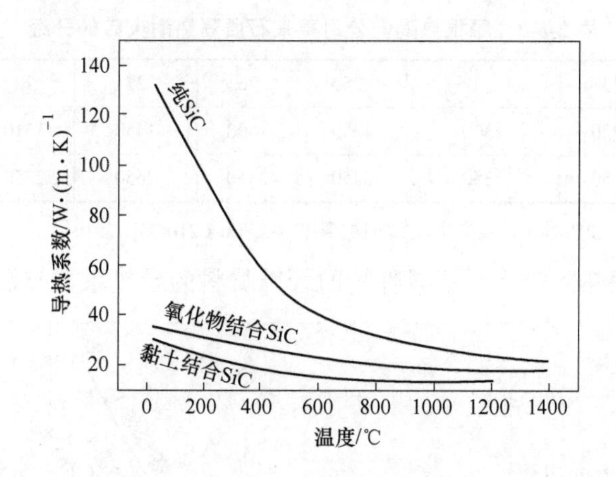

图 2-6-9　不同结合类型的 SiC 制品的导热系数与温度的关系

2.6.3　常用隔热耐火材料的导热系数

图 2-6-10 为摩根热陶瓷公司不同牌号隔热耐火砖的导热系数与温度曲线，其中 TJM、JM 是摩根热陶瓷公司的注册商标，其中 TJM 系列在摩根中国生产，JM 系列在摩根意大利工厂生产，牌号中的数字 23、24（B5）、25、26、28、30 和 32 是莫来石质隔热耐火砖的分级，依据加热永久线变化的试验温度标定，级别数就是华氏温度除以 100，然后四舍五入，如 2250/100=22.5≈23，具体如表 2-6-2 所示。从趋势性上来看，随着分级温度升高，隔热砖密度也随之升高，导热系数也随之升高。但导热系数变化趋势除与温度和密度有关外，还与材料和成型工艺、气孔结构以及化学组成等相关。

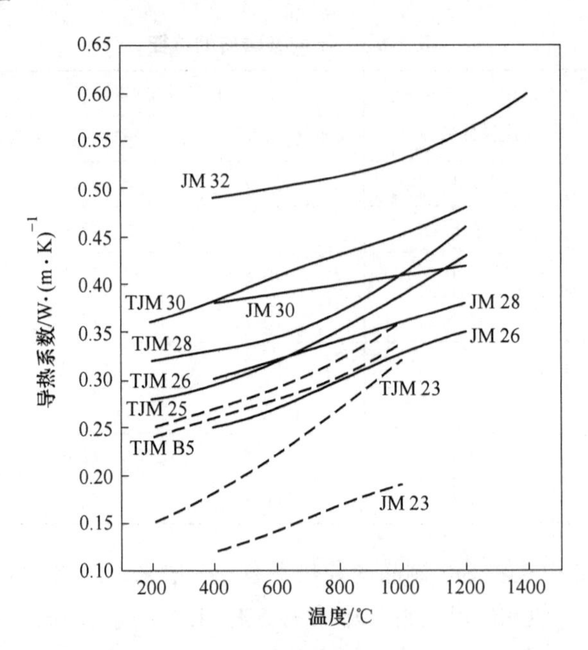

图 2-6-10　摩根热陶瓷公司不同牌号隔热耐火砖的导热系数与温度关系

表 2-6-2　摩根热陶瓷公司莫来石质隔热耐火砖的分级

级　别	23	24（B5）	25	26	27	28	30	32
试验温度/℃	1230	1300	1350	1400	1450	1510	1620	1730
试验温度/℉	2250	2350	2450	2550	2650	2750	2750	3150

注：试验温度是指材料加热 24 h，线变化≤2%时的温度（ASTM C210-95（2019））。

图 2-6-11 为摩根热陶瓷公司不同牌号的纤维材料的导热系数与温度曲线，其中高维

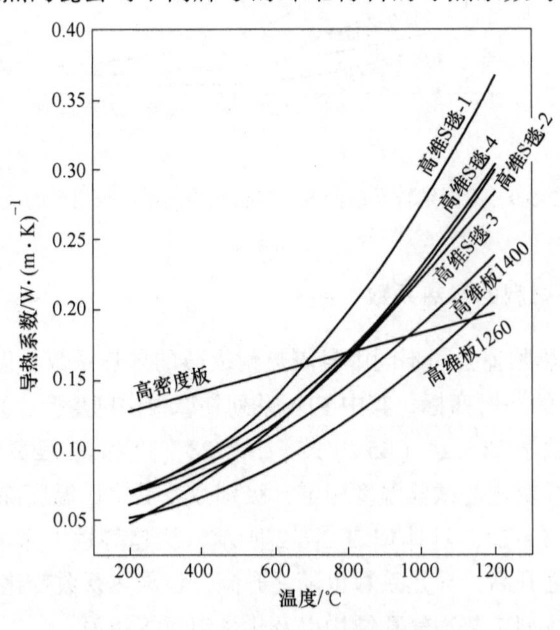

图 2-6-11　摩根热陶瓷公司不同牌号的纤维材料的导热系数与温度的关系

（英文 kaowool 的中文名称，kaowool 是摩根的注册商标），高维板 1260，代表分级温度为 1260 ℃的纤维板，密度为 300 kg/m³，高维板 1400，代表分级温度为 1400 ℃的纤维板，密度为 300 kg/m³；高密度板，一般是密度在 400~600 kg/m³ 纤维板，由于密度的增加导热系数随温度增加的趋势更加平缓；高维 S 毯，代表分级温度为 1260 ℃的纤维毯，后面数字代表不同密度。一般来说纤维毯的密度和导热系数成反比。

图 2-6-12 为摩根热陶瓷公司微孔隔热材料与市面常见隔热材料导热系数与温度关系对比。微孔隔热材料是高效隔热材料，其导热系数比静止的空气还要低。这类材料由非常纤细直径的隔热颗粒、增强纤维、高温辐射阻隔体构成。其内部构成材料都具有适当的尺寸和分布方式以形成微孔结构。这种结构限制气孔的数目和空气的移动，从而形成一种具有极低导热系数的材料，该隔热材料将在 8. 3 节详细叙述。

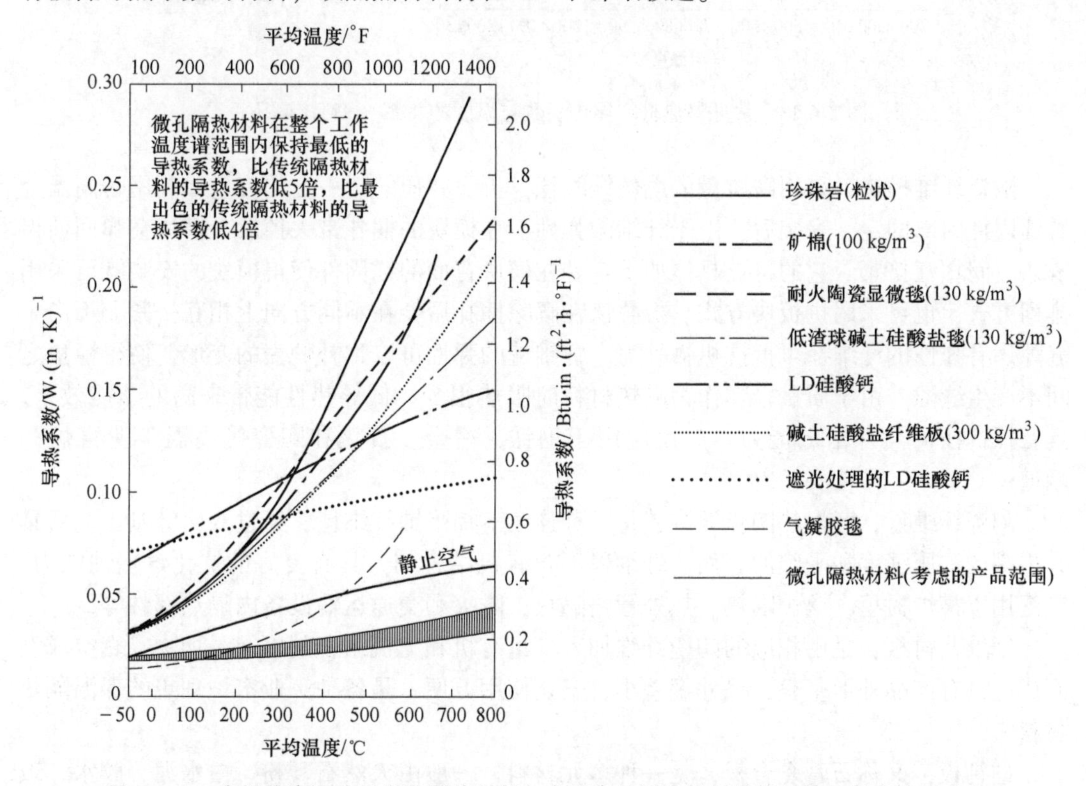

图 2-6-12　摩根热陶瓷公司微孔隔热材料与市面常见隔热材料导热系数与温度关系对比

图 2-6-13 为常见隔热材料导热系数与温度的关系。隔热耐火砖，主要以高纯度的耐火黏土为原料制成。对高温型产品，随级别升高，Al_2O_3 加入量增加。莫来石质隔热耐火砖指主晶相为莫来石相的铝硅系隔热耐火砖，使用温度范围从 1100 ℃到 1790 ℃不等，适用于热工窑炉隔热层或不直接接触高温熔融物料工作层。从图 2-6-13 可以看到，与纤维材料对比，隔热耐火砖的导热系数随温度增加曲线明显平缓，高温下隔热耐火砖的导热系数优势开始凸显。

轻质浇注料，是由轻质骨料、细粉、结合剂及外加剂组成的没有黏附性的混合料。通常以干料交货，加水或其他液体混合后浇注施工而成。轻质浇注料的密度为 570 kg/m³。中质浇注料，密度为 1340 kg/m³，是相对于上轻质浇注料而言的。

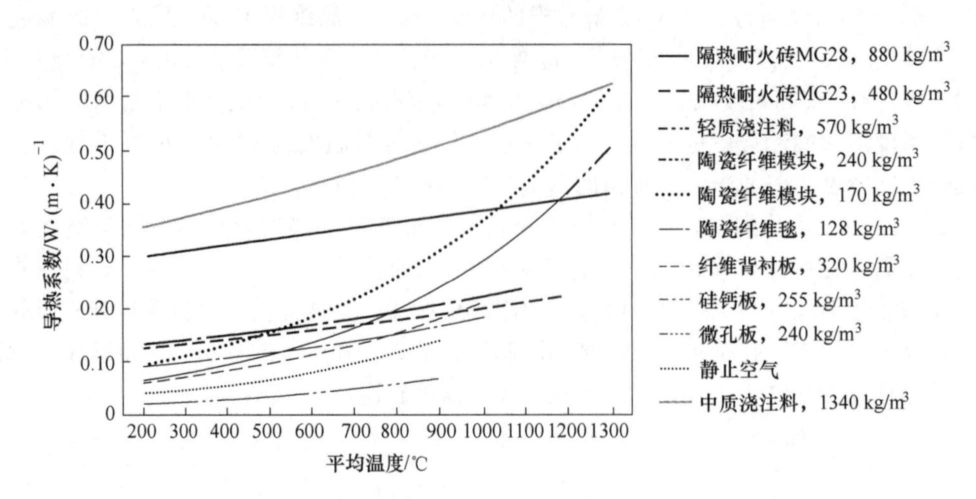

图 2-6-13 常见隔热材料导热系数与温度的关系（书后有彩图）

陶瓷纤维模块，采用高质量的甩丝纤维毯，折叠并压缩至一定的容量，利用耐高温金属锚固件内部固定。安装后，由于纤维的弹性，在模块的捆扎带去掉后，模块会弹回使得模块之间相互挤紧。它的特点具体如下：处在模块背面的锚固件使得模块的安装既可采用排列方式，也可采用拼板块方式。折叠毯在解除捆扎后会在不同方向上相互挤紧，不产生缝隙。有弹性的纤维毯可抵抗机械外力。纤维毯的弹性可以弥补炉壳的变形，使得模块之间不产生缝隙。由于质量轻，作为隔热材料时吸热很少。低导热性能带来高的节能效果。具有抵抗任何热冲击的能力。广泛应用于钢铁、冶金、石化和陶瓷等高温工业窑炉和烟道。

陶瓷纤维毯，摩根热陶瓷纤维毯是一种连续落棉平铺纤维毯，经过双面针刺工艺后具有更高的抗压强度和平整的表面。纤维毯不含有机结合剂。具有良好的抗化学侵蚀能力，广泛用于窑炉衬里、锅炉隔热、热处管路隔热、防火和交通运输设备内隔热部件等。

纤维背衬板，是由相应的陶瓷纤维加入少量有机和无机结合剂以及添加物，真空成型而成。具有产品外形平整，尺寸偏差小，安装使用方便，是各种工业窑炉理想的保温隔热材料。

硅钙板，又称石膏复合板，是一种多元材料，一般由天然石膏粉、白水泥、胶水、玻璃纤维复合而成。硅钙板具有防火、防潮、隔音、隔热等性能。一般使用温度在650 ℃以下，用于工业窑炉衬里的最外层保温，具体将在13. 3 节中讲述。

参 考 文 献

[1] 奚同庚. 无机材料热物性学［M］. 上海：上海科学技术出版社，1981.
[2] 关振铎，张中太，唐子龙. 无机材料物理性能［M］. 北京：清华大学出版社，2011.
[3] 张美杰. 材料热工基础［M］. 北京：冶金工业出版社，2008.
[4] 李楠，顾华志，赵惠忠，等. 耐火材料学［M］. 北京：冶金工业出版社，2010.
[5] 李楠. 保温保冷材料及其应用［M］. 上海：上海科学技术出版社，1985.
[6] 李红霞. 耐火材料手册［M］. 北京：冶金工业出版社，2009.
[7] 刘培生，崔光，陈靖鹤. 多孔材料性能与设计［M］. 北京：化学工业出版社，2020.

[8] Caniglia S, Barna G L. Handbook of Industrial Refractories Technology—Principles, Types, Properties and Applications [M]. USA: Noyes Publication, 1992.

[9] 刘义洁. 实用节能手册 [M]. 北京: 国防工业出版社, 1988.

[10] 何寿生. 陶瓷材料导热系数与气孔率影响的研究 [D]. 广州: 华南理工大学, 1989.

[11] Carson J K, Lovatt S J, Tanner D J, et al. Thermal conductivity bounds for isotropic, porous materials [J]. International Journal of Heat and Mass Transfer, 2005, 48 (11): 2150-2158.

[12] Akiyoshi M M, Da Silva A P, Da Silva M G, et al. Impact of thermal conductivity on refractories [J]. American Ceramic Society Bulletin, 2002, 81 (3): 39-43.

[13] Litovsky E, Shapiro M, Shavit A. Gas pressure and temperature dependences of thermal conductivity of porous ceramic materials: Part 2, refractories and ceramics with porosity exceeding 30% [J]. Journal of the American Ceramic Society, 1996, 79 (5): 1366-1376.

[14] Litovsky E Y, Shapiro M. Gas pressure and temperature dependences of thermal conductivity of porous ceramic materials: Part 1, refractories and ceramics with porosity below 30% [J]. Journal of the American Ceramic Society, 1992, 75 (12): 3425-3439.

[15] Schulle W, Schlegel E. Fundamentals and properties of refractory thermal insulating materials (High-temperature insulating materials) [J]. Ceramic Monographs-Handbook of Ceramics, 1991, 40 (7): 1-12.

[16] Kingery W D, McQuarrie M C. Thermal conductivity: Ⅰ, concepts of measurement and factors affecting thermal conductivity of ceramic materials [J]. Journal of the American Ceramic Society, 1954, 37 (2): 67-72.

[17] Kingery W D. Thermal conductivity: Ⅻ, temperature dependence of conductivity for single-phase ceramics [J]. Journal of the American Ceramic Society, 1955, 38 (7): 251-255.

[18] Young R C, Hartwig F J, Norton C L. Effect of various atmospheres on thermal conductance of refractories [J]. Journal of the American Ceramic Society, 1964, 47 (5): 205-210.

[19] Wygant J F, Crowley M S. Effects of high-conductivity gases on the thermal conductivity of insulating refractory concrete [J]. Journal of the American Ceramic Society, 1958, 41 (5): 183-188.

[20] Kingery W D. Thermal conductivity: XⅣ, conductivity of multicomponent systems [J]. Journal of the American Ceramic Society, 1959, 42 (12): 617-627.

[21] Loeb A L. Thermal conductivity: Ⅷ, a theory of thermal conductivity of porous materials [J]. Journal of the American Ceramic Society, 1954, 37 (2): 96-99.

[22] Bermann R. The thermal conductivity of dielectric solids at low temperature [J]. Advances in Physics, 1953, 2 (5): 103-140.

[23] Siebeneck H J, Hasselman D P H, Cleveland J J, et al. Effect of microcracking on the thermal diffusivity of Fe_2TiO_5 [J]. Journal of the American Ceramic Society, 1976, 59 (5/6): 241-244.

[24] Francl J, Kingery W D. Thermal conductivity: Ⅸ, experimental investigation of effect of porosity on thermal conductivity [J]. Journal of the American Ceramic Society, 1954, 37 (2): 99-107.

[25] Kingery W D, Francl J, Coble R L, et al. Thermal conductivity: Ⅹ, data for several pure oxide materials corrected to zero porosity [J]. Journal of the American Ceramic Society, 1954, 37 (2): 107-110.

[26] Ruh E, McDOWELL J S. Thermal conductivity of refractory brick [J]. Journal of the American Ceramic Society, 1962, 45 (4): 189-195.

[27] 李金金. 以植物纤维(棉花)为模板制备氧化锆隔热纤维及其性能的研究 [D]. 南京: 南京理工大学, 2017.

[28] 黄继芬. 无机增强纤维Ⅰ. 钛酸钾纤维 [J]. 盐湖研究, 1994, 2 (3): 69-75.
[29] Gulledge H. Fibrous potassium titanate—A new high temperature insulating material [J]. Industrial & Engineering Chemistry, 1960, 52 (2): 117-118.
[30] Shackelford J F, Alexander W. CRC materials science and engineering handbook [M]. Boca Raton: CRC Press, 2000.
[31] 徐艳姬. $K_2Ti_6O_{13}$晶须的制备、生长机理及微结构研究 [D]. 天津: 天津大学, 2005.
[32] Gibson L J, Ashby M F. Cellular solids-structure and properties [M]. UK: Pergamon Press, 1988.
[33] 张建军. 300 t钢包内衬耐火材料结构优化及应用研究 [D]. 西安: 西安建筑科技大学, 2018.
[34] Xiao B, Zhang M, Chen H, et al. A fractal model for predicting the effective thermal conductivity of roughened porous media with microscale effect [J]. Fractals, 2021, 29 (5): 2150114.
[35] Forés-Garriga A, Gómez-Gras, G Pérez M A. Mechanical performance of additively manufactured lightweight cellular solids: Influence of cell pattern and relative density on the printing time and compression behavior [J]. Materials & Design, 2022, 215: 110474.
[36] Studart A R, Gonzenbach U T, Tervoort E, et al. Processing routes to macroporous ceramics: A review [J]. Journal of the American Ceramic Society, 2006, 89 (6): 1771-1789.
[37] Vivaldini D O, Mourão A A C, Salvini V R, et al. Revisão: Fundamentos e materiais para o projeto da microestrutura de isolantes térmicos refratários de alto desempenho [J]. Cerâmica, 2014, 60: 297-309.
[38] Carson J K, Lovatt S J, Tanner D J, et al. Thermal conductivity bounds for isotropic, porous materials [J]. International Journal of Heat and Mass Transfer, 2005, 48 (11): 2150-2158.
[39] Bahtli T, Hopa D Y, Bostanci V M, et al. Thermal conductivity of MgO-C refractory ceramics: Effects of pyrolytic liquid and pyrolytic carbon black obtained from waste tire [J]. Ceramics International, 2018, 44 (12): 13848-13851.
[40] 黄正忠. 保温冒口材料密度与导热系数、抗压强度关系研究 [D]. 武汉: 湖北工业大学, 2013.
[41] 徐滕州. 超低导热系数真空绝热板制备及热物理性能研究 [D]. 南京: 南京航空航天大学, 2017.
[42] Vitiello D, Nait-Ali B, Tessier-Doyen N, et al. Thermal conductivity of insulating refractory materials: comparison of steady-state and transient measurement methods [J]. Open Ceramics, 2021, 6: 100118.
[43] Akiyoshi M M, Christoforo A L, Luz A P, et al. Thermal conductivity modelling based on physical and chemical properties of refractories [J]. Ceramics International, 2017, 43 (6): 4731-4745.
[44] 郭文元, 费名俭, 王辅臣, 等. 多孔隔热材料临氢氛围微观传热模拟与导热系数 [J]. 华东理工大学学报 (自然科学版), 2011, 37 (6): 684-690.
[45] 邓小艳, 饶保林. 粉体填充聚合物材料的热传导理论 [J]. 宇航材料工艺, 2008 (2): 1-5.
[46] 罗学维, 栗海峰, 向武国, 等. 高气孔率莫来石制备、性能及其非线性导热模型 [J]. 无机材料学报, 2014, 29 (11): 1179-1185.
[47] 薛莹莹. 隔热材料导热系数预测及其在发动机排气管隔热中的应用 [D]. 大连: 大连理工大学, 2006.
[48] Tomeczek J, Suwak R. Thermal conductivity of carbon-containing refractories [J]. Ceramics International, 2002, 28 (6): 601-607.
[49] 倪文, 张丰收. 绝热材料的优化设计 [J]. 新型建筑材料, 2001 (2): 31-33.
[50] Borges O H, Santos Jr T, Salvini V R, et al. CA6-based macroporous refractory thermal insulators containing mineralizing agents [J]. Journal of the European Ceramic Society, 2020, 40 (15): 6141-6148.
[51] 倪文, 刘凤梅. 纳米孔超级绝热材料的原理及制备 [J]. 新型建筑材料, 2002 (1): 36-38.
[52] 周顺鄂, 卢忠远, 刘华贵, 等. 泡沫混凝土导热系数模型研究 [J]. 材料导报, 2009, 23 (6):

69-73.

[53] 贺淼琳．气孔分布对多孔隔热材料有效导热系数的影响及优化［D］．武汉：武汉科技大学，2017.

[54] 姚国伟．蒸压加气混凝土导热系数和体积密度的相关函数［J］．房材与应用，1997，25（6）：29.

[55] Almeida C M R，Ghica M E，Duraes L. An overview on alumina-silica-based aerogels［J］. Advances in Colloid and Interface Science，2020，282：102189.

[56] 马永亭．多孔介质导热系数的分形几何模型研究［D］．武汉：华中科技大学，2004.

[57] T/CSTM 00200—2021，微孔隔热制品［S］.

[58] 张兴业，李宗英．我国钢包用耐火材料的品种及应用［J］．山东冶金，2007，29（2）：11-15.

[59] 朱玉龙．氧化锆基陶瓷纤维和纤维板的制备及性能研究［D］．南京：南京理工大学，2015.

[60] 刘和义，侯宪钦，王彦玲，等．氧化锆连续纤维的制备进展与应用前景［J］．材料导报，2004，18（8）：18-21.

[61] 祁永周．氧化锆纤维的开发及其用途［J］．国外耐火材料，1989，14（4）：26-33.

[62] 吴占德．以耐火材料物理和化学性能为基础的导热系数模型［J］．耐火与石灰，2020，45（3）：52-60.

3 多孔隔热耐火材料的制备原理

从多孔材料隔热原理中可以看出，孔结构对材料导热系数的影响至关重要，多孔材料的结构和性能受其制备工艺控制，采用何种成孔方法和成型工艺才能制备出满足使用性能的多孔材料是本章所要阐述的内容，即成孔方法和成型方式。

3.1 多孔陶瓷成孔方法

3.1.1 概述

由于孔径大小不一，成孔的方法也多种多样，陶瓷材料、金属材料和高分子材料具有不同属性，多孔陶瓷的成孔方法也有其特性，本章主要介绍孔径大于 50 nm 的宏孔陶瓷（macroporous ceramic）的成孔方法，这基本上涵盖了多孔隔热耐火材料的成孔方法。

制备多孔陶瓷最直接的方法就是粉体混合后形成块体，然后进行烧结，或者粉体能够发生反应，形成气孔，这种制备方法生成的孔隙率相对较低（<60%），但气孔分布均匀，这种方法称为颗粒（或粉体）堆积法（particle accumulation 或 particle packing）；如果粉体反应生成气孔主要是因为分解反应放出气体，可称为原位反应分解法（in-situ decomposition）。

多孔陶瓷孔结构主要有泡沫状（foam）、蜂窝状（honeycomb）、网络交错（interconnected rod）、纤维状（fiber）、中空球（hollow sphere）和生物模板结构（bio-templated structures）等，不同的孔结构，其成孔方法也不一样。

泡沫状结构多孔陶瓷的制备方法有复模技术（replica technique）、牺牲模板法（sacrificial template method）和直接发泡法（direct foaming method），这将在后面详细介绍。蜂窝状结构多孔陶瓷典型的制备方法就是挤出成型，挤出截面有三角形、四方形、圆形和六角形等（见图 3-1-1）；网络交错结构多孔陶瓷主要方法有 3D 打印等方法设计定制（见图 3-1-2）；中空球结构多孔陶瓷一般来说，1～10 mm 孔结构用喷吹法或牺牲模板法，1～100 μm 孔结构采用溶胶-凝胶技术（见图 3-1-3）；生物模板结构多孔陶瓷主要以生物模板为原料，采用熔融液相渗透法、气相渗透法、溶胶浸渍及碳热还原等方法，得到各种独特的多孔结构，如图 3-1-4所示。

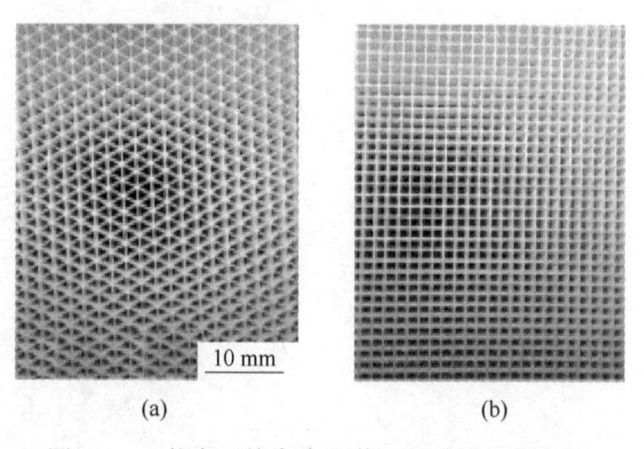

图 3-1-1 堇青石蜂窝陶瓷截面的光学显微照片
（a）三角形；（b）四边形

图 3-1-2 羟基磷灰石格栅

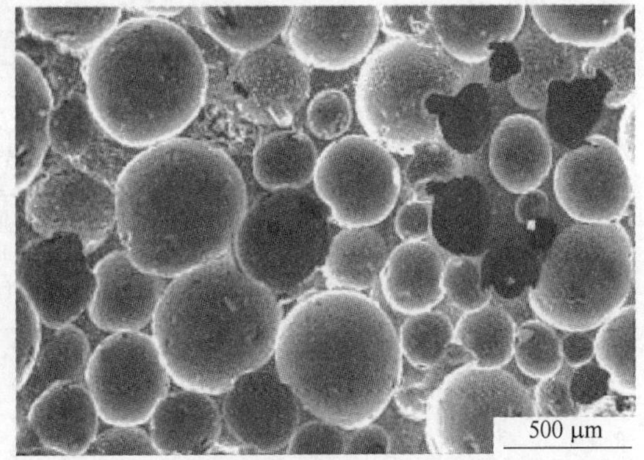

图 3-1-3 中空微球

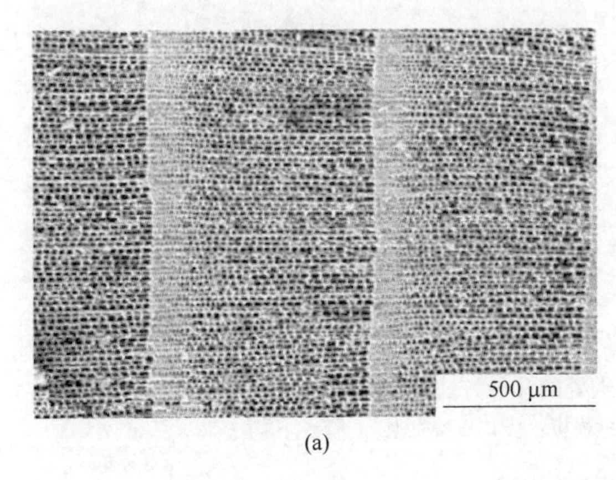

(a)

500 μm

(b)

图 3-1-4 Si 液渗透制备 SiSiC 多孔陶瓷的 SEM 照片

(a) 冷杉；(b) 山毛榉

多孔隔热耐火材料被认为是具有宏孔泡沫状多孔陶瓷的一种，宏孔泡沫状多孔陶瓷的制备方法有复模技术、牺牲模板法、直接发泡法，如图 3-1-5 所示。也有研究者认为除了以上三种方法外，还有一种方法为部分烧结法（partial sintering），即利用陶瓷颗粒或者粉体堆积成孔，其中部分陶瓷粉体烧结成孔，也称颗粒堆积法（particle packing），该方法是多孔陶瓷制备方法中传统的，也是用得最多的方法，这一点将在后面章节详细叙述。

3.1.2 复模法

复模法（replica templates method）基本原理是用陶瓷料浆或前驱体浸渍具有多孔结构的模板，然后干燥去除模板后烧结，得到宏孔的多孔陶瓷。

复模法中的模板主要为人工合成模板，比较常见的是高分子聚合物，其中应用最广的是聚氨酯（海绵），此外还有用聚氯乙烯、聚苯乙烯、胶乳、纤维素等为模板，这种方法也称为有机泡沫浸渍法（polymer foam impregnation method）。该工艺的特点是以网眼有机泡沫体为模板，用陶瓷浆料均匀地涂覆在具有网眼结构的有机泡沫体上，干燥后烧掉有机泡沫体而获得多孔陶瓷。因为开孔有机泡沫塑料的孔尺寸决定了多孔陶瓷的孔尺寸

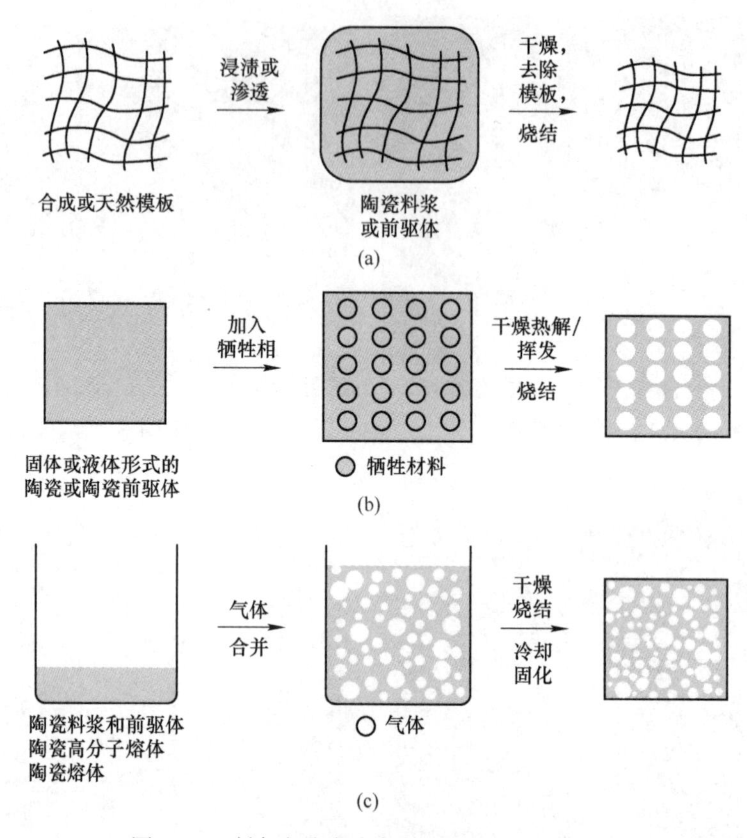

图 3-1-5 制备宏孔多孔陶瓷的几种方法示意图

(a) 复制模板; (b) 牺牲模板; (c) 直接发泡

(100 μm~5 mm), 所以应根据制品对气孔大小和气孔率多少等要求来选择合适的有机泡沫模板。这种多孔陶瓷具有开孔三维网状骨架结构, 且气孔相互贯通, 作为熔融金属过滤器获得了广泛应用。

复模法中另一类模板就是天然模板, 例如表 3-1-1 中的珊瑚和树木, 这些天然模板有着独特的气孔形态和错综复杂的显微结构, 也是人工难以制备的, 这类模板的主要制备过程见图 3-1-6。

表 3-1-1 文献中报道复模板法的实例

复制模板	方法和前驱体	组 成
合 成 模 板		
聚合物泡沫 (Polymer foam)	用陶瓷悬浮液浸渍	Al_2O_3、反应结合 Al_2O_3、纤维增强 Al_2O_3、ZrO_2、堇青石、SiC、Si_3N_4
	先驱体陶瓷聚合物浸渍	Al_2O_3-SiC 复合材料、SiC、SiC-TiC 复合材料、SiC-Si_3N_4复合材料
泡沫炭 (Carbon foam)	化学气相渗透 (CVI) 和沉积法 (CVD)	SiC、Si_3N_4、TiC、TiN、TiB_2、ZrC、ZrN、ZrO_2、Cr_2O_3、Al_2O_3

续表 3-1-1

复制模板	方法和前驱体	组　成
天 然 模 板		
珊 瑚 (Coral)	陶瓷悬浮液浸渍	Al_2O_3、PZT
	水热反应	羟基磷灰石（HAP）
	溶胶-凝胶法	羟基磷灰石（HAP）
木质 (Wood)	金属盐、氢氧化物或醇盐的溶胶-凝胶	TiO_2、ZrO_2、Al_2O_3、SiC、ZrC-C、TiC-C、SiC-C
	渗透熔融金属	SiC、Si-SiC 和 Si-SiC-沸石复合材料
	蒸汽渗透和与气态金属或金属前驱体（CVI）反应	SiC、Al_2O_3、TiC、TiO_2
	陶瓷悬浮液浸渍	SiC
	先驱体陶瓷聚合物浸渍	SiOC-C 复合材料
	前驱体的液相沉积	多孔沸石、磷酸钙基复合材料

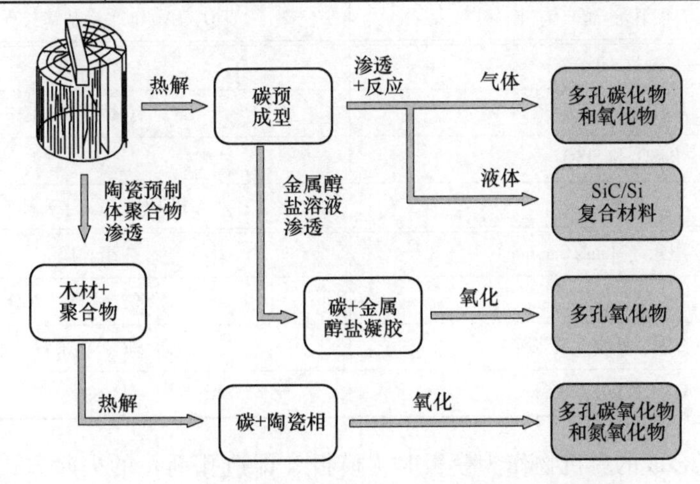

图 3-1-6　利用多孔木结构制备宏孔陶瓷的工艺流程

3.1.3　牺牲模板法

牺牲模板法（sacrificial template method）主要包括连续的陶瓷相和分散的牺牲相（模板），其中连续的陶瓷相可以是陶瓷固体粉末堆积，也可以是液体形式的陶瓷悬浮液或前驱体；牺牲相最初均匀分布在陶瓷基体中，最终被去除后而形成孔。模板的移除方式主要取决于造孔剂（pore former，pore-forming agent）的种类，造孔剂有天然和合成的有机物、盐类、液体、金属和陶瓷等，见表 3-1-2。

表 3-1-2　文献中报道的牺牲模板法的举例

合成有机物（Synthetic organics）	组　成
PS 珠	SiO_2、TiO_2、TiO_2-SiO_2、沸石、Al_2O_3

续表 3-1-2

合成有机物（Synthetic organics）	组　成
PEO 和 PVB 珠	PZT、羟基磷灰石
酚醛树脂、尼龙	Si_3N_4、SiC
醋酸纤维和聚合物凝胶	SiO_2、Al_2O_3、TiO_2
萘	磷酸钙
天然有机物（Natural organics）	组　成
胶质、豌豆和种子	Al_2O_3
纤维素/棉花	Al_2O_3、莫来石
蔗糖、糊精、藻酸盐	磷酸钙、SiC、Al_2O_3
淀粉	Al_2O_3、羟磷灰石、莫来石、Si_3N_4、堇青石
液体冷冻干燥（Liquids，Freeze-drying）	组　成
水	Al_2O_3、SiO_2、Si_3N_4、Al_2O_3-SiO_2
乳液-油	TiO_2、Al_2O_3、羟基磷灰石、SiO_2
盐（Salts）	组　成
NaCl、$Al(OH)_3$	SiC、镁橄榄石、莫来石
$BaSO_4$ 和 $SrSO_4$	Al_2O_3
K_2SO_4	$PbTiO_3$、$La_{1-x}Sr_xMnO_3$
金属/陶瓷（Metal/Ceramic）	组　成
镍、ZnO	YSZ、Al_2O_3、NiO
碳（石墨、纤维、纳米管）	SiC、莫来石
SiO_2（颗粒、纤维）	SiC

天然或人工合成的有机物作为模板时，模板（即造孔剂）的去除方式主要是在一定温度下通过长时间的热处理，即发生分解、氧化等热裂解过程，这种方法也有称为燃烬物法（burnout method）。该方法最大的缺点是有机物模板与陶瓷相之间的膨胀系数不一致，在热分解过程中会导致孔隙裂纹，同时也有可能会产生有害气体。燃烬物法也是目前生产多孔隔热耐火材料最为广泛的方法之一，3.2.2 节将详细阐述。

为了克服天然或人工有机物作为模板带来孔隙裂纹的问题，人们采用液相为成孔剂（例如水、油），或者用易于升华的固体（如萘，见表 3-1-2）为成孔剂，尽管去除这些成孔剂需要花费一些时间，但可避免结构应力。

如果模板采用连续陶瓷相组分的氢氧化物、碳酸盐和硝酸盐等，例如制备 $MgAl_2O_4$ 多孔陶瓷，则铝源可以是 Al_2O_3、$Al(OH)_3$、$Al_2O_3 \cdot nH_2O$、$AlCl_3$ 等，镁源可以是 MgO、$Mg(OH)_2$、$MgCO_3$ 等，这些氧化物的氢氧化物、碳酸盐等盐类在高温下都会分解生成相应的氧化物，在基质内形成孔隙，又不影响陶瓷相的组分，这种方法也称为原位分解法（in situ decomposition）。

如果模板是不同于连续陶瓷相组分的盐类，如用 NaCl 作模板制备 SiC、镁橄榄石多孔陶瓷，可以采取水洗的方法去除 NaCl；如果采用的陶瓷或金属作为造孔剂，多数情况下采用酸洗的方法去除模板，见表 3-1-2。

牺牲模板法在去除模板之前，连续陶瓷相必须固化形成骨架结构，否则会导致气孔坍塌。因此，如果陶瓷相为悬浮液或前驱体时，模板去除前，陶瓷相必须要固化形成网络结构。

牺牲模板法几乎能制备各种化学组分的陶瓷材料，例如氧化物陶瓷、非氧化物陶瓷和复合氧化物陶瓷等，见表 3-1-2。因此这种方法不仅适应性广，而且通过选择合适的模板材料还能精细控制多孔陶瓷的孔隙率、孔径分布和孔的形态，甚至在磁场作用下以定向排列镍丝为模板制备出具有各向异性通道的多孔陶瓷。一般情况下，牺牲模板法制备多孔陶瓷的强度一般会高于复模法制备多孔陶瓷。

3.1.4　直接发泡法

直接发泡法（direct doaming method）是指气体在液态介质里产生体积膨胀后固化成多孔陶瓷。气体主要有两个来源，一是来源于外界，由物理方法（例如机械搅拌、注入气流等）引入到液态介质中，称为物理发泡；气体的另一来源就是来自液态介质中组分的化学反应（如金属与酸碱反应、碳酸盐分解、非氧化物分解等），称为化学发泡；所述的液态介质包含常温下的陶瓷料浆或前驱体、热态下含有陶瓷粉体的高分子熔体和陶瓷高温熔体等。所以直接发泡法按发泡温度可分为三类：（1）常温直接发泡法，主要在陶瓷料浆或前驱体中引入气泡，形成泡沫料浆而体积膨胀，然后固化；（2）热发泡法，主要是指将陶瓷粉体分散于高分子熔体（如糖熔体）中，高分子熔体缩聚产生气体使熔体体积膨胀；（3）高温发泡，陶瓷混合粉体在高温下成为熔融或半熔融态时，注入气体或者反应放出气体，熔体体积膨胀，冷却固化成多孔陶瓷。这三种发泡法尽管温度不同，但都是液态泡沫，其物理本质是非常相似的，泡沫生成过程中气泡的生成、长大、稳定、演变和固化等过程对孔结构和泡壁微观结构影响很大。下面对常温直接发泡、热泡法和高温发泡制备多孔陶瓷进行详细叙述。

3.1.4.1　常温直接发泡法

常温直接发泡法（direct foaming），指在表面活性作用下，在陶瓷料浆或前驱体中机械搅拌引入气泡或注入气流或化学发泡来获得多孔结构，陶瓷料浆一般包括陶瓷粉体、水、聚合物结合剂、表面活性剂和促凝剂等。气泡的形成与最终稳定之间存在着时间间隔，一些气泡可能收缩消失，一些气泡可能会合并长大。泡沫薄膜可能将保持完整直至稳定，如果这些封闭的泡沫没有破裂则形成闭孔结构。如果这些泡沫部分或全部破裂则形成开口结构。当气泡过大时，薄膜裂开，泡沫即消失，因此必须对泡沫料浆进行固化才能使泡沫结构稳定，从而获得多孔陶瓷（见图 3-1-5（c））。

直接发泡制备多孔陶瓷的总孔隙率和泡沫加入量成正比，而孔径大小则取决于固化前液态泡沫（wet foam 或 liquid foam）的结构稳定性。液态泡沫由大量气泡堆积在微量表面活性剂溶液中形成，是典型的非平衡复杂系统，因其高的气-液界面能，热力学是不稳定的，为了降低泡沫表面自由能，液态泡沫的结构会随时间发生演化，演化的机制主要有三种：（1）泡沫渗流（foam drainage）；（2）液膜破裂（coalescence，film rupture）；（3）泡沫粗化（coarsening），也称奥斯瓦尔德熟化（Ostwald ripening）。

液态泡沫渗流是指在重力影响下，泡沫间缝隙形成了微量液体流动的通道网络，在上部，泡沫内的液体大部分流失，气泡向上移动形成致密泡沫层并相互挤压，被很薄的液膜分开，呈多面体结构，液体体积分数小于 5%，称为干泡沫（dry foam）；而在底部，泡沫内液体含量较高，聚积在底部，气泡接近圆球形，液体体积分数约为 36%，称为临界液体分数（wet limit），泡沫结构和性能在临界液体分数发生突变，见图 3-1-7。

液态泡沫具有较为规则的结构，柏拉图（Plateau）建立了液态泡沫结构平衡条件。液态泡沫内有且只有 4 个气泡形成相互作用的基本单元，其中每两个气泡间形成一个液膜（film），液膜厚度一般为 1 nm~1 μm，是气泡间最小的分离距离。基本单元中的每三个气泡围成一个凹三角形，即柏拉图通道（Plateau border），它是液体流动的通道，半径为 1 μm~1 mm，约为气泡大小的 1/3。四个柏拉图通道组成一个交汇点（vertex，junction）。液膜间以及柏拉图通道间的夹角分别为两面角 120°和四面角 109.5°。液态泡沫中的微量液体就分布在液膜、柏拉图通道和交汇点上，如图 3-1-8 所示。

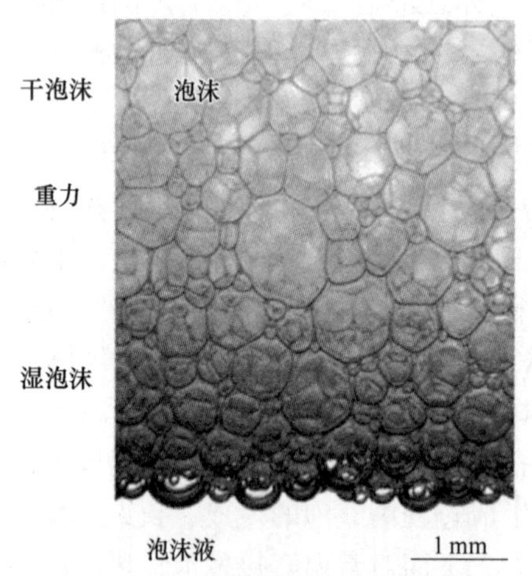

图 3-1-7　重力作用下液体泡沫的状态图

（重力作用下的液体排水会导致液体分数的梯度。在顶部（干泡沫），气泡呈多面体形状，而在底部（湿泡沫）几乎是球形）

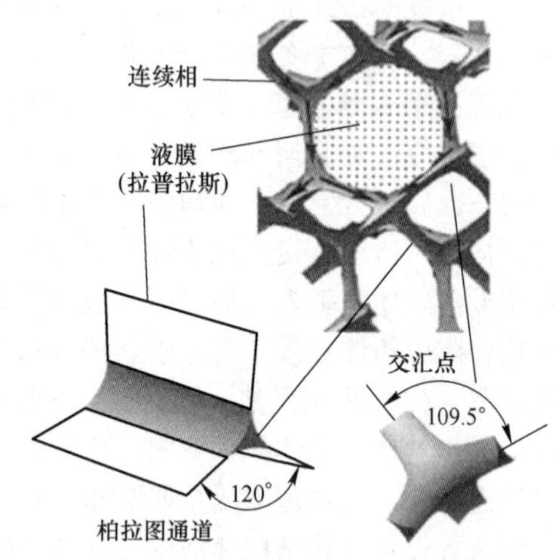

图 3-1-8　液态泡沫的基本结构

液膜破裂是指随着泡沫内液体含量不断减少，相邻泡沫之间的液膜破裂导致气泡合并，如图 3-1-9（a）所示。

泡沫粗化是由于泡沫内气泡大小不一，气泡之间形成的压力差使得小气泡中的气体扩散到大气泡中，即小气泡变小甚至消失，大气泡长大得更大，如图 3-1-9（b）所示。

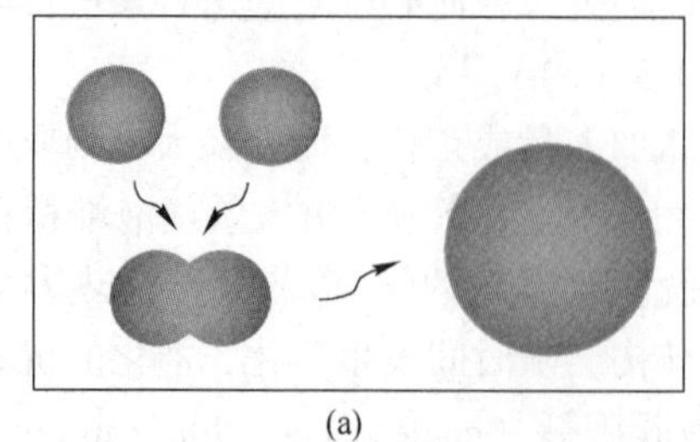
(a)

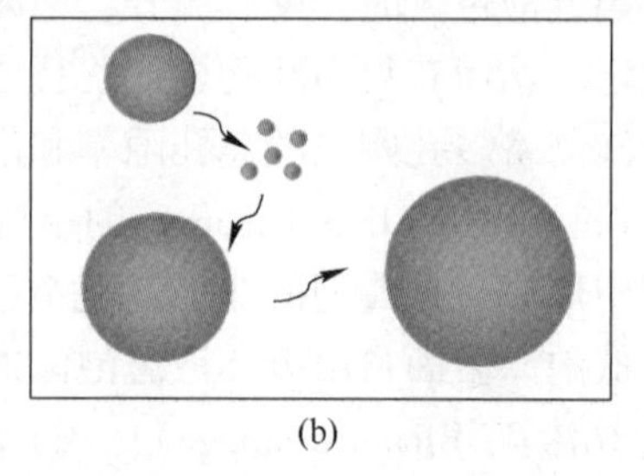
(b)

图 3-1-9　液膜破裂(a)和泡沫粗化(b)

液态泡沫渗流、液膜破裂和泡沫长大这些行为增多会使泡沫在很短时间内坍塌，为了延长泡沫寿命到几分钟甚至数小时，这就需要在气-液表面吸附一些长链的表面活性剂来稳定泡沫。这些表面活性剂中有的是起泡剂，即是起泡能力好的表面活性剂，有的是稳泡剂，即能使形成的泡沫稳定性好的表面活性剂；起泡剂和稳泡剂有时是一致的，有时候不一致。稳泡剂主要有：（1）非离子型，如 Triton X-114、Lutensol ON110、Tween 80 等；（2）阳离子型，如十二烷基硫酸钠（SDS）；（3）阴离子型，如氯化苄乙氧铵；（4）蛋白质类，如蛋清等。一般来说蛋白质稳定泡沫的时间一般要比其他表面活性剂时间要长。

表面活性剂稳定泡沫的原理是表面活性剂同时具有亲水基和疏水基，可溶于水和有机溶剂。在水溶液中，表面活性剂分子的亲水基指向液体内部，而疏水基则指向液体外部的空气，这种排列能有效地降低液体的表面张力，从而实现气泡的稳定，如图 3-1-10 所示。

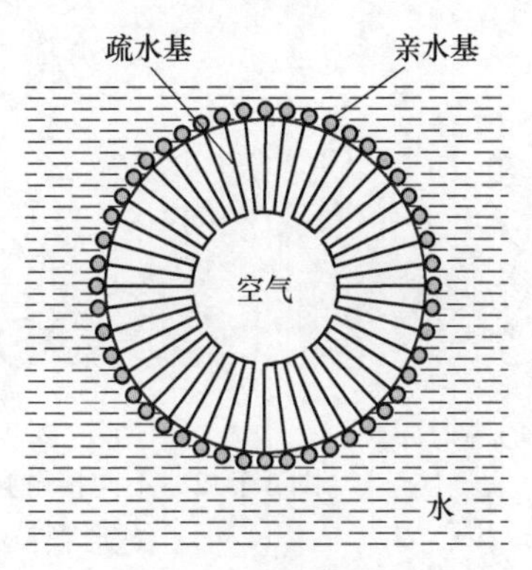

图 3-1-10 表面活性剂在液膜表面排列

由于表面活性剂分子在气-液界面上的吸附能低（$G<100kT_s$，其中 k 为玻耳兹曼常量，$k=1.380649\times10^{-23}$ J/K，T_s 为温度），部分表面活性剂分子从气-液界面上容易脱附，使液膜表面的表面张力分布不均匀，导致表面活性剂稳定的气泡易于发生泡沫渗透、液膜破裂和泡沫长大等动态失稳行为，一般在几分钟到几十分钟内，气泡就会完全坍塌。

颗粒稳定泡沫：泡沫稳定除了用表面活性剂或复合表面活性剂来强化以外，还可以用固体粒子来稳定泡沫的高能界面。固体粒子作为乳化剂代替有机表面活性剂来稳定泡沫，形成一种热力学稳定的体系，也称为 Pickering 乳液。在陶瓷料浆中存在着大量的颗粒，这些颗粒可能会大幅度提高气泡的稳定性。多数陶瓷颗粒具有亲水性的颗粒表面，并不能直接吸附在气-液界面，难以稳定气泡。如果采用短链两亲分子（一端亲水基团，另一端疏水基团）来修饰陶瓷颗粒表面（如 SiO_2），使其由完全亲水性变为部分疏水，且吸附在气液界面，形成稳定的泡沫陶瓷料浆，气泡稳定时间可达几小时，甚至几天，如图 3-1-11 所示。

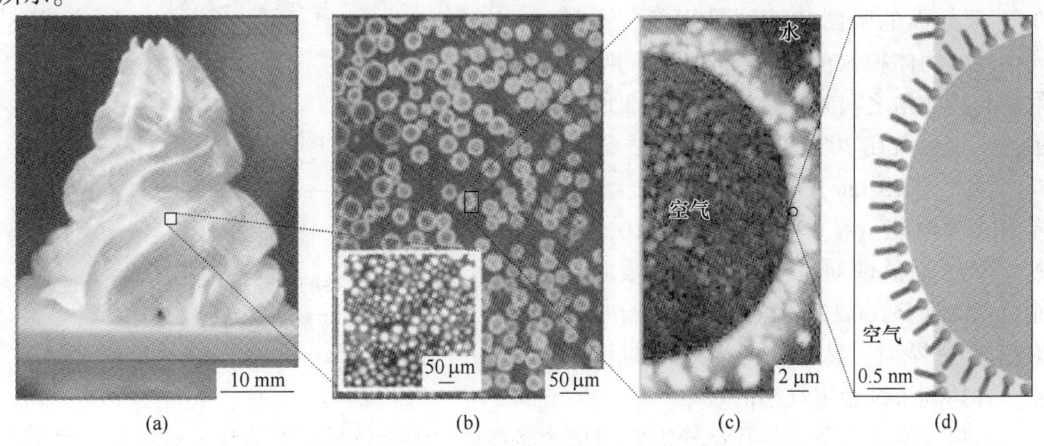

图 3-1-11 固体颗粒稳定气泡的示意图

（a）陶瓷泡沫料浆；（b）泡沫尺寸 10~50 μm；（c）陶瓷颗粒吸附在气-液界面；（d）陶瓷颗粒吸附在气-液界面示意图

固体颗粒在气-液界面的吸附位置与其润湿角大小关系密切，亲水性较强的颗粒多数在液体内部，只有少部分与空气接触，其润湿角 $\theta<90°$；疏水性较强的颗粒只有少部分停留在液体内部，多数与空气相接触，其润湿角 $\theta>90°$。吸附在气–液界面的固体颗粒以低能量的气–固界面代替高能量的气-液界面，从而降低了体系的总自由能，提高了气泡的稳定性，如图 3-1-12 所示。

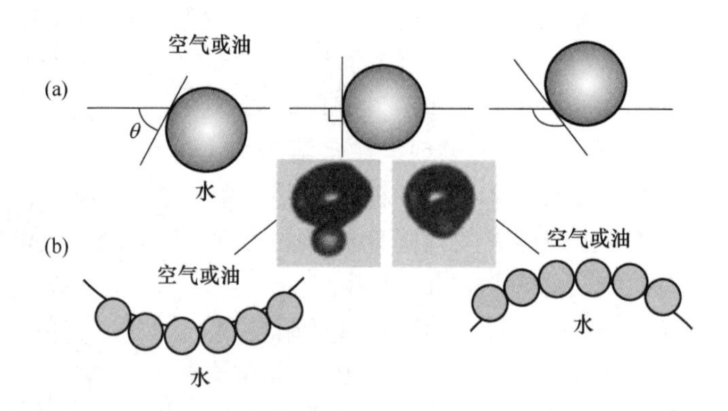

图 3-1-12 不同接触角球形颗粒在水平气-液或油-液界面的吸附状态(a)和球形颗粒在弯曲气-液或油-液界面的吸附状态（b）

（$\theta<90°$时，形成固体稳定的含水泡沫；$\theta>90°$时，形成固体稳定的气溶胶）

固体颗粒在气-液界面的吸附能（G）可以用以下公式表达：

$$G=\pi r^2\gamma_{LG}(1-\cos\theta)^2 \qquad \theta<90° \tag{3-1-1}$$

$$G=\pi r^2\gamma_{LG}(1+\cos\theta)^2 \qquad \theta>90° \tag{3-1-2}$$

式中，r 为颗粒半径；γ_{LG}为气-液界面的表面张力。

从式（3-1-1）和式（3-1-2）中可以看出，固体颗粒在气-液界面的吸附能与固体颗粒的半径和所处气-液界面的表面张力成正比。对于润湿性不同的固体颗粒，当其接触角趋近 90°时，其在气-液界面的吸附能达到最大值。不同半径的固体颗粒在空气与水界面的吸附能与接触角之间的关系如图 3-1-13 所示：当接触角在 30°到 150°之间时，颗粒半径大于 20 nm 的固体颗粒在气-液界面的吸附能（G）达到（$10^3\sim10^5$）kT_s，而表面活性剂在气-液界面的吸附能（G）低于 100 kT_s，因而固体颗粒吸附在气-液界面，显著降低体系的自由能，并达到持续稳定气泡的效果。

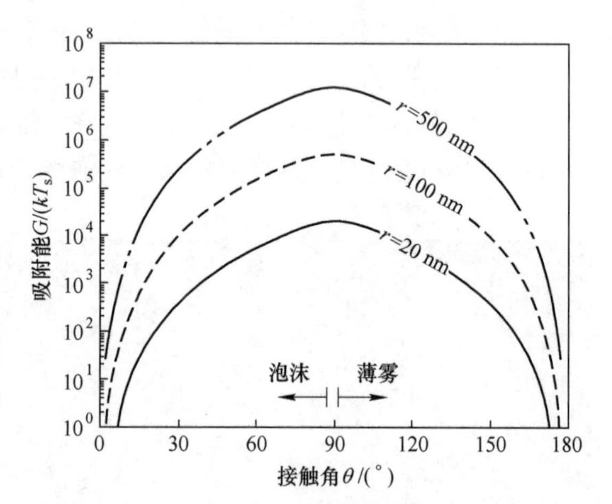

图 3-1-13 不同半径的固体颗粒在气-水界面的吸附能与接触角之间的关系

（γ_{LG} = 72. 8 mN/m）

直接发泡法制备出的孔结构需要固化才能在材料中保持最终的泡沫显微结构。目前直接发泡法制备多孔陶瓷主要采用聚合物吹塑法后热固化、溶胶-凝胶固化、凝胶注模固化等固化方法，见表3-1-3。

表3-1-3　直接发泡方法的举例

泡沫固化	发泡方式	陶瓷组分
表面活性剂稳定泡沫（Surfactant-stabilized foams）		
1. 原位聚合物吹塑（发泡）/固化		
多元醇和异氰酸酯（聚氨酯前）在催化条件下的热固化	物理发泡：H_2和CH_4 化学发泡：异氰酸酯与H_2O反应释放CO_2	SiOC、SiC、SiNC； Al_2O_3、$MgSiO_3$、ZrO_2
热塑性聚合物聚苯乙烯冷却固化	物理发泡：戊烷	Al_2O_3
硅基陶瓷聚合物的热固化	物理发泡：戊烷、氟利昂、CO_2、H_2O和乙醇、偶氮二甲酸二酰胺 化学发泡：CO_2	SiOC、SiC、SiNC、SiO_2
2. 溶胶-凝胶凝固		
金属氢氧化物和醇盐物质的缩合或金属氧化物和表面活性剂之间的胶凝反应	氟利昂、表面活性剂存在下的机械发泡、挥发性成分的蒸发、O_2的释放	SiO_2、SiO_2-CaO、ZrO_2、Al_2O_3
3. 凝胶注模成型		
自由基聚合		
温度诱导多糖的凝固：蔗糖、角叉菜胶、琼脂	在表面活性剂/蛋白质存在下热膨胀或机械起泡/搅拌	Al_2O_3、SiO_2、ZrO_2、SiC、堇青石、莫来石
水泥水化	物理发泡：表面活性等	六铝酸钙、钙长石
粒子稳定的泡沫（Particle-stabilized foams）		
颗粒凝聚，低聚物和单体的pH值和离子诱导凝胶化	在疏水化胶体颗粒存在下的机械发泡	α-Al_2O_3、δ-Al_2O_3、ZrO_2、SiO_2、Ca_3PO_4、Si_3N_4、SiC

3.1.4.2　热发泡法

本小节主要以糖类为分散介质来阐述热发泡法（thermo-foaming），热发泡法的工艺流程以热发泡法制备堇青石多孔陶瓷为例，如图3-1-14所示。首先使分散相（一般为陶瓷粉体）均匀分散在熔融单糖、双糖或多糖中，然后利用分散体系黏度捕捉有机物缩聚反应产生的水蒸气形成气泡，这一过程被称为发泡阶段，该阶段要求气泡的生长不能太快，整个过程应缓慢发泡，以确保热发泡体系的稳定；发泡完成后，热发泡体系的高度将不再增加，随后进入固化阶段，经过一系列的缩聚反应形成不溶的有机物，分散体系固化得到陶瓷生坯；陶瓷生坯在一定的烧成制度下将有机物烧尽得到多孔陶瓷，热发泡制备的多孔陶瓷气孔分布均匀、孔隙率高，总气孔率可达到95%以上，且耐压强度远高于其他制备方法得到的高气孔率陶瓷。

A　热发泡原理

热发泡法中分散体系的发泡和固化从本质上来看是糖的焦化反应。在缺乏含氮化合物时，焦糖色素的形成可以看作是一个无催化酶的棕色反应。当糖在无水环境或糖浓缩液被加热后，会产生一系列的缩聚反应，生成焦糖色素。焦化反应在初始阶段都是糖自身脱水

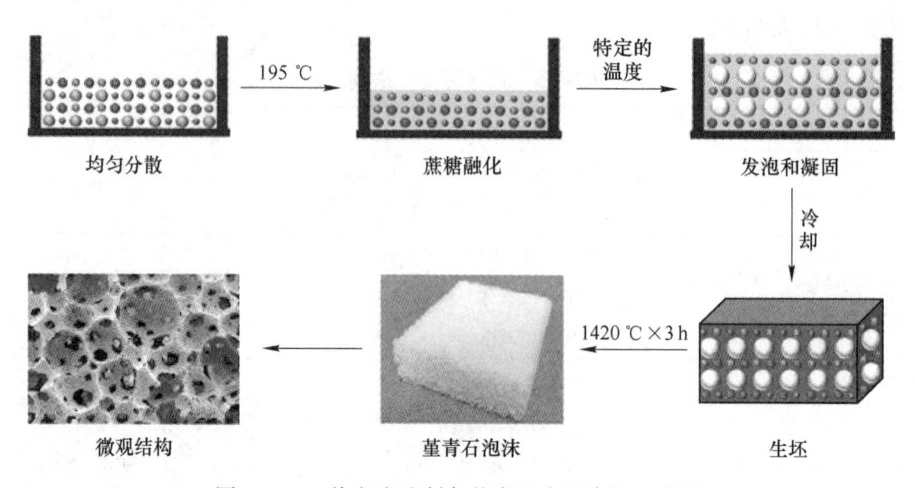

图 3-1-14 热发泡法制备堇青石多孔陶瓷示意图

缩合形成糖酐。葡萄糖的产物是葡聚糖和左旋葡聚糖，两者比旋度差别很大，分别为+69°和-67°。然后，这些聚糖二聚化形成大量的二糖，如龙胆二糖和槐糖。最终，二糖在多次聚合后形成不溶于水也不溶于酒精的高分子聚合物。

蔗糖的焦糖化温度在200 ℃左右。在160 ℃时，蔗糖会熔化并形成葡萄糖和果糖酸酐(左旋糖)，在200 ℃时，反应顺序由三个不同的阶段组成，三个阶段按照加热的时间不同分隔开。反应发生的第一步需要加热35 min，4.5%的质量损失，对应于每1 mol蔗糖损失1 mol的水分子。蔗糖脱水缩合生成异糖（isosacchrosan），再加热55 min后，蔗糖二聚脱水，质量损失总计达9%，形成的色素被命名为第二期焦糖（caramelan），分子式为$C_{24}H_{36}O_{18}$，反应方程式如下：

$$2C_{12}H_{22}O_{11} - 4H_2O \longrightarrow C_{24}H_{36}O_{18} \tag{3-1-3}$$

第二期焦糖，继续加热55 min后，蔗糖三聚脱水，会有第三期焦糖（caramelen）生成，其分子式为$C_{36}H_{50}O_{25}$，对应的质量损失大约为14%，大约相当于每3 mol蔗糖分子脱去8 mol的水，反应方程式如下：

$$3C_{12}H_{22}O_{11} - 8H_2O \longrightarrow C_{36}H_{50}O_{25} \tag{3-1-4}$$

第三期焦糖只溶于水，熔点为154 ℃。在进一步加热后，第三期焦糖会反应形成几乎不溶的黑色色素（caramelin），它的平均分子组成为$C_{125}H_{188}O_{80}$。

糖类作为热发泡法中的分散介质，既起到了发泡剂的作用，还达到了固化剂的效果。在发泡阶段糖缩聚反应产生的水蒸气被分散体系捕捉后形成气泡，起到了发泡剂的作用，而分散体系的固化实际上就是糖在经历了一系列缩聚反应后，生成的有机物相对分子质量逐渐变大，增大分散体系的黏度，最终生成不溶物caramelin的过程。

不同的升温制度，即使是同一分散介质和分散相，且比例相同，热发泡法制备的多孔陶瓷的结构也是有差异的，如图3-1-15所示。

B 分散介质种类对热发泡制备多孔陶瓷的影响

在热发泡法制备泡沫陶瓷的工艺中，分散液的黏度对分散液发泡过程中气泡的稳定起着非常重要的作用。分散液的黏度受分散介质本身的黏度影响很大。相同分散相浓度的情况下，一般分散介质本身浓度越大，分散液黏度越大，越有利于气泡的稳定。分散液的黏

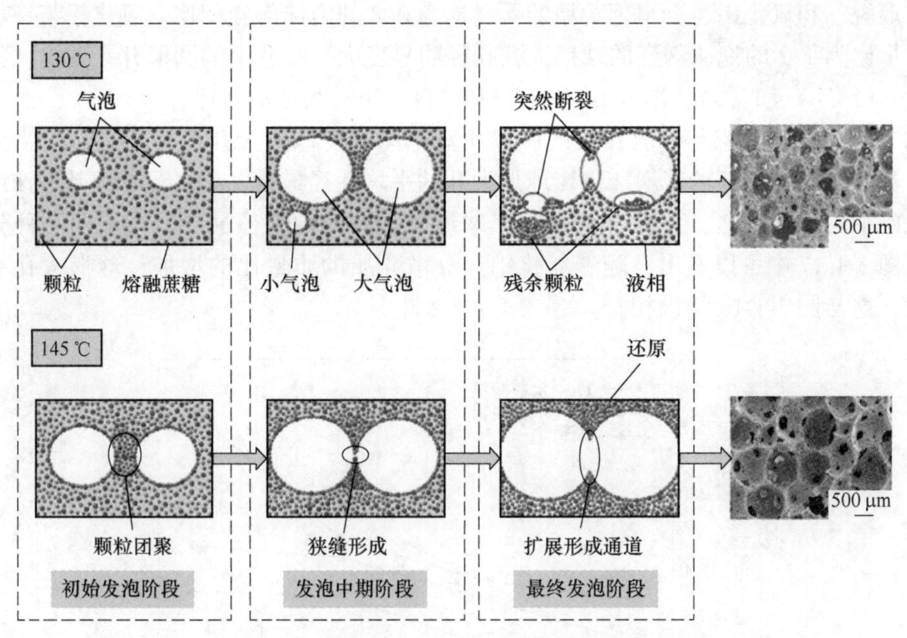

图 3-1-15　以蔗糖作为分散介质，分散相与分散介质比例为 1.2：1 时，130 ℃和 145 ℃下的制备具有不同结构的多孔陶瓷

度除了受分散介质本身的黏度影响之外，还很大程度上受分散相浓度的影响。一般来说，在相同分散介质的情况下，分散相浓度越大，分散液黏度越大。图 3-1-16 对比了一水葡萄糖基氧化铝泡沫陶瓷、无水葡萄糖基氧化铝泡沫陶瓷和蔗糖基氧化铝泡沫陶瓷的孔结构。

图 3-1-16（a）和（d）分别为氧化铝与一水葡萄糖的质量比分别为 0.8 和 1.2 试样

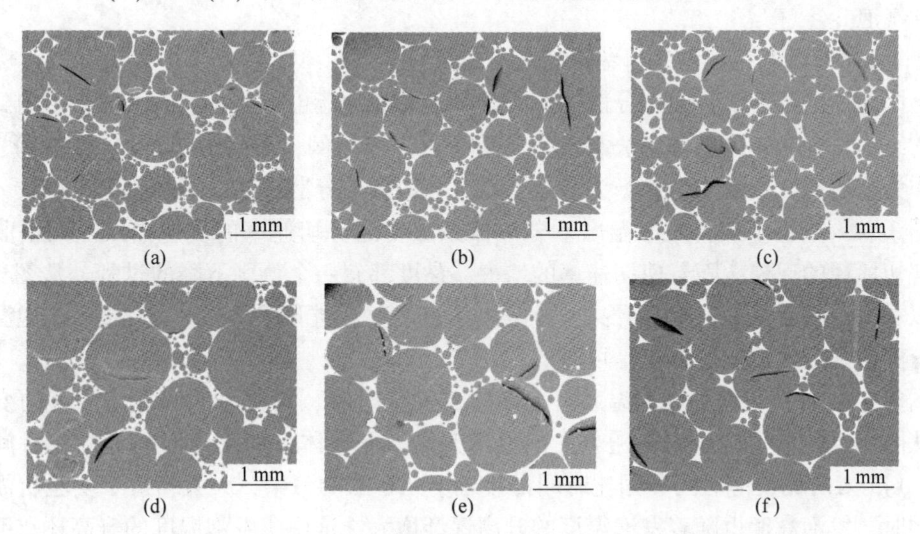

图 3-1-16　不同分散介质下不同氧化铝与分散介质的质量比制得的泡沫陶瓷的断口形貌

（a）~（c）比例为 0.8；（d）~（f）比例为 1.2

（a）一水葡萄糖；（b）无水葡萄糖；（c）蔗糖；（d）一水葡萄糖；（e）无水葡萄糖；（f）蔗糖

的断口形貌，和氧化铝与一水葡萄糖的质量比为 0.8 的泡沫陶瓷相比，氧化铝与一水葡萄糖的质量比为 1.2 的泡沫陶瓷的球形大孔孔径明显变大，孔壁上的圆形开孔变少。类似对比图 3-1-16（b）和（e），图 3-1-16（c）和（f），也有相似的规律。

图 3-1-17 为氧化铝与分散介质的质量比对泡沫陶瓷球形大孔孔径的影响。当分散相浓度一定时，一水葡萄糖基泡沫陶瓷球形大孔的平均孔径最大，无水葡萄糖基泡沫陶瓷球形大孔的平均孔径次之，蔗糖基泡沫陶瓷球形大孔的平均孔径最小。对于同一种分散介质，从图 3-1-17 中可以看出，随着氧化铝与分散介质的质量比的增加，球形大孔平均孔径变大，这与图 3-1-16 结果相符。

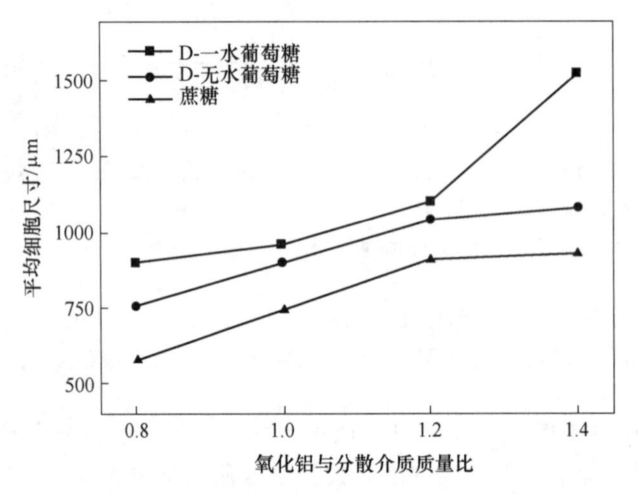

图 3-1-17 氧化铝与分散介质的质量比对泡沫陶瓷球形大孔平均孔径的影响

因此，分散介质本身浓度越大，分散液黏度越大，越有利于气泡的稳定，并且容易稳定小的气泡。

C 发泡温度对热发泡法制备多孔陶瓷的影响

不同的发泡温度下，同一分散体系的黏度和发泡性能也不尽相同，因此会影响到多孔陶瓷的结构与性能。以热发泡法制备多孔堇青石陶瓷为例，α-Al_2O_3 微粉、滑石粉、SiO_2 微粉作为分散相，以无水葡萄糖为分散介质，分散相与分散介质的质量比为 1.2。

图 3-1-18 列出了四种发泡温度下分散体系黏度随剪切速率的变化曲线。四条曲线都存在剪切稀释的现象，随着剪切速率的增大，黏度都有一个急剧下降的过程。从图 3-1-18 中可以看出，随着发泡温度的升高，分散体系的黏度急剧下降，说明通过提高发泡温度来改善分散体系发泡性能的方法是可行的。

图 3-1-19 列出了四种发泡温度下分散体系发泡时间、固化时间和发泡高度的变化规律。从图 3-1-19 中可以看出，随着发泡温度升高，分散体系的发泡时间和固化时间明显下降，145 ℃时的发泡时间和固化时间都接近于 130 ℃的一半，大大缩短了实验所需的时间。同时，发泡高度也随着发泡温度的升高逐渐增大，这说明发泡温度的升高还有助于提高分散体系的发泡程度。

图 3-1-20 为四种发泡温度下制备的堇青石多孔陶瓷的 SEM 图。从图 3-1-20（a）和（b）中可以明显地看出，图（b）中的气泡更大，气孔球形度更高，发泡程度更高，不存

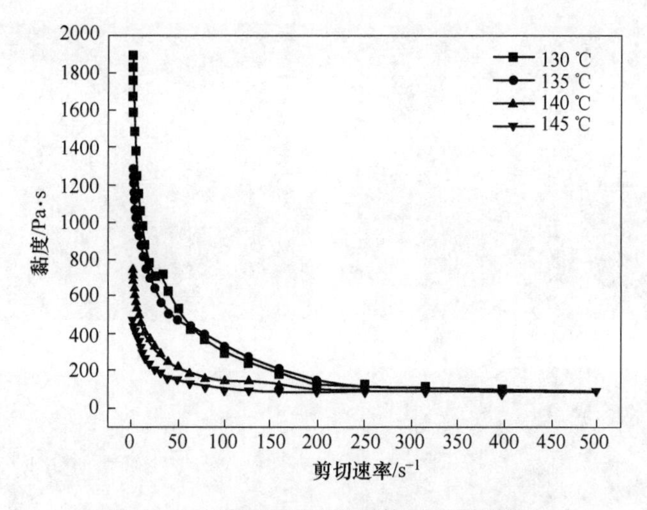

图 3-1-18　发泡温度对分散体系黏度的影响

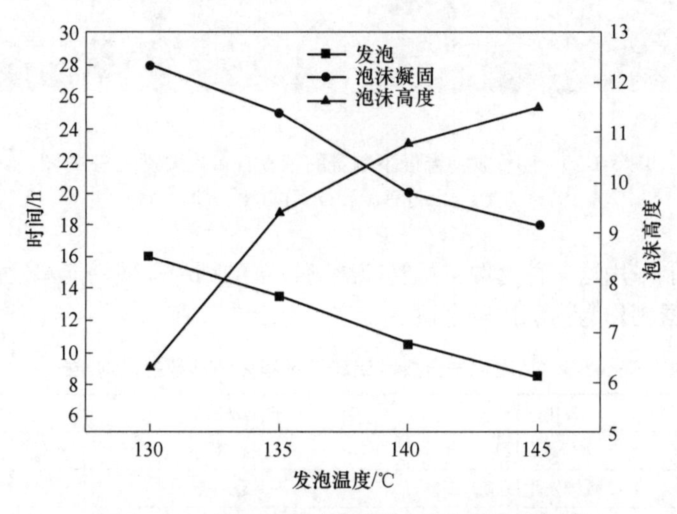

图 3-1-19　发泡温度对分散体系发泡性能的影响

在图（a）中堇青石颗粒填充小孔的现象。对比图 3-1-20 的四幅图可以得出结论：堇青石多孔陶瓷的气孔孔径随着发泡温度的升高呈现先增大后减小的趋势，其中在发泡温度为 140 ℃时气孔孔径最大，孔壁上的窗口小孔最多，通透性最好。因此在热发泡过程，通过控制分散体系的分散相浓度、分散介质种类和发泡温度，可以改变多孔陶瓷的结构与性能使其能够满足更多应用需求。

在热发泡法制备多孔陶瓷过程中，有些陶瓷相来源的选择是非常重要的，例如在合成六铝酸钙（CA_6）过程中钙源主要有氢氧化钙、氯化钙、硫酸钙、草酸钙、碳酸钙、葡萄糖酸钙和磷酸钙等。这些钙的化合物分别与氧化铝混合，然后均匀分散在无水葡萄糖熔液中得到分散体系，其中陶瓷粉料与无水葡萄糖的质量比均为 1.2，熔化温度为 195 ℃，其结果见表 3-1-4。从表 3-1-4 中可以看出，以氢氧化钙、氯化钙和葡萄糖酸钙作为分散剂的陶瓷相是不能发泡的，主要体现在熔化阶段分散相与糖熔体发生反应或陶瓷相不熔于分散

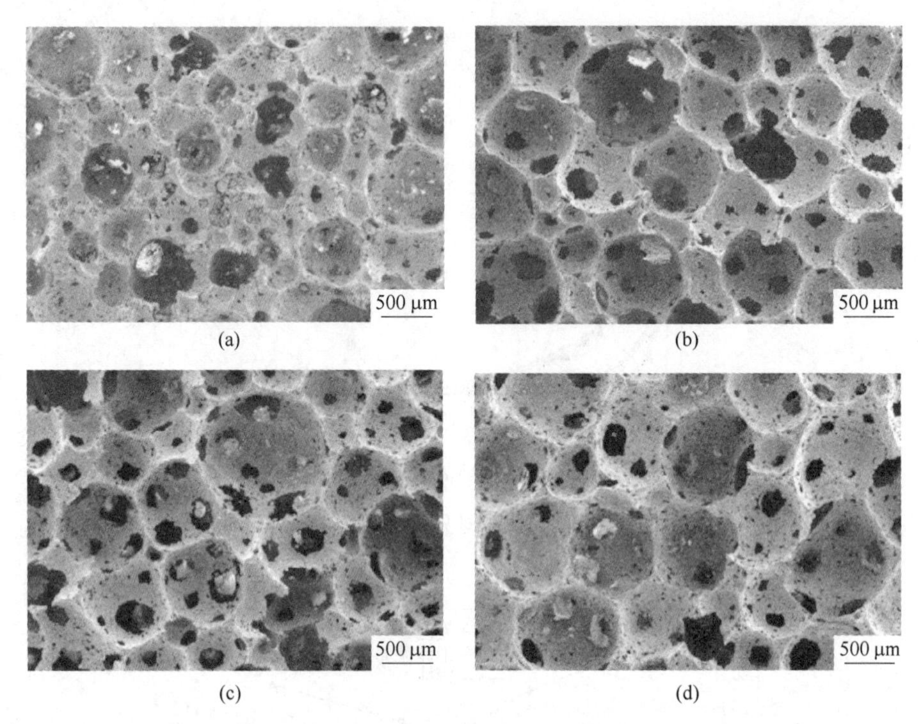

图 3-1-20　四种发泡温度下制备的堇青石多孔陶瓷的 SEM 图
(a) 130 ℃; (b) 135 ℃; (c) 140 ℃; (d) 145 ℃

介质中，因而不能采用这三种钙源，尽管硫酸钙、草酸钙和磷酸钙能够发泡，但发泡效果差，因而选择碳酸钙作为钙源比较合适。

表 3-1-4　热发泡法合成六铝酸钙过程多种钙源的发泡结果

钙　源	熔化阶段	发泡效果	生坯烧成结果
氢氧化钙	发生剧烈反应	无	无
氯化钙	缓慢发生反应	无	无
硫酸钙	能熔	高度低	可制得样品
草酸钙	能熔	高度低且均匀	样品严重开裂
碳酸钙	能熔	高度高	可制得样品
葡萄糖酸钙	不熔	无	无
磷酸钙	能熔	高度低	样品开裂

3.1.4.3　高温发泡法

高温发泡法（melt foaming）主要有两种形式，一种是物理法，即向高温熔体中通过机械搅拌或喷吹等物理方法引入气相，形成泡沫结构，降温后使得高温形成的泡沫结构得以固化，最后形成泡沫体；另一种是化学法，即陶瓷粉体在高温下软化或熔化成有一定黏度的熔融态或半熔融态时，陶瓷粉体中高温发泡剂反应生成气体，产生一定的体积膨胀，冷却后高温气孔结构得以固化形成泡沫体，这种化学法和粉末烧结法类似，又称粉末烧结法，它是规模化生产建筑保温用泡沫玻璃陶瓷十分普遍的方法，其原料以固体废弃物为主，主要工艺流程见图 3-1-21。

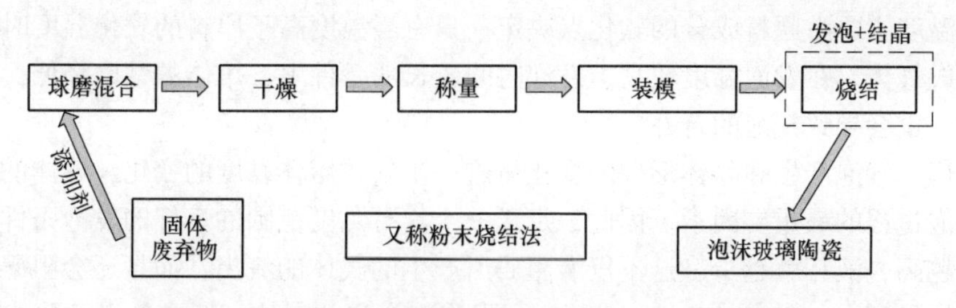

图 3-1-21 高温发泡法制备泡沫玻璃陶瓷的工艺流程图

工业上生产泡沫玻璃的具体过程为预先熔制好玻璃原料、原料中加入高温发泡剂和高温发泡工艺这三个重要环节，该工艺是先将各种原料熔融成玻璃原料，再高温发泡，而不是将各种原料和发泡剂混合后直接高温发泡（一步法），因此称为二步法制备泡沫玻璃。尽管二步法制备的泡沫玻璃具有气孔尺寸分布均匀、气孔分布范围窄和制品强度高等优点，但由于二次熔融导致该工艺过程能耗较高。在此基础上，利用天然原料和固体废弃物作为原料，直接高温发泡法制备泡沫材料，这一类材料称为泡沫玻璃陶瓷。从结构来看，泡沫玻璃和泡沫玻璃陶瓷这两类泡沫区别不大，可以认为泡沫玻璃陶瓷是将传统陶瓷制备工艺和二步法泡沫玻璃制备工艺结合起来的一种新工艺；从工艺角度来看，泡沫陶瓷发泡温度更高，制品强度也会提升。无论是泡沫玻璃还是泡沫玻璃陶瓷，其制备原理相同，即高温时形成熔体，在一定黏度时引入气相，随后低温冷却固化得到泡沫结构，关键核心是高温熔体形成机制和发泡剂的选用问题。

高温发泡受多种因素控制，如玻璃成分、粒度、发泡温度、保温时间、发泡剂种类和含量等。加热温度、加热速率和保温时间属于相对容易控制的参数，因此这些参数也是被研究得最多的，表 3-1-5 总结了由固体废物制备泡沫玻璃陶瓷的原料、热处理工艺和力学性能。

表 3-1-5 泡沫玻璃陶瓷材料的原料、制备工艺及力学性能

原 料	发泡剂或发泡工艺	热处理	体积密度 /g · cm^{-3}	总气孔率 /%	耐压强度 /MPa	导热系数 /W · (m · K)$^{-1}$
钠钙玻璃废料	纳米 AlN 粉	900 ℃，30 min	<0.5	—	2.48	103
阴极射线管面板玻璃	碳酸钙	755~815 ℃，5 min	0.24~0.27	90~91.2	—	50~53
废矿棉和废玻璃	碳化硅	1170 ℃，20 min	0.71	—	—	—
平板玻璃碎片和飞灰	碳酸盐	750~950 ℃，30 min	0.36~0.41		2.4~2.8	
铅锌矿尾矿、飞灰和赤泥	铅锌矿尾矿	850 ℃，60 min	0.67	69.2	7.4	—
玻璃瓶	蛋壳	900 ℃，30 min	—	83~92	0.15~1.5	55~177
陶瓷抛光废渣	碳化硅	1010~1200 ℃，20 min	0.47~1.59	—	—	105~334
高铝飞灰和废玻璃	硫酸钙	1200 ℃，120 min	0.98	—	9.84	—
粉煤灰和废玻璃	碳酸钙	800 ℃，45 min	0.46	约 80	5	360
提炼钛尾矿和废玻璃	碳酸钠	760~790 ℃，10~40 min	0.30 ± 0.01	88 ± 0.4	1.0 ± 0.1	60 ± 2
玄武岩渣和钠钙碎玻璃	玄武岩渣	1050~1100 ℃，15 min	—	53~86	2~50	—

发泡温度主要由原料成分的软化点决定。只有当温度高于原料的软化温度时，才能在液相中形成气体。在发泡温度较高、发泡时间较长的条件下，熔体的黏度降低，气体形成速度较快，也会导致气泡的合并。

热处理、气泡产生和晶体形成的变化将进一步导致熔体黏度的变化，熔体的黏度可能是控制发泡过程的最重要因素。因此，定义一个具有黏度范围的良好的发泡条件十分有价值。黏度越高，液相就越少，这不仅会阻碍所产生的气体的流出，而且还会阻碍孔隙的生长。当熔体黏度在 $10^6 \sim 10^7$ Pa · s 之间时，发泡剂会释放气体，形成稳定的孔隙结构。

金属碳酸盐（碳酸钙、碳酸钠、碳酸镁、碳酸锶、白云石）和二氧化锰最好采用黏度为 $10^4 \sim 10^6$ Pa · s 的范围，而使用碳化硅作为发泡剂时，熔体必须具有较低的黏度（$10^{3.3} \sim 10^{4.0}$ Pa · s）。玻璃体中晶相的析出对孔隙的形成有双重影响。一方面，晶相的析出可以促使玻璃相与晶体形成交错结构，生成的晶相也可以填充一些小孔，提高材料的力学性能；另一方面，晶相的析出将增加熔体的黏度，从而限制材料的膨胀。除了结晶和黏度外，表面张力对气泡的稳定性也有一定的影响。黏度对泡沫寿命的影响大于表面张力，并且泡沫的寿命随着表面张力的降低而增加。

高温发泡剂根据发泡机理主要分为氧化型和分解型发泡剂两种，按照组成的分类如表 3-1-6 所示。

表 3-1-6　高温发泡剂分类

分　类	典　型　例　子
碳系列	乙炔炭黑（碳含量 98%）、无烟煤（92.17%）、炭黑（89.38%）、石墨（87%）
碳化物类	SiC、CaC_2
氮化物类	Si_3N_4、TiN、AlN
含结构水类	水玻璃、硼砂、硼酸
碳酸盐类	轻质重质 $CaCO_3$、$BaCO_3$、$SrCO_3$、$MgCO_3$
硫酸盐类	$CaSO_4$、$NaSO_4$
硝酸盐类	KNO_3、$NaNO_3$
其他类	MnO_2 或含 MnO_2 的矿渣、废弃物

各种分类下不同发泡剂产生气体的主要化学反应如下：

（1）碳系列主要发生的化学反应有以下三种，如式（3-1-5）~式（3-1-7）所示：

$$C + O_2 \longrightarrow CO_2 \uparrow \tag{3-1-5}$$

$$2C + O_2 \longrightarrow 2CO \uparrow \tag{3-1-6}$$

$$C + CO_2 \longrightarrow 2CO \uparrow \tag{3-1-7}$$

碳系列除了具有发泡作用外，还具有稳泡作用。以炭黑为例，由于炭黑和液态玻璃的化学亲和力较小，不被玻璃浸湿，降低界面能，有利于气孔的稳定。

（2）碳化物类主要发生的化学反应如式（3-1-8）所示：

$$SiC + 2O_2 \longrightarrow SiO_2 + CO_2 \uparrow \tag{3-1-8}$$

碳化物系列的发泡剂其发泡温度较碳系列的高，为了达到均匀起泡的目的，有时会加入分解产生氧气的氧化物。

（3）氮化物类主要发生的化学反应如式（3-1-9）所示：

$$2AlN \longrightarrow 2Al + N_2 \uparrow \tag{3-1-9}$$

此反应产生的温度在 800～1200 ℃，反应温度较碳系列的高。当有氧化物如 TiO_2 存在的条件下，还会发生如下的反应，如式（3-1-10）所示：

$$3TiO_2 + 4AlN \longrightarrow 2Al_2O_3 + 3TiN + \frac{1}{2}N_2 \uparrow \tag{3-1-10}$$

这种反应可以归结为如下表达式：

$$3M^{n+} + nN^{3-} \longrightarrow 3M + \frac{n}{2}N_2 \uparrow \tag{3-1-11}$$

当发泡剂发生的化学反应步骤较多时，有利于气泡均匀稳定地溢出，有利于气泡尺寸的统一和均匀。

（4）含结构水类主要发生的化学反应如式（3-1-12）和式（3-1-13）所示：

$$H_3BO_3 \longrightarrow HBO_2 + H_2O \uparrow \tag{3-1-12}$$

$$2HBO_2 \longrightarrow B_2O_3 + H_2O \uparrow \tag{3-1-13}$$

硼酸盐类在分解时会产生 B_2O_3，B 有成网作用，在玻璃体内形成［BO_4］四面体与［SiO_4］四面体一起构成网络结构，修补断裂的小型［SiO_4］四面体，使网络连接程度变大，提高熔体的聚合度，从而相应地提高了玻璃熔体的黏度，通过延缓起泡壁变薄的速率达到稳定起泡的作用。

（5）碳酸盐类、硫酸盐类和硝酸盐类主要发生的化学反应如式（3-1-14）～式（3-1-16）所示；

$$CaCO_3 \longrightarrow CaO + CO_2 \uparrow \tag{3-1-14}$$

$$Na_2SO_4 \longrightarrow Na_2O + SO_2 \uparrow + \frac{1}{2}O_2 \uparrow \tag{3-1-15}$$

$$2KNO_3 \longrightarrow 2KNO_2 + O_2 \uparrow \tag{3-1-16}$$

（6）其他。含上述物质的矿渣和废渣，其发泡作用机理和上述典型反应原理一致。MnO_2 发生的主要化学反应如式（3-1-17）所示；

$$2MnO_2 \longrightarrow 2MnO + O_2 \uparrow \tag{3-1-17}$$

由于 MnO_2 会产生氧气，在有些情况下会将 MnO_2 和氧化型发泡剂同时使用，以提供足够的供氧量，保证气泡均匀连续地产生。

上述各种发泡剂在使用时一般采用混合法，根据实际情况，将一种或几种发泡剂复合加入，以保证气体的均匀连续产生，制得性能良好的制品。

高温发泡法制备泡沫玻璃陶瓷的主要原料是工业上的各种固体废弃物，例如采用棕刚玉除尘粉和玻璃粉为主要原料（见表 3-1-7）、石墨为发泡剂制备出的泡沫玻璃陶瓷，其性能和结构随着发泡保温时间的变化如图 3-1-22 和图 3-1-23 所示，结果表明：适当延长保温时间有利于气孔的均匀分布，但过度延长会造成气孔的合并增大或贯通，导致材料强度的下降，而泡沫玻璃的导热系数（热面温度 150 ℃）为 0.108 W/(m·K)。

表 3-1-7 棕刚玉除尘粉和玻璃粉的化学分析 (质量分数,%)

项 目	SiO_2	Al_2O_3	Fe_2O_3	CaO	MgO	K_2O	Na_2O	TiO_2	IL
棕刚玉除尘粉	41.20	31.8	2.70	0.31	0.72	2.01	16.13	0.94	3.63
玻璃粉	72.01	2.29	0.30	9.21	0.65	0.77	13.8	0.06	0.9

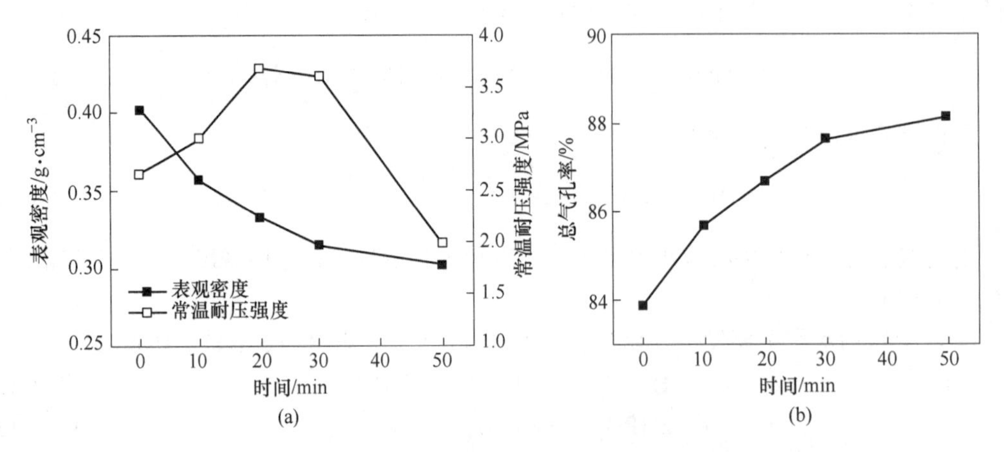

图 3-1-22 高温发泡保温时间对泡沫玻璃陶瓷性能的影响

(a) 表观密度和耐压强度；(b) 总气孔率

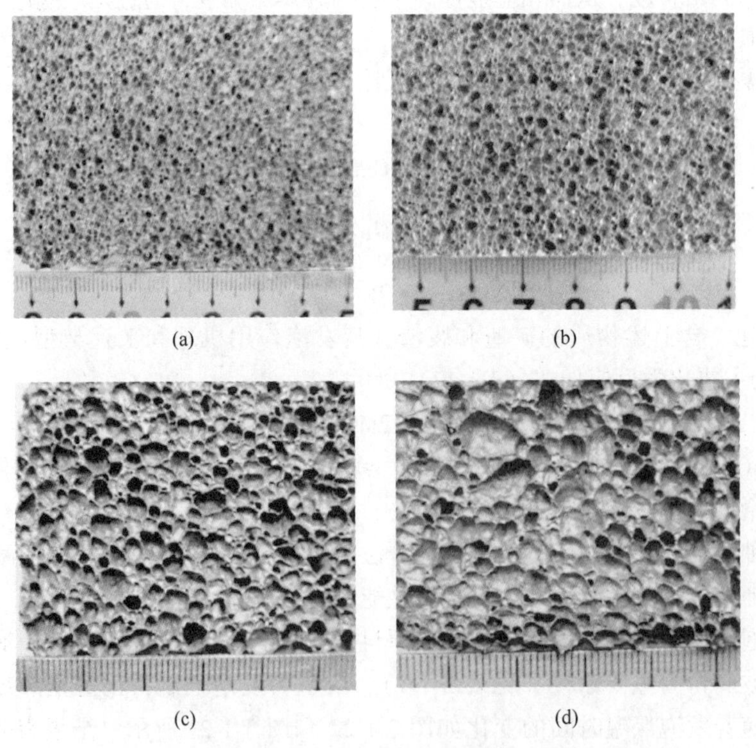

(a) (b) (c) (d)

图 3-1-23 高温发泡保温时间对泡沫玻璃陶瓷显微结构的影响

(a) 10 min；(b) 20 min；(c) 30 min；(d) 50 min

高温发泡法制备的泡沫陶瓷其重金属浸出浓度极低，具有极高的生态安全性。作者曾经研究利用城市飞灰为主要原料，采用高温发泡法制备泡沫玻璃时研究发现：材料中生成大量的棒状硅酸钙晶体，且硅酸钙晶体之间由玻璃相连接，形成一种玻璃相半包裹硅酸钙晶体的结构，这种结构使得制品具有极佳的固化重金属的能力，其原理过程见图 3-1-24。

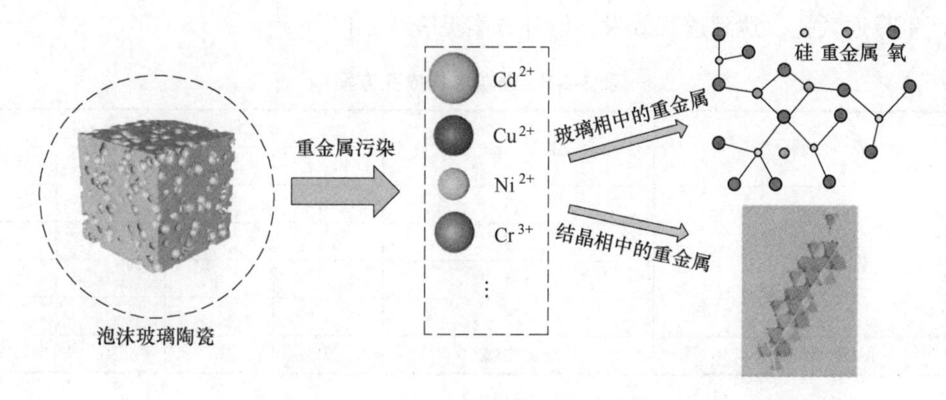

图 3-1-24 泡沫玻璃陶瓷固化重金属示意图

3.2 多孔隔热耐火材料成孔方法

多孔隔热耐火材料的隔热功能主要通过材料内的气孔实现，本节主要叙述用于多孔隔热耐火材料量产化生产的成孔方法，包括颗粒堆积法、造孔剂法、燃烬物法、发泡法、多孔材料法、原位分解法、凝胶注模法等。

3.2.1 颗粒堆积成孔

颗粒或粉体堆积成孔（particle packing）是制备多孔材料最传统、也是最常见的成孔方法。耐火材料（除要求孔隙极低之外，如熔铸耐火材料等），无论是重质还是轻质耐火材料，材料内的气孔或多或少都有来源于颗粒或粉体堆积成的孔隙。一般来说，颗粒堆积有两种形式：（1）紧密堆积，如图 3-2-1（a）所示，采用大粒径的颗粒作为骨架，中粒径颗粒、小粒径颗粒、细粉及微粉依次填充在上一级颗粒形成的孔隙中使颗粒间达到最紧密堆积，使材料的气孔率最大限度降低，从而获得致密材料；（2）等径颗粒堆积，采用相似粒径的颗粒为骨架，通过颗粒间的堆积形成气孔，如图 3-2-1（b）所示，等径堆积一般获得的孔隙率要比紧密堆积的高，因此等径堆积成孔是制备多孔耐火材料的方法之一。

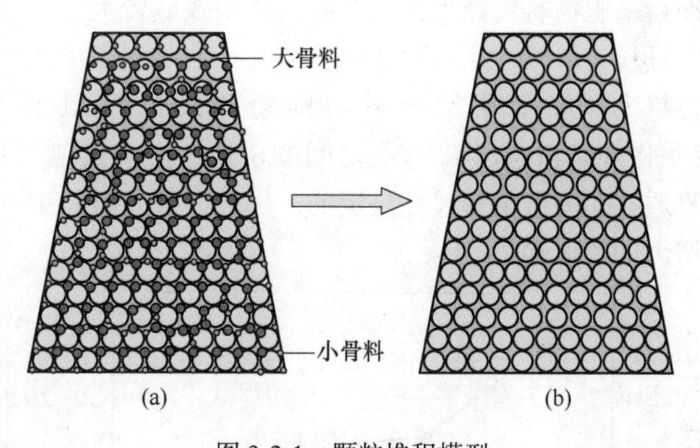

图 3-2-1 颗粒堆积模型

等径堆积成孔过程中，材料生坯的孔径大小取决于粉体的初始粒径，一般来说粉体的初始粒径是孔径的 2~5 倍，而材料最终的孔径大小和孔隙率取决于工艺参数（如添加剂的类型、数量、生坯的密度和烧结条件等)。等径堆积成孔在耐火材料中主要的典型案例有制备弥散型的透气材料和纳米堆积制备纳米绝热材料，下面分别叙述。

3.2.1.1 弥散型的透气材料的制备

采用相似粒径的颗粒为骨架，避免了紧密堆积，添加部分细粉烧结产生结合强度，材料内产生贯通气孔，达到透气效果，设计方案见表 3-2-1。

表 3-2-1 颗粒堆积成孔方案

原 料	粒径/mm	比例（质量分数）/%			
		$Pz_{1.5}$	$Pz_{2.5}$	$Pz_{3.5}$	$Pz_{4.5}$
板状刚玉	1.5	70			
	2.5		70		
	3.5			70	
	4.5				70
Al_2O_3 细粉	≤0.088	30	30	30	30

颗粒粒径大小对颗粒堆积成孔及孔结构与性能影响较大，一般来说，根据等径球形颗粒堆积原理，颗粒堆积所形成气孔的尺寸 r 与颗粒的尺寸 R 有以下关系：$r=0.73R$，由公式可知，球形颗粒尺寸越大，堆积形成的气孔尺寸越大。如加入细粉作为基质（见表 3-2-1)，随着颗粒粒径的增大，气孔率反而降低。因为材料中不仅有骨料存在，还存在大量的基质，基质填充在骨料堆积形成的气孔中，颗粒骨料粒径越大，堆积所形成的气孔尺寸越大，越有利于细粉的填充，使材料中显气孔率降低，体积密度增大，如图 3-2-2 所示。尽管材料中的显气孔率随颗粒粒径增大而减少，但透气度却相反，如图 3-2-3 所示。这是因为材料颗粒骨料与细粉基质烧结体积效应不一致，颗粒骨料活性低，体积稳定，而细粉基质物料粒径小，活性高，体积效应较大，经过高温处理之后，细粉基质收缩较大，在骨料与基质之间易形成狭长的气孔，起到了桥接气孔的作用；并且试样中颗粒骨料的粒径越大，单个颗粒骨料与细粉基质的接触面积越大，所形成气孔的长度越长(见图 3-2-4)，有利于气孔之间的桥接，便于贯通气孔的形成。材料透气性能是由材料中贯通气孔的数量和尺寸决定的。因此，随着材料中颗粒骨料粒径的增加，透气度呈现逐渐增大的变化趋势。

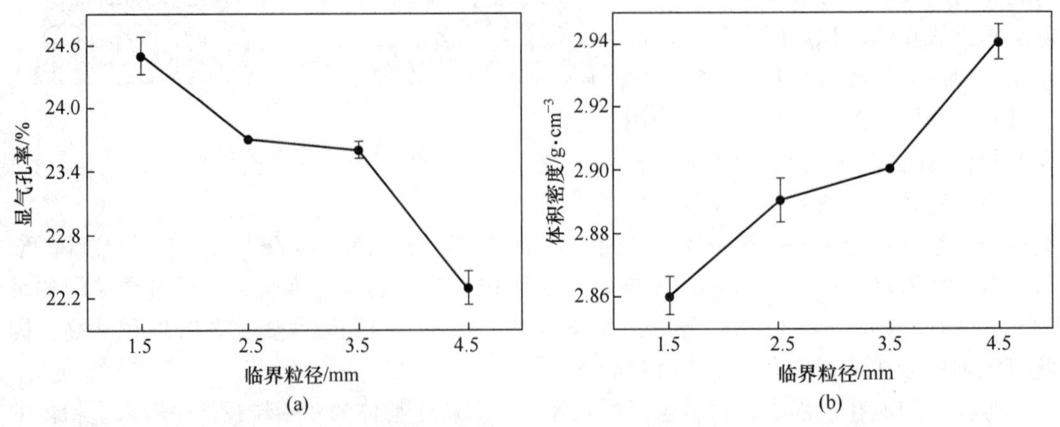

图 3-2-2 颗粒粒径对材料显气孔率(a)和体积密度(b)的影响

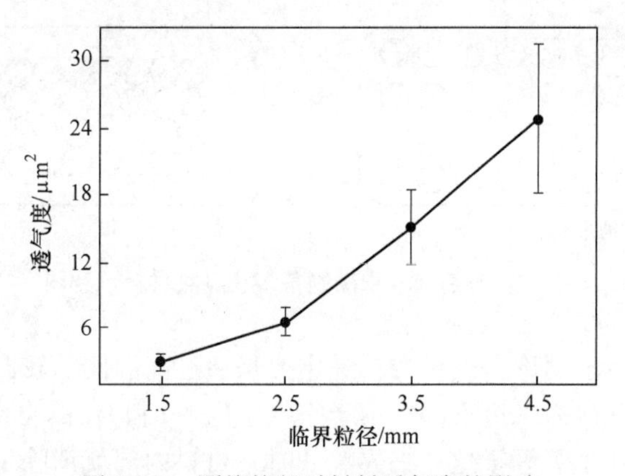

图 3-2-3 颗粒粒径对材料透气度的影响

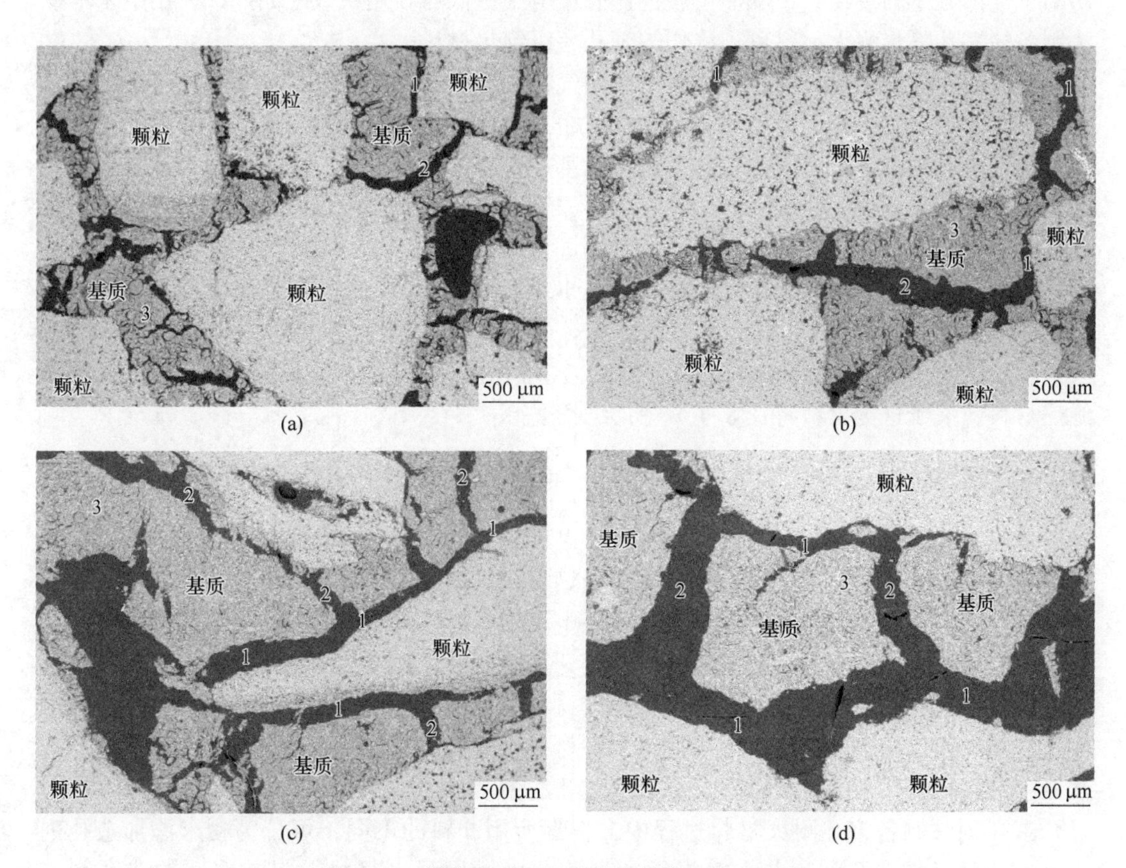

图 3-2-4 颗粒粒径对显微结构的影响的 SEM 图

(a) 1.5 mm; (b) 2.5 mm; (c) 3.5 mm; (d) 4.5 mm

3.2.1.2 纳米堆积制备纳米绝热材料

纳米颗粒堆积法是通过具有纳米级别特征尺寸的颗粒相互堆叠而形成非均质多孔结构，利用纳米颗粒间的自然架构而形成孔隙（见图 3-2-5）。采用纳米颗粒堆积法制备的轻质隔热耐火材料的孔径一般小于 100 nm，气孔率可达到 80%，并且 80% 以上的气孔尺寸小于 50 nm。

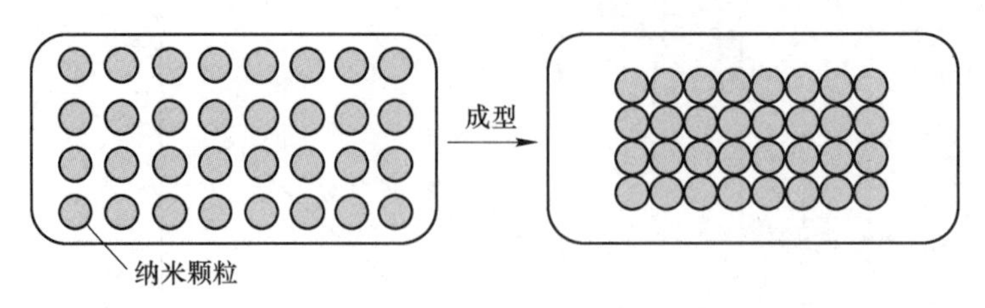

图 3-2-5 纳米堆积法制备多孔隔热材料示意图

根据分子碰撞及运动理论，热量的传递主要是通过高温侧的较高速度的分子与低温侧的较低速度的分子相互碰撞来进行的，由于空气中的 N_2 和 O_2 的自由程均在 70 nm 左右，当材料内部的气孔尺寸小于等于这一临界尺寸时，材料内部就消除了对流传热，从本质上切断了气体分子的热传导，从而可获得比静止空气更低的导热系数，因此，采用纳米堆积法制备的多孔隔热耐火材料也被称作纳米孔超级绝热材料。

纳米孔超级绝热材料的主要原料是采用气相 SiO_2（也称气相法白炭黑)，这是利用卤硅烷经氢氧焰高温水解制得的一种吸湿能力很强的特殊的无定形 SiO_2，堆积形成比自身粒径尺寸更小的纳米孔，因此导热系数一般都是 0.03 W/(m·K) 左右。由于该材料吸湿性很强，成型只能干法成型，坯体强度主要靠纳米粉体中添加无机纤维增强。工业使用时外表面还用铝箔、热收缩膜、玻璃纤维布等进行包覆。为了获得更好的隔热，纳米粉体中还添加一定量的遮光剂，如 TiO_2、$ZrSiO_4$、SiC 等。由于纳米 SiO_2 在高温下容易粉化，其长期使用温度多数低于 1000 ℃。

除了纳米 SiO_2 外，目前也采用纳米 Al_2O_3 堆积成孔制备使用温度更高的纳米孔超级绝热材料，关于这类材料将在 8.3 节中详细描述。

3.2.2 造孔剂法

造孔剂法（pore-forming agent method）也称烧失法（burn-out method）或燃烬物法，是牺牲模板法的一种，也是目前制备多孔隔热耐火材料最为普遍的方法之一。采用造孔剂法制备多孔隔热耐火材料的原理为配料工序中添加的燃烬物（模板)，在坯体中占据一定空间，高温下发生分解等反应生成气体后离开基体形成气孔，从而制得具有一定气孔率且气孔形貌与造孔剂模板近似的多孔隔热耐火材料。空气通过气孔通道向坯体内部扩散提供的氧气与模板反应产生的气体向外排出，在材料内部形成连续气孔通道，因此采用造孔剂法制备的多孔隔热耐火材料以开口和贯通气孔居多。

造孔剂法制备多孔耐火材料过程中，根据所用配料的不同，可分为粉末添加造孔剂工艺和浆料添加造孔剂工艺。粉末添加剂工艺中所用耐火材料粉料与选用的造孔剂混合、成型，烧成后制得多孔耐火材料；而浆料添加造孔剂工艺是将造孔剂加入浆料(又称“料浆”，为一种悬浮液）中，通过浇注成型，烧成后得到多孔隔热耐火材料。大部分多孔隔热耐火材料采用粉末添加造孔剂工艺，而多孔陶瓷的制备则偏向于浆料添加造孔剂工艺。不同造孔剂产生的孔隙不尽相同，造孔剂种类繁多，主要分为无机和有机造孔剂两大类。

(1) 无机造孔剂主要有碳酸铵、碳酸氢铵和氯化铵等高温可分解盐类，以及其他可分解化合物如煤粉、炭粉等。

（2）有机造孔剂主要包含天然有机物和高分子聚合物等，如锯末、稻壳、淀粉、聚丙烯、聚甲基丙烯酸甲酯和聚苯乙烯等人造聚合物微球等。

多孔材料孔隙率的大小主要由造孔剂的量来控制，当孔隙的尺寸大于原始造孔剂颗粒或基体颗粒尺寸时，造孔剂形状和尺寸将影响孔隙的形状和尺寸。然而这些造孔剂需要与陶瓷原料混合均匀，以获得均匀和规则的孔隙分布。上述高温可分解盐类造孔剂虽然在高温下分解产生气体使得材料形成孔隙，但产生的气体中含有刺激性气味的气体如氨气等，而煤粉由于杂质成分高从而影响材料的高温性能；另外，有机高分子聚合物分解容易产生有害气体，导致这些种类的造孔剂的使用也受到限制。

而有机造孔剂中植物类造孔剂由于其来源广泛、成本低廉、烧失量大等优点成为添加造孔剂法制备多孔陶瓷中造孔剂的首选。这些植物类造孔剂主要包含有成品或半成品农产品（如淀粉等）和植物废屑（如稻壳、锯末等）。尽管有很多这方面的综述性文章对多孔陶瓷的一般应用和加工路线进行了广泛的评估，但植物类造孔剂的潜力尚未得到全面发掘。

最近研究表明，除了使用成品或半成品的农产品外，农业废弃物作为造孔剂也被广泛关注。同时，相关调查表明，露天焚烧农业废弃物是导致全球变暖、严重空气污染和危害呼吸系统健康的关键因素。目前正在消除农业废弃物处理的原始做法，并最大限度提高严重依赖农业出口的国家的经济收益；另外，诸多研究表明，大多数农业废弃物具有显著的 SiO_2 含量（见表 3-2-2），而 SiO_2 又是部分陶瓷生产的重要原料。随着全球越来越多地采用“零废物”概念，在材料领域，将农业废弃物材料转化为可利用资源受到广泛关注。

表 3-2-2　不同植物的灰分和 SiO_2 含量　（质量分数,%）

植　物	植物的部分	灰　分	灰分中 SiO_2
稻壳	谷鞘	22.1	93.0
小麦	叶鞘	10.5	90.5
高粱	叶鞘表皮	12.5	88.7
稻草	干	14.6	82.0
面包树	干	8.6	81.8
甘蔗渣	—	14.7	73.0
玉米	叶片	12.1	64.3
竹子	结节（内部部分）	1.5	57.4
向日葵	叶和干	11.5	25.3
马樱丹	叶和干	11.2	23.3
核桃壳	—	1.72	48.8
玉米	秸秆	4.93	54.6
锯末	—	0.60	21.7

3.2.2.1　植物模板

植物模板是造孔剂法中最为常见的模板，在种类繁多的天然模板中，木屑因其易得、烧失量大和发热量高等特点，成为应用最为广泛的造孔剂之一。除木屑外、稻壳、各类植物淀粉外，其他植物模板如玉米秸秆、玉米芯、茶叶和油菜籽也是具有应用前景的造孔剂。

（1）玉米秸秆（corn stalk）。玉米秸秆作为一种维管植物，孔形单一，均为管状孔（见图3-2-6（a）），同时其内壁外壁十分光滑，如图3-2-6（b）所示，秸秆的平均孔隙率高达83.5%（体积分数）。但由于植物细胞壁中纤维素和半纤维素的存在导致破碎后的形状不规则，烧失后留下容易引起应力集中的不规则孔洞，制品的强度均较低。

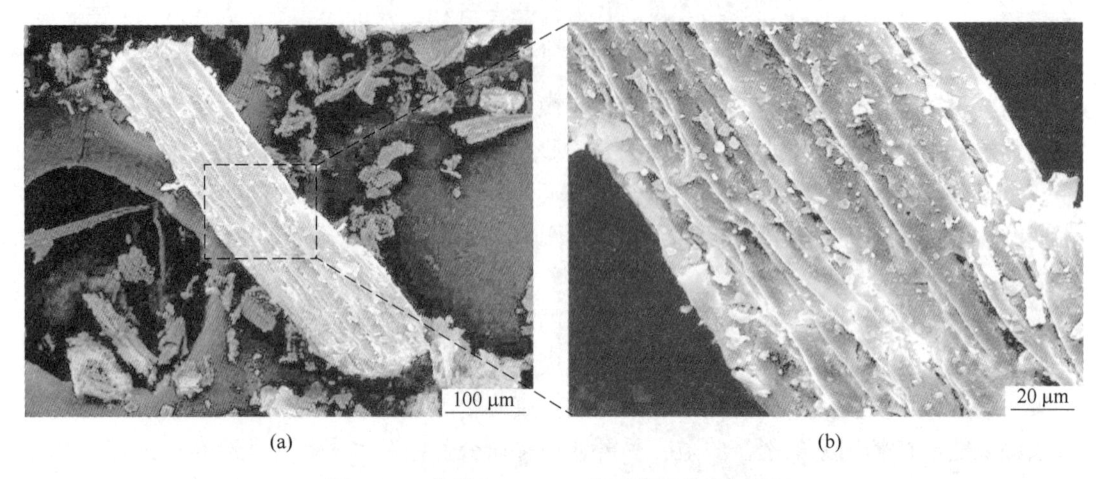

图3-2-6 粒径在0.2 mm以下秸秆的SEM图

（2）玉米芯（corn cob）。玉米芯粉末内形态多样，既包含有圆孔、管孔这样的多孔结构（见图3-2-7（a）中圈出部分），还包括有不含孔结构的片状结构，如图3-2-7（b）圈出部分。以玉米芯为造孔剂获得了可用作建筑砖或隔热/隔音材料的轻质黏土砖，其体积密度可达1.35 g/cm^3，孔隙率为50%。

图3-2-7 粒径在0.2 mm以下玉米芯的SEM图

（3）茶叶（tea leaf）。作为茶叶生产和消费的大国，我国每年除产生大量冲泡后的茶叶渣外，还会产生大量的夏秋茶、修剪叶、过期茶叶以及由于生产、运输等原因产生的茶叶沫。目前，我国对废弃茶叶的综合利用仍处在初步研究阶段，对废弃茶叶的处理主要集中在茶渣肥料、茶渣饲料、茶渣中有效功能性成分的提取、处理废水等方面，近年来也有文献提出将废弃茶叶转换成一种新型的生物质颗粒燃料资源加以利用，但这些处理方法均未从根本上解决废弃茶叶的综合利用问题。

作者通过外加10%~30%（质量分数）废弃茶叶制备了线膨胀率小和耐压强度高的轻质高硅莫来石生坯，很大程度上解决了由于植物造孔剂受压及失水后产生回弹性进而在干燥过程中出现坯体裂纹的问题。由图3-2-8可以很明显地观察到，茶叶上表皮有一层较厚的角质层，下表皮分布有椭圆形气孔，平置或微凹。但当粉碎后以目标粒径大小(0.2 mm)的茶叶进行显微结构观察时，未发现椭圆形气孔，如图3-2-9所示(图(b)是图(a)的局部放大图)，茶叶粉碎后粒度小，破坏了茶叶原有的孔结构。

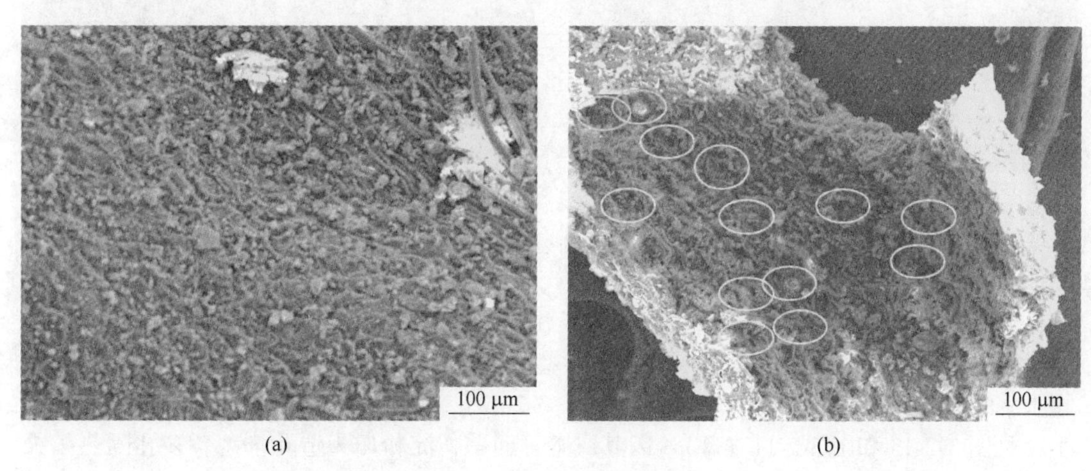

图3-2-8 未处理茶叶的SEM图
(a) 上表皮；(b) 下表皮

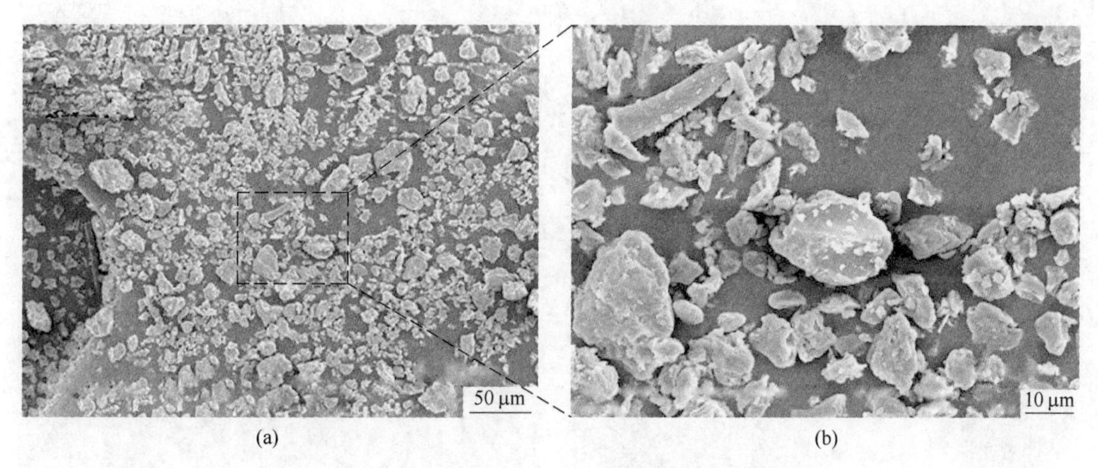

图3-2-9 粒径在0.2 mm以下茶叶的SEM图

(4) 油菜籽（rapeseed）。植物的种子常具有规则的形态，这对于可以通过选择合适的成孔剂类型、大小和掺入量来调节多孔材料中的孔的形状、大小和数量的燃烬物法来说，是一种具有显著优势的造孔剂。虽然未见以油菜籽为造孔剂的相关文献，但类似地E. Gregorová等人通过在Al_2O_3悬浮液中加入粒径在100 μm以下的土豆淀粉和肾脏形状的粒径在 1 mm 左右的罂粟种子成功制备出了多孔 Al_2O_3 陶瓷。因此我们首先观察了球形度极高的油菜籽的显微结构，如图 3-2-10 所示，直径均在 1 mm 左右，进一步增加放大倍数后如图 3-2-10（b）所示，种皮表面粗糙，无明显孔结构存在，为油菜籽特征凹坑结构。

(a)　(b)

图 3-2-10　油菜籽的 SEM 图

淀粉也是作为一种常用的造孔剂，在多孔陶瓷应用广泛，不同的淀粉其形态结构不同，淀粉作为造孔剂燃尽后孔径一般都在 5～50 μm 之间（见图 3-2-11（a）～（e）），淀粉膨胀后的算术平均粒径为 20～30 μm，（见图 3-2-12），因而所制备的多孔陶瓷孔径一般较小（见图 3-2-13 和图 3-2-11（f））。因其成本等问题，淀粉作为造孔剂制备多孔隔热耐火材料少见。

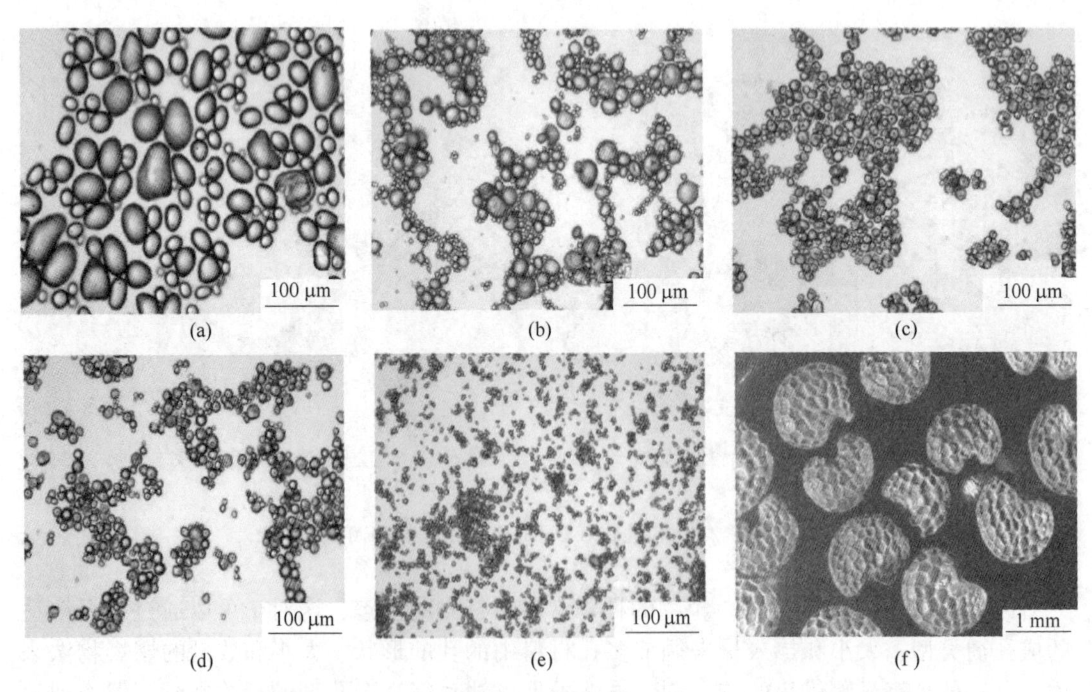

(a)　(b)　(c)　(d)　(e)　(f)

图 3-2-11　天然有机物

（a）天然马铃薯淀粉；（b）天然小麦淀粉；（c）天然木薯淀粉；（d）天然玉米淀粉；（e）天然大米淀粉；（f）罂粟种子

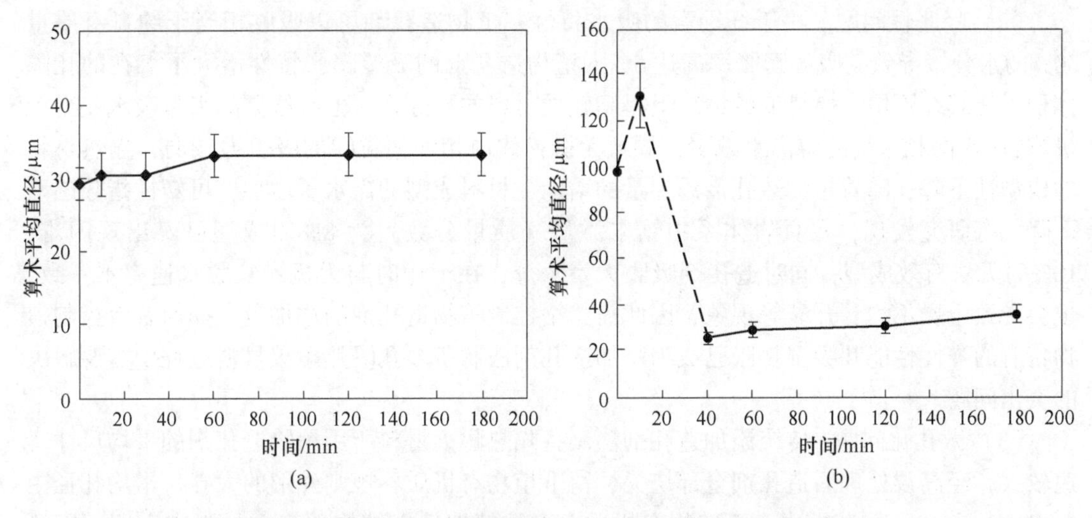

图 3-2-12 细面粉(a)和粗面粉(b)在 80 ℃ 水中的溶胀动力学

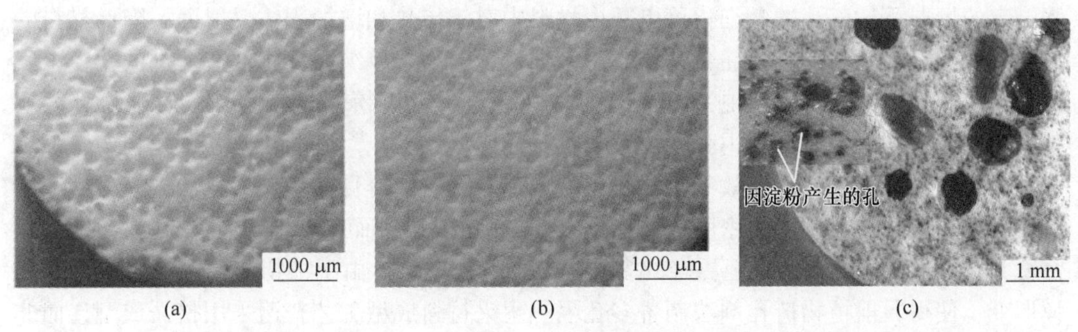

图 3-2-13 由 70%(质量分数)含有 20%(体积分数)的细面粉(a)、粗面粉(b)和多孔氧化铝的氧化铝悬浮液(c)所制备的多孔氧化铝的显微结构

(用黑色墨水染色可以看到由淀粉形成的小孔和由罂粟籽表面形成的大孔内壁上的精细多边形网)

对于木屑、秸秆和稻壳等植物模板，由于其主要成分纤维素的结构特征和吸水特性导致植物造孔剂制备多孔隔热耐火材料有如下问题：

(1) 弹性后效问题。植物造孔剂的主要成分纤维素为线形、长的大分子结构，纤维素大分子由许许多多的葡萄糖单体构成分子链，纤维素分子链彼此平行的部分构成结晶区，决定了纤维素的强度；纤维素分子链彼此不平行的部分构成非晶区，这些线形分子链不是笔直成线，而是具有一定的卷曲部分，使纤维素具有可伸缩的弹性性能，进而造成植物造孔剂受外力影响时弹性形变大，与无机粉末颗粒混合成型的过程中，颗粒之间产生较大弹/塑性变形以及机械咬合等物理现象。在成型压力去掉后和脱模时，坯体释放应力能而膨胀，产生较为明显的弹性后效。严重的弹性后效会使坯体分层和产生裂纹，导致隔热材料生产线上不合格产品的比例居高不下，同时这种缺陷对烧结体均匀显微结构的形成产生持续的不利影响，恶化材料的性能，降低隔热材料的可靠性。因此，由植物造孔剂引起的多孔隔热耐火材料坯体的弹性后效是一个不可忽视的问题，其中解决问题的关键在于降低造孔剂的弹性形变。

（2）吸胀性问题。由于纤维素的吸水特性，植物造孔剂可以吸收相当于约自身质量30%的水分，导致其吸湿膨胀率高达5%。植物造孔剂的吸湿膨胀特性增大了潜在的孔隙体积，使其在不增加燃烧值的情况下提高轻质材料的孔隙率，但纤维素的大量吸水使得无机颗粒-水两相系统的游离水减少，导致无机粉体内相邻颗粒间的吸引力减弱，隔热材料的成型性下降；随着植物造孔剂添加量的增加，材料成型的需水量增加，可塑性指数逐渐下降，有研究发现，在页岩体系中锯末添量（质量分数）为8%时成型已经出现困难，10%时无法有效成型；同时造孔剂吸收大量水分，在干燥时与无机颗粒脱水速率不一致，也会导致干燥不均、开裂等现象，因此需严格控制植物造孔剂的添加量。如何有效控制植物特有的弹性性能和吸湿膨胀已成为添加造孔剂法制备多孔隔热耐火材料过程中需要解决的突出问题。

（3）微孔化问题。传统添加造孔剂法制备隔热耐火材料所用植物造孔剂的平均尺寸普遍较大，经高温处理后造孔剂全部烧失，留下植物有机质不规则外形的大孔，平均孔径主要在10 μm～1 mm范围内，而植物有机质本身的精细遗态结构并未在材料中存留，即牺牲模板。这些不规则大孔的存在容易引起应力集中与裂纹扩展，导致材料强度下降。孔隙率一定的情况下，气孔的微细化可以减少材料中对流传热和增加固体反射面，降低材料的导热系数，同时也增加了孔筋数量，起到增强作用。如果单纯强调降低造孔剂的粒径以实现气孔的微孔化，不仅存在制备超细粉时能耗严重、无机粉体与植物有机质细粉分散问题，而且还会加剧生产过程中弹性后效与吸胀问题。

由于植物纤维素弹性后效和吸水膨胀的双重影响，使得目前用燃烬物法规模化生产的莫来石轻质隔热材料的体积密度难以达到0.5 g/cm^{3}以下，而泡沫浇注法等可制备出体积密度为0.2～0.3 g/cm^3，甚至更轻的多孔隔热材料；同时，由于植物造孔剂的吸湿性和高弹形变，使得目前植物造孔剂法制备多孔隔热耐火材料成型工艺普遍采用挤泥成型，而非机压成型，导致生坯非近终形，后期产品的加工余量大，费时费工费料。

3.2.2.2　无机模板

无机造孔剂主要有碳酸铵、碳酸氢铵、氯化铵等高温可分解盐类，以及碳质无机物，如煤粉、炭粉（焦炭、石油焦等）、石墨、炭黑等。高温可分解的无机盐类，其阴、阳离子在高温下需要挥发，阳离子多为NH_4^+，即铵盐，分解过程会释放氨气，污染环境，同时考虑到工艺过程、成本等其他问题，无机盐类作为造孔剂在多孔隔热耐火材料的实际生产制备过程中应用较少。

另外碳质无机模板中，煤粉由于天然杂质组分较多，作为造孔剂容易降低多孔隔热耐火材料的高温性能，因此使用较少，早些年有用褐煤做造孔剂的。和植物模板相比，尽管焦炭、石墨、炭黑等作为造孔剂在其制备过程有着杂质引入量低、弹性后效和吸胀性问题少、节约烧成能源消耗、易于磨细和形貌规则可控等优点，但由于成本、产品黑芯、生产过程质量稳定性控制难度较大、CO_2排放等问题，其作为造孔剂制备多孔隔热耐火材料也受到限制。

3.2.2.3　有机模板

造孔剂法中有机模板主要有聚丙烯、聚甲基丙烯酸甲酯和聚苯乙烯（polystyrene，PS）等人造聚合物微球。多孔隔热耐火材料造孔剂用得最普遍的聚苯乙烯微球（PS），是可发性聚苯乙烯（EPS），也称为聚苯乙烯泡沫塑料，它大多数为微细的闭孔结构，孔隙率达 98%，吸水性低、隔热、有弹性、机械强度高；密度为 0.015~0.020 g/cm^{3}的用作包装材料；密度为 0.02~0.05 g/cm^{3}的用作防水隔热材料；密度为 0.03~0.10 g/cm^{3}的用作漂浮材料。可发性聚苯乙烯球一般有两种，一种是可燃型，另一种是阻燃型，可发性聚苯乙烯球作为造孔剂在多孔隔热耐火材料制备过程使用，一般选择可燃型的，以便容易燃尽，但随着国家消防安全防火等级的要求提高，可燃型聚苯乙烯的生产和应用将来会越来越受限。而如果在隔热耐火材料选用阻燃型聚苯乙烯球，会导致孔隙间残留和能源成本升高等问题。所以从消防安全和环保的角度看，未来可燃型聚苯乙烯球作为隔热耐火材料造孔剂将会被逐渐替代。

聚苯乙烯泡沫塑料广泛用在建筑、制冷、包装等行业，广泛用作隔热、隔音、保温、防震材料等。废弃的聚苯乙烯泡沫塑料体积巨大，也有将废弃聚苯乙烯泡沫塑料破碎后作为造孔剂来制备多孔隔热耐火材料的。

3.2.2.4　造孔剂法对多孔隔热耐火材料性能的影响

无论是植物、无机模板，还是有机模板，造孔剂的选择对多孔隔热耐火材料的生产以及产品结构与性能有很大影响，主要包括如下几个方面：

（1）烧成黑芯问题。在烧成过程中，造孔剂应容易烧失，且灰分少。在常用的造孔剂中，发泡聚苯乙烯球最易被烧尽，因为其内部为蜂窝状微孔结构，比表面积非常大，泡孔之间由极薄的苯乙烯薄膜与珠粒黏结的泡孔壁连接，泡孔内部及外部都充满了空气，在燃烧过程中火焰传播尤为迅速。聚苯乙烯在 80 ℃左右软化，挥发，微球逐渐缩小到原来体积的 1/40；大约在 160 ℃，聚苯乙烯熔化，316 ℃左右分解生成氢与碳，576 ℃左右被燃尽。聚苯乙烯发泡球的比重很小，比容积大，被烧尽的物质也很少，所以很容易被烧尽。

木屑是比较容易烧尽的造孔剂，和发泡聚苯乙烯球相比，它的密度大得多。热分解过程中，在 100~380 ℃时，挥发析出大量生物油和气体；高于 400 ℃时，挥发分消失后留下焦炭，这些焦炭需要在较高的温度下才能氧化烧失。在常见的造孔剂中，煤与焦炭粉是最难被烧尽的，产品容易出现“黑芯”，“黑芯”不仅降低了多孔隔热耐火材料的气孔率，而且影响材料的使用。为了防止“黑芯”形成，可以采取氧化气氛烧成、延长保温时间或将易燃尽的造孔剂与难燃尽的造孔剂混合使用，使易烧尽的材料先烧尽形成气孔，成为空气进入制品内部的通道等措施。

（2）成型工艺问题。前面所述，植物造孔剂有一定的弹性，在成型过程中（机压、挤泥和捣打等）容易因弹性后效导致坯体疏松，甚至开裂、变形；采用造孔剂法生产多孔隔热耐火材料生产过程中，聚苯乙烯发泡球因弹性比多数植物造孔剂大，坯体在成型过程中（机压、挤泥、捣打等）弹性后效更明显；煤与焦炭粉是对泥料成型性能影响较小的造孔剂，它对成型性能的影响与致密制品生产中细粉的加入一样。

（3）混合与干燥问题。植物造孔剂通常都有一定的吸水性，它较容易与泥料混合均匀，但由于需水量大，坯体干燥变形大和干燥能耗高。一般情况下，植物造孔剂在使用以前需加水陈腐一段时间使其有一定程度的腐化，效果更好。

由于聚苯乙烯发泡球的比重极小且不吸水，与泥料和易性较差，在混合过程中很容易上浮，在泥料中分布不均。由于聚苯乙烯发泡球可降低泥料的含水量，减少干燥能耗与干燥变形，对保证成品尺寸的准确、减少加工损失量有利。

（4）造孔剂的结构参数。造孔剂的结构参数包括造孔剂的种类、颗粒尺寸、分布以及它的形状等，对多孔隔热耐火材料的显微结构、性能及生产工艺有较大影响。

不同种类的造孔剂，其制备的多孔隔热耐火材料的孔形也不一样，如图 3-2-14 和图 3-2-15 所示，锯末造孔剂一般为狭缝形气孔（黄色曲线标记），添加 25%（质量分数）锯末时，形成微孔及相互交错的狭缝形气孔，气孔开始相互贯穿；当添加 30%（质量分数）锯末时，材料中气孔相互交错贯穿的现象更为严重。通常情况下，和球形气孔相比，狭缝形气孔容易引起材料的应力集中，导致强度降低，但导热系数要比球形气孔低。

颗粒尺寸的大小及分布决定了隔热材料中气孔的尺寸与分布。聚苯乙烯发泡球是由聚苯乙烯发泡而成的，颗粒尺寸都比较大，很难用来制造小孔径的气孔，但颗粒的球形度较好，容易得到球形气孔。

煤与焦炭容易加工成不同粒径的粉体，通过细磨可控制颗粒尺寸与分布，进而控制气孔尺寸与分布。木屑（例如锯末）常呈长条形，可磨性比煤与焦炭差，但通过一定的设备仍可以加工成尺寸较小的颗粒。

图 3-2-14　不同锯末量氧化铝多孔隔热耐火材料显微结构

（a）25%锯末；（b）30%锯末

图 3-2-14 彩图

图 3-2-15　添加 25%造孔剂制备的氧化铝隔热耐火材料

（a）淀粉；（b）炭黑

造孔剂加入的数量、粒度以及水对它的润湿等对隔热耐火材料的结构、性质与生产工艺有很大的影响。加入量大时，可得到孔隙率高、体积密度小的隔热耐火材料，但加入量过大会造成过大的烧成收缩，制品的尺寸不易控制，甚至产生开裂废品。因此，每一种造孔剂加入量存在最大量，超过最大量会给生产带来困难，例如烧成收缩过大等（见图 3-2-16）。因此，用造孔剂法难以制造孔隙率更高、体积密度更低的多孔隔热耐火材料。

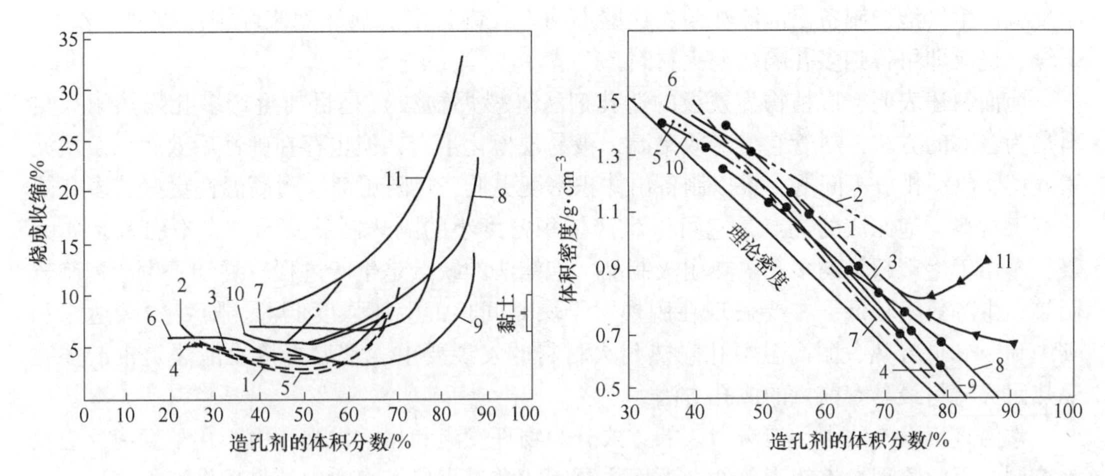

图 3-2-16　造孔剂种类与用量对轻质黏土砖的烧成收缩和体积密度的影响

1—烟煤；2—粉煤；3—长焰煤；4—石油焦；5—气化焦；6—石墨；
7—锯末；8—泥煤；9—软木屑；10—稻壳；11—纸

各种造孔剂有各自的优缺点，采用复合加入方式是一个有效的办法，例如锯末和聚苯乙烯泡沫球（EPS）复合加入，见图 3-2-17。事实上，任何一种在烧成过程中可被烧尽的物质都可以作为造孔剂加入制造多孔隔热耐火材料的泥料中，实际生产中需综合评估成本、工艺生产因素与材料性能选取适当的造孔剂。

(a)

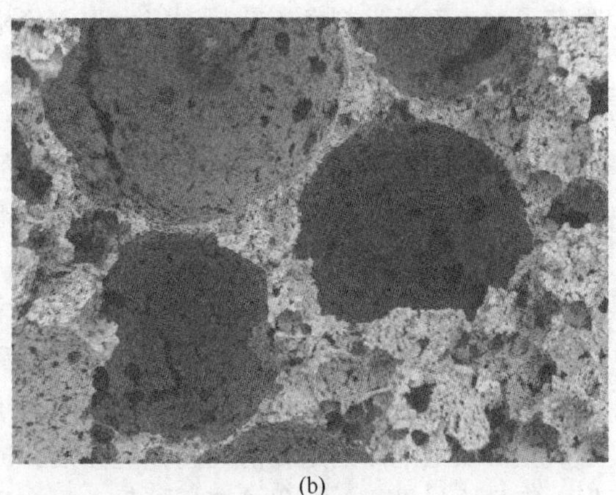

(b)

图 3-2-17　锯末和聚苯乙烯泡沫球(EPS)复合造孔剂

（a）锯末；（b）锯末+EPS

3.2.3　常温直接发泡法

常温直接发泡法（direct foaming），又称泡沫法或发泡法，一般有几种方式：（1）将发泡剂及稳定剂等与一定比例的水混合后发泡，泡沫与泥浆混合，制备成泡沫泥浆；(2) 在泥浆中引入发泡剂、稳定剂等，通过物理方法（机械搅拌、喷吹）引入气体到泥浆中，制备成泡沫泥浆；(3) 在泥浆中引入发泡剂和稳定剂等，通过泥浆内组分间的化学反应产生气泡，制备出泡沫泥浆；这些不同方式制备出的泡沫泥浆经浇注成型、养护、干燥、烧成即可得到多孔隔热耐火材料。

前面叙述表明，以植物为模板的造孔剂法（燃烬物法）是目前生产多孔隔热耐火材料最为普遍的方法，尽管它生产效率高，极易规模化生产，但也存在弹性后效大、杂质元素残留、CO_2 排放等问题，难以制备出体积密度更低、热阻更高、耐高温性更好的多孔隔热耐火材料。泡沫法的优点是它可以生产体积密度小的隔热制品，同时也不引入杂质元素，多用于生产超轻的多孔隔热耐火制品。泡沫法的缺点是生产过程较复杂，生产控制较困难，生产效率较低，主要表现在脱模、干燥时间长，生坯强度低等。随着“碳达峰和碳中和”和低导热、耐高温多孔隔热耐火材料的发展要求，常温直接发泡法是生产多孔隔热耐火材料最具有前景的成孔方法。

常温直接发泡法中，泡沫引入的方式分为物理发泡和化学发泡，由于化学发泡反应较难控制，因此物理发泡较为普遍，下面主要阐述常温直接发泡法中的物理发泡方法。

3.2.3.1 *泡沫剂种类*

用于多孔隔热耐火材料的泡沫剂在具有很好的发泡量的同时必须具有足够的稳定性，在与料浆混合时薄膜不破裂，同时对材料的凝结和硬化不起有害影响。常用的泡沫剂可分为阴离子型、阳离子型、两性离子型、非离子型、复配型泡沫剂等。

(1) 阴离子型泡沫剂。阴离子型泡沫剂是指在水溶液中解离出的表面活性离子是阴离子的表面活性剂，包括羧酸盐型、磺酸盐型、硫酸盐型、磷酸盐型等种类，其中用十二烷基硫酸钠（K12）、脂肪醇聚氧乙烯醚磺酸钠、松香皂等原料制备的泡沫剂最为常见。阴离子型表面活性剂由于其起泡能力强、价格适中、货源广而被广泛使用，但是泡沫不稳定，因此需要加入稳定剂对其进行改性。

(2) 阳离子型泡沫剂。阳离子型泡沫剂是指在水溶液中解离出的表面活性离子是阳离子的表面活性剂，通常是指那些具有表面活性的含氮化合物，包括伯铵盐、仲铵盐、叔铵盐、季铵盐和多乙烯多铵盐等。阳离子型泡沫剂价格比较贵，且来源有限，多用来与其他表面活性剂复配使用。

(3) 两性离子型泡沫剂。两性离子型泡沫剂是指在水溶液中解离出既带阳离子又带阴离子的两性离子化合物，包括氨基酸型、甜菜碱型、卵磷脂型等。在两性离子型泡沫剂中应用得最多的就是蛋白质类泡沫剂，蛋白质的不完全水解是泡沫形成和稳定的关键因素。蛋白质型泡沫剂是目前的高档泡沫剂，成本高，但是由于毒性低、生物降解性好、环保无害且原料易得，故仍被市场接受。蛋白质型泡沫剂可以分为植物蛋白和动物蛋白泡沫剂两类。植物蛋白泡沫剂的主要原料是麦麸、玉米麸质粉、糖糟等。动物蛋白泡沫剂生产原料主要是废弃的动物角质蛋白。

(4) 非离子型泡沫剂。非离子型泡沫剂是指在水溶液中以分子或胶束态存在于溶液中的表面活性剂，主要包括醚型（如 OP 系列）、酯型（如 Span 型）、酯醚型（如 Tween 型）、酰胺型、胺型等。非离子型泡沫剂在中性、酸性、弱碱性及硬水中都较稳定，非离子型泡沫剂起泡性差，但稳定性好，可以用于制备复配型泡沫剂。

(5) 复配型泡沫剂。复配型泡沫剂是指两种或两种以上的表面活性剂组成的复合型泡沫剂。由于单一成分的泡沫剂存在着诸多问题：有的泡沫剂发泡倍数高，但泡沫不稳定；有的泡沫剂发泡倍数高且泡沫稳定性强，但是价格昂贵等。针对这些缺点，将几种泡沫剂复配，可能得到比单一泡沫剂效果更好的复配型泡沫剂。复配型泡沫剂国外研究得比较早，如美国研制的由烷基磺酸碱金属盐和水解蛋白质复配组成的液体泡沫剂、日本采用蛋白质类泡沫剂添加适量的阳离子表面活性剂复配成的泡沫剂等。

3.2.3.2 泡沫性能的测试方法

泡沫性能的主要表征有起泡能力、泡沫稳定性、泡沫结构、表面张力等。

泡沫剂的起泡能力是指泡沫生成量的多少，常用泡沫体积膨胀倍数来衡量，即发泡倍数=泡沫体积与原液体积的比值。

泡沫稳定性主要指泡沫的持久性，常用泡沫寿命和泡沫半衰期衡量其稳定性，泡沫越稳定，排液速度越小，半衰期越长。泡沫半衰期是指由泡沫中排出的液体体积为泡沫未排液时全部液体体积的一半所需的时间。行业标准 JC/T 2199—2013《泡沫混凝土用泡沫剂》中泡沫稳定性通常用 1 h 沉降距（泡沫在 1 h 内所沉陷的距离）和 1 h 泌水率（1 h 后泡沫破坏所形成泡沫液的质量与初始泡沫总质量的比）来反映，这些测试可采用罗氏泡沫仪对上述指标进行测试。

泡沫的结构主要指泡沫的尺寸及分布。它是通过检测泡沫体积变化来测量泡沫性能的，因此又称体积法。这种方法所需设备简单、检测方法直观易行，因此是目前发展得比较成熟的方法。MALYSAK 根据泡沫产生方法的不同，将体积法分为搅拌法、气流法、倾泻法和振荡法。现代方法有近红外扫描仪法、电导率法、光电法、高能粒子法、声速法和显微法。

泡沫的表面张力可采用表面张力仪测试发泡剂的表面张力，工作原理是将铂金环浸入液体一定位置，通过调节升降平台的高度，使铂金环与被测液体之间的膜被拉长，随着张力值逐渐增大，薄膜破裂，得到实测表面张力值。

3.2.3.3 泡沫稳定的主要影响因素

泡沫是一种热力学不稳定体系，破泡后体系总表面减少，能量降低，这是一个自发过程。泡沫破坏的过程，主要是隔开气体的液膜由厚变薄，直至破裂的过程。泡沫的稳定性主要取决于排液快慢和液膜的强度。

A 液膜的表面张力

当表面张力越大，气泡间的压力差越大，大的压力差会导致液膜内水的流动，使液膜厚度减少，液膜强度下降，不利于泡沫的稳定，容易导致泡沫的兼并和破灭，从而经过固化烧结后得到的孔结构也较差。因此表面张力越低，泡沫的稳定性越高，最终得到的孔结构也越好，能够更好控制孔结构。具有表面活性的物质的加入会降低表面张力，因此会有利于泡沫的生成和稳定。但液体表面张力并不是泡沫稳定性的决定因素，见表 3-2-3。

B 液膜的表面黏度

液膜的表面黏度也是影响泡沫稳定性的重要参数，液膜表面黏度通过影响液膜的排液速率和透气性来影响泡沫的稳定性。液膜的表面黏度越大，则液膜之间的排水速率降低，透气性也越小。气泡的兼并和破灭就是由于液膜之间气体的透过扩散以及排水的作用，使得液膜变薄导致的，因此表面黏度的升高会有利于泡沫的稳定。当在发泡体系中加入表面活性物质时一方面可以降低表面张力，其次这些表面活性物质也会吸附在气泡的气液界面上，通过这些活性分子在液膜上的紧密排列可以提高表面黏度，进而有利于泡沫的稳定。

表3-2-3 一些商品表面活性剂溶液(0.1%)的表面张力、表面黏度和泡沫寿命

商品表面活性剂溶液	表面张力 γ/mN·m^{-1}	表面黏度 η_s/g·s^{-1}	泡沫寿命/t·min^{-1}
Triton X-100	30.5	—	60
Santomerse 3	32.5	3×10^{-3}	440
Quaternary O	37.0	1×10^{-3}	1750
E607L	25.6	4×10^{-3}	1650
月桂酸钾	35.0	39×10^{-3}	2200
十二烷基硫酸钠	23.5	55×10^{-3}	3100

注：Triton X-100是辛基酚聚氧乙烯醚（10），Santomerse 3是十二烷基磺酸钠，Quaternary O是一种咪唑啉型的表面活性剂，E607L是月桂酰羟乙基酯吡啶氯化物。

C 泡沫液膜的厚度和表面电荷

泡沫液膜的厚度可以影响泡沫的稳定性。当液膜太薄时，机械强度下降，不需要很大的排液量，液膜就会破裂；当液膜太厚时，又由于排液快而使泡沫损坏不稳定。

离子型起泡剂形成的液膜中，与表面活性剂电离出离子带有相同电荷的离子之间具有相互排斥作用，形成扩散层。当液膜厚度与扩散层厚度相似时，膜两侧的电荷产生的斥力将阻止液膜继续变薄，防止泡沫破灭，有利于稳定泡沫。

D 表面活性剂的影响

a 表面活性剂的分子结构

表面活性剂有亲水基和疏水基两个基团。当表面活性剂的疏水基较长时，很容易在表面活性剂的泡膜表面生成一层紧密的吸附膜，从而使液膜的黏度增加，使液膜的扩散变慢，从而使泡沫更稳定。但当疏水基太长，表面活性剂在溶液中的溶解度也会随之减小，生成一层刚性表面膜，使得所生成的液膜不稳定，从而导致泡沫稳定性降低。

b 表面活性剂的浓度

临界胶束浓度（CMC）是表面活性剂的一个重要指标。当泡沫液浓度低于表面活性剂的临界胶束浓度（CMC）时，增大的表面活性剂的浓度，可以降低泡沫液的表面张力，使它的表面活性加强，发泡能力增强，生成稳定性不好的泡沫；随着表面活性剂的浓度继续增大，当浓度超过CMC时，浓度越大，泡沫液的表面张力不再减小，甚至会稍微增大，但由于表面活性剂分子过剩，就会产生富集现象，在溶液表面生产一层致密的表面膜，起到增加泡膜表面强度的效果，阻止了周围液膜的排液，从而使液膜损毁时间变长，从而生成了稳定的泡沫。随着溶液浓度的继续增加到一定浓度，泡沫表面的液相变少，刚性增加，液膜弹性降低，泡沫的稳定性又会降低。

E 外界因素的影响

a 压力

压力越大，泡沫半径越小，排液速度越低，稳定性越强 。

b 温度

温度低时，气体扩散导致泡沫衰退；温度高时，泡沫由顶端开始破灭。温度的变化显著影响液膜的性质。温度升高，液膜表面黏度降低，排液速度加快，泡沫稳定性下降。

c 溶液 pH 值

溶液 pH 值对非离子型起泡剂的起泡性能基本上没有影响，对离子型起泡剂的起泡性能影响较大，原因是 pH 值的改变影响了起泡剂的电离作用。

d 溶液中的盐类

盐类对泡沫稳定性有重要的影响；在低盐类浓度时，泡沫稳定性增加；高盐类浓度时，泡沫稳定性降低。不同的盐类对泡沫的稳定性影响不同。

3.2.3.4 发泡法制备多孔隔热耐火材料

发泡法制备多孔隔热耐火材料的工艺要点如图 3-2-18 所示，主要实质上分为两大阶段：Ⅰ阶段——泡沫泥浆的制备，Ⅱ阶段——泡沫的稳定与固化。而泡沫泥浆的制备可分为四种形式：（1）将发泡剂（碳酸盐和酸、苛性碱和铝或金属和酸等）混合到料浆中，发泡剂发生化学反应，形成泡沫泥浆；（2）将发泡剂和原料一起混合后加水，化学反应发泡，形成泡沫泥浆；（3）发泡剂、表面活性剂、稳泡剂等混合后进行搅拌或喷吹等物理发泡，形成泡沫，然后泡沫和泥浆混合，制备出泡沫泥浆；（4）将泡沫剂和各种原料等一起混合后，然后通过物理发泡制备泡沫泥浆。以上四种形式中（1）和（2）为化学发泡法；（3）和（4）两种形式为物理发泡，也称为直接发泡法。

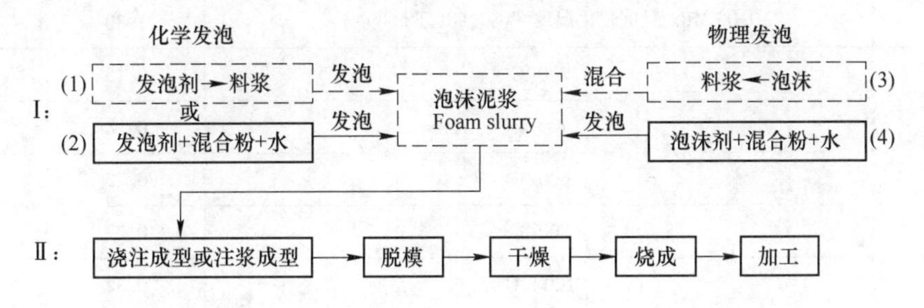

图 3-2-18 常温发泡法制备多孔隔热耐火材料工艺示意图

在发泡过程中，原料与发泡剂溶液如果混合不均匀，将会影响气孔在原料中分布的均匀性，甚至影响发泡率。如果将粉状原料直接与发泡剂溶液混合，在叶轮的搅拌作用下，发泡剂会大量起泡，发泡剂溶液中的水将会在叶轮搅拌的局部区域形成泡沫而不能与所有粉状原料充分混合，在料浆中不能形成连续的水膜，泥浆出现粉料偏析现象。由于料浆中的水膜不连续，导致搅拌带入料浆中的空气不能被包裹在料浆中而扩散到外界，最终留在料浆内部的气体体积减小，降低了发泡剂的发泡率。

为了保证原料与发泡剂充分混合均匀并达到最大发泡率，发泡法制备多孔隔热耐火材料的混料过程分为两步：第一步是要保证料浆的均匀性，一般采用湿磨，为避免粉体在料浆中团聚，可适当加入一定量分散剂，同时过高的水量不仅会降低坯体的强度，也会使泡沫不稳定，因此要加入适量的减水剂来减小加水量；第二步是要保证料浆与泡沫混合的均匀性，将配制好的泡沫加入料浆中后在一定速度下搅拌至起泡，继续搅拌使料浆与泡沫混合均匀，制成泡沫泥浆以便成型。

一般来说在料浆中直接发泡虽然工艺简单，但存在发泡比例难控制、孔径分布不均匀、工艺控制不精确等问题；将配制好的泡沫加入料浆混合，可以更加精确地控制产品的体积密度，但是过程控制比较复杂。

泡沫模板法特别适合于制备闭孔材料，生产的多孔隔热耐火材料具有气孔率高，孔径大小和形状可控的优点。但由于化学反应较难控制，机械搅拌不稳定等因素，对发泡剂要求高，工艺条件不易控制，且泡沫液和泥浆中的含水量高，生坯干燥时间长，生产效率偏低，与燃烬物加入法相比，利用发泡法可以得到密度较小、闭孔率较高、形状复杂的多孔隔热耐火材料。表 3-2-4 中是典型的泡沫法制备莫来石多孔隔热耐火材料（TJM23F）和造孔剂法制备莫来石多孔隔热耐火材料（TJM23）的性能比较。

表 3-2-4 典型泡沫法和造孔剂法制备莫来石多孔隔热耐火材料性能对比

主要性能		TJM23	TJM23F
分级温度/℃		1260	1300
常温性能（23 ℃，相对湿度 50%）	密度（GB/T 2998）/g·cm^{-3}	0.53	0.50
	耐压强度（GB/T 5072）/MPa	1.0	1.2
	抗折强度（GB/T 3001）/MPa	0.7	0.9
高温性能	加热永久线变化（GB/T 5988，1230 ℃×24 h）/%	-0.2	-0.2
	0.05 MPa 荷重软化温度 $T_{0.5}$（GB/T 5989）/℃	1080	1120
导热系数（ASTM-C182，在以下平均温度）/W·(m·K)$^{-1}$	200 ℃	0.15	0.12
	400 ℃	0.18	0.14
	600 ℃	0.22	0.17
	800 ℃	0.27	0.21
	1000 ℃	0.32	0.24
化学分析（GB/T 21114）	Al_2O_3	45.0	45.0
	SiO_2	50.0	50.0
	Fe_2O_3	1.1	1.0
	CaO+MgO	1.3	1.5
	K_2O+Na_2O	1.2	1.1

从表 3-2-4 中可以看出，泡沫法和造孔剂法制备的相同牌号的莫来石多孔隔热耐火材料性能相比，分级温度由 1260 ℃提高到 1300 ℃，荷重软化温度提高了 40 ℃，导热系数降低了 25%左右（平均 1000 ℃）。从图 3-2-19 也可以看出，泡沫法制备莫来石多孔隔热砖的气孔主要分布在 75 μm 和 2 μm，而造孔剂法的主要分布在 200 μm 左右。

3.2.4 多孔材料法

多孔材料法（porous materials method）是指制备多孔隔热耐火材料时全部或部分使用散状（粉状或粒状）多孔材料（见图 3-2-20），以达到将气孔引入多孔隔热耐火材料的目的，这种散状的多孔材料，可以是空心球或多孔体，可直接用作填充材料，也可以作为原

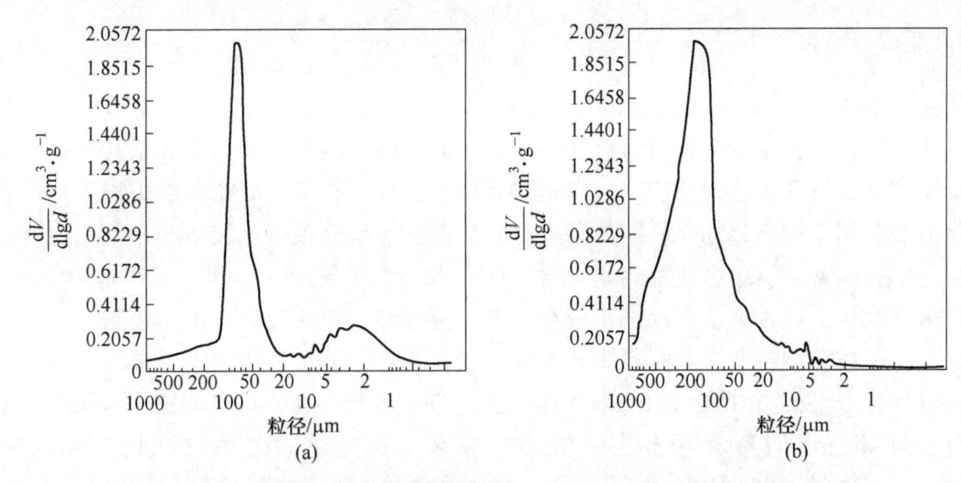

图 3-2-19　泡沫法和造孔剂法制备同系列莫来石多孔隔热砖的孔径对比

（a）泡沫法生产；（b）造孔剂法生产

料制备各种多孔隔热耐火制品。例如硅藻土可以制备硅藻土保湿砖，用膨胀珍珠岩制成珍珠岩混凝土等。

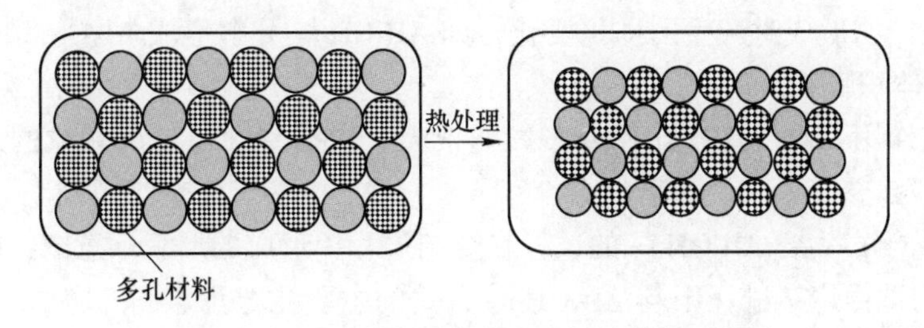

图 3-2-20　多孔材料法制备多孔隔热材料示意图

散状多孔材料的种类很多，有天然和人造的，有机、无机和金属的。天然的无机多孔材料，如硅藻土、膨胀珍珠岩、膨胀蛭石和火山渣等，人造的有各种空心球如氧化铝、氧化锆空、镁铝尖晶石和漂珠等，这些都将在后面的章节中一一阐述。除空心球外，随着轻质不定型隔热耐火材料的发展，人工合成的多孔轻质骨料越来越受到重视，而耐火轻质骨料中主要以莫来石质为主。莫来石质轻质骨料主要集中在两个方面：一是“微孔”，由于轻质骨料高强度低导热的要求，集中在微孔轻质骨料的研究；二是“球形”，由于球形耐火骨料可以减少浇注料中颗粒间的摩擦力，提高流动性，克服“涨流”等作用得到广泛的关注，因此球形的微孔莫来石轻质骨料是最有前景的耐火轻质骨料。

合成莫来石轻质骨料最常见的原料有两大类，一类是天然矿物，以黏土矿物为主要代表，如煤系高岭土等；另一类是铝硅系的工业废弃物，如粉煤灰、废弃电瓷、用后耐火材料等，这将在第 14 章中阐述。

多孔材料法工艺简单、生产效率高，制备出的轻质多孔隔热耐火材料强度高、使用温度高、加热永久线变化小，但是为了将骨料结合牢固，基质通常较为致密，因此这类材料的密度和导热系数比一般隔热耐火材料的大。

3.2.5 原位分解法

原位分解法（in situ decomposition）是指利用某种反应物高温分解时伴随体积收缩和产生气体的特性，将至少一种具有该特性的原料和其他原料混合均匀后成型并加热，在试样内部原位形成气孔。这种反应物可以是碳酸盐、氢氧化物、硅酸盐含水矿物等。

该方法多用于纯氧化物多孔隔热耐火材料的制备，研究报道比较多的是利用$Al(OH)_3$的原位分解来制备 Al_2O_3 多孔隔热耐火材料或者含 Al_2O_3 如 Al_2O_3-SiO_2、Al_2O_3-MgO 系等氧化物多孔陶瓷，这种方法容易加工成型、制品强度高，但孔径大小不易控制。

原位分解成孔制备的多孔材料中孔的来源包括两个方面：一是生坯中颗粒中的气孔。它是由母体化合物（如$Al(OH)_3$）分解产生的，它们大多数存在于母盐假象（pseudomorph）的内部，这种所谓假象实际上是由微晶与存在于微晶之间的微气孔构成的团聚体（aggregate），这种颗粒与气孔被称为一次颗粒（primary crystallite）与一次气孔（primary pore）；另一类气孔为母盐假象堆积形成的气孔，被称为二次气孔（secondary pore）。在烧结过程中，这两类气孔都会发生变化。影响这种变化的因素包括下列几方面：

（1）生坯的孔隙率及其气孔分布由原料粉体的粒度分布决定；

（2）由母体化合物，如 $Al(OH)_3$，分解形成的气孔，取决于原料的组成；

（3）反应产物形成时产生的体积变化，如 $Al(OH)_3$ 分解形成 Al_2O_3，与 SiO_2 生成莫来石，会产生体积膨胀；

（4）烧结作用：对气孔的孔径分布影响很大，包括一次与二次颗粒的烧结、重排等许多复杂的过程。

图 3-2-21（a）为含 $Al(OH)_3$ 的试样在烧结过程中形成的形貌示意图，图 3-2-21（b）为 $Al(OH)_3$ 的试样烧结过程中与 $Al(OH)_3$ 有关的主要孔隙示意图。将 $Al(OH)_3$ 颗粒视为球形，$Al(OH)_3$ 颗粒尺寸（2.5μm）远大于 $Al(OH)_3$ 分解和添加的 Al_2O_3 颗粒（0.21μm），因此其孔结构可以看作大的球体堆积产生的孔，而这些球体又是由小的 Al_2O_3 颗粒堆积产生的。因此孔径分布显示双峰结构，大孔为生坯时 $Al(OH)_3$ 颗粒堆积形成的大孔（见图 3-2-1（b）），小孔则是 $Al(OH)_3$ 颗粒分解和加入的 Al_2O_3 颗粒堆积形成的小孔。

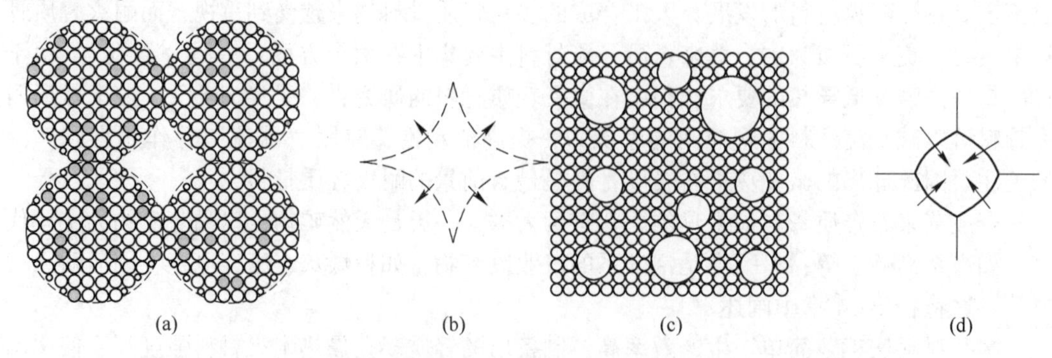

图 3-2-21 二维示意图

（a）添加 $Al(OH)_3$ 试样的一般孔结构；（b）与添加 $Al(OH)_3$样品中 $Al(OH)_3$相关的主要孔结构；（c）纯 Al_2O_3 试样的一般孔结构；（d）纯 Al_2O_3 试样中主要孔结构

图3-2-21（c）为纯Al_2O_3的试样在烧结过程中形成的形貌示意图，图3-2-21（d）为纯Al_2O_3的试样烧结过程中与Al_2O_3有关的主要孔隙示意图。纯Al_2O_3粉末制备的多孔陶瓷中孔形态与添加$Al(OH)_3$样品不同原因在于Al_2O_3颗粒排列不均匀，在生坯制备过程中存在一定体积分数的大球形孔，主要取决于生坯密度。

根据烧结理论，在烧结过程中孔周围的颗粒有临界数量N_c，当孔周围颗粒数量N大于N_c时，孔结构稳定并会长大，但如果N小于N_c时，孔结构则会收缩变小。图3-2-21（b）显示的大孔由于周围的Al_2O_3颗粒较多，因此孔结构稳定且孔径增大，而图3-2-21（d）显示的小孔由Al_2O_3颗粒堆积而成，N较小，因此孔径会缩小，所以纯Al_2O_3的试样烧结完成后大的球形孔是孤立存在的。

又例如，在原位制备刚玉-莫来石多孔陶瓷的过程中，Al_2O_3来源于引入的Al_2O_3和$Al(OH)_3$，由莫来石形成导致的体积膨胀对试样的显气孔率和气孔孔径分布产生重要影响。这种作用可以分为两类。如图3-2-22所示，由于$Al(OH)_3$分解后仍保持其外形，Al_2O_3微晶与微孔位于假象的内部。SiO_2微粉与Al_2O_3形成莫来石的反应首先在假象周围进行，然后向假象内部扩展。但$Al(OH)_3$与SiO_2微粉配合比不同，且存在混合不均匀性，因而在坯体内部存在反应区RA（SiO_2微粉与Al_2O_3共存）与不反应区（Al_2O_3不与SiO_2微粒接触处）。大量的晶粒和反应区（图3-2-22中RA区）包围着气孔。在烧成过程中，莫来石形成而导致的体积膨胀对气孔孔径有两种不同的影响。当膨胀量较大而晶粒之间的结合强度较弱时，反应区的膨胀作用使晶粒分离，气孔长大，如图3-2-22（a）所示。反之，如果膨胀量较小而晶粒之间结合强度较强时，由莫来石形成导致的体积膨胀不能分离气孔周围的晶粒，这时膨胀部分的体积会填充气孔使气孔孔径及孔容减小，如图3-2-22（b）所示。

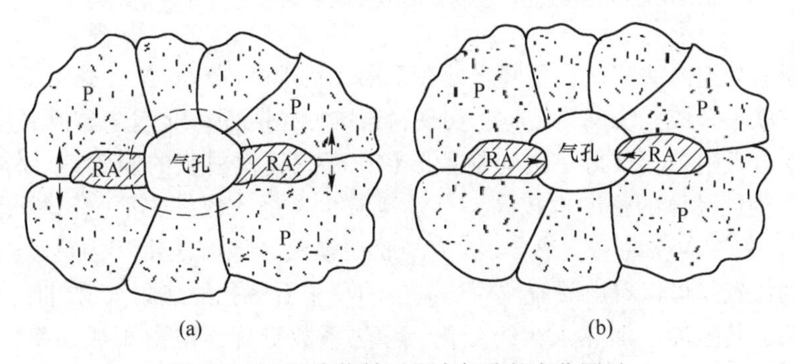

图3-2-22　反应烧结过程中气孔的变化图示

P—二次颗粒；RA—反应区

3.2.6　凝胶注模法

凝胶注模法（gel-casting）是首先制备出低黏度高固相含量的料浆，然后加入高分子有机单体，在引发剂的作用下有机单体交联聚合形成三维网状结构，从而对料浆固化成型，然后经干燥和高温处理排除有机物，得到具有三维网状孔洞的多孔材料，示意图见图3-2-23，显微结构图见图3-2-24。

由于凝胶注模是浆料中的有机高分子胶联聚合成三维网络结构，实现料浆的原位凝固，所以该技术制备的坯体成型速度快、均匀性好、缺陷少和坯体强度高，但凝胶注模方法所使用的料浆含水量高，因此所需干燥时间长，生产效率低。

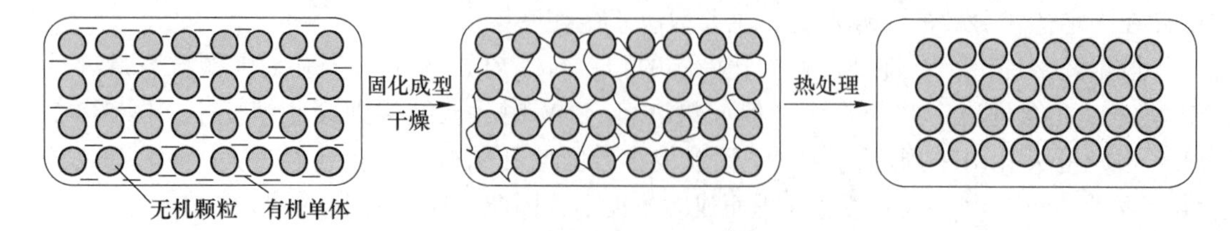

图 3-2-23 凝胶注模法制备隔热材料示意图

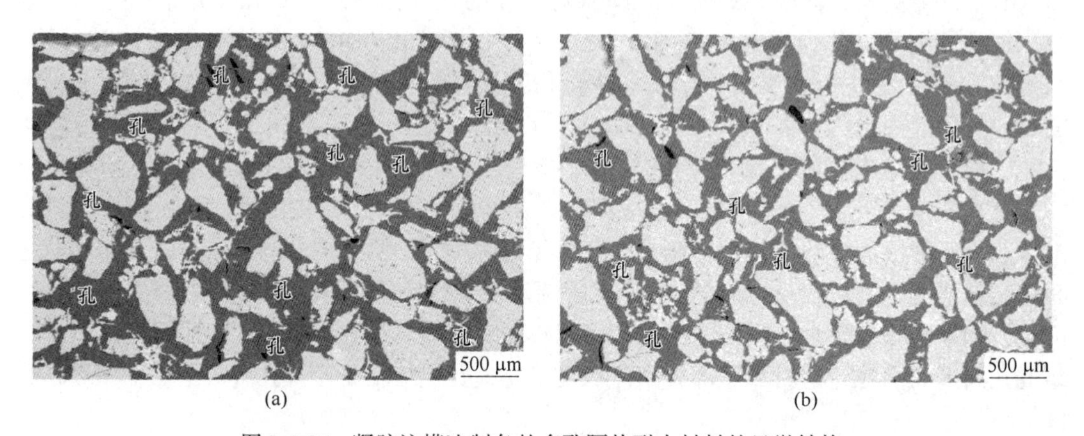

图 3-2-24 凝胶注模法制备的多孔隔热耐火材料的显微结构

凝胶注模法与泡沫法相比，不同之处在于固化机理和固相含量。凝胶注模是料浆中的有机高分子胶联聚合成三维网络结构，实现料浆的原位凝固。而泡沫模板法是依靠多孔模具将多余的水分吸附掉，获得一定的制品形状；凝胶注模料浆的固含量（体积分数）一般大于50%，因此坯体的密度也较高，有效地减少了烧成收缩，而泡沫模板法的固含量（体积分数）一般在40%左右。表 3-2-5 为凝胶注模法和泡沫法生产的莫来石多孔隔热耐火材料性能的比较，可以看出凝胶注模法制备的莫来石多孔隔热耐火材料比泡沫法制备的体积密度更低，其强度、加热永久线变化、导热系数更优，但由于成品率低，干燥周期长，导致价格较贵。

表 3-2-5 凝胶注模法和泡沫法制备莫来石多孔隔热耐火材料性能对比

项　目	凝胶注模法-CF3100①	泡沫法-TJM30F
分类温度/℃	1650	1650
体积密度/g · cm^{-3}	0.42	0.95
常温抗压强度/MPa	4.2	3.0
常温抗折强度/MPa	2.6	2.0
加热永久线变化（24 h）/%	±0.43(1620 ℃)	−1.0(1600 ℃)

续表 3-2-5

项目		凝胶注模法-CF3100①	泡沫法-TJM30F
在不同平均温度下的导热系数（小平板法）/W·(m·K)$^{-1}$	200 ℃	0.18	0.33
	400 ℃	0.21	0.35
	600 ℃	0.24	0.37
	800 ℃	0.26	0.39
	1000 ℃	0.3	0.41
	1200 ℃	0.33	—
化学成分(质量分数)/%	Al_2O_3	70.4	73
	SiO_2	28.5	25

① 由武汉吉耐德公司提供。

3.2.7 复合成孔

不同的成孔方法有着不同的特点，表 3-2-6 总结了多孔隔热耐火材料主要成孔方法的特点。

表 3-2-6 制备多孔隔热耐火材料的常用成孔方法对比

成孔方法	成孔原理	分类	孔径	孔隙率/%	优点	缺点
颗粒堆积法	粒子堆积成孔	颗粒堆积	0.1~600 μm	20~30	工艺简单	孔隙率低
		纳米粉体堆积	50~100 nm	约 80	孔隙率高	强度低、怕潮
造孔剂法	加入造孔剂燃烬或分解，留下孔洞	植物模板	100 μm~2 mm	0~50	工艺简单，气孔大，形状可控	孔分布均匀性差，孔隙率低，黑芯问题，吸膨胀、弹性后效
		无机模板	5 μm~2 mm	0~50	工艺简单，气孔大，形状可控	孔分布均匀性差，孔隙率低，黑芯问题、有害气体排放
		有机模板	0.2~2 mm	0~50	工艺简单，气孔大，形状可控	孔分布均匀性差，孔隙率低，黑芯问题、弹性后效、有害气体排放
发泡法	加入发泡剂，高温化学反应或机械搅拌成孔	物理发泡	10 μm~2 mm	40~90	可制备闭气孔，强度高、孔隙率大，孔形状、大小可控	水分大、干燥不易控制，特别是泡沫稳定性
		化学发泡				

续表 3-2-6

成孔方法	成孔原理	分类	孔径	孔隙率/%	优点	缺点
多孔材料法	材料本身的孔隙	空心球	孔径可控	—	强度高，使用温度高，加热永久线变化小	体积密度高、导热系数大
		多孔骨料				
原位分解法	原料分解成孔	—	—	—	易加工成型、制品强度高	孔径大小不易控制
凝胶注模法	有机单体交联网络分解成孔	—	孔径可控	0~90	成型精度高，坯体强度大	工艺条件不易控制，生产效率低

为了制备出性能更为优良的轻质多孔隔热耐火材料，满足材料的需要，两种及两种以上成孔方法复合使用的情况已较为常见，以下举例叙述。

（1）直接发泡法复合造孔剂法制备氧化铝多孔隔热耐火材料。采用造孔剂锯末复合泡沫法的成孔方法，可以减少生坯中的水分，加快材料的干燥和脱模时间，缩短生产周期。这种混合法制备氧化铝轻质隔热砖的工艺主要是先将 85%~90%（质量分数）的 α-Al_2O_3、15%~10%的 ρ-Al_2O_3 混合均匀，再加入 35%~45%的水和 0.1%~0.3%的聚羧酸类减水剂制成预混料，最后向预混料先后加入 600~700mL/kg 的泡沫和 17%~20%的锯末，混合均匀，浇注成型，干燥后在 1550~1600 ℃的条件下烧成。所制备的氧化铝轻质骨料的体积密度为 0.6~1.2 g/cm^3，耐压强度为 9~25 MPa，导热系数为 0.2~0.6 W/(m·K)。

（2）直接发泡法复合原位分解法制备六铝酸钙多孔隔热耐火材料。基于泡沫法和原位分解的复合成孔方法，以纳米 $CaCO_3$ 与 α-Al_2O_3 微粉为主要原料，外加铝酸钙水泥和 ρ-Al_2O_3，通过浇注的成型工艺，制备了六铝酸钙轻质隔热耐火材料，并研究了 SiO_2 微粉掺量对六铝酸钙多孔隔热耐火材料导热系数等物理性能的影响，当烧成温度为 1550 ℃，铝酸钙水泥和 ρ-Al_2O_3 加入量（质量分数）为 2.68%和 8.5%时，可制备出体积密度为 0.43 g/cm^3、耐压强度为 2.27 MPa、真密度为 3.72 g/cm^3，300 ℃、600 ℃、900 ℃（平均温度）的导热系数分别为 0.110 W/(m·K)、0.116W/(m·K)、0.110W/(m·K）的六铝酸钙多孔隔热材料（其显微结构随着泡沫量的加入对性能与结构的影响，将在后面六铝酸钙一章中详细阐述）。

（3）造孔剂法复合凝胶注模成孔制备莫来石多孔隔热材料。采用矾土与 SiO_2 微粉为主要原料，聚苯乙烯球做造孔剂，通过水基丙烯酰胺体系凝胶注模制备莫来石多孔隔热材料，其微观结构较均匀，晶体发育较完整，并产生许多纳米级整齐排列的晶粒层；莫来石多孔隔热材料体积密度为 0.4 g/cm^3，常温耐压与抗折强度分别为 1.7 MPa 和 0.8 MPa，当造孔剂粒径小于 1 mm，气孔率为 87%，平均温度为 600 ℃时，导热系数为 0.16W/(m·K)。

（4）造孔剂法复合多孔材料法制备。以漂珠、锯末和聚苯乙烯球为造孔剂，采用多孔材料法（漂珠）、植物造孔剂（锯末，0.5~1 mm）和有机造孔剂（聚苯乙烯球，0.5~2 mm）复合成孔方法，振动加压成型，制备了体积密度 0.6 g/cm^3、耐压强度 2.7 MPa、导热系数 0.237 W/(m·K）的莫来石多孔隔热耐火材料，由于方案中引入了烧失物，降低了粉煤灰、漂珠的用量，减少了因粉煤灰、漂珠质量波动对制品的影响，提高了产品质量的稳定性，降低了生产成本。

(5) 直接发泡法、多孔材料法复合凝胶注模成孔方法制备莫来石结合氧化铝空心球多孔隔热耐火材料。通过泡沫模板法、凝胶注模法和多孔材料法的混合方法，制备了莫来石结合氧化铝空心球多孔隔热耐火材料，为孔径 50~100 μm 的多孔结构，与氧化铝空心球结合紧密；体积密度为 0.71 g/cm^3，气孔率为 80.2%，常温耐压强度为 1.81 MPa，平均温度 600 ℃时导热系数为 0.467 W/(m·K)。

3.3 多孔隔热耐火材料的微孔化

多孔隔热耐火材料孔隙率一定的情况下，减少孔径尺寸可以降低对流传热和增加固体反射面，从而降低辐射传热，最终达到低导热化效果。因此，在上述成孔方法的基础上，采用一些微孔化如原位反应（见图 3-3-1）、溶胶浸渍（见图 3-3-2）等方法，对一次成孔进一步微细化，使原有的孔隙更加复杂，以减少材料中对流传热和增加固体反射面，降低材料的导热系数，同时也增加了孔筋数量，起到了增强作用。

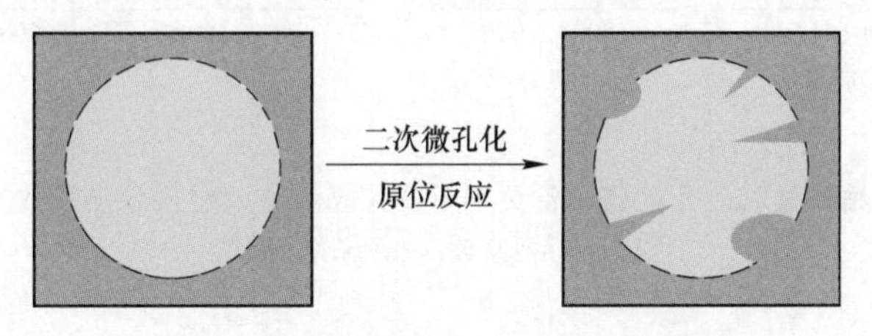

图 3-3-1 原位反应二次微孔化示意图

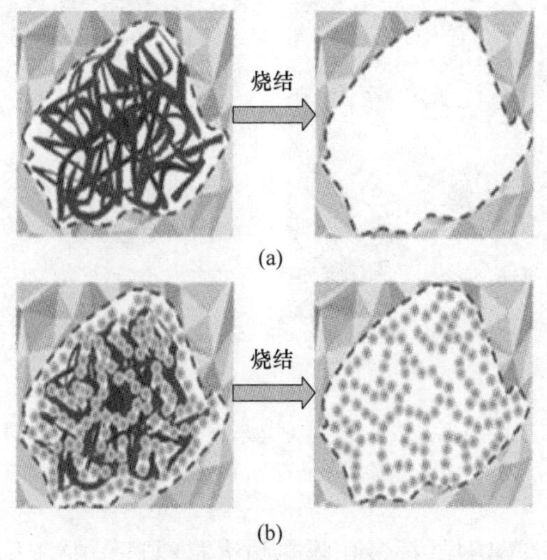

图 3-3-2 溶胶浸渍造植物造孔剂微孔化示意图

（a）未浸渍溶胶；（b）浸渍溶胶

3.3.1 原位反应-二次微孔化

莫来石多孔隔热材料一般都是以聚苯乙烯球或锯末或糠为造孔剂，一般粒径为 0.5~1 mm,也添加高温膨胀剂——蓝晶石。随着蓝晶石的增加，导热系数下降（见图 3-3-3

(a)），这是由于蓝晶石膨胀导致微孔更加微细化（见图 3-3-3（b）），图 3-3-4（a）和（b）也验证了这一点，因而降低了莫来石多孔隔热材料的导热系数。

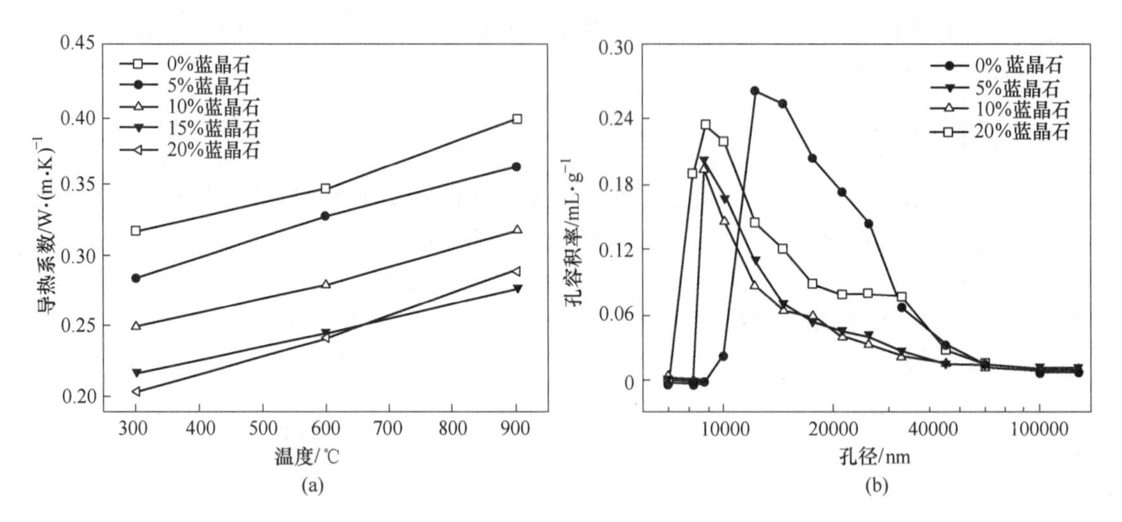

图 3-3-3　蓝晶石量对造孔剂法制备莫来石多孔隔热耐火材料导热系数和孔径的影响

（a）导热系数；（b）孔径分布

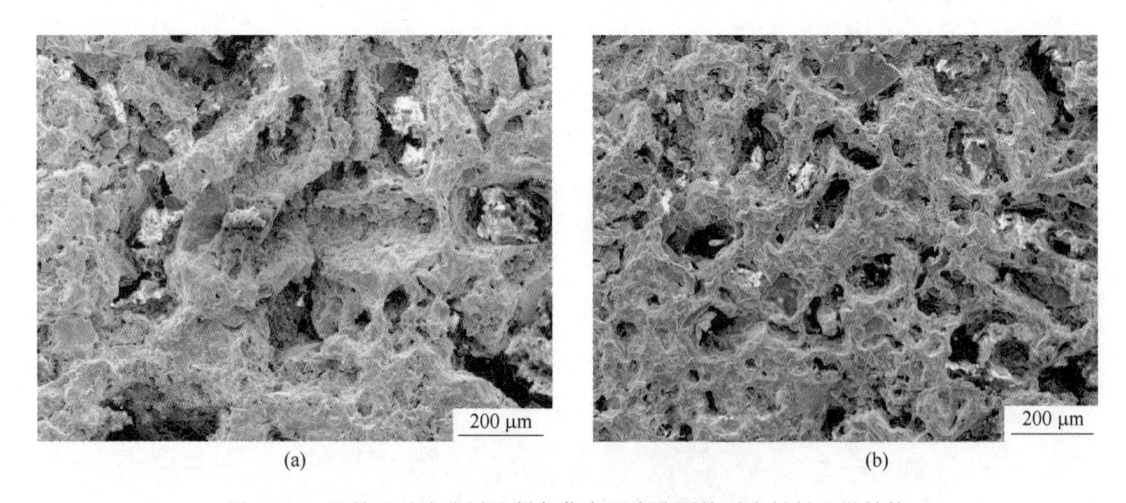

图 3-3-4　蓝晶石对造孔剂法制备莫来石多孔隔热耐火材料显微结构

（a）未添加蓝晶石；（b）20%蓝晶石

在泡沫法制备刚玉-镁铝尖晶石多孔隔热耐火材料过程中（见图 3-3-5），采用具有高坚韧性、均匀性、分散性和小孔径性的新型环保材料作为发泡剂，在料浆中形成 100 μm 左右均匀的孔径；利用 Al_2O_3 与 MgO 高温下反应生成 $MgAlO_4$ 产生的体积膨胀效应，堵塞发泡剂形成的孔洞，增加了孔洞的数量，形成更小的孔洞和孔中孔（见图 3-3-6），随着镁铝尖晶石生成量的增加，材料的导热系数随之下降，（见图 3-3-7）。同时在氧化铝材料中引入镁砂，生成了低导热 $MgAlO_4$ 相、形成了多相多孔复杂结构，降低了导热系数（见图 3-3-8）。刚玉–尖晶石轻质隔热材料，其性能和 Al_2O_3 空心球比较见表 3-3-1。

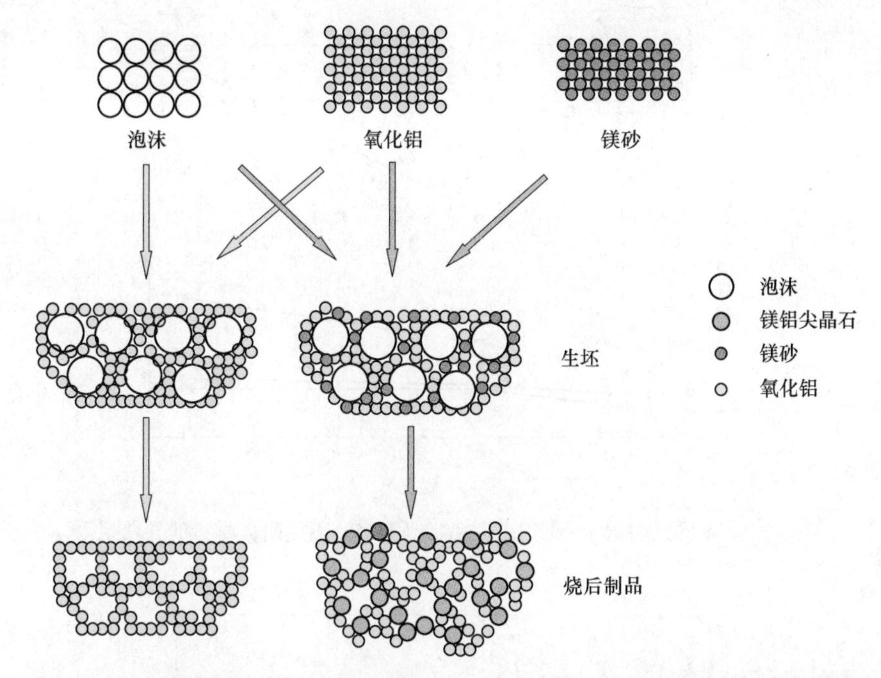

图 3-3-5　泡沫法制备刚玉-镁铝尖晶石多孔隔热耐火材料过程中的微孔化示意图

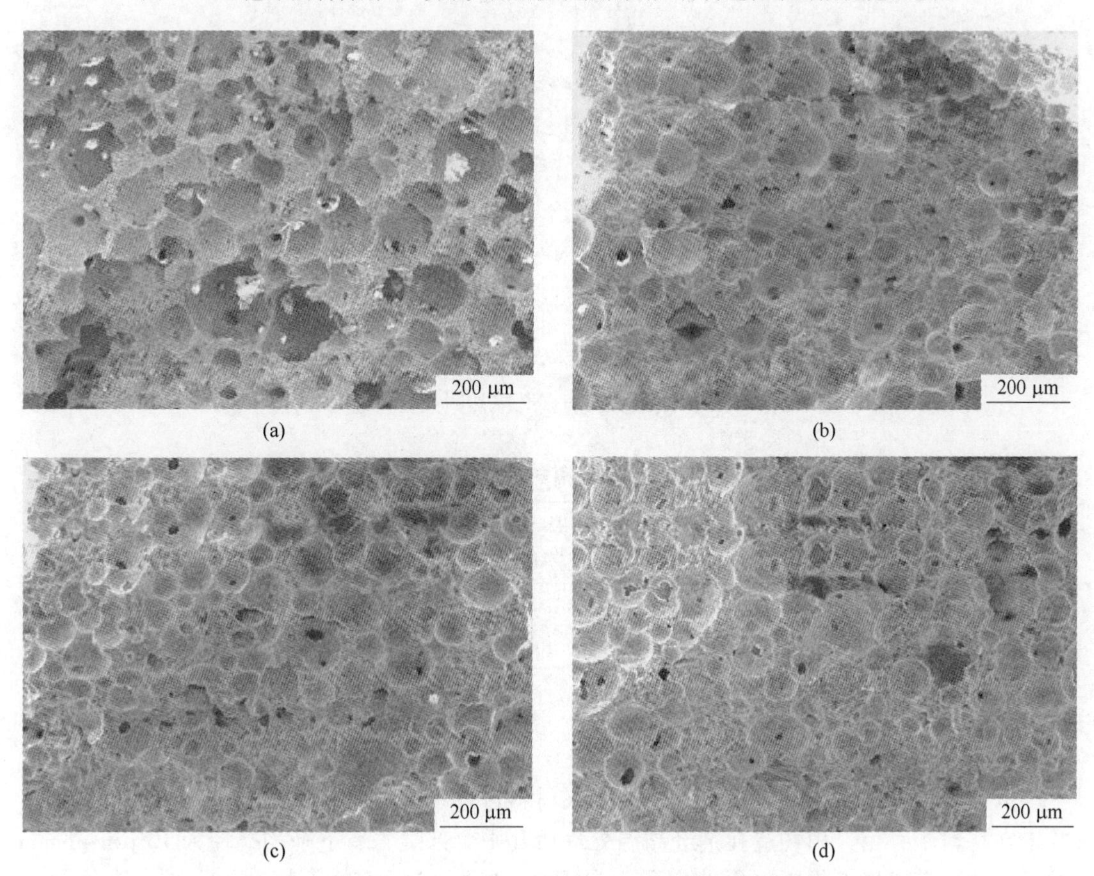

图 3-3-6　镁砂含量对刚玉-镁铝尖晶石多孔隔热耐火材料显微结构的影响

（a）镁砂 0%；（b）镁砂 5%；（c）镁砂 10%；（d）镁砂 15%

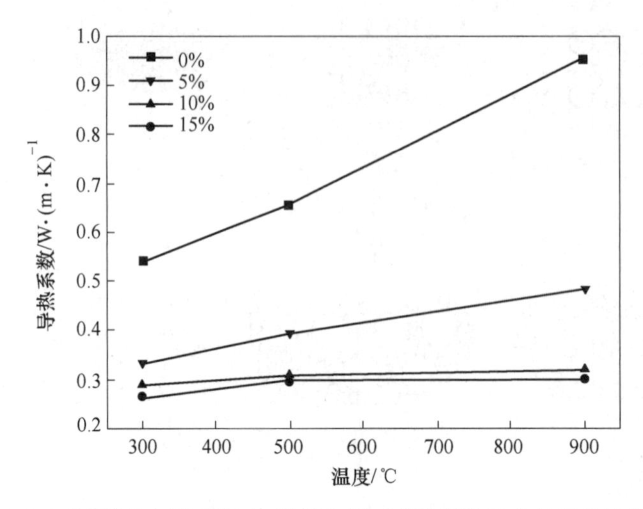

图 3-3-7　不同镁砂含量下刚玉-镁铝尖晶石多孔隔热耐火材料的导热系数

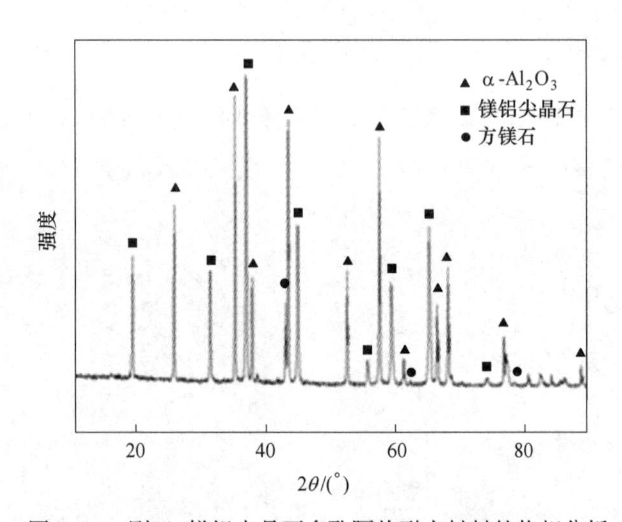

图 3-3-8　刚玉-镁铝尖晶石多孔隔热耐火材料的物相分析

表 3-3-1　刚玉-镁铝尖晶石多孔耐火隔热材料与氧化铝空心球材料的性能比较

项　目	Al_2O_3 含量 /%	体积密度 /g·cm^{-3}	耐压强度 /MPa	导热系数（平均温度） /W·(m·K)$^{-1}$	加热永久线变化/%
氧化铝空心球	98	1.70	≥10	≤0.9（1000 ℃）	±0.3（1600 ℃×3 h）
刚玉-镁铝尖晶石	90.2	1.20	10.0	0.35（900 ℃）	−0.2（1550 ℃×3 h）

3.3.2　溶胶浸渍植物造孔剂-二次微孔化

以植物模板为造孔剂制备多孔隔热耐火材料过程中，植物有机质本身的精细遗态结构并未在材料中存留，植物造孔剂经高温处理后几乎全部烧失留下平均孔径为 10 μm～1 mm 并具有植物有机质不规则外形的大孔（见图 3-3-2（a）），这些不规则大孔的存在容易引起应力集中与裂纹扩展，导致材料的强度下降。植物遗态结构材料是以经过亿万年遗传、进化和演变的并具有多层次、多维、多结构的精细结构的自然界生物为基础模板，通过人工方法，改变其结构组分并保留其精细结构，制备出既保持自然界生物体的精细结构，又包含人为赋予的特性和功能的材料。

如果单纯强调降低造孔剂的粒径以实现气孔的微孔化，不仅存在制备超细粉时能耗严重、无机粉体与植物有机质细粉分散问题，而且还会加剧生产过程中弹性后效与吸胀问题。

溶胶浸渍方法主要是将前驱体溶液或具有一定黏度的溶胶浸渍入模板中，经高温处理后与模板中的化学组分反应，形成具有精细化结构的遗态材料。该方法可在 1000 ℃以上的高温阶段仍能保留禾本科植物的特有织构，尤其是在去除杂质的基础上使之具有较高的孔隙强度，防止本征织构的团聚，保留了造孔剂的植物遗态多孔结构，同时也控制了植物纤维的弹性形变及吸湿膨胀。

用 Al_2O_3 溶胶对锯末、秸秆、糠等造孔剂进行浸渍作为造孔剂，在材料中形成了更加细小的孔结构，不仅提高了材料强度，而且降低了导热系数；浸渍后的造孔剂减小了成型时造孔剂内积聚的能量，还避免了材料的弹性后效，其性能比较见表 3-3-2。

表 3-3-2 溶胶浸渍锯末作为造孔剂制备的莫来石多孔隔热耐火材料性能

项目	体积密度 /g·cm^{-3}	显气孔率 /%	常温耐压强度 /MPa	导热系数（平均温度 300 ℃）/W·(m·K)$^{-1}$
J40	0.89	71	2.6	0.133
J40-Al	0.98	68	3.5	0.124

注：J40 造孔剂锯末未用溶胶浸渍，J40-Al 造孔剂锯末用 7%浓度的 Al_2O_3 溶胶浸渍后作为造孔剂引入。

3.4 成型方式

不同要求的多孔隔热耐火材料，成孔方法不一样，其成型方式也不尽相同，主要得考虑产品的质量、生产效率和成本等。

和多数陶瓷成型方式一样，多孔隔热耐火材料的成型方式，可根据坯体中水的含量大致可分为三种主要成型方式：（1）干法成型（dry shaping）；（2）塑性成型（plastic shaping）；（3）半液体成型（semi-liquid shaping）。然而工业上应用最为广泛的生产方法主要有三种：（1）干法成型（dry pressing），主要有模压成型；（2）挤出成型（extruding）；（3）浇注成型（casting）。

3.4.1 挤出成型

挤出成型（extruding）属于塑性成型，是指可塑料在螺旋或活塞的作用下通过模具挤出成型，长度则是在挤出生坯的外延方向上以垂直的角度切割而成，再经过干燥和烧成等工序制成多孔材料的方法。

挤出成型是生产制造等截面耐火制品的常用方法，该方法适用于造孔剂法、多孔材料法、原位分解法等成孔方法，是目前生产多孔隔热耐火材料最为常用的成型工艺之一，除用于生产多孔隔热耐火材料外还广泛应用于蜂窝陶瓷、单通道及多通道陶瓷膜支撑体的制备等。

螺旋绞刀挤出机是最为常用的成型设备，主要由三部分组成：螺旋绞刀推进系统、挤出模具和切割装置。(1) 螺旋绞刀推进系统：高压下对坯体原料推压，迫使其从模具中流出；(2) 挤出模具：挤出成型材料的成型出口；(3) 切割装置：成型泥条经过时，按一定的尺寸纵向切断。挤出成型具有适用范围广、生产效率高和可自动化连续生产等优点，更换产品品种时，只需更换出口处模具，制品均匀密实，尺寸准确性较好。

螺旋绞刀挤出成型基本经过抽真空排气处理以获得适宜的坯体密度，挤泥机的真空度对坯体的裂纹影响较大：临界真空度以内，真空度与产品质量成正比，此时坯体干燥中裂纹最少，且稳定在一定范围内；临界真空度与设备所能达到的最大真空度区间内，真空度升高，坯体的裂纹程度增加。

挤出成型对泥料和坯体的要求如下：

(1) 塑性良好，坯体塑性不足和颗粒定向排列，易造成坯体表面粗糙；

(2) 挤出的坯体含水率一般为 20%~22%，坯体过湿以及组成不均匀可造成坯体弯曲变形；

(3) 减少气体混入，混练时混入的气体在坯体中造成气孔或混料不均匀，挤出后的坯体断面易出现裂纹。

3.4.2　模压成型

模压成型（die pressing），属于干法成型，也称机压成型，是指压砖机将模具中的坯料压制成坯体的成型方式。模压成型的坯料水分较低（或不含水），必须对坯料施加一定的压力，使坯料颗粒之间发生位移形成结合，并通过坯料颗粒发生的弹性和塑性形变扩大颗粒间的接触面积，借助颗粒间黏聚力、颗粒间机械咬合力、砖坯内毛细管网作用的液体张力和颗粒表面结合剂的分子吸引力，使砖坯具有一定的强度。

模压成型得到的生坯外形尺寸易于控制，生坯的含水量低、干燥所需时间短、易于大量连续生产。模压成型的主要缺陷是生坯易出现层状裂纹（层裂）和层密度。生坯的层状裂纹易垂直于加压方向，关于层裂的生成机理，有观点认为是由压坯内部弹性后效不均匀，脱模时在坯体应力集中部位产生裂纹，或在压制过程中出现阶段致密化，上部坯体整体下移所致，或解释为加压成型时颗粒之间分布着的空气沿与加压方向垂直的平面逸出而形成。层密度则指成型后的生坯的密度沿加压方向逆变，由上方单向加压的砖坯一般是上密下疏，尤其底边致密度不够，同一水平面上中密外疏，产品密度不均匀。

对于多孔隔热耐火材料的生产来说，和致密耐火材料相比，主要原料细粉居多，即便有骨料，也是强度小、容易破碎的空心球或轻质多孔骨料，加上造孔剂的弹性变形，模压成型一般不太适用于孔隙小的多孔隔热耐火材料，多用于半轻质隔热耐火材料。

模压成型工艺适用于各种造孔剂法、多孔材料法、纳米颗粒堆积法和原位分解法。以植物为造孔剂生产过程，植物中的纤维素作为造孔剂的主要成分，具有可伸缩的弹性性能，受到外力作用时弹性形变大，在成型压力去掉和脱模时，坯体释放应力能而膨胀，产生较为明显的弹性后效，恶化材料的性能。对于有机造孔剂如聚苯乙烯球，其弹性形变更大，因此在模压成型过程中产品容易开裂。

3.4.3　浇注成型

浇注成型（casting）属于半液体成型，主要包括注浆成型和普通浇注（slip cast）。注浆成型是一种适用于以粉末为主的陶瓷材料成型方式。图 3-4-1 所示为注浆成型工艺的过滤过程。注浆成型是将浆料注入或泵入具有渗透性的多孔模具（如石膏模）中，通常被注入或泵入进入石膏模具的泥浆是以水为基础的粉末悬浮液。石膏模具因为它的多孔性能产生毛细作用力从而能将悬浮液（泥浆）中的水分吸出。当液态的水（过滤液）被吸入石膏模具时，粉末颗粒就被沉积在模具壁上，就会逐渐形成一层固结层（过滤饼）。当固结层的厚度满足需要时，既可通过将过多的浆体移出，也可通过让多余的泥浆在制品背面的中心互相靠近形成固态坯体，来让浇注过程停止。干燥后，成型坯体取出，进一步干燥后烧成。

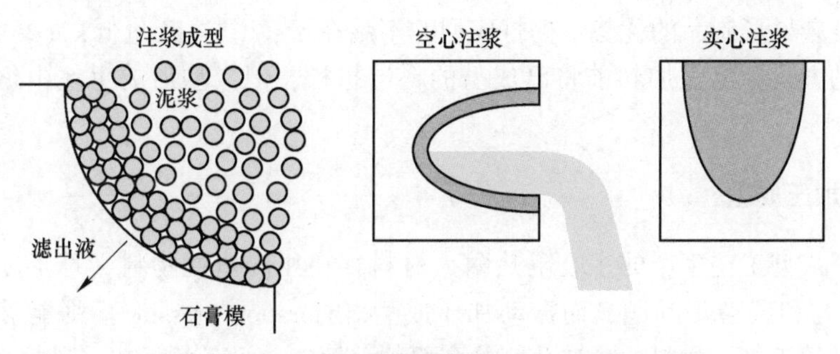

图 3-4-1 注浆成型过滤过程示意图

注浆成型主要优点是可以成型复杂的几何形状，材料均匀程度高，且模具便宜，因此注浆成型是多孔隔热耐火材料早期的生产方法之一。但由于其规模化生产时需要大量模具和占地面积，同时也因石膏模具的耐久性和用后处理问题，随着规模化大生产，国内注浆成型生产多孔隔热耐火材料逐渐被挤出成型所取代，但国外还是挤出成型、注浆成型、普通浇注成型等方法并存，注浆成型适用于造孔剂法、原位分解法和多孔材料法这三种成孔方法。在发泡法中，石膏模具具有渗透性，泥浆中的泡沫容易破坏，因此注浆成型不太适用于发泡法成孔。

普通浇注成型是目前制备多孔隔热耐火材料的常用方法，比较适用于泡沫法（见图 3-4-2）、多孔材料法、原位分解法和凝胶注模法。

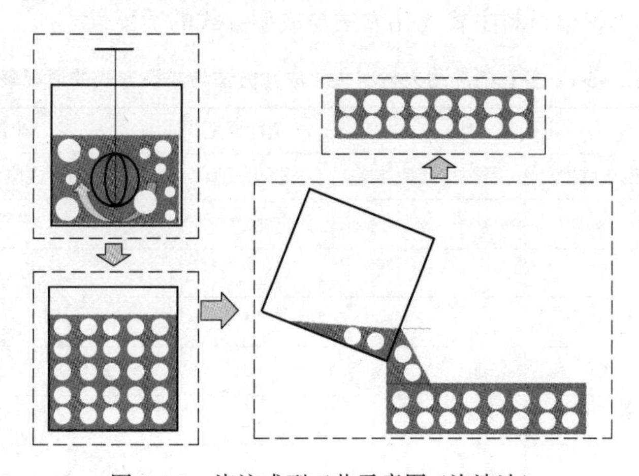

图 3-4-2 浇注成型工艺示意图（泡沫法）

浇注成型制备的多孔隔热耐火材料气孔均匀，强度高，但成型和干燥周期长，生坯强度和成品率较低。

3.4.4 捣打成型

捣打成型（ramming）是最简单实用的成型轻质多孔隔热耐火材料生坯的方法，通过人工、风动或电动捣锤逐层加料捣实，使用的模具包括木质和金属材质，该方法适用于多孔材料法、造孔剂法和原位分解法。

捣打成型可在模型内成型复杂和大型制品，也可在炉内捣打成整体结构，因此捣打成型具有生产复杂异形制品的优势。捣打成型的不足在于：（1）产量低；（2）捣打成型采用分层加料的方式，尽管加料前将已成型的料层扒松，但成型后的生坯中仍易出现分层现象。

3.4.5 振动加压成型

通过机压成型工艺生产的多孔隔热耐火材料存在压碎瘠性物料（球形闭孔珍珠岩颗粒）、密度不均和层裂等问题，而振动加压成型（vibration pressing）则能够克服上述不足。该方法适用于多孔材料法、造孔剂法和原位分解法，设备的振幅、激振力和激振时间是影响成型的重要因素。

3.4.6 甩泥法

甩泥法（slinger）工艺是一种将包含大量造孔剂的黏土与其他耐火粉料混合加水低压挤出的形式，在成型出口处经过挤出的混合料被一种特殊的离心力“甩”到一个连续式传送带上，使坯体产生额外的孔隙，这种方法适用于体积密度范围在 0.7~1.3 g/cm^{3}的多孔隔热耐火材料，这种成型方式国内少见。

3.5 各种成型方式特点

在多孔隔热耐火材料的生产制备过程中，不同的成孔方法对应相应的成型方式，表3-5-1归纳了多孔隔热耐火材料主要成孔方法与成型方式的适配性。

表 3-5-1 多孔隔热耐火材料主要成孔方法与成型方式的适配表

成孔方法	干法成型		塑性成型	半液体成型	
	模压成型	捣打/振动加压	挤出成型	普通浇注成型	注浆成型
颗粒堆积法	√	√	○	○	○
造孔剂法	√	√	√	○	○
发泡法	×	×	×	√	×
多孔材料法	○	√	○	○	○
原位分解法	○	○	○	○	○
凝胶注模法	×	×	×	√	√

注：√代表非常适合；○代表适合；×代表不适合。

不同的成型方式，有着不同的成孔方法；尽管有着相同的材料配比和相同的烧成制度，其制备出的多孔隔热耐火材料的性能也不尽相同。

表 3-5-2 是不同成型方式和成孔方法制备莫来石多孔隔热耐火材料的配比。

表 3-5-2 不同成型方式和成孔方法的实验原料配比 （质量分数,%）

成型方式	原料配比					成孔方法
	黏土	氧化铝	莫来石	板状刚玉	蓝晶石	
浇注成型	10~15	15~25	20~30	15~25	5~15	泡沫法
模压成型	10~15	15~25	20~30	15~25	5~15	造孔剂法
挤出成型	10~15	15~25	20~30	15~25	5~15	造孔剂法

（1）浇注成型：原料按照表 3-5-2 中配比预混 4 h 后，加入 30%~35%（质量分数）的水使粉料混成均匀、稳定的浆体；然后将泡沫剂加水后高速搅拌制得稳定的泡沫；最后将泥浆与泡沫混合均匀，注入 160 mm×40 mm×40 mm 的模具中，并轻微振动以除去大气泡后，置于室温中自然干燥 8~12 h，脱模，经 110 ℃×24 h 干燥后，于 1550 ℃×3 h 烧成。

（2）模压成型：原料按照表 3-5-2 中配比预混 4 h 后，将聚乙烯醇稀释后加入混合均匀的粉末，搅拌 10~15 min，5 MPa 压力成型成 230 mm×114 mm×65 mm坯砖，经 110 ℃×24 h 干燥后，于 1550 ℃×3 h 烧成。

（3）挤出成型：原料按照表 3-5-2 配比预混 4 h 后，加入 10%~15%（质量分数）水后搅拌均匀，并经过困料、炼泥等工艺程序，采用挤出成型方式制成 230 mm×114 mm×65 mm坯砖，经 110 ℃×24 h 干燥后，于 1550 ℃×3 h 烧成。

从图 3-5-1 中可以看出，试样经 1550 ℃烧成 3 h 后，采用浇注成型制备的莫来石质隔热耐火砖的线收缩最大，达到-2.4%；而采用模压成型制备的莫来石质隔热耐火砖线收缩最小，仅为-1.3%；对于 1620 ℃×24 h 加热永久线变化，采用浇注成型制备的莫来石质隔热耐火砖反而最小，为-0.73%，而采用挤出成型方式的材料达到-1.56%。

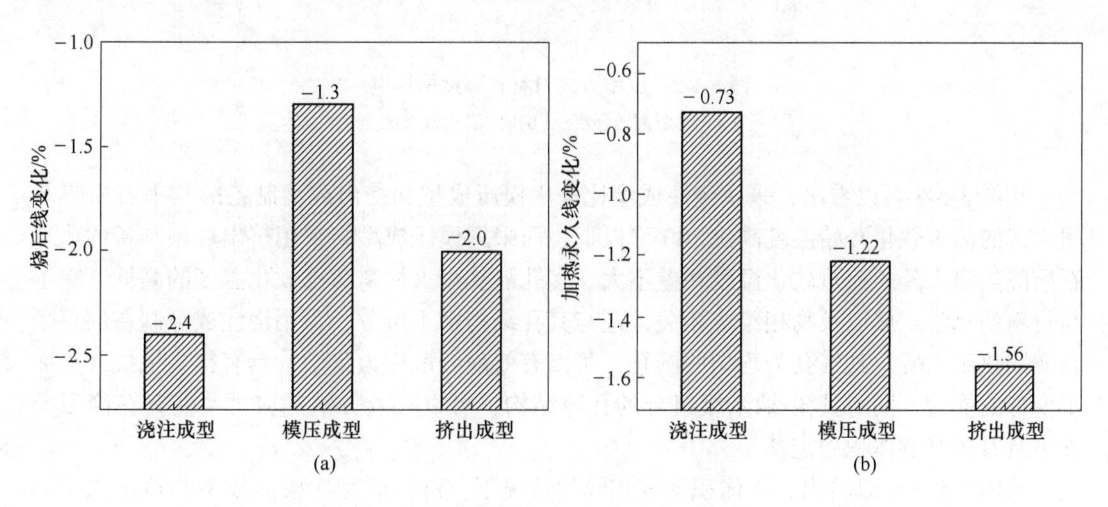

图 3-5-1 不同成型方式对莫来石多孔隔热耐火材料的线变化影响

（a）烧成 1550 ℃×3 h 线变化；（b）1620 ℃×24 h 加热永久线变化

采用浇注成型制备的莫来石质隔热耐火砖具有烧后线收缩率大而加热永久线收缩小的特点，其主要原因是浇注成型制备的莫来石隔热耐火砖在浆料混合过程中耐火粉料和造孔剂分散更均匀，和挤出法和模压法比造孔剂受压变形更小，能保持较为完整的孔型，隔热耐火砖结构更加均匀，气孔的孔径分布呈现微-纳米共存的两极分布，烧结更加充分导致的；另外，采用模压成型制备的莫来石质隔热耐火砖烧后线收缩率和加热永久线收缩率均比采用挤出成型制备的莫来石质隔热耐火砖的要小，这主要是由成型过程的受力方向不同和造孔剂受压后的“弹性后效”所致，模压成型制备的莫来石质隔热耐火砖在烧成过程中会产生一定的膨胀。

从图 3-5-2 可以看出，浇注成型制备的莫来石质隔热耐火砖具有较好的耐压强度和抗折强度，分别为 5.6 MPa 和 3.2 MPa；而采用模压成型制备的莫来石质隔热耐火砖耐压强度和抗折强度均很低，仅为浇注成型的 1/4。模压成型制备的莫来石质隔热耐火砖耐压强度和抗折强度偏低的主要原因是机压成型过程中造孔剂的“弹性后效”导致制品的内部出现裂纹。

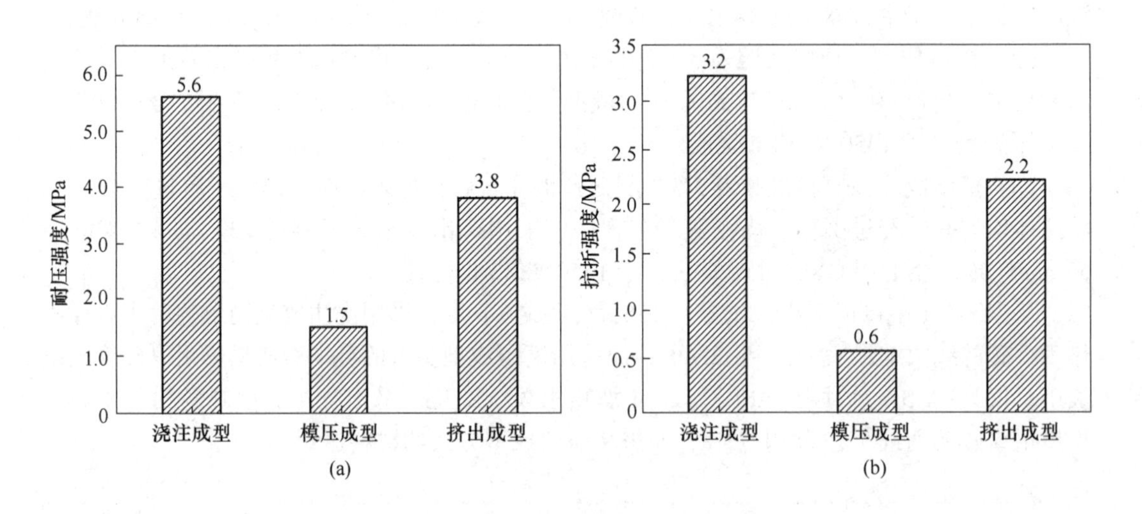

图 3-5-2 成型方式对材料强度的影响

（a）常温耐压强度；（b）常温抗折强度

从图 3-5-3 可以看出，采用浇注成型比采用模压成型和挤出成型制备的莫来石质隔热耐火砖的荷重软化开始温度高出 100 ℃以上，而采用模压成型与采用挤出成型制备的莫来石质隔热耐火砖的荷重软化温度相差不大。多孔隔热耐火材料荷重软化温度的高低，除了与材料的化学组成以及物相组成相关，还与其孔结构密不可分，采用浇注成型制备的莫来石质隔热耐火砖，其气孔为均匀的圆孔，可以有效地分散应力集中，具有提高抵抗外力而不变形的能力，同时其微-纳米级组合的孔隙结构，可以有效分散热应力，使其在高温条件下具有较好的体积稳定性。

从图 3-5-4 可以看出，在体积密度相同的情况下，浇注成型比模压成型和挤出成型制备的莫来石质隔热耐火砖的导热系数最小，其次是挤出成型，模压成型的导热系数最大。

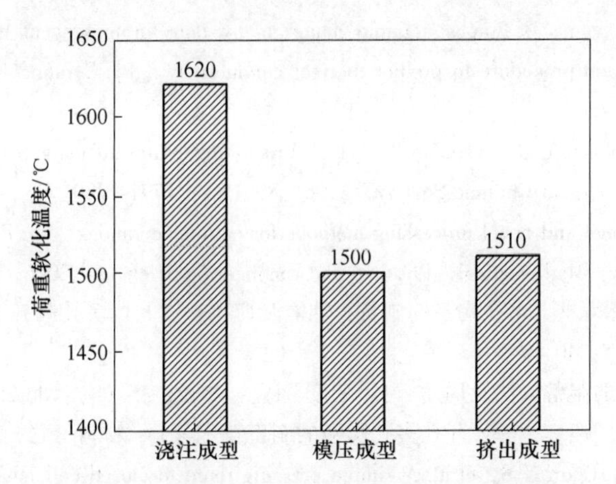

图 3-5-3 成型方式对材料荷重软化开始温度(0.05 MPa, $T_{0.6}$)的影响

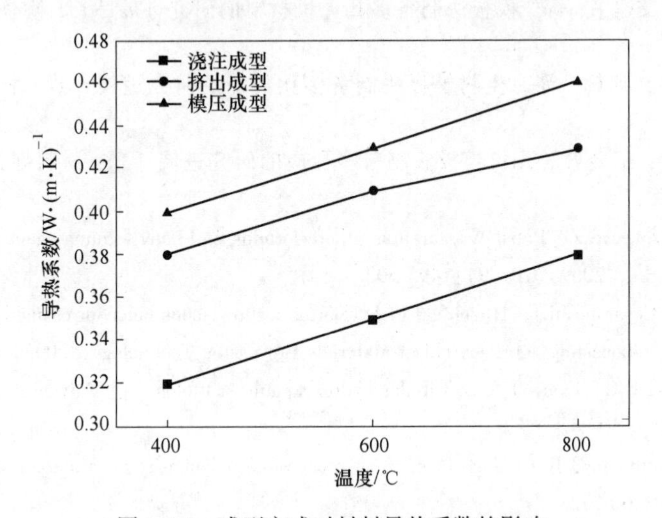

图 3-5-4 成型方式对材料导热系数的影响

参 考 文 献

[1] Salleh S Z, Kechik A A, Yusoff A H, et al. Recycling food, agricultural, and industrial wastes as pore-forming agents for sustainable porous ceramic production: A review [J]. Journal of Cleaner Production, 2021, 306: 127264.

[2] Novais R M, Seabra M P, Labrincha J A. Ceramic tiles with controlled porosity and low thermal conductivity by using pore-forming agents [J]. Ceramics International, 2014, 40 (8): 11637-11648.

[3] Gregorova E, Pabst W. Porous ceramics prepared using poppy seed as a pore-forming agent [J]. Ceramics International, 2007, 33 (7): 1385-1388.

[4] Prabhakaran K, Melkeri A, Gokhale N M, et al. Preparation of macroporous alumina ceramics using wheat particles as gelling and pore-forming agent [J]. Ceramics International, 2007, 33 (1): 77-81.

[5] Chevalier E, Chulia D, Pouget C, et al. Fabrication of porous substrates: A review of processes using pore forming agents in the biomaterial field [J]. Journal of Pharmaceutical Sciences, 2008, 97 (3): 1135-1154.

[6] Pia G, Casnedi L, Sanna U. Porous ceramic materials by pore-forming agent method: an intermingled fractal units analysis and procedure to predict thermal conductivity [J]. Ceramics International, 2015, 41 (5): 6350-6357.

[7] Studart A R, Gonzenbach U T, Tervoort E, et al. Processing routes to macroporous ceramics: A review [J]. Journal of the American Ceramic Society, 2006, 89 (6): 1771-1789.

[8] Colombo P. Conventional and novel processing methods for cellular ceramics [J]. Philosophical Transactions of the Royal Society A: Mathematical, Physical and Engineering Sciences, 2006, 364 (1838): 109-124.

[9] 朱新文, 江东亮, 谭寿洪. 多孔陶瓷的制备, 性能及应用: (Ⅰ) 多孔陶瓷的制造工艺 [J]. 陶瓷学报, 2003, 24 (1): 40-45.

[10] 王苏新. 多孔陶瓷的制备方法及用途 [J]. 江苏陶瓷, 2002, 35 (4): 26-28.

[11] 时利民, 赵宏生, 闫迎辉, 等. 开孔多孔陶瓷的制备技术 [J]. 材料工程, 2005 (12): 57-61.

[12] Kim Y W, Jin Y J, Chun Y S, et al. A simple pressing route to closed-cell microcellular ceramics [J]. Scripta materialia, 2005, 53 (8): 921-925.

[13] 时拓, 苏彬, 艾建平, 等. 模板法制备多孔无机材料的研究进展 [J]. 陶瓷科学与艺术, 2008 (3): 12-17.

[14] 朱振峰, 杨冬, 刘辉, 等. 生物模板法制备多孔陶瓷的研究进展 [J]. 材料导报, 2009, 23 (21): 50-54.

[15] 伍刚, 李德伏, 王金渠. 无机模板法制备多孔炭的研究进展 [J]. 材料导报, 2005, 19 (7): 29-32.

[16] Gregorová E, Živcová Z, Pabst W. Starch as a pore-forming and body-forming agent in ceramic technology [J]. Starch-Stärke, 2009, 61 (9): 495-502.

[17] Stuecker J N, Cesarano Iii J, Hirschfeld D A. Control of the viscous behavior of highly concentrated mullite suspensions for robocasting [J]. Journal of Materials Processing Technology, 2003, 142 (2): 318-325.

[18] Gomes de Sousa F C, Evans J R G. Tubular hydroxyapatite scaffolds [J]. Advances in Applied Ceramics, 2005, 104 (1): 30-34.

[19] Colombo P, Hellmann J R. Ceramic foams from preceramic polymers [J]. Materials Research Innovations, 2002, 6 (5): 260-272.

[20] 黄晋, 孙其诚. 液态泡沫渗流的机理研究进展 [J]. 力学进展, 2007, 37 (2): 269-278.

[21] Drenckhan W, Hutzler S. Structure and energy of liquid foams [J]. Advances in Colloid and Interface Science, 2015, 224: 1-16.

[22] Ohji T, Fukushima M. Macro-porous ceramics: Processing and properties [J]. International Materials Reviews, 2012, 57 (2): 115-131.

[23] Stochero N P, de Moraes E G, de Oliveira A P N. Influence of wet foam stability on the microstructure of ceramic shell foams [J]. Open Ceramics, 2020, 4: 100033.

[24] Gonzenbach U T, Studart A R, Tervoort E, et al. Ultrastable particle-stabilized foams [J]. Angewandte Chemie International Edition, 2006, 45 (21): 3526-3530.

[25] Pugnaloni L A, Dickinson E, Ettelaie R, et al. Competitive adsorption of proteins and low-molecular-weight surfactants: Computer simulation and microscopic imaging [J]. Advances in Colloid and Interface Science, 2004, 107 (1): 27-49.

[26] Binks B P. Particles as surfactants—similarities and differences [J]. Current Opinion in Colloid & Interface Science, 2002, 7 (1/2): 21-41.

[27] Gonzenbach U T, Studart A R, Tervoort E, et al. Stabilization of foams with inorganic colloidal particles [J]. Langmuir, 2006, 22 (26): 10983-10988.

[28] 黄柯柯．热发泡法制备氧化铝泡沫陶瓷结构与性能［D］. 武汉：武汉科技大学，2017.

[29] 周琪润．热发泡法制备高孔隙率六铝酸钙泡沫陶瓷的结构与性能［D］. 武汉：武汉科技大学，2019.

[30] 李鑫．热发泡法制备高孔隙率堇青石多孔陶瓷［D］. 武汉：武汉科技大学，2019.

[31] Vijayan S，Narasimman R，Prudvi C，et al. Preparation of alumina foams by the thermo-foaming of powder dispersions in molten sucrose［J］. Journal of the European Ceramic Society，2014，34（2）：425-433.

[32] 沈家军．粉煤灰基泡沫陶瓷的制备与性能研究［D］. 西安：西安建筑科技大学，2016.

[33] 祝泉．电熔棕刚玉除尘粉制备泡沫玻璃的研究［D］. 武汉：武汉科技大学，2011.

[34] Fan Y，Li S，Li Y，et al. Recycling of municipal solid waste incineration fly ash in foam ceramic materials for exterior building walls［J］. Journal of Building Engineering，2021，44：103427.

[35] Fan Y，Li S，Yin B，et al. Preparation and microstructure evolution of novel ultra-low thermal conductivity calcium silicate-based ceramic foams［J］. Ceramics International，2022.

[36] 王飞．高强度泡沫玻璃制备及导热性能研究［D］. 西安：陕西科技大学，2019.

[37] 冯桢哲，张长森，张莉，等．发泡剂在泡沫玻璃中的应用［J］. 硅酸盐通报，2017，36（7）：2293-2300.

[38] Petersen R R，König J，Yue Y. The mechanism of foaming and thermal conductivity of glasses foamed with MnO_2［J］. Journal of Non-Crystalline Solids，2015，425：74-82.

[39] Zhang J，Liu B，Zhang S. A review of glass ceramic foams prepared from solid wastes：Processing，heavy-metal solidification and volatilization，applications［J］. Science of the Total Environment，2021，781：146727.

[40] Liu T，Liu P，Guo X，et al. Preparation，characterization and discussion of glass ceramic foam material：Analysis of glass phase，fractal dimension and self-foaming mechanism［J］. Materials Chemistry and Physics，2020，243：122614.

[41] 王庆恒．Al_2O_3 基弥散型透气材料成孔机理及孔结构与性能研究［D］. 武汉：武汉科技大学，2018.

[42] 熊鑫．颗粒堆积型刚玉质多孔透气材料制备及气体渗流行为［D］. 武汉：武汉科技大学，2021.

[43] 黄俊．纳米颗粒堆积体的热传导特性研究［D］. 武汉：武汉大学，2019.

[44] 韩露．SiO_2 纳米孔绝热材料的基础研究及其制备和应用［D］. 沈阳：东北大学，2013.

[45] 徐帅，周张健，张笑歌，等．新型无机保温材料的研究进展［J］. 硅酸盐通报，2015，34（5）：1302-1306.

[46] Dele-Afolabi T T，Hanim M A A，Norkhairunnisa M，et al. Research trend in the development of macroporous ceramic components by pore forming additives from natural organic matters：A short review［J］. Ceramics International，2017，43（2）：1633-1649.

[47] 李庆彬，潘志华．轻质隔热材料的研究现状及其发展趋势［J］. 硅酸盐通报，2011，30（5）：1089-1093.

[48] 尹洪峰，党娟灵，辛亚楼，等．轻量耐火材料的研究现状与发展趋势［J］. 材料导报，2018，32（15）：2618-2625.

[49] Nkayem D E N，Mbey J A，Diffo B B K，et al. Preliminary study on the use of corn cob as pore forming agent in lightweight clay bricks：Physical and mechanical features［J］. Journal of Building Engineering，2016，5：254-259.

[50] Han M，Yin X，Cheng L，et al. Effect of core-shell microspheres as pore-forming agent on the properties of porous alumina ceramics［J］. Materials & Design，2017，113：384-390.

[51] Ducman V，Kopar T. Sawdust and paper-making sludge as pore-forming agents for lightweight clay bricks

[J]. Industrial Ceramics, 2001, 21 (2): 81-86.

[52] Ahmed T, Ahmad B, Ahmad W. Why do farmers burn rice residue? Examining farmers' choices in Punjab, Pakistan [J]. Land Use Policy, 2015, 47: 448-458.

[53] Shi T, Liu Y, Zhang L, et al. Burning in agricultural landscapes: An emerging natural and human issue in China [J]. Landscape Ecology, 2014, 29 (10): 1785-1798.

[54] Currie H A, Perry C C. Silica in Plants: Biological, Biochemical and Chemical Studies [J]. Annals of Botany, 2007, 100 (7): 1383-1389.

[55] Ma J F, Yamaji N. Silicon uptake and accumulation in higher plants [J]. Trends in Plant Science, 2006, 11 (8): 392-397.

[56] 魏志鹏. 植物造孔剂微结构控制对氧化铝隔热材料性能影响 [D]. 武汉：武汉科技大学，2019.

[57] 李雪松. 植物遗态结构存留及其对 Al_2O_3 隔热材料性能的影响 [D]. 武汉：武汉科技大学，2020.

[58] 胡娇娇. 孔结构对 Al_2O_3 隔热材料高温性能的影响 [D]. 武汉：武汉科技大学，2021.

[59] Feng Y, Wang K, Yao J, et al. Effect of the addition of polyvinylpyrrolidone as a pore-former on microstructure and mechanical strength of porous alumina ceramics [J]. Ceramics International, 2013, 39 (7): 7551-7556.

[60] Chen Q, Liang S, Thouas G A. Elastomeric biomaterials for tissue engineering [J]. Progress in Polymer Science, 2013, 38 (3/4): 584-671.

[61] Živcová Z, Černý M, Pabst W, et al. Elastic properties of porous oxide ceramics prepared using starch as a pore-forming agent [J]. Journal of the European Ceramic Society, 2009, 29 (13): 2765-2771.

[62] Ieşan D, Quintanilla R. Non-linear deformations of porous elastic solids [J]. International Journal of Non-linear Mechanics, 2013, 49: 57-65.

[63] Liu S, Liu J, Du H, et al. Hierarchical mullite structures and their heat-insulation and compression-resilience properties [J]. Ceramics International, 2014, 40 (4): 5611-5617.

[64] Barbieri L, Andreola F, Lancellotti I, et al. Management of agricultural biomass wastes: Preliminary study on characterization and valorisation in clay matrix bricks [J]. Waste Management, 2013, 33 (11): 2307-2315.

[65] 宋心，肖慧，等. 几种不同造孔剂制备烧结保温材料性能研究 [J]. 砖瓦，2016 (10): 40-43.

[66] Greil P. Biomorphous ceramics from lignocellulosics [J]. Journal of the European Ceramic Society, 2001, 21 (2): 105-118.

[67] Xu G, Li J, Cui H, et al. Biotemplated fabrication of porous alumina ceramics with controllable pore size using bioactive yeast as pore-forming agent [J]. Ceramics International, 2015, 41 (5): 7042-7047.

[68] Xu G, Ma Y, Cui H, et al. Preparation of porous mullite-corundum ceramics with controlled pore size using bioactive yeast as pore-forming agent [J]. Materials Letters, 2014, 116: 349-352.

[69] 蔡振哲，阮玉忠，于岩，等. 利用铝厂废渣和废聚苯乙烯研制轻质隔热耐火材料 [J]. 硅酸盐通报，2007, 26 (4): 670-672.

[70] 马映华. 活性酵母菌为造孔剂制备莫来石-刚玉多孔材料的研究 [D]. 青岛：山东科技大学，2014.

[71] 贾玉超. Al_2O_3-CaO-SiO_2 系轻质耐火材料的制备及性能研究 [D]. 西安：西安建筑科技大学，2012.

[72] 刘跃华，马林，刘民生. 炭黑加入量对 MgO-Al_2O_3-SiO_2 系隔热材料结构和性能的影响 [J]. 硅酸盐通报，2010 (3): 689-691.

[73] Kumar A, Mohanta K, Kumar D, et al. Low cost porous alumina with tailored gas permeability and mechanical properties prepared using rice husk and sucrose for filter applications [J]. Microporous and

Mesoporous Materials, 2015, 213: 48-58.
[74] Xu N N, Li S J, Li Y B, et al. Fabrication and characterisation of porous mullite ceramics from high voltage insulator waste [J]. Advances in Applied Ceramics, 2015, 114 (2): 93-98.
[75] Gregorová E, Pabst W, Bohačenko I. Characterization of different starch types for their application in ceramic processing [J]. Journal of the European Ceramic Society, 2006, 26 (8): 1301-1309.
[76] Gregorová E, Pabst W, Živcová Z, et al. Porous alumina ceramics prepared with wheat flour [J]. Journal of the European Ceramic Society, 2010, 30 (14): 2871-2880.
[77] 赵国玺. 表面活性剂作用原理 [M]. 北京: 中国轻工业出版社, 2003.
[78] 李红霞. 耐火材料手册 [M]. 北京: 冶金工业出版社, 2009.
[79] 董童霖, 王玺堂, 程鹏, 等. 发泡法制备莫来石轻质耐火材料工艺研究 [J]. 武汉科技大学学报, 2009, 32 (2): 184-187.
[80] 程正翠. 工业窑炉硅酸铝轻质高温保温隔热材料的制备 [J]. 金属热处理, 2019, 44 (4): 59-61.
[81] 耿浩洋, 潘志华. 化学发泡法制备钙长石系轻质隔热砖坯体 [J]. 硅酸盐通报, 2013, 32 (5): 814-818.
[82] 张亿增, 李成燕, 赵存虎. 化学发泡法制备隔热耐火砖 [J]. 耐火材料, 2000, 34 (5): 279-280, 285.
[83] 胡少杰. 发泡法制备多孔氧化铝陶瓷 [D]. 郑州: 郑州大学, 2011.
[84] 杜星, 赵雷, 瞿为民, 等. 常用泡沫剂研究进展 [J]. 胶体与聚合物, 2013 (1): 42-45.
[85] 杜星, 赵雷, 瞿为民, 等. 高效泡沫剂的合成及稳定性研究 [C]//中国硅酸盐学会, 中国金属学会. 第六届国际耐火材料会议论文集, 2012: 74-76.
[86] 瞿为民. 泡沫法制备莫来石质轻质隔热材料及其性能研究 [D]. 武汉: 武汉科技大学, 2012.
[87] 葛胜涛. 发泡-注凝成型法制备莫来石多级孔陶瓷及其力学/热学性能研究 [D]. 武汉: 武汉科技大学, 2019.
[88] 瞿为民, 李淑静, 杨传柱, 等. 轻质隔热材料用高性能发泡剂的研制及应用 [J]. 耐火材料, 2011, 45 (6): 443-445.
[89] 王蒙蒙, 郭东红. 泡沫剂的发泡性能及其影响因素 [J]. 精细石油化工进展, 2007, 8 (12): 40-44.
[90] 陈洋, 张行荣, 尚衍波, 等. 起泡剂性能测试方法及影响泡沫稳定性的因素 [J]. 中国矿业, 2014, 23 (增刊2): 230-234.
[91] 凌向阳. 泡沫稳定性及气-液界面颗粒运动对泡沫相浮选的影响机制研究 [D]. 徐州: 中国矿业大学, 2019.
[92] Stochero N P, De Moraes E G, Moreira A C, et al. Ceramic shell foams produced by direct foaming and gelcasting of proteins: Permeability and microstructural characterization by X-ray microtomography [J]. Journal of the European Ceramic Society, 2020, 40 (12): 4224-4231.
[93] 泡沫混凝土用泡沫剂: JC/T 2199—2013 [S]. 2013.
[94] Liu T, Lin C, Liu J, et al. Phase evolution, pore morphology and microstructure of glass ceramic foams derived from tailings wastes [J]. Ceramics International, 2018, 44 (12): 14393-14400.
[95] Zhang J, Liu B, Zhao S, et al. Preparation and characterization of glass ceramic foams based on municipal solid waste incineration ashes using secondary aluminum ash as foaming agent [J]. Construction and Building Materials, 2020, 262: 120781.
[96] Chen Z, Wang H, Ji R, et al. Reuse of mineral wool waste and recycled glass in ceramic foams [J]. Ceramics International, 2019, 45 (12): 15057-15064.
[97] Andrieux S, Quell A, Stubenrauch C, et al. Liquid foam templating—A route to tailor-made polymer

foams [J]. Advances in Colloid and Interface Science, 2018, 256: 276-290.

[98] 王敏. 直接发泡法制备结构可控泡沫陶瓷 [D]. 天津: 天津大学, 2012.

[99] 董晓强. 纤维素、硅颗粒及石蜡与表面活性剂协同稳定的水基泡沫 [D]. 济南: 山东大学, 2010.

[100] 王海斌, 赫亚军, 封鉴秋. 不同发泡剂对泡沫玻璃性能的影响 [J]. 新型建筑材料, 2016, 43 (4): 17-20.

[101] 余娟丽, 杨金龙, 李和欣, 等. 短链两亲分子活性剂制备氮化硅泡沫陶瓷 [J]. 硅酸盐学报, 2012, 40 (3): 329-334.

[102] 范祎博. 资源化利用城市固体废物焚烧飞灰制备泡沫陶瓷及其无害化研究 [D]. 武汉: 武汉科技大学, 2022.

[103] Yibo Fan, Shujing Li, Bo Yin, et al. Preparation and microstructure evolution of novel ultra-low thermal conductivity calcium silicate-based ceramic foams [J]. Ceramics International, 2022, 48 (15): 21561-21570.

[104] Yibo Fan, Shujing Li, Yuanbing Li, et al. Recycling of municipal solid waste incineration fly ash in foam ceramic materials for exterior building walls [J]. Journal of Building Engineering, 2021, 44: 103427.

[105] 万云萍. 高效隔热保温陶瓷材料的研究 [D]. 广州: 华南理工大学, 2009.

[106] 刘杰, 罗婷, 夏光华, 等. 泡沫法制备耐火砖所需发泡剂的相关制备工艺探讨 [J]. 中国陶瓷, 2010 (3): 57-59.

[107] 徐勇, 邹国荣. 泡沫陶瓷制备工艺研究进展 [J]. 耐火材料, 2017, 51 (5): 358-365.

[108] Santos Jr T, Machado V V S, Borges O H, et al. Calcium aluminate cement aqueous suspensions as binders for Al_2O_3-based particle stabilised foams [J]. Ceramics International, 2021, 47 (6): 8398-8407.

[109] 董童霖. 莫来石轻质耐火材料的制备 [D]. 武汉: 武汉科技大学, 2009.

[110] 张久美. 发泡法制备高铝质微孔高温隔热材料的研究 [D]. 济南: 济南大学, 2015.

[111] 屈源超. 固相颗粒稳定泡沫法制备氧化铝隔热材料 [D]. 郑州: 郑州大学, 2014.

[112] 黄晋. 液态泡沫强制渗流实验研究及控制机制分析 [D]. 北京: 中国科学院过程工程研究所, 2007.

[113] 方馨悦. 泡沫玻璃结构与性能控制研究 [D]. 天津: 天津大学, 2017.

[114] 吴真先. 烧结工艺和原料组成对泡沫玻璃孔结构的影响 [D]. 合肥: 安徽建筑大学, 2014.

[115] 马明鑫. 铁尾矿泡沫玻璃制备及添加量研究 [D]. 西安: 陕西科技大学, 2017.

[116] 仝凡. 新型低温泡沫玻璃陶瓷复合建筑保温材料的研究与开发 [D]. 杭州: 浙江大学, 2019.

[117] Brown A G, Thuman W C, McBain J W. Transfer of air through adsorbed surface films as a factor in foam stability [J]. Journal of Colloid Science, 1953, 8 (5): 508-519.

[118] Mielniczuk B, Jebli M, Jamin F, et al. Characterization of behavior and cracking of a cement paste confined between spherical aggregate particles [J]. Cement and Concrete Research, 2016, 79: 235-242.

[119] 刘静静. 煤矸石合成莫来石轻质隔热材料及性能研究 [D]. 武汉: 武汉科技大学, 2013.

[120] 徐娜娜. 废弃电瓷制备轻质隔热材料的结构与性能 [D]. 武汉: 武汉科技大学, 2015.

[121] 山国强. 微孔轻质莫来石合成料性能影响因素的研究 [D]. 洛阳: 河南科技大学, 2010.

[122] 刘建博, 焦宝石制备轻质隔热耐火材料的微孔化设计及性能 [D]. 武汉: 武汉科技大学, 2018.

[123] 舒小妹, 桑绍柏, 伍书军, 等. 高岭土制备轻质莫来石骨料及其对莫来石-碳化硅耐火材料性能的影响 [J]. 耐火材料, 2020, 54 (1): 19-23.

[124] 刘光平, 李媛媛, 朱冬冬, 等. 莫来石骨料对高强度轻质隔热浇注料性能的影响 [C]//2021年全国耐火原料学术交流会论文集. 2021: 1-6.

[125] 赵鹏达，赵惠忠，张德强，等．莫来石轻质球形料结构与性能 [J]. 人工晶体学报，2017，46 (11)：2154-2158.

[126] 易萍．莫来石质微球的性能及其高强隔热耐火材料的制备研究 [D]. 武汉：武汉科技大学，2019.

[127] 王司言，程殿勇，宋连足．轻质莫来石骨料在不定形耐火材料中的应用 [J]. 耐火材料，2013 (47)：106-107.

[128] 刘瑞明．硅橡胶原位固化氧化铝空心球轻质陶瓷隔热材料制备及性能研究 [D]. 天津：天津大学，2018.

[129] 严婷．纳米氧化铝及其氧化铝空心球的制备 [D]. 南京：南京理工大学，2016.

[130] 杜博．轻量化骨料制备及其在铝镁浇注料中的应用研究 [D]. 武汉：武汉科技大学，2012.

[131] 方义能．轻质微孔矾土骨料的制备研究 [D]. 武汉：武汉科技大学，2011.

[132] 尹述伟．氧化铝空心球的表面改性及其在轻质浇注料中的应用 [D]. 杭州：浙江大学，2013.

[133] Deng Z Y，Fukasawa T，Ando M，et al. Microstructure and mechanical properties of porous alumina ceramics fabricated by the decomposition of aluminum hydroxide [J]. Journal of the American Ceramic Society，2001，84 (11)：2638-2644.

[134] Deng Z Y，Fukasawa T，Ando M，et al. High-surface-area alumina ceramics fabricated by the decomposition of $Al(OH)_3$ [J]. Journal of the American Ceramic Society，2001，84 (3)：485-491.

[135] 李淑静．原位分解成孔制备多孔陶瓷的研究 [D]. 武汉：武汉科技大学，2006.

[136] 钱浩然．凝胶注模法制备多孔莫来石保温材料 [D]. 合肥：中国科学技术大学，2014.

[137] 张晓东．闭孔多孔氧化铝基耐火骨料的制备研究 [D]. 沈阳：东北大学，2017.

[138] 李莎．凝胶注模成型制备多孔 SiO_2 陶瓷 [D]. 天津：天津大学，2010.

[139] 毋娟．凝胶注模莫来石隔热材料的制备与性能 [D]. 郑州：郑州大学，2010.

[140] 李远兵，廖佳，李淑静，等．一种混合法制备氧化铝轻质隔热砖的方法．中国专利，CN201310386566.8 [P]. 2013-12-25.

[141] Li Y，Xiang R，Xu N，et al. Fabrication of calcium hexaluminate-based porous ceramic with microsilica addition [J]. International Journal of Applied Ceramic Technology，2018，15 (4)：1054-1059.

[142] 李德周，苗文明，高永民．采用复合烧失法振动成型生产轻质隔热耐火砖 [J]. 河南建材，2002，2：28-29.

[143] 陈阔，吕艳华，袁波，等．发泡法制备轻质莫来石结合氧化铝空心球制品的性能研究 [J]. 耐火材料，2018，52 (5)：354-357.

[144] 贺辉，张颖，张军战，等．凝胶注模制备多孔陶瓷的研究进展 [J]. 硅酸盐通报，2017，36 (6)：1957-1963.

[145] Frank Händle. Extrusion in Ceramics [M]. Berlin Heidelberg：Springer-Verlag，2007.

[146] 李媛，高积强．陶瓷材料挤出成型工艺与理论研究进展 [J]. 耐火材料，2004，38 (4)：277-280.

[147] 韩秀峰．对半干成型法制备的高铝质隔热耐火材料性能的研究 [J]. 耐火与石灰，2012，37 (6)：45-49.

[148] 陈海亚．碳化硅粉体的整形及其挤出成型 [D]. 武汉：武汉理工大学，2010.

[149] 弗兰克·翰德乐．陶瓷材料挤出成型技术 [M]. 张文法，湛轩业，译．北京：化学工业出版社，2012.

[150] 殷波，廖佳，殷骏，等．成型工艺对莫来石质隔热耐火砖性能的影响 [J]. 江苏陶瓷，2017，15-17.

[151] 蒋鹏，罗守靖．陶瓷坯体压制裂纹的生成机理 [J]. 中国陶瓷，1993，128 (1)：29-31.

[152] 李楠，顾华志，赵惠忠，等．耐火材料学 [M]. 北京：冶金工业出版社，2010.

[153] 李楠．保温保冷材料及其应用 [M]. 上海：上海科学技术出版社，1985.

4 多孔隔热耐火材料的孔结构及表征

材料的组成与结构决定了其性能和用途，而多孔隔热耐火材料作为一种多孔体系，其性能很大程度上取决于孔结构。一般来说，如果多孔隔热耐火材料的闭口气孔越多，气孔越小，其导热系数就越小，是用作隔热保温场合的良好材料；而具有较窄孔径分布和贯穿气孔的多孔隔热耐火材料可用于分离、过滤用途。因此，如何对多孔隔热耐火材料的孔结构进行合理表征就非常重要。目前，普遍采用气孔率、孔径、孔容积、孔径分布、孔比表面积和孔形状等参数对其进行不同角度的表征。孔结构参数虽然多，但是往往可以采用一种方法同时测得几个参数。例如，采用压汞法可以同时测量获得材料的孔径、孔容积和孔径分布曲线。借助显微镜等工具，通过观测也可以统计得出多孔材料气孔率、孔径及其分布等信息。

为此，本章将以孔结构的表征方法为主线，分别介绍其原理、操作方法及可测得的材料孔结构参数。表征材料孔结构的方法主要包括图像分析法、尺量法、压汞法、液体排除法、气体吸附法、蒸汽渗透法、核磁共振法、小角度散射法和热孔计法等。对各种多孔材料孔结构表征方法综合论述、比较，能为我们选择合适的表征方法提供很好的依据。本章将结合实际例子综合论述各种表征测试方法的原理、仪器设备与步骤、各种方法的优缺点和测试范围等。

4.1 孔结构的欧氏几何模型

多孔材料的性能均依赖于固体在孔壁和孔棱的分布方式，因此尽可能地对其结构进行量化表征，特别是孔结构的量化表征，对于预测和理解其性能具有重要意义。其中孔形状和大小的拓扑学定律是表征孔结构特性的几何方法。

多孔材料是由许多孔组成，其孔形状和分布对其性能也有一定影响。对平面状态，主要有以下几种形状：三边形、四边形、六边形，如图4-1-1所示，它表示各向同性孔和各向异性孔可能存在的形状。当孔的形状固定不变时，孔也能以多种方式堆积（见图4-1-2），从而获得不同棱边连接因子和不同性能的结构。

对三维空间，孔具有更多的可能形态，常见的形状有三棱锥、三棱柱、长方体、六方结构、正八面体、菱形十二面体、五边形十二面体、十四面体和二十面体等，如图4-1-3所示，它们的几何性质列于表4-1-1。

当然在实际中，多孔材料中孔的形状可能发生部分扭曲，可能同时存在多种形状的孔，但精确描绘多孔材料孔的几何形状，可以填充空间的理想化多面体模型有三棱柱、四棱柱、六棱柱、菱形十二面体、十四面体，如图4-1-4所示。

对多孔材料中孔的分布描述主要有 Euler 定律、Aboav-Weaire 定律和 Lewis 法则三个定律。Euler 定律给出了一簇泡沫中顶点个数 v、边的个数 n、孔洞中面的个数 f 和孔洞数

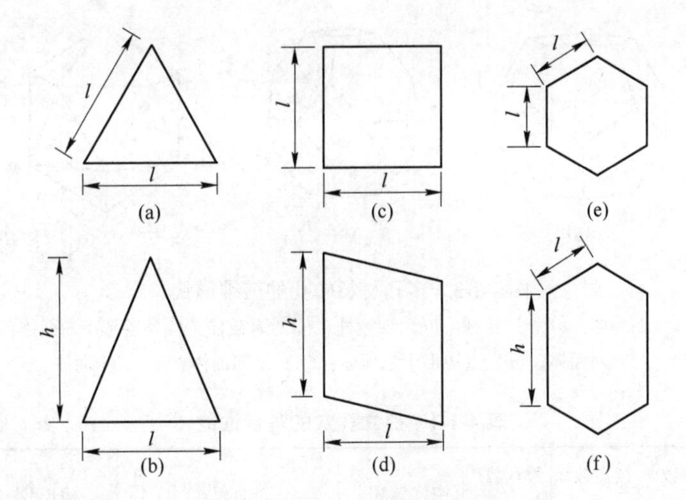

图 4-1-1　二维多孔材料中出现的多边形

（a）等边三角形；（b）等腰三角形；（c）正方形；（d）平行四边形；（e）正六边形；（f）不规则六边形

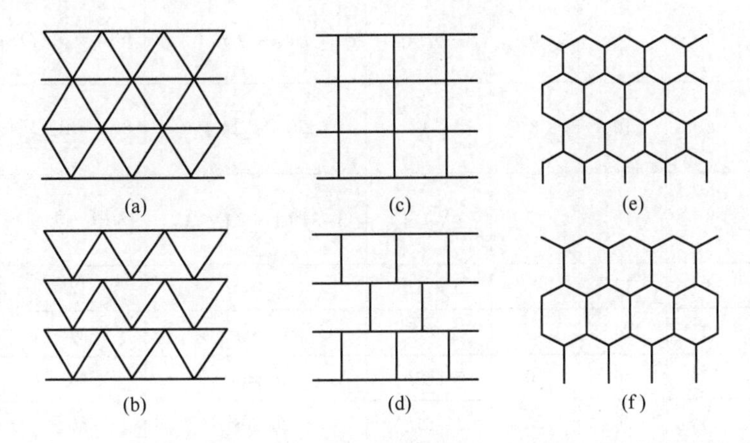

图 4-1-2　多孔材料的孔堆积二维形状

（a）（b）三边形；（c）（d）四边形；（e）（f）六边形

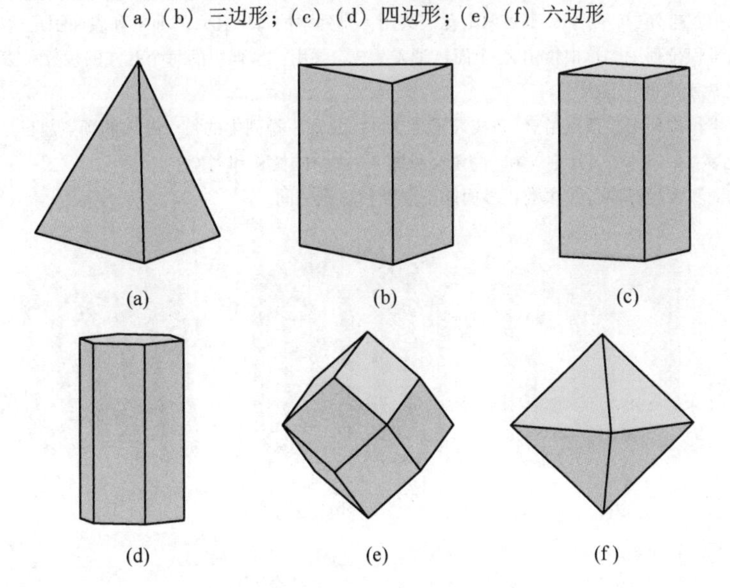

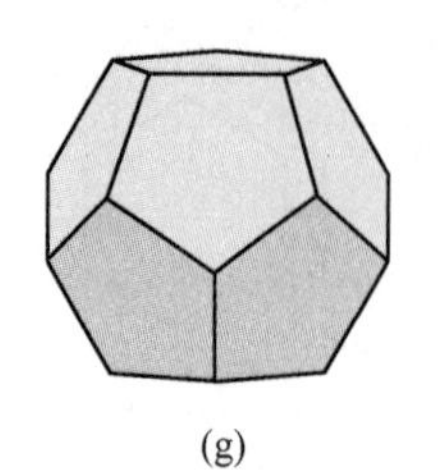
(g)

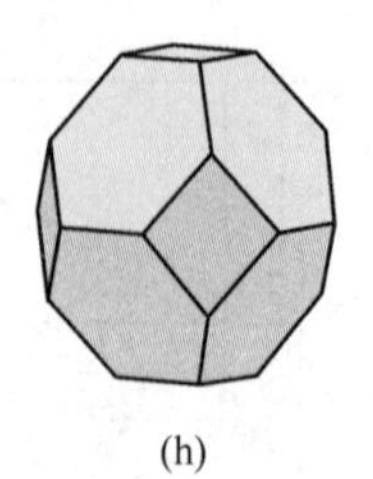
(h)

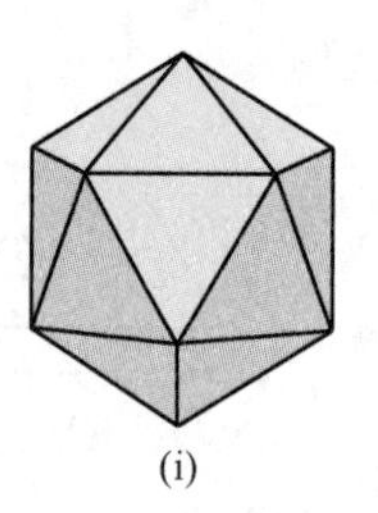
(i)

图 4-1-3　多孔材料中孔的三维形状
(a) 四面体；(b) 三棱柱；(c) 四棱柱；(d) 六棱柱；(e) 菱形十二面体；
(f) 八面体；(g) 五边形十二面体；(h) 十四面体；(i) 二十面体

表 4-1-1　孤立孔穴的集合性能

孔穴形状	壁面数① f	棱边数② n	顶点数③ v	空穴体积④	表面积①④	棱长②④	备注⑤
四面体	4	6	4	$0.188l^3$	$\sqrt{3}l^2$	$6l$	规则
三角棱柱	5	9	6	$\frac{\sqrt{3}}{4}l^3A_r$	$\frac{\sqrt{3}}{2}l^2(1+2\sqrt{3}A_r)$	$6l(1+A_r/2)$	堆积填充空间
正方棱柱	6	12	8	l^3A_r	$2l^2(1+2A_r)$	$8l(1+A_r/2)$	堆积填充空间（规则立方体）
六方棱柱	8	18	12	$\frac{3\sqrt{3}}{2}l^3A_r$	$3\sqrt{3}l^2(1+2A_r/\sqrt{3})$	$12l(1+A_r/2)$	堆积填充空间
八面体	8	12	6	$0.471l^3$	$3.46l^2$	$12l$	规则
菱形十二面体	12	24	14	$2.79l^3$	$10.58l^2$	$24l$	堆积填充空间
五边形十二面体	12	30	20	$7.663l^3$	$20.646l^2$	$30l$	规则
十四面体	14	36	24	$11.31l^3$	$26.80l^2$	$36l$	堆积填充空间
二十面体	20	30	12	$2.182l^3$	$8.660l^2$	$30l$	规则

①在一个无限堆积排列中，每个面都由两个孔穴共用，排列中的每个孔穴的面数和表面积是这些值的一半；
②在一个无限堆积排列中，每根棱由 Z_f 个面（通常为 3）共用，排列中的每个孔穴的棱数和棱长是这些值的 $1/Z_f$ 倍（其中 Z 表示面的连接因子）；
③在一个无限堆积排列中，顶点由 Z_e 条棱（通常为 4）共享，排列中的每个孔穴的顶点数目是该值的 $1/Z_e$ 倍；
④A_r 是方向比率：$A_r = h/l$，其中 h 和 l 的定义见图 4-1-1 中的棱长和高度；
⑤正多面体的面和棱均等同，大多数正多面体不能堆积填充空间。

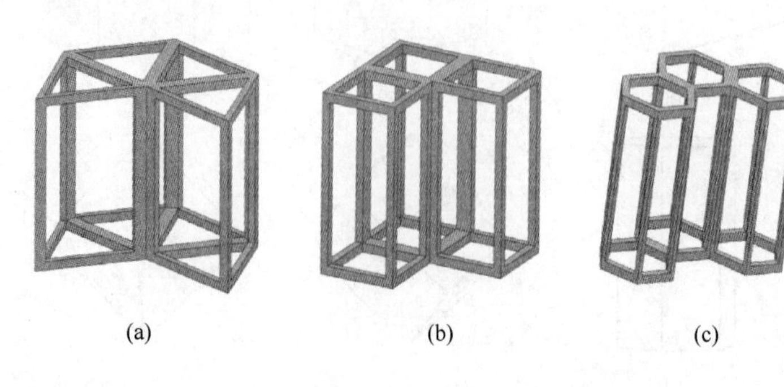

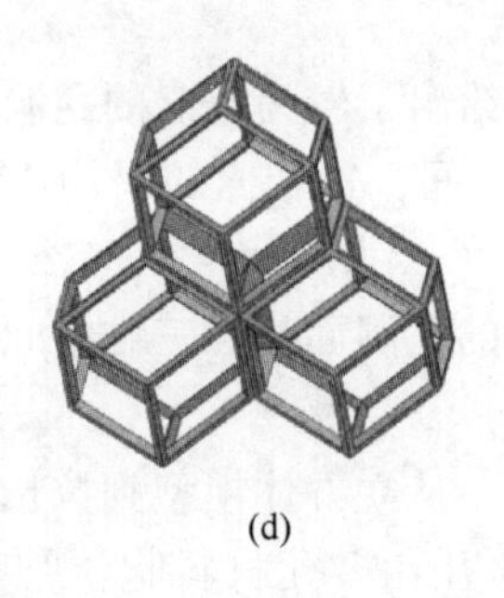
(d)

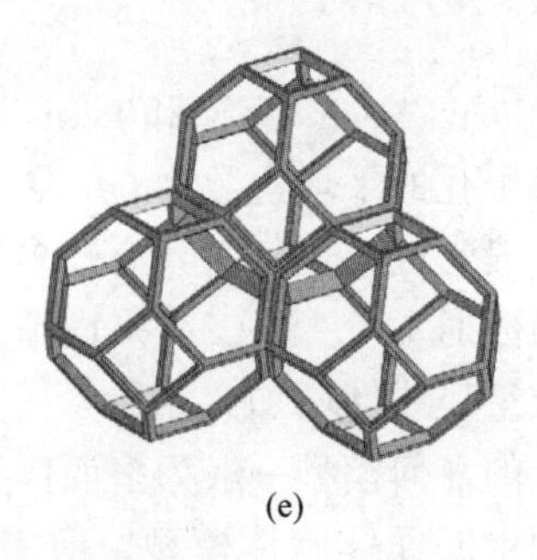
(e)

图 4-1-4 填充空间的多面体堆积

(a) 三棱柱；(b) 四棱柱；(c) 六棱柱；(d) 菱形十二面体；(e) 十四面体

c 的关系：

$$f - n + v = 1 \quad (\text{二维}) \tag{4-1-1}$$

$$f - n + v - c = 1 \quad (\text{三维}) \tag{4-1-2}$$

对于独立的三维空间孔排列，则每个面的平均边数 $\overline{n}$ 为：

$$\overline{n} = 6 \times \left(1 - \frac{2}{f}\right) \tag{4-1-3}$$

由此可知，无论孔洞的形状如何，多孔材料中大部分孔洞都是由众多五边形构成。例如，如果孔洞的结构为十二面体，$f=12$，那么每面上边的平均个数精确等于 5，即 $n=5$；如果孔洞结构为十四面体，$f=14$，则 $n=5.14$；如果孔洞为二十面体，$f=20$，则 $n=5.4$；所以多孔材料中常见的具有五边形面的结构并不意味着孔洞就是五边形十二面体。

关于孔洞分布，Aboav 认为，如果一个孔洞有比平均数多的边数，那么它旁边必然有比平均数少的孔洞。Weaire 给出了一个较为正式的推导结果：

$$\overline{m} = 5 + \frac{6}{n} \tag{4-1-4}$$

式中，n 为被选择的孔洞的边数；$\overline{m}$ 为它的 n 个相邻孔洞的平均边数。同样在三维情况下：

$$\overline{g} = 13 + \frac{14}{f} \tag{4-1-5}$$

式中，f 为孔洞的平均面数；$\overline{g}$ 为和它相邻孔洞的平均面数。

Lewis 法则认为在排列上二维孔洞的面积与孔洞边数呈线性变化，即

$$\frac{A(n)}{A(\overline{n})} = \frac{n - n_0}{\overline{n} - n_0} \tag{4-1-6}$$

式中，$A(n)$ 为具有 n 条边的孔洞面积；$A(\overline{n})$ 为具有平均边数 $\overline{n}$ 的孔洞面积；n_0 为常数（Lewis 认为 $n_0=2$）。River 和 Lessiwski 给出了 Lewis 法则的证明，并由 River 推广到了三维情况：

$$\frac{V(f)}{V(\overline{f})} = \frac{f - f_0}{\overline{f} - f_0} \tag{4-1-7}$$

式中，$V(f)$ 为具有 f 个面的多面体孔洞的体积；$V(\overline{f})$ 为具有平均面数 $\overline{f}$ 的孔洞体积；f_0 为

约等于 3 的常数。

Euler 定律，Aboav-Weaire 定律和 Lewis 法则给出了较为普遍的孔洞的分布情况：在二维平面条件下，每个孔的平均边数为 6；在三维空间，每个面的平均边数依赖于每个孔洞所具有的面数，一般为五边形，而具有较多边数（二维）、面数（三维）的孔洞周围的相邻孔洞的边数、面数通常较少。二维平面情况下的孔洞面积和三维空间情况下的孔体积随着孔的边或面的数量呈线性增加。

多孔材料中孔的几何模型一般为多面体模型，从立方体模型到拉长的四棱柱模型，从五边形十二面体到十四面体胞体模型，但实际的开孔多孔材料胞体结构通常具有三个特点：（1）孔分布随机；（2）孔形状不一；（3）孔的尺寸具有较大范围。这些特点使多孔材料的结构和性能研究复杂化，无法用经典的欧氏几何准确表征其几何特性，同时经典的力学、传质、传热理论和数值方法因情况复杂、计算量过大而难以直接应用。现代数学方法中的分形（fractal）理论为研究多孔材料结构和性能提供了一种新的行之有效的手段，引起了国内外学者的广泛关注。

4.2　孔结构的分形几何模型

分形是 20 世纪 70 年代数学家 Mandelbrot 为表征复杂图形和复杂过程而引入自然科学领域的，它直接从非线性复杂系统自身入手，从未简化和抽象的研究对象本身去认识其内在的规律性。分形理论为研究多孔材料的结构和性能提供了一种新的、强有力的工具，使定量描述多孔材料微观结构和宏观性能成为可能。多孔材料的微观结构在一定范围内表现出自相似性特征，因此可以用分形几何来定量表征孔结构。

4.2.1　分形的基本概念

分形（fractal）的原意是不规则的、分数的、支离破碎的，它是一种具有自相似特性的图形、现象或者物理过程等。

1982 年 Mandelbrot 将分形定义为 Hausdorff 维数大于拓扑维数的集合。1986 年 Mandelbrot 给出了一个更广泛、更通俗的定义：分形是局部和整体有某种方式相似的形。

自然界很多复杂且貌似不规则的物体，如河流、水系、地形貌、云彩、土壤等，都可视作分形物体。对于多孔材料来说，其孔隙、孔通道、孔壁表面等都有可视为分形结构。

分形的基本特征是自相似性，即某种结构或过程的特征从不同的空间尺度或时间尺度来看是相似的，或者说某系统或结构的局部性质和整体性质类似。分形可分为规则分形和不规则分形。规则分形是指自相似图形是按一定的数学法则生成的，具有严格的自相似性；不规则分形是指在构造图形的过程中有一定的随机性，所得图形只具有统计意义上的自相似性。

分形具有标度不变性，即在分形上任选一局部区域，对它进行放大，放大图又会显示出原图的形态特征，又称伸缩对称性。对于实际的分形体来说，标度不变性有一定的存在范围。

分形维数是用来定量表征非线性系统自相似性的特征参数。对于任何一个有确定维数的几何体，若用与它相同维数的“尺”去度量，可得到一确定的数值 N；若用低于它维数的“尺”去度量，结果为无穷大；若用高于它维数的“尺”去度量，结果为 0。其自然对数表达式为：

$$D_{\mathrm{H}}=\frac{\ln N(r)}{\ln \frac{1}{r}} \tag{4-2-1}$$

式中，D_{H} 称为 Hausdorff 维数。Hausdorff 维数为分数的物体即为分形，D_{H} 称该分形的分形维数，简称分维。D_{H} 可以是整数，也可以是分数。在欧氏几何中的几何体，它们是光滑平整，其 D_{H} 值为 1，2 或 3，均为整数。但对自然界中的物体，是形形色色的，如 Koch 曲线（见图 4-2-1），其基本单元由 4 段等长的线段构成，每段长度为 1/3，即 $N=4$，$r=1/3$，$D_{\mathrm{H}}=\ln 4/\ln 3=1.2618$；如正方形 Sierpinski 地毯分形（见图 4-2-2），将一个正方形九等分，去掉中间部分，继续将剩余 8 个小正方形各 9 等分，挖去中间的一个，如此无限进行下去。此时用尺寸 $(1/3)^n$ 的正方形测量，得到 Sierpinski 正方毯图形有 8^n 个单元（$N=8^n$），即 $D_{\mathrm{H}}=\ln 8/\ln 3=1.893$。

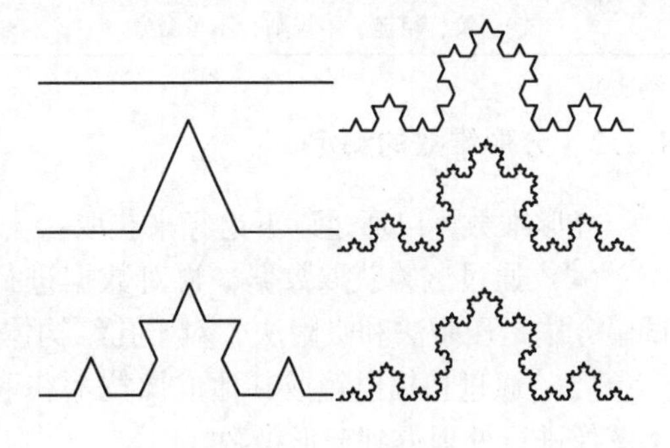

图 4-2-1　Koch 曲线

与二维图形类似的是，将一个正方体平均分成 27 份，取走中间的 7 个小正方体，剩余 20 个小立方体，如此无限下去，得到和 Sierpinski 图形密切相关的 Sierpinski-Menger 海绵（见图 4-2-3），选取立方体为测量单元并不断缩小其尺寸为 $(1/3)^n$，得到 Sierpinski-Menger 海绵有 20^n 个单元（$N=20^n$），即 $D_{\mathrm{H}}=\ln 20/\ln 3=2.777$。

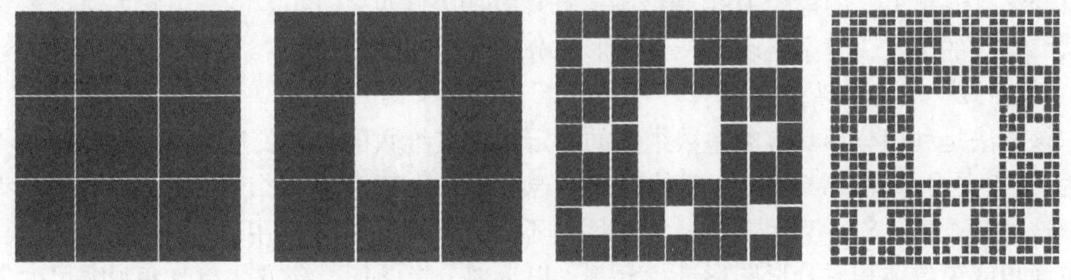

图 4-2-2　正方形 Sierpinski 地毯分形

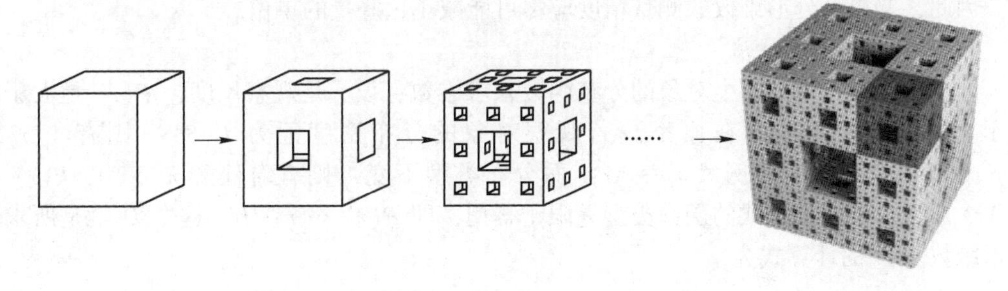

图 4-2-3　Sierpinski 海绵——三维分形体

总之，分形几何可以用来描述自然物体的复杂性，不管其起源或构造方法如何，所有分形都具有一个重要特征：可通过一个特征参数，即分形维数表征其不平度、复杂性或卷积度。分形几何和欧氏几何的区别见表4-2-1。

表4-2-1 分形几何和欧氏几何的差异

项 目	描述的对象	特征长度	表达方式	维 数
欧氏几何	人类创造的简单标准物体（连续、光滑、规则、可微）	有	数学公式	为正整数（1，2，3）
分形几何	大自然创造的复杂的真实物体（不连续、粗糙、不规则、不可微）	无	迭代语言	一般是分数

4.2.2 分形维数的测定

分形维数可以通过以下途径来获取：

（1）通过试验获取数据，再对数据进行处理，利用线性回归求出分形维数。常用的试验方法是压汞法和吸附法，对于孔结构体积分形维数的测定多数采用这两种方法。

（2）通过扫描电镜或其他成像技术获取图像，借助于计算机图形处理技术对二维数字图像进行处理得到分形维数。

分形维数的测定主要是通过实验的方法对分形图形或分形现象进行测量。根据测定对象的不同和采用手段的不同，常用测定分形维数的方法有以下几种。

4.2.2.1 观察尺度法

该方法是用圆、球、线段、正方形、立方体等具有特征长度的基本图形去近似分形图形。设 r 是基本图形的基准量，用 r 去近似分形图形，测得总数记为 $N(r)$。当 r 取不同值时，可测得不同的 $N(r)$ 值，这时有 $N(r) \propto r^{-D}$成立，则 D 就是该分形图形的维数。尤其当 r 取值越小，测得的 D 值越精确。计算 D 的公式见式（4-2-1）。用此方法可求复杂形状海岸线的维数、复杂工程或三维图形的分形维数等。

4.2.2.2 测度关系法

该方法是利用分形具有非整数维数的测定来定义维数的。设长度为 L，面积为 S，体积为 V，D 是分形图形被测度量 X 的维数，若把 L 扩大 K 倍，那么 S 、V 、X 也都扩大 K 倍，这时有：$L \propto S \propto V \propto X$ 成立。表明对不同分形图形可分别用尽可能小的单位长度、单位面积或单位体积对分形图形进行分割，以近似分形图形。该方法与改变观察尺度求维数的方法不同的是，一旦所选的单位长度、单位面积或单位体积的量确定后就不可以改变。因此，要提高分形维数的测量精度应尽可能减小这些量的单位。

4.2.2.3 分布函数法

此方法是通过观察某个对象的分布函数来求维数；设 r 是观察尺度，$P(r)$ 是大于或小于 r 的观察对象的存在概率，若观察对象的分布密度记为 $P(S)$，则有 $P(r) = P(S)\mathrm{d}S$。若考虑变换比例尺 $r \to \lambda r$，而分布类型不变，则有对任意 $\lambda > 0$，$P(r) \propto P(\lambda r)$ 成立。能满足该式的函数类型只限于幂型，即 $P(r) \propto r - D$，这个 D 就是所求的分形维数。D 的计算式为：

$$D = \frac{\ln P(r)}{\ln(1/r)} \tag{4-2-2}$$

4.2.2.4 相关函数法

设空间随机分布的某量在坐标 x 处的密度为 $P(x)$，则相关函数 $C(r)$ 可定义为：

$C(r) = \mathrm{AVE}(P(x)P(x+r))$，其中 AVE( ) 表示平均，$r$ 表示两点距离。一般作为相关函数 $C(r)$ 的函数类型有指数型 e^{-r}/r_0 和高斯型 e^{-r}/r_0^2，但由于它们存在特征距离 r_0，故它们不是分形。当相关函数为幂型时，由于不存在特征长度，则分布为分形，此时有：$C(r) \propto r^{-\alpha}$，α 为幂指数。它与分形维数 D 的关系为：$D = d - \alpha$，d 是欧氏空间维数。

分形维数的测试方法除了上述方法外，还有频谱法等，与测定维数的对象不同，测定维数的方法也不尽相同。

4.2.3 多孔材料的孔结构与分形

4.2.3.1 多孔介质的分形特征

多孔隔热耐火材料是多孔介质的一种。物质在多孔介质中扩散，孔隙分布、孔壁表面形态和孔网络结构对物质的扩散起着重要作用。多孔介质结构复杂，其孔隙、孔通道、孔壁表面等都有可能视为分形结构，如图 4-2-4 所示。致密的物体具有分形的表面叫表面分形；物体本身是分形，它的表面也是分形，称为质量分形；一个致密物体内存在具有分形结构的孔和孔径叫孔分形，通常质量分形和孔分形归属于自相似分形，而表面分形是自仿射分形。

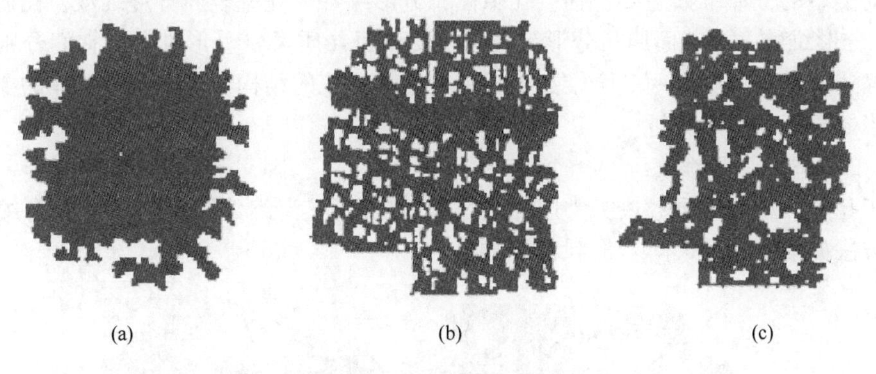

(a) (b) (c)

图 4-2-4 三种不同的分形

(a) 表面分形；(b) 质量分形；(c) 孔分形

单一的分形维数很难完整地描述多孔介质复杂的内部形态，因而需要多种多样的分形维数，以下介绍孔轴分形维数和孔隙质量分形维数等，都是对多孔介质结构的描述。

(1) 多孔介质孔通道的结构。多孔介质复杂的通道走向，可以用其通道轴线的形态来描述，孔通道的轴线形成弯弯曲曲的复杂曲线，具有分形的特征，称为孔轴分形维数，它是孔通道弯曲度的衡量。

(2) 多孔介质孔壁表面的结构。孔壁表面不规则和不光滑的几何结构也具有分形特征，这可用吸附的试验方法测得，称为孔壁表面分形维数（分形维数在 2.0~3.0 之间）。

(3) 质量和颗粒的不均匀分布。由于多孔介质中固相颗粒基质或孔隙不能完全填满剖面，在剖面上并不是均匀分布。在很多情况下，孔隙或颗粒基质的面积具有分形的特征，称为孔隙质量分形维数或基质质量分形维数（分形维数在 1.0~2.0 之间），这些分形维数反映了多孔介质静态结构参数。

有些多孔介质虽然孔隙率、孔隙分形维数相同，但孔隙的分布不一样（见图 4-2-5），可以推测物质在其中的扩散情况也不一样。因此仅有孔隙分形维数还不能完全描述分形介质的动态迁移过程。

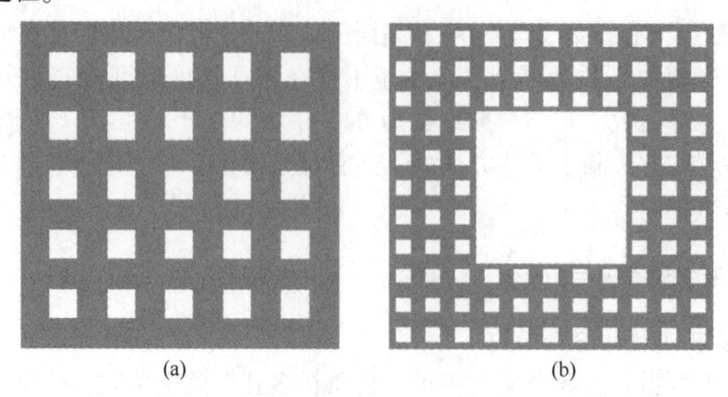

图 4-2-5　具有不同结构的二阶 Sierpinski 地毯
（(a)的孔隙率比(b)的低，但(a)和(b)都有相同的分形维数 1.904）

4.2.3.2　多孔材料孔结构不同类型的分形维数

多孔材料孔结构复杂，其中孔隙、孔壁表面、孔通道等均可以视为分形体。孔结构表征中不同类型的分形维数主要包括：孔隙体积分形维数、孔壁表面分形维数、孔通道曲线（孔轴）分形维数、孔截面周长分形维数以及孔截面（质量）分形维数。它们分别从不同角度来描述孔结构，一般用一个维数很难完整地表述孔的结构特征，对于具体的要求需要建立适当的分形模型来分析。

A　孔隙体积分形维数

对于孔隙体积分形维数最为常用的就是构造 Menger 海绵体模型，Menger 海绵体模型的构造方法如图 4-2-6 所示。

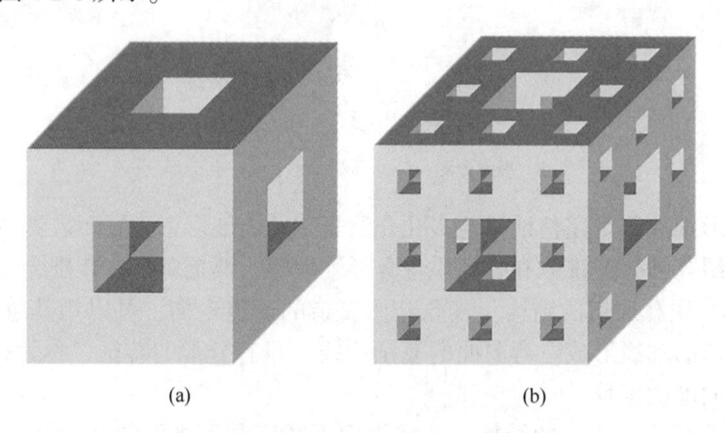

图 4-2-6　Menger 海绵体构造模型
（a）$m=3$，$k=1$ 时的模型；（b）$m=3$，$k=2$ 时的模型

取一个边长为 l_0 的正六面体为初始单元，将其每边 m 等分，则将初始单元分成了 m^3 个小立方体单元；按照一个固定的规则去掉部分边长为 l_0/m 的小立方体单元，设剩余的小立方体的个数为 N_1。在剩余的小立方体单元上按照同样的规则继续重复上面的步骤，不断迭代下去，则剩下的小立方体的尺寸越来越小，而数目越来越多，在进行到第 k 次时，剩余立方体的尺寸为：

$$l_k = l_0/m^k \tag{4-2-3}$$

剩余立方体的个数为：

$$N_k = N_1^k \tag{4-2-4}$$

当构造模型的规则确定之后，m 和 N_1 为常量，即 $D_v = \lg N_1/\lg m$ 也为常量。按分形理论，D_v 就是该模型的体积分形维数。D_v 反映了多孔材料内孔隙大小分布的空间关系，数值在 2.0~3.0 之间，它可以借助孔隙体积的测量来获得。D_v 越大，材料的空间分布形态就越复杂。

在第 k 次迭代后剩余结构的体积：

$$V_k = l_k^3 \times N_k \tag{4-2-5}$$

由式（4-2-3）~式（4-2-5）可推导出 V_k 与 D_v 的关系：$V_k = l_k^{3-D_v} \times l_0^{D_v}$，即 $V_k \propto l_k^{3-D_v}$；结合孔隙的体积 $V = l_0^3 - V_k$ 两边对 l 求导并取对数得：

$$\lg(-\mathrm{d}V/\mathrm{d}l) \propto (2 - D_v)\lg l_k \tag{4-2-6}$$

式中，V 为孔隙的体积；l 为此对应的孔径。

另外，通过 Menger 海绵体模型可以得到孔隙率和体积分形维数的关系：

$$\varepsilon = 1 - m^{k(D_v - 3)} \tag{4-2-7}$$

式中，$k = -\lg l_k/\lg m$（取 $l_0 = 1$），l_k 的物理意思相当于观测尺度。可见，孔隙度 ε 不仅与分形维数有关，而且还与观测尺度和材料的构成有关。

B　孔壁表面分形维数

孔壁表面分形维数也是基于 Menger 海绵体模型，以 $m = 3$ 推导多孔体孔壁表面分形维数：

第 k 次迭代之后得到的孔壁表面的个数可表示为：

$$N(k) = 2 \times 20^k\left[1 - \left(\frac{8}{20}\right)^k\right] \tag{4-2-8}$$

根据分形理论，孔壁表面的个数 $N(l_k)$ 与第 k 次迭代的边长 l_k 具有一个指数关系：

$$N(l_k) \propto l_k^{-D_s} \tag{4-2-9}$$

式中，$l_k = (1/3)^k l_0$，结合式（4-2-8）和式（4-2-9）得：

$$D_s = \frac{\lg\left\{20\left[1 - \left(\frac{8}{20}\right)^k\right]\right\}}{\lg 3} \tag{4-2-10}$$

为了满足分形维数 D_s 为常数，要求 k 足够大。

当 m 取 3 时，$D_v = \dfrac{\lg 20}{\lg 3} \approx 2.7268$。

可见，当 k 越大，D_s 越接近 D_v；当 $k \geqslant 12$ 时，D_s 与 D_v 已基本相同，所以可认为当 k 很大时，孔壁表面分形维数 D_s 与体积分形维数 D_v 是相等的，多孔材料的孔隙空间和孔隙界面都具有分形结构，并且具有相同的分形维数。

C　孔通道曲线（孔轴）和孔截面周长分形维数

多孔材料孔的通道可抽象为一条曲线，称为孔通道曲线或孔轴曲线，并且这条曲线具有分形特征，类似于3次Koch曲线（见图4-2-7），可借助3次Koch曲线来分析多孔材料的孔通道分形维数。3次Koch曲线满足：

$$L(\zeta) = L_0\zeta^{1-D_l} \tag{4-2-11}$$

式中，$L(\zeta)$ 为所有边长均为 ζ 的三次Koch曲线的长度；L_0 为曲线的原始长度；ζ 为长度的标度；D_l 为Koch曲线的分形维数。

对于多孔材料孔通道，L_0 为孔通道的直线距离，D_l 为孔通道曲线分形维数，数值在1~2之间。$L(\zeta)/L_0$ 为孔隙曲率，可以衡量孔通道的弯曲度。当把码尺 ζ 类比于孔径时可以发现，孔径越小，$L(\zeta)$ 就越长，反之亦然。

孔截面周长分形维数指的就是以单个孔为研究对象计算出单个孔截面的轮廓曲线上的分形维数。它的研究方法类似于孔通道曲线分形维数，它反映了单个孔的复杂程度，理论上分形维数的值越大，就说明此孔的结构越复杂，数值在1~2之间。

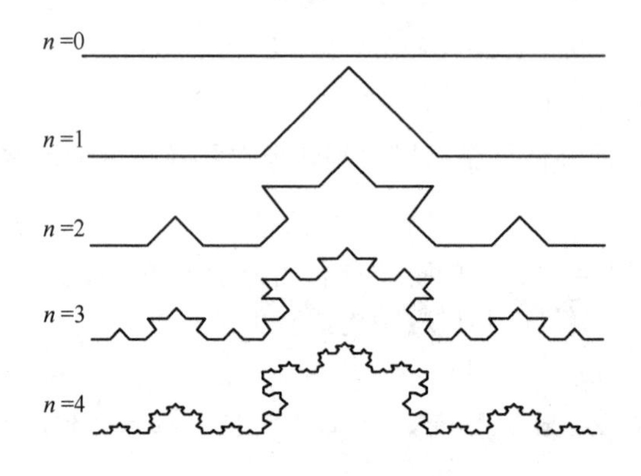

图4-2-7 三次Koch曲线

D 孔截面（质量）分形维数

孔截面（质量）分形维数是针对多孔材料截面孔隙分布的不均匀而提出的，它把多孔材料单位横截面上孔径与孔隙数目联系起来，其分形维数可借助Sierpinski三角形（三角形也称为谢尔宾斯基垫片，正方形称为谢尔宾斯基地毯）来分析，Sierpinski三角形是将一个边长为 L 的等边三角形4等分，得到边长为 $L/2$ 的4个小等边三角形，去掉中间一个三角形，保留它的3条边，再将剩下的3个小等边三角形再4等分，分别去掉中间一个，保留它们的边。重复操作上述过程至无穷就得到Sierpinski三角形，图4-2-8为迭代第1~4次的Sierpinski三角形。

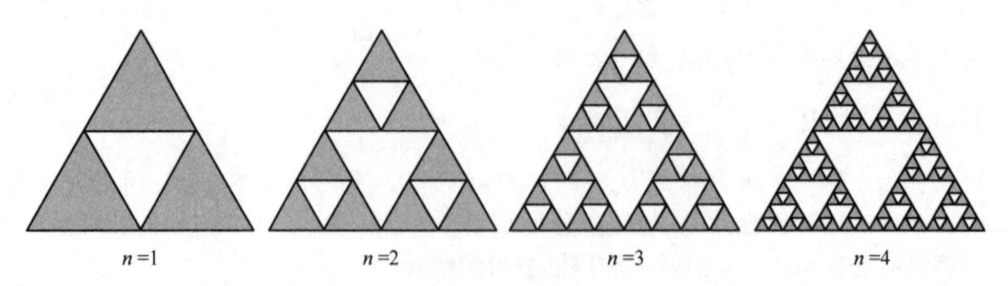

图4-2-8 迭代1~4次的Sierpinski三角形

4.3 多孔隔热耐火材料中气孔烧结模型

4.3.1 大孔烧结的动力学模型

一个孔洞被 n 个晶粒包围，n 就是这个孔洞的（晶粒）配位数。假定，烧结体基体颗粒或晶粒是均匀分布的，孔洞的配位数也可用作孔洞烧结的判据。Kingery 和 Francois 1967 年最先认定由晶粒包围的大孔存在一个临界的配位数 n_c。当包围孔洞的晶粒之间的二面角相同时，若某孔洞 $n>n_c$，孔洞与晶粒的界面凸向孔洞，孔洞长大；而 $n<n_c$ 的孔洞，该界面凹向孔洞，孔洞收缩。空位由孔洞体积扩散或晶界扩散至晶界而湮灭，最终导致孔洞消除。

Kingery 和 Francois 认为对于大孔的收缩存在一个热力学势垒。如图 4-3-1 所示，一个半径为 R 的气孔被 n 个相同的晶粒包围。当气孔缩小到图 4-3-1 中虚线表示的位置时，气孔半径减小 ΔR，能量的变化量为：

$$\Delta E = n\Delta R\gamma_{gb} - 2\pi\Delta R\gamma_s \quad (4\text{-}3\text{-}1)$$

式中，γ_{gb} 和 γ_s 分别为晶界能和表面能。

由于只有当 $\Delta E<0$ 时气孔缩小，因此大孔若要缩小需要满足下面的条件：

$$n < 2\pi\gamma_s/\gamma_{gb} \quad (4\text{-}3\text{-}2)$$

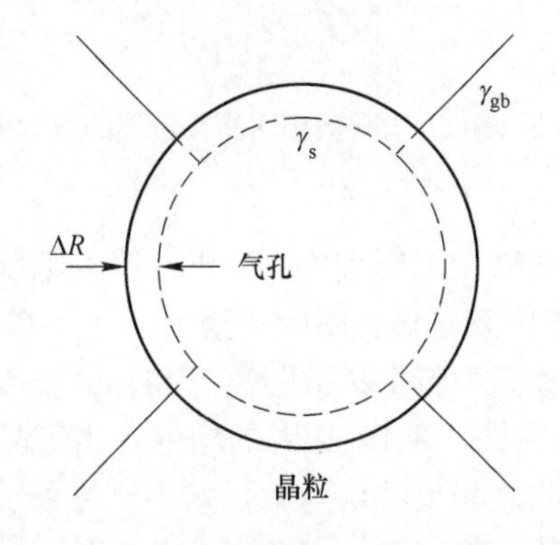

图 4-3-1 被四个相同晶粒包围的大气孔

如果存在太多的晶粒包围气孔，那么因晶界扩散到气孔内而获得的能量大于因气孔表面消除而减少的能量，所以气孔不但不会收缩反而长大。上述为配位数理论的最简单模型。

然而在临界配位数理论中存在两个问题。首先，该理论假定大气孔周围完全是相同的晶粒，而且这些晶粒在气孔收缩时都同时移向气孔。然而在包含大孔的烧结粉体压块中大孔周围拉长的晶粒是很罕见的。第二个问题是越来越多的实验结果与该理论相悖。针对这些问题 J. Pan 等人为包含大气孔的材料建立了三个微观结构模型，并阐明在气孔配位数大于临界值且无晶粒长大的情况下，气孔依然会收缩，这里我们对这三个微观结构模型作一简单介绍。

在第一个模型中，J. Pan 等人假定一个大孔被许多相同的晶粒包围，如图 4-3-2 所示。该模型忽略了材料的其余部分及晶粒间的相互反应。为了保持对称性，所有晶粒必须以相同速率，同步移向或远离气孔中心。利用图 4-3-2 的模型，计算机模拟的结果显示该动力学模型支持临界配位数理论，临界配位数不仅依赖于 γ_s/γ_{gb} 而且还依赖于 l_{gb}/R_{pore}（晶界长度与气孔半径的比值）。图 4-3-3 为改变这两个比率时由计算机模拟的临界配位数，图中还给出了由式（4-3-2）所得到的结果。从图 4-3-3 可以看出，随着 l_{gb}/R_{pore} 增大，计算结果逐渐与式（4-3-1）接近。在推导式（4-3-2）时并没有考虑物质由晶界移到气孔表面所引起的晶粒相对运动。因而式（4-3-2）仅当晶界长度远大于气孔直径时成立。

在微粉尤其是纳米粉体中，细小的颗粒常常聚集一起而形成团聚体。因此，粉体压块中既包含团聚体内的小气孔，又有团聚体间的大气孔。在烧结过程中，团聚体内的小气孔迅速消失，大多数的烧结时间用于消除压块内的大气孔。

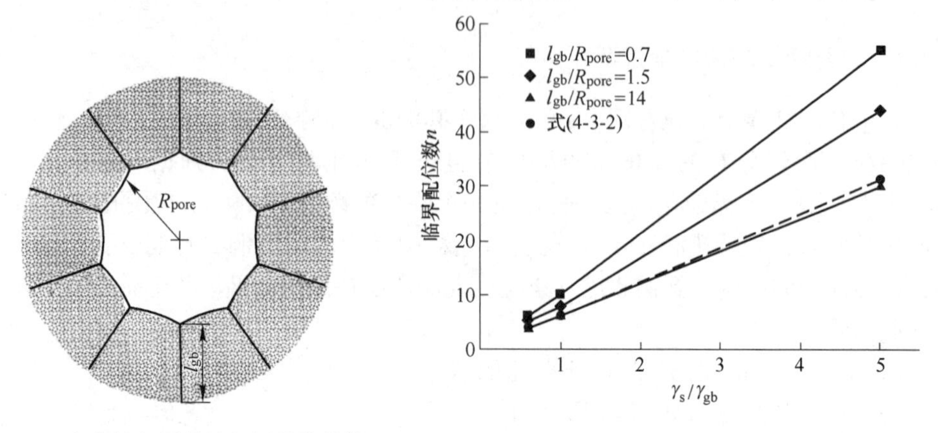

图 4-3-2 大孔被相同晶粒包围的数学模型

图 4-3-3 对比由计算和式（4-3-2）得到的临界配位数

在第二个模型中，J. Pan 等人假定一个大孔被许多六方晶粒包围，如图 4-3-4 所示（由于体系对称，图中只给出了 1/4 模型），该模型为区别于模型一的最简单模式。在等晶粒模型中特征扩散距离为晶界的长度，而在六方晶粒模型中特征扩散距离为 l_{gb1}、l_{gb2}、l_{gb3}（见图 4-3-4）三者的均值。当等晶粒模型预测大气孔长大时，六方晶粒模型预测的结果却与之相反，认为大孔缩小。另外，图 4-3-4 中 a 和 a' 两个三线交点趋向于相互靠近，并最终合为一点。气孔表面较小晶面的消失导致气孔配位数发生变化，最小的晶粒之间沿半径方向形成新的晶界。在实际压块中，这种晶粒间形态关系的变化常常使气孔连续缩减。图 4-3-5 对比了由上述两种模型推导出的气孔表面随时间的变化情况，从图 4-3-5 中可以看出，等晶粒模型预测气孔逐渐长大，而六方晶粒模型预测气孔迅速收缩。

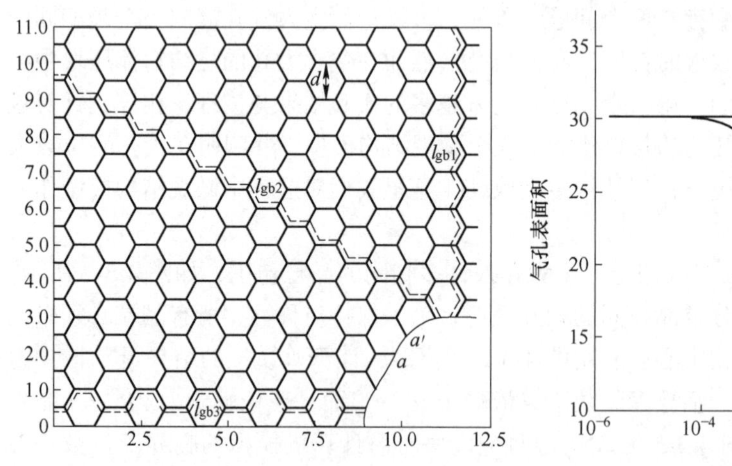

图 4-3-4 大孔被六方晶粒包围的数学模型

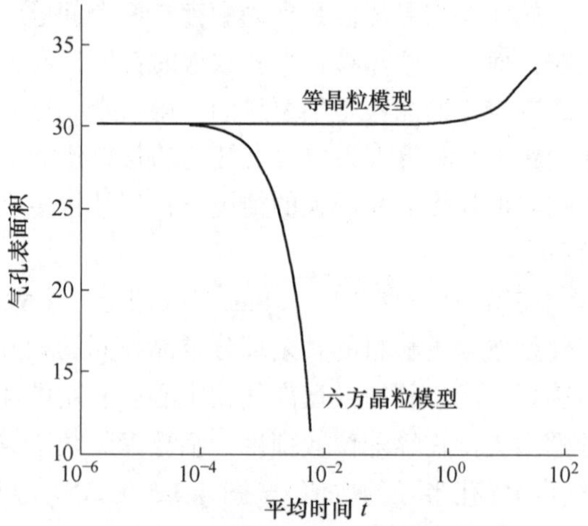

图 4-3-5 等晶粒模型和六方晶粒模型对气孔表面积的影响

第三个模型如图 4-3-6 所示，假定一个大孔周围是不规则晶粒。同样，图 4-3-6 只给出了 1/4 图示。该模型中材料参数 $\gamma_s/\gamma_{gb}=3$，图 4-3-6 中大孔的配位数为 52。从式（4-3-2）

推出，当 $\gamma_s/\gamma_{gb}=3$ 时该大孔的临界配位数为 19，若大孔配位数大于 19 则气孔长大。而 J. Pan 等人利用第三个模型预测出的结果显示，尽管这个气孔的配位数很大，但其孔径仍将减小。

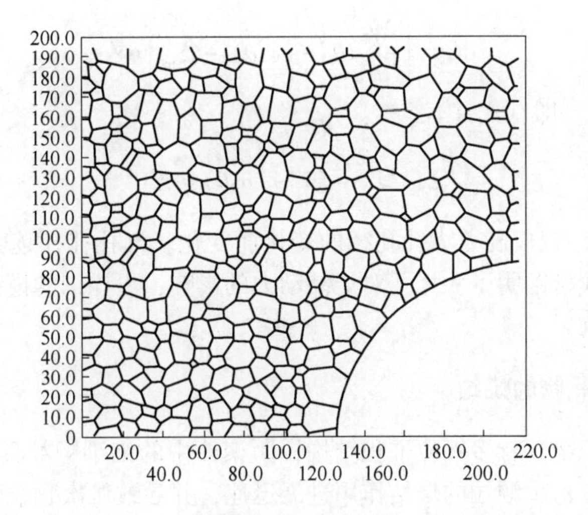

图 4-3-6　大孔周围是不规则晶粒的数学模型

4.3.2　烧结势

Alan C. F. Cocks 曾给出含大气孔的粉体压块其烧结势的表达式，其对应的模型如图 4-3-7 所示。从图 4-3-7 中可以看出，样块内气孔的半径 r 远远大于晶粒尺寸 d。Cocks 认为，在这种情况下气孔缩小不是由于物质扩散到气孔内部，而是由于气孔周围晶粒网络扭曲变形造成的结果。当晶界扩散为控制步骤时，多晶结构会在 Coble 蔓延作用下发生变形，此时应变率与施加的应力成正比而与晶粒大小成反比。当气孔收缩时气孔周围的物质产生很大的非弹性应变，即实现超塑性变形。该扩散过程的局限在于当物质变形时晶粒仍为各方等大的，而变形过程伴随一系列晶格转变，即晶粒发生简单重排。因此，晶粒的总面积仍为常数。当气孔表面积增加 dA 时，晶界面积相应减小 dA/2。

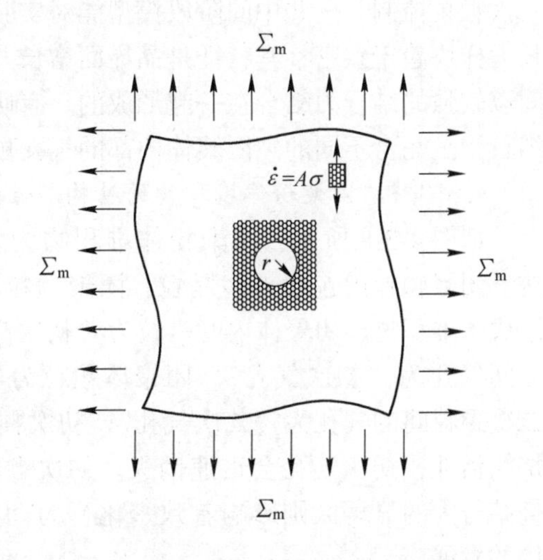

图 4-3-7　包含大孔的多晶材料

当体系受到远程张力的平均应变 Σ_m 时，气孔体积的变化导致体系 Gibbs 自由能 G 发生变化。那么当自由能 G 的变化为零时，烧结势就等于平均应变，换句话说，当平均应变等于烧结势时，气孔长大的热力学驱动力为零。气孔体积增加 dV 时，Gibbs 自由能的变化量为：

$$\mathrm{d}G=\left(\gamma_s-\frac{\gamma_{gb}}{2}\right)\mathrm{d}A-\Sigma_m\mathrm{d}V=\gamma_s(1-\cos\theta)\mathrm{d}A-\Sigma_m\mathrm{d}V \tag{4-3-3}$$

式中，θ 为二面角，$\cos\theta = \dfrac{\gamma_{gb}}{2\gamma_s}$。

假设气孔在长大过程中仍保持球形，那么 $dA = 2dV/r$，式（4-3-3）变为：

$$dG = \left[\frac{2\gamma_s}{r}(1-\cos\theta) - \Sigma_m\right]dV \tag{4-3-4}$$

当 dG 为负值时，即有式（4-3-5）：

$$\Sigma_m \geqslant \frac{2\gamma_s}{r}(1-\cos\theta) = \Sigma_s \tag{4-3-5}$$

因此，烧结势 Σ_s 仅仅随着大孔孔径的变化而变化。气孔孔径越大，烧结势越小，烧结速率越慢。这个模型阐明了大气孔对烧结动力的影响，更详细的模型还需考虑到气孔分布及气孔形状的影响。

4.3.3　团聚粉体堆积物的烧结

团聚粉体的堆积物具有多颗粒堆积结构，团聚体中的细小颗粒具有很高的烧结活性。在第一阶段，对含有初次颗粒的烧结作用进展迅速，并导致二次颗粒的收缩和重排以及大孔孔径的变化；在第二阶段，一次颗粒与二次颗粒的烧结同时进行，但样块的烧结作用由一次颗粒控制。一些中间阶段模型能对实验现象给出合理的解释；在第三阶段，随着晶粒长大样块趋于致密，其特征是晶界面增长并且气孔大量聚集、浓缩。团聚体是由细小颗粒间以较强的结合力结合在一起形成的。有研究表明，团聚体内部的烧结与团聚体之间的烧结行为是完全不同的。团聚体内部的气孔更易消除，并导致微观结构的非均一性。

4.3.3.1　团聚粉体堆积物的结构与性能

如图 4-3-8 所示，团聚粉体堆积物为多颗粒堆积结构。团聚颗粒内包含许多晶粒；团聚颗粒堆积在一起而形成了堆积物。团聚体内的晶粒为“初次晶粒”，初次晶粒间气孔为“初次气孔”。团聚体颗粒为“二次颗粒”，二次颗粒间的气孔为“二次气孔”。初次颗粒具有很高的烧结活性，初次气孔会迅速消失。初次颗粒与二次颗粒烧结行为的显著区别影响着致密化行为动力学及微观结构的发展。

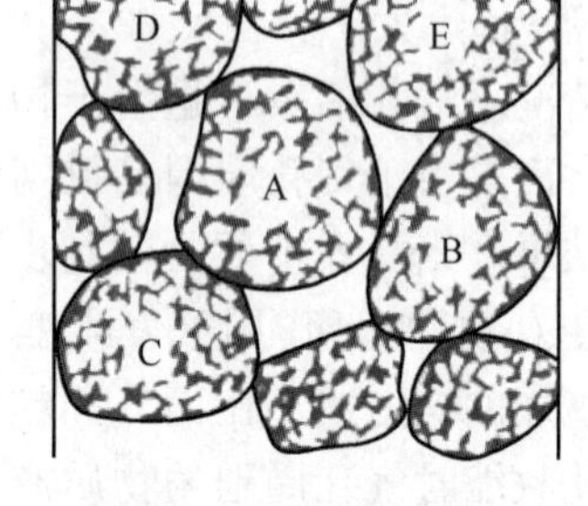

图 4-3-8　团聚体压块的多颗粒堆积结构

4.3.3.2　团聚粉体堆积物内的烧结机制

团聚粉体堆积物的烧结可分为三个阶段：

在第一阶段初次颗粒迅速烧结并导致二次颗粒重排。如图 4-3-9 所示，团聚颗粒 A 与四个团聚颗粒相接触（仅考虑二维情况）。它受到 f_b、f_c、f_d、f_e 四个力的作用，这四个力与 A 所受到的重力 g 相平衡（图 4-3-9（a））。当团聚体内的晶粒烧结，团聚体 A、B、C、D、E 分别收缩，并导致与颗粒 A 相接触的颗粒数减小，因而 f_b、f_c、f_d、f_e 与 g 之间的平衡被打破。团聚体 A 将移动或旋转，并导致堆积物内二次颗粒的重排（图 4-3-9（b））。通常，这种重排发生在烧结初期。对于聚合 MgO 粉体于 1180 ℃的烧结情况来说，这一过程在开始的 25 min 内完成。二次颗粒的重排使二次气孔孔洞增大，由于烧结的不均匀性，这一现象对较大的二次气孔更为显著。从图 4-3-10 可以看出，如果非均匀烧结使颗粒A与和它相邻的B、D、E间形成较强的键，而颗粒A与C之间无结合键，那么二次颗粒A不能移动或旋转。颗粒C的收缩使之与颗粒A分离。两个较小的二次气孔合并成了一个较大的二次气孔，使大孔孔体积增加。这一点已被实验证实。

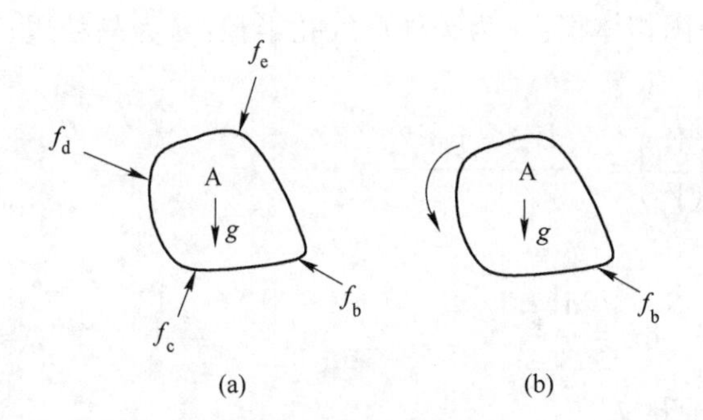

图4-3-9　团聚体旋转模型

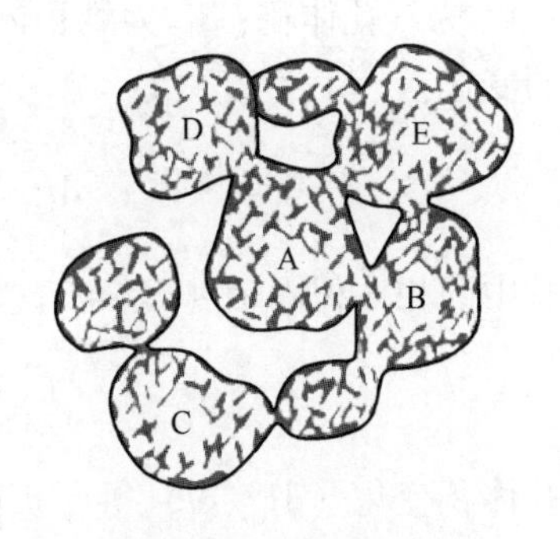

图4-3-10　大孔形成过程

当烧结作用使二次颗粒间的结合已经很强，并且能阻止二次颗粒的重排时，第二阶段开始。在这一阶段，二次颗粒内仍存在大量的初次气孔。初次气孔和二次气孔的烧结同时进行。位于二次颗粒内的初次气孔的孔体积迅速减小，二次颗粒间相结合的颈项形成并长大（图4-3-11）。

当初次气孔完全消失时，烧结进入第三阶段。图4-3-12为此时微观结构的骨架图。四个（或更多的）二次颗粒环绕一个大气孔而形成一个大颗粒。在这种情况下，二次颗粒包含许多细小的晶粒，并且气孔具有较高的配位数。与此同时，随着晶粒长大体系发生致密化，其特征是大量晶界形成，但在传统烧结理论中此时并非烧结终期。

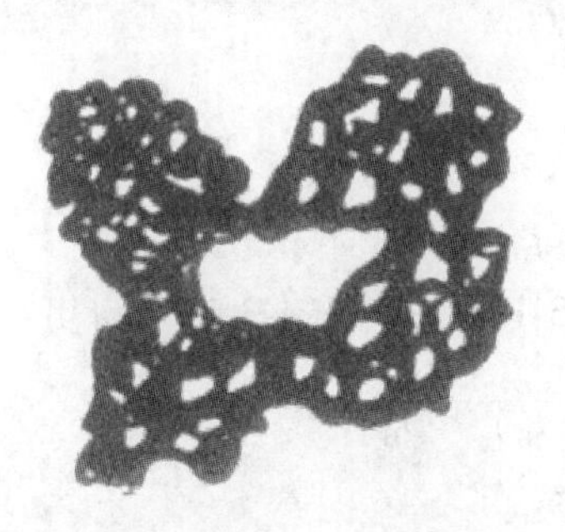

图4-3-11　一次颗粒与二次颗粒同期烧结

图4-3-12　烧结过程中大量晶界生成

4.3.3.3　团聚粉体堆积物的烧结动力学模型

在第一阶段，初次晶粒的快速烧结与二次晶粒的重排同时进行。目前尚无适用该阶段的理论模型。在第二阶段，由German提出的表面积减少动力学是一很有潜力的模型。

第三阶段需要一种与晶粒成长同步的致密化模型。T. Ikegami等人认为晶界移动会破坏局部平衡，并导致较小晶粒通过体积扩散与界面扩散到较大晶粒表面的扩散率增加，而这期间的质量转移可以忽略不计。然而一些实验结果并不符合该理论。Rosolowski和Greskovich在体积扩散与晶界扩散同时进行机理的基础上发展了一种半经验模型，并发现晶界扩散对致密化的影响可以忽略。

在本部分导出的关系式基于Coble和Gupta的假设和中期烧结扩散模型理论。

对于一个具有十四面体外形的晶粒，堆积体中的孔体积分数由下式表示：

$$p = \frac{V_p}{V_s} = \frac{12\pi r^3}{11.3l^3} \tag{4-3-6}$$

式中，V_p 为气孔体积；V_s 为堆积体中固相体积；r 为圆柱形气孔半径；l 为晶粒边长。气孔率的变化：

$$dP = d\left(\frac{V_p}{V_s}\right) = \frac{V_s dV_p - V_p dV_s}{V_s^2}$$

其中固相体积固定（$dV_s = 0$），

$$dP = \frac{dV_p}{V_s} \tag{4-3-7}$$

孔体积变化（dV_p/dt）等于扩散通量 J_i

$$\frac{dV_p}{dt} = -J_i = -4\pi D_V \Delta c \Omega (14r) \tag{4-3-8}$$

式中，$\Delta c = \frac{c_0 \gamma_s \Omega}{rkT}$；$c_0$ 为 T 温度下晶界平衡缺陷浓度，弯曲的气孔表面与晶界间的该浓度差为 Δc；γ_s 为表面能；Ω 为缺陷所占的晶格体积；r 为气孔半径；k 为玻耳兹曼常量。

空位扩散系数 D_V 与体积扩散系数 D_L 之间的关系为：

$$D_L = D_V c_0 \Omega \tag{4-3-9}$$

合并式（4-3-7）~式(4-3-9)，并代入晶粒直径，$V_g = \frac{4}{3}\left(\frac{D}{2}\right)^3$，得出：

$$\frac{dP}{dt} = \frac{336 D_L \gamma_s \Omega}{kTD^3} \tag{4-3-10}$$

晶粒生长遵循抛物线法则：

$$D_t^2 - D_0^2 = G(t - t_0) \tag{4-3-11}$$

式中，G 为空间尺寸的晶粒生长常数，合并式（4-3-10）和式（4-3-11）得出：

$$\frac{dP}{dt} = \frac{-336 D_L \gamma_s \Omega}{kT}[G(t - t_0) + D_0^2]^{3/2} \tag{4-3-12}$$

对式（4-3-12）的积分得到：

$$P_t - P_0 = \frac{672 D_L \gamma_s \Omega}{kTG}\left(\frac{1}{D} - \frac{1}{D_0}\right) \tag{4-3-13}$$

4.4 多孔隔热耐火材料气孔率的表征

理论上讲，材料结构中的孔可以根据是否与外界连通而分为开口气孔和闭口气孔。但是，实际上这两类孔都不是绝对与外界连通或孤立的。因此，从技术上对上述两类孔进行界定的依据是在一定真空条件下液体是否能进入其中，即开口气孔（open pore）和闭口气孔（close pore）分别是指在处于绝对压力不高于2500 Pa的真空条件下，液体可以进入和不能渗入的气孔。此处需要指明的是，这里所指的开口气孔和闭口气孔均是在具有一定几何形状的多孔材料范围之内的，其实也就是多孔材料外形轮廓以内所有的气孔。材料中开口气孔体积与材料总体积（bulk volume）之比称为显气孔率，闭口气孔的体积与其总体积之比称之为闭气孔率，而两者之和称为真气孔率，或总气孔率。

4.4.1 基本概念

体积密度（bulk density）ρ_b：干燥的多孔体材料的质量与其总体积之比。

真密度（true density）ρ_t：多孔体中固体材料的质量与其真体积之比。

真气孔率（true porosity）π_t：多孔体中开口气孔和闭口气孔的体积之和与多孔材料总体积之比。

4.4.2 气孔率常用表征方法

多孔材料的气孔率测试的方法很多，最为常见的方法为：（1）质量/体积直接计算法（mass-volume direct calculation）；（2）阿基米德法（Archimedes principle），也称浸泡介质法，其中涉及排液衡量样品质量和体积的方法都利用了阿基米德原理，相关方法也往往被称为阿基米德法。除了上述两种检测方法外，显微分析法、吸附法和压汞法等方法因其同时还可以测孔径、孔径分布、比表面积等多项参数，故在后面单独介绍。

4.4.2.1 质量-体积计算法

根据已知体积的多孔材料的质量，直接计算出多孔材料的体积密度：

$$\rho_b = \frac{m}{V_b} \tag{4-4-1}$$

式中，m 为干燥多孔材料的质量；V_b 为多孔材料的体积；ρ_b 为多孔材料的体积密度，g/cm^3。最后得出孔隙率为：

$$\pi_t = 1 - \frac{\rho_b}{\rho_t} \tag{4-4-2}$$

式中，ρ_t 为材料的真密度或多孔材料对应致密固体材质的密度，$\frac{\rho_b}{\rho_t}$ 为多孔材料的体积密度与真密度比值，也称为相对密度；π_t 为多孔材料的总气孔率（包括开口气孔和闭口气孔），也称真气孔率（true porosity）。

此法的关键在于如何测量多孔材料的表观体积，为了减少体积测量的误差，取样需要是形状规则且大小合适的多孔材料样品，切割试样时应注意不使材料的原始孔结构产生变形，或尽量不使孔变形。试样的体积应根据孔大小而大于某一值，并尽可能取大些，但也要考虑称重仪器的适用范围。

根据式（4-4-1）和测试数据以及多孔材料对应致密体的真密度或理论密度，就可按照式（4-4-2）计算出多孔材料的气孔率。此法的优点是简便、快捷，对样品破坏小，用量具直接测量仅适于外形规整的多孔材料样品。满足本法试样的规则形状有立方体、长方体、球体、圆柱体、管材、圆片等，减小相对误差的做法是采用大体积的试样。对形状不规则样品，也可以通过表面封孔，采用阿基米德排水法测出。用于表面封孔的涂膜材料可为凡士林、石蜡等。

4.4.2.2 阿基米德法

阿基米德法，也称为浸泡介质法，其基本原理就是当固体全部浸入液体介质中时，浮力的大小等于液体介质排开的体积与液体密度之积，即 $F_{浮} = \rho_{液} g V_{排}$，液体介质排开的体积即是固体的体积，即 $V_{排} = V_{物}$。

阿基米德法测固体材料的体积密度和气孔率的主要测量步骤是：（1）先用天平称量出干燥试样在空气中的质量 m_1；（2）然后将试样浸入液体介质（如煤油、水、二甲苯或苯甲醇等）使其饱和，采用加热鼓入法（煮沸法）或减压渗透法（真空浸渍）等方法使液体介质充分填满多孔试样中的气孔。浸泡一定时间液体充分饱和后，称其在液体中的悬浮重 m_2；（3）将取出试样，轻轻擦去表面的液体介质，再用天平称出试样在空气中的总质量 m_3（见图4-4-1）；（4）试样的体积为 $V_{物} = V_{排} = \dfrac{F_{浮}}{\rho_{液} g}$，其中 $F_{浮} = (m_3 - m_2)g$，试样中气孔的体积为 $V_p = (m_3 - m_2)/\rho_{液}$，因此得出以下公式：

$$P_a = \frac{m_3 - m_1}{m_3 - m_2} \times 100 \tag{4-4-3}$$

$$\rho_b = \frac{m_1}{m_3 - m_2} \times \rho_1 \tag{4-4-4}$$

式中，P_a 为试样的显气孔率，%；ρ_b 为试样的体积密度，g/cm³；ρ_1 为所用液体介质的密度，g/cm³；m_1 为试样的干燥质量，g；m_2 为饱和试样在水中的质量，g；m_3 为饱和试样在空气中的质量，g。

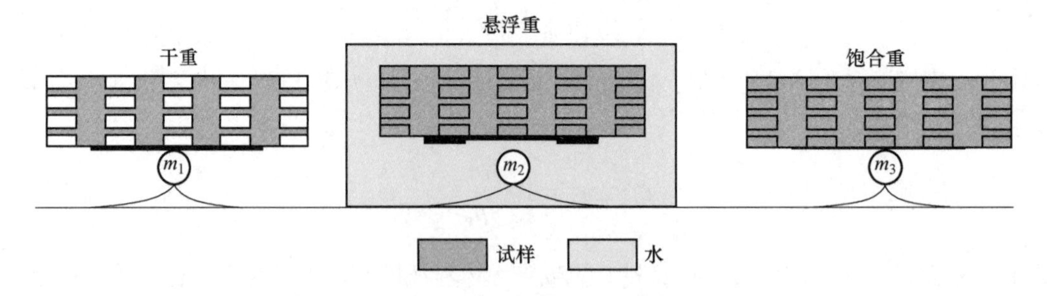

图4-4-1　阿基米德方法示意图

阿基米德法测量固体的气孔率，一般要求固体的密度比液体介质密度大，即固体能浸入液体介质中，同时液体介质需要满足以下条件：（1）与试样不反应、不溶解；（2）对试样的浸润性好（以利于试样表面气体的排出）；（3）黏度低、易流动；（4）表面张力小（以减少液体中称量的影响）；（5）在测量温度下的蒸气压低；（6）体积膨胀系数小；（7）密度较大。常用的液体有水、煤油、苯甲醇、甲苯、四氯化碳、三溴乙烯、四溴乙炔等。

液体介质的选用应根据多孔材料孔隙尺寸来选择，孔隙较大的选用黏度较高的油液，孔隙较小的选用黏度较低的油液等。采用真空浸渍时，需要注意真空度的大小。

4.4.3　多孔隔热耐火材料气孔率检测标准

4.4.3.1　致密耐火材料的气孔率检测标准

致密耐火材料的气孔率表征主要依据标准 GB/T 2997—2015《致密定形耐火制品体积密度、显气孔率和真气孔率试验方法》来检测，该检测标准适用于真气孔率小于45%的定形耐火制品，所用的检测方法为真空浸渍的阿基米德方法。

4.4.3.2 多孔陶瓷气孔率的检测标准

多孔陶瓷的孔隙率的表征主要依据标准 GB/T 1966—1996《多孔陶瓷显气孔率、容重试验方法》（Test method for apparent porosity and bulk density of porous ceramic）来检测，该标准适用于多孔陶瓷制品显气孔率和密度的测定。标准规定了阿基米德法中真空浸渍和煮沸法来测定多孔陶瓷的气孔率，当两种方法有争议时，以真空法结果为准。

4.4.3.3 多孔隔热耐火材料气孔率的检测标准

和致密定形耐火材料、多孔陶瓷不一样，隔热耐火制品的组织结构疏松，如果用阿基米德法，浸泡会使测定试样质量产生很大的误差，因此采用在液体中浸渍或浸泡的方法测定试样的质量不适用于隔热耐火制品，多孔隔热耐火材料的气孔率检测标准依据质量-体积计算法。

4.5 多孔隔热耐火材料孔径及分布的表征

4.5.1 基本概念

严格来说，每一个孔都有其对应的孔尺寸参数，比如孔的直径（半径）及长度等。但是，在实际中就孔的大小（粗细）这一角度的表征多用孔径这个指标参数。考虑到实际材料中孔的数量多及其孔径大小的差异，习惯用平均孔径这个概念来衡量材料中孔的整体大小水平。所谓平均孔径是指在所测量孔径范围内，直径对孔容积的积分除以总的孔容积，平均孔径按式（4-5-1）计算：

$$\overline{D} = \frac{\int_1^{总} D\mathrm{d}V}{V_{总}} \tag{4-5-1}$$

式中，$\overline{D}$ 为平均孔径，μm；D 为某一压力所对应的孔直径，μm；$V_{总}$ 为开口气孔的总容积，cm^3；$\mathrm{d}V$ 为孔容积微分值，cm^3。

另外，材料内各级大小孔对应的数量用孔径分布这个参数来表征。孔径分布是指不同孔径下的孔容积分布频率，以压汞法为例，不同孔径即对应有汞压入量（孔容积），按式（4-5-2）计算：

$$V' = \frac{V_{汞} - V_1}{V_{汞}} \times 100\% \tag{4-5-2}$$

式中，V' 为小于 1 μm 的孔容积百分率，%；$V_{汞}$ 为汞压入量，cm^3；V_1 为大于 1 μm 孔径的汞压入量，cm^3。

多孔材料的孔径指的是多孔体中孔的名义直径，一般都只有平均或等效的意义。其表征方式有最大孔径、平均孔径、孔径分布等，相应的测量方法也很多，主要分直接观测法和间接测量法，其中直接观测法只适于测量个别或少数孔隙的孔径，而间接测量均是利用一些与孔径有关的物理现象，通过实验测出有关物理参数，并假设孔隙为均匀圆孔的条件下计算出等效孔径。下面将分别介绍各种常用的测定方法，其中压汞法单独介绍。

4.5.2 孔径及分布的常用表征方法

多孔固体，特别是天然的多孔固体，其孔径及分布十分复杂，孔径和孔径分布的测量也十分困难，针对不同的孔特征和多孔介质中的渗流情况，表征的方法也有很多，以下主要介绍一些常用的表征方法。

4.5.2.1　图像分析法

A　图像分析法的原理

图像分析法（mirco-image analysis，MIA），又称统计图像法（statistical image analysis，SIA），是指选取材料中具有一定数量、代表性的区域制备成具有平整或光滑平面的样品，借助肉眼或合适的显微镜，对样品断面中的气孔尺寸、数量进行观测并统计，从而得出样品的气孔率、孔径及孔径分布等气孔结构参数的方法。对于孔尺寸比较大的样品，可以直接用肉眼对其加工平整的断面进行观测；若样品中的孔尺寸较小，则根据预估的孔尺寸选用光学显微镜（OM）、扫描电子显微镜（SEM）、聚焦离子束扫描电镜（focused ion beams，FIB/SEM）、透射电子显微镜（TEM）、原子力显微镜（AFM）和 X 射线断层扫描（X-ray computed tomography，CT）等来获得图像，以获得足够的分辨率，保证观测结果的代表性和准确性。OM、SEM、FIB/SEM、TEM 等是破坏性的图像技术，所获得的图像都是二维结构，其中 FIB/SEM 可以获得三维显微结构；CT 是一种无损检测的图像技术，经 X 射线扫描，可获得三维图像。除 CT 图像外，其他图像法获得一定数量的显微结构照片，结合一些分析软件，也可以得到三维重构量化的孔特征。

图像法在不破坏试样孔结构的前提下，制备好尽量平整的断面，如果孔尺寸是毫米级的，可以直接用肉眼观察及辅助工具测出断面的总面积 S_t 和其中包含孔的面积 S_p；如果孔尺寸较小，则可以选用光学或电子显微镜对以上两个面积进行观测，然后利用式（4-5-3）计算多孔材料的气孔率。

在上述过程中，还可以直接观测出断面内规定长度内的气孔个数，由此计算平均弦长 L，再根据式（4-5-4），将其转化成孔洞的孔径 D。对于较小气孔的样品可以通过显微镜观测出断面上规定长度内的气孔个数，在这里将所有的不规则气孔都视为圆形孔洞。

$$P = \frac{S_p}{S_t} \tag{4-5-3}$$

$$D = \frac{L}{0.616} \tag{4-5-4}$$

图像的可信度和精度受几个因素的影响：（1）样品特征影响成像质量；（2）样品预处理方式，正确的样品预处理方式能保留样品孔隙的原始信息，并提高图像分辨率；（3）仪器性能（如分辨率）影响可见孔径下限，合理的仪器参数设定能有效提高图像分析的质量；（4）微区分析势必造成图像代表性的降低，为了提高代表性应系统获取多视域的图像信息。

B　图像分析软件分析实例

图像分析法操作比较简单且直观，能直接提供全面的孔结构信息，不仅可以观察孔的形状，还可根据放大倍数来直接测量气孔率、孔径及孔径分布，但观测复杂边界图形的面积不易，这就需要相应的图形分析软件来完成，目前常见的孔径分布图形分析软件有 Mirco-image Analysis and Process System（金相图像分析系统，MIAPS）、Image-Pro Plus（IPP）、MATLAB、Phenom（飞纳）孔径统计分析（从飞纳电镜直接获取图像并分析）、VGStudio MAX 工业 CT 软件等。以下主要结合 MIAPS 软件对多孔材料的孔径分布测定和分析举例说明。

通过使用 MIAPS 软件将图 4-5-1 中的 SEM 显微照片进行二值化，以通过图像法分析每个试样的孔结构参数。图 4-5-2 是图 4-5-1 二值化后的照片，将图 4-5-2 中的气孔按一定的孔径间隔进行分类和统计处理，结果如图 4-5-3 和图 4-5-4 所示。在图 4-5-3 中，不同的灰度代表不同孔径范围的气孔。图 4-5-4 为各试样的孔径分布、不同孔径大小的气孔比例分布以及试样的平均孔径大小。

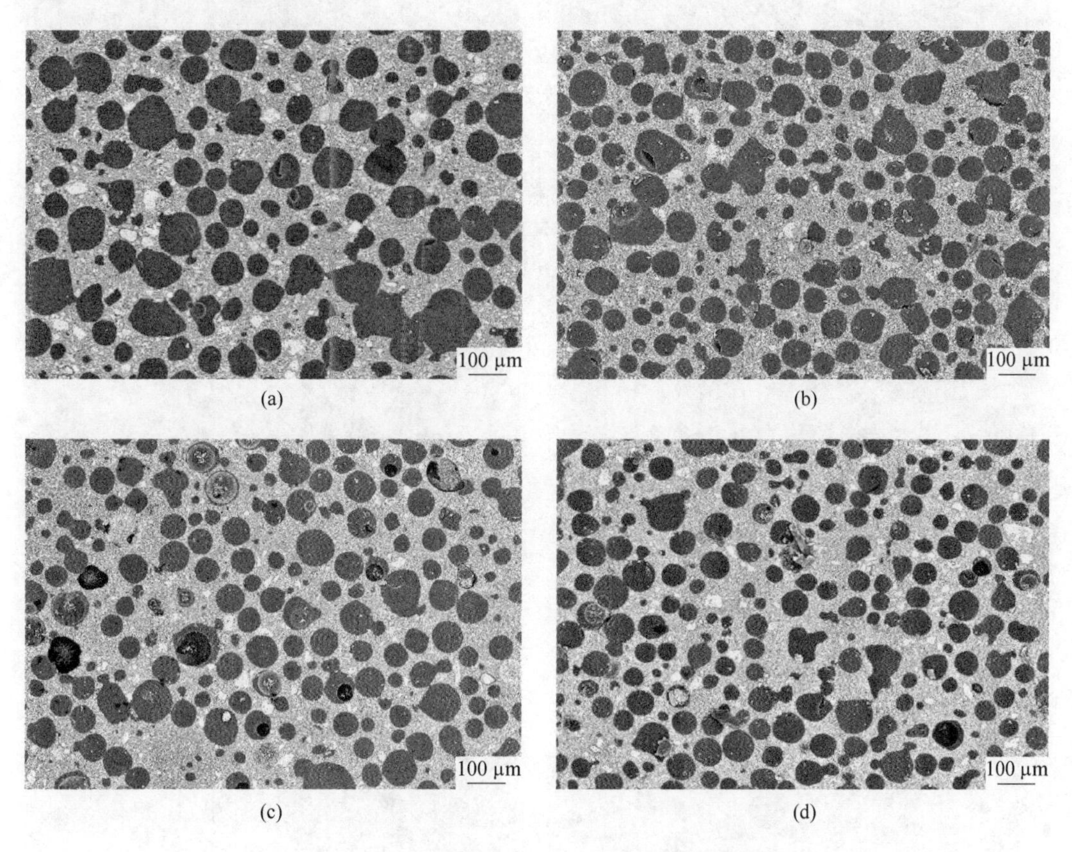

图 4-5-1　不同陶瓷粉粒度试样的显微结构照片
（(a)~(d) 分别为陶瓷粉体球磨 1 h、4 h、7 h、10 h，其中泡沫量加入 8%）

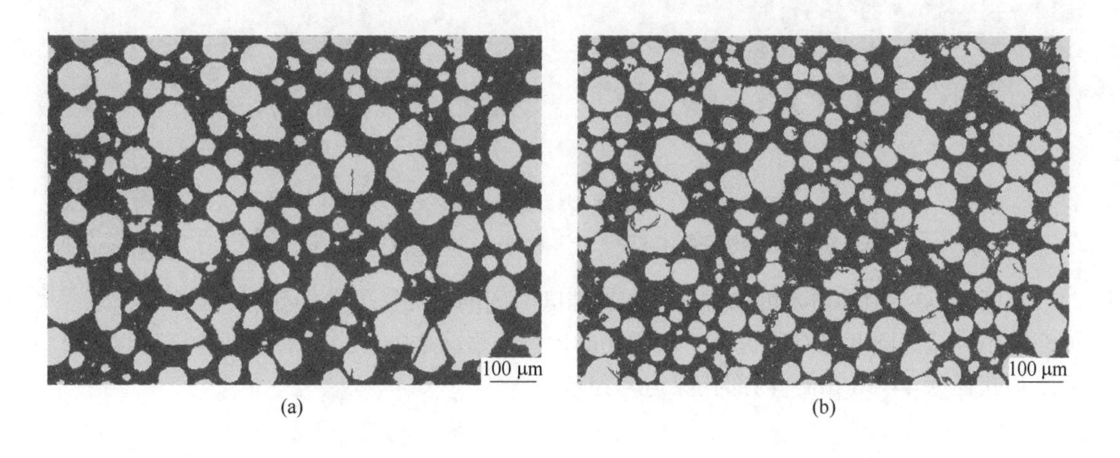

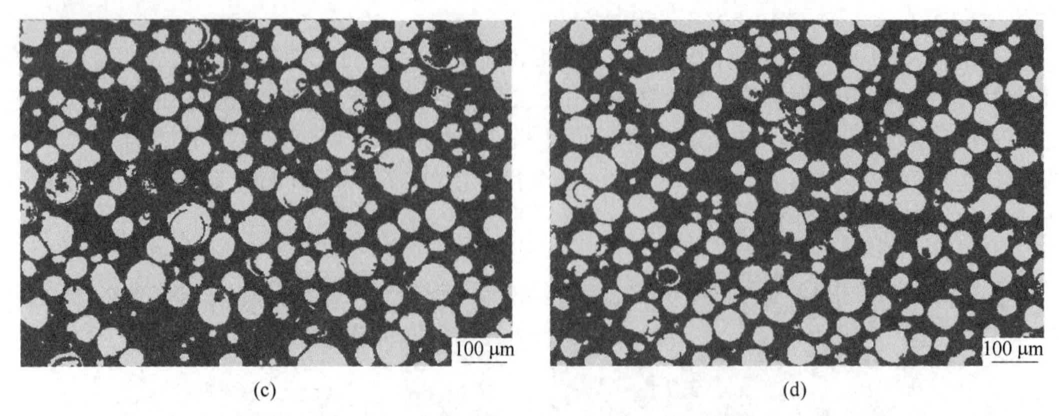

(c)　　(d)

图 4-5-2　不同陶瓷粉粒度试样的二值化照片

((a)~(d)分别为陶瓷粉体球磨 1 h、4 h、7 h、10 h，其中泡沫量加入 8%)

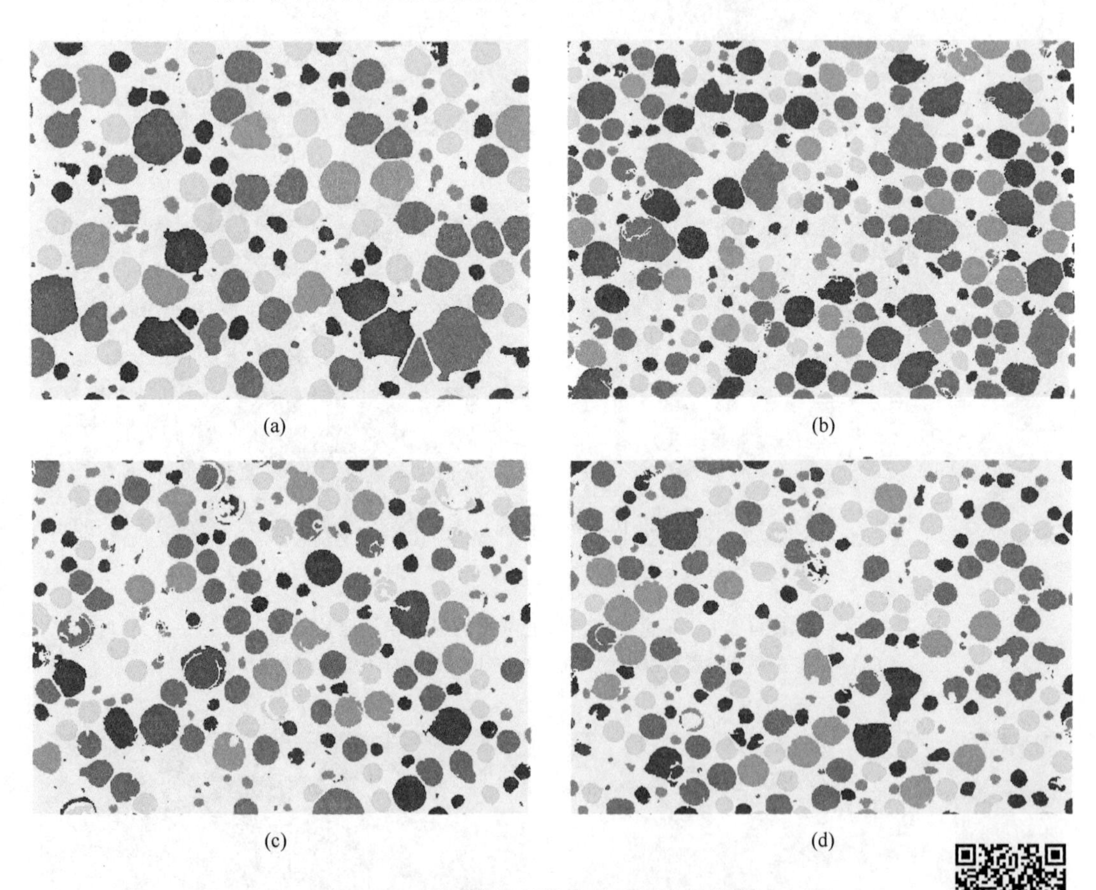

(a)　　(b)

(c)　　(d)

图 4-5-3　不同陶瓷粉粒度材料的孔径分类图

((a)~(d)分别为陶瓷粉体球磨 1 h、4 h、7 h、10 h，其中泡沫量加入 8%)

图 4-5-3 彩图

从图 4-5-3 和图 4-5-4 可以看出，随着球磨时间的增加，气孔的孔洞直径逐渐减小，孔的圆度也有所提高，而微孔的比例也显著增加。当球磨时间为 7 h 时，材料的平均孔径为 44.56 μm，内部孔隙均匀分布。

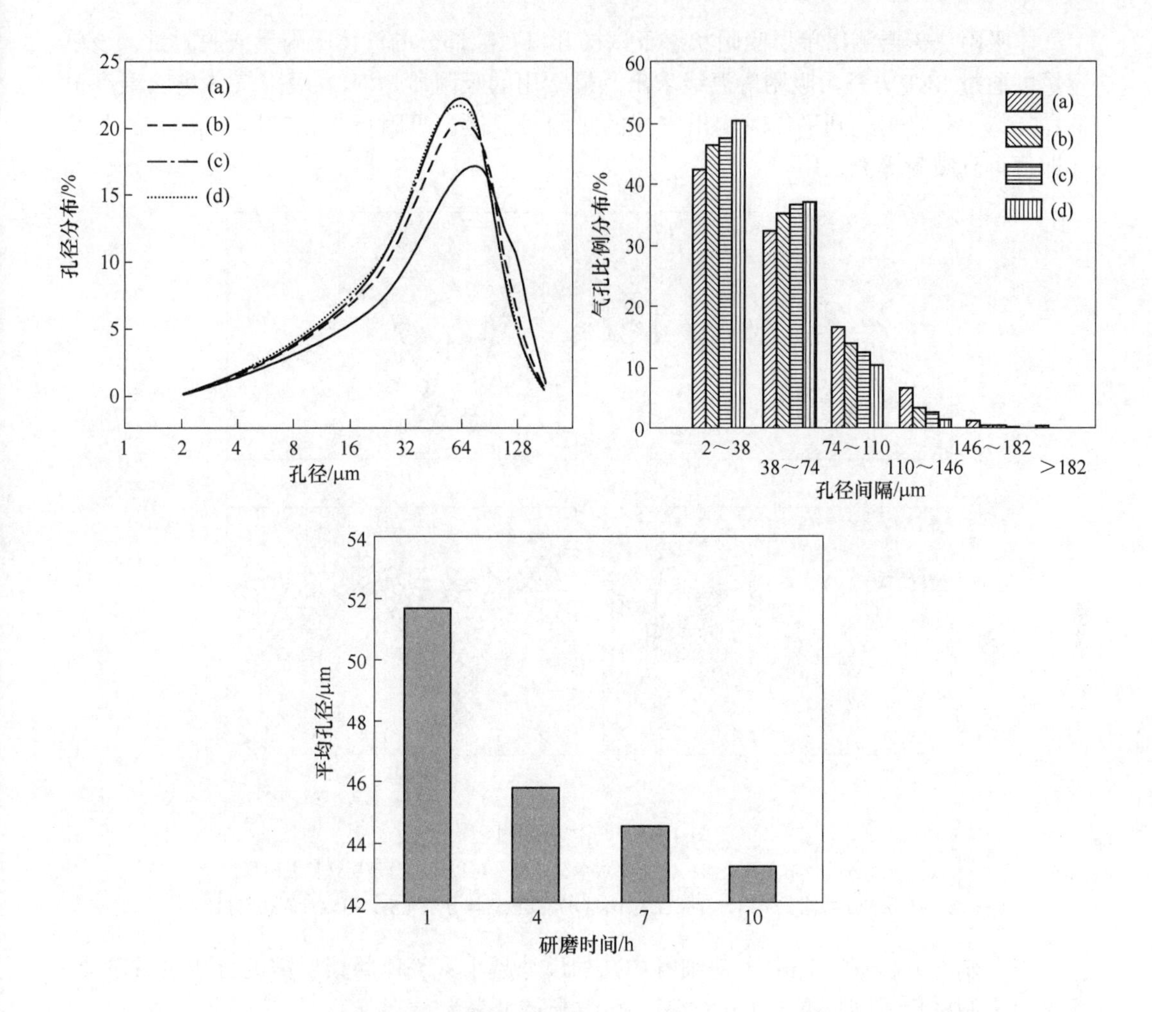

图 4-5-4 经 MIAPS 软件测定后试样的孔径分布、气孔比例分布以及平均孔径

((a)~(d)分别为陶瓷粉体球磨 1 h、4 h、7 h、10 h，其中泡沫量加入 8%)

4.5.2.2 气体吸附法

气体吸附法（gas adsorption method，GAM）是在等温条件下将 N_2 和 CO_2 等探针气体注入试样，记录不同压力下探针气体在介质表面的吸附量，并利用理论模型计算以揭示材料表面及孔隙特征的方法。理论上所能测定的最小孔径是探针气体的分子直径，最大孔径一般不超过 100 nm。采用 N_2 吸附法所测孔径要比 CO_2 吸附法所测孔径要大。

气体吸附法的最佳测试范围是 0.4~100 nm（见 GB/T 21650.2—2008/ISO 15901-2:2006），最适合微孔、介孔材料，是孔表征技术中用得最为广泛的一种测试方法。根据气体吸附-脱附等温线的形状以及不同吸附质的吸附量变化，还能进一步提供孔的形状等方面的结构信息（见图 4-5-5）。该方法的缺点是测试周期较长、不能测量闭孔及影响测试精度的因素较多。

气体吸附法的基本原理是采用等效毛细管模型，将多孔材料中各孔隙视为大小不同的毛细管，气体在固体表面的吸附以及不同气体压力下，气体在毛细管中凝聚，根据吸附（BET 方程）和毛细管原理（Kelvin 方程），来测试材料的比表面积和孔径分布。

气体吸附法需要测出单层吸附状态下试样开口孔隙部分的气体吸附量或脱附量，该单层容量可通过 BET 方程由吸附等温线求出。最常用的吸附质是 N_2，吸附气体进入温度恒定的样品室，待吸附达到平衡时测出气体的吸附量，做出吸附量与相对压力 p/p_0 的关系图，即可得到吸附等温线。

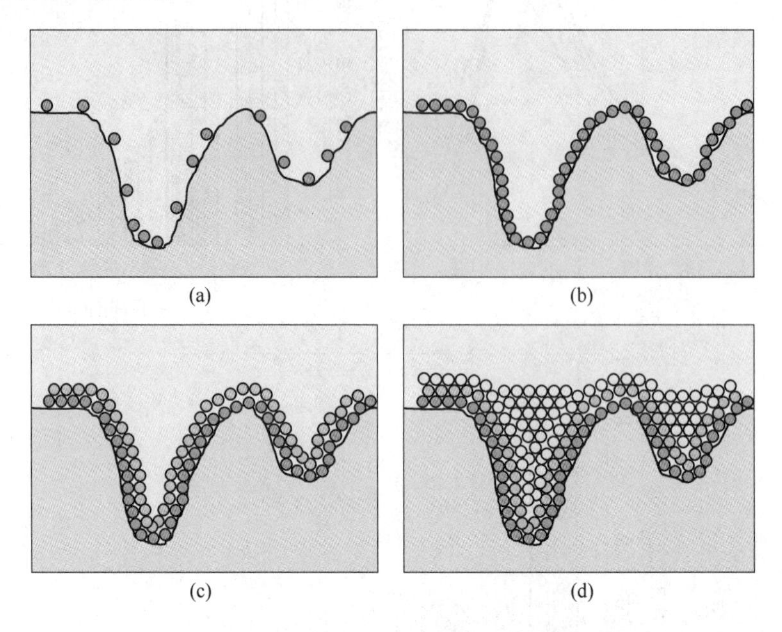

图 4-5-5　气体吸附过程

（a）气体分子吸附在孔表面；（b）形成单分子层，可以通过分子层计算表面积；（c）多层分子吸附，可以计算孔径大小；（d）孔被气体分子充满，可以计算孔容积

根据开尔文方程（Kelvin），毛细管中孔的尺寸越小，气体凝聚所需的分压也就越小。假定孔隙为圆柱形，则根据 Kelvin 方程，孔隙半径可表为：

$$r_k = -\frac{2\gamma V_L}{RT\ln\left(\frac{p}{p_0}\right)} \tag{4-5-5}$$

式中　r_k——液珠曲率半径；

γ——液体吸附质在半径无穷大的表面张力；

V_L——液态吸附质的摩尔体积（液氮为 $3.47\times10^{-5}\ m^3/mol$）；

R——普适气体常数；

T——气体绝对温度（液氮为 77 K）；

p_0——液体吸附质在半径无穷大的表面的饱和蒸气压；

p——达到吸附或脱附平衡后的气体压力。

将吸附质氮的有关参数代入式（4-5-5），即得所表征的多孔材料的孔隙 Kelvin 半径：

$$r_k = -\frac{0.0415}{\lg\left(\frac{p}{p_0}\right)} \tag{4-5-6}$$

式（4-5-6）表明在一定的分压力 p 下，在小于 r_k 曲率半径的孔中的气相开始凝聚为液相，因此测量不同分压下多孔材料的气体吸附量，获得气体分压变化范围内的等温吸附线或脱附线，可得到多孔材料的孔径分布曲线。

4.5.2.3 气泡法

气泡法（bubble point method，BPM）适合于通孔的检测，不能用于闭孔检测。气泡法特别适合于较大孔隙（大于 100 μm）的最大孔径测量，测试过程安全、环保、快捷、结果稳定，因此受到普遍采用，并已形成了相应的国际标准和国家标准，见国家标准 GB/T 1967—1996《多孔陶瓷孔道直径试验方法》。

气泡法的测量原理是毛细管现象。该法是测量孔径的最普遍方法，其利用对通孔材料具有良好浸润性的液体浸渍多孔样品，使之充满孔隙空间，然后以压缩气体将连通孔中的液体吹出而冒出气泡（见图 4-5-6），第一个气泡往往出现在最大孔径处，其最大孔径可以按式（4-5-7）表示：

$$r = \frac{2\gamma\cos\theta}{\Delta p} \tag{4-5-7}$$

式中，r 为多孔材料的最大孔隙半径；γ 为浸渍液体的表面张力；θ 为浸渍液对被测材料的浸润角；Δp 为静态下试样两端的压力差。随着气体的不断压入，浸入液体也不断从孔隙中排出，通过计算气体压差与流量之间的关系就可以得到多孔材料的孔径分布。

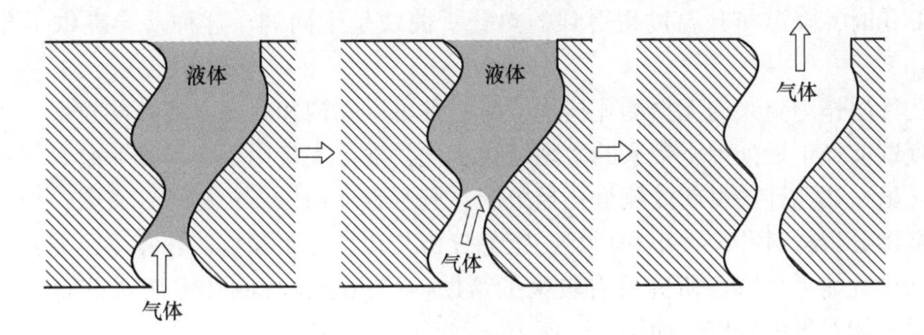

图 4-5-6 气泡法的原理示意图

气泡法所测定的孔为贯通孔，即全通孔，而半通孔和闭孔不能被测量。最大气泡压力能较准确地给出样品最大的贯通孔孔径。仪器结构简单，易操作，测量重复性好，且可精确测定最大孔径，但难以测量小于 0.1 μm 的孔径。

4.5.2.4 气体渗透法

气体渗透法（gas permeation method，GPM）可以测定几乎所有可渗透的孔径，这是其他一些检测方法如压汞法和吸附法等所不能比拟的，相对于气泡法不适于憎水性多孔材料，该方法既可用于亲水又可用于憎水的多孔材料，由于气体渗透法仅检测渗透孔，所以只适于贯通孔。其原理是根据气体在开孔中的渗透和流动来测定多孔材料的平均孔径，其孔径大小表达为式（4-5-8）：

$$r = \frac{B_0}{K_0} \times \frac{16}{3}\left(\frac{2RT}{\pi M}\right)^{\frac{1}{2}} \tag{4-5-8}$$

式中，B_0 为多孔材料的几何因子；K_0 为自由分子流的渗透系数；R 为气体分子常数；T 为绝对温度；M 为渗透气体的摩尔分子质量。

气体渗透法检测的是最小横截面处的孔，适于检测圆柱状贯通孔，对于孔径分布不均匀或孔道变化大的多孔材料会产生较大误差。而压汞法检测的是开口处的孔，对孔径分布不均匀和孔道变化大的多孔材料检测结果要更精确。

4.5.2.5 热孔计法

热孔计法（thermo-porometer method，TPM）是量热法的一种，多孔材料中的液体冰点由孔曲率所决定，而固-液曲度又与孔尺寸有关（见图4-5-7）。热孔计法的测孔原理就是借助了低温差示扫描量热法的手段，记录在温度变化过程中多孔材料内部的热流量的变化。当饱和水的多孔材料在低温下结冰时，不同孔径孔隙水的过冷度是不一样的。于是随着温度的降低，孔隙由大到小开始结冰，只要孔隙内有相变发生，差示扫描量热仪就能记录下热量的变化，即放热时刻对应孔半径，放热量对应孔体积，因而从中得到孔径分布。当材料中含非球形孔时，降温与升温过程得到的热分析曲线是不同的，这种差异提供了孔形状的信息。

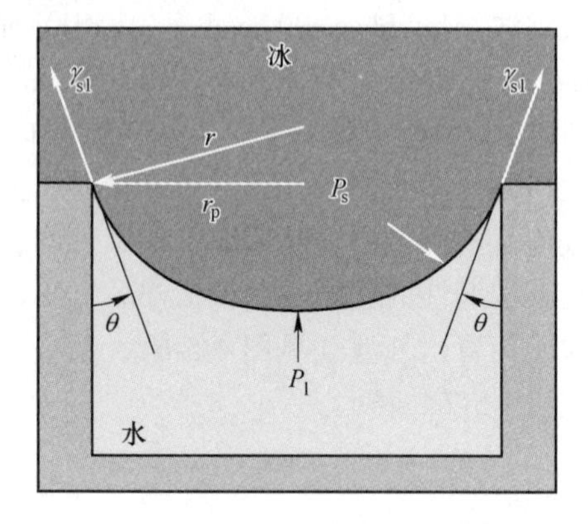

图4-5-7 饱和多孔材料在进行热孔计法测试过程中的冰/水状态典型图

热孔计法作为新兴的无损测孔技术，是一种可以在饱和状态下测孔的技术，可以避免试样在测试前经干燥处理所带来的微观结构变化，现已大量用于金属和非金属材料的孔隙研究中。虽然热孔计法目前的测量孔径范围（孔径在4~100 nm之间）有限，但它的优势在于可定性分析材料孔径大小和形状，定量分析其孔径分布和整体孔隙率，尤其对超低温下多孔结构性能劣化特征研究具有较大的帮助。但由于这种测孔方法对试验设备要求较高，目前未能在国内外广泛使用。

4.5.2.6 核磁共振法

核磁共振（nuclear magnetic resonance，NMR），其原理是处于静磁场中的原子核在另一交变电磁场作用下由于原子核自旋产生磁矩，当核磁矩处于静止外磁场中时产生进动核和能级分裂。在交变磁场作用下，自旋核会吸收特定频率的电磁波，从较低的能级跃迁到较高能级，这种过程就是核磁共振；当交变磁场停止后，又恢复到平衡状态，这个恢复过程叫弛豫过程，所需时间叫弛豫时间，包括纵向弛豫时间 T_1 和横向弛豫时间 T_2。

迄今为止，只有原子核的自旋量子数等于1/2时，人们才能利用其核磁共振信号。如^{1}H、^{11}B、^{13}C、^{17}O 、^{19}F、^{31}P 等。在现今核磁共振技术中，检测最为广泛的即是^{1}H 质子。这是因为^{1}H 质子在自然界丰度极高，^{1}H 质子产生的核磁共振信号非常强，容易检测。

核磁共振是利用自旋核在磁场中能量变化来获聚^{1}H 相关信息的测试技术，利用核磁共振仪采集自旋波CPMG脉冲序列，通过计算拟合得到 T_2 谱图，根据 T_2 谱图计算出样品的含水量、孔径大小等微观结构参数。

对于多孔介质，孔隙中流体弛豫时间 T_2 与孔隙及孔结构关系可表示为：

$$\frac{1}{T_2}=\rho_2\frac{S}{V} \tag{4-5-9}$$

式中，S 为孔隙表面积；V 为孔隙体积；ρ_2 为介质表面弛豫率，取决于孔隙表面性质、矿物组成和饱和流体性质等。

多孔材料中的流体由于受孔隙、孔隙表面和毛细管等外界束缚条件的影响，在核磁共振测量 T_2 时信号产生的衰减是不一样的。图 4-5-8 给出了不同孔隙中^{1}H 强度衰减快慢的示意图，孔径越小，信号衰减越快。

对于 CPMG 测量的 T_2 数据，得到的是多孔材料中所有尺度孔隙的 NMR 信号的衰减曲线，为了区分不同孔隙中的 NMR 信号，应用反演的方法来求得 T_2 分布，如图 4-5-8 所示。

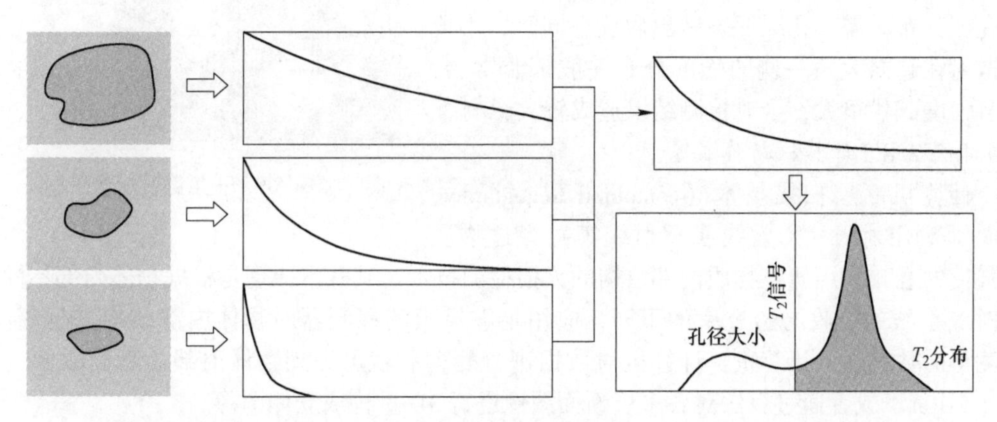

图 4-5-8 孔隙大小与 T_2 信号衰减程度示意图(左中)和 T_2 分布(右)

以上为核磁共振弛豫法（nuclear magnetic resonance relaxation，NMR-R），还有一种核磁共振冻融法（nuclear magnetic resonance cryoporometry，NMR-C），同一物质的固态和液态之间的弛豫时间差距通常相差几个量级，所以核磁共振技术可以区分出水和有机溶剂的固态和液态，从而可以只反映液态物质在多孔材料中随温度的变化。NMR-C 通过记录变温条件下多孔介质孔隙流体在相变过程的核磁信号量变化，可以实现对多孔介质孔径分布的特征。

核磁共振法是一种无损检测方法，不会破坏被测样品的内部结构。但是由于孔道结构的不均一性、顺磁化合物的存在以及颗粒内和颗粒间交换都会影响核磁共振图谱，另外核磁共振法的分辨率较低，不适于做较小孔径的检测。

4.5.2.7 小角度散射法

小角度散射法（SAXS）是基于孔对 X 射线、中子束等射线的散射原理来对孔结构参数进行表征的方法。主要包含 X 射线小角散射（small angle X-ray scattering，SAXS）和中子小角散射（small angle neutron scattering，SANS），两者都是利用 X 射线或者中子射线探测核散射截面变化及电子密度变化以获取样品微结构信息。当射线照射到试样上时，如果试样内部存在纳米尺度的电子密度不均匀区，则会在入射光束周围的小角度范围内（一般 2θ 不超过 3°）出现散射射线，这种现象称为射线小角散射（见图 4-5-9），通过分析散射函数并利用拟合模型可以得到样品的孔径分布。超 X 射线小角散射（USAXS）、超中子小角散射（USANS）和 SAXS、SANS 原理一致，用于获取孔径更大的微结构信息。小角散射技术的特点是快速、无损，样品预处理过程简单。X 射线与中子散射的差异在于两种射线的穿透力不一样，材料内孔中散射长度密度（scattering length density，SLD）也不一样。

小角散射的最佳测试范围是 1~100 nm，测试速度快。小角散射反映的孔隙信息不受流体/表面相互作用、遮挡效应及孔隙连通性限制，因此对样品的要求不高，开孔样品、闭孔样品、干态样品和湿态样品都能用于检测，检测范围宽。小角散射法能与流体注入法孔隙获取孔隙信息相互验证及对比，但与流体注入法一致，在利用小角散射技术表征孔径分布时需对孔隙形态做出假设。同时，小角度散射在趋向大角一侧的强度分布一般都非常弱，而且强度起伏很大，会对检测结果造成较大影响。

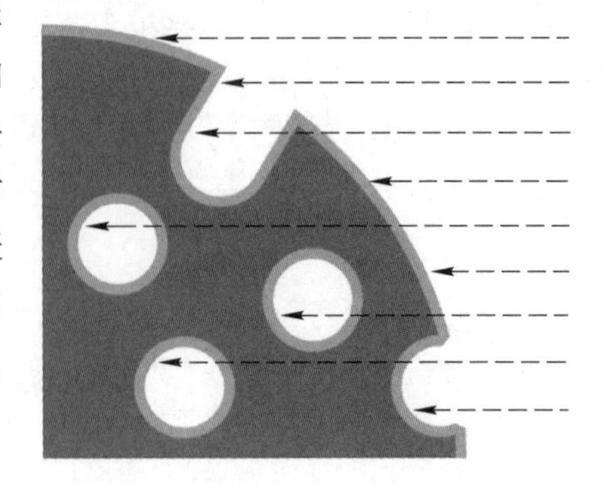

图 4-5-9 小角散射示意图

4.5.2.8 计算机断层成像

计算机断层扫描技术（computed tomography，CT）是利用射线（X 射线或 γ 射线等）穿过物质后强度的衰减作用研究物质内部结构的无损检测技术，其基本原理是根据物体内部不同组织对 X 射线的吸收与透过率的不同，应用足够灵敏的探测器对物体内部结构进行探测，将测得的数据输入计算机，计算机对数据进行处理后就可得到物体内部的断面图像（见图 4-5-10），或者通过算法对各多层断面图像进行 3D 重构成立体图像。

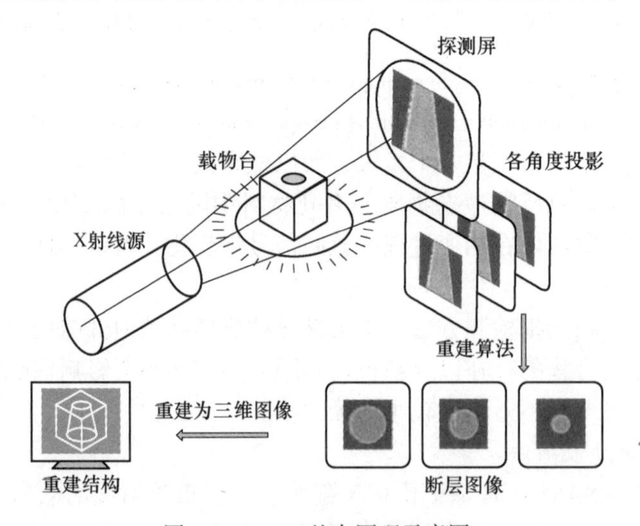

图 4-5-10 CT 基本原理示意图

CT 按其分辨率与发展阶段可分为 CT、Micro CT 和 Nano CT 三类，其分辨率分别为到毫米级、微米级与纳米级。按照用途可将 CT 分为医用 CT（MCT）和工业 CT（ICT），两者主要区别在于射线强度和载样/扫描系统。常规工业 CT 的分辨率一般在次毫米级，且射线发射功率低。Micro CT 通过射线源和 CCD 的改进将分辨率进一步提升，达到数微米至几十微米。Nano CT 主要有基于传统结构（纳米级微焦点）、基于可见光光学系统和基于同步辐射源三种类型，其分辨率分别为>150 nm、>200 nm 和>10 nm。高分辨率 Nano CT 的重建范围（field of view，FOV）通常是毫米级至微米级的。目前的算法难以解决重建中的内问题，导致 Nano CT 研究使用的样品尺寸通常为微米级。

CT 技术无损分析的特性及三维重建的能力对于多孔材料研究十分有利，ICT、Micro CT 与 Nano CT 提供了不同的表征尺度，目前较为成熟的 ICT 与 Micro CT 虽然分辨率有限，但连续扫描与三维重构能力可揭示孔隙连续变化，有效应对多孔材料的特点。

4.6 压汞法表征孔结构

压汞法（mercury intrusion porosimetry，MIP；又称 mercury porosimetry），是表征材料结构内大、中孔结构参数很好的方法，广泛用于测定多孔材料的孔径分布和各种片剂及压制品的孔隙尺寸分布，一次测量可以同时获得样品的平均孔径、孔径分布、孔容积、气孔率、密度、孔表面积等孔结构参数。耐火材料行业内最常用的气孔参数是其中的平均孔径、孔径分布和小于 1 μm 的孔容积。

对于多孔材料，压汞法测量的孔径范围依据压力的不同可以从几纳米到几百微米。例如，美国麦克公司 Auto pore 9510 型号压汞仪的最大压力为 207 MPa，最小压力为 3.45 kPa，最大真空度为 50 μmHg，可以测量孔径范围为 0.006~360 μm。压汞法对样品要求也简单，可以为圆柱形、球形、粉末、片、粒等形状。由于使用了水银，故而在一定程度上限制了压汞法的应用。此外，汞不能进入多孔材料的闭孔，因而压汞法只能测量连通孔隙和半通孔，即只能测量开口孔隙。

4.6.1 压汞法的基本原理

4.6.1.1 物理原理

压汞法表征孔结构的理论基础是在给定的外界压力下将一种非浸润且无反应的液体（通常选用汞）强制压入多孔材料，根据毛细管现象，若液体对多孔材料不浸润（即浸润角 $\theta>90°$），则表面张力将阻止液体浸入孔隙。但对液体施加一定压力后，外力即可克服这种阻力而驱使液体浸入孔隙中。因此，液体充满一给定孔隙所需压力值即可度量该孔径的大小。

压汞法是根据毛细管上升现象（见图 4-6-1），要使非润湿液体爬上一狭窄的毛细管

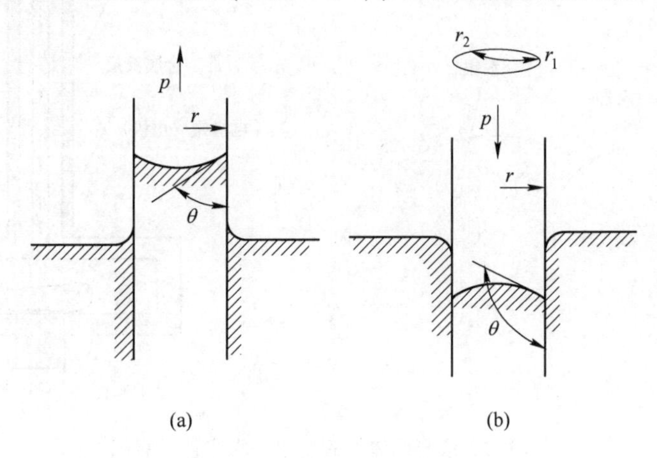

图 4-6-1 汞浸入圆柱形孔示意图

需要施加一额外压力。界面之间的压力差可用 Young-Laplace 方程求出：

$$\Delta p = -\gamma_L\left(\frac{1}{r_1}+\frac{1}{r_2}\right)\cos\theta \tag{4-6-1}$$

式中　Δp——迫使汞进入毛细管的压力，Pa；

γ_L——液体的表面张力，N/m，汞的表面张力通常取 0.48 N/m；

r_1，r_2——相互垂直的曲率半径，m；

θ——液体和毛细管之间的接触角，(°)，由于汞与多孔材料不浸润，故 θ 在90°~180°之间，一般选用 140°。

当毛细管的截面呈圆形而且其半径不太大时，弯月面近似于半球形。两个曲率半径就彼此相等并等于毛细管的半径 r，则方程（4-6-1）就简化为瓦什伯恩（Washburn）方程：

$$\Delta p = -\frac{2\gamma\cos\theta}{r} \tag{4-6-2}$$

若处于真空状态，$\Delta p = p$（绝对压力），p 即为迫使非润湿液体进入一半径为 r 的孔所需要的压力。

实际上压汞法是测量施加不同静压力时进入气孔中的汞量，这一汞量是所施加压力的函数。

压汞法中所用的压力很高，可达 400 MPa，甚至更高，由于汞的浸入，孔结构可能会自然地变形或破裂，实验结果表明压缩引起的任何变形都是弹性的，孔结构没有遭到永久性破坏，压缩的程度取决于固体的性质。

4.6.1.2　工作原理

图 4-6-2 是压汞仪示意图及装样膨胀计（penetrometer 或 dilatometer，也称样品管，sample cell）进汞示意图。由于表面张力，汞对多数固体是非润湿的，即汞与固体的接触角大于 90°，需外加压力才能进入固体孔隙中，如图 4-6-2 所示。将汞在给定的压力下浸入多孔材料的开口孔结构中，当均衡地增加压力时，能使汞浸入材料的细孔，被浸入的细

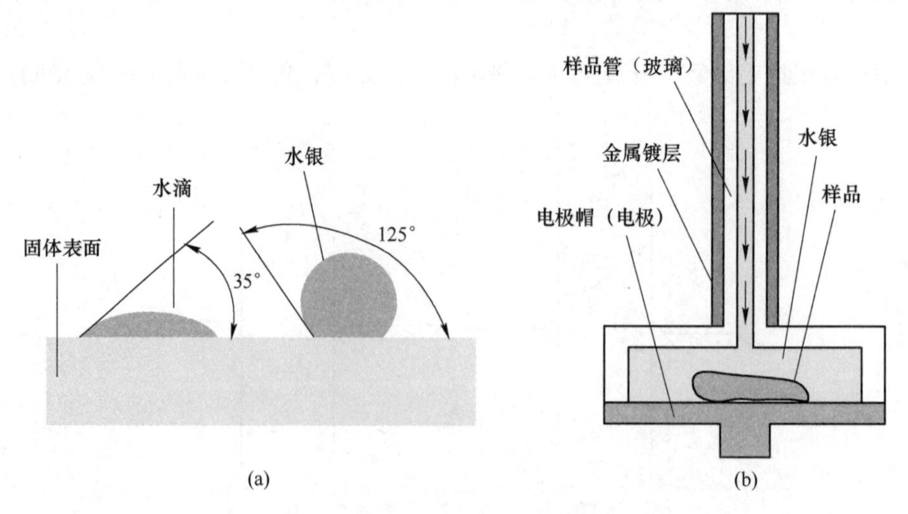

图 4-6-2　汞与固体的润湿角和膨胀计示意图

（a）润湿角；（b）膨胀计示意图

孔大小和所加的压力成反比。测量压力和汞体积的变化关系，通过数学模型即可换算出孔径分布等数据。采用仪器所配置的软件分析可以得出结果：累计进汞量与压力关系曲线、孔径分布曲线、进汞体积与压力关系曲线、孔体积与压力关系曲线以及数据表等。

在进行孔结构测试时，需要对压入汞的体积进行测量，测试部分是一个膨胀计（见图4-6-2（b））。膨胀计的细杆（毛细管）外镀一层金属膜（如钡、银）作为一个极，毛细管内的汞作为一个极，构成一个电容器。孔结构体积数据，取决于经过高压分析残留在膨胀计的细杆部分的汞体积。这是由于在低压分析阶段，膨胀计的细杆中充满了汞，到了高压分析阶段压力增大后汞进入多孔材料的孔隙，空出部分杆的位置。测量膨胀计的杆中汞体积，取决于膨胀计的电容量，而该电容量随着被汞充满的细杆长度而变化。经过低压分析和高压分析后部分汞进入孔隙中，致使膨胀计的电容量减小，反映出材料的孔体积。

多孔材料中的孔结构多是不规则的，存在着一种进、出口处比孔结构本身狭小的孔，即墨水瓶孔（ink bottle pore，见图1-2-1）。当压力提高达到与孔结构本身孔径相对应的数值时，汞却不能通过狭窄进口而充满整个孔结构中。直到压力增加到与狭窄进口相对应的数值时，汞才能通过进口填满孔洞。因此，相应于这种压力的孔体积的实验数据就会偏高，而且当压力逐步降低时，全部墨水瓶孔中的汞都被滞留，由此将发生降压曲线的滞后效应。由降压曲线末端可算出全部墨水瓶孔容积。

4.6.1.3 膨胀计的选择

压汞法测试过程中需针对不同的样品选用不同规格的膨胀计（见图4-6-3），膨胀计是压汞仪中的一个重要元件，其分为块体和粉末两大类，容量有3 cm^3，5 cm^3，15 cm^3三种，具体来说要考虑三个方面：

（1）样品类型。如果样品是粉末、颗粒状，或具有良好颗粒松散度的大块状，使用粉末膨胀计；如果样品是固体形态或大块，使用固体膨胀计。

（2）样品体积。使用能够接近填满膨胀计的样品量。膨胀计样品室有三种型号：3 cm^3、5 cm^3 和15 cm^3。因此，如果样品体积是4 cm^3那么适合放入5 cm^3 的样品室，从而5 cm^3 的膨胀计是最适合的。

（3）样品浸入体积：填充满样品孔的理想汞体积应该介于膨胀计“最大浸入体积”的25%~90%。一个理想范围内的有效浸入体积将会提供好的分辨率。换句话说，确保膨胀计包含足够的汞以便填充满样品孔。同时考虑粉末样品粒内孔隙的额外浸入体积也作为浸入体积测量。

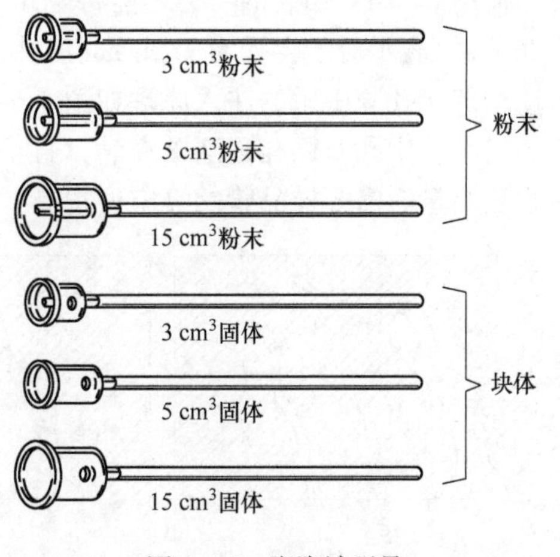

图4-6-3 膨胀计型号

4.6.1.4 注汞原理

由式（4-6-2）瓦什伯恩方程可知，在 θ 和 γ 不变的前提下，随着压力的逐渐增大，汞将会逐渐进入孔径更小的孔。如果压力从 p_1 改变到 p_2，分别对应孔径 r_1、r_2，并设法测出单位质量试样在两种孔径之间的孔内所压入的汞体积 ΔV。则在连续改变测试压力时，测出压入汞体积与外加压力的关系，通过式（4-6-2）求出 θ 和 γ 的关系，做出曲线斜率 $\Delta V/\Delta r$ 与 r 的关系曲线即为孔径分布曲线。

孔隙的表面积与将汞注满整个孔隙所需压力的关系式为：

$$p\Delta V = - S\gamma\cos\theta \tag{4-6-3}$$

由此推出：

$$S = - p\Delta V/(\gamma\cos\theta) \tag{4-6-4}$$

如果 $\gamma\cos\theta$ 不变，则有：

$$S = - \frac{1}{\gamma\cos\theta}\int_0^V p\mathrm{d}V \tag{4-6-5}$$

$$孔隙率 = 100\left(\frac{V_a}{V_b} + \frac{V_a - V_b}{V_c - V_b}\right) \tag{4-6-6}$$

式中　V_a——在任何压力下注入汞的体积；

V_b——汞注入后稳定状态下的体积；

V_c——测定中最大压力下的汞体积。

由此可知，样品的比表面积和孔隙率大小均与注入的汞体积有关。将对应的 γ、θ、测量得到的 p-V 关系曲线和 V_{max} 值代入，即可推算出比表面积。

根据瓦什伯恩（Washburn）方程：

$$r = \frac{-2\gamma\cos 140°}{p} = \frac{-2 \times 0.480 \times (-0.766)}{p} = \frac{7350 \times 10^5}{p}$$

若 $p = 1.013 \times 10^5$ Pa（1 atm）时，则 $r = 7260$ nm。也就是说，对于半径为 7260 nm 的孔，需用 0.1013 MPa 的压力才能将汞压入；同理，$p = 1013 \times 10^5$ Pa（1000 atm）时，$r = 7.26$ nm，表示对于半径为 7.26 nm 的孔，需施加 101.3 MPa 的压力才能将汞压入。随着汞压增加，孔隙中汞的注入原理如图 4-6-4 所示。在较低压力下，大孔被汞所充满。随着压力增大，中孔及微孔逐渐被充满，直至所有孔均被充满，此时压入汞的量达到最大值。压汞法测量时需要样品管的真空度很高，所以要求样品干燥，孔隙中不含可挥发水分。

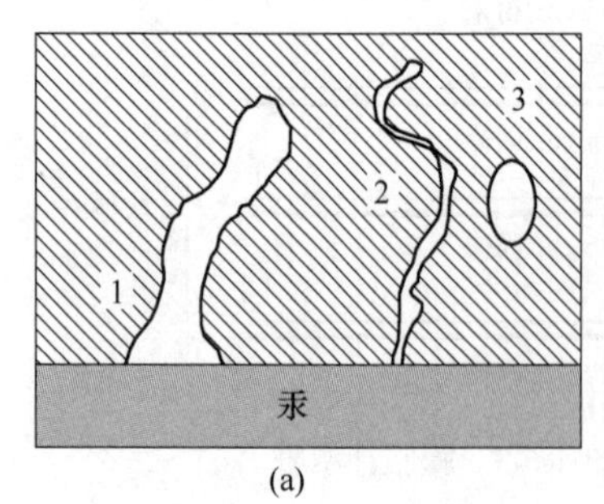

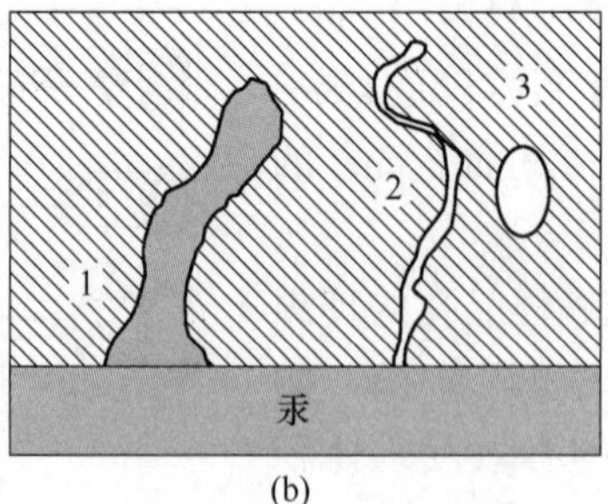

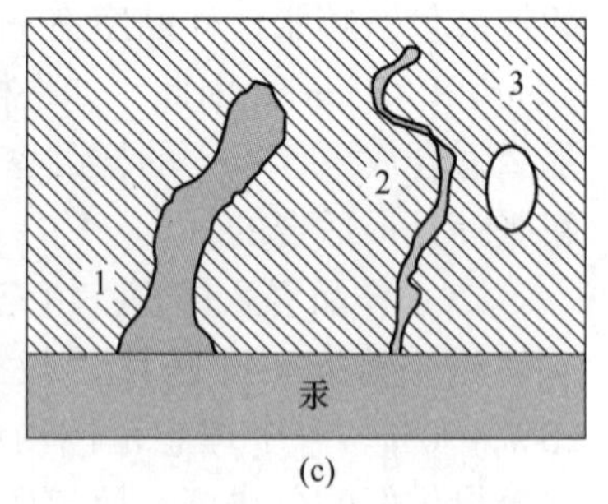

图 4-6-4　随着汞压增加，汞的注入示意图

（a）汞压较小时，试样被汞包裹；（b）汞压较高时，大孔被汞充满；

（c）汞压更高时，微孔被汞充满，即所有开口气孔都充满汞

1—大孔；2—微孔；3—闭孔

可以看出，应用压汞法时，测试的孔越小，需要的压力越大，才能将汞压入孔内，因此压汞仪探测的最小孔径值取决于最大工作压力。在高压下，由于许多纳米级孔都会变形

甚至压塌，致使结果偏离理论值，因此压汞法对纳米级孔的测定是不准确的。一般压汞仪在高压时都需作空白修正，这是由汞的压缩性和膨胀计等部件的弹性变形所致。固体表面不均匀性及由此引起的液固作用会影响表面张力和扩散系数，造成孔径分布曲线的误差。测量时还会发生孔结构的可逆和不可逆变形，卸压后样品内有残留汞，它使得校准也成为不可能，样品只能一次性使用，还会造成环境问题。

尽管压汞法有其根本和实际应用上的局限性，但是由于其原理和操作简单、测试速度快、对样品形状没有特别要求（圆柱形、片状、不规则形状、粉末均可），该法已经成为测量大孔和中孔结构参数的有效方法。它测定的孔径范围比其他方法要宽得多，尤其是对大孔（>0.15 μm 的孔）的测量具有优势。

4.6.2 压汞法的测试步骤

目前国内外的压汞仪类型很多，结构各异，但其主要差别有两点：一是工作压力，包括增减压力的方法、所用传递介质、最高工作压力、压力计量方法以及工作的连续性等；二是汞体积变化的测量方法。而保证增减压力连续性和使用高精度计量方法计量微量汞体积是提高压汞仪测试水平的根本途径。

压汞仪一般按照下面四步来进行测量：

（1）制取样品。样品可以为圆柱形、球形、粉末、片、粒等形状。因为标准样品管的样品室体积较小，一般只有几毫升，故样品的体积需要更小。

（2）放入试样。实验时将试样置于膨胀计中，并放入充汞装置里，在真空条件下（根据不同的准确度要求，真空度可用 10^{-2} ~ 10^{-4} mmHg，1 mmHg = 133.3224 Pa）向膨胀计充汞，使试样外部被汞所包围。

（3）汞加压，使汞逐渐地充满到小孔中，直至达到饱和，从而获得压入量与压力的关系曲线。

压入的汞体积是以与试样部分相连接的膨胀计毛细管里汞柱的高度变化来表示的。测定方法有：

1）直接用测高仪读出高差，求得体积的累积变化量；

2）通过电桥测定在膨胀计毛细管中的细金属丝的电阻，来求出汞的体积变化；

3）在毛细管内外之间加上高频电压测其电容；

4）在毛细管中插入电极触点。

对汞所施加附加压强，当低于大气压强时，可向充汞装置中导入大气，从而使膨胀计中的汞获得半径大于 7.5 μm 的孔所需的压强。但是由于装置结构必然具有一定的汞头压力，所以最大孔径的测定是有限度的，一般为 100~200 μm，特殊设计可达 300 μm。

为了使汞充入半径小于 7.5 μm 的孔，必须对汞施加高压。高压的获得一般是通过液压装置实现的，它主要包括液压泵、电磁阀、压力倍增器、高压缸、控制阀、压力表（或控制记录系统）及安全装置等。当所需压力为数百大气压时，可以用更简易的方法，例如，使用压缩氮气或手摇压力泵等获得。

（4）处理数据，修正实测的表压，求解其孔径分布。在处理数据时，须将实测的表压进行修正。因为不管什么样的膨胀计，由于充汞和汞在浸入试样孔隙的过程中，膨胀计毛细管里的汞柱高都在发生变化，因此由于汞的自重而带来的压力修正也随之变化，这个修正就是所谓汞头压力修正；另外由于装置和汞在高压下体积要发生一定的变化，因此要对膨胀计的体积读数进行修正，其修正值可由膨胀计的空白试验得到。

4.6.3　孔径及其分布的表征

根据式（4-6-2），一定的压力值对应于一定的孔径值，而相应的汞压入量则相当于该孔径对应的孔体积。这个体积在实际测定中是前后两个相邻的实验压力点所反映的孔径范围内的孔体积。因此，在实验中只要测定多孔材料在各个压力点下的汞压入量，即可求出其孔径分布。

压汞法测定多孔材料的孔径即是利用汞对固体表面不浸润的特性，用一定压力将汞压入多孔体的孔隙中以克服毛细管的阻力。由式（4-6-2）可得孔隙半径为：

$$r = -\frac{2\gamma\cos\theta}{p} \tag{4-6-7}$$

则孔隙直径为：

$$D = 2r = -\frac{4\gamma\cos\theta}{p} \tag{4-6-8}$$

式中，D 为多孔体的孔隙直径，m；其他符号意义同本章节。

应用压汞法测量的多孔体连通孔隙直径分布范围一般在几十纳米到几百微米之间。将被分析的多孔材料置于压汞仪中，在压汞仪中被孔隙吸进的汞体积是施加于汞上的压力的函数。根据式（4-6-7），可推导（详细过程略）得出表征半径为 r 的孔隙体积在多孔试样内所有开孔隙总体积中所占百分比的孔半径分布函数 $\psi(r)$：

$$\psi(r) = \frac{\mathrm{d}V}{V_{T0}\mathrm{d}r} = \frac{p}{rV_{T0}} \times \frac{\mathrm{d}(V_{T0} - V)}{\mathrm{d}p} \tag{4-6-9}$$

或

$$\psi(r) = -\frac{p^2}{2\gamma\cos\theta V_{T0}} \times \frac{\mathrm{d}(V_{T0} - V)}{\mathrm{d}p} \tag{4-6-10}$$

式中　$\psi(r)$——孔径分布函数，它表示半径为 r 的孔隙体积占有多孔试样中所有开孔隙总体积的百分比，%；

V——半径小于 r 的所有开孔体积，m^3；

V_{T0}——试样的总体开孔体积，m^3；

p——将汞压入半径为 r 的空隙所需压力（即给予汞的附加压力），Pa；

γ——汞的表面张力，N/m；

θ——汞与材料的浸润角，(°)。

上式右端各量是已知或可测的。为求得 $\psi(r)$，式（4-6-9）和式（4-6-10）的导数可用图解微分法得到，最后将 $\psi(r)$ 值对相应的 r 点绘图，即可得出孔半径分布曲线。

4.6.4　体积密度和孔隙率的表征

压汞法测定体积密度和孔隙率的实质是将汞压入试样的开口孔隙中，测出这部分汞的体积即为试样的开孔体积。其测量方法如下：

先将膨胀计置于充汞装置中，在真空条件下充汞，充完后称出膨胀计的质量 m_1。然后将充的汞排出，装入质量为 m 的多孔试样，再放入充汞装置中在同样的真空条件下充汞，称出带有试样的膨胀计重量 m_2（汞未压入多孔试样孔隙时的状态）。之后再将膨胀计置于加压系统中将汞压入开口孔隙内，直至试样为汞饱和时为止，算出汞压入的体积 V_{T0}，则可得到多孔试样的体积密度和孔隙率。其有关的量值关系如下：

$$\rho = \frac{m\rho_M}{m + m_1 - m_2} \tag{4-6-11}$$

$$P_o = \frac{V_{T0}\rho_M}{m + m_1 - m_2} \tag{4-6-12}$$

$$P_C = 1 - \frac{(m + V_{T0}\rho_T)\rho_M}{(m + m_1 - m_2)\rho_T} \tag{4-6-13}$$

$$P_T = P_o + P_C \tag{4-6-14}$$

式中，ρ 为多孔材料的体积密度；ρ_M 为汞的密度；ρ_T 为多孔材料致密材质的理论密度；P_o为多孔材料的开口气孔率；P_C 为多孔材料的闭口气孔率；P_T 为多孔材料的总气孔率；V_{T0}为多孔材料的总开孔体积（即汞压入的体积）。

4.6.5　压汞法的误差分析和处理

由压汞法测试多孔材料的孔结构参数，其基本原理是根据经典的瓦什伯恩（Washburn）方程，基本理论模型是圆柱孔模型，但实际材料的孔隙是多样性的，这给测量结果带来误差，汞的表面张力和润湿性能直接影响测量结果。因此就压汞法的主要误差和处理方式，做简单的介绍。

4.6.5.1　样品

A　样品中孔的结构类型

多孔材料中的孔从纳米到微米，甚至到毫米，大小不一，而且有不同的分布。孔的类型也有多种，开口气孔、闭口气孔等（见图 4-6-5）；压汞法只能测定开口气孔；开口气孔中存在墨水瓶孔（ink bottle pore，见图 1-2-1），注汞过程中，汞的压力增加到与喉道相对应的数值，汞才能经过喉道填满空间，相应于这种较高压力的孔隙的体积就会偏高；而当压力逐渐降低时，全部“墨水瓶孔”中的汞被滞留，如图 4-6-6 所示，因此压汞法测墨水瓶孔的时候，测得的孔径分布曲线移向小孔径一边，即孔径相对于其真实值来说偏小。这种差别的大小可由汞压入的滞后曲线来判断。

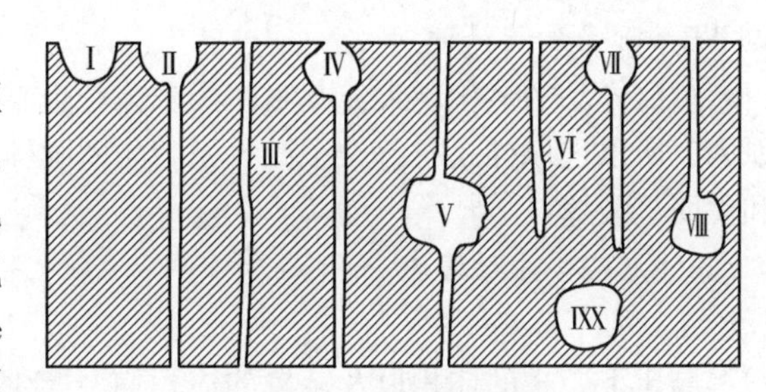

图 4-6-5　孔结构示意图

B　样品尺寸

汞压入样品时首先是进入跟外表面连通的孔道，实际上样品中仅有部分孔和外表面直接相连，其余的内部孔隙是通过许多不同形状和大小的中间孔和外界相通。英国剑桥大学的 N. Hearn 教授曾经专门研究样品质量和尺寸对压汞法测试结果中总压入孔隙率（total intruded porosity）、孔径分布的影响，结果表明样品临界尺寸低于 6.5 mm 不会影响总孔隙率，但会影响孔径分布的测试结果。

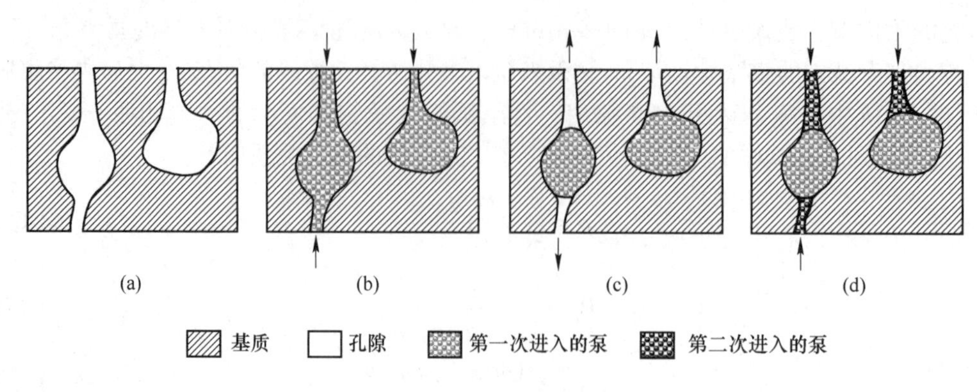

图 4-6-6 二次注汞示意图

（a）孔结构初始状态；（b）第一次进汞；（c）第一次退汞；（d）第二次进汞

C 样品的压缩性

压汞法的理论模型 Washburn 方程要求测试的材料必须是刚性的，对于大部分材料，在高压下可能被压缩，破坏了材料结构。在高压测试中，这部分被压缩的体积被计算成孔的体积，导致相应孔径的孔体积偏大。因此，对于压缩量大的样品，可以采用一定方法测量出样品的压缩量。

D 样品干燥

压汞法测量时，需要样品管中的真空度很高，一般要达到 6.67 Pa 以下，要求样品必须干燥，孔隙中不含可挥发水分，干燥的样品可以缩短低压操作时间，通常样品在 110 ℃干燥。而对于有些样品在干燥的过程中有可能引起结构不可逆的变化，对于类似这类的样品，最好采用低温干燥，延长干燥时间以减少水对测试结果的干扰。

E 样品的粗糙度

测试样品的体积越大，其封闭间隙体积也越大，样品粗糙度是产生汞封闭间隙的主要原因，所以选取样品时，为了减少汞封闭间隙体积，样品应预先尽量处理得光滑、无伤痕和无明显裂缝。

4.6.5.2 汞的参数

A 汞的压缩性

高压下，汞的体积以及装置的体积均会产生一定的变化，从而使测量的多孔材料孔隙体积显得比其实际体积大些。这种膨胀计上的体积读数修正值，可对未装样品的空膨胀计冲汞后，进行“空白”压汞实验，以考察随外压增大，汞的体积减小情况，从而得到真实的汞压缩曲线。

空白实验主要是修正由于汞压缩而产生的相应体积增量，以及试样本身、试样管和其他仪器元件产生的误差。如果汞的压缩性不会大幅度地影响膨胀计刻度玻璃管的体积，则相应地也能精确地确定试样的可压缩性。汞的压缩性随温度变化而有所不同，因此控制膨胀计中的温度是相当重要的。保持压汞法实验的恒温环境，是减少汞的压缩性对测定结果误差的有效方法之一。

B 汞与样品的接触角

汞对于不同的材料具有的接触角各有差异（见表 4-6-1），准确测量汞与固体之间的接触角数据较为困难，不同文献提供的相应数据也会有差别，有时甚至相差较大，这样就会给计算结果带来误差。

汞与固体表面的实际接触角，取决于许多因素。接触角 θ 取 140°是基于圆柱孔模型，并假定多孔体表面处处是均匀的。实际上样品表面多数是不均匀的，因此，接触角 θ 应该有较大的变化范围。主要影响因素：（1）汞的纯度，汞的纯度既影响浸润角，又影响表面张力，建议用高纯度的汞；（2）样品表面的粗糙度，汞在粗糙表面的接触大于光滑微孔表面的接触角；（3）固体表面的化学性质，例如 Al_2O_3 表面具有较强极性，可能造成孔分布位移；吸附在多孔材料上的水分，可能会增大接触角等。

表 4-6-1 汞和部分非金属材料之间的接触角

材 料	接触角 θ/(°)	材 料	接触角 θ/(°)
氧化铝	127~142	碱式硅酸硼玻璃	153
玻璃	135~153	碳	142~162
石英	132~147	煤	142
水泥	125	硅胶	145
陶土矿物	139~147	方解石	146
云母	126	碳化钨	121~142
氧化锌	141	二氧化钛	141~160
一般非金属材料	135~142		

C 汞的表面张力

汞的表面张力变化也会影响到各参量的测定。其张力值可能因压力、温度和所用汞的纯度而异。由于汞的表面张力温度系数仅为 2.1×10^{-4} N/(m·℃)，故温度的影响较小(见表 4-6-2)，但在严格的情况下仍应对膨胀计进行恒温。而汞的纯度则对表面张力具有很大的影响，因汞的不纯将导致报告值均偏低。

表 4-6-2 不同温度下汞的表面张力系数 (N/m)

汞的环境	温度/℃	表面张力系数	汞的环境	温度/℃	表面张力系数
蒸气	15	0.4870	空气	20	0.4716
空气	18	0.4812	蒸气	40	0.4682

4.6.5.3 仪器操作参数

A 抽真空

残留在膨胀计和多孔体孔隙中的空气，以及吸附在表面上的空气，都可能使报告的值产生少量误差。为得到正确的测试结果，除了对试样做清洗等预处理，还通过将膨胀计球部抽真空时加热多孔体的方式，减小这种误差。

B 起始压力

由于样品表面粗糙和汞表面张力大，加上膨胀计壁与样品间隙有时很小，样品颗粒之间也能形成很小的间隙，在不大的压力下，汞有时不能完全充满这些间隙，随着外加压力的升高，汞才逐渐挤满这些间隙。这种现象被称为“汞封闭间隙”。为了消除这些封闭间隙给实验结果带来的误差，需要在接触压力的基础上增加一点压力，使汞尽可能填充这些空隙。增加以后的压力作为起始压力，体积测量系统校零开始测量，但增加压力以后，汞在填充这些孔隙的同时也会进入样品表面较大孔径的孔。

C　加载速度

压汞仪分级加压，某一级压力的加载是按照一定的速率并在一定的平衡时间内完成，而不是瞬间完成的。实验加载的速度太快，可能会导致某一级压力对应孔隙未被汞充满就进入了下一级压力的加载，产生动力学滞后效应，造成误差。

4.6.6　压汞法的测试实例

采用 $Al(OH)_3$ 与煤矸石为原料制备多孔刚玉-莫来石陶瓷，利用压汞仪（Autopore Ⅳ 9510，Micromeritics Instrument Corp.，USA）测试材料内的孔径分布，具体测试参数为：汞表面张力为 485.0 dyn/cm；汞的前进接触角为 130.0°；汞的后退接触角为 130.0°；汞的密度为 13.534 g/mL，压汞仪最大压力为 6 万磅（414 MPa），孔径测量范围为 3 nm～360 μm。

将 $Al(OH)_3$ 和煤矸石依次过筛，取 200～270 目中间部分。将混合物在聚氨酯滚筒中以无水乙醇为介质利用刚玉球混合 30 min（球料比为 2∶1，刚玉球直径为 8 mm，转速为 240 r/min）然后晾干，在 50 MPa 的压力下压制成直径为 20 mm、高 20 mm 的试样。湿坯于 110 ℃下烘干 24 h，然后以 3 ℃/min 的升温速率在高温炉升至 1500 ℃，保温时间为 3 h。随着烧后试样的气孔比表面积增大，球形度降低。图 4-6-7 示出用不同原料制备的试样其烧后的气孔分布情况。由 1 号至 3 号，原料中 $Al(OH)_3$ 含量不断增加，各组试样内气孔均呈双峰分布：一组气孔为微孔，其孔径集中于 100 nm 附近；另一组为大孔，其孔径集中于 1 μm。

在压汞孔径分布中出现多峰分布的情况下，找到各峰之间的临界孔径区间，将相应区间内的各孔径孔容积值求和，进而求得该值与总孔体积的比值，即可得到各孔径区间气孔占总孔的体积比情况。例如，图 4-6-8 为 1 号～3 号各组试样内微孔（所有孔径小于 350 nm的气孔）占总孔的体积百分率的变化情况。随着原料中 $Al(OH)_3$ 含量的增加，烧后试样内的微孔体积分数呈上升趋势。

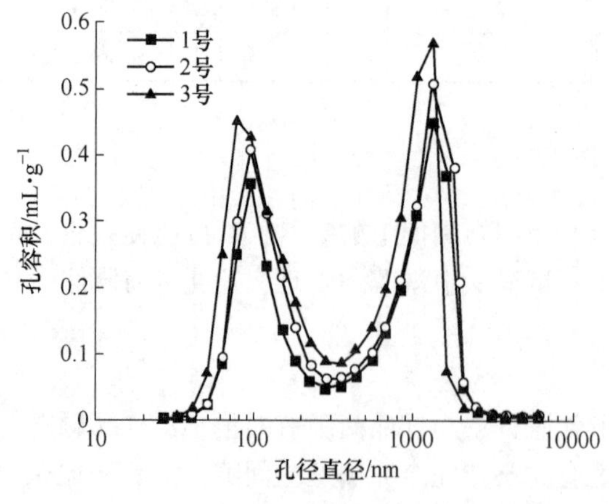

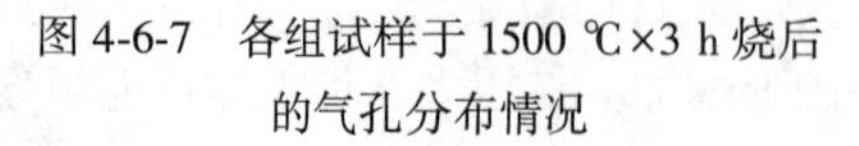
图 4-6-7　各组试样于 1500 ℃×3 h 烧后的气孔分布情况

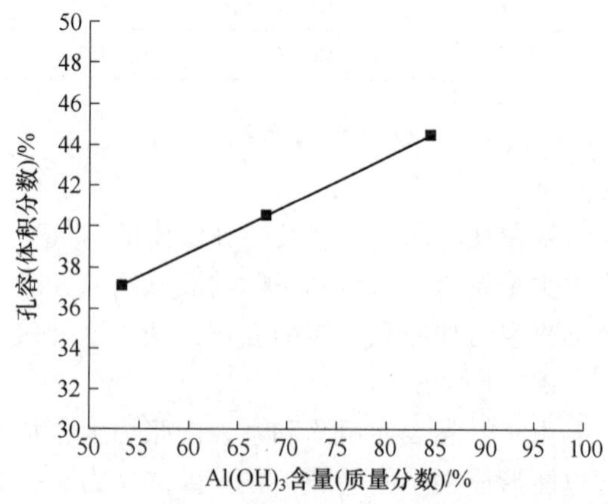

图 4-6-8　1500 ℃×3 h 烧后试样内微孔体积占总孔体积分数随原料中 $Al(OH)_3$ 含量的变化

将干燥好的2号试样以3 ℃/min分别加热至1300 ℃、1400 ℃、1500 ℃和1600 ℃并保温3 h后在空气中自然冷却。各烧后试样内气孔分布情况如图4-6-9所示，其对应的微孔体积占总气孔体积分数的变化如图4-6-10所示。随着烧结温度由1300 ℃升至1600 ℃，试样内一次与二次气孔孔径逐渐增大，微孔体积占总孔的体积分数降低。随温度的提高，以$Al(OH)_3$和煤矸石混合物为原料的试样的微孔孔径分布都向大孔方向移动。至1600 ℃烧后，试样内微孔孔径主要集中在200 nm附近。

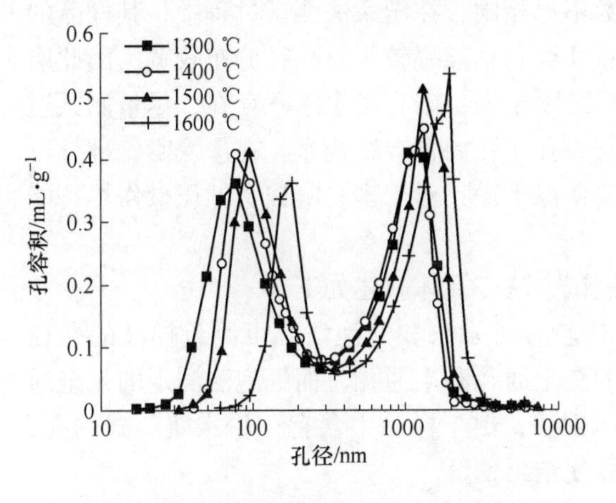

图4-6-9　烧结温度对气孔分布的影响

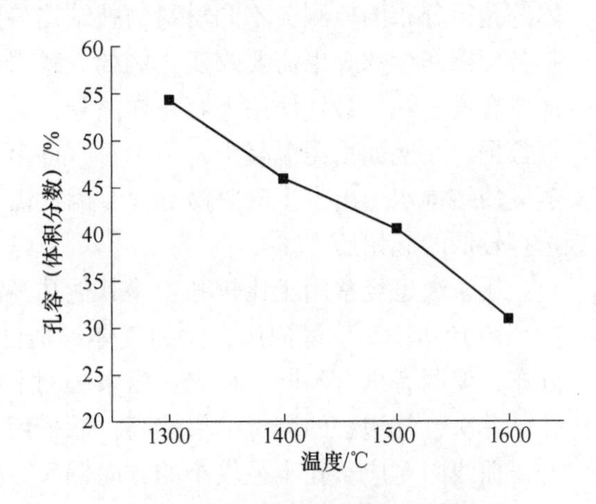

图4-6-10　烧结温度对试样内微孔占总孔体积分数的影响

4.7　孔隙表征方法对比及检测标准

4.7.1　多孔材料孔隙表征技术对比

多孔材料的孔隙表征方法，根据表征方法制样特点和测试原理等，也有很多分类：(1) 间接测试方法与直接测试方法；(2) 无损检测方法和有损检测法；(3) 定性分析和定量分析；(4) 图像分析法（image analysis）、流体注入法（intrusive method）及非流体注入法（nonintrusive method）。以下主要对图像分析法、流体注入法和非流体注入法等表征方法的特点作一些分析比较。

(1) 图像分析法是通过不同分辨率的显微镜，例如SEM、TEM、AFM等微区观察技术，对多孔材料的孔隙进行观察，获取图像并进行分析，获得多孔材料的孔隙大小、形状、分布等信息。图像分析技术主要特点为直观，特别是在孔隙形态学具有明显优势，图像是一种定性的分析方法，如果有一定数量的图像照片，并结合统计学方法和一些软件，可以获取孔隙率、孔径分布等定量信息。

(2) 流体注入法主要基于压汞法、气体吸附法和量热法，它是使用汞等非润湿性液体及适合气体在不同的压力下注入样品并记录注入量，通过不同的理论模型和方法计算获取孔径分布、比表面积等信息。实验过程相对简单，获取的数据相对全面。受实验方法的限制，流体注入法只能用于研究开口气孔，不能表征闭孔。流体注入法实验中开孔与闭孔的划分受到样品粒度影响，样品的粒度越小，闭孔就越有可能转变为开口气孔，导致开口气孔数目的增加，使所测比表面积和孔隙率变大；样品的水分也对孔隙表征有很大影响，因此在用流体注入法表征孔隙时应充分考虑样品粒度和干燥。

(3) 非流体注入法，主要基于射线散射（radiation scattering）、波传导（wave propagation）、正电子寿命频谱（positron lifetime spectroscopy）等技术，它们对开口和闭口气孔都很敏感。

不同孔径分布表征方法特征比较见表4-7-1，这些方法中压汞法是最为常用的方法之一，特别适用于天然岩石、矿石、建筑材料（水泥浆、砂浆、混凝土）、陶瓷、非金属粉体等孔径分布的检测，不同材料的孔结构参数不尽相同，在压汞法测试过程中，其样品的制备、操作参数等也需要改变，例如一般岩石孔容、孔隙率较小，孔径分布较宽，因此取样要有代表性，最好使用大容积样品管，且样品要干燥；因有墨水瓶孔存在，尽量测试退汞数据。又例如水泥混凝土，由于含有许多凝胶孔，孔内含有结构水，在干燥时，部分可蒸发的结构水逸出产生凝胶微晶孔，因此需要低温干燥；对于多孔陶瓷，低压操作尽可能选择较低的起始压力。

压汞法也经常用于比较和检验其他孔径测试方法，具体叙述如下：

(1) 压汞法、气泡压力法和气体渗透法比较。压汞法和气泡法都可测量样品的孔径分布，但两者稍有不同。首先，压汞法测定的是全通孔和半通孔，而气泡法测定的是全通孔。其次，气泡法的测量结果偏高；而采用压汞法，由于样品中含有“墨水瓶”式的孔，升压曲线向对应于孔半径较小的方向偏移，故使结果偏低。

用气体渗透法、气泡法和压汞法均可测定多孔材料的开口气孔的平均孔径。在多孔试样的孔径测定中，压汞法是公认的经典方法，但它是以开口气孔作为检测对象，而气体渗透法仅检测贯通孔。另外，孔在长度范围内，其横截面不可能像理论假设的那样一致，压汞法测定的是开口处的孔径，而气体渗透法测定的是最小横截面处的孔径。因此，寻求这两种方法所得结果的一致性是难以实现的，除非被测多孔体全部具有理想的圆柱状直通孔。两种测定方法所得结果的差异反映了被测材料孔形结构的不同。多孔试样中贯通气孔的最狭窄部分决定气孔渗透法的检测结果，而压汞法则只要孔两端的横截面较大，汞压入量就不会体现在最小横截面的孔数值上。因此，压汞法结果高于气体渗透法结果。

气泡法和气体渗透法结果比较相近，这是因为这两种方法都是以多孔材料的贯通孔为检测对象的。气泡法对于准确测定多孔材料的最大贯通孔是十分有效的，对于平均孔的测定，则仅局限于孔分布比较集中的多孔材料，且受到被测材料与被选溶液完全润湿的局限。此外，气泡法不适于孔半径小于0.5 μm的多孔材料，而分别根据黏性流和过渡流气体的渗透试验测定既可用于亲水性的多孔材料，又可用于憎水性的多孔材料。

(2) 压汞法和MIAPS软件二值法比较。作者团队前期研究稻壳对氧化铝隔热材料显微结构影响时，借助Micro-image Analysis and Process System（MIAPS）图像分析软件对材料的SEM照片进行二值化处理，通过图像法分析各试样的孔结构参数。图4-7-1给出了经1550 ℃处理后所有氧化铝隔热试样的显微结构照片。借助Micro-image Analysis and Process System（MIAPS）图像分析软件对图4-7-1中的SEM照片进行二值化处理并分析各试样孔结构参数，结果见图4-7-2。其中，二值化照片中黑色区域代表试样中的气孔，白色区域则代表试样的基体材料。对二值图中的气孔按一定孔径区间进行分类并加以统计，结果如图4-7-3和图4-7-4所示。其中，图4-7-3中不同颜色代表不同孔径范围的气孔。如试样K1中有6种微孔，而试样K6中则有超过15种的气孔被观察到。

表 4-7-1 不同孔径分布表征方法的特点汇总

项　目	图像分析法（IA）	CT 扫描（M-CT）	气体吸附法（GAM）	压汞法（MIP）	气泡法（BPM）	气体渗透法（GPM）	热孔计法（TPM）	核磁共振法（NMR）	小角度散射（SAXS）
孔径尺寸	依据分辨率	依据分辨率	0.4~100 nm	3 nm~500 μm	>100 μm 贯通孔	所有可渗透孔隙	4~100 nm	<100 nm	1~100 nm
孔壁厚度	√	√	×	×	×	×	×	×	×
孔隙率	定性	√	√	√	×	×	√	√	√
渗透性	×	依靠软件	×	√	√	√	?	√	×
可测其他参数	孔形的描述	孔形的观察	孔形	孔容积	无	无	孔形	流体饱和度	孔形
			孔容积	孔表面积			连通性	润湿性	孔表面积
			孔表面积	孔喉比				孔隙连通性	
				孔曲率					
能否测闭孔	Y	Y	N	N	N	N	N	Y	Y
有损、无损	有损	无损	?	有损	?	?	无损	无损	无损
样品干湿态	干	干+湿	干	干	干	干	湿	干+湿	干+湿
特点	仅表面分析简单直观	阈值选择困难，射束固化	检测耗时长	样品压缩、圆柱形孔模型，汞危害，不能与汞反应	仅贯通孔不适合憎水材料	适合憎水和亲水材料圆柱形通孔	含水状态下低温下	顺磁性影响测试环境仪器参数流体类型	检测速度快
直接、间接	直接	直接	间接	间接	间接	间接	间接	间接	间接
定量、定性	定性	定性	定量	定量	定量	定量	定量	定量	定量

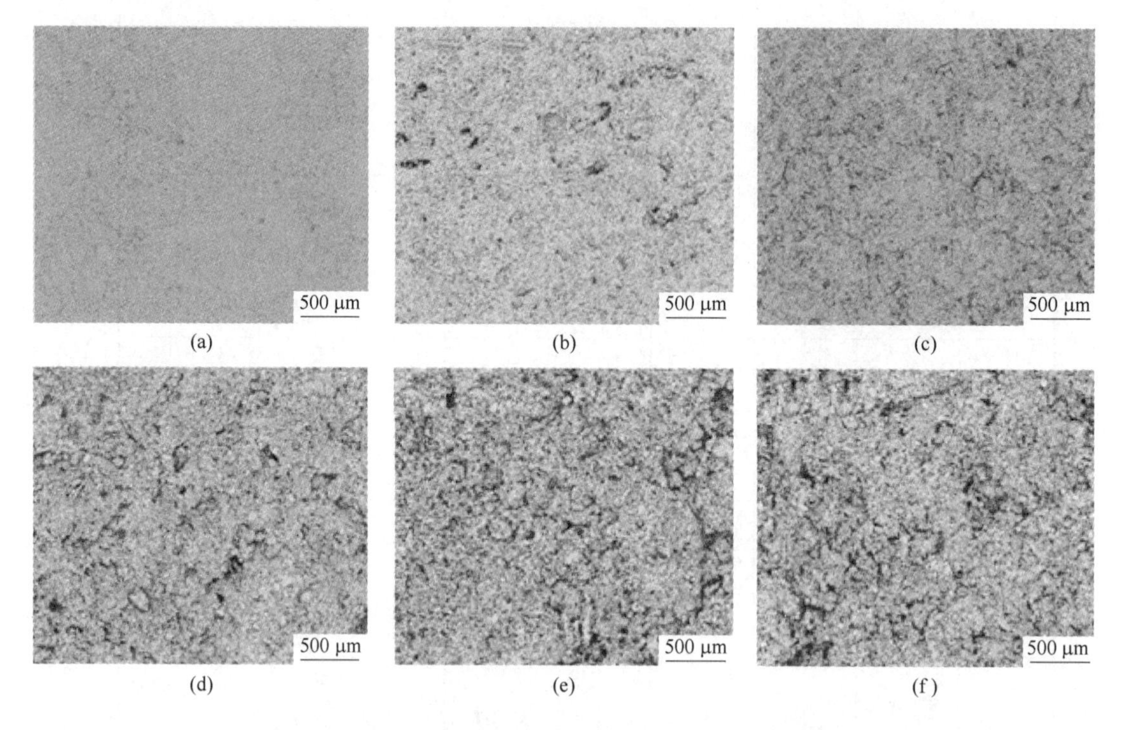

图 4-7-1 添加不同稻壳含量氧化铝多孔试样显微结构照片
（a）K0；（b）K2；（c）K3；（d）K4；（e）K5；（f）K6

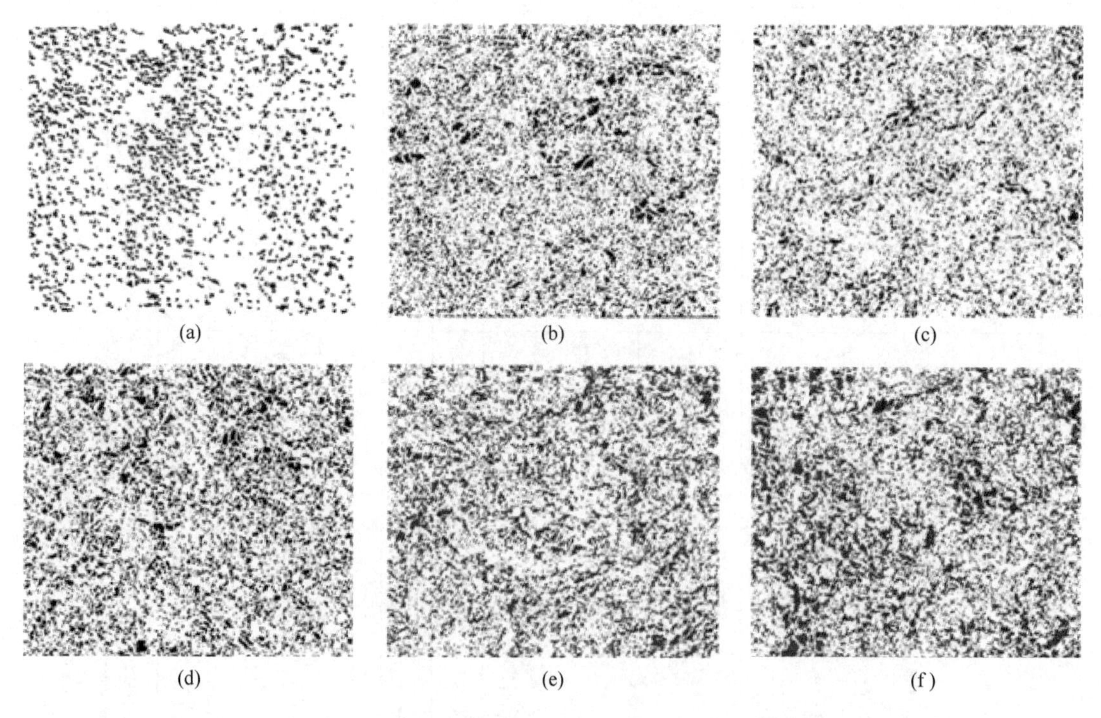

图 4-7-2 添加不同稻壳含量氧化铝多孔试样二值化照片
（a）K0；（b）K2；（c）K3；（d）K4；（e）K5；（f）K6

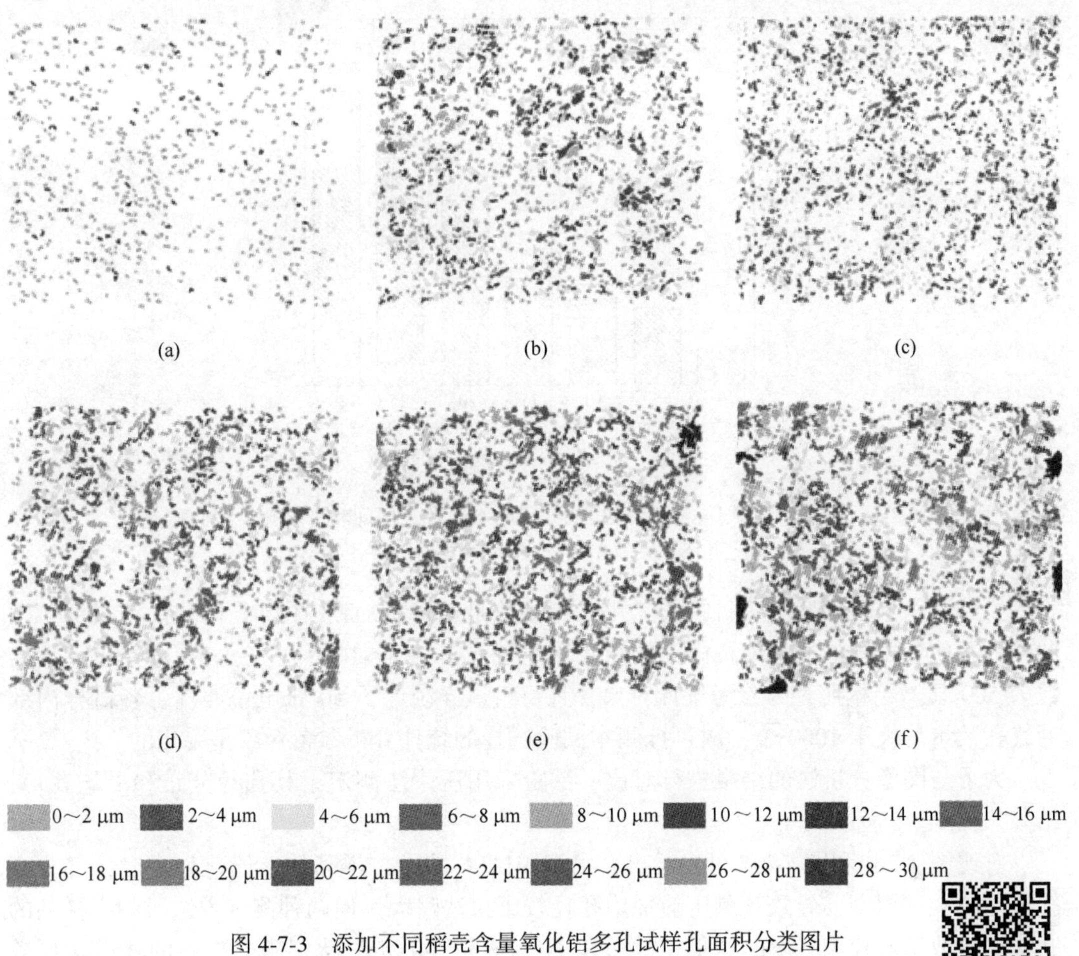

图 4-7-3　添加不同稻壳含量氧化铝多孔试样孔面积分类图片

(a) K0；(b) K2；(c) K3；(d) K4；(e) K5；(f) K6

图 4-7-3 彩图

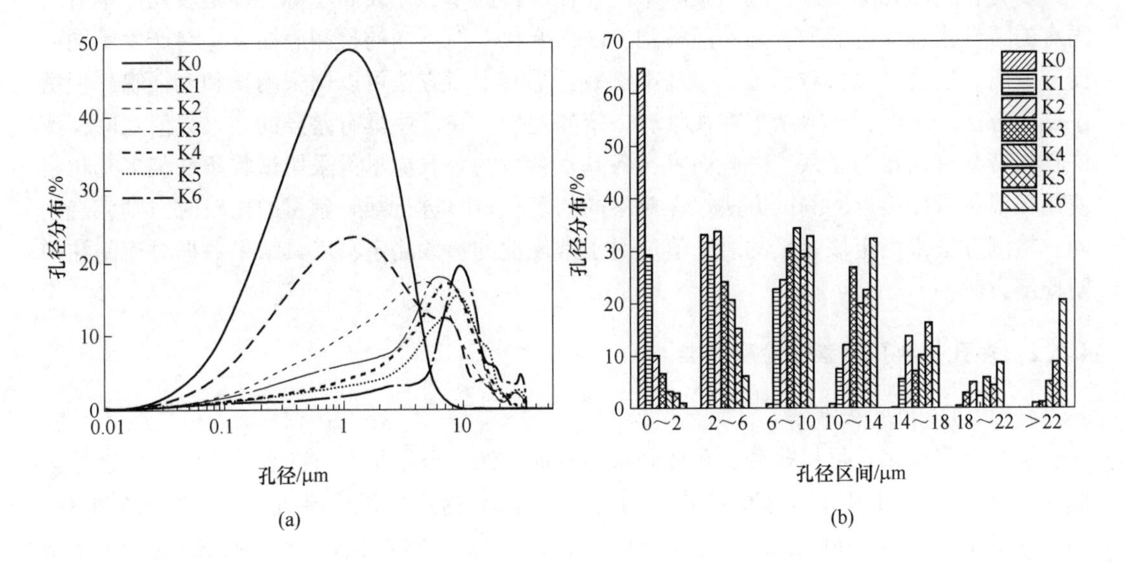

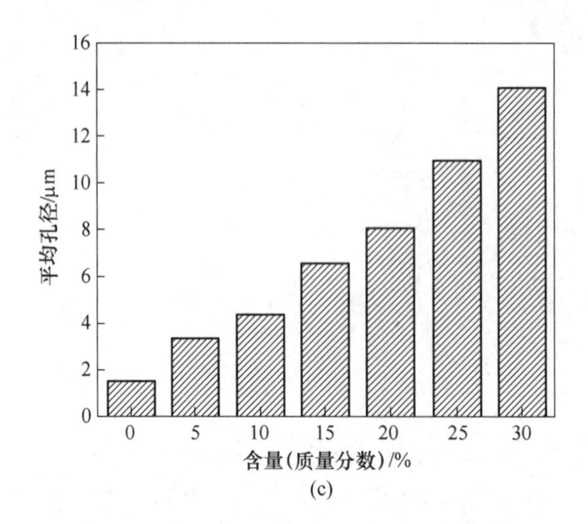

(c)

图 4-7-4　经 MIAPS 软件测定后试样的孔径分布、孔径区间和平均孔径的面积分布
(a) 孔径分布；(b) 孔径区间分布；(c) 平均孔径

另外，由于各多孔隔热材料的气孔结构参数是通过 MIAPS 图像分析软件获得的，因此，为了使各试样的显微结构内部存在足够的气孔信息（>1000 个气孔），选择了放大倍数为 500 显微结构照片为参考统计对象，且每组试样统计了 50 张电镜照片，各试样内部的气孔数量均大于 1000 个，故可推测本试验选择的统计分析参考对象是妥当的。

为了与图像分析法的结果进行对比，试验采用压汞法测定了其孔径分布和平均孔径，结果如图 4-7-5 所示。

对比图 4-7-4 和图 4-7-5 可以看出，由于 MIAPS 软件在样品的二值化处理时，部分微孔未能被全部识别，导致其测定的平均孔径较压汞法略大。但两种测定方法所测定样品的孔结构参数呈现较大程度的类似，故采用 MIAPS 软件测定氧化铝隔热材料的孔结构参数是有效的。

多孔材料的孔隙参数，包括孔隙率、孔径及其分布、比表面积等，都是多孔体本身所固有的特性指标。它们本身并不随检测方法而变化，但不同的检测表征方式会产生不同程度的偏离。这就是说，对于每一个基本参数，都有很多方法可以用来测量和表征它，但由于试验方法的不同，所得结果往往具有一定的差异。在这些具有差异的结果数值之间，或许存在着某种内在的联系。一般而言，各基本参数的获取应尽量采用试验条件与多孔材料使用环境尽可能接近的测试方法。在对不同的多孔材料进行某一参量的比较时，则应选用同一检测方法来测定该参量的表征值。对于常规性的参数测定，出具结果数据时应附注说明检测方法。

4.7.2　多孔材料孔隙参数检测标准

4.7.2.1　国家标准

尽管有多种多孔材料孔径及孔径分布的表征方法，但不是所有的表征方法都可以作为标准检测的，目前现行固体材料孔径分布和孔隙率测定标准主要是“GB/T 21650.1—2008/ISO 15901-1：2005《压汞法和气体吸附法测定固体材料孔径分布和孔隙度　第 1 部

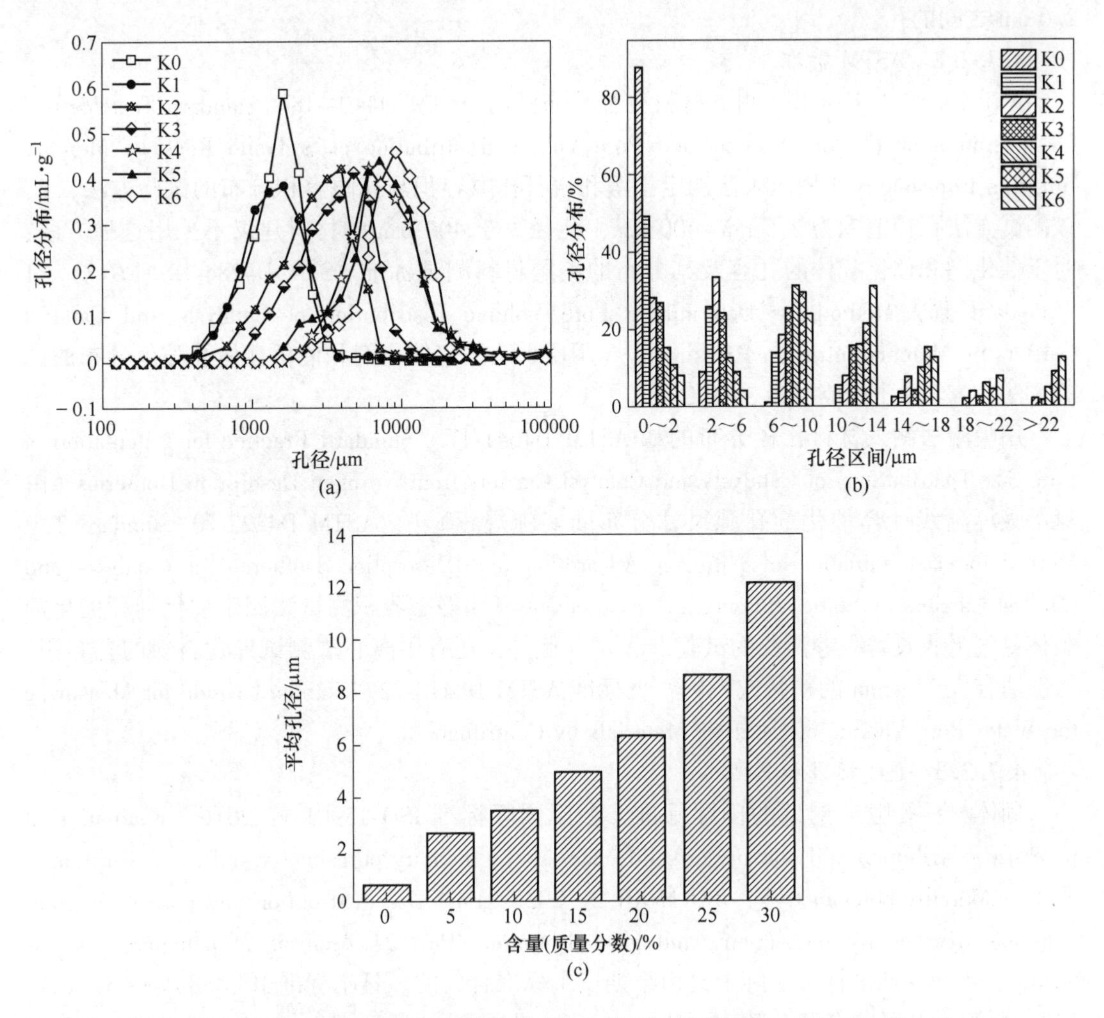

图 4-7-5　经压汞法测定后试样的孔径分布、孔径区间和平均孔径的类面积分布

(a) 孔径分布；(b) 孔径区间分布；(c) 平均孔径

分：压汞法》（Pore size distribution and porosity of solid materials by mercury porosimetry and gas adsorption—Part 1：Mercury porosimetry）、GB/T 21650.2—2008/ISO 15901-2：2006《压汞法和气体吸附法测定固体材料孔径分布和孔隙度　第 2 部分：气体吸附法分析介孔和大孔》(Part 2：Analysis of mesopores and macropores by gas adsorption)、GB/T 21650.3—2011/ISO 15901-3：2007《压汞法和气体吸附法测定固体材料孔径分布和孔隙度　第 3 部分：气体吸附法分析微孔》（Part 3：Analysis of micropores by gas adsorption）”这 3 个标准。上述标准等同于国际标准 ISO 15901-1~3，不适于闭口气孔。标准中规定了压汞法和气体吸附法来检测多孔材料的孔径分布和孔隙率，其中第 1 部分中压汞法操作过程中最大压力为 400 MPa，适于孔径范围在 3 nm~400 μm 的大多数固体材料，压汞法只适于大多数非润湿多孔材料但不适于汞齐化的材料，如金、铝等金属，如果一定要用该方法，则需要对样品进行预钝化处理；第 2 部分中气体吸附分析介孔-大孔法，适于测量孔径范围在 2.0~100 nm 之间的孔；第 3 部分中气体吸附分析微孔法，适于测量孔径范围在 0.4~

2.0 nm之间的孔。

4.7.2.2 ASTM标准

ASTM标准中用压汞法测试材料孔径分布的有ASTM D4404-18 "Standard Test Method for Determination of Pore Volume and Pore Volume Distribution of Soil and Rock by Mercury Intrusion Porosimetry（用压汞法测定土壤和岩石孔隙容积与孔隙容积分布的试验方法）"，该测试方法孔径范围为2.5 nm~400 μm，孔径大于400 μm的材料建议不采用这种方法；对于催化剂和催化载体的孔容及其分布的美国材料测试标准ASTM D4284-12（2017）E1 "Standard Test Method for Determining Pore Volume Distribution of Catalysts and Catalyst Carriers by Mercury Intrusion Porosimetry（用压汞法测定催化剂和催化载体孔隙度分布的试验方法）"，其孔径范围为3~100 nm。

用吸附法测试材料孔径分布的如ASTM D4641-17 "Standard Practice for Calculation of Pore Size Distributions of Catalysts and Catalyst Carriers from Nitrogen Desorption Isotherms（由氮解吸等温线计算催化剂孔隙尺寸分布的实施规程）"，ASTM D4222-20 "Standard Test Method for Determination of Nitrogen Adsorption and Desorption Isotherms of Catalysts and Catalyst Carriers by Static Volumetric Measurements（用静态容积测量法测定催化剂和催化剂载体氮气吸收及解吸等温线的试验方法）"。此外，还有用离心法测试催化材料的孔容积，一般适合大于1 mm的粉状或颗料，见标准ASTM D8413-22 "Standard Guide for Measuring the Water Pore Volume of Catalytic Materials by Centrifuge"。

4.7.2.3 ISO标准和其他

固体材料孔隙度测试的国际标准，参照国际标准ISO 15901-1：2016 "Evaluation of pore size distribution and porosity of solid materials by mercury porosimetry and gas adsorption—Part 1：Mercury porosimetry"、ISO 15901-2：2022 "Pore size distribution and porosity of solid materials by mercury porosimetry and gas adsorption—Part 2：Analysis of nanopores by gas adsorption"，这两个标准实际上是由早期三个标准合并的。日本标准JIS Z8831-1~3—2010 "固体材料的孔径分布和孔隙率（Pore size distribution and porosity of solid materials），3部分"，等同于国际标准"ISO 15901-1~3"。

4.7.3 部分无机非金属材料孔径分布行业检测标准

由于大多数多孔固体结构复杂，因此不同方法得到的结果通常不能吻合，而且仅靠一种方法也不能给出孔结构的所有信息。应依据多孔固体材料的应用，其化学和物理特性和孔径范围选择最合适的表征方法。

从以上ASTM和ISO标准可以看出，固体材料的孔径分布的检测方法以压汞法和气体吸附法为主，可能是因为这两种方法可重复性好、定量。但是测试孔径分布的ASTM标准中对孔容及孔容分布的测试，明确了具体某类材料，如压汞法检测土壤和岩石、气体吸附法检测催化及催化载体，而未说明可以适合除此之外的致密或多孔固体材料。

对无机非金属固体材料的孔径分布行业测试标准主要如下：

（1）能源行业标准NB/T 14008—2021《页岩全孔径分布的测定 压汞—吸附联合法》（Analysis of full-scale pore size distribution of shale both by mercury porosimetry and adsorption），其主要原理是：采用压汞和吸附法分别对页岩不同范围的孔径分布进行测

定，以总孔隙率参数为基准，将压汞法测得的孔隙半径 6 nm~10 μm 的孔径分布和吸附法测得的孔隙半径 1~10 nm 的孔径分布，以 6 nm 为衔接点，进行归一化计算和衔接，得到孔隙半径 1 nm~10 μm 范围内孔隙的孔径分布，利用水和汞的表面张力参数，将气/汞条件下的毛管压力换算为气/水条件下的毛管压力，得到全孔径毛管压力曲线，并根据该曲线判读突破压力等特征参数。

（2）石油天然气行业标准 SY/T 6154—2019《岩石比表面积和孔径分布测定　静态吸附容量法》（Determination of specific surface and pore size distribution of rocks—Static adsorption capacity method），该标准适用于岩石的比表面积和孔径分布的测定，孔径范围为 0.35~200 nm，主要采用 N_2 和 CO_2 吸附法来测定。

（3）黑色冶金标准 YB/T 118—2020《耐火材料　气孔孔径分布试验方法》（Refractory products—Determination of pore size distribution），该标准规定了耐火材料气孔孔径分布的试验原理、试验仪器和设备、试验步骤、试验结果和计算、试验报告；该标准的原理是压汞法，其中规定压汞仪的最大压力不小于 207 MPa；标准适用于测定耐火材料的开口气孔的孔径分布、平均孔径、小于 1 μm 气孔的孔容积占总孔容积百分率和大于 1 μm 气孔的孔容积占耐火材料体积分数，测试孔径范围为 6 nm~360 μm。

以上各类检测标准和孔隙结构表征方法总结可以看出，多数多孔固体的孔径分布测试以吸附法和压汞法为主流。耐火材料的孔隙表征研究是以图像法和压汞法为主，这也是适合耐火材料的孔隙特征。对于多孔隔热耐火材料而言，也是以这两种方法为主，但也需要注意的是：压汞法测定多孔隔热耐火材料时，需要考虑汞压对多孔隔热耐火材料的影响（多孔隔热耐火材料的耐压强度多在几兆帕），同时多孔隔热耐火材料有毫米级的孔，超出压汞法的最佳孔径尺寸（标准 YB/T 118—2020 要求不超过 360 μm；ASTM D4404-18 和 GB/T 21650. 1—2008/ISO 15901-1 标准不超过 400 μm）。

参考文献

[1] Gibson L J, Ashby M F. Cellular-Solids: Structure and Properties [M]. Cambridge University Press, 2003.

[2] Grenestedt J L. Influence of cell shape variations on elastic stiffness of closed cell cellular solids [J]. Scripta Materialia, 1999, 40: 71-77.

[3] Chan N, Evans K E. Microscopic examination of the microstructure and deformation of conventional and auxetic foams [J]. Journal of Materials Science. 1997, 32: 5725-5736.

[4] 朱虹. 多孔陶瓷材料的弹性和传热性能研究 [D]. 哈尔滨：哈尔滨工业大学，2011.

[5] 朱纪磊，奚正平，汤慧萍，等. 多孔结构表征及分形理论研究简况 [J]. 稀有金属材料与工程，2006，35（8）：352-455.

[6] 邸小波，奚正平，汤慧萍，等. 多孔材料孔结构分形维数的研究现状 [J]. 功能材料，2007，38：3849-3852.

[7] 张东辉. 多孔介质扩散、导热、渗流分形模型的研究 [D]. 南京：东南大学，2003.

[8] John W. Crawford, Karl Ritz, Quantification of fungal morphology, gaseous transport and microbial dynamics in soil: an integrated framework utilising fractal geometry [J]. Geodema, 1993, 56 (1): 157-172.

[9] Huang S J, Yu Y C, Lee T Y, et al. Correlations and characterization of porous solids by fractal dimension and porosity [J]. Physica A: Statistical Mechanics and Its Applications, 1999, 274 (3/4): 419-432.

[10] Baoquan Z, Xiufeng L. Theoretical verification of the scaling relation to determine surface fractal dimension

of porous media [J]. Transactions of Tianjin University, 2000, 6 (2): 181-184.

[11] Mandelbrot B B. Fractal analysis and synthesis of fracture surface roughness and related forms of complexity and disorder [J]. International Journal of Fracture, 2006, 138: 13-17.

[12] Adler P M, Thovert J F. Fractal porous media [J]. Transport in porous media, 1993, 13: 41-78.

[13] Krohn C E, Thomspon A H. Fractal sandstone pores: Automated measurements using scanning-electron-microscope images [J]. Physical Review B, 1986, 33 (5): 6366-6374.

[14] 果世驹. 粉末烧结理论 [M]. 北京: 冶金工业出版社, 2002.

[15] Pitchumani R, Ramakrishnan B. A fractal geometry model for evaluating permeabilities of porous preforms used in liquid composite molding [J]. Int J Heat and Mass Transfer, 1999, 42: 2219-2232.

[16] Pan J, Ch'Ng H N, Cocks A C F. Sintering kinetics of large pores [J]. Mechanics of Materials, 2005, 37: 705-721.

[17] Cocks A C F. Constitutive modelling of powder compaction and sintering [J]. Progress in materials science, 2001, 46 (3/4): 201-229.

[18] Li N. Sintering mechanism and models of aggregated MgO powder compacts [J]. Science of Sintering, 1992, 24 (3): 161-169.

[19] 蒋兵, 翟涵, 李正民. 多孔陶瓷孔径及其分布测定方法研究进展 [J]. 硅酸盐通报, 2012, 31 (2): 311-315.

[20] 宋睿, 汪尧, 刘建军. 岩石孔隙结构表征与流体输运可视化研究进展 [J]. 西南石油大学学报 (自然科学版), 2018, 40 (6): 85-105.

[21] 李淑静. 原位分解成孔制备多孔陶瓷的研究 [D]. 武汉: 武汉科技大学, 2006.

[22] Sun Z, Scherer G W. Pore size and shape in mortar by thermoporometry [J]. Cement & Concrete Research, 2010, 40 (5): 740-751.

[23] Kim H, Han Y, Park J. Evaluation of permeable pore sizes of macroporous materials using a modified gas permeation method [J]. Materials Characterization, 2009, 60 (1): 14-20.

[24] Groen J C, Peffer L A A, Pérez-Ramírez J. Pore size determination in modified micro-and mesoporous materials. Pitfalls and limitations in gas adsorption data analysis [J]. Microporous and Mesoporous materials, 2003, 60 (1/2/3): 1-17.

[25] Yu J, Hu X, Huang Y. A modification of the bubble-point method to determine the pore-mouth size distribution of porous materials [J]. Separation and Purification Technology, 2010, 70 (3): 314-319.

[26] Feng S, Xu Z, Chai J, et al. Using pore size distribution and porosity to estimate particle size distribution by nuclear magnetic resonance [J]. Soils and Foundations, 2020, 60 (4): 1011-1019.

[27] Zhao Y, Liu S, Elsworth D, et al. Pore structure characterization of coal by synchrotron small-angle X-ray scattering and transmission electron microscopy [J]. Energy & Fuels, 2014, 28 (6): 3704-3711.

[28] Sidiq A, Gravina R J, Setunge S, et al. High-efficiency techniques and micro-structural parameters to evaluate concrete self-healing using X-ray tomography and Mercury Intrusion Porosimetry: A review [J]. Construction and Building Materials, 2020, 252: 119030.

[29] Landry M R. Thermoporometry by differential scanning calorimetry: experimental considerations and applications [J]. Thermochimica acta, 2005, 433 (1/2): 27-50.

[30] Ziel R, Haus A, Tulke A. Quantification of the pore size distribution (porosity profiles) in microfiltration membranes by SEM, TEM and computer image analysis [J]. Journal of Membrane Science, 2008, 323 (2): 241-246.

[31] Saurel D, Orayech B, Xiao B, et al. From charge storage mechanism to performance: a roadmap toward high specific energy sodium-ion batteries through carbon anode optimization [J]. Advanced Energy

Materials, 2018, 8 (17): 1703268.

[32] Ho S T, Hutmacher D W. A comparison of micro CT with other techniques used in the characterization of scaffolds [J]. Biomaterials, 2006, 27 (8): 1362-1376.

[33] 张倩, 董艳辉, 童少青, 等. 核磁共振冷冻测孔法及其在页岩纳米孔隙表征的应用 [J]. 科学通报, 2016, 61 (21): 2387-2394.

[34] Clarkson C R, Freeman M, He L, et al. Characterization of tight gas reservoir pore structure using USANS/SANS and gas adsorption analysis [J]. Fuel, 2012, 95: 371-385.

[35] Clarkson C R, Solano N, Bustin R M, et al. Pore structure characterization of North American shale gas reservoirs using USANS/SANS, gas adsorption, and mercury intrusion [J]. Fuel, 2013, 103: 606-616.

[36] Sun M, Zhao J, Pan Z, et al. Pore characterization of shales: A review of small angle scattering technique [J]. Journal of Natural Gas Science and Engineering, 2020, 78: 103294.

[37] Su Y, Zha M, Jiang L, et al. Pore structure and fluid distribution of tight sandstone by the combined use of SEM, MICP and X-ray micro-CT [J]. Journal of Petroleum Science and Engineering, 2022, 208: 109241.

[38] 李光, 罗守华, 顾宁. Nano CT 成像进展 [J]. 科学通报, 2013, 58 (7): 501-509.

[39] Cao Q, Gong Y, Fan T, et al. Pore-scale simulations of gas storage in tight sandstone reservoirs for a sequence of increasing injection pressure based on micro-CT [J]. Journal of Natural Gas Science and Engineering, 2019, 64: 15-27.

[40] Maex K, Baklanov M R, Shamiryan D, et al. Low dielectric constant materials for microelectronics [J]. Journal of Applied Physics, 2003, 93 (11): 8793-8841.

[41] Moro F, Böhni H. Ink-bottle effect in mercury intrusion porosimetry of cement-based materials [J]. Journal of Colloid and Interface Science, 2002, 246 (1): 135-149.

[42] Carlos A Léon y Léon. New perspectives in mercury porosimetry [J]. Advances in Colloid and Interface Science, 1998, 76: 341-372.

[43] Wang Y, Tian Q, Li H, et al. A new hypothesis for early age expansion of cement-based materials: Cavitation in ink-bottle pores [J]. Construction and Building Materials, 2022, 326: 126884.

[44] Gu Z, Goulet R, Levitz P, et al. Mercury cyclic porosimetry: Measuring pore-size distributions corrected for both pore-space accessivity and contact-angle hysteresis [J]. Journal of Colloid and Interface Science, 2021, 599: 255-261.

[45] Lowell S, Shields J E. Hysteresis, entrapment, and wetting angle in mercury porosimetry [J]. Journal of Colloid and Interface Science, 1981, 83 (1): 273-278.

[46] Kumar R, Bhattacharjee B. Study on some factors affecting the results in the use of MIP method in concrete research [J]. Cement and Concrete Research, 2003, 33 (3): 417-424.

[47] Gao Z, Hu Q. Estimating permeability using median pore-throat radius obtained from mercury intrusion porosimetry [J]. Journal of Geophysics and Engineering, 2013, 10 (2): 025014.

[48] Hearn N, Hooton R D. Sample mass and dimension effects on mercury intrusion porosimetry results [J]. Cement and Concrete Research, 1992, 22 (5): 970-980.

[49] 焦堃. 煤和泥页岩纳米孔隙的成因、演化机制与定量表征 [D]. 南京: 南京大学, 2015.

[50] 葛山, 尹玉成. 无机非金属材料实验教程 [M]. 北京: 冶金工业出版社, 2008.

[51] ASTM D4404-18, Standard Test Method for Determination of Pore Volume and Pore Volume Distribution of Soil and Rock by Mercury Intrusion Porosimetry [S].

[52] ASTM D4284-12(2017) E1, Standard Test Method for Determining Pore Volume Distribution of Catalysts and Catalyst Carriers by Mercury Intrusion Porosimetry [S].

[53] ASTM D4222-20, Standard Test Method for Determination of Nitrogen Adsorption and Desorption Isotherms of Catalysts and Catalyst Carriers by Static Volumetric Measurements (用静态容积测量法测定催化剂和催化剂载体氮气吸收及解吸等温线的试验方法) [S].

[54] ASTM D4641-17, Standard Practice for Calculation of Pore Size Distributions of Catalysts and Catalyst Carriers from Nitrogen Desorption Isotherms [S].

[55] ASTM D8413-22, Standard Guide for Measuring the Water Pore Volume of Catalytic Materials by Centrifuge [S].

[56] ASTM D8393-21, Standard Guide for Determination of Pore Volume of Powdered Catalysts and Catalyst Carriers by Water Adsorption [S].

[57] ISO 15901-2: 2022, Pore size distribution and porosity of solid materials by mercury porosimetry and gas adsorption — Part 2: Analysis of nanopores by gas adsorption [S].

[58] ISO 15901-1: 2016, Evaluation of pore size distribution and porosity of solid materials by mercury porosimetry and gas adsorption — Part 1: Mercury porosimetry [S].

[59] ISO 20804: 2022, Determination of the specific surface area of porous and particulate systems by small-angle X-ray scattering (SAXS) [S].

[60] YB/T 118—2020 耐火材料气孔孔径分布试验方法 [S].

[61] GB/T 2997—2015 致密定形耐火制品体积密度、显气孔率和真气孔率试验方法 [S].

[62] GB/T 2998—2015 定形隔热耐火制品体积密度和真气孔率试验方法 [S].

[63] GB/T 5071—2013 耐火材料 真密度试验方法 [S].

5　多孔隔热耐火材料的性能表征

耐火材料的性能主要可分为物理性能、化学性能和使用性能：(1) 物理性能包括表征致密程度的体积密度、孔隙率、真密度、吸水率、透气度等（在第4章中已经表述)、力学性能（弹性模量、耐压强度、抗折强度、抗拉强度、抗扭强度、断裂韧性、硬度等）和热学性能（比热容、导热系数、热扩散系数、发射率、热膨胀等)；(2) 化学性能即材料参与化学反应的活泼性和能力，如抗酸碱侵蚀性、抗氧化或还原性、抗高温气体和各种熔体侵蚀等，本章中主要介绍多孔隔热耐火材料中抗CO和碱侵蚀；(3) 使用性能是表征耐火材料在服役过程中的特性并直接与其使用寿命相关的性能，主要包括耐火度、抗热震性、荷重软化温度、高温蠕变和高温体积稳定性等。也有文献把化学性能归到使用性能，其实以上耐火材料三个方面的性能并没有特别严格的界限。

5.1　力学性能

耐火材料的力学性能是指在一定的环境条件下，耐火材料对作用在其上的不同形式载荷所做出的反应，可以是在发生破坏时的极限应力（强度)，也可以是在加载过程中所展示出的应力-应变关系曲线等。耐火材料的力学性能通常包括耐压强度、抗折强度、扭转强度、抗拉强度、硬度和弹性模量等。对于多孔隔热耐火材料，一般更多关注其常温耐压强度和抗折强度。

5.1.1　常温耐压强度

5.1.1.1　常温耐压强度的定义

常温耐压强度（cold compressive strength 或 cold crushing strength，均简称CCS)，是指耐火材料在常温条件下，单位面积上所能承受的最大压力，以 N/mm^2（或 MPa）表示。可按下式计算：

$$C_s = \frac{P}{A} \tag{5-1-1}$$

式中　C_s——试样的耐压强度，MPa；

P——试样破坏时所承受的最大载荷，N；

A——试样承受载荷的面积，mm^2。

5.1.1.2　常温耐压强度的影响因素

常温耐压强度可以间接反映耐火材料制备工艺的合理性，其大小可表明耐火材料的成型坯料加工质量、成型坯体结构的均匀性及是否烧结良好；也可以间接地评估其他性质的优劣，如耐磨性可表示其结构致密程度等，因此常温耐压强度也是判断耐火材料质量的常规检验指标。常温耐压强度的主要影响因素有颗粒自身强度、颗粒间结合强度和结构致密程度等。

5.1.1.3 常温耐压强度检测标准

A 国家标准和ISO标准

国家标准GB/T 5072—2008《耐火材料 常温耐压强度试验方法》(Refractories—Determination of cold compressive strength)中分为三部分：方法1—致密定形耐火制品耐压强度无衬垫试验法（仲裁法），等效于ISO 10059-1：1992“Dense，shaped refractory products—Determination of cold compressive strength—Part 1：Referee test without packing”；方法2—致密耐火材料耐压强度衬垫试验法，等效于ISO 10059-2：2003“Dense，shaped refractory products—Determination of cold compressive strength—Part 2：Test with packing”；方法3—隔热耐火材料耐压强度试验方法，等效于ISO 8895：2004标准“Shaped insulating refractory products—Determination of cold crushing strength”，这三种测试方法中的样品尺寸是有较大区别的，见表5-1-1。但对于不定形耐火材料（包括致密和隔热）的常温耐压强度试验方法，标准ISO 1927-6：2012“Monolithic（unshaped）refractory products—Part 6：Measurement of physical properties”和国家标准GB/T 5072—2008还是有些细微差别的。

表5-1-1 国家标准《耐火材料 常温耐压强度试验方法》不同方法的比较

项 目	方法1 无衬垫试验法	方法2 衬垫试验法	方法3 隔热耐火材料
适用范围	致密耐火材料	致密耐火材料	定形和不定形隔热耐火材料
样品尺寸	圆柱体：ϕ50 mm×50 mm，也可用ϕ36 mm×36 mm	（1）圆柱体：ϕ50 mm×50 mm； （2）立方体：边长50 mm、65 mm或75 mm； （3）半块标砖①； （4）不定形耐火材料：边长40 mm、65 mm立方体；或抗折强度后半截试样	半块标砖
加载速度	1.0 MPa/s	1.0 MPa/s	（1）0.05 MPa/s（<10 MPa）； （2）0.2 MPa/s（>10 MPa）

注：方法2中，如果试样的尺寸不能满足（1）~（4），采用尽可能大的圆柱体（高度等于直径）或立方体。

①半块标砖的尺寸为114 mm×114 mm×76（75）mm或114 mm×114 mm×64（65）mm。

B ASTM标准

ASTM标准中耐火材料常温耐压强度试验方法为C133-97（2021）“Standard Test Methods for Cold Crushing Strength and Modulus of Rupture of Refractories”。该标准认为试样的最大粒度尺寸与最小试样尺寸的相对值会对试验的数据产生较大的影响，因此规定在任何情况下，对于最大粒度大于6.4 mm的材料来说，试样尺寸应为152 mm×25 mm×25 mm，对于不同类型耐火材料试样的取样和尺寸要求、受压面都有着不同要求，具体如下：

（1）定形制品（firebrick and shapes，体积密度大于等于1.6 g/cm^3）。试样应为边长51 mm的立方体或ϕ51 mm×51 mm圆柱体。试样的受压方向应与试样的成型加压方向一致。如遇特殊制品，一块砖只制取一个试样，且应尽可能多地保留制品的原砖面，施压方向与砖的成型加压方向一致。

（2）定形隔热制品（insulating firebrick and shapes，体积密度小于1.6 g/cm^{3}或者总

气孔率大于45%)。试样尺寸为114 mm×114 mm×64 mm(76 mm),一块砖只取一个试样。允许从做抗折试验后的半砖上切取试样。

(3)耐火浇注料。包括隔热浇注料,试样应为边长51mm的立方体或ϕ51 mm×51 mm圆柱体,浇注或喷射成型。允许从做抗折试验后的每个230 mm×51 mm×51 mm试条上切取试样。试样不应有裂纹及其他明显缺陷,试样必须在105~110 ℃干燥18 h。受压面尺寸为51 mm×51 mm或ϕ51 mm,垂直于试样的原浇注方向或喷射方向施加荷载。

5.1.1.4 典型多孔隔热耐火材料测试结果与分析

作者以粉煤灰、叶蜡石、黏土为原料,锯末为造孔剂,研究了锯末粒径(分别为0.3~0.5 mm、0.1~0.3 mm和<0.1 mm)对粉煤灰多孔隔热耐火砖生坯形貌和在不同温度热处理后样品的性能的影响。按GB/T 5072—2008检测制备出试样的常温耐压强度,如图5-1-1所示。结果表明:随着锯末粒径的减小,烧后的试样常温耐压强度增大。

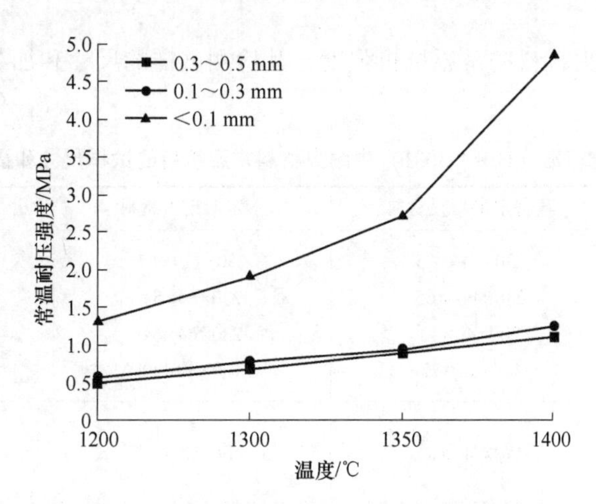

图5-1-1 粉煤灰多孔隔热耐火砖的烧后耐压强度

5.1.2 常温抗折强度

5.1.2.1 抗折强度的定义

耐火材料的抗折强度(modulus of rupture,MOR)包括常温抗折强度(modulus of rupture at ambient temperature 或 cold modulus of rupture,简称CMOR)和高温抗折强度(modulus of rupture at elevated temperature,有时候也称hot modulus of rupture,对应CMOR简称HMOR),分别是指常温和高温条件下,耐火材料单位截面积上所能承受的极限弯曲应力,以N/mm^2(或MPa)表示。它表征的是材料在常温或高温条件下抵抗弯矩的能力,采用三点弯曲法测量,其原理如图5-1-2所示。

5.1.2.2 抗折强度的测试标准

A 国家标准和ISO标准

国家标准GB/T 3001—2017《耐火材料 常温抗折强度试验方法》(Refractory products—Determination of modulus of rupture at ambient temperature)修改采用ISO国际标准ISO 5014:1997 "Dense and insulating shaped refractory products—Determination of modulus of

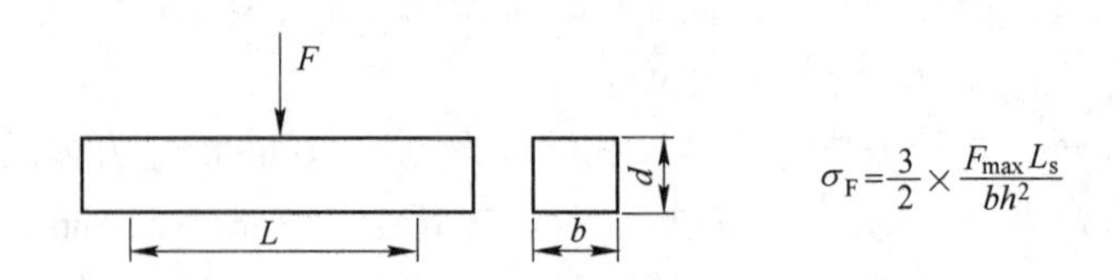

图 5-1-2　三点弯曲法测量抗折强度原理图

σ_F—抗折强度，MPa；F_{max}—对试样施加的最大压力，N；L_s—下刀口间的距离，mm；

b—试样宽度，mm；h—试样高度，mm

rupture at ambient temperature”；但其中也包括了不定形耐火材料，而 ISO 标准中仅包括致密和轻质的定形耐火材料。对于不定形耐火材料的物理性能检测，ISO 标准中是参照 ISO 1927-6：2012 标准 “Monolithic (unshaped) refractory products—Part 6：Measurement of physical properties”。

对于不同类型耐火材料的常温抗折强度，其检测试样的尺寸和加载速率也有不同的要求，见表 5-1-2。

表 5-1-2　国家标准（GB/T 3001）中耐火材料常温抗折的试样尺寸和操作参数要求

类　　型	致密定形耐火材料	不定形耐火材料	隔热耐火制品
试样尺寸（$l\times b\times h$）/mm×mm×mm	230×114×75 230×114×65 200×40×40 150×25×25	230×114×64 230×64×54 230×64×64 160×40×40	标准砖尺寸
压力面	成型加压面	浇注侧面	成型时加压方向的原砖面
加载速率	致密耐火制品，0.15 MPa/s；隔热耐火制品，0.05 MPa/s		

B　ASTM 标准

ASTM 标准中耐火材料常温抗折强度测试方法和常温耐压强度为同一标准号——ASTM C133-97 (2021) “Standard Test Methods for Cold Crushing Strength and Modulus of Rupture of Refractories”，该标准对试样尺寸和一些操作参数进行了规定，具体见表 5-1-3。

表 5-1-3　耐火材料常温抗折强度试验的 ASTM 标准加荷速率和试样尺寸

耐火材料类型	试样尺寸 /mm×mm×mm	跨距 /mm	应力速率 /MPa · min^{-1}	加荷速率 /kN · min^{-1}	应变速率[①] /mm · min^{-1}
致密耐火材料					
体积密度 > 1.6 g/cm^3，或气孔率<45%，或两者（包括普通或高强度浇注料、烧后可塑料和捣打料）	228×114×64	178	9	15.55	1.3
	228×114×76	178	9	22.39	1.3
	228×51×51	178	9	4.42	1.3
	152×25×25	127	9	0.774	1.3

续表 5-1-3

耐火材料类型	试样尺寸 /mm×mm×mm	跨距 /mm	应力速率 /$MPa \cdot min^{-1}$	加荷速率 /$kN \cdot min^{-1}$	应变速率① /$mm \cdot min^{-1}$
隔热耐火材料					
体积密度<1.6 g/cm^3，或真气孔率>45%，或两者（包括干燥后、不烧可塑料或捣打料）	228×114×64②	178	3	5.18	1.3
	228×114×76②	178	3	7.46	1.3
	228×51×51③	178	3	1.47	1.3

①可能的话，用恒定的应力速率比恒定的应变速率要好。
②定形制品应选择的尺寸，烧成砖必须采用的尺寸。
③各种浇注料应选择的尺寸。

5.1.2.3　典型多孔隔热耐火材料常温抗折强度

作者通过固相反应合成了具有棒状晶体骨架结构的硼酸铝多孔陶瓷，在室温下进行三点弯曲常温抗折强度测试，跨度为 100 mm，加载速率为 0.05 MPa/s（GB/T 3001—2017）。随着硼酸添加量的增加，试样的常温抗折强度从 16.95 MPa 下降到 8.20 MPa，如图 5-1-3 所示。

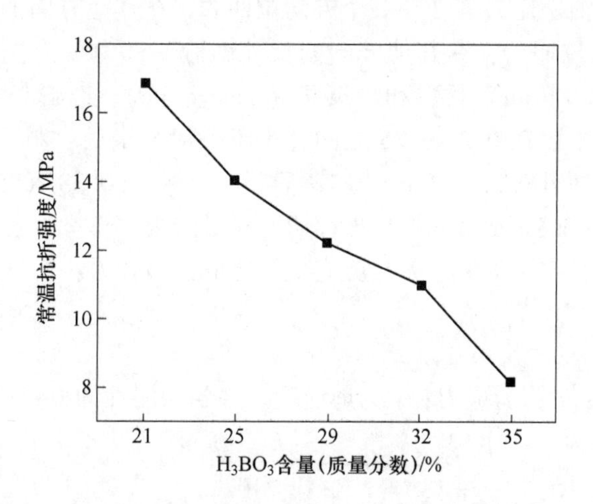

图 5-1-3　硼酸铝陶瓷的常温抗折强度

5.1.3　弹性模量

5.1.3.1　弹性模量定义

弹性模量（elasticity modulus），也称“弹性常数”“弹性系数”，它是表征材料弹性的量，它的一般定义是：单向应力状态下应力除以该方向的应变。材料在弹性变形阶段，其应力和应变成正比例关系（即符合胡克定律），其比值即为弹性模量。

弹性模量是描述固体材料抵抗形变能力的物理量，是材料发生弹性变形难易程度的度量，其值越大，表明材料的刚度越大，即在一定应力作用下所产生的弹性变形越小。弹性模量实际上是一个统称，其数值和性质与应变类型密切相关。对于各向同性体的弹性模量，包括拉压弹性模量 E、剪切弹性模量 G、体积弹性模量 K，以及泊松比 ν 和拉梅(Lamé) 弹性常数 λ。对于各向同性弹性体，上述五个弹性模量中只有两个是独立的，故每一个弹性模量可用其中另两个表示。

对于大多数多晶体材料，虽然组成材料的各晶粒在微观上都具有方向性，但因晶粒数量很大且随机排列，宏观上都可以当作各向同性来处理。一些非晶态固体，更可以视作各向同性。以下对各向同性材料的弹性常数做简要叙述。

(1) 杨氏模量 E (Young's modulus)。弹性模量是反映材料应力与应变关系的物理量，在弹性范围内大多数材料服从虎克定律，即发生弹性变形时的应力 σ 与应变 ε 成正比：

$$E = \frac{\sigma}{\varepsilon} \tag{5-1-2}$$

式中，如果应变 ε 为正应变或线应变，E 即为拉压弹性模量，也叫杨氏模量 (Young's modulus)，经常把拉压弹性模量 E 简称为弹性模量。应变 ε 是一个无量纲物理量，弹性模量的单位和应力一样，为 Pa，实际应用中多采用 GPa 为单位。

(2) 泊松比 ν (Poisson's ratio 或 Poisson ratio)。泊松比定义为材料受拉伸或压缩力时，材料发生变形时的横向应变与纵向应变的比率，是一无量纲的物理量。当材料在一个方向被压缩，它会在与该方向垂直的另外两个方向伸长，这就是泊松现象。泊松比是用来反映泊松现象的无量纲的物理量。泊松比一般是正值，表示在一个方向拉伸后，在其他方向收缩。不过也存在泊松比为零（在一个方向拉伸后，在其他方向的尺寸不变），甚至为负的材料（在一方向拉伸后，在其他方向的尺寸膨胀，称为负泊松比材料或拉胀材料，多孔材料中一些泡沫（foam）材料和蜂巢状（honeycomb）结构材料为负泊松比材料）。大多数无机材料的泊松比在 0.2~0.25 之间，小于一般的金属材料（0.29~0.33），更低于诸如聚四氟乙烯、环氧树脂、尼龙、橡胶等高分子材料（0.38~0.5）。

(3) 剪切模量 G(Shear modulus)，也称切变模量或刚性模量，它是指弹性材料承受剪应力时会产生剪应变，定义为剪应力与剪应变的比值，公式为：

$$G = \frac{\tau}{\gamma} \tag{5-1-3}$$

式中，G 为剪切模量；τ 为剪应力；γ 为剪应变。在各向同性的材料中：

$$G = \frac{E}{2(1 + \nu)} \tag{5-1-4}$$

(4) 体积模量 K(bulk modulus) 也称为不可压缩量，是材料对于表面四周压强产生形变程度的度量。它被定义为产生单位相对体积收缩所需的压强，其单位也是 GPa。

$$K = \frac{E}{3(1 - 2\nu)} \tag{5-1-5}$$

5.1.3.2 多相材料的弹性模量

许多材料是多相的，这类材料的弹性特性是由各组成相的弹性常数的加权平均值所代表的。与单相多晶材料一样，常数的加权可以通过不同的方式来产生模量的边界。最简单的边界是那些假设固体中的均匀应变或均匀应力的边界。因此，对于两相材料，复合材料的杨氏模量的均匀应变（Voigt）边界，由以下公式给出：

$$E_V = V_1E_1 + V_2E_2 \tag{5-1-6}$$

而其均匀应力（Reuss）边界由以下公式表达：

$$E_{R} = \frac{E_1 E_2}{E_1 V_2 + E_2 V_1} \tag{5-1-7}$$

式中，E_1、E_2 为各组成相的弹性模量；V_1、V_2 为各自的体积分数；这些界限分别代表平行和串联的材料。

对于多孔材料，材料中存在的气孔也可以作为第二相进行处理，但由于气孔的弹性模量为0，因此式（5-1-6）和式（5-1-7）不适合。对于连续基体内的封闭气孔，一般可用经验公式计算弹性模量：

$$E = E_0(1 - 1.9P + 0.9P^2) \tag{5-1-8}$$

式中，E_0 为无气孔时材料的弹性模量；P 为气孔率，当气孔率达到50%时式（5-1-8）还有效。气孔对材料弹性模量的影响还在很大程度上取决于气孔形状，考虑气孔形状的影响后，有如下公式：

$$E = E_0(1 - bP) \tag{5-1-9}$$

式中，E_0 为无任何孔隙时的弹性模量；P 为孔隙的体积分数；b 为表征孔隙形态特征的经验常数。

影响多相材料的弹性模量的主要因素有：（1）化学矿物组成、晶体的化学键类型；（2）气孔率与裂纹；（3）温度和热处理过程等。一般来说，多晶材料的弹性模量随着温度升高而降低（见图5-1-4），当含有玻璃相的材料，在一定温度范围内，随温度升高而增大，但温度超过一定范围后，由于基质软化而转为下降，即有一最大值，据此可以判断材料基质开始软化和液相形成的温度范围。有晶型转化的材料，弹性模量 E 有突变。热冲击对材料弹性模量的影响很大，可能是因热冲击会使材料中产生较多的裂纹（见图5-1-5）。部分致密单相陶瓷材料的弹性模量与温度的关系见表5-1-4。

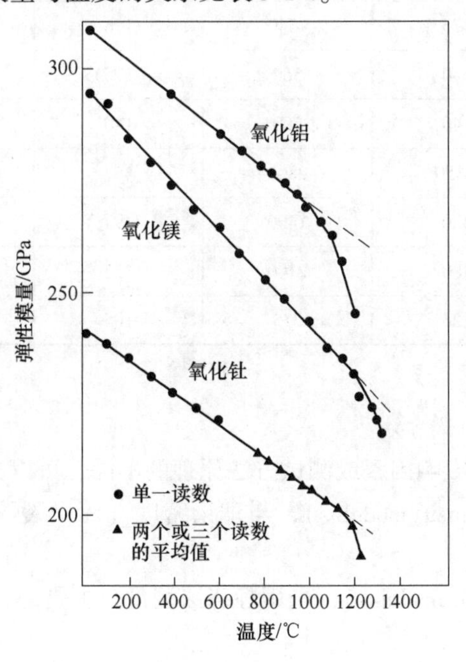

图5-1-4　多晶氧化铝、氧化镁和氧化钍弹性模量与温度的关系

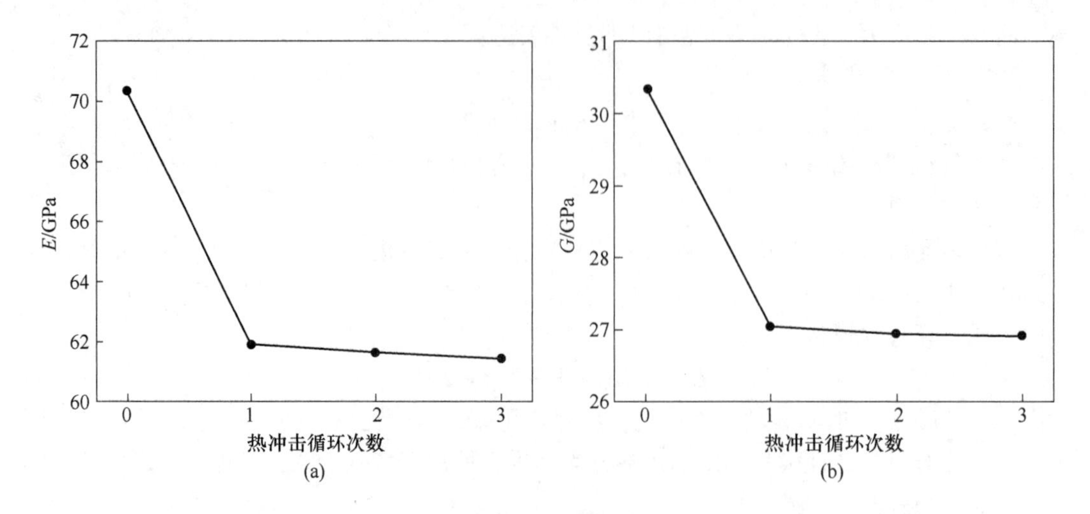

图 5-1-5 受到热冲击之后莫来石材料的弹性模量 E(a)和剪切模量 G(b)的变化

表 5-1-4 致密单相陶瓷的部分室温力学性能

组分［晶粒尺寸］	抗折强度/MPa	耐压强度/MPa	杨氏模量/GPa	剪切模量/GPa	泊松比
Al_2O_3［1~2 μm］	>460	>2800	422	166	0.27
BeO［20 μm］	>280	>2100	400	155	0.30
MgO［1~3 μm］	295	845	323	130	0.24
ZrO_2［CaO 稳定］	>250	2100	250	95	0.31
$MgAl_2O_4$［10 μm］	225	1900	295	112	0.31
$Al_6Si_2O_{13}$	175	1340	176	—	—
Mg_2SiO_4	140	560	(176)	—	—
$ZrSiO_4$	140	700	140	—	—
B_4C	>350	2800	457	190	0.20
SiC	420	1400	492	204	0.21
AlN	280	2100	352		
BN	126	315	105		

注：（ ）内的数据是估算的。

5.1.3.3 弹性模量测试方法

对于弹性模量，根据影响因素或测试方法原理的不同，可以分为如下三种：

本征弹性模量 E_i(intrinsic modulus)，与理论密度（无微裂纹）有关，是相组成和温度的函数。

静态弹性模量 E_s(static modulus)，采用静态法测量，主要是直接测量测试材料的应力-应变关系来获取弹性模量。

动态弹性模量 E_d(dynamic-modulus)，采用动态法测量，动态法主要是通过材料结构或某些属性与弹性模量的关系来间接测量弹性模量。

弹性模量测试方法主要可分为静态法和动态法两种。

(1) 静态法。主要是直接测量测试材料的应力-应变关系来计算出弹性模量。该方法通过在力学试验机上对试样进行加载，同时测量加载在试样上的应力和对应试样发生的应变，绘制出应力-应变曲线，选取弹性变形区间内部分进行数据处理得出材料的弹性模量。静态法主要有压缩、拉伸、三点弯曲和四点弯曲四种。通过拉伸法实验不仅可以获得材料的弹性模量，同时可以获取相应的抗拉强度等参数；三点弯曲和四点弯曲法，对实验设备要求不高，是目前实验室最为常用的测试方法，但四点弯曲所需试样较长，加载压头结构较为复杂，实验中加载均衡性不易保证，而三点弯曲实验简单、适用。故目前大多都选择三点弯曲法作为弯曲模量测试的主要方法。

(2) 动态法。动态弹性模量测试法，主要包括了共振法和声速法。共振法是通过一个机械脉冲激发试样振动，用高频麦克风测定其共振频率，然后与试样的尺寸与质量参数一起计算得出其弹性模量。声速法则是基于声波在物体里的传播速度与弹性模量的关系来测量弹性模量。根据测试声波的不同，可分为应力波法和超声波法。

声速法和共振法都可以用于常温弹性模量测试，都具有较高精确度，且测试结果与静态法测试结果具有较高的相关度。高温弹性模量的测试目前多选择共振法，主要是由于该方法的关键信号共振频率探测可以选用非接触法，易于实现。

5.1.3.4 耐火材料弹性模量的检测标准

A 国家标准和ISO标准

GB/T 30758—2014《耐火材料　动态杨氏模量试验方法（脉冲激振法）》(Refractory products—Determination of dynamic Young's modulus (MOE) by impulse excitation of vibration) 标准等同于 ISO 12680-1：2005 标准《Test methods for refractory products—Part 1：Determination of dynamic Young's modulus (MOE) by impulse excitation of vibration》。该标准规定了通过测定长条状和圆柱状试样在弯曲振动状态下的共振频率，由制品的共振频率、质量和尺寸计算其杨氏模量的试验方法。

该标准在试样规格选择方面有如下规定：

形状：简单的长条状或圆柱状，试样的长宽比不小于3，长厚比不小于5。

尺寸：试样的共振频率与其尺寸、质量及弹性模量有一定的函数关系。首先粗略估计材料弹性模量，确定试样的尺寸，使试样的固有频率在传感器要求的频率范围内，且试样的最小尺寸至少是试样中最大颗粒的4倍。推荐试样尺寸为160 mm×40 mm×（25～30）mm。

其测试原理为：冲击器敲击合适几何形状的试样后，测试试样的弯曲共振频率。传感器接收试样的振动信号并将其转化为电信号，选择合适的试样支撑位置、敲击位置与信号接收点接收试样的振动信号，通过信号分析器分析得出试样的固有频率，将获得的固有振动频率、试样尺寸和质量代入公式计算得出试样的动态杨氏模量，该方法也适用于高温杨氏模量的测定。

另外，GB/T 34186—2017《耐火材料　高温动态杨氏模量试验方法（脉冲激振法）》(Refractory products—Determination of dynamic Young's modulus (MOE) at elevated temperatures by impulse excitation of vibration)，该标准基本原理和国家标准 GB/T 30758—2014 一样，

试样尺寸和形状要求也无区别，主要是测定高温下耐火材料的杨氏模量。

2020 年，ISO 也发布了用脉冲激振法检测耐火材料高温动态杨氏模量的标准，即 ISO 22605：2020 “Refractories —Determination of dynamic Young's modulus（MOE）at elevated temperatures by impulse excitation of vibration”，和国家标准 GB/T 34186—2017 的方法与要求等无本质区别，见图 5-1-6。

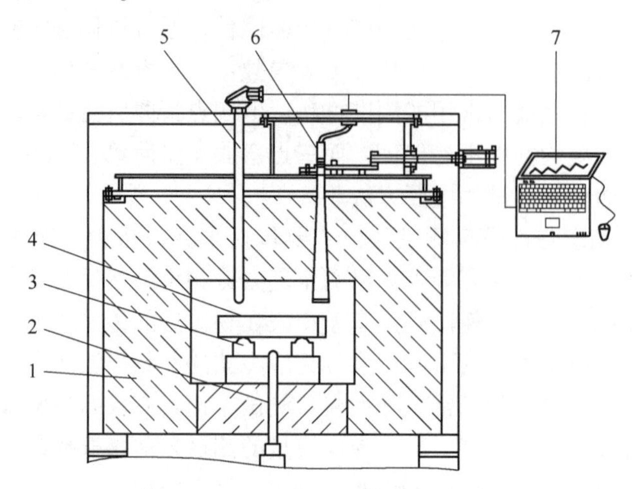

图 5-1-6　脉冲激振法测定耐火材料高温弹性模量原理示意图

1—炉衬；2—冲击器；3—试样支撑装置；4—试样；5—热电偶；6—振动信号探测器；7—信号分析系统

B　ASTM 标准

ASTM 标准中测试耐火材料弹性模量的方法有如下三种：

（1）ASTM C1548-02（2020）“Standard Test Method for Dynamic Young's Modulus, Shear Modulus, and Poisson's Ratio of Refractory Materials by Impulse Excitation of Vibration”（用脉冲激振法测试耐火材料动态杨氏模量、剪切模量及泊松比的标准试验方法）。

（2）ASTM C885-87（2020）“Standard Test Method for Young's Modulus of Refractory Shapes by Sonic Resonance”（用声频共振法测定耐火制品杨氏模量的标准试验方法）。

（3）ASTM C1419-14（2020）“Standard Test Method for Sonic Velocity in Refractory Materials at Room Temperature and Its Use in Obtaining an Approximate Young's Modulus”（室温下耐火材料中的声速及声速在测量近似杨氏模量中应用的标准试验方法）。

ASTM C1548-02（2020）中，采用脉冲激振法，其方法原理和相应的国家标准和 ISO 标准一样，但也有一些区别，见表 5-1-5。ASTM 标准中，脉冲激振法也用于先进陶瓷（advanced ceramics）弹性模量的检测。ASTM C1548-02(2020)中，对部分耐火材料的弹性模量、剪切模量和泊松比进行了检测并精确统计，其数值见表 5-1-6。

表 5-1-5　耐火材料弹性模量测试方法 ASTM 与国家标准比较

类　别	ASTM C1548-02（2020）	GB/T 30758—2014
方法	脉冲激振法	
原理	冲击器敲击合适几何形状的试样后，测试试样的弯曲共振频率，然后把振动频率、试样尺寸和质量代入公式计算得出试样的动态杨氏模量	

续表 5-1-5

类　别	ASTM C1548-02（2020）	GB/T 30758—2014
适用耐火材料类型	不适合纤维耐火材料	所有耐火材料
计算出的参数	E、G 和 ν	E 和 ν
试样形状	不适用于圆柱形	适用于长方体和圆柱形
试样尺寸	纵向与横向比例最好为 3~5，至少等于 2	推荐试样尺寸为 160 mm×40 mm×（25~30）mm
是否测试高温弹性模量	如果对所用设备进行适当的改进以及计算时对试样热膨胀引起的变化进行合理的校正，可以测高温弹性模量	采用合适的测试仪器时此方法也适用于高温杨氏模量的测定
有无另外高温弹性模量的检测标准	无	有，GB/T 34186—2017

表 5-1-6　ASTM C1548-02（2020）部分耐火材料室温下的弹性模量

材　料	平均弹性模量值/GPa	平均剪切模量值/GPa	平均泊松比
优质黏土砖	35.69	16.74	0.07
高铝砖（Al_2O_3 90%）	37.83	16.88	0.12
高铝砖（Al_2O_3 99%）	58.50	24.32	0.20
锆英石砖	82.75	34.04	0.21
等静压成型锆英石砖	240.19	92.19	0.30
等静压成型氧化铝砖	364.14	144.48	0.26

ASTM 标准 C885-87（2020）中采用的声频共振法（sonic Resonance）测定耐火材料的杨氏模量，和脉冲激振法原理是不同的，它是测量试样横向弯曲振动状态下的共振频率，由试样的共振频率、质量和尺寸计算其杨氏模量，标准中假定耐火材料的泊松比为 1/6，且是长方体形状试样。声频共振法在 ASTM 标准中也用于先进陶瓷、碳和石墨材料、玻璃和玻璃陶瓷。

ASTM 标准 C1419-14（2020）根据声波在材料内的传播速度和材料密度计算的弹性模量，即 $E = \rho\nu^2$，其中，E 为弹性模量，Pa；ρ 为材料体积密度，kg/m^3；ν 为声速，m/s。

ASTM 标准中没有单独适用于耐火材料高温弹性模量测试的方法，这也是和国标/ISO 标准有所不同的。

5.1.3.5　典型多孔耐火材料测试结果与分析

作者通过固相反应合成建立了具有棒状晶体骨架结构的硼酸铝多孔陶瓷，样品在常温下的弹性模量随着硼酸含量的增加，从 29.53 GPa 下降到 16.46 GPa，如图 5-1-7 所示。

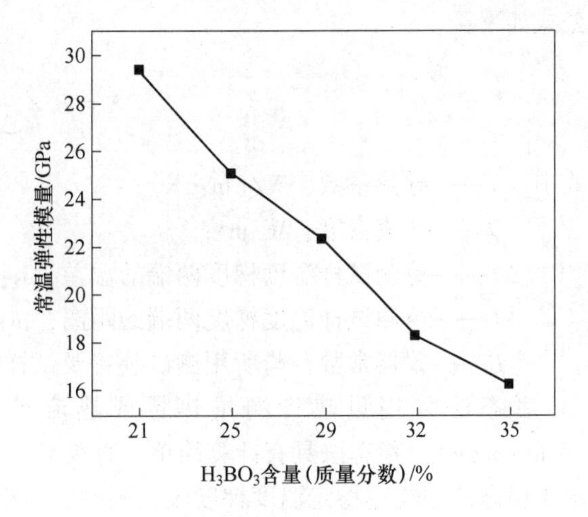

图 5-1-7　多孔硼酸铝陶瓷的常温弹性模量

5.2 热学性能

材料的热学性能主要反映热量在其内部传导过程相关的特性，例如导热系数、热扩散系数和比热容等；也有的热学性能参数表征材料在处于温度变化过程中其尺寸的变化程度，即材料的热膨胀特性。材料在处于不同的加热过程及温度条件下，上述热学性能参数在很大程度上决定了达到热平衡状态所需的时间、热传递的效率，甚至会影响其内部的热应力水平。因此，热学性能对于材料，特别是服务于高温工业的材料来说是非常重要的性能参数。

5.2.1 导热系数

导热系数定义在第2章中已有详细的叙述，本节主要是讲述导热系数的测试方法和相关测试标准。

5.2.1.1 导热系数的测定方法

目前导热系数的测定方法分为稳态法（steady-state method）和非稳态法（也称瞬态法，transient method）两大类，具有各自不同的测试原理。稳态法是在稳定传热过程中，传热速率等于散热速率的平衡条件来测量导热系数，即当被测材料达到热平衡状态后，温度场不随时间变化，通过测量其内部的温度梯度和热流，计算被测材料导热系数。非稳态法是在不稳定的热传导过程中测得材料内部温度场随时间发生变化的规律，利用生热的功率和温度场变化规律来推算材料的导热系数。

耐火材料导热系数常用的测定方法主要有水流量平板法、热流计法、闪光法、热线法、平面热源法（hot disk）等，它们有不同的适用领域、测量范围、精度、准确度和试样尺寸要求等，不同的方法对同一样品的测量结果可能会有较大的差别，因此选择合适的测试方法是十分重要的。

A 稳态法

稳态法基于傅里叶定律，在待测试样内建立不随时间变化的温度场，使其达到一维传热状态，测量温度梯度和试样单位面积上的热流量，就可以测得材料的导热系数，其计算公式如下：

$$\lambda = B \times \frac{Q}{\Delta T/L} \tag{5-2-1}$$

式中 λ——导热系数，W/(m·K)；

Q——热流密度，W/m^2；

ΔT——待测试样温度梯度两端的温差，K；

L——待测试样温度梯度两端的距离，m；

B——仪器常数，与所用测试装置及试样类型有关。

稳态法采用量热计测量热量或热流计测量热流密度，因此也称为量热计法（calorimeter）。稳态法具有计算简单、直观易行的特点，是导热系数测试的常用方法。但由于稳态法中构建稳定温度梯度较为困难，所以稳态法的测试周期一般比较长。常见的稳态测试方法有水流量平板法、防护热板法、圆管法、热流计法等。

a 水流量平板法

水流量平板法（water flow plate method，WFP）是通过测量流过中心量热器水流吸收的热量来进行导热系数的计算，其基本原理如图 5-2-1 所示。在支承块保证试样平行后，加热模块提供的热量通过均热板均匀地加到试样的上表面，热量通过试样向下一维传导，经过垫块和玻璃纤维布后被量热器中的水流带走。测量试样冷、热两面的温度以及水流带走的热量，就可计算试样的导热系数。

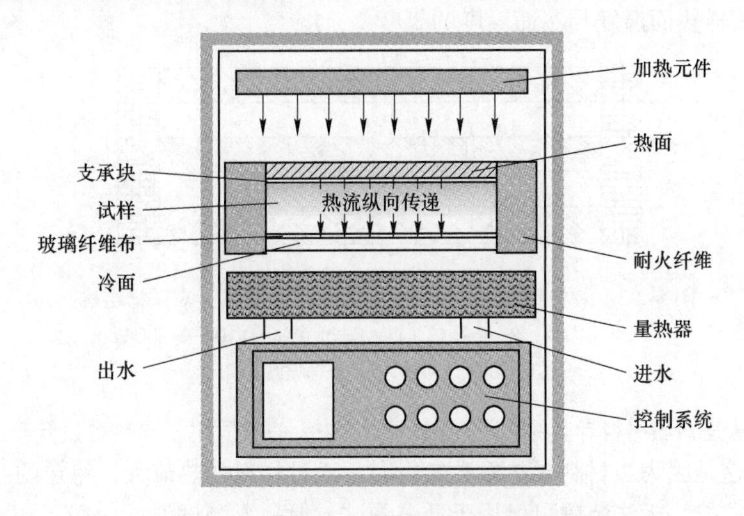

图 5-2-1 水流量平板法测试导热系数示意图

稳态下，水流量带走的热量与样品导热系数、样品温差、量热面积成正比，与试样厚度成反比，其导热系数的计算公式见式（5-2-2）：

$$\lambda = \frac{Q\delta}{A\Delta T} \tag{5-2-2}$$

式中 λ——导热系数，W/(m · K)；

Q——单位时间内水流吸收的热量，W；

δ——试样的厚度，m；

A——试样的面积，m^2；

ΔT——待测试样两端的温差，K。

水流量平板法适用于导热系数为 0.03~2.0 W/(m · K) 的耐火材料测试，测试热面温度范围为 200~1300 ℃，参考标准 YB/T 4130—2005。

b 防护热板法

防护热板法（guarded hot plate method，GHP）的测试原理如图 5-2-2 所示。两块相同的待测试样交替地夹在冷、热板之间，热量由中心计量面板与内防护面板垂直通过试样传递到冷却面板上，而外防护面板的温度为冷、热板的平均温度，以降低试样的边缘热交换，进而保证试样上能形成一维垂直热流。此外，若将其中的一块试样换作辅助加热模块，就可构建单试样结构的测试装置。

当试样中形成稳定温度梯度后，测量各模块的温度和热功率，就可以计算得到试样的导热系数，其计算公式如下：

$$\lambda = \frac{QL}{2A\Delta T} \tag{5-2-3}$$

式中 λ——试样导热系数，W/(m · K)；

Q——计量面板的加热功率，W；

L——待测试样的厚度，m；

A——量热面积，m^2；

ΔT——试样热面温度与冷面温度的温度差，K。

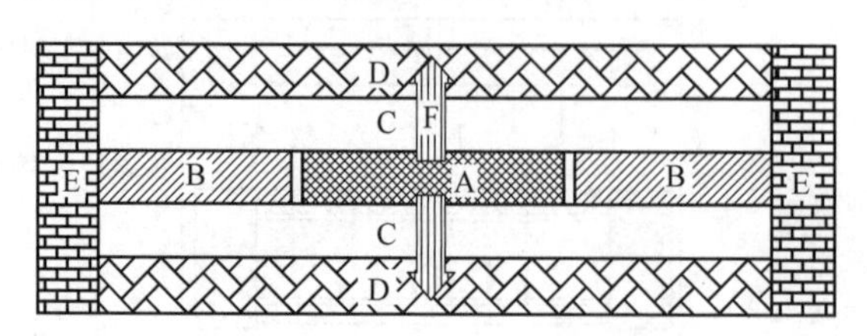

图 5-2-2 防护热板法测试导热系数原理示意图（双试样结构）

A—计量面板；B—内防护面板；C—待测试样；D—冷却面板；

E—外防护面板；F—一维热流方向

防护热板法是绝热材料导热系数测试的经典方法，一般适用于导热系数低于 3 W/(m · K) 材料的测试，这是因为当材料导热系数较大时，通过材料的热流大，稳定的温度梯度较为困难。另外，防护热板法装置可以用于低温测试，但高温测试温度一般不超过800 ℃，这是因为防护热板法高温区测试的准确度较差。

c 圆管法

圆管测量法（pipe insulation method）是根据圆筒壁面一维稳态传热原理，针对管道保温材料单层或多层圆管绝热结构测量导热系数的一种方法。根据傅里叶定律，一维径向稳态导热条件下，管状结构绝热材料的导热系数：

$$\lambda = \frac{Q\ln(D_2/D_1)}{2\pi L(T_2 - T_1)} \tag{5-2-4}$$

式中 Q——通过绝热材料的总热量，W；

D_2——样品的外表面直径，m；

D_1——样品的内表面直径，m；

T_2——样品外表面的温度，K；

T_1——样品内表面的温度，K；

L——样品的有效长度，m。

d 热流计法

热流计法（heat flow meter method）的基本原理是正方形试样被放置在两个装有热电偶和热流传感器的薄铜板之间。一个电阻被嵌入上板中，作为一个热源，即热板；下面是冷板，如图 5-2-3 所示。

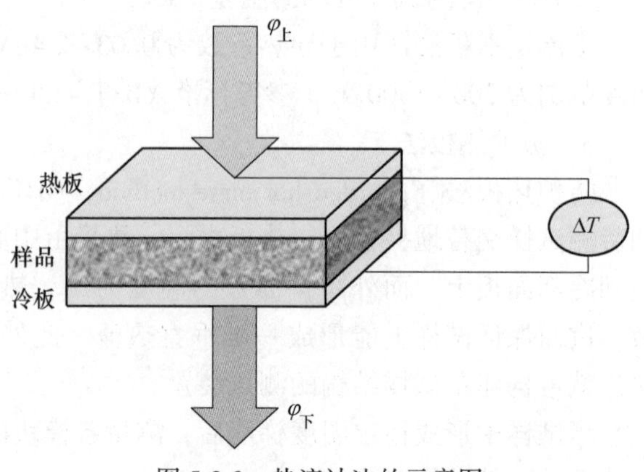

图 5-2-3 热流计法的示意图

该方法使用式（5-2-5）测量表观热阻 $R_{表观}$，其单位为 $m^2 \cdot K/W$。

$$R_{表观} = \frac{\Delta T}{(\varphi_{上} + \varphi_{下})/2} \tag{5-2-5}$$

式中，$\varphi_{上}$ 为由热板提供给样品的热流量，W/m^2；$\varphi_{下}$ 为从样品中出来被冷板吸收的热流量；ΔT 为两层板之间的温度差。表观热阻是两个因素的总和，即样品的热阻 $R_{样品}$ 和样品与两块板之间的接触热阻 $R_{接触}$，公式如下：

$$R_{表观} = R_{样品} + R_{接触} = \frac{d}{\lambda} + R_{接触} \tag{5-2-6}$$

式中，d 为样品的厚度；λ 为导热系数。

热流计法是一种相对的测试方法，通过测试试样与标准样品热阻比值而确定导热系数。标准样品的热阻依据 ISO 8302：1991 “Thermal Insulation—Determination of Steady-State Thermal Resistance and Related Properties—Guarded Hot Plate Apparatus” 进行标定。

热流计法因采用不同测试装置，测试范围、温度、准确度及周期等差异较大。与防护热板法相比，热流计法的导热系数测试范围更大，在测试温度上，热流计法的测试温域更窄，在测试准确性上也不及防护热板法的，但其测试周期较防护热板法的短，测试效率较高，因而也是材料导热系数测试的常用方法。

B　瞬态法

瞬态法（transient method）即非稳态法，测试过程中试样内温度随时间的变化而变化，其基本原理是对处于热平衡的样品施加热干扰，通过测试样品温度的变化，结合非稳态导热微分方程，计算出待测样品的热物性参数。通过非稳态测试，可测得材料的热扩散系数、比热容和导热系数。热扩散系数又称导温系数，与材料的结构有直接关系，其与比热容、导热系数和体积密度之间的关系见式（2-1-2）和式（2-1-3）。

瞬态法测试的是样品温度随时间的变化关系，进而求得导热系数，而不需要构建稳定的温度场，因此具有快速、便捷的特点，且对测试环境要求低。常见瞬态法中有闪光法、热线法、热盘法等。

a　闪光法

闪光法（flash method，也有译为闪射法）是一种非接触式测量热扩散系数的方法，根据正向的加热脉冲不同可以分为：激光束闪光加热法（简称激光闪光法）、氙灯闪光加热法和电子束闪光加热法。

激光闪光法（laser flash method，LFM）是 Parker 等人在 1961 年提出并研制成功的采用激光脉冲技术测量材料热物理性参数的方法，可实现在短时间内评估不同种类材料的热扩散率、比热容及导热系数。该方法具有试样与热源之间无接触热阻、易于制样、测量快速及温度范围和导热系数范围宽等优点。自该方法于 1961 年提出至 1973 年举办的第 13 届国际导热系数学术会议 12 年的时间内，据统计欧美各国大约 75%的热扩散系数数据均采用此方法测定。欧美、日本等发达国家和地区早于 20 世纪 90 年代制订并实施了采用该方法的热物性测试标准方法，如美国标准 ASTM E1461-1992（2001）、欧盟标准 BS EN821-2-1997、日本标准 JIS R1650-3-2002、ISO 18755-2005 等。

激光闪光法的测量原理是小的薄圆片状试样受高强度短时能量脉冲辐射，试样正面吸收脉冲能量使背面温度升高，记录试样背面温度的变化。根据式（5-2-7），由试样厚度 L

和背面温度达到最大值的某一百分率所需时间（常用 50%处的数据 $t_{1/2}$，如图 5-2-4 所示）进行计算得出试样的热扩散系数，测试原理如图 5-2-5 所示。

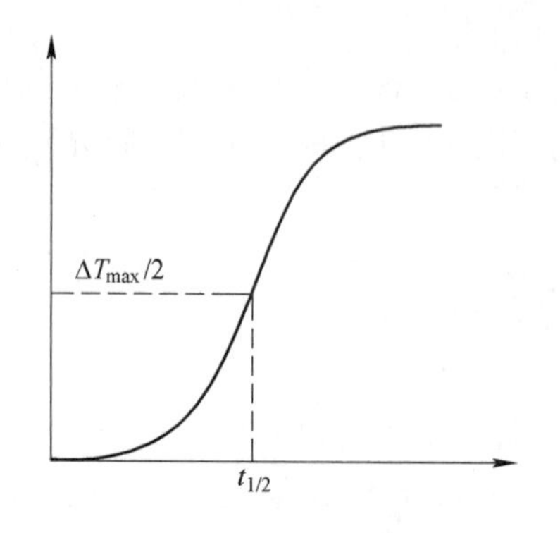

图 5-2-4　试样背面温升过程示意图

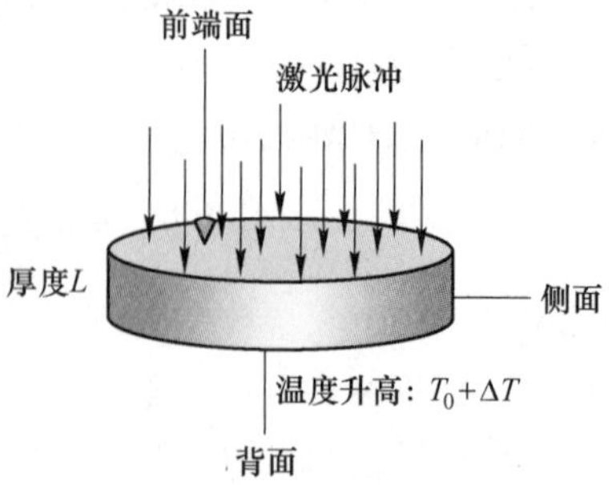

前端面
激光脉冲
厚度L
侧面
温度升高：$T_0+\Delta T$
背面

图 5-2-5　闪光法测量热扩散系数的原理

$$\alpha = \frac{0.1388L^2}{t_{1/2}} \tag{5-2-7}$$

已知材料的热扩散系数、比热容及体积密度，可由式（5-2-8）求出材料的导热系数。

$$\lambda = \alpha c_p \rho \tag{5-2-8}$$

式中　λ ——导热系数，W/(m · K)；

α ——热扩散系数，m^2/s；

c_p ——比热容，J/(kg · K)；

ρ ——体积密度，kg/m^3。

在闪光法测定热扩散系数的过程中，只需引入一个合适的标准参考样品，便可根据能量平衡方程式（5-2-9）可求得待测样品的比热容：

$$c_{pX} = \frac{c_{pB} M_B \Delta T_B}{M_X \Delta T_X} \tag{5-2-9}$$

式中　c_{pX} ——待测样品的比热容，J/(kg · K)；

c_{pB} ——标准样品的已知比热容，J/(kg · K)；

M_B，M_X ——分别为标准样品和待测样品的质量，g；

ΔT_B，ΔT_X ——分别为标准样品和待测样品受激光辐照的最大温升，℃。

脉冲光斑的大小是可调的，测量时可以很容易地把脉冲光斑的大小调制成比样品直径稍大一点的光斑，实现样品的完全覆盖。激光闪光法，其测试范围大、温域宽，温度为 −125～2800 ℃，导热系数范围为 0.05～1000.0 W/(m · K)，热扩散系数与比热容的测试精度分别约为 3%和 5%，其测试结果较为准确。此外，激光闪射法还具有试样尺寸小、材料适应性广的特点，适用于测试金属及合金等均匀非透明固体材料的导热系数。

b　热线法

热线法（hot wire method，HWM）的基本原理就是在样品中预先埋入一根金属加热丝（即“热线”），同时需要一根测温丝，以测量加热丝通电以后在其周围局部区域内引起的温度扰动（以温度变化表示）。待测样品加热至试验温度并恒温足够时间后，给加热丝上施加一个恒定的加热功率，使得加热丝周围样品温度升高，测量距离加热一定距离处的温度变化或者加热丝自身温度的变化，若距离加热丝一定距离处的温度升高越快，则待测材料的导热系数越大；若加热丝自身的温度升高越大，则待测材料的导热系数越小。根据相关传热方程，可以计算出材料的导热系数，有的热线法也可以同时测得材料的热扩散系数和比热容。

热线法实际上是一个统称，根据加热丝和测温丝的布置情况，又可以具体分为平行热线法、十字热线法和铂电阻温度计法（热阻法）。上述三种耐火材料领域常用的热线法将在后面部分详细介绍。

热线法的最大优点在于其不仅所用试样尺寸较大，可以直接用2~3块标准耐火砖经过简单加工后作为试样，同时测得的是在某一具体温度下的导热系数，而不像稳态法测定的是在某一温度范围（温度梯度）下的平均导热系数。不足之处在于测试结果的精度和稳定性不及稳态法。

c 热盘法

热盘法（hot disk method，HDM），称为瞬态平面热源法（transient plate source method，TPS）是1991年，由瑞典科学家Gustafsson在热线法与热带法基础上开发出来的一项导热系数测试专利技术，故也称为探针法（Gustafsson probe）。该技术的优点之一是可以同时测量导热系数和热扩散系数，然后推导出单位体积的热容（ρc_p）。

热盘法的热源，也称探针，是由两片薄的隔热材料支撑的双镍螺旋结构，即一个紧密弯曲成螺旋状的同心圆环，并在圆环的两面覆盖有保护层。它位于两半试样材料之间，如图5-2-6（a）所示，具有双重作用：一方面，形成一个平面式热源，可以在试样中形成良好接触并提供均匀的热量；另一方面，它作为“电阻温度计”，记录温度随时间的变化，如图5-2-6（b）所示，计算热扩散系数及导热系数。

热盘法具有导热系数测试范围大、精度高、速度快的特点。根据国家标准，热盘法适用的导热系数范围为0.01~500 W/(m·K)，测试温度范围为-200~300 ℃。热盘法适用材料范围广，只需材料有相对平整的表面即可，可用来测试块状固体、粉体、液体、薄膜、涂层和各向异性材料的导热系数。随着技术的进步，本方法测试的温度范围也提升到了600 ℃，但是高温测试探头属于一次性消耗材料，测试的成本较高。另外，测试的模型也在逐步完善，例如可以实现单边模型测试和基体涂层导热系数测试。

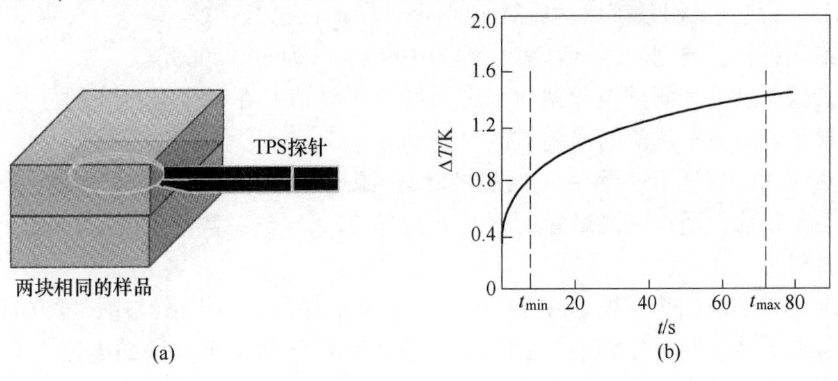

图5-2-6 热盘法示意图

（a）热盘法原理图；（b）温度随时间的变化而升高（用虚线标出两个极限值：t_{min}和t_{max}，用于分析导热系数）

5.2.1.2　耐火材料导热系数检测方法的国家标准

国内耐火材料导热系数的检测标准方法很多，不同的检测方法对样品的尺寸、环境和材质等都有不同的要求，相应其检测结果的误差也不一样。

耐火材料的导热系数检测标准中主要有适用于重质耐火材料、含碳耐火材料和隔热耐火材料的。

A　热线法检测标准

a　十字和平行热线法

国家标准 GB/T 5990—2021《耐火材料　导热系数、比热容和热扩散系数试验方法(热线法)》(Refractory materials—Determination of thermal conductivity, specific heat capacity and thermal diffusivity (hot-wire method)) 等效于国际标准 ISO 8894-1：2010 "Refractory materials—Determination of thermal conductivity Part 1：Hot-wire method (Cross-array and resistance thermometer)" 和 ISO 8894-2：2007 "Refractory materials—Determination of thermal conductivity—Part 2：Hot-wire method (parallel)"，即在十字热线法和平行热线法的基础上制订的。

GB/T 5990—2021 描述了十字热线法测定耐火材料的导热系数和平行热线法测定耐火材料的导热系数、热扩散系数及比热容的试验方法。十字热线法适用于测量温度不高于 1250 ℃、导热系数小于 1.5 W/(m · K)、热扩散系数不大于 $5\times10^{-6}\ m^2/s$ 的不含碳耐火材料。十字热线法的工作原理为：试样在炉内加热至规定温度并在此温度下保温，用沿试样长度方向埋设在试样中的线状电导体（热线）进行局部加热，热线载有已知恒定功率的电流，即在时间上和试样长度方向上功率不变。从热线的功率和接通电流加热后已知两个时间间隔的温度可以计算导热系数，此温升与时间的函数就是被测试样的导热系数。用十字热线法测试导热系数按下列公式进行计算：

$$\lambda = \frac{P_i}{4\pi} \times \frac{\ln(t_2/t_1)}{\Delta\theta_2 - \Delta\theta_1} \tag{5-2-10}$$

式中　λ——导热系数，W/(m · K)；

P_i——热线所输入的单位电功率，W/m；

t_1，t_2——热线升温系统启动后所耗费的时间，s；

$\Delta\theta_1$，$\Delta\theta_2$——热线升温系统启动后对应时间 t_1 与 t_2 的温升，℃。

对于绝热材料，典型的测试时间 t_1 约为 100 s，t_2 为 600~900 s。

在各试验温度下，测试至少两次，记录结果平均值。在每个温度下的导热系数 λ 单次测试结果和其对应平均值的误差不得大于 5%。

平行热线法是测量距埋设在两个试块间线热源规定距离和规定位置上温度升高所进行的一种动态测量法，适用于测量温度不大于 1250 ℃，导热系数小于 25 W/(m · K) 的不导电耐火材料。

试样组件在炉内加热至规定的温度并在此温度下保温，再用沿试样长度方向埋设在试样中的线状电导体（热线）进行局部加热，热线载有已知恒定功率的电流，即在时间上和试块长度方向上功率不变。热电偶安放在离热线规定的位置，且平行于热线。从接通加热电流的瞬间开始，热电偶便开始测量温升随时间的变化，通过温升与时间的函数可得出被测试样的导热系数和热扩散系数，根据已知试样的体积密度，可以计算出试样的比热容。

平行热线法测试导热系数按下式计算：

$$\lambda = \frac{VI}{4\pi l} \times \frac{-Ei\left(-\frac{r^2}{4\alpha t}\right)}{\Delta\theta(t)} \tag{5-2-11}$$

式中　λ——导热系数，W/(m·K)；

V——电压，V；

I——电流，A；

l——在热线 P、Q 之间的长度（见国家标准 GB/T 5990—2021 中图 5），m；

r——热线和测量热电偶的间距，m；

α——热扩散系数，m^2/s；

$\Delta\theta(t)$——在 t 时间测量热电偶和参比热电偶之间的温差，K；

t——在接通热线加热回路的时间，s。

十字热线法和平行热法也适用于粉状和颗粒状耐火材料，但对各向异性的耐火材料（如纤维状耐火材料）不太适合。样品尺寸不小于 200 mm×100 mm×50 mm，也可选用 230 mm×114 mm×65 mm 或 230 mm×110 mm×75 mm 的标准砖做测试。

b　铂电阻温度计法

国家标准 GB/T 36133—2018《耐火材料　导热系数试验方法（铂电阻温度计法）(Refractory materials—Determination of thermal conductivity (Platinum resistance thermometer method))，其基本原理为：对两块耐火材料组成的试件之间的纯铂丝热线施加恒定功率，热线升温的速率取决于热流从热线传到试件恒温部分的速率。测量试件正中心部分测阻引线之间的铂丝热线电阻增加值和对应的时间变化，从而得出准确的热线升温速率。根据热线升温速率和输入功率，用傅里叶公式计算出导热系数。本方法可以根据一个温度或几个温度下测得的导热系数来计算制品导热性能的高低。根据较宽温度范围内测得的导热系数值，可以估计单一成分和多成分耐火材料的热流、接触面温度和冷面温度。本方法的导热系数值是在“某一温度”下进行测量，与在“平均温度”下测量温度梯度的平均值的水流量平板法不同，所以，本方法可以测量较宽的温度范围。样品要求取两块，其中单个试样的最小尺寸为 200 mm×100 mm×50 mm，推荐尺寸为 230 mm×114 mm×65 mm 或者 230 mm×114 mm×75 mm。

该检测标准适用于不含碳、不导电及导热系数不大于 15 W/(m·K) 的耐火材料导热系数的测定，测试温度范围为室温到 1500 ℃，测试温度上限也取决于材料使用极限温度或耐火材料成为导体的温度。

B　量热法检测标准

a　大平板法

国家标准 GB/T 37796—2019《隔热耐火材料　导热系数试验方法（量热计法）》(Insulation refractories—Determination of thermal conductivity (calorimeter))，该标准的基本原理立足于傅里叶导热定律，当测试样品传热达到稳态时，单位时间内通过试样热面传递至冷面后被量热计吸收的热量，与试样垂直于热量传播方向的截面面积和温度梯度成正比，本标准测试时需要较大的温度梯度和稳态条件。

该标准适用于耐火纤维及其制品、定形隔热耐火制品等低导热耐火材料导热系数的测定。试样由 3 块 228 mm×114 mm×64 mm 的 A 型直形砖和 6 块 228 mm×57 mm×64 mm 的 B 型条形砖组成，该标准依据“ASTM C201-93（2019）Standard Test Method for Thermal Conductivity of Refractories”，由于测试所需要的样品尺寸大且数量多（相对于水流量平板法），习惯称为大平板法。

b　水流量平板法

冶金行业标准 YB/T 4130—2005《耐火材料　导热系数试验方法（水流量平板法）》（Refractory materials—Determination of thermal conductivity（Calorimeter）），用于热面温度在 200～1300 ℃、导热系数在 0.03～2.0 W/(m·K) 之间的耐火材料导热系数的测定。样品为 ϕ(160～180) mm×(10～25) mm 的圆盘形。

除了以上耐火材料导热系数检测标准外，国家标准中还提到 GB/T 10294—2008《绝热材料稳态热阻及有关特性的测定　防护热板法》（Thermal insulation—Determination of steady-state thermal resistance and related properties—Guarded hot plate apparatus）、GB/T 10295—2008《绝热材料稳态热阻及有关特性的测定　热流计法》（Thermal insulation—Determination of steady-state thermal resistance and related properties—Heat flow meter apparatus）、GB/T 10296—2008《绝热层稳态传热性质的测定　圆管法》（Thermal insulation—Determination of steady-state thermal transmission properties—Pipe insulation apparatus），这三个标准多是耐火材料陶瓷纤维制品中导热系数的检测方法，本书中不再叙述。

C　闪光法检测标准

国家标准 GB/T 22588—2008《闪光法测量热扩散系数或导热系数》（Determination of thermal diffusivity or thermal conductivity by the flash method），该标准适用于测量温度在 75～2800 K 范围内，热扩散系数在 10^{-7}～10^{-3} m^2/s 时的均匀各向同性固体材料。典型试样的直径为 6～18 mm，厚度一般开始选择 2～3 mm，最佳试样厚度取决于所估计的热扩散系数大小。

闪光法可以在惰性气体或真空环境下进行，在耐火材料导热系数检测方面解决了碳等组分在高温下易氧化的问题。适用于耐火材料领域的石墨制品、炭素和含 SiC 等高导热材料。

D　热盘法检测标准

尽管耐火材料的导热系数检测标准中没有热盘法，但可以借鉴其他材料的热盘法检测标准，例如国际标准“ISO 22007-2：2022 Plastics—Determination of thermal conductivity and thermal diffusivity—Part 2：Transient plane heat source（hot disc）method（塑料　导热系数和热扩散系数的测定　第 2 部分：瞬态平面热源（热盘）法）”和国家标准 GB/T 32064—2015《建筑用材料导热系数和热扩散系数　瞬态平面热源测试法》，由于建筑用材料和耐火材料多属于同类材料，因此有着更好参考性。在标准 GB/T 32064—2015 中，适用于各向同性及单轴异性材料，测试范围为 0.01～500 W/(m·K)，测试温度范围为 −50～300 ℃。样品尺寸要求：（1）块状样品，厚度大于 10 mm，至少一面为平面；（2）薄片样品，厚度为1～10 mm 的片状材料。

由于热盘法对样品尺寸要求不是很高，制样方便且测试周期很短，许多耐火材料的研究都采用该方法。

总的来说，隔热耐火材料的导热系数首选水流量平板和量热计法，其次热线法中的十字热线法、平行热线法和铂电阻温度计法；非含碳和非导电的重质耐火材料可依据导热系数大小选用平行热法、十字热线法、铂电阻温度计法和闪光法；含碳和高导热耐火材料宜选用闪光法。

5.2.1.3 耐火材料导热系数检测 ASTM 标准

与耐火材料导热系数检测方法相关的 ASTM 标准主要有如下标准。

A 量热法

标准 ASTM C201-93（2019）“Standard Test Method for Thermal Conductivity of Refractories”、ASTM C202-19“Standard Test Method for Thermal Conductivity of Refractory Brick”、ASTM C182-19“Standard Test Method for Thermal Conductivity of Insulating Firebrick”、ASTM C767-20“Standard Test Method for Thermal Conductivity of Carbon Refractories”、ASTM C417-21“Standard Test Method for Thermal Conductivity of Unfired Monolithic Refractories”这五个标准的基本原理是量热计法，和国家标准 GB/T 37796—2019《隔热耐火材料 导热系数试验方法（量热计法）》一样，即大平板法；其中标准 ASTM C202 是对 ASTM C201 的补充，和 ASTM C201 一起用于测定除隔热耐火砖（ASTM C182）和含碳耐火材料以外的耐火材料的导热系数，ASTM C767 仅针对含碳耐火材料导热系数的检测；ASTM C417，也是对 ASTM C201 的补充，与 ASTM C201 共同用于测定不定形耐火材料（不烧）的导热系数。这些方法适用于导热系数不大于 28.8 W/(m·K) 的耐火材料。

另外还有标准 ASTM C177“Standard test method for steady-state heat flux measurements and thermal transmission properties by means of the Guarded-Hot-Plate（保护热板法测定稳态热流和传热性能）”和 ASTM C518-21“Standard T test method for steady-state thermal transmission properties by means of the heat flow meter apparatus（利用热流计装置测定稳态传热性能）”，也可以用于耐火材料的导热系数测量。

B 铂电阻温度计法

标准 ASTM C1113/C1113M-09（2019）“Standard Test Method for Thermal Conductivity of Refractories by Hot Wire（Platinum Resistance Thermometer Technique）”，是属于热线法中的电阻法，和国家标准 GB/T 36133—2018《耐火材料 导热系数试验方法（铂电阻温度计法）》类同；该标准适用于不含碳、不导电耐火材料导热系数的测定，适用的耐火材料包括耐火砖、耐火浇注料、耐火可塑料、捣打料、粉状料、颗粒料和耐火纤维的检测；温度范围从室温到 1500 ℃，或到耐火材料的最大使用极限温度，或耐火材料成为导体的导热系数（k 值）的温度；该标准适用于导热系数不大于 15 W/(m·K) 的耐火材料，试样由两块 228 mm 的直形砖或相同尺寸的样块组成。

5.2.1.4 隔热耐火材料导热系数测量方法比较

目前隔热耐火材料导热系数测量的主流方法主要有三种，见表 5-2-1。不同的检测方法，其原理不同，对样品的要求和检测时间也不一样，导热系数的测量结果会有差异。例如以隔热耐火砖（IFB）为例，针对同一块 IFB，按照 YB/T 4130 测得的导热系数最低（平均温度），按照 ASTM C182 测得的导热系数比 YB/T 4130 的结果高 20%左右，按照 ISO 8894 测得的导热系数比 ASTM C182 的结果高 20%左右。

表 5-2-1 隔热耐火材料导热系数的主要测量方法

方法类型	量热计法		热线法	
亚类方法	水流量平板法	大平板法	十字热线法	平行热线法
是否稳态法	是	是	否	
相关检测标准	YB/T 4130	ASTM C 201	ISO 8894-1	ISO 8894-2
适合温度范围	热面温度 200~1300 ℃	未说明	≤1250 ℃	≤1250 ℃
导热系数/W·(m·K)$^{-1}$	0.03~2.0	<28.8	<1.5	<25
检测样品数量及尺寸	ϕ180 mm×(10~25) mm 圆盘形	9 块 228 mm×114 mm×65 mm 直行砖	2~3 块尺寸不小于 200 mm×100 mm×50 mm	
通用性	中国比较通用	美国比较认可	欧洲比较认可	

尽管有多种检测隔热耐火材料导热系数的标准，但检测的时间都比较长，例如实际操作按 200 ℃、400 ℃、600 ℃、800 ℃和 1000 ℃五个温度点算的话，水流量平板法需要 1~2 d，大平板法至少需要 5 d，热线法约需要 2 d，因此人们更希望有一种检测时间短、样品容易获得的检测方法，其中激光闪光法将来是一种可能的方法。摩根公司曾研究激光闪光法与其他不同检测方法对隔热耐火材料导热系数的影响，见图 5-2-7~图 5-2-11。

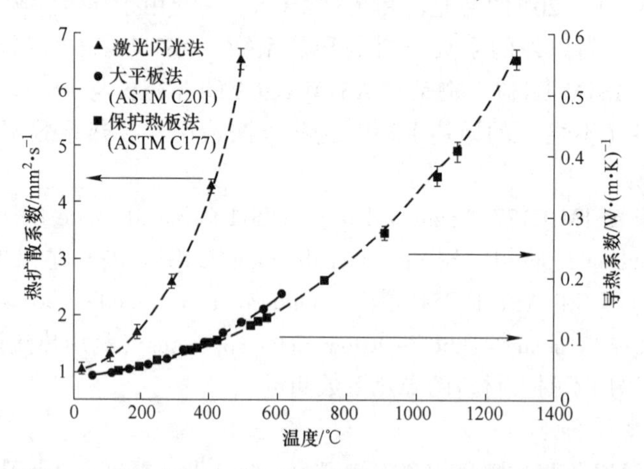

图 5-2-7 激光闪光法对比不同测试方法下纤维毯的导热系数

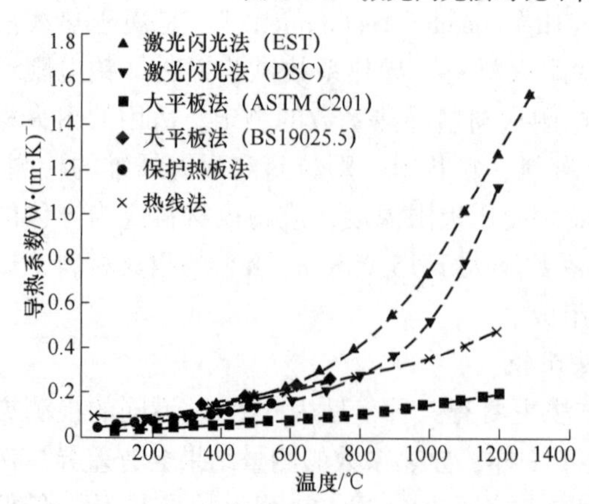

图 5-2-8 激光闪光法对比不同测试方法下纤维板的导热系数

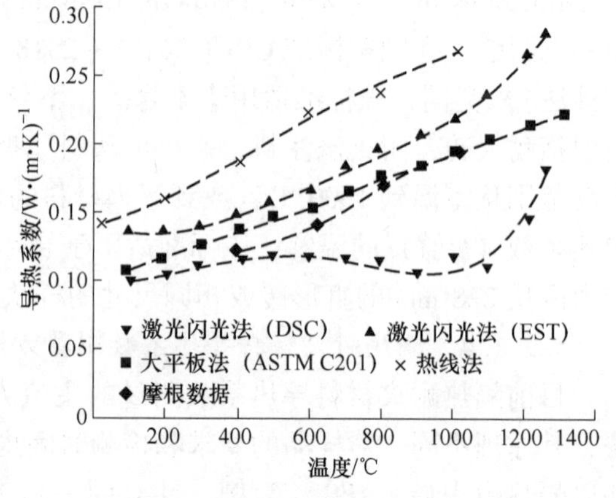

图 5-2-9 激光闪光法对比不同测试方法下 TJM23 型隔热砖的导热系数

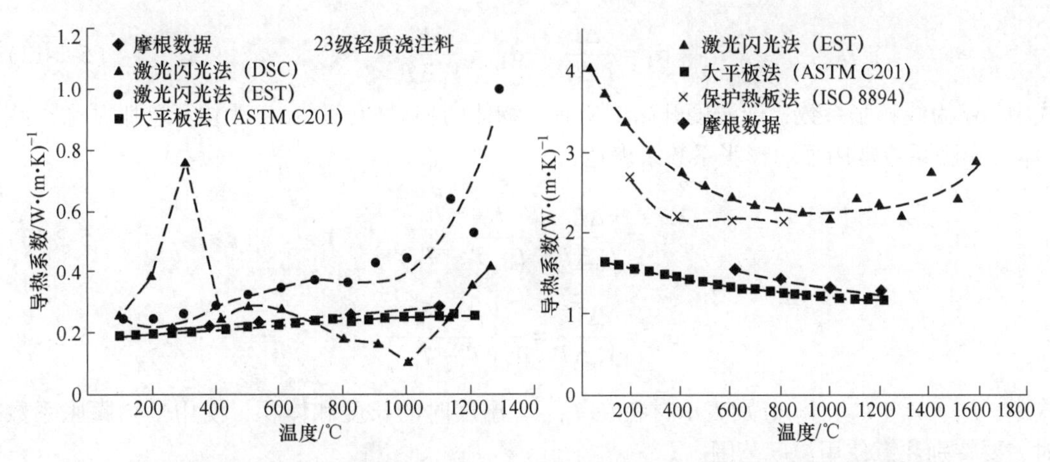

图 5-2-10　激光闪光法对比不同测试方法下 TJM23 型轻质浇注料的导热系数

图 5-2-11　激光闪光法对比不同测试方法下 95% Al_2O_3 致密浇注料的导热系数

从图 5-2-7～图 5-2-11 可以看出，与瞬态法相比，稳态法测量的导热系数较低；激光闪光法不太适合纤维毯的导热系数检测；对于纤维板、隔热砖和隔热浇注料，激光闪光法测量的导热系数相差约±5%，耐致密浇注料，相差高达+11%；激光闪光法测量导热系数误差与比热容的测定有关；使用估算方法和差示扫描量热法都产生了显著的误差，这直接影响了导热系数的测量。不同类型隔热耐火材料导热系数测量方法的比较列于表 5-2-2。

表 5-2-2　不同耐火/隔热类型与适用的测试方法

方法类型	大平板法	保护热板法	热流计法	热线法	激光闪光法
ASTM 标准	C201	C177	C518	C1113	E1461
国内标准	GB/T 37796	GB/T 10294	GB/T 10295	GB/T 36133	GB/T 22588
纤维毯	√	√			
纤维板	√	√		√	√
隔热耐火砖	√		√	√	√
致密耐火砖	√		√	√	
轻质浇注料	√		√	√	√
致密浇注料	√		√	√	

注：此表为摩根公司提供。

5.2.2　热膨胀

5.2.2.1　热膨胀的定义

热膨胀（thermal expansion），物体的体积或长度随温度升高而增大的现象。严格地说，这种膨胀是可逆的，也称可逆热膨胀（reversible thermal expansion），简称热膨胀，用线膨胀系数、体膨胀系数来表示。

线（体）膨胀系数指温度升高 1 K 时，物体的长度（体积）的相对增加。表达式为：

$$\alpha_l = \frac{\Delta l}{l_0 \Delta T} \quad \alpha_V = \frac{\Delta V}{V_0 \Delta T} \tag{5-2-12}$$

式中，α_l 为线膨胀系数，即温度升高 1 K 时，物体的相对伸长量；α_V 为体积膨胀系数。线（体）膨胀系数常用平均膨胀系数来表达：

$$\bar{\alpha}_l = \frac{\Delta L}{L_0 \Delta T} = \frac{L_T - L_0}{L_0(T - T_0)} \tag{5-2-13}$$

$$\bar{\alpha}_V = \frac{\Delta V}{V_0 \Delta T} = \frac{V_T - V_0}{V_0(T - T_0)} \tag{5-2-14}$$

式中，L_0、V_0、L_T、V_T 分别表示材料在 T_0、T 温度时的长度和体积，使用平均膨胀系数时，要特别注意使用温度范围。

无机非金属材料的线膨胀系数一般比较小，与各种金属和合金在 0～100 ℃的线膨胀系数一样，为 10^{-5}～10^{-6} K^{-1}，钢的线膨胀系数多在（10～20）×10^{-6} K^{-1} 范围；有机高分子材料的热膨胀系数一般比金属的要大，在玻璃化转变温度区还会发生较大的变化；由于金属、无机非金属和有机高分子材料的热膨胀系数大多互不相同，相互结合使用时可能出现一系列中由热应力所产生的问题，所以应尽可能选择膨胀接近的材料。

不同的陶瓷材料具有不同的膨胀特性，根据线膨胀系数的大小，将陶瓷材料可分为高膨胀、中膨胀和低膨胀材料，高膨胀材料的线膨胀系数低于 8.0×10^{-6} K^{-1}，中膨胀材料的线膨胀系数在（2.0～8.0）×10^{-6} K^{-1}，而低膨胀材料的线膨胀系数则小于 2.0×10^{-6} K^{-1}。低膨胀材料可划分两种：（1）各向同性材料，其每个晶轴方向相同且线膨胀系数低；（2）各向异性材料，某一晶轴为正膨胀，另一晶轴为负膨胀。

一般隔热用耐火材料的线膨胀系数指 20～1000 ℃范围内的平均膨胀系数。固体材料的热膨胀系数值并不是一个常数，而是随温度变化而变化，通常随温度升高而加大，也有随着温度升高而收缩的，例如常见的冰，这类材料称为负热膨胀材料或负膨胀材料（negative thermal expansion，NTE）。

热膨胀系数是固体材料的一个重要性能参数，也是耐火材料窑炉设计的重要参数和预留膨胀缝的依据，同时也在很大程度上影响材料的抗热震性。

5.2.2.2　热膨胀与其他性能的关系

固体材料热膨胀本质，归结为点阵结构中质点间平均距离随温度升高而增大。

A　热膨胀与结合能、熔点的关系

固体质点间的作用力越强，质点所处的势阱越深，升高同样温度，质点振幅增加得越少，相应地热膨胀系数越小。

当晶体结构类型相同时，结合能大的材料的熔点也高，也就是说熔点高的材料热膨胀系数较小。对于单质晶体，熔点与原子半径之间有一定的关系，单质晶体的原子半径越小，结合能越大，熔点越高，热膨胀系数越小。一般来说价键大的，热膨胀系数小，即分子键>金属键>离子键>共价键。

B　热膨胀与热容的关系

热膨胀是因为固体材料受热以后晶格振动加剧而引起的容积膨胀，而晶格振动的激化就是热运动能量的增大，升高单位温度时能量的增量也就是热容的定义，因此热膨胀系数

与热容密切相关且有着相似的规律。

格律乃森（Grüneisen law）从晶格振动理论导出体积膨胀系数与热容间的关系式：

$$\alpha_V = \frac{rc_p}{k_0 V} \qquad \alpha_l = \frac{rc_p}{3k_0 V} \tag{5-2-15}$$

式中，r 为格律乃森常数；k_0 为绝对零度时的体积弹性模量。对于一般材料来说，r 值在 1.5~2.5 之间。格律乃森定律指出，体积膨胀与热容 c_p 成正比，它们有相似的温度依赖关系，在低温下随温度升高急剧增大，而温度升高则趋于平缓，如图 5-2-12 所示。

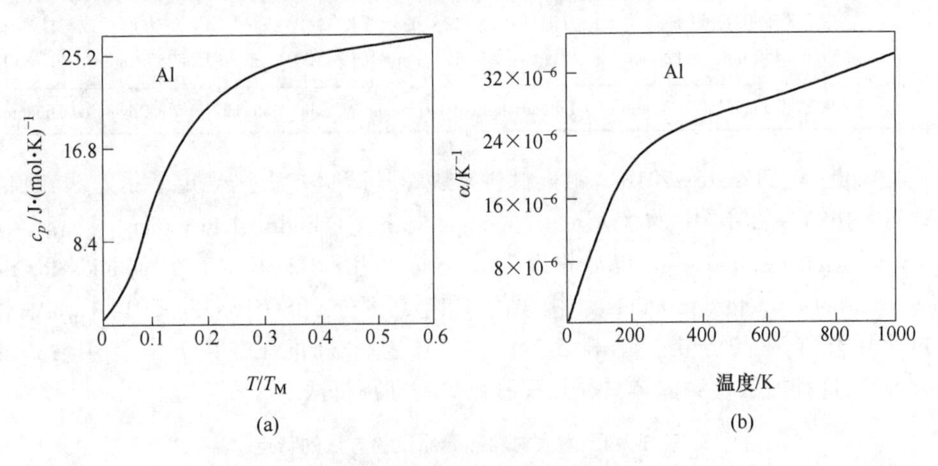

图 5-2-12　热膨胀与热容的温度曲线

（a）热容；（b）线膨胀系数

C　热膨胀和结构的关系

结构紧密的固体，线膨胀系数大；反之，线膨胀系数小。对于氧离子紧密堆积结构的氧化物，相互热振动导致线膨胀系数较大，在 $(6\sim8)\times10^{-6}$ K^{-1}，当温度升高到德拜特征温度时，线膨胀系数可到 $(10\sim15)\times10^{-6}$ K^{-1}，如：MgO、BeO、Al_2O_3、$MgAl_2O_4$、$BeAl_2O_4$ 都具有相当大的线膨胀系数；同组成相同的玻璃与晶体相比，玻璃往往有较小的线膨胀系数，如石英的线膨胀系数为 12×10^{-6} K^{-1}，而石英玻璃的为 0.5×10^{-6} K^{-1}；晶体结构越复杂，线膨胀系数越小；结构紧密的多晶二元化合物都具有比玻璃大的线膨胀系数。材料发生相变时，其线膨胀系数也会变化。

5.2.2.3　耐火材料热膨胀的检测方法

根据国际标准 ISO 16835—2014 “Refractory products-Determination of thermal expansion” 和日本标准 “JIS R2207” 1~3 部分，耐火材料热膨胀检测方法分为接触法（contact method）和非接触法（non-contact method），其中接触法根据试样的形状分为圆柱形（cylindrical test piece）和棒状（rod test piece）测试法，这两种测试方法在我国相应的标准中分别称为示差法和顶杆法；无接触法是指试样与位移测量装置不接触，这种方法不需要用标准样对系统进行标定，是一种直接测量的方法，但由于对设备要求高，操作复杂，目前国内很少有这类设备。目前国内常用示差法和顶杆法，GB/T 7320—2018 规定的也是这两种方法，它们属于接触、相对测量方法，需要用标准样对系统进行标定，表 5-2-3 总结了不同检测标准方法和样品尺寸的要求。

表 5-2-3　耐火材料热膨胀检测标准及样品要求

<table>
<tr><td>国家标准</td><td colspan="3">GB/T 7320—2018　耐火材料　热膨胀试验方法</td></tr>
<tr><td rowspan="2">样品尺寸</td><td>示差法</td><td colspan="2">顶杆法</td></tr>
<tr><td>中心带通孔的圆柱体，ϕ50 mm×50 mm，ϕ12 mm</td><td colspan="2">长方体：(5~12) mm×(5~12) × (15~100) mm；
圆柱体：ϕ (5~15) mm×(15~100) mm</td></tr>
<tr><td>ISO 标准</td><td colspan="3">ISO 16835—2014　Refractory Products-Determination of thermal expansion</td></tr>
<tr><td rowspan="2">样品尺寸</td><td>圆柱形测试法(cylindrical test piece)</td><td>棒状测试法 (rod test piece)</td><td>非接触法 (non-contact method)</td></tr>
<tr><td>中心带通孔的圆柱体，
ϕ50 mm×50 mm，ϕ12 mm</td><td>方形杆：(5~12) mm× (15~100) mm
圆柱体：(5~15) mm× (15~100) mm</td><td>方形杆或圆柱形
(15~25) mm× (60~150) mm</td></tr>
<tr><td>ASTM</td><td colspan="3">E228-17 Standard Test Method for Linear Thermal Expansion of Solid Materials with a Push-Rod Dilatometer</td></tr>
</table>

国家标准 GB/T 7320—2018《耐火材料　热膨胀试验方法》规定了示差法和顶杆法，相当于 ISO 16835—2014 中的“contact method with a cylindrical test piece”和“contact method with a rod test piece”，也分别对应日本标准 JIS R2207“Test methods for thermal expansion rate of refractory products”中的第二和第三部分。ISO 16835—2014 标准中对不同方法的使用作了一些分析，见表 5-2-4。ASTM 技术标准 E228-17 中有用“Push-Rod Dilatometer”这种方法检测固体材料热膨胀系数，即顶杆法。

表 5-2-4　耐火材料热膨胀试验方法的特点

应用分类	接触法		非接触法
	采用圆柱体试样	采用棒形试样	
由小颗粒组成的耐火材料	A	A	A
含有大颗粒的耐火材料	A	C	A
易软化的耐火材料	C	C	B
有载荷下测量	A	B	D
无载荷下测量	D	D	A

注：A—最适合；B—合适；C—视用途而定；D—不合适。

5.2.2.4　耐火材料热膨胀率

耐火材料热膨胀检测中，以一定的速率加热试样，连续记录温度和试样的线变化，从而得到试样的线膨胀率、线膨胀率曲线、瞬时线膨胀系数和平均线膨胀系数，线膨胀率(linear thermal expansion percentage,%) 由式 (5-2-16) 来表示：

$$\rho = \frac{L_t - L_0}{L_0} \times 100 \tag{5-2-16}$$

式中，L_0 为试样原始长度，mm；L_t 为试样在试验温度 t 时的长度，mm。

A　耐火氧化物的热膨胀

从图 5-2-13 和图 5-2-14 中可以看出，简单耐火氧化物中，石英玻璃（也称熔融石英）的线膨胀率最低；三元耐火氧化物中莫来石和锆英石的最低，四元耐火氧化物堇青石的线膨胀率比莫来石更低。

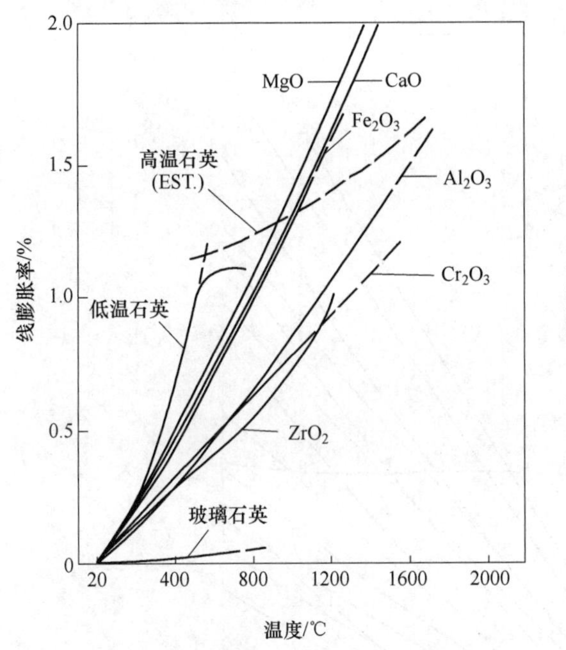

图 5-2-13 简单耐火氧化物的线膨胀率

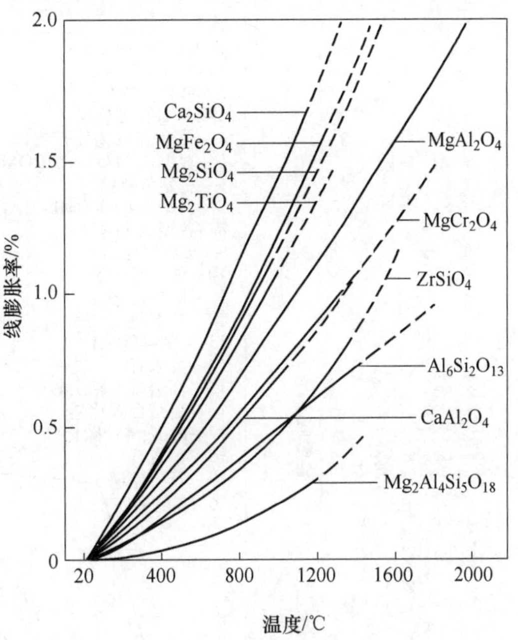

图 5-2-14 多元耐火氧化物的线膨胀率

B 耐火材料的热膨胀

耐火材料中线膨胀率最低的为熔融石英耐火材料，除了曲线 1（硅砖）的线膨胀率在 400 ℃左右比较平缓外，其他线膨胀率由大到小依次排序趋势为：2~20，其中曲线 2~8 为 MgO 含量逐渐减少的碱性耐火材料，曲线 9、10、11、13、14 和 15 为 Al_2O_3 含量递减的 Al_2O_3-SiO_2 耐火材料，两个系列耐火材料都揭示了线膨胀率的“混合规则”——复合氧化物的线膨胀率要低于单一氧化物，但线膨胀率的大小跟混合量的多少关系不那么紧密，如图 5-2-15 所示。

在生产实际中，线膨胀率-温度曲线是指导高温窑炉砌筑完成后进行首次烘炉的重要依据，其温度范围一般为温室~1000 ℃。因此，不少耐火材料产品标准中将 1000 ℃下的线膨胀率作为验收合格指标之一，也因此在很多场合常常给出的是材料在 1000 ℃下的线膨胀率，见表 5-2-5。

C 多孔隔热耐火材料的线膨胀率

图 5-2-16 为宜兴摩根热陶瓷公司提供的 TJM 系列莫来石隔热砖（23、26、28 和 30）和 Al_2O_3 空心球砖（TJMBa99）线膨胀率与温度曲线，具体牌号可参考表 2-6-2。从图 5-2-16 可以看出，温度低于 1200 ℃时，所有多孔隔热耐火材料的线膨胀率与温度的斜率均为正值，说明随着温度升高，线膨胀率增大，莫来石系列多孔隔热耐火砖的线膨胀率都比较接近；当温度高于 1200 ℃后，不同系列多孔隔热耐火材料的线膨胀率都会在某个温度点达到最大值：TJM23 在 1250 ℃下为 0.88%；TJM26 在 1350 ℃下为 0.91%；TJM28 在 1400 ℃下为 0.97%；TJM30 在 1550 ℃下为 1.14%；TJMBa99 在 1500 ℃下为 1.23%。

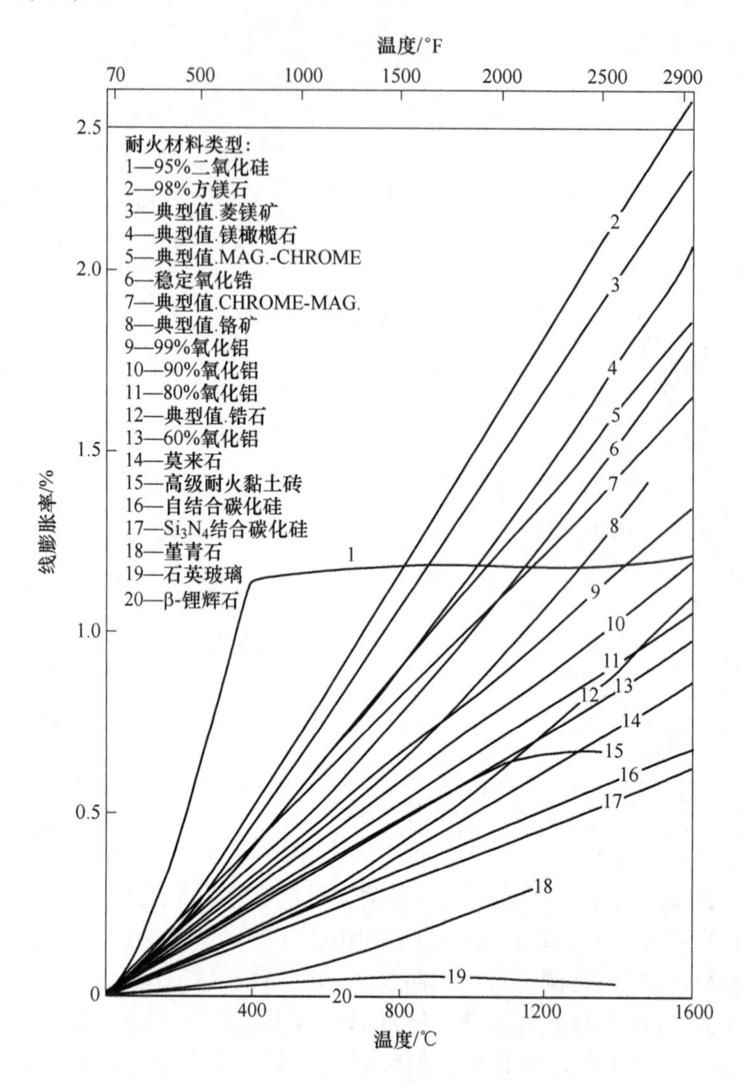

图 5-2-15 致密耐火材料线膨胀率与温度的关系

表 5-2-5 常用耐火材料 1000 ℃的线膨胀率

序号	耐火材料	1000 ℃时的线膨胀率/%	序号	耐火材料	1000℃时的线膨胀率/%
1	95%二氧化硅	1.18	11	80%氧化铝	0.65
2	98%方镁石	1.47	12	典型值．锆英石	0.55
3	典型值．菱镁矿	1.35	13	60%氧化铝	0.58
4	典型值．镁橄榄石	1.16	14	莫来石	0.49
5	典型值．MAG.-CHROME	1.12	15	黏土砖	0.58
6	稳定立方氧化锆	0.99	16	烧结碳化硅	0.42
7	典型值．CHROME-MAG.	0.99	17	Si_3N_4 烧结碳化硅	0.375
8	典型值．铬矿	0.84	18	典型值．堇青石	0.22
9	99%氧化铝	0.82	19	石英玻璃	0.04
10	90%氧化铝	0.73	20	β-锂辉石	0.00

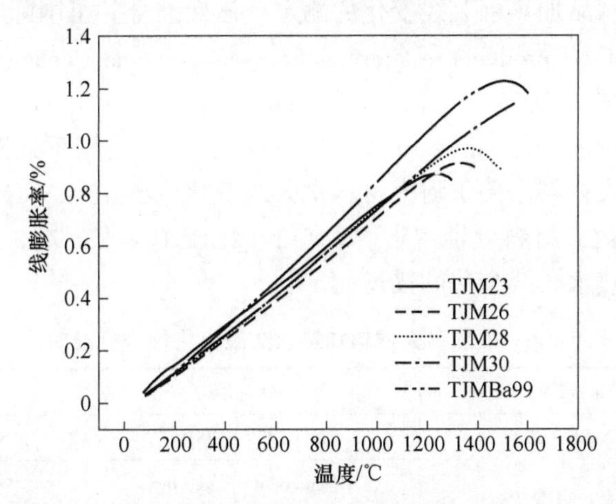

图 5-2-16 不同系列多孔隔热耐火材料线膨胀率与温度曲线

5.2.3 加热永久线变化

5.2.3.1 加热永久线变化的定义

高温体积稳定性，是表示耐火材料在高温下长期使用时，其外形及体积保持稳定而不发生变化的性能，也称为永久形变性（permanent deformation）或永久线变化（permanent linear change）。耐火材料长期在高温下使用，其本身处于热力学平衡状态，因此在使用过程中会有一些导致体积变化的物理化学反应，过大的体积变化（无论是收缩还是膨胀）可能会导致炉衬耐火材料破坏或解体，由于直接在高温下测定体积变化需要特殊的设备，同时还要排除线膨胀的影响。所以常用耐火材料再次经高温处理后试样体积或尺寸变化来表征使用温度下可发生的变形大小，即加热永久线变化（permanent change in dimension on heating）。注意，既然是永久线变化，“永久”就是不可逆的，这是和热膨胀不一样的。

加热永久线变化并不是材料的本征性能，而是一个定制的性能（a tailored property），也是生产控制的结果。例如对于不烧的不定形耐火材料来说，服役过程中首次加热必然会导致耐火材料的体积变化，而第二次加热也会这样；通过配方设计和生产处理，生产商可以在一定范围内控制耐火材料的早期形变。加热永久线变化是正还是负值，需要根据实际需求来确定。

加热永久线变化可用体积变化百分率或线变化百分率表示：

$$\Delta V = \frac{V - V_0}{V} \times 100\% \qquad \Delta L = \frac{L - L_0}{L} \times 100\% \tag{5-2-17}$$

式中，V_0、V 分别为加热前后试样的体积；L_0、L 分别为加热前后试样的长度。

加热前后体积变化的大小表征了耐火材料的高温体积稳定性，对高温窑炉等热工设备的结构及工况的稳定性具有十分重要的意义。隔热耐火材料的分类标准也是以某个温度下、规定时间内的加热永久线变化来规定的。

5.2.3.2 加热永久线变化的测试标准

国家标准 GB/T 5988—2022《耐火材料 加热永久线变化试验方法》（Refractory products—Determination of permanent change in dimensions on heating）适用于致密定形耐火

制品和定形隔热耐火制品加热永久线变化的测定。该标准合并了国际标准 ISO 2478：1987 "Dense shaped refractory products—Determination of permanent change in dimensions on heating" 和 ISO 2477：2005 "Shaped insulating refractory products—Determination of permanent change in dimensions on heating" 两个标准，一个适用于致密耐火材料，另一个是适用于定形隔热耐火材料。关于耐火材料永久线变化的测试，ASTM 标准中也是将致密耐火材料和定形隔热耐火材料分别规定。表 5-2-6 比较了国家标准、ISO 标准和 ASTM 标准对隔热耐火材料加热永久线变化的描述。

表 5-2-6 隔热耐火材料加热永久线变化检测标准对比

项目	国家标准	ISO 标准	ASTM 标准
标准号	GB/T 5988—2022	ISO 2477：2005	ASTM C210-95（2019）
关键词	加热永久线变化	Permanent change in dimensions on heating	Reheat change
适用范围	致密定形和定形隔热	Shaped insulating refractory products	Insulating firebrick
样品数量	至少 1 块	至少 1 块	6 块，其中 3 块用于支撑
样品尺寸	100 mm×114 mm×65 mm 或 75 mm	100 mm×114 mm×64 mm 或 76 mm	228 mm×114 mm×64 mm 或 76 mm
最大温度	按试验温度	按试验温度	取决分类温度（C155）
保温时间	未说明（12 h）	12 h	24 h

5.2.4 热容

5.2.4.1 热容的基本定律

热容（heat capacity）是耐火材料重要的热学性质之一，它是表征材料受热后温度升高情况的参数。任何物质受热后温度都要升高，但不同的物质温度升高 1 ℃所需要的热量不同。1 g 材料的热容称为比热容，单位为 J/(K · g)；1 mol 材料热容量称为摩尔热容，单位为 J/(K · mol)。

热容分为恒压热容 c_p 和恒容热容 c_V，由于恒压加热物体除温度升高外，还要对外界做功，所以 $c_p>c_V$；但对于固体材料 c_p 与 c_V 差异很小。

根据 Neumann-Kopp 定律（诺伊曼-柯普定律），化合物热容等于构成该化合物各元素原子热容之和，即

$$c = \sum n_i c_i \tag{5-2-18}$$

式中，n_i 为化合物中元素 i 的原子数；c_i 为元素 i 的摩尔热容。

对于耐火材料常用二元氧化物和三元氧化物来说，有如下表示：

$$2A_aO_m(s) + 3B_bO_n(s) \longrightarrow A_{2a}B_{3b}O_x(s) \tag{5-2-19}$$

式中，$x = 2m + 3n$，其三元氧化物的热容表达为：

$$c_p^{\ominus}(A_{2a}B_{3b}O_x) = 2c_p^{\ominus}(A_aO_m) + 3c_p^{\ominus}(B_bO_n) \tag{5-2-20}$$

根据德拜比热模型：(1) 单个原子的热容，当温度较高时，即 $T \gg \theta_D$，$c_V = 3Nk$，其中 N 对于含有 n 个原子的化合物来说，$c_V = 3nR$，即杜隆-珀替定律；(2) 温度较低时，即 $T \ll \theta_D$，$c_V = \dfrac{12\pi^4 Nk}{5}\left(\dfrac{T}{\theta_D}\right)^3$，其中 θ_D 为德拜温度。

耐火材料是高温下使用的，根据德拜比热模型，在高温下各种材料的 $\frac{c_V}{n}$ 都趋于一个常数 $\frac{3nR}{n}$，即 $3R$；在低于德拜温度 θ_D 时，c_V 与 T^3 成正比。

图 5-2-17 给出几种陶瓷材料的 $\frac{c_V}{n}$-T 的关系。这些陶瓷材料的 θ_D 约为熔点（热力学温度）的 0.2~0.5 倍。对于绝大多数氧化物和碳化物，$\frac{c_V}{n}$ 都是从低温时的一个低的数值增加到 1273 K 左右的近似于 $3R$，即约 25 J/(mol · K) 的数值。温度进一步增加，热容基本上没有什么变化。图 5-2-17 中几条曲线不仅形状相似，而且数值也很接近。

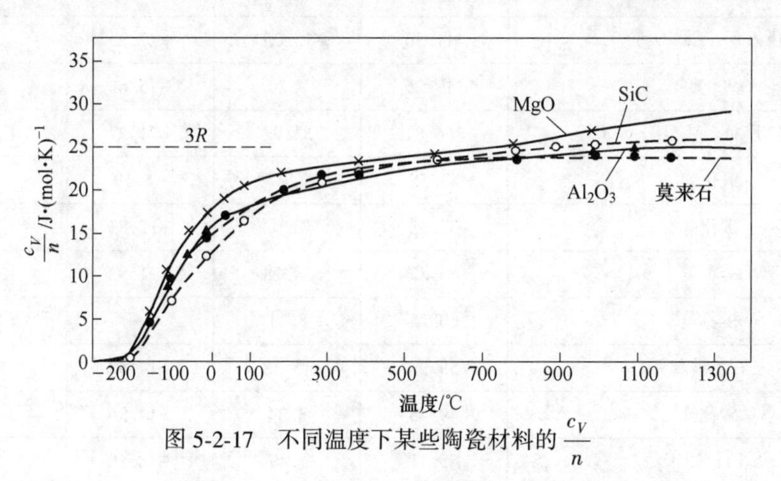

图 5-2-17 不同温度下某些陶瓷材料的 $\frac{c_V}{n}$

无机材料的热容与材料结构的关系不大，如图 5-2-18 所示，$CaO/SiO_2=1$ 的混合物与 $CaSiO_3$ 的热容-温度曲线基本重合，符合 Neumann-Kopp 定律。

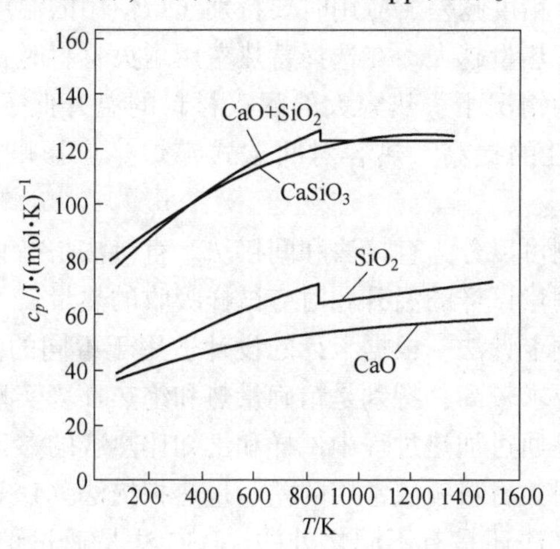

图 5-2-18 摩尔比为 1 : 1 的不同形式的 $CaO+SiO_2$ 的热容

5.2.4.2 耐火材料的热容

固体材料 c_p 与温度 T 的关系应由实验精确测定，大多数材料经验公式：

$$c_p = a + bT + cT^{-2} + \cdots$$

式中，c_p 的单位为 J/(k · mol)。表 5-2-7 中列出一些无机材料的 a、b、c 的数值及其使用范围。

表 5-2-7 一些无机材料的热容-温度关系经验方程式系数

名 称	a	$b\times10^3$	$c\times10^{-5}$	温度范围/K
刚玉（α-Al_2O_3）	114.66	12.79	-35.40	298~1800
莫来石（$3Al_2O_3 \cdot 2SiO_2$）	365.96	62.53	-111.52	298~1100
碳化硼	96.10	22.57	44.81	298~1373
氮化硼（α-BN）	7.61	15.13	—	273~1173
硅灰石（$CaSiO_3$）	111.36	15.05	-27.25	298~1450
氧化铬	119.26	9.20	-15.63	298~1800
钾长石（$K_2O \cdot Al_2O_3 \cdot 6SiO_2$）	266.81	53.92	-71.27	298~1400
氧化镁	42.55	7.27	-6.19	298~2100
碳化硅	37.33	12.92	-12.83	298~1700
α-石英	46.82	34.28	-11.92	298-848
β-石英	60.23	8.11	—	298~2000
石英玻璃	55.93	15.38	-14.42	298~2000
碳化钛	49.45	3.34	-14.96	298-1800
金红石（TiO_2）	75.11	1.17	-18.18	298~1800

工程上所用的平均热容是指从温度 T_1 到 T_2 所吸收的热量的平均值。平均热容是比较粗略的，温度范围越大，精度越差，应用时要特别注意使用的温度范围。

热容越大，材料的蓄热量越大。在选择蓄热室用耐火材料时，热容是一个需要考虑的因素。在获得相同热量的情况下，热容大的耐火材料的温升低于热容小的耐火材料的温升，因而有利于抗热震性的提高。热容对间歇式窑炉生产影响大，涉及加热和冷却的速度。

耐火材料热容的检测可以分为直接法和间接法。直接法是指直接采用加热升温待测样品，在这个过程中同时测量试样的温升和对应试样吸收的热量，可以直接计算出样品的比热容，一般有冰卡计或铜卡计法。根据卡计的设计适用于不同的温度和尺寸不同的试样。直接法测量比热对设备要求较高，特别是精确量热和绝热环境实现难度高，在一般工程领域应用较少；间接法则是通过加热过程中试样和已知比热容的参比样品进行比较测得材料比热容的方法。例如，耐火材料领域常用的差示量热扫描法（DSC）和激光闪光法都是间接法。DSC 法和激光闪光法还是有不同之处的。DSC 法是通过记录比较对应参比样品和试样升高同样温度的输入热量的差异来计算出试样的比热容；而激光闪光法则是通过比较在相同输入能量（激光脉冲）的条件下参考样品和试样产生的温升差异，比较计算出试样的比热容。常用氧化物的热容与温度的关系见图 5-2-19 和图 5-2-20。

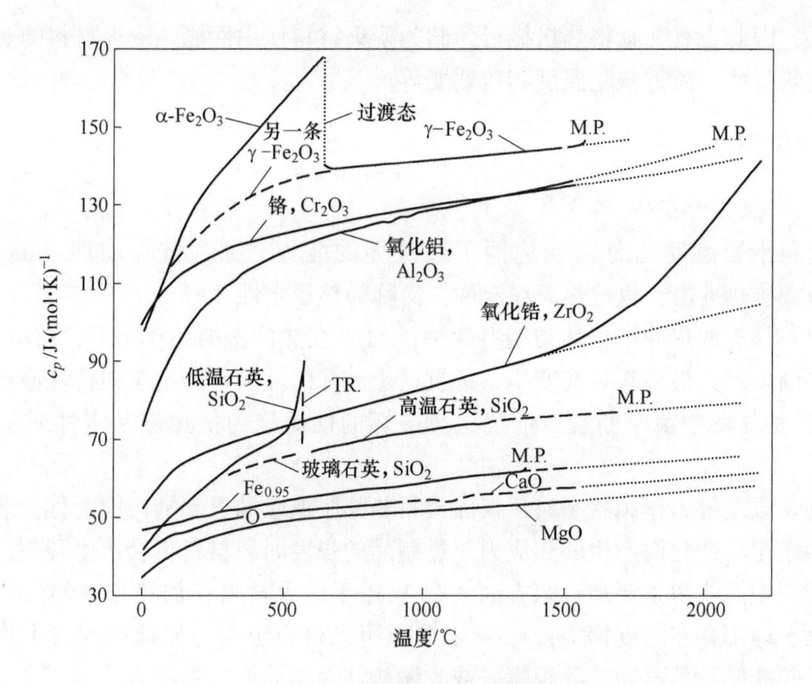

图 5-2-19　简单氧化物的摩尔热容

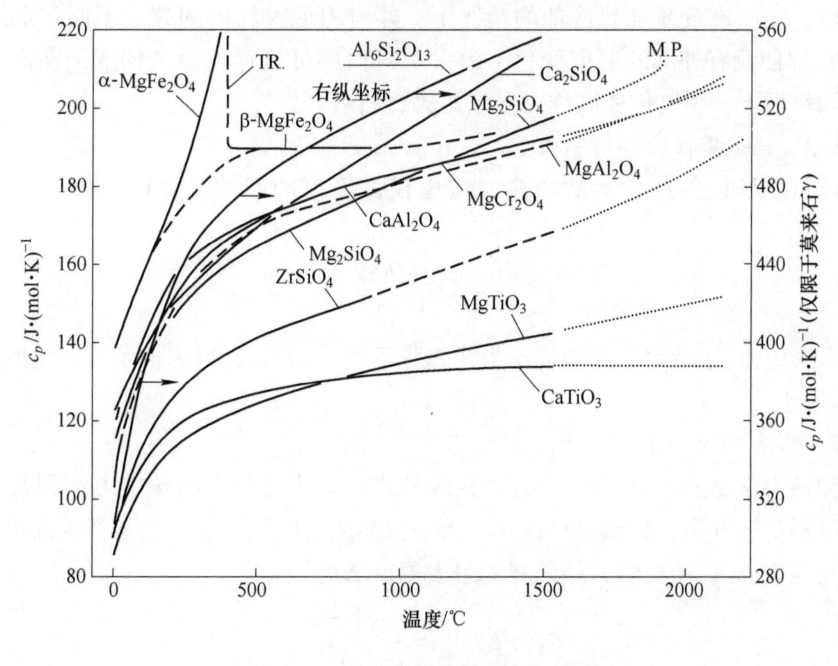

图 5-2-20　三元氧化物的摩尔热容

5.3　热机械行为

热机械行为（thermo-mechanical behavior），也称高温机械行为（high temperature mechanical behavior），耐火材料经常在高温下使用，因此其热机械行为直接与耐火材料使用寿命相关，因此也有文献将热机械行为归为耐火材料使用性能。耐火材料的热机械行为主要包括抗热震性、荷重软化温度和压蠕变等。

5.3.1 抗热震性

5.3.1.1 热应力损伤

耐火材料承受温度的急剧变化而不致破坏的能力，称为抗热震性（thermal shock resistance）或抗热冲击，也称热震稳定性，简称为热稳定性。

耐火材料热震或热冲击损坏类型有两种：（1）在热冲击循环作用下，材料表面开裂、剥落，并不断发展，最终碎裂或变质，抵抗这类破坏的性能称为抗震损伤性或抗热冲击损伤性；（2）材料发生瞬时断裂，抵抗这类破坏的性能称为抗热震断裂性或抗热冲击断裂性。

材料在未改变外力作用状态时，仅因材料热膨胀或收缩引起的内应力称为热应力，当材料内部由于温度变化而产生的热应力超过制品的强度时，材料将会产生开裂、崩落或断裂。耐火材料中热应力主要来自两方面：（1）由于耐火材料在加热与冷却过程中，耐火材料的表面至内部存在温度梯度；（2）来源于耐火材料组成与显微结构的不均匀性，材料中各相的热膨胀系数不同，各相膨胀或收缩相互牵制而产生的应力。

耐火材料因热应力损坏有三种情况：（1）由于温度急变产生的热应力大于其强度而一次性破坏；（2）在反复加热冷却的情况下，热应力使材料内的裂纹不断扩展最终导致破坏；（3）即使没有外部的温度变化，耐火炉衬内部可能存在温度梯度。在高温与温度梯度的长期作用下，裂纹扩展同样可导致耐火材料破坏。

5.3.1.2 抗热震性的评价参数

材料抗热震稳性的评价参数很多，这里仅做简单的归纳，材料的热应力可由下式计算：

$$\sigma_f = \frac{E\alpha\Delta T}{1-\nu} \tag{5-3-1}$$

式中，σ_f 为热应力；E 为弹性模量；α 为线膨胀系数；ΔT 为材料的初始温度与终了温度之差；ν 为泊松比。

A 第一抗热应力断裂因子 R_1

从热弹性力学出发，以强度-应力为判断标准。认为材料中的热应力达到其抗张强度极限后，材料就会开裂，导致材料破坏。第一抗热应力断裂因子，它是产生的热应力达到材料的断裂强度 σ_f，使材料开始破坏的最大温差 ΔT_{max}：

$$R_1 = \Delta T_{max} = \frac{\sigma_f(1-\nu)}{\alpha E} \tag{5-3-2}$$

上式是根据平面薄板材料推导而成的，对于其他形状的材料，还应增加一个形状因子 S，则有：

$$R_1 = \Delta T_{max} = S \times \frac{\sigma_f(1-\nu)}{\alpha E} \tag{5-3-3}$$

式中，R_1 为第一热应力断裂因子或第一热应力因子，K。

B 第二抗热应力断裂因子 R_2

材料是否出现断裂，不仅与热应力有关，还与材料中应力的分布、产生的速率、持续的时间、材料的特性（塑性、均匀性、弛豫性）以及原先存在的裂纹、缺陷有关。

如果材料的导热系数 λ 越大，传热越快，热应力持续一段时间后会因导热而缓解；材料越薄，传热的途径越短，越容易达到温度均匀；材料的表面散热越快，内外温差大，则热应力也大。因此考虑导热系数的影响，在 R_1 因子中引入导热系数 λ 的抗热应力断裂因子，称为第二抗热应力断裂因子 R_2：

$$R_2 = \lambda \times \frac{\sigma_f(1-\nu)}{\alpha E} = \lambda R_1 \tag{5-3-4}$$

式中，R_2 的单位为 J/(m·s)。

C 第三抗热应力断裂因子 R_3

在一些实际应用场合中，往往要关心材料所允许的最大冷却（加热）的速率，对厚度为 $2r_m$ 的无限平板，在降温过程中，内外表面温度的变化允许的最大冷却速率为：

$$-\left(\frac{dT}{dt}\right)_{max} = a \times \frac{\sigma_f(1-\nu)}{\alpha E} \times \frac{3}{r_m^2} \tag{5-3-5}$$

式中，a 为材料的热扩散系数（导温系数），a 越大，越有利于热稳定性，且由式（2-1-2）：$a = \frac{\lambda}{\rho c_p}$，于是有第三抗热应力断裂因子 R_3 为：

$$R_3 = a \times \frac{\sigma_f(1-\nu)}{\alpha E} = \frac{\lambda}{\rho c_p} \times \frac{\sigma_f(1-\nu)}{\alpha E} = \frac{\lambda}{\rho c_p} \times R_1 = \frac{R_2}{\rho c_p} \tag{5-3-6}$$

式中，ρ 为材料密度，kg/m^3；c_p 为材料定压热容量。材料的最大冷却速度为：

$$\left(\frac{dT}{dt}\right)_{max} = R_3 \times \frac{3}{r_m^2} \tag{5-3-7}$$

这是材料能经受得最大降温速率，耐火材料或陶瓷在烧成过程中，不能超过此值，否则会发生制品炸裂。R_1、R_2、R_3 断裂因子所导出的结果适用于玻璃、陶瓷和电子陶瓷等结构与组成相对均匀的材料，其中 R_1 适合材料急剧受热或冷却的情况，R_2 适合缓慢受热或受冷情况，R_3 适合恒速受热或冷却情况。

对于多数耐火材料，它们是多尺度（颗粒大小不一）、多组分的多相材料，并且含有一定数量的气孔与裂纹。这种情况下，R_1、R_2、R_3 断裂因子并不能完全反映它们抗热震性。例如，随气孔率的下降，耐火材料的强度 σ_f 与导热系数 λ 都提高，R_2 与 R_3 增大，它们的抗热震性提高。但实际情况并非如此，含有一定数量气孔的耐火材料的抗热震性是最好的。这是因为热冲击产生的裂纹在瞬时扩展过程中可能被气孔所阻止而不致引起材料的完全断裂。复相材料的相界、晶界都可能起同样的作用。因此，仅从热弹性力学的观点出发不能很好地说明耐火材料的抗热震性，应从断裂力学的观点来解释。

D 第四、第五抗热应力断裂因子 R_4 和 R_5

按断裂力学的观点，材料的破坏是由于裂纹的产生（包括原来存在于材料内的裂纹）与扩散。如果在热冲击下，裂纹不产生或者即使产生了也能将其抑制在一个小范围内而不扩展，则可使材料不致断裂。裂纹的产生、扩展的程度与材料集存的弹性应变能与裂纹扩展的断裂表面能有关。当材料中可能存积的弹性应变能较小或断裂表面能较大时，裂纹不易扩展，材料的抗热震性就好，即材料的抗热应力损伤正比于断裂表面能，反比于弹性应变能的释放率，于是有第四、第五抗热应力断裂因子：

$$R_4 = \frac{E}{\sigma_f^2(1-\nu)} \tag{5-3-8}$$

$$R_5 = \frac{\gamma_f E}{\sigma_f^2(1-\nu)} \tag{5-3-9}$$

式中，γ_f 为断裂表面能，J/m^2，将断裂韧性 $K_{IC} = (2E\gamma_f)^{1/2}$ 代入式（5-3-9），则有：

$$R_5 = \frac{1}{1-\nu}\left(\frac{K_{IC}}{\sigma_f}\right)^2 \tag{5-3-10}$$

R_4 主要用来比较具有相同断裂表面的材料，因此只考虑了材料的弹性应变能；R_5 则同时考虑了材料的弹性应变能和断裂表面能，用来比较具有不同断裂表面能的材料。由 R_4 和 R_5 的表达可以看出，从能量为断裂力学的角度出发，要想提高材料的抗裂纹扩展能力则需要低的抗张强度和高的断裂表面能。

E　热应力裂纹稳定因子 R_{st} 和 R'_{st}

实际上，材料经历裂纹成核、扩展及破坏的各个阶段。在初始阶段，裂纹的成核是主要的，而在结束阶段，裂纹的扩展是主导因素。不同材料的热震破坏机制也不一样。Hasselman 为弥补断裂理论只注重裂纹成核和热震损伤理论，只强调裂纹扩展的不足，建立了以断裂力学为基础的断裂开始和裂纹扩展的统一理论，并提出了以下两个因子：

$$R_{st} = \sqrt{\frac{\gamma_f}{\alpha^2 E}} \approx \sqrt{\frac{\gamma_f}{\sigma_f^2}} \tag{5-3-11}$$

$$R'_{st} = \lambda \times \sqrt{\frac{\gamma_f}{\alpha^2 E}} \approx \lambda \times \sqrt{\frac{\gamma_f}{\sigma_f^2}} \tag{5-3-12}$$

式中，R_{st} 和 R'_{st} 称为热应力裂纹稳定因子（thermal stress crack stability parameter）。

5.3.1.3　抗热震性的影响因素

从 5.3.1.2 节可以看出，由断裂力学推导的抗热应力断裂因子 R_1、R_2 和 R_3 和热震损伤理论推导出的抗热应力断裂因子 R_4 和 R_5，还是结合两种理论推导出的热应力裂纹稳定因子 R_{st} 和 R'_{st}，影响材料的抗热震性因素主要包括两大方面：一方面是影响热应力及裂纹产生与扩展的因素；另一方面是阻止裂纹扩展抵抗热震断裂的因素。抗热震性的影响因素主要包括材料物理性能、材料的组成与显微结构和材料外形。

A　材料物理性能

（1）热学性能：1）导热系数越大，抗热震性越好；2）热膨胀系数越大，抗热震性越差；3）比热容大，相同的热量，温升小，产生热应力小，抗热震性好。

（2）力学性能：1）材料的强度 σ_f，与 R_1、R_2 和 R_3 成正比，与 R_4、R_5、R_{st} 和 R'_{st} 成反比；2）弹性模量 E，与 R_1、R_2、R_3、R_{st} 和 R'_{st} 成反比，与 R_4、R_5 成正比；因此正确选用抗热应力因子分析判断材料的抗热震性。一般来说，对于致密耐火材料，σ_f 越大则抗热震性越好，E 越小抗热震性越好；而对多孔隔热耐火材料，σ_f 越小抗热震性越好，但 E 不宜过小。

B　材料的组成与显微结构

材料的组成与显微结构对热物理性能有很大的影响，从而影响材料的抗热震性。除了这些间接影响外，显微结构中的晶界、气孔和裂纹也会对裂纹的扩展产生影响，一方面可以成为裂纹产生与扩展的危险源，另一方面也可以阻止裂纹的瞬时扩展，防止材料的完全断裂。

气孔与裂纹除了可以起到防止裂纹瞬时扩展外，它们还可以在一定程度上吸收热膨胀产生的内应力。

材料结构中的微裂纹可以起到终止裂纹的扩展，一般来说耐火材料中适当的、均匀分布的微裂纹可以提高其抗热震性。

C　材料外形

耐火材料中的温度分布是受其外形和尺寸影响的。因此，在加热或冷却过程中耐火材料内部产生的热应力也受其外形与尺寸的影响。前面讨论抗热应力断裂因子的推导过程，也有不同的几何模型，有着不同数值。另外，不同几何外形的耐火材料，其所受的边界约束也不一样，不同的边界约束会导致耐火材料中应力分布也不一样。如图 5-3-1 所示，滑板的外形改变由 A 到新型，其应力则由张应力变为压应力，由于耐火材料承受压应力的能力要比张应力大得多，因而减少裂纹扩展的机会，从而影响抗热震性。

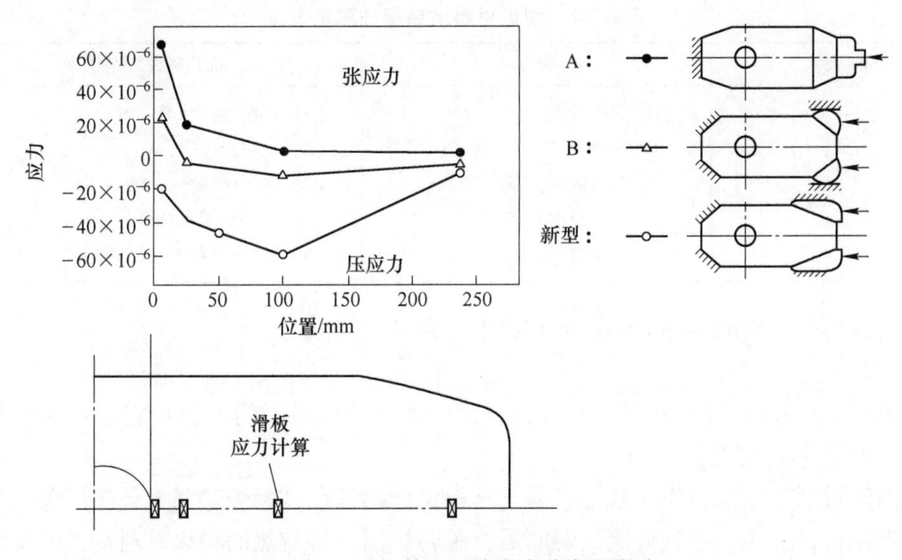

图 5-3-1　滑板外形对热应力分布的影响

从上述讨论可以看出，化学组成和晶体结构影响其热性能和力学性能、微观结构影响裂纹的形成与扩展、宏观形状尺寸影响温度场和应力场的分布，这些都影响耐火材料的抗热震性，因此影响耐火材料抗热震性的因素是多层次、多尺度、多因子的，也是非常复杂的。

5.3.1.4　耐火材料热震损伤的表征方法

对热震损伤试验最简单的评价是通过肉眼或光学显微镜观察。经过一次或多次热冲击循环后，宏观裂纹的数量、长度和方向，可以粗略地用肉眼估计，而微观结构则用光学甚至电子显微镜观察。但评价的正确与否很大程度上依赖于观察者的经验，很难有一个量化的结果。而将不同耐火材料抗热震性量化的表示方法是试样经过一定热冲击循环次数，测量试样断裂之前的质量损失或热冲击循环次数。但对热震稳定性良好的耐火材料而言，通过测量试样的质量损失评价抗热震性是不准确的，因此采用测定试样的残余机械强度（抗折或耐压强度）为判据。

随着无损检测技术的发展，通过测定同一试样热冲击前后的弹性模量或超声波速度（ultrasonic velocity），为耐火材料抗热震性的评估提供了更加量化而准确的数据，此类测试方法为研究材料受到热冲击后损毁过程提供了有用信息。一般来说，耐火材料的损坏过程包括微裂纹的成核、长大和聚集。所有这些过程都会产生特定的振动。使用声发射传感器对这些声学行为的采集和评价是热冲击破坏性原位表征技术的一个重要进步。扩音器（microphone）是优选的振动传感器，因为它们不需要物理接触的测试片。为了测量震动而引入了激光多普勒振动测试仪（laser Doppler vibrometers，LDV），这使非接触式测量有了更加广阔的前景。这些新的设备能直接探测高温热冲击下耐火材料的损毁过程。

正如 5. 3. 1. 3 节所说，耐火材料抗热震性的影响因素是多层次、多尺度和多因子的，也是最复杂的，因此表征和评价耐火材料的抗热震性也是很困难。尽管已经进行了大量工作，但至今尚未有一个公认的方法来评价耐火材料的抗热震性。在所有的测试方法中包括三个方面的内容，抗热震性环境、检测方法和抗热震性评价依据，见表 5-3-1。

表 5-3-1　耐火材料抗热震性测定方法

热震条件	检测方法	抗热震性评定依据
（1）加热或冷却； （2）加热-冷却循环	（1）裂纹检测； （2）称重； （3）抗折或耐压强度测试； （4）弹性模量测试； （5）声发射技术	（1）目测裂纹状况； （2）质量损失率； （3）强度保持率； （4）弹性模量保持率； （5）热震过程中声发射特征

耐火材料热损伤的表征方法主要有以下几种。

A　镶板法

镶板法（panel method）是将耐火材料试样砌在炉壁或炉门上，让它在一面受热的情况下进行加热-冷却循环。

我国现行标准中水急冷法就是将耐火材料试样砌筑在试验炉炉门上，炉门关上后，试样的一端在炉内加热，达到规定的时间后，翻转炉门，将受热的耐火材料端插入冷水中冷却。反复数次后，用受热端面积的破损率来衡量耐火材料的抗热震性。

B　长条法

长条法就是将长条形试样放在支架上，在试样的受热面下有煤气烧嘴与吹风嘴。先用煤气加热试样到规定的时间后，再用吹风设备吹风冷却一段时间。按规定反复若干次后，测定试样热震前后抗折强度或弹性模量的保持率以衡量其抗热震性的好坏。

C　镶板-声发射法

在镶板法的耐火材料冷面装上一个声发射（acoustic emission，AE）探头，探测在加热或冷却过程中耐火材料中裂纹生成与扩展过程中的声发射信息。AE 的累计数越大，表示裂纹扩展得越多。烧成镁白云砖与 MgO-C 砖的镶板-AE 法测定结果如图 5-3-2 所示。

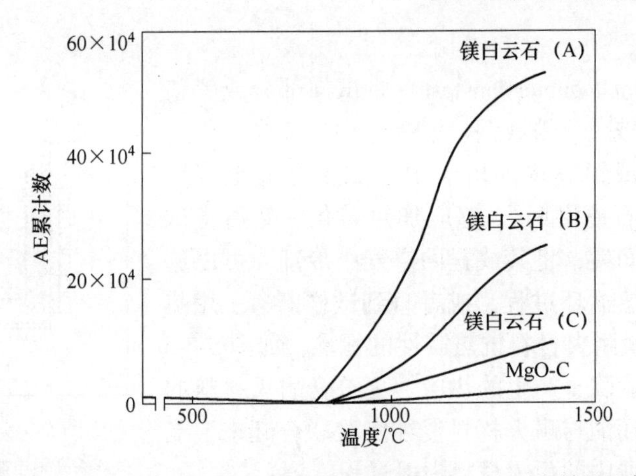

图 5-3-2 烧成镁白云砖与 MgO-C 砖的镶板-AE 法测定结果比较

D 科尔特曼法

科尔特曼法（Koltermann test）是将一个棱柱体试样（35 mm×35 mm×200 mm）放入电炉中加热至 1350 ℃，保温一段时间后，将试样放置在水冷铜板上降温。循环往复此过程，直至试样断裂，如图 5-3-3 所示，将热循环的次数作为衡量耐火材料抗热震性强弱的标准。科尔特曼法冷却过程中，热流方向可近似视为一维热流。在耐火材料内部会产生定向的温度分布梯度，这使得产生的热应力分布与耐火材料的实际使用情况更加相似。为了进一步使实验环境与实际环境相符，可以加大试样的尺寸并使试样的侧面绝热，只在底面进行热交换，例如与一块高温 SiC 板进行接触（见图 5-3-4）。

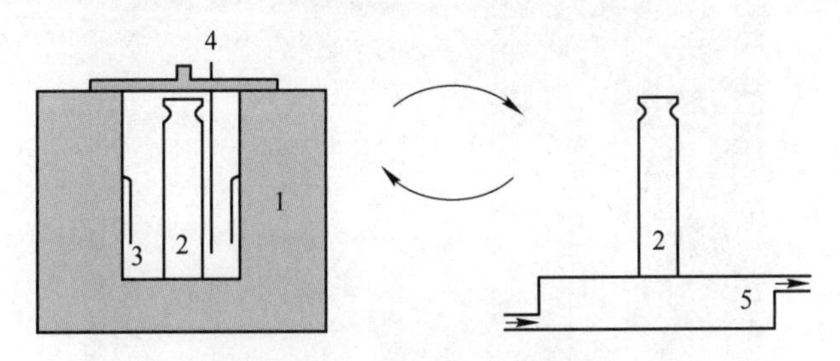

图 5-3-3 科尔特曼法示意图

1—电炉；2—试样；3—加热棒；4—热电偶；5—水冷铜板

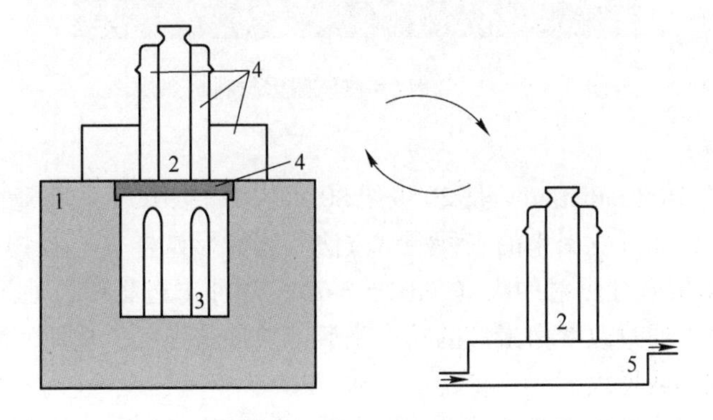

图 5-3-4 改进后科尔特曼法示意图

1—电炉；2—试样；3—加热棒；4—高温 SiC 板；5—水冷板

E 熔体浸渍法

熔体浸渍法（melt immersion test）将试样部分或者整体浸入熔体中（如玻璃、铁或钢、铝等）中。如在感应电炉中，玻璃、钢铁或铝等置入坩埚中（如果是非金属熔体，如玻璃，可用石墨坩埚）感应加热熔化，然后将试样浸入熔体一段时间后，将其放置回空气中冷却。可以选择进行一定次数的热循环过程，或者直到试样断裂。用热循环的次数作为衡量耐火材料抗热震性的标准，如图 5-3-5 所示。熔融浸渍试验除了产生的热应力更符合耐火材料的实际工况外，同时还能与耐火材料侵蚀实验联合起来，能够充分模拟冶金工业中的耐火材料损毁过程。

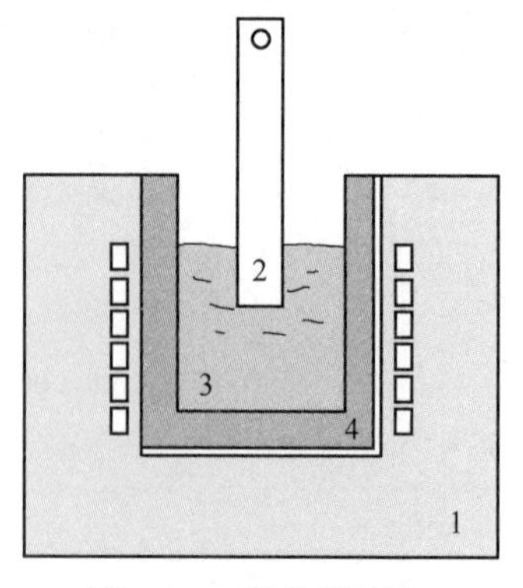

图 5-3-5 熔体浸渍法
1—高频电感应炉；2—试样；
3—熔体；4—坩埚

F 明焰燃烧器法

明焰燃烧器法（open-flame burners）就是为了能够模拟出升温过程中产生的热冲击，使热量有效传递到试样中，以明焰燃烧器作为热源。

明焰燃烧器法可以对任何外形和尺寸的试样进行测试，特别适合在实验室中对多种复合耐火材料进行对比测试。试验过程中，可以将热电偶放置在试样上部测试耐火材料在热循环过程中的温度分布（见图 5-3-6）。该方法升温过程中产生的热冲击较小，与在工业炉中使用开放式明焰燃烧器产生的热冲击相符，因此适用于明焰炉衬耐火材料抗热震性的测试。

图 5-3-6 明焰燃烧器测试耐火材料抗热震性

G 圆盘辐射法

圆盘辐射法（disc irradiation）是 20 世纪 80 年代为了测试工业陶瓷在升温热冲击下临界热应力强度因子，而开发出来的一种测试方法。圆盘形试样（直径约为 75mm，厚度至少 5mm）两侧使用聚光灯照射中央（见图 5-3-7）。热冲击过程中，通过高温计测量试样中心与边缘的温度，通过改变卤素灯的功率来调节热冲击强度，从而使测试件的边缘和中心之间的温度差减小或增大。

辐射几秒内，圆形试样中就会产生一个圆形温度场。试样中心的温度超过 1000 ℃，而边缘处的温度显著低于中心部位。温差的大小主要取决于试样的导热系数，且第一次热

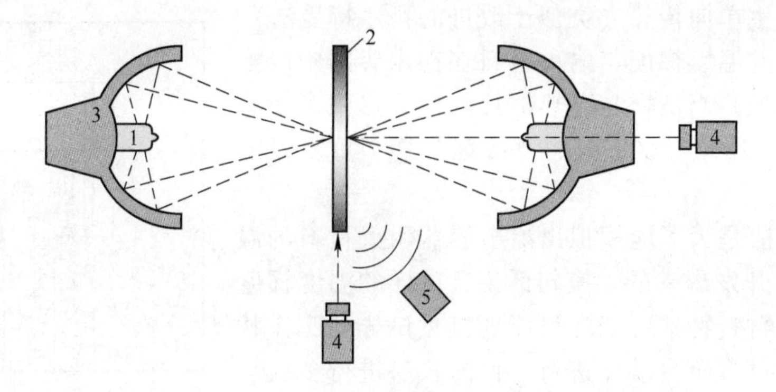

图 5-3-7　圆盘辐照法
1—卤素灯泡；2—试样；3—反射器；4—高温计；5—声发射传感器

冲击时试样中心与边缘的温度差超过 500 ℃。由于这种升温制度，试样中心会产生较高的热膨胀，从而产生应力梯度。试样中心沿径向和切向的压缩应力将逐步被试样边缘处的切向拉伸应力取代，在试样边缘首先产生裂纹并向试样中心扩展。

圆盘辐射法结合适宜的原位无损伤检测手段就可以对耐火材料在高温热冲击下的断裂机制进行研究，例如，声发射原位无损伤检测可以在热冲击过程中检测到裂纹的产生。

H　高频感应辐射法

高频感应辐射法（high frequency induction irradiation method），是研究升温热冲击的主要方法。采用空心石墨筒（外径 75 mm，内径 54 mm，高度 50 mm）与磁场的耦合加热高频感应炉。将圆柱形试样（ϕ50 mm×50 mm）放置于空心石墨筒中央，感应加热空心石墨柱，通过空心石墨柱的辐射加热试样，一定时间或到达设定温度后，停止加热，并将试样放置在炉中或空气中进行冷却（见图 5-3-8）。试样和空心石墨筒的加热速度可以通过调节感应线圈进行控制，根据不同的加热速率和不同材料的导热系数，可在试样中形成非常大的温度梯度。

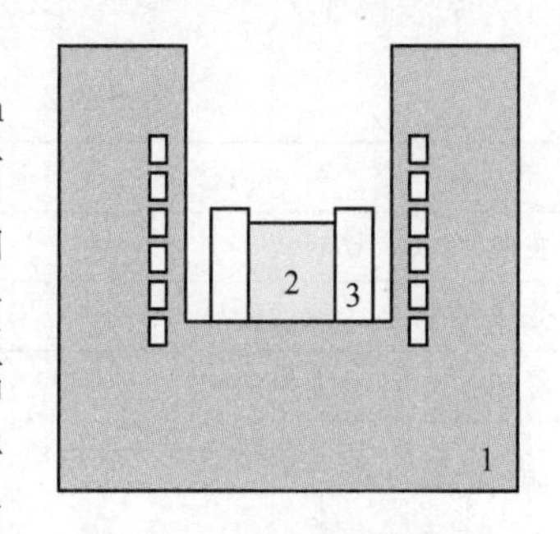

图 5-3-8　高频感应辐射法
1—高频电感应炉；2—试样；3—空心石墨圆筒

高频感应辐射法的最大优点就是仅研究耐火材料的抗热震性时，其热冲击强度可通过加热速率进行调节：在初始阶段用低加热速率预加热试样，当达到预定温度后，进一步升高温度至接近钢铁冶炼温度，并进行热循环加热。试样中产生的裂纹情况可由弹性模量或超声波速度变化来评价，这为耐火材料的破坏提供直接信息，得到可靠且重复性较高的数据，从而评价耐火材料的抗热震性。根据弹性模量或超声波速度变化结果，比对分析不同耐火材料的抗热震性。

I　高温循环法

高温循环法（high temperature cycling method），将试样安置在一个活动的载物台上（见图 5-3-9），先放在温度较低的“冷区”中，温度维持在 1000 ℃；开始热循环，将试样上移并与炉温高达 1700 ℃“热区”里的蓄热器接触，试样因热交换温度升高。由于蓄热器具有较高的热容量，当试样接触到蓄热器的表面时，会产生强烈的热传递。此外，试样的侧面仅产生单向传热（类似于改进的科尔特曼法）。此种方法产生的温度梯度与耐火材料在钢水容器中产生的温度梯度相似。当试样与蓄热器接触达到热平衡状态后，再将试样移回到1000 ℃的“冷区”中，重复以上过程。

高温循环法是为了能模拟出冶金容器耐火材料的温度梯度而专门开发出来的。换句话说，试样的温度梯度和温度相关的材料特性可以尽可能地接近试样的工作状态。整个实验过程全自动化进行，且能轻易进行多次热循环过程。即使抗热震性良好的耐火材料，也可采用此方法测得其抗热震性的极限。

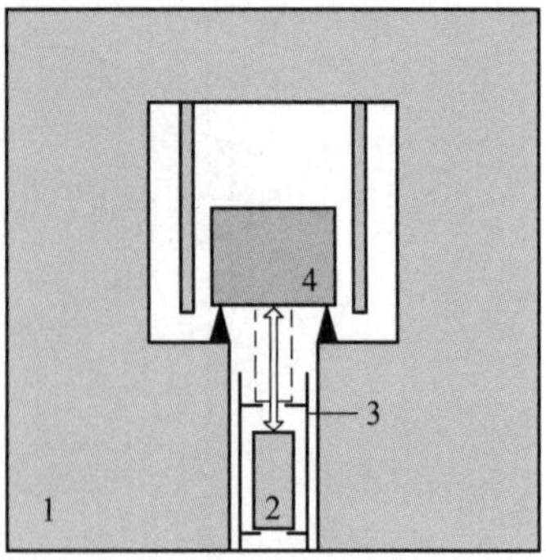

图 5-3-9 高温循环法示意图
1—电炉；2—试样；
3—起阀装置；4—蓄热器

5.3.1.5 耐火材料热震稳定性的检测标准

评价耐火材料抗热震性的标准，其试验原理、加热（冷却）方式、使用范围、试样形状尺寸、评价结果也不尽相同，下面主要从我国标准、ISO 标准和 ASTM 标准异同点来阐述。

国家标准 GB/T 30873—2014《耐火材料 抗热震性试验方法》中描述了四种方法，归纳见表 5-3-2。

表 5-3-2 耐火材料抗热震性检测国家标准中的方法对比

项 目	方法 1	方法 2	方法 3	方法 4
主要方法	镶板法			
受热方式	一端面受热	试样整体受热	试样整体受热	试样整体受热
冷却方式	水急冷法	水急冷法	空气急冷法	空气自然冷法
适用范围	仅适用于致密硅酸铝质耐火材料	仅适用于致密硅酸铝质耐火材料	不适于总气体率大于45%的	显孔率大于 45%
试样尺寸	230 mm × 114 mm × 65（75）mm	圆柱体：ϕ50 mm×50 mm 棱柱体：40 mm×40 mm×160 mm	棱柱体：64 mm×64 mm×114 mm	230 mm × 114 mm × 65（75）mm
热震评价	受热端面破损率为 50%以上时，称为抗热震性次数	开始出现可见裂纹时，称为抗热震性次数	经受热冲击循环，通过试样能承受 0.3 MPa 三点弯曲应力时的热冲击次数	质量损失率达到 20%时，称为抗热震性次数
温度/℃	1100	1100	950	1000

国际标准 ISO 21736：2020“Refractories—Test methods for thermal shock resistance”中阐述了 3 种方法：（1）水急冷法（water quenching），对应国家标准 GB/T 30873—2014 中的方法 1；（2）压缩空气急冷法（compressed air quenching），对应国家标准 GB/T 30873—2014 中的方法 3；（3）空气自然冷却法（air quenching），对应国家标准 GB/T 30873—2014 中的方法 4。

国家标准 GB/T 32833—2016《隔热耐火砖抗剥落性试验方法》，主要是针对隔热耐火材料抗剥落性的试验方法，其试验过程为：将 14 块（230 mm×114 mm×65 mm）或 12 块（230 mm×114 mm×75 mm）直行砖，叠砌成边长不小于 460mm 的正方形镶板，预热 24h，冷却，然后按要求次数在加热炉和喷水雾的鼓风机之间经受急冷急热，以质量损失与外观质量检查评价其热震损伤程度。此标准类似于 ASTM C38-1989 “Panel Spalling Testing Refractory Brick”。

耐火材料抗热震性的检测，美国标准为 ASTM C1171-16（2022）“Standard Test Method for Quantitatively Measuring the Effect of Thermal Shock and Thermal Cycling on Refractories”，即热震和热循环对耐火材料影响的定量测试方法，标准中要求的试样尺寸为棱柱体 25 mm×25 mm×150 mm，同时加热的温度提升到 1200 ℃。最后利用残余抗折强度或者弹性模量来衡量耐火材料的抗热震性，这种方法适用于所有耐火材料（如果是含碳耐火材料，则对试样进行炭化后用金属箔包裹）。

因此多孔隔热耐火材料抗热震性现行检测标准主要是国家标准 GB/T 30873—2014 中的方法 4、国家标准 GB/T 32833—2016、国际标准 ISO 21736 中的方法 3 和 ASTM C1171-16（2022）。

5.3.1.6 典型多孔隔热耐火材料测试结果与分析

作者将不同种类的炭黑引入氧化铝隔热材料中，研究了炭黑种类对氧化铝隔热材料结构和性能的影响，最后通过选择结合剂及烧成温度来优化材料的性能。图 5-3-10 和图 5-3-11 给出了经 3 次风冷处理的氧化铝隔热材料在 25 ℃、200 ℃、400 ℃、600 ℃、800 ℃、1000 ℃及 1100 ℃抗热震性测试结果。

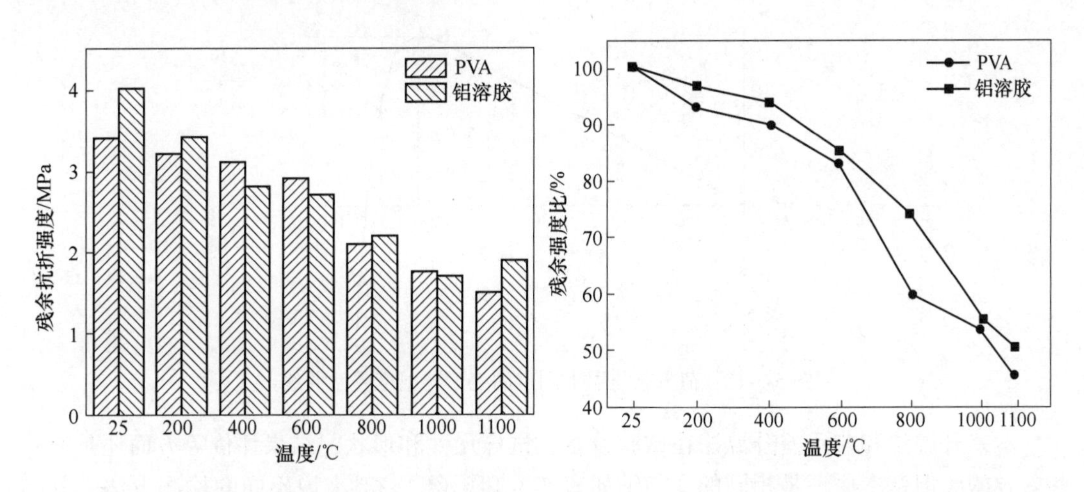

图 5-3-10 不同结合剂试样的残余抗折强度　　图 5-3-11 添加不同结合剂试样的残余强度比值

5.3.2 荷重软化温度

荷重软化温度（refractoriness under load），又称荷重变形温度，简称荷重软化点，是指耐火材料在规定升温条件下，承受恒定压负荷产生规定变形的温度。它表示耐火材料对高温和荷重同时作用的抵抗能力，它在一定程度上能表明耐火材料在与其使用情况相近的条件下的结构强度与变形情况，也表示在此温度下，材料出现了明显的塑性变形，是使用性能的一项重要质量指标。

耐火材料的荷重软化温度取决于材料的化学-矿物组成、显微结构、液相的性质、结晶相与液相的比例及相互作用等。

5.3.2.1　耐火材料荷重软化温度测定方法

荷重软化温度的测定方法分为升温法和保温法，其中升温法测定方法包括示差-升温法（differential method with rising temperature）和非示差-升温法（non-differential method with rising temperature）两种。我国国家标准和 ISO 标准均为升温法，美国标准 ASTM C16 为保温法，其荷重软化温度的定义为“耐火制品在规定温度下和规定时间内承受规定的压负荷时抵抗变形或剪切的能力”，原文为“The resistance to deformation or shear of refractory shapes when subjected to a specified compressive load at a specified temperature for a specified time”。

荷重软化温度测定时，试样在炉内按规定的速率升温，记录下试样变形与温度的关系，变形-温度曲线如图 5-3-12 所示，随着温度的升高，试样开始膨胀。当到某一温度时，试样达到最大膨胀值，继而软化而开始收缩，图 5-3-12 中曲线的最高值记为 T_0，然后根据不同的变形量得到对应的温度值。下降变形量达到试样尺寸的 x%时的温度定义为 T_x。在示差-升温法中通常记录 $T_{0.5}$、T_1、T_2 与 T_5，相应的变形量分别为 0.5%、1%、2%与 5%。而非示差-升温法中常记录 T_0、$T_{0.6}$、T_4、T_8，其对应的变形量分别为 0%、0.6%、4%、8%，$T_{0.6}$记为荷重软化开始温度，经常说的荷重软化点；T_4 为明显变形温度，有些试样在试验过程中破裂或溃裂，记录此破裂温度 T_b 作为测定结果。

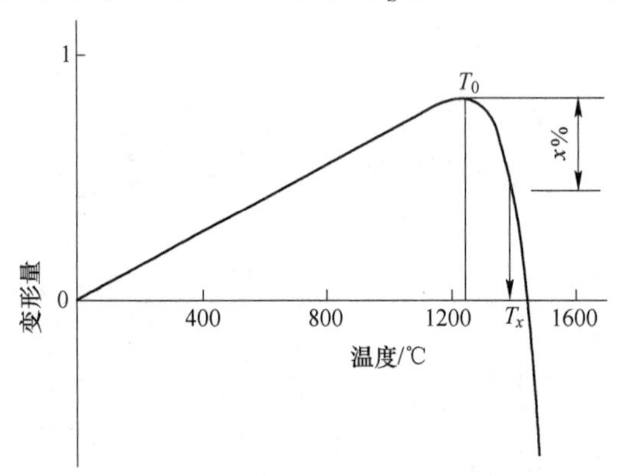

图 5-3-12　荷重软化温度测定的变形与温度关系曲线

示差升温法和非示差升温法在试验设备、试样尺寸和形状、结果评价等方面还是有一些差异的，但基本原理是相同的，归纳如表 5-3-3 所示，一般来说不同的检测方法，其结果是有差异的，许多文献曾经报道过，非示差法比示差法高 50 ℃左右。

表 5-3-3　荷重软化温度测试方法中示差法和非示差法的对比

项　目	示　差　法	非示差法
检测标准	GB/T 5989—2008 ISO 1893：2007	YB/T 370—2016
适用范围	致密定形和定形隔热，包括不定形耐火材料①	几乎所有的耐火材料
试样尺寸	中空圆柱体：ϕ50 mm×50 mm，中心通孔 ϕ12~13 mm	定形耐火材料：ϕ36 mm×50mm 不定形耐火材料：ϕ50 mm×50mm
载荷/MPa	致密耐火材料：0.2 隔热耐火材料：0.05	致密耐火材料：0.2 隔热耐火材料：0.05

续表 5-3-3

项 目	示 差 法	非示差法
变形结果描述	绘制变形-温度曲线并描述相应的 $T_{0.5}$、T_1、T_2 与 T_5	(1) 0%：最大膨胀温度，T_0； (2) 0.6%：荷重软化开始温度，$T_{0.6}$； (3) 4%：明显变形温度，T_4； (4) 40%：溃裂点，T_b
位移补偿	对顶杆变形做了修正，示差变形测量仅包括试样和下垫片两部分，更接近试样自身的真实变形计入修正值（见图 5-3-13）	石墨质的加压棒、支撑棒、垫片等的变形均在测量结果内（见图 5-3-14）

①不定形耐火材料已经在 GB/T 4513.6 中体现。

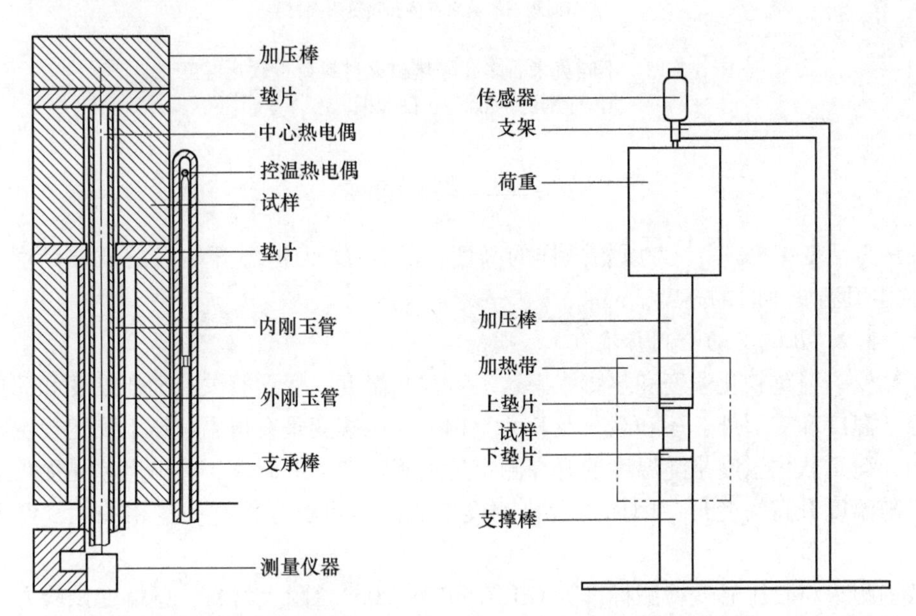

图 5-3-13 示差升温法测试结构　　图 5-3-14 非示差升温法测试结构

5.3.2.2 典型多孔隔热耐火材料荷重软化温度

根据国家标准 GB/T 35845《莫来石质隔热砖》中的要求，莫来石质多孔隔热的荷重软化温度 $T_{0.5}$：TJM23 对应 1080 ℃，TJM 对应 1250 ℃，TJM28 对应 1360 ℃，TJM30 对应 1470 ℃，图 5-3-15 中为部分不同级别的莫来石质多孔隔热耐火材料荷重软化温度的实际值、典型值与国家标准的比较。

5.3.3 蠕变

5.3.3.1 蠕变的基本原理

蠕变（creep），耐火材料的高温蠕变性能是指在某一恒定的温度以及固定载荷下，材料的形变与时间的关系。根据施加荷重形式的不同可分为高温压缩蠕变、高温拉伸蠕变、高温抗折蠕变等。我国耐火材料通常采用压缩蠕变（creep in compression），简称压蠕变。

耐火材料压蠕变一般保温时间为 25 h、50 h 与 100 h。连续记录温度及试样高度随时间的变化，按式（5-3-13）计算蠕变率，并用表列出自保温开始后每隔 5 h 的蠕变率。

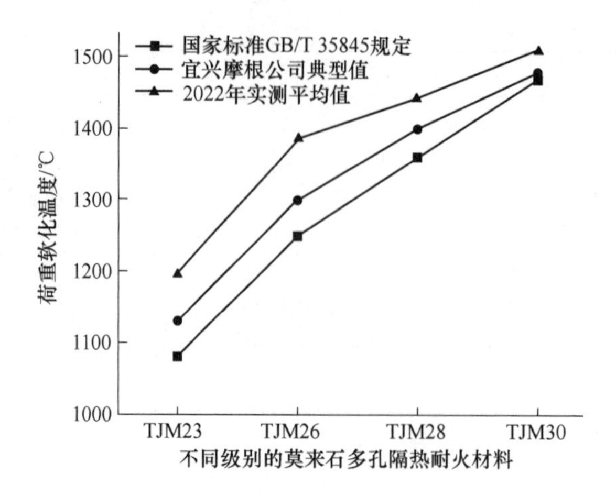

图 5-3-15　不同莫来石多孔隔热耐火材料荷重软化温度

（GB/T 5989—2008，0.05 MPa，$T_{0.5}$）

$$P = \frac{L_n - L_0}{L_i} \times 100\% \tag{5-3-13}$$

式中，P 为蠕变率,%；L_i 为原始试样的高度，mm；L_0 为恒温开始时的试样高度，mm；L_n 为试样恒温 n 小时的高度，mm。

5.3.3.2　压蠕变的检测标准

压蠕变、荷重软化温度和热膨胀率这三者都和温度、变形有关，而压蠕变和荷重软化温度除了温度和变形外，还和载荷及其大小相关。压蠕变是在恒温恒压下测定规定时间内的变形，荷重软化温度是随温度的升高测定达到规定变形的温度，热膨胀率是无负载情况下材料随温度升高的变形，因而三者检测设备及试样要求等都有一些相关性，以下简要说明。

我国耐火材料压蠕变检测标准为 GB/T 5073—2005《耐火材料　压蠕变试验方法》等同于国际标准 ISO 3187：1989 “Refractory products—Determination of creep in compression”。载荷要求为：致密定形耐火制品 0.2 MPa，致密不定形耐火材料 0.1 MPa，隔热耐火材料 0.05 MPa；试样要求和荷重软化温度（示差法）、热膨胀（示差法）的一样，都是中空圆柱体（ϕ50 mm×50 mm，中心通孔 ϕ12～13mm），因此压蠕变、荷重软化温度和热膨胀可以在同一试验设备中进行（见图 5-3-13）。

压蠕变的美国标准 ASTM C832-21 “Standard Test Method for Measuring Thermal Expansion and Creep of Refractories Under Load”，即测量载荷下耐火材料的热膨胀和蠕变。该标准和示差法不一样，属于非示差法范围，试样大小为 114 mm×38 mm×38 mm（可以用其他形状试样），受压面平行 38 mm×38 mm，载荷为 0.172 MPa（也可以协商），用已知的热膨胀试样去校正。

压蠕变更能反映在长时间作用下耐火材料抵抗负荷与高温同时作用的能力，因此也是衡量多孔隔热耐火材料的一个重要指标，因此需要了解其影响因素。

5.3.3.3　蠕变和荷重软化温度的影响因素

耐火材料的矿物组成和显微结构对蠕变与荷重软化温度影响很大，具体讨论如下。

A 晶体结构

荷重软化温度及蠕变率与其主晶相的成分和晶体结构有关。一般来说，晶体结构越完整，晶格中质点之间的作用力越大，抗蠕变能力越强，荷重软化温度也越高。但就耐火材料而言，它们大多为复相材料，液相量性质、显微结构等的影响更大。

B 液相及其分布

化学矿物组成对耐火材料的软化温度、高温下液相生成量及液相的性质有很大的影响。组成中低熔相越多，则耐火材料的荷重软化温度越低，蠕变量越大。提高液相的黏度有利于改善耐火材料的抗蠕变能力与荷重软化温度。液相的表面张力影响液相对耐火材料的润湿性，从而影响它在耐火材料中的分布，如果液相形成网状的均匀分布，不利于抗蠕变性及荷重软化温度；如果液相对耐火材料的晶相润湿性差，液相在耐火材料的显微结构中呈孤岛状分布，则对抗蠕变性及荷重软化温度影响很小。

C 显微结构

蠕变与荷重软化温度都属于结构敏感性能。影响它们的显微结构参数包括气孔、晶粒尺寸与晶界等。

气孔对蠕变及荷重软化温度的影响是显而易见的。一方面由于气孔的存在减少了承受压力的有效截面积，使单位面积上的压力增大；另一方面气孔可以容纳压力与高温所造成的材料形变，减小了形变阻力。显然在相同气孔容积的条件下，气孔孔径不同，承受固体的面积也不同，因而会影响耐火材料的蠕变与荷重软化温度。

一般来说晶粒越小，蠕变率越大，荷重软化温度越低。因为晶粒越小，晶界数目越多，晶界扩散与晶界移动对耐火材料在高温与压力作用下的形变有较大的贡献，从而影响耐火材料的蠕变率与荷重软化温度。

D 膨胀反应

如果在耐火材料的组分中含有在高温下发生反应或相变产生膨胀的物质，则可以通过膨胀抵抗压力产生的压缩来提高耐火材料的荷重软化温度与抗蠕变性。比如在 Al_2O_3-SiO_2 系耐火材料中添加“三石”耐火原料，它们在莫来石化过程中产生的膨胀来提高耐火材料的抗蠕变性与荷重软化温度。这种方式可以显著提高测定的指标，但是值得注意的是虽然这种方式可以在一定程度上，而且是在耐火材料的服役过程早期提高其抗蠕变性能，而从长期来看，仍要考虑材料的整体设计，特别是组成中的低熔组分的含量。

表 5-3-4 为宜兴摩根公司部分莫来石多孔隔热耐火材料的蠕变值，按 ASTM C16-03（2018）标准执行。

表 5-3-4 宜兴摩根公司部分莫来石隔热耐火材料压蠕变的典型值

项　目	TJM23	TJM26	TJM28	TJM30	条　件
蠕变（90 min 后变形量）/%	0.1				1100 ℃，0.034 MPa 压力
		0.2			1260 ℃，0.069 MPa 压力
			0.2	0.1	1320 ℃，0.069 MPa 压力

注：ASTM C16-03（2018）。

5.4 化学侵蚀性

多孔隔热耐火材料一般不直接接触熔体和固相物料等，因此其侵蚀主要是高温下各种气体（如CO、H_2、H_2O等）和易挥发的化合物（如碱金属氧化物、氯化物等）对其渗透、反应变质等的影响，因此本节主要介绍抗CO侵蚀和抗碱侵蚀。

5.4.1 抗CO侵蚀性

国家标准GB/T 29650—2013《耐火材料　抗一氧化碳性试验方法》规定了耐火材料抗CO气体侵蚀的原理、设备、试样、试验步骤、试验结果等，该标准和国际标准ISO 12676：2000 “Refractory products — Determination of resistance to carbon monoxide” 及美国标准ASTM C288-20 “Standard Test Method for Disintegration of Refractories in an Atmosphere of Carbon Monoxide” 类似，见表5-4-1。

表5-4-1 不同标准下“耐火材料抗CO试验方法”的比较

标准	GB/T 29650—2013	ISO 12676：2000	ASTM C288-20
原理	试样暴露于控制温度下特定的一氧化碳气氛中规定的时间，观察试样的破坏程度		
适用范围	所有耐火材料		
试样尺寸	定形制品：边长为50 mm、65 mm或75 mm，但长度不低于75 mm的长方体； 不烧或不定形制品：40 mm×40 mm×160 mm	定形制品：边长为50 mm、64 mm或76 mm，但长度不低于76 mm的长方体； 不烧制品：ϕ50 mm×76 mm或边长不低于30 mm长方体	228 mm×65（76）mm×65（76）mm
试样数量	不低于10个，可协商	未说明	10组
温度，时间	试验温度，200h	试验温度，200h	未规定

从表5-4-1中可以看出国家标准和ISO标准差异不大，ASTM与国家标准、ISO标准区别较大的是试样尺寸，同时ASTM标准中对CO侵蚀时间未做具体规定，但对结果的评价给了四种不同破坏程度上的定性描述，如图5-4-1所示。

图5-4-1 ASTM C288-20中CO侵蚀耐火材料后不同破坏程度的描述

（a）未受影响：没有可见的炭沉积、表面剥离或者剥落；（b）表面破坏：可见到直径不大于10mm的表面剥离或剥落；（c）开裂：试样中有可见裂纹并且（或者）已有直径大于10mm的剥离或剥落；（d）破坏：试样已碎为两块以上，或用手一按即行破碎

作者团队研究了高温结构材料莫来石在1000～1600 ℃的一氧化碳气氛中的物相和微

观结构的演变，证明了纯莫来石在一氧化碳气氛中的稳定性。研究表明：图5-4-2（a）所示为未经处理的多晶试样微观结构，图5-4-2（b）和（c）为在1000 ℃和1200 ℃下进行腐蚀试验的试样的微观结构。可以看到，在1000 ℃和1200 ℃的条件下，图5-4-2（b）和（c）表面的整体外观相似，与图5-4-2（a）中的表面相反，在1000 ℃和1200 ℃下测试的试样的腐蚀表面中观察到的晶界相位差可能是去除晶界中存在的二氧化硅和/或形成结晶晶界相的结果。可以得出结论，莫来石在晶界处表现出比玻璃相更多的CO耐受性，这可能归因于活化能的差异。

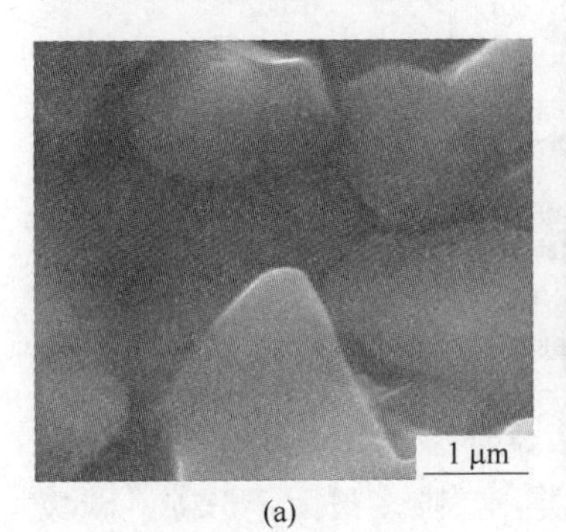

(a)

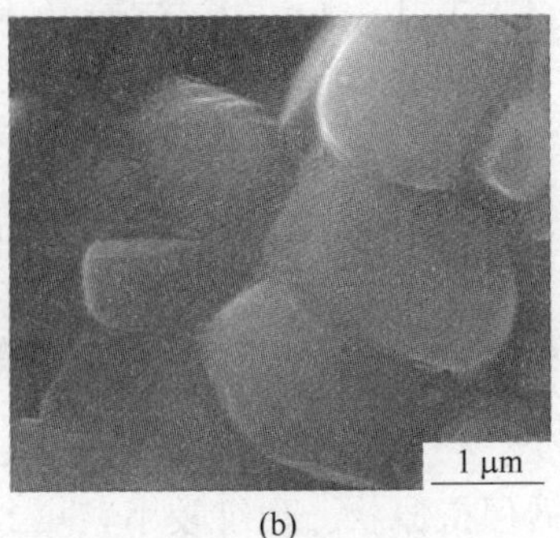

(b)

(c)

图5-4-2 莫来石试样表面的SEM图像

（a）未处理；（b）1000 ℃×10 h；（c）1200 ℃×10 h

5.4.2 抗碱性

根据国家标准GB/T 18930《耐火材料术语》，耐火材料抗碱性（alkali resistance）的定义为：耐火材料在碱性环境中抵抗化学损毁的能力。从国家标准中关于抗碱性的定义可以看出，实际上耐火材料抗碱性的定义是比较宽泛的，主要是由于耐火材料所使用的环境因行业及具体工况差异较大，比如有接触熔体的，有长期承受固相颗粒冲蚀磨损的，也有与腐蚀性气体一直接触反应的情况，所以不能一概而论。相应地，在耐火材料抗碱性试验方法国家标准GB/T 14983—2008中也给出了三种不同的抗碱性表征方法，下面具体进行讨论。

5.4.2.1 碱蒸气法

碱蒸气法的原理是在1100 ℃下，碳酸钾（K_2CO_3）与木炭反应生成碱蒸气，对耐火材料试样发生侵蚀作用，生成新的碱金属的硅酸盐和碳酸盐化合物，使材料性能发生变化。该方法所用设备的结构示意图如图5-4-3所示。本方法需要准备12个边长20 mm的立方体试样，分为2组，每组6个。试验时选择其中一组。3个试样进行抗碱试验，其余3个按GB/T 5072测定其常温耐压强度。

试验结束后，试样抗碱性评价可以采用如下三种不同的方式。

（1）目测判定法。以3块试样中等级相同的2块为准，如出现3块试样判属等级均不一致，应重新取样检验，评定标准如下：一类：表面黑色无缺损，断口侵蚀仅1~4 mm；二类：表面黑色边角缺损严重，有细小裂缝，整个断口为灰黑色，只有核心少量未侵蚀；三类：表面黑色且有明显裂缝，边角缺损严重，整个断口黑色。

（2）强度判定法。强度变化率P_t，以%表示，按式（5-4-1）计算：

$$P_t = \frac{P_1 - P_0}{P_0} \times 100\% \tag{5-4-1}$$

式中 P_0——抗碱试验前试样的常温耐压强度，MPa；

P_1——抗碱试验后试样的常温耐压强度，MPa。

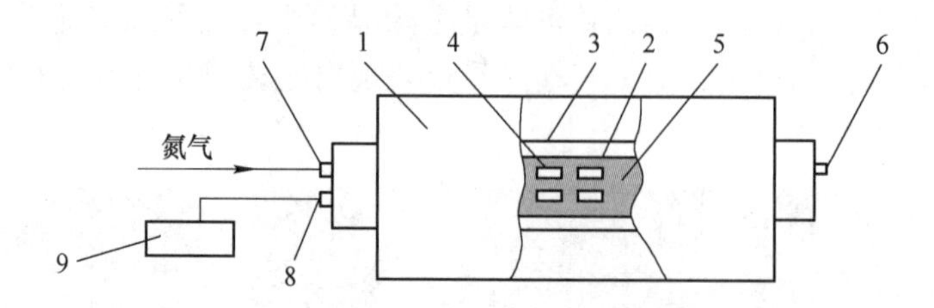

图 5-4-3 碱蒸气法试验装置示意图

1—加热炉；2—石墨坩埚；3—刚玉管；4—试样；5—K_2CO_3 与木炭混合粉；6—出气管；7—进气管；8—热电偶；9—温度控制装置

（3）显微结构判定法。一类：空隙多被无定形碳充填，试样多被碱金属侵蚀生成含钾的硅酸盐或碳酸盐化合物（砖保持原状，裂纹较小）；二类：空隙多被无定形碳、碳酸钾和铝酸钾充填，试样几乎完全被碱金属侵蚀生成钾霞石和石榴子石化合物（砖裂缝较大）；三类：空隙多被无定形碳、碳酸钾和铝酸钾充填，试样几乎完全被碱侵蚀生成钾霞石和石榴子石化合物（砖破裂）。显微结构判定根据用户要求作判断参考。

5.4.2.2 熔碱坩埚法

将一定量的碳酸钾（K_2CO_3）放入试样做成的坩埚内，在高温下碱熔体与试样发生反应，导致试样发生体积膨胀，观察试样的破坏程度。该方法需制备3个试样，试样尺寸为边长为70 mm的立方体，在成型面上预留一个直径22 mm、深度25 mm的圆孔，并准备一个50mm ×50mm ×6 mm的盖子。试验结束后，用游标卡尺或其他量具测量试样表面裂线宽（以裂纹前最宽处为准），以3块试样中等级相同的2块为准，如出现3块试样判属等级均不一致，须重新取样检验，评定标准如下：一级：试样无明显可见的裂纹；二级：裂纹宽度不大于1.0 mm；三级：裂纹宽度1.0~2.0 mm；四级：裂纹宽度大于2.0 mm。

5.4.2.3 熔碱埋覆法

通过试样在熔融碱液中浸泡，测定试样侵蚀前后质量的变化，以此判断其抗碱性。熔碱埋覆法要求制备6个125 mm×25 mm×25 mm的试样，且其中3个试样需从砖芯部制取。试验前测量并记录每个试样的质量。试验时，先将6条试样放入不锈钢盒内，每条试样两端垫上宽约10 mm、厚1~3 mm的石墨垫片，并记录每条试样的位置。相邻两条试样及试样与不锈钢盒壁之间应保持10~15 mm的距离。然后，将无水K_2CO_3装入不锈钢盒内，装碱量为平均每个试样250 ~270 g。将无水K_2CO_3仔细地铺在试样的上下和四周。然后盖上塞隆结合碳化硅板，并用碳化硅火泥密封。在碳化硅钾钵内铺上10~20 mm厚焦炭粒，并铺平捣实。将密封好的不锈钢盒平放在碳化硅匣钵内焦炭粒上，并用焦炭粒将不锈钢盒周围和上部填充直至装满整个碳化硅匣钵，并使不锈钢盒上覆盖10~20 mm厚焦炭粒。然后盖上塞隆结合碳化硅板，并用碳化硅火泥封好。以150~220 ℃/h的升温速率升至930 ℃，保温3 h。随后，自然冷却36 h后重复加热至930 ℃再保温3 h，停炉后自然冷却至室温。试验结束后，从炉内取出碳化硅匣钵，打开匣钵取出不锈钢盒，用流动的水冲洗至碱熔化，从盒中取出试样移至洗涤盆内，继续冲洗 24 h。将试样放入干燥箱内，于150 ℃保温 5 h 干燥至恒重称量试验后每个试样的质量并记录。

以试验前后试样的质量变化率 m_T 表示其抗碱性，数值以%计，按式（5-4-2）计算：

$$m_T = \frac{m_1 - m}{m} \times 100\% \tag{5-4-2}$$

式中　m——试验前试样的质量，g；

m_1——试验后试样的质量，g。

参 考 文 献

[1] ISO 5013：1985, Refractory products — Determination of modulus of rupture at ambient temperature at elevated temperatures [S].

[2] 中华人民共和国．国家质量监督检验检疫总局．致密定形耐火制品体积密度、显气孔率和真气孔率试验方法：GB/T 2997—2015 [S]. 2015.

[3] 中华人民共和国国家质量监督检验检疫总局．定形隔热耐火制品体积密度和真气孔率试验方法：GB/T 2998—2015 [S]. 2015.

[4] 中华人民共和国国家质量监督检验检疫总局．耐火材料　真密度试验方法：GB/T 5071—2013 [S]. 2013.

[5] Monolithic (unshaped) refractory products — Part 7：Tests on pre-formed shapes：ISO 1927-7：2012 [S].

[6] Standard Test Methods for Cold Crushing Strength and Modulus of Rupture of Refractories：ASTM C133-97 (2021) [S].

[7] 中华人民共和国国家质量监督检验检疫总局．耐火材料　常温耐压强度试验方法：GB/T 5072—2008 [S]. 2008.

[8] Monolithic (unshaped) refractory products — Part 6：Measurement of physical properties：ISO 1927-6：2012 [S].

[9] Shaped insulating refractory products—Determination of cold crushing strength：ISO 8895：2004 [S].

[10] Dense, shaped refractory products — Determination of cold compressive strength — Part 1：Referee test without packing：ISO 10059-1：1992 [S].

[11] 国家冶金工业局．耐火浇注料高温耐压强度试验方法：YB/T 2208—1998 [S]. 1998.

[12] Standard Test Method for Modulus of Rupture of Refractory Materials at Elevated Temperatures：ASTM C583-15 (2021) [S].

[13] 中华人民共和国国家质量监督检验检疫总局．耐火材料　高温抗折强度试验方法：GB/T 3002—2017 [S]. 2017.

[14] Chen Ruoyu, Li Yuanbing, Xiang Ruofei, et al. Effect of particle size of fly ash on the properties of lightweight insulation materials [J]. Construction and Building Materials, 2016, 123 (1)：120-126.

[15] 中华人民共和国国家质量监督检验检疫总局．不定形耐火材料　第 6 部分：物理性能的测定：GB/T 4513. 6—2017 [S]. 2017.

[16] 中华人民共和国国家质量监督检验检疫总局．耐火材料　常温抗折强度试验方法：GB/T 3001—2017 [S]. 2017.

[17] Dense and insulating shaped refractory products — Determination of modulus of rupture at ambient temperature：ISO 5014：1997 [S].

[18] Luo Han, Li Yuanbing, Xiang Ruofei, et al. Novel aluminum borate foams with controllable structures as

exquisite high-temperature thermal insulators [J]. Journal of the European Ceramic Society, 2020, 40 (1): 173-180.

[19] 刘普孝. Al_2O_3-MgO 耐火浇注料的原位弹性模量评估 [J]. 耐火与石灰, 2015, 40 (4): 44-50.

[20] Standard Test Method for Young's Modulus of Refractory Shapes by Sonic Resonance: ASTM C885-87 (2020) [S].

[21] Standard Test Method for Sonic Velocity in Refractory Materials at Room Temperature and Its Use in Obtaining an Approximate Young's Modulus: ASTM C1419-14 (2020) [S].

[22] Standard Test Method for Dynamic Young's Modulus, Shear Modulus, and Poisson's Ratio of Refractory Materials by Impulse Excitation of Vibration: ASTM C1548-02 (2020) [S].

[23] Standard Test Method for Dynamic Young's Modulus, Shear Modulus, and Poisson's Ratio by Impulse Excitation of Vibration: ASTM E1876-21 (2021) [S].

[24] 中华人民共和国国家质量监督检验检疫总局. 耐火材料 动态杨氏模量试验方法 (脉冲激振法): GB/T 30758—2014 [S]. 2014.

[25] 中华人民共和国国家质量监督检验检疫总局. 耐火材料 高温动态杨氏模量试验方法 (脉冲激振法): GB/T 34186—2017 [S]. 2017.

[26] Methods of test for refractory products — Part 1: Determination of dynamic young's modulus (MOE) by impulse excitation of vibration: ISO 12680-1: 2005 [S].

[27] Refractories — Determination of dynamic young's modulus (MOE) at elevated temperature by impulse excitation of vibration: ISO 22605: 2020 [S].

[28] Wachtman Jr J B, Lam Jr D G. Young's modulus of various refractory materials as a function of temperature [J]. Journal of the American Ceramic Society, 1959, 42 (5): 254-260.

[29] Gercek H. Poisson's ratio values for rocks [J]. International Journal of Rock Mechanics and Mining Sciences, 2007, 44 (1): 1-13.

[30] Swain M V. Materials science and technology, volume 11: Structure and properties of ceramics [M]. Weinheim, Germany: VCH, 1994.

[31] Baudson H, Debucquoy F, Huger M, et al. Ultrasonic measurement of Young's modulus MgO/C refractories at high temperature [J]. Journal of the European Ceramic Society, 1999, 19 (10): 1895-1901.

[32] 朱虹. 多孔陶瓷材料的弹性和传热性能研究 [D]. 哈尔滨: 哈尔滨工业大学, 2011.

[33] 聂光临. 基于相对法技术评价工程材料高温与超高温弹性模量 [D]. 北京: 中国建筑材料科学研究总院, 2018.

[34] 李永刚, 娄海琴, 谭丽华, 等. 脉冲激振式耐火材料高温弹性模量测试仪及其应用 [J]. 耐火材料, 2011, 45 (4): 313-315.

[35] 邹霞. 镁碳质耐火材料的高温机械性能 [J]. 耐火与石灰, 2009, 34 (2): 44-46.

[36] 魏国平, 朱伯铨, 李享成, 等. 气孔结构参数与漂珠隔热耐火材料热导率的相关性研究 [J]. 功能材料, 2012, 43 (24): 3432-3436.

[37] 刘喜, 史尚冕, 赵天俊, 等. 轻骨料混凝土弹性模量计算模型分析 [J]. 硅酸盐通报, 2017, 36 (7): 2192-2196.

[38] 巴春秋. 热冲击对耐火材料的显微结构和弹性性能的影响 [J]. 耐火与石灰, 2011, 36 (1): 56-59.

[39] 邱一富. 基于声频共振法的高温弹性模量测试装置的研究 [D]. 桂林: 桂林理工大学, 2013.

[40] 刘洋. 碳含量及类型对镁碳耐火材料弹性模量及热震稳定性的影响 [D]. 西安: 西安建筑科技大学, 2013.

[41] 姜志宏，高纯生．氧化铝熟料窑耐火砖弹性模量测定 [J]. 机械设计与制造，2011 (10)：189-190.
[42] 国家市场监督管理总局．隔热耐火材料　导热系数试验方法（量热计法）：GB/T 37796—2019 [S]. 2019.
[43] 国家市场监督管理总局．耐火材料　导热系数试验方法（铂电阻温度计法）：GB/T 36133—2018 [S]. 2018.
[44] 国家市场监督管理总局．耐火材料　导热系数、比热容和热扩散系数试验方法（热线法）：GB/T 5990—2021 [S]. 2021.
[45] 中华人民共和国国家质量监督检验检疫总局．闪光法测量热扩散系数或导热系数：GB/T 22588—2008 [S]. 2008.
[46] 耐火材料　导热系数试验方法（水流量平板法）：YB/T 4130—2005 [S]. 2005.
[47] 中华人民共和国国家质量监督检验检疫总局．绝热材料稳态热阻及有关特性的测定　防护热板法：GB/T 10294—2008 [S]. 2008.
[48] 中华人民共和国国家质量监督检验检疫总局．绝热材料稳态热阻及有关特性的测定　热流计法：GB/T 10295—2008 [S]. 2008.
[49] 中华人民共和国国家质量监督检验检疫总局．绝热层稳态传热性质的测定　圆管法：GB/T 10296—2008 [S]. 2008.
[50] 国家市场监督管理总局．真空绝热板有效导热系数的测定：GB/T 39704—2020 [S]. 2020.
[51] Refractory materials—Determination of thermal conductivity Part 1：Hot-wire method (Cross-array and resistance thermometer)：ISO 8894-1：2010 [S].
[52] ISO 8894-2：2007, Refractory materials — Determination of thermal conductivity-Part 2：Hot-wire method (parallel) [S].
[53] Refractory products — Methods of test for ceramic fibre products：ISO 10635：1999 [S].
[54] Plastics—Determination of thermal conductivity and thermal diffusivity—Part 2：Transient plane heat source (hot disc) method：ISO 22007-2：2022 [S].
[55] 中华人民共和国国家质量监督检验检疫总局．建筑用材料导热系数和热扩散系数瞬态平面热源测试法：GB/T 32064—2015 [S]. 2015.
[56] Standard Test Method for Thermal Conductivity of Refractories：ASTM C201-93 (2019) [S].
[57] Standard Test Method for Thermal Conductivity of Refractory Brick：ASTM C202-19 [S].
[58] Standard Test Method for Thermal Conductivity of Unfired Monolithic Refractories：ASTM C417-21 [S].
[59] Standard Test Method for Thermal Conductivity of Insulating Firebrick：ASTM C182-19 [S].
[60] 赵维平，王东．耐火材料导热系数的检验方法 [J]. 耐火材料，2011，45 (5)：397-400.
[61] Standard Test Method for Thermal Conductivity of Carbon Refractories：ASTM C767-20 [S].
[62] Standard Test Method for Thermal Conductivity of Refractories by Hot Wire (Platinum Resistance Thermometer Technique)：ASTM C1113/C1113M-09 (2019) [S].
[63] Standard Test Method for Steady-State Heat Flux Measurements and Thermal Transmission Properties by Means of the Guarded-Hot-Plate Apparatus：ASTM C177-19e1 [S].
[64] Standard Test Method for Steady-State Thermal Transmission Properties by Means of the Heat Flow Meter Apparatus：ASTM C518-21 [S].
[65] Standard test method for thermal diffusivity by the flash medthod：ASTM E1461-13 (2022) [S].
[66] 国家市场监督管理总局．高热导率陶瓷导热系数的检测：GB/T 39862—2021 [S]. 2021.
[67] 国家市场监督管理总局．炭素材料导热系数测定方法：GB/T 8722—2019 [S]. 2019.
[68] Tomeczek J, Suwak R. Thermal conductivity of carbon-containing refractories [J]. Ceramics International, 2002, 28 (6)：601-607.

[69] 任佳，蔡静．导热系数测量方法及应用综述［J］. 计测技术，2018，38（增刊1）：46-49.
[70] 金熠．导热系数测量方法与技术［C］//第二十四届高校分析测试中心研究会年会论文集，2018：91-99.
[71] 潘影，陈照峰，汪洋，等．高温真空绝热板的制备及性能研究［J］. 南京航空航天大学学报，2017，49（4）：586-590
[72] 王强，戴景民，何小瓦．基于 Hot Disk 方法测量热导率的影响因素［J］. 天津大学学报，2009，42（11）：970-974.
[73] 葛山，尹玉成．激光闪光法测定耐火材料导热系数的原理与方法［J］. 理化检验（物理分册），2008，44（2）：75-78，96.
[74] 王东，孙晓红，赵维平，等．激光闪射法测试耐火材料导热系数的原理与方法［J］. 计量与测试技术，2009，36（3）：38-39，42.
[75] 刘世英，于亚鑫，邱竹贤．耐火保温材料导热系数的测定［J］. 东北大学学报（自然科学版），2006，27（2）：196-198.
[76] 贺莲花，张美杰，王晓阳．耐火材料导热系数的不同测试方法对比［J］. 耐火与石灰，2016，41（4）：52-53，56.
[77] 田晶晶，张秀华，田志宏，等．耐火材料导热系数的影响因素［J］. 工程与试验，2010，50（3）：41-42.
[78] 宋艳艳，章健，王晓雨，等．平行热线法测试耐火材料热物性的研究［C］//2021 第十六届全国不定形耐火材料学术会议论文集，2021：1-5.
[79] 张寒．轻质耐火砖导热系数的计算及在温度——流场中的数值模拟［D］. 沈阳：东北大学，2011.
[80] 李保春，董有尔．热线法测量保温材料的导热系数［J］. 大学物理实验，2006，19（1）：10-13.
[81] 罗晓琴，杨振萍，陈昭栋．热线法测量材料的热扩散系数和热导率的研究［J］. 四川师范大学学报（自然科学版），2013，36（5）：792-794.
[82] 雒彩云，陶冶，杨莉萍，等．热线法测试隔热耐火材料高温导热系数的实验研究［J］. 建筑节能，2014（10）：49-53.
[83] 杨红伟，胡玉霞，陈明．瞬态热线法测量复合材料导热系数的方法［J］. 高科技纤维与应用，2018，43（2）：45-51.
[84] 时春峰．防护热板法高温导热系数测定仪的研制与应用研究［D］. 天津：天津大学，2013.
[85] 陈鹏伟．非导热材料导热系数测量方法研究［D］. 西安：西安理工大学，2011.
[86] 王岩．瞬态热线法导热系数测试研究［D］. 杭州：中国计量大学，2017.
[87] 吴清仁，文壁璇．陶瓷材料导热系数测量方法［J］. 佛山陶瓷，1995（2）：40-42.
[88] 吴占德．以耐火材料物理和化学性能为基础的导热系数模型［J］. 耐火与石灰，2020，45（3）：52-60.
[89] Vitiello D，Nait-Ali B，Tessier-Doyen N，et al. Thermal conductivity of insulating refractory materials：comparison of steady-state and transient measurement methods［J］. Open Ceramics，2021，6：100118.
[90] 姚凯，郑会保，刘运传，等．导热系数测试方法概述［J］. 理化检验（物理分册），2018，54（10）：741-747.
[91] 李龙飞，王秀芳，符心蕊，等．耐火材料导热系数测试原理及影响测试结果的因素分析［J］. 耐火与石灰，2021，46（4）：18-20，23.
[92] 梅鸣华，李治，黄文革．耐火材料导热系数的几种测试方法［J］. 工业炉，2010，32（5）：35-38.
[93] 葛山，尹玉成，刘志强，等．高炉炭砖导热系数的测定［J］. 炼铁，2008，27（2）：47-50.
[94] 梅鸣华，张秀华，田志宏，等．耐火材料水流量平板法导热系数的测试及其不确定度分析［J］. 工程与试验，2010，50（1）：15-17，39.

[95] 尹玉成，梁永和，葛山，等．取样对激光法测定导热系数的影响［J］．武汉科技大学学报，2009，32（2）：193-196，204.

[96] 国家市场监督管理总局．耐火材料　热膨胀试验方法：GB/T 7320—2018［S］. 2018.

[97] Refractory products-Determination of thermal expansion：ISO 16835-2014［S］.

[98] 中华人民共和国国家质量监督检验检疫总局．建筑设备及工业装置用绝热制品　热膨胀系数的测定：GB/T 34183—2017［S］. 2017.

[99] Thermal insulating products for building equipment and industrial installations—Determination of the coefficient of thermal expansion：ISO 18099：2013［S］.

[100] Standard Test Method for Linear Thermal Expansion of Solid Materials with a Push-Rod Dilatometer：ASTM E228-17［S］.

[101] Standard Test Method for Measuring Thermal Expansion and Creep of Refractories Under Load ASTM C832-21［S］.

[102] 葛山，李楠，尹玉成，等，大试样热膨胀仪的研制与应用［J］. 耐火材料，2008，42（5）：397-398.

[103] Test methods for thermal expansion rate of refractory products Part 2：Contact method using cylinder test piece：JIS R2207-2-2007［S］.

[104] Test methods for thermal expansion rate of refractory products Part 3：Contact method using rod test piece：JIS R2207-3-2007［S］.

[105] 丁俊杰，郭腾飞，章艺．顶杆法和示差法热膨胀试验方法研究和比较［C］//2019 年全国耐火原料学术交流会论文集，2019：1-6.

[106] 王秀芳．耐火材料荷载下热膨胀率的测试［J］. 耐火材料，2009，43（6）：476-477.

[107] 张亚静．耐火材料热膨胀试验方法解析［J］. 耐火材料，2007，41（4）：312-314.

[108] 章健，章艺，彭西高，等．耐火材料示差法热膨胀试验方法研究［J］. 耐火材料，2020，54（6）：547-549.

[109] 中华人民共和国国家质量监督检验检疫总局．耐火材料　压蠕变试验方法：GB/T 5073—2005［S］. 2005.

[110] Standard Test Method for Measuring Thermal Expansion and Creep of Refractories Under Load：ASTM C 832-2000（2015）［S］.

[111] 中华人民共和国国家质量监督检验检疫总局．耐火材料　热膨胀试验方法：GB/T 7320—2008［S］. 2008.

[112] 国家市场监督管理总局．耐火材料　加热永久线变化试验方法：GB/T 5988—2022［S］. 2022.

[113] Shaped insulating refractory products—Determination of permanent change in dimensions on heating：ISO 2477：2005［S］.

[114] Dense shaped refractory products — Determination of permanent change in dimensions on heating：ISO 2478：1987［S］.

[115] Standard Test Method for Reheat Change of Insulating Firebrick：ASTM C210-95（2019）［S］.

[116] Standard Test Method for Reheat Change of Refractory Brick：ASTM C113-14（2019）［S］.

[117] Inaba S，Oda S，Morinaga K. Heat capacity of oxide glasses at high temperature region［J］. Journal of non-crystalline solids，2003，325（1/2/3）：258-266.

[118] Ogris D M，Gamsjäger E. Heat capacities and standard entropies and enthalpies of some compounds essential for steelmaking and refractory design approximated by Debye-Einstein integrals［J］. Calphad，2021，75：102345.

[119] Leitner J，Voňka P，Sedmidubský D，et al. Application of Neumann-Kopp rule for the estimation of heat capacity of mixed oxides［J］. Thermochimica Acta，2010，497（1/2）：7-13.

[120] Leitner J, Chuchvalec P, Sedmidubský D, et al. Estimation of heat capacities of solid mixed oxides [J]. Thermochimica acta, 2002, 395 (1/2): 27-46.

[121] Thomas E. Waterman, Harry J. Hirschhorn, Handbook of thermophysical properties of solid materials, volume Ⅲ, ceramic [M]. New York: Pergamon Press, 1961.

[122] Stephen C C, Cordon L B. Handbook of industrial refractories technology—Principles, types, properties and applications [M]. New Jersey: Noyes Publications, 1992.

[123] 中华人民共和国国家质量监督检验检疫总局. 塑料　差示扫描量热法 (DSC)　第 4 部分: 比热容的测定: GB/T 19466. 4—2016 [S]. 2016.

[124] 孙建平. 绝热法材料比热容测量的实验研究 [D]. 北京: 中国计量科学研究院, 2005.

[125] 魏小林, 李腾, 李博, 等. 高温无机晶体材料比热容的双参数预测方法 [J]. 洁净煤技术, 2020, 26 (6): 118-125.

[126] 徐辉, 邓建兵, 沈江立. 固体材料比热容随温度变化规律的研究 [J]. 宇航材料工艺, 2011, 41 (5): 74-77.

[127] 陈德鹏, 钱春香, 王辉, 等. 水泥基材料比热容测定及计算方法的研究 [J]. 建筑材料学报, 2007, 10 (2): 127-131.

[128] 中华人民共和国国家质量监督检验检疫总局. 耐火材料　抗热震性试验方法: GB/T 30873—2014 [S]. 2014.

[129] Kingery W D. Factors affecting thermal stress resistance of ceramic materials [J]. Journal of the American Ceramic Society, 1955, 38 (1): 3-15.

[130] Hasselman D P H. Unified theory of thermal shock fracture initiation and crack propagation in brittle ceramics [J]. Journal of the American Ceramic Society, 1969, 52 (11): 600-604.

[131] Yoshino R, Yamamoto K, Osada M, et al. Improvement of plate brick shape for slide gate valve [J]. Shinagawa Technical Report, 1997: 35-40.

[132] Brochen E, Clasen S, Dahlem E, et al. Determination of the thermal shock resistance of refractories [J]. Refractories Worldforum: Manufacturing & Performance of High Temperature Materials, 2016, 8 (1): 79-85.

[133] Refractories—Test methods for thermal shock resistance: ISO 21736: 2020 [S].

[134] 中华人民共和国国家质量监督检验检疫总局. 隔热耐火砖抗剥落性试验方法: GB/T 32833—2016 [S]. 2016.

[135] Standard Test Method for Quantitatively Measuring the Effect of Thermal Shock and Thermal Cycling on Refractories: ASTM C1171-16 (2022) [S].

[136] Monolithic refractory products—Determination of resistance to explosive spalling: ISO 16334: 2013 [S].

[137] 潘丽萍. 钢包透气塞用刚玉质耐火材料的设计制备和断裂过程表征及服役模拟 [D]. 武汉: 武汉科技大学, 2020.

[138] Standard Test Method for Quantitatively Measuring the Effect of Thermal Shock and Thermal Cycling on Refractories: ASTM C1171-05 [S].

[139] 王杰曾, 金宗哲, 王华, 等. 耐火材料抗热震疲劳行为评价的研究 [J]. 硅酸盐学报, 2000, 28 (1): 91-94.

[140] 曹喜营, 彭西高, 张琪. 耐火材料抗热震性试验方法分析与探讨 [C] //第十七届全国耐火材料青年学术报告会论文集, 2020: 1-4.

[141] 王秀芳, 彭西高, 杨金松, 等. 耐火材料抗热震性试验方法国际标准制定中的问题和应对措施 [J]. 耐火材料, 2021, 55 (2): 178-181.

[142] 赵维平. 耐火材料抗热震性试验方法探讨 [J]. 耐火材料, 2013, 47 (6): 476-480.

[143] 陈海涛. ZTA复合陶瓷制备及其抗热震性能的研究 [D]. 郑州：郑州大学，2018.

[144] 刘静静. 燃尽物法制备氧化铝隔热耐火材料孔结构与性能相关性研究 [D]. 武汉：武汉科技大学，2016.

[145] 王炳超，张美杰，黄奥，等. 耐火材料抗热震性测试方法的研究 [J]. 耐火与石灰，2016，41（4）：57-62.

[146] 中华人民共和国国家质量监督检验检疫总局. 耐火材料 荷重软化温度试验方法 示差升温法：GB/T 5989—2008 [S]. 2008.

[147] 耐火材料 荷重软化温度试验方法（非示差-升温法）：YB/T 370—2016 [S]. 2016.

[148] Refractory products—Determination of refractoriness under load — Differential method with rising temperature：ISO 1893：2007 [S].

[149] Standard Test Method for Load Testing Refractory Shapes at High Temperatures：ASTM C16-03（2018）[S].

[150] 王秀芳，姜东梅. 耐火材料荷重软化温度（非示差-升温法）标准样品的研制 [J]. 耐火材料，2013，47（3）：232-234.

[151] 王东，赵维平，崔永凤，等. 耐火材料荷重软化温度测试方法比较 [J]. 山东冶金，2015（1）：74-75.

[152] 姜云龙. 耐火制品荷重软化温度测量不确定度评定及影响因素 [J]. 江苏陶瓷，2012，45（3）：13-14.

[153] Refractory products — Determination of creep in compression：ISO 3187：1989 [S].

[154] Teixeira L，Gillibert J，Sayet T，et al. A creep model with different properties under tension and compression — Applications to refractory materials [J]. International Journal of Mechanical Sciences，2021，212：106810.

[155] Schachner S，Jin S，Gruber D，et al. A method to characterize asymmetrical three-stage creep of ordinary refractory ceramics and its application for numerical modelling [J]. Journal of the European Ceramic Society，2019，39（14）：4384-4393.

[156] Longhin M E，Shelleman D L，Hellmann J R. A methodology for the accurate measurement of uniaxial compressive creep of refractory ceramics [J]. Measurement，2017，111：69-83.

[157] Jin S，Harmuth H，Gruber D. Compressive creep testing of refractories at elevated loads — Device，material law and evaluation techniques [J]. Journal of the European Ceramic Society，2014，34（15）：4037-4042.

[158] Schachner S，Jin S，Gruber D，et al. Creep characterization and modelling of ordinary refractory ceramics under combined compression and shear loading conditions [J]. Ceramics International，2022，48（15）：21101-21109.

[159] 赵维平. 耐火材料高温蠕变试验质量监控方法探讨 [J]. 理化检验（物理分册），2019，55（6）：402-405.

[160] 杨道媛，李晓兵，胡启龙，等. 耐火材料高温压缩蠕变的快速检测方法 [C] //新常态下耐火材料行业技术与发展研讨会论文集，2017：46-51.

[161] 戴亚洁，李亚伟，金胜利. 耐火材料力学行为表征方法研究进展 [J]. 硅酸盐学报，2019，47（8）：1089-1094.

[162] Refractory products—Determination of resistance to carbon monoxide：ISO 12676：2000 [S].

[163] Standard Test Method for Disintegration of Refractories in an Atmosphere of Carbon Monoxide：ASTM C288-20 [S].

[164] 中华人民共和国国家质量监督检验检疫总局. 耐火材料 抗一氧化碳性试验方法：GB/T 29650—

2013 [S]. 2013.
[165] Standard Test Method for Vapor Attack on Refractories for Furnace Superstructures：ASTM C987-10 (2019) [S].
[166] 中华人民共和国国家质量监督检验检疫总局．窑炉上部用耐火材料抗气体腐蚀性试验方法：GB/T 32283—2015 [S]. 2015.
[167] 中华人民共和国国家质量监督检验检疫总局．耐火材料　抗碱性试验方法：GB/T 14983—2008 [S]. 2008.
[168] 中华人民共和国国家质量监督检验检疫总局．不定形耐火材料　第8部分：特殊性能的测定：GB/T 4513.8—2017 [S]. 2017.
[169] Refractory products — Determination of resistance to carbon monoxide：ISO 12676：2000 [S].
[170] Vitiello D, Nait-Ali B, Tessier-Doyen N, et al. Thermal conductivity of porous refractory material after aging in service with carbon pick-up [J]. Open Ceramics, 2022, 11：100294.
[171] 罗琼．$Ca_2Mg_2Al_{28}O_{46}$的合成及其增强CA_6质耐火材料抗气体侵蚀性能研究 [D]. 武汉：武汉科技大学, 2020.
[172] 魏博．不定形耐火材料中的单体原料种类对抗碱性的影响 [J]. 耐火与石灰, 2019, 44 (3)：35.
[173] 余亚兰, 顾华志, 张美杰, 等．不同耐火原料抗K_2CO_3侵蚀性能分析 [J]. 武汉科技大学学报(自然科学版), 2017, 40 (4)：264-268.
[174] 夏忠锋, 王周福, 熊小勇, 等．不同温度下CO对红柱石基耐火材料侵蚀的研究 [C] //2013耐火材料综合学术会议、第十二届全国不定形耐火材料学术会议、2013耐火原料学术交流会论文集, 2013：507-511.
[175] 李杰, 曹会彦, 黄志刚．干熄炉用碳化硅耐火材料抗CO侵蚀性研究 [J]. 耐火材料, 2019, 53 (6)：464-467.
[176] 李连洲．硅酸铝耐火材料的抗碱侵蚀性 [J]. 耐火与石灰, 2019, 44 (6)：32-34.
[177] 范沐旭, 侯晓静, 冯志源, 等．耐火材料抗碱蒸气侵蚀性研究 [J]. 耐火材料, 2021, 55 (4)：296-301.
[178] 廖桂华．红柱石耐火材料的研制及一氧化碳对其侵蚀机理的研究 [D]. 西安：西安建筑科技大学, 2003.
[179] 刘燕．轻量莫来石-碳化硅耐火材料骨料/基质界面调控及其性能研究 [D]. 武汉：武汉科技大学, 2021.
[180] 刘培生, 马晓明. 多孔材料检测方法 [M]. 北京：冶金工业出版社, 2006.
[181] 中华人民共和国国家质量监督检验检疫总局．耐火材料　高温耐压强度试验方法：GB/T 34218—2017 [S]. 2017.
[182] Diana VITIELLO. Thermo-physical properties of insulating refractory materials [D]. France：University of Limoges, 2021.
[183] 中华人民共和国国家质量监督检验检疫总局．莫来石质隔热砖：GB/T 35845—2018 [S]. 2018.
[184] 李楠, 顾华志, 赵惠忠, 等．耐火材料学 [M]. 北京：冶金工业出版社, 2010.
[185] 李楠．保温保冷材料及其应用 [M]. 上海：上海科学技术出版社, 1985.
[186] 李红霞．耐火材料手册 [M]. 北京：冶金工业出版社, 2009.

6 多孔隔热耐火材料的结构与性能

本章阐述了多孔介质的导热模型，描述了多孔陶瓷的力学模型及弹性行为、断裂韧性和强度等力学行为和热机械性能。针对多孔隔热莫来石质耐火材料，采用有限元模拟结合实验的方法，研究不同孔结构参数（孔的形状、气孔率、气孔尺寸、孔径分布和孔位置分布等）对多孔材料隔热性能与常温强度及抗热震性能的影响，分析了多孔莫来石质隔热耐火材料的高强低导热及抗热震损伤机理。

6.1 多孔介质的导热模型

多孔介质内的传热不仅与固、气相介质本身的热物理性能相关，而且与多孔介质中固体骨架和孔结构参数相关，因此多孔介质进行传热数值模拟非常困难，除了考虑各相的导热系数外，还要考虑高温下辐射传热和对流的影响。采用等效导热系数来描述多孔介质的传热性能，是简化多孔介质内传热模拟的一种常用方法。多孔介质模型的构造通常采用孔道网格模型、分形理论、等效导热系数模型（如串联、并联、Maxwell-Eucken 模型等）、随机四参数生长法和基于扫描图像进行二值化等。由于多孔介质内部结构在局部与电阻网络相似，可以类比电阻求热阻来计算等效热导率，其中使用串联、并联思想求解多孔结构等效导热系数的方法最常见，多孔介质的等效导热系数模型大致可分为以下四种：

(1) 复合材料导热模型，主要是基于多组分复合材料基本混合理论，以数学-物理原理为基础，通过材料共性参数的普适性原理，建立多相多孔介质导热系数的预测模型。

(2) 多孔介质单元结构预测模型，将多孔材料在细观颗粒与孔隙尺度视为空间周期性分布的多孔介质，选取特征单元结构为研究对象，在特定假设条件下分析单元结构具有严格数学、物理意义的导热系数预测模型。

(3) 实验、模拟经验回归模型，通过对不同种类材料各种参数条件下的导热系数进行实验测试或数值模拟，根据实验和模拟结果回归分析拟合得出导热系数与设定参数间的关系，进而形成该类预测模型。

(4) 分形、随机理论预测模型，考虑多孔介质组分、形状及其他特征的分形与随机性，从统计分析角度建立多孔介质导热系数与相关参数比如概率分布及其他微结构参数比如分形维数间的关系，形成多孔介质导热系数分形、随机预测模型。以下主要仅针对复合材料导热模型和分形、随机理论预测模型作一些讨论。

6.1.1 基于复合材料导热模型

多孔材料被认为是由空气和致密固体骨架组成的一个两相系统，基于此，多孔隔热耐火材料是一种典型的固气两相多组分材料，可采用复合材料有效特性基本混合理论研究其导热系数，主要有以下五种基本理论模型（见 2.3.2 节）及修正模型。

6.1.1.1　串并联模型

串并联模型（series model，parallel model）也称 Wiener 边界模型，是 Wiener 在 1912 年提出多组分材料在已知组分体积分数和相应参数后就可以确定系统参数的值。串并联模型均是基于基材、填充相以及复合材料均是连续的情况下推出的理想模型。当复合材料中填充相没有形成导热通路或者只有少部分的填充相连成导热通路，那么此时复合材料的热导率将会低于均匀混合时的热导率，串并联模型具体形式见表 6-1-1 中的串并联模型。考虑到填充相形成导热通路的难易程度与基材的颗粒尺度与颗粒结晶度，Agari 提出了一种可以与实验结果拟合较好的模型：

$$\lg\lambda_{eff} = Pc_2\lg\lambda_g + (1-P)\lg(c_1\lambda_s) \tag{6-1-1}$$

式中，λ_{eff}为有效导热系数；P 为气孔率；λ_s 为固相的导热系数；λ_g 为气相的导热系数；c_1 为一个包含结晶率和尺寸效应的因子；c_2 为纳米颗粒形成导热通路的因子，取值范围在 0~1 之间。

表 6-1-1　固气两相材料的等效导热系数结构模型一览表

基本模型	模型结构图	有效导热系数	模型特征
串并联模型	q	PM：$\lambda_{eff} = \lambda_s(1-P) + \lambda_g P$	并联模型：由不同组分的材料以并列方式形成的非均质多孔材料，热流平行穿过每一层； 串联模型：由不同组分的材料以叠加方式形成的非均质多孔材料，热流从上到下经过每一层； 串并联模型简单易于理解但误差较大，仅能用于范围的估测
	q	SM：$\lambda_{eff} = \dfrac{\lambda_s\lambda_g}{\lambda_g(1-P) + \varepsilon\lambda_s}$	
Maxwell-Eucken 模型		$\lambda_{eff} = \lambda_s \dfrac{2\lambda_s + \lambda_g - 2(\lambda_s - \lambda_g)P}{2\lambda_s + \lambda_g + (\lambda_s - \lambda_g)P}$	ME1：一种介质均匀分散于另一种介质，并且分散相中的气孔不相同，其中连续相的导热系数大于分散相； ME2：一种介质均匀分散于另一种介质，并且分散相中的气孔不相同，其中分散相的导热系数大于连续相
		$\lambda_{eff} = \lambda_g \dfrac{2\lambda_g + \lambda_s - 2(\lambda_g - \lambda_s)(1-P)}{2\lambda_g + \lambda_s + (\lambda_g - \lambda_s)(1-P)}$	
Bruggeman 模型		$(1-P)^3 = \dfrac{\lambda_s}{\lambda_{eff}}\left(\dfrac{\lambda_{eff} - \lambda_g}{\lambda_s - \lambda_g}\right)^3$	在 ME 模型的基础上，考虑了相邻粒子之间的相互作用，所以该模型适用的填充相含量较高
Fricke 模型		$\lambda_{eff} = \lambda_s\left\{\dfrac{1 + P\left[F\left(\dfrac{\lambda_g}{\lambda_s} - 1\right)\right]}{1 + P(F-1)}\right\}$	Maxwell 的模型基础上，推导出了椭圆形填充材料随机分布在基材中的复合材料热导率模型

续表 6-1-1

基本模型	模型结构图	有效导热系数	模型特征
Hashin-Shtrikman 模型		$\lambda_{\min} = \lambda_g + \dfrac{3\lambda_g(1-P)/[1+3\lambda_g/(\lambda_s-\lambda_g)]}{P+3\lambda_g(1-P)/(\lambda_s-\lambda_g)[1+3\lambda_g/(\lambda_s-\lambda_g)]}$	两相时 ME 模型和 HB 模型这两种模型是等价的。HS 模型的使用范围更广，ME 模型仅适用于离散相对较小的情况
		$\lambda_{\max} = \lambda_s + \dfrac{3\lambda_s P/[1+3\lambda_s/(\lambda_g-\lambda_s)]}{1-P+3\lambda_s P/(\lambda_g-\lambda_s)[1+3\lambda_s/(\lambda_g-\lambda_s)]}$	
EMT 模型		$\dfrac{(1-P)(\lambda_s-\lambda_{eff})}{\lambda_s+2\lambda_{eff}} + P\dfrac{\lambda_g-\lambda_{eff}}{\lambda_g+2\lambda_{eff}} = 0$	两种组分随机分布，各相之间既不连续也不分散，是否能够组成导热路径取决于该组分的含量
组合模型		$\dfrac{(1-P)(\lambda_s-\lambda_{eff})}{\lambda_s+2\lambda_m} + P\dfrac{\lambda_g-\lambda_{eff}}{\lambda_g+2\lambda_m} = 0$	串并联两种模型、ME 两种模型和 EMT 模型，这 5 种基本组分模型的算术平均组合

6.1.1.2　Maxwell-Eucken 边界模型

Maxwell 等人于 1892 年提出了复合材料的导热模型，Eucken 针对 Maxwell 两相系统电阻率预测模型进行了跨领域应用，用导热系数替代电导率，从而得到了 Maxwell-Eucken（简写为 ME）模型，即第一修正 Maxwell 模型，主要研究两相系统导热系数。该模型的基本假设为：球形颗粒在基体中极为分散，粒子之间互相孤立没有接触，两相分别为连续分布和离散分布，满足 $x_{连续}+x_{离散}=1$。

ME 模型只适用于填充相在基体中所占比例比较少的情况下，因为在高填充率下，填充相之间会相互作用，形成作用力，因而有可能会出现逾渗效应，即热流会根据填充相的分布形成新的导热通路，因此在高填充料下，该模型的预测值往往会低于实验值。此外，该模型也不适用于基体的热导率与填充相的热导率相差过大的复合材料。上述模型具体形式及分析见表 6-1-1 中 ME1 和 ME2 模型。

6.1.1.3　Bruggeman 模型

Bruggeman 模型是在 Maxll-Eucken 模型基础上发展而来，在填充率较高的情况下，填充粒子体积分数增加，粒子不再是 Maxwell-Eucken 模型中假设的完全分散无作用力，因此在 Bruggeman 模型中，考虑了相邻粒子之间的相互作用。所以该模型适用的填充相含量较高，粒子之间相互堆积，表达式为：

$$(1-P)^3 = \frac{\lambda_s}{\lambda_{eff}}\left(\frac{\lambda_{eff}-\lambda_g}{\lambda_s-\lambda_g}\right)^3 \tag{6-1-2}$$

式中，P 为气孔率；λ_{eff}为有效导热系数；λ_s 为固相的导热系数；λ_g 为气相的导热系数。

6.1.1.4 Fricke 模型

Fricke 认为，影响复合材料热导率的不仅有填充相的含量，填充粒子的形貌也会影响复合材料的热导率。因此，Fricke 针对填充粒子椭圆形，研究其复合材料的导热系数，并在 Maxwell 的模型基础上，推导出椭圆形填充材料随机分布在基材中的复合材料热导率模型，表达式为：

$$\lambda_{\mathrm{eff}} = \lambda_{\mathrm{s}} \left\{ \frac{1 + P\left[F\left(\frac{\lambda_{\mathrm{g}}}{\lambda_{\mathrm{s}}} - 1\right)\right]}{1 + P(F - 1)} \right\} \tag{6-1-3}$$

其中，

$$F = \frac{1}{3}\sum_{i=1}^{3}\left[1 + \left(\frac{\lambda_{\mathrm{g}}}{\lambda_{\mathrm{s}}} - 1\right)f_i\right]^{-1} \tag{6-1-4}$$

$$\sum_{i=1}^{3} f_i = 1 \tag{6-1-5}$$

式中，F 的数值由基材、填料粒子的形状及导热系数决定；f_i 为椭圆形纳米颗粒在 i 方向的半轴长。Fricke 模型见表 6-1-1。

6.1.1.5 Hashin-Shtrikman 边界模型

Hashin-Shtrikman（简写为 HS）边界模型，最初用于计算多相复合材料有效弹性模量和有效磁导率的上下限，由 Hashin 和 Shtrikman 在 1962 年提出，后来被逐渐应用于其他多组分材料的特性分析。在 Maxwell 模型中，没有考虑到填充相与基材、填充相与填充相、基材与基材之间的界面热阻对于导热系数的影响。因而 Hashin 和 Shtrikman 在 Maxwell 模型的基础上，考虑了两相界面热阻与填充相颗粒的半径对于导热系数的影响，当研究对象为两相时，HS 边界模型退化为 ME 边界模型，即 ME 模型为 HS 模型的特例，见表 6-1-1 中 HS 模型描述。

6.1.1.6 有效介质理论模型

有效介质理论（effective medium theory，简称 EMT）在多孔介质、复合材料的渗流、电导率和热导率研究中有着广泛的应用。有效介质理论模型的主要思想是：两种组分随机分布，各相之间既不连续也不分散，是否能够组成导热路径取决于该组分的含量，该模型的具体形式见表 6-1-1 中 EMT 模型。

6.1.1.7 组合模型（flexible model）

上述串并联两种模型、ME 两种模型和 EMT 模型，这 5 种基本组分模型的算术平均组合，既考虑组分又考虑结构以有效介质理论模型的形式对五种基本模型的统一（见图 6-1-1）。

$$1 - \frac{P(\lambda_{\mathrm{s}} - \lambda_{\mathrm{eff}})}{\lambda_{\mathrm{s}} + 2\lambda_{\mathrm{m}}} + \frac{P(\lambda_{\mathrm{g}} - \lambda_{\mathrm{eff}})}{\lambda_{\mathrm{g}} + 2\lambda_{\mathrm{m}}} = 0 \tag{6-1-6}$$

式中，P 为气孔率；λ_{eff} 为固气两相系统的等效导热系数；λ_{s} 为固相的导热系数；λ_{g} 为气相的导热系数；λ_{m} 为两相中连续相介质导热系数。当 $\lambda_{\mathrm{m}} = \lambda_{\mathrm{eff}}$ 时，即 EMT 模型；当 $\lambda_{\mathrm{m}} = \lambda_{\mathrm{s}}$ 或 λ_{g} 时，即 ME1 模型和 ME2 模型；当 $\lambda_{\mathrm{m}} = 0$ 时，即串联模型；当 $\lambda_{\mathrm{m}} = \infty$ 时，即并联模型。

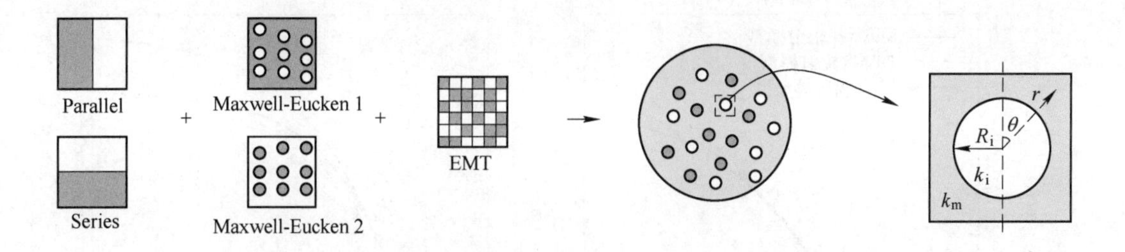

图 6-1-1 五种基本结构模型统一性有效介质理论模型

6.1.1.8 辐射或对流模型

在高温条件下，多孔介质内部的传热需要考虑辐射热传递，牛津大学的 Kiradjiev 对 Maxwell、EMT 和 DEMT（differential effective medium theory，微分等效介质模型）三个等效导热系数模型进行了推导，得到了孔隙内考虑辐射热传递的等效导热系数，结果表明，在高温条件下，辐射热传递对多孔介质的等效导热系数的影响较大。这三种模型的等效导热系数计算公式如下：

（1）Maxwell 辐射模型：

$$\lambda_{\text{eff}} = \lambda_s \frac{2\lambda_s + \lambda_r - 2(\lambda_r - \lambda_s)P}{2\lambda_s + \lambda_r + (\lambda_r - \lambda_s)P} \tag{6-1-7}$$

（2）EMT 模型：

$$\lambda_{\text{eff}} = \frac{1}{4}\left[3P(\lambda_r - \lambda_s) + (2\lambda_s - \lambda_r) + \sqrt{2[3P(\lambda_r - \lambda_s) + (2\lambda_s - \lambda_r)] + 8\lambda_r\lambda_s}\right]_s \tag{6-1-8}$$

（3）DEMT 模型：

$$\left(\frac{\lambda_{\text{eff}} - \lambda_r}{\lambda_s - \lambda_r}\right)^3 \frac{\lambda_s}{\lambda_{\text{eff}}} = (1 - P)^3 \tag{6-1-9}$$

式（6-1-7）~式（6-1-9）中，λ_{eff}为固气两相系统的等效导热系数；P 为气孔率；λ_s 为固相的导热系数；λ_r 为固体的辐射导热系数。辐射模型基于孔隙率以及孔隙内的辐射效应，得到了固体导热系数、材料孔隙率的等效导热系数表达式。通过计算模拟发现，当 $\varepsilon=1$，孔隙率为 10%的多孔材料，随着温度上升，等效导热系数的变化逐渐平缓（见图 6-1-2），这种渐进有界的等效导热系数模型更接近实际的物理现象，对于工程应用具有重要意义。

综上所述，复合材料导热模型的研究主要集中于两个方面：（1）对原有五种基础模型（串并联模型（2 类）、ME 模型（2 类）和 EMT 模型）的修正和完善，例如：Bruggeman 模型、Fricke 模型和 HB 模型等；（2）基本模型的组合模式分析，例如组合模型和辐射模型等。这些模型对于简单多孔结构预测精度较高，但缺少了描述多孔介质内部微观结构的参数，可以采用表征体单元方法对模型进行优化。但这些几何单位都是以欧氏几何为基础的，将多孔介质的内部结构理想化为简单的模型研究其热量的传递过程，只能近似地在大尺度范围内描述多孔介质中的传热过程，所得结果与实际测量有较大的偏差，分形几何的

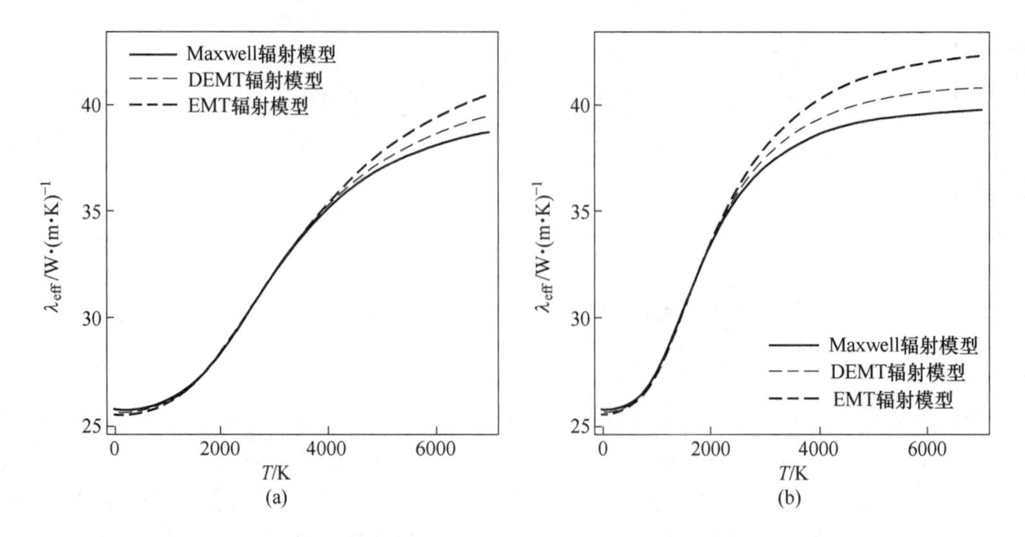

图 6-1-2　Maxwell、EMT 和 DEMT 辐射模型等效导热系数与温度计算模型关系
（a）气体孔径为 0.01 m；（b）气体孔径为 0.05 m

出现为解决这一问题提供了一种新的工具。

6.1.2　基于分形的导热模型

分形应用于多孔介质传热过程研究，主要集中在两个方面：（1）采用简化的分形模型，根据复合材料导热模型的分析方法推导出等效导热系数；（2）对于具体的分形结构，采用数值模拟方法或随机模拟理论来分析结构对传热过程的影响。

（1）以 Adler 等为代表的采用逾渗（percolation）理论模型，对于分形多孔介质的热传导问题进行理论分析与数值模拟。

Adler 和 Thovert 等人采用有限元法求解 Laplace 方程，参考 Archies 定律关系式，将导热系数表示为以孔隙率为基本变量，对有规则分形多孔介质结构模型 Sierpinski 地毯的等效导热系数进行了数值模拟，结果可以拟合成为 Archies 定律的形式：

$$\lambda_{eff} \propto \varphi^{m} \tag{6-1-10}$$

式中，φ 为基质百分含量；m 的值取决于不同 Sierpinski 地毯的分形结构（见图 6-1-3～图 6-1-5），在 1.64～2.05 之间，见表 6-1-2 和表 6-1-3。

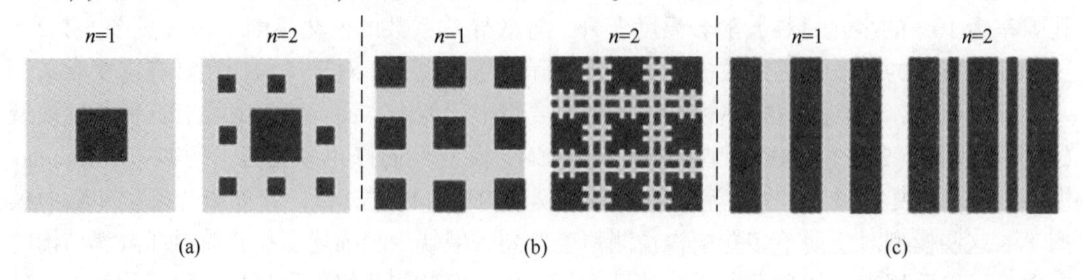

图 6-1-3　二维分形模型
（a）SC；（b）BAH；（c）无横向连接的 BAH（BAH1）

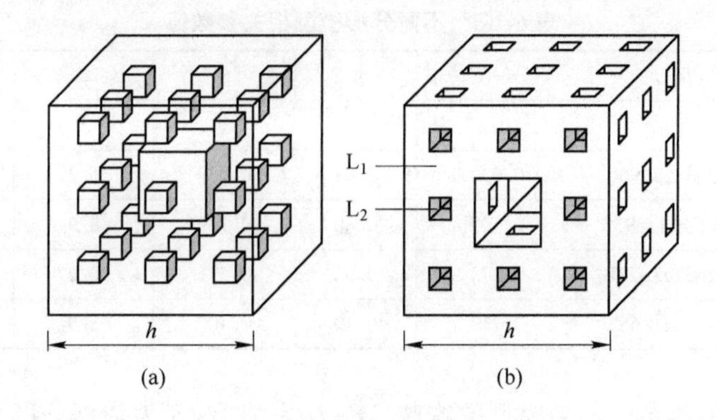

图 6-1-4　$n=2$ 时三维分形模型

（a）FF；（b）MS1：L_1 为流体，MS2：L_2 为固体

表 6-1-2 的数据在图 6-1-5 中得到展示。

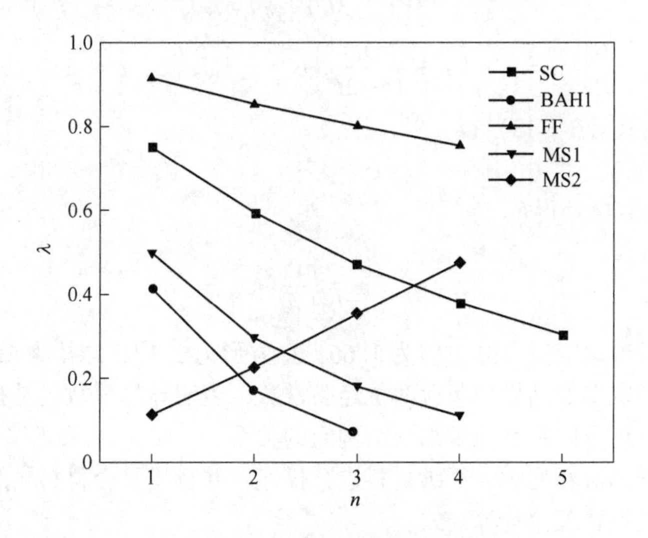

图 6-1-5　宏观导热系数 λ 与迭代次数 n 之间的关系

（其中 SC 和 BAH1 中 $N=2$，FF、MS1 和 MS2 中 $N=1$）

表 6-1-2　各种分形模型数值模拟得到的宏观导热系数 λ

n	SC			BAH1			FF		MS1		MS2		
	$N=1$	$N=2$	$N=4$	$N=1$	$N=2$	$N=4$	$N=1$	$N=2$	$N=1$	$N=2$	$N=1$	$N=2$	(34)
1	0. 7143	0. 7517	0. 7706	0. 4000	0. 4218	0. 4368	0. 9118	0. 9275	0. 5	0. 5451	0. 1111	0. 1195	0. 1111
2	0. 5576	0. 5937	0. 6114	0. 1654	0. 1744	0. 1801	0. 8519	0. 8706	0. 2974	0. 3299	0. 2292	0. 2444	0. 2099
3	0. 4439	0. 4735	0. 4880	0. 0683	0. 0706	0. 0717	0. 8011	0. 8199	0. 1827	0. 2030	0. 3546	0. 3724	0. 298
4	0. 3545	0. 3785	0. 3901				0. 7544		0. 1127		0. 4764		0. 37
5	0. 2833	0. 3025											

表 6-1-3　不同分形模型相关参数值

分形模型	D	$d-D$	$\hat{S}$	S	φ	m	$\hat{m}$
MS2	3	0	1	1	无	无	
FF	ln26/ln3≌2.966	0.034	0.94	0.939	26/27	1.64	1.66
SC	ln8/ln3≌1.893	0.107	0.80	0.759	8/9	1.89	2.17
MS1	ln20/ln3≌2.727	0.273	0.62	0.571	20/27	1.59	1.66
BAH1	ln15/ln5≌1.683	0.317	0.40	0.400	2/5	2.05	2.17

其中 D 为分形维数，d 为模型的维数，$d-D$ 为维差，$\hat{S}$ 为依据分形总体特征的常数，由迭代后的热导率 $\lambda(n+1)$ 与迭代前的热导率 $\lambda(n)$ 比值确定，S 根据式（6-1-11）和式（6-1-12）近似推导得来，其中 G 取值为 0.164，c 为气相浓度。

$$S = 1 - \left[1 + \frac{1}{3(1-3G)}\right]c \qquad d = 3,\ c \leqslant 1 \tag{6-1-11}$$

$$S = 1 - \left(1 + \frac{1}{1-2G}\right)c \qquad d = 2,\ c \leqslant 1 \tag{6-1-12}$$

φ 为固相占比，由式（6-1-13）得：

$$\varphi = 1 - c \tag{6-1-13}$$

m 根据经验式（6-1-14）得：

$$m = \frac{\ln\hat{S}}{\ln e} \tag{6-1-14}$$

$\hat{m}$ 则根据模型的维数取定值（立方体为 1.66，正方形为 2.17，球体为 1.5，圆盘为 2）。

上述研究方法取得的结果中包含两个经验常数，表明导热系数仅是孔隙率的函数，没有建立导热系数与组分以及其他微细观结构间的关系。

研究者运用分形对新型耐火纤维材料进行描述，并且用复合材料导热模型推导出了高温条件下等效导热系数理论计算公式：

$$\lambda_{\text{eff}} = \lambda_{\text{f}}(1-\varphi^{\frac{1}{2}}) + \frac{\lambda_{\text{s}}\lambda_{\text{f}}}{\lambda_{\text{s}}(\varphi^{\frac{1}{2}}-1)+\gamma_{\text{f}}} + L_0^{\frac{1}{1-d_{\text{p}}}}\varphi^{\frac{1}{2(d_{\text{p}}-1)}}FT^3 \tag{6-1-15}$$

该模型考虑高温热辐射影响，反映有效导热系数随多孔介质微空间结构、温度和组分导热系数的变化规律，式（6-1-15）中，φ 为纤维体积分数；L_0 为标尺因子，与介质的体积分数和面积分形维数有关；F 为热辐射综合常数，与材料角系数和发射率有关；T 为温度；d_{p} 为纤维的分形维数。

上述导热模型采用面积分形维数对孔隙结构分布的描述，其本质仍然是基于孔隙结构均匀化和周期性规则分布的假设，与实际多孔介质的随机性、非均匀结构分布相差很大。除了面积分形维数对导热系数的影响外，多孔介质通道的弯曲程度和连通程度也不容忽视。

（2）以多孔介质组分导热系数为基础，基于多孔介质微细观结构、孔隙大小及分布具有的分形特点，建立导热系数与上述因素的函数关系。

从理论框架上提出多孔介质有效物性参数 E 除了与组分自身相应的物性参数有关以

外，还取决于多孔介质的结构特性。对于具有分形特征、局部分形尺度为 l 的多孔介质有效物性参数采用多孔介质分形物性通用模型：

$$E = f\ (\sum E_i,\ \phi,\ D_{\mathrm{f}},\ l) \tag{6-1-16}$$

式中，E_i 为第 i 种组分物性参数；ϕ 为孔隙率；D_{f} 为孔隙大小分布分形维数。

为了进一步简化，提出了一种基于多孔介质剖面孔隙面积分形维数的分形导热系数预测模型，例如聚氨酯泡沫塑料的等效导热系数如下：

$$\lambda_{\mathrm{eff},i} = (1 - K_i^{2/3} L_0^{2D_{\mathrm{f},i}/3})\lambda_{\mathrm{s}} + \frac{\lambda_{\mathrm{f}}\lambda_{\mathrm{s}} K_i^{2/3} L_0^{2D_{\mathrm{f},i}/3}}{(\lambda_{\mathrm{s}} - \lambda_{\mathrm{f}}) K_i^{1/3} L_0^{D_{\mathrm{f},i}/3} + \lambda_{\mathrm{f}}} \qquad i = 1,\ 2 \tag{6-1-17}$$

式中，$i = 1$，2 分别代表垂直和平行于聚氨酯泡沫塑料的发泡方向；$K_i = C_i/L_0^2$，C_i 为分形维数拟合常数，可以在计算分形维数 $D_{\mathrm{f},i}$ 的过程中得到；L_0 为聚氨酯泡沫塑料分形单元结构的特征尺度。

一般情况下可以认为，在欧式空间的导热微分方程中用导热系数的分形表达式进行替换，就可以得到分形多孔介质导热微分方程。施明恒等研究人员通过能量守恒定律与傅里叶热传导基本定律对球坐标系下一维非稳态导热微分方程进行了理论推导，得到了该坐标系假设情况下的分形多孔介质热传导微分方程为：

$$\frac{\partial T(r,\ t)}{\partial t} = \frac{1}{\rho c_p} \times \frac{1}{r^{D_{\mathrm{f}}-1}} \times \frac{\partial}{\partial r}\left[\lambda(r) r^{D_{\mathrm{f}}-1} \times \frac{\partial T(r,\ t)}{\partial r}\right] \tag{6-1-18}$$

理论上，如果知道了介质的分形维数以及分形介质的局部导热系数，就可以得到多孔介质内部的温度分布。但局部导热系数确定困难，且方程（6-1-18）为非线性偏微分方程，难以精确求解。因而有研究者提出一个简化的多孔介质分形导热模型，并对其导热系数进行计算（见图 6-1-6）。

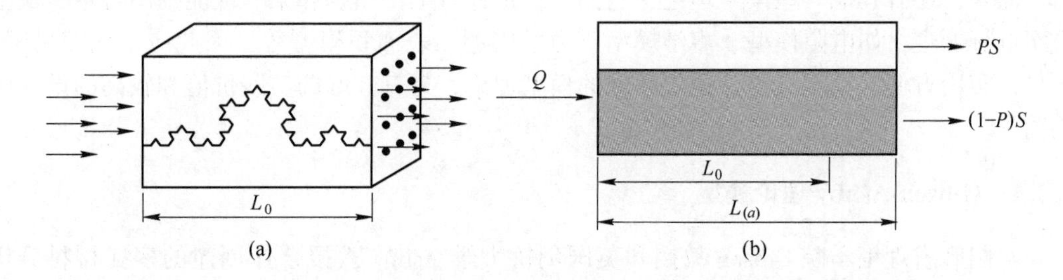

图 6-1-6　多孔介质热传递的等效分形通道(a)和气固并联导热通道(b)

$$\lambda_{\mathrm{eff}} = \frac{P\lambda_{\mathrm{g}} + (1 - P)\lambda_{\mathrm{s}}}{a^{1-D_{\mathrm{f}}}} \tag{6-1-19}$$

图 6-1-6 和式（6-1-18）中，$L_{(a)} = L_0 a^{1-D_{\mathrm{f}}}$，$L_{(a)}$ 为曲线的长度，a 为比例尺度，L_0 为曲线两端的直线距离，D_{f} 为曲线的分形维数，λ_{eff} 为固气两相系统的等效导热系数，P 为气孔率，λ_{s} 为固相的导热系数，λ_{g} 为气相的导热系数。

上述研究将分形理论与毛细管模型进行了结合，以分析多孔介质导热系数。在此基础上，更多的研究都分别针对纤维材料、多孔介质以及建筑混凝土等导热系数的预测提出了一系列分形-毛细管理论模型。

分形几何学的发展为描述多孔介质内部的复杂结构提供了新的有效的方法，促使人们在多孔介质传热过程研究中引入分形模型，因而揭示传热过程与多孔介质结构分形表征参数之间的内在关联。

6.2 多孔材料的常温力学模型

具有代表性的多孔材料性能模型理论体系大致有三类：

第一类是基于立方孔隙简化结构的 Gibson-Ashby 模型理论，简称 GA 模型理论或 GA 理论，由著名学者 Gibson 和 Ashby 建立，属于多孔材料领域最具代表意义的经典性模型理论。该模型理论基于立方构架连接的简化结构模型，运用几何力学的方法进行推演，得到多孔材料性能关系。其用于实际计算方便，为业界广泛接受和应用至今。但该模型理论主要适于多孔材料的拉压性能，而难以方便地推演其他物理性能。

第二类是基于密排多面体孔隙结构的公式化模型理论，在设定多面体孔隙结构的基础上，运用固体力学和固体物理的方法得出性能关系的数理表达。用到的多面体结构如代表性的 Kelvin 模型，其将孔隙简化为 6 个正方形和 8 个正六边形组成十四面体结构，认为这样比 GA 模型的立方构架更接近实际情况。另外一个用得较多的多面体结构是菱形十二面体模型。此类模型理论主要获得了多孔材料拉压性能关系和热传导性能关系，但推演过程较复杂，结果中间参量较多，实际应用不够方便。因此，在材料领域的影响和应用都不如第一类模型理论。

第三类是有限元模拟理论，这是后期出现的计算模型。该模型理论一般是基于上述十四面体模型和菱形十二面体模型以及 Vorono 随机模型等，也可以是其他模型，运用有限元方法获得材料性能指标。其计算细致，计算本身具有较高的精度，但要求参量有足够的准确性。往往因为参量的真值获取困难，给实际计算偏差带来较大的不确定性。

此外，还有其他一些模型理论，它们一般是针对某一结构和某一性能提出特定的模型方案进行处理，如电阻模型、声学模型、力学模型、表面积模型等，因此应用比较局限。可见，实用方便、稳定可靠、适应性强的模型理论，具有较好的实践价值和较高的设计应用前景。

6.2.1 Gibson-Ashby 理论模型

美国麻省理工学院 Gibson 教授和英国剑桥大学 Ashby 教授合作创建的多孔材料分析研究模型 Gibson-Ashby 模型（以下简称 GA 模型）和相关理论是多孔材料界经典的模型理论。

GA 模型将这种多孔体抽象地表征为具有立方结构的孔隙单元的集合体，这些孔隙单元是由 12 根相同的孔隙棱柱（孔棱、孔筋）构成的立方格子，其中每根孔棱均由连接棱（连接筋）相连接。连接点处于孔棱的中点，连接棱的方向与孔棱垂直（见图 6-2-1），这些立方构架的孔隙单元通过这种连接棱相互连接在一起，就构成了开孔泡沫体的整体。本节中仅讨论各向同性的多孔材料。

6.2.2 多孔陶瓷的弹性行为

多孔陶瓷材料对应力的初始反应是线弹性的，对各向同性材料，需要两个参数描述线弹性行为：杨氏模量（E）和剪切模量（G）。尽管经典非弹性行为在多孔陶瓷中有许多

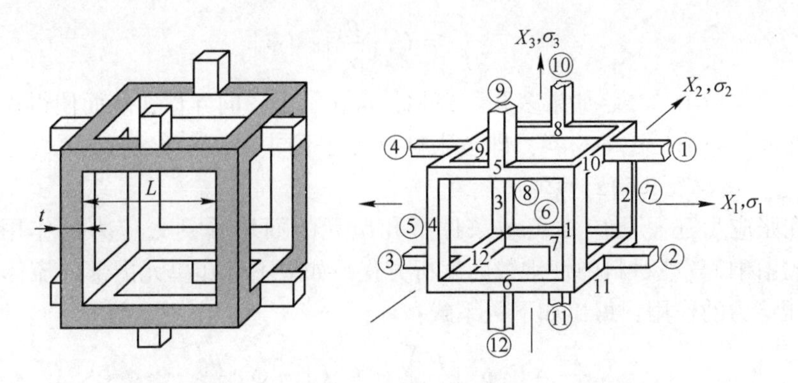

图 6-2-1 各向同性开孔泡沫材料的 Gibson-Ashhy 模型

表现，但本章中多孔陶瓷被看作是经典性的材料，开口气孔材料孔单元棱的弯曲认为是线弹性的形变模式，即遵循 GA 模型。

6.2.2.1 密度-显微结构关系

泡沫的一个重要性质是它的相对密度，即泡沫的体密度（ρ）与组成泡沫的棱和面的固体物质的理论密度（ρ_t）之比。对多孔陶瓷，泡沫陶瓷中的棱和面并不常常是理论致密的，许多的开口多孔陶瓷的棱是空心的，甚至固体部分在更细的层次上还包含有气孔。因此定义一个标化密度，即泡沫体密度与棱和面的密度之比（ρ_s），用于计算 ρ/ρ_s 时包括了棱与面中的气孔。在棱与面中含有气孔时，$\rho/\rho_t < \rho/\rho_s$。

当 $\rho/\rho_s<0.2$ 泡沫陶瓷的标准化密度与介观结构的简单关系如下（式（6-2-1）和式(6-2-2)分别针对开口和闭口泡沫）：

$$\frac{\rho}{\rho_s} = C_1\left(\frac{t}{L}\right)^2 \tag{6-2-1}$$

$$\frac{\rho}{\rho_s} = C_2\left(\frac{t}{L}\right) \tag{6-2-2}$$

式中，t 为棱和面的厚度；L 为棱长度；C_1 和 C_2 为数字常数（大约等于1）。较高密度时，这些关系将变得复杂。同样地，固相分布的方式也是重要的。例如，棱的节点处固相物质的聚集（开口气孔材料）和气孔面与棱的相对厚度（闭口气孔材料），将影响以上的关系。

6.2.2.2 开口气孔陶瓷的弹性行为

利用标准杠杆原理，Gibson 和 Ashby 定出了气孔单元中气泡棱（见图 6-2-1）的偏折行为，并将施加的应力与作用于棱上的力联系起来，得到：

$$\frac{E}{E_s} = C_3\left(\frac{t}{L}\right)^4 \tag{6-2-3}$$

式中，E 和 E_s 为泡沫和棱的杨氏模量；C_3 为几何常量。代入式（6-2-1）并设 $C_1=1$，即可将模量与标化密度相联系：

$$\frac{E}{E_s} = C_3\left(\frac{\rho}{\rho_s}\right)^2 \tag{6-2-4}$$

泡沫的剪切模量（G）的分析与此类似，如下关系式：

$$\frac{G}{E_s} = C_4 \left(\frac{\rho}{\rho_s}\right)^2 \tag{6-2-5}$$

式中，$C_3 \approx 1$，$C_4 = 0.375$。如果多孔陶瓷材料常显示出各向异性，从而使得表达分析变得复杂，另外如负的泊松比的材料，即拉胀材料具有不同寻常的弹性行为。

6.2.2.3 闭口气孔陶瓷的弹性行为

无论在张应力还是压应力负载条件下孔单元的面均受到张应力的作用，Gibson 和 Ashby 推导出闭口气孔材料弹性常数的解析方程。如果不计孔单元内部的流体（液体或气体）受到压应力的作用，得出如下关系式：

$$\frac{E}{E_s} = C_3 \phi^2 \left(\frac{\rho}{\rho_s}\right)^2 + C'_3(1 - \phi) \frac{\rho}{\rho_s} \tag{6-2-6}$$

$$\frac{G}{E_s} = C_4 \phi^2 \left(\frac{\rho}{\rho_s}\right)^2 + C'_4(1 - \phi) \frac{\rho}{\rho_s} \tag{6-2-7}$$

式中，C'_3和 C'_4为几何常量；ϕ 为气孔（即孔单元）棱所占有的固相体积含量。Gibson 和 Ashby 建议 $C_3 = C'_3 = 1$，$C_4 = C'_4 = 0.375$。方程显示，ϕ 值由 0 变成 1 时，即面的厚度变薄时，密度指数从 1 变成 2。边界条件 $\phi = 1$ 时，得到的是适用于开口气孔材料的方程，即式（6-2-4）和式（6-2-5）。式（6-2-6）和式（6-2-7）表明，ϕ 值越小时，一定密度时模数越大，也就是说，孔单元的面可有效地增加泡沫材料的刚性。

6.2.3 多孔陶瓷的断裂韧性

以 GA 模型的孔单元为基础，Maiti 等人使用两种方法讨论了脆性泡沫材料的断裂韧性（facture toughness），第一种方法根据线弹性断裂力学的观点得到，而第二种方法则是一种简单的能量平衡法。

6.2.3.1 基于线弹性断裂力学的多孔陶瓷断裂韧性

断裂力学方法是将泡沫材料看作线弹性的连续体，断裂韧性与棱的强度（σ_{fs}）、孔单元尺寸（L）和相对密度的关系如下：

$$K_{IC} = C_5 \sigma_{fs} \sqrt{\pi L} \left(\frac{\rho}{\rho_s}\right)^{3/2} \tag{6-2-8}$$

式（6-2-8）适合开口气孔陶瓷和闭口气孔陶瓷，只是几何常数 C_5 不同而已。对大多数材料，通过实验验证，几何常数 C_s 的经验值为 0.65，但孔棱的强度（σ_{fs}）对几何常数 C_5 十分敏感，且与孔单元尺寸和密度相关，这又会影响到密度指数，因此几何常数需要作一些具体分析。对各向同性的泡沫，将一个正十四面体作为孔单元时，几何常数 C_5 为 0.18。有研究认为式（6-2-8）仅对裂纹长度超过孔单元尺寸（比值达 10 倍）时才适用。

根据式（6-2-8），断裂韧性（K_{IC}）与孔单元尺寸（L）的平方根成正比，即大孔单元的泡沫应有高的韧性，但许多小孔单元尺寸减小的材料往往会有较高的强度，例如陶瓷纤维当其直径减小时强度可接近于其理论的解理强度，开口气孔的陶瓷中也常发现孔单元尺寸减小时，棱的强度会提高。断裂韧性对孔单元的依赖关系取决于棱强度的分布。对孔棱强度分布服从 Weibul 模数分布（指体积缺陷）的材料，由于 Weibul 模数总是大于零，当 Weibul 模数大于 6 时，其断裂韧性随着孔尺寸的增加而增加；对于 Weibul 模数小于 6 时，其断裂韧性随着孔尺寸的增加而减少；对于Weibul模数等于6时，断裂韧性与孔尺寸无关，图6-2-2显示了不同Weibul模数孔壁材料的断裂韧性的变化。

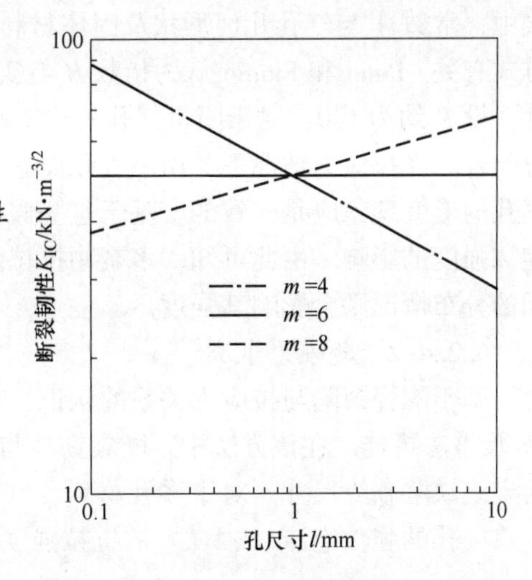

图6-2-2 韦布尔(Weibul)模数m=4、6、8的孔壁材料的断裂韧性与孔尺寸的函数关系

6.2.3.2 基于能量平衡法的多孔陶瓷断裂韧性

能量平衡法是将孔单元的断裂等同于棱的断裂来计算多孔材料的断裂韧性，开口气孔材料中，裂纹每前进一个孔单元面积，平均可使等同于一个棱的固相面积断裂，于是

$$G_c L_2 = G_{cs} t^2 \qquad (6\text{-}2\text{-}9)$$

式中，G_c和G_{cs}为多孔材料和固体（棱）的临界应变能释放速率，根据与断裂韧性的关系：$K_{IC} = (EG_c)^{1/2}$和$K_{ICs} = (E_s G_{cs})^{1/2}$，

$$K_{IC} = C'_5 K_{ICs} \left(\frac{\rho}{\rho_s}\right)^{3/2} \qquad (6\text{-}2\text{-}10)$$

式中，下标s指棱的固相性质。上述关系中不存在与孔单元尺寸的关系，但指出与固相物质的韧性的关系。比较式（6-2-8）和式（6-2-10），K_{ICs}与$\sigma_{fs} L^{1/2}$成正比关系，证据不充分。

在式（6-2-10）基础上，对闭口气孔陶瓷的断裂韧性作了分析改进，即根据分布于面内固相材料含量考虑了孔单元的面对于断裂韧性的贡献，公式如下：

$$K_{IC} = C''_5 K_{ICs} \left(\frac{\rho}{\rho_s}\right)^{3/2} \phi\,(1 + 1.6\phi)^{1/2} \qquad (6\text{-}2\text{-}11)$$

虽然两种分析方法（式（6-2-8）和式（6-2-10））给出了对开口气孔材料相似的关系式，但两者对于棱的性质的依赖关系明显不同，并足以影响人们对材料改进的思路，式（6-2-8）表明：要使多孔材料的性能达到最佳，应该使用孔单元尺寸大、棱强度高的材料，这可以通过改进材料工艺，剔除显微缺陷，如棱内的气孔、裂纹和夹杂物等来提高σ_{fs}来实现。但是一定的临界缺陷尺寸时，提高棱的固相材料的韧性同样可以提高σ_{fs}；另外，式（6-2-10）和式（6-2-11）表明，缺陷和孔单元尺寸并不重要。要获得高的韧性，必须着重于用高断裂韧性的固体制造泡沫材料。换句话说，必须用与致密材料相同的方法在断裂过程中引进如裂纹偏转、桥联和屏蔽机制使棱的断裂韧性得以提高。

因此，除了方程的形式有所不同之外，两种分析方法给出了完全不同的材料性能优化设计的路线。

6.2.4 多孔陶瓷的拉伸强度

6.2.4.1 加载-承重法

为计算作为密度函数的泡沫强度，Patel和Finnie于1970年研究了由一个弹性基面（气孔面壁）支撑的棱的模型，拉伸强度（tensile strength，σ_{ft}）为泡沫密度的函数

$$\sigma_{ft} = A\left(\frac{\rho}{\rho_s}\right)^B \qquad (6\text{-}2\text{-}12)$$

式中，常数 A 与气孔几何形状及固体材料性质有关，而指数 B 则与单个气孔的实际形变方式有关。Patel 和 Finnie 认为指数 B 与实验结果的吻合程度可用来检验各个模型的实用性。设 B 约为 1.0，对于闭口气孔的聚氨基甲酸（乙）酯，理论计算的结果与实验结果十分吻合。在拉应力情况下，由于气孔面壁先断裂后使邻近留下的棱承重，开口气孔和闭口气孔的形变现象应是一致的。基于这些假设，式（6-2-12）忽略了气孔面壁对于闭口气孔泡沫强度的影响。由此可知，多聚物抗拉强度与气孔尺寸无关，但固体材料在面与边缘之间的分布情况则会影响其强度。

6.2.4.2　断裂力学法

基于陶瓷缺陷与拉应力关系的认识，在抗拉强度分析时使用断裂力学方法比上述的加载-承重法更佳。在该方法中，断裂韧性与抗拉强度直接相关，σ_{ft} 正比于 $K_{IC}/a^{1/2}$。其中 a 为宏观缺陷临界尺寸。对于多孔材料，气孔尺寸为临界缺陷尺寸的下限。据式（6-2-8），开口气孔的脆性泡沫（$a \geqslant L$）的抗拉强度可表示为：

$$\sigma_{ft} = C_6 \sigma_{fs} \left(\frac{L}{a}\right)^{1/2} \left(\frac{\rho}{\rho_s}\right)^{3/2} \tag{6-2-13}$$

值得注意的是，如果多孔结构是完整的（$a = L$），多孔材料的抗拉强度可写为：

$$\sigma_{ft} = C_6 \sigma_{fs} \left(\frac{\rho}{\rho_s}\right)^{3/2} \tag{6-2-14}$$

Huang 和 Gibbson 认为：当裂纹尺寸与气孔尺寸在同数量级时式（6-2-8）不适用。式（6-2-14）与压应力下的式（6-2-17）具有相同形式，因而对于多孔材料抗拉强度与抗压强度通常十分相似。这与致密陶瓷截然不同，后者的抗压强度通常比抗拉强度大 1 个数量级。式（6-2-13）表明在密度一定的情况下，降低缺陷尺寸 a 至气孔大小可提高抗拉强度，进一步提高强度则需提高 σ_{fs}。

如 6.2.3 节所述，对闭口气孔泡沫材料的断裂韧性分析有一定的不确定性，但可通过式（6-2-11）得到：

$$\sigma_{ft} = C'_6 \frac{K_{ICs}}{\sqrt{a}} \left(\frac{\rho}{\rho_s}\right)^{3/2} \phi \,(1 + 1.6\phi)^{1/2} \tag{6-2-15}$$

6.2.5　多孔陶瓷的耐压强度

6.2.5.1　加载-承重法

和 6.2.4.1 节一样，Patel 和 Finnie 于 1970 年采用一个在弹性基座上的柱体的压缩模型来计算泡沫强度同密度的关系，在压缩载荷作用下，棱将产生位移使得一些面壁处于拉伸状态，随着孔单元壁的拉伸破坏，棱弯曲就是压缩状态下变形的主要机制，因此耐压强度（compressive strength，δ_{fc}）与泡沫密度的关系可以表示为同式（6-2-12）相似的形式，即

$$\delta_{fc} = A\left(\frac{\rho}{\rho_s}\right)^{B} \tag{6-2-16}$$

Patel 和 Finnie 也预测了不同开、闭气孔泡沫在压缩载荷作用下由于面作用的不同而引起的密度指数 B 的变化（式（6-2-16）），即随着在面内固体体积分数的降低，B 值从 1.45 变为 2.06。由于前面的叙述已说明在压缩载荷作用下棱难于出现弯曲变形，因此这

一理论是否适用于多孔材料还不清楚。在这类材料中，由于受到相连面的限制，棱的弯曲是非常困难的。但在这些面破坏后，棱弯曲就很明显了。

6.2.5.2 断裂力学法

GA 模型被 Maiti 等 1984 年扩展用于进一步研究压缩行为。假设泡沫压缩破坏发生在棱受到的弯曲力矩达到断裂弯矩（M_f）之时，而断裂弯矩与不同棱的强度（δ_{fs}）有关。棱所受的最大弯矩同整体材料所受的外加应力（δ）相关并正比于 L^3。将这些关系合并可以得到如下的破坏强度方程：

$$\delta_{fc} = C_7 \delta_{fs} \left(\frac{\rho}{\rho_s} \right)^{\frac{3}{2}} \tag{6-2-17}$$

式中，C_7 为由实验确定的几何常数。在这种情况下，断裂起始于个别棱的弯曲破坏，Maiti 等计算出 C_7 等于 0.65，但是该常数同密度指数一样，对假设的 δ_{fs} 值非常敏感，如 6.2.3.1 节讨论的一样，δ_{fs} 值同气孔尺寸和密度相关，从而将影响密度指数的拟合值。对于一个二十四面体单位气孔，假设泡沫各向同性，有研究认为 C_7 值为 0.16。在 6.2.4 节中提到过如果控制强度的气孔其尺寸等价于缺陷尺寸，式（6-2-17）等价于式（6-2-13），因此多孔材料中的拉伸和耐压强度可能相等。

对于一个闭口气孔材料，式（6-2-17）中的指数从 1.5 增大到 2，但后来的研究认为面非常薄，式（6-2-17）可以用于脆性闭气孔泡沫。考虑到孔壁的增强作用，还有即使在压缩载荷下一些面仍会受到拉伸载荷等情况，采用将泡沫塑性破坏强度类似的分析方法得到闭气孔泡沫破坏强度的表达式：

$$\frac{\delta_{fc}}{\delta_{fs}} = C_7 \left(\frac{\phi \rho}{\rho_s} \right)^{\frac{3}{2}} + C'_7 \left[\frac{(1 - \phi)\rho}{\rho_s} \right] \tag{6-2-18}$$

式中，ϕ 为包含于气孔棱处的固体体积分量；$1-\phi$ 为面中的固体含量。对于开气孔泡沫 $1-\phi$ 等于 0，式（6-2-18）等同式（6-2-17）。式（6-2-18）表明：随面中固体的体积含量增加，密度指数从 1.5 降为 1。开、闭气孔泡沫耐压强度的表达式（式（6-2-17）和式（6-2-18））表明：只要固体强度 δ_{fs}（更确切应为棱强度）与气孔尺寸无关，则材料的耐压强度也与气孔尺寸无关。

6.3 多孔材料的热机械性能

由于多孔隔热耐火材料通常是用于高温（800 ℃以上，有的文献是 1000 ℃），因此它们在高温下的力学性能对其使用寿命起决定作用，同时和金属材料和高分子材料不同，它具有低的导热系数和断裂韧性，导致材料严重的热应力损伤，这些高温力学行为也称热机械性能（thermomechanical property），例如热震稳定性、蠕变、荷重软化温度等。

6.3.1 热震行为

在快速冷却物体中的热应力最简单表达式为：

$$\sigma_t = \frac{E\alpha\Delta T}{1 - \nu} \tag{6-3-1}$$

式中，E 为杨氏模量；α 为线膨胀系数；ν 为泊松比；ΔT 为试样表面温度 T_s 与中心温度

T_c 之间的温差，即 $\Delta T=T_s-T_c$。双轴拉应力发生在表面，双轴压应力发生在物体中心。大量的实验研究表明，有必要修改公式（6-3-1）来解释随时间变化的热条件。常通过引入应力衰减系数 Ψ 的概念来实现，得到表达式如下：

$$\sigma_t = \frac{\Psi E\alpha\Delta T}{1-\nu} \tag{6-3-2}$$

根据定义，Ψ 是在淬火过程中有限热传导速率下产生的实际的、与时间相关的最大热应力与在淬火过程中无限热传导速率下产生的理论最大热应力之比。Ψ 的大小是 Biot 模量（β）的函数，而 β 是材料导热系数、表面热传导系数和材料几何形状的函数。对于极快的热传导（$\Psi=1$），可以通过式（6-3-2）来比较各种材料的热震行为（thermal shock behavior）：

$$\Delta T_c = \frac{\sigma_{ft}(1-\nu)}{E\alpha} \tag{6-3-3}$$

式中，σ_{ft}为材料的失效应力；ΔT_c 为临界温度，即最小温差的基本描述，该温差将导致生成足够大的应力以扩展裂纹。

Gibson 和 Ashby 利用 E 和 σ_{ft}的关系（式（6-2-4）和式（6-2-14））来预测密度对开孔材料热震阻力的影响，如下 ：

$$\Delta T_c = \frac{0.65\Delta T_{cs}}{\left(\frac{\rho}{\rho_s}\right)^{1/2}} \tag{6-3-4}$$

式中，$\Delta T_{cs}=\sigma_{fs}/(E_s\alpha_s)$ 是致密材料的热震阻力。式（6-3-4）假设了棱强度等于致密材料的强度，如前面所述，该假设是不准确的。式（6-3-4）表明多孔材料（$\rho/\rho_s<0.3$）具有比致密材料更好的抗热震性能，并随着相对密度的降低，以 ΔT_c 为指标的材料热震阻力增大。同前面叙述相似，σ_{fc}与材料密度和气孔尺寸有关，其依赖关系有待于进一步精确分析。

式（6-3-4）的推导忽略了热传导，特别是泡沫的热传导的重要作用，泡沫体的导热系数实际上远低于致密材料，导致泡沫材料比致密材料具有大的 Ψ 值（见式（6-3-2））。泡沫的导热系数同孔参数、材料密度、气体导热系数等许多因素有关，如果考虑这些因素，式（6-3-4）就更复杂了。开口气孔材料和闭口气孔材料之间存在显著的差别：(1) 开口气孔材料，由于淬火介质（气体或液体）容易流进材料内部，对流作用就十分重要，特别淬火介质流动速度很快时，泡沫内外的温度梯度就会被大大降低；(2) 闭口气孔材料，淬火介质流动困难的，使得通过气体和固体的辐射及传导作用比对流作用更重要。

Orenstein 等 1990~1991 年对刚玉-莫来石开口气孔陶瓷的热震行为进行了研究。经过在水中淬冷，材料的耐压强度和抗弯强度随着 ΔT 的增加而逐渐降低，而不是突然下降（见图 6-3-1），表明材料破坏是一个损伤积累而不是少数缺陷的快速扩展。

材料热震损伤后形态见图 6-3-2，观察到材料强度降低的原因是由于孔筋中预先存在的缺陷的延伸。图 6-3-2 显示了典型的损伤情况，热震损伤包括棱开裂，裂纹主要是在平

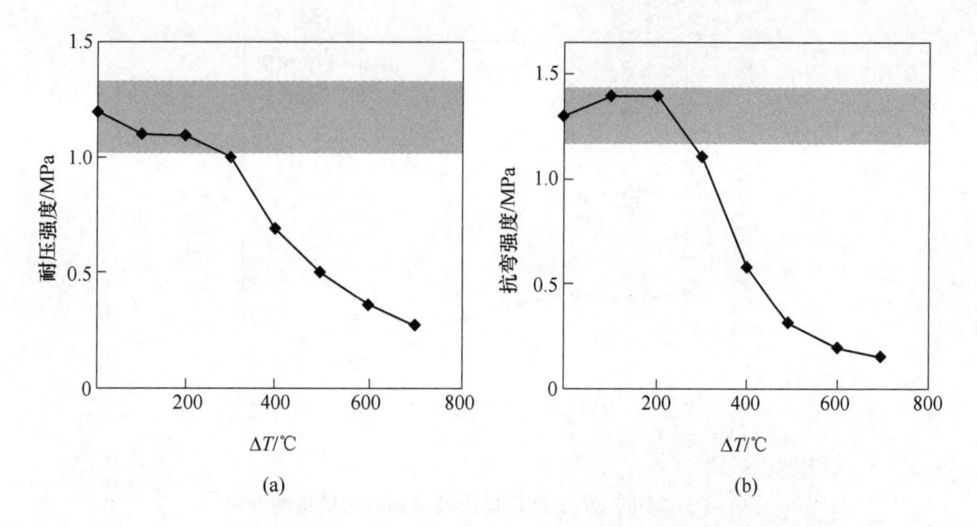

图 6-3-1 刚玉-莫来石开口气孔材料的强度随着 ΔT 的增加而逐渐下降
（水淬，孔径尺寸 2.4 mm，相对密度 13%）
（a）耐压强度与 ΔT 的关系；（b）抗弯强度与 ΔT 的关系

行于孔筋长度的方向上生长，随着淬火强度（即 ΔT）增加，开裂孔筋的数量会显著增加。

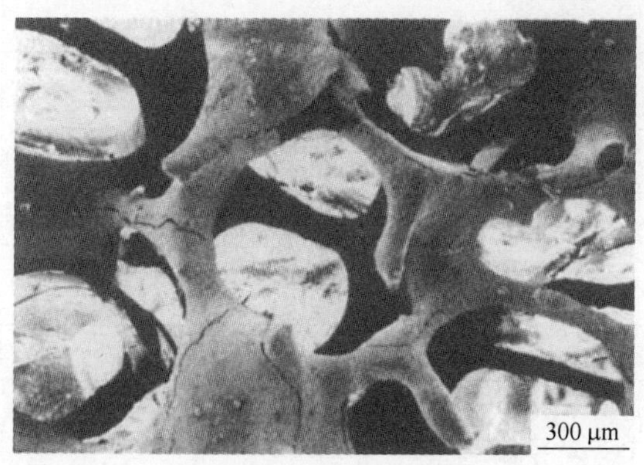

图 6-3-2 从 1020 ℃到 20 ℃水中淬火后材料的 SEM 图
（孔径尺寸 1.0mm，相对密度 13%）

采用无损检测方法评价应力和热震损伤是非常有用的，作为热震严重程度的函数，杨氏模量的降低被选为替代手段，以描述所研究的材料中损坏的开始和损坏程度。图 6-3-3 显示了杨氏模量和剪切模量作为热震严重程度的反应函数。比较图 6-3-1，可以看出杨氏模量的降低与弯曲强度和耐压强度的降低有很大关系，同时还与热震损伤相关的内部摩擦的增加有关。

由于这些开口气孔陶瓷的损伤是随着淬火的严重程度而变化的，所以无法辨别出一个明显的 ΔT_c 的值。因此，材料的杨氏模量降低 10%时的温差 ΔT_{10} 被用作抗热震参数。具有不同相对密度和气孔尺寸的材料在水和油冷却情况下的 ΔT_{10} 见表 6-3-1。从表 6-3-1 中可以看出，ΔT_{10} 随着气孔尺寸增加显著增加，即热震阻力强烈依赖于气孔尺寸，而对相对密度依赖性不强。

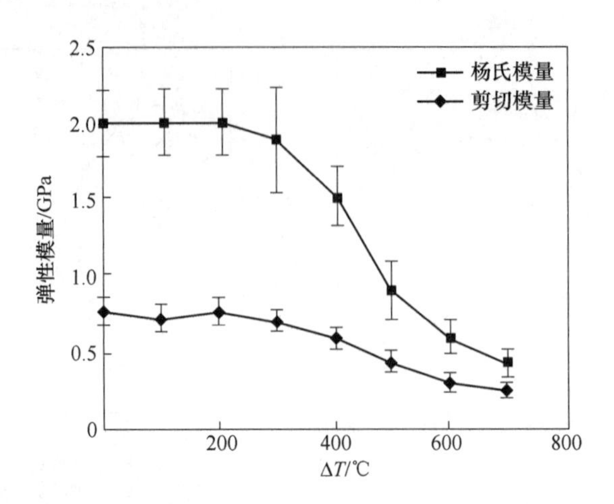

图 6-3-3 不同 ΔT 下材料杨氏模量和剪切模量的变化

（水淬，孔径尺寸 2.4 mm，相对密度 13%）

表 6-3-1 300 ℃水冷和 600 ℃油冷后的残余弹性模量（ΔT_{10}）

气孔尺寸 L_c/mm	相对密度 ρ/ρ_0	ΔT_{10}/℃	
		水	油
4.8	0.106	321±14	1096±157
4.2	0.167	379±35	1120±174
2.3	0.089	287±36	525±57
2.4	0.131	288±43	560±68
2.4	0.171	299±10	739±122
2.4	0.203	304±35	830±68
1.0	0.127	231±11	333±53
1.0	0.154	240±14	354±43

6.3.2 蠕变行为

Gibson 和 Ashby 提出了一个方程来描述多孔材料的蠕变行为。假设棱的稳态蠕变行为可以用大多数材料中观察到的指数规律来描述，即

$$\dot{\varepsilon} = \dot{\varepsilon}_{os}\left(\frac{\sigma}{\sigma_{os}}\right)^n \tag{6-3-5}$$

式中，$\dot{\varepsilon}$ 和 σ 为棱的应变速率和所受应力；n、$\dot{\varepsilon}_{os}$ 和 σ_{os} 为棱材料的蠕变常数。采用类似于弹性常数的推导过程，用结构孔单元理论来推导块材显微应力和应变速率的关系。对于开口气孔材料这个分析可以给出：

$$\frac{\dot{\varepsilon}}{\dot{\varepsilon}_{os}} = \frac{C_8}{n+2}\left(\frac{\rho_s}{\rho}\right)^{(3n+1)/2}\left(\frac{\sigma}{\sigma_{os}}\frac{2n+1}{n}\right)^n \tag{6-3-6}$$

式中，n 值取决于在某一应力和温度范围起控制作用的蠕变机制。式（6-3-6）表明多孔材料的蠕应变速率具有和棱材料相同的应力依赖性，但对相对密度的依赖关系与 n 的大小有关。例如，在陶瓷材料中通常发现扩散蠕变时，$n=1$。这种情况下，泡沫的应变速率线性依赖于应力和 $(\rho/\rho_s)^2$。因此多孔材料的应变速率将远大于致密棱材料的蠕变速率，但材料具有更高的蠕变破坏的应变量。Goretta 等（1990）发现在 1200 ℃之上时蠕变机制变得重要，开口气孔氧化铝-莫来石材料的强度和断裂韧性都会下降。蠕变试验表明变形机制低应力状态下是线性黏性流动，这同多晶致密氧化铝蠕变中应力参与的扩散过程（$n=1$）是一致的。有限的试验数据表明，密度指数约为 1.8，这比当 $n=1$ 时方程（6-3-6）给出的值略低。在高应力状态下可以观察到应变速率变大，这同多孔材料中蠕变裂纹的出现有关。

6.4 孔结构对多孔隔热耐火材料隔热性能的影响

以莫来石多孔隔热耐火材料为研究对象，采用导热模型和导热/辐射复合传热模型分别计算低温、高温条件下的温度场和热流量，由此算出多孔材料的有效导热系数和辐射比；将孔结构参数和其对应的分形维数结合有效导热系数与辐射比共同分析，得出导热系数和其分形维数的关系。

6.4.1 孔径分布因子对隔热的影响

表 6-4-1 为气孔率为 50%，气孔位置固定，在高温端温度为 1873 K 和低温端温度为 1863 K 下，不同孔径分布因子 b 对应的热流量、辐射比和有效导热系数。由此表可知随着孔径分布因子 b 的增大，材料的导热热流量降低，辐射热流量增加，有效导热系数和综合热流量降低。说明高温下，气孔率为 50% 的莫来石质多孔材料固相热传导仍然对材料的隔热性能起决定性的作用。

表 6-4-1 高温端 1873 K、低温端 1863 K 下，不同孔径分布因子时材料的有效导热系数与热流量

b 值	综合热流量 Q/W	导热热流量 Q_c/W	辐射热流量 Q_r/W	辐射比重 F/%	有效导热系数 λ/W·(m·K)$^{-1}$
0	13.89	13.71	0.17	1.25	1.389
0.1	13.61	13.44	0.18	1.31	1.361
0.2	13.35	13.16	0.19	1.42	1.335
0.3	13.08	12.86	0.22	1.65	1.308
0.4	12.18	11.89	0.28	2.32	1.218

图 6-4-1 为不同孔径分布因子的热流线，由此图可知，随着孔径分布因子 b 的增大，孔径越趋于随机分布，材料中某些位置出现大小气孔的合并，气孔变大，由于空气对辐射传热的阻抗小，辐射热流量增大，辐射比上升。均匀孔径时热流垂直方向的温度均匀分布逐渐变为非均匀分布，温度梯度场变得十分紊乱，热流的方向发生了明显偏转，传播路径大大增长，等效热阻大大增加，导致总的热流量降低，材料隔热性能增加。

图 6-4-2、图 6-4-3 分别为气孔率为 50%、平均孔径为 10 μm 的多孔材料在不同高温端温度下（高、低温端温度相差 10 K），辐射比、无量纲导热系数 λ/λ_0（有效导热系数 λ_0 为气孔均匀分布时的导热系数）与孔径分布因子 b 的关系。

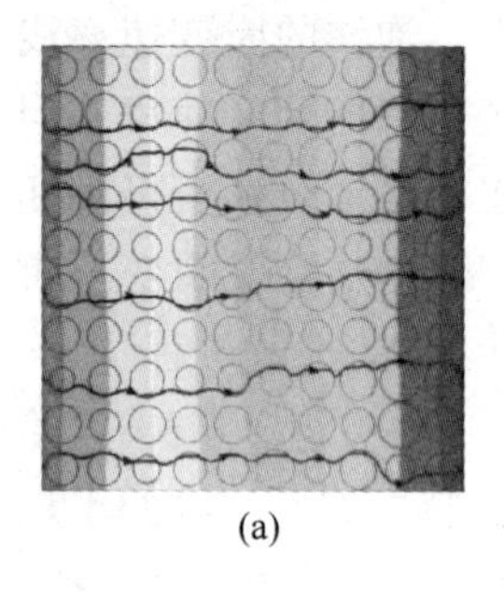

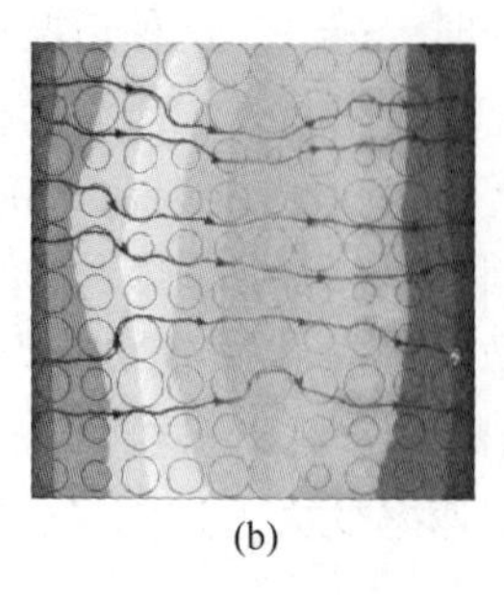

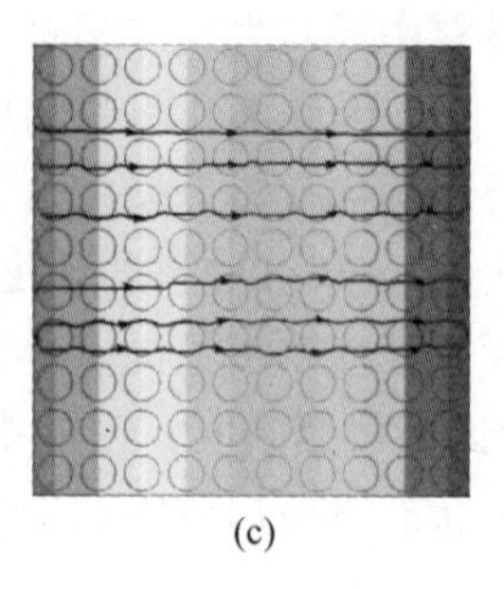

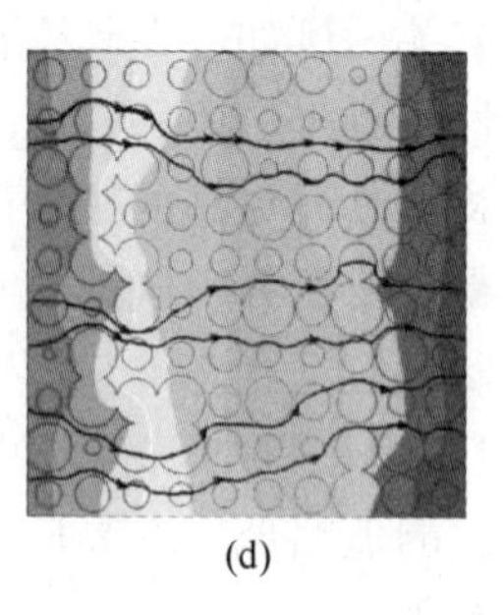

图 6-4-1　不同孔径分布因子的热流线

（a）$b=0$；（b）$b=0.1$；（c）$b=0.3$；（d）$b=0.5$

由图 6-4-2 可知温度越高，辐射热流量在总热流量中的比重越大；在孔径分布因子 b 较小时，辐射热流比 Q_r/Q 不随分布因子的增大而增大，而当孔径分布因子 b 较大时，由于模型中会出现部分气孔重合，且孔径分布因子 b 越大，导致模型中大孔的数量越多，从而导致辐射热流比 Q_r/Q 增大，且由斯忒藩-玻耳兹曼定律可知温度越高，辐射热流量增大的比重越大。由图 6-4-3 可知，随着气孔孔径分布因子 b 的增大，无量纲导热系数值 λ/λ_0 降低，且在孔径分布因子 b 相同的情况下，高温下的 λ/λ_0 降低没有低温下的明显。主要是由于随着温度的升高，辐射热流量增加，辐射对材料传热的贡献率增大，因此高温下的 λ/λ_0 降低没有低温下的明显。

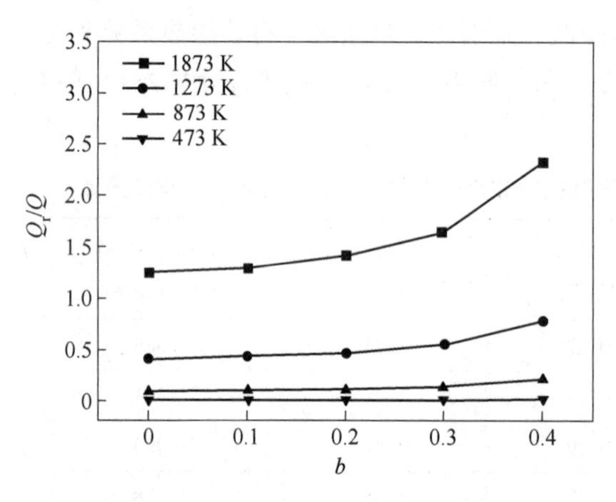

图 6-4-2　不同温度下，孔径分布因子 b 对辐射热流比的影响

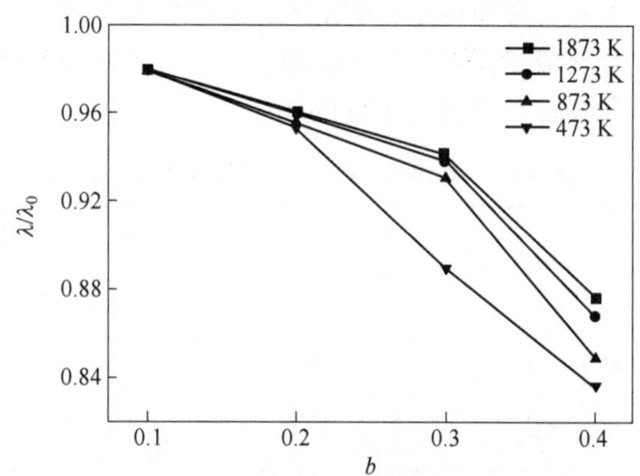

图 6-4-3　不同温度下，孔径分布因子 b 对无量纲有效导热系数的影响

图 6-4-4 为气孔率为 50%、高温端温度为 1873 K、低温端温度为 1863 K 时，孔径及其分布对莫来石多孔材料 λ/λ_0 的影响。图 6-4-5 为平均孔径 10 μm、高温端温度为 1873K、低温端温度为 1863 K 时，气孔率与孔径分布对氧化铝质多孔材料无量纲导热系数的影响。

由图 6-4-4 可知高温下，当气孔孔径较小时，材料的无量纲导热系数 λ/λ_0 会随气孔孔径分布因子的增大而减小；且孔径越小，λ/λ_0 降低越明显。当气孔孔径较大（大于 0.1 mm）时，材料的 λ/λ_0 会随气孔孔径分布因子的增大而增大。当气孔孔径较小时，材料内部的气孔数量越多，材料内部固相导热热流会更加曲折。在相同的孔径分布因子的情况下，孔数目越多的模型内部，气孔分布会更加混乱，从而小孔对 λ/λ_0 的效果更加明显。当孔径较大，为 1 mm 时，由于空气对辐射传热的阻抗小，辐射热流量的比重在总传热热流量中大，而增大孔径分布因子也会导致部分气孔重合，进一步增大孔径，从而使辐射热流量的比重更大，所以 λ/λ_0 会随气孔孔径分布因子 b 的增大而增大。

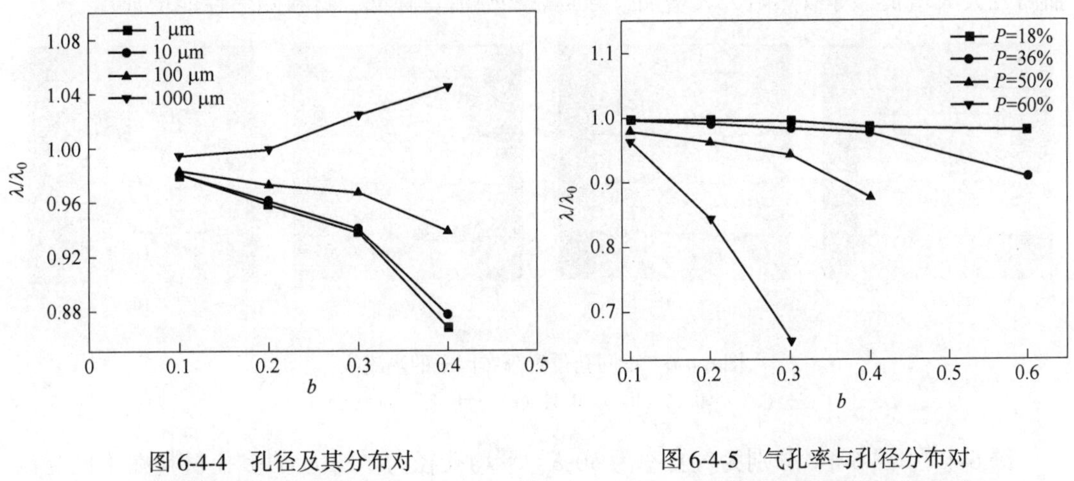

图 6-4-4 孔径及其分布对无量纲导热系数的影响

图 6-4-5 气孔率与孔径分布对无量纲导热系数的影响

由图 6-4-5 可知在高温小孔的情况下，随着孔径分布因子 b 的增大，无量纲导热系数值 λ/λ_0 会降低；且气孔率 P 越高，λ/λ_0 降低越明显。主要原因是：一方面随着气孔率 P 的增大，固相体积越小，导致材料整体导热系数降低；另一方面气孔率 P 越高，在同样的孔径分布因子 b 下，模型内部气孔分布的混乱度会更大，热流在材料内部通过的路径更加曲折。

6.4.2 孔位置分布因子对隔热的影响

表 6-4-2 为气孔率为 50%，孔径分布固定，在高温端温度为 1873 K，低温端温度为 1863 K 下，不同孔位置分布因子 c 对应的热流量、辐射比和有效导热系数。由表 6-4-2 可知随着孔位置分布因子 c 的增大，材料的导热热流量降低，辐射热流量增加，有效导热系数和综合热流量降低。说明高温下，气孔率为 50% 的氧化铝质多孔材料固相热传导仍然对材料的隔热性能起到决定性的作用。

表 6-4-2 高温端 1873 K、低温端 1863 K 时，2D 模型不同位置分布因子 c 对应的材料的有效导热系数与热流量

c 值 /μm	综合热流量 Q/W	导热热流量 Q_c/W	辐射热流量 Q_r/W	辐射比重 F/%	有效导热系数 λ/W·(m·K)$^{-1}$
0	13.89	13.71	0.17	1.25	1.389
0.2	13.73	13.56	0.18	1.30	1.373
0.3	13.49	13.30	0.19	1.38	1.349
0.4	12.62	12.40	0.22	1.74	1.262
0.5	11.55	11.32	0.35	2.03	1.155

图 6-4-6 为不同孔位置分布因子的热流线。由此图可知，随着孔位置分布因子 c 的增大，孔位置越趋于随机分布，材料中某些位置出现大小气孔的合并，气孔变大，由于空气对辐射传热的阻抗小，辐射热流量增大，辐射比上升。均匀孔径时热流垂直方向的温度均匀分布逐渐变为非均匀分布，温度梯度场变得十分紊乱，热流的方向发生了明显偏转，传播路径大大增长，等效热阻大大增加，导致总的热流量降低，材料隔热性能增加。

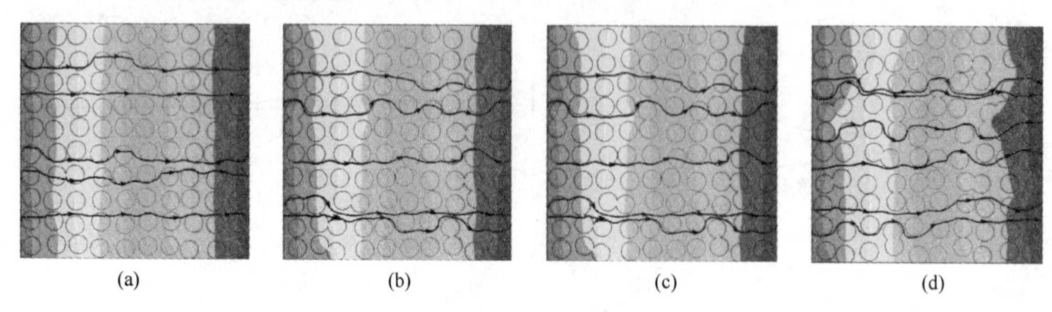

图 6-4-6　不同孔位置分布因子的热流线

（a）$c=0.1$；（b）$c=0.3$；（c）$c=0.4$；（d）$c=0.5$

图 6-4-7、图 6-4-8 分别为气孔率为 50%、平均孔径为 10 μm 的多孔材料在不同高温端温度下（高、低温端温度相差 10 K），辐射比、无量纲导热系数 λ/λ_0 与孔位置分布因子 c 的关系。

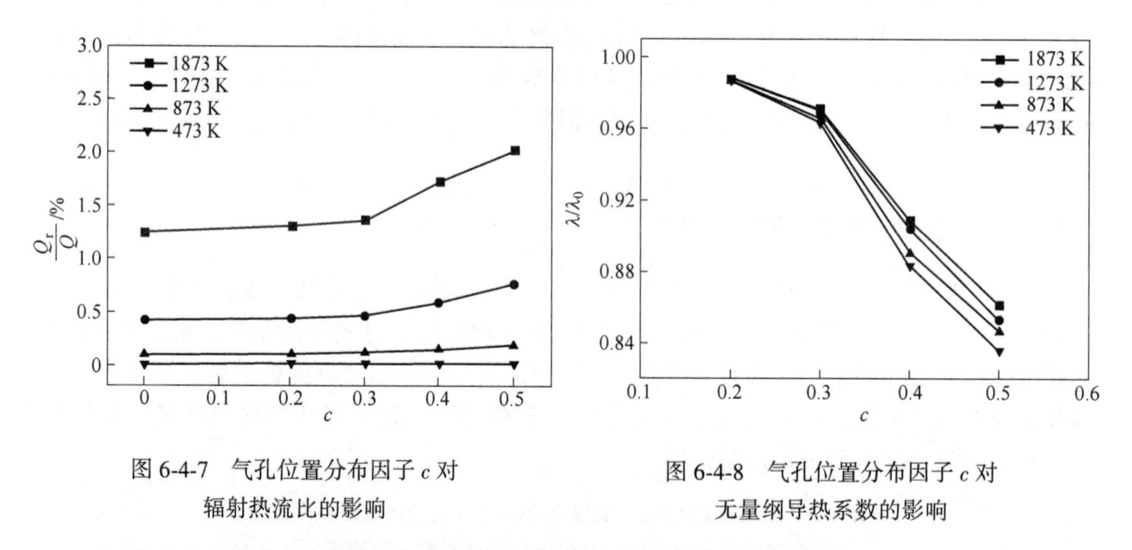

图 6-4-7　气孔位置分布因子 c 对辐射热流比的影响

图 6-4-8　气孔位置分布因子 c 对无量纲导热系数的影响

由图 6-4-7 可知，温度越高，辐射热流量在总热流量中的比重越大；在气孔位置分布因子 c 较小时，辐射比不随气孔位置分布因子 c 的增大而增大，而当气孔位置分布因子 c 较大时，由于模型中会出现部分气孔重合，从而导致辐射比增大，且温度越高，辐射比的增大越明显。由图 6-4-8 可知，随着气孔位置分布因子 c 的增大，无量纲导热系数 λ/λ_0 会降低。低温下的无量纲导热系数 λ/λ_0 降低比高温下的明显。主要是由于随着温度的升高，辐射热流量增加，辐射对材料传热的贡献率增大，因此高温下的有效导热系数的比值降低没有低温下的明显。

图 6-4-9 为气孔率为 50%、高温端温度为 1873 K、低温端温度为 1863 K 时，气孔位

置及其分布对氧化铝多孔材料无量纲导热系数的影响。图 6-4-10 为平均孔径 10 μm、高温端温度为 1873 K、低温端温度为 1863 K 时，气孔率与气孔位置分布对氧化铝质多孔材料无量纲导热系数的影响。

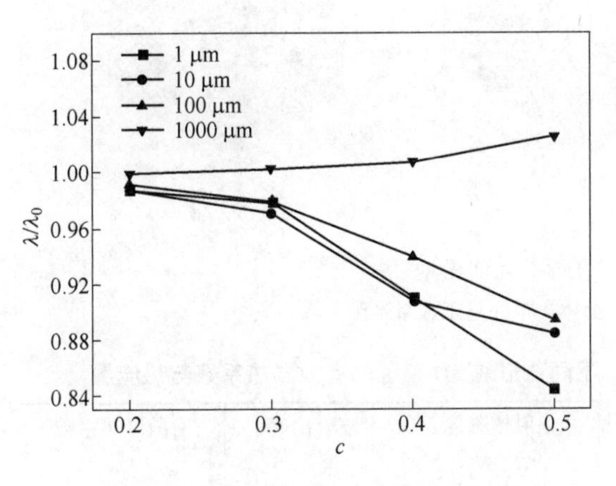

图 6-4-9　不同孔径下，气孔位置分布因子 c 对无量纲导热系数的影响

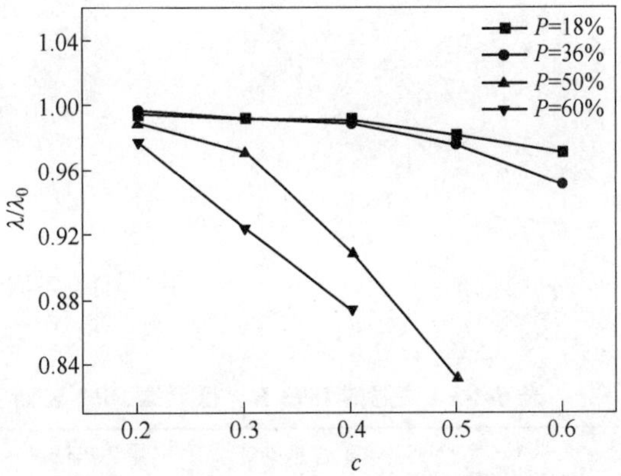

图 6-4-10　不同气孔率下，气孔位置分布因子 c 对无量纲导热系数的影响

由图 6-4-9 可知，不同孔径下，气孔位置分布因子 c 对无量纲导热系数 λ/λ_0 的影响与气孔孔径分布因子 b 对 λ/λ_0 的影响类似。主要是由于气孔率相同的情况下，气孔孔径较小时，导致材料内部的气孔数量越多，材料内部固相导热热流的路径会更加曲折；在相同的气孔位置分布因子的情况下，孔数目越多的模型内部，气孔分布会更加混乱，从而小孔对 λ/λ_0 的效果更加明显。当孔径较大，为 1 mm 时，高温下，空气对辐射传热的阻抗小，气孔较大的材料中辐射热流量的比重在总传热热流量中大，而增大孔位置分布因子 c 会导致部分气孔重合，孔径增大，从而使 λ/λ_0 随气孔位置分布因子 c 的增大而增大。

由图 6-4-10 可知，在高温微孔材料中，随着气孔位置分布因子 c 的增大，λ/λ_0 会降低；且气孔率 P 越高，λ/λ_0 降低越明显。主要是由于一方面随着气孔率 P 的增大，固相在多孔材料中的比重越来越小，导致固相传热热流量在总传热热流量中的比重减小；另一方面气孔率 P 越高，同样的气孔位置分布因子 c，模型内部气孔分布的混乱度会更大，热流在材料内部通过的路径更加曲折。

6.4.3　气孔形貌对隔热的影响

采用 ANSYS 中的 APDL 模块分别建立气孔率为 70% 的球形、正二十面体和正八面体气孔形貌的多孔材料几何模型，如图 6-4-11 所示。

表 6-4-3 为高温端温度为 1873K、低温端温度为 1863K 时，球形、正二十面体和正八面体气孔形貌模型的有效导热系数与热流量。

由表 6-4-3 可知，正八面体孔模型的有效导热系数最低，与球形孔和正二十面体孔模型的有效导热系数相比，分别降低 28.7% 和 21.2%。

图 6-4-12 为球形、正二十面体和正八面体气孔形貌三种模型的综合热流量、导热热流量及辐射热流量对比。

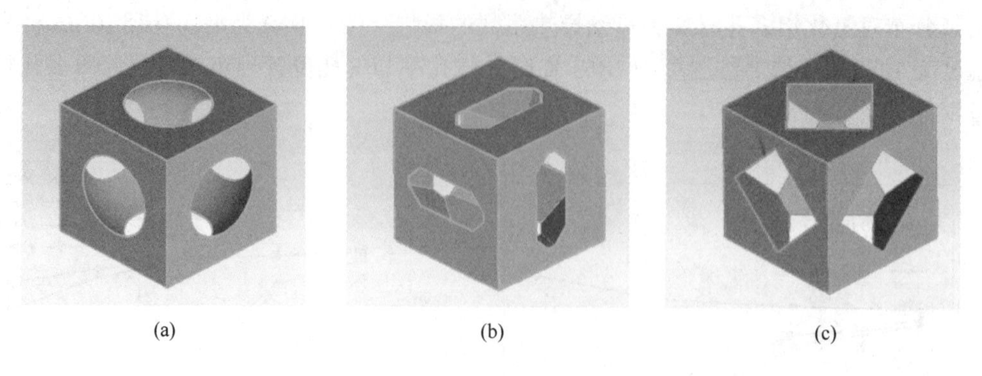

图 6-4-11　不同气孔形貌几何模型

（a）球形孔；（b）正二十面体孔；（c）正八面体孔

表 6-4-3　高温端 1873 K、低温端 1863 K 时，不同孔形貌 3D 模型的有效导热系数与热流量

气孔形状	综合热流量 Q/W	导热热流量 Q_c/W	辐射热流量 Q_r/W	辐射比重 F/%	有效导热系数 λ/W·(m·K)$^{-1}$
球	185.20×10^{-6}	177.26×10^{-6}	7.94×10^{-6}	4.3	0.823
正二十面体	167.70×10^{-6}	158.68×10^{-6}	9.02×10^{-6}	5.4	0.745
正八面体	131.98×10^{-6}	120.60×10^{-6}	11.37×10^{-6}	8.6	0.587

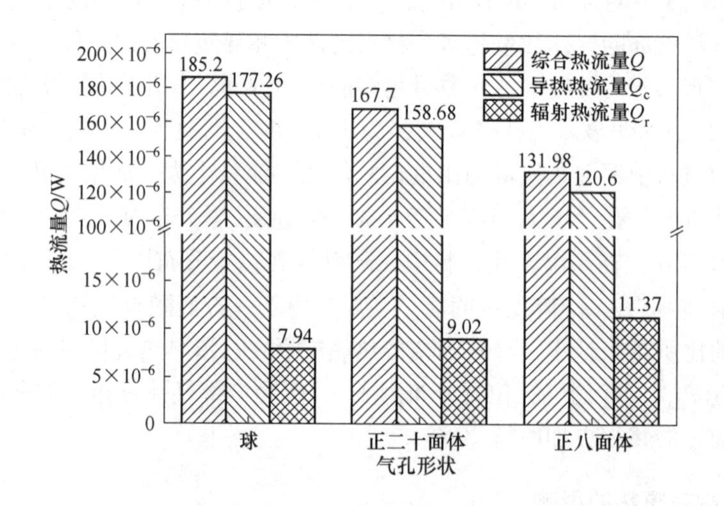

图 6-4-12　不同气孔形貌对热流量的影响

由图 6-4-12 可以看出当球被正二十面体和正八面体替换时，多孔材料总的热导率下降了，辐射量略有上升，主要是由于当气孔被替换时多面体的外接球大于原来的球体，因此造成了固体相在多孔材料中的分布相对不均匀，总体隔热性能提升；另外，相同体积的球和多面体中球的表面积最小，因此当球被多面体代替时多孔材料内部的表面积增加，因而辐射量增加，辐射比重增加。

总之，微米孔和毫米孔对多孔隔热耐火材料的影响不同，微米孔越小，有效导热系数越低；毫米孔增大，有效导热系数增加，毫米孔的隔热效果比微米孔差；孔隙率越大，空气占比增加，有效导热系数越低；孔的分布越散乱，传热路径变大，导热系数降低；方形孔的棱角使传热路径增大，其隔热效果比圆形孔好；温度越高，热辐射越大，轻质材料的隔热效果越不明显。

6.5 孔结构对多孔隔热耐火材料常温力学性能的影响

运用商业软件对多孔材料进行结构分析，对模型施加线性单调载荷的作用，模拟其在耐压和三点弯曲的受力破坏过程，利用生死单元法（birth and death element）描述裂纹的产生和贯穿。

依据耐压测试试验的受力情形，建立了材料耐压测试的物理模型，并对模型底部节点施加固定约束，对模型的顶部施加位移载荷，两侧设定为自由边界，无约束作用。三点弯曲测试，依据实验的受力情形，对模型底部支撑处节点施加支撑约束，对模型的顶部受压处节点施加力载荷，其边界条件如图 6-5-1 所示。

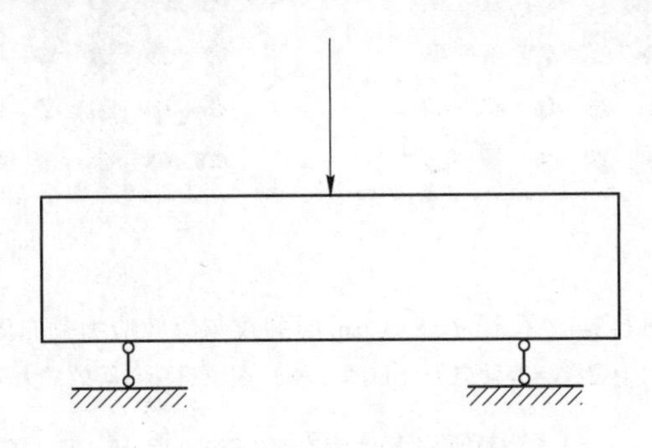

图 6-5-1 三点弯曲的边界条件

6.5.1 孔径大小对强度的影响

图 6-5-2~图 6-5-4 是气孔率为 20%时，在单调载荷下，不同孔径的耐压的初始裂纹和贯穿裂纹的示意图。由这些图可知，裂纹在孔的边缘开始产生，由此向周围孔扩展，直至竖直方向的裂纹相互连接，此时裂纹贯穿。随孔径的减小，孔的数量增多，贯穿扩展的途径变短，贯穿裂纹尺寸变小。

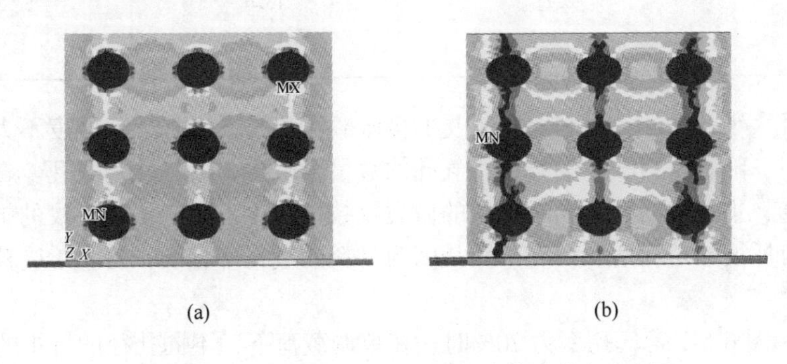

图 6-5-2 孔径 $d=16.5$ μm 时裂纹与等效应力分布图

（a）初始裂纹与等效应力分布图；（b）裂纹贯穿与等效应力分布图

图 6-5-2 彩图

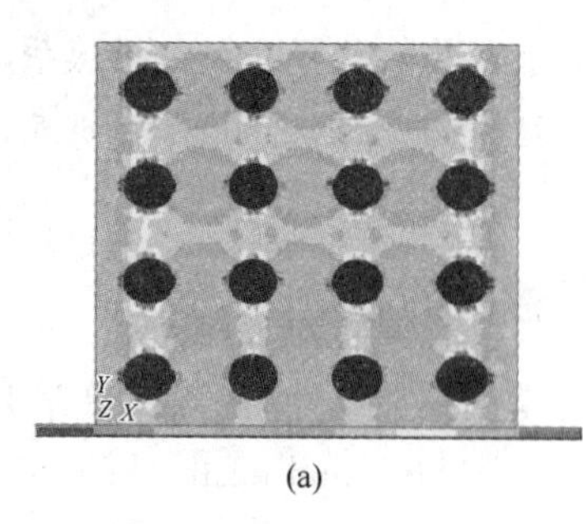

(a)

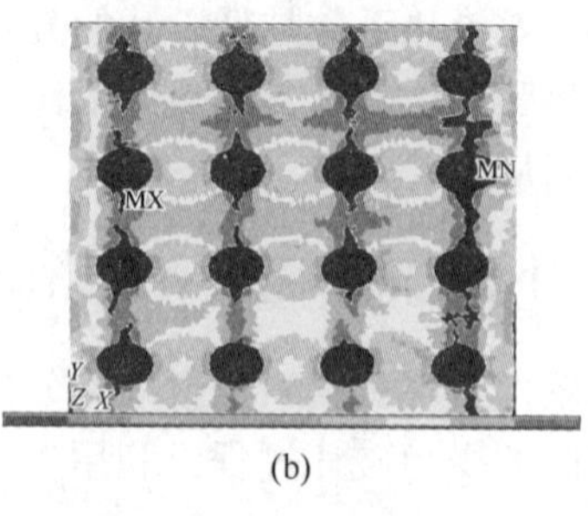

(b)

图 6-5-3 彩图

图 6-5-3 孔径 $d=12.5\ \mu m$ 时裂纹与等效应力分布图

（a）初始裂纹与等效应力分布图；（b）裂纹贯穿与等效应力分布图

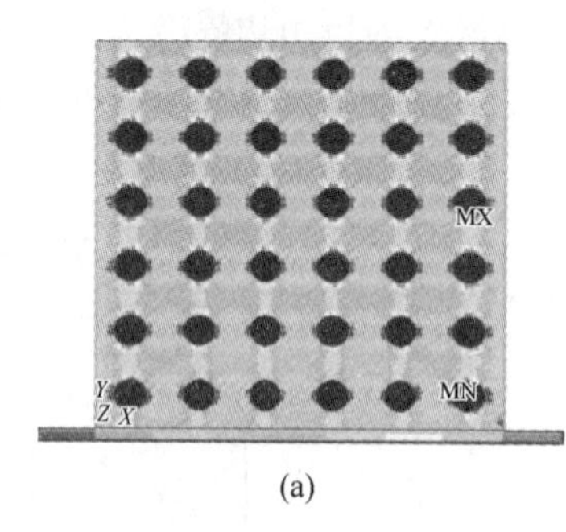

(a)

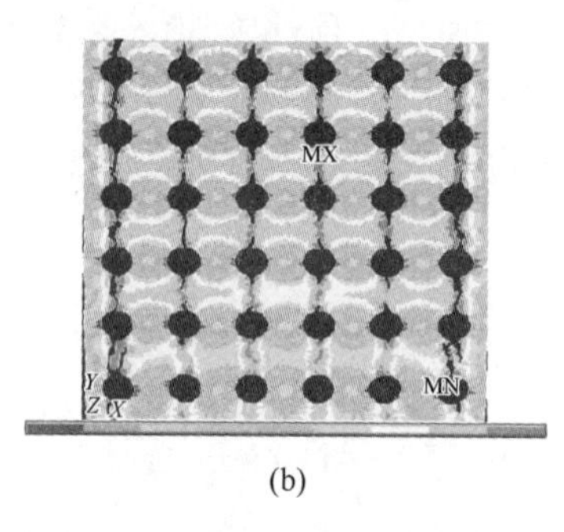

(b)

图 6-5-4 彩图

图 6-5-4 孔径 $d=8.3\ \mu m$ 时裂纹与等效应力分布图

（a）初始裂纹与等效应力分布图；（b）裂纹贯穿与等效应力分布图

表 6-5-1 表示不同孔径对应的初始裂纹载荷和耐压强度，随着孔径大小的增加，材料产生初始裂纹的载荷逐渐降低，结合格里菲斯微裂纹理论进行分析，认为是气孔长度对端部的应力分布影响大于端部曲率半径对应力分布的影响，使大孔更易产生微裂纹。

表 6-5-1 不同孔径对应的初始裂纹载荷和耐压强度

孔径 d /μm	初始裂纹载荷 D/μm	极限载荷 D/μm	耐压强度 σ/MPa
8.3	2.8	13.2	330
10	2.6	13.5	336
12.5	2.2	13.6	338
16.5	2.15	13.8	345

随着孔径大小的增加，材料所能承受的极限载荷也缓慢增加，但幅度不大。在气孔率相同的条件下，随着材料孔径的增加，气孔的数量会减少，使气孔与气孔、气孔与边界之间的距离增加，主裂纹路径上同时扩展的微裂纹数量减少，减缓了主裂纹的扩展速率，导致材料强度有所增加。而增加幅度不大是因为材料的气孔率相同，材料承受载荷的横截面积相同。

图 6-5-5～图 6-5-7 是气孔率为 20%时，在单调载荷下，不同孔径的抗折的初始裂纹和贯穿裂纹的示意图。由这些图可知，裂纹从模型中间底部的孔边缘开始产生，并且沿着孔向上扩展，在材料的中间形成一条贯穿的裂纹。随孔径的增大，孔的数量减少，贯穿扩展的途径变长，贯穿裂纹尺寸变大。

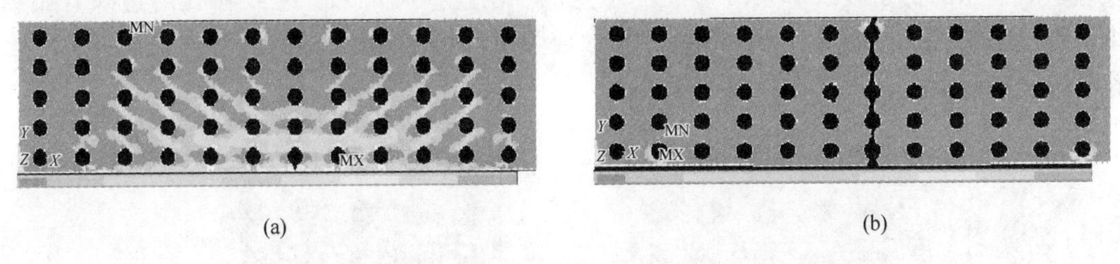

图 6-5-5 孔径 $d=12.5$ μm 时裂纹与最大主应力分布图

（a）裂纹产生与最大主应力分布图；（b）裂纹贯穿与最大主应力分布图

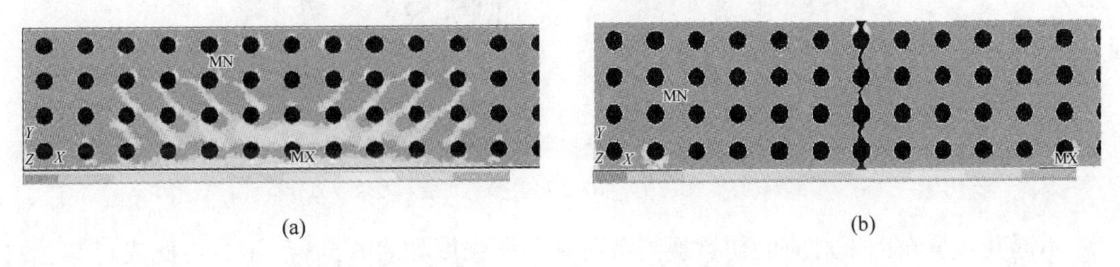

图 6-5-6 孔径 $d=14$ μm 时裂纹与最大主应力分布图

（a）裂纹产生与最大主应力分布图；（b）裂纹贯穿与最大主应力分布图

表 6-5-2 表示不同孔径对应的极限载荷和抗折强度。由表 6-5-2 易得知，随着气孔孔径的增加，材料的抗折强度有所增加，但是增加幅度也不大。在抗折模拟实验中，在模型的底部中央区域，所产生的拉应力最大，而随着孔径的增大，气孔数量将减少，气孔与底部边界的距离有所增加，使其承受最大拉应力的固相区域厚度增加，即增大了微裂纹产生所需的载荷，使抗折强度有所提升。

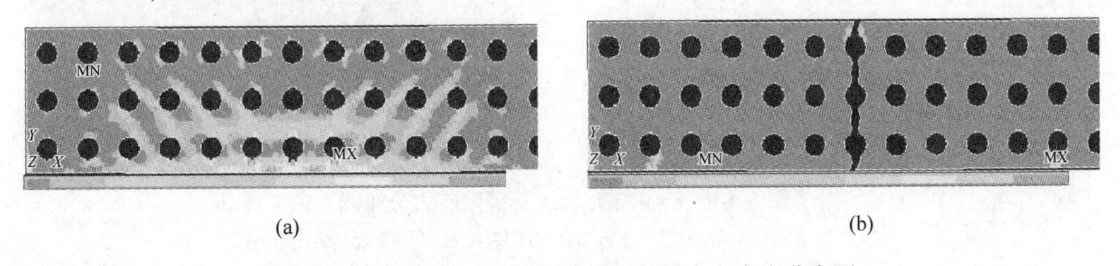

图 6-5-7 孔径 $d=16.5$ μm 时裂纹与最大主应力分布图

（a）裂纹产生与最大主应力分布图；（b）裂纹贯穿与最大主应力分布图

表 6-5-2 不同孔径对应的极限载荷和抗折强度

孔径 d/μm	极限载荷 F/N	抗折强度 σ/MPa
10	1750	39.4
12.5	1760	39.6
14	1780	40.1
16	1800	40.5

6.5.2 孔径分布因子对强度的影响

图 6-5-8~图 6-5-11 是气孔率为 20%、孔径为 10 μm 时，在单调载荷下，不同孔径分

布因子的耐压的初始裂纹和贯穿裂纹的示意图。由这些图可知，裂纹在孔的边缘开始产生，由此向周围孔扩展，直至边缘处的孔形成竖直的贯穿裂纹。随孔径分布因子的增大，孔径的分布越混乱，贯穿裂纹越不规则。

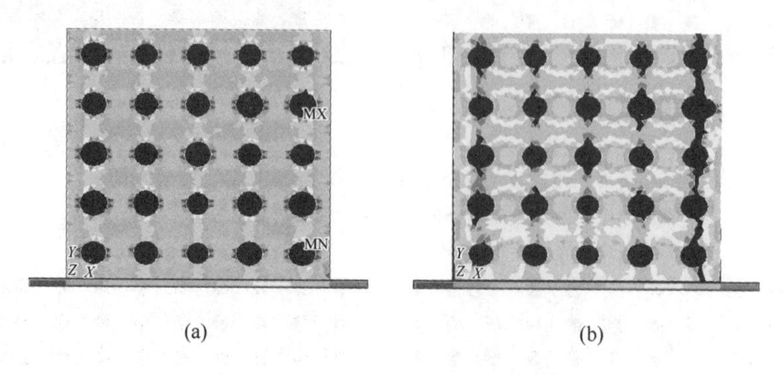

图 6-5-8 $b=0.1$ 时裂纹与等效应力分布图

（a）初始裂纹与等效应力分布图；（b）裂纹贯穿与等效应力分布图

不同孔径分布因子对应的初始裂纹载荷和耐压强度如表 6-5-3 所示。由此表可知，初始裂纹载荷和耐压强度随着孔径分布因子增大而降低，降低幅度较大。初始裂纹产生于大孔端部，因为大孔比小孔更易产生微裂纹；对比其的裂纹贯穿与等效应力分布图，发现随着孔径非均匀分布程度的增加，产生的次要裂纹越来越少，使耐压强度降低。

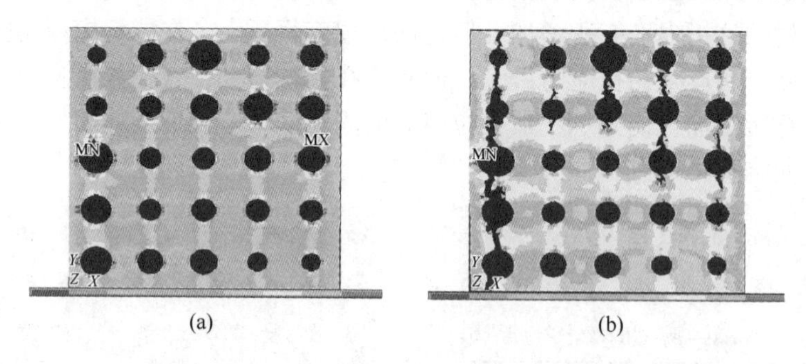

图 6-5-9 $b=0.2$ 时裂纹与等效应力分布图

（a）初始裂纹与等效应力分布图；（b）裂纹贯穿与等效应力分布图

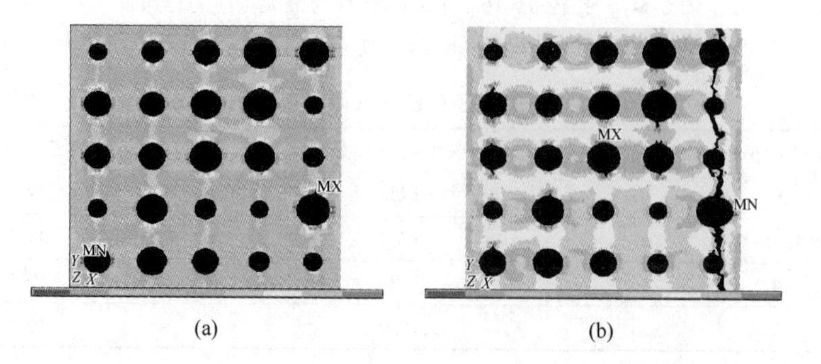

图 6-5-10 $b=0.3$ 时裂纹与等效应力分布图

（a）初始裂纹与等效应力分布图；（b）裂纹贯穿与等效应力分布图

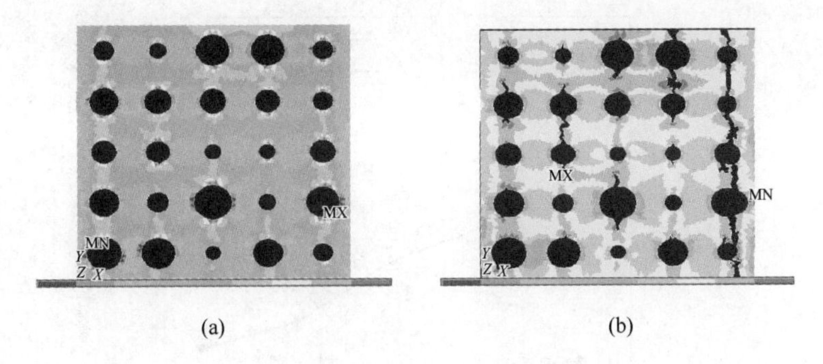

(a) (b)

图 6-5-11 $b=0.4$ 时裂纹与等效应力分布图

(a) 初始裂纹与等效应力分布图；(b) 裂纹贯穿与等效应力分布图

表 6-5-3 不同孔径分布因子对应的初始裂纹载荷和耐压强度

b 值	初始裂纹载荷 D_0/μm	极限载荷 D/μm	耐压强度 σ/MPa
0	2.6	13.5	336
0.1	2.2	7.5	187
0.2	1.9	6.2	155
0.3	1.8	4.0	99
0.4	1.3	3.1	76

随着孔径偏心因子 b 值的增加，材料的初始裂纹载荷与耐压强度均会显著降低，当孔径偏心因子 b 增加至 0.4 时，耐压强度降低了 70%。因为随着 b 值的增加，孔径的分布范围越来越大，导致材料内最大孔径增加，从而使产生初始裂纹的载荷降低，进而导致材料耐压强度的降低。

图 6-5-12 表示不同 b 值下的初始裂纹载荷与极限载荷，随着 b 值的增加，极限载荷趋近于初始载荷，即在产生初始裂纹后，材料破坏速度越来越快，认为其也是由微裂纹数量减少造成的。

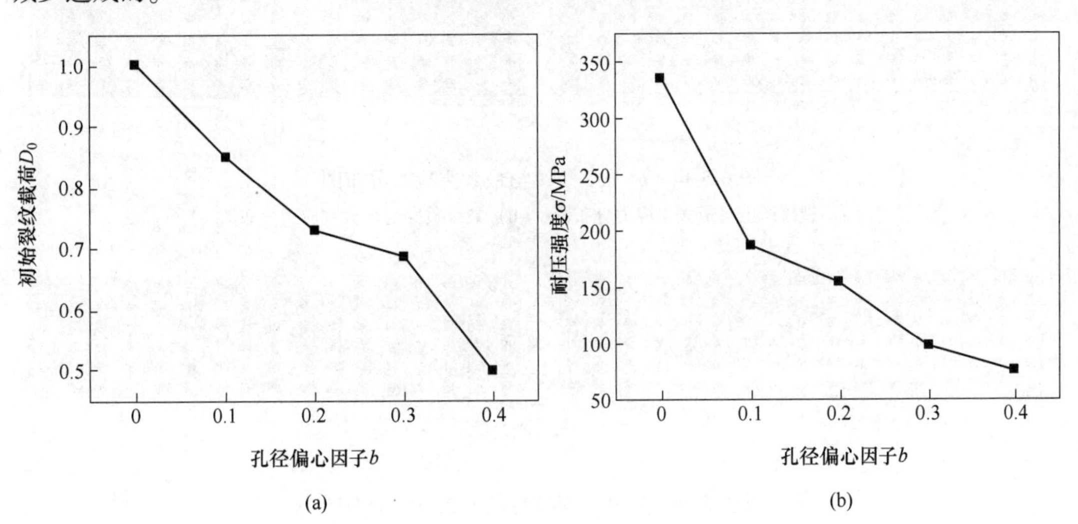

(a) (b)

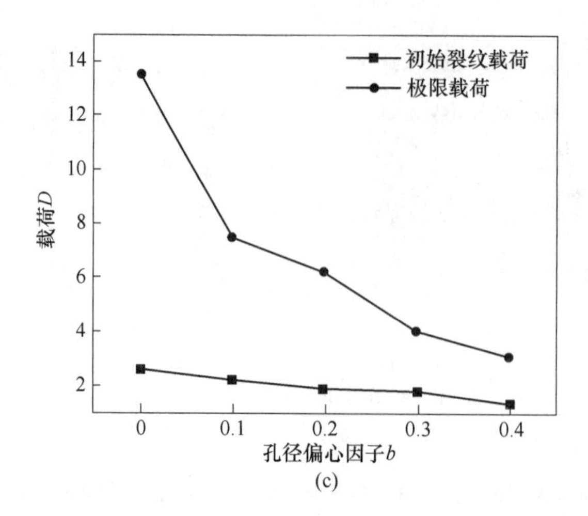

(c)

图 6-5-12　孔径偏心因子对初始裂纹载荷和耐压强度的影响

(a) 初始裂纹载荷；(b) 耐压强度；(c) 初始与极限载荷对比

图 6-5-13～图 6-5-16 是气孔率为 20%、孔径为 10 μm 时，在单调载荷下，不同孔径的抗折的初始裂纹和贯穿裂纹的示意图。由这些图可知，裂纹从模型中间底部的孔边缘开始产生，并且沿着孔向上扩展，在材料的中间形成一条贯穿的裂纹。随孔径分布因子的增大，孔径的分布越混乱，贯穿裂纹的宽度自下而上逐渐变小。

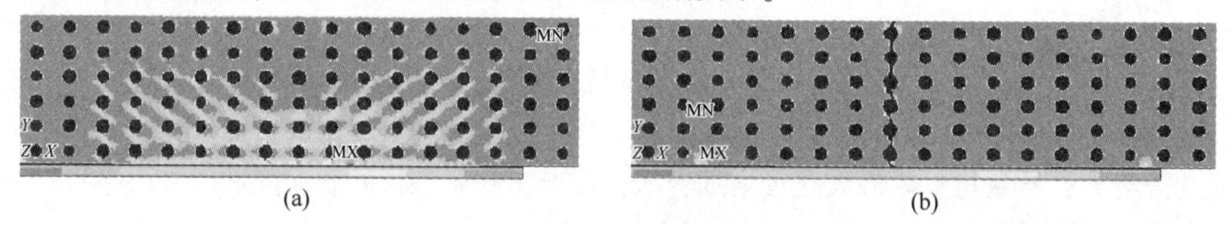

(a)　(b)

图 6-5-13　$b=0.1$ 裂纹与最大主应力分布图

(a) 裂纹产生与最大主应力分布图；(b) 裂纹贯穿与最大主应力分布图

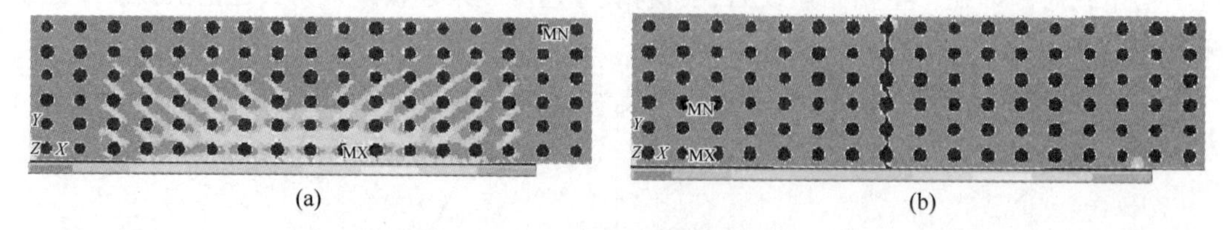

(a)　(b)

图 6-5-14　$b=0.2$ 裂纹与最大主应力分布图

(a) 裂纹产生与最大主应力分布图；(b) 裂纹贯穿与最大主应力分布图

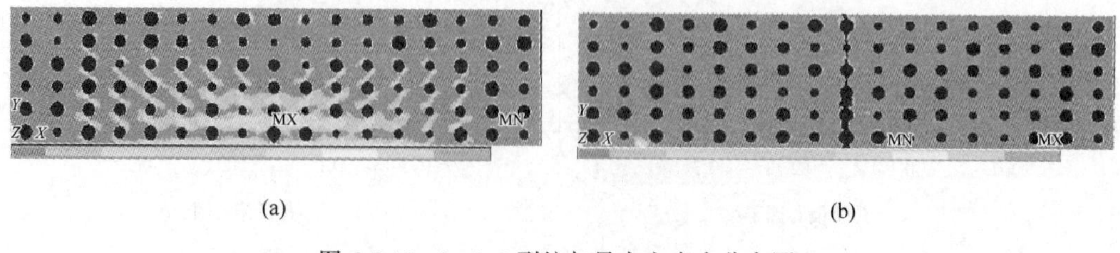

(a)　(b)

图 6-5-15　$b=0.3$ 裂纹与最大主应力分布图

(a) 裂纹产生与最大主应力分布图；(b) 裂纹贯穿与最大主应力分布图

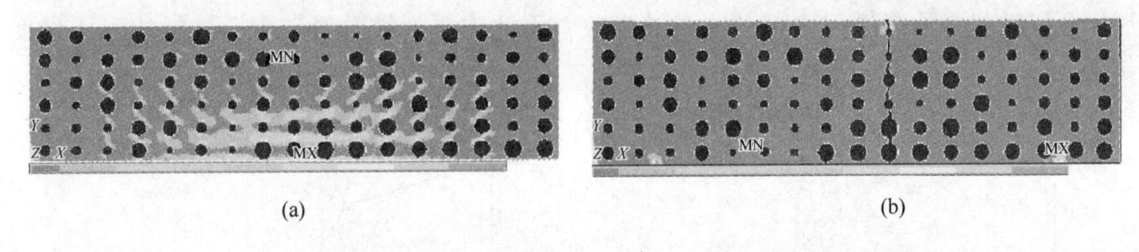

图 6-5-16　$b=0.4$ 裂纹与最大主应力分布图

(a) 裂纹产生与最大主应力分布图；(b) 裂纹贯穿与最大主应力分布图

孔径的非均匀分布使材料内部产生应力集中，分析认为其产生应力集中的方式有两种：一种是通过减少孔与孔之间固相区域的厚度，导致应力集中；另一种是通过增加气孔的长度，导致其端部区域的应力集中。当应力集中后，若达到了材料所能承受的极限，则会在该点发生破坏，产生微裂纹，当微裂纹产生后便会迅速扩展，使材料破坏。

初始裂纹载荷和抗折强度随不同孔径分布因子的变化见表 6-5-4，由此表可知，随着孔径分布因子 b 值的增大，材料的初始裂纹载荷与抗折强度降低，当孔径偏心因子增加至 0.4 时，抗折强度降低了 29%。分析认为孔径的非均匀分布导致孔与边界的距离减少，其承受最大主应力的固相区厚度减少，导致产生裂纹的初始载荷降低，从而使抗折强度降低。

表 6-5-4　不同孔径分布因子对应的初始裂纹载荷和抗折强度

b 值	初始裂纹载荷 F_0/N	极限载荷 F/N	抗折强度 σ/MPa
0	1750	1750	39.4
0.1	1700	1700	38.3
0.2	1450	1450	32.6
0.3	1370	1410	31.7
0.4	1200	1250	28.1

图 6-5-17 表示孔径分布因子对初始裂纹载荷和抗折强度的影响。从图 6-5-17 中可知，在不同的 b 值下，材料的初始裂纹载荷均与极限载荷都比较接近，分析认为恰恰是由应力集中导致的。由前面分析可知，在裂纹的贯穿路径上会产生更多的产生应力集中区域，使裂纹扩展变得容易，因此其初始裂纹载荷与极限载荷较为接近。

6.5.3　孔位置分布因子对强度的影响

图 6-5-18～图 6-5-21 是气孔率为 20%、孔径为 10 μm 时，在单调载荷下，不同孔径分布因子的耐压的初始裂纹和贯穿裂纹的示意图。由这些图可知，裂纹在孔的边缘开始产生，由此向周围孔扩展，直至边缘处的孔形成竖直的贯穿裂纹。随孔位置分布因子的增大，孔位置的分布越混乱，贯穿裂纹越不规则，裂纹数越少。

由图 6-5-18～图 6-5-21 可知，模型的应力场较为均匀，而非均匀分布模型的应力场则出现应力集中，且在应力集中的极大值处产生初始裂纹；对比其裂纹的贯穿图，不难发现随着孔位置非均匀程度增加，次要裂纹数量减少。随着主裂纹的扩展，次要裂纹也会扩展，会导致材料加载过程中部分能量被吸收，因此次要裂纹数量越少，材料的耐压强度越低。

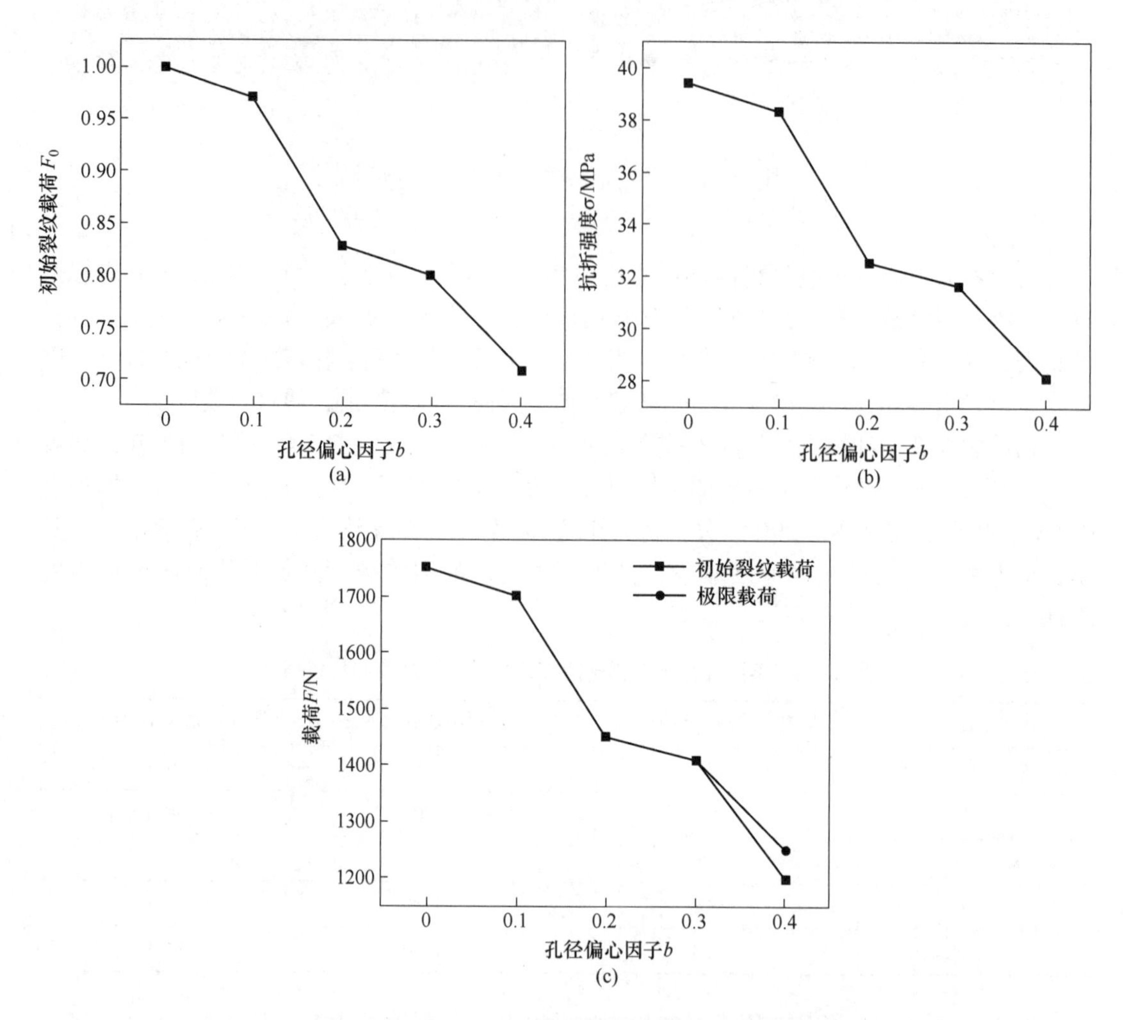

图 6-5-17　孔径偏心因子对初始裂纹载荷和抗折强度的影响

(a) 初始裂纹载荷；(b) 抗折强度；(c) 初始与极限载荷对比

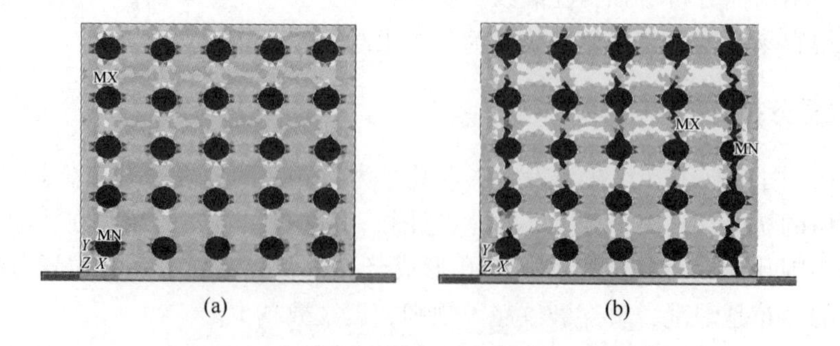

图 6-5-18　$c=0.1$ 时裂纹与等效应力分布图

(a) 初始裂纹与等效应力分布图；(b) 裂纹贯穿与等效应力分布图

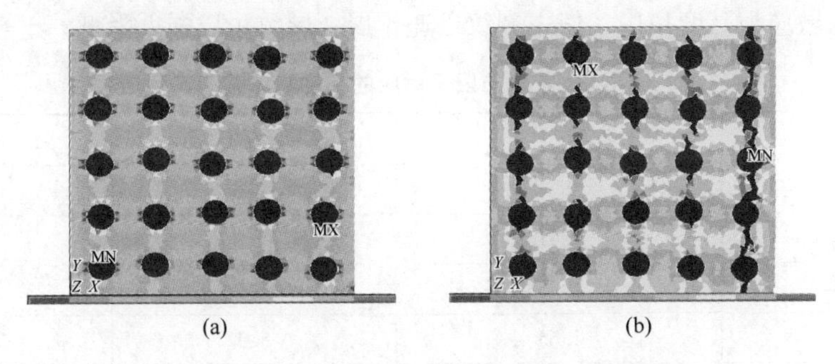

图 6-5-19 $c=0.2$ 时裂纹与等效应力分布图

（a）初始裂纹与等效应力分布图；（b）裂纹贯穿与等效应力分布图

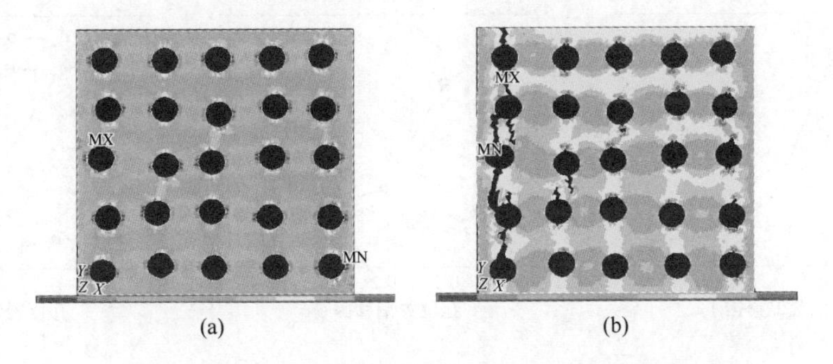

图 6-5-20 $c=0.3$ 时裂纹与等效应力分布图

（a）初始裂纹与等效应力分布图；（b）裂纹贯穿与等效应力分布图

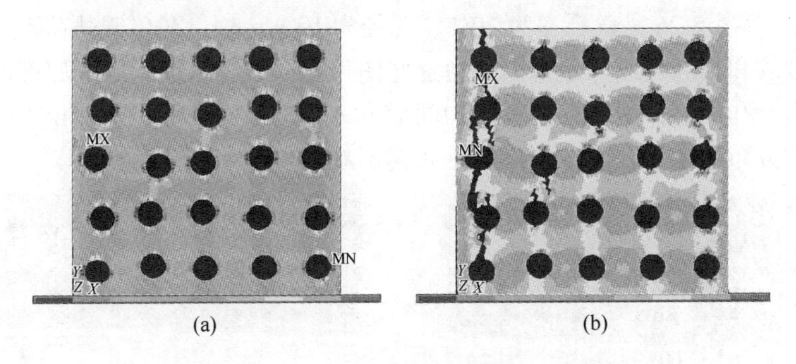

图 6-5-21 $c=0.4$ 时裂纹与等效应力分布图

（a）初始裂纹与等效应力分布图；（b）裂纹贯穿与等效应力分布图

初始裂纹载荷与耐压强度随不同孔位置分布因子变化如表 6-5-5 所示。从表 6-5-5 可知，随着孔位置偏移因子 c 值的增加，材料的初始裂纹载荷与耐压强度均会显著降低。当孔位置偏离因子 c 增加至 0.4 时，耐压强度降低了 63%。随着 c 值的增加，孔排列的有序性逐渐降低，导致材料内更易产生应力集中，更易产生微裂纹，从而使材料的初始裂纹载荷降低，也会导致材料耐压强度的降低。

图 6-5-22 表示不同 c 值下的初始裂纹载荷与极限载荷。由图可知，随着 c 值的增加，极限载荷越来越接近于初始载荷，即在产生初始裂纹后，材料破坏速度越来越快。结合前文分析，认为是由于随着 c 值的增加，材料在破坏过程中产生的次要裂纹越来越少，使材

料在主裂纹区域应力高度集中，使主裂纹迅速扩展，导致耐压强度降低。

表 6-5-5　不同孔位置分布因子对应的初始裂纹载荷与耐压强度

c 值	初始裂纹载荷 D_0/μm	极限载荷 D/μm	耐压强度 σ/MPa
0	2.6	13.5	336
0.1	2.51	11.5	286
0.2	1.83	6.1	149
0.3	1.65	5.0	124
0.4	1.62	3.2	75

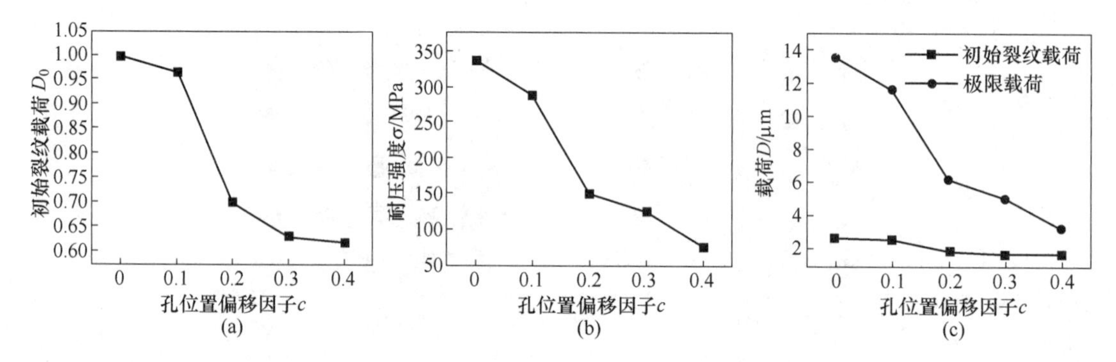

图 6-5-22　孔位置偏移因子对初始裂纹载荷与耐压强度的影响

（a）初始裂纹载荷；（b）耐压强度；（c）初始与极限载荷对比

图 6-5-23～图 6-5-26 是气孔率为 20%、孔径为 10 μm 时，在单调载荷下，不同孔径的抗折的初始裂纹和贯穿裂纹的示意图。由这些图可知，裂纹从模型中间底部的孔边缘开始产生，并且沿着孔向上扩展，在材料的中间形成一条贯穿的裂纹。随孔位置分布因子的增大，孔位置的分布越混乱，贯穿裂纹的分布越不规则。

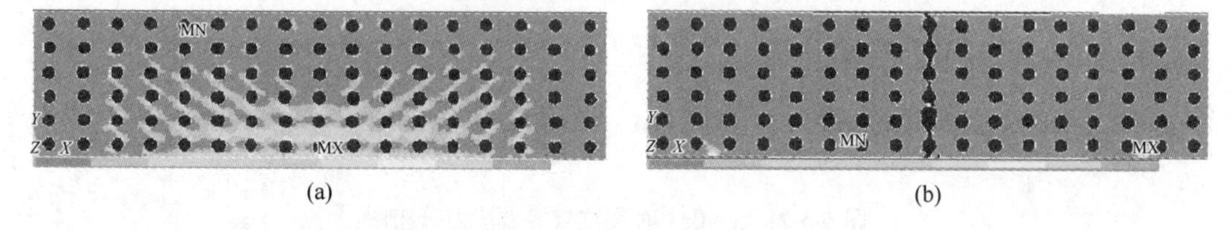

图 6-5-23　c = 0.1 裂纹与最大主应力分布图

（a）裂纹产生与最大主应力分布图；（b）裂纹贯穿与最大主应力分布图

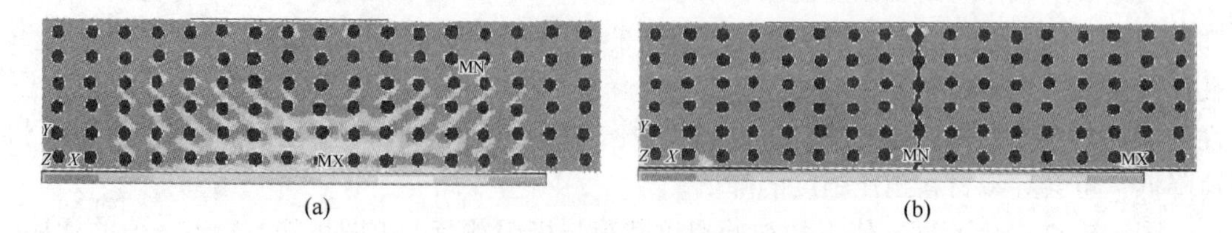

图 6-5-24　c = 0.2 裂纹与最大主应力分布图

（a）裂纹产生与最大主应力分布图；（b）裂纹贯穿与最大主应力分布图

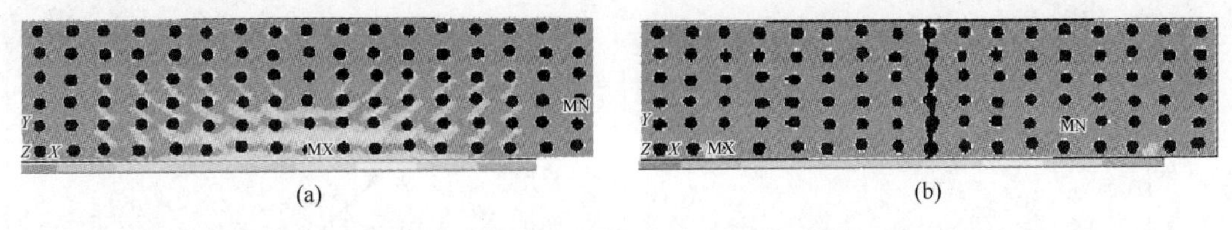

图 6-5-25 $c=0.3$ 裂纹与最大主应力分布图
(a) 裂纹产生与最大主应力分布图；(b) 裂纹贯穿与最大主应力分布图

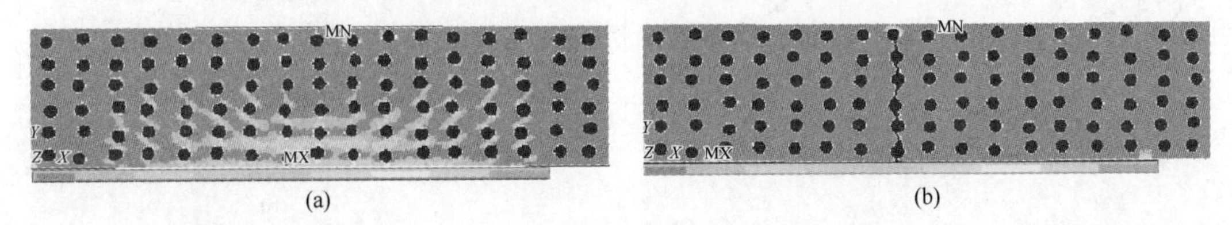

图 6-5-26 $c=0.4$ 裂纹与最大主应力分布图
(a) 裂纹产生与最大主应力分布图；(b) 裂纹贯穿与最大主应力分布图

由这些图可知，孔位置的非均匀分布分析认为其产生应力集中的方式是，通过缩小孔与孔之间或孔与边界之间固相区域的厚度，来达到应力集中的效果，应力集中区域易成为初始裂纹的发源地，当微裂纹产生后，在微裂纹的顶端会再次产生应力集中，使微裂再次扩展，在这样的循环条件下，裂纹迅速贯穿整个材料，使其破坏。

表 6-5-6 是孔位置偏移因子对初始裂纹载荷及抗折强度的影响。从表 6-5-6 可知，随着孔位置偏移因子 c 的增加，材料的抗折强度发生显著降低，当孔位置偏离因子 c 增加至 0.4 时，抗折强度降低了 19%。因为 c 值的增加，会使材料内气孔的分布更加地无序，有利于应力集中，从而更易产生微裂纹，结合前面的分析可知，微裂纹产生后，便会迅速扩展，使材料破坏。

表 6-5-6 孔位置偏移因子对初始裂纹载荷及抗折强度的影响

c 值	初始裂纹载荷 F_0/N	极限载荷 F/N	抗折强度 σ/MPa
0	1750	1750	39.4
0.1	1640	1640	36.9
0.2	1480	1550	34.9
0.3	1320	1500	33.7
0.4	1220	1420	32

图 6-5-27 表示初始裂纹载荷及抗折强度随孔位置偏移因子的变化。从图 6-5-27 可知，随着 c 值的增加，材料的极限载荷与初始裂纹载荷相差越来越大，分析认为是由局部应力的高度集中导致的，即微裂纹产生时，此时的载荷并不能引起微裂纹的继续扩展，而载荷达到可以使裂纹扩展时，裂纹则会迅速扩展并导致材料破坏。

综上所述，低孔隙率下（30%以下），材料强度随微米孔孔径的增大而变大，$d=0.30$ mm时，材料强度达到最大，毫米孔使强度降低；孔隙率越大，固相占比减少，抵抗外载荷作用降低，材料强度越低；方形孔的棱角处容易产生应力集中，其强度比圆形孔低；孔的分布越散乱，孔相交处的应力越容易集中，材料的力学性能降低。

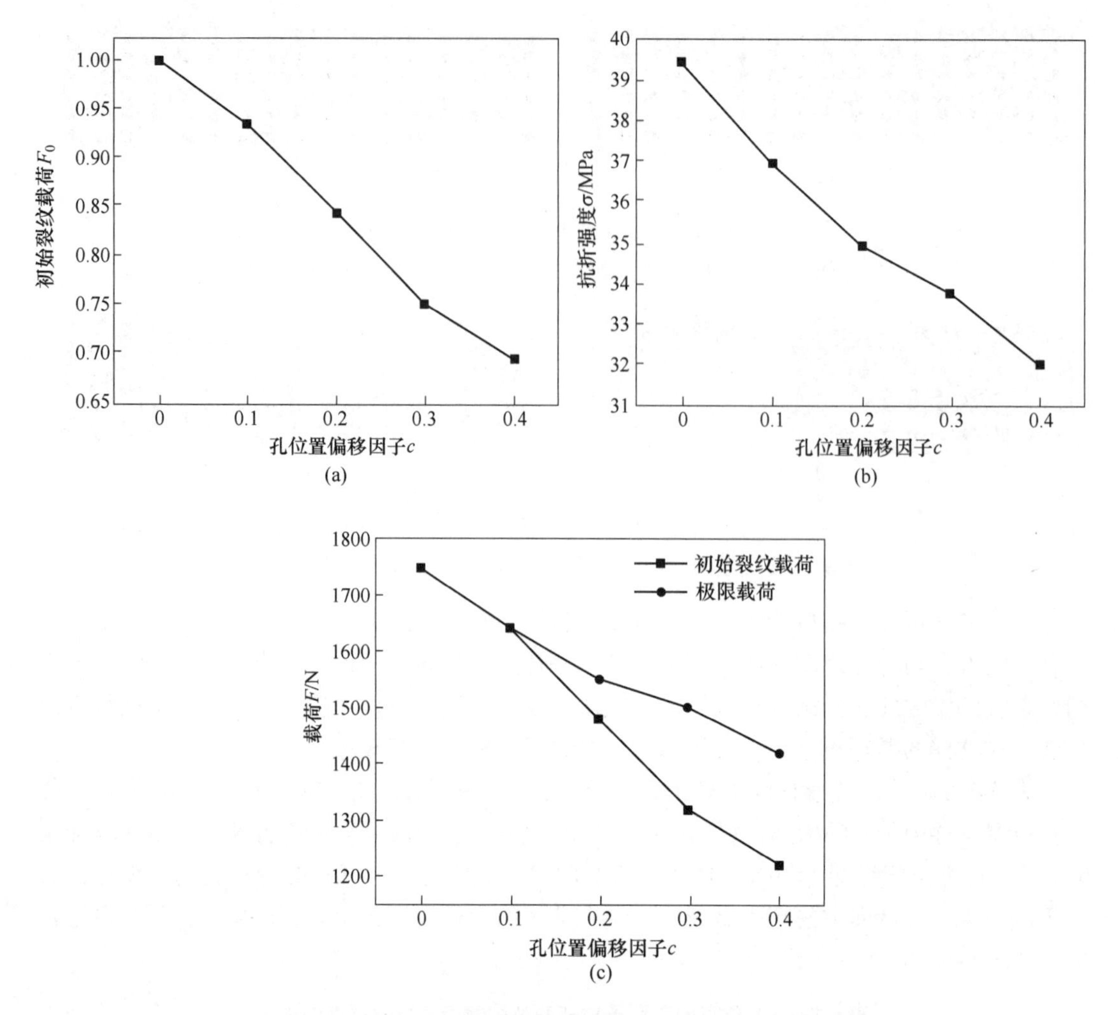

图 6-5-27 初始裂纹载荷及抗折强度随孔位置偏移因子的变化

(a) 初始裂纹载荷;(b) 抗折强度;(c) 初始与极限载荷对比

6.6 多孔材料孔结构对其抗热震性能的影响

采用直接热-结构耦合模拟和应变-寿命法研究多孔莫来石质耐火材料的抗热震性能。几何模型采用气-固相模型(见图 6-6-1),孔内填充空气,固体框架为莫来石。

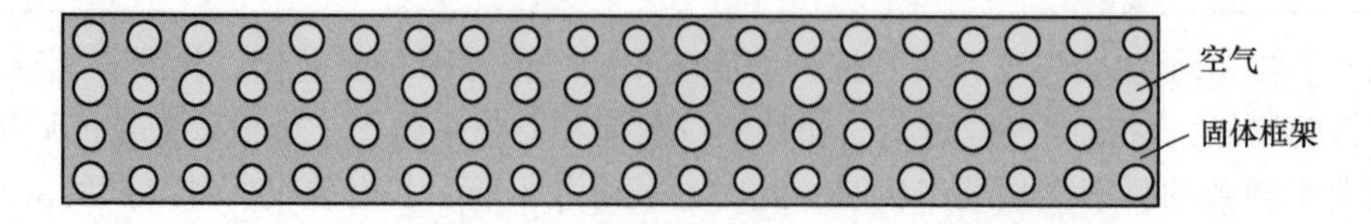

图 6-6-1 由固体框架和空气孔组成的气-固相模型

边界条件是水冷法进行热震的条件,首先对 12 mm×2. 5 mm 模型的四边进行对流传热和辐射传热加热,对流换热系数 h=200 W/(m^2·℃),发射率 ε = 0. 8,斯忒藩-玻耳兹曼常量 σ_0=5. 67×10^{-8} W/(m^2·K^4),环境温度为 1000 ℃;然后进行冷却,对流换热系数

$h = 1000\ W/(m^2 \cdot ℃)$，环境温度为 25 ℃。加热和冷却阶段对模型底部的垂直方向进行约束，其边界条件如图 6-6-2 所示。

整个计算过程分两步进行：第一步为加热阶段，分析时间设置为 20 s；第二步为冷却阶段，分析时间设置为 10 s。

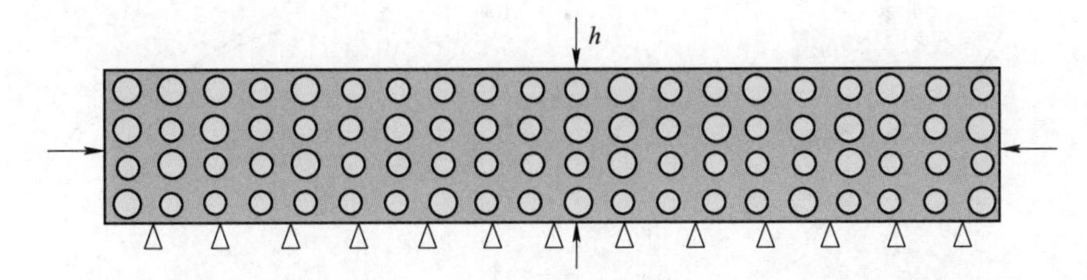

图 6-6-2 直接热-结构耦合模拟边界条件

6.6.1 热震损伤机理及验证

在模拟中研究四个孔结构参数（孔径大小 d、气孔率 P、孔径分布因子 b 和孔位置分布因子 c）对多孔材料抗热震性能的影响。采用水冷法进行热震实验，材料为两种 Al_2O_3-SiO_2 多孔隔热耐火砖，其化学组成和物理性质如表 6-6-1 所示。把两种材料切成 120 mm×25 mm×25 mm 长条状，将其放入 1000 ℃的热震稳定炉内保温 20 min 后放入水中进行水冷 3 min。水冷后放在空气中晾干，之后进行下一轮的热震，直到材料破裂。

表 6-6-1 两种 Al_2O_3-SiO_2 耐火砖的化学组成和物理性质

性能		材料	
		B1	B2
化学组成（质量分数）/%	Al_2O_3	45.0	55.0
	SiO_2	48.0	41.0
	Fe_2O_3	1.0	0.9
	TiO_2	0.8	0.5
	CaO	0.8	0.4
	MgO	0.5	0.2
	K_2O+Na_2O	1.2	0.9
孔结构参数	D_{50}/mm	0.30	0.20
	气孔率/%	68	52
体积密度/$g \cdot cm^{-3}$		0.50	0.80

图 6-6-3 是模拟和实验的热震次数的比较。由图 6-6-3 可知，在相同气孔率时，材料 B2 的实验抗热震次数小于模拟的热震结果，但是 B1 的实验结果与模拟结果相近（见图 6-6-3（a））。两种材料的实验抗热震次数与模拟中孔混乱分布时的结果相近（见图 6-6-3（b））。因此在模拟中，不仅要考虑气孔率对材料抗热震次数的影响，还要考虑孔分布对其的影响。

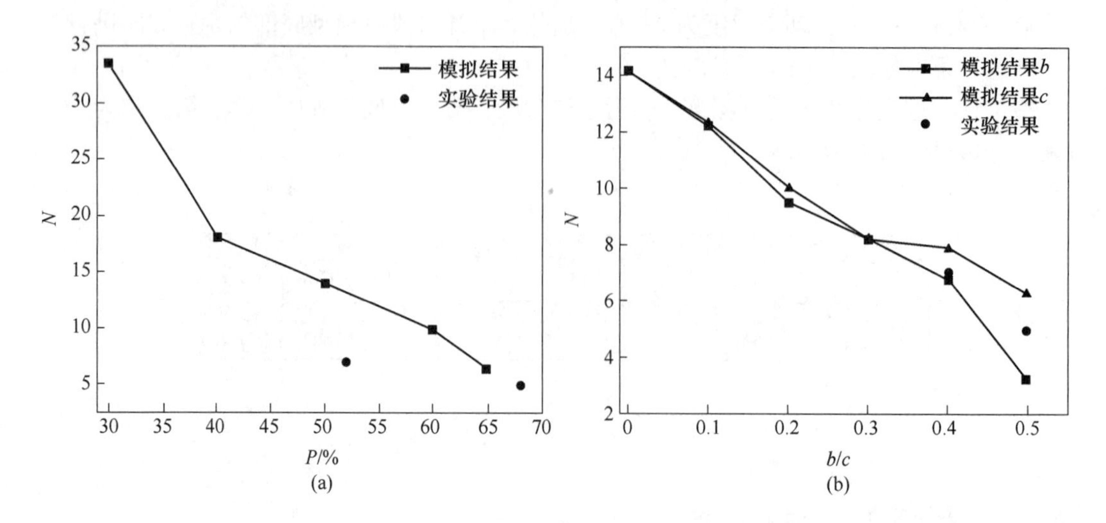

图 6-6-3 模拟和实验的热震次数的比较

（a）气孔率的影响；（b）孔分布的影响

在热震过程中，由温度变化引起的热应力是导致材料性能降低和损伤的一个重要因素。通过热应力分析，可以帮助我们研究热震损伤产生的机理。

模拟以加热—冷却作为一个循环载荷，图 6-6-4 是一个热循环载荷过程中温度和正应力的最大、最小值的变化。由图 6-6-4（a）可以看出，在加热阶段，材料内部的最小温度在 $t=10$ s 时达到 1000 ℃的环境温度；在冷却阶段，材料内部的最大温度在 $t=25$ s 时下降到 25 ℃的环境温度。

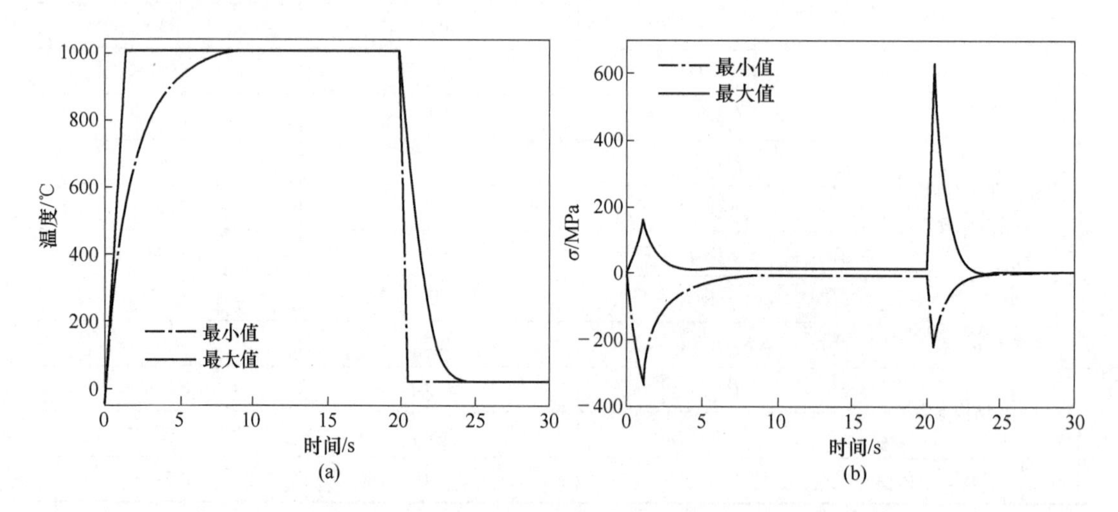

图 6-6-4 加热和冷却过程最大与最小值的变化

（a）温度；（b）正应力

图 6-6-4（b）是相应的应力变化，从中可以知道，在热震过程中，由于温度的突然变化引起的材料热应力的变化是剧烈的；两个阶段热应力变化的差别是两个阶段的对流换热系数的不一致造成的。在加热阶段，材料外部因为膨胀受到压应力作用，内部由于收缩受到张应力作用；材料外部温度变化比内部大，由此引起的热应力较大，这从热应力的计

算公式（5-3-1）可以解释，温差越大，引起的热应力越大。在冷却阶段，材料外部因为收缩受到张应力作用，内部由于膨胀受到压应力作用，此时张应力变化比压应力变化大。因此，无论是加热阶段还是冷却阶段，材料外部应力变化比内部大。与加热阶段相比，冷却阶段应力变化更加明显，由此可以看出：在热震条件下，材料外部比内部更容易损毁，冷却阶段对材料损伤更大。

图 6-6-5 是加热和冷却阶段的正应力分布图，从图中可以看出，加热和冷却阶段，材料内部和外部受到拉/压交变应力的作用；热应力分布在气-固的边界处，气相和固相膨胀系数的不一致导致材料热应力和损伤在边界集中和出现。因此，材料在循环“热”震和“冷”震下受到交变热应力的作用，引起损伤的出现。经历循环热震（热冲击）的材料受到拉/压交变应力的作用，引起材料的疲劳损伤。

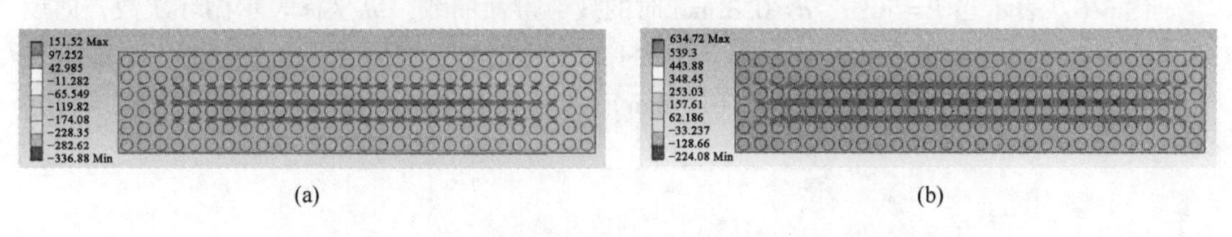

(a)　(b)

图 6-6-5　一个热循环的正应力分布图（单位：MPa）

（a）加热阶段；（b）冷却阶段

取模型中间的四个点 A、B、C、D（见图 6-6-6（a））进行应力分析，点 B、C、D 在孔的边缘处，其应力变化如图 6-6-6（b）所示。从图中也可以看出加热和冷却阶段，材料内部和外部受到拉/压交变应力的作用。在四个点的应力变化中，应力变化从大到小的点依次是点 B、D、C、A。点 B、C、D 的应力变化比点 A 的变化大，原因是气体和固体的热膨胀系数不一致及气体的热膨胀系数大；点 B 比点 D 的应力变化大，是由模型底部的垂直方向约束导致的，限制其热应力的变化。可以推测：模型中应力变化最大的应该是点 B，点 B 最容易受损，并且在冷却阶段受损更大。因此，热震损伤的机制是：材料在循环“热”震和“冷”震下受到拉/压交变应力的作用，引起损伤的出现。

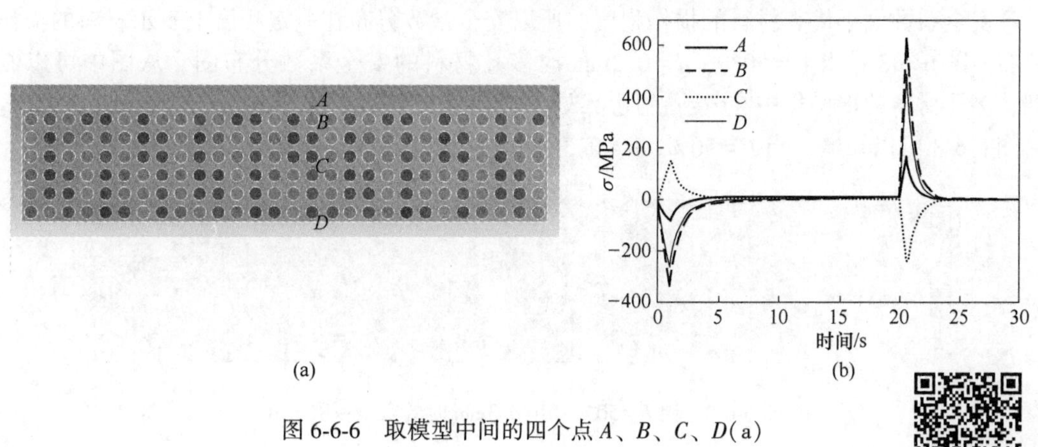

(a)　(b)

图 6-6-6　取模型中间的四个点 A、B、C、D(a)
及四个点随时间变化的应力(b)

图 6-6-6 彩图

我们研究四种孔结构参数（孔径大小 d、气孔率 P、孔径分布因子 b

和孔位置分布因子 c）对多孔材料抗热震性能的影响。采用直接热-结构耦合模拟和应变-寿命法预测多孔莫来石质耐火材料的抗热震次数和热震损伤。抗热震次数是指材料抵抗循环热冲击而不损坏的循环次数，在模拟中指的是疲劳寿命。热震损伤由安全系数，即材料极限应力与材料应力的比值表示（见式（6-6-1））；安全系数越低，材料损伤程度越大。最低安全系数由材料极限应力与材料最大应力的比值表示（见式（6-6-2）），表示材料最容易损毁的部位。

$$S = \sigma_u / \sigma \tag{6-6-1}$$

$$S_{min} = \sigma_u / \sigma_{max} \tag{6-6-2}$$

式中，S 和 S_{min} 分别为安全系数和最低安全系数；σ_u、σ、σ_{max} 分别为材料的极限应力、热应力和最大热应力，MPa。

图 6-6-7 表示当 $P=50\%$、$d=0.3$ mm 时的疲劳寿命曲线，纵坐标表示循环次数，即疲劳寿命；横坐标是加载变化幅，取横坐标“1.0”对应的纵坐标就是在外载荷下所能承受的最大疲劳寿命，则当 $P=50\%$、$d=0.3$ mm 时的疲劳寿命为 14.2，抗热震次数为 14.2。

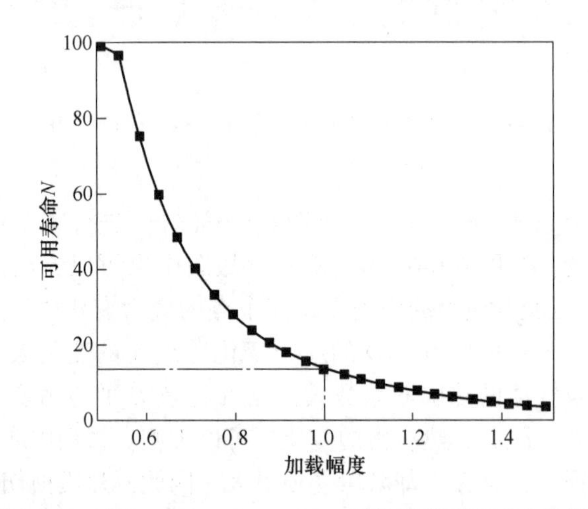

图 6-6-7 当 $P=50\%$、$d=0.3$mm 时的模拟疲劳寿命曲线

安全系数大小代表材料的损伤程度，所以安全系数分布在一定程度上表示材料的损伤分布。图 6-6-8 是当 $P=50\%$、$d=0.3$mm 时多孔材料的安全系数分布图。从图中可以看到，多孔材料的损伤集中在气-固的边界处，损伤分布与热应力分布（见图 6-6-5）相似。由图 6-6-8 可以知道，当 $P=50\%$、$d=0.3$mm 时材料的最低安全系数为 0.66。

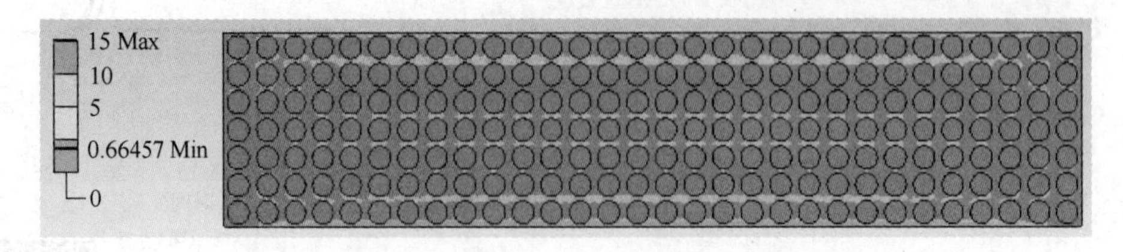

图 6-6-8 当 $P=50\%$、$d=0.3$mm 时的安全系数分布

6.6.2 孔径的影响

在低气孔率（低于 20%）下，微米孔的存在有利于材料力学性能的提高。图 6-6-9 表

示孔径对多孔材料抗热震性能的影响。由图可知，随孔径增大，抗热震次数与最小安全系数变化相同，先增高后降低，$d=0.3$ mm 时抗热震性能最佳，抗热震次数为 14。抗热震次数上升和降低的幅度大概为 50%。说明孔径在 0.18~0.42 mm 范围内，孔径对多孔材料的抗热震性能影响较大，孔径较小或较大都不利于抗热震性能的提高。

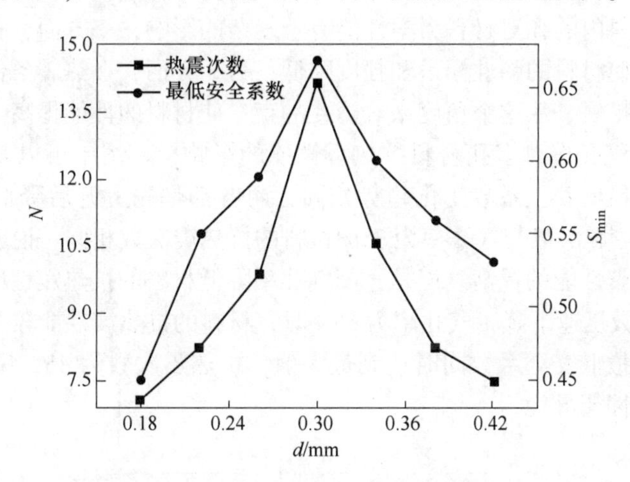

图 6-6-9　当 $P=50\%$时，抗热震次数与最低安全系数随孔径的变化
（N 为热震次数，S_{min} 为最低安全系数，见式（6-6-2））

此处用安全系数表征材料的损伤程度，安全系数的分布代表材料的损伤分布。图 6-6-10 是 $P=50\%$时，不同孔径下的安全系数分布图。从图中可以看出，孔径较小或较大时，损伤分布较为集中并且分布在气-固相的边界，损伤的集中分布使材料的抗热震性能下降。在相同气孔率下，小孔径的材料气孔数量多，孔间距减小，在气-固相边界分布的损伤越集中；大孔径的材料气孔数量少，多孔材料的内部损伤较为集中，而内部的损伤对材料抗

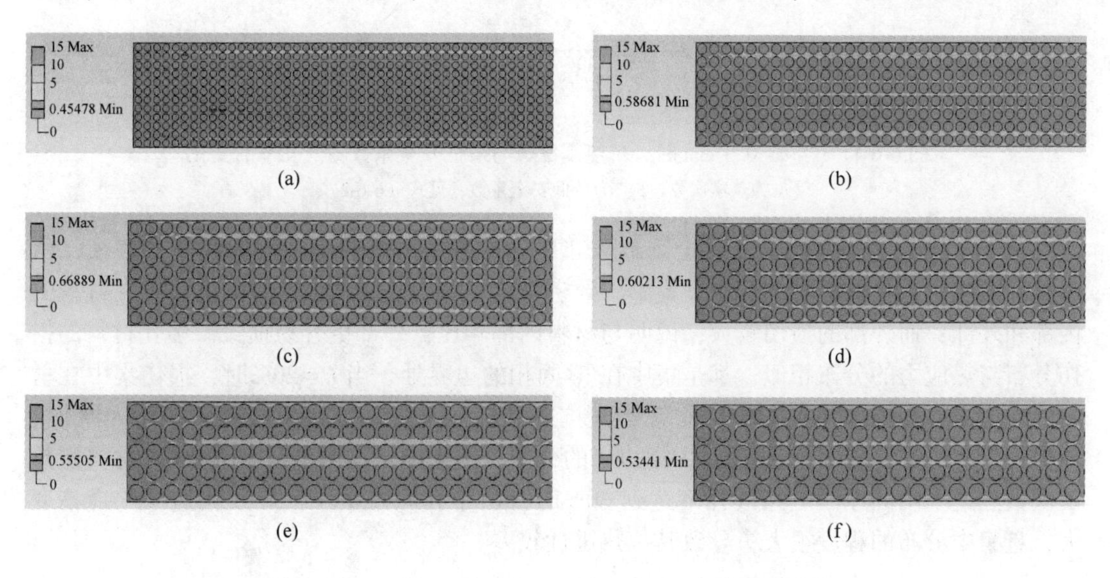

图 6-6-10　当 $P=50\%$时，不同孔径下的安全系数分布
（a）$d=0.18$ mm；（b）$d=0.26$ mm；（c）$d=0.30$ mm；
（d）$d=0.34$ mm；（e）$d=0.38$ mm；（f）$d=0.42$ mm

热震性能的影响更大。因此，孔径在 0.18~0.42 mm 范围内，孔径较小或较大时都对多孔材料的抗热震性能不利。

6.6.3　气孔率的影响

在高温下，材料内的孔对材料力学性能有着复杂的影响，一方面，孔的存在导致材料的承载面积减少，使材料的弹性模量和强度降低；另一方面，在热震条件下，孔可以容纳热应力和阻止裂纹扩展。从这个角度来看，孔的存在使材料的性能提高。

图 6-6-11 表示气孔率对多孔材料抗热震性能的影响。从图中可以知道，随气孔率增大，抗热震次数和最低安全系数变化趋势相同，两者都是先上升后降低。致密材料（即气孔率为 0）的抗热震次数与气孔率为 35%材料的抗热震次数相同，说明一定气孔率的存在有利于材料抗热震性能的提高。但是，高气孔率降低材料的抗热震性能。当气孔率大于 40%时，抗热震次数迅速下降，气孔率为 65%时，材料的抗热震性能较差。气孔率为 20%时，抗热震次数和最低安全系数同时达到最大值，抗热震次数为 45，说明气孔率为 20%多孔材料的抗热震性能最优。

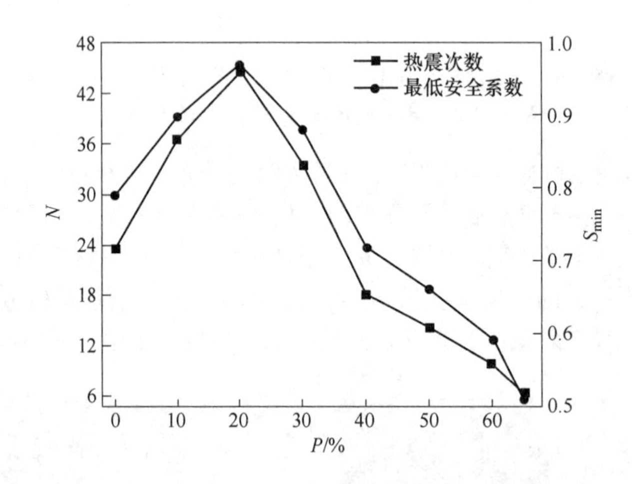

图 6-6-11　当 $d=0.3$ mm 时，抗热震次数与最低安全系数随气孔率的变化
（N 为热震次数，S_{min} 为最低安全系数，见式（6-6-2））

图 6-6-12 是不同气孔率下安全系数分布图。从图中可以看出，随气孔率的增大，由于孔间距变小，材料损伤的分布更集中。致密材料（即气孔率为 0）的损伤分布在材料的内部和外部，而外部的损伤较大，说明与材料内部相比，外部更容易损毁。多孔材料的损伤分布与热应力的分布相似，都是集中在气-固相的边界处。当 $P=20\%$ 时，损伤集中在材料的外边缘，而内部损伤较小，这就是其抗热震性能最优的原因。气孔率大于 40%时，热应力引起的损伤较大，其在气-固相边界的分布更加集中，这解释了 $P>40\%$ 时材料抗热震次数迅速下降的原因。当气孔率达到 60%时，由于孔间距很小，导致孔边缘的损伤变大，且集中分布的程度很大，导致其抗热震性较差。

6.6.4　孔径分布因子的影响

图 6-6-13 表示孔径分布因子对多孔材料抗热震性能的影响。从图中可知，抗热震次

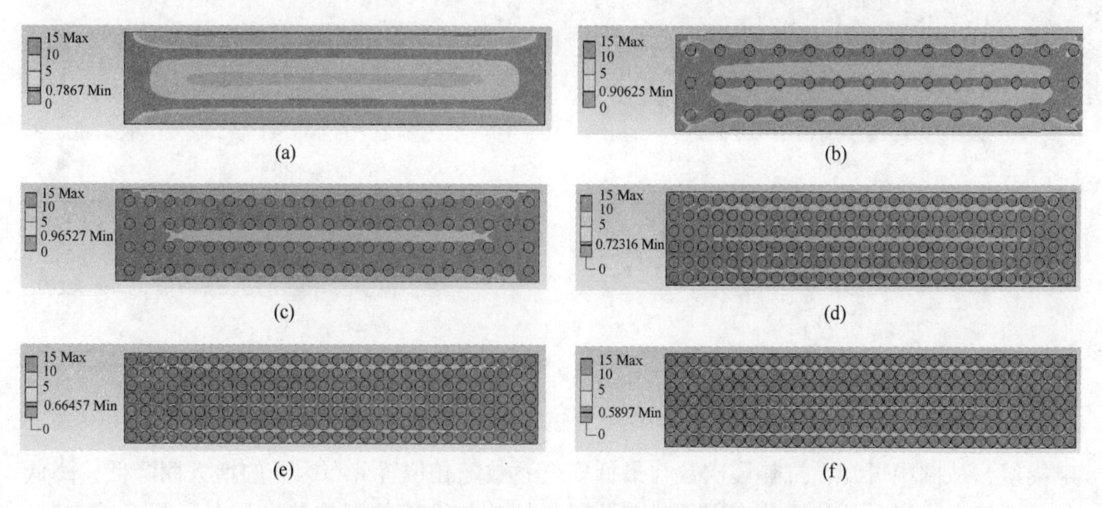

图 6-6-12　当 $d=0.3$ mm 时，不同气孔率下的安全系数分布

（a）$P=0$；（b）$P=10\%$；（c）$P=20\%$；（d）$P=40\%$；（e）$P=50\%$；（f）$P=60\%$

数与最低安全系数随孔径分布因子的增大而降低，降低的幅度较大，说明孔径分布因子对多孔材料抗热震性能的影响较大。在气孔率较大时，孔径大小的非均匀分布不利于材料的抗热震性，其分布越不均匀，其抗热震性能越低。

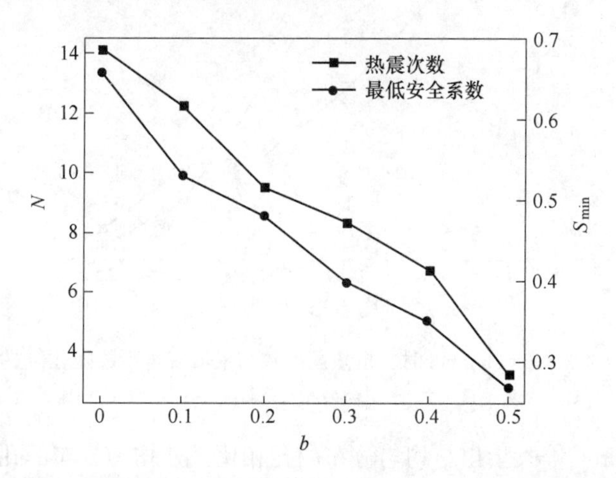

图 6-6-13　当 $P=50\%$、$d=0.3$ mm 时，抗热震次数与最低安全系数随孔径分布因子的变化

（N 为热震次数，S_{min} 为最低安全系数，见式（6-6-2））

图 6-6-14 是不同孔径分布因子下安全系数分布图。由图中可知，当因子 b 较小时，多孔材料的损伤在孔边缘散乱分布；在气孔率较大时，随因子 b 的增大，有些孔间距减少甚至孔互相连接在一起，损伤向着孔间距小的地方集中，导致材料的损伤集中分布的程度很大。损伤的集中对材料的抗热震性产生不利影响，这是因为在热震条件下，材料在热应力和损伤过于集中的地方突然断裂。因此高气孔率下，孔径大小的非均匀分布降低材料的抗热震性。

6.6.5　孔位置分布因子的影响

图 6-6-15 表示孔位置分布因子对多孔材料抗热震性能的影响。与孔径分布因子的影

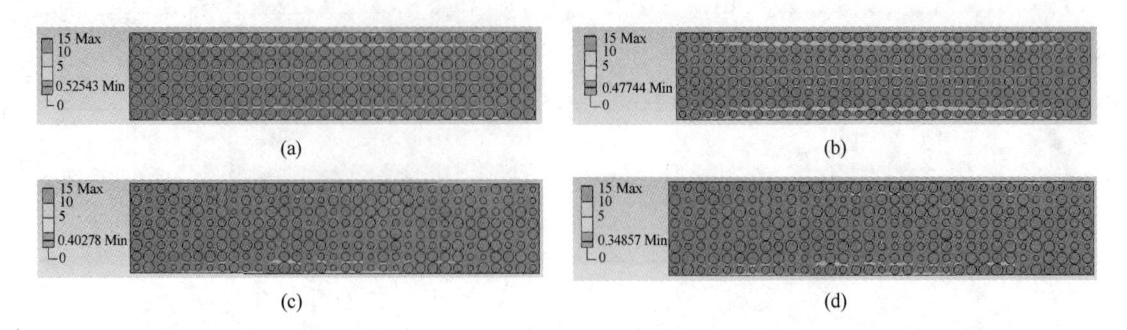

图 6-6-14 当 $P=50\%$、$d=0.3$ mm 时，不同孔径分布因子下的安全系数分布

（a）$b=0.1$；（b）$b=0.2$；（c）$b=0.3$；（d）$b=0.4$

响类似，从图中可知，抗热震次数与最低安全系数随孔位置分布因子的增大而降低，降低的幅度较大，说明孔位置分布因子对多孔材料抗热震性能的影响较大。在气孔率较大时，孔径位置的混乱分布不利于材料的抗热震性，其分布越混乱，抗热震性能越低。

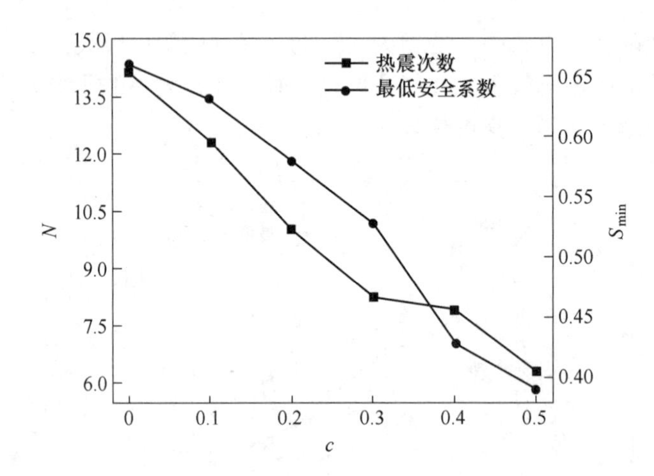

图 6-6-15 当 $P=50\%$、$d=0.3$ mm 时，抗热震次数与最低安全系数随孔位置分布因子的变化

（N 为热震次数，S_{min} 为最低安全系数，见式（6-6-2））

然而，R. A. Dorey 等人指出与均匀分布的孔相比，非均匀分布的孔更有利于材料抗热震性能。这两种结论的不一致，是由孔径和气孔率的不同导致的。在文献中的孔径和气孔率都非常小，其平均孔径为 14.0 μm，最大气孔率为 12%。因此孔径和气孔率的不同对材料抗热震性产生的影响完全不同。在研究多孔材料的抗热震性能时，应考虑不同孔径和气孔率的影响。

图 6-6-16 是不同孔位置分布因子下安全系数分布图。由图中可知，当因子 c 较小时，多孔材料的损伤在孔边缘散乱分布；在气孔率较大时，随因子 c 的增大，有些孔间距减少甚至孔互相连接在一起，损伤向着孔间距小的地方集中，导致材料的损伤集中分布的程度很大，这对材料的抗热震性产生不利影响。当 $c=0.4$ 时，损伤集中分布在某几个点的地方。因此高气孔率下，孔径位置的混乱分布降低了材料的抗热震性。

以上结果讨论表明：热震损伤的机制是：材料在循环“热”震和“冷”震下受到拉/压交变应力的作用，引起损伤的出现。孔径在 0.18~0.42 mm 范围内，孔径较小或较大时

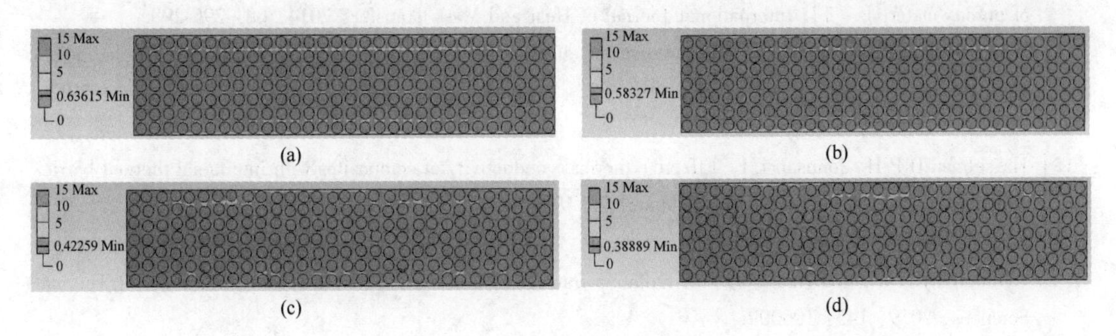

图 6-6-16 当 $P=50\%$、$d=0.3$ mm 时，不同孔位置分布因子下的安全系数分布

(a) $b=0.1$；(b) $b=0.2$；(c) $b=0.4$；(d) $b=0.5$

都对多孔材料的抗热震性能不利。当 $P=20\%\sim30\%$时，材料抗热震性能最好，超过 40%时，抗热震性能迅速下降。孔径和孔位置的混乱分布导致热应力集中，使其抗热震性降低。

参 考 文 献

[1] Lorna J. Gibson , Ashby M F. Cellular solids-structure and properties [M]. UK: Pergamon Press, 1988.

[2] Sabau A S, Tao Y X, Liu G, et al. Effective thermal conductivity for anisotropic granular porous media usingfractal concepts [C]. National Heat Transfer Conference, 1997, 11: 121-128.

[3] Golden K, Papanicolaou G. Bounds for effective parameters of multicomponent media by analytic continuation [J]. Journal of Statistical Pphysics, 1985, 40: 655-667.

[4] 褚召祥，多组分多孔岩土介质导热系数预测理论模型研究 [D]. 徐州：中国矿业大学，2019.

[5] Agari Y, Ueda A, Nagai S. Thermal conductivity of a polyethylene filled with disoriented short-cut carbon fibers [J]. Journal of Applied Polymer Science, 1991, 43 (6): 1117-1124.

[6] Carson J K, Lovatt S J, Tanner D J, et al. Thermal conductivity bounds for isotropic, porous materials [J]. International Journal of Heat and Mass Transfer, 2005, 48 (11): 2150-2158.

[7] Hashin Z, Shtrikman S. A variational approach to the theory of the effective magnetic permeability of multiphase materials [J]. Journal of Applied Physics, 1962, 33 (10): 3125-3131.

[8] Hashin Z, Shtrikman S. A variational approach to the theory of the elastic behaviour of polycrystals [J]. Journal of the Mechanics and Physics of Solids, 1962, 10 (4): 343-352.

[9] Bruggeman D A. Effective medium model for the optical properties of composite material [J]. Annalen der Physik, Series 5, 1935, 24: 636-664.

[10] Fricke H. A mathematical treatment of the electric conductivity and capacity of disperse systems Ⅱ. The capacity of a suspension of conducting spheroids surrounded by a non-conducting membrane for a current of low frequency [J]. Physical Review, 1925, 26 (5): 678-681.

[11] Fricke H. A mathematical treatment of the electric conductivity and capacity of disperse systems Ⅰ. The electric conductivity of a suspension of homogeneous spheroids [J]. Physical Review, 1924, 24 (5): 575-586.

[12] Wang J, Carson J K, North M F, et al. A new approach to modelling the effective thermal conductivity of heterogeneous materials [J]. International Journal of Heat and Mass Transfer, 2006, 49 (17/18): 3075-3083.

[13] Gong L, Wang Y, Cheng X, et al. A novel effective medium theory for modelling the thermal conductivity

of porous materials [J]. International Journal of Heat and Mass Transfer, 2014, 68: 295-298.

[14] Wang B, Fan Z, Lv P, et al. Measurement of effective thermal conductivity of hydrate-bearing sediments and evaluation of existing prediction models [J]. International Journal of Heat and Mass Transfer, 2017, 110: 142-150.

[15] Hasselman D P H, Johnson L F. Effective thermal conductivity of composites with interfacial thermal barrier resistance [J]. Journal of Composite Materials, 1987, 21 (6): 508-515.

[16] Kiradjiev K B, Halvorsen S A, Van Gorder R A, et al. Maxwell-type models for the effective thermal conductivity of a porous material with radiative transfer in the voids [J]. International Journal of Thermal Sciences, 2019, 145: 106009.

[17] Adler P M, Thovert J E, Real porous media: Local geometry and macroscopic properties [J]. Applied Mechanics Reviews, 1998, 51 (9): 537-585.

[18] Thovert J F, Wary F, Adler P M. Thermal conductivity of random media and regular fractals [J]. Journal of Applied Physics, 1990, 68 (8): 3872-3883.

[19] 程远贵, 周勇, 朱家骅, 等. 耐火纤维材料高温热导率的分形 [J]. 化工学报, 2002, 53 (11): 1193-1197.

[20] Pitchumani. Evaluation of thermal conductivities of disordered composite media using a fractal modelJ [J]. Journal of Heat Transfer, 1999, 121 (1): 163-166.

[21] Voller V R, Reis F D A A. Deter mining effective conductivities of fractal objects [J]. International Journal of Thermal Sciences, 2021, 159: 106577.

[22] 施明恒, 樊荟. 多孔介质导热的分形模型 [J]. 热科学与技术, 2002, 1 (1): 28-31.

[23] 施明恒, 李小川, 陈永平. 利用分形方法确定聚氨脂泡沫塑料的有效导热系数 [J]. 中国科学: E 辑, 2006, 36 (5): 560-568.

[24] 夏德宏, 陈勇, 郭珊珊. 隔热纤维体的热导率分形模型 [J]. 热科学与技术, 2008, 7 (2): 97-103.

[25] Wang Y, Ma C, Liu Y, et al. A model for the effective thermal conductivity of moist porous building materials based on fractal theory [J]. International Journal of Heat and Mass Transfer, 2018, 125: 387-399.

[26] Deshpande V S, Fleck N A, Ashby M F. Effective properties of the octet-truss lattice material [J]. Journal of the Mechanics and Physics of Solids, 2001, 49 (8): 1747-1769.

[27] Guest S D, Hutchinson J W. On the deter minacy of repetitive structures [J]. Journal of the Mechanics and Physics of Solids, 2003, 51 (3): 383-391.

[28] Ashby M F. Overview No. 80: On the engineering properties of materials [J]. Acta metallurgica, 1989, 37 (5): 1273-1293.

[29] Maiti S K, Ashby M F, Gibson L J. Fracture toughness of brittle cellular solids [J]. Scripta Metallurgica, 1984, 18 (3): 213-217.

[30] Maiti S K, Gibson L J, Ashby M F. Deformation and energy absorption diagrams for cellular solids [J]. Acta Metallurgica, 1984, 32 (11): 1963-1975.

[31] Huang J S, Gibson L J. Fracture toughness of brittle foams [J]. Acta Metallurgica et Materialia, 1991, 39 (7): 1627-1636.

[32] Finnie I, Patel M R. Structural features and mechanical properties of rigid cellular plastics (Rigid cellular plastics mechanical properties based on model assu ming pentagonal dodecahedron cell form) [J]. Journal of Materials, 1970, 5: 909-932.

[33] Vedula V R, Green D J, Hellman J R. Thermal shock resistance of ceramic foams [J]. Journal of the American Ceramic Society, 1999, 82 (3): 649-656.

[34] Vedula V R, Green D J, Hellmann J R. Thermal fatigue resistance of open cell ceramic foams [J]. Journal of the European Ceramic Society, 1998, 18 (14): 2073-2080.

[35] Orenstein R M, Green D J. Thermal shock behavior of open-cell ceramic foams [J]. Journal of the American Ceramic Society, 1992, 75 (7): 1899-1905.

[36] Goretta K C, Brezny R, Dam C Q, et al. High temperature mechanical behavior of porous open-cell Al_2O_3 [J]. Materials Science and Engineering: A, 1990, 124 (2): 151-158.

[37] Betts C. Benefits of metal foams and developments in modelling techniques to assess their materials behaviour: A review [J]. Materials Science and Technology, 2012, 28 (2): 129-143.

[38] Li C, Han Y, Wu L, et al. Fabrication and properties of porous anorthite ceramics with modelling pore structure [J]. Materials Letters, 2017, 190: 95-98.

[39] Kingery W D, Bowen H K, Uhlmann D R. Introduction to ceramics [M]. New York: Wiley, 1976.

[40] 刘培生，崔光，程伟．多孔材料性能模型研究 1：数理关系 [J]. 材料工程, 2019, 47 (6): 42-62.

[41] Zhang X, Wu Y, Tang L, et al. Modeling and computing parameters of three-dimensional Voronoi models in nonlinear finite element simulation of closed-cell metallic foams [J]. Mechanics of Advanced Materials and Structures, 2018, 25 (15/16): 1265-1275.

[42] Collin M, Rowcliffe D. Analysis and prediction of thermal shock in brittle materials [J]. Acta materialia, 2000, 48 (8): 1655-1665.

[43] Swain M V. Materials science and technology, volume 11: Structure and properties of ceramics [M]. Weinheim, Germany: VCH, 1994.

[44] 斯温 M V. 陶瓷的结构与性能（材料科学与技术丛书，第 11 卷）[M]. 郭景坤，译．北京：科学出版社, 1998.

[45] 金科，沈允文，李建新．钢包，中间包复合反射绝热层的制备与应用 [J]. 钢铁, 2005, 40 (1): 39-42.

[46] 杨建华．炉外精炼技术在钢铁生产中的应用和发展 [J]. 科技风, 2019 (20): 168.

[47] 程传良．板坯连铸生产工艺及质量控制研究 [J]. 内燃机与配件, 2018 (3): 105-106.

[48] 孙学伟．试析炼钢—精炼—连铸工艺生产高碳钢的质量控制 [J]. 山东工业技术, 2018 (13): 36.

[49] 姬健营．100 t 精炼钢包永久层用耐材的优化 [J]. 河南冶金, 2006 (8): 31-33.

[50] 王恩会，陈俊红，侯新梅．钢包工作衬用耐火材料的研究现状及最新进展 [J]. 工程科学学报, 2019, 41 (6): 695-708.

[51] 王波，刘令远，周玉军，等．钢包耐火材料对钢液质量和温降的影响 [J]. 中国金属通报, 2018 (9): 200-201.

[52] 黄奥，顾华志，付绿平，等．精炼钢包铝镁系耐火材料轻量化及其渣蚀行为研究 [J]. 中国材料进展, 2017, 36 (6): 425-441.

[53] 张兴业．我国连铸中间包内衬耐火材料的发展及应用 [J]. 山东冶金, 2009, 31 (5): 24-29.

[54] 李永力，王文学，卢作涛，等．中间包耐火材料结构优化改进与实践 [J]. 耐火材料, 2017, 51 (2): 149-151.

[55] Zhu B Q, Fang B X, Gao X, et al. Influence of pore structure parameters on thermal properties of corundum based castables [C] //IOP Conference Series: Materials Science and Engineering. IOP Publishing, 2011, 18 (22): 222010.

[56] Zhang M, He M, Gu H, et al. Influence of pore distribution on the equivalent thermal conductivity of low porosity ceramic closed-cell foams [J]. Ceramics International, 2018, 44 (16): 19319-19329.

[57] Sarkar N, Lee K S, Park J G, et al. Mechanical and thermal properties of highly porous Al_2TiO_5-Mullite ceramics [J]. Ceramics International, 2016, 42 (2): 3548-3555.

[58] 汪长安，郎莹，胡良发，等. 轻质、高强、隔热多孔陶瓷材料的研究进展 [J]. 陶瓷学报，2017，38（3）：287-296.

[59] Andreev K, Shetty N, De Smedt M, et al. Correlation of damage after first cycle with overall fatigue resistance of refractory castable concrete [J]. Construction and Building Materials, 2019, 206: 531-539.

[60] Dorey R A, Yeomans J A, Smith P A. Effect of pore clustering on the mechanical properties of ceramics [J]. Journal of the European Ceramic Society, 2002, 22 (4): 403-409.

[61] Dong Y, McCartney J S, Lu N. Critical review of thermal conductivity models for unsaturated soils [J]. Geotechnical and Geological Engineering, 2015, 33: 207-221.

[62] 张贺新. TiO_2和六钛酸钾晶须掺杂 SiO_2干凝胶的制备及隔热性能研究 [D]. 哈尔滨：哈尔滨工业大学，2008.

[63] 张东辉. 多孔介质扩散，导热，渗流分形模型的研究 [D]. 南京：东南大学，2003.

[64] 何雅玲，谢涛. 气凝胶纳米多孔材料传热计算模型研究进展 [J]. 科学通报，2015，60（2）：137-163.

[65] 佘伟. 水泥基多孔材料微结构形成机理与传热行为的研究 [D]. 南京：东南大学，2014.

[66] 张永存. 多孔材料传热特性分析与散热结构优化设计 [D]. 大连：大连理工大学，2008.

[67] 吴东旭. 多孔材料导热特性研究 [D]. 徐州：中国矿业大学，2020.

[68] 李守巨，刘迎曦，于贺. 多孔材料等效导热系数与分形维数关系的数值模拟研究 [J]. 岩土力学，2009，30（5）：1465-1470.

[69] 赵晓琳. 多孔介质有效导热系数的算法研究 [D]. 大连：大连理工大学，2009.

[70] 王龙. 非均质多孔泡沫弹性力学性能及导热性能的研究 [D]. 重庆：重庆大学，2015.

[71] Qin X, Cai J, Zhou Y, et al. Lattice Boltzmann simulation and fractal analysis of effective thermal conductivity in porous media [J]. Applied Thermal Engineering, 2020, 180: 115562.

[72] 李小川. 多孔介质导热过程的分形研究 [D]. 南京：东南大学，2009.

[73] 陈丹阳. 基于 Voronoi 模型的多孔泡沫材料导热及弹性性能研究 [D]. 重庆：重庆大学，2017.

[74] 王玉洁. 仿生多孔隔热纤维及织物 [D]. 杭州：浙江大学，2020.

[75] 贺森琳. 气孔分布对多孔隔热材料有效导热系数的影响及优化 [D]. 武汉：武汉科技大学，2017.

[76] 李强，冯茵，李江，等. 以基于孔隙结构特征的 EPDM 绝热材料热化学烧蚀模型 [J]. 固体火箭技术，2010，33（6）：680-683，718.

[77] 黄坤，白宇帅，张春云，等. 多孔介质等效导热系数研究进展 [J]. 东北电力大学学报，2021，41（4）：1-15.

[78] 马超. 多孔建筑材料内部湿分布及湿传递对导热系数影响研究 [D]. 西安：西安建筑科技大学，2017.

[79] 施明恒，陈永平. 多孔介质传热传质分形理论初析 [J]. 南京师大学报（工程技术版），2001，1（1）：6-12.

[80] 何雅玲，谢涛. 气凝胶纳米多孔材料传热计算模型研究进展 [J]. 科学通报，2015，60（2）：137-163.

[81] 史玉凤，刘红，孙文策. 多孔介质有效导热系数的实验与模拟 [J]. 四川大学学报（工程科学版），2011，43（3）：198-203.

[82] 王志国，冯艳，杨文哲，等. 基于 REV 的孔隙型多孔介质导热分析模型 [J]. 化工学报，2020，71（增刊2）：118-126.

[83] 马永亭. 多孔介质热导率的分形几何模型研究 [D]. 武汉：华中科技大学，2004.

[84] 柳阿亮. 基于 Sierpinski 分形原理的多孔介质内流动与传热的研究 [D]. 南昌：南昌大学，2018.

[85] 李文洁. 莫来石多孔分级纤维质材料的制备及其性能研究 [D]. 哈尔滨：哈尔滨工业大学，2020.

[86] 李宁．泡沫混凝土的热性能及传热过程的数值模拟［D］. 青岛：青岛理工大学，2019.

[87] Zhu H X, Hobdell J R, Windle A H. Effects of cell irregularity on the elastic properties of 2D Voronoi honeycombs［J］. Journal of the Mechanics and Physics of Solids, 2001, 49 (4): 857-870.

[88] 刘培生，夏凤金，罗军．多孔材料模型分析［J］. 材料工程，2009 (7): 83-87.

[89] Pérez L, Lascano S, Aguilar C, et al. Simplified fractal FEA model for the estimation of the Young's modulus of Ti foams obtained by powder metallurgy［J］. Materials & Design, 2015, 83: 276-283.

[90] 张俊彦．多孔材料的力学性能及破坏机理［D］. 湘潭：湘潭大学，2003.

[91] 马宇立．高分子多孔材料的结构表征与力学性能分析［D］. 北京：北京大学，2012.

[92] 刘昌明．基于细观力学的耐火材料损伤本构模型开发与实现［D］. 武汉：武汉科技大学，2012.

[93] 刘培生，夏凤金，程伟．多孔材料性能模型研究 2：实验验证［J］. 材料工程，2019，47 (7): 35-49.

[94] 刘培生，杨春艳，程伟．多孔材料性能模型研究 3：数理推演［J］. 材料工程，2019，47 (8): 59-81.

[95] 吉布森，阿什比著，刘培生．多孔固体结构与性能［M］. 2 版. 北京：清华大学出版社，2003.

[96] 刘静静，李远兵，李淑静．稻壳加入量对氧化铝多孔材料的性能及结构的影响［J］. 耐火材料，2017，51 (2): 94-99.

[97] 袁义云，宋迎东，孙志刚．孔隙率对多孔陶瓷材料失效强度的影响［J］. 航空动力学报，2008，23 (9): 1623-1627.

[98] 卢子兴，王仁．泡沫塑料力学性能研究综述［J］. 力学进展，1996，26 (3): 306-323.

[99] 谈晚平，陈元元，张敬奎，等．泡沫陶瓷材料及其微观结构参数对多孔介质燃烧特性的影响［J］. 武汉科技大学学报（自然科学版），2017，40 (1): 32-37.

[100] 谈晚平．双层多孔介质燃烧器材料与结构参数的优化［D］. 武汉：武汉科技大学，2017.

[101] 陈园星．层状 Al_2O_3 多孔陶瓷的孔结构控制及压缩性能［D］. 西安：西安理工大学，2019.

[102] 李俊文．环境友好泡沫注凝法制备堇青石多孔陶瓷［D］. 北京：北京交通大学，2020.

[103] 贾学军．基于 ANSYS 的多孔材料微结构设计与分析［D］. 大连：大连理工大学，2005.

[104] 王元仕．基于内聚力模型的耐火材料非线性力学行为模拟［D］. 武汉：武汉科技大学，2016.

[105] 周文涛．晶态和孔结构调控在城市污泥制备多孔保温材料中的应用研究［D］. 南京：东南大学，2020.

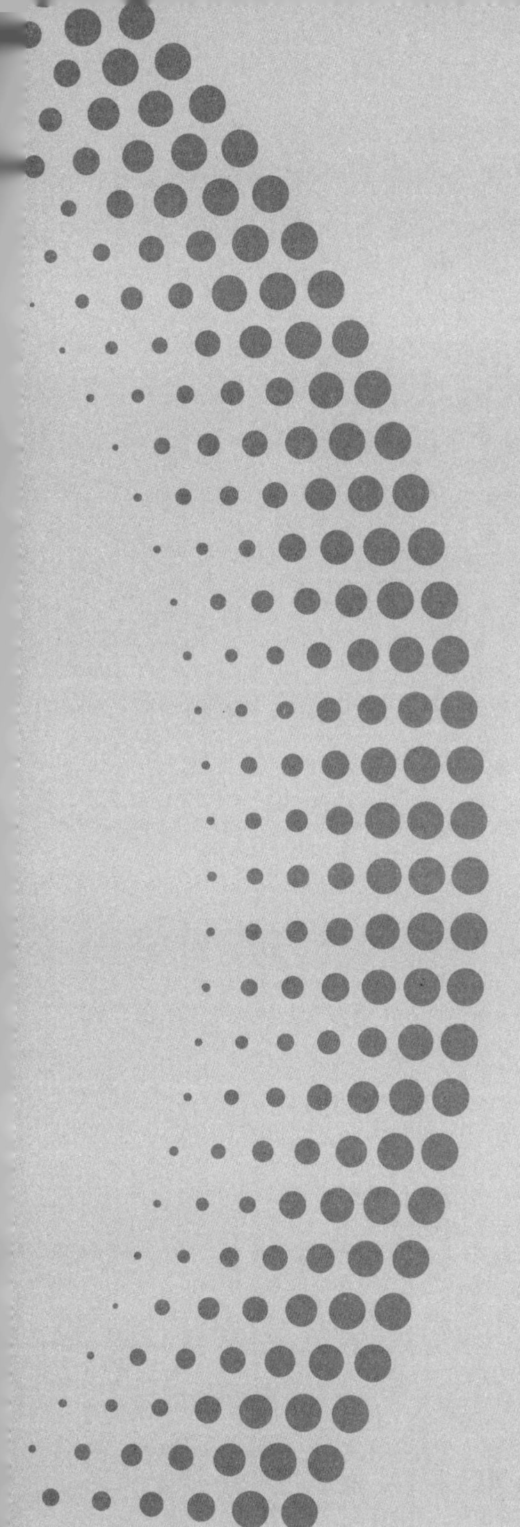

第3篇

CAILIAO GELUN

材料各论

7 Al_2O_3多孔隔热耐火材料

Al_2O_3 轻质多孔隔热耐火材料主要包括两大类产品：(1) 以 Al_2O_3 空心球为主要原料制备的产品；(2) 以 Al_2O_3 为主要原料，采用燃烬物法、泡沫法等方法制备的多孔隔热耐火材料。一般来说 Al_2O_3 轻质多孔隔热耐火材料中 Al_2O_3 含量（质量分数）一般要求大于 90%，也有要求大于 95%的，本章侧重介绍 Al_2O_3 含量大于 90%的轻质多孔隔热耐火材料。

7.1 Al_2O_3 耐火材料

Al_2O_3 耐火材料，又称刚玉耐火材料，是指主晶相为 α-Al_2O_3 的耐火材料，也有文献将 β-Al_2O_3（通常构成式：$Na_2O \cdot 11Al_2O_3$，Na^+也可以是其他碱金属、碱土金属等离子，严格来说 β-Al_2O_3 不是 Al_2O_3 的变体）归为刚玉耐火材料。Al_2O_3 有多种结构形态（晶态和非晶态），研究较多、认可度较高的晶型有 8 种：过渡形态 γ、χ、η、ρ、θ、δ、κ-Al_2O_3 和终态 α-Al_2O_3（刚玉）（见表 7-1-1），其中低温（<600 ℃）为 χ、η、γ 和 ρ 型，高温为 δ、θ、κ 和 α 型。不同形态的氧化铝具有不同的用途，其中用途最为广泛的是 γ-Al_2O_3 和 α-Al_2O_3；β-Al_2O_3 是 β-Al_2O_3 陶瓷的主要组成，熔铸 β-Al_2O_3 砖用于玻璃窑，抗碱侵蚀能力极好。

Al_2O_3 轻质多孔隔热耐火材料可用铝水合物（alumina hydrate，$Al_2O_3 \cdot nH_2O$，$n=1$，2，3）原位分解成孔而不引入其他杂质，也用可水合氧化铝（hydratable alumina，ρ-Al_2O_3）、铝溶胶或凝胶、铝盐（如硫酸铝、磷酸铝、聚氯化铝等）作为 Al_2O_3 耐火材料的结合剂。α-Al_2O_3 具有熔点高、化学稳定、硬度大和强度高等优点，但它的线膨胀系数和弹性模量都较高，热震稳定性较差，其主要物理性能见表 7-1-2，α-Al_2O_3 的导热系数、线膨胀系数与温度的关系见图 7-1-1 和图 7-1-2。

表 7-1-1 主要形态氧化铝的结构

晶型		α	κ	θ	δ	χ	η	γ	ρ
组成		Al_2O_3	←含有微量水的 Al_2O_3→						
晶系		六方	六方	单斜	四方	六方	六方	立方	无定形
密度/g · cm^{-3}		3.99	3.1~3.3	3.4~3.9	3.2	3.0	2.5~3.6	3.2	
晶胞参数	*a*	4.758	9.71	11.24	7.94	5.56	7.92	9.01	
	b			5.72	7.94				

天然的结晶 Al_2O_3 被称为刚玉（corundum），而 Al_2O_3 耐火原料主要来源于含铝水合物的天然矿物，主要指铝矾土。铝矾土制备 Al_2O_3 耐火原料主要有两种途径：(1) 在高温熔融碳热还原，铝矾土中杂质直接被碳还原、分离，最终得到棕刚玉或亚白刚玉；(2) 铝矾土通过拜耳法或烧结法或混联法，得到氢氧化铝，氢氧化铝经煅烧成工业氧化铝，一般工业氧化铝中都含不同比例的 γ-Al_2O_3 和 α-Al_2O_3，由于 γ-Al_2O_3 易于生成多孔团聚体，因此难于烧结。以工业氧化铝为主要原料，可经高温熔融生产电熔氧化铝（例

如白刚玉、致密刚玉等)、高温煅烧生产烧结氧化铝（例如板状刚玉)、煅烧后粉磨制备各种煅烧氧化铝。Al_2O_3 耐火原料主要来源的基本流程见图 7-1-3。铝矾土类型以及制备方法的差异性等将会影响 Al_2O_3 耐火原料中杂质成分的变化和晶粒大小等，见表 7-1-3。

表 7-1-2 α-Al_2O_3 的主要物理化学性质

晶系	三方晶系 a=0.471 nm c=1.299 nm	断裂韧性/MPa·$m^{1/2}$	约3.5（20 ℃）
		剪切模量/GPa	约69（20 ℃）
晶形	桶状、柱状或板状	弹性模量/GPa	$E=-0.0549T+420.28$ （T=296~1825K）
真比重	3.99		$E=-8.867P+369.54$ （P为气孔率，0.6~32.1）
熔点/℃	约2050	比热容 /J·(kg·K)$^{-1}$	约779（20 ℃）
莫氏硬度	9（仅次于金刚石）	线膨胀系数/K^{-1}	4.6×10^{-6}(20 ℃), 8.0×10^{-6}(1000 ℃)
抗弯强度/MPa	380（20 ℃）	导热系数/W·(m·K)$^{-1}$	33（20 ℃）
断裂能/J·m^{-2}	约23	泊松比	0.22（20 ℃）

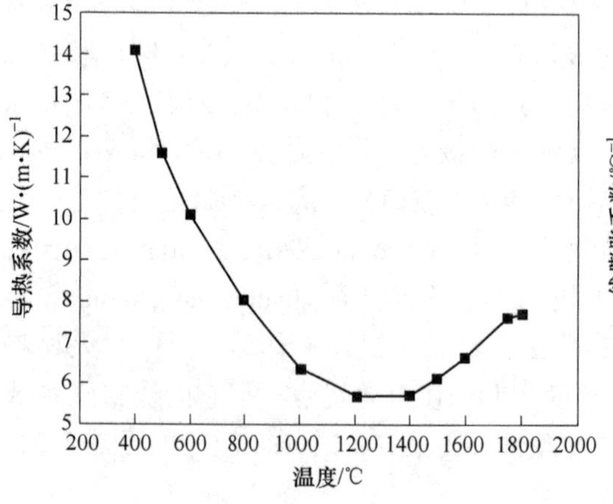

图 7-1-1 α-Al_2O_3 导热系数与温度的关系

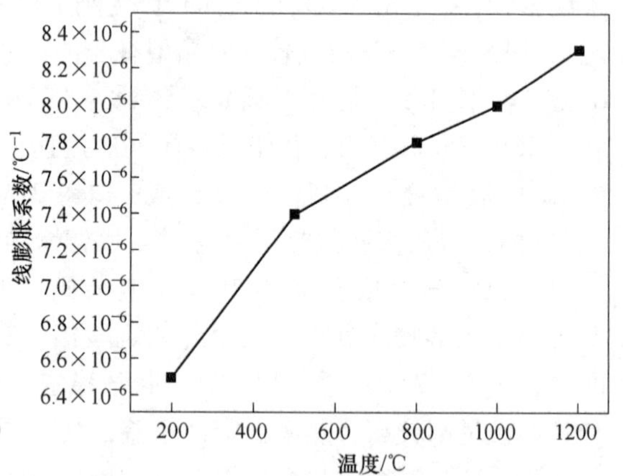

图 7-1-2 α-Al_2O_3 线膨胀系数随温度的变化

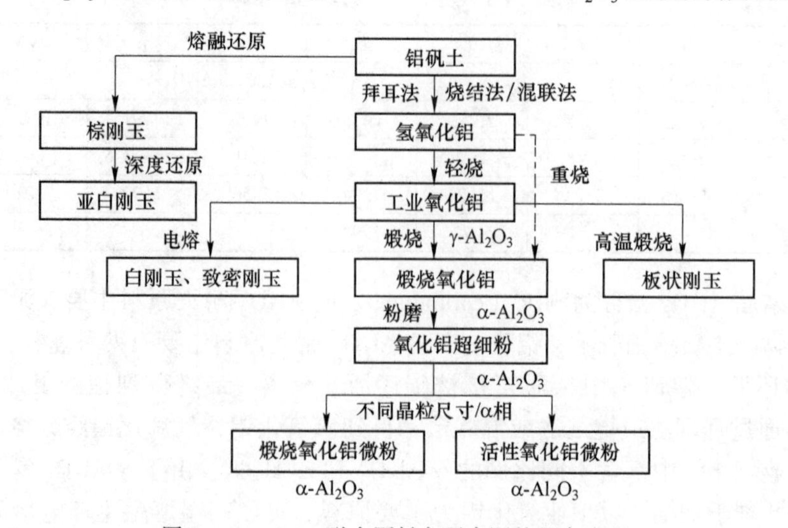

图 7-1-3 Al_2O_3 耐火原料主要来源的基本流程

表 7-1-3 几种主要 Al_2O_3 耐火原料的特征

项目	白刚玉	致密刚玉	棕刚玉	亚白刚玉	板状刚玉	煅烧氧化铝
英文	White fused alumina	Dense fused alumina	Brown fused alumina	Sub-white fused alumina	Tabular alumina	Calcined alumina
主要原料	工业氧化铝	工业氧化铝、C、SiO_2	铝矾土、C、铁屑	铝矾土、C、铁屑	工业氧化铝	工业氧化铝或氢氧化铝
主要反应过程	熔融、相变	熔融、相变、脱钠	熔融碳热还原	熔融碳热还原	相变、高温烧结	分解或相变
主要控制指标（除 Al_2O_3 含量以外）	Na_2O、SiO_2 含量，体积密度等	Na_2O、SiO_2 含量，体积密度等	Si、Fe、Ti、C 含量，体积密度等	Si、Fe、Ti、C 含量，体积密度等	体积密度、Na_2O 含量等	比表面、粒度分布、晶粒大小、Na_2O 含量等
α-Al_2O_3 晶粒大小/μm	>200	100~500	1000	1000~15000	40~200	<5

7.2 Al_2O_3 空心球隔热耐火材料

7.2.1 Al_2O_3 空心球

Al_2O_3 空心球是一种尺寸微小的空心微珠，球壁主要成分为 Al_2O_3（多数 α-Al_2O_3 或 γ-Al_2O_3），直径在几十微米至几毫米之间。一般来说，直径为微纳米级的空心球（也称中空 Al_2O_3 球，hollow alumina sphere 或 alumina hollow sphere，见图 7-2-1），其球壁很薄，多数为纳米级厚度，一般采用铝溶胶/铝盐通过模板法（硬模板、软模板法）和无模板法制备球壁，然后一定温度下转化成 α-Al_2O_3 或 γ-Al_2O_3，这种中空微球球壁很难致密化，因此有多种独特性质，如低密度、热绝缘性、高比表面、高表面渗透性和光散射性等，使其在医疗、耐温填料、催化、气敏/传感和光电器件等领域展现出特殊作用和应用前景，微米或纳米级的 Al_2O_3 空心球已经成为材料和化学领域中一个研究热点。

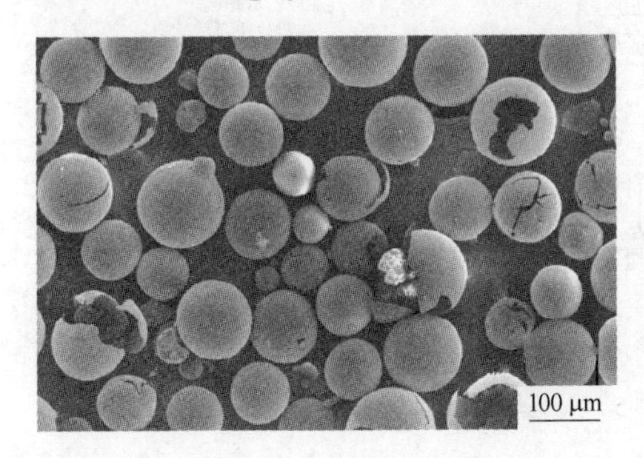

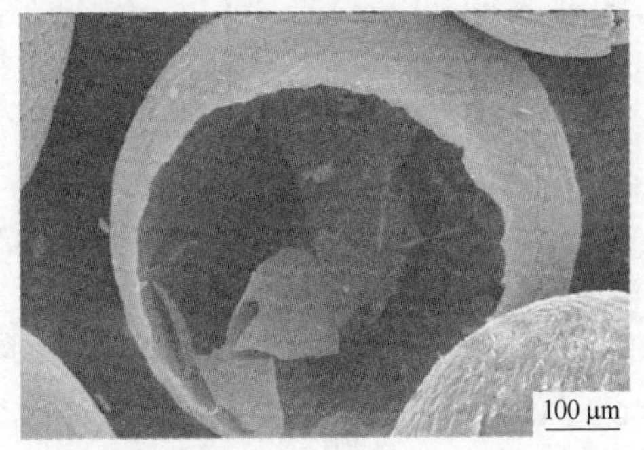

图 7-2-1 中空氧化铝微球的 SEM 图像

本书中所说的 Al_2O_3 空心球是以纯氧化铝为原料，工业上多在高功率电炉中熔融成液态，通过倾动设备使电炉倾斜，让熔融氧化铝从电炉中以一定的速度流出，同时从喷嘴中吹出压缩空气，将氧化铝吹散成直径不等的密闭空心球体，这种空心球像吹肥皂泡一样吹出，球壁光滑且致密，完好的空心球还可以漂浮在水上，英文习惯把这种 Al_2O_3 空心球称为 bubble alumina -ball（见图 7-2-2），制备方法主要为熔融喷吹法，如图 7-2-3 与图 7-2-4 所示。也有用火焰熔融喷吹来制备氧化铝空心球的，以降低成本，如图7-2-5所示，料仓中的原料由载气（O_2 或 N_2）带入烧嘴中，在烧嘴内被高温火焰熔化并吹成氧化铝空心球。

图 7-2-2 Al_2O_3 空心球照片

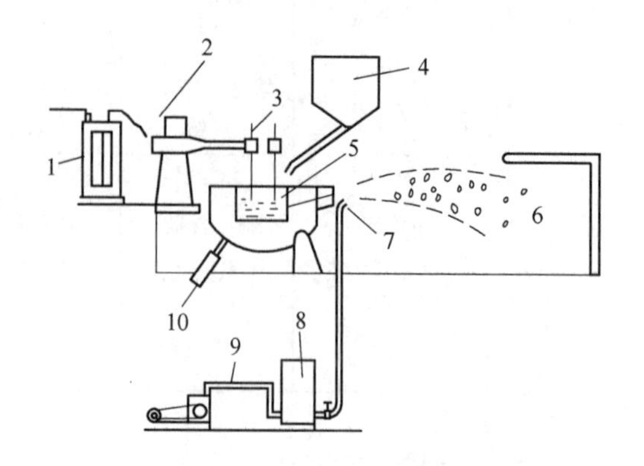

图 7-2-3 Al_2O_3 空心球熔融喷吹示意图

1—变压器；2—升降装置；3—电极；4—Al_2O_3；5—熔融 Al_2O_3；6—空心球；7—喷吹；8—空气罐；9—空气压缩机；10—倾动装置

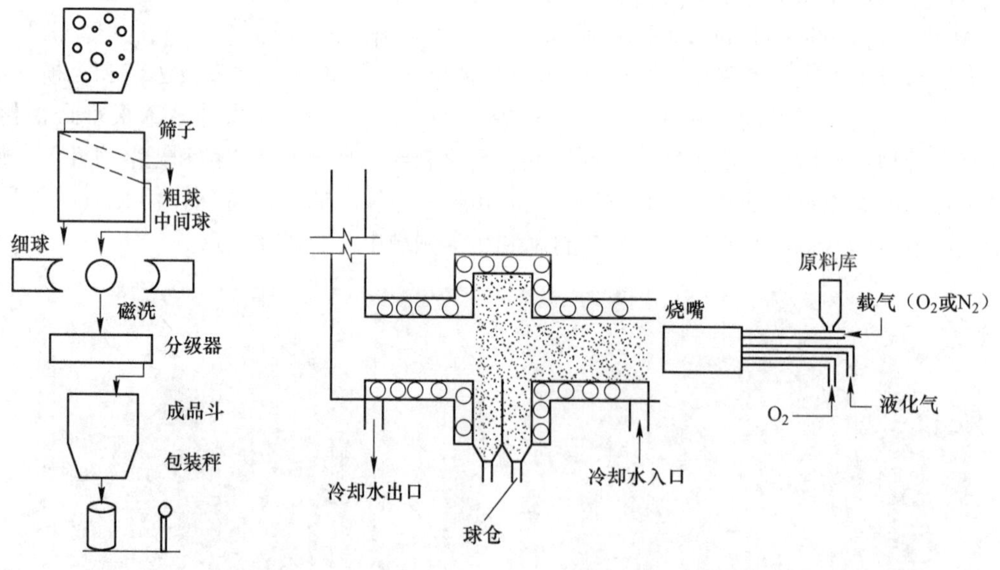

图 7-2-4 Al_2O_3 空心球的筛选流程图

图 7-2-5 火焰熔融喷吹法制备 Al_2O_3 空心球

Al_2O_3 空心球是高温熔体突然受到高速气流冲散和急速冷却下由表面张力作用形成，球的粒径与熔体性质和工艺条件密切相关。在熔体性质相同的条件下，喷吹空气的速度越高及熔体黏度越小（即熔体温度高），空心球粒径越小。

Al_2O_3 空心球的性能取决于其组成和结构。按球内气孔的多少和壁的厚薄，空心球的结构可分为薄壁单孔、厚壁（双孔和单孔）和多孔四种基本类型，如图 7-2-6 所示。其结构类型主要取决于原料成分和生产工艺条件。Al_2O_3 空心球大多数是薄壁单孔形结构（见图 7-2-6（a）），这种结构导热系数低，但强度很小，易碎，在混合和成型过程中容易破裂，在制品内造成较多的开口气孔。为了提高强度，可在 Al_2O_3 原料中加入 SiO_2、TiO_2 和 Fe_2O_3 等氧化物，此时可以得到如图 7-2-6（b）和（c）所示的双孔或数孔厚壁结构。图 7-2-7 表示 Al_2O_3 空心球的耐压强度与 SiO_2 含量的关系。

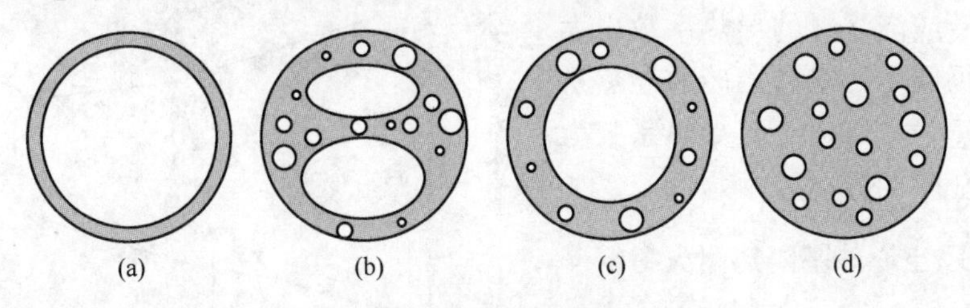

图 7-2-6 空心球体的结构

（a）单气孔薄壁结构；（b）双孔厚壁结构；（c）数孔厚壁结构；（d）多气孔结构

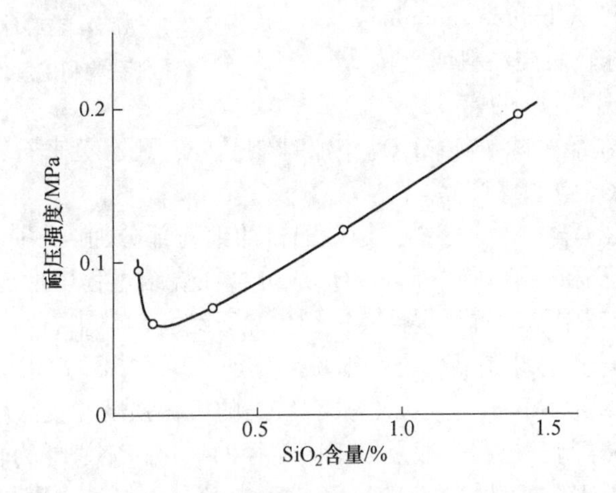

图 7-2-7 Al_2O_3 空心球的耐压强度与 SiO_2 含量的关系

（空心球的粒度为 2000~2380 μm，数量 n=200 粒）

Al_2O_3 空心球经除铁、分级处理即可得到不同粒径的 Al_2O_3 空心球，表 7-2-1 给出了不同粒度 Al_2O_3 空心球的性质。

表 7-2-1 不同粒径 Al_2O_3 空心球的性质

性　质	Al_2O_3 空心球粒径/mm				
	5~3	3~2	2~1	1~0.5	<0.5
粒径组成/%	17	31.4	25.7	25.9	
壁厚/mm	0.18	0.18~0.15	0.15	0.1	—
堆积密度/$g \cdot cm^{-3}$	0.5-0.6	0.55-0.67	0.67-0.81	0.85-0.95	—

还有一种氧化铝空心球的制备方法——滚球烧失法，用树脂等有机物制成球体成为芯

丸，然后喷洒结合剂，再在球壳上黏附一层氧化铝细粉，经干燥和烧成后，有机物烧失，壳体烧结成空心球。这种方法的缺点是效率低，球面不光滑，壁厚及大小不易控制，因此工业生产中不常用。

图 7-2-8 为 Al_2O_3 空心球及其制品的导热系数与温度关系，尽管 Al_2O_3 空心球的导热系数随温度的升高而增大，将它们制成砖或浇注料的导热系数也大大提高，但仍低于一般高铝砖的导热系数（当气孔率为 22%时，其导热系数为 1.5~1.7 W/(m·K)）。

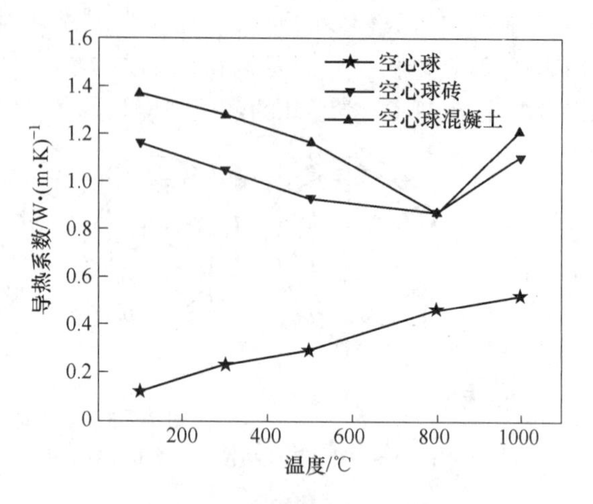

图 7-2-8　Al_2O_3 空心球及其制品的导热系数和温度的关系

7.2.2　Al_2O_3 空心球基隔热耐火材料

以 Al_2O_3 空心球为骨料，可制备各种 Al_2O_3 空心球隔热耐火材料，主要包括 Al_2O_3 空心球砖（bubble alumina brick）、Al_2O_3 空心球轻质浇注料或直接以散状料用作高温窑炉的隔热层。Al_2O_3 空心球基隔热制品中除了纯 Al_2O_3 空心球制品外，还有莫来石、镁铝尖晶石、赛隆（Sialon）等结合 Al_2O_3 空心球产品。

莫来石结合的 Al_2O_3 空心球材料，是在配料的细粉部分加入 SiO_2 微粉、黏土和“三石”（蓝晶石、红柱石和硅线石）等含 SiO_2 成分，在烧结过程中形成莫来石取代 Al_2O_3，从而提高 Al_2O_3 空心球制品的抗热震性。镁铝尖晶石结合与莫来石结合类似。

Sialon 结合 Al_2O_3 空心球制品，是在细粉部分加入单质 Si，高温氮化过程中与基质中的 Al_2O_3 生成 Sialon 结合 Al_2O_3 空心球，具有较高的机械强度、抗热震性和耐侵蚀性等。

纯的 Al_2O_3 空心球制备过程一般是以不同粒径的氧化铝空心球为轻质骨料，按一定比例配合，加入适量的细粉（例如 α-Al_2O_3 细粉、少量黏土等），用硫酸铝、磷酸二氢铝、可水合氧化铝等含铝化合物或纤维素、聚乙烯醇等有机物作为结合剂和增塑剂，然后混合，经振动成型、机压成型或捣打制成坯体，脱模干燥及烧成即可。

一般 Al_2O_3 空心球砖的主要工艺要点：

（1）临界粒度。由于大粒径的 Al_2O_3 空心球强度低，成型时容易压碎，一般小于 5 mm，但过多的小粒径 Al_2O_3 空心球会使制品的导热系数明显增大。

（2）细粉加入。Al_2O_3 空心球为骨料形成骨架，加入的 α-Al_2O_3 细粉或微粉填充于骨料之间。细粉过多，会降低制品的气孔率，增大体积密度，提高导热系数，从而降低隔热效果。

（3）结合剂选择。对于纯的 Al_2O_3 空心球砖，尽量少引入除铝以外的其他杂质元素，一般采用铝的化合物（硫酸铝、磷酸二氢铝、聚氯化铝、可水合氧化铝等），同时也要引入一定量的有机结合剂或增塑剂（少量的黏土、淀粉、纤维素等）便于成型。

（4）混合顺序。由于 Al_2O_3 空心球表面光滑，体积密度低易漂浮，一般先将空心球干混后加入结合剂及适量的水混合，使结合剂和水均匀分布在 Al_2O_3 空心球表面，再加入细粉充分混合，使细粉均匀地黏附在空心球表面，无团聚现象。

（5）成型压力。由于 Al_2O_3 空心球强度相对于重质骨料来说较低，因此成型压力要适当，以免空心球被压碎。图 7-2-9 表明成型压力对不同大小 Al_2O_3 空心球破碎率的影响。连续尺寸的 Al_2O_3 空心球（5~0.1 mm）在不同压力下的空心球组成分布情况，当提高制品成型压力时，<0.1 mm 的 Al_2O_3 空心球数量增加，而粒度在 5~3 mm 之间的空心球数量则要适当减少。

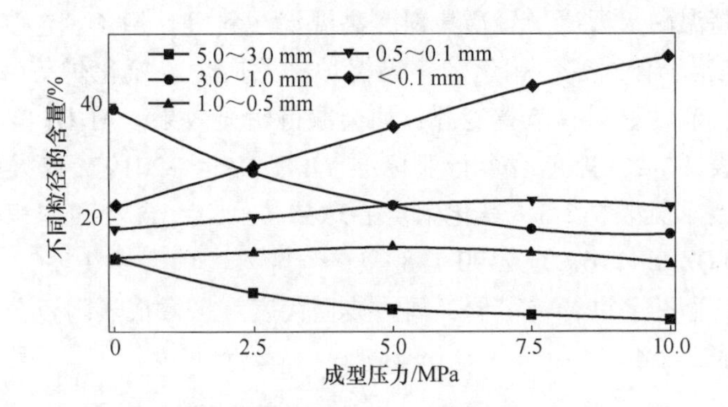

图 7-2-9 Al_2O_3 空心球粒径分布与砖坯成型压力的关系

（6）成型方式。Al_2O_3 空心球砖成型方式有振动加压成型、人工捣打和机压成型等，机压成型由于压力传递由表及里，压力过大容易造成表面空心球破损，压力过小易造成边角不均匀，影响 Al_2O_3 空心球砖外观，但机压成型效率高。振动加压成型在 Al_2O_3 空心球生产中应用较多，人工捣打主要用于异形件产品，两者的生产效率比较低。除了以上成型方式外，还有浇注成型 Al_2O_3 空心球预制件，该方法的一大优点是产品尺寸容易控制，不需要切割。

（7）干燥烧成。砖坯经干燥后，在高温窑炉中烧成，通常需要 1500~1800 ℃保温 6~10 h；由于还原气氛利于 Al_2O_3 烧结，Al_2O_3 空心球砖工业上一般采用弱还原气氛烧成。

Al_2O_3 空心球在吹制过程中，由于熔体冷却速度快，晶体来不及长大，其晶体尺寸约 50 μm，接近板状刚玉晶粒尺寸（40~200 μm）的下限，只有多数电熔白刚玉晶粒尺寸的 1/10；熔体快速冷却，也造成了 Al_2O_3 空心球晶粒之间结合不紧密，存在裂纹和孔隙等缺陷（见图 7-2-10），Al_2O_3 空心球的颗粒耐压强度有较大的离散性，文献报道平均颗粒耐压强度为 15.7 N。

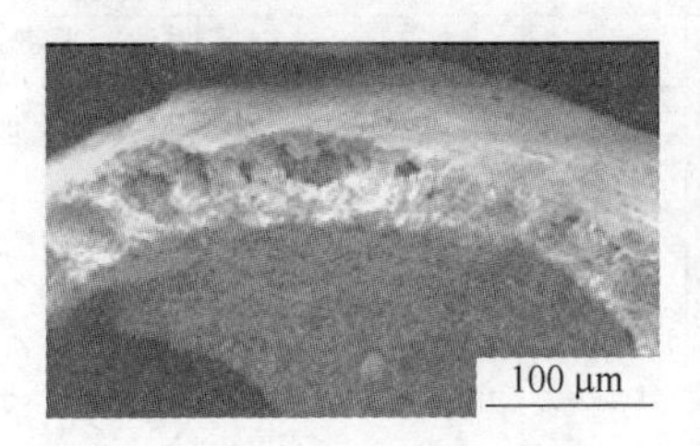

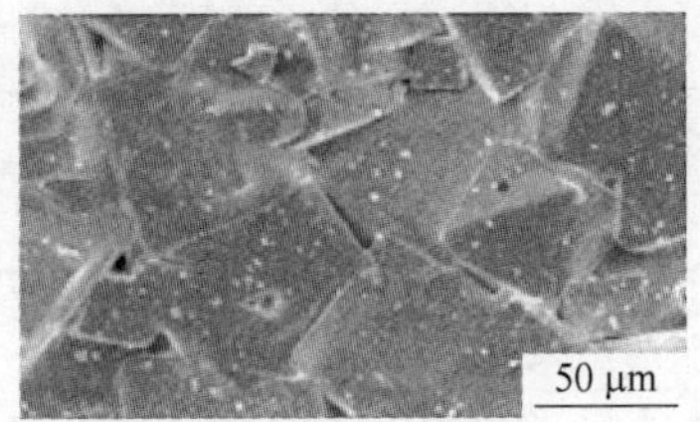

图 7-2-10 Al_2O_3 空心球的断面、外表面和内表面的 SEM 照片

采用湿化学方法引入铝的化合物（硫酸铝铵、硫酸铝、铝溶胶等）表面修饰 Al_2O_3

空心球，铝的化合物能形成一层薄膜覆盖在 Al_2O_3 空心球表面，并通过 Al_2O_3 空心球表面的孔洞和缝隙渗入空心球内部。表面修饰后的 Al_2O_3 空心球经 1700 ℃热处理后，其颗粒强度达到 40 N。

Al_2O_3 空心球制品可作为直接与火焰接触的高温炉内衬、背衬、炉管、托盘、保护罩等。氧化铝空心球及其制品是一种耐高温、节能优异的隔热耐火材料，在各种气氛下使用都非常稳定。特别适于在 1800 ℃的高温窑炉上应用。空心球可用于做高温、超高温隔热填料，高温耐火混凝土轻质集料，高温浇注料等。Al_2O_3 空心球砖可用于高温节能（>30%火焰窑、梭式窑、钼丝炉、钨棒炉、感应炉、氮化炉等）。对于减轻炉体质量，改造结构、节约材料、节省能源，均会取得明显效果。Al_2O_3 空心球制品的主要理化指标范围见表 7-2-2，黑色冶金行业标准 YB/T 4764—2019《耐火材料　氧化铝空心球砖》的指标要求见表 7-2-3，氧化铝空心球砖按 Al_2O_3 含量和体积密度的不同，分为 LQZ-99-1. 4、LQZ-95-1. 6、LQZ-90-1. 8 等 9 个牌号，牌号中 L、Q、Z 分别为“铝”“球”和“砖”三个汉字拼音首字母，国内典型代表宜兴摩根热陶瓷公司 Al_2O_3 空心球砖的理化指标见表 7-2-4。

表 7-2-2　Al_2O_3 空心球砖的主要理化指标

化学成分/%			体积密度 /g·cm^{-3}	耐压强度 /MPa	导热系数 /W·(m·K)$^{-1}$	线膨胀系数 /℃$^{-1}$	加热永久线变化率/%	荷重软化温度/℃
Al_2O_3	SiO_2	Fe_2O_3						
90~99	0. 2~9. 0	<0. 32	1. 20~1. 80	6~40	0. 7~1. 6	(7. 8~8. 8)×10^{-6}	-0. 3~0. 4	1650~1750

注：导热系数：(平板法) 热面 1000 ℃；加热永久线变化率：1600 ℃×3 h；荷重软化温度：0. 1 MPa，0. 6%变形量。

表 7-2-3　行业标准 YB/T 4764—2019《耐火材料　氧化铝空心球》理化指标

项　　目	LQZ-99-1. 4	LQZ-99-1. 6	LQZ-99-1. 8	LQZ-95-1. 4	LQZ-95-1. 6	LQZ-95-1. 8	LQZ-90-1. 4	LQZ-90-1. 6	LQZ-90-1. 8
$w(Al_2O_3)$/%	≥99			≥95			≥90		
$w(SiO_2)$/%	≤0. 3			—			—		
$w(Fe_2O_3)$/%	≤0. 2			≤0. 2			≤0. 2		
体积密度/g·cm^{-3}	1. 3~1. 5	1. 5~1. 7	1. 7~1. 9	1. 3~1. 5	1. 5~1. 7	1. 7~1. 9	1. 3~1. 5	1. 5~1. 7	1. 7~1. 9
常温耐压强度/MPa	≥6	≥10	≥12	≥8	≥12	≥16	≥10	≥14	≥18
导热系数（热面 1000 ℃）/W·(m·K)$^{-1}$	≤0. 9	≤1. 1	≤1. 2	≤0. 9	≤1. 1	≤1. 2	≤0. 9	≤1. 1	≤1. 2
加热永久线变化率(1600 ℃×3 h)/%	-0. 3~+0. 3			-0. 3~+0. 3			-0. 3~+0. 3		

表 7-2-4 宜兴摩根热陶瓷有限公司 Al_2O_3 空心球砖的详细理化指标

项目			TJMBa90	TJMBa99
分级温度/℃			1760	1800
常温性能（23 ℃，相对湿度 50%）	容重（ASTM C134）/$kg \cdot m^{-3}$		1400	1450
	冷态抗折强度（ASTM C133）/MPa		6.0	3.5
	冷态耐压强度（ASTM C133）/MPa		18	10
高温性能	永久线变化率（以下温度下保温 5 h）（ASTM C113）/%	1650 ℃	-0.5	-0.2
		1700 ℃	—	-0.5
	蠕变（90 min 变形量）（ASTM C16）/%	1540 ℃，0.069 MPa	0.2	0.2
		1540 ℃，0.172 MPa	—	—
导热系数（ASTM C202）/$W \cdot (m \cdot K)^{-1}$	200 ℃		0.7	0.7
	400 ℃		0.75	0.75
	600 ℃		0.8	0.8
	800 ℃		0.9	0.9
	1000 ℃		1.0	1.0
化学成分/%	Al_2O_3		92	99
	SiO_2		7	0.5
	TiO_2		0.1	0.1
	CaO		0.1	痕量
	MgO		0.1	痕量
	Fe_2O_3		0.1	0.1
	ZrO_2		—	—
	Na_2O+K_2O		0.3	0.2

7.3 泡沫浇注法制备 Al_2O_3 多孔隔热耐火材料

前文提到的 Al_2O_3 空心球作为一种优质的多孔隔热材料，其强度高，抗蠕变性能好，可用于 1600 ℃以上的工业窑炉中直接作为工作衬，为推动传统高温窑炉结构改造、设计新型窑炉结构奠定了基础。Al_2O_3 空心球砖也存在两个主要问题：首先，工业上 Al_2O_3 空心球的制备是通过高达 2200 ℃熔融喷吹而成，因而能耗大；其次，Al_2O_3 空心球本身的堆积密度较大，致使其制品的体积密度都超过 1.2 g/cm^3，导热系数有限，很难获得隔热效果更好的 Al_2O_3 空心球制品。而除了 Al_2O_3 空心球砖以外，Al_2O_3 隔热耐火材料还有泡沫法、燃烬物法和凝胶注模法等制备的多孔隔热耐火材料，泡沫法制备 Al_2O_3 多孔材料是一种非常具有前景的方法。

7.3.1 实验设计与过程

7.3.1.1 实验原理

在 Al_2O_3 空心球基隔热耐火材料中，其气孔主要是通过多孔材料法（Al_2O_3 空心球）来实现的。Al_2O_3 空心球内部气孔为封闭的圆孔，这种孔结构可以很好地分散应力，使材料具有高的强度，封闭气孔同时也可以减少材料中空气的对流传热。为了在材料中引入类似的封闭圆孔，实验中采用泡沫法来制备 Al_2O_3 多孔隔热材料，泡沫在其表面张力的作用下，趋于形成规则的圆形气泡，实验原理如图 7-3-1 所示。

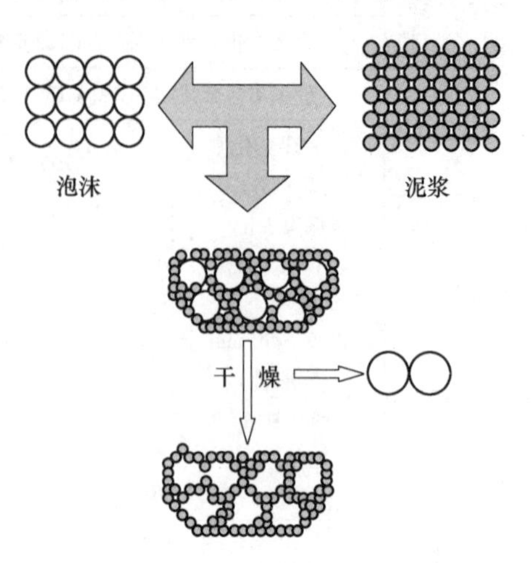

图 7-3-1 泡沫法制备 Al_2O_3 多孔隔热材料的示意图

实验中的泡沫具有稳定性好、流动性强、气泡孔径大小可控的优点。将原料制成泥浆后与有机泡沫混合，搅拌均匀，气泡稳定地、均匀地分散在泥浆中，由于有机泡沫通常具有很大的表面张力，泥浆被阻挡在泡沫球外；随着生坯的逐渐干燥，泥浆黏度增大，并逐渐从流动态转变为凝聚态，经干燥后，材料中就会留下封闭的气孔。

7.3.1.2 实验过程

实验以 α-Al_2O_3 细粉（100 目，即 0.147 mm）、活性 α-Al_2O_3 微粉（2 μm）、ρ-Al_2O_3、SiO_2 微粉（2 μm，SiO_2 含量（质量分数）大于 92%，挪威埃肯公司）为主要原料，以十二烷基磺酸钠为发泡剂，铝溶胶（浓度（质量分数）为 5%）为结合剂。

实验按照 α-Al_2O_3 微粉加入量（质量分数）为 20%、25%、30%、35%和 40%设计了 5 组实验，如表 7-3-1 所示。

表 7-3-1 泡沫法制备 Al_2O_3 多孔隔热耐火材料的配比 （质量分数，%）

编号	α-Al_2O_3 细粉（100 目）	活性 α-Al_2O_3 微粉（2 μm）	ρ-Al_2O_3 粉
1 号	80	20	5
2 号	75	25	5
3 号	70	30	5
4 号	65	35	5
5 号	60	40	5

为了探讨 SiO_2 微粉的加入量对 Al_2O_3 多孔隔热材料性能的影响，按 SiO_2 微粉加入量（质量分数）为 0%、1%、2%、3%、4%和 6%设计了 6 组实验方案，如表 7-3-2 所示。

表 7-3-2 SiO_2 微粉的配比 （质量分数，%）

组成	S1	S2	S3	S4	S5	S6
SiO_2 微粉	0	1	2	3	4	6

在确定最佳原料配比的基础上，研究了泡沫加入量由 400 mL/kg 分别增加到 600 mL/kg、800 mL/kg 和 1000 mL/kg 时 Al_2O_3 多孔隔热材料结构与性能发生的变化，以及探讨了温度（1550 ℃、1600 ℃、1650 ℃和 1700 ℃）对 Al_2O_3 多孔隔热材料的结构与性能影响。

采用泡沫浇注法制备 Al_2O_3 多孔隔热材料的工艺流程如图 7-3-2 所示。

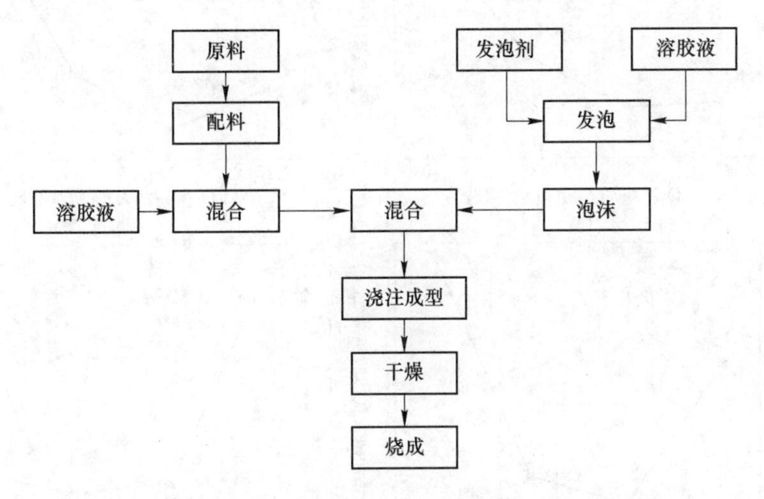

图 7-3-2 泡沫浇注法制备 Al_2O_3 多孔隔热材料的工艺流程图

基于以上设计的实验方案，首先将原料按照表 7-3-1 和表 7-3-2 所示配比混合均匀，加入 25%～35%（质量分数）的铝溶胶溶液使粉料混成均匀、稳定的泥浆；然后将泡沫剂、稳泡剂稀溶液和铝溶胶溶液按质量比 0.1∶1∶5 混合均匀，高速搅拌 10 min，制得稳定的泡沫；最后将泥浆与泡沫按照设计配比混合均匀成泡沫泥浆，注入 40mm×40mm×160 mm的模具中，并轻微振动以除去大气泡后，置于室温中自然干燥 8～12 h，脱模，烘烤 24 h 后，经高温烧成就可以制备出 Al_2O_3 多孔隔热材料。其烧成制度为以 2 ℃/min 的升温速率从室温升到 1000 ℃，以 4 ℃/min 的升温速率从 1000 ℃升到目标温度，并保温 3 h。

7.3.2 活性 α-Al_2O_3微粉的影响

按照表 7-3-1 所示配比，每组实验均添加 800 mL/kg 的泡沫制得 Al_2O_3 多孔隔热材料的生坯，干燥后发现 1 号实验方案（活性 α-Al_2O_3 微粉加入量为 20%）生坯出现明显分层，并且表面伴随有裂纹，说明此方案中 α-Al_2O_3 细粉出现了沉淀现象，1 号方案不稳定。

将 1 号实验方案排除后，将余下 4 组实验方案的生坯于 1550 ℃烧成后，对其进行物理性能检测，测试结果如图 7-3-3 所示。

从图 7-3-3 可以看出：随着活性 α-Al_2O_3 微粉加入量的增加，Al_2O_3 多孔隔热材料的体积密度、耐压强度、烧后线收缩率和加热永久线收缩率均呈现先减小后增大的趋势。当活性 α-Al_2O_3 微粉加入量（质量分数）为 30%时，其体积密度、耐压强度和烧后线收缩率均最小；当氧化铝微粉加入量（质量分数）为 35%时，其加热永久线收缩率最小。

泡沫法制备 Al_2O_3 多孔隔热材料的干燥过程就是泥浆从流动态转变为凝聚态的过程。

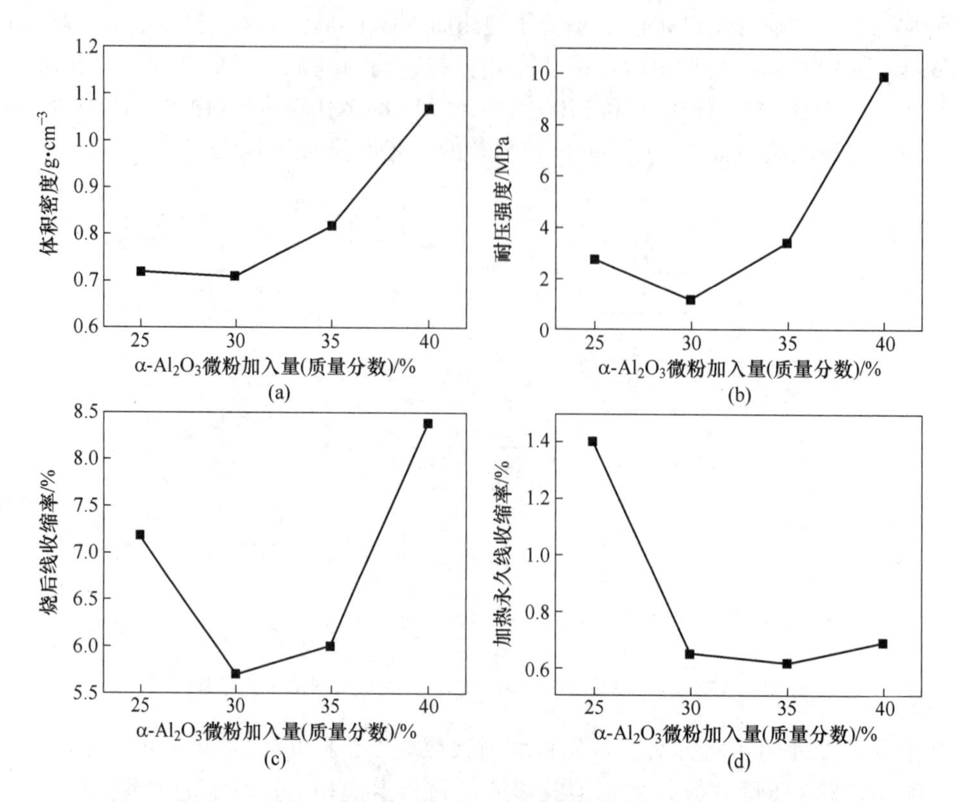

图 7-3-3 活性 α-Al_2O_3 微粉加入量对 Al_2O_3 多孔隔热材料物理性能的影响

（a）体积密度；（b）耐压强度；（c）烧后线收缩率；（d）加热永久线收缩率

这个过程通常是逐渐的、非突变的，并伴随着黏度增高。随着活性 α-Al_2O_3 微粉量的增加，浆体的黏度增大，泡沫泥浆由流动态逐渐向凝聚态转变，氧化铝颗粒位置被固定而避免出现沉淀。因此，适量增加活性 α-Al_2O_3 微粉可以促进生坯的均匀性。而生坯的结构越均匀，烧成后线收缩越小、加热永久线收缩率也就越小，相应的体积密度和强度也就越小。但随着活性 α-Al_2O_3 微粉量的进一步增加，烧成后会产生较大的体积收缩，制品的体积密度和强度变大。同时微粉对泡沫泥浆系稳定性的提升是有限的，继续增加微粉的加入量，泥浆的黏度过大，不利于浇注成型后大气孔的排除，反而不利于泥浆体系的稳定性。

综上所述，加入 30% 活性 α-Al_2O_3 微粉时，材料的结构更加均匀，其体积密度为 0.71 g/cm^3，耐压强度为 1.73 MPa，烧后线收缩率为 5.43%，加热永久线收缩率为 0.69%。

7.3.3 SiO_2 微粉的影响

在加入 30%活性 α-Al_2O_3 微粉基础上，按照表 7-3-2 所示添加不同量的 SiO_2 微粉，将试样于 1550 ℃烧成后，分析检测了 Al_2O_3 多孔隔热材料的物理性能，如图 7-3-4 所示。

由图 7-3-4（a）和（b）可以看出，随着 SiO_2 微粉的增加，材料的烧后线收缩率和体积密度先增大后减小。当 SiO_2 微粉加入量（质量分数）不超过 3%时，随着 SiO_2 微粉的增加，对氧化铝烧结的促进作用增强，材料体积收缩增大，致密程度提高；继续增加

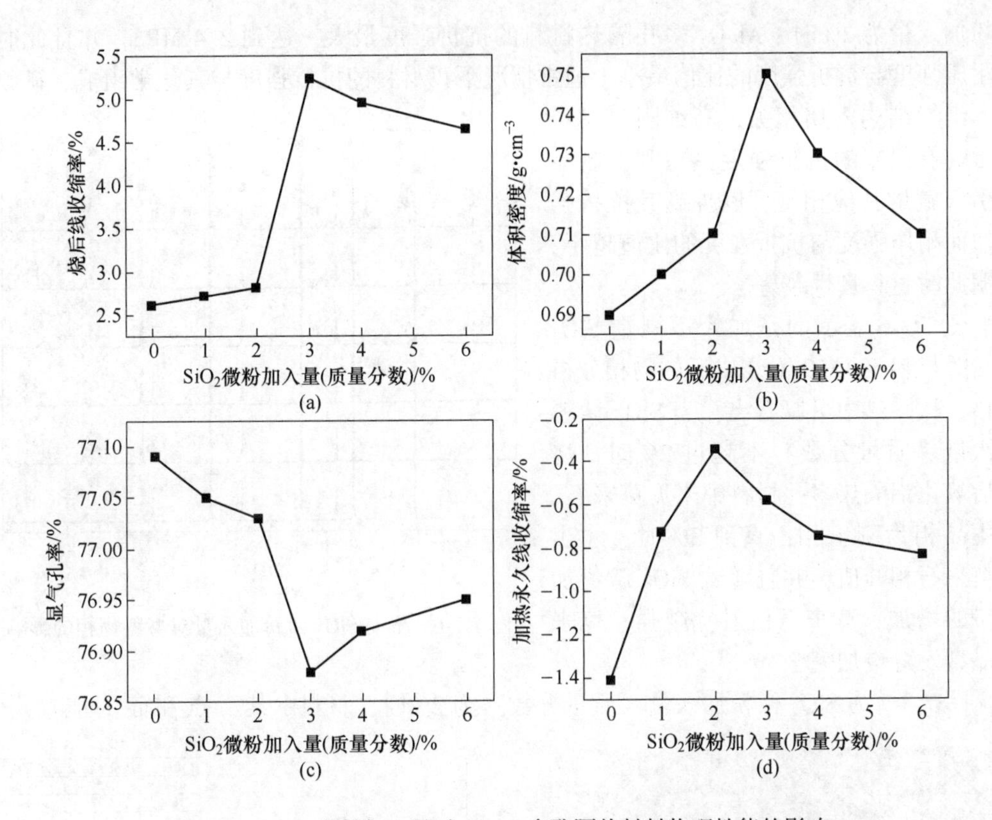

图 7-3-4 SiO_2 微粉加入量对 Al_2O_3 多孔隔热材料物理性能的影响

（a）烧后线收缩率；（b）体积密度；（c）显气孔率；（d）加热永久线收缩率

SiO_2 微粉，在促进氧化铝烧结的同时，会使材料中产生许多微孔，导致一定的体积膨胀，抵消部分烧结产生的体积收缩。

由图 7-3-4（c）可以看出，随着 SiO_2 微粉的增加，材料的显气孔率先减小后增大。一方面 SiO_2 微粉在高温下产生液相，会填充部分气孔，导致气孔率下降，另一方面，硅微粉会促使材料中刚玉颗粒间形成微孔，在这两者的共同作用下，其气孔率呈现先减小后增大的趋势。

由图 7-3-4（d）可以看出，加入 SiO_2 微粉后材料的加热永久线收缩率明显变小，在 1600 ℃重烧 3 h 后的最小线收缩率为 0.32%。这是由于 SiO_2 微粉促进了氧化铝的烧结，重烧时不会有明显的反应。但是硅微粉中含有 K、Na 等杂质，硅微粉加入量过多，材料的高温性能下降，加热永久线收缩率变大。

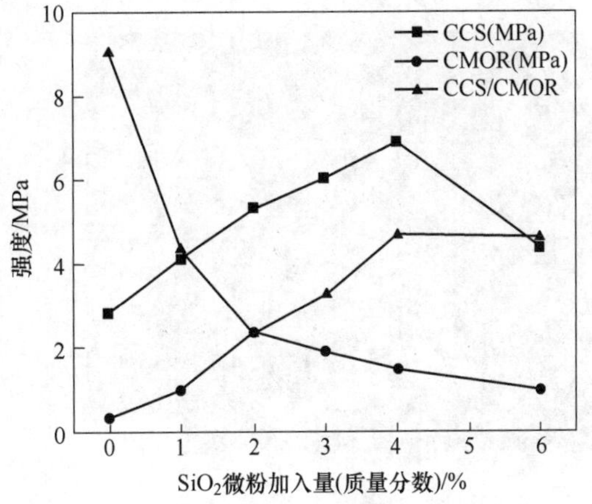

图 7-3-5 SiO_2 微粉加入量对材料强度的影响

由图 7-3-5 可看出，SiO_2 微粉加入量（质量分数）为 4%时，Al_2O_3 多孔隔热材料的耐压强度最大，达到 6.9 MPa；SiO_2

微粉加入量为2%时，Al_2O_3 多孔隔热材料的抗折强度最大，达到2.4 MPa，并且此时材料耐压强度与抗折强度的比值最小。通常情况下，材料的抗折强度与其化学组成、矿物组成、组织结构密切相关，高纯刚玉材料通常具有很差的抗折强度，在刚玉制品中引入微量其他相，可以提高其抗折强度。而耐压强度与抗折强度的比值越小，说明此时材料韧性越好。

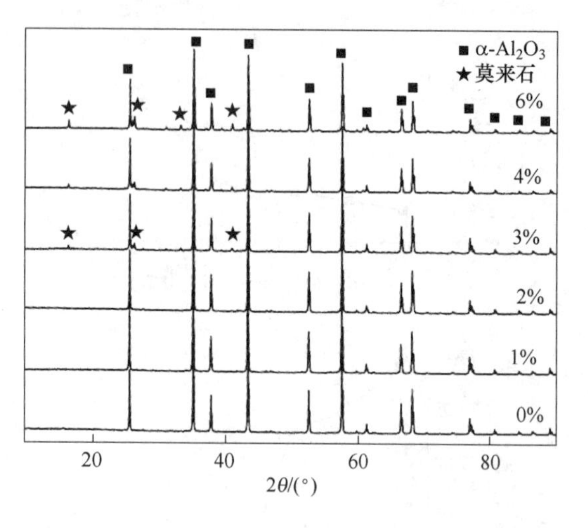

图7-3-6　不同 SiO_2 微粉加入量对材料物相的影响

图7-3-6显示的是加入不同量 SiO_2 微粉时材料于1550 ℃烧成后的物相分析图谱，从图谱中可以看出：当 SiO_2 微粉加入量（质量分数）不超过2%时，烧成后氧化铝隔热多孔材料中未见莫来石，其主晶相为刚玉相；直到3%时，才出现莫来石相峰值，并且随着 SiO_2 微粉加入量的增加，莫来石衍射峰越强，莫来石晶型发育更加完全。

图7-3-7为 SiO_2 微粉加入量（质量分数）为2%时，材料中某一点和面的能谱分析

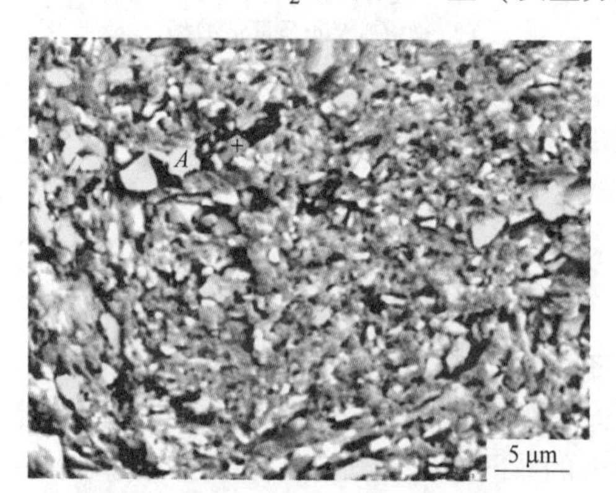

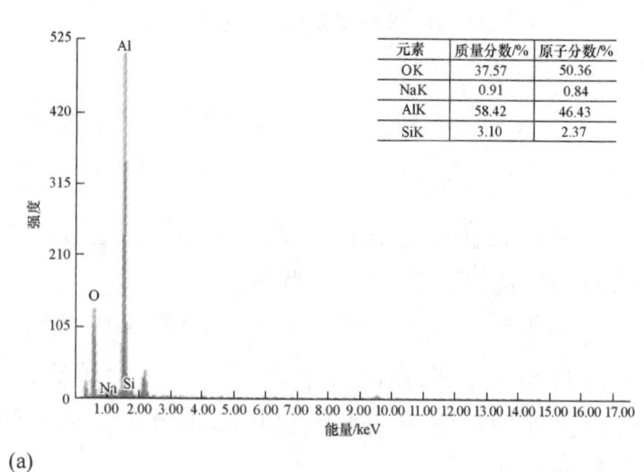

元素	质量分数/%	原子分数/%
OK	37.57	50.36
NaK	0.91	0.84
AlK	58.42	46.43
SiK	3.10	2.37

(a)

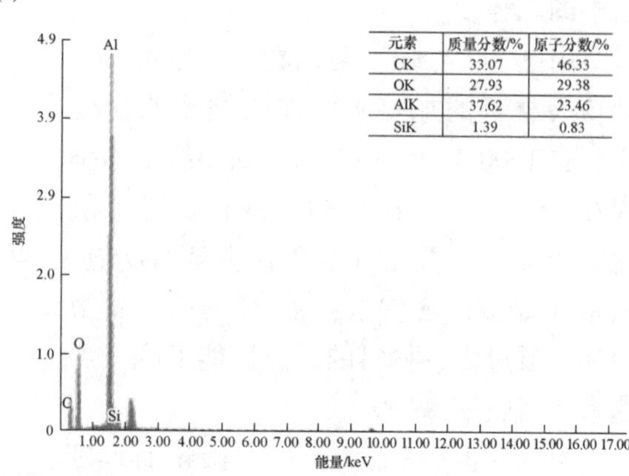

元素	质量分数/%	原子分数/%
CK	33.07	46.33
OK	27.93	29.38
AlK	37.62	23.46
SiK	1.39	0.83

(b)

图7-3-7　SiO_2 微粉加入量为2%时材料的EDS图谱

（a）点 *A* 的EDS图谱；（b）面扫描

图，从图中可以看出 SiO_2 微粉与氧化铝反应生成了 Al_2O_3 含量显著高于理论莫来石的共溶物，这种共溶物质在性质上很接近刚玉。

从图 7-3-8（a）可以看出，在未添加 SiO_2 微粉时，材料中刚玉晶粒生长没有明显的方向性，排列较紧密；随着 SiO_2 微粉的加入，刚玉晶粒生长逐渐规律化，以一点为中心成环形生长，形成多个圆形刚玉颗粒，并且在这些颗粒之间，存在许多尺寸较小的空隙。出现这种现象主要是由于 SiO_2 微粉可以很好地促进氧化铝的烧结，在高温下 SiO_2 呈液态，黏附在氧化铝颗粒周围，并且和氧化铝发生反应，其结果使附近相接触的所有氧化铝颗粒连接成一体，起到促进烧结的作用。

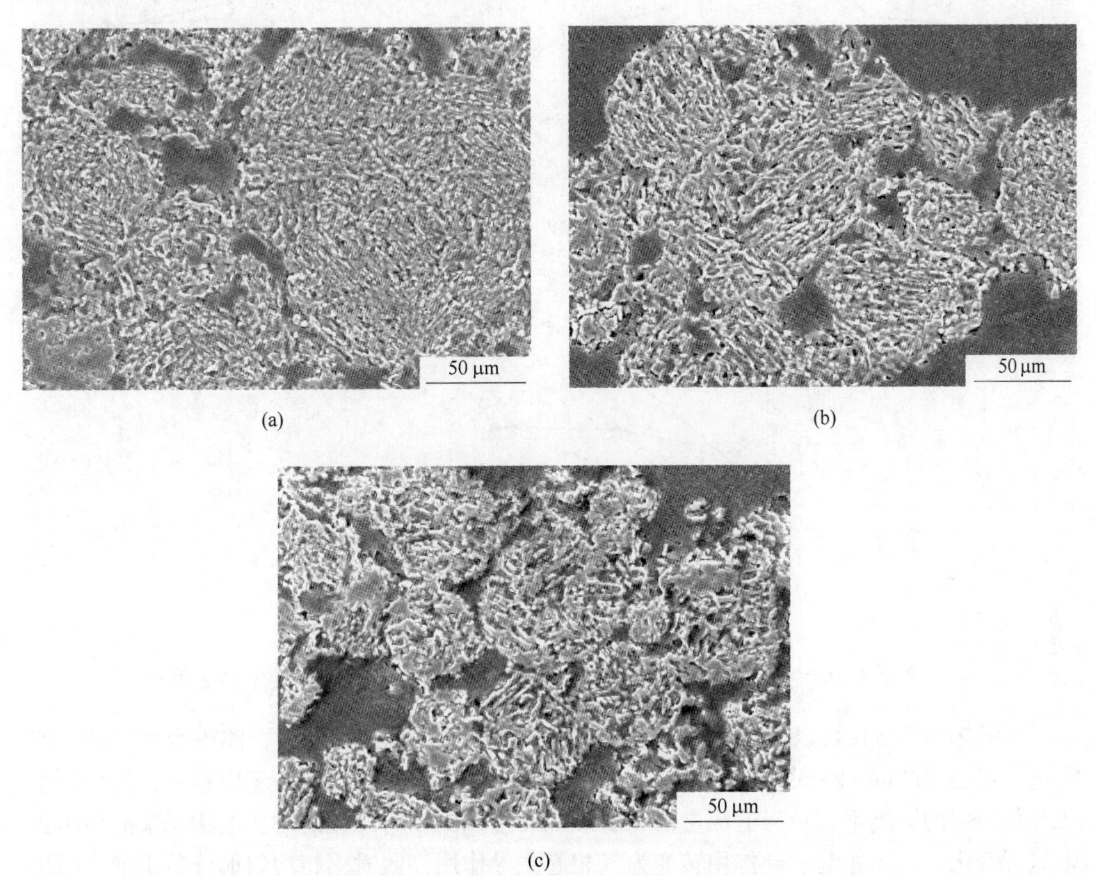

图 7-3-8　不同 SiO_2 微粉加入量时材料的显微结构图片(500×)

(a) 0%；(b) 2%；(c) 4%

添加 SiO_2 微粉可以有效促进氧化铝的烧结，显著提高 Al_2O_3 多孔隔热材料的性能：体积密度为 0.71 g/cm^3，烧后线收缩率为 2.8%，显气孔率为 77%，加热永久线收缩率为 0.32%，耐压强度为 4.3 MPa，抗折强度为 2.4 MPa。

7.3.4　泡沫加入量的影响

在确定了原料最佳配比的基础上，加入不同量泡沫，并统一于 1550 ℃烧成后，对材料结构和性能进行分析，结果如图 7-3-9 所示。

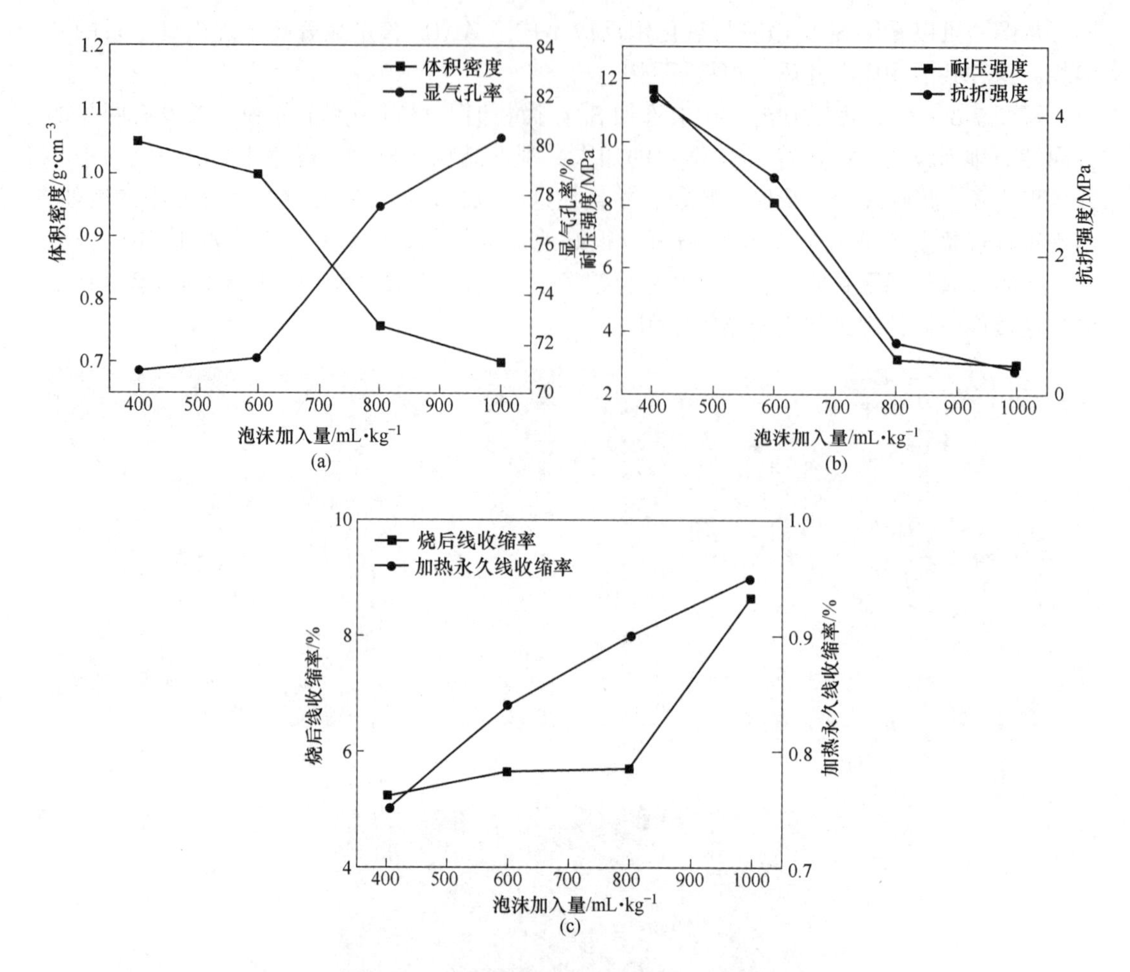

图 7-3-9　泡沫加入量对材料物理性能的影响

（a）体积密度和显气孔率；（b）耐压强度和抗折强度；（c）烧后线收缩率和加热永久线收缩率

由图 7-3-9（a）可以看出，随着泡沫增加，材料的显气孔率增大，体积密度降低。泡沫量不超过 600 mL/kg 时，泡沫泥浆中以固相为主体，气相均匀分布于固相中，泡沫的增加对其结构的影响不大；当泡沫量由 600 mL/kg 增加到 800 mL/kg 时，泡沫泥浆的结构发生显著变化，由固相起主导作用转变为气相起主导作用，此时固相均匀地分布于泡沫的边界处，继续增加泡沫，部分泡沫会消泡，导致泡沫泥浆的均匀性显著降低。

由图 7-3-9（b）可以看出，随着泡沫的增加，耐压强度和抗折强度均逐渐减小。随着泡沫的增加，材料中气相增多，大量气泡填充在固相之间，使得固相间结合减弱，因此强度降低。

从图 7-3-9（c）可以看出，随着泡沫的增加，材料烧后线收缩率和加热永久线收缩率均逐渐增大。

从图 7-3-10 可以看出，随着泡沫的增加，材料的常温弹性模量及泊松比均逐渐减小。弹性模量 E 是材料在应力作用下发生弹性形变时的应力与应变的比，它是原子间结合强度的重要标志之一。在多孔材料中，固相与气相接触的部位，部分原子暴露在气相中，与其他原子的结合强度较低，在应力作用下更容易发生形变，因此随着材料气孔率的增加，弹性模量逐渐减小。

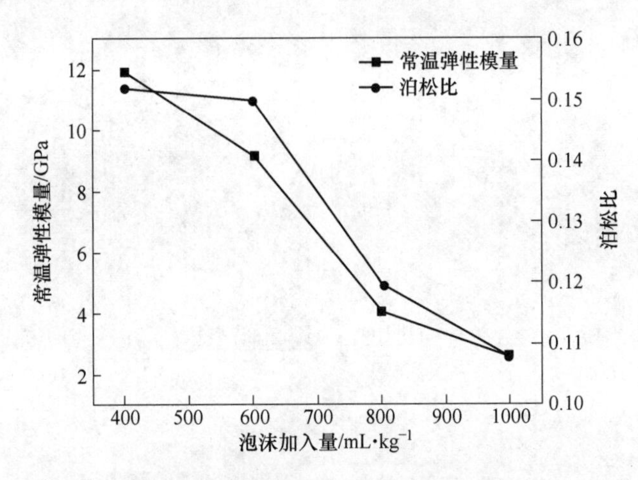

图 7-3-10　材料常温弹性模量及泊松比

从图 7-3-11 可以看出，随着温度的升高，Al_2O_3 多孔隔热材料的高温弹性模量大幅减小。耐火材料作为一种高温材料，其高温性能更能反映出材料的真实特性。根据弹性模量的定义，高温弹性模量越小，说明在应力一定时应变越大，材料的高温体积稳定性越差，强度越低。氧化铝轻质多孔材料的高温弹性模量随着温度的升高而大幅降低，其原因有三点：（1）高温下，原子间距变大，相互之间的作用力减少，导致弹性模量减小；（2）温度升高，材料中的非晶相增多，导致弹性模量减小；（3）随着温度的升高，晶体结构缺陷增加，导致弹性模量减小。

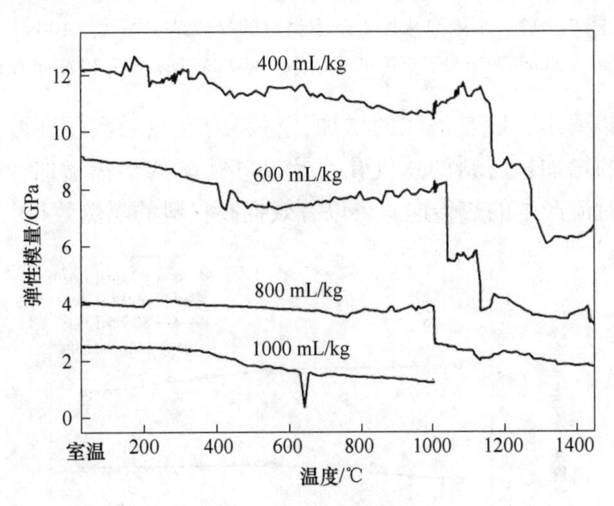

图 7-3-11　材料高温弹性模量

从图 7-3-12 可以看出，随着泡沫的增加，材料由固相连续型逐渐向气相连续型转变，并伴随着小气孔合并成大气孔、气孔的孔壁逐渐变薄、致密程度降低等变化。这种结构的转变致使 Al_2O_3 多孔隔热材料的性能大幅变化，强度显著降低。因此，在泡沫法制备氧化铝隔热材料过程中，泡沫量不超过 600 mL/kg 较合理。

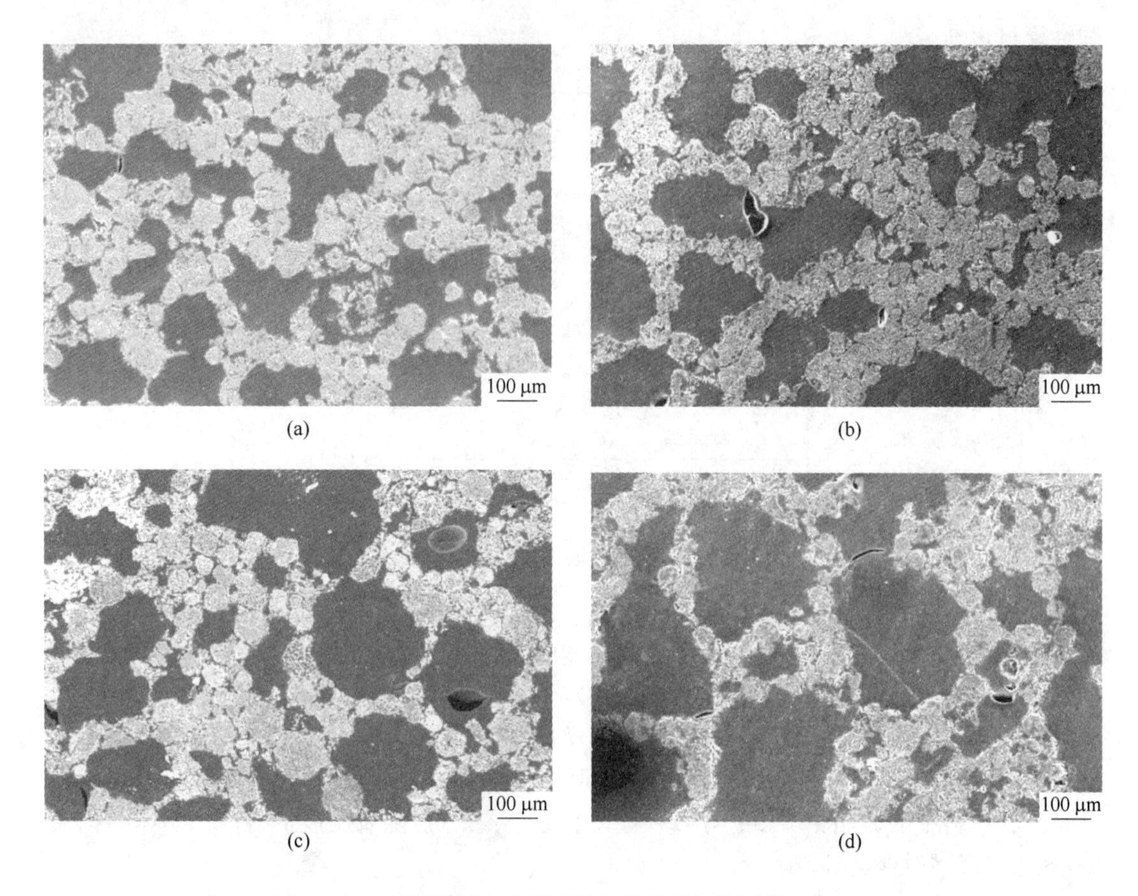

图 7-3-12　不同泡沫加入量下材料的显微结构图片（100×）
（a）400 mL/kg；（b）600 mL/kg；（c）800 mL/kg；（d）1000 mL/kg

由图 7-3-13 可以看出，随着泡沫的增加，材料的导热系数逐渐减小。从图 7-3-14 可以看出，随着泡沫的增加，材料的总气孔率及显气孔率的小幅增加，但闭气孔率显著减小，闭气孔能减少对流产生的热传递，可以有效提高材料的隔热效果，虽然总气孔率和显

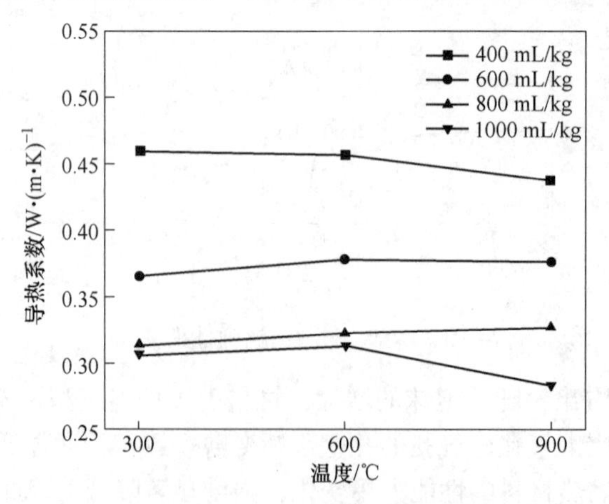

图 7-3-13　泡沫加入量对材料导热系数的影响

气孔率的增加会提高材料的隔热效果，但闭气孔率的减小会削弱材料的隔热效果，两者相互抵消，导致材料的隔热效果并没有随泡沫加入量的增加而显著增强。

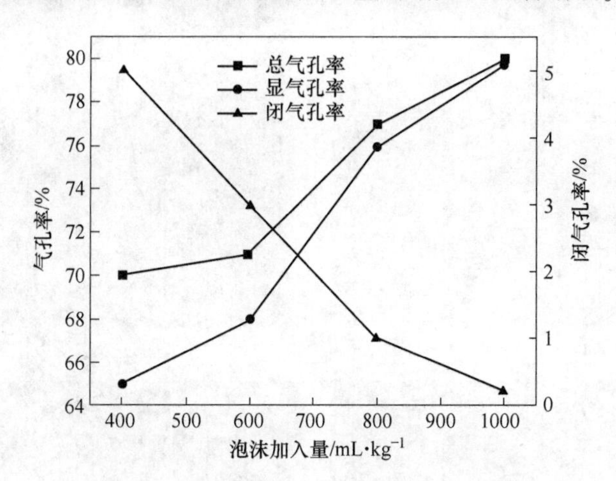

图 7-3-14　泡沫加入量对材料气孔率的影响

同时，从图 7-3-13 可以看出，随着测试温度的升高，同一样品的导热系数呈现先增大后减小的趋势。因为在高温条件下，气体分子的运动加剧，其平均自由程因碰撞概率加大而有所缩小，气体分子运动的平均自由程就越接近于甚至大于该范围内微孔的尺寸，从而使气孔内对流传热作用减弱，材料的导热系数出现降低的趋势。

从图 7-3-15 可以看到，材料的气孔呈圆形，类似蜂窝状，这种结构可以很好地分散应力，使材料具有很高强度，并且在孔壁部分的刚玉颗粒之间存在很多微孔，其孔径为 1~5 μm。随着温度的升高，气体分子的平均自由程由晶粒尺寸大小减小到几个晶格尺寸大小，这时对流传热的声子散射和辐射传热的光子反射更加容易，使热量在微气孔内反复循环传递，起到降低材料热导率的效果。

综上所述，泡沫量由 600 mL/kg 增加到 800 mL/kg 时，Al_2O_3 多孔隔热材料的结构由固相连续型向气相连续型转变，并伴随着强度的显著降低，在泡沫加入量为 600 mL/kg 时，体积密度为 1.04 g/cm³，显气孔率为 72.8%，耐压强度为 8.3 MPa，抗折强度为 3.8 MPa，烧后线收缩率为 5.8%、加热永久线收缩率为 0.74%，热导率为 0.370 W/(m · K)(300 ℃)、0.366 W/(m · K)（600 ℃）、0.361 W/(m · K)（900 ℃）。

7.3.5　烧成温度的影响

烧成温度对多孔隔热耐火材料的性能影响十分重要，在确定了最佳配比组成及泡沫加入量的基础上，研究不同烧成温度（1550 ℃、1600 ℃、1650 ℃和 1700 ℃）对 Al_2O_3 多孔隔热材料结构与性能的影响。

从图 7-3-16（a）可以看出来，随着烧成温度的升高，材料的体积密度先增大后减小，显气孔率先减小后增大。从图 7-3-16（b）可以看出，随着烧成温度的升高，材料烧后线收缩率逐渐增大，常温耐压强度先增大后减小。

材料中的 Na_2O 和 α-Al_2O_3 结合生成 β-Al_2O_3，β-Al_2O_3 的体积密度比 α-Al_2O_3 的小很多，这个转化过程伴随着一定的体积膨胀，形成微细气孔，抵消部分烧结产生的收缩，其

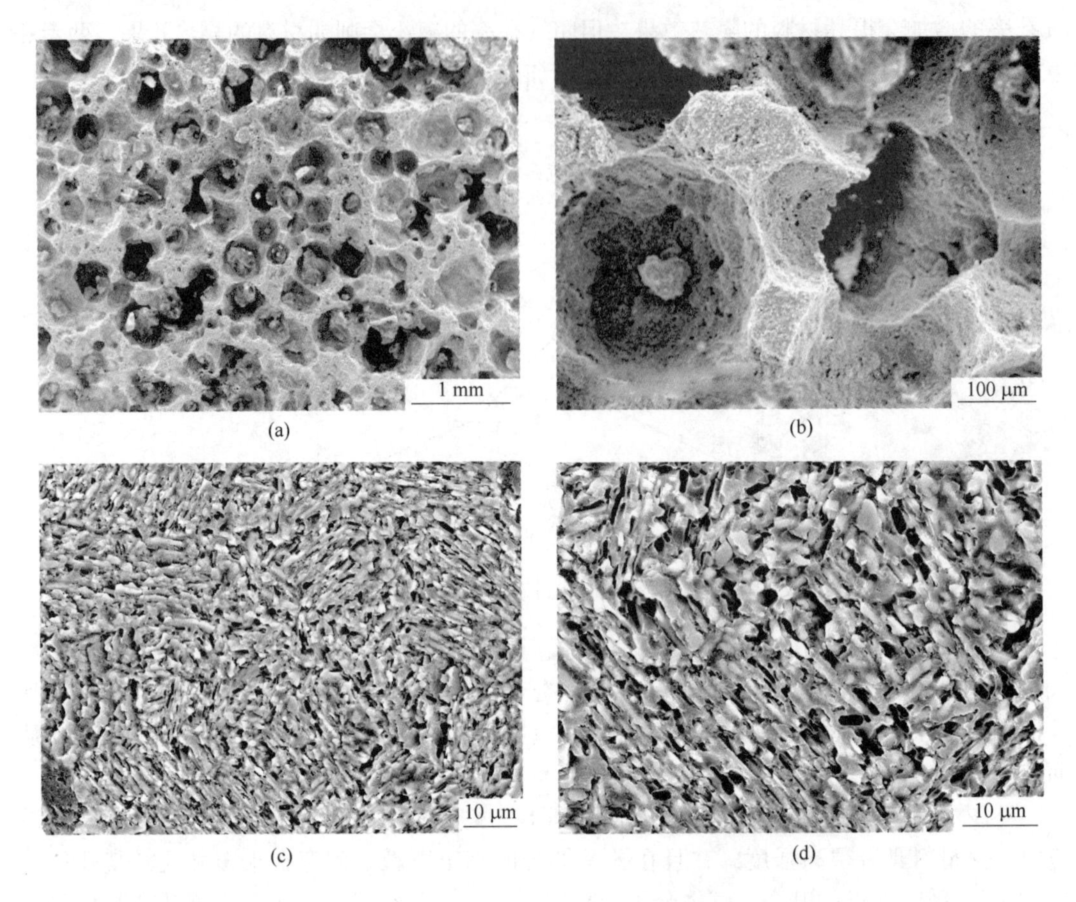

图 7-3-15　泡沫加入量为 600 mL/kg 时材料的气孔形貌

（a）25×；（b）200×；（c）1000×；（d）2000×

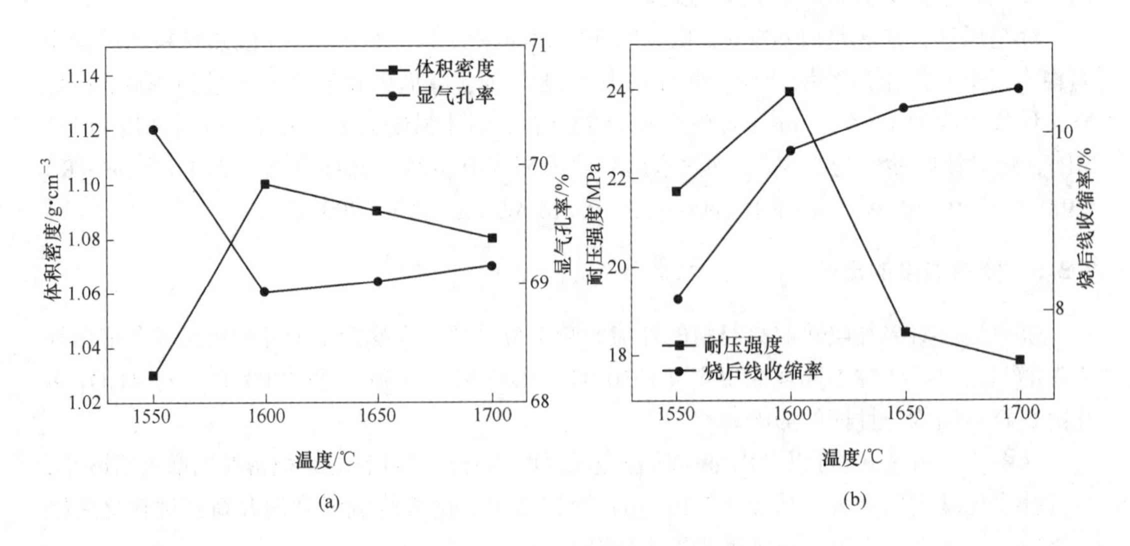

图 7-3-16　烧成温度对材料物理性能的影响

（a）体积密度和显气孔率；（b）耐压强度和烧后线收缩率

结果是体积密度减小，气孔率增大。

随着烧成温度的升高，材料中β-Al_2O_3相的衍射峰逐渐增强，如图7-3-17所示。材料中的Na_2O（泡沫剂引入）和α-Al_2O_3结合生成β-Al_2O_3，β-Al_2O_3的体积密度比α-Al_2O_3的小很多，这个转化过程伴随着一定的体积膨胀，形成微细气孔，会抵消部分烧结产生的收缩。

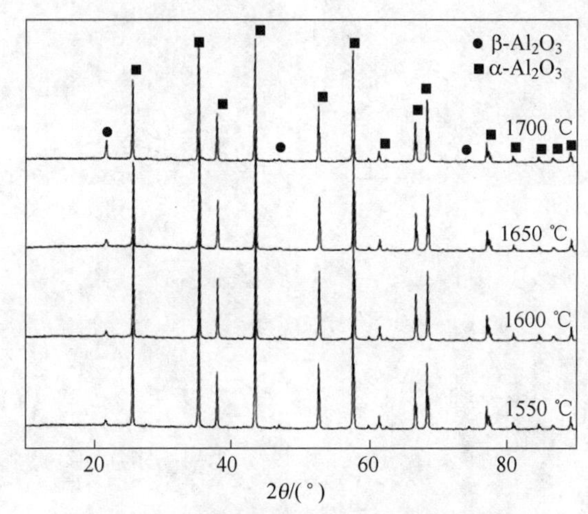

图7-3-17 烧成温度对材料物相的影响

随着烧成温度的升高，Al_2O_3多孔材料中α相晶粒逐渐长大，见图7-3-18，当烧成温度为1550 ℃时，材料中α相的粒径呈现两极化，大小不均匀，随着烧成温度增至1600 ℃，材料中α相粒径趋于均匀化，继续升高烧成温度，晶粒大小比较均匀。

材料的高温荷重软化温度和加热永久线收缩率随着烧成温度的增加而增加，如图7-3-19所示，在温度不超过1650 ℃，随着烧成温度的升高，高温荷重软化温度和加热永久线收缩率变化较大，温度超过1650 ℃时，两者随温度变化不太明显。

影响材料荷重软化温度的主要因素为材料的化学、矿物组成，在Al_2O_3多孔隔热材料制备过程中，由于原料中或多或少会带入碱金属离子，这些碱金属离子在高温下会形成液相，液相的黏度会随着温度的升高而降低，在外力作用下制品容易发生变形。

影响高温荷重软化温度的另一个因素就是气孔形貌，若材料中气孔分布均匀，材料在承受外力时，应力可以很好地分散，不会出现由于局部应力集中而导致材料被破坏，同时气孔的壁厚对材料承受压力后产生的形变量有着决定性作用，从图7-3-20可以看出，随着烧成温度的升高，Al_2O_3多孔隔热材料中部分微小气孔被排除，而大气孔孔径逐渐变小，孔壁厚度逐渐增加，Al_2O_3多孔隔热材料的抗压能力提高。

重烧线变化的产生是由于烧成过程中材料内部的物理化学反应还未完成，烧成不充分，材料在使用过程中，这些物理化学变化会继续进行，从而使材料产生不可逆的体积变化。在Al_2O_3多孔隔热材料中，发生的化学反应较少，但温度的升高对材料中α-Al_2O_3晶粒的生长有着较大影响，从图7-3-18和图7-3-19可以看出，温度从1550 ℃上升到1600 ℃时，α-Al_2O_3晶粒尺寸变化明显，材料的加热永久线收缩率较大，继续升高温度，晶粒尺寸变化很小，材料的加热永久线收缩率就变小。

从图7-3-21可以看出，随着烧成温度的提高，在不同测试温度（300 ℃、600 ℃、

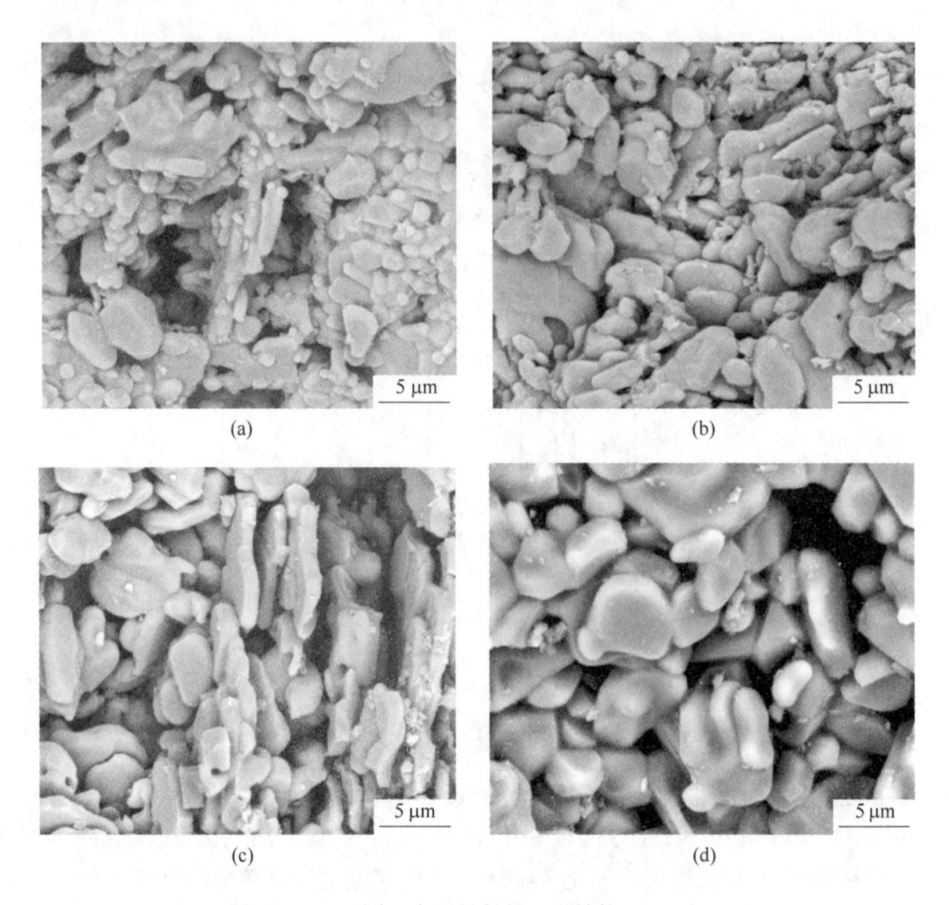

图 7-3-18 不同温度下材料的显微结构（10000×）
（a）1550 ℃；（b）1600 ℃；（c）1650 ℃；（d）1700 ℃

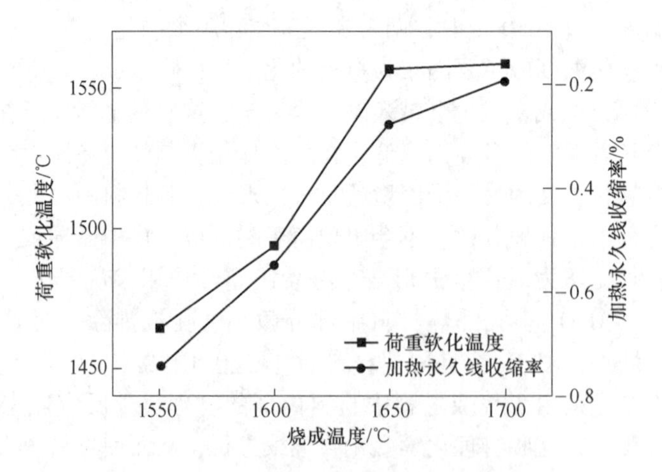

图 7-3-19 烧成温度对材料高温荷重软化温度及加热永久线收缩率的影响

900 ℃）下 Al_2O_3 多孔隔热材料的导热系数逐渐增大。烧成温度对 Al_2O_3 多孔隔热材料导热系数的影响主要是通过气孔实现的，而材料中微孔的数量往往对材料的隔热性能有着很

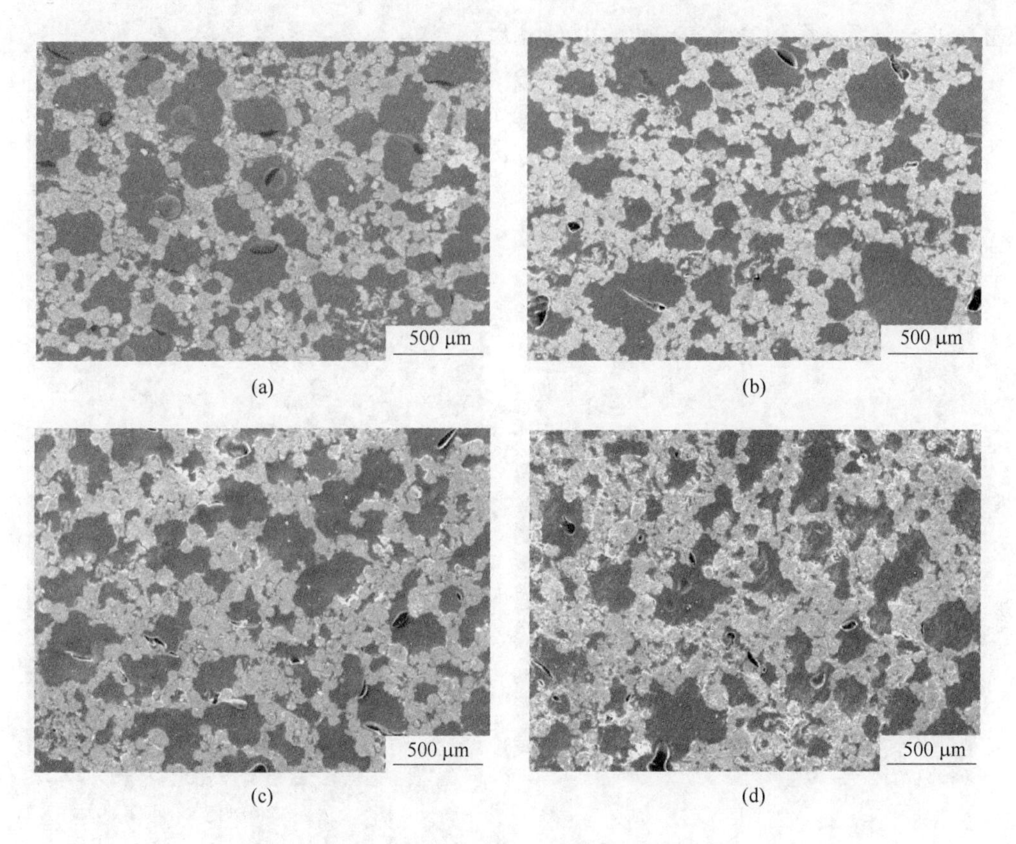

图 7-3-20 烧成温度对材料气孔形貌的影响(50×)
(a) 1550 ℃; (b) 1600 ℃; (c) 1650 ℃; (d) 1700 ℃

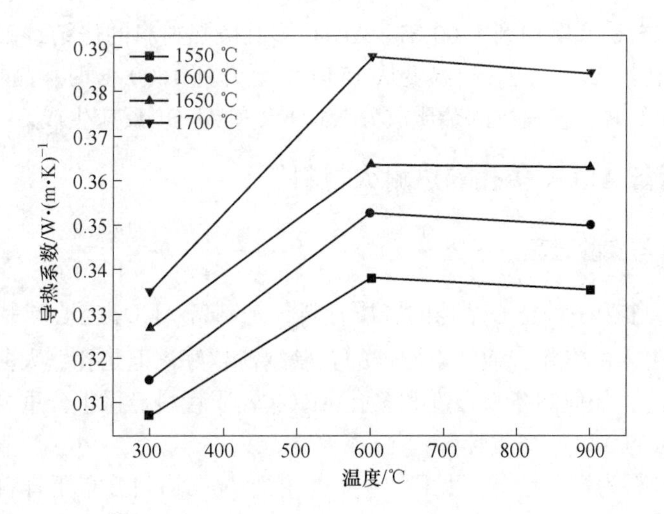

图 7-3-21 烧成温度对材料导热系数的影响

大影响。有研究指出，当气孔的孔径小于 10 μm 时，可以显著降低材料的导热系数。从图 7-3-22 可以看出，随着烧成温度的升高，Al_2O_3 多孔隔热材料中 α 相晶粒逐渐长大，同时颗粒之间的微气孔逐渐合并成大气孔，甚至最终气孔被排除，这个过程中 Al_2O_3 多孔隔热材料的导热系数会随着微气孔的减少而增大。

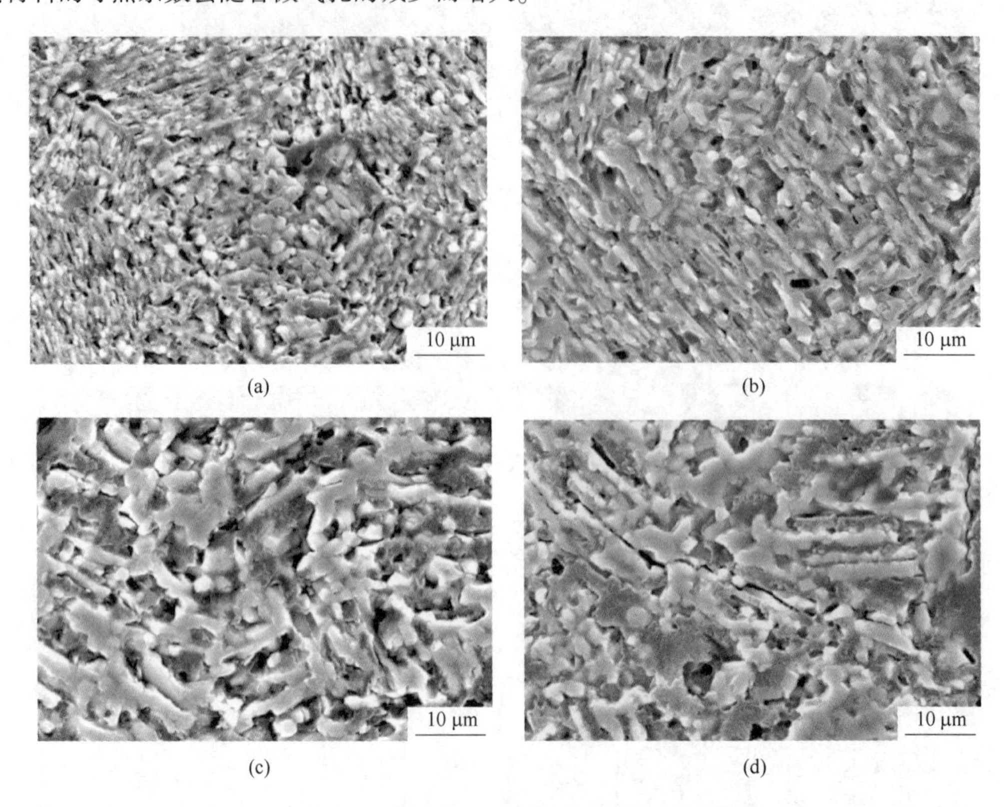

(a)　(b)　(c)　(d)

图 7-3-22　烧成温度对材料孔径尺寸的影响

(a) 1550 ℃；(b) 1600 ℃；(c) 1650 ℃；(d) 1700 ℃

烧成温度从 1550 ℃增加到 1700 ℃，Al_2O_3 多孔隔热材料的烧结致密化提高，材料中的 α-Al_2O_3 晶体显著长大，尤其当温度从 1550 ℃上升到 1600 ℃时，晶粒粒径明显变大。当温度超过 1600 ℃时，材料中的杂质成分 Na_2O 会和 Al_2O_3 反应生成 β-Al_2O_3。

7.4　二步法制备 Al_2O_3 多孔隔热耐火材料

7.4.1　实验设计与实验过程

Al_2O_3 空心球作为一种空心结构的轻质骨料，是制备 Al_2O_3 空心球制品最主要的原料之一。为了引入更多的气相，通常空心球的孔壁越薄越好，但是孔壁太薄，在成型过程中容易被压碎。因此，如何制备高强度和多孔 Al_2O_3 轻质骨料显得十分重要。本实验中设计了如图 7-4-1 所示的 Al_2O_3 轻质骨料。

Al_2O_3 轻质骨料为多孔小球（见图 7-4-1），微小气孔均匀分布于骨料中。这种结构与 Al_2O_3 空心球比，相当于把空心球中的大气孔微细化后均匀分布在整个骨料中，同时将致密的孔壁多孔化后扩展到整个骨料中。其结果是在不影响气孔率的情况下，可以有效提高骨料在成型过程中的抗压能力。同时，微细化气孔也可以提高材料的隔热性能，在气孔体积相等的情况下，气孔尺寸越小，气相与固相的接触面越大，热量在这些接触面上被反射的概率就增大，材料的隔热性能就更好。

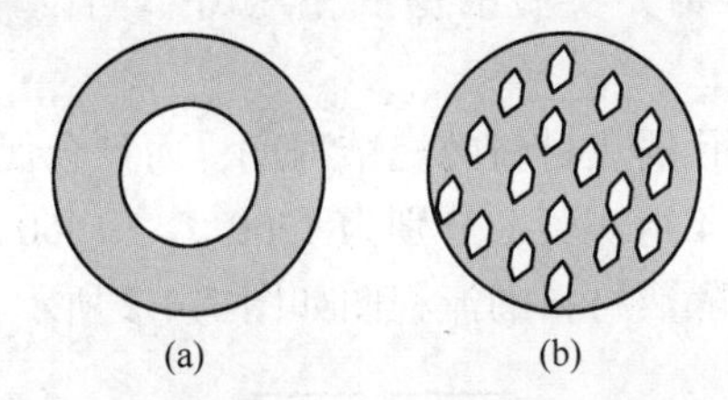

图 7-4-1 氧化铝轻质骨料与氧化铝空心球的结构对比图
（a）Al_2O_3 空心球；（b）Al_2O_3 轻质多孔骨料

这里所说的二步法，第一步，以锯末为造孔剂，制备出免烧的 Al_2O_3 多孔骨料；第二步，以多孔轻质骨料替代 Al_2O_3 空心球，制备 Al_2O_3 多孔隔热材料，该过程中主要成孔方法为造孔剂法、颗粒堆积法和多孔材料法，成型方式为模压成型。其具体过程：因锯末具有一定的弹性，在成型过程中，容易产生弹性后效而导致多孔隔热耐火材料的结构出现裂纹。为了克服弹性后效，先将部分粉料经圆盘造粒，经烘干后，未经烧成就可以制备出具有较高强度的 Al_2O_3 轻质骨料，由于锯末被固定在骨料中，骨料不具有弹性；以这些骨料为骨架，细粉填充骨料之间，成型过程中，压力主要作用在骨料上，而细粉中的锯末由于填充在骨料的间隙中，可以避免造孔剂的弹性后效问题。

实验以 α-Al_2O_3 粉为主要原料，以锯末为造孔剂，磷酸二氢铝溶液等为结合剂，所用锯末烧后残余灰分和红柱石的化学组成如表 7-4-1 所示。

表 7-4-1 原料的化学组成 （质量分数，%）

成 分	SiO_2	Al_2O_3	Fe_2O_3	CaO	MgO	K_2O	Na_2O	I. L.
锯末灰分	19.59	5.14	2.87	48.04	4.57	3.85	0.30.97	12.75
红柱石	38.13	59.43	0.56	—	—	0.23	0.01	—

和 7.3 节中的原料一样，采用活性 α-Al_2O_3 微粉和 α-Al_2O_3 细粉为主要原料，微粉虽然更容易烧结，但过多会使烧后材料产生较大的线变化率，为了确定最佳的活性 α-Al_2O_3 微粉加入量，设计了以下 4 组实验方案，如表 7-4-2 所示。

表 7-4-2 实验原料的配比 （质量分数，%）

成 分	1 号	2 号	3 号	4 号
α-Al_2O_3 细粉	85	80	75	70
活性 α-Al_2O_3 微粉	10	15	20	25
红柱石	5	5	5	5

造孔剂为锯末，研究锯末添加量对 Al_2O_3 多孔隔热材料性能的影响，在确定了配方组成的基础上，确定最佳的锯末添加量，设计了 4 组实验方案，见表 7-4-3。

表 7-4-3 锯末添加量的实验方案 （质量分数，%）

编号	J1	J2	J3	J4
锯末	30	35	40	45

为了确定合适的成型压力，实验根据成型压力不同设计了 3 组实验方案，分别为 5 MPa、10 MPa、15 MPa。

温度不仅影响 Al_2O_3 多孔隔热材料的烧结程度，而且会促进刚玉晶粒长大。为了确定最佳烧成温度，实验设计了 4 组实验，分别为 1500 ℃、1550 ℃、1600 ℃和 1650 ℃。

二步法制备 Al_2O_3 多孔隔热材料的流程图如图 7-4-2 所示。

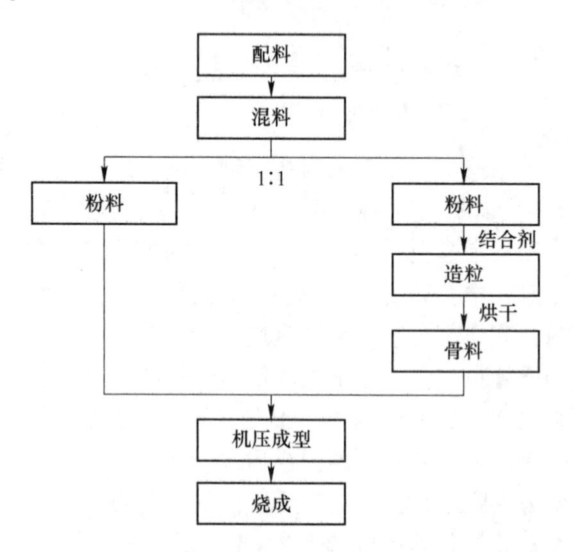

图 7-4-2 二步法制备 Al_2O_3 多孔隔热材料的工艺流程图

基于实验设计，按表 7-4-2 所示配比配料后，与表 7-4-3 所示配比的锯末混合均匀，将混合均匀的粉料均分为两份，将其中的一份采用圆盘造粒法，以磷酸二氢铝溶液为结合剂造成不同粒径的多孔轻质骨料，烘干后直接将其与剩余粉料混合均匀，并添加部分结合剂后，经机压成型，制备成 ϕ50 mm 的圆柱样，于 110 ℃×24 h 保温后烧成即可制备出 Al_2O_3 多孔隔热材料。其中，烧成制度为以 2 ℃/min 的升温速率从室温升到 700 ℃，并保温 1 h，以 3 ℃/min 的升温速率从 700 ℃升到目标温度，并保温 3 h。

7.4.2 活性 α-Al_2O_3 微粉的影响

在锯末加入量（质量分数）为 35%基础上，按照表 7-4-2 所示配比将原料混合均匀后为两份，一份造粒后与另一份混合，加入适量结合剂后机压成型制备出 Al_2O_3 多孔隔热材料，于 1550 ℃烧成后测试材料的性能，结果如图 7-4-3 所示。

随着活性 α-Al_2O_3 微粉的增加，材料的体积密度、烧后线收缩率以及常温耐压强度均逐渐增大，如图 7-4-4 所示。当活性 α-Al_2O_3 微粉的添加量为 15%时，Al_2O_3 多孔隔热材料的体积密度为 1.03 g/cm^3，烧后线收缩率为 4.64%，常温耐压强度为 1.6 MPa。

7.4.3 成型压力的影响

保持造孔剂的加入量（质量分数）为 35%，通过改变机压成型的压力来研究成型压力对 Al_2O_3 多孔隔热材料性能的影响。

随着成型压力的增加，Al_2O_3 多孔隔热材料的体积密度逐渐增大；当成型压力为

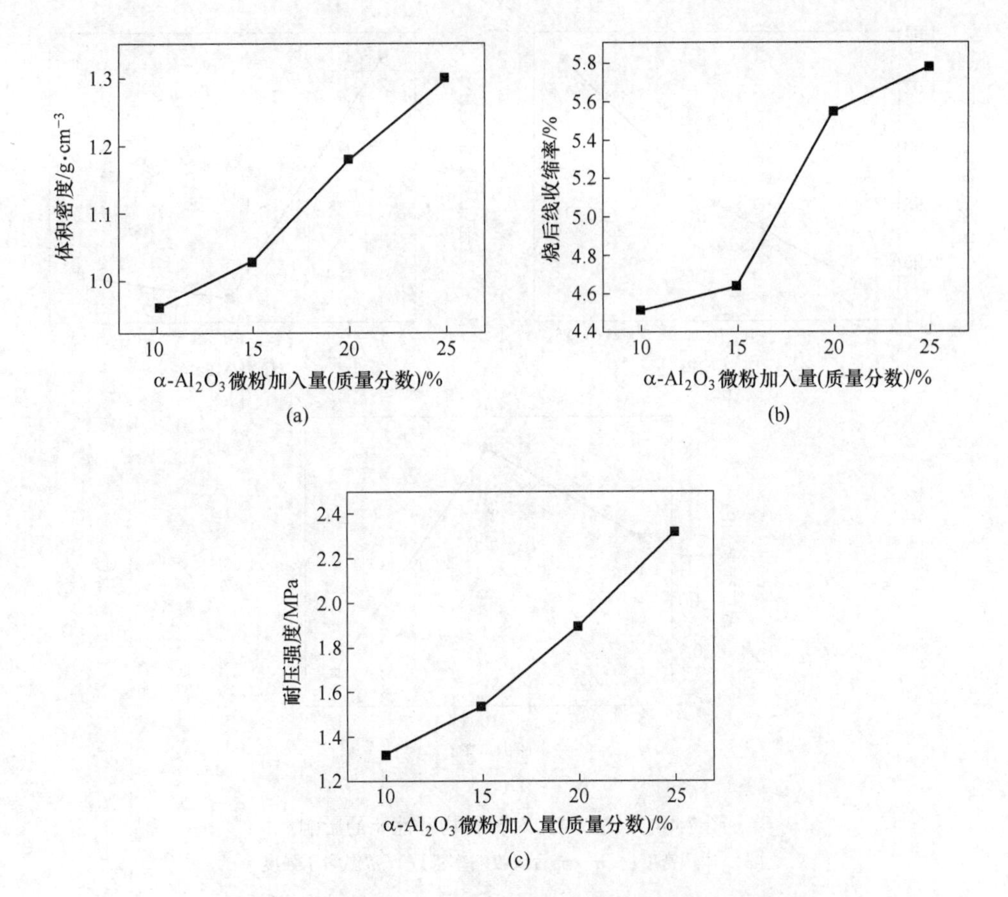

图 7-4-3　活性 α-Al_2O_3 微粉加入量对材料物理性能的影响

（a）体积密度；（b）烧后线收缩率；（c）常温耐压强度

10 MPa时，材料烧后线收缩率最小，常温耐压强度最高。成型压力为 10 MPa 时，造孔剂的弹性后效影响较小，材料的体积密度为 0.98 g/cm^3，烧后线收缩率为 5%，耐压强度为 1.6 MPa。

7.4.4　造孔剂的影响

在确定了原料配比的基础上，外加表 7-4-3 所示配比的造孔剂，经 10 MPa 压力成型后制备出生坯，并均于 1550 ℃烧成。得出结果如图 7-4-5 所示。

当锯末加入量（质量分数）不超过 35%时，Al_2O_3 多孔隔热材料的外观完整，没有明显的缺陷，继续增加锯末加入量，其内部出现明显颗粒状的边界，并且这种颗粒状的边界随着锯末的增加而增多。这是因为成型过程中弹性后效使 Al_2O_3 多孔隔热材料的生坯结构遭受一定的破坏，锯末加入量越多，弹性后效越大，材料结构破坏越明显。

随着造孔剂的增加，材料的体积密度和常温耐压强度逐渐减小，烧后线收缩率和加热永久线收缩率逐渐增大。当造孔剂由 30%增加到 40%时，体积密度显著减小，而烧后线收缩率和常温耐压强度变化幅度很小，继续增加造孔剂，体积密度减小不明显，而烧后线变化率和常温耐压强度明显增大，如图 7-4-6 所示。

Al_2O_3 的烧结机理是扩散传质，烧结时颗粒必须紧密接触，在接触面处产生的局部剪切应力，会促使颗粒间重排，从而达到烧结的目的。随着锯末加入量的增加，Al_2O_3 颗粒

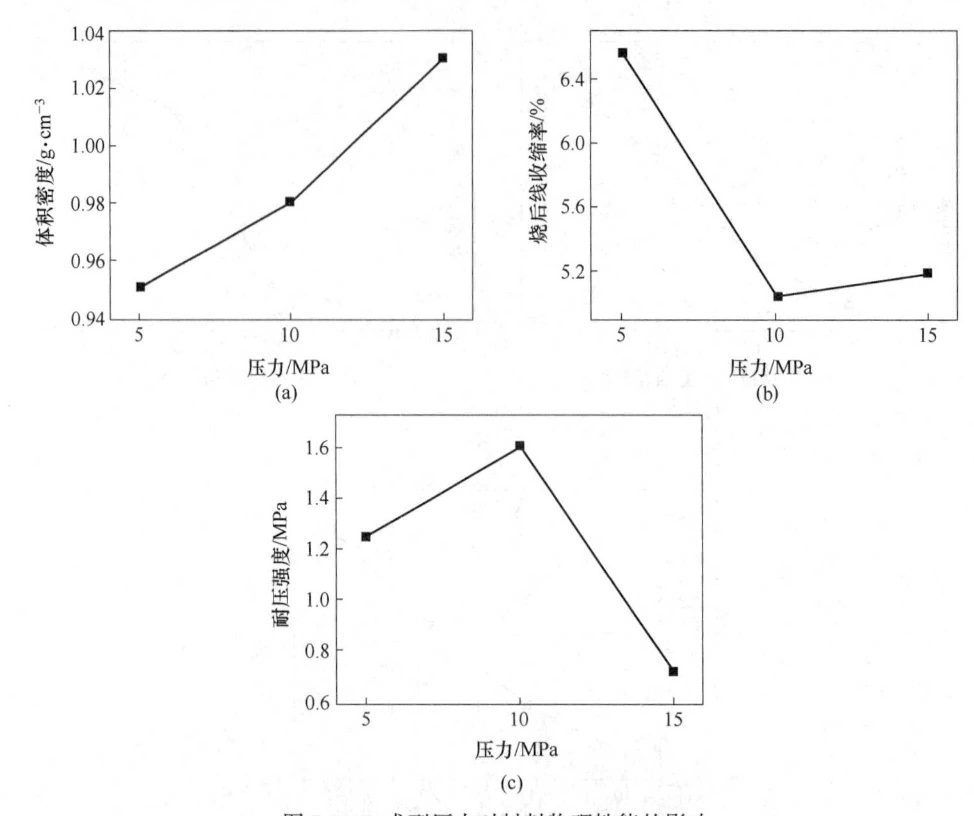

图 7-4-4　成型压力对材料物理性能的影响

（a）体积密度；（b）烧后线收缩率；（c）常温耐压强度

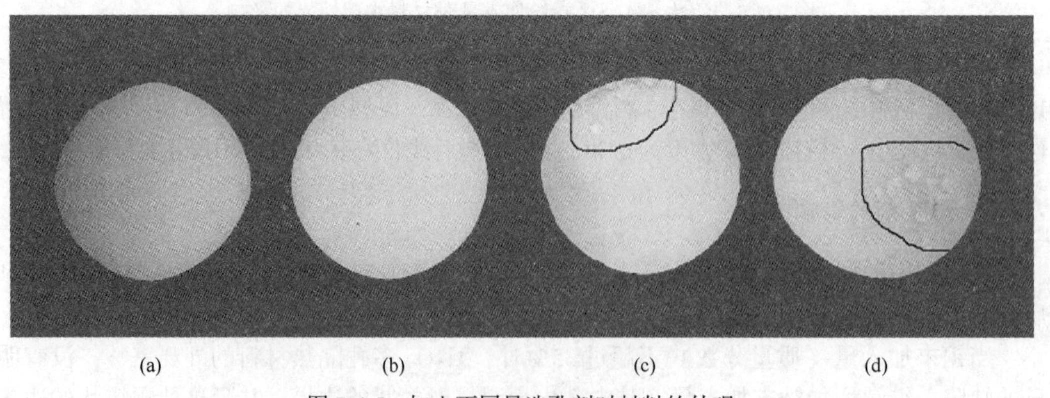

图 7-4-5　加入不同量造孔剂时材料的外观

（a）30%；（b）35%；（c）40%；（d）45%

之间的接触面越来越少，甚至是无法接触，Al_2O_3 烧结难度增大，材料体积密度变化不大，而强度却急剧降低。另外，锯末的烧后灰分会带入少量的 K、Na 等碱金属离子，对 Al_2O_3 多孔隔热材料的高温性能影响较大，因而其加热永久线收缩率逐渐变大。

随着造孔剂加入量的增加，材料的导热系数均逐渐降低，见图 7-4-7，和 7.3 节中泡沫法制备的 Al_2O_3 多孔隔热材料相比（体积密度相同），二步法制备材料的导热系数要低，这是因为二步法制备 Al_2O_3 多孔隔热材料的孔形不一样，见图 7-4-8，其孔形不规则，类似狭缝或迷宫形，因而导热系数低，但强度不高。

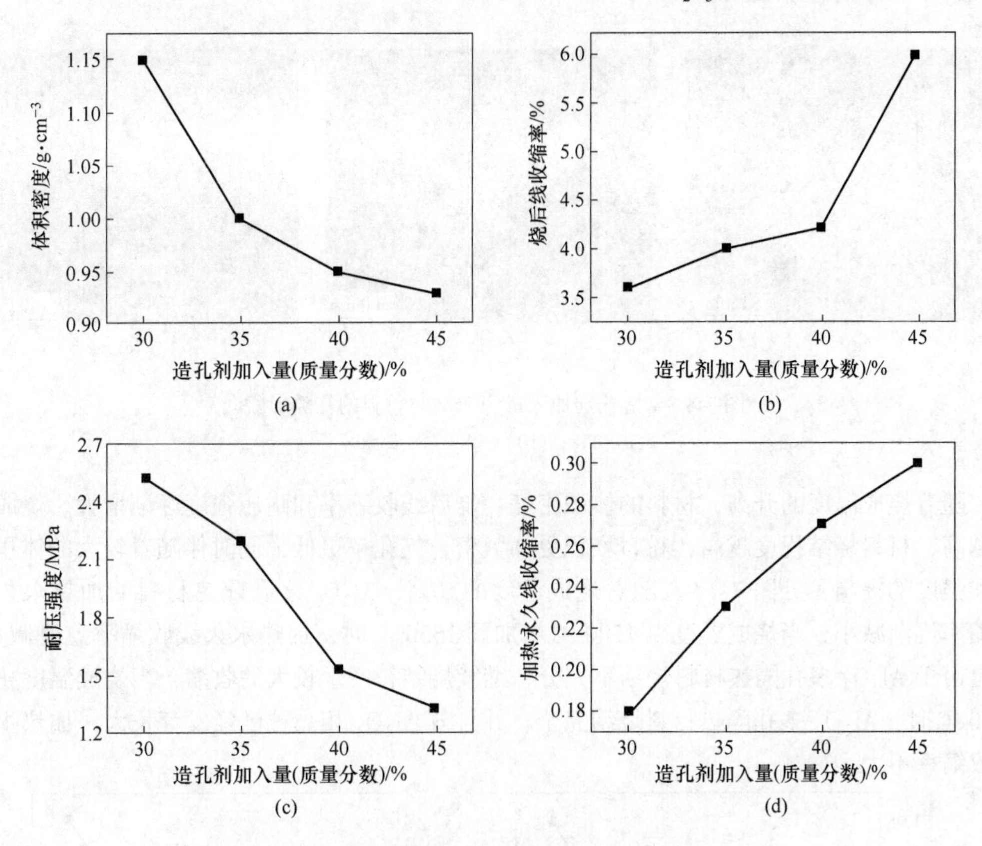

图 7-4-6 造孔剂加入量对材料物理性能的影响

（a）体积密度；（b）烧后线收缩率；（c）耐压强度；（d）加热永久线收缩率

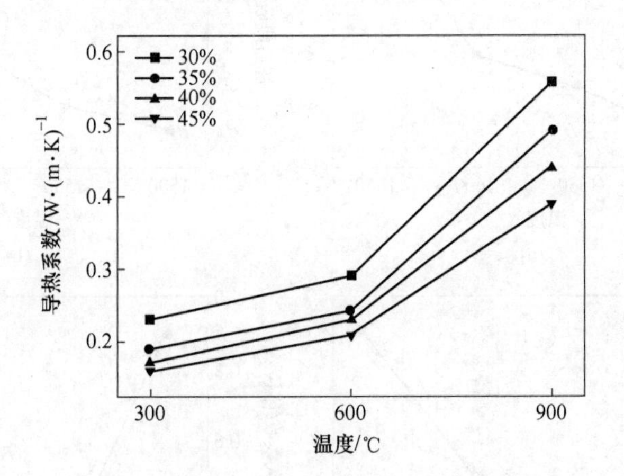

图 7-4-7 造孔剂加入量对材料导热系数的影响

7.4.5 烧成温度的影响

在确定原料配比、成型压力为 10 MPa 和造孔剂加入量为 35%的基础上研究了不同烧成温度（1500 ℃、1550 ℃、1600 ℃和 1650 ℃）对 Al_2O_3 多孔隔热材料结构与性能的影响。

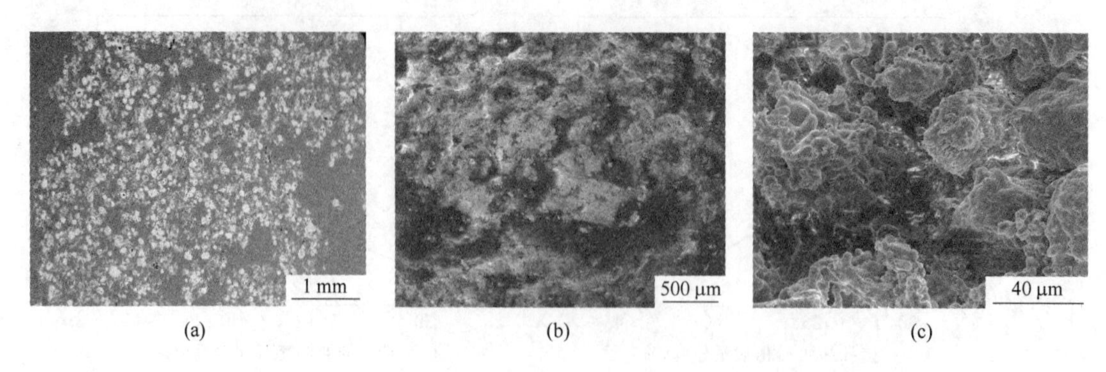

图 7-4-8 造孔剂加入量为35%时材料的孔隙形貌

（a）25×；（b）100×；（c）2000×

随着烧成温度的升高，材料的体积密度、烧后线收缩率和耐压强度逐渐增大。烧成温度越高，材料烧结程度越高，粉料堆积更加紧密，气孔率更低，同时伴随着较大的体积收缩和强度的提高，见图 7-4-9。随着烧成温度的升高，Al_2O_3 多孔隔热材料的加热永久线收缩率逐渐减小，当烧成温度由 1500 ℃增加到 1550 ℃时，加热永久线收缩率急剧减小，这是由于 Al_2O_3 多孔隔热材料烧结不充分，继续烧结，产生较大的收缩，当烧成温度超过 1550 ℃时，Al_2O_3 多孔隔热材料烧结完全，并且 α-Al_2O_3 相晶粒已经发育长大，加热永久线收缩率不大。

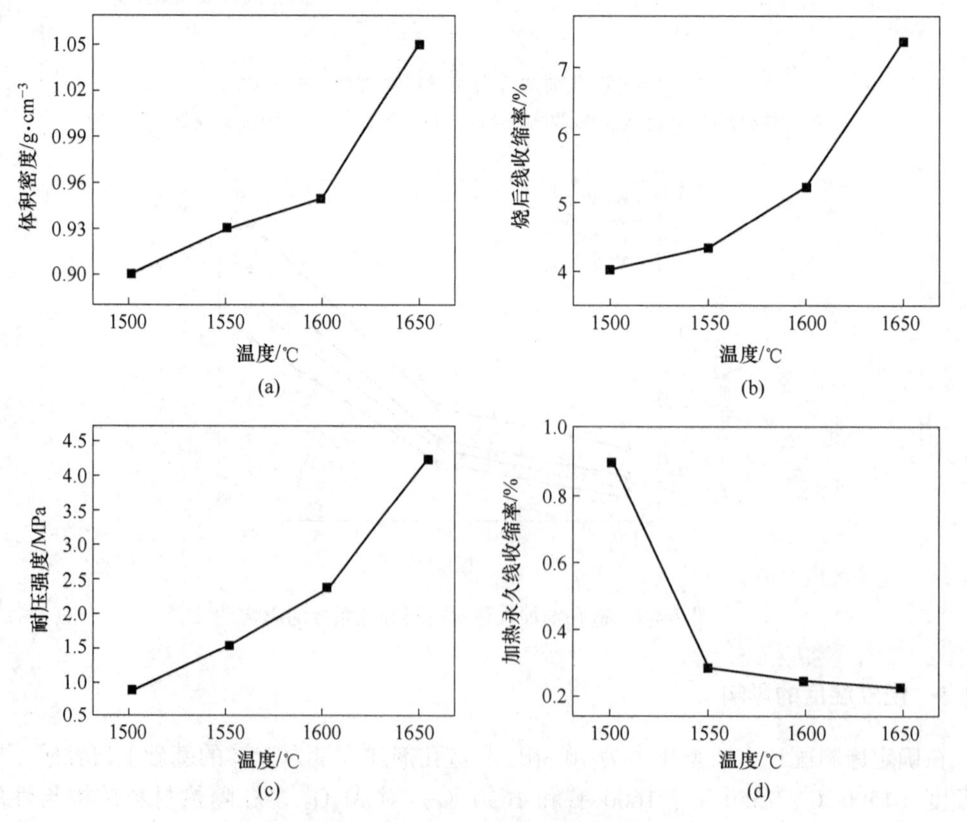

图 7-4-9 烧成温度对材料物理性能的影响

（a）体积密度；（b）烧后线收缩率；（c）耐压强度；（d）加热永久线收缩率

烧成温度为 1550 ℃时，材料的导热系数最小；烧成温度为 1500 ℃时，材料的体积密度虽然更小，气孔率更高，但其导热系数比烧成温度为 1550 ℃时要大，如图 7-4-10 所示。

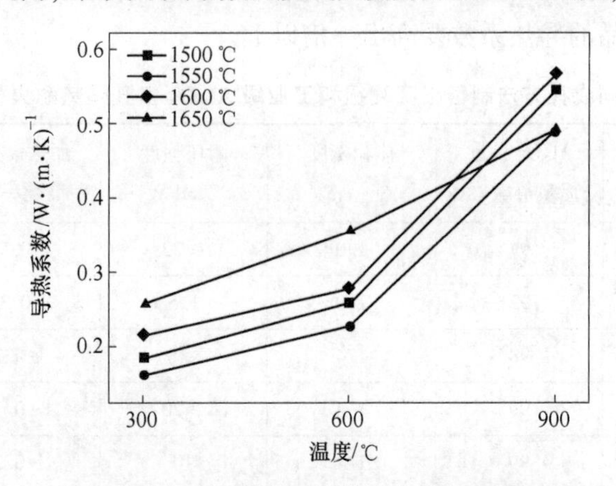

图 7-4-10　烧成温度对材料导热系数的影响

随着烧成温度的升高，Al_2O_3 多孔隔热材料中 α 相晶粒在尺寸及形状上发生了明显变化。在烧成温度为 1500 ℃时，Al_2O_3 多孔隔热材料中 α 相晶粒尺寸较小，颗粒为块状或柱状，随着温度升高，α 相晶粒逐渐长大，颗粒形状转变为近似的球状，且明显变厚。同时，在温度超过 1600 ℃时，Al_2O_3 多孔隔热材料中部分超大 α 相晶粒中出现了裂纹，如图 7-4-11 所示，这种裂纹将是材料断裂时裂纹扩展的危险源。

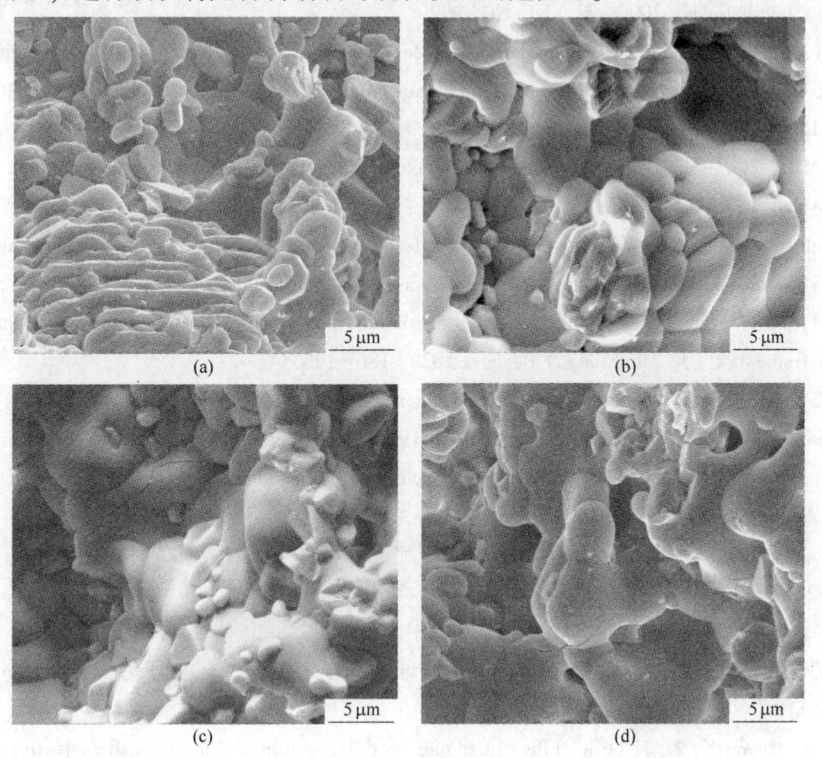

图 7-4-11　不同烧成温度下材料的显微结构图片(10000×)

(a) 1500 ℃；(b) 1550 ℃；(c) 1600 ℃；(d) 1650 ℃

表 7-4-4 总结了不同成孔方法制备出实验级和工业级 Al_2O_3 多孔隔热耐火材料的理化指标，从表中可以看出 Al_2O_3 空心球制品和泡沫法或二步法制备的多孔隔热 Al_2O_3 材料相比，Al_2O_3 空心球制品的导热系数要高出一倍以上。

表 7-4-4 不同成孔方法制备出实验级和工业级 Al_2O_3 多孔隔热耐火材料理化性能

项 目	Al_2O_3 含量（质量分数）/%	体积密度 /$g \cdot cm^{-3}$	耐压强度 /MPa	加热永久线变化率/%	导热系数 /$W \cdot (m \cdot K)^{-1}$
泡沫法（实验样品）	97	1.0	≥22	-0.52	0.32
二步法（实验样品）	97	1.0	1.5	-0.36	0.16
Al_2O_3 空心球制品 L	98	1.4	≥8	±0.3	0.8
Al_2O_3 空心球制品 N	99	1.4	≥20	±0.3	0.9
TJMBa99	99	1.4	10	±0.2	0.9
TJM PLUS33	90	1.05	5	-0.8	0.45

注：导热系数：（平板法）热面 1000 ℃；加热永久线变化率：1600 ℃×12 h；TJMBa99 和 TJM PLUS33 分别为宜兴摩根热陶瓷公司生产的空心球砖、泡沫法隔热砖。

参 考 文 献

[1] Wang J, Wang L, Yang H, et al. Modification of alumina bubbles with ammonium aluminum sulphate [J]. Ceramics International, 2006, 32 (8): 905-909.

[2] Geng H, Hu X, Zhou J, et al. Fabrication and compressive properties of closed-cell alumina ceramics by binding hollow alumina spheres with high-temperature binder [J]. Ceramics International, 2016, 42 (14): 16071-16076.

[3] Gallas M R, Piermarini G J. Bulk modulus and Young's modulus of nanocrystalline γ-alumina [J]. Journal of the American Ceramic Society, 1994, 77 (11): 2917-2920.

[4] Yamamura K, Hama M, Kobayashi Y, et al. Effect of hydrothermal process for inorganic alumina sol on crystal structure of alumina gel [J]. Journal of Asian Ceramic Societies, 2016, 4 (3): 263-268.

[5] Yang M, Li J, Man Y, et al. A novel hollow alumina sphere-based ceramic bonded by in situ mullite whisker framework [J]. Materials & Design, 2020, 186: 108334.

[6] Xue Y, Liu R, Xie S, et al. Alumina hollow sphere-based ceramics bonded with preceramic polymer-filler derived ceramics [J]. Ceramics International, 2019, 45 (2): 2612-2620.

[7] Lee W, Choi S, Oh S M, et al. Preparation of spherical hollow alumina particles by thermal plasma [J]. Thin Solid Films, 2013, 529: 394-397.

[8] 郑金龙，李相晔，邵谦，等．氧化铝空心球的制备及隔热性能的研究 [J]. 现代制造技术与装备，2011 (2): 19-21.

[9] 黄智，廖其龙．氧化铝空心微球的制备 [J]. 中国粉体技术，2008，14 (3): 20-23.

[10] 庞利萍，赵瑞红，郭奋，等．新型氧化铝空心球的制备及表征 [J]. 物理化学学报，2008，24 (6): 1115-1119.

[11] Wang J, Huang Y, Lu J, et al. Effect of binder on the structure and mechanical properties of lightweight bubble alumina ceramic [J]. Ceramics International, 2012, 38 (1): 657-662.

[12] Caspersen L. Increasing kiln performance with bubble alumina brick [J]. Ceramic Industry, 2005, 10:

27-29.

[13] 严婷. 纳米氧化铝及其氧化铝空心球的制备 [D]. 南京: 南京理工大学, 2016.

[14] 耐火材料 氧化铝空心球砖: YB/T 4764—2019 [S]. 2019.

[15] 廖佳. 高强低导热氧化铝轻质隔热材料的制备及性能研究 [D]. 武汉: 武汉科技大学, 2015.

[16] Nait-Ali B, Haberko K, Vesteghem H, et al. Thermal conductivity of highly porous zirconia [J]. Journal of the European Ceramic society, 2006, 26 (16): 3567-3574.

[17] Liu P, Skogsmo J. Space-group deter mination and structure model for κ-Al_2O_3 byconvergent-beam electron diffraction (CBED) [J]. Acta Crystallographica Section B: Structural Science, 1991, 47 (4): 425-433.

[18] Ollivier B, Retoux R, Lacorre P, et al. Crystal structure of κ-alumina: An X-ray powder diffraction, TEM and NMR study [J]. Journal of Materials Chemistry, 1997, 7 (6): 1049-1056.

[19] Santos P S, Santos H S, Toledo S P. Standard transition aluminas. Electron microscopy studies [J]. Materials Research, 2000, 3: 104-114.

[20] Shen L, Hu C, Sakka Y, et al. Study of phase transformation behaviour of alumina through precipitation method [J]. Journal of Physics D: Applied Physics, 2012, 45 (21): 215302.

[21] Zhang Z, Pinnavaia T J. Mesostructured Forms of the Transition Phases η-and χ-Al_2O_3 [J]. Angewandte Chemie, 2008, 120 (39): 7611-7614.

[22] Cai S H, Rashkeev S N, Pantelides S T, et al. Phase transformation mechanism between γ-and θ-alumina [J]. Physical Review B, 2003, 67 (22): 224104.

[23] Zhou R S, Snyder R L. Structures and transformation mechanisms of the η, γ and θ transition aluminas [J]. Acta Crystallographica Section B: Structural Science, 1991, 47 (5): 617-630.

[24] Jia L, Li Y B, Li S J, et al. Preparation of utralight alumina lightweight insulation brick [J]. Key Engineering Materials, 2014, 602/603: 648-651.

[25] 廖佳, 李远兵, 李亚伟, 等. 工艺参数对 Al_2O_3 轻质隔热材料性能的影响 [J]. 耐火材料, 2013, 47 (增刊2): 393-394.

[26] 廖佳, 李远兵, 段斌文, 等. SiO_2 微粉加入量对高纯 Al_2O_3 多孔隔热耐火材料性能的影响 [J]. 耐火材料, 2015, 49 (1): 17-19.

[27] 武汉科技大学. 一种高强氧化铝轻质隔热砖及其制备方法: CN201310016464.7 [P]. 2013-04-17.

[28] 武汉科技大学. 一种氧化铝轻质隔热耐火制品及其制备方法: CN201310114702.8 [P]. 2013-06-12.

[29] Kishimoto A, Obata M, Asaoka H, et al. Fabrication of alumina-based ceramic foams utilizing superplasticity [J]. Journal of the European Ceramic Society, 2007, 27 (1): 41-45.

[30] Favaro L, Boumaza A, Roy P, et al. Experimental and ab initio infrared study of χ-, κ-and α-aluminas formed from gibbsite [J]. Journal of Solid State Chemistry, 2010, 183 (4): 901-908.

[31] Zang W, Guo F, Liu J, et al. Lightweight alumina based fibrous ceramics with different high temperature binder [J]. Ceramics International, 2016, 42 (8): 10310-10316.

[32] Hao Z, Wu B, Wu T. Preparation of alumina ceramic by κ-Al_2O_3 [J]. Ceramics International, 2018, 44 (7): 7963-7966.

[33] Boumaza A, Favaro L, Lédion J, et al. Transition alumina phases induced by heat treatment of boehmite: An X-ray diffraction and infrared spectroscopy study [J]. Journal of Solid State Chemistry, 2009, 182 (5): 1171-1176.

[34] 周志敏. 大粒径炭黑卧式反应炉设计 [J]. 炭黑工业, 2001 (3): 9-11.

[35] 文青. 发泡注凝法制备多孔氧化铝陶瓷保温材料 [D]. 武汉: 武汉理工大学, 2012.

[36] 王瑶瑶. 高抗热震性氧化铝空心球砖试制分析 [J]. 山东冶金, 2017, 39 (6): 73, 75.

[37] 陈子森. 高热稳定性氧化铝空心球砖的研制与应用 [J]. 冶金设备管理与维修, 2001, 19 (6):

12-13.
[38] 李连洲．隔热性好的刚玉轻质耐火材料 [J]. 国外耐火材料, 1991, 16 (5): 50-52.
[39] 屈源超．固相颗粒稳定泡沫法制备氧化铝隔热材料 [D]. 郑州: 郑州大学, 2014.
[40] 刘瑞明．硅橡胶原位固化氧化铝空心球轻质陶瓷隔热材料制备及性能研究 [D]. 天津: 天津大学, 2018 .
[41] 王玉霞, 白明迅, 李宏伟, 等．加入陶瓷空心微珠对氧化铝空心球轻质浇注料性能的影响 [J]. 耐火材料, 2016 (3): 217-218.
[42] 张玲利, 罗旭东, 张国栋, 等．尖晶石对凝胶结合氧化铝空心球浇注料性能的影响 [J]. 耐火与石灰, 2011, 36 (3): 8-10.
[43] 张小旭, 马军强, 李永乐, 等．间歇式高温窑用氧化铝空心球预制块的性能及其应用 [J]. 耐火材料, 2014, 48 (2): 141-142.
[44] 韩颖强．介孔空心球状二氧化钛的制备与应用性能测试 [D]. 杭州: 浙江工业大学, 2015.
[45] 王楠．金属氧化物空心结构的模板法制备与性质研究 [D]. 长春: 东北师范大学, 2008 .
[46] 牛同健．聚空心球对陶瓷性能影响的研究 [D]. 太原: 中北大学, 2012.
[47] 尹述伟, 王家邦, 杨辉．纳米硫酸钡对氧化铝空心球的表面涂覆 [J]. 耐火材料, 2013, 47 (5): 365-369.
[48] 田俊英．溶度积驱动循环模板法制备氧化铝空心球及其吸附性能 [D]. 大连: 大连理工大学, 2018.
[49] 韩行禄．使用空心刚玉球试制隔热制品 [J]. 国外耐火材料, 1990, 15 (5): 26-29.
[50] 张光明, 汤志松, 郭奋, 等．水热和硬模板辅助制备氧化铝空心球 [J]. 北京化工大学学报 (自然科学版), 2010, 37 (4): 83-87.
[51] 李晓星．氧化铝基轻质隔热材料的制备及性能研究 [D]. 武汉: 武汉科技大学, 2012.
[52] 王家邦．轻质氧化铝空心球陶瓷的制备、结构与性能研究 [D]. 杭州: 浙江大学, 2002 .
[53] 常正钦, 王立旺．炭化炉用低导热耐酸浇注料的研制与应用 [J]. 耐火材料, 2015, 49 (2): 140-143.
[54] 马宁, 罗旭东, 张国栋, 等．碳化硅对低水泥结合氧化铝空心球浇注料性能的影响 [J]. 耐火与石灰, 2011, 36 (6): 13-16.
[55] CyBo, 霍素真．氧化锆空心球 [J]. 国外耐火材料, 1990 (7): 48-50.
[56] 刘瑞祥．氧化硅-氧化铝复合高温隔热瓦的制备与性能研究 [D]. 哈尔滨: 哈尔滨工业大学, 2016.
[57] 尹述伟．氧化铝空心球的表面改性及其在轻质浇注料中的应用 [D]. 杭州: 浙江大学, 2013 .
[58] 王家邦, 杨辉, 陆静娟, 等．氧化铝空心球的表面修饰 [J]. 无机材料学报, 2003, 18 (4): 823-829.
[59] 崔印生．氧化铝空心球耐火浇注料在顶烧式制氢转化炉燃烧器中的应用 [J]. 化工施工技术, 1998, 20 (2): 37-40.
[60] 王家邦, 杨辉, 傅晓云, 等．氧化铝空心球陶瓷断裂机制研究 [J]. 浙江大学学报: 工学版, 2004, 38 (10): 1350-1354.
[61] 张玲利, 罗旭东, 张国栋, 等．氧化镁对凝胶结合氧化铝空心球浇注料性能的影响 [J]. 耐火与石灰, 2011, 36 (2): 18-20.
[62] 沈斌华．氧化物空心球的湿化学制备与隔热涂层性能研究 [D]. 杭州: 浙江大学, 2019.
[63] 王家邦．一种制备轻质高强氧化铝空心球陶瓷的制备方法 [J]. 佛山陶瓷, 2005, 15 (5): 38.
[64] 霍素真．以蛭石为基质的高温隔热材料 [J]. 国外耐火材料, 2003, 28 (3): 18-22.
[65] 霍素真．用方镁石空心球生产耐火材料的研究 [J]. 国外耐火材料, 1992, 17 (3): 10-14.
[66] 李隽锁, 宋晓军, 李颖, 等．优质抗剥落氧化铝空心球砖的研制及使用 [J]. 耐火材料, 2002, 36

(5)：304-305.
[67] 王家邦，杨辉，陈桂华，等．原位合成纳米氧化铝烧结助剂制备轻质氧化铝陶瓷 [J]. 硅酸盐学报，2003，31（2）：133-137.
[68] 郭海珠，余森．实用耐火原料手册 [M]. 北京：中国建材工业出版社，2000.
[69] 林彬荫，吴清顺．耐火矿物原料 [M]. 北京：冶金工业出版社，1992.
[70] 李楠，顾华志，赵惠忠．耐火材料学 [M]. 北京：冶金工业出版社，2010 .
[71] 李楠．保温保冷材料及其应用 [M]. 上海：上海科学技术出版社，1985 .
[72] 李红霞．耐火材料手册 [M]. 北京：冶金工业出版社，2009 .

8　SiO_2 质多孔隔热耐火材料

SiO_2 质多孔隔热耐火材料，本章中主要介绍 SiO_2 耐火原料及轻质硅砖、纳米 SiO_2 复合隔热材料、硅藻土隔热材料和珍珠岩隔热材料。

8.1　SiO_2 耐火材料

本章讲述的 SiO_2 耐火材料，主要指用天然硅石（如脉石英、石英砂、石英砂岩、石英岩等）或者人工合成的 SiO_2（如熔融石英、SiO_2 微粉、纳米 SiO_2 等）为主要原料制备的含 SiO_2 耐火材料，包括硅石耐火材料（silica refractory，SiO_2 含量≥93%）、硅质耐火材料（siliceous refractory，85%≤SiO_2 含量<93%）以及其他以 SiO_2 为主的耐火材料。

8.1.1　硅石

硅石，顾名思义，就是含硅的石头，它不是矿物名称而是工业术语，工业上对块状硅质原料统称为硅石，其矿物主要为石英，化学成分主要是 SiO_2。耐火材料用的硅石有多种分类方法：(1) 制砖工艺：胶结硅石和结晶硅石；(2) 晶型转化速度：快速、中速、慢速和极慢四种；(3) 结构致密度：极致密（气孔率小于 1.2%）、致密（气孔率 1.2%~1.4%）、比较多孔（气孔率 4.0%~10.0%）和多孔（气孔率大于 10.0%）；(4) 剧烈膨胀温度：低热（<1150 ℃）稳定、中热（1150~1225 ℃）稳定、高热（>1225 ℃）稳定，硅石的具体分类及特性见表 8-1-1。

表 8-1-1　硅石的分类及特性

工艺分类	岩石分类	颜色	矿物组成	化学组成	石英晶粒/mm	转化速度	制砖适应性
结晶硅石	脉石英	乳白色	石英为主，质地纯净，有的夹有红色或黄褐色水锈	SiO_2 含量约为 99%	>2	极慢	转化困难，制砖废品率高
	石英岩	灰白色 浅灰色	石英为主，含有黏土、云母、绿泥石、长石、褐铁矿等	SiO_2 含量>98%	0.15~0.25	特慢	可生产各种硅砖和作为不定形耐火材料添加剂
胶结硅石	石英砂岩	淡黄色 淡红色	石英为主，有少量长石、云母，胶结物为硅质	SiO_2 含量>95%，R_2O 含量为 1%~2%	粗粒 1~0.5，细粒 0.25~0.1	快速转化	制造一般硅砖
	燧石岩	赤白色 青白石	基质为玉髓，含有脉石英晶粒，也含有氧化铁、石灰石、绿泥石	SiO_2 含量>95%	0.005~0.01	快速	可生产各种硅砖

续表 8-1-1

工艺分类	岩石分类	颜色	矿物组成	化学组成	石英晶粒/mm	转化速度	制砖适应性
硅砂	石英砂	黄褐色	石英为主，含有少量长石等矿物（5%）	SiO_2 含量>90%，Al_2O_3 含量<5%，Fe_2O_3 含量<1%	较大 0.5~0.15		多用于捣打料，可制一般硅砖

硅石在加热过程中发生晶型转变，并伴随体积膨胀。SiO_2 压力-温度相平衡图见图 8-1-1。

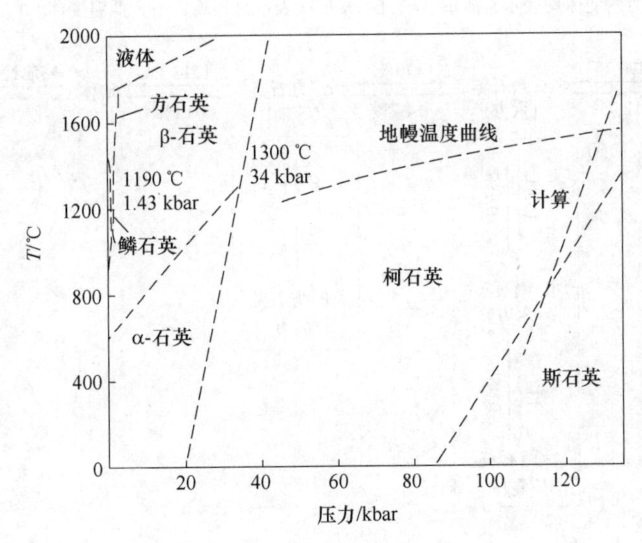

图 8-1-1　SiO_2 压力-温度相平衡图

（1 bar = 0.1 MPa）

SiO_2 除了在常压下有石英（quart，高温和低温型石英 2 种）、鳞石英（tridymite，高温、中温和低温型 3 种）、方石英（cristobalite，高温和低温型石英 2 种）7 种晶形体和非晶态（石英玻璃、无定形 SiO_2 等）以外，还有一些高压下的变体属于人工合成，如柯石英（coesite）、斯石英（stishovite）、凯石英（keatite）等。SiO_2 各种变体的性质和稳定存在条件如表 8-1-2 所列。常压下 SiO_2 各晶型间的转变温度和体积变化见图 8-1-2，其中 SiO_2 变体有多个晶系，这因为转变温度和成分等影响导致不同文献研究有不同结果。

表 8-1-2　SiO_2 变体性质和稳定条件

变体名称	稳定温度及压力	晶　系	真密度/$g \cdot cm^{-3}$
β-石英（低温）	<573 ℃	三方	2.65
α-石英（高温）	573~870 ℃	六方	2.53
γ-鳞石英（低温）	常温~117 ℃	单斜	2.26~2.27
β-鳞石英（中温）	117~163 ℃	斜方	2.24~2.29
α-鳞石英（高温）	870~1470 ℃	六方	2.22~2.26

续表 8-1-2

变体名称	稳定温度及压力	晶 系	真密度/g · cm^{-3}
β-方石英（低温）	180～270 ℃	四方	2.31～2.34
α-方石英（高温）	1470～1713 ℃	等轴（立方）	2.23
柯石英	500～800 ℃，3.5 GPa	单斜	3.01
斯石英	1200～1400 ℃，1.6～1.8 GPa	四方	4.35
凯石英	380～585 ℃，0.5～1.8 GPa	四方	2.50
石英玻璃	<1713 ℃（过冷）	非晶态	2.20

注：表中未标明压力的变体均表示常压下。α、β、γ 依次表示材料高、中、低温变体。

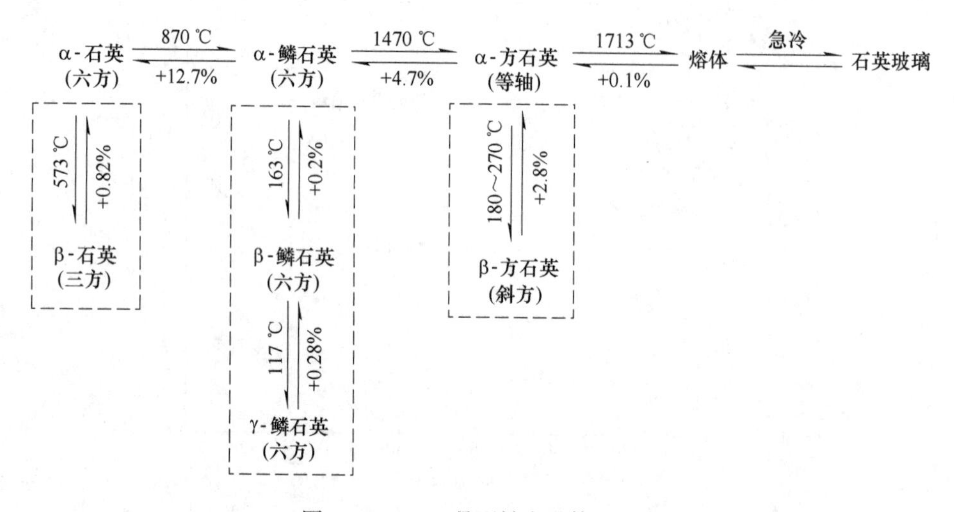

图 8-1-2 SiO_2 晶型转变及体积变化

SiO_2 各种晶型在外界条件作用下相互转化，其过程比较复杂，可分为快转化和慢转化。图 8-1-2 虚线框中就是快转化，α-石英与 β-石英、α-鳞石英与 β-鳞石英、β-鳞石英与 γ-鳞石英、α-方石英与 β-方石英它们之间的转化都属于快转化，在石英、方石英和鳞石英中，它们 α、β、γ 晶型之间的转化所产生的体积膨胀以 α、β-方石英为最大（2.8%），α、β、γ-鳞石英最小（0.2%～0.28%），相比之下鳞石英的体积稳定性最好；图 8-1-2 中水平方向的转变是慢转化，这种转化一般是从晶体表面向内部逐渐进行的，所以时间比较长。

由于石英、方石英和鳞石英结构上的差异，它们之间的转化在无矿化剂存在时不可能转化。在硅砖的实际生产中，SiO_2 各种晶型实际转变过程如图 8-1-3 所示，无论有无矿化剂，α-石英总是首先转变为“亚稳方石英”；若有矿化剂存在，则在 1200～1470 ℃时转变为 α-鳞石英；若无矿化剂，则在大于 1470 ℃时转变为 α-方石英（见图 8-1-3）。

在硅砖中，γ-鳞石英呈矛头状双晶相互交错（见图 8-1-4），形成结构网络，材料能够获得坚固的骨架，具有较高的荷重软化点及机械强度。鳞石英不易熔于液相，使材料不因液相出现而发生形变，只有达到一定温度才使鳞石英熔融，材料网络骨架才会破坏，同时高温型鳞石英和方石英还是负泊松比材料，具有很好的抗形变能力（见表 8-1-3）。材料中若有石英残存，它在使用过程中会继续进行晶型转变，产生较大的体积膨胀（见表 8-1-4），

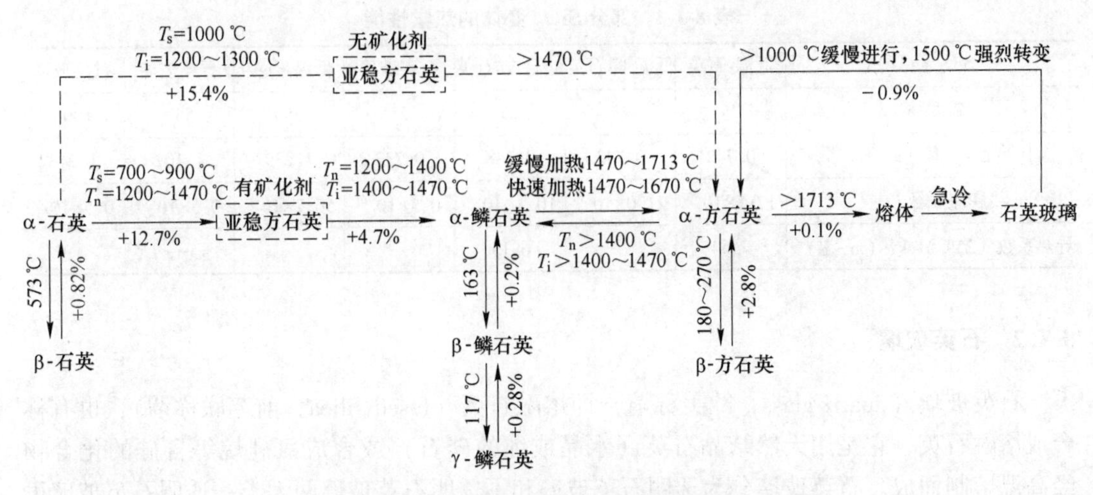

图 8-1-3 SiO_2 实际过程中晶型转变

T_s—开始转变温度；T_n—显著转变温度；T_i—强烈转变温度

引起材料松散甚至炸裂。因而希望硅砖中含大量鳞石英，方石英次之，石英越少越好。

图 8-1-4 硅砖中的矛头状双晶（正交，180×）

表 8-1-3 SiO_2 变体的弹性性能

SiO_2 变体	方法	密度 /g · cm^{-3}	杨氏模量 /GPa	剪切模量 /GPa	体积模量 /GPa	泊松比
石英玻璃	实验	2.20	72.2	30.9	36.3	0.168
低温-石英	实验	2.65	95.6	44.1	38.3	0.084
高温-石英	实验	2.53	99.1	41.5	54.0	0.194
低温-方石英	实验	2.32	65.2	39.1	163	-0.166
高温-方石英	计算	2.20	62.3	32.6	19.1	-0.044
低温-鳞石英	计算	2.26	58.1	28.8	19.7	0.009
高温-鳞石英	计算	2.22	52.8	26.7	17.2	-0.011
柯石英	实验	约 3.0	—	—	96.3	—
斯石英	实验	约 4.3	536.2	220.3	315.8	0.217

表 8-1-4 部分 SiO_2 变体的热学性能

SiO_2 晶型	低温-石英	低温-鳞石英	低温-方石英	石英玻璃	低温-石英	石英玻璃	石英玻璃
温度/℃	25	25	25	25	550	550	1000
比热容 c_p/J·(g·K)$^{-1}$	0.742	0.742	0.748	0.737	1.239	1.107	1.243
线膨胀系数/℃$^{-1}$	12.3×10^{-6}	21.0×10^{-6}	10.3×10^{-6}	0.5×10^{-6}	56.7×10^{-6}	0.5×10^{-6}	0.5×10^{-6}
导热系数（25℃）/W·(m·K)$^{-1}$	7.54	—	6.15	—	—	—	—

8.1.2 石英玻璃

石英玻璃（quartz glass，欧美称谓）即熔融石英（fused silica，前苏联称谓），也有称合成熔融石英，它是用天然结晶石英（水晶或纯的硅石）或合成氯硅烷等含硅的化合物经高温熔制而成。石英玻璃分为透明石英玻璃和不透明石英玻璃两大类，透明石英玻璃可分为普通石英玻璃、高纯石英玻璃和掺杂石英玻璃，透明石英玻璃是没有或含有少量气泡等散射质点的石英玻璃，它主要以水晶或氯硅烷等为原料，通过电熔或气炼法熔炼而成，SiO_2 含量通常在 99.95%以上，用于高级石英玻璃的制造。由于成本高，透明石英玻璃很少用作耐火材料的原料。

不透明石英玻璃中含有大量微小气泡等散射质点，使玻璃体不透明或半透明，它一般以硅石为原料，用电弧炉（类似于电熔白刚玉等）或石墨电阻炉（类似碳化硅）熔制，SiO_2 通常在 99.5%以上，其性能见表 8-1-5。

表 8-1-5 透明石英玻璃和不透明石英玻璃的性能比较

项　目	透明石英玻璃	不透明石英玻璃
密度/g·cm^{-3}	2.20	2.07~2.12
杨氏模量（20℃）/GPa	78	73
泊松比	0.17	0.17
耐压强度/MPa	800~1000	400~800
抗折强度/MPa	60~70	40~60
莫氏硬度	5.5~6.5	5~6
导热系数/W·(m·K)$^{-1}$	1.38（20 ℃）	1.10（20 ℃）
	$\lambda=1.5\times10^{-3}T+1.2845$，$T=20\sim900$ ℃	$\lambda=1.3\times10^{-3}T+1.178$，$T=20\sim900$ ℃
线膨胀系数/℃$^{-1}$	$(0.4\sim0.6)\times10^{-6}$（0~1000 ℃），透明石英玻璃与不透明石英玻璃线膨胀系数相差很小	

石英玻璃主要特点是具有极低的线膨胀系数、良好的热震稳定性且耐酸蚀性好，在耐火材料中主要的应用有石英匣钵、辊道窑用石英辊棒（注浆法）、炼钢用熔融石英浸入式水口、特殊玻璃窑用熔融石英砖和中频炉用酸性干捣打料等，也应用于精密铸造中的型壳材料和陶瓷芯等。

8.1.3 SiO_2 微粉

广义上 SiO_2 微粉是指含 SiO_2 物质（例如硅石、石英玻璃等）经机械粉磨、含硅的化合物经高温气相沉积或者由化学法等所获得的微米级或亚微米级的 SiO_2 粉体，其分类较多，不同行业其称谓也不一，例如有把“硅微粉”定义是由天然石英（SiO_2）或熔融石英经破碎、球磨（或振动、气流磨）、浮选、酸洗提纯、高纯水处理等多道工艺加工而成的微粉，而“微硅粉”又称硅灰、凝聚硅灰、硅粉，是铁合金在冶炼硅铁和工业硅时，矿热电炉内产生出大量挥发性很强的 SiO_2 和 Si 气体，气体排放后与空气迅速氧化冷凝沉淀而成。

本书所述的 SiO_2 微粉是用碳热法在矿热炉内冶炼硅铁合金、工业硅或脱硅锆时，SiO_2 在高温下与 C 反应，产生了 SiO 气体，随烟气逸出，经空气氧化气相凝聚形成颗粒细小（平均粒径约 0.15 μm）、比表面大（15~30 m^2/g）、活性高、颗粒多呈球形的无定形 SiO_2（非晶态）。这种 SiO_2 微粉又称硅灰（silica fume /microsilica）、硅微粉、微硅粉、烟尘硅、凝聚硅灰等。图 8-1-5 为典型 SiO_2 微粉的显微结构照片。

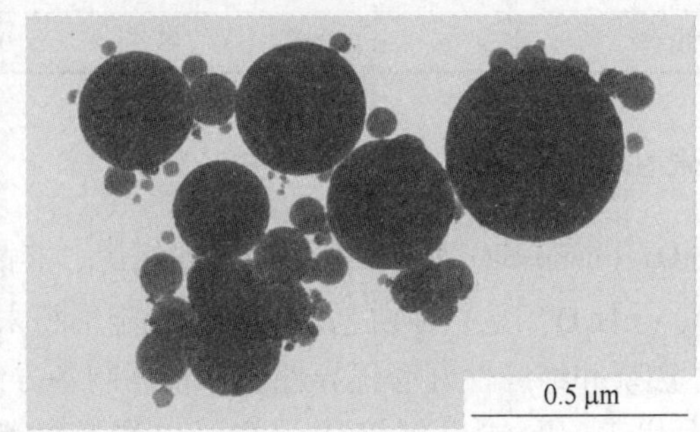

图 8-1-5 典型 SiO_2 微粉的显微结构
（照片由 Elkem 公司提供）

SiO_2 微粉的质量与冶炼主要原料如硅石杂质含量、还原剂的选择（石油焦、木炭，或不同种类的低灰煤）、冶炼工艺和收尘工艺等有很大的关系，其颜色根据杂质含量（主要是游离碳含量）不一，从灰白到灰黑。由于 SiO_2 微粉多是这些工业的副产品，其产品质量容易波动，国内外典型的 SiO_2 微粉的理化性能见表 8-1-6。SiO_2 微粉用于耐火材料中，主要用于改善材料的流变性能、提高结合强度和促进烧结等。同时 SiO_2 微粉也大量用于混凝土中以提高其强度和耐磨性等。

表 8-1-6 不同产地 SiO_2 微粉指标对比

指 标	新疆某公司	兰州某公司	Elkem 971
SiO_2 含量/%	95.35	94.56	98.4
H_2O 含量/%	0.49	0.69	0.20
LOI /%	2.24	1.49	0.5
体积密度/$g \cdot cm^{-3}$	0.331	0.313	0.300（未加密） 0.500（加密）
+0.045mm /%	0.45	1.06	0.20
C 含量/%	2.12	1.97	0.5
pH 值	6.0	7.4	6.8

续表 8-1-6

指　标	新疆某公司	兰州某公司	Elkem 971
游离炭含量/%	2.02	1.97	0.50
Fe_2O_3 含量/%	0.04	0.10	0.01
Al_2O_3 含量/%	0.21	0.18	0.20
CaO 含量/%	0.23	0.49	0.20
MgO 含量/%	0.34	0.66	0.10
Na_2O 含量/%	0.15	0.16	0.15
K_2O 含量/%	0.45	0.67	0.20
P_2O_5 含量/%	0.10	> 0.11	0.03
SO_3 含量/%	0.48	0.18	0.10
Cl 含量/%	< 0.006	0.02	0.01

8.1.4　纳米 SiO_2

纳米 SiO_2（nano SiO_2），工业上又称白炭黑、非晶态 SiO_2，又称水合二氧化硅，分子结构为 $SiO_2 \cdot nH_2O$，是一种白色、无毒、无定形粉末，具有多孔、质轻、化学稳定性好、耐高温、不燃烧和绝缘性好等优异性能。根据制备方法的不同，分干法和湿法两种，干法以气相法为代表，湿法以沉淀法为主。白炭黑微粒直径很小，一次粒子直径在 10～1000 nm范围内（见图 8-1-6），其表面 Si—OH 基团具有很强的活性，易于与周围离子键合，从而使白炭黑极性很强，表现出亲水性。白炭黑因制备方法不同也可分为气相法白炭黑与沉淀法白炭黑两类。气相法白炭黑粒径极小，为 15～25 nm，比表面积高达 50～400 m^2/g，杂质少；沉淀法白炭黑粒径相对较大，为 20～40 nm，杂质较多。

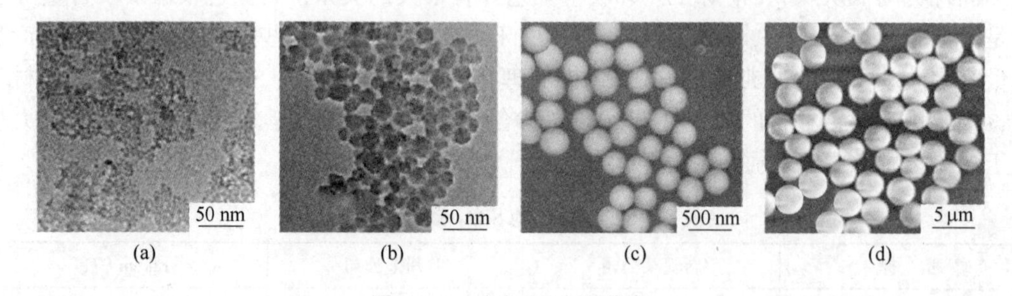

图 8-1-6　纳米 SiO_2 的形貌

（a）<10 nm；（b）约 20 nm；（c）200～300 nm；（d）>1000 nm

纳米白炭黑的制备方法有气相法、沉淀法、溶胶-凝胶法和微乳液法等，下面主要介绍气相法和沉淀法。

（1）气相法：采用四氯化硅或甲基三氯硅烷等硅的卤化物在氢氧焰中水解（高温水解，温度 1000～1200 ℃）制得（见反应式（8-1-1）和式（8-1-2））。水解产生的白炭黑分子凝集成颗粒，这些颗粒互相碰撞，熔结成一体，形成三维和链枝状的聚集体。这些聚集体与高温水解生成的废气一起进入高效分离器进行气固分离。

$$SiCl_4 + 2H_2 + O_2 \longrightarrow SiO_2 + 4HCl \tag{8-1-1}$$

$$CH_3SiCl_3 + 2H_2 + 3O_2 \longrightarrow SiO_2 + CO_2 + 2H_2O + 3HCl \tag{8-1-2}$$

气相法制备的纳米 SiO_2 也称 SiO_2 气凝胶（SiO_2 aerogel），由于气相法物质浓度小，生成的粒子凝聚少，一次粒子为 7~20 nm、产物纯度高。当前，气相法仍是大规模生产纳米 SiO_2 的最成熟有效的方法。

气相法合成的纳米 SiO_2 具有表面亲水且无孔径的特点，常作为有机材料的补强填料，如在橡胶工业和化妆品行业等，是工业生产中重要的化学添加剂之一。气相法制备纳米 SiO_2 的高分散性有助于提高无机填料与有机物基体间的物理接触，其填料-基体间相互作用力较沉淀法 SiO_2 更强。

（2）沉淀法：以水玻璃为原料的沉淀法，即水玻璃通过酸化获得疏松，细分散的，以絮状结构沉淀出来的 SiO_2 晶体。

$$Na_2SiO_3 + HCl \longrightarrow H_2SiO_3 + NaCl \tag{8-1-3}$$

$$H_2SiO_3 \longrightarrow SiO_2 + H_2O \tag{8-1-4}$$

该法原料易得，生产流程简单，能耗低，投资少。沉淀法又可分为盐酸沉淀法和硫酸沉淀法。硫酸沉淀法操作条件稳定，它较气相法投资少、设备简单，成本低；较盐酸、硝酸沉淀法原料成本低；较碳化法产品质量好，工艺简单。

纳米 SiO_2 呈无定形状态，但其粒子内部的结构又依其制备方法不同而有所差异。气相纳米 SiO_2 是由高温气相反应而制成，粒子主要形成三元体型结构，分子的密集型高，结构较为紧密。液相法纳米 SiO_2 是在水介质中反应而制成，由于原料硅酸钠的分子结构为 —Si—O—Si—O—Si—O ，故生成的纳米 SiO_2 除含有三元结构外，尚有二次结构，分子的密集性较低，结构疏松，能产生毛细管现象。两种纳米 SiO_2 粒子的内部结构可用图 8-1-7 所示模型表示。

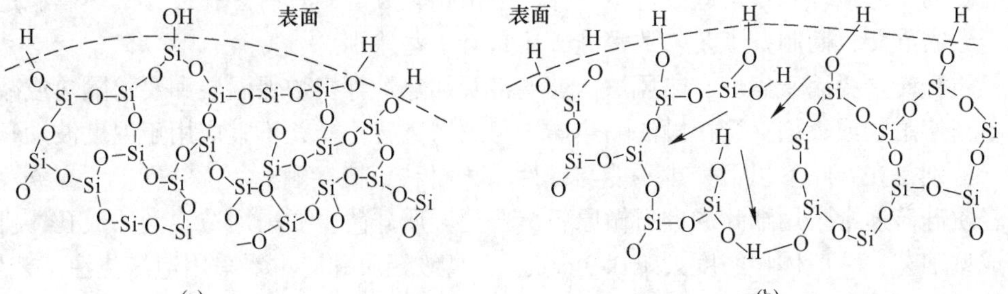

(a)　(b)

图 8-1-7　纳米 SiO_2 粒子的结构模型

（a）干法纳米 SiO_2；（b）湿法纳米 SiO_2

图 8-1-7 仅是一种简单的示意图，实际上纳米 SiO_2 的无定形结构是极其复杂的。普遍认为，白炭黑的微观结构有两个层次：第一层有小硅酸分子通过脱水缩聚反应连接形成具有无规则链枝状结构的球形粒子，这种粒子称作原始粒子或一次粒子；第二层为原始粒子之间以面相接触，成链状连接，支链间彼此以氢键互相作用，形成三维沉淀聚集体，常称之为“二次”结构。这种聚集体不稳定，很易被外力拉开或破坏，但破坏后还可以重新

形成聚集。

在纳米 SiO_2 的生产过程中，初始生成的纳米 SiO_2 颗粒的表面有氢键，因此各细小微粒间彼此以氢键相连接，相互缠绕呈葡萄串网状聚集体。外力可解除缠结，但无外力破坏又可缠结，呈可逆状态。纳米 SiO_2 分子表面外围层原子中的电子分布不均匀以及氢键力的影响，使纳米 SiO_2 的表面层有较多的反应活性中心，此种活性中心的存在，是纳米 SiO_2 对橡胶具有良好的补强性。试验证明，若将纳米 SiO_2 用高温（450 ℃以上）加热处理，则其表面上的—OH 基将大量消失，此时白炭黑的补强性能将显著下降，甚至失去了补强作用。

白炭黑微粒表面层有三种类型的—OH 存在，其表面结构如图 8-1-8 所示。

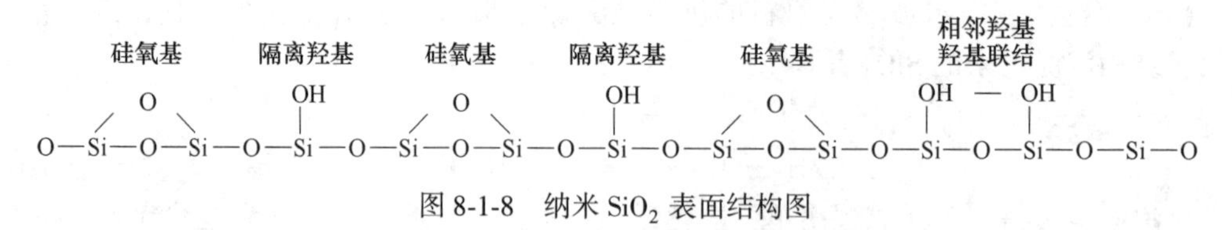

图 8-1-8　纳米 SiO_2 表面结构图

纳米 SiO_2 表面的—OH 包括孤立羟基、相邻羟基和隔离羟基三种：（1）孤立羟基，主要存在于脱除水分的纳米 SiO_2 表面层上，它不易在升温加热时脱除；（2）相邻羟基，对极性物质的吸附是非常重要的，它是比隔离羟基更有效的吸附点，相邻羟基因为两个—OH基团相距较近，故能以氢键的形式相连接；（3）隔离羟基因，—OH 基被隔离开，它本身的氢原子正电性较强，容易与负电性的氧原子或氮原子发生氢键作用。

8.2　轻质硅砖

轻质硅砖（insulating silica brick 或 silica insulating brick）是指 SiO_2 含量在 90%以上、体积密度小于 1.2 g/cm³ 的 SiO_2 多孔隔热耐火材料，它可以用造孔剂法或泡沫法制备。轻质硅砖的工艺原理和致密硅砖基本一样，但由于轻质硅砖具有多孔性，其热震稳定性一般优于致密硅砖，而制备工艺与致密硅砖还是有一些差别。

轻质硅砖主要用于焦炉、热风炉、玻璃窑及加热炉等窑炉保温层和要求隔热或减轻自重而不与熔融物或火焰直接接触的隔热层。与致密硅砖一样，不宜应用于温度波动频繁的部位，特别是在 600 ℃以下，也不能与碱性耐火材料直接接触。

轻质硅砖通常采用细碎的硅石做原料，普通轻质硅砖主要采用造孔剂法成孔、机压或捣打成型工艺，一般体积密度大于 0.9 g/cm³，高级轻质硅砖主要采用泡沫浇注工艺生产，一般体积密度小于 0.6 g/cm³。

8.2.1　造孔剂法生产轻质硅砖

由于轻质硅砖中硅石为主要原料，属于瘠性料，且杂质元素需要控制在一定的范围，为了保证泥料的塑性，防止机压成型过程中弹性后效引起的坯体裂纹，造孔剂的选择非常重要，一般来说工业生产上主要造孔剂为锯末、无烟煤、焦炭粉等。其主要生产控制要点如下：

（1）致密硅砖的临界粒度不大于 3 mm，轻质硅砖的临界粒度一般不大于 2 mm，甚至有的厂家的不大于 1 mm，粗颗粒加入量控制在 10%左右，有利于轻质硅砖荷重软化点的提高。

(2) 石英细粉一般控制在40%以内，燃烬物占25%~35%。

(3) 在致密硅砖生产中加入废硅砖的作用是使制品在烧成过程减缓因石英颗粒膨胀而造成的开裂，为了提高轻质硅砖的耐火度和 SiO_2 含量，可以不用加废砖。

(4) 轻质硅砖具有多孔性，烧成过程中因石英膨胀造成的裂纹少，为了提高轻质硅砖的耐火度，一般不加铁鳞作为矿化剂促使石英向鳞石英转化。

(5) 造孔剂法中造孔剂灰分含有杂质元素，在高温下会起到矿化剂的作用，因此作为结合剂和矿化剂的熟石灰加入量也需要控制。

(6) 生坯中的暂时结合剂，为了减少杂质元素，尽可能选用含 SiO_2 多、其他氧化物少的物质，例如硅溶胶、木质素磺酸钙、有机类结合剂等。

造孔剂法生产轻质硅砖是常用的方法之一，由于含纯 SiO_2 矿物塑性差，不能添加黏土等塑性好的原料，因此轻质硅砖的成型方法一般不采用挤泥法，多用模压法（机压或捣打）成型，这和莫来石隔热耐火材料的主要成型方法不大一样。

轻质硅砖的生坯中塑性结合剂少，中温阶段强度低，在烧成过程中码垛不能高；同时大多数轻质硅砖与致密硅砖一起烧成，轻质硅砖码垛在致密硅砖上层，和致密硅砖是同一烧成制度，如果用焦炭或煤作为造孔剂，往往容易造成“黑芯”。为了克服造孔剂法带来的问题，国外有些公司采用多孔材料法（人造骨料或天然骨料，如 Al_2O_3 空心球、硅藻土或膨胀珍珠岩等）制备轻质硅砖，并对其进行了评价，见表8-2-1和图8-2-1。

表8-2-1 国外某公司采用多孔材料法（非燃烬物法）制备轻质硅砖的性能

性能		产品类型		
		LS8-155	LS10-160	LS12-160
体积密度/$g \cdot cm^{-3}$		0.85	1.0	1.2
常温耐压强度/MPa		2	3	10
化学组成（质量分数）/%	SiO_2	92	93	94
	Al_2O_3	2.3	1.9	0.9
	CaO	3.3	3.3	3.3
	Fe_2O_3	0.9	0.9	0.9
导热系数/$W \cdot (m \cdot K)^{-1}$	400 ℃	0.38	0.50	0.60
	600 ℃	0.43	0.58	0.70
	800 ℃	0.53	0.69	0.83
	1000 ℃	0.68	0.86	1.03
	1200 ℃	0.89	1.10	1.29
加热永久线变化率/%		-0.23（1550 ℃×12 h）	0.09（1600 ℃×12 h）	0.38（1600 ℃×12 h）

8.2.2 泡沫浇注生产轻质硅砖

泡沫法生产轻质硅砖和其他泡沫法生产轻质耐火材料工艺一样，但由于硅砖自身特

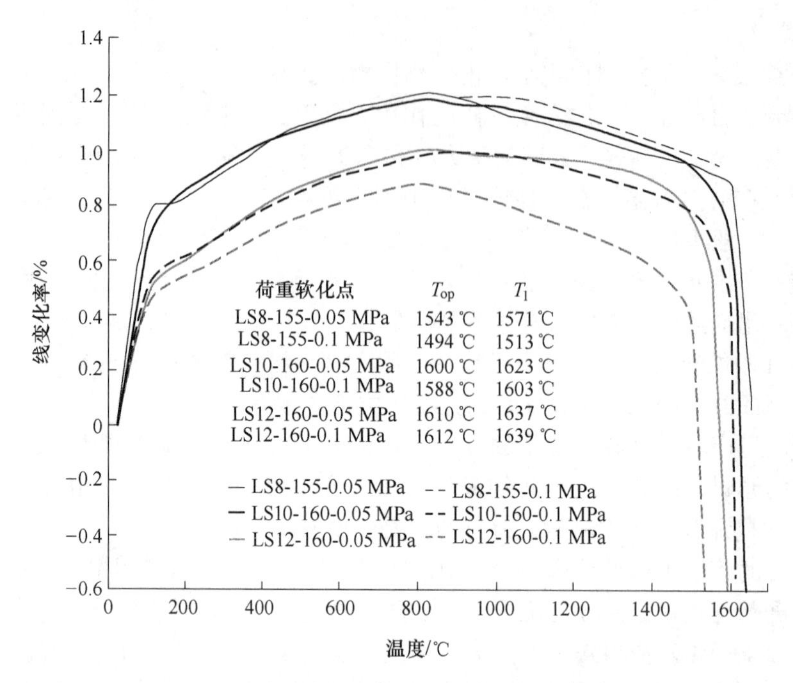

图 8-2-1　多孔材料法制备轻质硅砖的荷重软化温度

点，除了造孔剂法生产轻质硅砖中所述控制要点外，泡沫浇注生产还需要注意以下要点：

（1）泡沫剂和稳泡剂的选择。由于轻质硅砖中需要引入 CaO 作为矿化剂，含钙化合物对泡沫剂和稳泡剂的影响需重点考虑。例如在燃烬物法中具有强碱性的石灰乳，如果在泡沫浇注料生产中，需要考虑其 pH 值对泡沫稳定的影响；例如有加入石膏或硅酸盐水泥等既作为矿化剂又作为结合剂时，会有 pH 值的变化。

（2）生坯脱模与干燥。泡沫浇注料法主要缺点是生坯强度低、脱模周期和干燥时间长，影响产品的生产效率；在泡沫浇注生产轻质硅砖过程中，生坯中含有大量的水分，干燥过程需要缓慢。

8.2.3　轻质硅砖的性能与应用

一般对轻质硅砖的要求是：残余石英低于 1%，主要矿相为鳞石英和方石英，非晶态略微比致密硅砖多一点；体积密度在 0.6～1.25 g/cm^3，常温耐压强度在 1～6 MPa，最大线膨胀率为 1.2%～1.3%，1000 ℃下的导热系数为 0.5～0.85 W/(m · K)，最高使用温度为 1500～1650 ℃。目前，轻质硅砖主要用于热风炉和玻璃窑硅砖结构的保温层，由于轻质硅砖的膨胀率与致密硅砖相似，一般作为致密硅砖的保温层，如图 8-2-2所示，除了玻璃窑的顶部（大碹）隔热外，还有益于内衬致密硅砖的耐磨性。最近国外的焦炉设计公司在焦炉上也开始应用，替代原来的硅藻土砖。轻质硅

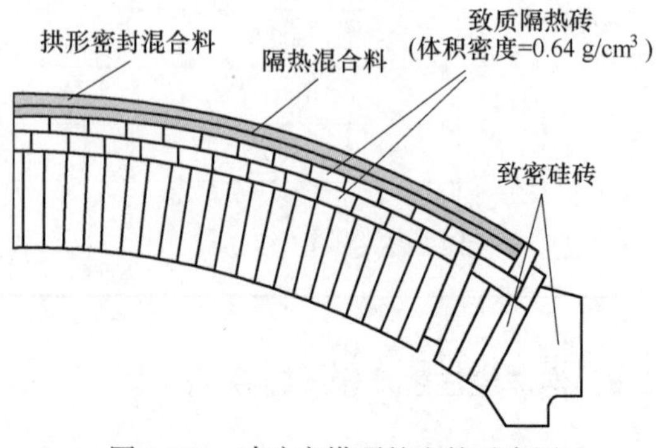

图 8-2-2　玻璃窑拱顶的砌筑示意图

砖正常来说不容易损毁，但是因为目前国内的轻质硅砖大多残余石英量比较高，使用过程中残余膨胀大，所以容易形成开裂。

表 8-2-2 列出了我国硅质隔热耐火材料的技术标准（YB/T 386—2020），标准中未体现体积密度低于 1.0 g/cm³ 轻质硅砖，表 8-2-3 为国内某公司用造孔剂（燃烬物法）生产的玻璃窑用轻质和超轻硅砖系列，表 8-2-4 为同期德国 DDR 公司的指标。

表 8-2-2 硅质隔热耐火砖的性能指标（YB/T 386—2020）

项　目	GGR-1.00	GGR-1.10	GGR-1.20
$w(SiO_2)$/%	≥91.0	≥92.0	≥92.5
体积密度/g · cm⁻³	≤1.00	≤1.10	≤1.20
常温耐压强度/MPa	≥2.5~3.0	≥4.5~5.0	≥5.0~5.5
0.1 MPa 荷重软化温度（$T_{0.6}$）/℃	≥1400	≥1450	≥1520
导热系数（平均 350 ℃）/W · (m · K)⁻¹	≤0.40	≤0.45	≤0.60
加热永久线变化率/%	−0.1~0.5（1450 ℃×2h）		−0.1~0.5（1550 ℃×2h）

表 8-2-3 国内某公司生产的玻璃窑用轻质硅砖系列

项　目	QG-0.4	QG-0.6	QG-0.8	QG-1.0	QG-1.2
$w(SiO_2)$/%	87	89	91	92	93
体积密度/g · cm⁻³	0.4	0.6	0.8	1.0	1.2
常温耐压强度/MPa	0.6	1.0	2.2	4.0	6.0
荷重软化开始温度①/℃	1360	1450	1500	1580	1600
350 ℃导热系数/W · (m · K)⁻¹	0.3②	0.25	0.30	0.40	0.55

① 载荷为 0.1 MPa；
② 温度为 600 ℃。

表 8-2-4 德国 DDR（DHI）公司轻质硅砖的理化性能

项　目		型　号			
		150L-0.5	155L-0.7	160L-1.1	160L-1.3
$w(Al_2O_3)$/%		3.0	3.0	1.7	1.4
$w(SiO_2)$/%		90	90	93	93
$w(Fe_2O_3)$/%		1.0	1.0	—	0.5
$w(CaO)$/%		5.8	5.7	4.7	4.5
0.1 MPa 荷重软化开始温度/℃		1500	1550	1600	1600
体积密度/g · cm⁻³		0.59	0.79	1.04	1.24
常温耐压强度/MPa		1.30	2.0	4.0	8.0
1000 ℃热膨胀率/%		≤1.4	≤1.4	≤1.2	≤1.2
导热系数 /W · (m · K)⁻¹	400 ℃	0.22	0.27	0.42	0.50
	600 ℃	0.25	0.30	0.57	0.55
	800 ℃	0.28	0.34	0.67	0.65
	1000 ℃	0.31	0.40	0.77	0.80

用石英玻璃为原料，采用泡沫法制备石英轻质多孔隔热材料，其性能见表 8-2-5。

表 8-2-5　石英轻质多孔隔热耐火材料的性能

单位	体积密度 /g · cm^{-3}	气孔率 /%	耐压强度 /MPa	热稳定性（850 ℃空冷）	线膨胀系数/K^{-1}	导热系数（650 ℃）/W · (m · K)$^{-1}$
理化指标	≥0.29	≤85	>3	20	1.0×10^{-6}	0.174~0.2436

8.3　纳米 SiO_2 隔热材料

8.3.1　纳米 SiO_2 隔热材料的概述

8.1.4 节中所述的气相法纳米 SiO_2，也称 SiO_2 气凝胶，所谓的气凝胶通常指以纳米量级颗粒相互聚集构成纳米多孔网络结构的轻质纳米固态材料，其骨架颗粒直径为 1~20 nm，孔隙尺寸为 2~50 nm，孔隙率可以高达 90%以上。由于其纳米尺度的多孔网络结构（如图 8-3-1 所示的 SiO_2 气凝胶和 ZrO_2 气凝胶），导致气凝胶材料具有热学、光学、声学、电学等一系列特殊的性能，可广泛应用于航空航天、能源、化工、建筑等领域。气凝胶材料因同时具备轻质和高效隔热两方面的优点，使其成为一种性能优良的新型纳米多孔隔热材料，并且已经受到越来越多的关注，尤其在飞速发展的航空航天科技领域，20 世纪 90 年代，美国 NASA 将气凝胶应用在了太空探索计划，至今为止，NASA 对气凝胶的研究报道从未间断。此外，气凝胶作为新型隔热材料，在民用及现代工业等领域同样有着越来越多的应用。

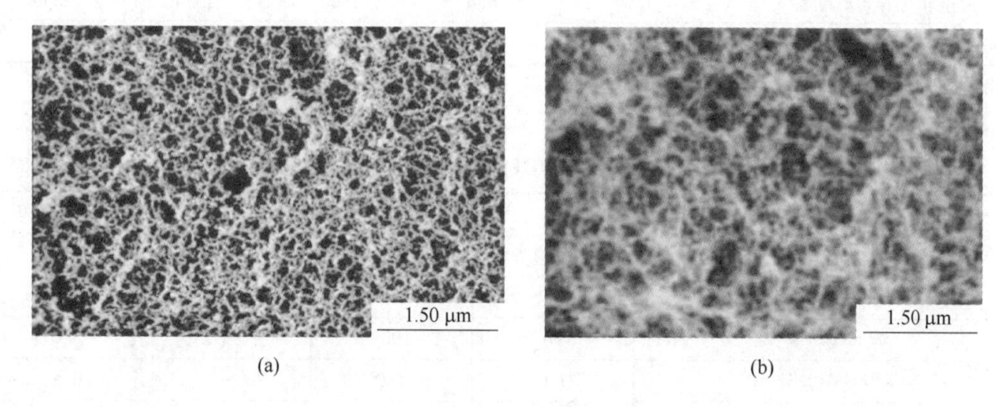

图 8-3-1　SiO_2 气凝胶和 ZrO_2 气凝胶网络结构
（a）SiO_2 气凝胶；（b）ZrO_2 气凝胶

尽管气凝胶作为高效隔热材料已被成功地应用于多个领域，但其还存在一些问题，以纳米 SiO_2 为例：（1）强度低，难以直接作为隔热材料使用，力学性能有待提高；（2）纳米 SiO_2 在高温时对波长为 3~8 μm 的近红外热辐射具有较强的透过性，因此高温下的辐射传热较大，高温隔热效果有待改善。因此多数研究都集中在改善力学性能和加入红外遮蔽剂——增强对近红外的反射、吸收及散射等作用。

由于纳米 SiO_2 粉体容易团聚，在干法状态下，采用纤维作为增强剂，利用相关工艺可得到纤维增强气凝胶复合材料，同时纤维的加入可有效地控制气凝胶在干燥过程中的体积收缩，使复合材料具有较好的成型性和使用性能。常用的纤维有石英纤维、莫来石纤维、水镁石纤维、陶瓷纤维等；而常用的气凝胶遮光剂材料包括 TiO_2（金红石型）、$ZrSiO_4$、SiC 和炭黑等。图 8-3-2 为纳米 SiO_2 复合隔热材料（或 SiO_2 气凝胶复合隔热材料）的示意图。

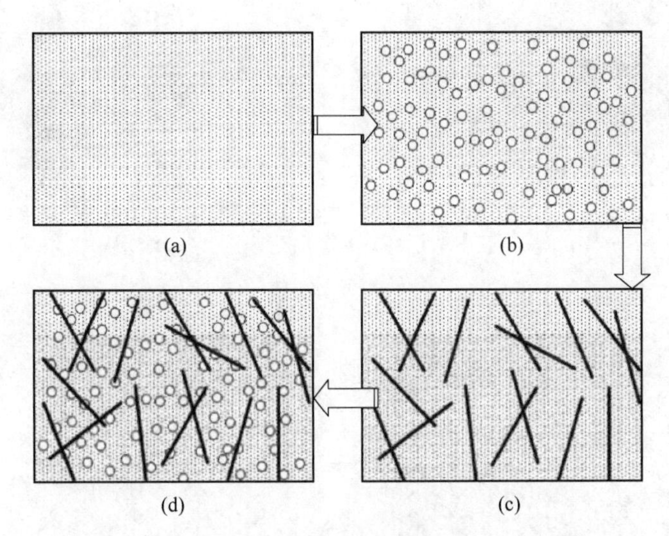

图 8-3-2 纳米 SiO_2 复合隔热材料混合模型示意图

（a）气凝胶基体；（b）气凝胶基体+遮光剂；（c）气凝胶基体+纤维；（d）气凝胶基体+遮光剂+纤维

8.3.2 纳米 SiO_2 复合隔热材料的结构与性能

本部分以不同种类纳米 SiO_2 作为主要原料，利用干法成型工艺，以玻璃纤维为增强体，以 TiO_2 为红外遮蔽剂，制备 SiO_2 复合隔热材料，对其结构、性能进行表征。

8.3.2.1 纳米 SiO_2 的影响

实验中主要原料有介孔 SiO_2 和纳米 SiO_2。纳米 SiO_2（气相法白炭黑）有 HL-150、HL-200、HL-300、HL-380、HL-615 这 5 种规格，其中 HL-150、HL-200、HL-300、HL-380 均为亲水型，HL-615 为疏水型。TiO_2 为金红石型，粒度为 100 nm；石英纤维长度为 3~4 mm，直径为 11~17 μm，使用前已对其进行表面处理。

A 不同纳米 SiO_2 的表征

利用高倍透射电镜和扫描电镜对不同纳米 SiO_2 进行表征，如图 8-3-3 所示，介孔 SiO_2 的粒度集中在 6.5~8.6 nm，白炭黑 HL-150 粒度集中在 15~20 nm，HL-200 的粒度集中在 9~11 nm，HL-300 粒度集中在 6~8.5 nm，HL-380 粒度集中在 7~10 nm，HL-615 粒度集中在 18~24 nm。其中，介孔 SiO_2 呈明显的团聚现象，难以清晰分辨出一次聚集体及二次聚集体（图 8-3-3（a））；纳米 SiO_2 均呈现不同程度的团聚现象，但聚集体排列松散，一次粒子大致呈球状，粒径较均匀，一次粒子之间相互接触，呈堆积状，聚集体之间连接起来形成链枝结构的附聚体（图 8-3-3（b）~（e））。

利用 BET-N_2 对不同纳米 SiO_2 的孔结构进行了测试，其结果如表 8-3-1 所示。从表中可知，介孔 SiO_2 比表面积为 225 m^2/g，平均孔径为 1.43 nm；纳米 SiO_2 HL-150 表面积为

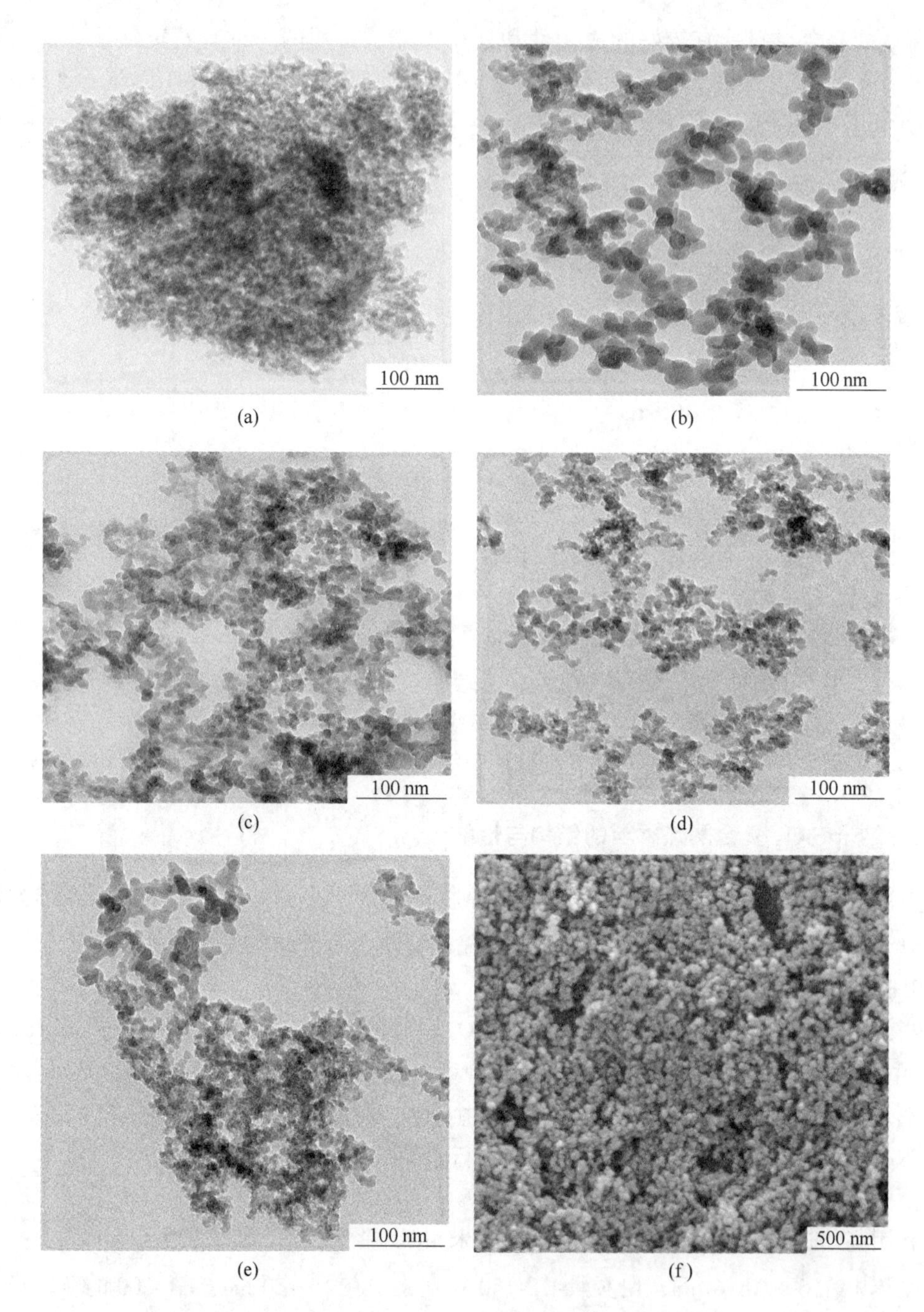

图 8-3-3　不同纳米 SiO_2 的 HRTEM 和 SEM 图像

(a) 介孔；(b) HL-150；(c) HL-200；(d) HL-300；(e) HL-380；(f) HL-615

127. 33 m^2/g，平均孔径为 1. 42 nm；HL-200 比表面积为 186. 76 m^2/g；平均孔径为 1. 43 nm；HL-300 比表面积为 284. 96 m^2/g，平均孔径为 1. 52 nm；HL-380 比表面积为 273. 53 m^2/g，平均孔径为 1. 48 nm。

图 8-3-4 为不同纳米 SiO_2 的气孔孔径分布曲线。由图可知，不同种类的 SiO_2 原始粒子的孔径尺寸均在 1. 45 nm 左右，纳米 SiO_2 HL-150 孔容积最小，HL-300 的孔容积最大。

表 8-3-1　不同纳米 SiO_2 原料孔隙特征

SiO_2 种类	比表面积/$m^2 \cdot g^{-1}$	平均孔径/nm	平均粒径/nm	孔容/$cm^3 \cdot g^{-1}$
介孔	225	1.43	7.5	4.72×10^{-3}
HL-150	127.33	1.42	17.5	4.61×10^{-3}
HL-200	186.76	1.43	10	3.68×10^{-3}
HL-300	284.96	1.52	7.9	3.34×10^{-3}
HL-380	273.53	1.48	9	2.32×10^{-3}

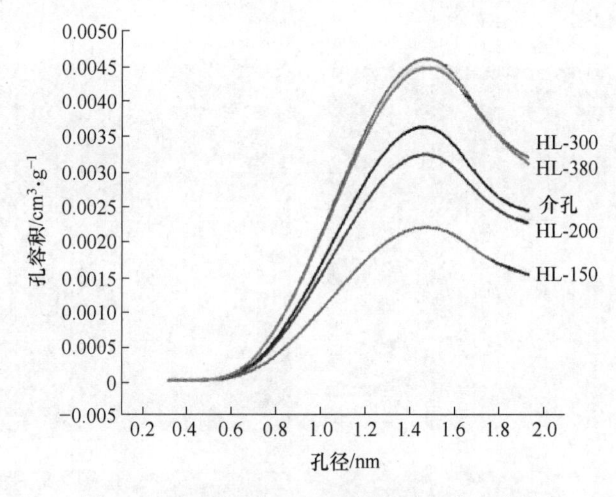

图 8-3-4　不同纳米 SiO_2 的气孔孔径分布曲线

B　不同纳米 SiO_2 制备复合隔热材料的微观结构

图 8-3-5（a）~（f）分别为以介孔 SiO_2、亲水型 HL-150、HL-200、HL-300、HL-380 和疏水型 HL-615 为原料所制备纳米 SiO_2 复合隔热材料的扫描电镜照片。介孔 SiO_2、亲水型 HL-200 所制备的纳米 SiO_2 复合隔热材料内，粉体间均有不同程度的团聚，且能明显看到大于 10 μm 以上的较大气孔（图 8-3-5（a）（c）（d）（e））；亲水型 HL-300、HL-380 所制备的材料中甚至出现贯通气孔（图 8-3-5（c）(e)）。相比较而言，HL-300 及 HL-380 型所制备的两组材料内气孔孔径分布较为均匀细密，无 10 μm 以上的较大气孔存在（图 8-3-5（b）(f)）。根据图 8-3-4 及表 8-3-1 可知，对于亲水型纳米 SiO_2，其原始粒径越小，比表面积越大，表面活性越高，易于吸附空气中的水分子发生粉体粒子间的微区凝胶反应，造成所制备的材料孔洞分布不均匀，易团聚，且微孔化现象明显。对于疏水型 HL-615 所制备的材料，不易吸附空气中的水分子而发生自团聚，在材料制备过程中粉体粒子间能较好地均匀分散，尽管粒子比表面积较大，但所制备的材料中未发现团聚现象（见图 8-3-5）。综上所述，以 HL-150 及 HL-615 型纳米 SiO_2 为原料所制备的材料内部气孔细小，且分布均匀，粉体间不发生团聚。

C　不同纳米 SiO_2 制备复合隔热材料的性能

对不同纳米 SiO_2 所制备的纳米 SiO_2 复合隔热材料的体积密度、热性能、力学性能等进行测试，其数据如表 8-3-2 所示。

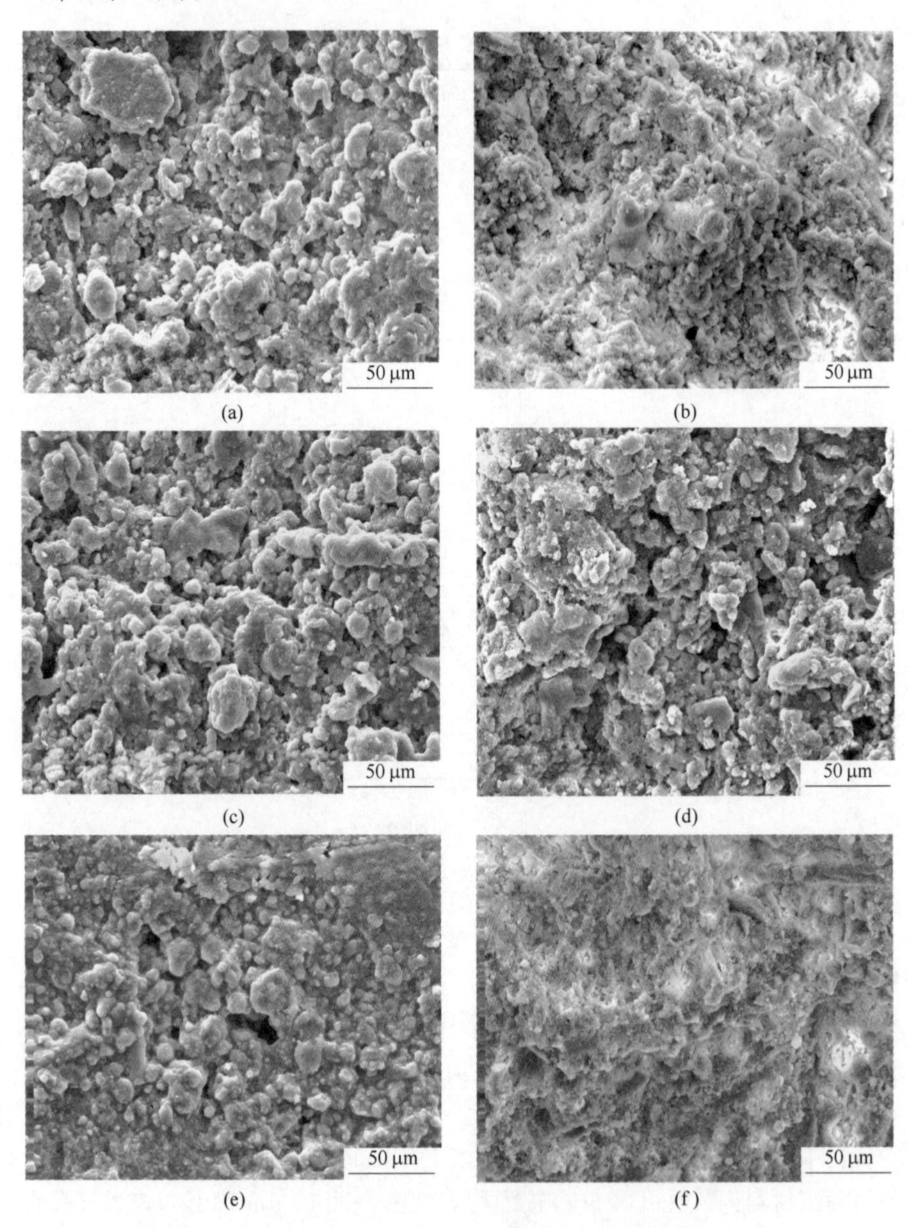

图 8-3-5　不同纳米 SiO_2 制备复合隔热材料 SEM 照片(500×)

(a) 介孔；(b) HL-150；(c) HL-200；(d) HL-300；(e) HL-380；(f) HL-615

表 8-3-2　不同纳米 SiO_2 所制备材料的性能

编号		性能				
SiO_2	比表面积 /$m^2 \cdot g^{-1}$	热面温度 /℃	导热系数 /$W \cdot (m \cdot K)^{-1}$	体积密度 /$g \cdot cm^{-3}$	耐压强度 /MPa	线变化率 /%
介孔	225	200	0.036	0.37	1.15	−0.1
		500	0.049			
		900	0.067			

续表 8-3-2

编号		性能				
SiO_2	比表面积 /$m^2 \cdot g^{-1}$	热面温度 /℃	导热系数 /W·(m·K)$^{-1}$	体积密度 /g·cm^{-3}	耐压强度 /MPa	线变化率 /%
HL-150	127	200	0.029	0.46	1.22	-0.1
		500	0.033			
		900	0.043			
HL-200	187.76	200	0.033	0.36	1.13	-0.1
		500	0.045			
		900	0.065			
HL-300	284.96	200	0.043	0.39	1.17	-0.1
		500	0.053			
		900	0.072			
HL-380	273.53	200	0.030	0.38	1.17	-0.1
		500	0.039			
		900	0.053			
HL-615	615	200	0.028	0.45	1.22	-0.1
		500	0.038			
		900	0.052			

注：采用 BET-N_2 测的比表面积，导热系数为 YB/T 4130 平板法，线变化率为 900 ℃×12 h。

图 8-3-6 为不同纳米 SiO_2 所制备的复合隔热材料的导热系数随着温度变化的曲线，以 HL-150 型纳米 SiO_2 原料制备的材料导热系数最小，在 200 ℃、500 ℃、900 ℃下热导率分别为 0.029 W/(m·K)、0.033 W/(m·K)、0.043W/(m·K)。以 HL-300 为原料所制备材料的导热系数最大，在 200 ℃、500 ℃、900 ℃下导热系数分别为 0.043 W/(m·K)、0.053 W/(m·K)、0.072 W/(m·K)。由表 8-3-1 可知，HL-150 的粒径主要集中在 15~

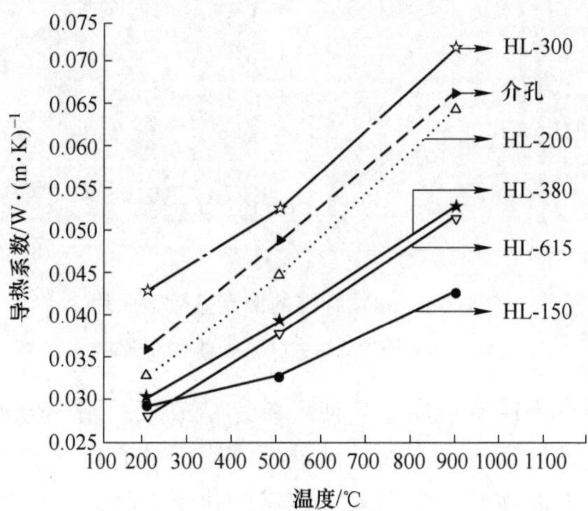

图 8-3-6 不同纳米 SiO_2 复合隔热材料的导热系数随着温度的变化

20 nm，且其比表面积最小，为 127. 33 m^2/g，而 HL-300 的粒径主要集中在 6～8. 5 nm，且其比表面积最大，为 284. 96 m^2/g。根据表 8-3-1 及图 8-3-4 可知，对于不同形态的纳米 SiO_2，粒径越小，粉体比表面积越大，材料内部越容易出现团聚，微孔化趋势也越明显，甚至出现贯通气孔，进而导致材料导热系数增大。

图 8-3-7 为以不同纳米 SiO_2 为原料所制备材料的常温耐压强度，以 HL-150 及 HL-615 纳米 SiO_2 所制备材料的常温耐压强度较其他略高。总体来说，纳米 SiO_2 种类对材料耐压强度的影响差别不大。

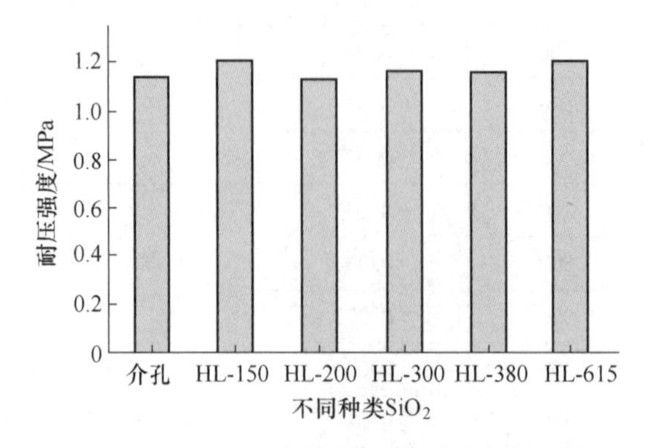

图 8-3-7　不同纳米 SiO_2 复合隔热材料的常温耐压强度变化

由表 8-3-2 可知，纳米 SiO_2 复合隔热材料的线变化率均为-0. 1%，材料表现为线性收缩，线变化率不超过±1%。

8. 3. 2. 2　SiO_2 纤维的影响

SiO_2 纤维，也称为高硅氧纤维（见图 8-3-8），易聚集成束，难于分散，与纳米 SiO_2 界面结合较差。本节主要叙述纤维表面处理、含量及长度等对纳米 SiO_2 复合隔热材料性能和结构的影响。

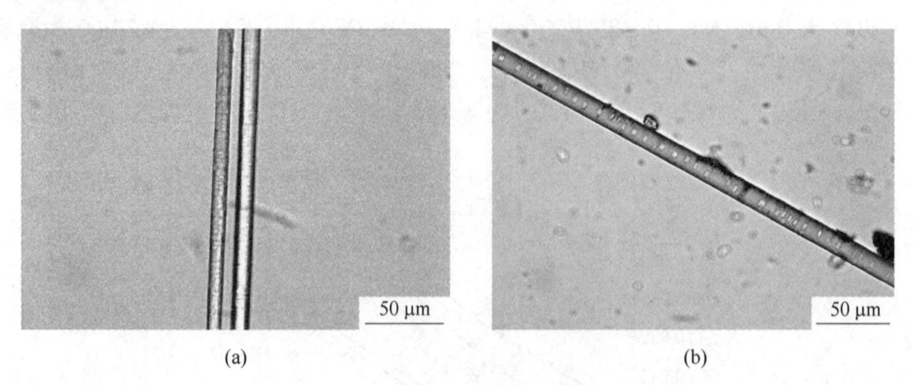

图 8-3-8　SiO_2 纤维的偏光显微镜照片

（a）未处理的纤维；（b）处理后的纤维

未处理的纤维表面有一层有机质，它使纤维黏结成束。用热分解方法和一定 pH 值的溶液对纤维表面进行刻蚀处理，一方面，玻璃纤维表面的有机质被热分解去除，同时增加了其表面粗糙度；另一方面在其表面引入一定量的化学官能团，利用官能团间化学键的互斥性，促使纤维单丝分布，同时引入纤维表面的官能团与纳米 SiO_2 粒子表面的化学键相互作用，使纤维与纳米 SiO_2 粒子间紧密黏结（见图 8-3-9）。

(a) (b)

图 8-3-9 未处理和处理纤维所制备的纳米 SiO_2 复合隔热材料 SEM 图像
（a）未处理；（b）处理

A 纤维含量的影响

图 8-3-10 为不同纤维含量复合隔热材料的显微结构图，由图 8-3-10（a）~（c）可以看出，纤维含量较小时，单位体积内只可看见纤维零星分布；由图 8-3-10（d）~（f）可见，当纤维含量（质量分数）在 15%~20%，纤维与粉体颗粒充分混合，且粉体颗粒填满纤维与纤维之间的孔洞，并将纤维之间撑开，且纤维与粉体之间紧密相连，形成稳固界面，材料结构有较好的完整性；当纤维含量大于 20% 时，纤维团聚明显，且在材料内形成大孔（见图 8-3-10（g））。

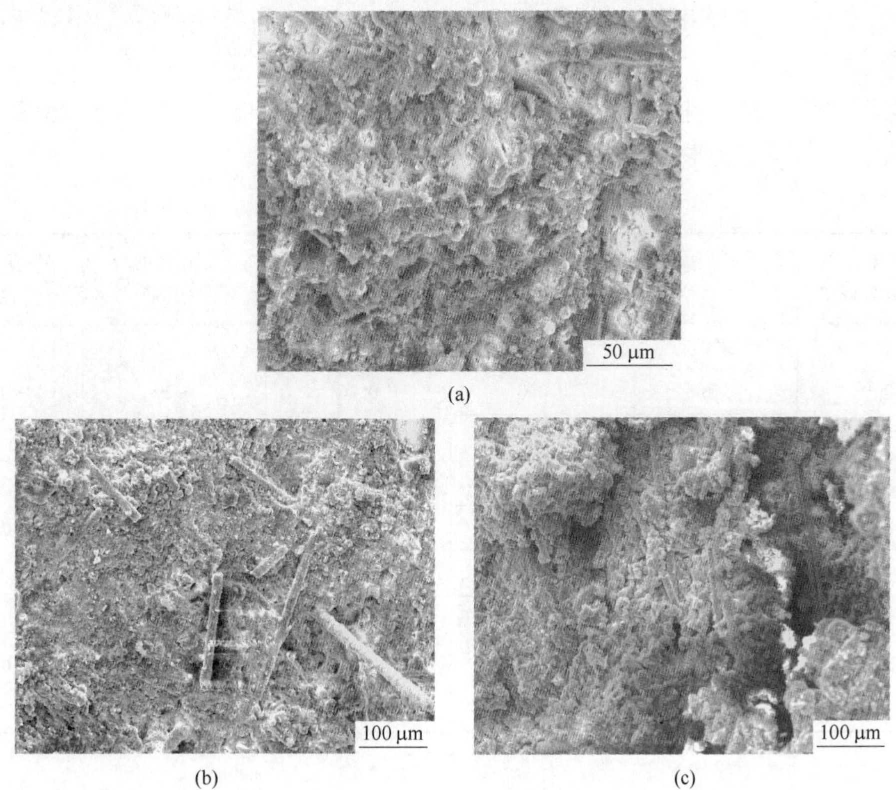

(a)

(b) (c)

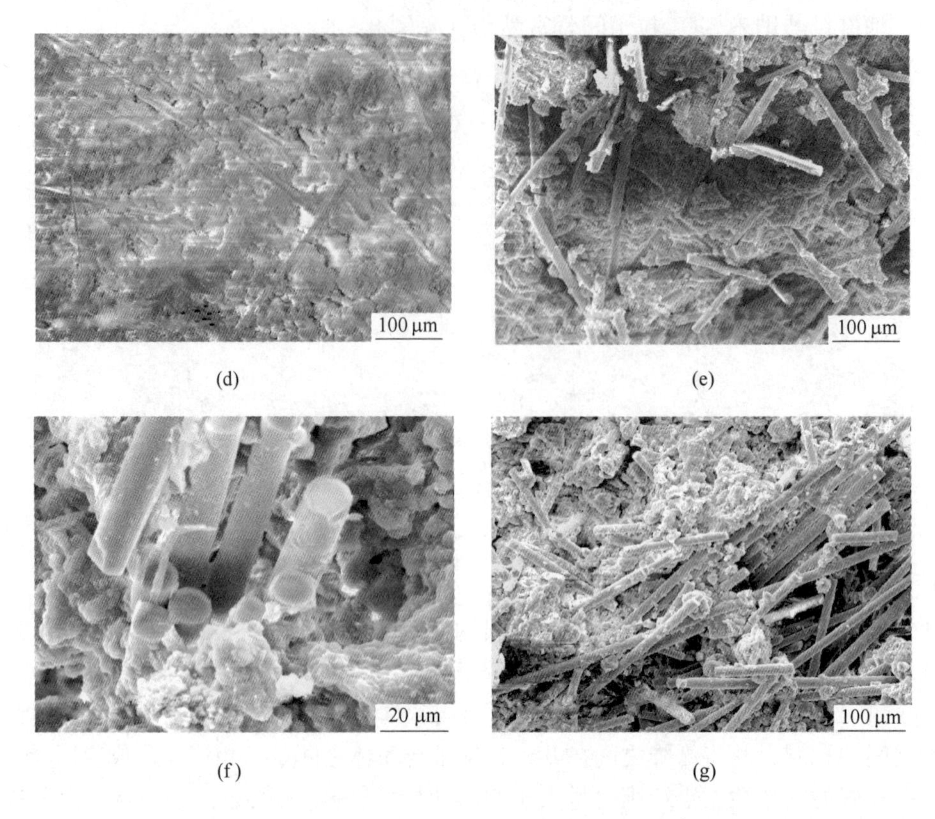

图 8-3-10 不同含量的纤维在复合隔热材料中的 SEM 照片

（a）0%，500×；（b）5%，200×；（c）10%，200×；（d）15%，200×；
（e）20%，200×；（f）20%，500×；（g）25%，200×

对不同纤维含量所制备纳米 SiO_2 复合隔热材料的导热性能、力学性能、线变化率等进行测量，其数据如表 8-3-3 所示。

表 8-3-3 纤维含量对试样性能的影响

纤维含量（质量分数）/%	热面温度 /℃	导热系数 /W·(m·K)$^{-1}$	密度 /g·cm^{-3}	耐压强度 /MPa	线变化率 /%
0	200	0.031	0.36	0.29	-0.1
	500	0.050			
	900	0.062			
5	200	0.036	0.37	0.66	-0.1
	500	0.049			
	900	0.061			
10	200	0.032	0.38	0.82	-0.1
	500	0.043			
	900	0.054			

续表 8-3-3

纤维含量（质量分数）/%	热面温度/℃	导热系数/W·(m·K)$^{-1}$	密度/g·cm^{-3}	耐压强度/MPa	线变化率/%
15	200	0.027	0.35	0.96	-0.1
	500	0.039			
	900	0.047			
20	200	0.028	0.36	1.27	-0.1
	500	0.036			
	900	0.049			
25	200	0.034	0.37	1.22	-0.1
	500	0.048			
	900	0.060			

图 8-3-11 为不同纤维含量对材料导热系数的影响曲线，材料导热系数随着纤维含量增加呈“V”字形变化，当纤维含量为 0~15% 时，导热系数随纤维含量的增大逐渐变小，而纤维含量为 15%~20% 时，导热系数随着纤维含量增加而增大。

图 8-3-12 为不同纤维含量对材料耐压强度的影响，随着纤维含量的增加，材料的耐压强度增大，当纤维含量超过 20%时，其耐压强度有所降低。

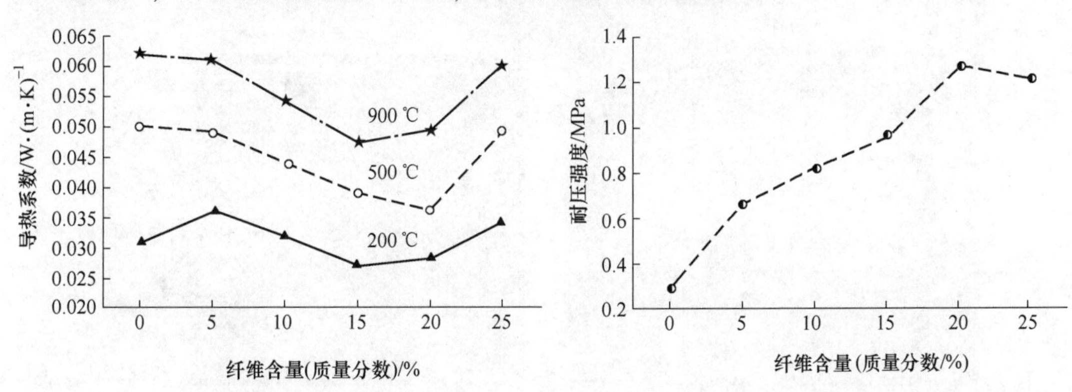

图 8-3-11　纤维含量对材料导热系数的影响　　图 8-3-12　玻璃纤维含量对试样耐压强度的影响

由图 8-3-10 可知，当纤维含量为 0~10% 时，单位体积内只可看见纤维零星分布；纤维在材料中不能起到较好的骨架作用，故耐压强度较低；纤维含量增加至 15%~20% 范围内时，纤维均匀弥散分布在材料中，能较好地起到骨架支撑作用，因而耐压强度较高，当纤维含量超过 20%时，纤维团聚明显，造成单位体积内纤维分布不均，进而导致材料力学性能下降（见图 8-3-10（f））。

B　纤维长度的影响

图 8-3-13 为不同长度的纤维所制备材料的显微结构，由图 8-3-13（a）和（b）可知，当纤维长度为 3 mm 时，可在材料内单丝弥散分布；随着纤维长度的增大，其在材料中团聚越严重（见图 8-3-13（c）~（f）），且在材料内，团聚纤维间形成微孔或大孔。

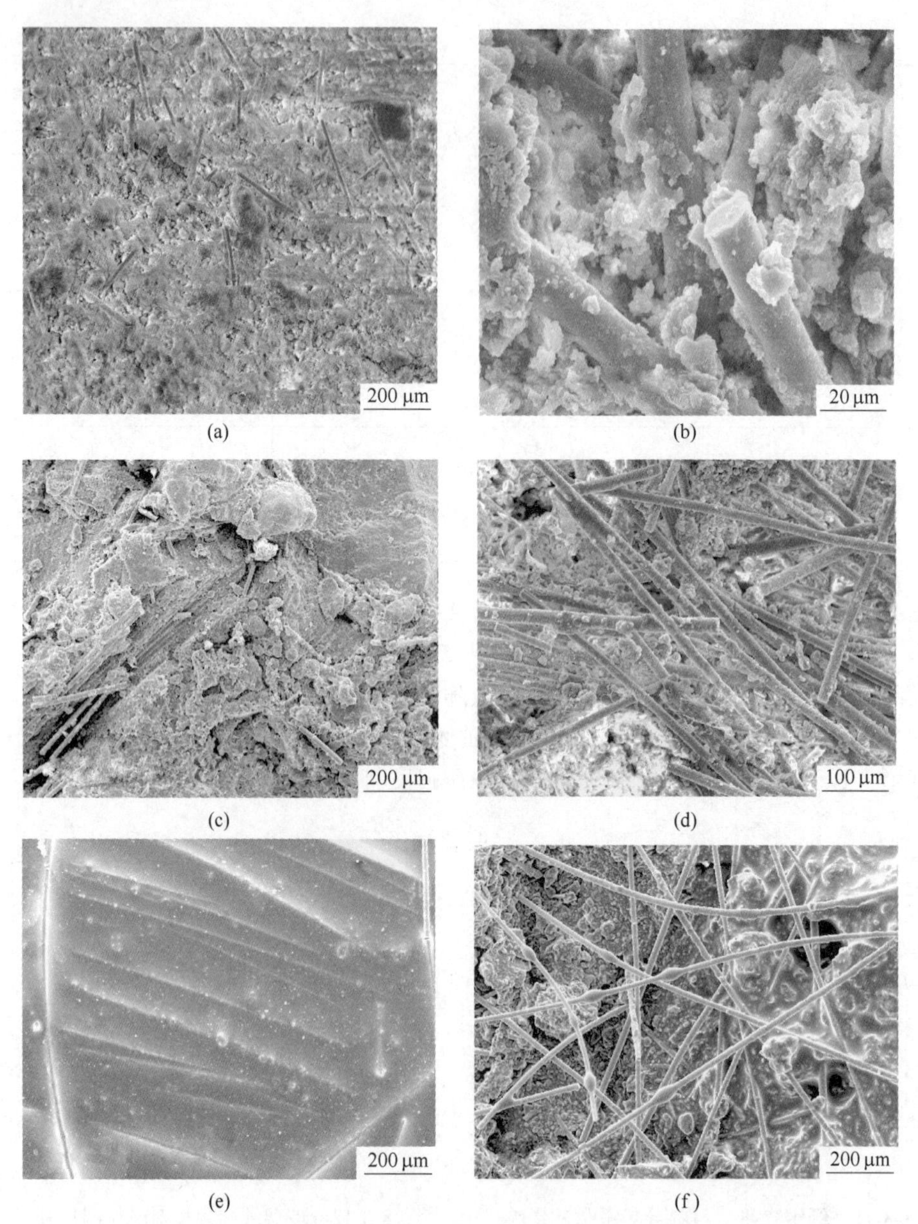

(a)　(b)
(c)　(d)
(e)　(f)

图 8-3-13　不同长度的纤维在材料中的 SEM 照片（纤维含量为 20%）

（a）（b）3 mm；（c）4.5 mm；（d）6 mm；（e）9 mm；（f）12 mm

表 8-3-4 为纤维长度对纳米 SiO_2 复合隔热材料导热系数、强度等性能的影响。

表 8-3-4　纤维长度对纳米 SiO_2 复合隔热材料性能的影响

玻璃纤维长度 /mm	热面温度 /℃	导热系数 λ/W·(m·K)$^{-1}$	密度 /g·cm^{-3}	耐压强度 /MPa	线变化率 /%
3	200	0.029	0.39	1.36	−0.1
	500	0.043			
	900	0.060			

续表 8-3-4

玻璃纤维长度 /mm	热面温度 /℃	导热系数 λ/W·(m·K)$^{-1}$	密度 /g·cm^{-3}	耐压强度 /MPa	线变化率 /%
4.5	200	0.032	0.38	1.39	−0.1
	500	0.048			
	900	0.067			
6	200	0.034	0.39	1.46	−0.1
	500	0.051			
	900	0.072			
9	200	0.036	0.41	1.53	−0.1
	500	0.053			
	900	0.070			
12	200	0.037	0.37	1.57	−0.1
	500	0.057			
	900	0.076			

图 8-3-14 为纤维长度对材料导热系数的影响曲线。由图 8-3-14 可知，在相应的温度点，纤维长度为 3 mm 时，材料的热导率最低，随着纤维长度的增大，材料的导热系数增大。根据图 8-3-13 可知，随着纤维长度的增大，纤维团聚越明显，团聚纤维间重新构架起贯通微孔或大孔，增大了材料内气体间的对流热传导，导致材料导热系数增大。

图 8-3-15 为纤维长度对材料耐压强度的影响曲线，随着纤维长度的增加，相应的材料耐压强度增大。

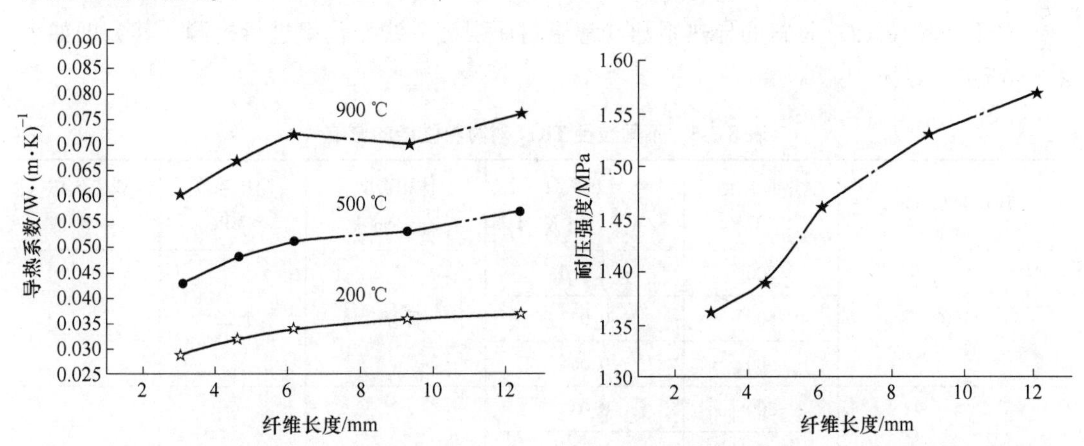

图 8-3-14　纤维长度对材料导热系数的影响　　图 8-3-15　纤维长度对材料耐压强度的影响

总之，纤维表面一定的热处理后，再经一定深度的酸处理，其纤维的表面形态得到明显改观，可以使其在纳米 SiO_2 粉体中单丝均匀分散，且能与粉体较好嵌合；当纤维含量为 20% 时，所制备纳米 SiO_2 复合隔热材料有较低的导热系数：在 200 ℃、500 ℃、900 ℃时分别为 0.029 W/(m·K)、0.033 W/(m·K)、0.046 W/(m·K)，耐压强度达到 1.23 MPa；当纤维长度为 3 mm 时，所制备的纳米 SiO_2 复合隔热材料有较低的导热系数：在 200 ℃、500 ℃、900 ℃时分别为 0.029 W/(m · K)、0.043 W/(m · K)、0.060 W/(m · K)，耐压强度达到 1.26 MPa。

8.3.2.3 红外遮蔽剂的影响

在中高温环境中，红外热辐射成为纳米 SiO_2 复合隔热材料最主要的传热方式，且纯纳米 SiO_2 粉体在波长为 3~8 μm 对红外光几乎是透明的。为进一步提高复合隔热材料的绝热能力，需引入红外遮蔽剂（infrared opacifiers）。

本部分在前两小节的研究基础上，探讨 TiO_2 粒径及加入量对材料显微结构及物理性能的影响。金红石型的 TiO_2，其粒度分别为 120 nm、100 nm、80 nm，如图 8-3-16 所示，TiO_2 颗粒呈纳米级别的无规则形貌，且粒子粒度越小，团聚现象越加明显。

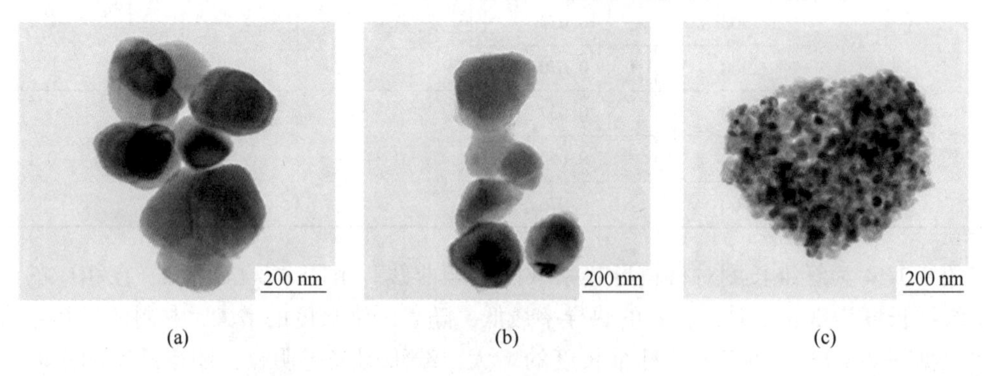

(a) (b) (c)

图 8-3-16 TiO_2 的 HRTEM 照片

（a）120 nm；（b）100 nm；（c）80 nm

A 不同粒径的 TiO_2

对不同粒径 TiO_2 材料的导热系数、常温耐压强度、线变化率进行检测，其数据如表 8-3-5 所示。

表 8-3-5 不同粒径 TiO_2 对材料性能的影响

TiO_2 粒径/nm	热面温度 /℃	导热系数 /W · (m · K)$^{-1}$	体积密度 /g · cm^{-3}	耐压强度 /MPa	线变化率 /%
120	200	0.036	0.354	1.22	-0.1
	500	0.047			
	900	0.064			
100	200	0.033	0.374	1.22	-0.1
	500	0.044			
	900	0.061			
80	200	0.037	0.402	1.23	-0.1
	500	0.056			
	900	0.067			

图 8-3-17 为不同粒径 TiO_2 制备纳米 SiO_2 复合隔热材料的导热系数曲线，在相同的温度下，TiO_2 粒径为 100 nm 时材料的导热系数最低，TiO_2 粒径为 80 nm 时，材料的导热系数最大。TiO_2 对热辐射波的衰减作用主要由遮光剂粒子对入射波的散射所致。当 TiO_2 粒度为 100 nm，在 300 ~ 800 ℃时对热辐射波可取得最大程度的散射。

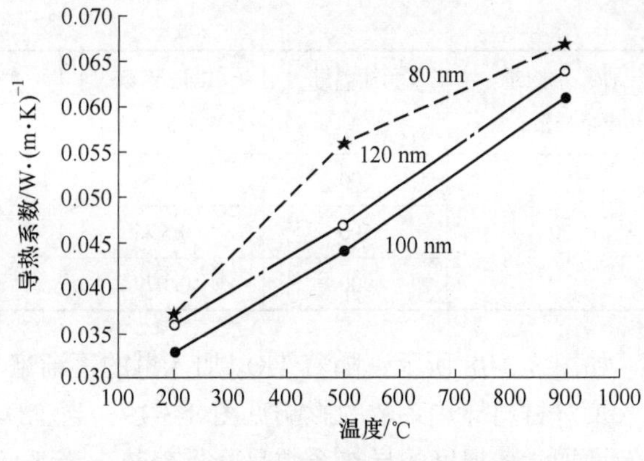

图 8-3-17 不同粒径 TiO_2 所制备材料的导热系数

材料的常温耐压强度基本上不随 TiO_2 粒径变化而变化，见表 8-3-5，其加热永久线变化率也不受影响。

B 不同 TiO_2 的加入量

对不同加入量 TiO_2 材料的导热系数、耐压强度、线变化率进行测量，其数据如表 8-3-6 所示。

表 8-3-6 不同加入量 TiO_2 所制备材料的性能（100 nm TiO_2）

TiO_2 加入量（质量分数）/%	热面温度 /℃	导热系数 λ/W·(m·K)$^{-1}$	密度 /g·cm^{-3}	耐压强度 /MPa	线变化率 /%
0	200	0.038	0.31	0.47	-0.1
	500	0.047			
	900	0.058			
5	200	0.036	0.37	0.66	-0.1
	500	0.045			
	900	0.063			
10	200	0.039	0.41	0.82	-0.1
	500	0.049			
	900	0.062			
15	200	0.036	0.45	0.96	-0.1
	500	0.046			
	900	0.053			
20	200	0.029	0.46	1.27	-0.1
	500	0.033			
	900	0.043			
25	200	0.055	0.55	1.52	-0.1
	500	0.062			
	900	0.072			

续表 8-3-6

TiO_2 加入量（质量分数）/%	热面温度 /℃	导热系数 λ/W·(m·K)$^{-1}$	密度 /g·cm^{-3}	耐压强度 /MPa	线变化率 /%
30	200	0.066	0.58	1.89	-0.1
	500	0.076			
	900	0.079			

如图 8-3-18 所示，随着 TiO_2 加入量的逐渐增加，材料的体积密度逐渐增大；而 TiO_2 加入量对材料导热系数的影响见图 8-3-19，当 TiO_2 加入量为 5%～20%，随着 TiO_2 加入量逐渐增加，各温度的导热系数呈降低趋势；当 TiO_2 加入量为 20% 时，各温度点的导热系数达到最低；当加入量超过 20%时，导热系数随着 TiO_2 加入量增加而升高。这是因为热射线进入材料内部，经 TiO_2 颗粒多次散射后被消弱或消除，如果 TiO_2 颗粒团聚或紧密排列后，热射线不能被散射，而是被 TiO_2 颗粒以能量的形式吸收，图 8-3-20 为热射线在 TiO_2 粉体颗粒内的散射示意图。

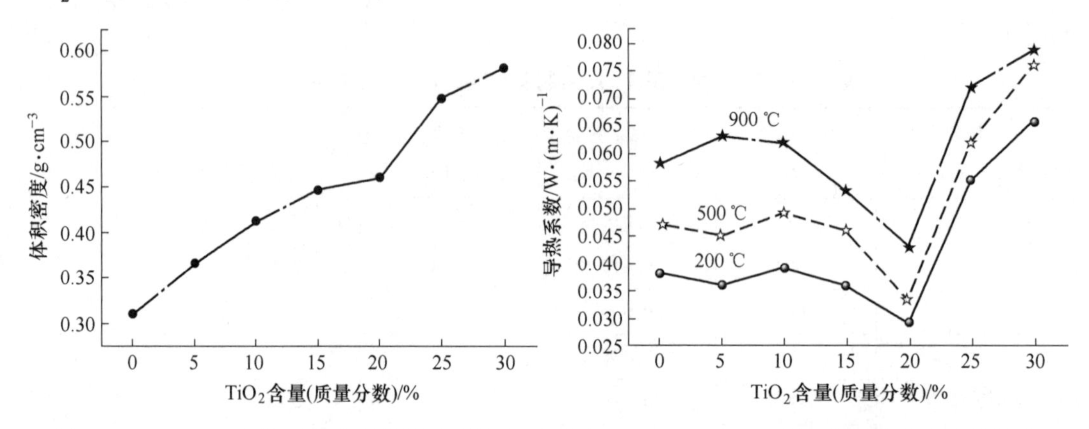

图 8-3-18　TiO_2 加入量对材料体积密度的影响　　图 8-3-19　TiO_2 加入量对材料导热系数的影响

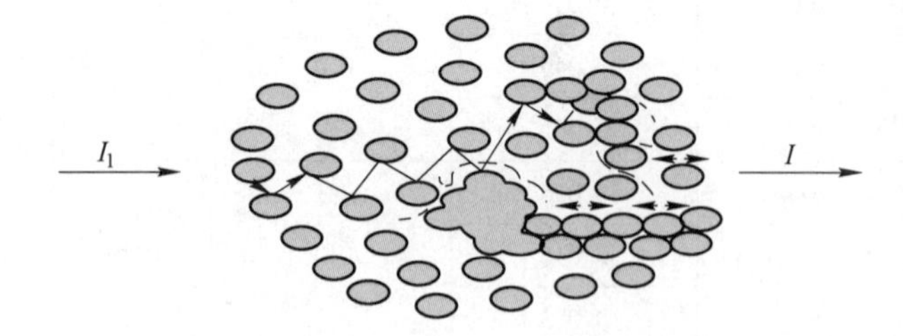

图 8-3-20　热射线在 TiO_2 颗粒间的散射示意图

随着 TiO_2 加入量的增加，材料的耐压强度随之增大，见图 8-3-21。

总之，以 100 nm 的 TiO_2 作为红外遮蔽剂，所制备纳米 SiO_2 复合隔热材料导热系数较低：在 200 ℃、500 ℃、900 ℃ 时分别为 0.033 W/(m·K)、0.044 W/(m·K)、0.061 W/(m·K)，耐压强度达到 1.22 MPa；当 TiO_2 加入量为 20%时，所制备纳米 SiO_2 复合隔热材料导热系数更低：在 200 ℃、500 ℃、900 ℃时的热导率分别为 0.029 W/(m·K)、0.033 W/(m·K)、0.043 W/(m·K)，耐压强度达到 1.27 MPa。

8.3.3　纳米 SiO_2 复合隔热材料的应用

纳米 SiO_2 复合隔热材料因其内部含有大量纳米级微孔，使其具有优越的隔热保温效果，也被称为纳米板、纳米保温板、纳米绝热板、超级隔热材料、纳米复合隔热板、纳米气凝胶、纳米微孔保温材料等。英国摩根热陶瓷称为 WDS 技术生产的 microporous insulation product，其理化指标见表 8-3-7。

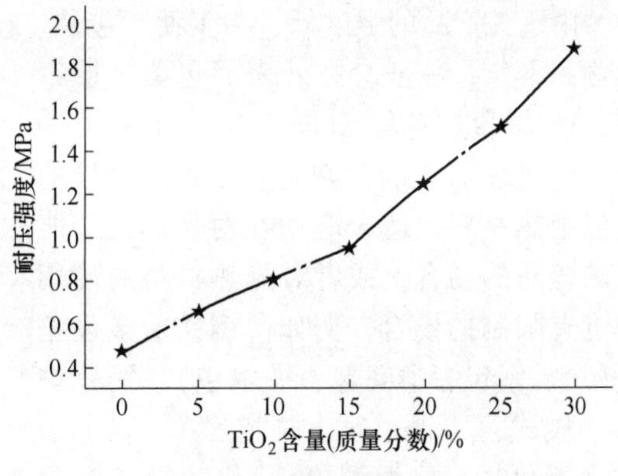

图 8-3-21　TiO_2 加入量对材料耐压强度的影响

表 8-3-7　摩根热陶瓷部分 WDS 产品和国内某公司的微孔隔热板

项　目		WDS® Ultra 板	WDS® Ultra Plus 板	国内某公司①
颜色		灰白色	白色	白色
体积密度/kg·m^{-3}		230	255	490
分类温度/℃		950	1000	1000
常温耐压强度（ASTM C165)/MPa		>0.38	>0.28	1.7
线收缩率（×24h）/%	950 ℃	1.4		—
	1000 ℃	—	2.0	1.7
导热系数（800 ℃)/W·(m·K)$^{-1}$		0.044	0.038	0.04

①国内公司产品检测条件，常温耐压强度按 GB/T 13480—2014；加热线变化按 GB/T 17911—2018；导热系数摩根 WDS 产品按 ASTM C201 平均温度 800 ℃，国内某公司按 YB/T 4130—2005，热面温度为 800 ℃。

团体标准 T/CSTM 0020—2021《微孔隔热制品》中专门把这类材料微孔隔热制品（microporous thermal insulation products）定义为：一种由纳米无机粉体、人造矿物纤维和粉状无机遮光剂组成的高效隔热产品。一般情况下，其外表面可由铝箔、热收缩膜、玻璃纤维布等进行包覆。其中，纳米无机粉体的比表面积应不低于 90 m^2/g，其标准要求见表 8-3-8。

表 8-3-8　微孔隔热制品（板型）的理化指标（团体标准 T/CSTM 0020—2021）

项　目		指　标		
		90 型	100 型	105 型
最高推荐使用温度/℃		900	1000	1050
加热永久线变化率（最高推荐使用温度×24 h）/%		≤2	≤2	≤2
耐压强度（厚度压缩 10%）/kPa		≥140	≥120	≥110
导热系数/W·(m·K)$^{-1}$	热面温度 400 ℃	≤0.026	≤0.026	≤0.030
	热面温度 600 ℃	≤0.030	≤0.030	≤0.034
	热面温度 800 ℃	≤0.035	≤0.035	≤0.040

由于该产品的强度低，为了便于包装、运输和砌筑，一般会在外表面包覆一层铝箔、玻璃纤维布等，如图 8-3-22 所示。

图 8-3-22　外表面包有铝箔的微孔隔热板

纳米 SiO_2 复合隔热材料是性能优异的高温绝热材料，适合应用在对保温、节能要求较高的场合，或者对隔热材料的使用厚度有限制的场合。例如：钢铁冶金设备（转炉、钢包、中间包、铁水包）、陶瓷炉窑（梭式窑、辊道窑、隧道窑）、有色冶炼（熔化炉、保温炉等）、化工设备（裂解炉、高温管道），电器产品（黑匣子、测温仪、蓄热电暖器）等行业领域。

8.4　硅藻土及其隔热材料

8.4.1　硅藻土

硅藻土（diatomite）是生物成因的硅质沉积岩，由古代硅藻遗骸组成，硅藻土与硅藻在微观形貌上保持一致。硅藻土种类很多，主要有直链型、圆筛型、冠盘型、羽纹型等，其显微结构见图 8-4-1。尽管不同类型的硅藻土外观形貌相差较大，但同种硅藻土之间外

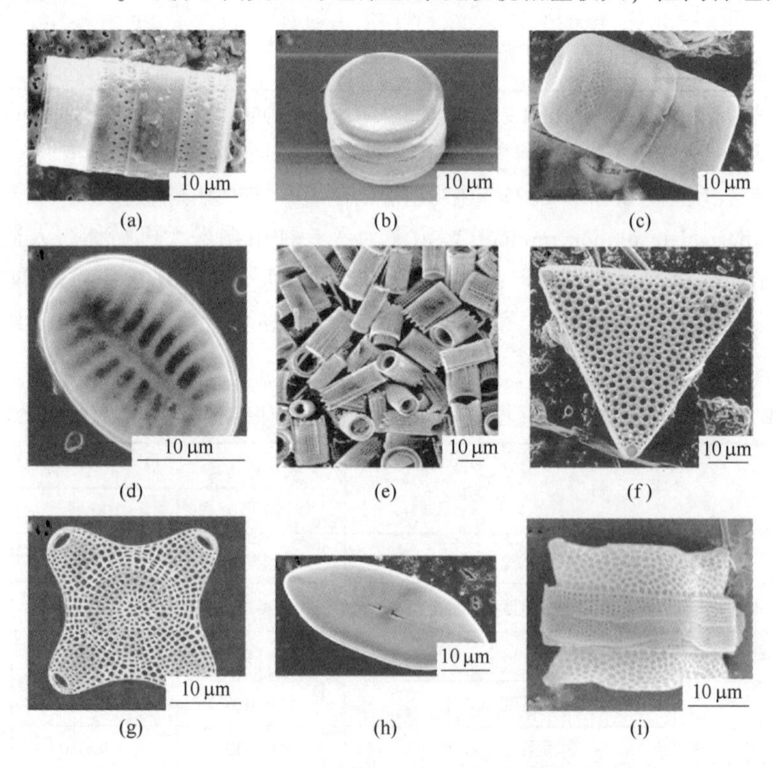

图 8-4-1　不同硅藻土种类的显微结构

(a)~(d)，(f)~(i) 几种海洋硅藻土的 SEM 图像；(e) 硅藻土化石的 SEM 图像

形具有高度重复性，它们的组成构造基本相同。硅藻土具有纳米级天然有序多级孔道结构，外形具有高度重复，硅藻土表面具有大孔和小孔两种类型的孔结构，其中，小孔孔径为20~50 nm，大孔孔径为100~300 nm（见图8-4-2）。

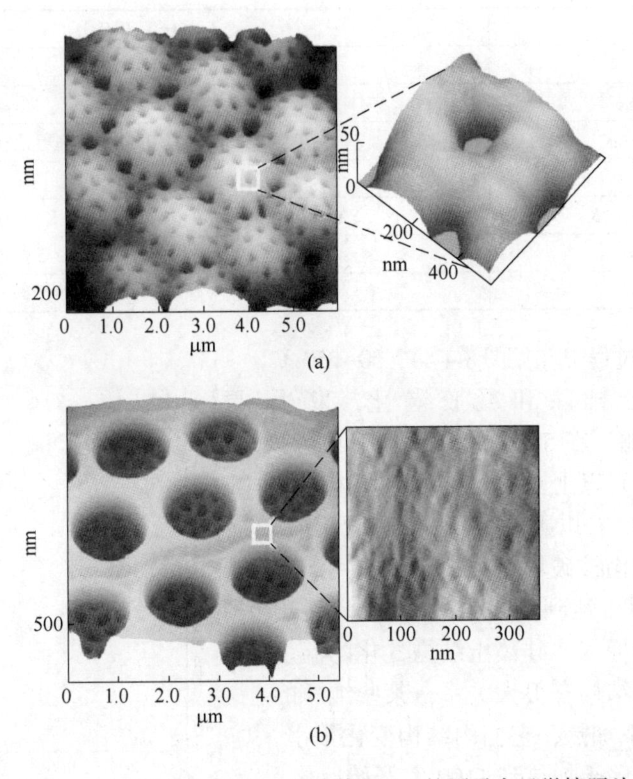

图8-4-2 硅藻土外表面(a)和内表面(b)的原子力显微镜照片

硅藻土的主要矿物为蛋白石，成分为非晶态SiO_2，其X射线衍射图谱（图8-4-3）在2θ为15°~40°范围内，存在非晶态SiO_2的弥散峰，在2θ为26.6°的尖峰对应于硅藻土内石英的（101）晶面。硅藻土内含丰富的SiO_2，是一种廉价的硅源。红外光谱（FT-IR）测得硅藻土内的官能团及成键情况：波数为468 cm^{-1}和1096 cm^{-1}处的峰是硅藻土内Si—O—Si键不对称伸缩振动引起的，波数为3435 cm^{-1}处的红外特征峰是硅藻土内Si—OH和吸附水导致的。硅藻土表面Si—OH主要分为两种：一种是孤立的Si—OH，另一种是通过氢键连接的Si—OH，后者使硅藻土表面显弱酸性。

硅藻土内除了主要成分是无定型SiO_2外，还含有少量黏土矿物等，杂质成分主要为Al_2O_3、Fe_2O_3、CaO、MgO、K_2O、Na_2O和有机质，一般优质硅藻土SiO_2含量在80%以上，最高可达94%，Al_2O_3含量为3%~6%，Fe_2O_3含量为1%~1.5%。硅藻土的颜色为白色、灰白

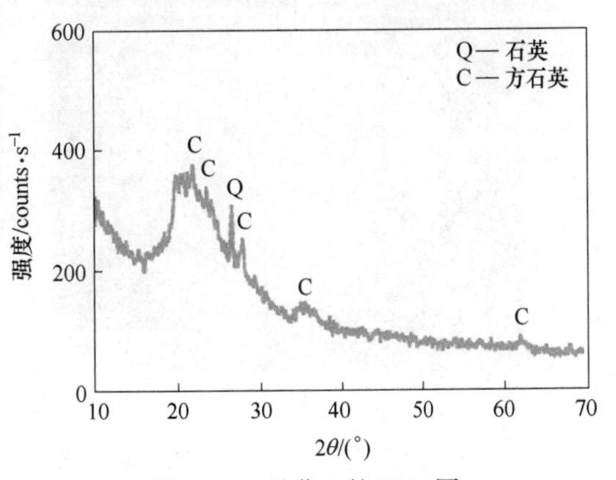

图8-4-3 硅藻土的XRD图

色、灰色、灰褐色，含 Fe_2O_3 较多时，多呈黄色，有时呈红色。硅藻土的矿物成分主要是蛋白石及其变种，因杂质含量不同，其性能也有一些差异（见表 8-4-1）。

表 8-4-1 硅藻土的性能

相对密度	0.4~0.9
折射率	1.40~1.46
真密度/$g \cdot cm^{-3}$	2.03~2.36
松散密度/$g \cdot m^{-3}$	0.34~0.65（最低 0.32，最高可达 0.90）
熔点/℃	1400~1650
导热系数/$W \cdot (m \cdot K)^{-1}$	$\lambda=0.0371+10^{-4}T$（T=273~573 K），松散填充
孔隙率/%	70~90（可吸附自身质量 1.5~5 倍的水）
化学性质	耐酸（除 HF 外），易溶于碱

硅藻土在加热过程中（见图 8-4-4），50~250 ℃之间，残余水分排除和凝胶老化，发生 0.1%~0.3%的收缩。在 500~800 ℃温度下，水分完全排除。800 ℃以上，发生烧结，坯体收缩当温度升高到 1000 ℃以上时，转化成方石英并发生显著收缩，结构被破坏，失去保温作用。这也是硅藻土耐火度可达到 1730 ℃，而最高使用温度仅为 900 ℃的原因。硅藻土结构变化的温度和硅藻土的组成、结构有很大关系，某些纯净的硅藻土在 1300 ℃下加热，它们的结构变化很小，而杂质含量高的硅藻土加热到 1100 ℃开始熔化。

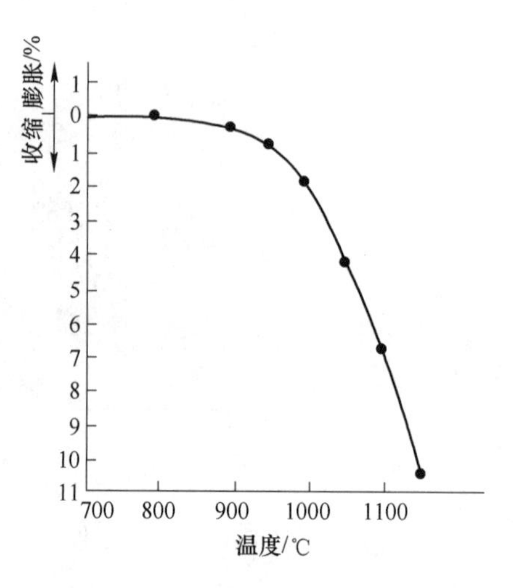

图 8-4-4 不同温度下保温 3 h 硅藻土坯体的体积变化

硅藻土在形成过程中，由于硅藻壳上存在天然矿物和有机物等杂质，它们与硅藻壳体相互夹杂、包裹和固结，堵塞了硅藻壳体的天然微孔肢体，使硅藻土最出色的纳米级天然有序多级孔道结构受到严重影响。因此，采用擦洗、焙烧、酸浸或碱浸等方法将这些堵塞微孔的杂质去除（见图 8-4-5）。

(a)

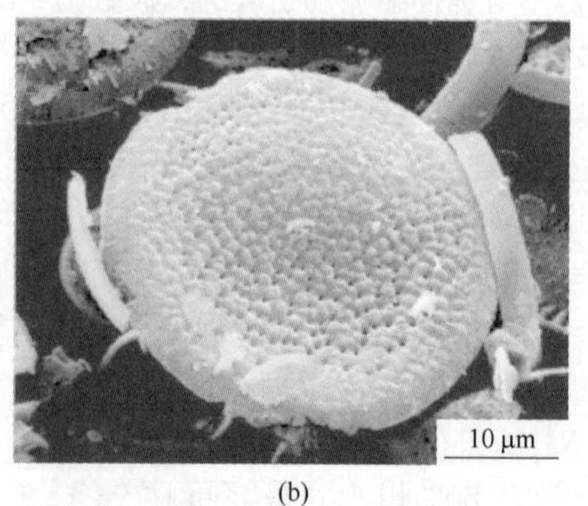

(b)

图 8-4-5 硅藻土的显微结构

（a）硅藻土原矿；（b）煅烧后的硅藻土

世界硅藻土分布范围很广，已知全球共有近20亿吨，远景储量达36亿吨。我国的硅藻土资源丰富，矿石储量达3.85亿吨，仅次于美国，居世界第2位。我国硅藻土以吉林省最多，占全国储量的54.8%，云南、福建、河北等地次之。尽管我国硅藻土矿藏储量丰富，但是硅藻土的品位大部分不高。2017年我国硅藻土年产量过40万吨，居世界第四位，我国硅藻土60%以上用于生产保温材料，10%用于生产各种填料，另有更少量部分用于助滤剂，而美国硅藻土用于助滤剂占50%（见图8-4-6）。

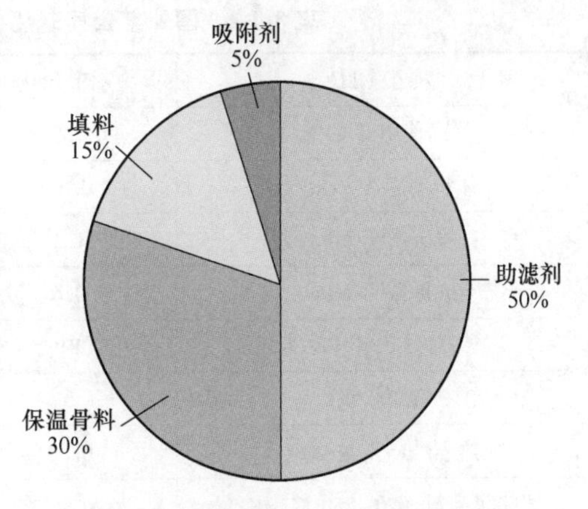

图8-4-6 美国硅藻土主要应用占比

8.4.2 硅藻土轻质隔热耐火材料

硅藻土具有质轻、多孔、松散、隔热性好、吸附性强、化学性质稳定等优点，其主要用途有轻质隔热耐火材料、助滤剂、填料、催化剂载体、建筑材料等。

硅藻土原矿作为多孔隔热耐火材料时，可以直接用于保温涂层，干燥后用于保温填料。由于硅藻土具有很强的吸湿性，不宜用于低温下的隔热材料。

硅藻土隔热耐火材料（diatomaceous insulation bricks）的主要成孔方法是多孔材料法或燃烬物法，即用天然多孔的硅藻土加入锯末等可燃物，成型方式主要是可塑法（挤泥法），也有捣打和模压成型；有时为了生产体积密度更低的产品，也采用泡沫浇注法，其主要工艺要点如下：

（1）硅藻土中一般 SiO_2 含量在60%~75%，黏土含量大于30%，矿物碎屑含量在5%~7%，黏土中主要是蒙脱石，其次是少量的伊利石和水云母，矿物碎屑主要为石英和长石。尽管硅藻土是多孔材料，但如果用它来直接生产多孔隔热材料，所生产的制品体积密度一般在1.1 g/cm^3，难以达到要求，因此要生产体积密度较低或更低的制品就需要通过其他成孔方法来实现，例如造孔剂法（锯末等）、泡沫法和多孔材料法（膨胀珍珠岩），造孔剂法和挤出成型是常用的生产工艺，如果要生产体积密度更低的制品（0.4 g/cm^3、0.5 g/cm^3）时，需要用泡沫法浇注工艺。

（2）而造孔剂根据当地情况选用，尺寸控制适当。硅藻土由于微孔丰富，吸水量大且极难干燥，硅藻土中黏土矿物蒙脱石极易吸水，含水量也很大，加上造孔剂也易吸水，因此加水量要适当，混合要均匀，这样才能提高坯体的强度，减少坯体的开裂和变形。

（3）硅藻土轻质多孔隔热材料的使用温度不超过1000 ℃。它的烧成温度一般也低于1100 ℃，通常在900~1000 ℃之间。当烧成温度超过1100 ℃时，无定型的硅藻壳会转变为方石英。后者在加热冷却过程中发生晶型转变而造成较大的体积变化导致制品的损坏。

硅藻土多孔隔热材料的性能除了与体积密度有关外，还与硅藻土的化学组成及加入量、结合剂的种类及数量等因素有关，国外某公司硅藻土轻质多孔隔热材料理化指标见表8-4-2，我国以前有硅藻土隔热制品的国家标准GB/T 3996—83，后来废止。

表 8-4-2 国外某公司硅藻土轻质多孔隔热材料的理化指标

项目		KPD 350	KPD500	SUPRA	M-EXTRA
最高使用温度/℃		900	900	900	1000
体积密度/g · cm^{-3}		0.35	0.50	0.75	0.95
耐压强度/MPa		1.1	2.5	7.0	18.0
抗折强度/MPa		0.6	0.7	1.8	4.0
总气孔率/%		81	77	68	60
蠕变①/%		3	1.7	1.4	0.8
比热容/kJ · (kg · K)$^{-1}$		0.84	0.98	0.80	0.80
线膨胀系数（20~750 ℃）/K^{-1}		3.0×10^{-6}	1.6×10^{-6}	2.0×10^{-6}	3.0×10^{-6}
抗热震性②/次数		>30	>30	>30	>50
永久线收缩率③/%		1	1	1	1
耐火度（ASTM C24-89）/℃		1465	1465	1350	1350
导热系数（ASTM C201，补充）/W · (m · K)$^{-1}$	200 ℃	0.10	0.10	0.13	0.24
	400 ℃	0.12	0.13	0.14	0.27
	600 ℃	0.13	0.15	0.15	0.29
	800 ℃	0.15	0.17	—	—
化学成分（烧失于 1025 ℃）/%	SiO_2	86	86	77	77
	TiO_2	0.3	0.3	0.7	0.7
	Fe_2O_3	2.8	2.8	7	7
	Al_2O_3	6.1	6.1	9	9
	MgO	0.8	0.8	1.3	1.3
	CaO	0.3	0.3	0.8	0.8
	Na_2O	0.2	0.2	0.4	0.4
	K_2O	1.3	1.3	1.6	1.6
	烧失	0.7	0.7	1.5	1.0

①蠕变：0.1 MPa，800 ℃×50 h。

②热震稳定性，EN 993-11：1998，加热 950 ℃。

③在低于最高使用温度 50 ℃下加热 12 h。

8.5 珍珠岩及其隔热材料

8.5.1 珍珠岩

珍珠岩矿包括珍珠岩（perlite）、松脂岩及黑曜岩，是一种火山喷发的酸性熔岩，经急冷而成的玻璃质岩石，其内部裂隙结构像珍珠，因此叫珍珠岩。珍珠岩、松脂岩及黑曜岩三者的主要区别在于其含量及光泽、断口等方面，其中含水量：珍珠岩 2%~5%、松脂岩 5%~10%、黑曜岩<2%。珍珠岩中的水以两种不同形式存在，一种是吸附水，一种是

结构水，也称强结合水，它是引起珍珠岩膨胀的内在原因，铁元素是不利于珍珠岩膨胀的因素之一，故一般工业要求：SiO_2 含量 70%、H_2O 含量 1%~6%、Fe_2O_3 含量小于 1%；如果 Fe_2O_3 含量大于 1%，为中等或劣质原料。

珍珠岩由酸性火山玻璃质组成，含有不等的透长石、石英斑晶、微晶和各种形态的雏晶以及隐晶质矿物等，其化学成分变化范围见表 8-5-1，其物理性能见表 8-5-2。

表 8-5-1 珍珠岩化学成分的变化范围

化学成分	成分范围/%	化学成分	成分范围/%
SiO_2	68~75	K_2O	1.5~4.5
Al_2O_3	9~14	Na_2O	2.5~5.0
Fe_2O_3	0.9~4.0	H_2O	3.0~6.0
FeO	0.5~0.7	P_2O_5	0.01~0.04
MgO	0.4~1.0	ZrO_2	0.02~0.08
TiO_2	0.13~0.2	MnO_2	0.03~0.05

表 8-5-2 珍珠岩的物理特性

颜 色	白 色	折 射 率	1.5
pH 值（在水中）	6.5~8.0	自由水	0.5%（最大）
真密度/$g \cdot cm^{-3}$	2.2~2.4	松装密度/$g \cdot cm^{-3}$	原矿：0.96~1.2；膨胀后：0.032~0.4
熔点/℃	1260~1343	软化点/℃	871~1093
导热系数/$W \cdot (m \cdot K)^{-1}$	0.04~0.06	比热容/$J \cdot (kg \cdot K)^{-1}$	837
溶解度	溶于热浓碱和 HF，在 NaOH 中溶解度中等（<10%），在无机盐中微溶（<3%），在水和弱酸中极微溶（<1%）		

8.5.2 膨胀珍珠岩及其制品

当珍珠岩快速加热到 900~1200 ℃后，其自身软化，同时结构水迅速汽化膨胀，导致珍珠岩产生 5~20 倍的自身体积膨胀（见图 8-5-1 和图 8-5-2），这种多孔、低密度蜂窝状结构的珍珠岩称为膨胀珍珠岩（expanded perlite，EP）。因内部封闭气泡的反射，膨胀珍珠岩外观呈亮白色（见图 8-5-3）。膨胀珍珠岩气孔结构和气孔分布见图 8-5-4 和图 8-5-5，由图 8-5-5 可知，膨胀珍珠岩的孔径范围为 1~100 μm。

工业上膨胀珍珠岩的生产主要有破碎、预热和焙烧 3 个工序：（1）破碎，一般矿石粒度以 0.15~0.5 mm 为宜；（2）预热，使矿石含水率控制在有效范围，当粒度为 0.15~0.5 mm 时，水分在 2%；（3）焙烧，经预热的矿石粒快速通过竖窑的高温区并迅速冷却，矿石软化时，结合水汽化导致体积迅速膨胀。工业上对珍珠岩质量评价标准，最主要是它膨胀性能。影响珍珠岩膨胀性能的主要因素：（1）玻璃质透明度和结构发育程度，越透明、发育越好，膨胀倍数越大；（2）透长石及石英斑晶含量越小，越利于膨胀；（3）含铁量过高，不利于膨胀，含铁量低于 1%较优；（4）粒度，一般 0.15~0.5 mm 为宜，粒度为 0.15~0.5 mm 的珍珠岩膨胀率为 16~25 倍；（5）预热温度与时间，焙烧温度与时

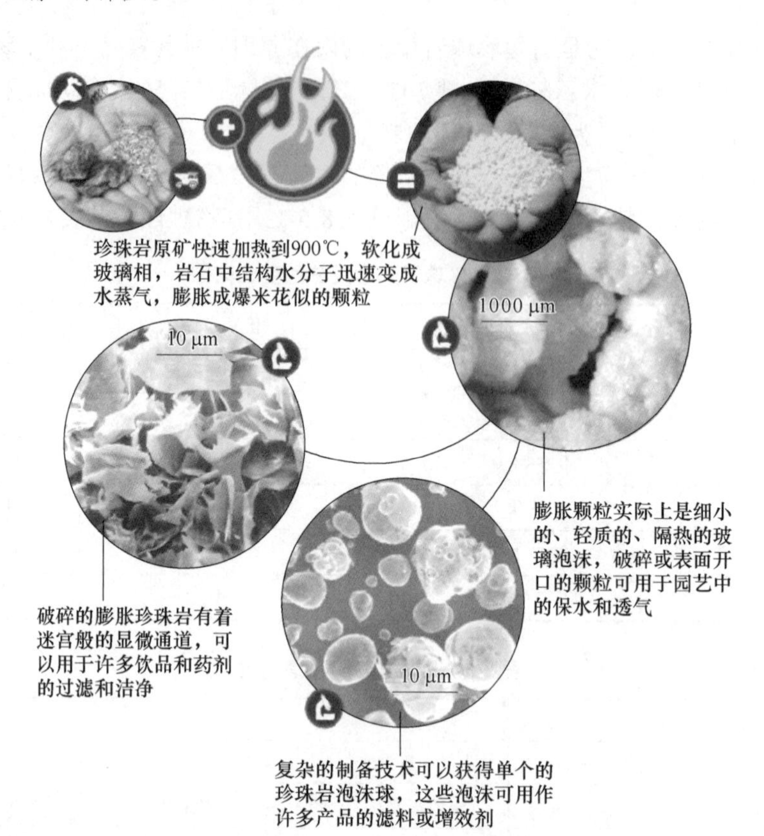

图 8-5-1 膨胀珍珠的过程

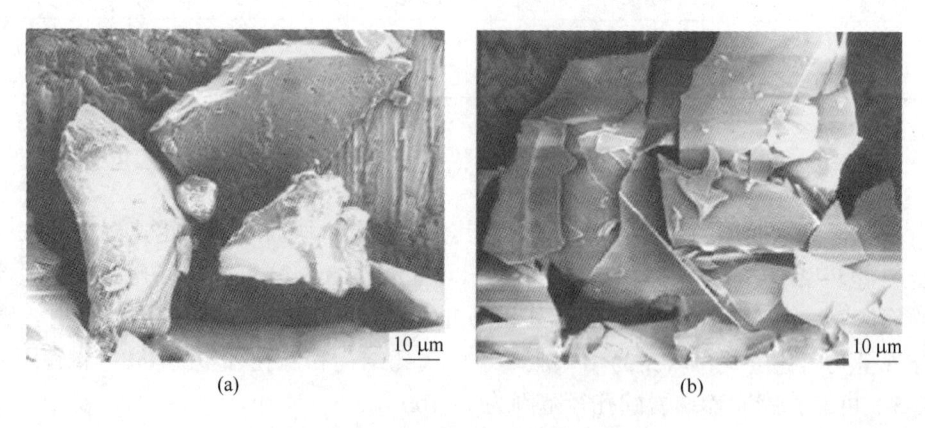

图 8-5-2 膨胀珍珠岩膨胀前后的显微结构

（a）膨胀前；（b）膨胀后

间，一般根据实际情况确定。例如有研究将我国河南信阳的珍珠岩矿破碎筛分到一定粒度（0.15～0.5 mm），经 250～350 ℃预热处理 8～10 min，排除吸附水，然后直接投入 1150～1250 ℃的膨胀炉（工业上一般是回转窑或竖窑等）中焙烧 10～15 s 后快速冷却，可制备出晶粒大小 50～800 μm、体积密度 0.2～0.5 g/cm^3 的膨胀珍珠岩骨料（expanded perlite aggregate，EPA），膨胀珍珠岩骨料的主要性能见表 8-5-3。

(a) (b) (c)

图 8-5-3 不同粒度的膨胀珍珠岩
(a) 粒度≤0.08 mm;(b) 粒度≤4.75 mm;(c) 粒度≤10 mm

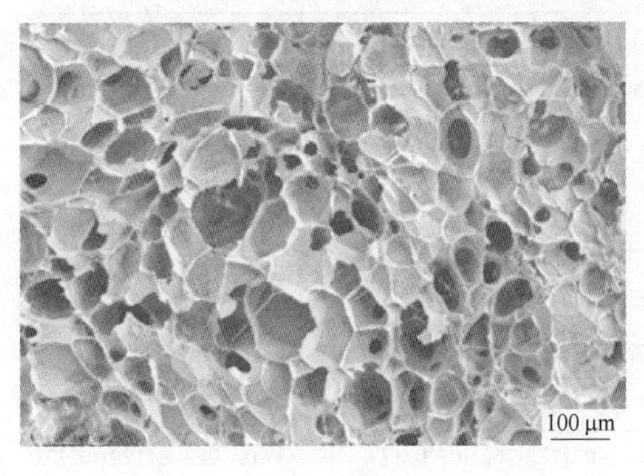

图 8-5-4 膨胀珍珠岩的孔结构图

图 8-5-5 膨胀珍珠岩内部孔径分布

表 8-5-3 某公司膨胀珍珠骨料(EPA)的主要物理性能

颗粒粒径/mm	2~4	压实状态下耐压强度/MPa	0.1~0.4
松散密度/$g \cdot cm^{-3}$	0.07	BET 比表面积/$m^2 \cdot g^{-1}$	0.9355
孔隙率/%	70~85	孔容/$cm^3 \cdot g^{-1}$	0.003082
吸水率(体积分数)/%	30~40	BET 孔径/nm	87.13
pH 值	7	比热容/$J \cdot (kg \cdot K)^{-1}$	836.4
熔点/℃	1200	导热系数/$W \cdot (m \cdot K)^{-1}$	0.04

膨胀珍珠岩具有比重小、导热系数低、使用温度广泛(-200~800 ℃)、化学性能稳定、吸湿性小以及防火、无毒、吸声等性能。广泛用于建筑行业的保温/隔声、化工和食品行业的助滤剂/填料/催化载体等。

膨胀珍珠岩隔热材料一般是以适当粒径的膨胀珍珠岩为骨料,以水泥、水玻璃、石膏、磷酸盐、沥青或其他材料为胶黏剂,按一定的配比混合、筛分、成型及热处理而成的一种轻质多孔性材料。

一般来说,膨胀珍珠岩隔热材料中,膨胀珍珠岩颗粒增多会降低材料的机械强度,但能增加材料的热阻、隔声和吸水率性,而膨胀珍珠岩细粉则能增大耐压强度,胶结剂的种类也会影响其制品的一些性能。表 8-5-4 为几种膨胀珍珠制品的物理性质，表 8-5-5 为膨胀珍珠岩保温混凝土的配合比及特性，表 8-5-6 为国家标准 GB/T 10303—2015《膨胀珍珠岩绝热制品》中所要求的物理指标。

表 8-5-4 几种膨胀珍珠岩制品的物理性质

性 质	水泥结合	水玻璃结合	磷酸盐结合
体积密度/g · cm^{-3}	0.3~0.4	0.2~0.3	0.2~0.25
耐压强度/MPa	0.50~1.0	0.60~1.2	0.6~1.0
导热系数/W · (m · K)$^{-1}$	0.058~0.087	0.056~0.065	0.044~0.052
最高使用温度/℃	600	650	1000

表 8-5-5 膨胀珍珠岩保温混凝土的配合比及特性

性 质		硅酸盐水泥	矾土水泥	铝酸盐水泥	水玻璃	磷酸铝
密度/kg · m^{-3}		80~150	60~130	100~170	60~150	80~100
结合剂/珍珠岩		1/(10~14.5)	1/(8~10)	1/(3~10)	(1~1.3)/1	1/(18~20)
水灰比		2.1	1.6~1.7	0.7~1.7	—	—
烘干密度/g · cm^{-3}		0.25~0.45	0.45~0.50	0.40~0.82	0.20~0.38	0.20~0.35
耐压强度/MPa		0.5~1.7	1.2~2.6	0.7~2.5	0.6~1.7	0.5~1.6
导热系数 /W · (m · K)$^{-1}$	20℃	0.054~0.087	0.072~0.088	—	0.055~0.093	0.052~0.080
	平均温度/℃	400	635	605	400	680
	数值	0.081~0.122	0.113~0.122	0.105~0.173	0.083~0.134	0.128~0.122
最高使用温度/℃		≤600	≤800	900~1250	600~650	≤900

注：水玻璃模数 2.4，相对密度 1.38~1.42；磷酸铝浓度 50%；结合剂/珍珠岩比为体积比。

表 8-5-6 膨胀珍珠岩绝热制品物理指标（GB/T 10303—2015）

项目	密度 /kg · m^{-3}	抗压强度 /MPa	抗折强度 /MPa	含水量 /%	线收缩 (650×24 h)/%	导热系数/W · (m · K)$^{-1}$	
						(25+2)℃	(350+5)℃
200 号	≤200	≥0.35	≥0.20	≤4	≤2	≤0.065	≤0.11
250 号	≤250	≥0.45	≥0.25	≤4	≤2	≤0.070	≤0.12

注：以上检测方法按 GB/T 5486—2008《无机硬质绝热制品试验方法》。

参 考 文 献

[1] 王玉芬，刘连城．石英玻璃［M］．北京：化学工业出版社，2007．

[2] Saadi A, Bettahar M M, Rassoul Z. Reduction of benzaldehyde on copper supported on SiO_2. Effect of method of preparation [J]. Studies in Surface Science and Catalysis, 2000, 130: 2261-2266.

[3] Kovar P, Lang K, Tvrdik L, et al. Insulating refractory brick for glass industry, possibilities of production and testing of their properties [J]. Refractories Worldforum, 2012, 4 (4): 77-80.

[4] 冶金工业部建筑研究院，等．耐火混凝土［M］．北京：冶金工业出版社，1980．

[5] 大连耐火材料厂．膨胀珍珠岩［M］．北京：中国建筑工业出版社，1974．

[6] Pabst W, Gregorová E, Kutzendörfer J. Elastic anomalies in tridymite-and cristobalite-based silica materials

[J]. Ceramics International, 2014, 40 (3): 4207-4211.

[7] Mizokami K, Togo A, Tanaka I. Lattice thermal conductivities of two SiO_2 polymorphs by first-principles calculations and the phonon Boltzmann transport equation [J]. Physical Review B, 2018, 97 (22): 224306.

[8] Pluth J J, Smith J V. Crystal structure of low cristobalite at 10, 293, and 473 K: Variation of framework geometry with temperature [J]. Journal of Applied Physics, 1985, 57: 1045-1049.

[9] Pryde A K A, Dove M T. On the sequence of phase transitions in tridymite [J]. Physics and Chemistry of Minerals, 1998, 26: 171-179.

[10] France-Lanord A, Soukiassian P, Glattli C, et al. Structure, energy, and thermal transport properties of Si-SiO_2 nanostructures using an Ab initio based parameterization of a charge-optimized many-body forcefield [J]. Physics, 2015, 83 (23): 1417-1425.

[11] Louise Levien, Charles T Prewitt. High-pressure crystal structure and compressibility of coesite [J]. American Mineralogist, 1981, 66 (3/4): 324-333.

[12] Konnert J H, Appleman D E. The crystal structure of low tridymite [J]. Acta Crystallographica Section B: Structural Crystallography and Crystal Chemistry, 1978, 34 (2): 391-403.

[13] Jay A H. The X-ray pattern of low-temperature cristobalite [J]. Mineralogical Magazine and Journal of the Mineralogical Society, 1944, 27 (187): 54-55.

[14] Kunugi M, Soga N, Sawa H, et al. Thermal conductivity of cristobalite [J]. Journal of the American Ceramic Society, 1972, 55 (11): 580.

[15] Pabst W, Gregorová E V A. Elastic properties of silica polymorphs—A review [J]. Ceramics-Silikaty, 2013, 57 (3): 167-184.

[16] Anjana P S, Sherin T, Sebastian M T, et al. Synthetic minerals for electronic applications [J]. Earth Science India, 2008, 1 (1): 43-45.

[17] Coes Jr L. A new dense crystalline silica [J]. Science, 1953, 118 (3057): 131-132.

[18] Varner J R , Seward T P , Schaeffer H A. Advances in fusion and processing of glassⅢ [M]. John Wiley & Sons, 2012.

[19] 张燕. 隔热硅砖的生产、性能及用途 [J]. 耐火与石灰, 2012, 37 (6): 34-37.

[20] Pilate P, Lardot V, Cambier F, et al. Contribution to the understanding of the high temperature behavior and of the compressive creep behavior of silica refractory materials [J]. Journal of the European Ceramic Society, 2015, 35 (2): 813-822.

[21] Guzmán A M, Martínez D I, González R. Corrosion-erosion wear of refractory bricks in glass furnaces [J]. Engineering Failure Analysis, 2014, 46: 188-195.

[22] Kotoucek M, Kovar P, Lang K, et al. Dense silica—properties, production and perspectives [J]. Refractories Worldforum, 2013, 5 (2): 65-68.

[23] Manivasakan P, Rajendran V, Rauta P R, et al. Effect of TiO_2 nanoparticles on properties of silica refractory [J]. Journal of the American Ceramic Society, 2010, 93 (8): 2236-2243.

[24] Goswami G, Sanu P, Panigrahy P K. Estimation of thermal expansion of silica refractory based on its mineralogy [J]. Interceram-International Ceramic Review, 2015, 64: 174-176.

[25] Fan J, Li Y, Gao Y, et al. Evaluation of the morphology and pore characteristics of silica refractory using X-ray computed tomography [J]. Ceramics International, 2021, 47 (13): 18084-18093.

[26] 中华人民共和国国家质量监督检验检疫总局. 硅砖: GB/T 2608—2012 [S]. 2012.

[27] Pabst W, Gregorová E, Kloužek J, et al. High-temperature Young's moduli and dilatation behavior of silica refractories [J]. Journal of the European Ceramic Society, 2016, 36 (1): 209-220.

[28] 王敏．直接发泡法制备结构可控泡沫陶瓷 [D]. 天津：天津大学，2012.
[29] Wang M，Du H，Guo A，et al. Microstructure control in ceramic foams via mixed cationic/anionic surfactant [J]. Materials Letters，2012，88：97-100.
[30] 刘勇，吕桂英，黄海涛．烧失剂对轻质硅砖的影响 [J]. 耐火与石灰，2015，40（1）：24-26.
[31] 赵会峰，梁喜平，杜米芳．碹顶硅质保温层引起的玻璃结石 [J]. 玻璃与搪瓷，2011，39（3）：28-31.
[32] Pabst W，Gregorová E，Uhlířová T，et al. Microstructure，elastic properties and high-temperature behavior of silica refractories [J]. Advanced and Refractory Ceramics for Energy Conservation and Efficiency：Ceramic Transactions，2016，256：113-124.
[33] Debnath N K，Pabbisetty V K，Sarkar K，et al. Preparation and characterization of semi-silica insulation refractory by utilizing lignite fly ash waste materials [J]. Construction and Building Materials，2022，345：128321.
[34] Gonzalez A，Brown J T，Weilacher R P，et al. Review of improved silica crown refractory and practices for oxy-fuel-fired glass melters [C] //64th Conference on Glass Problems：Ceramic Engineering and Science Proceedings. Hoboken，NJ，USA：John Wiley & Sons，Inc.，2004：33-42.
[35] Lugovy M，Slyunyayev V，Orlovskaya N，et al. Temperature dependence of elastic properties of ZrB_2-SiC composites [J]. Ceramics International，2016，42（2）：2439-2445.
[36] Ruh E，McDOWELL J S. Thermal conductivity of refractory brick [J]. Journal of the American Ceramic Society，1962，45（4）：189-195.
[37] Ugheoke B I，Mamat O，Ari-Wahjoedi B. Thermal expansion behavior，phase transitions and some physico-mechanical characteristics of fired doped rice husk silica refractory [J]. Journal of Advanced Ceramics，2013，2：79-86.
[38] Bhaskar S，Gyu Park J，Cho G H，et al. Wet foam stability and tailoring microstructure of porous ceramics using polymer beads [J]. Advances in Applied Ceramics，2015，114（6）：333-337.
[39] 中华人民共和国工业和信息化部. 硅质隔热耐火砖：YB/T 386—2020 [S]. 2020.
[40] 中华人民共和国工业和信息化部. 半硅质隔热耐火砖：YB/T 4857—2020 [S]. 2020.
[41] 中华人民共和国冶金工业部．硅质隔热耐火砖：YB/T 386—1994 [S]. 1994.
[42] 舒军．热风炉用耐火砖和隔热砖的选择 [J]. 炼铁，1997，16（1）：24-28.
[43] 徐维忠，杨燕明，潘月清，等．玻璃熔窑窑顶硅砖在服役中的相变和损毁机理研究 [C] //1989年中国硅酸盐学会电子玻璃专业委员会学术年会论文集，1989：123-130.
[44] 陈作夫，陆宝根．玻璃熔窑大碹用保温材料优化 [C]//庆祝中国硅酸盐学会成立六十周年全国玻璃窑炉技术研讨交流会论文集汇编，2006：177-180.
[45] 吕桂英，刘勇，黄海涛，等．废硅砖熟料的不同临界粒度对轻质硅砖性能的影响 [J]. 耐火与石灰，2015，40（3）：19-20.
[46] 李兆辉，廖中清，隆厂春．高级轻质硅砖的研制 [J]. 武汉钢铁学院学报，1992，15（4）：360-367.
[47] 白彬．轻质硅砖的研制 [J]. 江苏冶金，1983（2）：25-30.
[48] 刘登山，王奎，喻玉玺．硅质隔热耐火砖制作工艺及质量控制程序和方法 [J]. 工业炉，2022，44（2）：62-65.
[49] LUTSK S，卢一国．硅砖窑顶的隔热 [J]. 国外耐火材料，1992，17（1）：50-52.
[50] 高峰．论玻璃窑炉碹顶密封保温结构与材料 [C] //第三届全国玻璃容器行业技术进步交流会文集，2006：110-113.
[51] Refractories H W. Handbook of refractory practice [M]. Harbison-Walker Refractories Company，2005.
[52] Lang K，Kotouček M，Nevřivová L. History，present state and future of Czech silica bricks [J].

Interceram-International Ceramic Review, 2014, 63: 266-271.

[53] Kovar P, Lang K, Tvrdik L, et al. Insulating refractory bricks for glass industry, possibilities of production and testing of their properties [J]. Refractories Worldforum, 2012, 4 (4): 77-80.

[54] Karim H H, Ahmed H K , Al-Taie O A . Manufacturing refractory silica bricks from silica sand [C] // Engineering Conference Comprehensive Research theses. Al-Mustansiriya University, College of Engineering, 2012.

[55] Brunk F. Silica refractories [J]. InterCeram: International Ceramic Review, 2001: 27-30.

[56] Quercia G, Lazaro A, Geus J W, et al. Characterization of morphology and texture of several amorphous nano-silica particles used in concrete [J]. Cement and Concrete Composites, 2013, 44: 77-92.

[57] Jana S C, Jain S. Dispersion of nanofillers in high performance polymers using reactive solvents as processing aids [J]. Polymer, 2001, 42 (16): 6897-6905.

[58] Wu C L, Zhang M Q, Rong M Z, et al. Silica nanoparticles filled polypropylene: Effects of particle surface treatment, matrix ductility and particle species on mechanical performance of the composites [J]. Composites Science and Technology, 2005, 65 (3/4): 635-645.

[59] Aggarwal P, Singh R P, Aggarwal Y. Use of nano-silica in cement based materials—A review [J]. Cogent Engineering, 2015, 2 (1): 1078018.

[60] 于欣伟, 赵国鹏, 周英彦, 等. 白炭黑二次结构与附加压力关系的研究 [J]. 鞍山钢铁学院学报, 1998, 21 (3): 8-13.

[61] 夏纬通. 白炭黑在灯泡工业中的应用 [J]. 江苏化工, 1995, 23 (1): 7-11.

[62] 付文. 接枝改性炭黑、白炭黑应用于天然橡胶的性能研究 [D]. 广州: 华南理工大学, 2014 .

[63] 张云升. 尼龙 11/白炭黑纳米复合材料的原位制备、结构及性能研究 [D]. 太原: 中北大学, 2011.

[64] 胡国彬, 刘慧根, 覃爱苗. 纳米二氧化硅负极材料储锂性能的研究进展 [J]. 材料导报, 2021, 35 (增刊1): 9-14, 28.

[65] 邹君辉, 刘莉, 徐宁. 气相法白炭黑生产技术的研究 [J]. 广东化工, 2004, 31 (9): 38-40.

[66] 邵光谱. 改性炭黑/白炭黑补强国产溶聚丁苯橡胶的性能研究 [D]. 青岛: 青岛科技大学, 2018 .

[67] 郭昊. 高性能白炭黑/胶清橡胶纳米复合材料制备与应用研究 [D]. 北京: 北京化工大学, 2021 .

[68] 曹国栋. 国产白炭黑基本性能及其在橡胶中的应用 [D]. 青岛: 青岛科技大学, 2013.

[69] 石洪莹. 纳米二氧化硅表面修饰及其应用 [D]. 合肥: 合肥工业大学, 2013.

[70] 张秋. 疏水型纳米白炭黑的制备及表征 [D]. 太原: 中北大学, 2009.

[71] 杨国强, 郭谦, 寇昕莉, 等. 液相法制备二氧化硅非晶纳米颗粒研究进展 [J]. 中国科技论文在线精品论文, 2018, 11 (6): 537-543.

[72] 施莉. 用硅溶胶制备纳米二氧化硅 [D]. 长春: 东北师范大学, 2009 .

[73] 赵卓啸. 白炭黑表面接枝及其橡胶复合材料的制备与结构性能研究 [D]. 杭州: 浙江工业大学, 2021.

[74] Fesmire J E. Aerogel insulation systems for space launch applications [J]. Cryogenics, 2006, 46 (2/3): 111-117.

[75] Jones S M. Aerogel: Space exploration applications [J]. Journal of Sol-gel Science and Technology, 2006, 40: 351-357.

[76] 国家市场监督管理总局. 耐火纤维制品试验方法: GB/T 17911—2018 [S]. 2018.

[77] Zhang H X, He X D, He F. Microstructural characterization and properties of ambient-dried SiO_2 matrix aerogel doped with opacified TiO_2 powder [J]. Journal of Alloys and Compounds, 2009, 469 (1/2): 366-369.

[78] Wang J, Kuhn J, Lu X. Monolithic silica aerogel insulation doped with TiO_2 powder and ceramic fibers [J]. Journal of Non-crystalline Solids, 1995, 186: 296-300.

[79] Prat M. Recent advances in pore-scale models for drying of porous media [J]. Chemical Engineering Journal, 2002, 86 (1/2): 153-164.

[80] Hengeveld D W, Mathison M M, Braun J E, et al. Review of modern spacecraft thermal control technologies [J]. HVAC&R Research, 2010, 16 (2): 189-220.

[81] 沈军, 汪国庆, 王珏, 等. SiO_2气凝胶的常压制备及其热传输特性 [J]. 同济大学学报 (自然科学版), 2004, 32 (8): 1106-1110.

[82] 王广林, 杨福馨, 柴莉, 等. SiO_2 气凝胶隔热保温包装材料的制备及其性能研究 [J]. 功能材料, 2022, 53 (2): 2087-2093.

[83] Neugebauer A, Chen K, Tang A, et al. Thermal conductivity and characterization of compacted, granular silica aerogel [J]. Energy and Buildings, 2014, 79: 47-57.

[84] Cuce E, Cuce P M, Wood C J, et al. Toward aerogel based thermal superinsulation in buildings: A comprehensive review [J]. Renewable and Sustainable Energy Reviews, 2014, 34: 273-299.

[85] 何飞. SiO_2 和 SiO_2-Al_2O_3 复合干凝胶超级隔热材料的制备与表征 [D]. 哈尔滨: 哈尔滨工业大学, 2006 .

[86] 韩露. SiO_2纳米孔绝热材料的基础研究及其制备和应用 [D]. 沈阳: 东北大学, 2013.

[87] 尚磊. 轻质硅基防隔热一体化结构设计及验证技术研究 [D]. 哈尔滨: 哈尔滨工业大学, 2021 .

[88] 吴晓栋, 崔升, 王岭, 等. 耐高温气凝胶隔热材料的研究进展 [J]. 材料导报, 2015, 29 (9): 102-108.

[89] 黄亚冬. 低维硅质隔热材料的研究 [D]. 郑州: 郑州大学, 2011 .

[90] 钟德源. 纳米孔硅质隔热板的制备 [D]. 厦门: 厦门大学, 2013 .

[91] 何雅玲, 谢涛. 气凝胶纳米多孔材料传热计算模型研究进展 [J]. 科学通报, 2015, 60 (2): 137-163.

[92] 高庆福, 张长瑞, 冯坚, 等. 氧化硅气凝胶隔热复合材料研究进展 [J]. 材料科学与工程学报, 2009, 27 (2): 302-306, 228.

[93] 中关村材料试验技术联盟. 微孔隔热制品: T/CSTM 0020—2021 [S]. 2021.

[94] 孙宁, 李俊翰, 杨绍利, 等. 工业微硅粉的提纯与应用技术研究进展 [J]. 无机盐工业, 2017, 49 (8): 7-11.

[95] 黄兆辉. 硅灰和纳米二氧化硅对砂浆性能的影响研究 [D]. 广州: 广东工业大学, 2017.

[96] 马兰, 张晓娟, 梁坤, 等. 硅微粉的回收利用技术研究进展 [J]. 攀枝花学院学报, 2015, 32 (5): 4-8.

[97] 张莉莉. 硅微粉和微硅粉差异性分析 [J]. 中国化工贸易, 2014 (32): 173-173.

[98] 薛海涛, 徐勇. 硅微粉在耐火浇注料中的应用 [J]. 工业炉, 2014, 36 (4): 65-70.

[99] 梁实. 用微硅粉部分替代白炭黑作为橡胶填料的研究 [D]. 武汉: 武汉工程大学, 2014.

[100] 王学凯, 王金淑, 杜玉成, 等. 硅藻土功能化及其应用 [J]. 材料导报, 2020, 34 (3): 3017-3027.

[101] Losic D, Pillar R J, Dilger T, et al. Atomic force microscopy (AFM) characterisation of the porous silica nanostructure of two centric diatoms [J]. Journal of Porous Materials, 2007, 14 (1): 61-69.

[102] Dal S, Sutcu M, Gok M S, et al. Characteristics of lightweight diatomite-based insulating firebricks [J]. Journal of the Korean Ceramic Society, 2020, 57: 184-191.

[103] Ipekoğlu U, Mete Z. Deter mination of the properties of various diatomite deposits within Aegean Region of Turkey [J]. Geologija, 1990, 33 (1): 447-459.

[104] Losic D, Mitchell J G, Voelcker N H . Diatomaceous lessons in nanotechnology and advanced materials

[J]. Advanced Materials, 2010, 21 (29): 2947-2958.

[105] Ivanov S É, Belyakov A V. Diatomite and its applications [J]. Glass and Ceramics, 2008, 65 (1/2): 48-51.

[106] Qian T, Li J, Min X, et al. Diatomite: A promising natural candidate as carrier material for low, middle and high temperature phase change material [J]. Energy Conversion and Management, 2015, 98: 34-45.

[107] Kashcheev I D, Popov A G, Ivanov S E. Improving the thermal insulation of high-temperature furnaces by the use of diatomite [J]. Refractories & Industrial Ceramics, 2009, 50 (2): 98-100.

[108] Smith C A. The manufacture of an insulating brick from diatomaceous earth [J]. Journal of the American Ceramic Society, 1924, 7 (1): 52-60.

[109] Pimraksa K, Chindaprasirt P. Lightweight bricks made of diatomaceous earth, lime and gypsum [J]. Ceramics International, 2009, 35 (1): 471-478.

[110] Yurkov A L, Aksel'rod L M. Properties of heat-insulating materials (a review) [J]. Refractories and Industrial Ceramics, 2005, 46 (3): 170-174.

[111] Lv P, Liu C, Rao Z. Review on clay mineral-based form-stable phase change materials: Preparation, characterization and applications [J]. Renewable and Sustainable Energy Reviews, 2017, 68: 707-726.

[112] Li M, Shi J. Review on micropore grade inorganic porous medium based form stable composite phase change materials: Preparation, performance improvement and effects on the properties of cement mortar [J]. Construction and Building Materials, 2019, 194: 287-310.

[113] Kaplan F S, Aksel'rod L M, Puchkelevich N A, et al. Selection of heat-insulating materials for aluminum electrolyzers [J]. Refractories and Industrial Ceramics, 2003, 44 (6): 357-363.

[114] Zhang X, Liu X, Meng G. Sintering kinetics of porous ceramics from natural diatomite [J]. Journal of the American Ceramic Society, 2010, 88 (7): 1826-1830.

[115] Presley M A, Christensen P R. Thermal conductivity measurements of particulate materials: 4. Effect of bulk density and particle shape [J]. Journal of Geophysical Research: Planets, 2010, 115 (E7003): 1-20.

[116] Kashcheev I D, Glyzina A É, Finkel'shtein A B, et al. U nmolded diatomite based heat insulating material for aluminum alloys [J]. Refractories and Industrial Ceramics, 2019, 60: 362-364.

[117] 刘景林. 采用硅藻土制造隔热材料 [J]. 耐火与石灰, 2007, 32 (2): 15-17.

[118] 胡志波, 郑水林, 李渝, 等. 煅烧处理硅藻土的孔道结构及分形特征 [J]. 硅酸盐学报, 2021, 49 (7): 1395-1402.

[119] 韩磊, 梁峰, 王军凯, 等. 发泡法制备硅藻土多孔陶瓷及性能研究 [J]. 耐火材料, 2017, 51 (5): 334-338.

[120] 李世伟, 王纪滨. 高强度硅藻土隔热砖 [C] //2005中国铝板带论坛论文集, 2005: 203-208.

[121] 刘洪丽, 安国庆, 何翔, 等. 硅藻土/SiO_2气凝胶复合材料的制备 [J]. 新型建筑材料, 2018, 45 (5): 121-124.

[122] 张瑛洁, 孙祎临, 张弘伟. 硅藻土纯化处理工艺研究进展 [J]. 东北电力大学学报, 2014, 34 (6): 67-72.

[123] 米增财, 朱开金. 硅藻土煅烧处理及其孔隙性能研究 [J]. 硅酸盐通报, 2019, 38 (5): 1625-1630.

[124] 王佼, 郑水林. 硅藻土负载复合相变储能材料的制备工艺研究 [J]. 非金属矿, 2012, 35 (3): 55-57.

[125] 国家标准局. 硅藻土隔热制品: GB/T 3996—1983 [S]. 1983.

[126] 肖力光, 赵壮, 于万增. 硅藻土国内外发展现状及展望 [J]. 吉林建筑工程学院学报, 2010, 27

(2)：26-30.
[127] 李金成．硅藻土基轻质环保系列陶瓷砖的研制 [D]. 武汉：华中科技大学，2008.
[128] 代楠，张育新，李凯霖，等．硅藻土在胶凝材料领域的应用进展 [J]. 材料导报，2022，36 (14)：141-149.
[129] 陈岱．全氧化铝保温在中型铝电解槽上的应用 [J]. 有色设备，1989 (4)：44-45.
[130] 刘景林．热工窑炉的有效隔热 [J]. 耐火与石灰，2007，32 (6)：21-23.
[131] 张凤君．硅藻土加工与应用 [M]. 北京：化学工业出版社，2006.
[132] 鲁超．用于生态环境的硅藻土材料改性及烧结研究 [D]. 沈阳：东北大学，2012.
[133] Sengul O, Azizi S, Karaosmanoglu F, et al. Effect of expanded perlite on the mechanical properties and thermal conductivity of lightweight concrete [J]. Energy and Buildings, 2011, 43 (2/3): 671-676.
[134] 魏金凤，段香芝，张彦钧，等．FRC—膨胀珍珠岩泡沫制品 [J]. 信阳师范学院学报 (自然科学版)，2000，13 (2)：233-235.
[135] 中华人民共和国国家质量监督检验检疫总局．膨胀珍珠岩绝热制品：GB/T 10303—2015 [S]. 2015.
[136] 王小路，黄晋，龙威，等．铸钢用新型保温补贴材料研究 [J]. 铸造，2016，65 (10)：945-949.
[137] Rashad A M. A synopsis about perlite as building material—A best practice guide for civil engineer [J]. Construction and Building Materials, 2016, 121: 338-353.
[138] 方勇．蛭石珍珠岩复合耐火材料的研究 [D]. 沈阳：东北大学，2008.
[139] Chung O, Jeong S G, Kim S. Preparation of energy efficient paraffinic PCMs/expanded vermiculite and perlite composites for energy saving in buildings [J]. Solar Energy Materials and Solar Cells, 2015, 137: 107-112.
[140] Jing Q, Fang L, Liu H, et al. Preparation of surface-vitrified micron sphere using perlite from Xinyang, China [J]. Applied Clay Science, 2011, 53 (4): 745-748.
[141] Davraz M, Koru M, Akdağ A E. The effect of physical properties on thermal conductivity of lightweight aggregate [J]. Procedia Earth and Planetary Science, 2015, 15: 85-92.
[142] 晓非．珍珠岩的加工工艺及若干深加工产品 [J]. 砖瓦世界，1995 (5)：18.
[143] 王小路，黄晋，龙威，等．闭孔珍珠岩保温冒口材料的研究 [J]. 热加工工艺，2017 (7)：113-116.
[144] 高瑞永，赵虹．高温耐火膨胀珍珠岩制品的研究 [J]. 大连海洋大学学报，2016，3 (2)：93-95.
[145] 王小路，黄晋，张友寿，等．耐火保温材料现状及发展 [J]. 耐火材料，2016，50 (1)：75-80.
[146] 邹伟斌．膨胀珍珠岩保温材料及其应用 [J]. 四川水泥，2008 (5)：15-16.
[147] 李成．膨胀珍珠岩及陶粒节能保温混凝土板的研制 [D]. 淮南：安徽理工大学，2014.
[148] 闻质红，陈彬．膨胀珍珠岩绝热保温制品的性能分析 [J]. 中原工学院学报，2005，16 (4)：51-53.
[149] 李明跃．膨胀珍珠岩氯氧镁胶凝材料及其应用的研究 [D]. 合肥：合肥工业大学，2014.
[150] 王世香，邹法俊，冯亚玲，等．膨胀珍珠岩生产工艺及废气治理措施研究 [J]. 环境科学与技术，2015 (增刊 2)：349-352.
[151] 刘光，黄荣富，张峰龙，等．膨胀珍珠岩在保温材料中的研究进展 [J]. 广州化工，2018，46 (15)：30-31，40.
[152] 刁德胜，杨开保，郁书中．膨胀蛭石珍珠岩隔热浇注料的研制 [C] //2013 钢铁用耐火材料生产、研发和应用技术交流会论文集，2013：51-52.
[153] 王亮，李珠，刘鹏，等．气凝胶膨胀珍珠岩保温板的制备及其性能 [J]. 混凝土，2018 (11)：106-109.
[154] 陈观寿．水玻璃膨胀珍珠岩砌块做变换炉内衬的应用 [J]. 氮肥技术，2009，30 (2)：48-49.

[155] 王小路．闭孔珍珠岩基耐火保温材料的研究［D］. 武汉：湖北工业大学, 2016.

[156] 王浩杰．高强度膨胀珍珠岩保温材料的制备研究［D］. 西安：西安建筑科技大学, 2021 .

[157] 方勇．蛭石珍珠岩复合耐火材料的研究［D］. 沈阳：东北大学, 2008.

[158] 中华人民共和国．国家质量监督检验检疫总局．无机硬质绝热制品试验方法：GB/T 5486—2008［S］. 2008.

[159] 朱效甲, 朱效涛, 朱玉杰, 等．小粒径膨胀珍珠岩在镁质胶凝材料中的应用研究［J］. 江苏建材, 2019（2）：10-14.

[160] 余祥辉．新型膨胀珍珠岩保温制品的试验研究［D］. 沈阳：东北大学, 2002.

[161] 刘世英．新型水泥膨胀珍珠岩保温制品的试验研究［D］. 沈阳：东北大学, 2004.

[162] 刘鹏, 刘红燕．信阳上天梯珍珠岩膨胀性能影响因素研究［J］. 非金属矿, 2008, 31（5）：23-25.

[163] 廖超．一种珍珠岩的预处理工艺优化及其应用研究［D］. 武汉：华中科技大学, 2016 .

[164] 李永霞．纳米孔超级绝热材料的设计、制备与性能研究［D］. 武汉：武汉科技大学, 2011.

[165] 郭海珠，余森．实用耐火原料手册［M］. 北京：中国建材工业出版社，2000.

[166] 林彬荫，吴清顺．耐火矿物原料［M］. 北京：冶金工业出版社，1992.

[167] 李楠, 顾华志，赵惠忠．耐火材料学［M］. 北京：冶金工业出版社, 2010.

[168] 李红霞．耐火材料手册［M］. 北京：冶金工业出版社，2009.

9 Al_2O_3-SiO_2 质多孔隔热耐火材料

Al_2O_3-SiO_2 系隔热耐火材料，是目前应用最为广泛的轻质多孔隔热耐火材料。根据材料的组成、结构与生产方法的不同，它们的性质与质量变化范围很大。该体系中，根据 Al_2O_3 和 Fe_2O_3 含量，可分为黏土质隔热耐火砖（Al_2O_3 含量 36%~45%）、普通高铝质隔热耐火砖（Al_2O_3 含量≥48%，Fe_2O_3 含量≤2.0%）、低铁高铝质隔热耐火砖（即莫来石质隔热耐火砖，Al_2O_3 含量≥48%，Fe_2O_3 含量≤1.0%），此外还有一类漂珠隔热耐火材料。

9.1 Al_2O_3-SiO_2 质耐火原料

Al_2O_3-SiO_2 质耐火原料包括天然原料和人工合成料，天然的主要有黏土、铝矾土、三石（蓝晶石、红柱石、硅线石）和人工合成料——莫来石。铝硅质耐火材料中主要物相为莫来石、刚玉、石英和玻璃相，Al_2O_3-SiO_2 二元系相图见图 9-1-1。

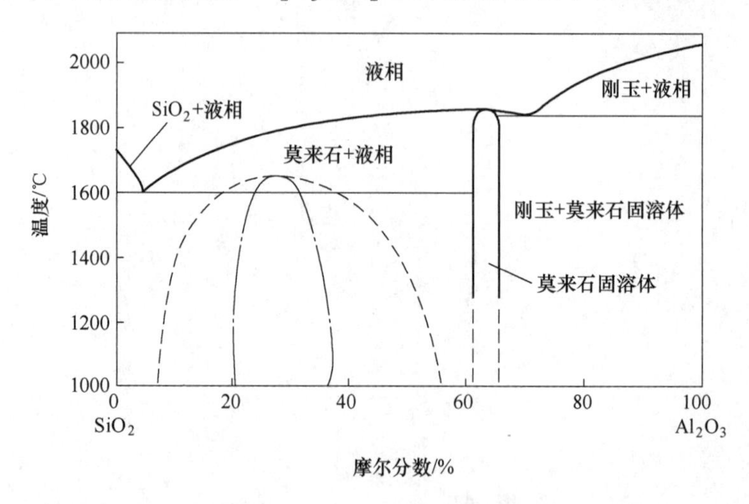

图 9-1-1 Al_2O_3-SiO_2 二元系相图

9.1.1 黏土质耐火原料

9.1.1.1 *黏土种类及矿物*

“黏土”术语的含义，各学科理解不尽相同。地质学强调的是颗粒大小，工程学强调的是黏土的可塑性，陶瓷界则强调其烧结性。综合来讲，黏土是一种天然的土状物，其组成不是单一矿物，而是含有相当数量的黏土矿物，即主要由直径小于 1 μm 或 2 μm 的多种层状（少量链状和架状）含水铝硅酸盐矿物组成的混合物，细粉在湿态下具有可塑性，干燥后变硬，在一定温度下加热玻化，其实黏土是一大类矿物的总称。

黏土的主要矿物类型很多，主要包括高岭石族、蒙脱石族、云母族、伊利石族、叶蜡石、绿泥石族、坡缕石族、累脱石等，常见杂质矿物有石英、长石、金红石、铁的氧化物等。

用于耐火材料的黏土矿物主要有高岭石黏土、叶蜡石和蒙脱石。

蒙脱石（montmorillonite）又称微晶高岭石或胶岭石，是蒙脱石族中最重要也是分布最广、最有价值的一种矿物。以蒙脱石为主要矿物的黏土称为膨润土（bentonite），膨润土在耐火材料中的应用主要是因其优异的可塑性，用于改善耐火泥料的可塑性、悬浮性和黏结性，由于其吸水量很大，加上含较多 K_2O、Na_2O 和 Fe_2O_3 等杂质成分，为了避免较大的收缩，保证高温使用性能，一般加入量较少，不超过5%。

叶蜡石（pyrophyllite）是2∶1型二八面体的层状含水铝硅酸盐矿物，化学结构式为 $Al_2[Si_4O_{10}](OH)_2$，在耐火材料中为半硅质耐火材料。

以高岭石为主要矿物的黏土，称为高岭土。我国高岭土资源分为非煤系和煤系高岭土。其中非煤系按高岭土矿石致密性、可塑性和砂质的含量，又可划分为硬质、软质和砂质高岭土三种工业类型。我国非煤系高岭土探明储量约15亿吨，其中以砂质高岭土为主，占总储量的60%以上，软质高岭土占6%，硬质高岭土占5%，其他未划分类型的高岭土占27%。我国煤系高岭土探明储量居世界首位，探明储量为19.66亿吨。

由于高岭土具有许多特殊的性能，如可塑性、黏结性、分散性、耐火性等，高岭石黏土已成为陶瓷、耐火、造纸及化工等行业不可缺少的矿物原料（苏州土的衍射图见图9-1-2）。

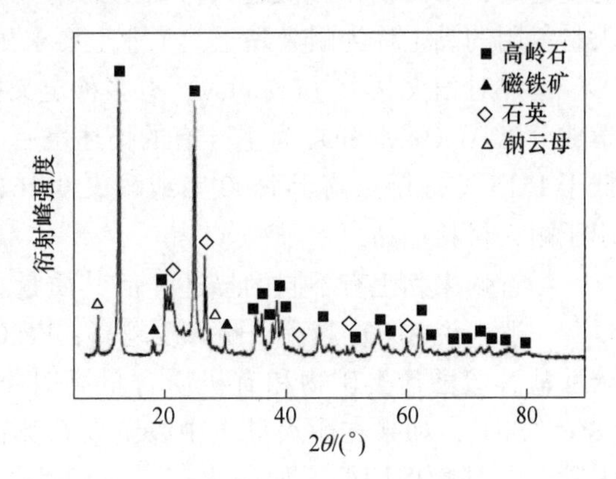

图9-1-2　苏州土的XRD图谱

高岭石的化学式为 $Al_4[Si_4O_{10}](OH)_8$ 或者 $Al_2O_3 \cdot 2SiO_2 \cdot 2H_2O$。其结构属于三斜晶系，是1∶1型的二八面体结构（见图9-1-3）。

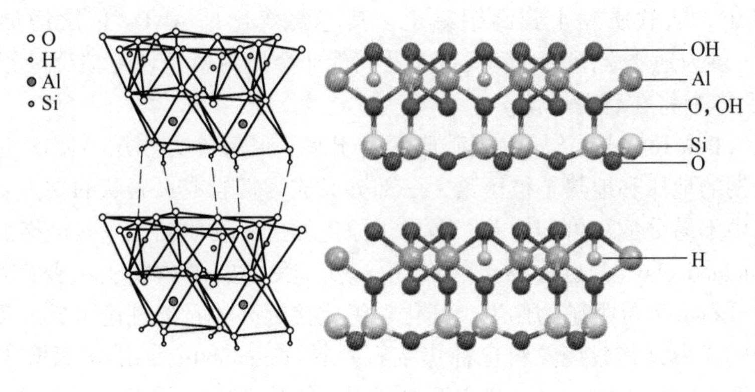

图9-1-3　高岭石的结构示意图

图9-1-3 彩图

黏土的种类及用途繁杂，可按矿物结构、地质成因、可塑性、化学成分、工业用途等进行分类。

根据黏土中的主要矿物类型，可以分为高岭石族、蒙脱石族及伊利石族等黏土。根据生成情况可分为原生黏土（residual clay）和次生黏土（transported clay），原生黏土是指长石经风化后生成高岭石及其他含水硅酸盐矿物、石英等，未完全风化的碎粒残留原地，而可溶性盐类则被溶解，次生黏土是指由原生黏土在自然动力条件下转移到其他地方再次沉积的黏土。按耐火度可分为易熔黏土（<1350 ℃）、难熔黏土（1350~1580 ℃）和耐火黏土（>1580 ℃）；按可塑性和硬度分为硬质黏土、软质黏土和半软质黏土。按用途可为耐火黏土、陶瓷黏土、铸造黏土、医用黏土、造纸用黏土等。本书中所称的黏土质耐火原料，是指适用于耐火材料使用的黏土，以下主要讨论耐火黏土、煤系高岭土和球黏土。

9.1.1.2　耐火黏土

黏土的化学组成是 Al_2O_3 和 SiO_2，Al_2O_3 主要来源于黏土矿物，SiO_2 除来自黏土矿物外，主要来自微粒石英。当 Al_2O_3/SiO_2 值越接近高岭石理论值 0.85 时，说明此类黏土的纯度越高；Al_2O_3/SiO_2 值越大，黏土的耐火度越高，黏土的烧结范围也就越宽。作为耐火材料用的黏土称为耐火黏土，工业上要求耐火度不小于 1580 ℃。

国外对耐火黏土（fire clay）有多种定义描述，主要归纳为：高岭石为基本组成，化学成分以 Al_2O_3 和 SiO_2 为主（有的描述烧后 Al_2O_3 不低于35%），能抵抗一定的高温（不低于 1515 ℃或熔点高于 1600 ℃或耐火度 1610 ℃），铁、碱土金属和碱金属杂质含量低，用于耐火材料产品。

尽管耐火黏土有不同的描述，但其质量主要取决于两个方面：一是矿石中各组分含量。一般来说 Al_2O_3 越高，耐火度越高；Fe_2O_3 一般要求低于 2.5%（也有认为是 3.5%），碳酸盐、硫酸盐类矿物和有机质含量高时将会增加烧成收缩，一般要求烧失量不超过 18%；SiO_2，如果在耐火黏土中以游离石英存在，会减弱黏土的可塑性和黏结性，应予去除。二是物理性能。如耐火度、可塑性等，尽管耐火黏土的物理性能与成分含量相关，但和风化程度等也有关。因此耐火黏土的使用主要根据我们利用其何种性能来综合判断。

耐火黏土按理化性能、矿物特征和商业用途，一般分为软质黏土、半软质黏土、硬质黏土和高铝黏土。从软质黏土到高铝黏土，其主要变化是 Al_2O_3 依次增加。高铝黏土（也称铝土矿）多为地质学所用，耐火行业及其他非金属材料领域习惯称为铝矾土（高铝矾土或矾土），本书将在后面讨论。

硬质黏土（flint fire-clay）属沉积矿床。由于水、风等外力作用，使次生黏土渐次重叠层状，在长期的地压和地热下被压紧，一部分又成为板岩或页岩状的黏土。硬质黏土颗粒极细，在水中不易分散，可塑性差，多属于原生黏土，硬质黏土一般经高温煅烧后变成煅烧黏土（calcined clay），也称黏土熟料（grog），我国的硬质黏土主要矿物是高岭石，间或有少量地开石或云母类矿物伴生，其化学组成接近高岭石的理论组成。焦宝石是我国优质硬质黏土的代表，其煅烧熟料也称焦宝石熟料（chamotte），山东淄博焦宝石外观及指标典型值见图 9-1-4 和表 9-1-1。焦宝石熟料因其结构致密，硬度大，一般适合做耐火材料的骨料，我国硬质黏土熟料的理化指标标准见表 9-1-2。

图 9-1-4　山东淄博焦宝石外观图片

（a）低铁焦宝石生矿；（b）普通焦宝石生矿；（c）低铁焦宝石熟料；（d）普通焦宝石熟料

表 9-1-1　山东淄博焦宝石指标典型值

品级/指标	Fe_2O_3	Al_2O_3	体积密度 /g·cm^{-3}	外观及特征
低铁（特级）生矿	≤0.9	≥37	—	青灰色，非常细腻、致密、杂质含量极少，
高铁（普通）生矿	≤1.6	≥36	—	灰白色，致密，纹理结构相对较乱，含有点状含铁杂质
低铁（特级）熟料	≤1.2	≥45	2.50	白色，密度高，成分稳定，耐火度高，是制作高档耐火材料的优质原料
高铁（普通）熟料	≤2.0	≥44.5	2.45	灰白色，有明显的密集点状含铁杂质，用于生产黏土砖、铸造及低档不定型耐火材料

注：淄博德基新材料公司提供。

表 9-1-2　硬质黏土熟料的理化指标（YB/T 5207—2020）

牌　号	化学成分（质量分数）/%		耐火度 /℃	体积密度 /g·cm^{-3}	吸水率 /%	杂质含量 /%
	Al_2O_3	Fe_2O_3				
YNS-45	45~50	≤1.0	≥1780	≥2.55	≤2.5	≤2.0
YNS-44	44~50	≤1.2	≥1760	≥2.50	≤2.5	≤2.5
YNS-43	43~50	≤1.5	≥1760	≥2.45	≤3.0	≤3.0
YNS-42	42~50	≤2.0	≥1740	≥2.40	≤3.5	≤3.5
YNS-40	40~50	≤2.5	≥1720	≥2.35	≤4.0	≤3.5
YNS-36	36~42	≤3.5	≥1680	≥2.30	≤4.0	≤4.0

软质黏土又称结合黏土，一般呈土状或似土状，颗粒细小，粒径常小于 5 μm，易风化，在水中易浸散，可塑性好，结合性强，主要用作耐火材料结合剂和可塑剂。软质黏土的主要矿物组成为高岭石、伊利石和蒙脱石，Al_2O_3 含量为 22%～38%，耐火度高于 1580 ℃，平均在 1600 ℃左右，较硬质黏土低。软质黏土与高岭土的区别在于它在二次沉积时所掺入的杂质较多，因而矿物组成复杂，此外其晶粒远小于高岭土，故可塑性比高岭土好。

黏土在加热过程中，会发生一系列的物理化学变化（分解、化合、结晶等），并伴随着体积收缩，这些变化对黏土质耐火材料或黏土结合的耐火材料的工艺过程和其性质有着重要影响。

我国的黏土原料，无论是硬质黏土、软质黏土或半软质黏土，主要是高岭石型的。因此黏土的热行为，实质就是高岭石的加热变化和高岭石与杂质矿物间的物理化学反应，高岭石的差热曲线如图 9-1-5 所示。

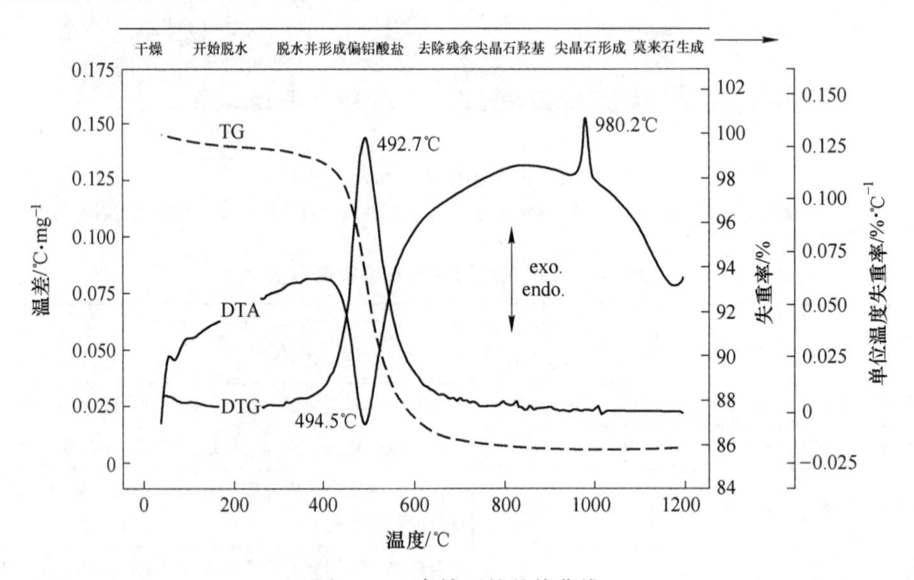

图 9-1-5 高岭石的差热曲线

高岭石在加热过程中主要反应历程如下：

$$Al_2O_3 \cdot 2SiO_2 \cdot 2H_2O \xrightarrow{400 \sim 700\ ℃} Al_2O_3 \cdot 2SiO_2(\text{偏高岭石}) + 2H_2O \tag{9-1-1}$$

$$2(Al_2O_3 \cdot 2SiO_2) \xrightarrow{925 \sim 1050\ ℃} 2Al_2O_3 \cdot 3SiO_2(\text{Al-Si 尖晶石}) + SiO_2(\text{无定形}) \tag{9-1-2}$$

$$3(2Al_2O_3 \cdot 3SiO_2) \xrightarrow{\geqslant 1050\ ℃} 2(3Al_2O_3 \cdot 2SiO_2) + 5SiO_2(\text{无定形}) \tag{9-1-3}$$

$$SiO_2(\text{无定形}) \xrightarrow{\geqslant 1200\ ℃} SiO_2(\text{方石英}) \tag{9-1-4}$$

以上整个过程的体积收缩为 20%，然后对于偏高岭石转化为 $2Al_2O_3 \cdot 3SiO_2$（Al-Si 尖晶石），也有研究者认为生成物为 $\gamma\text{-}Al_2O_3$，即反应式（9-1-5）。

$$Al_2O_3 \cdot 2SiO_2 \xrightarrow{925 \sim 1050\ ℃} \gamma\text{-}Al_2O_3 + 2SiO_2(\text{无定形}) \tag{9-1-5}$$

9.1.1.3 煤系高岭土

煤系高岭土（coal-series Kaolin），是一种与煤共伴生的硬质高岭土，煤矸石（caol

gangue）主要类型中的一种，其学名为高岭石黏土岩，是煤炭开采时可综合利用的非金属矿产资源。它是一种具有特殊成因的矿石，利用其特殊的物理工艺性能，如耐火性、电绝缘性、化学稳定性、分散性等，开发后可用于造纸、橡胶、油漆、化工、建材、冶金、陶瓷、玻璃、电瓷、石油等行业，是许多工业部门不可缺少的矿物原料。

中国煤系高岭土主要分布在石炭-二叠系煤系中，几乎大型煤矿都伴生或共生高岭土，以煤层中顶底板、夹矸或单独形成矿层独立存在，如山西大同、怀仁、朔州，内蒙古准格尔、乌海，安徽淮北，陕西韩城等地。煤系高岭土是我国独具特色的资源，探明储量为19.66亿吨（非煤系高岭土探明储量仅10亿吨），占世界首位，远景储量及推算储量180.5亿吨。

煤系高岭土的化学成分主要是 Al_2O_3 和 SiO_2（通常煅烧后 $w(Al_2O_3+SiO_2)>90\%$），并含有少量的 Fe_2O_3、TiO_2、CaO、MgO、Na_2O、K_2O 等氧化物以及极少量的稀有元素，不同地区的煤系高岭土成分有一些差别。煤系高岭土的主要物相为高岭石，不同的产地，有少量石英等其他矿物（见图9-1-6和表9-1-3，由山西绅美陶瓷纤维有限公司提供）。一般煤系高岭土直接煅烧后，由于块料致密度不高，但因其杂质含量低，往往作为耐火纤维、莫来石轻质砖等耐火制品的主要原料，也有将煤系高岭土细磨配料、成型烧成后合成低铝莫来石、莫来石/高硅氧玻璃复合材料（莫来卡特）或莫来石轻质骨料等，耐火硬质黏土和煤系高岭土的主要特征见表9-1-4。

(a)

(b)

图9-1-6　煤系高岭土原矿(a)和直接煅烧后(b)的外观照片

表9-1-3　山西朔州煅烧煤系高岭土的化学分析　（质量分数,%）

化学成分	SiO_2	Al_2O_3	Fe_2O_3	TiO_2
含量	53.65	45.06	0.22	0.52

表9-1-4　我国耐火硬质黏土与煤系高岭土的特点①

项　　目	耐火硬质黏土	煤系高岭土
黏土种类	硬质黏土	高岭石黏土岩
英文名称	Flint fire-clay	Coal-series kaolin
原矿烧失率/%	11.3	17.6

续表 9-1-4

项　目	耐火硬质黏土	煤系高岭土
原矿体积密度/g · cm^{-3}	2.56	2.44
原矿显气孔率/%	1.29	1.75
熟料名称	煅烧黏土、硬质黏土熟料、焦宝石	煅烧高岭土
熟料英文名称	Calcined clay, fire-clay grog, chamotte	Calcined kaolin
煅烧方式	直接开采块料进窑	选煤后块料直接进窑
煅烧温度/℃	1300~1350	约 1250
拣选方式	烧后人工拣选	烧后人工拣选
熟料 Al_2O_3 含量/%	45	45.12
熟料 Fe_2O_3 含量/%	1.2	0.58
熟料体积密度/g · cm^{-3}	2.67	2.15
显气孔率/%	2.60	16.3

①以山东淄德基新材料公司低铁焦宝石和内蒙古清水河煤系高岭土为例。

9.1.1.4 球黏土

球黏土（ball clay）是指生成时代较新的新生代软质黏土，其上覆盖层薄而压力小，尚未固结成岩而组成矿物也未重结晶和有序化，即主要由无序高岭石组成。球黏土晶粒细小，一般小于 2 μm，表面积与表面能大，具有极好的可塑性。球黏土含有少量的伊利石、蒙脱石或 I/M 间层矿物和有机质，可显著增加其可塑性及抗折强度，球黏土的分散性与黏结性也很好，干燥强度大，烧结温度范围宽。

耐火黏土的耐火度高于 1580 ℃，而有些球黏土的耐火度低于 1580 ℃，可用于陶瓷等，因而不能说球黏土是耐火黏土的变种。西方国家一直把球黏土、耐火黏土和高岭土等相提并论，且国际市场上一直是球黏土与高岭土、耐火黏土并列报价的。

我国球黏土主要分布在广西的南宁—北海、广东的清远—珠海斗门区、福建的漳州—晋江、吉林舒兰—永吉、黑龙江的黄花矿区等地，此外，云南、四川、江西、湖南、山西、河北等省的部分地区也有，其总储量有可能超过英国，仅次于美国。

球黏土广泛用于陶瓷行业，在耐火材料行业主要是利用其极好的可塑性和非常高的结合强度。

9.1.1.5 耐火材料用黏土

耐火黏土（refractory clay）是指耐火度不低于 1580 ℃的黏土，一般来说 Al_2O_3 含量越高、杂质含量越低，耐火度就越高。过去，我们过多强调耐火黏土的耐火度而忽略黏土的可塑性，特别对结合黏土而言。已经废止的标准——ZB Q 42001—1985《耐火材料用结合黏土技术条件》中，不仅对结合黏土化学成分、可塑性指标做限定，而且对耐火度也有要求，然而这种可塑性好、耐火度又高的黏土却很难寻觅。因此在一些高档耐火材料生产中人们开始采用其他结合性黏土，如高岭土、多水高岭土、球黏土替代结合黏土，有时将硬质黏土进行粉磨以获得好的耐火软质黏土。表 9-1-5 为几种可以成为耐火材料结合剂的高岭石黏土。表 9-1-6 为耐火软质黏土、球黏土和高岭土的主要特征。这些高可塑性的黏土在轻质多孔隔热材料中应用十分广泛。

表 9-1-5 几种成为耐火材料用结合黏土的性能对比

名称		生成时代	高岭石有序度	有害杂质	浸散性及其粒度	可塑性指数
耐火黏土	软质	古生代	有序及无序	Fe	易浸散，粒度细	一般 7~15，可达 26
	半软质	古生代	有序及无序	Fe	浸散，粒度稍细	一般 1~7，可达 12
	硬质	古生代	常为有序	Fe、Ti	难浸散，粒度粗	加工后可达 10~24
高岭土		新/中生代	无序及有序	Fe、S、K	易浸散，粒度稍细	一般 3~9，加工后达 24
多水高岭土		新生代	1 nm 埃洛石	Fe、S、K	易浸散，粒度很细	一般 15~38，可达 45
球黏土		新生代	常为无序	Fe、Ti	易浸散，粒度很细	一般 20~36，可达 47

表 9-1-6 耐火软质黏土、球黏土和高岭土的特征

黏土种类	耐火软质黏土	球黏土	高岭土
形成时代	多为古生代	新生代	多为新生代
主要成因	沉积	沉积	残积或热液
高岭石有序度	有序或高度有序	一般无序	（残积）无序、较无序 （热液）有序、高度有序
高岭石晶形	常为它形	自形或它形	它形、假象或自形
结晶粒度/μm	多为 2~5	<2	平均 5~20
水流搬运（覆盖层）	搬运或长途搬运（很厚）	搬运或长途搬运（很薄）	未搬运（很薄或无）
伊利石含量/%	<5	5~45	5~45
铁、钛合量/%	常很多（>1.5~2）	常较多（1.5~2）	常较少（<1~2）
白度/%	<50~70	>50~70	>70~85
含有机质并增可塑性	常含，不能增	常含，能增	不含
可塑性	较好	很好	较差
黏结性	较好	很好	较差
耐火度/℃	>1580	>或<1580	<（或）偶>1580
烧结温度范围（举例）/℃	稍宽（山西 1300~1390）	宽（南宁 1320~1550）	窄（1500~1570）
主要用途	耐火、涂料及填料等	陶瓷/耐火/填料等	造纸、陶瓷、填料等

9.1.2 铝矾土

铝矾土（bauxite，耐火材料行业的习惯称谓，又称高铝矾土、矾土），是指煅烧后 Al_2O_3 含量大于 48%，而 Fe_2O_3 含量较低的铝土矿（地质部门的称谓）。铝矾土主要是指由一水硬铝石、一水软铝石、三水铝石这三种铝的氢氧化物以各种比例构成的细分散胶体混合物，并含有高岭石（kaolinite）、叶蜡石（pyrophyllite）、伊利石（illite）、金红石（rutile）、赤铁矿、水云母、石英等多种矿物，Al_2O_3 含量为 40%~75%，其中铝土矿的主要性质见表 9-1-7。

表 9-1-7 铝土矿的主要性质

铝土矿类型	三水铝石（gibbsite）	一水软铝石（boehmite）	一水硬铝石（diaspore）
别名	水铝氧石/氢氧铝石/三水铝矿	波美石、水铝矿	水铝石、硬水铝矿
结构式	AlOH	γ-AlO(OH)(水合氧化铝)	α-AlO(OH)
化学分子式	$Al_2O_3 \cdot 3H_2O$	$Al_2O_3 \cdot H_2O$	$Al_2O_3 \cdot H_2O$
Al_2O_3 含量/%	65.38	85	85
H_2O 含量/%	34.62	15	15
晶系	单斜	斜方	斜方
形状	似六角板状	细小菱形片	长板状或柱状、针状
密度/$g \cdot cm^{-3}$	2.3~2.4	3.01~3.06	3.3~3.5
莫氏硬度	2.3~3.5	3.5~5	6.5~7
加热变化	450~500 ℃ 变为一水软铝石	530~600 ℃ 变为 γ-Al_2O_3	530~600 ℃ 变为 α-Al_2O_3
加热后体积变化/%	-55.65	-13.03	-27.74

根据铝土矿的矿物组成，世界铝矾土的矿石类型大致可分为三水铝石型、一水软铝石型、一水硬铝石型三种基本类型，此外还有三水铝石/一水软铝石型、一水软铝石/一水硬铝石型等混合型铝土矿。三水铝石型铝土矿，主要是新生代的产物；一水软铝石型铝土矿，主要是中生代的产物；一水硬铝石型铝土矿，主要产于古生代。

我国铝矾土可为三个基本类型：一水硬铝石、一水软铝石和三水铝石，其中以一水硬铝石为主，约占总储量的98%。根据各基本类型中所含次要矿物和杂质矿物又分为若干亚类，我国铝矾土分布及类型见表 9-1-8。

表 9-1-8 中国主要铝矾土的分类及产地

基本类型	亚 类 型	主要分布地区
一水硬铝石	一水硬铝石/高岭石型（D/K 型）	山西、山东、河北、河南、贵州
	一水硬铝石/叶蜡石型（D/P 型）	河南
	一水硬铝石/伊利石型（D/I 型）	河南
	一水硬铝石/高岭石/金红石型(D/K/R 型)	四川
一水软铝石	勃姆石/高岭石型（B/K 型）	湖南、山东
三水铝石	三水铝矾土（G 型）	福建、海南

铝土矿是氧化铝工业的主要原料，全世界 92%左右的铝土矿产量用于冶炼金属铝，其余 8%左右用于耐火材料、研磨材料、陶瓷及化工等工业原料。

国外铝土矿石以三水铝石型及三水铝石/一水软铝石混合型为主，占世界总储量 90%以上，矿石以高铁、低硅、高 Al_2O_3/SiO_2（A/S）比为特点，是铝工业易采易溶的优质原料，宜于流程简单、能耗低的拜耳法生产氧化铝，见表 9-1-9。

表 9-1-9 世界铝土矿矿石类型、化学成分及储量

序号	国家	化学成分/%					主要矿石类型	储量占全球比/%
		Al_2O_3	SiO_2	Fe_2O_3	TiO_2	LOI		
1	几内亚	40~60.2	0.8~6	6.4~30	1.4~3.8	20~32	G，B	26.35
2	澳大利亚	25~58	0.5~38	5~37	1~6	15~28	G，B	23.15
3	巴西	32~60	0.95~25.8	1.0~58.1	0.6~4.7	8.1~32	G	9.26
4	越南	44.4~53.3	1.6~5.1	17.1~22	2.6~3.7	24.5~25.3	G，D	7.48
5	牙买加	45~50	0.5~2	16~25	2.4~2.7	25~27	G，B	7.12
6	印尼	38.1~59.7	1.5~13.9	2.8~20	0.1~2.6	—	G	3.56
7	圭亚那	50~60	0.5~17	9~31	1~8	25~32	G	3.03
8	中国	50~70	9~15	1~13	2~3	13~15	D	2.97
9	希腊	35~65	0.4~3.0	7.5~30	1.3~3.2	13~16	D，B	2.14
10	苏里南	37.3~61.7	1.6~3.5	2.8~19.7	2.8~4.9	29~31.3	G，B	2.07
11	印度	40~80	0.3~18	0.5~25	1~11	20~30	G	1.92
12	委内瑞拉	35.5~60	0.9~9.3	7~40	1.2~3.1	19.3~27.3	G	1.14

我国拥有以高铝、高硅、低铁为特点的一水硬铝石型铝土矿。全国不到 20 个大型铝土矿矿区的矿石的 A/S 大于 10，储量占有率仅 15%，铝土矿的 A/S 在 6 以内的占总储量 50%以上。由于低的 Al_2O_3/SiO_2 比（我国 A/S=5~8，拜耳法一般要求 A/S>8），需要经脱硅后才用于拜耳法生产氧化铝，但因其含铁低、耐火度高、收缩性小，是优质耐火原料。但我国铝矾土的矿物组成复杂，石英是国外铝土矿中的主要硅矿物，而我国则以高岭石、叶蜡石、伊利石居多，一水硬铝石常与其他矿物共生，嵌布关系复杂，嵌布粒度也较细，不易实现与其他矿物的单体解离，同时我国铝土矿中常含有 2%~4%的 TiO_2，以锐钛矿、金红石为主。

低的 Al_2O_3/SiO_2 比以及以一水硬铝石为主的矿物结构限制了我国铝矾土资源的应用范围，近十年来，我国成为氧化铝和电解铝生产的世界第一大国，铝矾土的消耗极大，而相对有限的铝矾土资源更主要的应用方向为氧化铝及金属铝的生产，致使耐火材料铝矾土原料的短缺更加严重，因此进一步改善铝矾土的性能对发展铝矾土基高效耐火材料有着重要意义。

目前我国铝矾土的性能改善主要有三条途径（见图 9-1-7）：（1）减法：通过物理（浮选）和化学（高温冶金还原）方法，减少杂质。正反浮法提取铝矾土精矿，由于成本问题，难以规模化；碳热还原冶炼棕刚玉和深度还原成亚白刚玉规模化生产多年，但亚白刚玉也因性价比问题，近些年来已经逐渐减少。（2）微调：即矾土均化烧结料的生产，在矾土均化过程中，将不同类型、等级铝矾土混合，或添加工业氧化铝调整 Al_2O_3/SiO_2 比等，细磨均化煅烧，获得化学成分、物相分布均匀的矾土熟料，和原块煅烧工艺相比，均化煅烧工艺解决了铝矾土质量波动、粉矿、低品位矿等问题，目前矾土熟料的生产主要是原块煅烧和均化煅烧并存，高铝矾土熟料理化标准见表 9-1-10。（3）加法：引入其他成分，生成其他物相，这种方法目前不是主流。尽管国内耐火材料研究者对我国铝矾土的性

能改善做了大量研究工作，但因我国铝矾土矿自身特点（矿床古老，埋藏较深——坑采量大；矿物嵌布粒度微细，嵌镶关系密切——洗选困难等），加上无序滥采和不合理消耗带来的质量波动等问题，价格优势难以保持。

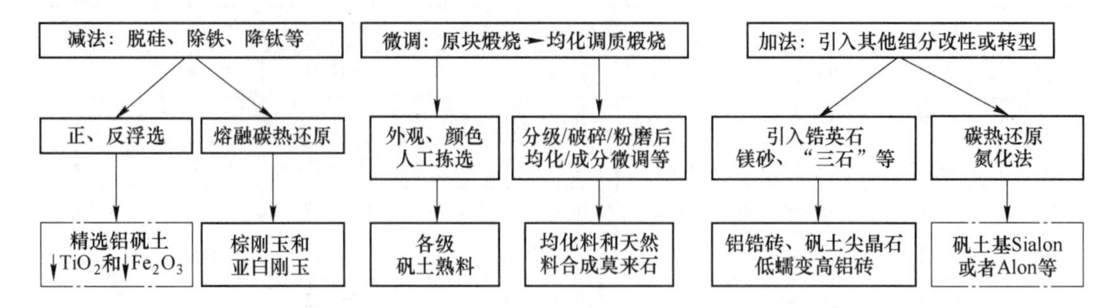

图 9-1-7　我国耐火材料用铝矾土的主要途径

表 9-1-10　高铝矾土熟料理化指标

代号	化学成分（质量分数）/%					体积密度 /g·cm^{-3}	吸水率/%
	Al_2O_3	Fe_2O_3	TiO_2	CaO+MgO	K_2O+Na_2O		
GL-90	≥89.5	≤1.5	≤4.0	≤0.35	≤0.35	≥3.35	≤2.5
GL-88A	≥87.5	≤1.6	≤4.0	≤0.4	≤0.4	≥3.20	≤3.0
GL-88B	≥87.5	≤2.0	≤4.0	≤0.4	≤0.4	≥3.25	≤3.0
GL-85A	≥85	≤1.8	≤4.0	≤0.4	≤0.4	≥3.10	≤3.0
GL-85B	≥85	≤2.0	≤4.5	≤0.4	≤0.4	≥2.90	≤5.0
GL-80	>80	≤2.0	≤4.0	≤0.5	≤0.5	≥2.90	≤5.0
GL-70	70~80	≤2.0	—	≤0.6	≤0.6	≥2.75	≤5.0
GL-60	60~70	≤2.0	—	≤0.6	≤0.6	≥2.65	≤5.0
GL-50	50~60	≤2.5	—	≤0.6	≤0.6	≥2.55	≤5.0

世界上可用于生产耐火级矾土的矾土生矿主要为中国和圭亚那两个国家，圭亚那的储量比中国多且品位更高。圭亚那铝矾土为三水铝石型，虽然熟料体积密度没有我国铝矾土熟料高，但其杂质元素要比我国的低得多，见表 9-1-11。

表 9-1-11　我国铝矾土熟料和圭亚那铝矾土的部分理化指标　（质量分数，%）

项　目	Al_2O_3	SiO_2	Fe_2O_3	TiO_2	CaO+MgO	K_2O+Na_2O	体积密度 /g·cm^{-3}	吸水率/%
均化料	88.21	4.25	1.60	3.65	0.45	0.39	3.41	0.48
矾土熟料	88.31	5.25	1.36	3.34	0.35	0.3	3.38	1.3
圭亚那矾土熟料	89.50	5.50	1.20	2.80	0.04	0.03	3.10	—

9.1.3　莫来石

9.1.3.1　莫来石的结构与性能

莫来石（mullite）是 Al_2O_3-SiO_2 二元系相图中常压下唯一稳定的二元化合物（见图

9-1-1)，它的热膨胀系数小、导热系数低、高温蠕变值小、荷重软化点高、强度和断裂韧性较高、抗酸碱腐蚀性优异（见表9-1-12），因而是一种优质的、应用广泛的高温陶瓷与耐火材料。

表9-1-12　莫来石的基本性质

化学式	$3Al_2O_3 \cdot 2SiO_2$ 或 $Al_2(Al_{2+2x}Si_{2-2x})O_{10-x}$（$0.2<x<0.67$）		
晶系	斜方	线膨胀系数/℃$^{-1}$	约4.5×10^{-6}（20~1400 ℃）
晶形	针状/柱状，交错网络	导热系数/W·(m·K)$^{-1}$	约6.96（20 ℃）
莫氏硬度	6~7		约3.48（1400 ℃）
密度/g·cm^{-3}	约3.2	化学性质	化学性质稳定，甚至不溶于HF
熔点/℃	约1830		
强度/MPa	约200	弱　点	结构存在氧空位，氧的电价不平衡，不稳定，碱金属和还原气氛促使分解
K_{IC}/MPa·m$^{1/2}$	约2.5		
弹性模量/GPa	约170		

Al_2O_3-SiO_2 系相图的莫来石相区如图9-1-1所示，莫来石在大气压下能稳定到1830 ℃左右，其组成依据不同 Al_2O_3/SiO_2 比，形成 $Al_2(Al_{2+2x}Si_{2-2x})O_{10-x}$ 固溶体，$0.2<x<0.9$ 之间，相应的 Al_2O_3 含量为50%~90%。莫来石是否一致熔融或形成固溶体的问题争论很多。最近报道认为莫来石是不一致熔融的，如图9-1-8所示，在 Al_2O_3 含量（质量分数）为77.2%的莫来石（2∶1型莫来石，也称β-莫来石）于1890 ℃转熔，随着温度下降，莫来石组成向低 Al_2O_3 含量方向移动。1600 ℃以下，莫来石中 Al_2O_3 含量低于73%，对应 $3Al_2O_3 \cdot 2SiO_2$（3∶2型莫来石，也称α-莫来石），莫来石的平衡固溶范围约为4% Al_2O_3。

真正意义上的莫来石，它只是铝硅酸盐斜方晶系中具有莫来石型结构晶体的一部分，而具有莫来石型晶体结构的物相根据不同 Al_2O_3/SiO_2 比，形成 $Al_2(Al_{2+2x}Si_{2-2x})O_{10-x}$ 固溶体（$x=0\sim1$），不同的 x 值，对应不同莫来石型结构的晶体：（1）硅线石（$x=0$），铝氧四面体［AlO_4］和硅氧四面体［SiO_4］有序排列，无氧空位；（2）silimullite（$0<x<0.2$），铝氧四面体［AlO_4］和硅氧四面体［SiO_4］有序排列，但出现有氧空位；（3）真正意义上的莫来石（$0.2<x<0.67$），铝氧四面体［AlO_4］和硅氧四面体［SiO_4］无序排列，O空位数随 x 增加；（4）富 Al_2O_3 的莫来石（$0.67<x<1$），氧空位恒定；（5）ι-Al_2O_3（$x=1$），莫来石型结构的 Al_2O_3。

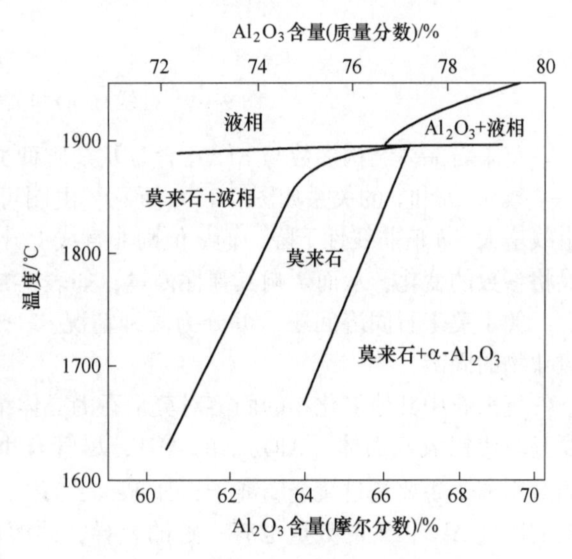

图9-1-8　Al_2O_3-SiO_2 系相图中莫来石部分

在上述5种莫来石型结构物相中，silimullite、富 Al_2O_3 莫来石和 ι-Al_2O_3 的固溶范围、结构等尚不清楚，而链状结构的硅线石与莫来石结构非常相似，因此探讨莫来石晶体结构往往从硅线石结构入手，硅线石（$Al_2O_3 \cdot SiO_2$）的晶体结构为：铝氧四面体［AlO_4］和硅氧四面体［SiO_4］交替排列，彼此共用一个氧离子，形成四条链状；［AlO_6］八面体之间彼此共用两个氧离子（共棱）连接成另一种形式的链状，共5条链状，没有O空位。莫来石是由4个硅线石晶胞组成，每一个晶胞中有一个 Si^{4+} 被 Al^{3+} 所置换（见图9-1-9）。图9-1-9为沿 c 轴观察并围绕 a 轴和 b 轴旋转6°的无序硅线石结构（a，假定）和莫来石局部结构（b）的多面体示例。在图9-1-9（a）中，在假定的无序硅线石结构中，TO_4 四面体对（双簇，浅蓝色）被等量的Si和Al占据。O3将每个双簇中的四面体连接起来。在莫来石结构中，需要形成O3空位，Si^{4+} 才能被 Al^{3+} 部分取代。箭头指出的两个 TO_4，它们在莫来石中转移到了新的位置，在图9-1-9（b）中形成了两个 T^*O_4 四面体（红色），每一个由两个稍微畸变的 TO_4（紫红色）和一个 T^*O_4 组成的新基团形成一个三簇。中间的O3空位由一个大的白色半透明球体表示。

$$2Si^{4+} + O^{2-} \longrightarrow 2Al^{3+} + \square \qquad (9\text{-}1\text{-}6)$$

式中，□为氧空位。

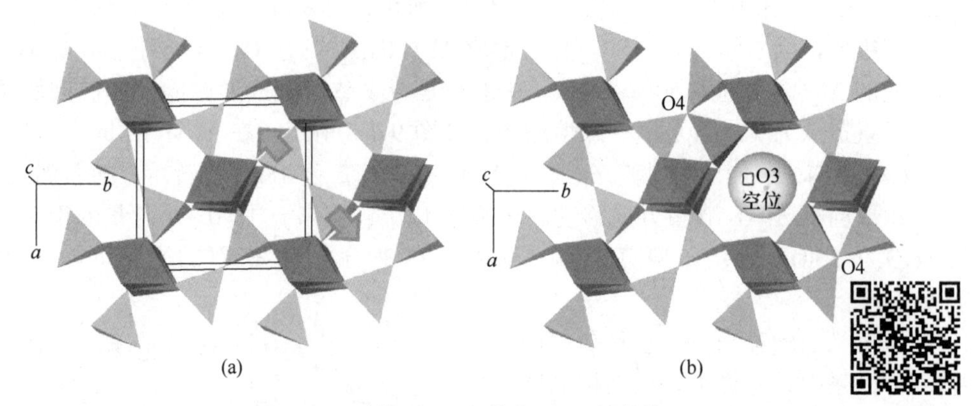

图9-1-9 硅线石(a)和莫来石(b)的结构

图9-1-9彩图

莫来石晶体结构参数与 Al_2O_3 含量及杂质种类与含量相关。莫来石中 Al_2O_3 含量与晶格常数 a、b 和 c 的关系如图9-1-10所示。由图可见随莫来石中 Al_2O_3 含量的升高，a 值直线增大，b 值非线性下降，而 c 值则非直线上升。莫来石中 Al_2O_3/SiO_2 值的变化会导致晶格参数的变化，从而影响其弹性模量，如表9-1-13所示。

关于莫来石固溶问题，可分为两种情况：一是 Al_2O_3-SiO_2 体系的固溶；二是与其他氧化物的固溶。

莫来石中其他氧化物的固溶对莫来石的晶体结构及性质产生很大影响。阳离子固溶主要是取代铝氧八面体［AlO_6］的 Al^{3+}，尽管有小部分取代铝氧四面体［AlO_4］的 Al^{3+}。固溶阳离子主要是过渡金属离子，如 Fe^{3+}、Ti^{4+}、V^{4+}、Cr^{3+} 等。固溶阳离子半径的不同，它们取代 Al^{3+} 位置的数量也有一定的差异，固溶的量也不同。图9-1-11给出了阳离子半径与其在莫来石晶体中固溶量的关系。由图可见，阳离子半径小的氧化物，如 Cr_2O_3、Fe_2O_3、Ga_2O_3、V_2O_3 等的固溶量比较大，约为6.5%（摩尔分数）。TiO_2、VO_2、V_2O_5 虽然离子半径较小，但由于离子电荷比 Al^{3+} 多，它们的固溶量较小，为2%~3%（摩尔分数）。ZrO_2、CoO、FeO、MnO 等的阳离子半径较大，且离子电荷与 Al^{3+} 不同，所以固溶量很小。Mn^{3+} 离子半径较大，但 Mn^{3+} 的电荷数与 Al^{3+} 相同，故仍有一定的固溶量。

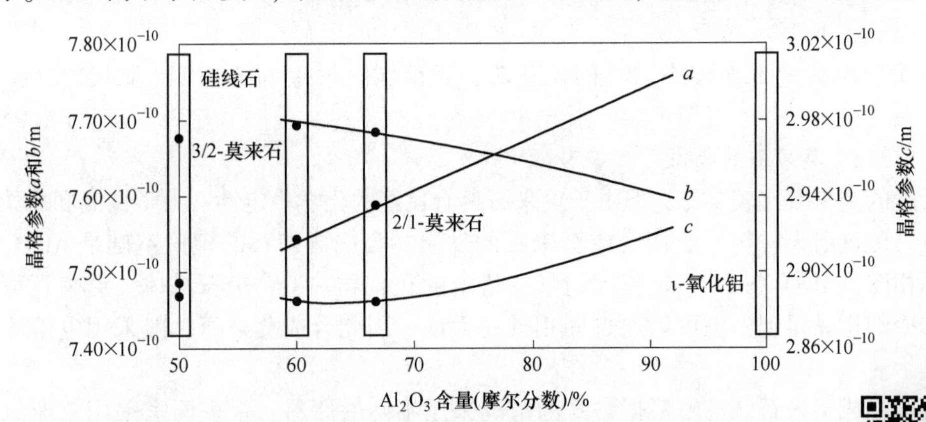

图 9-1-10 $Al_2(Al_{2+2x}Si_{2-2x})O_{10-x}$ 的晶格参数与 Al_2O_3 含量的关系曲线

（红框表示常见的相，如硅线石（50% Al_2O_3）、3/2-莫来石（60% Al_2O_3）和 2/1-莫来石（67% Al_2O_3）。红色圆圈表示晶格参数 a 和 b（左侧纵坐标）和 c（右侧纵坐标）。在 100 mol% Al_2O_3 表示具有莫来石型结构的氧化铝相（ι-氧化铝））

图 9-1-10 彩图

表 9-1-13 不同 Al_2O_3/SiO_2 值下莫来石型结构（致密莫来石、单晶和硅线石）**弹性模量**

项 目	硅线石颗粒	致密莫来石陶瓷（DC-M）			莫来石单晶（SC-M）	
x（A/S）	0（1∶1）	0.25（3∶2）	0.27	0.34	0.38（约 2∶1）	0.50（约 2.5∶1）
P/%	0	0.4	1.6	0.6	0	0
G/GPa	92.9	88.9	86.55	86.91	86.8	88.0
B/GPa	171.4	172.4	169.5	168.9	170.0	173.6
E/GPa	235.9	227.6	221.9	222.5	223.3	225.8

注：表中 x 是指 $Al_2(Al_{2+x}Si_{2-x})O_{10-x}$，A/S 为 Al_2O_3/SiO_2 的摩尔比；P 表示陶瓷的孔隙率，B、G、E 分别是体积模量、剪切模量和杨氏模量。

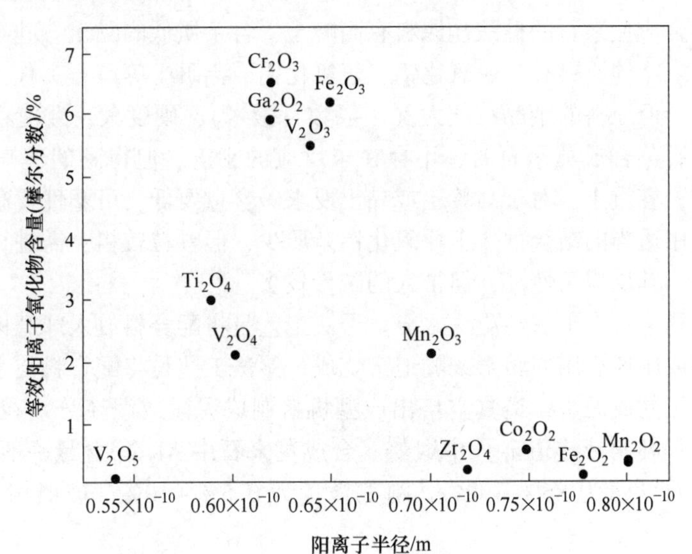

图 9-1-11 过渡金属氧化物阳离子半径与其在莫来石晶体中固溶量的关系

过渡金属氧化物在莫来石晶体中的固溶量不仅与过渡金属离子半径和电荷有关，而且还和莫来石中 Al_2O_3 及 SiO_2 含量有关。一般来说，M_2O_3 类氧化物固溶量与 Al_2O_3 含量有关，而与 SiO_2 的含量无关。这是因为 M_2O_3 中阳离子的电荷数与 Al^{3+} 相同。而 Ti^{4+} 与 V^{4+} 这类离子要取代铝八面体中 Al^{3+} 的位置时，必须同时发生 Si^{4+} 被 Al^{3+} 取代以保持电价平衡。

9.1.3.2　莫来石的合成

天然的莫来石比较罕见，但由于莫来石具有良好的化学稳定性、力学性能和热学性能等优点，促进耐火材料工业用合成莫来石的发展。合成莫来石的理论基础是 Al_2O_3-SiO_2 系二元相图，Al_2O_3/SiO_2 一定范围内唯一稳定的化合物——莫来石晶体。莫来石可以通过熔体冷却析晶得到，也可以通过固相反应生成，因此合成莫来石一般采用电熔法和烧结法。

生产合成莫来石，各国根据自身的情况采用不同的原料。很多国家采用工业氧化铝（或氢氧化铝）加高岭土（或高纯硅石）。日本是用纯度高的硅石和氧化铝在高温回转窑中合成，前苏联用工业氧化铝加纯耐火黏土（酸洗过的高岭土），美国除用工业氧化铝外，也有采用天然铝矾土加高岭土为原料的，英国有用高铝矾土为原料的。

我国合成莫来石原料以工业氧化铝（氢氧化铝）加苏州土（或纯黏土、叶蜡石）为主，也有采用高铝矾土加黏土的，或用铝矾土直接合成莫来石。此外，还有工业氧化铝加高纯石英岩为原料的，也用硅线石或蓝晶石添加高铝物料烧结莫来石熟料（见表 9-1-14）。

表 9-1-14　我国合成莫来石的主要原料来源

<table>
<tr><td>合成方法</td><td colspan="4">烧结法</td><td colspan="2">电熔法</td></tr>
<tr><td>莫来石种类</td><td colspan="2">天然料莫来石</td><td>高纯莫来石</td><td>莫来卡特</td><td>高纯莫来石</td><td>普通莫来石</td></tr>
<tr><td>主要铝源</td><td rowspan="2">B/K 型</td><td>D/K 型</td><td>工业氧化铝</td><td rowspan="2">煤系高岭土</td><td>工业氧化铝</td><td rowspan="2">B/K 型</td></tr>
<tr><td>主要硅源</td><td colspan="2">高岭土</td><td>硅石</td></tr>
</table>

注：B/K 型、D/K 型均为我国铝矾土的类型。

国内外作为合成莫来石的硅酸盐原料有高岭土，含杂质低的黏土、硅石、硅粉、石英等，作为补充 Al_2O_3 的原料有工业氧化铝、氢氧化铝、铝矾土等。石英作为 SiO_2 的来源，其碱金属含量少，但原料的结晶粒度大（一般数百微米），硬度大，致使粉碎效率低，烧结温度高。使用石英合成莫来石时，不存在未反应的刚玉，但得到的莫来石难以烧结致密，显气孔率高，容重小。对于高岭土或黏土要求碱含量要低，可塑性要高。如果原料可塑性差，要考虑用适当的结合剂。工业氧化铝杂质少，但颗粒较粗，需进行粉碎。氢氧化铝一般不需粉碎，其反应活性高，但带入的碱量较多。

烧结法合成莫来石有干法与湿法之分。干法工艺是将配合料放入球磨机或混合机中共同混合，经压球或压坯后用回转窑或隧道窑烧成；湿法工艺是将配合料与水加入球磨机中湿法混磨，泥浆压滤成泥饼，经真空挤出成型机挤制成泥段或泥坯分别在 1700～1750 ℃下在煅烧窑炉（回转窑或隧道窑）中煅烧。合成莫来石中 Al_2O_3 含量一般为 65%～75%；矿物组成中莫来石含量为 86%～99%，刚玉含量为 0.5%～10%，玻璃相含量为 0.2%～10%。

湿法合成莫来石一般烧成温度较低，反应较完全，莫来石含量较高，结构均匀性好。

隧道窑煅烧利于控制莫来石熟料的微观结构与晶体发育状况。

烧结法合成莫来石时应注意：

(1) Al_2O_3/SiO_2 比。合成莫来石配料组成应该是 Al_2O_3 含量为 71.8%~77.2%，SiO_2 含量为 22.8%~28.2%，即 Al_2O_3/SiO_2 比值在 2.55~3.40 之间。

(2) 原料的活性。烧结法合成莫来石主要是通过固相反应来完成的，因而原料的活性对其有重要影响。氧化铝是合成莫来石的常用原料，γ-Al_2O_3 用于合成莫来石时效果比 α-Al_2O_3 好，在 γ-Al_2O_3 转变为 α-Al_2O_3 的温度区间，反应速度显著增加。γ-Al_2O_3 结构与尖晶石结构相近似，是有缺陷的尖晶石结构，且在煅烧过程中伴随 13%的体积收缩，足以抑制高岭土或铝矾土中二次莫来石化所产生的体积膨胀，有利于烧结。而使用的硅质原料中不宜采用熔融石英。

(3) 原料的混磨方式与细度。通常采用湿法磨细使颗粒之间的接触面积增大，研磨效率高。粒度越细，其结构缺陷越多，越有利于莫来石化的固相反应发生。

(4) 烧成温度和保温时间。合成莫来石一般在 1200 ℃即开始形成，到 1650 ℃完成为第一阶段；1650~1700 ℃莫来石含量变化不大，此时，熟料的显气孔率最低，体积密度最大，实际是有液相参与的第二阶段；在 1700 ℃左右实际已经进入烧结的末期阶段，此时，烧结缓慢甚至有停滞现象，再继续升温会产生反致密化现象。

影响电熔法合成莫来石的因素主要如下：

电熔合成莫来石时，配料的 Al_2O_3/SiO_2 比值决定着电熔莫来石的矿物相及莫来石的晶体形状（见表 9-1-15）。电熔莫来石是由熔体结晶而制得，其过程非常类似于 Al_2O_3-SiO_2 系相图的冷却析晶过程。在合成电熔莫来石时，Al_2O_3 含量达 79%时，仍未出现刚玉相，主要是 Al_2O_3 固溶于莫来石中形成 β-莫来石的结果。由于原料中含有 MgO、CaO、Na_2O 及 TiO_2 等，以及熔融设备和电熔温度的差异，电熔莫来石的矿物组成与表 9-1-15 中的规律有一定的误差，例如无盖电炉温度过高，容易使 SiO_2 挥发。评价莫来石质量水平的关键指标是莫来石的相组成、致密度和杂质含量，国内烧结或电熔莫来石的典型化学成分见表 9-1-16，SM 系列为烧结莫来石，FM 系列为电熔莫来石，表中 TiO_2 含量高的莫来石牌号“SM70-2、SM60-2 和 FM70”一般为天然料铝矾土为主要原料经过烧成或电熔的，而 TiO_2 含量低的莫来石牌号“SM75、SM70-1、SM60-1 和 FM75”通常为工业氧化铝、纯度高的黏土或石英为主要原料，经过烧成或电熔制备而成。

表 9-1-15　Al_2O_3/SiO_2 比值与电熔莫来石的矿物组成

Al_2O_3/SiO_2 比值	矿物相	莫来石晶形
2.2~2.5	莫来石、玻璃相	圆形粗粒结构
2.7~3.2	莫来石、玻璃相	片状、短针状、短柱状
>3.2	莫来石、玻璃相、刚玉	针状

针对莫来石耐火材料的分类，美国 ASTM 标准 ASTM C467—2014 “Standard classification of mullite refractories”中认为，莫来石耐火材料是指耐火材料制品主要晶体为莫来石相，它们可以是由硅线石族矿物（蓝晶石、红柱石和硅线石）或由其他合适的材料经过电熔或烧结而成的。因为莫来石含量的多少对 Al_2O_3-SiO_2 系耐火材料的体积稳定性、热机械性能及使用有很大影响，所以该标准对莫来石耐火材料的化学成分作出了规

定：Al_2O_3 含量在56%~79%之间，除Al、Si以外的金属氧化物总量不超过5%；同时也对制品的物理性能作出了规定：最大变形量不超过5%（172 kPa的荷载，高温1595 ℃保温6h），具体参照高温荷重标准ASTM C16表1中的第6种加热制度进行。

表9-1-16 莫来石理化性能（YB/T 5267—2013）

牌号	化学成分(质量分数)/%				体积密度 /g·cm⁻³	显气孔率 /%	耐火度 CN	莫来石相 含量/%
	Al_2O_3	TiO_2	Fe_2O_3	Na_2O+K_2O				
SM75	73~77	≤0.5	≤0.5	≤0.2	≥2.90	≤3	180	≥90
SM70-1	69~73	≤0.5	≤0.5	≤0.2	≥2.85	≤3	180	≥90
SM70-2	67~72	≤3.5	≤1.5	≤0.4	≥2.75	≤5	180	≥85
SM60-1	57~62	≤0.5	≤0.5	≤0.5	≥2.65	≤5	180	≥80
SM60-2	57~62	≤3.0	≤1.5	≤1.5	≥2.65	≤5	180	≥75
FM75	73~77	≤0.1	≤0.2	≤0.2	≥2.90	≤5	180	≥90
FM70	69~73	≤2.0	≤0.6	≤0.5	≥2.90	≤4	180	≥85

注：1. 产品不得检出石英相；
2. 莫来石相含量的检测由供需双方协商确定。

9.1.4 蓝晶石族矿物

9.1.4.1 蓝晶石族矿物的结构与性能

蓝晶石(kyanite)、红柱石(andalusite)和硅线石 (sillimanite)是指化学式为 $Al_2O_3 \cdot SiO_2$ 的无水铝硅酸盐为矿物，三者为同质异形体，化学成分相同，由于生成条件与晶体结构的差异，其物理性能又各具特点。这类矿物也有不同称谓，前苏联称其为蓝晶石族矿物，美国称为硅线石或蓝晶石族矿物，法国称为红柱石族矿物，我国地质部门称为高铝矿物原料，在耐火材料行业，这三种矿物简称“三石”。

蓝晶石、红柱石和硅线石，各矿物形成受一定温度、压力的控制。其形成与温度、压力的关系见图9-1-12。

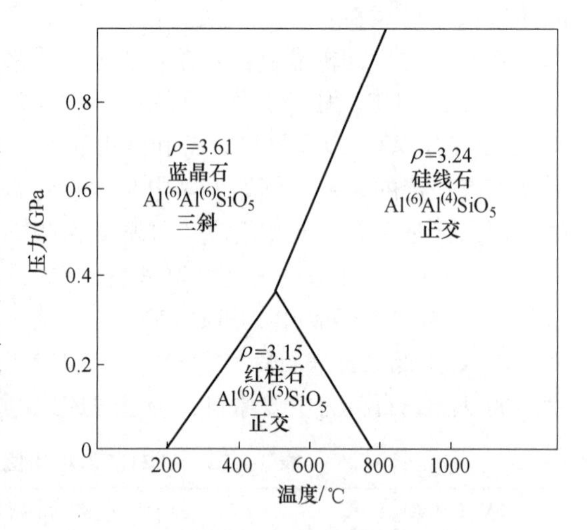

图9-1-12 蓝晶石、红柱石和硅线石的相图
（每个区域都标有晶型、密度（g/cm^3）、Al配位和晶体结构）

目前世界上蓝晶石出产国：美国、印度、瑞士和巴西，红柱石出产国：南非、法国，硅线石出产国：印度和澳大利亚。我国“三石”中以红柱石最多，主要分布在新疆、甘肃、四川、内蒙古；蓝晶石主要分布在河南南阳、江苏沭阳、河北邢台；硅线石多分布在黑龙江。

由于形成的地质条件不同，“三石”矿物的晶体结构存在差异。蓝晶石和红柱石属于有附加阴离子的岛状铝硅酸盐，硅线石则属于链状结构。“三石”晶体结构主要差异体现在Al^{3+}的配位数，蓝晶石中Al^{3+}全部为［AlO_6］，红柱石中Al^{3+}半数为［AlO_6］和半数为［AlO_5］，硅线石中Al^{3+}半数为［AlO_6］和半数为［AlO_4］，见表9-1-17，其基本性质见表9-1-18。

表9-1-17　蓝晶石族矿物的阳离子配位数

矿物名称	结构式	六配位	五配位	四配位	结构	晶系
蓝晶石	$Al^{(6)}Al^{(6)}[SiO_4]O$	$2[AlO_6]$	—	$[SiO_4]$	岛状	三斜
红柱石	$Al^{(6)}Al^{(5)}[SiO_4]O$	$[AlO_6]$	$[AlO_5]$	$[SiO_4]$	岛状	斜方
硅线石	$Al^{(6)}[Al^{(4)}SiO_5]$	$[AlO_6]$	—	$[AlO_4]+[SiO_4]$	链状	斜方

注：Si^{4+}形成［SiO_4］，（　）内的数字是指Al的配位数。

表9-1-18　蓝晶石族矿物的基本性质

矿物性质	蓝晶石	红柱石	硅线石
化学式	$Al_2O_3 \cdot SiO_2$		
成分	Al_2O_3 62.93%，SiO_2 37.07%		
晶系	三斜晶系	斜方晶系	斜方晶系
晶格常数	$a=0.710$ nm，$\alpha=90°05'$	$a=0.778$ nm	$a=0.744$ nm
	$b=0.774$ nm，$\beta=101°02'$	$b=0.792$ nm	$b=0.759$ nm
	$c=0.557$ nm，$\beta=105°44'$	$c=0.557$ nm	$c=0.575$ nm
结构	岛状	岛状	链状
晶形	柱状，板状或长条状集合体	柱状或放射状集合体	长柱状，针状或纤维状集合体
颜色	蓝、亮灰、浅蓝、黄	红、淡红	灰、白褐
密度/$g \cdot cm^{-3}$	3.53~3.63	3.10~3.24	3.23~3.27
相对硬度	异向性 //c轴5.5，⊥c轴6.5~7	7.5	6~7.5
解理	沿{100}解理完全 {010}解理良好	沿{110}解理完全 {100}解理完全	沿{010}解理完全

9.1.4.2　蓝晶石族矿物的热行为

蓝晶石族矿物的加热变化是其重要特征。“三石”在高温下均不可逆地转变为莫来石和无定形SiO_2，其反应式为：

$$3(Al_2O_3 \cdot SiO_2) \longrightarrow \underset{\text{一次莫来石}}{3Al_2O_3 \cdot 2SiO_2} + SiO_2 \tag{9-1-7}$$

$$2SiO_2 + 3Al_2O_3 \longrightarrow \underset{\text{二次莫来石}}{3Al_2O_3 \cdot 2SiO_2} \tag{9-1-8}$$

由于蓝晶石族矿物在结构上的差异，其莫来石转化的过程、形态及结晶方向不同，同时必然会引起转化温度、速度和体积变化（膨胀）的不同，见表9-1-19。

表 9-1-19　蓝晶石族矿物的莫来石化

矿物名称	蓝晶石	红柱石	硅线石
开始分解温度/℃	1100~1200	1300~1350	1350~1400
显著分解温度/℃	1300~1450	1350~1450	1450~1500
完全分解温度/℃	1450~1500	1500~1600	1650~1700
莫来石化速度	快	中	慢
转化后体积效应/%	+16~18	+3~5	+7~8
莫来石结晶过程	颗粒表面开始逐渐深入	颗粒表面开始逐渐深入	整个颗粒发生
莫来石结晶形态	长柱状、针状	中等柱状、针状	短柱状、针状
莫来石结晶大小/μm	35	20	3
莫来石结晶方向	⊥原蓝晶石晶面	//原红柱石晶面	//原硅线石晶面

粒径对蓝晶石族矿物的莫来石化有一定影响。一般来说，颗粒越小，比表面积越大，反应由表面推进到内部的速度也越小。同时，颗粒越小，材料晶体结构会产生更多的缺陷，从而促进莫来石的反应（见图 9-1-13 和图 9-1-14）。除了粒度以外，杂质含量也利于蓝晶石族矿物的莫来石化，主要原因：（1）降低了液相形成温度，通过溶解—沉淀传质过程促进莫来石化；（2）液相量可填充更多的气孔和裂缝。

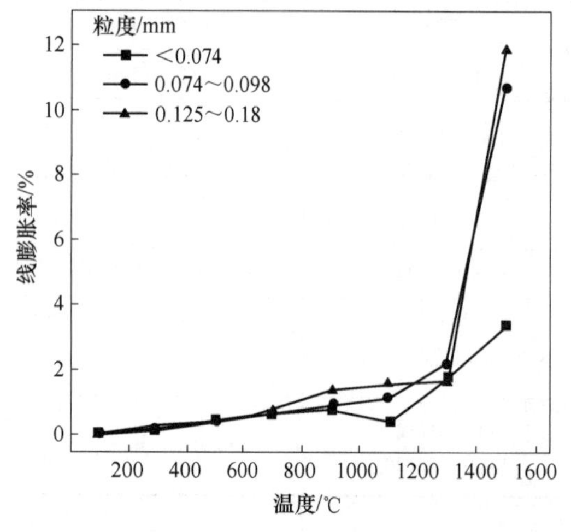

图 9-1-13　蓝晶石粒度对线膨胀率的影响

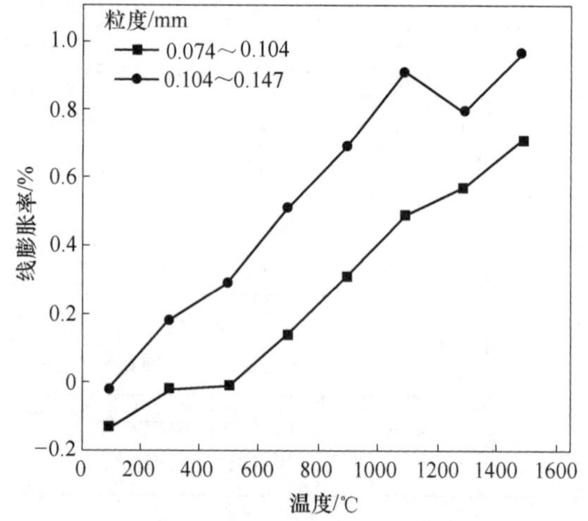

图 9-1-14　红柱石粒度对线膨胀率的影响

蓝晶石族矿物分解生成低膨胀系数、呈针柱状交织成网络的莫来石，并伴随一定高温体积膨胀，且在 1100~1600 ℃范围内，体积膨胀可通过粒度、组成、升温制度等工艺参数来调节。因此在耐火材料领域，可以设计一定的组成、合适的烧结温度，充分发挥蓝晶石族矿物的特点，利用其分解温度和膨胀率的不同，使制品在使用温度下，均有未转化的晶体分解所产生的膨胀，从而使制品内部产生某种应力，从而提高材料荷重软化点、高温蠕变、热稳定性和高温体积稳定性。

在 Al_2O_3-SiO_2 质耐火材料中，蓝晶石族矿物不像铝矾土和黏土等矿物，它可以不经过煅烧，直接在 Al_2O_3-SiO_2 质耐火材料中使用，有着节能降耗的作用。一般来说，提高荷重软化温度和抗蠕变性宜选硅线石，提高热震稳定性选红柱石，抵消高温下收缩宜选蓝晶石。

蓝晶石族矿物在耐火材料领域的应用主要集中在以下方面：

(1) 红柱石基耐火材料。以红柱石主体原料制备烧成或不烧耐火制品、红柱石基耐火浇注料等，红柱石莫来石化温度低，转化过程体积膨胀小，结晶粗大，可用做耐火骨料。红柱石基耐火材料抗蠕变能力强，高温强度高，高温体积稳定好。

(2) 改善耐火材料性能。主要用添加部分蓝晶石族矿物来提高耐火材料的荷重软化点、抗蠕变能力、热震稳定性及降低烧成收缩，例如低蠕变高铝砖、窑具耐火材料、各种耐火浇注料等。

(3) 合成莫来石。主要用蓝晶石精矿粉添加铝矾土、工业氧化铝、石英等，高温煅烧形成莫来石或锆莫来石。

在多孔 Al_2O_3-SiO_2 质隔热耐火材料中，添加“三石”，产生膨胀，可以堵塞气孔，形成微孔化孔隙，从而降低材料的导热系数，这将在 9.2 节中详细讨论。

9.2 天然料合成 Al_2O_3-SiO_2 质多孔隔热耐火材料

Al_2O_3-SiO_2 质多孔隔热耐火材料，主要包括两大类，一类主要是天然料合成的隔热耐火材料，主要包括人们熟悉的黏土质和高铝质隔热耐火材料，其原料多为天然料，例如各种等级铝矾土和黏土，结合剂多为结合黏土；另一类为合成料制备的莫来石质隔热耐火材料，主要原料为氧化铝和杂质含量较低的结合黏土，也称为低铁高铝质隔热耐火材料。由于天然料中杂质元素含量高，例如铁、钛等，它制备的隔热耐火材料和合成料制备的多孔隔热耐火材料相比，加热永久收缩率大、荷重软化温度低，因而使用温度受限。

9.2.1 黏土轻质多孔隔热耐火材料

黏土轻质多孔隔热耐火材料，指 Al_2O_3 含量30%~45%的 Al_2O_3-SiO_2 系黏土质隔热耐火材料，其中以轻质黏土砖占主要部分。主要以黏土熟料或黏土轻质骨料和结合黏土为主要原料，成孔方法通常是燃烬物法或多孔材料法，成型方法主要为机压成型、振动成型或挤出成型。由于轻质黏土砖的成本限制，一般不采用泡沫浇注法制备。

轻质黏土砖应用广泛，主要用于各种工业窑炉中不接触熔融物和无侵蚀性气体的隔热层，长期使用温度一般为1000~1200 ℃。我国制定了标准《粘土质隔热耐火砖》（GB/T 3994—2013），性能指标见表 9-2-1，标准中按分级温度和体积密度分为 NG140-1.5、NG135-1.3、NG135-1.2、NG130-1.0、NG125-0.8、NG120-0.6、NG115-0.5 七个牌号。

表 9-2-1 黏土质隔热耐火砖的性能指标（GB/T 3994—2013）

项目	指标						
	NG140-1.5	NG135-1.3	NG135-1.2	NG130-1.0	NG125-0.8	NG120-0.6	NG115-0.5
体积密度/$g \cdot cm^{-3}$	≤1.5	≤1.3	≤1.2	≤1.0	≤0.8	≤0.6	≤0.5
耐压强度/MPa	5.5~6.0	4.5~5.0	4.0~4.5	3.0~3.5	2.0~2.5	1.0~1.3	0.8~1.0
T/℃×12 h（加热永久线变化率为-2%~1%）	1400	1350		1300	1250	1200	1150

续表 9-2-1

项　　目	指　　标						
	NG140-1.5	NG135-1.3	NG135-1.2	NG130-1.0	NG125-0.8	NG120-0.6	NG115-0.5
导热系数（350 ℃±25 ℃）/W·(m·K)$^{-1}$	≤0.65	≤0.55	≤0.50	≤0.40	≤0.35	≤0.25	≤0.23

为了实现工业窑炉炉衬的高效隔热保温，在保证炉衬结构强度和耐热度的前提下，应尽量采用低导热材料以提高保温效果和减少蓄热及散热损失，因此高强低导热黏土轻质砖也是发展方向之一。

武汉威林科技股份有限公司以天然矿物为原料，如以高岭土为主，添加1~2种微孔形核剂，通过研磨、均质化处理和高温烧成，微孔形核剂在加热过程中快速形成大量气核，随着坯体的烧成收缩，限制了气孔长大，最终成为封闭的小于10 μm的微孔（见图9-2-1），制备出高强低导热微孔轻质黏土砖。制品在保证较低导热系数的前提下，具有强度高和热震稳定性好的特点，其性能见表9-2-2。

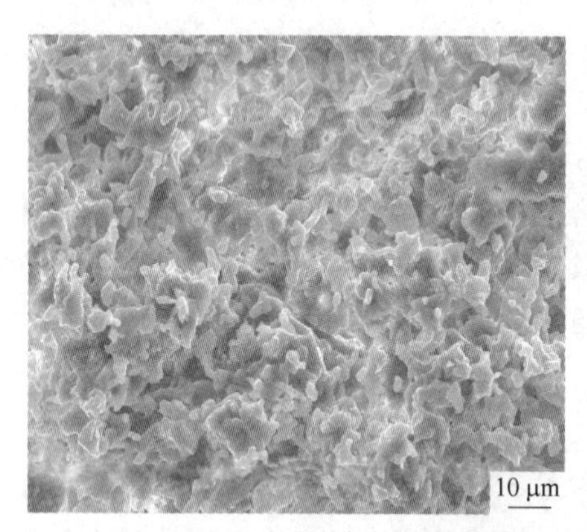

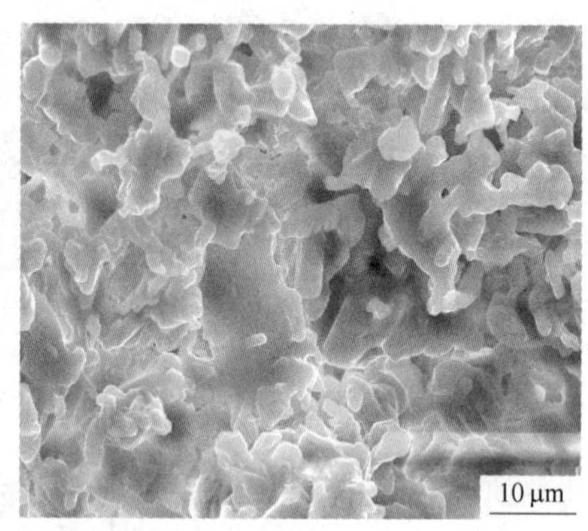

图 9-2-1　微孔高强隔热黏土砖的显微结构图像

表 9-2-2　高强低导热微孔黏土砖的性能对比

项　　目	微孔黏土砖	市场典型产品	国家标准
体积密度/g·cm^{-3}	1.19	1.21	1.2
耐压强度/MPa	9.7	3.9	4.5
导热系数（350 ℃）/W·(m·K)$^{-1}$	0.41	0.61	0.50
热震稳定性①	>15次	—	无规定

①热震稳定性（1100 ℃×20 min，空冷10 min）。

9.2.2　高铝轻质多孔隔热耐火材料

高铝轻质多孔隔热耐火材料，指 Al_2O_3 含量48%以上的 Al_2O_3-SiO_2 系高铝质隔热耐火材料，其中以轻质高铝砖居多，轻质高铝砖主要以天然高铝熟料或天然料合成的高铝轻质骨料和结合黏土为主要原料，成孔方法通常为燃烬物法、多孔材料法和泡沫法，成型方法主要为机压成型、振动成型、挤出成型和浇注成型。轻质高铝砖应用广泛，可以用于与火焰直接接触的工业窑炉炉衬，但不宜用于熔体、熔渣、侵蚀性气体等直接接触的炉衬。高铝轻质砖在还原气氛下比较稳定，因而适用于以 H_2、CO、CH_4 等作为保护气体的窑炉。高铝轻质砖一般长期使用温度为 1200～1500 ℃，优质的高铝轻质砖可达 1500～1700 ℃。

国家标准 GB/T 3995—2014《高铝质隔热耐火砖》规定了低铁高铝质隔热砖和普通高铝质隔热砖一些理化指标，其中低铁高铝质隔热砖中 Fe_2O_3 含量不超过 1%，而普通高铝 Fe_2O_3 含量不超过 2%，物理性能最大的差异在于低铁高铝质隔热耐火砖的加热永久变化率和加热温度相差很大，低铁高铝质隔热耐火材料最高温度为 1700 ℃，且线变化率为 -1.0%～0.5%，而普通高铝质的最高温度为 1400 ℃，且线变化率为-2.0%～1.0%。型号中 D、L、G 分别为低、铝、隔的汉语拼音首字母；170、160、…、125 等分别代表砖的分级温度（加热永久线变化的试验温度）的前三位数；1.3、1.0、…、0.5 等分别代表砖的体积密度；末尾的 L 表示该牌号的体积密度低于国家标准 GB/T 16763《定形隔热耐火制品分类》中的规定值，见表 9-2-3 和表 9-2-4。

表 9-2-3　低铁高铝质隔热耐火砖的理化指标（GB/T 3995—2014）

项目		指标					
		DLG170-1.3L	DLG160-1.0L	DLG150-0.8L	DLG140-0.7L	DLG135-0.6L	DLG125-0.5L
$w(Al_2O_3)$/%		≥72	≥60	≥55	≥50	≥50	≥48
$w(Fe_2O_3)$/%		≤1.0					
体积密度/g·cm^{-3}		≤1.3	≤1.0	≤0.8	≤0.7	≤0.6	≤0.5
常温耐压强度/MPa		≥4.5～6.0	≥2.5～4.0	≥2.0～3.0	≥1.5～2.5	≥1.2～1.7	≥1.0～1.4
加热永久线变化	T/℃×12 h	1700	1600	1500	1400	1350	1250
	%	-1.0～0.5				-2.0～1.0	
导热系数（平均温度 350 ℃±25 ℃）/W·(m·K)$^{-1}$		≤0.60	≤0.50	≤0.35	≤0.30	≤0.25	≤0.20

表 9-2-4　普通高铝质隔热耐火砖的理化指标（GB/T 3995—2014）

项目		指标					
		LG140-1.2	LG140-1.0	LG140-0.8L	LG135-0.7L	LG135-0.6L	LG125-0.5L
$w(Al_2O_3)$/%		≥48					
$w(Fe_2O_3)$/%		≤2.0					
体积密度/g·cm^{-3}		≤1.2	≤1.0	≤0.8	≤0.7	≤0.6	≤0.5
常温耐压强度/MPa		≥4.0～5.5	≥3.0～4.5	≥2.2～3.0	≥2.0～2.7	≥1.5～1.8	≥1.0～1.4
加热永久线变化	T/℃×12 h	1400			1350		1250
	%	-2.0～1.0					
导热系数（平均温度 350 ℃±25 ℃）/W·(m·K)$^{-1}$		≤0.55	≤0.50	≤0.35	≤0.30	≤0.25	≤0.20

9.3 莫来石质多孔隔热耐火材料

在 Al_2O_3-SiO_2 系隔热耐火材料中，除了纯 SiO_2 质和纯 Al_2O_3 质以外，无论是黏土质还是高铝质，高温过程中都会有莫来石生成，由于莫来石具有优异的高温机械性能和化学稳定性，因此它是 Al_2O_3-SiO_2 系隔热耐火材料中非常重要物相，如莫来石-玻璃相、莫来石-方石英、莫来石、莫来石-刚玉、刚玉-莫来石等。为了在材料制备过程获得更多的莫来石相组成，必须要控制天然原料中的杂质含量，因此高铝质隔热耐火砖中分为低铁高铝质隔热耐火砖和普通高铝质隔热耐火砖，其中低铁高铝质隔热耐火砖也称为莫来石质隔热耐火砖。由于分类标准不同，我国耐火材料行业根据美国 ASTM C155-97（2013）制定了标准《莫来石质隔热耐火砖》（GB/T 35845—2018），见表 9-3-1，该标准中定义了莫来石质隔热耐火砖（insulating mullite refractory brick），即主晶相为莫来石相的铝硅系隔热耐火砖。莫来石质隔热耐火砖按分级温度分为 MG-23、MG-25、MG-26、MG-27、MG-28、MG-30 和 MG-32 共七个牌号。其中 M、G 分别为莫、隔的汉语拼音首字母，其后的数字代表莫来石质隔热耐火砖的分级，依据加热永久线变化的试验温度标定。

表 9-3-1 莫来石质隔热耐火砖的理化指标（GB/T 35845—2018）

项目		指标						
		MG-23	MG-25	MG-26	MG-27	MG-28	MG-30	MG-32
$w(Al_2O_3)$/%		≥40	≥50	≥55	≥60	≥65	≥70	≥77
$w(Fe_2O_3)$/%		≤1.0	≤1.0	≤0.9	≤0.8	≤0.7	≤0.6	≤0.5
体积密度/$g \cdot cm^{-3}$		≤0.55	≤0.80	≤0.85	≤0.90	≤0.95	≤1.05	≤1.35
常温耐压强度/ MPa		0.9~1.2	1.3~1.5	1.8~2.0	2.2~2.5	2.2~2.5	2.7~3.0	3.2~3.5
加热永久线变化	T/℃×12 h	1230	1350	1400	1450	1510	1620	1730
	%	−1.5~0.5						
导热系数（平均温度±25 ℃）/$W \cdot (m \cdot K)^{-1}$	200	0.18	0.26	0.28	0.32	0.35	0.42	0.56
	350	0.20	0.28	0.30	0.34	0.37	0.44	0.60
	600	0.22	0.30	0.33	0.36	0.39	0.46	0.64
0.05 MPa 荷重软化温度 $T_{0.5}$/℃		≥1080	≥1200	≥1250	≥1300	≥1360	≥1470	≥1570
抗剥落性/%		提供数据						

与表 9-2-3 低铁高铝质隔热耐火砖的理化指标（GB/T 3995—2014）相比，莫来石质隔热耐火砖标准中增加了两项指标，一是荷重软化温度，二是抗剥落数据，同时对导热系数测量由以前的 1 个温度点增加到 3 个温度点。

英国摩根热陶瓷公司是目前世界上生产莫来石隔热耐火材料最早的公司之一。莫来石耐火砖主要用高纯的黏土和氧化铝为主要原料，成孔方法多为造剂法，成型方法主要有浇注（cast）、甩泥（slinger）、挤泥（extrude）和模压（pressed），浇注成型所对应的主要是钙长石砖系列，甩泥和挤泥成型主要用于莫来石耐火砖系列制品生产，模压成型主要是用于氧化铝空心球砖系列，浇注和甩泥成型在国内不多见，见图 9-3-1。表 9-3-2 为摩根热陶瓷典型的莫来石质隔热耐火砖的理化指标，和表 9-3-1 莫来石质隔热耐火砖的理化指标相比，产品检测标准上有差异，其中比较大的差异是永久线变化和荷重软化温度。摩根热陶瓷产品的永久线变化是按 ASTM C210 标准检测，试验温度下保温 24 h；而我国是执行的 GB/T 5988—2022 标准，试验温度保温 12 h。荷重软化温度，摩根热陶瓷产品是按美国标准 ASTM C16 执行，该方法为保温法，保温时间为 90 min；我国执行的 GB/T 5989—2008 标准，为示差法。不同的检测标准，其结果也是不同的。

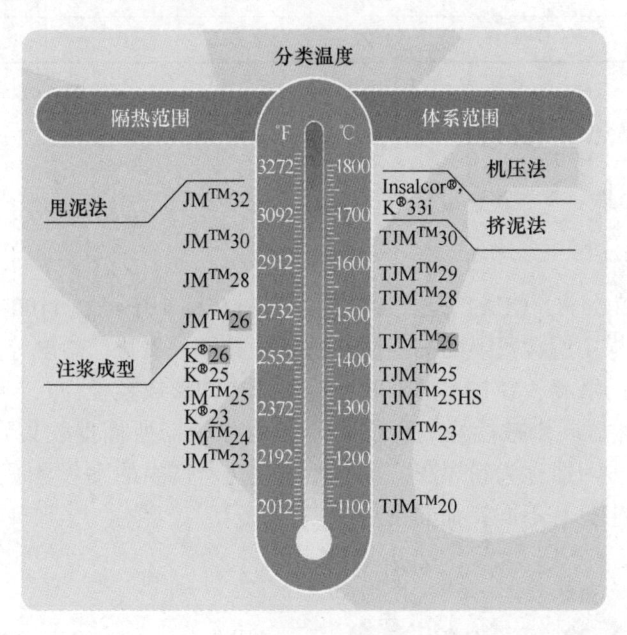

图 9-3-1 摩根热陶瓷系列隔热耐火砖的隔热温度及成型方式

表 9-3-2 摩根热陶瓷典型的莫来石质隔热耐火砖的理化指标

项目		TJM23	TJM25	TJM26	TJM28	TJM30
分类温度/℃		1260	1350	1430	1540	1650
体积密度/g · cm^{-3}		0.50	0.80	0.80	0.90	1.0
常温抗折强度/MPa		0.7	1.2	1.5	1.8	2.0
常温耐压强度/MPa		1.2	2.0	2.0	2.5	3.0
永久线收缩率/%（℃）		-0.2（1230）	-0.5（1350）	-0.5（1400）	-1.0（1510）	-1.0（1570）
最大线膨胀率/%		0.6	0.7	0.7	0.8	0.9
荷重变形率（90 min 保温，ASTM C16）/%	1100℃，0.034 MPa	0.1	0.1	—	—	—
	1260℃，0.069 MPa	—	0.7	0.3	—	—
	1320℃，0.069 MPa	—	—	—	0.2	0.1
导热系数（大平板法，ASTM C182）/W · (m · K)$^{-1}$	200℃	0.15	0.20	0.28	0.32	0.36
	400℃	0.18	0.25	0.29	0.33	0.38
	600℃	0.22	0.28	0.32	0.34	0.41
	800℃	0.27	—	0.35	0.37	—
	1000℃	0.32	—	0.39	0.41	—
	1200℃	—	—	0.43	0.46	—

续表 9-3-2

项　　目		TJM23	TJM25	TJM26	TJM28	TJM30
化学成分/%	Al_2O_3	45.0	50.0	55.0	65.0	73.0
	SiO_2	48.0	45.0	41.0	32.0	25.0
	Fe_2O_3	1.0	0.9	0.9	0.7	0.6
	Na_2O+K_2O	1.2	1.0	0.9	0.8	0.7

9.4 漂珠及其隔热耐火材料

9.4.1 粉煤灰与漂珠

9.4.1.1 粉煤灰

粉煤灰（coal fly ash，CFA）是燃煤发电厂煤粉在锅炉中经过1100~1500 ℃的高温悬浮燃烧之后，由原煤中所含不燃的黏土质矿物发生分解、氧化、熔融等变化，在表面张力的作用下形成细小的液滴，在排出炉外时，经急速冷却形成粒径为0.5~200 μm的微细球形颗粒（微珠），然后同未被燃烧的可燃物一起由除尘器所捕捉收集到的一种飞灰（fly ash）（见图9-4-1），习惯称为粉煤灰，不同燃料燃烧所产生的飞灰是不一样的，例如各种类别的垃圾焚烧产生具有不同特征的飞灰。

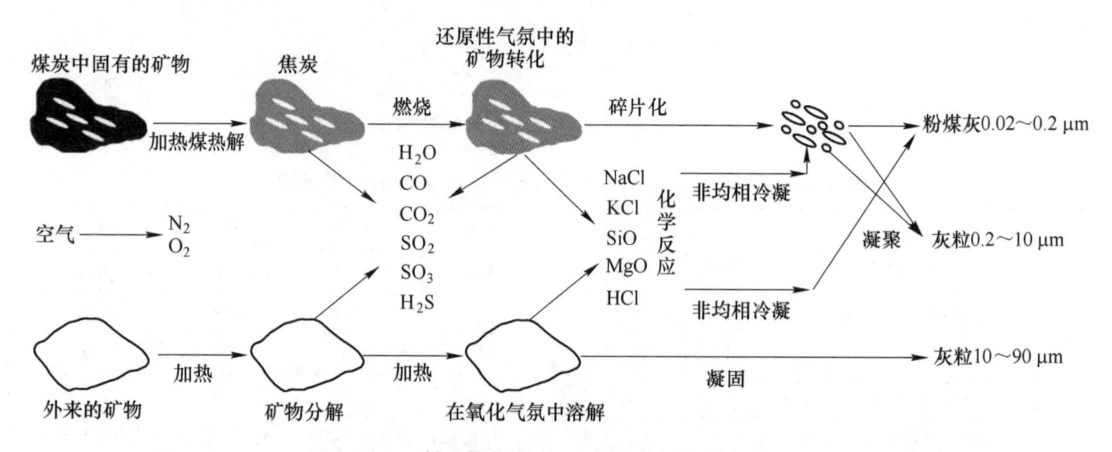

图9-4-1 粉状燃料燃烧形成粉煤灰的机理简图

粉煤灰是一种类似火山灰的混合粉状物，由不同粒度、密度、化学成分和矿相组成的混合体，也是不均匀的复杂的多相物质。

粉煤灰的化学组成与燃煤成分、煤粒粒度、锅炉形式、燃烧情况及收集方式等有关（见表9-4-1和表9-4-2）。粉煤灰的化学成分与黏土质矿物相似，其中 SiO_2、Al_2O_3、Fe_2O_3 的含量占70%以上，其余为少量的CaO、MgO、Na_2O、K_2O 等；鉴于粉煤灰的非均质性，粉煤灰的化学成分只能代表非均相众多颗粒聚集总体的平均成分。粉煤灰中不同颗粒类型，其化学成分有明显差异；而同类型颗粒，其表面与体相成分也各不相同。

粉煤灰的矿物组成十分复杂，以玻璃相为主，一般在50%以上，甚至可能高达90%；晶体矿物的含量一般在11%~48%，主要有莫来石、石英、磁铁矿等（见表9-4-3）。

表 9-4-1 不同国家和地区粉煤灰的化学成分统计

化学成分	范围（质量分数）/%				
	欧洲	美国	中国	印度	澳大利亚
SiO_2	28.5~59.7	37.8~58.5	35.6~57.2	50.2~59.7	48.8~66.0
Al_2O_3	12.5~35.6	19.1~28.6	18.8~55.0	14.0~32.4	17.0~27.8
Fe_2O_3	2.6~21.2	6.8~25.5	2.3~19.3	2.7~14.4	1.1~13.9
CaO	0.5~28.9	1.4~22.4	1.1~7.0	0.6~2.6	2.9~4.3
MgO	0.6~3.8	0.7~4.8	0.7~4.8	0.1~2.1	0.3~2.0
Na_2O	0.1~1.9	0.3~1.8	0.6~1.3	0.5~1.2	0.2~1.3
K_2O	0.4~4	0.9~2.6	0.8~0.9	0.8~4.7	1.1~2.9
P_2O_5	0.1~1.7	0.1~0.3	1.1~1.5	0.1~0.6	0.2~3.9
TiO_2	0.5~2.6	1.1~1.6	0.2~0.7	1.0~2.7	1.3~3.7
MnO	0.03~0.2	nd	nd	0.5~1.4	nd
SO_3	0.1~12.7	0.1~2.1	1.0~2.9	nd	0.1~0.6
LOI	0.8~32.8	0.2~11.0	nd	0.5~5.0	nd

注：nd 为未检测出。

表 9-4-2 不同类型煤燃烧后粉煤灰的化学成分 （质量分数，%）

化学成分	烟煤	次烟煤	褐煤	无烟煤
SiO_2	20~60	40~60	15~45	43.5~47.3
Al_2O_3	5~35	20~30	10~25	25.1~29.2
Fe_2O_3	10~40	4~10	4~15	3.8~4.7
CaO	1~12	5~30	15~40	0.5~0.9
MgO	0~5	1~6	3~10	0.7~0.9
Na_2O	0~4	0~2	0~6	0.2~0.3
K_2O	0~3	0~4	0~4	3.3~3.9
SO_3	0~4	0~2	0~10	—
TiO_2	0.5	1.1~1.2	0.23~1.68	1.5~1.6
P_2O_5	0.02	0.3~0.5	—	0.2
MnO	0.02	0.1	0.04~0.21	0.1
S	0.08~0.67	0.7	—	0.1
LOI	0~15	1.8~2.7	0~5	8.2

表 9-4-3 不同国家粉煤灰的相组成 （质量分数,%）

国家	玻璃相	结晶相		
		莫来石	石英	磁铁矿
中国	42.22~72.8	11.3~30.6	3.1~15.9	0~21.9
美国	50~68	3.0~35.0	1.0~6.5	2.0~37.0
英国	71~88	6.5~14.0	2.2~8.5	—
日本	69.5~84.4	8.0~18.2	5.4~11.8	0.5~3.1
捷克	56.2~84	2.0~29.3	4.7~12.6	1.7~4.3

粉煤灰中的玻璃相主要在微珠颗粒的最外层壳壁，内部则填充于晶体骨架之间；莫来石赋存在玻璃微珠接近表面处，与针状的石英晶体共同构成结构骨架，或以微晶存在于颗粒玻璃基质中及颗粒表面；石英大部分存在于玻璃基质中，也有部分 SiO_2 晶体；铁的化合物大部分熔融在玻璃相中，含量越多的颜色越深，部分氧化铁以磁铁矿、赤铁矿的形式单独存在。不同粒级的粉煤灰其物相组成也有差别，见表 9-4-4。

表 9-4-4 各粒级粉煤灰的矿物组成 （质量分数,%）

粒级/μm	石英	莫来石	磁铁矿	赤铁矿	碳	玻璃体
原灰	9.6	20.4	4.5	5.4	1.9	58
> 45	19.3	17.4	5.9	5.6	1.91	50
< 45	10.1	18.5	4.1	5.2	1.45	61
< 10	6.2	14.1	3.9	4.3	1.32	70
10~45	12.2	21.2	6.5	7.4	1.59	51

粉煤灰主要是由实心、空心球体状细小颗粒和无定型玻璃体构成的，粉煤灰中的未燃碳是以有棱角的无定型粒子结构形式存在。

粉煤灰中的矿物不是以单一的矿物状态形式存在，而是以多相结合体的形式存在。由于燃煤的来源、煤粉的粗细、燃煤的锅炉和排灰方式等不同，粉煤灰的理化特性也不尽相同（见表 9-4-5）。

表 9-4-5 粉煤灰的理化性质

体积密度/$g \cdot cm^{-3}$	相对密度	孔隙率/%	比表面积/$m^2 \cdot g^{-1}$	灰分/%	粒度/μm	pH 值
0.9~1.3	1.6~2.6	30~55	5	70~80	1~100	6~8

9.4.1.2 漂珠

粉煤灰是一种复杂多相的非均质体，通过不同的分离方法，可以得到未燃烧的炭、空心微珠和磁珠等（见图 9-4-2），近年来也有研究者将粉煤灰里具有中空微球结构的磁珠列为空心微珠。漂珠（cenoshpere）是指相对密度小于 1，能漂浮在水上的粉煤灰空心微珠；沉珠是指相对密度大于 1，在水中沉淀的粉煤灰空心微珠；而磁珠是一种富铁微珠，具有一定的磁性，互相黏在一起，表面析出有磁铁矿雏晶，粒度较大，矿物组成绝大部分是赤铁矿和磁铁矿，少量为石英，其他理化性能与漂珠和沉珠相近。（见图 9-4-3、图 9-4-4 和表 9-4-6）。

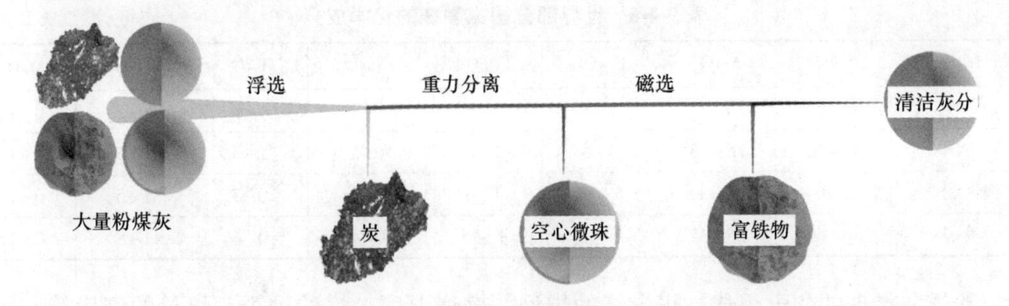

图 9-4-2 粉煤灰不同成分的分离方法示意图

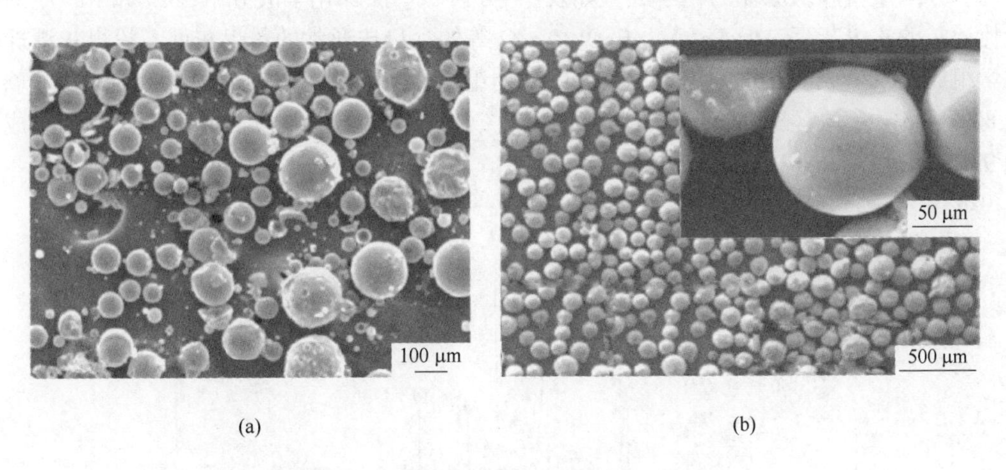

图 9-4-3 不同放大倍数下的粉煤灰空心微珠

（a）100 μm；（b）500 μm

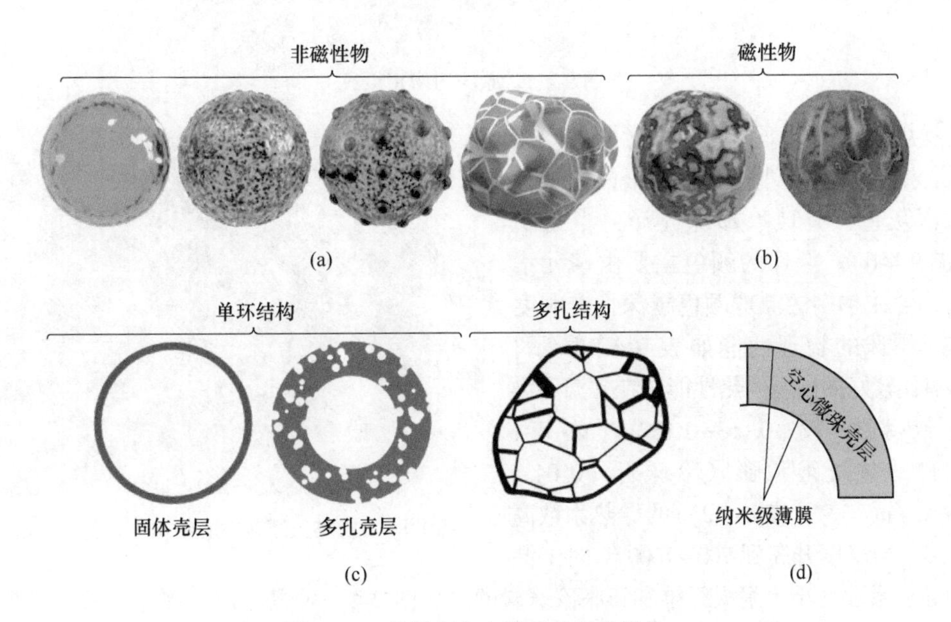

图 9-4-4 粉煤灰空心微球的光学照片

（a）非磁性；（b）磁性微球；（c）单环、多孔结构的颗粒截面；（d）空心微珠的壳层

表 9-4-6 世界部分国家漂珠的化学成分 （质量分数，%）

国家	SiO_2	Al_2O_3	Fe_2O_3	CaO	Na_2O	K_2O	TiO_2	MgO
印度	50~60	25~35	2~8	1~6	0~1	1~3	1~5	0~1
中国	40~65	15~35	2~8	1~6	0~2	1~3	1~5	0~1
澳大利亚	45~60	25~30	5~10	1~6	0~1	0~3	1~5	0~1
美国	30~60	25~35	2~15	1~15	0~4	0~4	1~5	0~1

粉煤灰漂珠的化学组成与煤燃烧的炉型、燃烧温度、煤的种类、煤粉的细度等有关。世界部分国家粉煤灰漂珠的化学成分如表 9-4-6 所示。漂珠化学成分中 SiO_2 和 Al_2O_3 的含量比通常的粉煤灰高，但 Fe_2O_3、CaO、Na_2O 等的含量比通常的粉煤灰低。粉煤灰漂珠的化学组成以及生成的热过程决定了漂珠的矿物组成。在漂珠的矿物组成中，硅酸盐玻璃相占 80%~85%，莫来石和石英含量占 10%~15%，其他矿物占 5%，典型的漂珠物相组成见图 9-4-5。

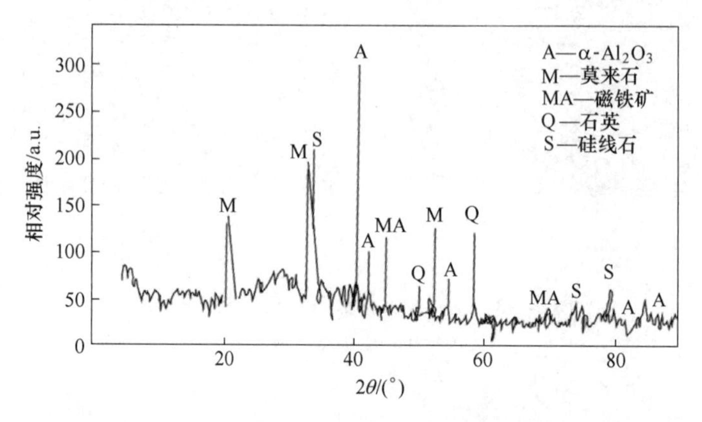

图 9-4-5 漂珠的物相组成

粉煤灰漂珠大部分为外表光滑的球形颗粒，壁薄中空，外观主要有银白色、灰色和深灰色，有玻璃珍珠光泽，半透明（见图 9-4-6）。漂珠的颜色主要由铁元素引起，含铁越多的漂珠颜色越深且透明度也差，漂珠的物理性能如表 9-4-7 所示，漂珠有比较好的高温隔热性能，在常温下漂珠的导热系数一般为 0.063~0.12 W/(m · K)，它比硅酸盐纤维和膨胀珍珠岩（0.04~0.06 W/(m · K)，表 8-5-2）的导热系数高出许多。当温度升高到 700~1000 ℃时，漂珠的导热系数均小于耐火纤维和膨胀珍珠岩的。从图 9-4-7 可以看出，漂珠的常温导热系数比耐火纤维高出 2~3 倍，但 1000 ℃时，漂珠的导热比耐火纤维小 1 倍左右。这是由于漂珠在高温阶段能有效减少辐射传热和消除对流传热，因为漂珠的折射率较高，反射系数大，随着温度的升高，在 600 ℃时反射率可达 25%~40%，继续升温，反射系数更大。

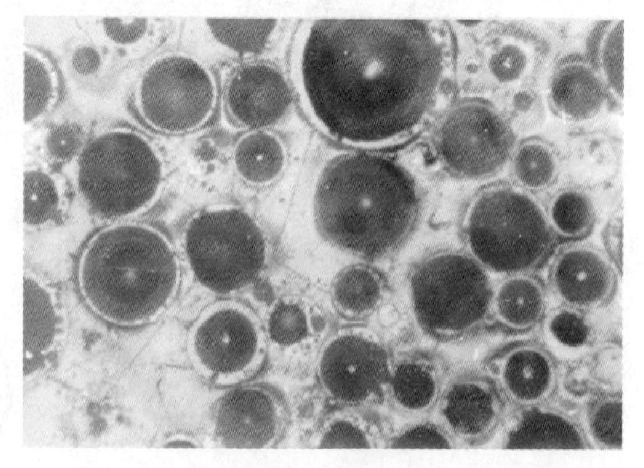

图 9-4-6 粉煤灰漂珠空心结构（反光，100×）

表 9-4-7 漂珠的部分理化指标

项目	指标	项目	指标
颜色	银白色、灰色	粒度/μm	10~400
真密度/$g \cdot cm^{-3}$	2.1~2.4	壁厚/μm	2~10 或(5%~8%D，D为直径)
堆积密度/$g \cdot cm^{-3}$	0.25~0.45	导热系数/$W \cdot (m \cdot K)^{-1}$	0.063~0.12 (25 ℃)
体积密度/$g \cdot cm^{-3}$	0.30~0.75		0.181~0.190 (1000~1100 ℃)
莫氏硬度	6~7	水静压强度/MPa	70~140
pH 值	6	耐火度/℃	1610~1730
比表面积/$cm^2 \cdot g^{-1}$	≈300~360	软化温度/℃	约 1200
折射率	1.5~1.6	导温系数/$m^2 \cdot h^{-1}$	0.000903~0.0014
电阻率/Ω · m	10^8~10^9		

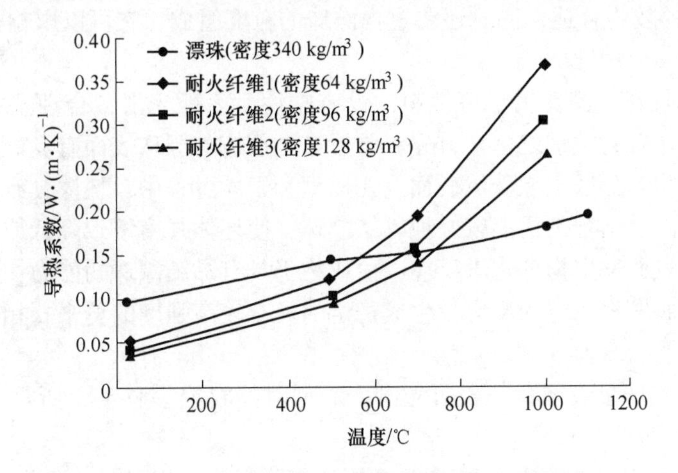

图 9-4-7 漂珠对比各类耐火纤维的导热系数与温度的关系

漂珠的导温系数比一般轻质保温材料的导温系数小得多，见表 9-4-8。

表 9-4-8 漂珠和一些轻质保温材料的导温系数

材料	密度/$g \cdot cm^{-3}$	导温系数/$m^2 \cdot h^{-1}$	材料	密度/$g \cdot cm^{-3}$	导温系数/$m^2 \cdot h^{-1}$
漂珠	0.25~0.40	0.000903~0.0014	酚醛矿棉板	0.20	0.00167
静态空气	1.2	0.0714	棉花	50	0.0023
硅酸铝纤维	140	0.00141	玻璃棉	100	0.00276
泡珠塑料	34	0.00215	珍珠岩	82	0.00159
泡珠玻璃	300	0.00167	泡珠塑料	20	0.00571

一般玻璃在常温下是绝缘材料，随着温度升高，玻璃的导电迅速提高，特别是在转变温度点上，导电性产生飞跃，到熔融状态后就成了良导体。漂珠在常温下，其电阻率为 10^8~10^9 Ω · m，和玻璃不同的是，当温度上升到 100~200 ℃时，电阻率出现最大值，一般可达 10^{10}~10^{11} Ω · m，甚至达到 10^{12} Ω · m，因此漂珠也是良好的绝缘体。

鉴于粉漂珠大多是以硅铝氧化物矿物相（石英和莫来石晶相）形成的坚硬玻璃体，

硬度可达莫氏 6~7 级，抗水等静压强度高达 70~140 MPa，和岩石相当。漂珠具有很高的强度。通常的轻质多孔骨料（例如膨胀蛭石、膨胀珍珠岩、硅藻土等）的硬度和强度都较漂珠差。

9.4.2 漂珠隔热耐火材料

漂珠隔热耐火材料，包括粉煤灰漂珠耐火砖（简称漂珠砖）、轻质漂珠浇注料和不烧漂珠耐火砖等，其中粉煤灰漂珠砖应用广泛，本节主要介绍漂珠耐火砖。漂珠砖是以漂珠、粉煤灰为主要原料辅以结合黏土、铝矾土、黏土熟料，根据不同需要，可加入造孔剂。漂珠隔热耐火材料的成孔方法以多孔材料法和造孔剂居多，成型方式多以模压成型，也称半干法成型。其主要工艺流程如图 9-4-8 所示，其工艺要点如下：

（1）漂珠选择。漂珠的理化性能因煤种及分离方法不同而有较大波动，生产中可分级利用。一般说来，以选用密度小于 0.4 g/cm^3、珠体表面光滑、整珠率在 98%以上且 Fe_2O_3 含量较低的较为合适，同时还要重视漂珠的粒度组成，它可以影响漂珠砖的成型性能、烧成工艺和使用性能。

（2）结合剂选择。漂珠属于瘠性料，没有塑性且表面光滑，合理选择结合剂并确定其用量是生产漂珠砖的关键之一。首先，常温结合剂应与漂珠表面有良好的物理吸附和化学亲和作用，能均匀分散于漂珠体表面，在成型和干燥过程中，坯体具有一定的强度；其次，在中温范围内，结合剂仍能较好地黏结漂珠，使坯体强度不致降低或有所提高，或者结合剂能与漂珠表面发生物理化学反应，生成物仍具有黏结漂珠的能力；高温结合剂在高温下能与漂珠表面发生一定的反应，生成稳定的具有较高强度的莫来石相，有利于制品强度提高或其他性能的改善。

（3）成型。漂珠呈玻璃状，表面光滑，成型时物料容易移动，所需压力不太大，以 15~30 MPa 压力为宜。

（4）烧成。烧成温度取决于漂珠组成及其变形温度，以及结合剂的烧结特性。通常以不破坏漂珠本身的结构特征、充分发挥漂珠的特性为准。

漂珠(选择 → 干燥 → 除铁)
结合剂(不同种类、数量)
} 配料 → 混料 → 困料 → 模压(捣打)成型 → 干燥烧成

图 9-4-8 漂珠耐火砖的工艺流程图

和同密度等级的黏土质隔热耐火材料相比，漂珠隔热耐火材料的常温耐压强度、使用温度要高，同样温度下的加热永久线变化小，导热系数也低于黏土质隔热耐火材料的要求，见表 9-4-9。

表 9-4-9 漂珠耐火砖、同密度等级其他标准要求的理化指标

项 目	体积密度 /$g \cdot cm^{-3}$	常温耐压强度 /MPa	导热系数（平均温度 350 ℃）/$W \cdot (m \cdot K)^{-1}$	加热永久线收缩率 /%
漂珠 1	0.4	1.8	≤0.2	1200 ℃×12 h，−0.15
漂珠 2	0.4	≥1.8	≤0.18	1200 ℃×12 h，<1.0

续表 9-4-9

项　目	体积密度 /g · cm^{-3}	常温耐压强度 /MPa	导热系数（平均温度 350 ℃） /W · (m · K)$^{-1}$	加热永久线收缩率 /%
漂珠 3	0.44	6.1	0.19	1150 ℃×12 h，-0.01
GB/T 3994—2013	≤0.5	≥0.8~1.0	≤0.23	1150 ℃×12 h，-2~1
GB/T 3995—2014	≤0.5	≥1.0~1.4	≤0.20	1250 ℃×12 h，-2~1
日本标准	0.5	≥0.5	0.16	1000 ℃×8 h，< 2

注：GB/T 3994—2013 为黏土质隔热耐火材料国家标准，GB/T 3995—2014 为高铝质隔热耐火材料国家标准。

参考文献

[1] Li S, Ye G, Zhang Y, et al. Effects of particle size and impurities on mullitization of andalusite [M]. John Wiley & Sons, Ltd., 2014.

[2] McCracken W H, De Ferrari C A. Andalusite, an under-utilized refractory raw material with undeveloped high potential [C]//Proceedings of the Unified International Technical Conference on Refractories (UNITECR 2013). Hoboken, NJ, USA: John Wiley & Sons, Inc. , 2014: 1127-1134.

[3] Raghavendra T, Jawad F, Gurunandan M, et al. Handbook of Fly Ash [M]. Elsevier Masson, 2022.

[4] Goergen E T, Whitney D L, Zimmerman M E, et al. Deformation-induced polymorphic transformation: experimental deformation of kyanite, andalusite, and sillimanite [J]. Tectonophysics, 2008, 454 (1/2/3/4): 23-35.

[5] Sepahi A A, Whitney D L, Baharifar A A. Petrogenesis of andalusite-kyanite-sillimanite veins and host rocks, Sanandaj-Sirjan metamorphic belt, Hamadan, Iran [J]. Journal of Metamorphic Geology, 2004, 22 (2): 119-134.

[6] Bohlen S R, Montana A, Kerrick D M. Precise deter minations of the equilibria kyanite ⇌ sillimanite and kyanite ⇌ andalusite and a revised triple point for Al_2SiO_5 polymorphs [J]. American Mineralogist, 1991, 76 (3/4): 677-680.

[7] Martínez F J, Reche J, Arboleya M L. P-T modelling of the andalusite-kyanite-andalusite sequence and related assemblages in high-Al graphitic pelites. Prograde and retrograde paths in a late kyanite belt in the Variscan Iberia [J]. Journal of Metamorphic Geology, 2001, 19 (6): 661-677.

[8] Ali A. Resolving the routine presence of kyanite, andalusite and sillimanite across a region using foliation intersection/inflection axes preserved in porphyroblasts, petrographic observations and thermobarometry [J]. Acta Geologica Sinica-English Edition, 2012, 86 (5): 1241-1250.

[9] He Q, Liu X, Li B, et al. Thermal equation of state of a natural kyanite up to 8.55 GPa and 1273 K [J]. Matter and Radiation at Extremes, 2016, 1 (5): 269-276.

[10] Schneider H. Thermal expansion of andalusite [J]. Journal of the American Ceramic Society, 1979, 62 (5/6): 307-307.

[11] 郭敬娜. 红柱石、蓝晶石、硅线石对莫来石-刚玉材料性能的影响 [D]. 武汉：武汉科技大学, 2004.

[12] 李柳生, 廖桂华, 徐国辉, 等. 红柱石粗颗粒预烧温度对红柱石基耐火材料性能的影响 [J]. 耐火材料, 2016, 50 (5): 321-324.

[13] 杨直夫. 红柱石-生产优质耐火材料用最有前途的材料 [J]. 国外耐火材料, 2000 (3): 32-37.

[14] 赵桂芳．兰晶石，红柱石，硅线石的物质组成及其可选性［J］．硅酸盐通报，1982（6）：36-41.
[15] 李志章．蓝晶石类矿物选矿工艺和生产实践［J］．昆明冶金高等专科学校学报，2000（2）：44-47，49.
[16] 李博文，翁润生．蓝晶石族矿物的应用研究现状和趋势［J］．地质科技情报，1997，(1)：61-66.
[17] 刘鸿权．中国蓝晶石类矿物发展及市场机遇［J］．中国非金属矿工业导刊，2002（6）：8-10，19.
[18] Mackenzie R C. The classification and nomenclature of clay minerals [J]. Clay Minerals Bulletin, 1959, 4 (21): 52-66.
[19] 马中全，周梅，孙金城，等．铸造用球粘土浇口杯的研制［J］．中国金属通报，2020（5）：241，243.
[20] He J, Yao Y, Lu W, et al. Cleaning and upgrading of coal-series kaolin fines via decarbonization using triboelectric separation [J]. Journal of Cleaner Production, 2019, 228: 956-964.
[21] Bakr I M. Densification behavior, phase transformations, microstructure and mechanical properties of fired Egyptian kaolins [J]. Applied Clay Science, 2011, 52 (3): 333-337.
[22] Yuan S, Li Y, Han Y, et al. Effects of carbonaceous matter additives on kinetics, phase and structure evolution of coal-series kaolin during calcination [J]. Applied Clay Science, 2018, 165: 124-134.
[23] 中华人民共和国国家质量监督检验检疫总局．粘土质隔热耐火砖：GB/T 3994—2013［S］．2013.
[24] Johnson E B G, Arshad S E. Hydrothermally synthesized zeolites based on kaolinite: A review [J]. Applied Clay Science, 2014, 97: 215-221.
[25] Dill H G. Kaolin: Soil, rock and ore: From the mineral to the magmatic, sedimentary and metamorphic enviro nments [J]. Earth-Science Reviews, 2016, 161: 16-129.
[26] Ondro T, Al-Shantir O, Csáki Š, et al. Kinetic analysis of sinter-crystallization of mullite and cristobalite from kaolinite [J]. Thermochimica Acta, 2019, 678: 178312.
[27] Ptáček P, Frajkorová F, Šoukal F, et al. Kinetics and mechanism of three stages of thermal transformation of kaolinite to metakaolinite [J]. Powder Technology, 2014, 264: 439-445.
[28] Machado J P E, de Freitas R A, Wypych F. Layered clay minerals, synthetic layered double hydroxides and hydroxide salts applied as pickering emulsifiers [J]. Applied Clay Science, 2019, 169: 10-20.
[29] Xu X, Lao X, Wu J, et al. Microstructural evolution, phase transformation, and variations in physical properties of coal series kaolin powder compact during firing [J]. Applied Clay Science, 2015, 115: 76-86.
[30] Lee W E, Souza G P, McConville C J, et al. Mullite formation in clays and clay-derived vitreous ceramics [J]. Journal of the European Ceramic Society, 2008, 28 (2): 465-471.
[31] Chen Y F, Wang M C, Hon M H. Phase transformation and growth of mullite in kaolin ceramics [J]. Journal of the European Ceramic Society, 2004, 24 (8): 2389-2397.
[32] Sadik C, El Amrani I E, Albizane A. Recent advances in silica-alumina refractory: A review [J]. Journal of Asian Ceramic Societies, 2014, 2 (2): 83-96.
[33] Ptáček P, Křečková M, Šoukal F, et al. The kinetics and mechanism of kaolin powder sintering Ⅰ. The dilatometric CRH study of sinter-crystallization of mullite and cristobalite [J]. Powder Technology, 2012, 232: 24-30.
[34] Ptáček P, Šoukal F, Opravil T, et al. The kinetics of Al-Si spinel phase crystallization from calcined kaolin [J]. Journal of Solid State Chemistry, 2010, 183 (11): 2565-2569.
[35] Ptáček P, Kubátová D, Havlica J, et al. The non-isothermal kinetic analysis of the thermal decomposition of kaolinite by thermogravimetric analysis [J]. Powder Technology, 2010, 204 (2/3): 222-227.
[36] Chen C Y, Tuan W H. The processing of kaolin powder compact [J]. Ceramics International, 2001, 27

(7)：795-800.
[37] Cheng H, Liu Q, Yang J, et al. The thermal behavior of kaolinite intercalation complexes—A review [J]. Thermochimica Acta, 2012, 545：1-13.
[38] 中华人民共和国工业和信息化部. 硬质粘土熟料：YB/T 5207—2020 [S]. 2020.
[39] 劳新斌. 利用煤系高岭土原位合成α-Al_2O_3—SiC_w 系太阳能储热复相陶瓷材料的研究 [D]. 武汉：武汉理工大学, 2016.
[40] 新民. 不烧轻质粘土制品热机械和热物理性能的实验理论研究 [J]. 国外耐火材料, 1999 (3)：38-43.
[41] 魏存弟, 马鸿文, 杨殿范, 等. 煅烧煤系高岭石的相转变 [J]. 硅酸盐学报, 2005, 33 (1)：77-81.
[42] 边炳鑫, 宋志伟, 艾淑艳. 粉煤灰空心微珠的特性及综合利用研究 [J]. 煤炭加工与综合利用, 1997 (3)：41-43.
[43] 林发祥. 高强度轻质粘土砖 [J]. 机械工人, 1982 (7)：51-53.
[44] 赵旭光, 金爱新. 高强耐火粘土砖的研制 [J]. 山东建材学院学报, 1992, 6 (1)：22-25.
[45] 刘长龄. 关于"铝土矿, 矾土, 高铝粘土"等名称的使用问题 [J]. 地质与勘探, 1986, 6：33-35.
[46] 尤振根. 国内外高岭土资源和市场现状及展望 [J]. 非金属矿, 2005, 28 (B09)：1-8.
[47] 程伟. 鲁西地区石炭二叠纪煤系硬质高岭土增白技术研究 [D]. 青岛：山东科技大学, 2004.
[48] 刘长龄. 论我国耐火材料用结合粘土的发展 [J]. 地质找矿论丛, 1995 (4)：87-96.
[49] 刘长龄, 李生才, 刘钦甫. 论我国球粘土 [J]. 天津城市建设学院学报, 2003, 9 (4)：256-260.
[50] 常艳丽. 铝矾土、煤系高岭土轻烧骨料对 Al_2O_3-SiO_2 系浇注料性能的影响 [D]. 洛阳：河南科技大学, 2013.
[51] 中华人民共和国国家质量监督检验检疫总局. 煤矸石分类：GB/T 29162—2012 [S]. 2012.
[52] 王正. 煤系高岭土改性制备复合陶粒吸附剂及其对废水中Cr(Ⅵ) 的吸附性能研究 [D]. 太原：太原理工大学, 2019.
[53] 耿鹏. 煤系高岭土冷冻干燥法制备多孔堇青石的研究 [D]. 徐州：中国矿业大学, 2018.
[54] 李生才, 刘长龄. 南宁地区世界级球粘土的开发利用 [J]. 中国非金属矿工业导刊, 2008 (2)：8-9, 23.
[55] 刘长龄. 南宁球粘土的特性及应用 [J]. 耐火材料, 1996 (5)：284-286.
[56] 刘长龄. 球粘土应成为独立矿种 [J]. 中国非金属矿工业导刊, 2004 (1)：60-61.
[57] 王浩. 砂质高岭土的工艺矿物学及选矿试验研究 [D]. 武汉：武汉理工大学, 2013.
[58] 梁太涛, 李洪奎, 耿科, 等. 山东省石炭二叠纪沉积岩建造与成矿作用 [J]. 山东国土资源, 2014 (10)：21-25.
[59] 王章. 煤系高岭土制备多孔莫来石工艺、组织和性能的研究 [D]. 徐州：中国矿业大学, 2017.
[60] 李宝庆, 贾希荣. 我国北方石炭二叠纪煤层高岭石粘土岩夹矸的研究 [J]. 煤田地质与勘探, 1988 (1)：10-12.
[61] 牛仁杰, 朱进, 向琦. 我国耐火粘土矿产资源分类及综合利用 [J]. 中国非金属矿工业导刊, 2016 (1)：43-45.
[62] 侯雪峰, 张永隆, 卫伯绪. 我国耐火粘土资源综合分析 [J]. 金属材料与冶金工程, 2008, 36 (5)：61-64.
[63] 刘长龄. 我国与美国球粘土的对比研究 [J]. 地质与勘探, 1992 (6)：22-28.
[64] 余三增. 新型耐火材料——低气孔率粘土砖 [J]. 炼铁, 1986 (3)：67.
[65] 郭瑞峰, 刘长龄. 再论吉林球粘土的开发利用 [J]. 地质找矿论丛, 2008 (3)：218-222.
[66] 刘长龄.《关于高铝粘土名称讨论》和徐平坤同志讨论 [J]. 硅酸盐通报, 1985 (1)：37-43.
[67] 刘鸿权. 中国耐火粘土 [J]. 中国非金属矿工业导刊, 2000 (4)：3-7.

[68] 张延敏，张福祥．粘土砖工艺设计中的几项改进 [J]. 山东冶金，1996 (2)：4-6.

[69] Zhang N, Nguyen A V, Zhou C. A review of the surface features and properties, surfactant adsorption and floatability of four key minerals of diasporic bauxite resources [J]. Advances in Colloid and Interface Science, 2018, 254: 56-75.

[70] Meyer F M. Availability of bauxite reserves [J]. Natural Resources Research, 2004, 13: 161-172.

[71] Knierzinger J, Knierzinger, Brian. Bauxite mining in Africa [M]. Palgrave Ma cmillan, 2018.

[72] Girvan N. Bauxite: The need to nationalize, Part Ⅰ [J]. The Review of Black Political Economy, 1971, 2 (1): 72-94.

[73] Girvan N. Bauxite: The need to nationalize, part Ⅱ [J]. The Review of Black Political Economy, 1971, 2 (2): 81-101.

[74] Cardarelli F. Materials handbook: A concise desktop reference [M]. Springer-Verlag London Limited, 2008.

[75] Rao D S, Das B. Characterization and beneficiation studies of a low grade bauxite ore [J]. Journal of the Institution of Engineers (India): Series D, 2014, 95: 81-93.

[76] Ismail N J, Othman M H D, Kamaludin R, et al. Characterization of bauxite as a potential natural photocatalyst for photodegradation of textile dye [J]. Arabian Journal for Science and Engineering, 2019, 44: 10031-10040.

[77] Dolgikh S G, Kakhmurov A V, Karklit A K, et al. Low-iron bauxites of the Iksinskoe deposit [J]. Refractories, 1994, 35 (1/2): 16-21.

[78] Karklit A K, Dolgikh S G, Kakhmurov A V. Electromelted corundum of Northern Onega bauxites and refractories based on it [J]. Refractories, 1993, 34 (9/10): 477-485.

[79] Dews S J, Bishop R J. Factors affecting the skid-resistance of calcined bauxite [J]. Journal of Applied Chemistry and Biotechnology, 1972, 22 (10): 1117-1124.

[80] 中华人民共和国国家质量监督检验检疫总局．高铝质隔热耐火砖：GB/T 3995—2014 [S]. 2014.

[81] 中华人民共和国国家质量监督检验检疫总局. 莫来石质隔热耐火砖：GB/T 35845—2018 [S]. 2018.

[82] Sun L, Zhang S, Zhang S, et al. Geologic characteristics and potential of bauxite in China [J]. Ore Geology Reviews, 2020, 120: 103278.

[83] Mehta S K, Kalsotra A. High temperature solid state transformations in Jammu bauxite [J]. Journal of Thermal Analysis, 1992, 38: 2455-2458.

[84] Tripathi H S, Ghosh A, Halder M K, et al. Microstructure and properties of sintered mullite developed from Indian bauxite [J]. Bulletin of Materials Science, 2012, 35: 639-643.

[85] Sahoo S, Mishra P, Mohapatra B K. Morphological and microstructural characteristics of bauxite developed over a part of Precambrian Iron Ore Group of rocks, Sundergarh District, Eastern India [J]. Arabian Journal of Geosciences, 2017, 10: 1-11.

[86] Dolgikh S G, Karklit A K, Migal' V P, et al. Mullite refractories from bauxites of the iksinskoe deposit [J]. Refractories, 1995, 36 (1/2): 65-67.

[87] 潘昭帅，张照志，张泽南，等．中国铝土矿进口来源国国别研究 [J]. 中国矿业，2019, 28 (2): 13-17, 24.

[88] 杨岳洋，江书安，李建军，等．pH 对氢氧化铝晶型影响分析 [J]. 无机盐工业，2017, 49 (11): 41-43.

[89] Gaenko N S, Mel'nikova G G, Osipova L Y, et al. Refractories from Verkhne-Shchugorsk bauxite deposits [J]. Refractories, 1989, 30 (7/8): 499-503.

[90] Derakhshan A A, Rajabi L. Review on applications of carboxylate-alumoxane nanostructures [J]. Powder Technology, 2012, 226: 117-129.

[91] Liu W, Yang J, Xiao B. Review on treatment and utilization of bauxite residues in China [J]. International Journal of Mineral Processing, 2009, 93 (3/4): 220-231.
[92] Hu Y, Liu X, Xu Z. Role of crystal structure in flotation separation of diaspore from kaolinite, pyrophyllite and illite [J]. Minerals Engineering, 2003, 16 (3): 219-227.
[93] Zhanwei L, Hengwei Y, Wenhui M, et al. Sulfur removal by adding iron during the digestion process of high-sulfur bauxite [J]. Metallurgical and Materials Transactions B, 2018, 49: 509-513.
[94] Authier-Martin M, Forte G, Ostap S, et al. The mineralogy of bauxite for producing smelter-grade alumina [J]. JOM, 2001, 53 (12): 36-40.
[95] Laskou M, Margomenou-Leonidopoulou G, Balek V. Thermal characterization of bauxite samples [J]. Journal of Thermal Analysis and Calorimetry, 2006, 84: 141-146.
[96] Das B, Khan M W Y, Dhruw H. Trace and REE geochemistry of bauxite deposit of Darai-Daldali plateau, Kabirdham district, Chhattisgarh, India [J]. Journal of Earth System Science, 2020, 129 (1): 117.
[97] Wang C, Fu H, Fan Z, et al. Utilization and properties of road thermal resistance aggregates into asphalt mixture [J]. Construction and Building Materials, 2019, 208: 87-101.
[98] 李欢欢. 低质铝矾土的性能及应用研究 [D]. 西安: 陕西科技大学, 2018.
[99] 李渊沅. 煅烧铝矾石热阻式沥青混合料性能研究 [D]. 长沙: 长沙理工大学, 2014.
[100] 田海涛, 关博文, 吴佳育, 等. 煅烧铝矾土集料与沥青粘附性评价 [J]. 应用化工, 2020, 49 (1): 85-89.
[101] 对半干成型法制备的高铝质隔热耐火材料性能的研究 [J]. 耐火与石灰, 2012, 37 (6): 45-49.
[102] 张久美. 发泡法制备高铝质微孔高温隔热材料的研究 [D]. 济南: 济南大学, 2015.
[103] 郭玉香, 曲殿利, 姚瑶. 矾土熟料微观结构与其力学性能相关性的研究 [J]. 人工晶体学报, 2015, 44 (3): 751-755.
[104] 刘平, 王军正, 周素莲. 非氧化铝用途铝土矿煅烧特性研究 [J]. 轻金属, 2019 (1): 6-9.
[105] 彭志兵. 高硅高铁铝土矿浮选脱除硅铁矿物的研究 [D]. 长沙: 中南大学, 2013.
[106] 李亚雄, 李享成, 朱伯铨. 高铝多孔隔热耐火材料的制备及热导率研究 [J]. 咸宁学院学报, 2012, 32 (8): 182-183, 187.
[107] 国内铝土矿市场即将面临结构转折 [J]. 中国粉体工业, 2019 (5): 61-62.
[108] 朱学忠. 几内亚某矿区铝土矿成因及找矿标志 [J]. 有色矿冶, 2014 (5): 1-4, 40.
[109] 姚仲友, 陈喜峰, 陈玉明, 等. 拉丁美洲铝土矿地质特征及资源潜力 [J]. 地质通报, 2017, 36 (12): 2107-2115.
[110] 张舒琳. 中国铝土矿进口需求保持强劲 [J]. 中国远洋海运, 2018 (12): 78-80.
[111] 王本英. 泡沫法生产轻质高铝砖 [J]. 陶瓷, 1985 (4): 20-23, 18.
[112] 陈喜峰, 叶锦华, 向运川. 南美洲铝土矿资源勘查开发现状与潜力分析 [J]. 国土资源科技管理, 2017, 34 (1): 106-115.
[113] 曹志明. 轻质高铝隔热砖的研制 [D]. 武汉: 武汉科技大学, 2007.
[114] 袁新良. 轻质高铝砖的研制 [J]. 佛山陶瓷, 1999 (6): 11-12.
[115] 魏星. 世界铝工业概述 [J]. 轻金属, 2016 (1): 1-3.
[116] 陈祺, 关慧勤, 熊慧. 世界铝工业资源——铝土矿、氧化铝开发利用情况 [J]. 世界有色金属, 2007 (1): 27-33.
[117] 刘中凡. 世界铝土矿资源综述 [J]. 轻金属, 2001 (5): 7-12.
[118] 胡志凯. 文山高硅高铁铝土矿脱硅研究 [D]. 长沙: 中南大学, 2012.
[119] 王林俊. 我国矾土基均质料的发展现状及其在不定形耐火材料中的应用 [J]. 耐火材料, 2012, 46 (3): 220-223.

[120] 孙庚辰，李富朝，王守业．我国高铝矾土综合利用的探讨 [C] //2014 铝硅质耐火原料生产加工及应用技术交流会论文集，2014：1-24.

[121] 徐平坤．我国高铝耐火原料生产技术发展评述 [J]. 耐火材料，2007，41（5）：373-376，379.

[122] 韩跃新，柳晓，何发钰，等．我国铝土矿资源及其选矿技术进展 [J]. 矿产保护与利用，2019，39（4）：151-158.

[123] 方启学，黄国智，葛长礼，等．我国铝土矿资源特征及其面临的问题与对策 [J]. 轻金属，2000（10）：8-11.

[124] 钟香崇．新一代矾土基耐火材料 [J]. 硅酸盐通报，2006，25（5）：92-98.

[125] 安鹏宇．氧化铝市场分析回顾及预测 [J]. 轻金属，2019（5）：1-6，11.

[126] 高兴同，郭沈，厉衡隆．中国进口铝土矿综论 [J]. 轻金属，2016（7）：4-11.

[127] ASTM C155-97（2022），Standard Classification of Insulating Firebrick [S].

[128] ASTM C467-14（2018），Standard Classification of Mullite Refractories [S].

[129] ASTM C155-1997（2002），Standard Classification of Insulating Firebrick [S].

[130] Zhao H，Krysiak Y，Hoffmann K，et al. Elucidating structural order and disorder phenomena in mullite-type $Al_4B_2O_9$ by automated electron diffraction tomography [J]. Journal of Solid State Chemistry，2017，249：114-123.

[131] Fischer R X，Schneider H，Voll D. Formation of aluminum rich 9∶1 mullite and its transformation to low alumina mullite upon heating [J]. Journal of the European Ceramic Society，1996，16（2）：109-113.

[132] 国家市场监督管理总局．莫来石单位产品能源消耗限额：GB 36891—2018 [S]. 2018.

[133] 中华人民共和国国家质量监督检验检疫总局．莫来石质隔热耐火砖：GB/T 35845—2018 [S]. 2018.

[134] Schneider H，Fischer R X，Schreuer J. Mullite：Crystal structure and related properties [J]. Journal of the American Ceramic Society，2015，98（10）：2948-2967.

[135] Hynes A P，Doremus R H. High-temperature compressive creep of polycrystalline mullite [J]. Journal of the American Ceramic Society，1991，74（10）：2469-2475.

[136] Schneider H，Schreuer J，Hildmann B. Structure and properties of mullite—A review [J]. Journal of the European Ceramic Society，2008，28（2）：329-344.

[137] Birkenstock J，Petříček V，Pedersen B，et al. The modulated average structure of mullite [J]. Acta Crystallographica Section B：Structural Science，Crystal Engineering and Materials，2015，71（3）：358-368.

[138] Schneider H，Eberhard E. Thermal expansion of mullite [J]. Journal of the American Ceramic Society，1990，73（7）：2073-2076.

[139] 电熔莫来石：YB/T 104—2005 [S]. 2005.

[140] 莫来石：YB/T 5267—2013 [S]. 2013.

[141] 胡其国，顾幸勇，董伟霞，等．不同硅源原位合成莫来石及其性能 [J]. 人工晶体学报，2017，46（9）：1828-1832.

[142] 倪文，陈娜娜，赵万智，等．莫来石的工艺矿物学特性及其应用 [J]. 地质与勘探，1994，30（3）：26-33.

[143] 谭宏斌．莫来石物理性能研究进展 [J]. 山东陶瓷，2008，31（4）：24-27.

[144] 沈志刚．粉煤灰空心微珠及其应用 [M]. 北京：国防工业出版社，2008.

[145] Niu Y，Tan H. Ash-related issues during biomass combustion：Alkali-induced slagging，silicate melt-induced slagging（ash fusion），agglomeration，corrosion，ash utilization，and related countermeasures [J]. Progress in Energy and Combustion Science，2016，52：1-61.

[146] 李德周，苗文明，尹延辉．用粉煤灰漂珠生产轻质耐火材料 [J]. 粉煤灰综合利用，2002 (4)：8-10.

[147] Petrus H T B M, Olvianas M, Suprapta W, et al. Cenospheres characterization from Indonesian coal-fired power plant fly ash and their potential utilization [J]. Journal of Enviro nmental Chemical Engineering, 2020, 8 (5): 104116.

[148] Ranjbar N, Kuenzel C. Cenospheres: A review [J]. Fuel, 2017, 207: 1-12.

[149] Du Y, Xu L, Deng H, et al. Characterization of thermal, high-temperature rheological and fatigue properties of asphalt mastic containing fly ash cenosphere [J]. Construction and Building Materials, 2020, 233: 117345.

[150] Sun J M, Yao Q, Xu X C. Classification of micro-particles in fly ash [J]. Developments in Chemical Engineering and Mineral Processing, 2001, 9 (3/4): 233-238.

[151] Fomenko E V, Anshits N N, Solovyov L A, et al. Composition and morphology of fly ash cenospheres produced from the combustion of Kuznetsk coal [J]. Energy & Fuels, 2013, 27 (9): 5440-5448.

[152] Danish A, Mosaberpanah M A, Tuladhar R, et al. Effect of cenospheres on the engineering properties of lightweight cementitious composites: A comprehensive review [J]. Journal of Building Engineering, 2022, 49: 104016.

[153] Li Y, Gao X, Wu H. Further investigation into the formation mechanism of ash cenospheres from an Australian coal-fired power station [J]. Energy & Fuels, 2013, 27 (2): 811-815.

[154] Wang C, Xu G, Gu X, et al. High value-added applications of coal fly ash in the form of porous materials: A review [J]. Ceramics International, 2021, 47 (16): 22302-22315.

[155] 空心玻璃微珠抗等静压强度（水压法）、吸油率及漂浮率的测定方法: JC/T 2284—2014 [S]. 2014.

[156] Urunkar Y, Pandit A, Bhargava P, et al. Light-weight thermal insulating fly ash cenosphere ceramics [J]. International Journal of Applied Ceramic Technology, 2018, 15 (6): 1467-1477.

[157] Yu D, Xu M H, Liu X, et al. Mechanisms of submicron and residual ash particle formation during pulverised coal combustion: A comprehensive review [J]. Developments in Chemical Engineering and Mineral Processing, 2005, 13 (3/4): 467-482.

[158] Agrawal U S, Wanjari S P. Physiochemical and engineering characteristics of cenosphere and its application as a lightweight construction material—A review [J]. Materials Today: Proceedings, 2017, 4 (9): 9797-9802.

[159] Adesina A. Sustainable application of cenospheres in cementitious materials-overview of performance [J]. Developments in the Built Enviro nment, 2020, 4: 100029.

[160] Gao K, Iliuta M C. Trends and advances in the development of coal fly ash-based materials for application in hydrogen-rich gas production: A review [J]. Journal of Energy Chemistry, 2022, 73: 485-512.

[161] Zanjad N, Pawar S, Nayak C. Use of fly ash cenosphere in the construction Industry: A review [J]. Materials Today: Proceedings, 2022, 62 (4): 2185-2190.

[162] Hanif A, Lu Z, Li Z. Utilization of fly ash cenosphere as lightweight filler in cement-based composites—A review [J]. Construction and Building Materials, 2017, 144: 373-384.

[163] 黄万钦．不烧漂珠隔热耐火制品的研制 [J]. 耐火材料，1996, 30 (4): 215-216.

[164] 周文英．发泡法制备莫来石基隔热耐火材料及其显微结构与性能研究 [D]. 武汉：武汉科技大学，2020.

[165] 肖金凯．粉煤灰空心微珠的理化特性 [J]. 耐火材料，1990 (2)：12-18.

[166] 全北平，徐宏，古宏晨，等．粉煤灰空心微珠的研究与应用进展 [J]. 化工矿物与加工，2003, 32

(11): 31-33.
[167] 付晓茹, 翟建平, 吕鹏, 等. 粉煤灰漂珠的抗压强度及其影响因素研究 [J]. 粉煤灰综合利用, 2002 (4): 27-30.
[168] 仲兆裕, 孔祥歧. 粉煤灰漂珠及其在隔热耐火材料中的应用 [J]. 粉煤灰综合利用, 1995 (2): 20-23.
[169] 李超, 王华, 宋红梅, 等. 粉煤灰中漂珠的分离提取及应用 [J]. 居业, 2020 (10): 60-61, 83.
[170] 楚林, 黄晋, 张友寿, 等. 磷酸盐结合漂珠隔热材料的工艺参数研究 [J]. 耐火材料, 2008, 42 (6): 462-465.
[171] 姜晟, 聂建华, 徐超, 等. 漂珠的加入量对空心球轻质浇注料性能的影响 [J]. 陶瓷学报, 2017, 38 (6): 884-889.
[172] 肖金凯. 漂珠轻质砖的隔热保温机理分析 [J]. 矿物学报, 1994 (1): 92-97.
[173] 魏国平, 朱伯铨, 李享成, 等. 气孔结构参数与漂珠隔热耐火材料热导率的相关性研究 [J]. 功能材料, 2012, 43 (24): 3432-3436.
[174] 徐天佑, 王壮, 李志坚, 等. 全漂珠轻质高强隔热耐火材料的研究 [J]. 鞍山钢铁学院学报, 1984 (3): 33-42.
[175] 杨赞中, 刘玉金, 杨赞国, 等. 热电厂粉煤灰漂珠的物化性能及应用 [J]. 建材技术与应用, 2002 (6): 13-16.
[176] 刘彤. 烧结温度对铝磷酸盐粘接漂珠隔热材料烧结性能和微观形貌的影响 [J]. 化工新型材料, 2013, 41 (11): 164-167.
[177] 尹家枝. 利用粉煤灰漂珠制备轻质多孔状隔热材料的研究 [D]. 天津: 天津大学, 2011.
[178] 戴亚鹏. 利用粉煤灰漂珠制备轻质高强隔热材料的研究 [D]. 景德镇: 景德镇陶瓷学院, 2014.
[179] 董博, 闵昌胜, 陈博, 等. 陶瓷相结合粉煤灰漂珠轻质隔热材料的制备及性能研究 [J]. 硅酸盐通报, 2022, 41 (9): 3315-3323.
[180] Kar K K. Handbook of Fly Ash [M]. Butterworth-Heinemann, 2021.
[181] 郭海珠, 余森. 实用耐火原料手册 [M]. 北京: 中国建材工业出版社, 2000.
[182] 林彬荫, 吴清顺. 耐火矿物原料 [M]. 北京: 冶金工业出版社, 1992.
[183] 林彬荫, 等. 蓝晶石　红柱石　硅线石 [M]. 北京: 冶金工业出版社, 2011.
[184] 李楠, 顾华志, 赵惠忠. 耐火材料学 [M]. 北京: 冶金工业出版社, 2010.
[185] 李楠. 保温保冷材料及其应用 [M]. 上海: 上海科学技术出版社, 1985.
[186] 李红霞. 耐火材料手册 [M]. 北京: 冶金工业出版社, 2009.

10 Al_2O_3-CaO 质多孔隔热耐火材料

10.1 Al_2O_3-CaO 系材料

Al_2O_3-CaO 系二元相图（见图 10-1-1）是纯铝酸钙水泥生产控制的基础，二元系相图有 5 种化合物，分别是铝酸三钙（tricalcium aluminate，C_3A）、七铝酸十二钙（$12CaO \cdot 7Al_2O_3$，$C_{12}A_7$）、铝酸钙（calcium aluminate，CA）、二铝酸钙（calcium dialuminate，CA_2）和六铝酸钙（calcium hexaluminate，CA_6），其中 C_3A 和 CA_6 为不一致熔融化合物。$C_{12}A_7$ 在一般温度的空气中为一致熔融化合物，若在完全干燥的空气中 C_3A 与 CA 在1362 ℃形成低共熔物，摩尔分数组成为 52%。此状态下 $C_{12}A_7$ 在相图中没有其稳定相区，如图 10-1-2 所示。在 Al_2O_3-CaO 系中 5 个二元化合物的组成和基本性质见表 10-1-1。

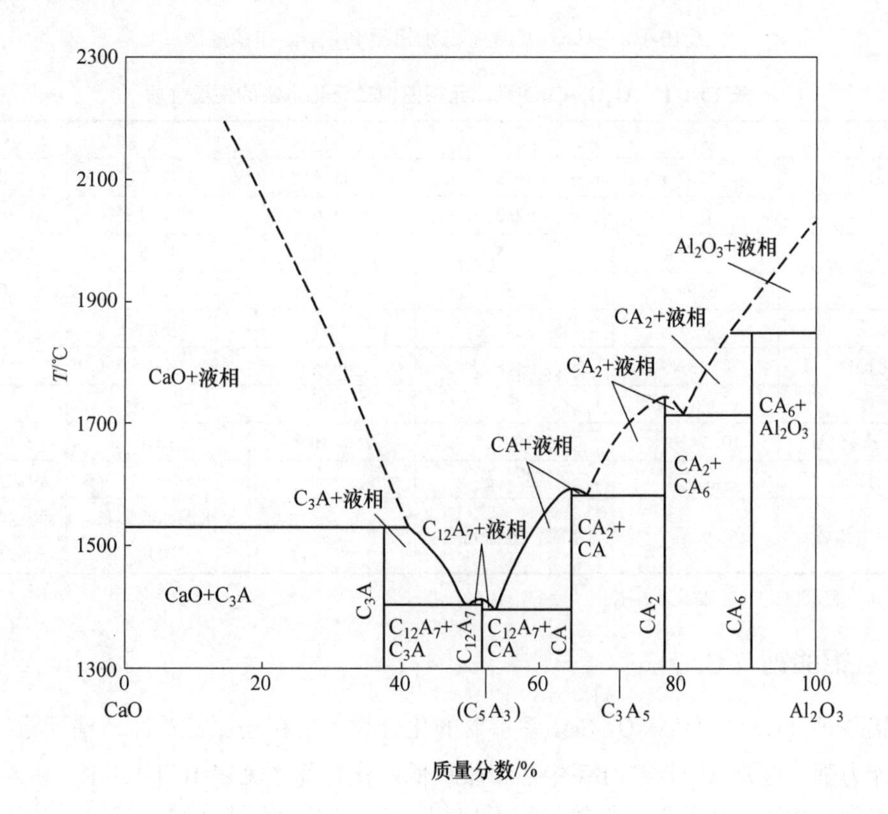

图 10-1-1 Al_2O_3-CaO 系二元相图

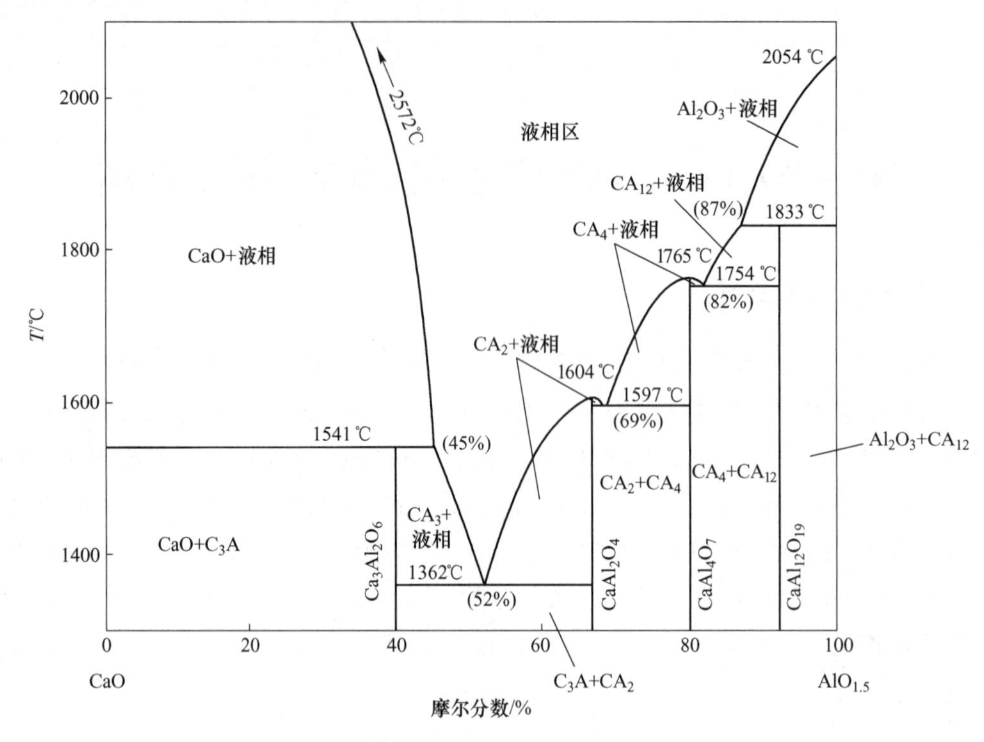

图 10-1-2 Al_2O_3-CaO 系二元相图中 $C_{12}A_7$ 非稳定区

表 10-1-1 Al_2O_3-CaO 系二元相图中二元化合物的主要性质

物 相	C_3A	$C_{12}A_7$	CA	CA_2	CA_6
$w(CaO)/\%$	62.2	47.8	35.4	21.6	8.4
$w(Al_2O_3)/\%$	37.8	52.2	64.6	78.4	91.6
熔点/℃	1542 分解	1415	1600	1765	1850 分解
密度/$g \cdot cm^{-3}$	3.04	2.69	2.98	2.91	3.79
晶系	立方	立方	单斜	单斜	六方
水化特性	++++	+++	++	+	-
硬度	6	5	6.5	-	-
线膨胀系数/℃	10.2×10^{-6}	6.2×10^{-6}	7.6×10^{-6}	3.3×10^{-6}	8.0×10^{-6}
结构特征	空穴	笼腔结构	-	-	层状结构
主要应用领域	水泥	水泥、电和光学	水泥	水泥和低膨胀陶瓷	陶瓷与耐火、催化载体

注："+" 表示快，"-" 表示无。

10.2 二铝酸钙（CA_2）

二铝酸钙（CA_2）是 Al_2O_3-CaO 系重要的化合物，它在还原、碱性条件下稳定性好、耐侵蚀能力强，也是 Al_2O_3-CaO 系中热膨胀最低的化合物，见表 10-1-1 和图 10-2-1。CA_2 是一种水硬性物质，在养护和加热过程形成相互连接的凝聚-结晶网络结构，尽管早期强度较低，但其后期强度很高，且有很好的水硬活性，是铝酸钙水泥早期强度的来源，和 CA 共同构成铝酸钙水泥的主要物相。

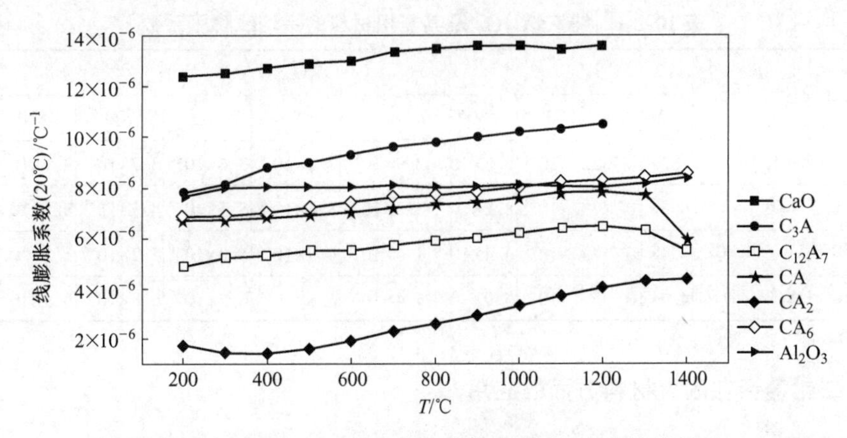

图 10-2-1 Al_2O_3-CaO 系中氧化物线膨胀系数与温度的关系

10.2.1 二铝酸钙的晶体结构

CA_2 呈柱状或针状，为无色晶体，属于单斜晶系。晶胞尺寸为：$a_0=12.82\times10^{-10}$ m，$b_0=8.84\times10^{-10}$ m，$c_0=5.42\times10^{-10}$ m，$\beta=107.8°$，空间群结构为 C_2/c。CA_2 的一个晶胞单元包括 4 个钙离子，16 个铝离子和 28 个氧离子，总共为四个标准 CA_2 单元。

10.2.2 二铝酸钙制备与性能

CA_2 的合成方法主要有烧结法和熔融法。烧结法通常以石灰（或石灰石）和氧化铝为原料，在高温下保温，通过固相反应制备。烧结法的优点是烧成热耗低，粉磨电耗低，可采用硅酸盐水泥的设备；缺点是要用优质原料，生料均匀，严格控制煅烧制度，烧成温度范围窄（50~80 ℃）。熔融法的设备主要有电炉、反射炉、转炉、化铁炉等，采用熔融法的优点是原料不需要磨细，即使原料中杂质含量较高也能合成出优质的 CA_2；缺点是烧成热耗高，熟料硬度大，粉磨电耗大。

CA_2 是一种水硬性物相，其水化过程可以形成六方片状或针状的 CAH_{10}、C_2AH_8、立方的 C_3AH_6 晶体以及 Al_2O_3 凝胶体等水化产物，在养护和加热过程形成相互连接的凝聚-结晶网络结构，尽管早期强度较低，但后期强度很高。CA 具有很好的水硬活性，凝结不是很快但是硬化迅速，是高铝水泥的强度特别是早期强度的主要来源，因此 CA_2 作为铝酸钙水泥中的一种主要物相，它和 CA 共同构成的高铝水泥广泛应用到建材、冶金、化工、国防等领域。

20 世纪 70 年代西班牙的 Criado 和 De Aza 在研究 CA_6 的过程中发现了 CA_2 具有非常低的线膨胀系数，从 200 ℃ 到 1400 ℃ 其线膨胀系数为 1.4×10^{-6} ℃$^{-1}$（200 ℃）、4.4×10^{-6} ℃$^{-1}$（1400 ℃），这使得越来越多的研究人员对 CA_2 产生了浓厚的兴趣。

1998 年波兰的 S. Jonas 等人利用 $CaCO_3$ 和 Al_2O_3 合成了 CA_2，重新测定了其优异的低热膨胀系数，并从 CaO-Al_2O_3-ZrO_2 三元系统相图判断，CA_2 和 $CaZrO_3$ 具有很好的相容性，故以预合成的 CA_2 和 $CaZrO_3$(CZ) 为原料采用不同配比，制备 CA_2 结合 CZ 复相陶瓷材料，经测试这种复相材料的线膨胀系数非常小，见表 10-2-1。同时，研究发现该复相材料具有较高的密度和较好的热震稳定性，表明该材料在耐火材料领域会有良好的应用前景。

表 10-2-1 纯 $CaAl_4O_7$ 及其复相材料的平均线膨胀系数 (℃$^{-1}$)

成分设计		温度/℃								
		100	200	300	400	500	600	700	800	900
CA_2	$CaAl_4O_7$	1.2×10^{-6}	2.1×10^{-6}	2.5×10^{-6}	2.9×10^{-6}	3.2×10^{-6}	3.4×10^{-6}	3.7×10^{-6}	3.9×10^{-6}	4.1×10^{-6}
CZ	$CaZrO_3$	6.5×10^{-6}	7.7×10^{-6}	8.2×10^{-6}	8.3×10^{-6}	8.4×10^{-6}	8.5×10^{-6}	8.5×10^{-6}	8.5×10^{-6}	8.5×10^{-6}
50/50	50%CA_2+50%CZ	3.4×10^{-6}	4.0×10^{-6}	4.4×10^{-6}	4.6×10^{-6}	4.9×10^{-6}	5.0×10^{-6}	5.2×10^{-6}	5.3×10^{-6}	5.4×10^{-6}
20/80	20%CA_2+80%CZ	4.9×10^{-6}	5.7×10^{-6}	5.9×10^{-6}	6.4×10^{-6}	6.6×10^{-6}	6.7×10^{-6}	6.8×10^{-6}	6.9×10^{-6}	6.9×10^{-6}

10.2.3 二铝酸钙在耐火材料方面的应用

CA_2 除了作为铝酸钙水泥中一种水硬性物质应用外，近年来益瑞石（Imerys）公司以铝矾土或氧化铝与 CaO 反应，生产出以 CA_2 为主晶相的工业产品，商品名称铝盾（AluArmour），主要有两类，分别是铝盾 80 和铝盾 95（见图 10-2-2），表 10-2-2 为其化学成分和主要矿相，表 10-2-3 为两种铝盾产品的物理性能。

(a)

(b)

图 10-2-2 铝盾产品的外观
(a) 铝盾 80；(b) 铝盾 95

表 10-2-2 铝盾 80 和铝盾 95 的化学成分和主要矿相 (质量分数,%)

项 目		铝盾 80	铝盾 95
化学成分	Al_2O_3	69.0	77.6
	CaO	25.0	21.6
	SiO_2	3.0	0.2
	MgO	0.7	0.2
	Fe_2O_3	0.1	0.1
	TiO_2	2.1	0
	R_2O	0.4	0.3
主要矿相	二铝酸钙	80	97
	一铝酸钙	—	2
	六铝酸钙	—	0.4
	钙铝黄长石	12	—
	钙钛矿	4	—

表 10-2-3　铝盾 80 和铝盾 95 的物理性能

物理性能	铝盾 80	铝盾 95
体积密度/$g \cdot cm^{-3}$	2.25~2.45	1.35~1.45
显气孔率/%	13~22	50~55
吸水率/%	5~10	35~40
耐火度/℃	1580	1710
莫氏硬度	7.9	8.0

图 10-2-3 为铝盾 80 的显微结构，图 10-2-4 为铝盾 95 的显微结构和孔径分布。由图 10-2-3 和图 10-2-4 及表 10-2-2 和表 10-2-3 可知，铝盾 80 是用铝矾土和 CaO（或 $CaCO_3$）合成出来的 CA_2 重质耐火原料，而铝盾 95 则是用工业氧化铝和 CaO（或 $CaCO_3$）合成的轻质耐火骨料。

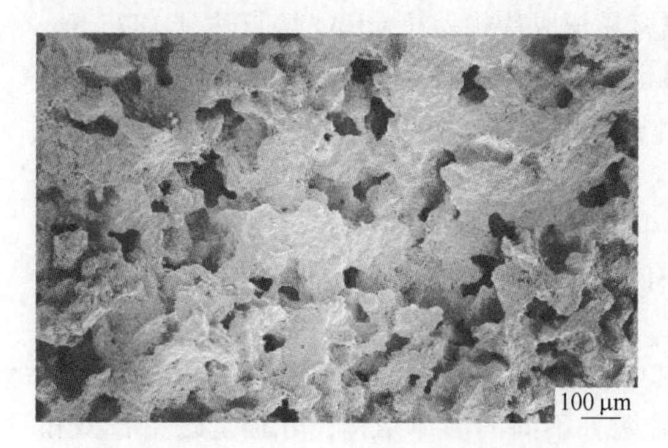

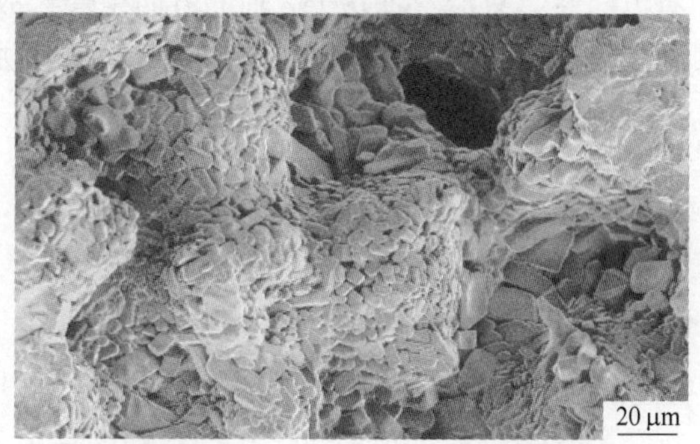

图 10-2-3　铝盾 80 的显微结构

(a)

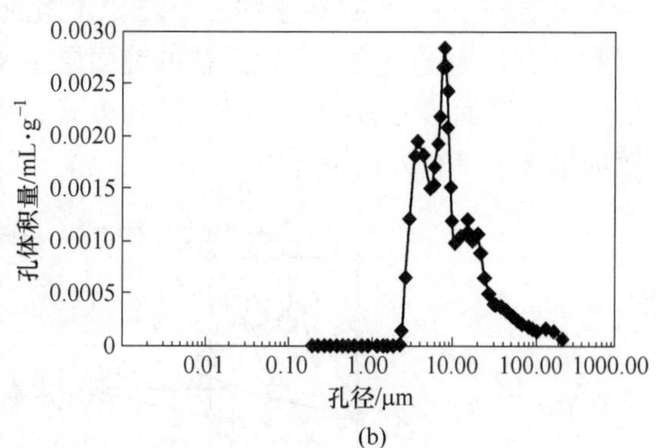

(b)

图 10-2-4　铝盾 95 的显微结构(a)与孔径分布(b)

使用铝盾为原料制备的浇注料具有优异的抗热震性能，低导热系数，优异的抗碱侵蚀性能，抗铝液渗透能力。使其可以用作炉衬内的耐碱砖，水泥窑抗结皮浇注料，无污染节能铝流槽，抗热震砖等。

10.3　六铝酸钙

六铝酸钙（$CaAl_{12}O_{19}$，CA_6）是 CaO-Al_2O_3 二元系统中重要的化合物之一。20 世纪

90 年代初以来，CA_6 受到广泛关注，因 CA_6 晶粒生长的各向异性，形成片状结晶形貌，及其与氧化铝有很好的化学相容性和相近的热膨胀性（在 20～1000 ℃时，CA_6：8.0×10^{-6}，α-Al_2O_3：8.6×10^{-6}），将其作为增韧相引入氧化铝陶瓷中或作为氧化铝纤维涂层，以期提高材料的力学性能。在耐火材料领域，CA_6 是铝酸钙水泥结合 Al_2O_3、Al_2O_3-MgO 浇注料中的反应产物，其片状晶形穿插于 α-Al_2O_3 或 $MgAl_2O_4$ 相之间，可改善耐火材料的力学性能。同时，由于 CA_6 具有熔点较高、在高温还原气氛下有很好的稳定性、在碱性环境中有足够的抗侵蚀能力、在含氧化铁渣中的溶解性低等特点，CA_6 被认为是一种非常有前景的耐火材料。

10.3.1 六铝酸钙的晶体结构

六铝酸钙（CA_6）是 CaO-Al_2O_3 二元系统中铝含量最高的化合物。因 CA_6 晶粒生长具有方向性，只沿着垂直于 c 轴的方向生长，故容易长成片状晶粒。CA_6 熔点达到 1875 ℃，在高温还原气氛下有很好的稳定性，抗碱侵蚀能力强，与各种熔融金属的润湿度低，在温度升到 1000 ℃时具有媲美纤维的导热系数，例如相对密度为 20%～50%的 CA_6 多孔材料在 1200～1400 ℃导热系数为 0.1～0.5 W/(m · K)，而相同温度条件下的耐火纤维和多孔氧化铝的导热系数分别可达 1～3 W/(m · K) 和 3～5 W/(m · K)；同时由于 CA_6 无熔融态，合成 CA_6 多为固相合成，使得 CA_6 都具有一个均匀的相组成，所以 CA_6 材料纯度都很高，具有稳定的性质。

六铝酸盐的化学式可以写为 $MAl_{12}O_{19}$，其中 M 指的是碱土金属元素。如图 10-3-1 所示，随着碱土金属元素的变化，六铝酸盐有着两种不同的晶体结构，分别是磁铅石型和 β-Al_2O_3 型，这两种六铝酸盐在结构上的异同出现在镜面层。磁铅石型结构中的镜面层由一个 M 原子、一个 Al 原子和三个 O 原子组成；而 β-Al_2O_3 型结构中的镜面层由一个 M 原子和一个 O 原子组成。六铝酸盐的镜面层主要取决于 M 离子的半径，M 为离子半径较大的钡时，镜面层为 β-Al_2O_3 型的排列方式；当 M 为离子半径较小的镁离子和钙离子时，镜面层离子排布为磁铅石型。

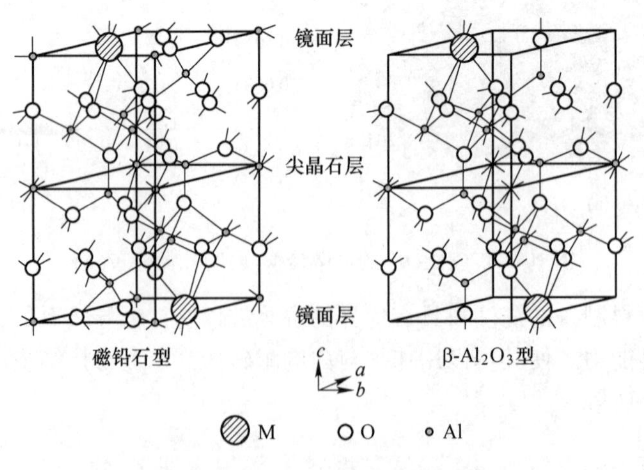

图 10-3-1 六铝酸盐晶体结构

CA_6 的晶体结构为磁铅石型，沿 c 轴方向的生长动力较弱，易形成片状晶粒，这就是

造成 CA_6 陶瓷难以烧结、强度低的原因之一。根据上述原理，添加少量的钡盐，将 CA_6 的晶体结构部分改变为 β-Al_2O_3 型，增强沿 c 轴方向的生长动力，从而增厚 CA_6 晶粒，可以为 CA_6 陶瓷的致密化提供依据。CA_6 的主要物理性能见表 10-3-1。

表 10-3-1　CA_6的主要物理性能

项　目	指　标	项　目	指　标
真密度/$g \cdot cm^{-3}$	3.79	抗弯强度/MPa	593~612
熔点/℃	1875（也有 1820~1833）	断裂韧性/$MPa \cdot m^{1/2}$	3.0~3.4
维氏硬度/GPa	13.1~13.4	线膨胀系数/%	8.0×10^{-6}（20~1000 ℃）
杨氏模量/GPa	294~309	导热系数/$W \cdot (m \cdot K)^{-1}$	4（1300 ℃）

10.3.2　六铝酸钙的合成

CA_6 的合成方法主要有三种：反应烧结法、电熔法和熔盐法。

反应烧结法主要原料是 α-Al_2O_3、γ-Al_2O_3、ρ-Al_2O_3、$Al(OH)_3$、AlOOH 和铝盐等作为 Al_2O_3 源，CaO、$Ca(OH)_2$、$CaCO_3$ 和钙盐等作为 CaO 源，也有用 CA 或 CA_2 化合物作为原料的。

CA_6 晶体形态主要有等轴晶粒和六方片状两种，制备工艺或者是反应原料的不同会导致反应历程的不同，因而有着不同的 CA_6 晶粒。一般来说 CA_6 的反应机理（以 $CaCO_3$ 和 Al_2O_3 原料为例，其中 CaO=C，Al_2O_3=A）如下：

$$CaCO_3 \xrightarrow{500\sim900\ ℃} CaO + CO_2 \qquad (10\text{-}3\text{-}1)$$

$$3C + 18A \xrightarrow{900\sim1362\ ℃} C_3A + 17A \qquad (10\text{-}3\text{-}2)$$

$$4C_3A + 68A \xrightarrow{900\sim1362\ ℃} C_{12}A_7 + 65A \qquad (10\text{-}3\text{-}3)$$

$$C_{12}A_7 + 65A \xrightarrow{1362\sim1400\ ℃} 12CA + 60A \qquad (10\text{-}3\text{-}4)$$

$$CA + 5A \xrightarrow{1362\sim1400\ ℃} CA_2 + 4A \qquad (10\text{-}3\text{-}5)$$

$$CA_2 + 4A \xrightarrow{1400\sim1500\ ℃} CA_6 \qquad (10\text{-}3\text{-}6)$$

或

$$CA + 5A \xrightarrow{1400\sim1500\ ℃} CA_6 \qquad (10\text{-}3\text{-}7)$$

CA_6 的反应主要反应机理如图 10-3-2 所示，主要分为四个阶段：（1）$CaCO_3$ 分解，见反应式（10-3-1），$CaCO_3$ 分解成具有原 $CaCO_3$ 形态的多孔 CaO 粒子，这种粒子的特征受煅烧温度、CO_2 分压和杂质等因素的影响；（2）形成低熔点铝酸钙化合物（C_3A 和 $C_{12}A_7$），见反应式（10-3-2）和反应式（10-3-3），在高于 900 ℃时，Ca^{2+}、Al^{3+}和 O^{2-}穿过接触点开始扩散，由于 Ca^{2+}在 Al_2O 中的扩散速度比 Al^{3+}在 CaO 中快，因此容易形成富钙的铝酸钙化合物；（3）Al_2O_3 溶解，CA 和 CA_2 形成，见反应式（10-3-4）和反应式（10-3-5），C_3A 和 $C_{12}A_7$ 开始溶解 Al_2O_3，液相饱和后析出富铝的铝酸钙化合物（CA 和 CA_2）并产生大的体积膨胀；（4）CA_6 的形成，见反应式（10-3-6）和式（10-3-7），在没有液相的情况下，CA_2 或 CA 与 A 通过扩散传质生成 CA_6，呈等轴晶粒；在液相存在的情况下，CA_2 与 A 通过溶解-沉淀传质生成 CA_6，呈片状如图 10-3-3 所示。

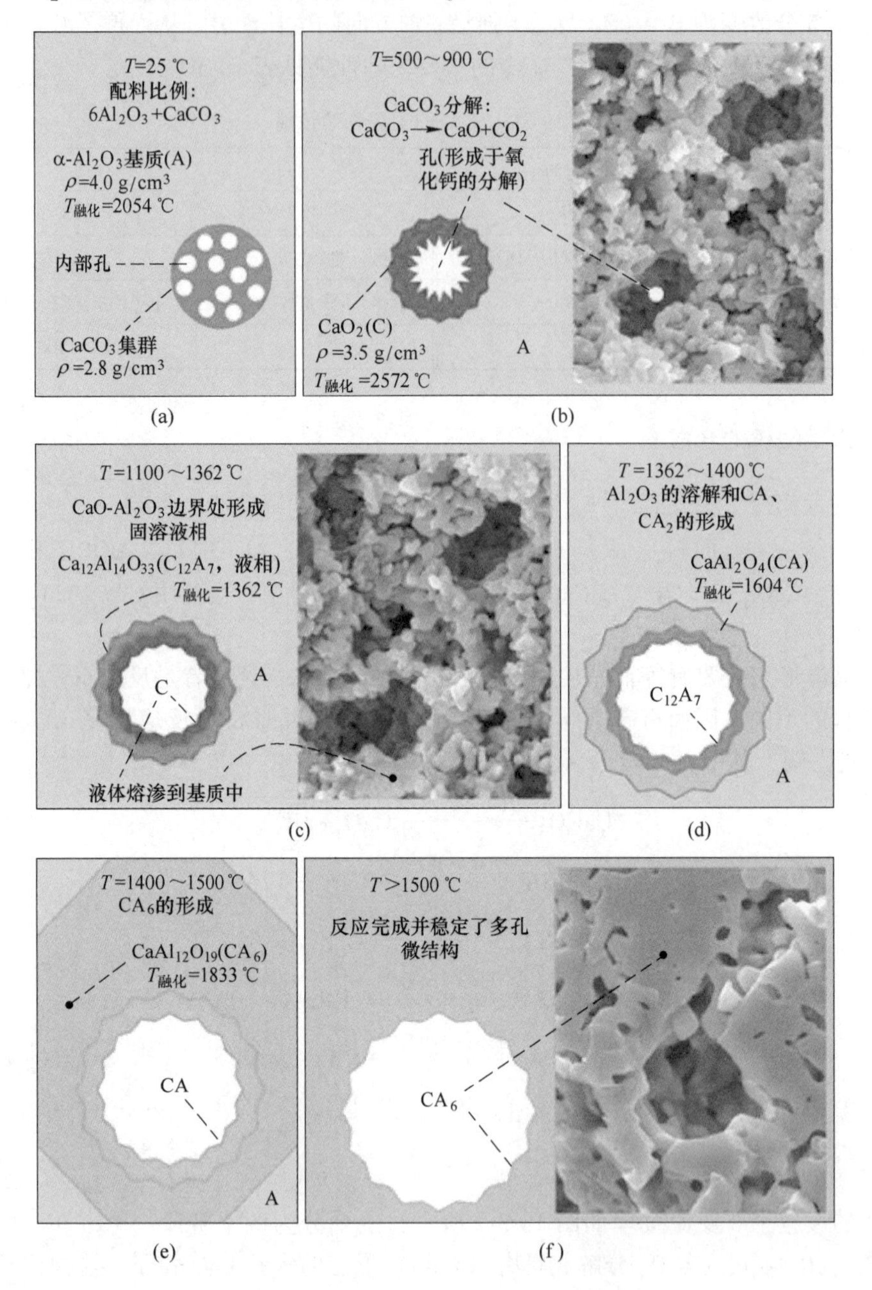

图 10-3-2　CA_6 的主要反应机理

CA_6 在合成制备过程中，当单位体积内的晶核数量较低，而材料内气孔率较高、孔径较大时，CA_6 晶体就有足够的空间发育成高纵横比的片状晶体。所以，形成片状 CA_6 晶体必须使晶体有足够的生长空间，即较高的气孔率，否则将容易形成等轴晶体。

反应烧结法制备 CA_6 的优点是坯块成型可制作尺寸精确、形状复杂的模具，工艺简单，可大规模生产，但也要克服致密化问题。CA_6 制备过程考虑到原料的经济性，钙源一般为 $CaCO_3$，即使采用 $Ca(OH)_2$，和 $CaCO_3$ 一样也会分解，造成坯体多孔不致密，而

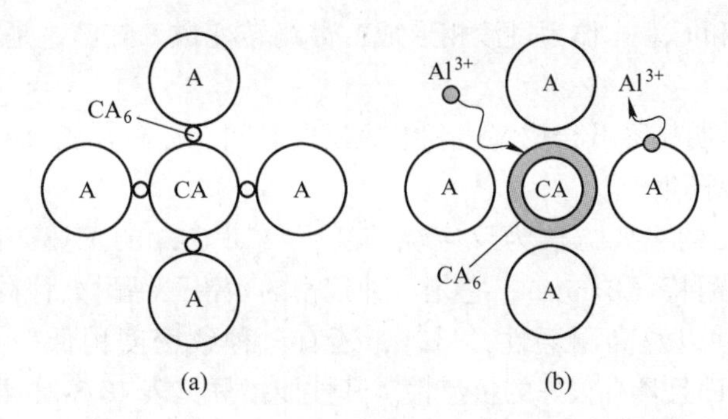

图 10-3-3 Al_2O_3(A)与 $CaAl_2O_4$(CA)反应形成 CA_6 不同机理示意图

(a) Al_2O_3 与 CA 的固相反应；(b) 溶解沉淀反应

CaO 易水化不能直接用于烧结坯体；CA_6 合成有大的体积膨胀，难以致密化；另外，CA_6 对液相比较敏感，杂质含量需要控制。

电熔法是将原料完全熔融，然后在一定的条件进行下冷却，从而制得 CA_6 熔块。CA_6 熔体冷却，主要是由 CA_6 ═ L+A 转熔而得到，相平衡条件在工业化的熔融情况下很难实现，不平衡条件下容易生成 CA_2、CA 甚至 $C_{12}A_7$。

有研究将完全熔融的 Al_2O_3 与 $CaCO_3$ 混合粉末在不同的冷却条件下制备了 CA_6，结果表明，在不同的过冷度下冷却完全熔融的 CA_6 化合物，将得到不同的铝酸钙产物：当 $\Delta T=50$ K 时，生成 CA_2，没有 CA_6 生成；当 $\Delta T\approx100$ K 时，有少量的 CA_6 生成，但主要产物仍然是 CA_2；当 $\Delta T=235$ K 时，就开始有大量的 CA_6 生成；当 $\Delta T=305$ K 时，生成的铝酸钙产物几乎全为 CA_6，如图 10-3-4 所示。电熔法工艺简单，材料密度大，力学性能好，由于对冷却条件要求很高，因此难以实现大规模化生产。

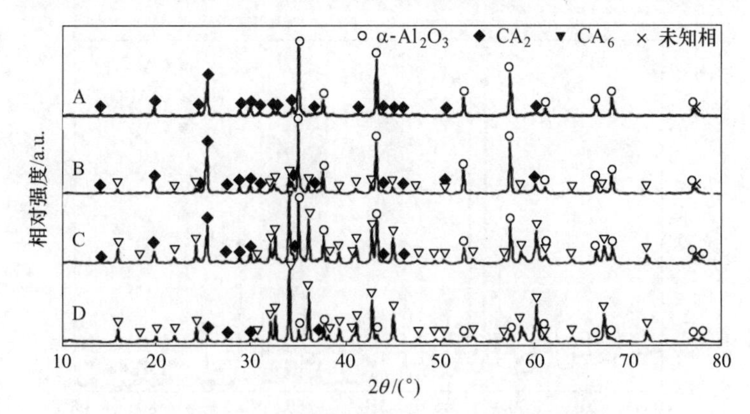

图 10-3-4 不同冷却温差下 CA_6 熔体的物相

(A、B、C、D 分别表示 $\Delta T=50$ K、100 K、235 K 和 305 K)

熔盐法是将产物的原成分在高温下溶解于熔盐熔体中，然后通过缓慢降温或蒸发溶剂等方法，形成过饱和溶液而析出。有研究以 $Ca(NO_3)_2$ 和 $Al_2(SO_4)_3$ 为原料，采用熔盐法合成 CA_6，CA_6 开始生成温度为 1000 ℃，最佳生成温度 1400 ℃。CA_6 合成的固相反应十分复杂，可能的反应有：C+6A ═ CA_6，CA+5A ═ CA_6，CA_2+4A ═ CA_6，CA+ CA_2+9A ═ 2CA_6 或 2CA+ CA_2+14A ═ 3CA_6。总之，CA 和 CA_2 是反应生成 CA_6 的中间产物；

如果富 CaO 相 C_3A 和 $C_{12}A_7$ 作为过渡相形成，最终转变成 CA_6，这是因为富 CaO 相铝酸钙有更高的活性。

熔盐法的优点是明显降低合成温度和缩短反应时间、提高合成效率，但材料均匀性难控制，难以实现大规模生产。

工业上合成 CA_6 的主要方法为反应烧结法，早期 CA_6 的工业产品主要为安迈公司（Almatis）生产的博耐特（Bonite），它是一种致密的六铝酸钙耐火骨料，具有较高的耐火度、相对低的导热性以及高耐磨性；另外，还有一种致密度稍低一点的 Bonite（Bonite LD），导热性更低，而且具有很好的抗渣性。其性能指标见表 10-3-2，物相组成如图 10-3-5 所示，显微结构如图 10-3-6 所示。

表 10-3-2　Bonite 的典型理化指标

主　相		CA_6，90%	—
次生相		α-Al_2O_3	—
微　量		CA_2	—
项　目		Bonite	Bonite LD
化学分析/%	Al_2O_3	91	91
	CaO	7.7	7.7
	SiO_2	0.7	0.7
体积密度/g·cm^{-3}		3.0	2.8
显气孔率/%		8.0	24.0

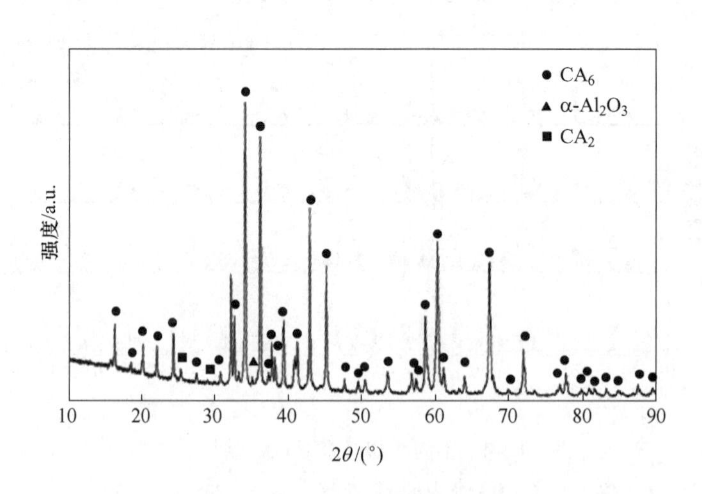

图 10-3-5　Bonite 的物相分析

由 XRD 半定量分析可知，Bonite 的物相以 CA_6 相为主，占 90%以上，其次为 α-Al_2O_3 和 CA_2；如果 CA_6 的真密度按 3.79 g/cm^3 计算，根据表 10-3-2 中 Bonite 的体积密度为 3.0 g/cm^3，Bonite 的相对密度为 0.79，总孔隙率为 21%，其中显气孔率为 8%，闭口气孔率为 13%。目前国内也生产六铝酸钙的工业产品，其理化指标见表 10-3-3。

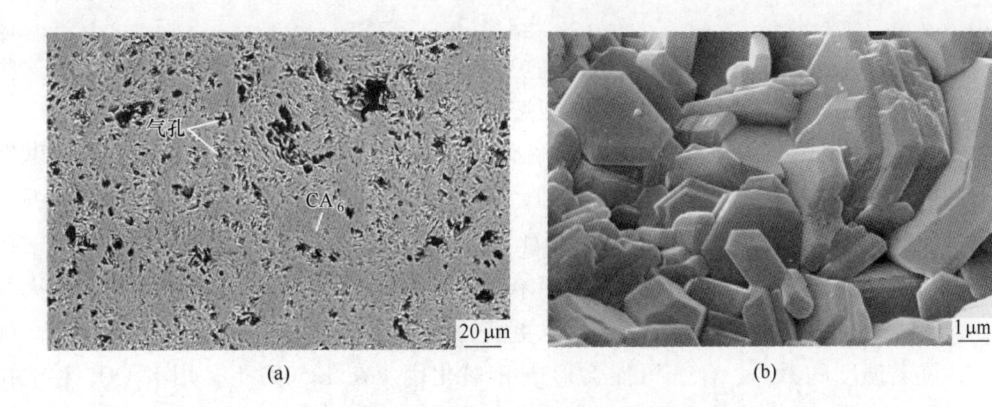

(a)　(b)

图 10-3-6　Bonite 的显微结构图像
(a) 低倍组织；(b) 高倍组织

表 10-3-3　山东圣川 CA_6 产品的化学组成、晶相含量及物理性能

项　目		典型值	技术要求指标
化学成分和晶相含量/%	Al_2O_3	90	≥ 87
	CaO	8.2	≤ 11
	SiO_2	0.4	≤ 0.6
	Fe_2O_3	0.12	≤ 0.6
	CA_6 相	大于 95%	
	α-Al_2O_3+CA_2 相	—	

项　目		典型值		技术要求指标	
		RECAG-90	RECAG-90LD	RECAG-90	RECAG-90LD
物理性能	体积密度/$g \cdot cm^{-3}$	3.05	2.7	≥ 2.90	2.30~2.90
	显气孔率/%	9.4	22	≤ 19.0	≤ 30.0
	吸水率/%	3.3	8.2	≤ 8.0	≤ 15.0

10.3.3　六铝酸钙的特点

10.3.3.1　还原性气氛中的稳定性

还原性气氛下，在温度大于 1200 ℃时，具有较低稳定性的氧化物，如 SiO_2，无论是石英（鳞石英、方石英、石英玻璃等），还是以硅酸盐形式存在的莫来石、红柱石等，都会与氢气发生如下反应：

$$SiO_2(s) + H_2(g) \longrightarrow SiO(g) + H_2O(g) \tag{10-3-8}$$

SiO(g) 的挥发会降低耐火材料强度，并可能导致耐火材料炉衬过早失效。此外，气态的 SiO 会被带到工艺的下游，在温度较低的地方凝结，导致热交换器的潜在污垢或产品的污染。除了 H_2 气氛外，在 CO 和 H_2O 气氛下，含 SiO_2 的耐火炉衬材料也容易被还原，因此对于 CA_6 来说，它在还原性气氛下是比较稳定的。

10.3.3.2 抗碱侵蚀

许多高温应用，如水泥窑、焚化炉、高炉、气化炉和玻璃炉，都面临碱的腐蚀。这些可以是蒸气形式，也可以通过与富碱熔体或熔渣直接接触而发生腐蚀。

致密和多孔隔热的 CA_6 可作为具有高耐碱性和低导热的潜在替代品，CA_6 的抗碱性源于 CA_6 的矿物结构。CA_6 的晶体结构类似于“β-氧化铝”（$K_2O \cdot 11Al_2O_3$ 或 $Na_2O \cdot 11Al_2O_3$）。大的阳离子 Ca^{2+} 结合在平面 Al_2O_3 层之间（具有空位的尖晶石结构类型）。在这些层中，可以加入碱金属（Na^+、K^+）而不会显著改变体积。因此，与其他高铝耐火材料相比，CA_6 基耐火材料在碱侵蚀下表现出更高的体积稳定性。热化学计算表明，在高碱条件下，随着温度的升高，CA_6 可能会形成 β-氧化铝。在 1250℃ 下，用 K_2CO_3 对微孔 CA_6 进行侵蚀表明：CA_6 分解并形成了 β-氧化铝和 CA_2，但没有形成裂纹，主要是因为在 CA_6 中，$K_2O \cdot 11Al_2O_3$、$Na_2O \cdot 11Al_2O_3$ 和 CA_6 属于同一晶体类型，它们的形成不会导致新的晶相出现。Oak Ridge 国家实验室对黑液气化炉背衬材料用耐火材料侵蚀研究表明：所测材料在 1000 ℃下 Na_2S、Na_2SO_4 和 Na_2CO_3 的熔体中保温 50 h 或 100 h，CA_6 基背衬材料抗熔体渗透性最好、膨胀量最小，同时在玻璃窑炉碹顶也有类似结果。

10.3.3.3 抗铝液渗透

铝工业中使用的经典耐火材料是基于铝硅酸盐或铝土矿耐火骨料的高铝耐火材料，通常添加添加剂如 $BaSO_4$、CaF_2、SiC 或磷酸盐以提高对熔融金属或熔渣的抵抗力。

在熔铝炉中，与铝液接触的炉衬耐火材料里通常需要化学纯度高的材料。因为铝液具有很高的还原性，它可以将 SiO_2、Fe_2O_3 和 TiO_2 等杂质还原成金属态。最常见的此类反应是 Al 还原 SiO_2，含 SiO_2 的铝硅酸盐，如蓝晶石、莫来石等铝硅酸盐也会导致刚玉的形成，这也是造成炉衬耐火材料损坏的主要原因。与铝液接触时，CA_6 与含 SiO_2 的耐火材料相比，其稳定性更高。Corus 研究中心进行了高强度抗金属铝液侵蚀性能，结果表明：当温度高达 1400 ℃时，CA_6 仍保持了优异的抗侵蚀性能，而传统矾土/$BaSO_4$ 耐火材料则丧失了保护性能。

10.4 泡沫法合成 CA_6 多孔隔热材料

和致密 CA_6 的合成方法一样，多孔隔热 CA_6 材料的制备合成也多为反应烧结法；其中 CaO 原料可由 $Ca(OH)_2$、$CaCO_3$ 等提供，同时也原位分解造孔；Al_2O_3 原料可以是 α-Al_2O_3、γ-Al_2O_3、可水合氧化铝（ρ-Al_2O_3）、铝溶胶或凝胶、铝水合物（$Al_2O_3 \cdot nH_2O$，n=1，2，3）等，其中 $Al_2O_3 \cdot nH_2O$ 原位分解成孔还不引入其他杂质，ρ-Al_2O_3 和铝溶胶或凝胶同时也可以作为结合剂；CA 或 CA_2 化合物既可提供 CaO 和 Al_2O_3，同时也可作为结合剂。

本节主要以活性 α-Al_2O_3 微粉、纳米 $CaCO_3$ 为原料合成 CA_6，其中结合剂为 ρ-Al_2O_3 或铝酸钙水泥，探讨泡沫浇注法制备 CA_6 多孔隔热材料的反应机理，研究工艺参数对泡沫浇注法合成 CA_6 多孔隔热材料的影响。

按照 GB/T 3001—2007 测定材料的常温抗折强度，按照 GB/T 5072—2008 测定试样的常温耐压强度，采用平板导热仪（PBD-12-4Y）按照 YB/T 4130—2005 测定材料的导热系数，采用扫描电镜（SEM，JSM-6610，JEOL，Japan）观察试样的显微结构。

10.4.1　CA_6 多孔隔热材料的合成反应机理

以活性 α-Al_2O_3 微粉和纳米 $CaCO_3$ 为原料，为保证纳米 $CaCO_3$ 反应完全并且钙原子最终全部存在于 CA_6 中，特将活性 α-Al_2O_3 微粉和纳米 $CaCO_3$ 按摩尔比约为 7∶1（保证活性 α-Al_2O_3 微粉过量），混合均匀后，取少量粉末样品置于 700 ℃条件下轻烧 3 h，随炉冷却，检测其在 700～1200 ℃之间，每间隔 50 ℃温度下的高温物相。未轻烧的混合粉料于 100 MPa 压力下压制成 ϕ20 mm×20 mm 的圆柱样品，分别置于 1000～1600 ℃，间隔 50 ℃的温度下烧成，升温制度为 3 ℃/min，保温时间 3 h，冷却到室温后取出，检测烧后样品的物相组成，并分析其显微结构。

图 10-4-1 为不同温度下的 XRD 谱图，由此图可以看出 700 ℃时，材料中的物相主要为 α-Al_2O_3 和 CaO，并未发现 $CaCO_3$，说明 $CaCO_3$ 在 700 ℃之前已经分解了，这是因为纳米 $CaCO_3$ 的分解温度比 $CaCO_3$ 的理论温度要低得多；当温度升高到 1000 ℃时，$C_{12}A_7$ 开始出现。随着温度升高到 1050 ℃，CaO 衍射峰消失，$C_{12}A_7$ 的衍射峰明显增强，材料中的物相为 α-Al_2O_3 和 $C_{12}A_7$，温度继续升高到 1200 ℃，物相未发生任何变化，即未发现有 CA、CA_2 和 CA_6 出现。

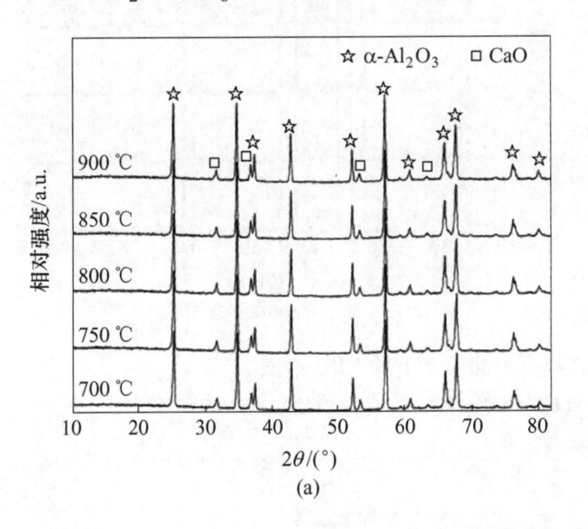

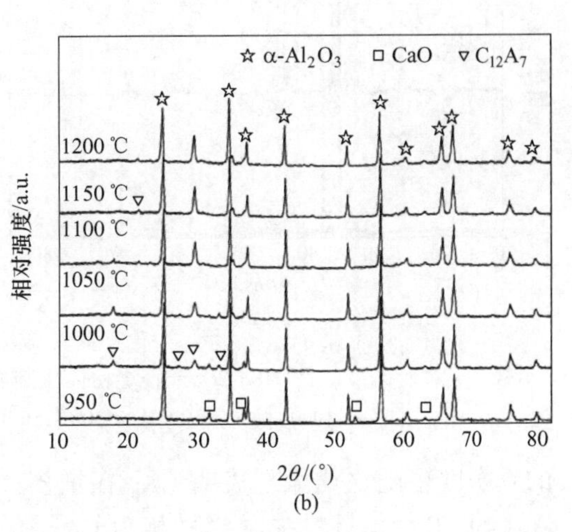

图 10-4-1　轻烧的粉体在不同温度下的 XRD 谱图
（a）700～900 ℃；（b）950～1200 ℃

从图 10-4-2 中可看出，当烧成温度为 1000 ℃时，材料中主要物相为 α-Al_2O_3，但有些未知相，可能是一些水化物所致，和图 10-4-1 相比，并未出现 CaO 和 $C_{12}A_7$；当烧成温度升高到 1050 ℃时，CA_2 开始出现，材料中的物相为 α-Al_2O_3、CA_2；当温度继续升高至 1100～1250 ℃时，物相组成为 α-Al_2O_3 和 CA_2；1300 ℃时，开始有 CA_6 出现；随着烧成温度逐渐升高到 1450 ℃，材料中 CA_2 和 α-Al_2O_3 的衍射峰越来越弱，至 1450 ℃时 CA_2 衍射峰完全消失，α-Al_2O_3 的衍射峰比较弱，而 CA_6 衍射峰则越来越强，说明 CA_6 是由 CA_2 和 α-Al_2O_3 反应所生成的；高于 1450 ℃后，材料中的主晶相一直为 CA_6，伴随着少量 α-Al_2O_3 相。

CA_6 的理论密度为 3.79 g/cm^3，如图 10-4-3 中的横线所示，材料的真密度越接近 CA_6 的理论密度，说明 CA_6 晶相越多。从图 10-4-3 中可以看出，随着合成温度的升高，材料

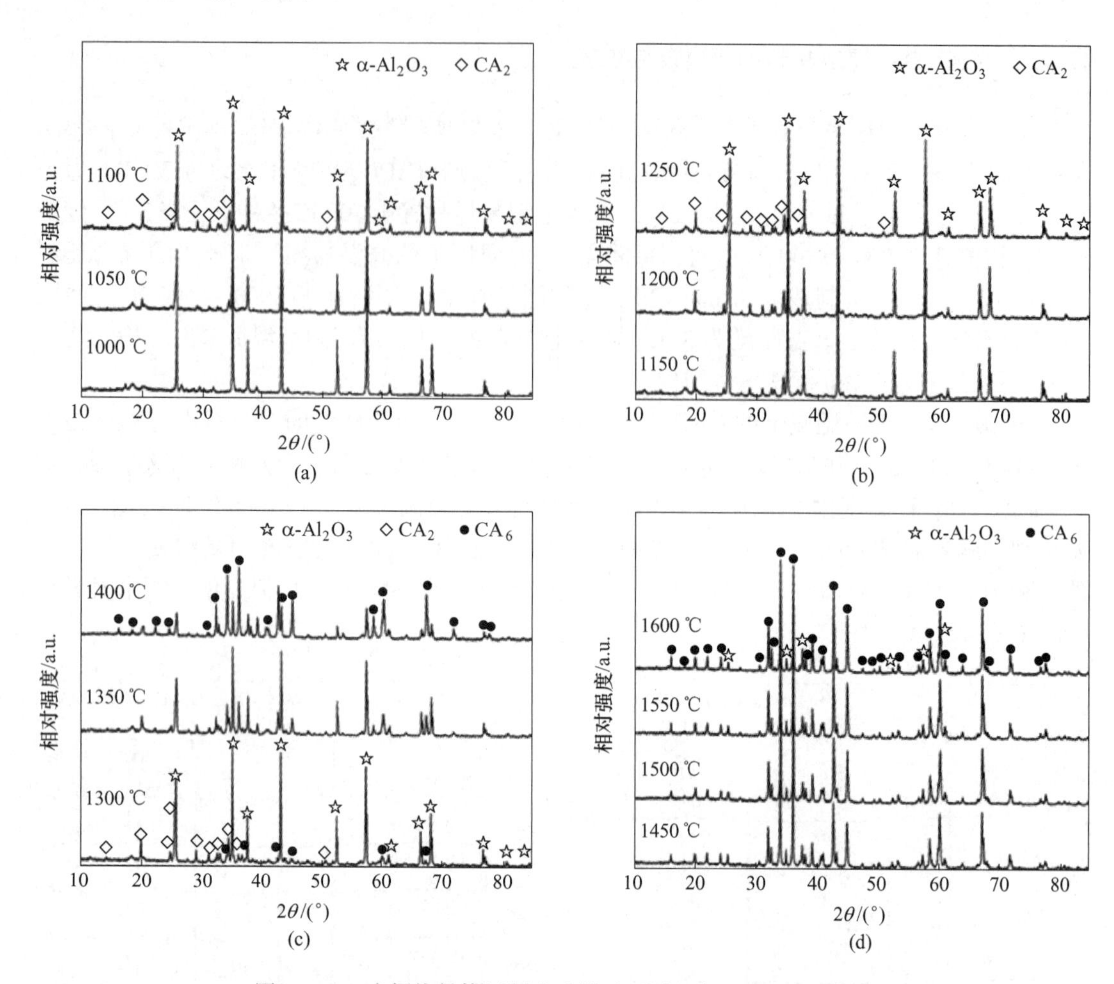

图 10-4-2 未轻烧粉体压制成试样后不同温度下的 XRD 谱图

(a) 1000~1100 ℃；(b) 1150~1250 ℃；(c) 1300~1400 ℃；(d) 1450~1600 ℃

的真密度也随之增大，表明 CA_6 在增多；在 1450 ℃后，材料中主要物相为 CA_6 和 α-Al_2O_3，真密度变化开始接近理论密度。从显微结构中也可以看出（见图 10-4-4），1450 ℃时，材料中的 CA_6 已经生长并发育为明显的六方片状，α-Al_2O_3 分布在 CA_6 的周围；温度继续升高，α-Al_2O_3 逐渐变少，片状 CA_6 逐渐增多，且 CA_6 形状慢慢规整为六方片状；直到温度为 1600 ℃时，α-Al_2O_3 明显变少，几乎全部是大片状的 CA_6。

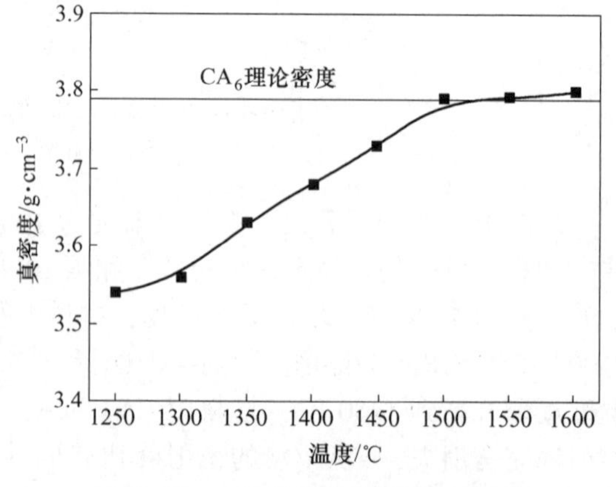

图 10-4-3 不同温度下材料的真密度

根据高温物相分析、烧后试样物相分析、真密度的变化以及显微结构的分析，可以推断活性 α-Al_2O_3 微粉与纳米 $CaCO_3$ 的反应过程和 CA_6 的形成生长情况。具体过程如下：

$T \leqslant 700$ ℃，纳米 $CaCO_3$ 发生分解，生成游离 CaO 和 CO_2；

图 10-4-4 不同温度下材料的 SEM 图

(a) 1450 ℃；(b) 1500 ℃；(c) 1550 ℃；(d) 1600 ℃

700 ℃$<T\leqslant$950 ℃，由于温度低，材料中 CaO 和 Al_2O_3 虽然在相互扩散，但是扩散速率和扩散系数太低，导致发生加成反应的扩散动力不够，无明显化学反应发生；

950 ℃$<T\leqslant$1200 ℃，CaO 与 Al_2O_3 相互扩散速率加剧，且扩散程度加深，为两者发生加成反应提供了足够的动力，使得两者颗粒相接触的地方先发生加成反应，生成 $C_{12}A_7$，随后反应程度逐渐加深；

1200 ℃$<T\leqslant$1300 ℃，材料中的 Al_2O_3 粒子扩散速率和扩散系数变大，持续不断地向刚生成的 $C_{12}A_7$ 颗粒扩散，$C_{12}A_7$ 粒子也向 Al_2O_3 颗粒进行扩散。由于 $C_{12}A_7$ 颗粒刚生成，其活性很高，故 $C_{12}A_7$ 粒子的扩散速率不容小觑。两者相互扩散传质，使得两者接触面开始有 CA_2，随后 $C_{12}A_7$ 颗粒逐渐与 Al_2O_3 粒子反应完全，全部生成 CA_2；

1300 ℃$<T\leqslant$1450 ℃，由于温度的升高，材料中的 Al_2O_3 粒子扩散速率和扩散系数依然在增大，Al_2O_3 粒子与生成的 CA_2 粒子相互扩散，导致材料中的 CA_2 逐渐被 Al_2O_3 包围并瓦解，先在两者的接触面上生成 CA_6，随后 CA_2 慢慢反应完全，生成 CA_6；

1450 ℃$<T\leqslant$1500 ℃，材料中无多余的钙源，钙已全部存在于 CA_6，故该温度段无化学反应发生，只有 CA_6 晶胞的逐渐完善以及 CA_6 晶粒的逐渐相互融合和生长，并在 1500 ℃时，CA_6 的合成基本完成，1500 ℃为 CA_6 合成的最佳温度；

1500 ℃$<T\leqslant$1600 ℃，材料中的 CA_6 晶粒相互融合并长大成片状。

综上所述，采用活性 α-Al_2O_3 微粉和纳米 $CaCO_3$ 合成 CA_6，其反应历程如图 10-4-5 所示。

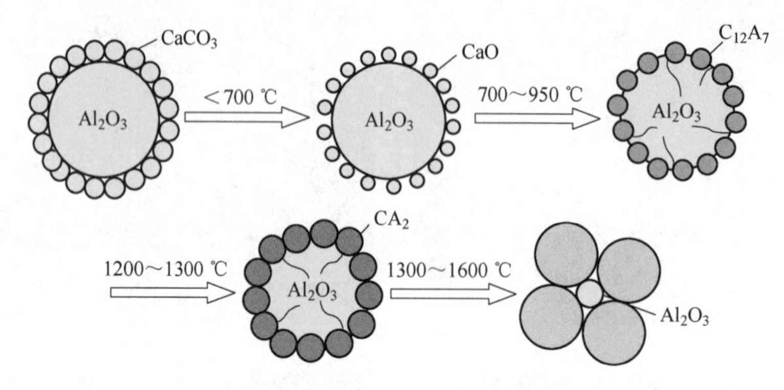

图 10-4-5 CA_6 的反应历程示意图

10.4.2 固体反应合成 CA_6 多孔隔热材料结构与性能

采用泡沫法制备 CA_6 多孔隔热材料，加入 $m(Al_2O_3):m(CaO)=6:1$ 的复合结合剂，主要配料方案见表 10-4-1。将纳米 $CaCO_3$ 与活性 Al_2O_3 微粉按照表 10-4-1 进行配料，加水，搅拌均匀后，加入复合结合剂，继续搅拌均匀后，再加入搅打好的泡沫。将混合好的料倒入模具（160 mm×40 mm×40 mm）中浇注成型，在自然条件下干燥 48 h 后，脱模，置于 110 ℃烘箱中烘烤 24 h，再分别于 1450 ℃、1500 ℃、1550 ℃、1600 ℃温度下保温 3 h，升温制度为 3 ℃/min。

表 10-4-1 试样各原料配比

试样编号	Al_2O_3/%	纳米 $CaCO_3$/%	外加	
			复合结合剂/%	泡沫/mL · kg^{-1}
1 号	85.94	14.06	10	800
2 号	85.94	14.06	15	800
3 号	85.94	14.06	20	800

注：原料配比均为质量分数。

10.4.2.1 CA_6 多孔隔热耐火材料合成过程中温度、组成与性能

由图 10-4-6 所知，烧成温度为 1450～1550 ℃时，材料烧后均发生膨胀，且膨胀率均在 2.5%以上，1500 ℃时，材料膨胀最大；当温度为 1600 ℃时，材料表现为收缩，且收缩率最低为 1.83%。尽管在纳米 $CaCO_3$ 与 α-Al_2O_3 微粉为主要原料、泡沫浇注法制备 CA_6 过程中，材料中水分含量大，孔隙率高，且在烧结过程中，纳米 $CaCO_3$ 与 Al_2O_3 微粉会发生烧成收缩，但铝酸钙的密度低于 α-Al_2O_3（$\rho_{CA}=2.8\sim3.0$ g/cm^3，$\rho_{CA_2}=2.9$ g/cm^3，$\rho_{CA_6}=3.7$ g/cm^3，$\rho_{\alpha\text{-}Al_2O_3}=4.0$ g/cm^3），因此，它们的形成是一个膨胀的过程；同时 CA_6 晶粒通常生长为高度不对称的板状晶体，这会阻碍扩散过程和烧结，烧结后的微观结构由包裹着大球状气孔的 CA_6 颗粒组成，并含有晶内孔隙。

不同温度下材料的体积密度在 0.32～0.65 g/cm^3 之间（见图 10-4-7），在 1500 ℃时

最低，1600 ℃ 时最高；1450～1500 ℃ 时，生成大量的 CA_6，其真密度也随着 CA_6 的增多而增大，如图 10-4-8 所示；当温度为 1500 ℃，真密度均达到 3.72 g/cm^3 左右，由于该温度下体积膨胀最大，故其体积密度最低。

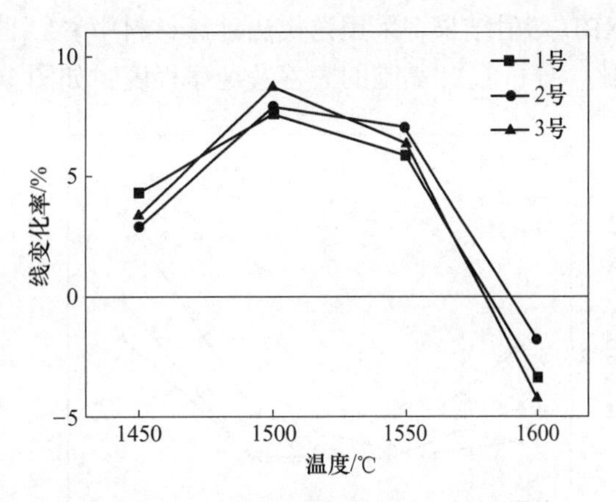

图 10-4-6 不同烧成温度下材料的线变化率

不同复合结合剂的加入量对 CA_6 多孔隔热材料的线变化率、体积密度和真密度影响不大，各组样品之间无明显差别，如图 10-4-6～图 10-4-8 所示。

烧后材料的常温耐压强度如图 10-4-9 所示，常温耐压强度均在 1 MPa 以上。复合结合剂加入量（质量分数）为 10%的 1 号试样，强度最高，且随着复合结合剂加入量的增多，强度有所降低。随着烧成温度的升高，耐压强度呈先降低后增大的变化趋势，和体积密度的变化趋势类同。当烧成温度为 1600 ℃ 时，强度最高，1 号试样达到了 3.5 MPa。

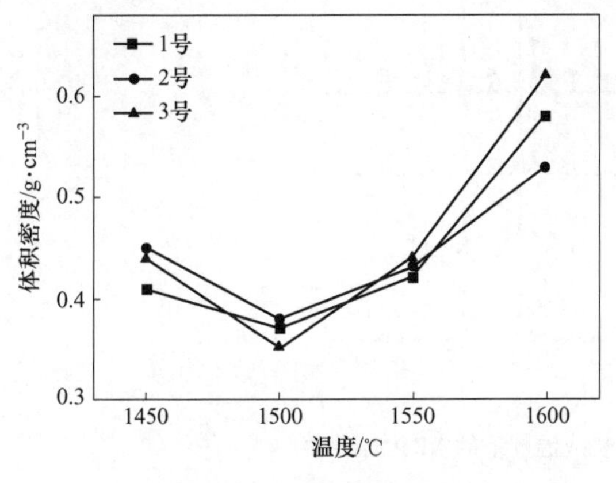

图 10-4-7 烧后材料体积密度

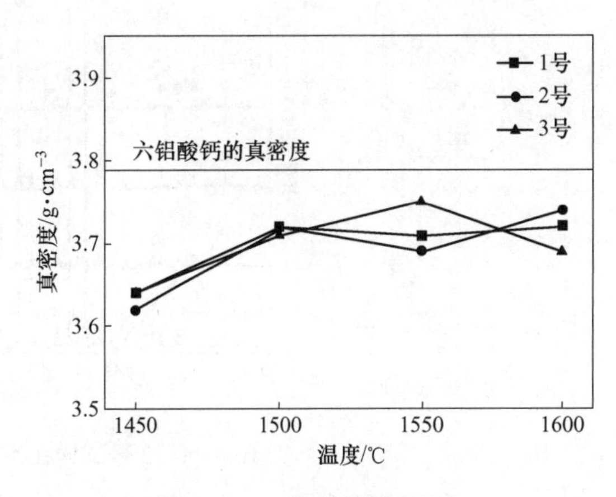

图 10-4-8 烧后材料真密度

利用平板导热法测量 1550 ℃烧后试样的导热系数，其结果如图 10-4-10 所示。不同结合剂量材料的导热系数均较低，且对温度不敏感，热面温度为 900 ℃时，导热系数依然在 0.145 W/(m·K) 以下。15%结合剂的 2 号试样导热系数最低，热面温度为 300 ℃时仅为 0.088 W/(m·K)，900 ℃为 0.113 W/(m·K)。10%结合剂的 1 号试样的导热系数随温度的升高，变化率最小，测试温度为 300 ℃、600 ℃、900 ℃时，其相应的导热系数分别为 0.110 W/(m·K)、0.116 W/(m·K)、0.110 W/(m·K)，从图 10-4-10 可见，CA_6 多孔隔热耐火材料的导热系数不仅与孔隙率有关，还与材料中孔隙的大小以及晶粒的大小和排列等显微结构有关。

10.4.2.2 CA_6 多孔隔热耐火材料合成过程 CA_6 物相组成

由于 1550 ℃烧后，10%结合剂的 2 号试样导热系数最低，且其体积密度和耐压强度分别为 0.43 g/cm^3 和 1.03 MPa，故检测 2 号试样在不同烧成温度下的物相组成，并利用

XRD 衍射结果，采用迭代法计算材料中 CA_6 的晶格常数，并与 CA_6 理论晶格常数进行对比，分析 CA_6 晶胞的完善及纯净程度，如图 10-4-11 和表 10-4-2 所示。

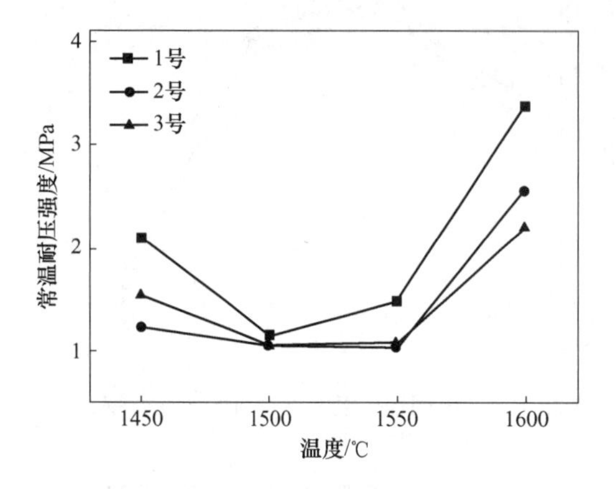

图 10-4-9　烧后材料常温耐压强度

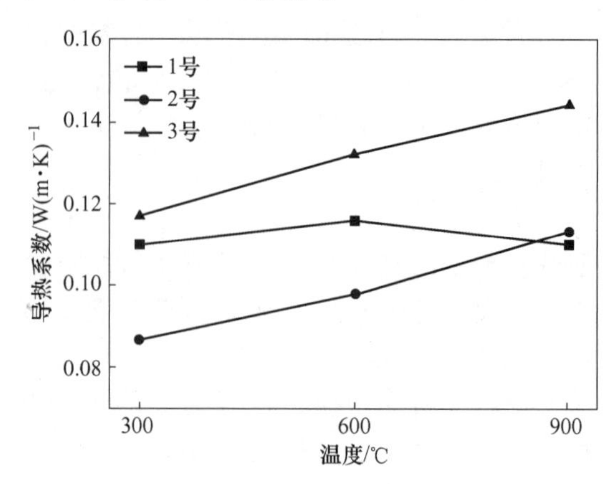

图 10-4-10　烧后材料不同温度的导热系数

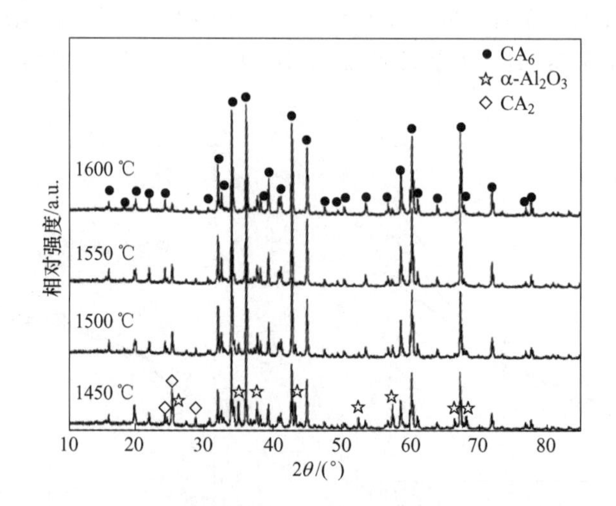

图 10-4-11　2 号试样在不同烧成温度下的 XRD 谱图

表 10-4-2　2 号试样在不同烧成温度下 CA_6 的晶格常数

晶格常数	条　件				
	计算值	1450 ℃	1500 ℃	1550 ℃	1600 ℃
a/m	5.5587×10^{-10}	5.5608×10^{-10}	5.5592×10^{-10}	5.5609×10^{-10}	5.5604×10^{-10}
b/m	5.5587×10^{-10}	5.5608×10^{-10}	5.5592×10^{-10}	5.5609×10^{-10}	5.5604×10^{-10}
c/m	21.8927×10^{-10}	21.9041×10^{-10}	21.8956×10^{-10}	21.9049×10^{-10}	21.9034×10^{-10}
V/m^3	$585.8419^3\times10^{-30}$	586.5845×10^{-30}	586.0195×10^{-30}	587.8080×10^{-30}	586.4814×10^{-30}

1450 ℃时，材料中的主要物相为 CA_6、α-Al_2O_3 和 CA_2，1500 ℃时，材料中的 CA_2 衍射峰和 α-Al_2O_3 衍射峰强度明显降低，CA_6 衍射峰明显增强，说明在 1450~1500 ℃之间，CA_2 和 α-Al_2O_3 大量反应生成 CA_6。烧成温度为 1550 ℃、1600 ℃时，材料的 XRD 衍射谱图无明显差别，材料中几乎无 CA_2 衍射峰，α-Al_2O_3 衍射峰强度也很低，CA_6 衍射峰

增强，几乎全是 CA_6。

利用图 10-4-11 中选择的 CA_6 XRD 卡片和 CA_6 结构（六方晶系，P63/mmc 空间群，$a=b=5.5587\times10^{-10}$ m，$c=21.8927\times10^{-10}$ m），采用 Celref 2.0 计算试样中 CA_6 的晶格常数，见表 10-4-2。不同烧成温度下材料中 CA_6 的晶格常数均大于其理论值，说明 CA_6 发生了晶格畸变，导致晶胞变大。但是 1500 ℃温度处理后 CA_6 晶格常数最接近理论值，故 1500 ℃烧成温度下，材料中 CA_6 晶格最为规整，晶胞最为纯净，这进一步印证了 1500 ℃是 CA_6 生长发育的最佳温度。1600 ℃时，CA_6 晶粒逐渐融合并长大，使得晶胞中易混入缺陷，导致晶胞体积膨胀变大。

10.4.2.3　CA_6 多孔隔热耐火材料合成过程 CA_6 的显微结构

试样经 1550 ℃烧成后的孔结构和晶粒形貌等显微结构如图 10-4-12 所示。

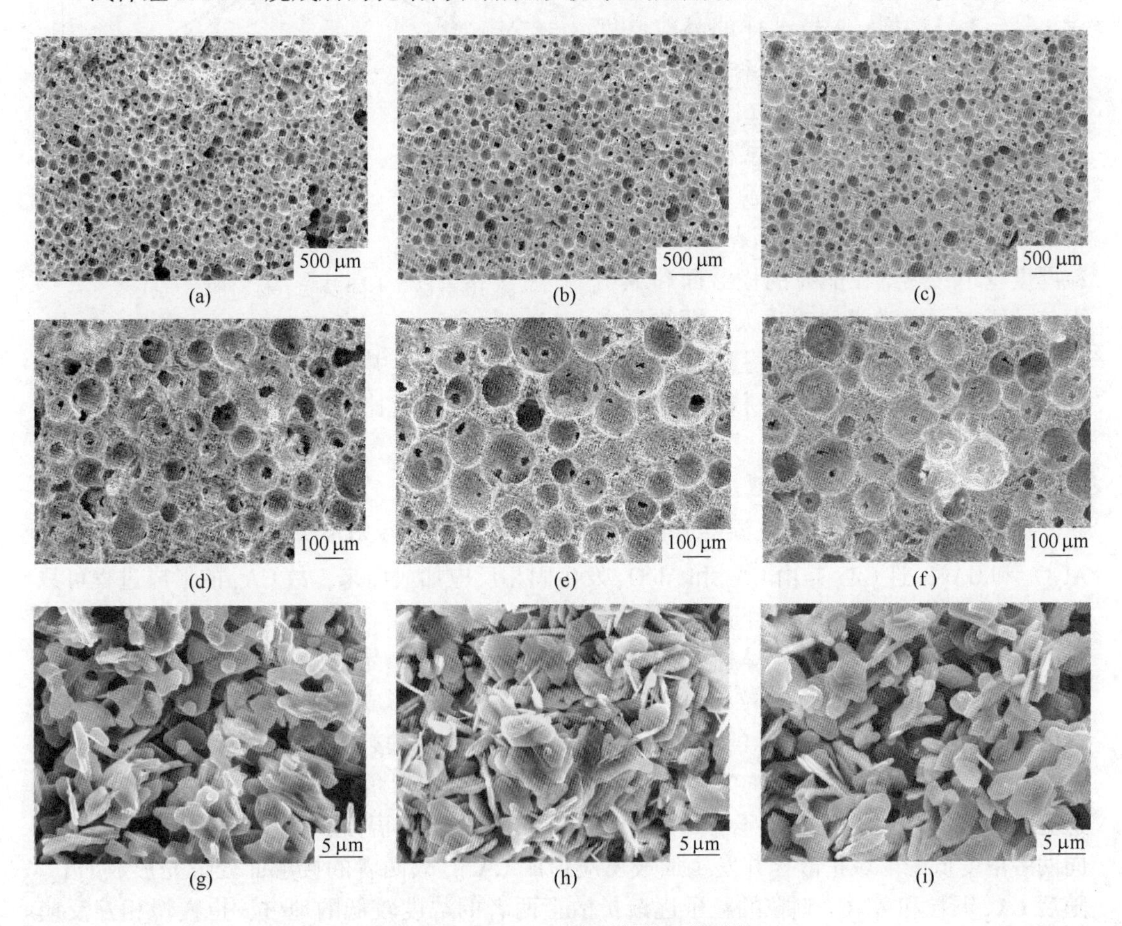

图 10-4-12　1550 ℃烧后材料显微结构

(a)~(c) 1 号~3 号试样低放大倍数；(d)~(f) 1 号~3 号试样较高放大倍数；(g)~(i) 1 号~3 号试样高放大倍数

图 10-4-12 (a)~(c) 分别为 1 号、2 号、3 号试样低倍放大照片，可明显观察到三个试样的孔形貌，均为明显的泡沫孔——圆孔，且分布均匀，这种泡沫孔由于尺寸较大，会降低材料的强度；较高倍下观察，如图 10-4-12 (d)~(f) 所示，材料的孔尺寸均小于或等于 200 μm，且“孔中有孔”——孔壁上面还有孔，孔壁上面的孔为纳米 $CaCO_3$ 分解、粒子传递以及发生反应产生的孔隙所形成的孔，这种孔的孔径很小，分布细密，导致热量

在其中传导时所受的阻碍较大，使材料的导热系数降低。研究表明，气孔平均孔径小于5 μm的CA_6多孔材料的导热系数从常温至高温均保持在较低水平，其高温下的隔热性能可以与纤维材料媲美。而孔壁上面的孔隙孔径更小，故其导热系数很低。图10-4-12会发现，相对图10-4-12（e）和（f），图10-4-12（d）中的孔要小且均匀，图10-4-12（e）上的大孔孔壁上的小孔却更多，这也是1号、2号试样导热系数较低且随温度升高变化不大的可能原因。

材料中CA_6晶粒均为片状，很多晶粒已经生成了六方片状，且晶粒均为层叠生长，呈阶梯状，有豆状晶粒附着在晶粒表面，多数晶粒的尺寸达到了5 μm，但是相对1号、3号试样，2号试样的晶粒厚度较小，这也是2号试样导热系数较低的可能原因，如图10-4-12（g）~（i）所示；同时由图10-4-13可知，三个试样气孔率相差不大，导热系数的差异来源于晶粒形貌特征。气孔率相差不大的情况下，CA_6晶粒厚度越小，热量在晶粒的横截面和纵切面传导所需要的时间差就越大，即热量在晶粒中的传导越不均匀，且材料中晶粒之间相互接触的程度并不高，这种晶体结构类似于陶瓷纤维的显微结构，导致材料中晶粒之间的热传导本身就比较困难，因而2号试样的导热系数最低。

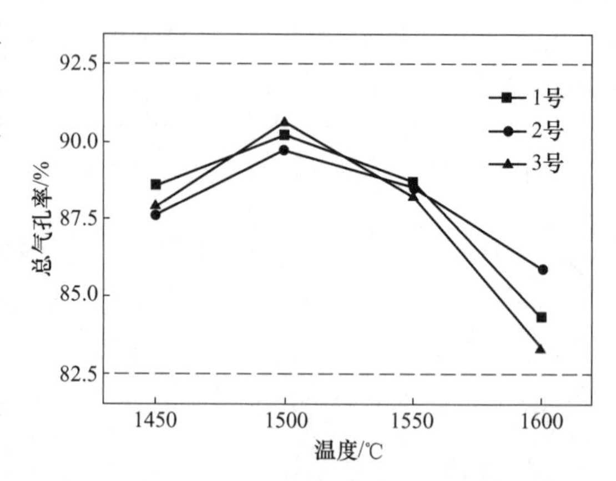

图10-4-13 不同温度下材料的总气孔率

10.4.2.4 CA_6形成过程动力学分析

由10.4.1节可知，反应温度升高到1300 ℃时，CA_6开始形成，但是主要成分仍为Al_2O_3和CA_2，且CA_6是由CA_2和Al_2O_3发生固相反应加成而来，故CA_6的形成过程可只需考虑CA_2和Al_2O_3在高温下的固相反应。

CA_2为单斜晶系，晶粒呈柱状，Al_2O_3则为三方晶系，晶粒呈片状。在高温反应时，CA_6的形成发育是在CA_2颗粒和Al_2O_3颗粒的接触区域先形成，CA_2颗粒和Al_2O_3颗粒的接触形式有如图10-4-14所示的五种形式：垂直接触、竖直接触、平行接触、点面接触以及未接触，剩下的接触形式均为这五种接触形式的组合或者角度偏离之后的组合，故仅以这五种形式来探讨CA_6材料合成中质点的运动扩散。随着温度升高，CA_2和Al_2O_3逐渐向两者浓度低的区域扩散，并发生加成反应形成CA_6，故两者的接触面处最先形成CA_6。随后CA_2颗粒和Al_2O_3颗粒的粒子逐渐扩散至两者的浓度较低的地方，也慢慢相互反应形成CA_6，但是反应速率受粒子扩散速率的影响。离两者接触点越近的区域，CA_2和Al_2O_3粒子的相互扩散速度越快，浓度越高，两者发生加成反应生成CA_6这一固相反应的动力越足，故CA_6晶粒的生长和发育越迅速，也越完全；反之，离两者接触点越远的区域，CA_2和Al_2O_3粒子的相互扩散速度越慢，浓度越低，两者发生加成反应生成CA_6这一固相反应的动力明显低于两者粒子浓度高的区域，故CA_6的形成和生长较慢。

当CA_2颗粒和Al_2O_3颗粒的接触形式为图10-4-14（a）所示的垂直接触时，CA_6首先在两者接触面上沿着Al_2O_3晶粒方向形成片状，其次沿着CA_2的方向逐层形成片状，故

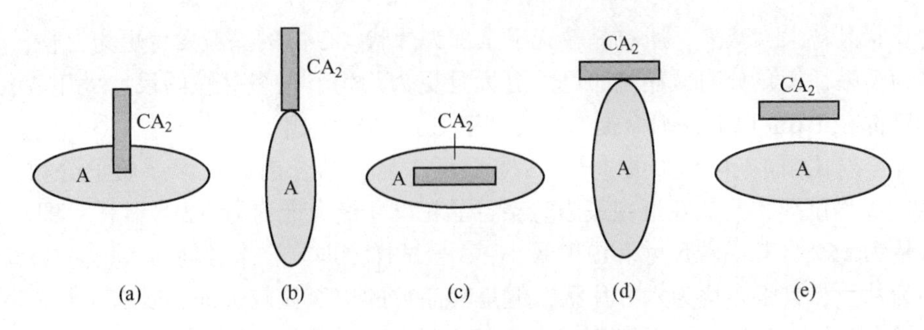

图 10-4-14 CA_2 和 Al_2O_3 的接触形式

(a) 垂直接触;(b) 竖直接触;(c) 平行接触;(d) 点面接触;(e) 未接触

会形成以 Al_2O_3 晶粒平行面的阶梯片状 CA_6，离 Al_2O_3 晶粒最远的 CA_2 顶端就会由于 CA_6 形成和发育动力不足，从而使得 CA_6 晶粒来不及发育成为规则的六方片状，而成为豆状。当 CA_2 颗粒和 Al_2O_3 颗粒的接触形式为图 10-4-14（b）所示的竖直接触时，CA_6 首先在两者接触面上并沿着两者晶粒的方向形成片状，其次由于 Al_2O_3 和 CA_2 粒子的扩散，沿着 Al_2O_3 和 CA_2 的方向逐层形成片状，最后也会形成阶梯状的片状 CA_6，离两者接触面最远的 CA_2 颗粒和 Al_2O_3 颗粒顶端易形成豆状 CA_6。当 CA_2 颗粒和 Al_2O_3 颗粒的接触形式为图 10-4-14（c）所示的平行接触时，CA_6 的片状晶粒形成动力最足，故该种接触方式下形成的 CA_6 晶粒形状最为规则。当 CA_2 颗粒和 Al_2O_3 颗粒的接触形式为图 10-4-14（d）所示的点面接触时，则会以垂直于 Al_2O_3 颗粒方向并以 CA_2 为基面形成阶梯片状 CA_6，豆状的 CA_6 最后会存在于 Al_2O_3 颗粒底端。当 CA_2 颗粒和 Al_2O_3 颗粒未接触时，如图 10-4-14（e）所示，CA_6 的形成则全靠 Al_2O_3 和 CA_2 粒子的扩散，并在两者空隙处形成 CA_6，所形成的 CA_6 可平行于两者，也可垂直于两者，或者倾斜于两者之间。

由图 10-4-12（g）~（i）可观察到，CA_6 晶粒的生长发育并不全是六方片状，结合图 10-4-14 可知是由于 CA_2 和 Al_2O_3 的粒子运动速率不够，影响了粒子之间的相互扩散，导致 CA_6 晶粒形成生长的动力不够，使得其晶粒生长发育不完全，因此通过提高烧成温度的方式来提高 CA_2 和 Al_2O_3 的粒子扩散速率，从而提升两者发生固相反应的动力。CA_6 晶粒的发育情况如图 10-4-15 所示，其中，右上角小图为该图中红色区域放大的图。

(a)

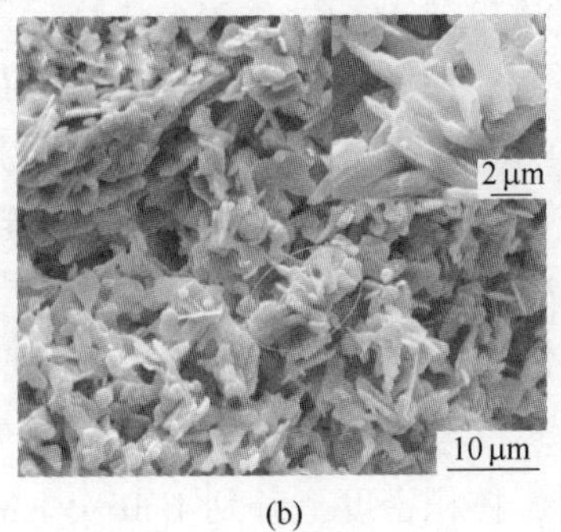

(b)

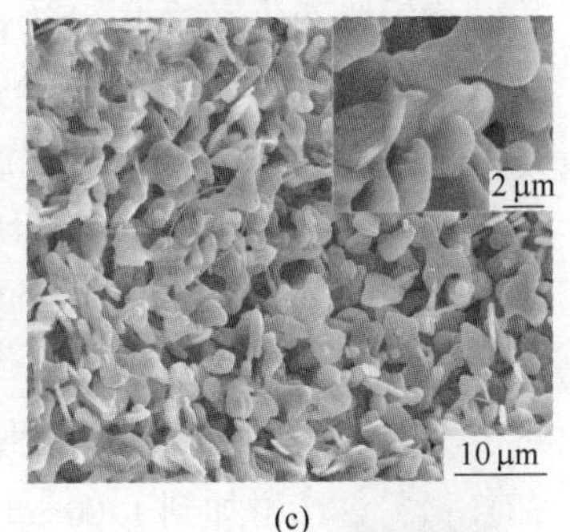

(c)

图 10-4-15 1600 ℃烧后材料晶粒形貌

(a) 1 号试样;(b) 2 号试样;(c) 3 号试样

图 10-4-15 彩图

如图 10-4-15 所知，相比 1550 ℃烧成试样的晶粒形貌，1600 ℃烧后试样中的豆状晶粒大大减少，所有晶粒几乎全部为片状，CA_6 的晶粒发育更为完整，其六方片状更为清晰，棱角分明，晶粒的尺寸更大且更为均匀，很多晶粒的尺寸大于 5 μm，晶粒的厚度都在 1 μm 以上，因而提高温度利于 CA_6 晶粒生成。

另外，对比图 10-4-15 中的 1 号~3 号试样，复合结合剂加入量（质量分数，下同）为 10%的 1 号试样，其晶粒形貌最为完整且晶粒尺寸最大最均匀；2 号试样，即复合结合剂加入量为 15%，其晶粒尺寸和厚度最小；3 号试样，即复合结合剂加入量为 20%，其晶粒虽均为片状，且很多均为六方片状，但是其晶粒的边缘比较圆润，没有 1 号试样规则，故复合结合剂加入量对 CA_6 晶粒形成和生长有一定的影响。

10.4.3 CA_6 的溶解沉淀传质合成反应

10.4.2 节中主要阐述的是 CA_6 的加成固体反应，其反应机制主要以扩散控制为主。由于 CA_2 和 CA_6 的形成导致 CA_6 轻质隔热材料膨胀量较大，这对于 CA_6 多孔隔热材料的制备非常不利，经常导致材料变形甚至产生裂纹，影响其性能。在本节研究中，在 CA_6 多孔隔热材料合成过程中引入一定量的 SiO_2，降低 CaO-Al_2O_3 二元系统中低共熔点，同时利用 SiO_2 与 CaO 或 Al_2O_3 在高温阶段生成低熔相来填充材料中的气孔，抵消材料形变，从而提高材料的体积稳定性。

与 10.4.2 节中一样，泡沫法制备 CA_6 多孔隔热耐火材料的配比方案见表 10-4-1 中的 1 号方案，复合结合剂加入量（质量分数，下同）为 10%、泡沫加入量为由 800 mL/kg 设计为 400 mL/kg，烧成温度为 1550 ℃。研究 SiO_2 微粉对其性能的影响，SiO_2 微粉（挪威，埃肯，SiO_2 95%）的外加量分别为 0.25%、0.5%、0.75%和 1.0%，采用动态脉冲激振法（RFDA-HTVP 1600，IMCE，Belgium）测定试样的弹性模量。

10.4.3.1 SiO_2 微粉对 CA_6 多孔隔热耐火材料常规物理性能的影响

图 10-4-16 示出了不同 SiO_2 微粉加入量对材料生坯线收缩率和烧后线变化率的影响，可看出生坯收缩率均在 3%以上，且加入 SiO_2 微粉后，生坯收缩率均有所增大，但是 SiO_2 微粉加入量（质量分数）为 0.5%时，生坯收缩率最大，为 3.70%。SiO_2 微粉对材料的烧后线变化率影响很大，未加入 SiO_2 微粉时，其烧后线变化率为 3.93%，加入 SiO_2 微粉后，烧后线变化率减小。SiO_2 微粉加入量为 0.25%，烧后线变化率为 3.43%；SiO_2 微粉加入量为 0.5%时，线膨胀率最小，为 0.71%；但是，当 SiO_2 微粉加入量增加到 0.75%和 1.0%时，材料的烧后线变化由膨胀变为收缩，且收缩率分别为 6.87%和 10.01%。这说明在烧成过程中，SiO_2 微粉对材料的烧结起到了明显的促进作用。

图 10-4-17 示出了不同 SiO_2 微粉加入量对烧后材料体积密度的影响。当 SiO_2 微粉加入量从 0%增加到 0.25%时，体积密度从 0.78 g/cm^3 降低到 0.70 g/cm^3，SiO_2 微粉加入量继续增加，体积密度逐渐变大；当 SiO_2 微粉加入量为 0.75%、体积密度达到 1.05 g/cm^3、SiO_2 微粉继续增加到 1.00%时，体积密度上升到 1.16 g/cm^3，相比未加入 SiO_2 微粉的试样，其体积密度增大了 49%。

不同 SiO_2 微粉加入量对烧后材料强度的影响如图 10-4-18 所示。抗折强度和耐压强度均随着 SiO_2 微粉加入量的增加而增大，且变化趋势相同。当 SiO_2 微粉加入量增加到 1.0%时，抗折强度从 1.58 MPa 增大到 6.93 MPa，增长了 3 倍多；耐压强度从 6.6 MPa

增大到 22.4 MPa，增长了 237%，而其体积密度的增长率仅为 49%。因此，SiO_2 微粉的加入可明显提高 CA_6 多孔隔热耐火材料的强度。

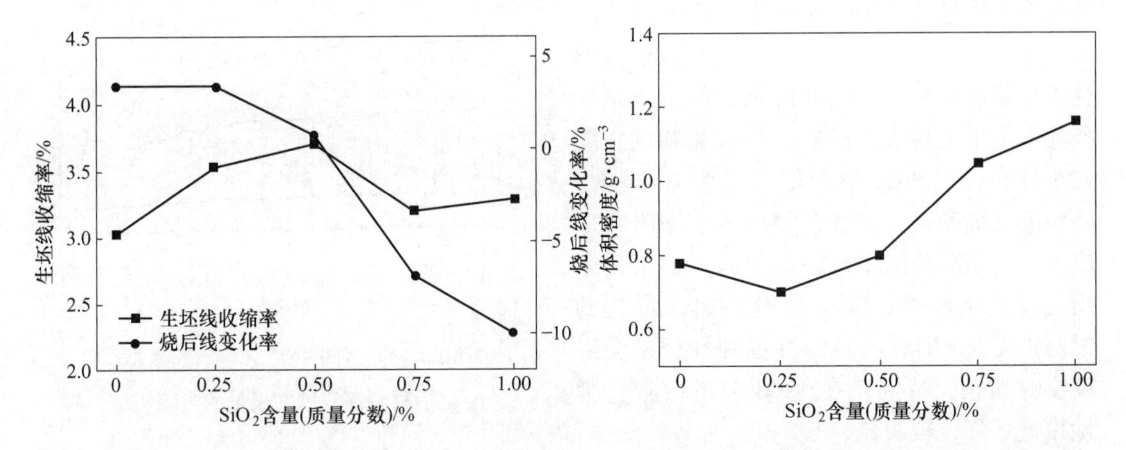

图 10-4-16　SiO_2 微粉加入量与生坯收缩率和烧后线变化率　图 10-4-17　SiO_2 微粉加入量与体积密度的关系

不同 SiO_2 微粉加入量对烧后材料导热系数的影响如图 10-4-19 所示，随温度的升高，材料导热系数变化不大。对比图 10-4-10 可看出，加入 SiO_2 微粉后材料的导热系数明显高于未加 SiO_2 微粉的材料。结合图 10-4-17 可知，同一测试温度下材料导热系数的大小随着体积密度的变化而变化，体积密度越大，其导热系数越大。SiO_2 微粉加入量为 0.25%时，导热系数最低；随着 SiO_2 微粉加入量的增加，导热系数逐渐变大；SiO_2 微粉的加入量由 0.75%增加到 1.0%时，材料的体积密度由 1.05 g/cm^3 增加到 1.16 g/cm^3，增长率约为 10%；材料的导热系数明显变大，600 ℃的导热系数由 0.302 W/(m·K)增大至 0.555 W/(m·K)，增长率约为 84%。

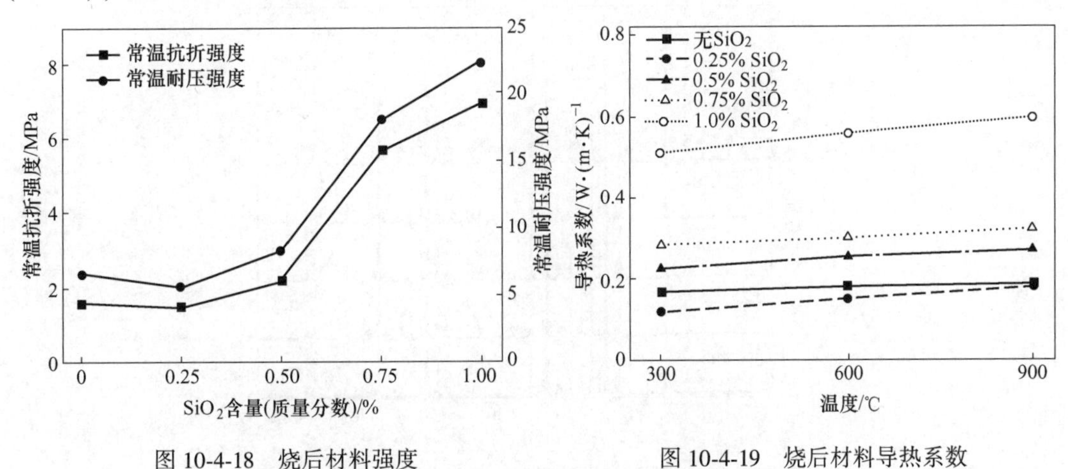

图 10-4-18　烧后材料强度　图 10-4-19　烧后材料导热系数

10.4.3.2　SiO_2 微粉对 CA_6 多孔隔热耐火材料高温弹性模量的影响

如图 10-4-20 所示，高温弹性模量随着 SiO_2 微粉加入量的增加而增大，SiO_2 微粉加入量（质量分数，下同）分别为 0%、0.25%、0.5%、0.75%、1.0%时，其常温弹性模量相应为 2.49 GPa、2.64 GPa、4.65 GPa、9.82 GPa、14.28 GPa。弹性模量的大小与体积密度和强度的变化趋势相同，体积密度和强度越大，弹性模量就越大。图 10-4-20 可见，

SiO_2 微粉加入量越大，材料高温弹性模量受温度影响越大；未加入 SiO_2 微粉时，材料的高温弹性模量几乎为一条水平直线；当 SiO_2 微粉加入量增加到0.25%时，虽然材料的弹性模量随温度的升高略有降低，但仍然是一条几乎水平的直线，和未加 SiO_2 微粉的直线几乎重合；当 SiO_2 微粉加入量为0.5%时，随温度逐渐升高，弹性模量的减小率略有加剧，为一条略微向下倾斜的直线，但是仍未出现骤然下降峰；SiO_2 微粉的加入量达到0.75%及以上时，材料的高温弹性模量受温度影响加剧，特别是在1200 ℃的时候，弹性模量下降比较明显。

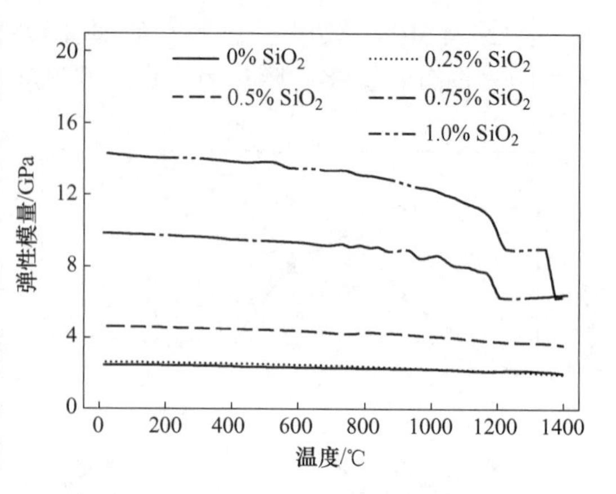

图10-4-20 不同 SiO_2 微粉加入量对烧后材料高温弹性模量的影响

SiO_2 微粉的加入量能影响材料的高温力学性能，SiO_2 微粉加入量越大，高温弹性模量越大，但是随着温度逐渐升高，其降低也越明显。由图10-4-20可知，SiO_2 微粉加入量为0.5%时，高温弹性模量明显提高，且其高温弹性模量随温度升高变化很小。

10.4.3.3 SiO_2 微粉对 CA_6 多孔隔热耐火材料物相影响

不同 SiO_2 微粉加入量试样的物相检测结果如图10-4-21所示。SiO_2 微粉的加入量（质量分数，下同）从0%增加到1.0%，材料中的物相均为 CA_6 和 α-Al_2O_3，衍射峰未见有变化，也无含 SiO_2 相的发现，一方面是因为 SiO_2 微粉加入量少，使得试样中形成的含 SiO_2 相含量低而难以检测出来；另一方面也可能是因为产生的含 SiO_2 相为玻璃相，导致无明显尖锐峰。

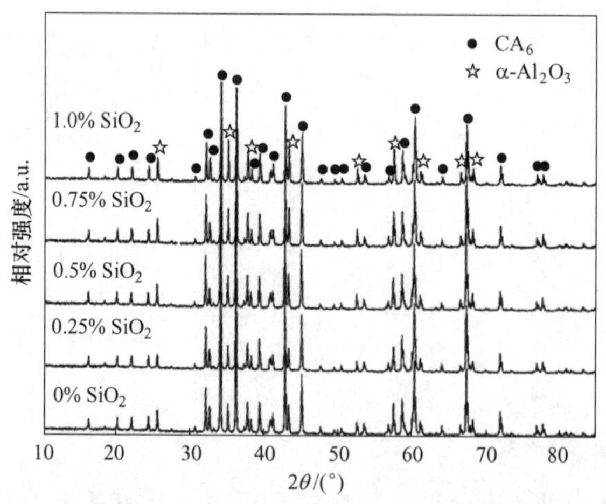

图10-4-21 不同 SiO_2 微粉加入量试样的烧后物相分析

为了进一步研究 SiO_2 微粉加入量对试样成分的影响，利用能谱仪对各试样进行元素分析，结果表明：在 SiO_2 微粉加入量分别为0%、0.25%、0.5%、0.75%时，材料中的化学元素均为Al、Ca、O，无Si存在；但是，当 SiO_2 微粉的加入量为1.0%，出现了Si元素，结果如图10-4-22所示。

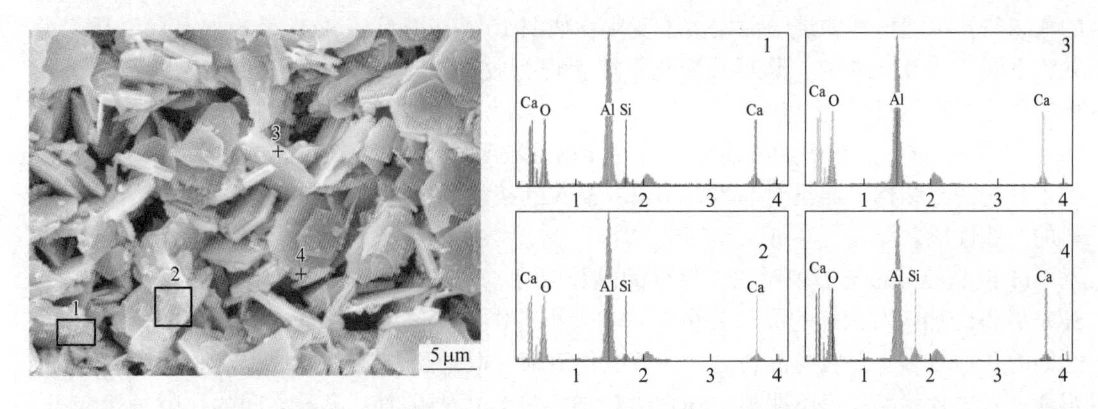

图 10-4-22 SiO_2 微粉含量为 1.0%的试样元素分析

图 10-4-22 可看出，Si 元素存在于晶粒之间的区域，而晶粒成分则为 Al、Ca 和 O，即 CA_6 晶粒。Si 元素在晶粒之间以低熔相形式存在，XRD 难以检测出来。在温度升高的过程中，这些低熔相会导致材料气孔的填充以及晶粒之间的烧结长大，故 Si 能降低试样的气孔率、提高晶粒之间的结合，从而提高强度。但结合图 10-4-20 可知，Si 含量达到一定值（如 SiO_2 微粉为 0.75%）时，Si 的存在将会导致其所形成的低熔相在高温下产生熔融，从而明显影响材料的高温性能，导致材料在 1200 ℃时弹性模量明显降低，故适量 Si（SiO_2 微粉加入量为 0.5%）对材料的性能有明显提高。

10.4.3.4 SiO_2 微粉对 CA_6 多孔隔热耐火材料显微结构的影响

（1）孔结构。烧后材料的孔结构如图 10-4-23 所示。加入 SiO_2 微粉后，材料孔径变小，孔结构无明显差别，仍均为泡沫圆孔，但是孔的数量反而增多，使得材料中的孔由大而稀转变为小而密；这是因为随着 SiO_2 微粉加入量的增加，材料致密化加大，使得其中

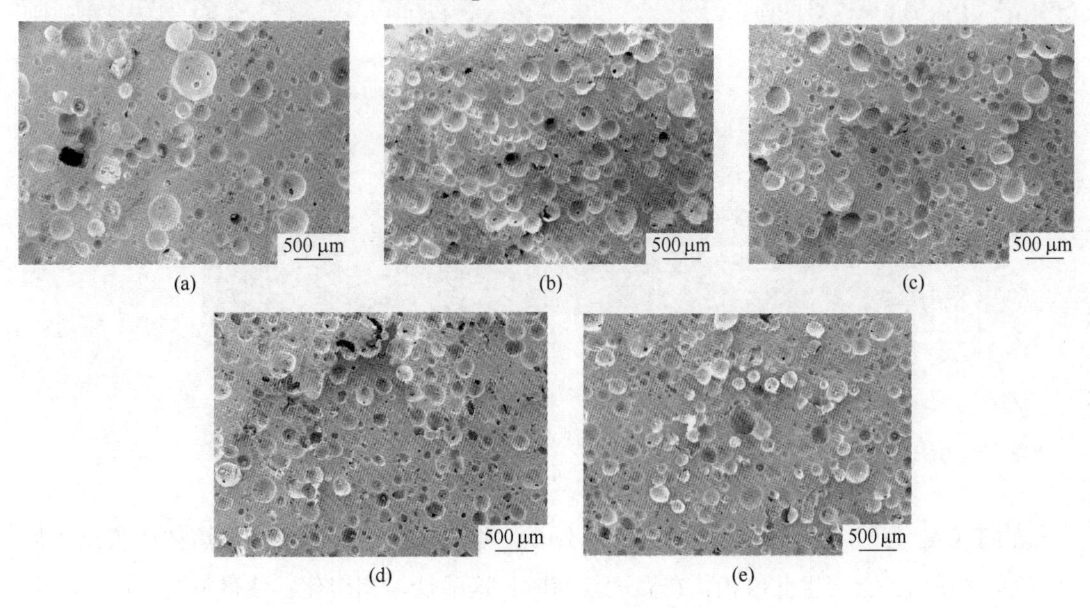

图 10-4-23 不同 SiO_2 微粉加入量材料烧后的孔结构

（a）0%；（b）0.25%；（c）0.5%；（d）0.75%；（e）1.0%

的泡沫圆孔也随材料的烧结而发生了变化，如图 10-4-16 所示，SiO_2 微粉加入量（质量分数，下同）为 0.75%时，烧后线变化直接表现为收缩。理论上来说，小而密的孔比大而稀的孔更能降低材料的导热系数，即加入 SiO_2 微粉后材料的导热系数应该降低，但是图 10-4-19 所示 SiO_2 微粉的加入使得材料的导热系数明显提高，说明 SiO_2 微粉的加入不仅影响了材料的孔结构，而且对晶粒大小以及晶粒的接触等显微结构产生了影响，从而改变材料的一些性能。

（2）晶粒分布与形貌对比。材料的晶粒尺寸与分布对比如图 10-4-24 所示，很明显，SiO_2 微粉的加入对试样的晶粒分布与晶粒大小有影响。未加入 SiO_2 微粉时，材料中晶粒之间的孔隙较多，晶粒与晶粒之间的界线很清晰，但是晶粒尺寸较小，特别是晶粒的厚度很薄，六方片状晶粒也不明显。SiO_2 微粉加入量为 0.25%时，晶粒之间的孔隙虽然变小，但晶粒的大小无明显区别；继续加入 SiO_2 微粉至 0.5%，晶粒之间的空隙更少，且晶粒明显长大，很多晶粒已长成六方片状，晶粒厚度也明显增大；SiO_2 微粉加入量达到 0.75%时，晶粒长大更为明显，几乎全为六方片状晶粒，晶粒大小均匀，尺寸规则，且晶粒之间的孔隙变小；当 SiO_2 微粉加入量为 1.0%时，晶粒与晶粒之间的孔隙更小，相对"致密化"更为显著，而且晶粒继续长大，很多晶粒的尺寸甚至达到 10 μm，甚至有些晶粒边缘相互烧结在一起，形成一个大晶粒。

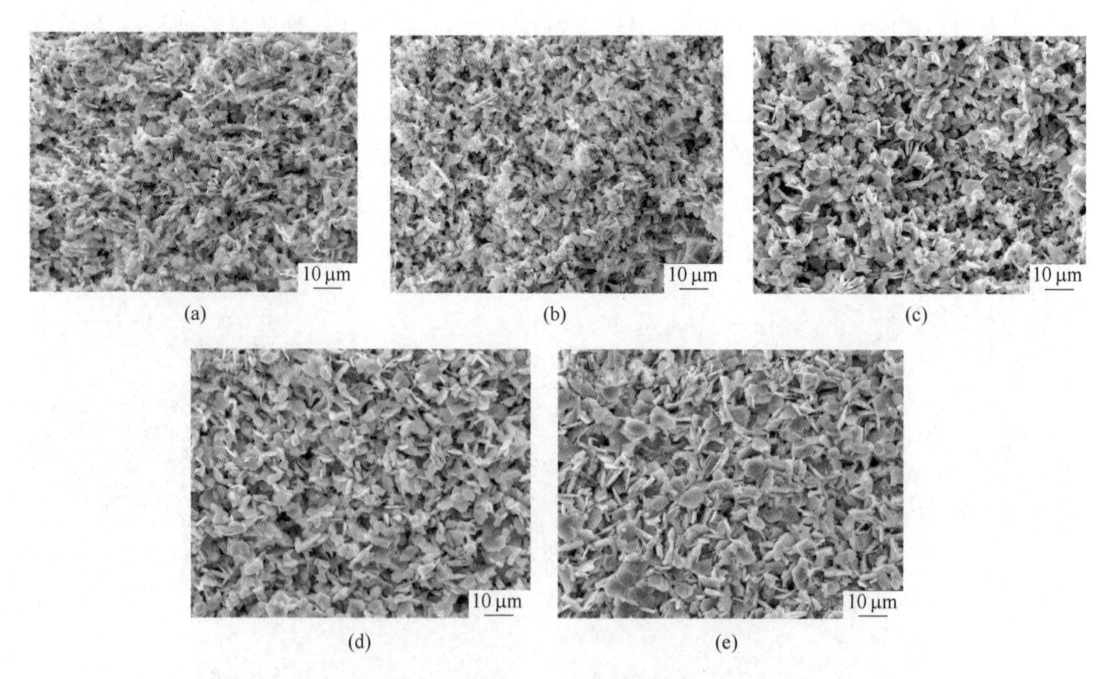

图 10-4-24　不同 SiO_2 微粉加入量烧后试样晶粒分布与尺寸对比

(a) 0%；(b) 0.25%；(c) 0.5%；(d) 0.75%；(e) 1.0%

由于 CA_6 为不一致熔融化合物，不存在 CA_6 熔体，CA_6 只能从高温熔体中析出。加入 SiO_2 微粉后，会产生低熔相，在温度较高时，这些低熔相熔化，使得材料中的 Al^{3+} 和 Ca^{2+} 不断地进入液相，随后再从液相中析出 CA_6，故可将材料中 CA_6 的形成过程表征为溶解-沉淀反应，这种方式所析出的 CA_6 晶粒更大更完整，且晶粒相互之间的接触面积也更大，边边接触和面面接触的晶粒逐渐变多，高温下的液相对材料中气孔的填充效果也较为明显。从 10.4.2 节中可知，未加入 SiO_2 微粉时，CA_6 的形成过程为固相加成反应，且各晶粒之间的接触方式大多数为点接触，从而使 SiO_2 微粉的加入不仅能降低 CA_6 的形成温度，还能改变 CA_6 的形成方式和 CA_6 晶粒之间的接触方式。因此，加入 SiO_2 微粉后，CA_6 多孔隔热材料的强度、导热系数和弹性模量等物理性能得到明显改善。

从图 10-4-25 中可以看出，加入 SiO_2 微粉之后的 CA_6 晶粒比未加 SiO_2 微粉试样 CA_6 晶粒发育得好；未加 SiO_2 微粉试样的 CA_6 晶粒虽然为片状，且有六方片状的雏形，但是其晶粒尺寸较小、晶粒边缘圆润且形状不规则。加入 SiO_2 微粉后，出现了规则的六方片状晶粒，晶粒尺寸变大，边缘清晰。随着 SiO_2 微粉加入量的增加，六方片状晶粒逐渐变多；当 SiO_2 微粉加入量达到 0.75%时，CA_6 晶粒大小最为均匀，小晶粒很少，晶粒与晶粒之间也未出现烧结现象；当 SiO_2 微粉加入量为 1.0%时，CA_6 晶粒发育得更大，且很多晶粒与晶粒之间烧结到一起，形成一个大晶粒，但是大晶粒的表面生成含 SiO_2 低熔相，促进各晶粒之间的结合，使得材料的强度得到明显提高。

图 10-4-25　不同 SiO_2 微粉加入量对烧后试样晶粒形貌的影响

(a) 0%；(b) 0.25%；(c) 0.5%；(d) 0.75%；(e) 1.0%

10.4.4　泡沫法制备 CA_6 多孔隔热材料与同类轻质砖的性能比较

采用泡沫法合成的 CA_6 多孔隔热耐火材料与所对应的莫来石轻质砖和钙长石砖的部分物理性能见表 10-4-3 和表 10-4-4。从表 10-4-3 中可以看出，在体积密度为（0.8±0.1）g/cm³ 等级上，CA_6 多孔隔热耐火材料的强度远高于莫来石轻质砖，600 ℃的导热系数也低 30%~50%；与体积密度为 0.5 g/cm³ 的等级相比，CA_6 多孔材料的强度与钙长石和莫来石轻质砖差不多，但导热系数要低很多，特别是和莫来石轻质砖相比，其导热系数要低 1 倍左右，见表 10-4-4。

表 10-4-3　CA_6 多孔隔热材料与同级体积密度莫来石砖的部分性能比较

材　质		体积密度 /g · cm^{-3}	常温耐压强度 /MPa	导热系数（600 ℃）/W · (m · K)$^{-1}$
莫来石轻质砖	TJM26	0.80	2.0	0.32
	TJM28	0.90	2.5	0.38
	JM28	0.89	1.8	0.34
CA_6 多孔隔热材料	无 SiO_2	0.78	6.64	0.177
	无 SiO_2	0.89	8.80	0.201
	0.5%SiO_2	0.80	8.19	0.255

注：莫来石轻质砖为摩根热陶瓷公司的牌号。

表 10-4-4　CA_6 多孔隔热材料与同级体积密度钙长石和莫来石轻质砖的部分性能比较

材　质	体积密度 /g · cm^{-3}	常温耐压强度 /MPa	导热系数/W · (m · K)$^{-1}$		
CA_6	0.43	1.23	0.087（300 ℃）	0.098（600 ℃）	0.113（900 ℃）
JM23	0.48	1.2	0.12（400 ℃）	0.14（600 ℃）	0.17（800 ℃）
TJM23	0.5	1.0	0.18（400 ℃）	0.22（600 ℃）	0.27（800 ℃）

注：JM23 为摩根公司的钙长石轻质砖，TJM23 为莫来石轻质砖。

10.5　热发泡法制备 CA_6 泡沫陶瓷的结构与性能

10.5.1　热发泡实验过程

热发泡法制备 CA_6 多孔材料的工艺流程如图 10-5-1 所示。实验步骤如下：首先，按照 CA_6 化学计量比（α-Al_2O_3 : CaO = 6 : 1）分别称取 α-Al_2O_3 微粉与 $CaCO_3$ 粉体，预混后得到陶瓷粉料（以下将这种陶瓷混合粉称为 CP 粉），再用行星球磨仪将预混后的陶瓷粉料与蔗糖（简称 S）球磨 6 h；随后，将球磨 6 h 后所得的混合物加热至糖的熔点并用玻璃棒不停搅拌，使糖完全熔化的同时，陶瓷粉料也能均匀地分散在糖熔液中；然后，将上一步所得的分散液置于一定的发泡温度下发泡和固化，得到多孔陶瓷生坯；最后，将泡沫陶瓷生坯置于高温烧结炉中，按照已经确定好的烧成制度对泡沫陶瓷生坯进行热处理，并在一定的烧成温度下保温 3 h，然后随炉冷却至室温，取出烧制好的泡沫陶瓷并对其进行测试与表征。发泡性能表征为发泡前后的分散液体积增长百分数，体积增长百分数越大，其发泡性能就越好。

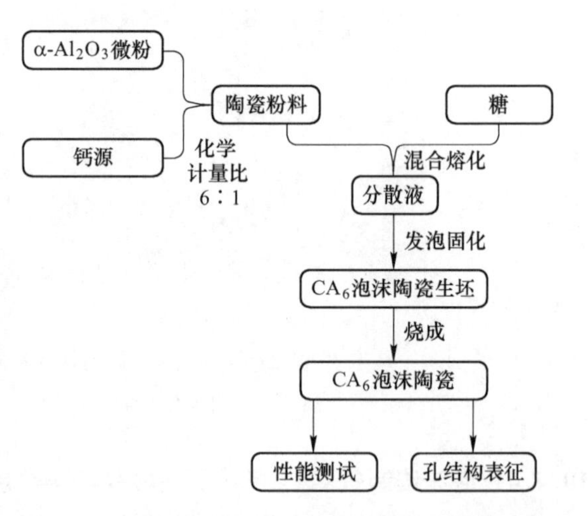

图 10-5-1　热发泡法制备 CA_6 泡沫陶瓷的实验流程图

10.5.2　发泡温度对 CA_6 泡沫陶瓷制备和性能的影响

在热发泡法制备 CA_6 泡沫陶瓷的工艺过程中，发泡温度是一个非常重要的工艺参数。当发泡温度过高时，分散液黏度小，发泡速度相对较快，但产生的气泡较不稳定，容易破裂和坍塌；而当发泡温度过低时，分散液黏度过大，产生气泡的外部压力过大，难以发泡。因此，发泡温度是热发泡法制备 CA_6 泡沫陶瓷必要研究的工艺参数之一。

本节主要研究了发泡温度对 CA_6 泡沫陶瓷制备及性能的影响。称取、混合得到了 CP/S 质量比为 1.2（陶瓷混合粉：蔗糖=1.2：1），熔化后得到陶瓷粉料在蔗糖熔液中均匀分散的分散体系，随后在不同发泡温度（130 ℃、135 ℃、140 ℃和 145 ℃）下发泡、固化得到生坯，再在 1600 ℃热处理 3 h 得到泡沫陶瓷，分析发泡温度对分散液流变性能和发泡性能、材料的物理性能和孔结构的影响。

10.5.2.1　分散液的流变性能和发泡性能

图 10-5-2 为不同温度（125~145 ℃）下分散液的流变曲线，分散液的初始黏度随温度上升而减小，随着剪切速率的升高，分散液均出现剪切稀化现象。其中，当测试温度为 130~145 ℃时，在低剪切速率下，分散液黏度较为接近；而当测试温度降低到 125 ℃时，低剪切速率下分散液的黏度急剧上升，远高于其他测试温度，因而在此温度下，分散液难以发泡，所以后续实验中泡沫陶瓷的发泡温度选择 130 ℃、135 ℃、140 ℃和 145 ℃。

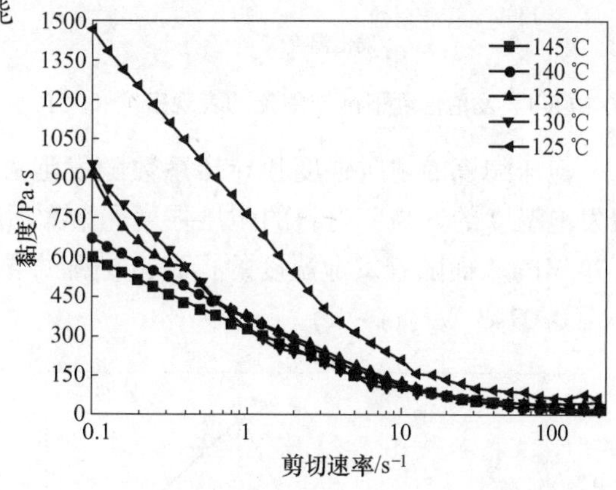

图 10-5-2　不同发泡温度下分散液的流变性能

综上分析可得，温度越高，分散液黏度越低，分散液的流动性越好。主要原因在于，当温度较高时，颗粒的间距较大，陶瓷粉料的活动越容易，无规则运动越激烈，从而降低了分散液黏度。

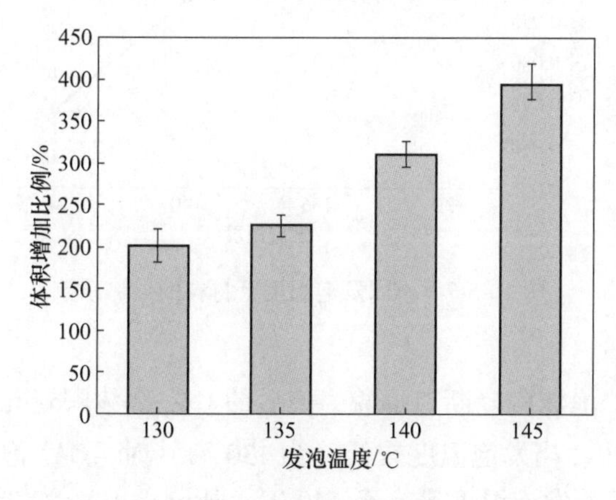

图 10-5-3　不同发泡温度下分散液的发泡性能

图 10-5-3 为不同发泡温度下分散液的发泡性能。从图中可知，分散液的发泡性能随着发泡温度的升高而不断提高。当发泡温度较高时，蔗糖分子间缩聚反应加剧，会产生大量气泡；同时，发泡温度升高使得分散液的黏度降低，导致分散液中形成气泡的压力变小，从而使得产生的气泡孔径变大。综合以上原因，分散液的发泡性能在发泡温度升高时得到提高。

10.5.2.2　CA_6 多孔材料的物理性能

不同发泡温度下制备的烧后 CA_6 泡沫陶瓷的气孔率、表观体积密度和线收缩率如图 10-5-4 和图 10-5-5 所示。当发泡温度为 130 ℃时，CA_6 泡沫陶瓷的气孔率为 92.3%，表观密度为0.29 g/cm³，线收缩率为21.9%；而当发泡温度提高到145 ℃时，样品的气孔率增加至94.5%，表观密度减小至0.21 g/cm³，线收缩率为22.4%。随着发泡温度的提高，气孔率增加，表观密度下降，线收缩率变化不大。

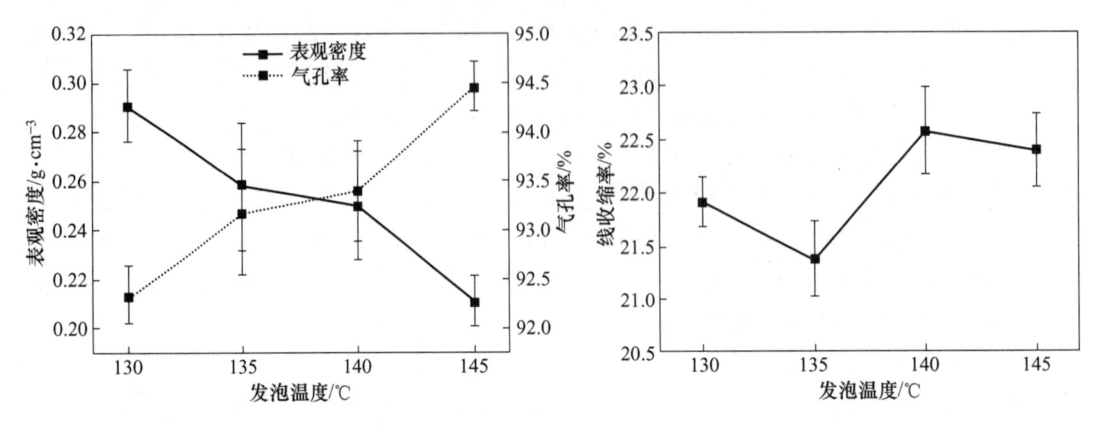

图 10-5-4　发泡温度下泡沫陶瓷的表观密度和气孔率　　图 10-5-5　不同发泡温度下材料的线收缩率

泡沫陶瓷的耐压强度和导热系数随发泡温度的变化如图10-5-6和图10-5-7所示。随着发泡温度的升高，材料的耐压强度先增大后减小，并在发泡温度140 ℃时达到峰值，为0.79 MPa。而随着发泡温度的提高，材料的导热系数逐渐减小，由0.103 W/(m·K)减小至0.0743 W/(m·K)。

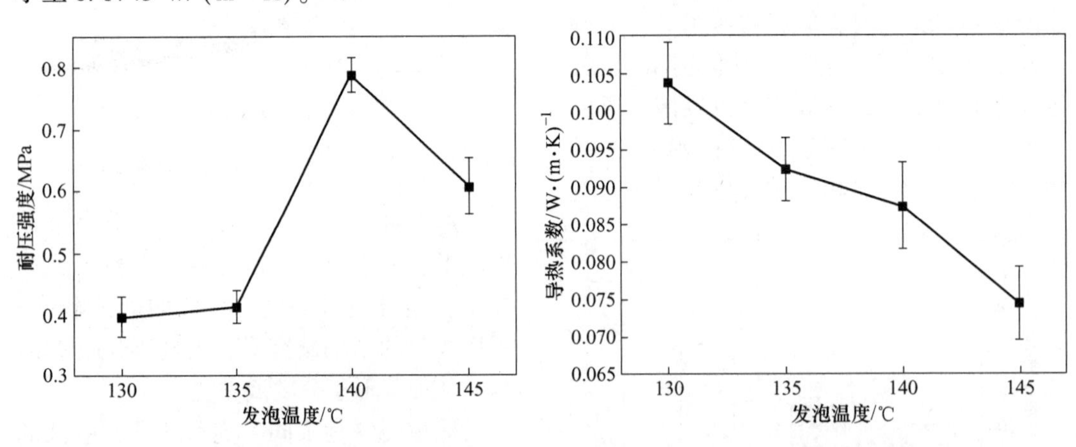

图 10-5-6　不同发泡温度下材料的耐压强度　　图 10-5-7　不同发泡温度下材料的导热系数

10.5.2.3　泡沫陶瓷的显微结构

图10-5-8为不同发泡温度下制备的CA_6泡沫陶瓷断口形貌，烧后的CA_6泡沫陶瓷孔结构是气泡-窗口型。通过图10-5-8可以看出，当发泡温度较低（为130 ℃）时，CA_6泡沫陶瓷内气泡的孔径较小且球形度较低；随着发泡温度升高至140 ℃，所制备CA_6泡沫陶瓷内的气泡孔径逐渐增大，且球形度增大；而当发泡温度达到145 ℃时，CA_6泡沫陶瓷内的气泡孔径稍微增大，但球形度降低，窗口小孔变化类似。这是由于发泡温度越高，分散液黏度越小，生成气泡内部的压力越大，外部压力不变；因此气泡内外压差越大，气泡越容易长大，而发泡温度过高时，气泡则会生长过大甚至破裂。

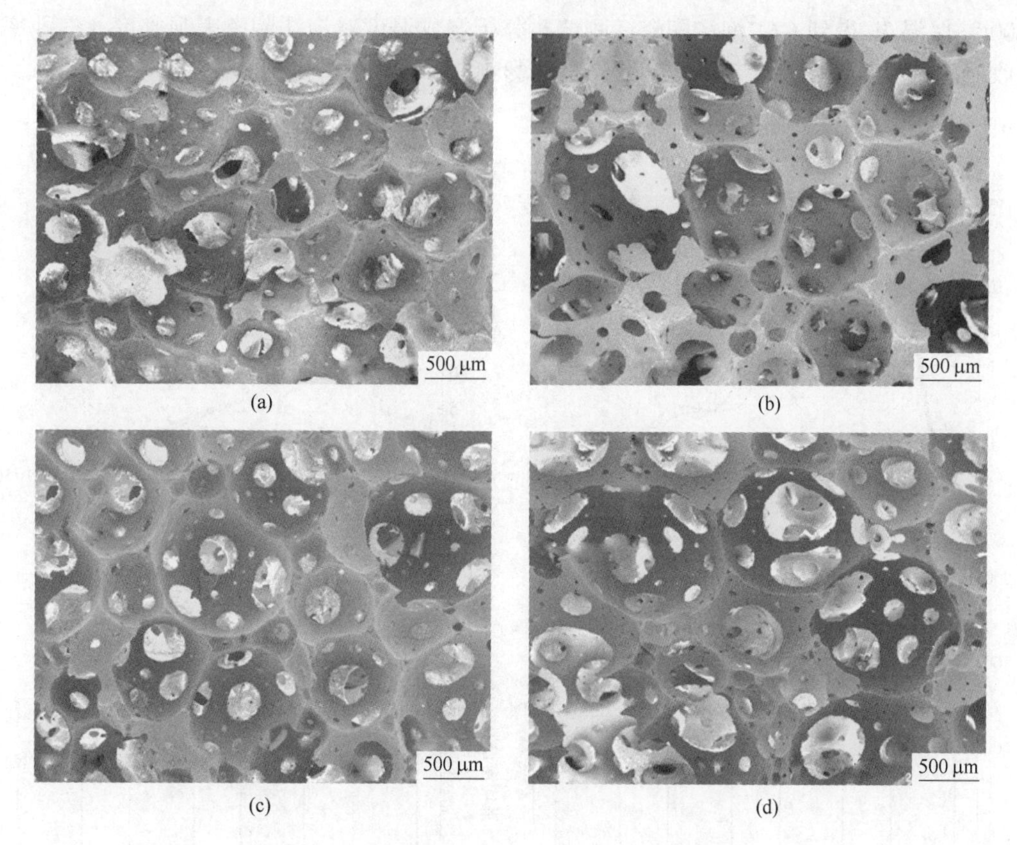

图 10-5-8　不同发泡温度制得泡沫陶瓷的断口形貌
(a) 130 ℃; (b) 135 ℃; (c) 140℃; (d) 145℃

图 10-5-9 为 CP/S 的质量比为 1.2 的泡沫陶瓷在不同发泡温度下的孔径分布。从图中可以看出，当发泡温度为 130 ℃时，球形大孔的孔径分布为：d_{10} = 333.8 μm，d_{50} = 597.3 μm，d_{90} = 998.8 μm，球形大孔平均孔径为 647.2 μm；当发泡温度为 135 ℃时，球形大孔的孔径分布为：d_{10} = 347.5 μm，d_{50} = 648.5 μm，d_{90} = 1104 μm，球形大孔平均孔径为 704.5 μm；当发泡温度为 140 ℃时，球形大孔的孔径分布为：d_{10} = 346.1 μm，d_{50} = 623.0 μm，d_{90} = 1064.0 μm，球形大孔平均孔径为 678.6 μm；当发泡温度为 145 ℃时，球形大孔的孔径分布为：d_{10} = 338.7 μm，d_{50} = 603.0 μm，d_{90} = 1012.8 μm，大孔平均孔径为 635.5 μm。随着发泡温度的升高，大孔平均孔径先增大后减小；窗口平均孔径在 80~90 μm 之间。在四个不同发泡温度下，大孔平均孔径在 630~700 μm 之间；而随着发泡温度的升高，窗口平均孔径逐渐减小。表 10-5-1 归纳了不同发泡温度下热泡法制备 CA_6 泡沫陶瓷的性能。

10.5.3　烧成温度对 CA_6 泡沫陶瓷显微结构和性能的影响

本节主要研究烧成温度对 CA_6 泡沫陶瓷性能及显微结构的影响，制备了 CP/S 质量比为 1.2 的混合料，混合料经过熔化得到了陶瓷混合粉料在蔗糖熔液中的分散体系，将分散体系置于 140 ℃发泡、固化得到泡沫陶瓷生坯，生坯分别在 1450 ℃、1500 ℃、1550 ℃和

1600 ℃保温 3h 得到 CA_6 泡沫陶瓷，测试并分析烧成温度对泡沫陶瓷表观密度、气孔率、线收缩率、耐压强度、导热系数和孔结构的影响。

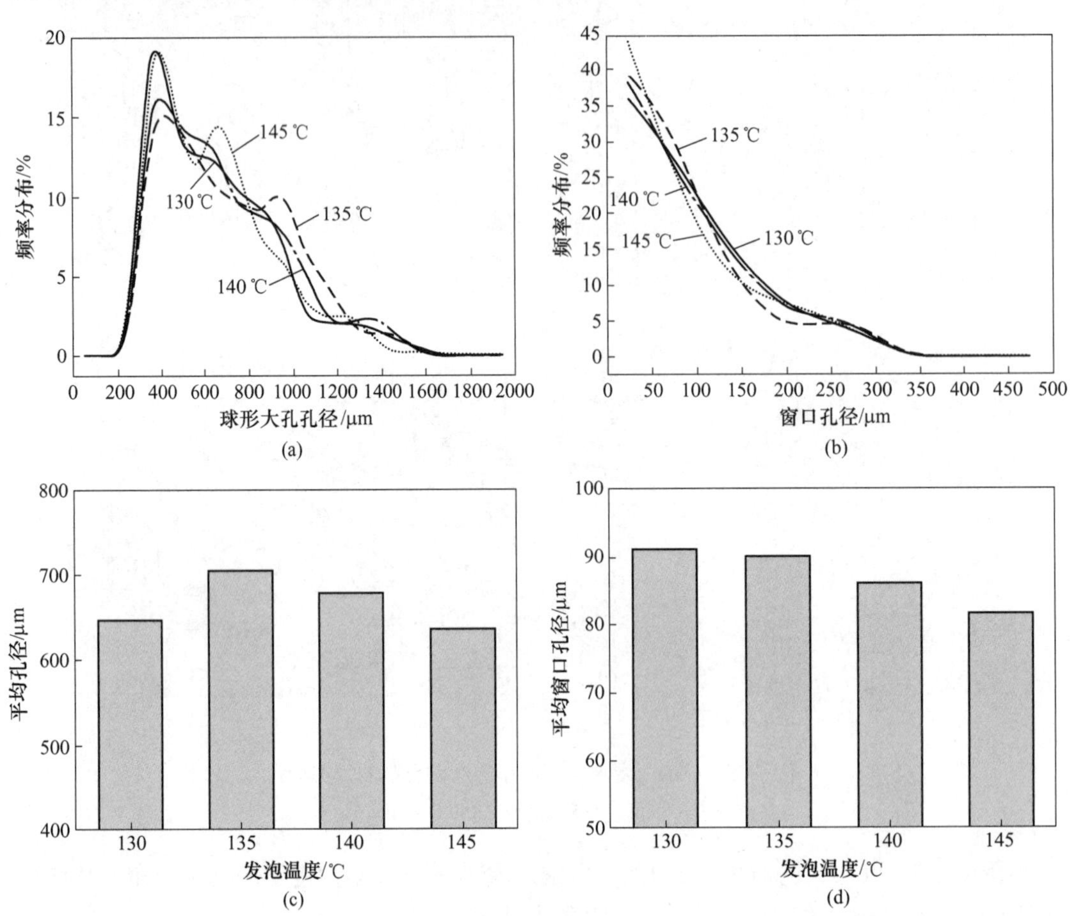

图 10-5-9 发泡温度对泡沫陶瓷的孔径分布及平均孔径的影响

（a）球形大孔孔径频率分布；（b）窗口孔径频率分布；（c）平均孔径；（d）平均窗口孔径

表 10-5-1 发泡温度对热泡法制备 CA_6 泡沫陶瓷性能的影响

发泡温度/℃	体积密度/g·cm^{-3}	气孔率/%	球形大孔平均孔径/μm	窗口小孔平均孔径/μm	耐压强度/MPa	导热系数/W·(m·K)$^{-1}$
130	0.269	93	647	91	0.40	0.104
135	0.245	94	705	90	0.41	0.092
140	0.245	94	679	86	0.79	0.087
145	0.225	94	635	82	0.61	0.074

10.5.3.1 物相分析

不同烧成温度下制备的泡沫陶瓷的 XRD 谱图如图 10-5-10 所示。从图中可以看出，在 1450 ℃热处理后，存在 CA_2 相衍射峰，当烧成温度上升到 1500 ℃及以上时，CA_2 的衍射峰消失，只剩下 CA_6 和刚玉相衍射峰。在烧成温度达到 1500 ℃时，生成 CA_6 的固相反应全部完成，继续升高烧成温度，可以起到促进 CA_6 晶粒的生长和提高材料致密度的作用。

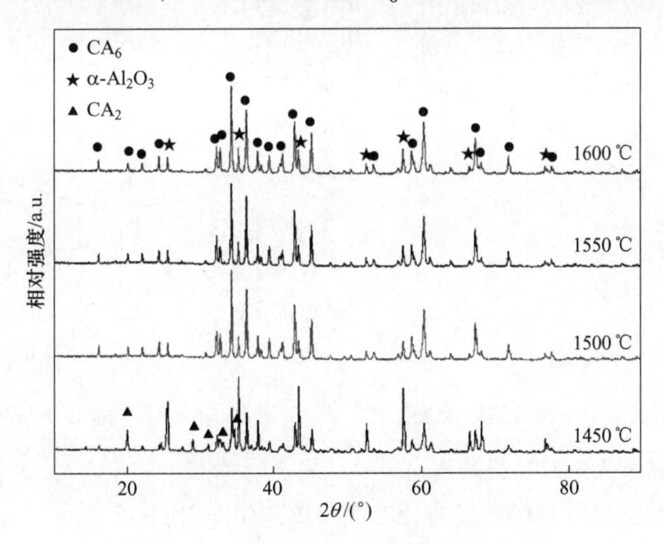

图 10-5-10 不同温度下泡沫陶瓷的 XRD 谱图

10.5.3.2 泡沫陶瓷的物理性能

烧后泡沫陶瓷的气孔率、表观密度和线收缩率随烧成温度的变化关系如图 10-5-11 和图 10-5-12 所示。当烧成温度为 1450 ℃时，气孔率为 96.5%，表观密度为 0.134 g/cm³，线收缩率为 19.3%；而当发泡温度达到 1600 ℃时，气孔率降低至 93.4%，表观密度增大至 0.250 g/cm³，线收缩率为 22.6%。随着烧成温度的提高，材料的气孔率减小，表观密度增大，线收缩加剧。

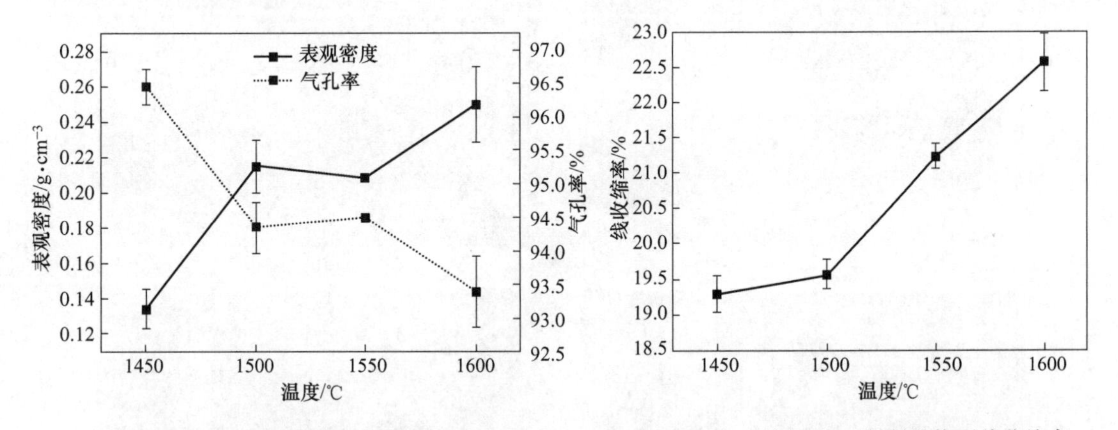

图 10-5-11 不同温度下材料的气孔率

图 10-5-12 不同温度下材料的烧后线收缩率

图 10-5-13 和图 10-5-14 分别为 CA_6 泡沫陶瓷的耐压强度和导热系数随烧成温度的变化曲线。当烧成温度为 1450 ℃时，泡沫陶瓷的耐压强度最低，为 0.38 MPa，随着烧成温度的提高，材料的耐压强度也逐渐增大；当烧成温度升高至 1600 ℃时，泡沫陶瓷的耐压强度达到最大，为 0.79 MPa。烧成温度由 1450 ℃升高至 1500 ℃时，导热系数基本不变，分别为 0.0722 W/(m·K) 和 0.0716 W/(m·K)；当烧成温度进一步升高至 1600 ℃时，导热系数也随之增大，并在 1600 ℃时达到最大，为 0.0873 W/(m·K)。

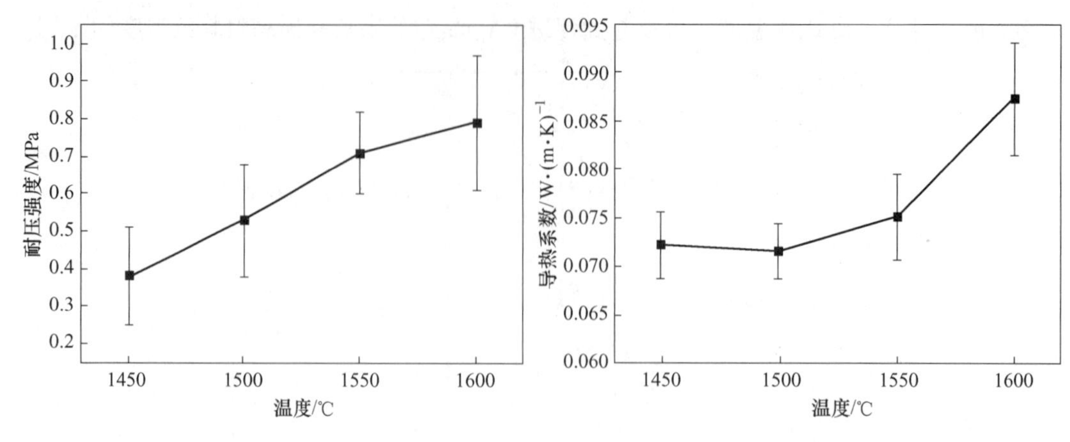

图 10-5-13　不同温度下材料的耐压强度　　图 10-5-14　不同温度下材料的导热系数

10. 5. 3. 3　泡沫陶瓷的显微结构

不同烧成温度下制得 CA_6 泡沫陶瓷的断口形貌如图 10-5-15 所示。由图可知，不同烧成温度制备的 CA_6 泡沫陶瓷气孔形貌非常类似，都有着一定量的球形大孔，球形大孔孔壁上又有着各式各样的窗口形小孔。其中，1600 ℃烧后的 CA_6 泡沫陶瓷球形大孔的孔径尺寸小于 1450 ℃烧后的试样，这是由于烧成温度的提高会使泡沫陶瓷基质更致密，许多小气孔在烧成温度升高的过程中逐渐消失。因此，随着烧成温度的升高，大孔尺寸逐渐减小，孔壁也逐渐变厚。

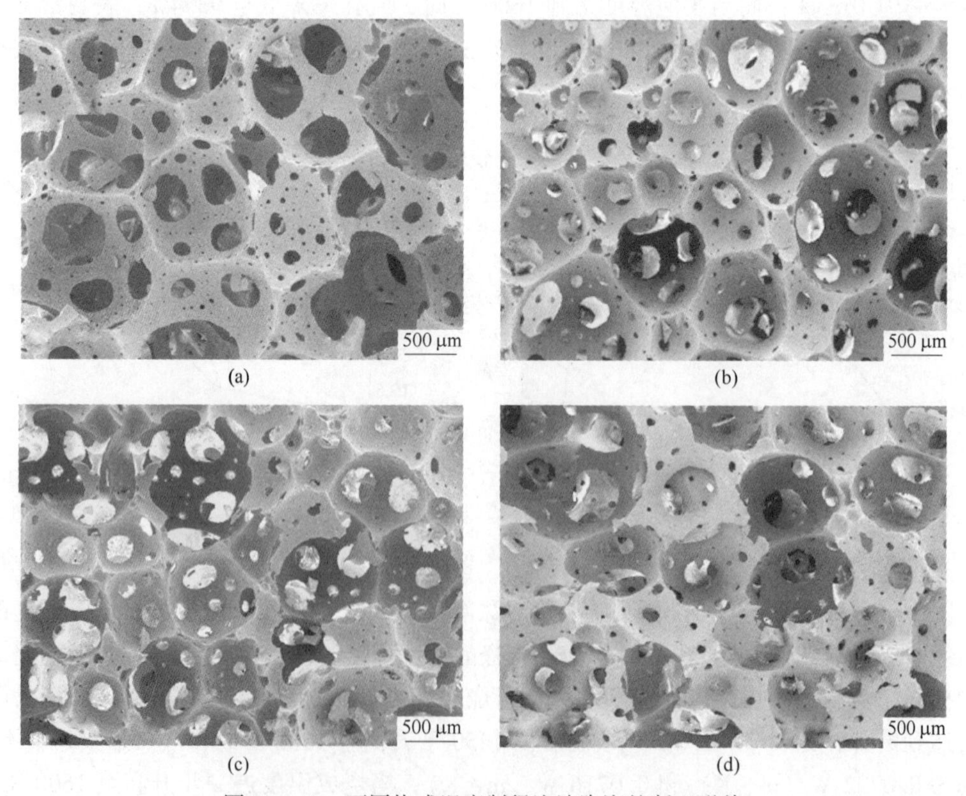

图 10-5-15　不同烧成温度制得泡沫陶瓷的断口形貌

(a) 1450 ℃；(b) 1500 ℃；(c) 1550 ℃；(d) 1600 ℃

图 10-5-16 为不同烧成温度制得泡沫陶瓷的孔径分布。从图 10-5-16 可以看出，烧成温度为 1450~1600 ℃，试样的球形大孔的孔径分布基本服从单峰分布，窗口小孔的孔径分布也服从单峰分布。当烧成温度为 1450 ℃时，球形大孔的孔径分布为：d_{10} = 370 μm，d_{50} = 658. 4 μm，d_{90} = 1201. 6 μm，球形大孔平均孔径为 735. 9 μm；当烧成温度为 1500 ℃时，球形大孔的孔径分布为：d_{10} = 355. 8 μm，d_{50} = 620. 6 μm，d_{90} = 1088. 1 μm，球形大孔平均孔径为 689. 3 μm；当烧成温度为 1550 ℃时，球形大孔的孔径分布为：d_{10} = 330 μm，d_{50} = 623. 1 μm，d_{90} = 1064 μm，球形大孔平均孔径为 682. 2 μm；当烧成温度为 1600 ℃时，球形大孔的孔径分布为：d_{10} = 362. 8 μm，d_{50} = 647. 4 μm，d_{90} = 1080. 5 μm，大孔平均孔径为 678. 6 μm。试验数据表明：随着烧成温度的升高，烧后试样的球形大孔和窗口小孔的分布范围基本不变，但平均孔径逐渐减小。窗口小孔的平均孔径为 63. 4~100. 3 μm，随烧成温度升高先增大后减小。所以说，烧成温度对泡沫陶瓷的孔径分布影响非常小。

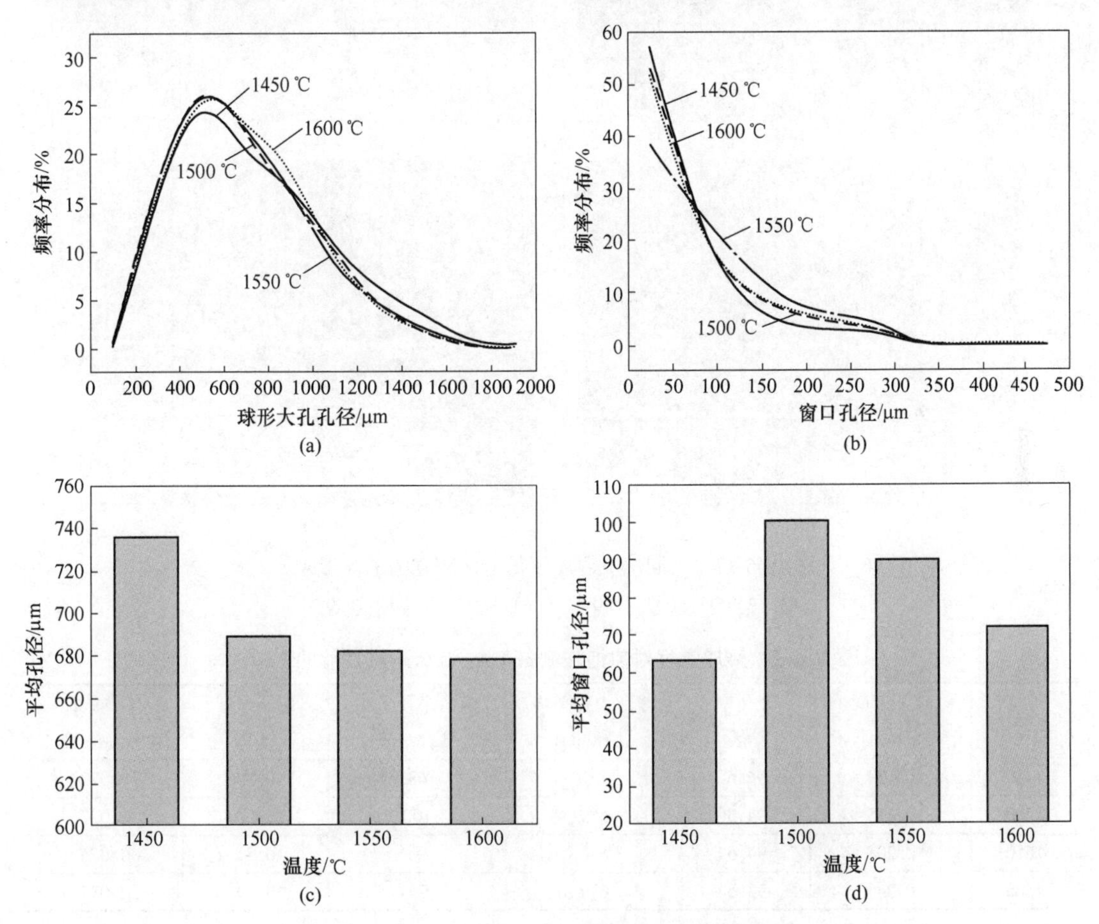

图 10-5-16 烧成温度对泡沫陶瓷的孔径分布及平均孔径

（a）球形大孔孔径的频率分布；（b）窗口孔径的频率分布；（c）平均孔径；（d）平均窗口孔径

CA_6 泡沫陶瓷的烧结过程就是其泡沫生坯在高温下致密化的过程，从图 10-5-17（a）可以看出：当烧成温度为 1450 ℃时，试样中已有明显的 CA_6 片状晶粒形成，但其结合较为疏松，且有许多小的 CA_2 晶粒夹杂其中。而随着烧成温度的升高，材料内 CA_2 晶粒消失，CA_6 颗粒间结合不断紧密，晶粒逐渐长大。图 10-5-17（b）和（c）中 CA_6 泡沫陶瓷的晶粒发育完全但晶粒尺寸不大，结合程度较图 10-5-17（a）中试样好，但仍较不紧密。当烧成温度为 1600 ℃时（见图 10-5-17（d）），大量 CA_6 晶粒簇拥生长，使得 CA_6 颗粒间互相键联，晶粒尺寸显著增大，晶体微观结构更致密，提高了 CA_6 泡沫陶瓷的物理性能。表 10-5-2 归纳了不同烧成温度对热泡法制备 CA_6 泡沫陶瓷性能的影响。

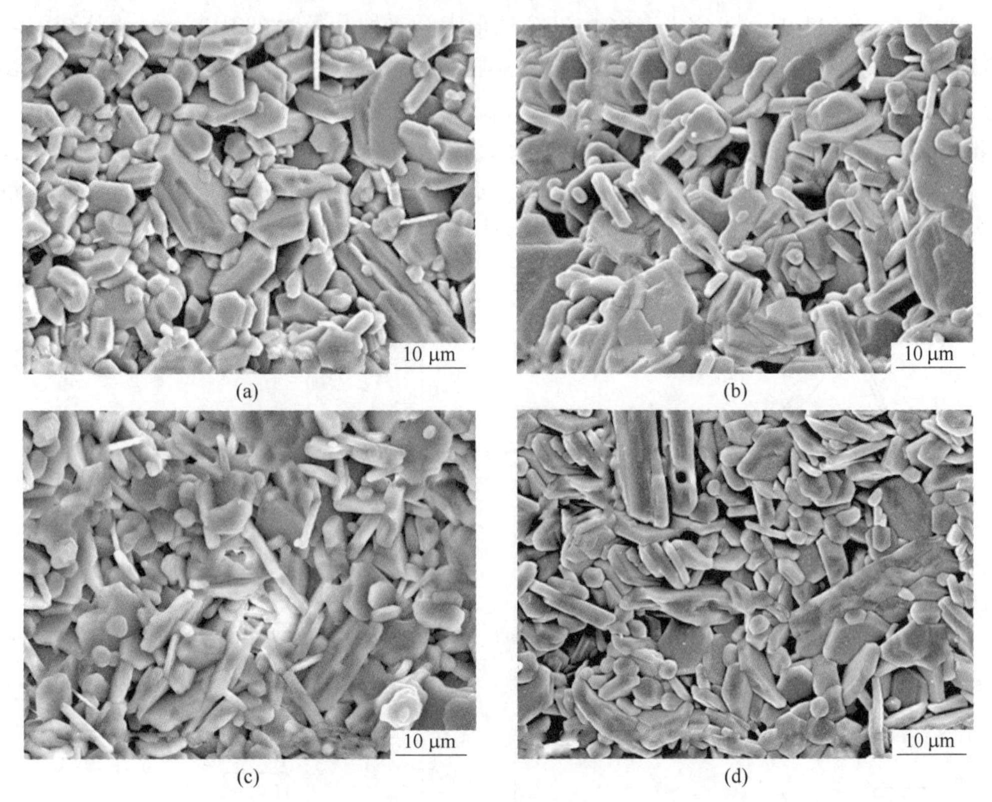

图 10-5-17 不同烧成温度制得泡沫陶瓷的晶体形貌

（a）1450 ℃；（b）1500 ℃；（c）1550 ℃；（d）1600 ℃

表 10-5-2 烧成温度对热泡法制备 CA_6 泡沫陶瓷性能的影响

温度 /℃	体积密度 /$g \cdot cm^{-3}$	气孔率 /%	球形大孔平均孔径/μm	窗口小孔平均孔径/μm	耐压强度 /MPa	导热系数 /$W \cdot (m \cdot K)^{-1}$
1450	0.134	96.5	736	63	0.38	0.072
1500	0.215	94.3	689	100	0.53	0.072
1550	0.208	94.5	682	90	0.71	0.075
1600	0.245	93.5	679	72	0.79	0.087

10.6 CA_6 多孔隔热耐火材料的工业应用

10.6.1 CA_6 多孔隔热耐火原料

CA_6 多孔隔热材料的合成方法有很多，国内大多数还是在实验室阶段，工业产品

Almatis 公司曾生产过。CA_6 多孔隔热耐火材料商品名称为 SLA-92，它是一种轻质骨料，其原意为 "super lightweight aggregate with 92% Al_2O_3 non fibrous insulating material"，即其中 SLA 为 "super light-weight aggregate" 的首字母缩写，92 代表产品中 Al_2O_3 含量，SLA-92 的主要理化指标见表 10-6-1，SLA-92 的开口气孔率为 70%~75%，气孔平均尺寸约为 4.5 μm，如图 10-6-1 所示。

表 10-6-1 SLA-92 的理化指标

指标		典型	最小值	最大值
化学组成（质量分数）/%	Al_2O_3	91	90	
	CaO	8.5		9.2
	Na_2O	0.40		0.5
	SiO_2	0.07		0.2
	Fe_2O_3	0.04		0.1
物理性能	松装密度/$g \cdot cm^{-3}$	0.5~0.6		
	体积密度/$g \cdot cm^{-3}$	0.80		0.95
	矿相组成	CA_6，主晶相；CA_2 和 α-Al_2O_3 为次晶相		
	可供粒度	3~6 mm，1~3 mm，0~1 mm		
	导热系数/$W \cdot (m \cdot K)^{-1}$	0.40（1300 ℃）		
	热震稳定性	良好		
	长期使用温度/℃	1500		

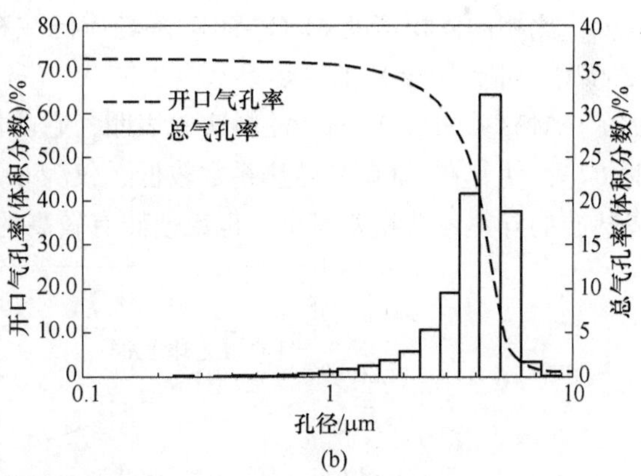

图 10-6-1 SLA-92 的显微结构(a)和孔径分布(b)

SLA-92 实际上是一种轻质耐火原料，它与传统隔热耐火原料的导热系数-温度曲线如图 10-6-2 所示。由图可知，SLA-92 和陶瓷纤维模块类同，随着温度升高，导热系数上升趋势近似。但与纤维模块不同的是，1200 ℃以上，纤维模块的导热系数-温度曲线开始快速上升，导热系数明显高于 SLA-92；SLA-92 导热系数远低于 Al_2O_3 空心球骨料、黏土轻质骨料等。

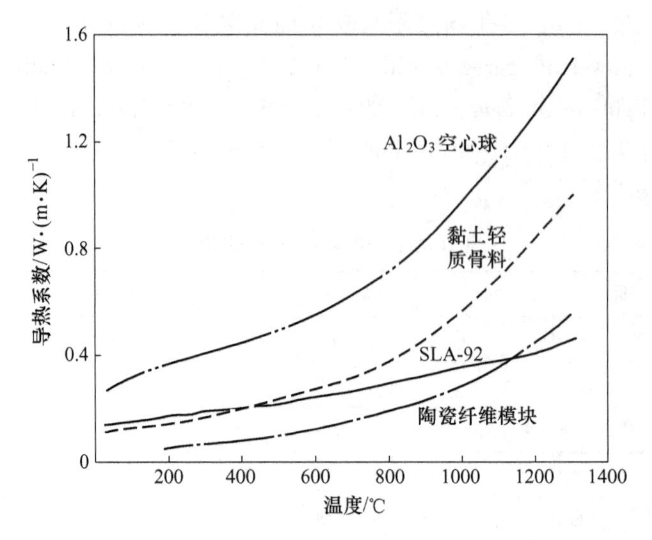

图 10-6-2 SLA-92 与一般隔热耐火原料的导热系数对比

10.6.2 CA_6 基多孔隔热耐火材料

工业上 CA_6 基多孔隔热耐火材料主要是以 SLA-92 为主要原料制备的 SLA-92 轻质隔热浇注料和轻质耐火砖，下面主要阐述 SLA-92 基多孔隔热耐火材料的特点。

（1）导热性能。SLA-92 轻质浇注料在 800～1400 ℃范围，其导热系数为 0.30～0.37 W/(m·K)，低于 0.4 W/(m·K)，比相同分类温度水泥结合 Al_2O_3-SiO_2 系轻质浇注料（分类温度 1430 ℃，体积密度 1.25 g/cm^3）的导热系数（0.38 W/(m·K)，600 ℃）还要低；比相同体积密度 Al_2O_3-SiO_2 系轻质浇注料（体积密度为 1.05 g/cm^3，分类温度为 1260 ℃，水泥结合）的导热系数（0.27 W/(m·K)，600 ℃）可能会更低，如图 10-6-3 所示。对有关 SLA-92 的浇注料实验表明，它的低密度及微孔性可以抑制 1000 ℃以上的辐射传热，使其在 1400 ℃导热系数较低，仅为 0.4 W/(m·K)，且 CA_6 隔热浇注料与 CA_6 隔热砖的导热系数相差很小，也就使砖有较高的体积密度。

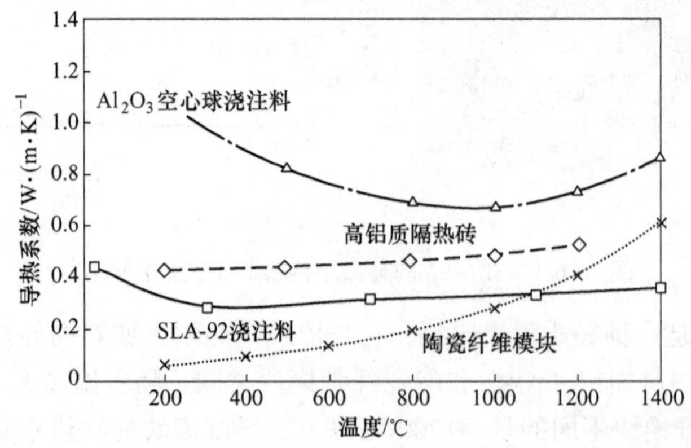

图 10-6-3 SLA-92 轻质浇注料与隔热耐火材料的导热系数和温度的关系

（SLA-92 浇注料：1000 ℃处理，体积密度 1.07 g/cm^3；而陶瓷纤维模块：80% Al_2O_3，体积密度 0.14 g/cm^3；导热系数按标准 DIN EN 993-15 中平行热线法检测）

（2）热震稳定性。CA_6 轻质隔热浇注料（SLA-92 浇注料）的热震稳定性检测条件为 950 ℃空气冷却到室温，测量其耐压和抗折强度，结果见表 10-6-2。从表 10-6-2 可以看出，热震 10 次后其抗折强度和耐压强度相差不大，可见其热震稳定性十分优异。通过 SLA-92 轻质浇注料、SLA-92 轻质砖、Al_2O_3 空心球浇注料和高铝隔热砖热震稳定性的对比发现，SLA-92 轻质浇注料的热震稳定性（>10 次）远优于 Al_2O_3 空心球浇注料（2 次）和高铝隔热砖（6 次），如图 10-6-4 所示。

表 10-6-2　SLA-92 浇注料热震前后的强度比较（950℃空冷到室温）

SLA-92 浇注料		常温抗折强度/MPa		常温耐压强度/MPa	
预处理温度/℃	热循环次数	循环 10 次前后		循环 10 次前后	
1000	>10	0. 24	0. 3	3. 7	3. 5
1500	>10	0. 6	1. 1	6. 5	6. 1

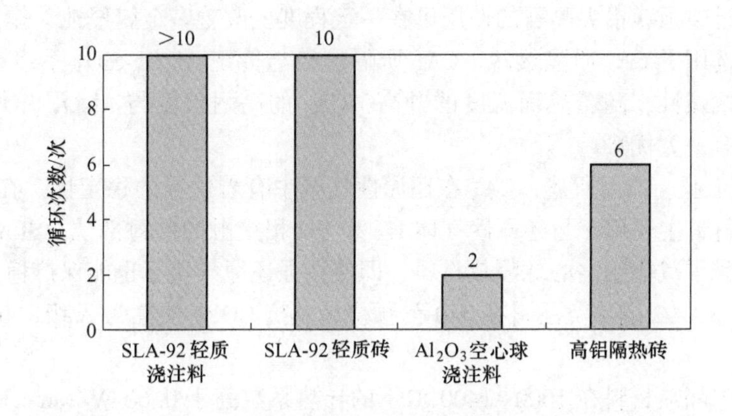

图 10-6-4　CA_6 多孔隔热耐火材料和常见隔热材料的热震稳定性

有研究者对无纤维 CA_6 多孔隔热浇注料和氧化铝纤维隔热浇注料进行了 1500 ℃× 30 min空冷 10 min、循环 5 次的抗剥落试验，结果表明：CA_6 隔热浇注料比氧化铝纤维隔热浇注料有更少的裂纹出现。

（3）高温体积稳定性。和一般高温隔热材料相比，CA_6 多孔隔热耐火材料表现出更优良的长期高温稳定性。Van Garsel 对 SLA-92 基高温隔热浇注料进行了 1500 ℃下长达 14 天的高温体积稳定性测试，结果表明，1500 ℃的长期加热不改变孔径分布。一个有趣但还未完全解释清楚的现象是磷酸盐结合试样中只有小于 10 μm（直径）的微气孔，且整个孔径分布均比原料 SLA-92 的孔径分布窄。

对水泥和磷酸盐结合的 SLA-92 质隔热浇注料制品进行 1500 ℃×14 天热处理发现：磷酸盐结合浇注料仅有 0. 3%的低收缩率，水泥结合的浇注料收缩率为 1. 9%，而同等级的 Al_2O_3-SiO_2 质多孔隔热材料，例如 ASTM C155-97（2013）分类中 28 级别的轻质隔热材料（见表 1-4-3），其 1500 ℃×24 h 的加热永久线变化低于 2%。

10.6.3　CA_6 基多孔隔热耐火材料的应用

CA_6 基多孔隔热耐火材料的应用主要体现在以下几个方面：

（1）钢铁工业。为了消除钢包盖用纤维制品在装卸及移动中所造成的种种不便，且对于被列为2级致癌物的纤维起到一定的健康和环保影响。Duhamel 和 Verelle 对此进行了改进设计，采用 SLA-92 基浇注料作为钢包盖内衬保温，与纤维内衬相比，其原料成本高了 54%，但可减少人力操作，且使用寿命至少可提高一倍以上。

De Wit 等人也指出，SLA-92 基隔热浇注料可满足钢包盖内衬非纤维化的要求，且可充分抵抗高温变化并保持长期稳定性。另外，其密度小，导热系数低，这对轻质耐火内衬来说至关重要。最重要的是其抗热震性，SLA-92 隔热浇注料可承受 1200 ℃与室温间数次的快速加热与冷却过程，其使用寿命可达3年以上且无任何中间修补。

（2）玻璃工业。CA_6 因其与 β-氧化铝（$K_2O \cdot 11Al_2O_3$ 或 $Na_2O \cdot 11Al_2O_3$）具有类似的晶体结构而表现对碱金属氧化物具有天然的抵抗作用。玻璃工业中熔化池碹顶传统的隔热材料轻质硅砖，随着富氧燃烧技术的应用，碱金属浓度的升高，致使碹顶传统硅砖受到严重磨损。通过碹顶镁铝尖晶石的使用可在一定程度上改善碱金属侵蚀。作为尖晶石内衬的隔热材料，选用了 CA_6 质隔热砖。CA_6 质隔热砖与传统 Al_2O_3-SiO_2 系多孔隔热材料相比具有更好的抗碱性，随着热面温度的升高，CA_6 的高耐火度与 Al_2O_3-SiO_2 系多孔隔热材料相比也占有一大优势。

（3）石化工业。前面所述，CA_6 在还原性气氛中有着优异的稳定性。在石化工业中，CA_6 隔热耐火材料主要用于与还原性气体 H_2 和 CO 相接触的内衬部位。SLA-92 以其高纯和隔热性能取代了氧化铝空心球隔热材料，即使在强还原气氛下也能保持稳定。依国际标准 ASTM228，SLA-92 隔热浇注料在 540 ℃预烧后其抗 CO 侵蚀性为 A 级，1095 ℃预烧后为 B 级。

刚玉空心球隔热材料在 1000~1400 ℃下的导热系数高于 0.60 W/(m · K)，但随温度的升高而明显增大，而 SLA-92 隔热浇注料在 1000~1400 ℃的导热系数低于 0.40 W/(m · K)，且在整个温度范围内保持稳定，如图 10-6-3 所示。

（4）陶瓷工业。多孔隔热 CA_6 耐火材料具有优良的抗热震性，尤其 1450 ℃以上，几乎没有其他任何隔热材料可与之相比。SLA-92 隔热浇注料作为陶瓷窑内的窑车内衬，其主要优势是导热系数和高抗热震性，可以明显减少传统隔热砖所造成的热剥落，也优于因玻璃析晶而变脆的耐火纤维内衬；抗热剥落的增强，减少了对制品性能有影响的微颗粒数量及沉积，从而提高了产品质量及产量。实践证明，SLA-92 基内衬窑车的使用寿命为 12~24 个月，超过了传统窑车的使用寿命。

参 考 文 献

[1] Chen J, Chen H, Mi W, et al. Substitution of Ba for Ca in the structure of $CaAl_{12}O_{19}$ [J]. Journal of the American Ceramic Society, 2017, 100 (1): 413-418.

[2] Cinibulk M K. Effect of precursors and dopants on the synthesis and grain growth of calcium hexaluminate [J]. Journal of the American Ceramic Society, 1998, 81 (12): 3157-3168.

[3] Liu X, Yang D, Huang Z, et al. Novel Synthesis Method and Characterization of Porous Calcium Hexa-

Aluminate Ceramics [J]. Journal of the American Ceramic Society, 2014, 97 (9): 2702-2704.

[4] Li Y, Xiang R, Xu N, et al. Fabrication of calcium hexaluminate-based porous ceramic with microsilica addition [J]. International Journal of Applied Ceramic Technology, 2018, 15 (4): 1054-1059.

[5] Wu M F, Li Y B, Li S J, et al. Preparation and properties of high-purity porous calcium hexaluminate material [C] //Key Engineering Materials. Trans Tech Publications Ltd., 2016, 697: 547-550.

[6] Stainer D, Kremer R. Calcium Hexaluminate Products, Development and Application in the High Temperature Industry [C] //UNITECR'99. Proc. Unified Int. Tech. Conf. on Refractories. 6th Biennial World Congress/42nd Int. Colloq. on Refractories, 1999.

[7] Pérez O, Malo S, Hervieu M. The modulated structure of the calcium aluminate $Ca_6(AlO_2)_{12}Bi_2O_3$[J]. Acta Crystallographica Section B: Structural Science, 2010, 66 (6): 585-593.

[8] Goodwin D W, Lindop A J. The crystal structure of $CaO \cdot 2Al_2O_3$ [J]. Acta Crystallographica Section B: Structural Crystallography and Crystal Chemistry, 1970, 26 (9): 1230-1235.

[9] Ito S, Ikai K, et al. Metastable orthorhombic $CaO \cdot Al_2O_3$ [J]. Journal of the American Ceramic Society, 1975, 58 (1/2): 79-80.

[10] Simon S B, Yoneda S, Grossman L, et al. A $CaAl_4O_7$-bearing refractory spherule from Murchison: Evidence for very high-temperature melting in the solar nebula [J]. Geochimica et Cosmochimica Acta, 1994, 58 (8): 1937-1949.

[11] Jonas S, Nadachowski F, Szwagierczak D. A new non-silicate refractory of low thermal expansion [J]. Ceramics International, 1998, 24 (3): 211-216.

[12] Suzuki Y, Ohji T. Anisotropic thermal expansion of calcium dialuminate ($CaAl_4O_7$) simulated by molecular dynamics [J]. Ceramics International, 2004, 30 (1): 57-61.

[13] 李有奇. CA_2/CA_6 刚玉复相耐火材料研究 [D]. 武汉: 武汉科技大学, 2004.

[14] 陈登锋, 张三华. CA_2 合成原料对刚玉浇注料性能的影响 [J]. 耐火材料, 2020, 54 (1): 47-51.

[15] Auvray J M, Gault C, Huger M. Evolution of elastic properties and microstructural changes versus temperature in bonding phases of alumina and alumina-magnesia refractory castables [J]. Journal of the European Ceramic Society, 2007, 27 (12): 3489-3496.

[16] Jonas S, Nadachowski F, Szwagierczak D. Low thermal expansion refractory composites based on $CaAl_4O_7$ [J]. Ceramics International, 1999, 25 (1): 77-84.

[17] Yuan X, Xu Y, He Y. Synthesis of $CaAl_4O_7$ via citric acid precursor [J]. Journal of Alloys and Compounds, 2007, 441 (1/2): 251-254.

[18] Jonas S, Nadachowski F, Szwagierczak D, et al. Thermal expansion of $CaAl_4O_7$-based refractory compositions containing MgO and CaO additions [J]. Journal of the European Ceramic Society, 2006, 26 (12): 2273-2278.

[19] 王伟伟. 含 CA_6-MA 轻质骨料的 Al_2O_3-CaO-MgO 轻质浇注料的性能优化 [D]. 洛阳: 河南科技大学, 2013.

[20] 荆桂花. 含镁铝尖晶石的新型铝酸盐水泥的制备、结构和性能的研究 [D]. 西安: 西安建筑科技大学, 2005.

[21] 任威力. 镁铝尖晶石空心球隔热耐火材料的制备及性能研究 [D]. 郑州: 郑州大学, 2021.

[22] 尹雪亮, 马贺利, 宫长伟, 等. TiO_2 促进 $CaAl_4O_7$ 材料烧结规律及其机理 [J]. 化工进展, 2020, 39 (z1): 200-205.

[23] 周琪润. 热发泡法制备高孔隙率六铝酸钙泡沫陶瓷的结构与性能 [D]. 武汉: 武汉科技大学, 2019.

[24] Sánchez-Herencia A J, Moreno R, Baudın C. Fracture behaviour of alumina-calcium hexaluminate

composites obtained by colloidal processing [J]. Journal of the European Ceramic Society, 2000, 20 (14/15): 2575-2583.

[25] Schnabel M, Buhr A, Van Garsel D, et al. Advantages of dense calcium hexaluminate aggregate for back lining in steel ladles [C] //United International Technical Conference on Refractories, Salwador, Brazylia, 2009: 13-16.

[26] Zhao F, Ge T, Zhang L, et al. A novel method for the fabrication of porous calcium hexaluminate (CA_6) ceramics using pre-fired CaO/Al_2O_3 pellets as calcia source [J]. Ceramics International, 2020, 46 (4): 4762-4770.

[27] Hallstedl B. Assessment of the $CaO-Al_2O_3$ system [J]. Journal of the American Ceramic Society, 1990, 73 (1): 15-23.

[28] Buchel G , Bute A , Gierisch B. Bonite—A new raw material alternative for refractory innovations [J]. Iron & Steel Review, 2006 (4): 50.

[29] 孙彪, 翟萌萌, 李纯明, 等. 六铝酸钙材料合成与应用研究进展 [J]. 山东冶金, 2017, 39 (5): 39-42.

[30] Loison L R. High temperature corrosion of calcium hexaaluminate with biomass slag [D]. Dissertation, Rheinisch-Westfälische Technische Hochschule Aachen, 2018.

[31] Criado E, 谭立华. CA_6 耐火材料 [J]. 国外耐火材料, 1992, 17 (10): 58-63.

[32] Duhamel S, Verrelle D. Developments in the refractory design of lids for ladle preheating in Dunkirk Steelworks [J]. The Refractories Engineer, Journal of the Institute of Refractories Engineers, 2000: 29-33.

[33] Pięta A, Bućko M M, Januś M, et al. Calcium hexaaluminate synthesis and its influence on the properties of $CA_2-Al_2O_3$-based refractories [J]. Journal of the European Ceramic Society, 2015, 35 (16): 4567-4571.

[34] Inoue H, Sekizawa K, Eguchi K, et al. Changes of crystalline phase and catalytic properties by cation substitution in mirror plane of hexaaluminate compounds [J]. Journal of Solid State Chemistry, 1996, 121 (1): 190-196.

[35] Asmi D, Low I M, Kennedy S, et al. Characteristics of a layered and graded alumina/calcium-hexaluminate composite [J]. Materials Letters, 1999, 40 (2): 96-102.

[36] Costa L M M, Sakihama J, Salomão R. Characterization of porous calcium hexaluminate ceramics produced from calcined alumina and microspheres of Vaterite (μ-$CaCO_3$) [J]. Journal of the European Ceramic Society, 2018, 38 (15): 5208-5218.

[37] Altay A, Carter C B, Rulis P, et al. Characterizing CA_2 and CA_6 using elnes [J]. Journal of Solid State Chemistry, 2010, 183 (8): 1776-1784.

[38] An L, Chan H M, Soni K K. Control of calcium hexaluminate grain morphology in in-situ toughened ceramic composites [J]. Journal of Materials Science, 1996, 31: 3223-3229.

[39] Vázquez B A, Pena P, De Aza A H, et al. Corrosion mechanism of polycrystalline corundum and calcium hexaluminate by calcium silicate slags [J]. Journal of the European Ceramic Society, 2009, 29 (8): 1347-1360.

[40] Tulliani J M, Pagès G, Fantozzi G, et al. Dilatometry as a tool to study a new synthesis for calcium hexaluminate [J]. Journal of Thermal Analysis and Calorimetry, 2003, 72 (3): 1135-1140.

[41] Salomão R, Ferreira V L, Costa L M M, et al. Effects of the initial $CaO-Al_2O_3$ ratio on the microstructure development and mechanical properties of porous calcium hexaluminate [J]. Ceramics International, 2018, 44 (2): 2626-2631.

[42] Singh V K, Ali M M, Mandal U K. Formation kinetics of calcium aluminates [J]. Journal of the American Ceramic Society, 1990, 73 (4): 872-876.

[43] Chen J, Chen H, Yan M, et al. Formation mechanism of calcium hexaluminate [J]. International Journal of Minerals, Metallurgy, and Materials, 2016, 23: 1225-1230.

[44] Daraktchiev M, Schaller R, Domínguez C, et al. High temperature mechanical spectroscopy and creep of calcium hexaluminate [J]. Materials Science and Engineering: A, 2004, 370 (1/2): 199-203.

[45] Kawaguchi K, Suzuki Y, Goto T, et al. Homogeneously bulk porous calcium hexaaluminate ($CaAl_{12}O_{19}$): Reactive sintering and microstructure development [J]. Ceramics International, 2018, 44 (4): 4462-4466.

[46] Kockegey-Lorenz R, Buhr A, Racher R P. Industrial application experiences with microporous calcium hexaluminate insulating material SLA-92 [C] //International Colloquium on Refractories, Aachen, Germany, 2005: 66-70.

[47] 陈冲, 陈海龚, 王俊, 等. 六铝酸钙材料的合成、性能和应用 [J]. 硅酸盐通报, 2009, 28 (z1): 201-205.

[48] Do minguez C, Torrecillas R. Influence of Fe^{3+} on sintering and microstructural evolution of reaction sintered calcium hexaluminate [J]. Journal of the European Ceramic Society, 1998, 18 (9): 1373-1379.

[49] Singh V K , Sharma K K. Low-temperature synthesis of calcium hexa-aluminate [J]. Journal of the American Ceramic Society, 2010, 85 (4): 769-772.

[50] Nagaoka T, Kanzaki S, Yamaoka Y. Mechanical properties of hot-pressed calcium hexaluminate ceramics [J]. Journal of Materials Science Letters, 1990, 9 (2): 219-221.

[51] Domínguez C, Chevalier J, Torrecillas R, et al. Microstructure development in calcium hexaluminate [J]. Journal of the European Ceramic Society, 2001, 21 (3): 381-387.

[52] Jerebtsov D A, Mikhailov G G. Phase diagram of CaO-Al_2O_3 system [J]. Ceramics International, 2001, 27 (1): 25-28.

[53] Li M, Kuribayashi K. Phase selection in the containerless solidification of undercooled CaO · $6Al_2O_3$ melts [J]. Acta Materialia, 2004, 52 (12): 3639-3647.

[54] Salomão R, Poiani A J B, Costa L M M. Porous beads of in-situ calcium hexaluminate prepared by extrusion-dripping [J]. Interceram-International Ceramic Review, 2019, 68 (3): 40-49.

[55] Park J G, Cormack A N. Potential models for multicomponent oxides: Hexa-aluminates [J]. Philosophical Magazine B, 1996, 73 (1): 21-31.

[56] Wang S, Yang Z, Luo X, et al. Preparation of calcium hexaluminate porous ceramics by gel-casting method with polymethyl methacrylate as pore-for ming agent [J]. Ceramics International, 2022, 48 (20): 30356-30366.

[57] Asmi D, Low I M. Processing of an in-situ layered and graded alumina/calcium-hexaluminate composite: Physical characteristics [J]. Journal of the European Ceramic Society, 1998, 18 (14): 2019-2024.

[58] Dong B, Wang F, Yu J, et al. Production of calcium hexaluminate porous planar membranes with high morphological stability and low thermal conductivity [J]. Journal of the European Ceramic Society, 2019, 39 (14): 4202-4207.

[59] Asmi D, Low I M. Self-reinforced Ca-hexaluminate/alumina composites with graded microstructures [J]. Ceramics International, 2008, 34 (2): 311-316.

[60] Utsunomiya A, Tanaka K, Morikawa H, et al. Structure refinement of CaO · $6Al_2O_3$ [J]. Journal of Solid State Chemistry, 1988, 75 (1): 197-200.

[61] Primachenko V V, Martynenko V V, Dergaputskaya L. Super low thermal conductivity heat insulating

lightweight material on the basis of calcium hexaaluminate [C] //UNITECR'01. Proc. Unified Int. Tech. Conf. on Refractories. 7th Biennial Worldwide Congress, . 2001, 3: 1188-1192.

[62] Filippo L D , Lucchini E , Sergo V , et al. Synthesis of Pure Monolithic Calcium, Strontium, and Barium Hexaluminates for Catalytic Applications [J]. Journal of the American Ceramic Society, 2010, 83 (6): 1524-1526.

[63] Liu G , Jin X , Qiu W , et al. The impact of bonite aggregate on the properties of lightweight cement-bonded bonite-alumina-spinel refractory castables [J]. Ceramics International, 2016, 42 (4): 4941-4951.

[64] Tassot P, Bachman E, Johnson R C. Influence of reducing atmospheres on monolithic refractory linings for petrochemical service [C] //UNITECR'01. Proc. Unified Int. Tech. Conf. on Refractories. 7th Biennial Worldwide Congress, 2001, 2: 858-871.

[65] Domínguez C, Chevalier J, Torrecillas R, et al. Thermomechanical properties and fracture mechanisms of calcium hexaluminate [J]. Journal of the European Ceramic Society, 2001, 21 (7): 907-917.

[66] 刘新彧, Andreas Buhr, Gunter Büchel, 等. 博耐特(Bonite)——一种新型的合成致密 CA_6 耐火原料 [J]. 耐火材料, 2006, 40 (1): 60-64.

[67] 石健, 严云, 胡志华. 二步法制备轻质六铝酸钙的研究 [J]. 非金属矿, 2016, 39 (4): 14-16.

[68] 李心慰, 李志坚, 吴锋, 等. 钙源种类和煅烧温度对合成片状六铝酸钙的影响 [J]. 耐火材料, 2017, 51 (2): 131-133.

[69] 陈肇友, 柴俊兰. 六铝酸钙材料及其在铝工业炉中的应用 [J]. 耐火材料, 2011, 45 (2): 122-125.

[70] 王长宝. 六铝酸钙轻质耐火材料的研究 [D]. 武汉: 武汉科技大学, 2008.

[71] 裴春秋, 石干, 徐建峰. 六铝酸钙新型隔热耐火材料的性能及应用 [J]. 工业炉, 2007, 29 (1): 45-49.

[72] 尹洪基. 六铝酸钙在侵蚀环境下的优点 [J]. 耐火与石灰, 2012, 37 (6): 20-23, 29.

[73] 王晓军, 玄松桐, 田玉明. 镁铝尖晶石/六铝酸钙复相材料的制备与研究 [C]//第十七届全国耐火材料青年学术报告会论文集, 2020: 1-3.

[74] 孙庚辰, 王守业, 李建涛, 等. 轻质隔热耐火材料——钙长石和六铝酸钙 [J]. 耐火材料, 2009, 43 (3): 225-229.

[75] Lee W E, Zhang S, Hashimoto S. Pore Hierarchies in High-Temperature Composite Refractories [J]. Microscopy and Microanalysis, 2002, 8 (S02): 336-337.

[76] 吴梦飞. 高强低导热六铝酸钙轻质隔热材料的制备研究 [D]. 武汉: 武汉科技大学, 2016.

[77] 卫李贤. 六铝酸钙/尖晶石轻质耐高温材料的研究 [D]. 北京: 中国地质大学(北京), 2010.

[78] 石健. 轻质六铝酸钙的低温制备及性能研究 [D]. 绵阳: 西南科技大学, 2016.

[79] 时梦瑶, 崔永亮, 倪孟侨, 等. 亚氯酸钠溶液同时脱硫脱硝的发展前景 [J]. 应用化工, 2021, 50 (6): 1708-1711, 1716.

[80] 李楠, 顾华志, 等. 耐火材料学 [M]. 北京: 冶金工业出版社, 2010.

[81] 李红霞, 等. 耐火材料手册 [M]. 北京: 冶金工业出版社, 2009.

[82] Sakihama J, Salomão R. Microstructure development in porous calcium hexaluminate and application as a high-temperature thermal insulator: A critical review [J]. Interceram-International Ceramic Review, 2019, 68 (Suppl 1): 58-65.

[83] Schnabel M, Buhr A, Buchel G, et al. Advantages of calcium hexaluminate in a corrosive enviro nment [J]. Refractories WorldForum, 2011, 3 (4): 87-94.

[84] 刘丽俐. Bonite 及 Bonite LD 在钢包背衬上的应用 [J]. 耐火与石灰, 2016, 41 (6): 28-31.

[85] Cui S, Wang Q, Zhou Y, et al. Effect of nickel oxide and titanium oxide on the microstructural, optical,

and mechanical properties of calcium hexaaluminate ceramics [J]. Ceramics International, 2021, 47 (24): 35302-35311.

[86] Feifang G A N, Zongqi G U O, Jianying G A O, et al. Insulating Permanent Lining of Calcium Hexaluminate Based Castable for 300t Ladle in Baosteel [J]. China's Refractories, 2021, 30 (1): 35-40.

[87] Salomão R, Ferreira V L, de Oliveira I R, et al. Mechanism of pore generation in calcium hexaluminate (CA_6) ceramics formed in situ from calcined alumina and calcium carbonate aggregates [J]. Journal of the European Ceramic Society, 2016, 36 (16): 4225-4235.

11 Al_2O_3-MgO 轻质多孔隔热耐火材料

镁铝尖晶石（magnesium aluminate spinel，$MgAl_2O_4$，MgO · Al_2O_3）是 Al_2O_3-MgO 二元相图中唯一的二元化合物，它是铝尖晶石族矿物中的一种。尖晶石质耐火材料是指以尖晶石族矿物为主要矿物组成的耐火材料，主要包括铝尖晶石（镁铝、铁铝尖晶石）和铬尖晶石（镁铬，铁铬尖晶石）。本章主要讲述镁铝尖晶质耐火材料。

11.1 镁铝尖晶石

11.1.1 尖晶石族耐火矿物

通常所说的尖晶石是指尖晶石族的矿物，其化学通用式为 AB_2O_4 或 RO · R_2O_3，其中 A 为 Mg^{2+}、Fe^{2+}、Zn^{2+}、Mn^{2+}、Co^{2+}、Ni^{2+}等二价阳离子，B 为 Al^{3+}、Fe^{3+}、Cr^{3+}等三价阳离子。按照三价阳离子的种类，尖晶石族矿物可分为铝尖晶石（尖晶石系列）、铬尖晶石（铬铁矿系列）和铁尖晶石（磁铁矿系列）。其中，铝尖晶石与铁尖晶石、铁尖晶石与铬尖晶石之间可形成连续固溶体；而铝尖晶石与铬尖晶石为不连续固溶体。耐火材料尖晶石矿物中重要的四种尖晶石分别为铝尖晶石（MgO · Al_2O_3 和 FeO · Al_2O_3）和铬尖晶石（MgO · Cr_2O_3 和 FeO · Cr_2O_3），它们的基本性质及用途见表 11-1-1。在这四种尖晶石中，用于耐火材料的主要有镁铝尖晶石、铬铁矿/镁铬矿（主要用于 MgO-Cr_2O_3 耐火材料）和铁尖晶石（主要用于水泥窑烧成带，替代镁铬砖），这四种尖晶石的二元相图如图 11-1-1 所示。由图可知：（1）MgO-Al_2O_3 系中唯一的二元化合物 $MgAl_2O_4$ 尖晶石，且不同程度与 MgO 和 Al_2O_3 形成固溶体；（2）FeO-Al_2O_3 二元相图中存在着浮士体（wustite，FeO 与 Al_2O_3 固溶体）和铁铝尖晶石，有研究认为 FeO · Al_2O_3 是异成分熔融，其转熔点为 1750 ℃，也有研究认为 FeO · Al_2O_3 是一致熔融化合物，其熔点为 1780 ℃，但都认为铁铝尖晶石在低于 1750 ℃时是能稳定存在的化合物；（3）MgO-Cr_2O_3 系中和 MgO-Al_2O_3 二元系一样，仅有二元化合物 $MgCr_2O_4$ 尖晶石，且不同程度与 MgO 形成固溶体；（4）FeO-Cr_2O_3 二元相图和 FeO-Al_2O_3 一样，存在浮士体和铁铬尖晶石。

表 11-1-1 尖晶石族矿物的基本性质

矿物名称	尖晶石	铁尖晶石	镁铬矿	铬铁矿
分子式	MgO · Al_2O_3	FeO · Al_2O_3	MgO · Cr_2O_3	FeO · Cr_2O_3
英文名称	$MgAl_2O_4$ spinel	hercynite	magnesiochromite (pirochromite)	iron chromite
晶格常数/nm	0.8066	0.8119（0.8136）	0.8316（0.8277）	0.8358
密度/g · cm^{-3}	3.58	4.21	4.43	4.50~5.09
颜色	无色	黑色	黑色	黑色或棕黑

续表 11-1-1

矿物名称	尖晶石	铁尖晶石	镁铬矿	铬铁矿
熔点/℃	2135	1750	2200	1770
线膨胀率(850 ℃)/%	0.662	0.705	0.745	0.740
比热容/J·(g·℃)$^{-1}$	1.187	1.307	0.920	0.819
莫氏硬度	7.5~8.0	7.5	5.5	5.5~6.5

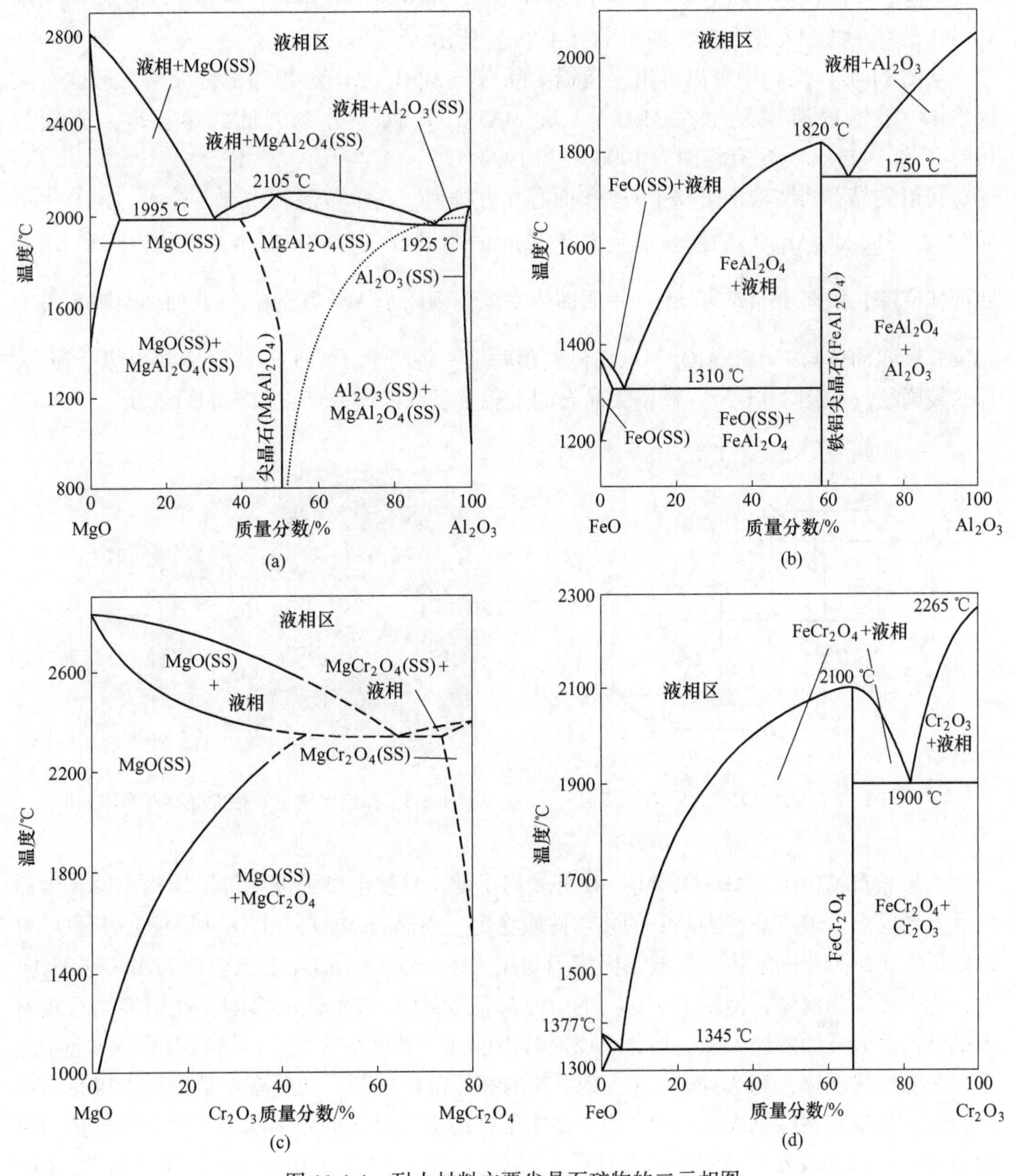

图 11-1-1 耐火材料主要尖晶石矿物的二元相图

(a) MgO-Al_2O_3 系；(b) FeO-Al_2O_3 系；(c) MgO-Cr_2O_3 系；(d) FeO-Cr_2O_3 系

与耐火材料系统相关的尖晶石包括 $MgAl_2O_4$、$FeAl_2O_4$、$MgCr_2O_4$、$FeCr_2O_4$、$MgFe_2O_4$、$FeFe_2O_4$ 以及它们之间的固溶体，这些尖晶石中，$MgAl_2O_4$ 和 $MgCr_2O_4$ 有着良好的物理化学性能，如高熔点、高机械强度和抗化学侵蚀性，因此它们一直用于各种含尖晶石耐火材料。尽管 $MgCr_2O_4$ 尖晶石用于多种领域，但因 Cr^{6+} 污染特性，逐渐被 $MgAl_2O_4$ 尖晶石所替代，因此镁铝尖晶石是一种极具前景的耐火材料。

11.1.2 镁铝尖晶石的组成、结构与性能

在 Al_2O_3-MgO 二元相图中，镁铝尖晶石（$MgAl_2O_4$ 或 $MgO \cdot Al_2O_3$，简写 MA 或 MAS）是唯一的二元化合物，如图 11-1-1（a）所示。

从图 11-1-1（a）中可以看出，镁铝尖晶石与 MgO、Al_2O_3 都能部分固溶，形成有限固溶体。最大固溶度发生在 MgO-MA 和 MA-Al_2O_3 两个分系的低共熔温度，分别为 1995 ℃和 1925 ℃，也有相图为 1996 ℃和 1994 ℃。

镁铝尖晶石的结构是阴离子 O^{2-} 作面心立方排列，在单位晶胞中有 8 个 $MgAl_2O_4$“单元”，可写成 $Mg_8Al_{16}O_{32}$，单位晶胞中有 32 个阴离子 O^{2-}，即有 32 个八面体空隙和 64 个四面体空隙，阳离子 Mg^{2+} 填充在 $\frac{1}{8}$ 四面体空隙，阳离子 Al^{3+} 填充在 $\frac{1}{2}$ 八面体空隙，每个［MgO_4］四面体与三个［AlO_6］八面体共顶联结，每两个［AlO_6］八面体共用两个顶点，即共棱联结（见图 11-1-2），镁铝尖晶石的形貌多呈八面体晶形，如图 11-1-3 所示。

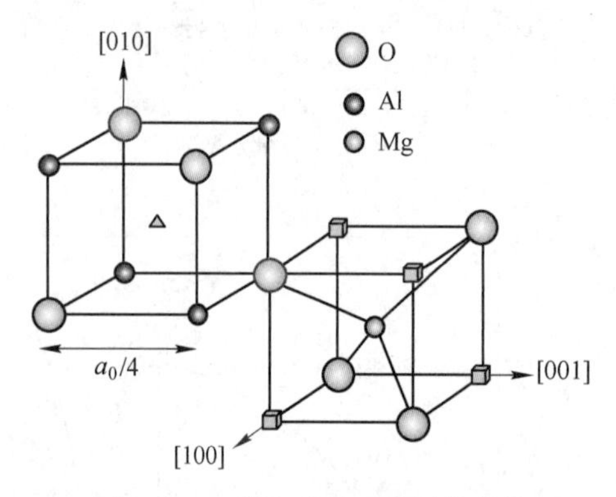

图 11-1-2 镁铝尖晶石的晶体结构

图 11-1-3 扫描电镜下镁铝尖晶石八面体晶形

在尖晶石结构中，Al—O，Mg—O 都是离子键，且静电键强度相等，结构牢固，因而尖晶石硬度大、熔点高。尖晶石的化学性质稳定，尖晶石 $MgO \cdot Al_2O_3$ 和 $MgO \cdot Fe_2O_3$ 可以以任意比例形成固溶体，高温下固溶于 MgO 中的 $MgO \cdot Fe_2O_3$ 会被转移到 $MgO \cdot Al_2O_3$ 中，优先形成固溶体，抑制了 $MgO \cdot Fe_2O_3$ 降低 MgO 高温塑性的影响，镁铝尖晶石具有抵抗碱性熔渣侵蚀的能力强、熔化金属对其不侵蚀、密度小等特点；镁铝尖晶石属等轴晶系，是光性均质体，和 AlON 一样，是重要的红外窗口材料，同时在热学性质上也具有各向同性，其基本性能见表 11-1-2。不同温度下，镁铝尖晶石的力学性能（如弹性模量与抗弯强度等）也会改变，如图 11-1-4 所示（晶粒大小为（1.5 ± 0.8）μm，相对密度 98%，体积密度 3.49 g/cm³）。镁铝尖晶石作为重要的耐火材料，随着气孔率增大，其力学性能

(如弹性模量) 会降低，如图 11-1-5 所示。

表 11-1-2 镁铝尖晶石的基本性质

化学式	$MgAl_2O_4$ 或 $MgO \cdot Al_2O_3$；Al_2O_3：71.8%，MgO：28.2%		
晶系	等轴晶系	比热容/$J \cdot (kg \cdot K)^{-1}$	约 879 (20 ℃)
固溶性	与 MgO 和 Al_2O_3 有限固溶	线膨胀系数/$℃^{-1}$	5.6×10^{-6} (25~200 ℃)
熔点/℃	2135		7.3×10^{-6} (25~500 ℃)
密度/$g \cdot cm^{-3}$	3.58		7.9×10^{-6} (25~1000 ℃)
莫氏硬度	7.5~8	导热系数/$W \cdot (m \cdot K)^{-1}$	约 24.7 (25 ℃)
K_{IC}/$MPa \cdot m^{1/2}$	3.0		约 14.8 (100 ℃)
弹性模量/GPa	273 (25 ℃)		约 5.4 (1200 ℃)
体积模量/GPa	192 (25 ℃)	电阻率/$\Omega \cdot cm$	$>10^{14}$ (25 ℃)
剪切模量/GPa	110 (25 ℃)	介电常数	8.2 (1 kHz，1 MHz)
四点抗弯/MPa	104 (25 ℃)	水化性能	与水蒸气反应
泊松比	0.26 (20 ℃)	化学性质	抗碱性熔渣侵蚀强

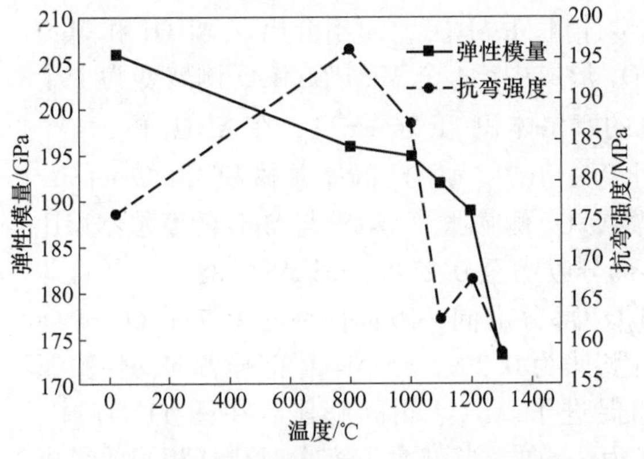

图 11-1-4 尖晶石弹性模量、抗弯强度与温度关系

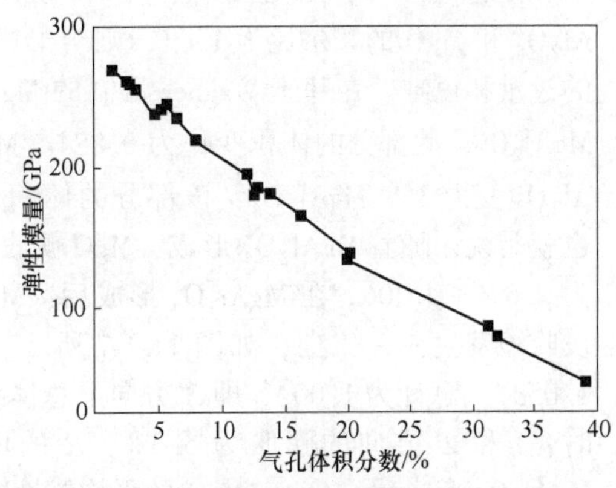

图 11-1-5 尖晶石弹性模量与气孔率的关系

11.1.3 镁铝尖晶石的致密化行为

$MgAl_2O_4$ 天然形成的概率很小，其多由人工方法合成，如共沉淀、喷雾干燥、冷冻干燥和喷雾热解等，通过这些方法可在超低温下合成 $MgAl_2O_4$。然而，这些工艺均不适合 $MgAl_2O_4$ 大规模生产，如在耐火材料领域的应用。因此，固体氧化物烧结是合成耐火材料用 $MgAl_2O_4$ 骨料的可行途径，其中最常用的方法是传统的含镁和铝的前驱体的固相反应，如氧化物、氢氧化物和碳酸盐。方镁石和刚玉混合物固相反应生成 $MgAl_2O_4$ 伴随约 8.0% 的体积膨胀，可简单地从它们的密度差异中计算出来（MgO：3.58 g/cm^3；Al_2O_3：3.99 g/cm^3，$MgAl_2O_4$：3.58 g/cm^3）。这种膨胀相当于 2.6% 的线性膨胀，因体积膨胀，通常采用两步煅烧工艺来制备致密 $MgAl_2O_4$ 耐火材料，但会增加 $MgAl_2O_4$ 的生产成本。因此，了解 $MgAl_2O_4$ 相形成的体积膨胀行为、降低致密 $MgAl_2O_4$ 耐火材料的生产成本引起许多

研究者的关注。

Wagner 给出了 α-Al_2O_3 和方镁石在高温固相反应中形成 $MgAl_2O_4$ 相的机理示意图，如图 11-1-6 所示。Wagner 认为，反应是通过阳离子逆向扩散穿过产物层进行的，其中氧离子停留在初始位置。为了保持电中性，3 个 Mg^{2+} 向 Al_2O_3 侧扩散，2 个 Al^{3+} 向 MgO 侧扩散。在 MgO/尖晶石边界处，扩散的 2 个 Al^{3+} 与 1 个 MgO 反应生成 1 个 $MgAl_2O_4$；而在 Al_2O_3/尖晶石边界处，扩散的 3 个 Mg^{2+} 与 3 个 Al_2O_3 反应生成 3 个 $MgAl_2O_3$。因此，在 Al_2O_3 侧和 MgO 侧形成两个 $MgAl_2O_4$ 层的厚度比为 3 : 1。

按照 Wagner 说法，在 Al_2O_3 侧和 MgO 侧形成的这两个 $MgAl_2O_3$ 产物层的厚度比值（用 R 表示）总是等于 3。然而，实际中由于成分和烧结温度的变化，该 R 值有所增加，尖晶石 MgO · $n Al_2O_3$ 中的 R 值表示为 $R = 3(7n + 1)/(3n + 5)$，同时 R 值也与 MgO 的蒸气压传输有关。在 1527 ℃时，MgO 气体与方镁石共存的饱和蒸气压为 2.5×10^{-5} Pa，和 $MgAl_2O_4$ 共存的饱和蒸气压为 6.2×10^{-7} Pa，这说明，方镁石挥发出来的 MgO 分子可能沉积在刚玉上形成 $MgAl_2O_4$。如果 MgO 和 Al_2O_3 之间的接触粗糙，MgO 蒸气会通过间隙扩散，然后仅在 Al_2O_3 侧形成 $MgAl_2O_4$，这也会导致 R 值增加。

事实上，粉末压实中有三种颗粒接触，即 Al_2O_3-MgO、Al_2O_3-Al_2O_3 和 MgO-MgO。为了方便起见，一个 Al_2O_3 颗粒与一个 MgO 颗粒接触时的膨胀情况如图 11-1-7 所示。如果 Al_2O_3 和 MgO 的摩尔比为 1 : 1，则会形成化学计量 $MgAl_2O_4$，而不会出现 Al_2O_3 和 MgO 的过量和短缺。在基于 Wagner 机制的 $MgAl_2O_4$ 形成中，4 个 MgO 在 MgO 侧转变为 1 个 $MgAl_2O_4$，此部分的体积变化为 0.884（MgO 的摩尔体积 11.26 cm^3）。在 Al_2O_3 侧，4 个 Al_2O_3 变为 3 个 $MgAl_2O_4$，该部分的体积变化为 1.167（Al_2O_3 的摩尔体积 25.56 cm^3）。也就是说，随着 $MgAl_2O_4$ 形成，MgO 侧收缩，Al_2O_3 侧膨胀。Al_2O_3 与 MgO 的摩尔体积比为 0.694 : 0.306。在 $MgAl_2O_4$ 形成后，MgO 部分收缩至 0.271（0.306×0.884），并且假设收缩发生在 X 方向，如图 11-1-7 所示。Al_2O_3 部分沿同一方向膨胀至 0.731（0.694×1.053）。总计为 1.002，即 X 方向上总体线性膨胀为 0.2%。当 Al_2O_3 部分各向同性膨胀时，Y 和 Z 方向的膨胀为 5.3%，R 的增加促进了 Al_2O_3 侧的膨胀。在图 11-1-7 中，$MgAl_2O_4$ 形成后，Al_2O_3-MgO 的平均线性膨胀为 3.6%。当 R 为无穷大时，从相同的考虑来看，平均线性膨胀为 4.1%。

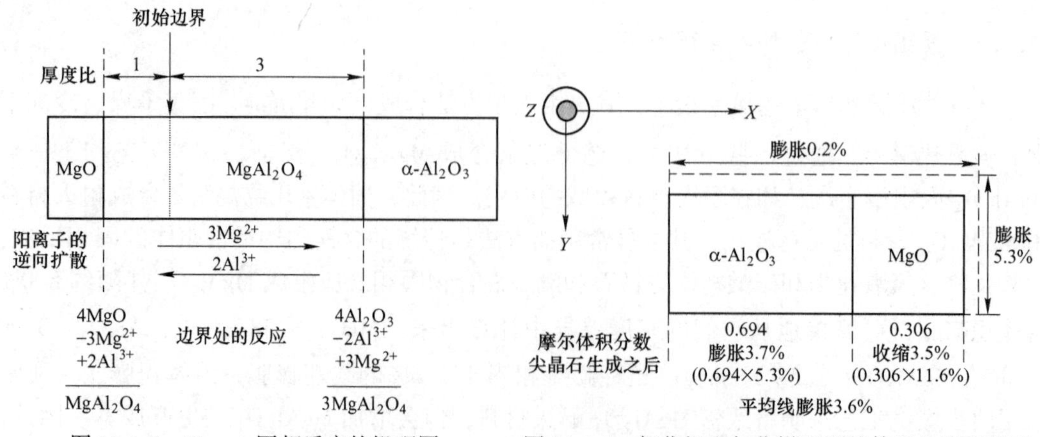

图 11-1-6 Wagner 固相反应的机理图

图 11-1-7 氧化铝和氧化镁两颗粒体系的膨胀模型

一般来说，形成在 Al_2O_3/MgO 界面的 $MgAl_2O_4$ 会隔离反应物之间的反应，增加反应途径，阻碍反应进行。工业上一般通过两步法工艺来加快镁铝尖晶反应：第一阶段，反应在 1200~1400 ℃下烧成，部分尖晶石化，然后重新粉磨并压块；第二阶段，在 1550~1700 ℃烧成。重新粉磨能够带来新鲜的反应界面，利于反应加快。除了两步法工艺外，固相反应 $MgAl_2O_4$ 致密化的影响因素还有很多，诸如原料中的水分、杂质元素、粒径大小、生坯密度、煅烧温度、加热及冷却速度等，主要介绍如下：

(1) 原料中的水分和 CaO 含量对 $MgAl_2O_4$ 的影响很大，这里所指的水分包括物理吸附水、化学吸附水和羟基集团。在 1000 ℃时，Al_2O_3 表面的 OH^- 和 MgO 表面的 OH^- 更容易反应生成水蒸气，同时也促进 Al_2O_3 与 MgO 生成 $MgAl_2O_4$；原料中 CaO 含量对尖晶石形成比较复杂，研究表明：在 Al_2O_3 基质中，CaO 在烧结过程中起到两类作用，当 CaO 含量（质量分数）小于 2%时，它多数在晶界阻止晶粒长大，导致晶粒紧密堆积，因此材料致密，体积密度大；当 CaO 含量（质量分数）大于 2%时，CaO 与 Al_2O_3 反应生成 CA_6 和 CA_2 化合物，与形成 $MgAl_2O_4$ 和莫来石一样，它们都容易引起体积膨胀而降低材料的体积密度。但 Ibram Ganesh 研究认为：当 CaO 含量（质量分数）小于 2%时，无论是对合成富镁尖晶石，还是富铝尖晶石，它们的体积密度都是增大的，因此 CaO 的影响很显著，但原因比较复杂。

(2) 富镁尖晶石比富铝尖晶石更容易致密化，富镁时，尖晶石成为阴离子空位型（见式(11-1-1)），比富铝的阳离子空位型更容易烧结，这主要是因为 Al^{3+} 半径(0.05 nm) 比 Mg^{2+} 半径（0.065 nm）小得多，因而 Al^{3+} 导致阳离子空位形成（见式（11-1-2)），镁铝尖晶石晶胞体积较小；相反，具有阴离子型 O^{2-} 空位的镁铝尖晶石晶胞体积会增大。

$$3MgO \longrightarrow 2Mg'_{Al} + Mg^{\times}_{Mg} + 3O^{\times}_{O} + V^{\cdot\cdot}_{O} \quad (11\text{-}1\text{-}1)$$

$$12Al_2O_3 \longrightarrow 16Al^{\times}_{Al} + 36O^{\times}_{O} + 8Al^{\cdot}_{Mg} + V''_{Mg} + 2V'''_{Al} \quad (11\text{-}1\text{-}2)$$

(3) 烧结助剂的影响，镁铝尖晶石完全致密化需要添加烧结助剂，如 Na_3AlF_6、$AlCl_3$、$CaCO_3$、LiF、CaB_4O_7、B_2O_3、NaF、CaF_2、ZnF_2、BaF_2、$CaCl_2$、TiO_2 等。以 LiF 烧结助剂为例，LiF 添加到 $MgAl_2O_4$ 中，相应的反应方程如下：

$$3LiF(l) + MgAl_2O_4(s) \longrightarrow LiF/MgF_2(l) + 2LiAlO_2(s) \quad (11\text{-}1\text{-}3)$$

$$LiF/MgF_2(l) \longrightarrow LiF(g) + MgF_2(g) \quad (11\text{-}1\text{-}4)$$

$$2LiAlO_2(s) + MgF_2(g) \longrightarrow 2LiF(g) + MgAl_2O_4(s) \quad (11\text{-}1\text{-}5)$$

$$3LiF \xrightarrow{MgAl_2O_4} Li'_{Mg} + 2Li''_{Al} + 3F^{\cdot}_{O} + V^{\cdot\cdot}_{O} \quad (11\text{-}1\text{-}6)$$

在烧结早期，LiF 液相形成润湿 $MgAl_2O_4$ 晶粒，促进晶粒重排和晶界移动；$MgAl_2O_4$ 继续溶解到液相，导致 $MgAl_2O_4$ 粒子（溶有 Li 和 F）从液相析出，这些晶粒在高氧空位浓度下易于粗粒化（见式（11-1-5）和式（11-1-6)）；更高的烧结温度下，LiF 开始挥发；冷却到室温，LiF 挥发完毕，除了部分 Li^+ 和 F^- 进入尖晶石晶格外。

(4) 烧结气氛低氧分压下，MgO 容易形成 Mg 蒸气挥发，伴随着氧空位产生，容易加速扩散，致密化程度变高。

11.1.4 耐火材料用镁铝尖晶石的合成

耐火材料工业上应用的镁铝尖晶石均为人工合成，其主要合成方法为烧结法和电熔法，烧结工艺合成的镁铝尖晶石称为烧结镁铝尖晶石（sintered magnesium aluminate spinel，简称SMA），电熔工艺合成的镁铝尖晶石称为电熔镁铝尖晶石（fused magnesium aluminate spinel，简称FMA）；化学组成中MgO/Al_2O_3摩尔比大于1的镁铝尖晶石称为富镁尖晶石（MgO-rich spinel），化学组成中MgO/Al_2O_3摩尔比小于1的镁铝尖晶石称为富铝尖晶石（Al_2O_3-rich spinel）。与氧化铝一样，除了烧结和电熔外，还有一类活性尖晶石（reactive spinel），活性尖晶石也是用烧结法合成制备的，不同于烧结镁铝尖晶石，它的合成温度较低，因此尖晶石的晶格缺陷多。

合成镁铝尖晶石耐火原料工艺过程中，MgO源可以是烧结氧化镁、轻烧氧化镁和菱镁矿；Al_2O_3源可以是工业氧化铝、煅烧氧化铝、铝矾土和氢氧化铝等。在实际规模化生产镁铝尖晶石过程中，其Al_2O_3源主要是工业氧化铝或铝矾土，MgO源主要是轻烧氧化镁或菱镁矿；用铝矾土作为Al_2O_3源合成的镁铝尖晶石，无论是烧结法或电熔法，一般都称为矾土基镁铝尖晶石，其主要杂质成分为CaO、SiO_2和Fe_2O_3等。

烧结法合成镁铝尖晶石，主要是MgO原料与含Al_2O_3原料以一定比例混磨后经压坯（压球）后烧成。其合成过程有一步法和两步法之分。（1）一步法是将生坯在高温下一次烧成，即反应生成尖晶石和尖晶石的烧结一次完成。由于生成尖晶石会产生大的体积膨胀（8%左右），难以致密化。（2）两步法是首先将生坯在1300~1500℃煅烧成轻烧尖晶石，轻烧尖晶石再经粉磨、压坯（压球）进行第二次煅烧。

合成电熔镁铝尖晶石的原料一般为工业氧化铝和轻烧氧化镁，也有用铝矾土作为Al_2O_3原料的。镁铝尖晶石原料的理化指标标准（GB/T 26564—2011）见表11-1-3和表11-1-4，表中S表示烧结工艺，Sintered单词的首字；F表示电熔工艺，Fused单词的首字；M表示MgO，A表示Al_2O_3，B表示Bauxite；数字表示氧化铝标称含量的质量分数，如数字后加“P”表示P级，取自英文“pure”字首。烧结工艺中，使用氧化铝为原料合成的镁铝尖晶石的化学成分，除了表中限定的理化指标外，还对SiO_2、Na_2O和Fe_2O_3进行了限制说明；使用铝矾土为原料合成镁铝尖晶石的化学指标，对SiO_2和Fe_2O_3提出了要求。

表11-1-3 烧结镁铝尖晶石原料的理化指标

产品编号		成分（质量分数）/%			体积密度/$g \cdot cm^{-3}$	吸水率/%
		Al_2O_3	MgO	CaO		
氧化铝级	SMA50	≥48	46~50	≤0.65	≥3.2	≤0.8
	SMA66	≥64	30~34	≤0.5	≥3.2	≤0.8
	SMA76	≥74	21~24	≤0.45	3.25	≤1
	SMA90	≥89	7~10	≤0.4	≥3.3	≤1
	SMA50-P	≥48	48~51	0.5	≥3.23	≤0.8
	SMA66-P	≥64	32~35	≤0.35	≥3.23	≤0.8
	SMA76-P	≥74	23~25	≤0.3	≥3.3	≤0.8
铝矾土级	SMB56	≥54	31~36	≤1.5	≥3.15	—
	SMB60	≥58	28~32	≤1.5	3.15	—

表 11-1-4 电熔镁铝尖晶石产品的理化指标

产品编号		成分（质量分数）/%					体积密度 /g · cm^{-3}
		Al_2O_3	MgO	CaO	SiO_2	Fe_2O_3	
氧化铝级	FMA50	≥48	46~50	≤0.7	≤0.55	≤0.5	≥3.3
	FMA66	≥64	30~34	≤0.65	≤0.5	≤0.35	≥3.3
	FMA70	≥70	24~27	≤0.55	≤0.35	≤0.3	≥3.3
	FMA90	≥89	7~10	≤0.3	≤0.23	≤0.25	≥3.3
铝矾土级	FMB66	≥64	30~34	≤0.8	≤1	≤0.2	≥3.4
	FMB70	≥70	23~27	≤0.8	≤1	≤0.2	≥3.4

11.2 镁铝尖晶石质耐火材料

镁铝尖晶石质耐火材料，也称含镁铝尖晶石耐火材料（spinel-containing refractories），工业上包括富铝尖晶石、化学计量尖晶石（stoichiometric spinel）、富镁尖晶石这三类尖晶石耐火材料，不同化学计量比的尖晶石，其烧结性、物理化学性质也不尽相同。和镁铬尖晶相比，应用镁铝尖晶石的一个主要原因是它具有良好的抗热震性和抗碱侵蚀性（见表 11-2-1），尽管镁铬尖晶石在水泥窑烧成带和钢铁工业中 RH 浸渍管等应用较多，但也因六价铬的污染问题而逐渐被取代，这也是镁铝尖晶石应运而生的重要原因之一。

表 11-2-1 白云石、镁铬尖晶石和镁铝尖晶石对环境侵蚀的比较

抵抗	镁尖晶石	白云石	镁铬矿
还原气氛	√√	√√	×
游离 SO_2/O_3	√√	×	√
CO_2	√√	×	√√
游离 K_2O/Na_2O	√√	√√	○
熟料熔体	○ ×	√√ √	√ ○
K_2SO_4	√	√	√
KCl	○	○	√
热冲击	√	×	√
应力（窑炉外壳）	○	×	○
磨损	√	○	√

注：√√=非常好，√=好，○=一般，×=差。

11.2.1 主要类型

现代镁铝尖晶石质耐火材料可以分为六大主要类型：

（1）$MgO-Al_2O_3$ 耐火材料，包括 MgO-MA，纯 MA 和 Al_2O_3-MA；

（2）$MgO-Al_2O_3-TiO_2$ 耐火材料，包括 MgO-MA-$MgTi_2O_4$和 Al_2O_3-MA-Al_2TiO_5；

（3）$MgO-Al_2O_3-ZrO_2$耐火材料，包括 MgO-MA-ZrO_2 和 Al_2O_3-MA-ZrO_2；

（4）$MgO-Al_2O_3-SiO_2$耐火材料，包括 MA-M_2S 和 MA-A_3S_2；

（5）$MgO-Al_2O_3-CaO$ 耐火材料，包括 $MA-CA_6$；

（6）MA-C 耐火材料，包括 MA-SiC-C、$Al_2O_3-MgO-C$ 和 $MgO-Al_2O_3-C$。

尽管镁铝尖晶石质耐火材料有以上六种体系，但比较常用还是第一种类型，因此本小节主要介绍第一种类型。

镁铝尖晶石在耐火材料中存在的形成过程也可分为原位形成的镁铝尖晶石（in situ formed）或预合成的镁铝尖晶石（preformed），不同的存在形成过程，其对材料的性能影响也不一样。

11.2.2　MgO-MA 耐火材料

严格意义上来说，最早的 MgO-MA 耐火材料是为了改善镁质耐火材料的热震稳定性，在镁质耐火材料的 MgO 细粉中直接用 Al_2O_3 取代部分 MgO，原位反应生成 $MgAl_2O_4$，同时也产生一定的膨胀。这是因为 $MgAl_2O_4$ 的线膨胀系数（约 8.4×10^{-6}）和 MgO 的线膨胀系数（约 13.5×10^{-6}）与相差较大，容易产生微裂纹，适量的微裂纹可以阻止裂纹扩展，从而提高 MgO 的热震稳定性；但随着 Al_2O_3 的增加，MgO-MA 耐火材料的气孔率升高，当 Al_2O_3 高于 10%时，制备致密的 MgO-MA 耐火材料就比较困难了，因此第一代 MgO-MA 耐火材料中 Al_2O_3 含量一般不高于 10%。

在第一代 MgO 耐火材料中添加预合成的 $MgAl_2O_4$ 取替 Al_2O_3，可以消除原位生成尖晶石所带来的膨胀导致材料致密度的问题，这就是第二代 MgO-MA 耐火材料；为了更进一步提高 $MgAl_2O_4$ 含量，引入尖晶石骨料替代镁砂颗料，基质部分通过直接引入尖晶石和添加 Al_2O_3 原位反应生成尖晶石，结合第一代和第二代的特点，有机组合成第三代 MgO-MA 耐火材料，它们主要用于钢铁工业 RH 或 VOD 精炼钢包、玻璃窑冷凝区和水泥回转窑的烧成带等。

钢铁工业炉用 MgO-MA 耐火材料主要是取代 $MgO-Cr_2O_3$ 砖，例如 RH 或 VOD 精炼钢包上。表 11-2-2 列出两种典型的 MgO-MA 耐火材料和 $MgO-Cr_2O_3$ 砖的指标，可以看出 MgO-MA 砖的一些性能，例如高温抗折强度和抗侵蚀性接近或优于 $MgO-Cr_2O_3$ 砖。MgO-MA 砖还可以通过用电熔镁铝尖晶石替代烧结镁铝尖晶石颗粒来提高其性能。MgO-MA 砖中杂质 CaO 容易导致低熔点物的生成，而添加 ZrO_2 可以与 CaO 生成高熔点的 $CaZrO_3$，从而提高 MgO-MA 砖的高温性能。

表 11-2-2　RH 精炼用 MgO-MA 和 MgO-MK 砖的性能

指　标		MgO-MA-1	MgO-MA-2	MgO-MK
化学组分（质量分数）/%	MgO	91.5	88.5	59.3
	Al_2O_3	7.2	10.3	10.1
	Cr_2O_3	—	—	19.3
	Fe_2O_3	—	—	7.9
显气孔率/%		17.3	15.0	15.1
体积密度/$g\cdot cm^{-3}$		2.97	3.04	3.18
常温耐压强度/MPa		60	81	87

续表 11-2-2

指标		MgO-MA-1	MgO-MA-2	MgO-MK
抗弯强度/MPa	室温	11.2	16.4	15.3
	1400 ℃	10.1	14.9	11.2
磨损率（回转炉渣试验）		0.95	1.05	1.89

玻璃窑炉冷凝区容易侵蚀损毁，尽管该区域的温度不是特别高（800~1000 ℃），但耐火炉衬暴露在极端侵蚀的环境，主要侵蚀介质为废气产生的 Na_2O、SO_3 和 Na_2SO_4 等。一般 Al_2O_3-SiO_2 系耐火材料不适用于该区域，因为容易与碱迅速反应生成低熔物；MgO 或白云石耐火材料也不适应，因为它们容易和 SO_3 气体反应生成 $MgSO_4$ 和 $CaSO_4$；而 $MgAl_2O_4$ 对这些腐蚀性介质具有优异的抵抗能力，但考虑到单纯的 $MgAl_2O_4$ 成本高和因无 MgO 与 $MgAl_2O_4$ 之间热失配而造成热震性差的这两个问题，MgO-MA 作为候选者，但 MgO 抗 Na_2O 和 Na_2SO_4 侵蚀较弱，特别是抗 SO_3 侵蚀更差。因此采用两种措施来解决，一是 MgO-MA 耐火料中 MgO 为颗粒而不是基质中的细粉，另一个措施是 MgO 颗粒完全被 $MgAl_2O_4$ 包覆。此外，采用电熔 MgO-MA 砖也是提高材料性能的途径之一。

水泥回转窑用 MgO-MA 砖早期主要应用于过渡带和冷却带，由于不能很好地挂“窑皮”而在烧成带应用受限，因此提高 MgO-MA 砖在水泥回转窑烧成带挂“窑皮”性能的研究备受关注。通过一系列的研究和现场试验发现：（1）细小的镁铝尖晶石晶粒与水泥中 CaO 反应生成低熔相及具有黏附性的斜硅灰石；（2）MgO 颗粒中适量的 CaO 和 SiO_2 能加速“窑皮”的形成；（3）添加 Fe_xO、TiO_2 和 ZrO_2 能够稳定“窑皮”的质量。典型水泥窑不同区域用 MgO-MA 砖见表 11-2-3。

表 11-2-3 水泥窑用典型 MgO-MA 砖的理化指标

项目		SP-8D	ELK-12C	ELK-12X	SP-8L
显气孔率/%		15.3	16.0	14.5	15.5
体积密度/$g \cdot cm^{-3}$		3.05	3.00	3.04	2.95
CCS/MPa		54	54	56	48
HMOR(1250 ℃)/MPa		7.0	9.0	9.0	7.0
化学成分（质量分数）/%	MgO	81	83.2	84.6	81
	Al_2O_3	17.6	12.2	12.2	18
	其他	—	Fe_2O_3	Fe_2O_3	—
使用性能		耐磨损	挂窑皮	抗热负荷	抗剥落
使用区域		冷却带	烧成带	烧成带	过渡带

MgO-MA 浇注料和 MgO-MA 砖发展基本一致，不同的 MgO-MA 浇注料在结合剂体系和应用活性 Al_2O_3 微粉和尖晶石微粉等方面取得了许多进展。

11.2.3 Al_2O_3-MA 耐火材料

和 MgO-MA 系类似，在 Al_2O_3-MA 系中的液相形成温度也很高（见图 11-1-1（a）），因而 Al_2O_3-MA 系中耐火材料也有很高的耐火度。刚玉的热膨胀系数比方镁石低，Al_2O_3-MA 耐火材料的热膨胀系数也低于 MgO-MA，由此 Al_2O_3-MA 耐火材料比 MgO-MA 表现出更好的热震稳定性，尽管 Al_2O_3 与 MA 之间的热膨胀系数差值要比 MgO 与 MA 间的热膨胀系数差值小得多。

和 MgO-MA 一样，Al_2O_3-MA 耐火材料有定形和不定形耐火材料，但近年来的研究发展多数集中于 Al_2O_3-MA 浇注料，主要应用于钢铁工业的钢包。Al_2O_3-MA 浇注料分为两类，一类是 Al_2O_3 基浇注料中直接添加 MgO 原位生成尖晶石，即 Al_2O_3-MgO 浇注料；另一类是在 Al_2O_3 基浇注料中添加预合成的尖晶石，Al_2O_3-$MgAl_2O_4$ 浇注料。由于尖晶石的使用不同，这些浇注料的显微结构、性能和使用效果也不同。

Al_2O_3-$MgAl_2O_4$ 浇注料中，一般来说尖晶石含量越高，高温抗折强度越大，如图 11-2-1 所示。尖晶石的粒度对 Al_2O_3-$MgAl_2O_4$ 浇注料抗渣侵蚀的影响，如图 11-2-2 所示，尖晶石粒度越细，抗渣侵蚀越好，这是因为细小尖晶石有着高表面活性，比粗的尖晶石更容易捕捉或溶解渣中 Fe^{2+} 和 Mn^{2+}。尖晶石含量（质量分数）在 20%～30%时，抗渣渗透和渣侵蚀最佳，如图 11-2-3 所示。富铝尖晶石中 Al_2O_3 含量越高，其抗渣渗透性越高，这是因为随着尖晶石中 Al_2O_3 含量的增加，其晶格中的阳离子空位浓度也增大（见式(11-1-2)），捕捉和溶解渣中的 Fe^{2+} 和 Mn^{2+} 能力也变强，如图 11-2-4 所示。

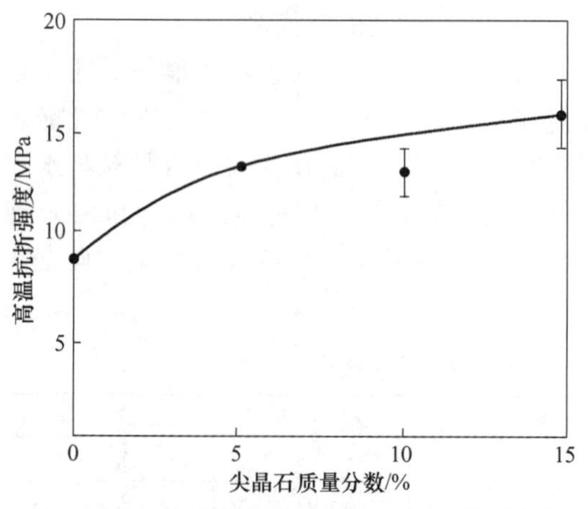

图 11-2-1 尖晶石含量对 Al_2O_3 尖晶石浇注料高温抗折强度的影响

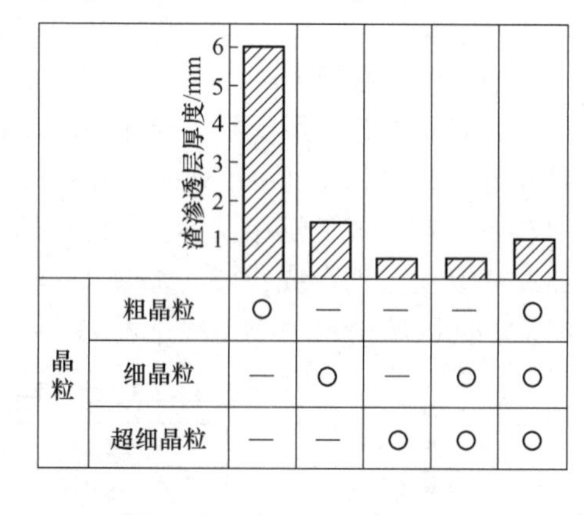

图 11-2-2 尖晶石颗粒大小对氧化铝-尖晶石浇注料抗渣渗透性的影响

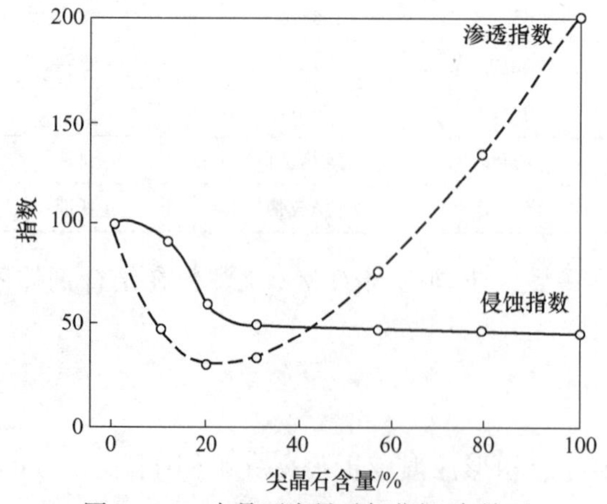

图 11-2-3 尖晶石含量对氧化铝-尖晶石浇注料抗渣渗透性和耐蚀性的影响

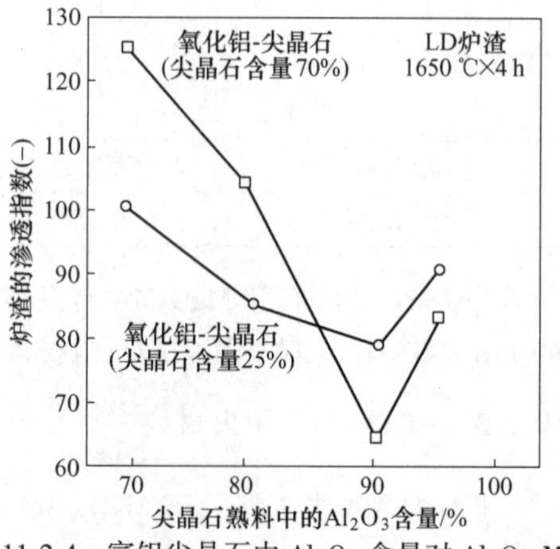

图 11-2-4 富铝尖晶石中 Al_2O_3 含量对 Al_2O_3-MA 浇注料抗渣渗透性的影响

在 Al_2O_3-MgO 浇注料中，材料的热膨胀与尖晶石形成反应有关，尖晶石的形成受温度和 MgO 含量的影响，一般情况下原位尖晶石的开始形成温度约 1000 ℃，当温度升到 1200~1400 ℃时，尖晶石形成速率加快，材料膨胀迅速，因此 Al_2O_3-MgO 浇注料的热震稳定性要比 Al_2O_3-$MgAl_2O_4$ 浇注料差。由于生成高活性的原位尖晶石，Al_2O_3-MgO 浇注料的抗渣侵蚀性要优于 Al_2O_3-$MgAl_2O_4$ 浇注料，如图 11-2-5 所示。

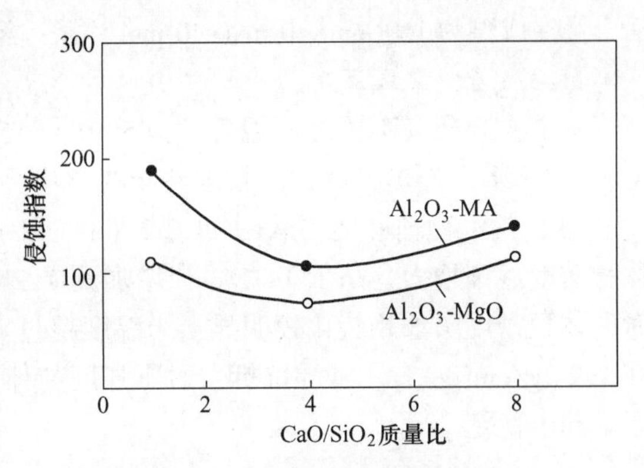

图 11-2-5 Al_2O_3-MgO 浇注料对比 Al_2O_3-MA 浇注料展现更好的抗渣侵蚀性

11.3 镁铝尖晶石质多孔隔热耐火材料

镁铝尖晶石质多孔隔热耐火材料制备过程中 Al_2O_3 主要来源于工业氧化铝、铝水合物（$Al_2O_3 \cdot nH_2O$，n=1，2，3）、聚氯化铝等，这些原料中有的不仅可提供 Al_2O_3，而且还可以原位分解造孔，例如 $Al(OH)_3$ 等；不引入杂质元素的 Al_2O_3 结合剂可用可水合氧化铝（hydratable alumina，ρ-Al_2O_3）、铝溶胶或凝胶、铝盐（如硫酸铝、磷酸铝、聚氯化铝等）作为镁铝尖晶石质多孔隔热耐火材料的结合剂。MgO 主要来源于镁砂（烧结或电熔）、轻烧 MgO、$Mg(OH)_2$ 和 $MgCO_3$（菱镁矿），这些原料中不仅可提供 MgO，还可以原位分解造孔，例如 $Mg(OH)_2$、$MgCO_3$ 等，作为 MgO 质结合剂的有轻烧 MgO、$MgCl_2$ 等。

镁铝尖晶石质多孔隔热耐火材料的成孔方法多为原位分解法和泡沫法，成型方式以浇注和模压居多。本节主要介绍泡沫法和原位分解法制备 Al_2O_3-MA 多孔隔热材料。

11.3.1 泡沫法制备 Al_2O_3-MA 多孔隔热耐火材料

11.3.1.1 实验设计及过程

实验采用 α-Al_2O_3 细粉（74 μm），α-Al_2O_3 微粉（2 μm），ρ-Al_2O_3 微粉（5 μm），电熔镁砂细粉（74 μm）为主要原料，以六偏磷酸钠为减水剂制备 Al_2O_3-MA 多孔隔热材料。

实验中设计配方的基本组成（质量分数）为：细粉总量为 60%（α-Al_2O_3 细粉和电熔镁砂细粉），微粉总量为 40%（35%的 α-Al_2O_3 微粉和 5%的 ρ-Al_2O_3 微粉），以六偏磷酸钠为减水剂。

研究不同烧成温度（1450 ℃、1500 ℃、1550 ℃、1600 ℃）对材料常温物理性能的影响，确定最佳烧成温度；研究不同泡沫加入量（400 mL/kg、600 mL/kg、800 mL/kg）对试样常温物理性能的影响，固定泡沫加入量；研究镁砂细粉含量（质量分数，下同）依次为 0%、5%、10%、15%时，对材料性能的影响；保持氧化铝细粉总量为 45%，以工业氧化铝部分替代 α-Al_2O_3 细粉，替代量分别为 0%、15%、30%、45%，研究工业氧化铝添加量对 Al_2O_3-MA 多孔隔热材料物理性能的影响。

将配好的原料置于搅拌锅中混合均匀制成料浆，再外加一定量的泡沫，两者混合均匀后，浇注成型为 160 mm×40 mm×40 mm 样条，经养护、烘干后在一定烧成温度下保温 3 h。

11.3.1.2　烧成温度

本节主要研究不同烧成温度（1450 ℃、1500 ℃、1550 ℃、1600 ℃）对发泡法制备 Al_2O_3-MA 多孔隔热材料常温物理性能的影响。

（1）常温物理性能。从图 11-3-1（a）和（b）看出，随着烧成温度的升高，材料的体积密度逐渐增大，从 1.14 g/cm^3 增加到 1.25 g/cm^3。当温度从 1450 ℃升高到 1500 ℃时，体积密度增加趋势比较明显；当温度超过 1500 ℃后，增加趋势缓慢，体积密度稳定在 1.24 g/cm^3 左右。常温抗折、耐压强度与体积密度变化规律相同，也是先明显增大后逐渐趋于稳定。

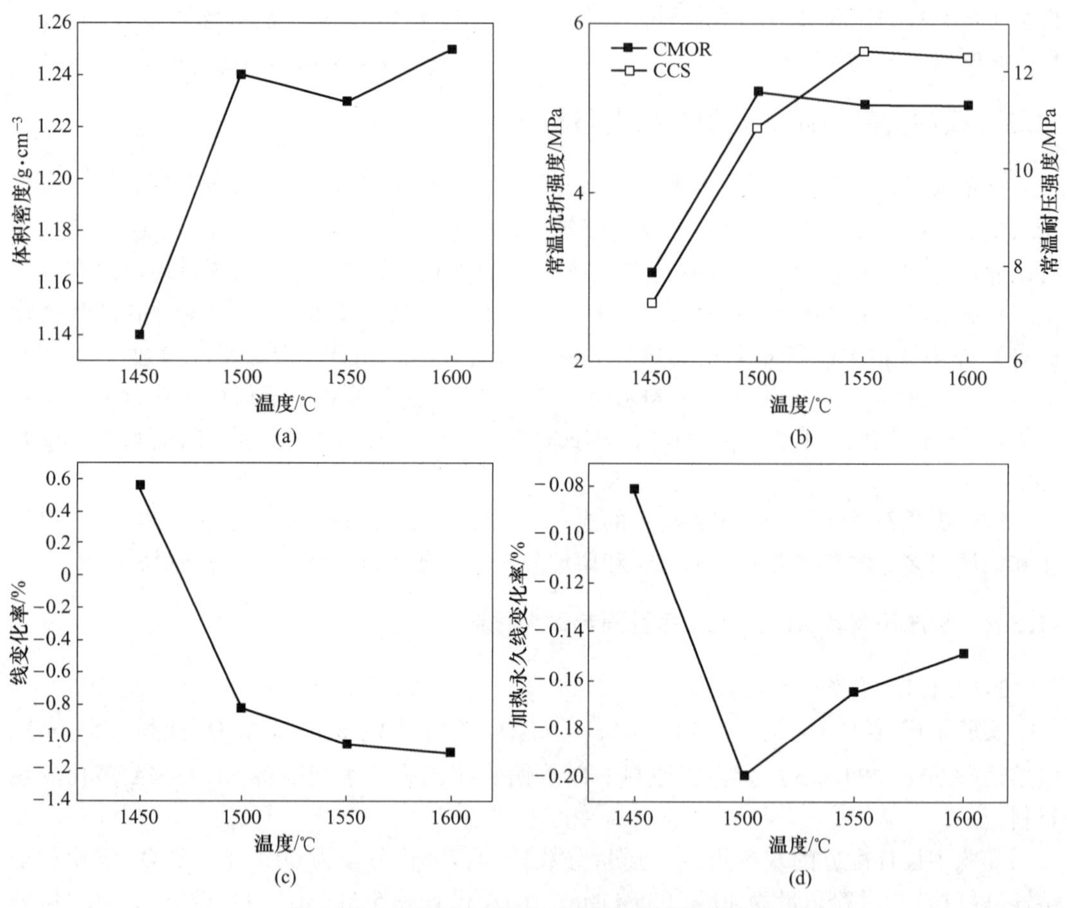

图 11-3-1　不同烧成温度下材料的常温物理性能

（a）体积密度；（b）常温抗折强度和耐压强度；

（c）线变化率；（d）1550 ℃×3 h 加热永久线变化率

从图 11-3-1（c）看出，随着烧成温度的升高，线变化率由膨胀 0.55%变为−1.11%，温度从 1450 ℃升高到 1500 ℃时，材料由膨胀变为收缩，1450 ℃时大量的 $MgAl_2O_4$ 形成产生膨胀，1500 ℃时生成的 $MgAl_2O_4$ 和 α-Al_2O_3 开始烧结致密化产生收缩，且收缩量大于膨胀量而表现为收缩，同时体积密度增大，抗折强度和耐压强度也相应地增大。当温度达到 1500 ℃后，材料烧结致密化趋于缓慢，因而其性能随着温度变化缓慢。图 11-3-1

(d) 所示，随着烧成温度的升高，材料 1550 ℃×3 h 加热永久线变化率先增大后逐渐减小。

(2) 显微结构。从图 11-3-2 可以看出，材料中孔的形状比较规则，且多为球形，其孔径较小，主要分布在 200 μm 以内。大多数孔封闭独立，利于减少应力集中，提高材料的强度，降低导热系数。

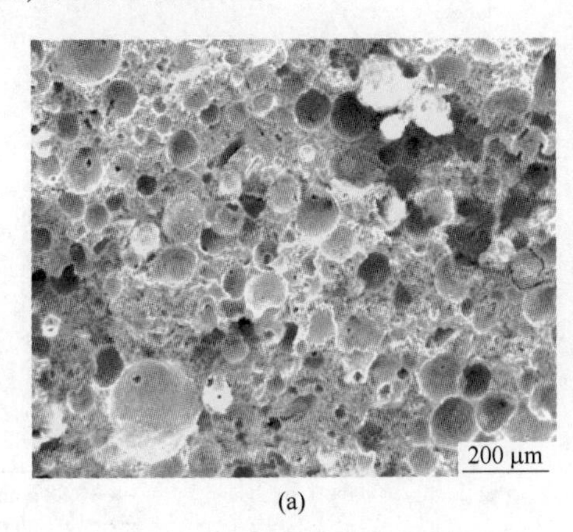

(a)

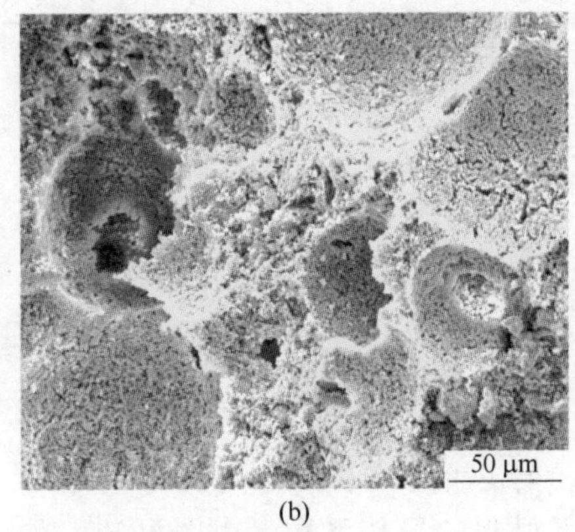

(b)

图 11-3-2 烧成温度 1550 ℃时材料的扫描电镜照片

(a) 100×；(b) 500×

11.3.1.3 泡沫加入量

泡沫法制备 Al_2O_3-MA 多孔隔热材料过程中，泡沫加入量直接影响材料的强度、体积密度、显微结构等。

(1) 常温物理性能。从图 11-3-3 可知，随着泡沫加入量从 400 mL/kg 增加到 800 mL/kg，材料的体积密度也从 1.2 g/cm^3 降到 0.87 g/cm^3，常温抗折、耐压强度也是逐渐下降；线变化率、加热永久线变化率则是随着泡沫加入量的增加呈现先增大后减小的趋势；在泡沫加入量为 600 mL/kg 时，线变化率最大值为-1.0%，加热永久线变化率最大为-0.18%。这可能是由于当加入泡沫量比较少时，材料内颗粒靠得更近，更容易烧结，从而导致收缩比较大；当加入泡沫量过多，又会导致坯体过于疏松，在烧成过程中也会有很大的收缩。

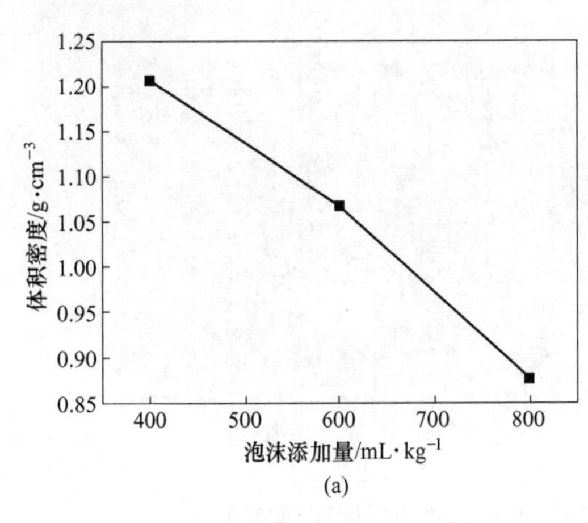

(a)

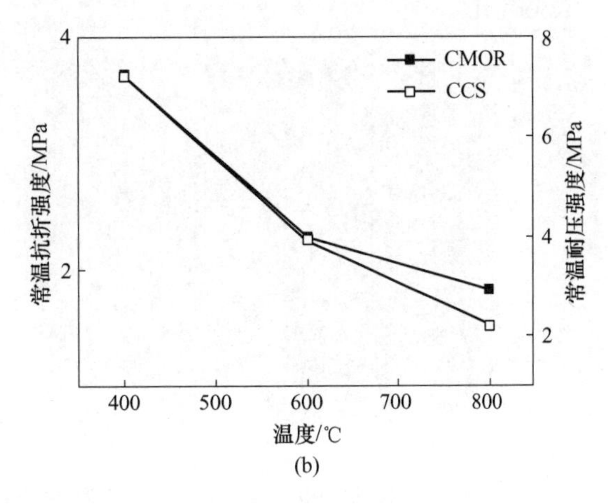

(b)

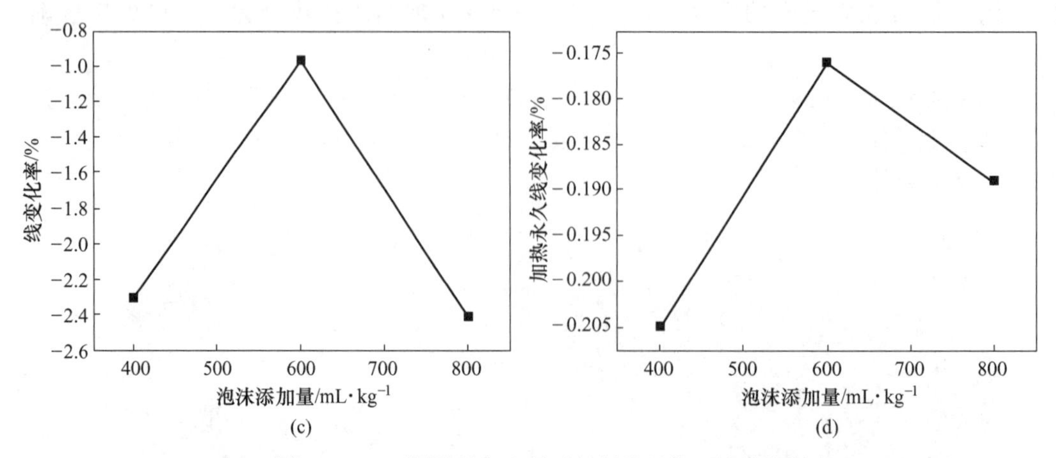

图 11-3-3　不同泡沫加入量对材料常温物理性能的影响

（a）体积密度；（b）抗折、耐压强度；（c）线变化率；（d）加热永久线变化率

（2）导热系数。图 11-3-4 为不同泡沫加入量下材料的导热系数。由图可知，在同一温度下，随着泡沫加入量的增多，材料导热系数逐渐减小。在 500 ℃时，导热系数从 0.315 W/(m · K) 降到 0.273 W/(m · K)，可能是泡沫加入量增加，导致了气孔增多。在相同体积密度下，随着温度的升高，导热系数先增大后轻微的下降。

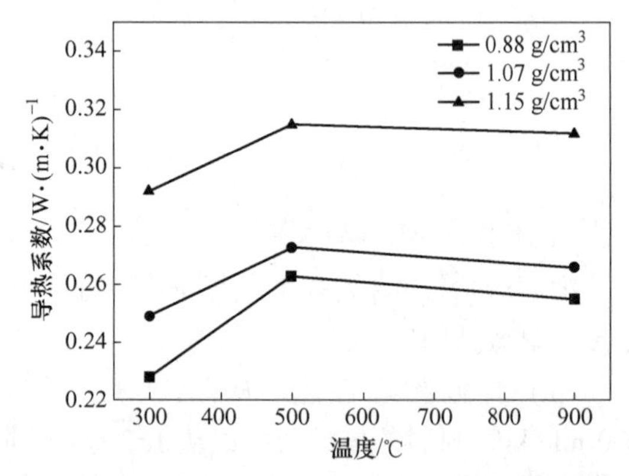

图 11-3-4　不同泡沫加入量对材料导热系数的影响

（3）显微结构。从图 11-3-5 中可以看出，在泡沫加入量为 600 mL/kg 时，材料气孔的形状规则，基本呈球形，孔径分布范围较窄，大概 50～200 μm。大部分气孔以封闭气孔的形式存在，气相被连续的固相包围，形成固相连续而气相被分割孤立存在的结构特征，在孔与孔之间还存在许多窗口结构，其材料构架部分的结构较疏松，存在许多微小气孔。

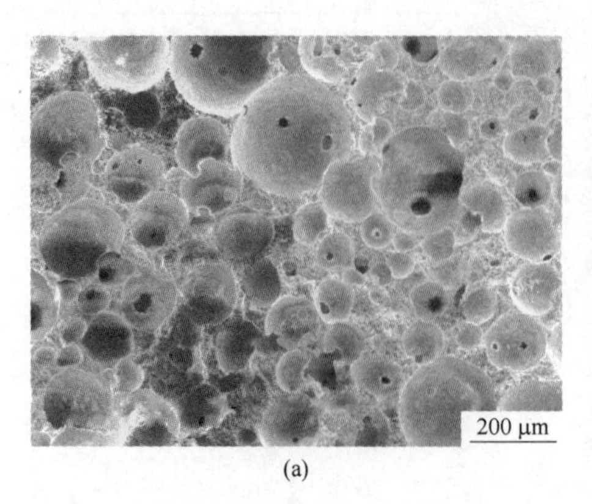

(a)

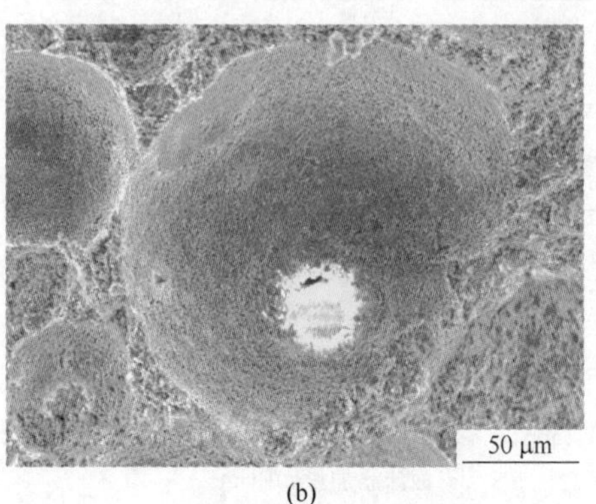

(b)

图 11-3-5　泡沫加入量为 600 mL/kg、1550 ℃×3 h 处理后材料 SEM 图

（a）100×；（b）500×

11.3.1.4 镁砂含量

主要研究镁砂细粉含量（质量分数为 0%、5%、10%、15%）对 Al_2O_3-MA 多孔隔热材料性能和显微结构的影响。

（1）常温物理性能。图 11-3-6 给出了电熔镁砂加入量对材料常温物理性能的影响，随着电熔镁砂加入量的增加，强度先减小后增大，体积密度则持续减小，烧后线变化和加热永久线变化由收缩逐渐表现为膨胀，在电熔镁砂加入量为 15%时，材料的力学性能达到最佳；随着电熔镁砂加入量的增加，加热永久线变化率逐渐增大，说明加进去的镁砂在第一次烧成过程中并没有完全反应，还有残余，这可从 XRD 衍射图（见图 11-3-7）中证实，除了刚玉和尖晶石相衍射峰外，还含有少量方镁石衍射峰。

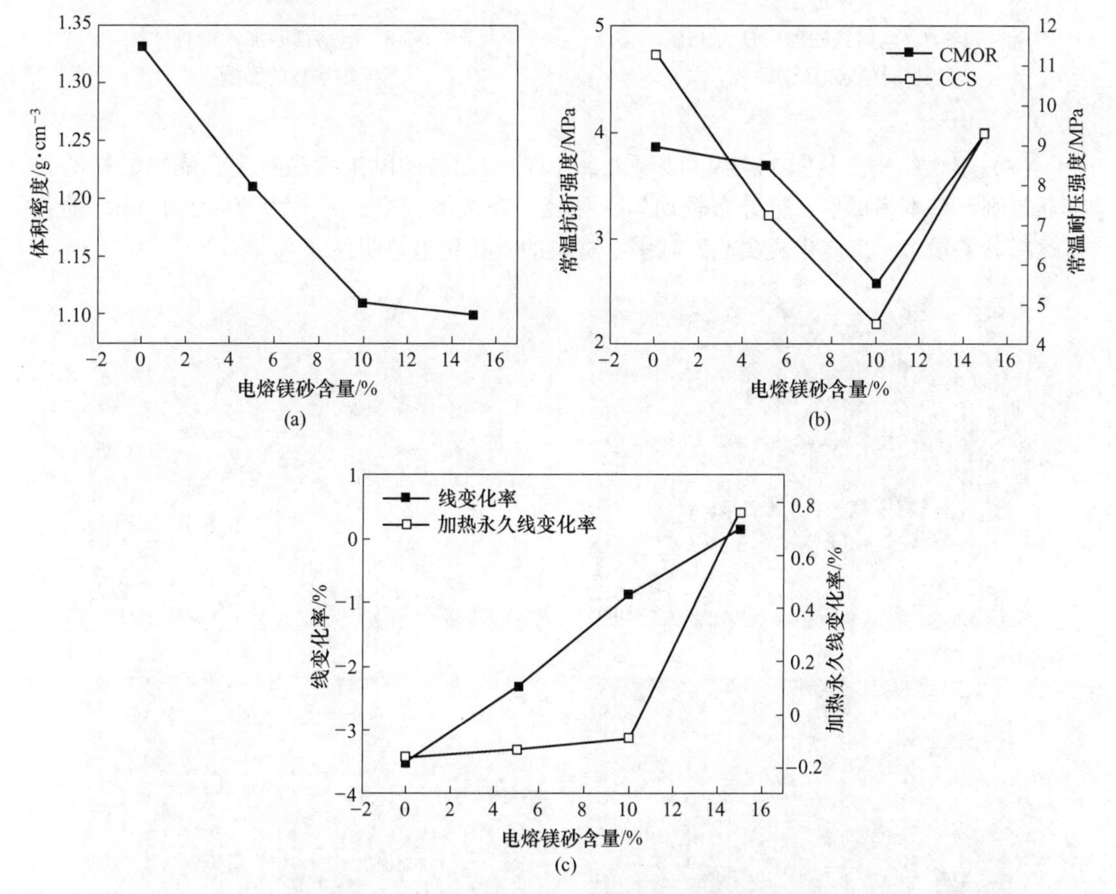

图 11-3-6 电熔镁砂加入量对材料常温物理性能的影响

（a）体积密度；（b）抗折、耐压强度；（c）线变化率、加热永久线变化率

（2）导热系数。由图 11-3-8 可知，镁砂的加入显著地降低了材料的导热系数。随着镁砂加入量从 0~15%过程中，同一温度下材料的导热系数逐渐降低，在 300 ℃下的导热系数从 0.542 W/(m · K) 降为 0.29 W/(m · K)。电熔镁砂的增加，一方面形成了更多 $MgAl_2O_4$ 产生的膨胀，堵塞气孔，形成许多微孔，从而降低了导热系数；另一方面镁砂的引入产生另一相 $MgAl_2O_4$，材料组分复杂，导热系数也会降低。

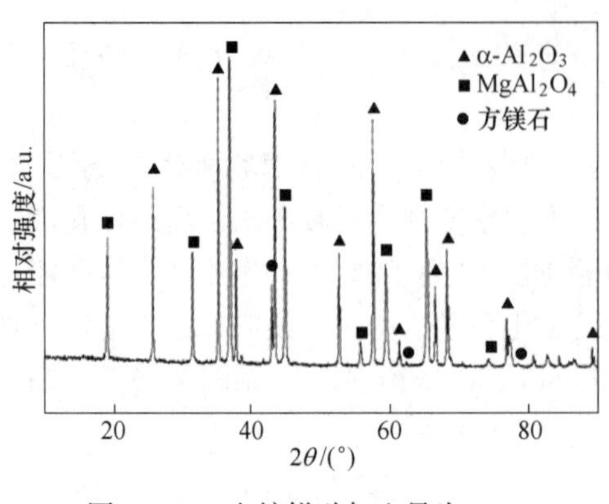

图 11-3-7　电熔镁砂加入量为 15%材料的 XRD 谱图

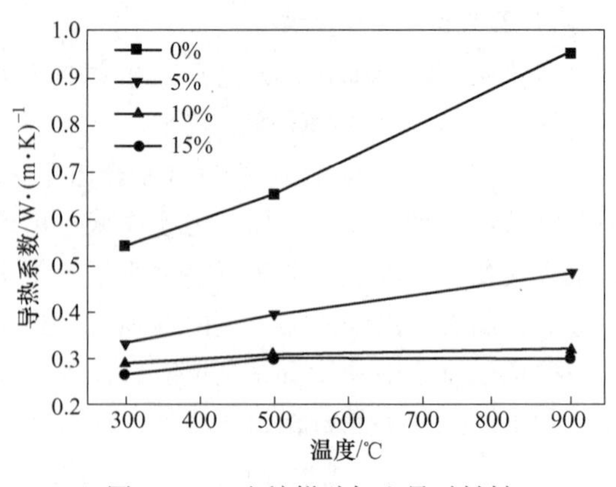

图 11-3-8　电熔镁砂加入量对材料导热系数的影响

（3）显微结构。从图 11-3-9 可以看出，发泡法制备的刚玉尖晶石多孔隔热材料的孔形状规则，基本呈球形，且分布较均匀，孔径分布范围较窄，一般为 50～200 μm。随着电熔镁砂的增多，反应生成尖晶石越多，材料的微孔化也越明显。

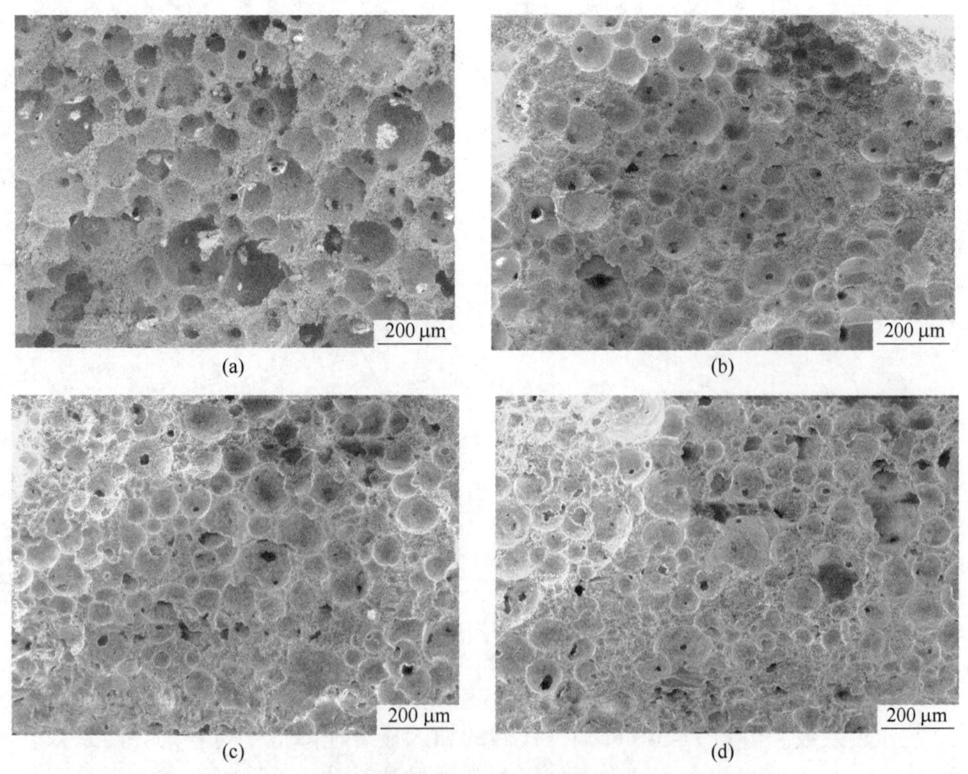

图 11-3-9　不同电熔镁砂加入量下烧后材料的扫描电镜图

（a）镁砂 0%；（b）镁砂 5%；（c）镁砂 10%；（d）镁砂 15%

11.3.1.5　工业氧化铝

工业氧化铝又称为 γ 型氧化铝，是一种多孔性物质，每克 γ 型氧化铝的内表面积高达数百平方米，活性高，吸附能力强。

（1）常温物理性能。从图 11-3-10 可知，随着工业氧化铝加入量的增加，体积密度呈现先减小后增大的趋势，工业氧化铝的质量分数小于 30%时，可显著降低材料的体积密度，当工业氧化铝的质量分数为 30%时，材料体积密度达到最小值 0.91 g/cm^3；当工业氧化铝的质量分数大于 30%，材料的体积密度又增大，这可能是过量的工业氧化铝会破坏泡沫，使材料体积密度增大。材料的强度随着工业氧化铝的增大呈下降趋势，而材料的烧成线膨胀率和加热永久线变化率与体积密度的变化趋势相吻合，在工业氧化铝加入量（质量分数）为 30%时，烧成线膨胀率达到最小值 0.41%，加热永久线变化率达到最大值 -0.11%。

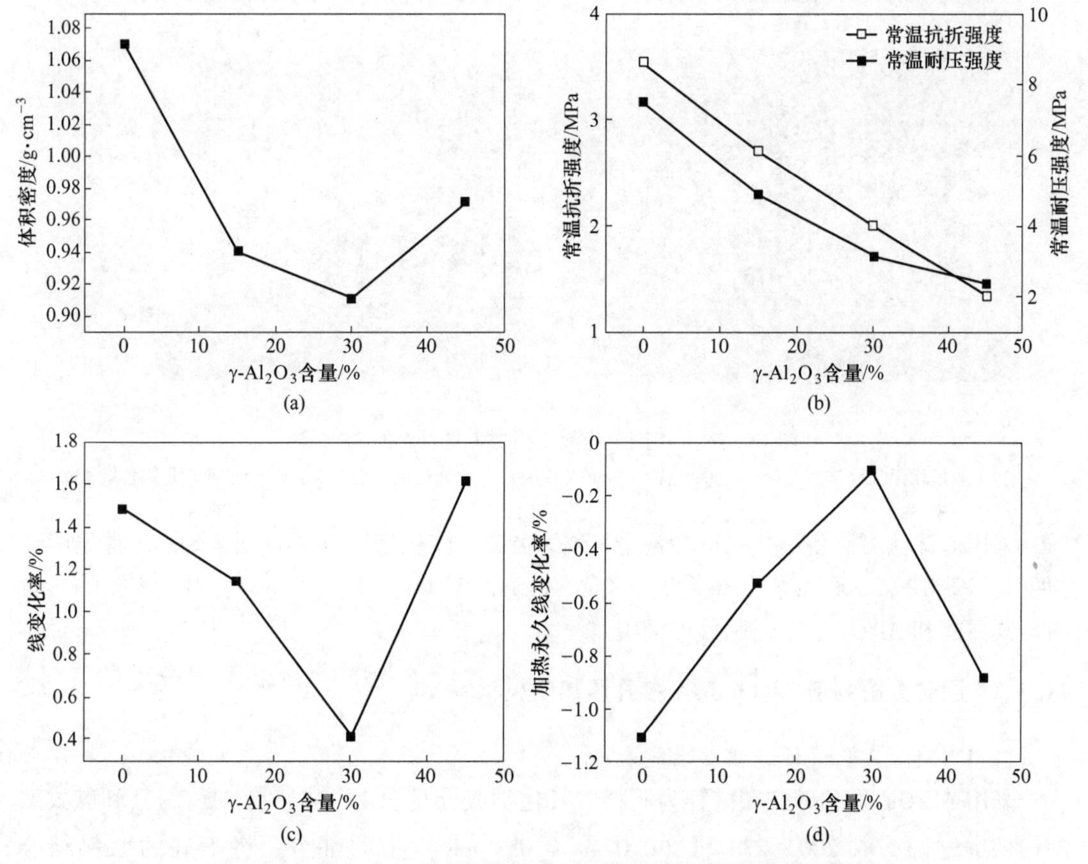

图 11-3-10 工业氧化铝加入量对材料常温物理性能的影响

（a）体积密度；（b）常温抗折、耐压强度；（c）线变化率；（d）加热永久线变化率

（2）显微结构。为了进一步探明不同工业氧化铝加入量对材料性能的影响，对工业氧化铝加入量（质量分数，下同）为 0%、15%、30%、45%的材料进行了显微结构分析，如图 11-3-11 所示。随着工业氧化铝含量的增加，气孔数量有所增加，主要是微孔数量增加，气孔形状变得不规则，在工业氧化铝加入量为 30%时，气孔更密集，气孔尺寸基本在 200 μm 以内。随着工业氧化铝加入量的进一步增加，气孔数量又有所降低，孔径变大。

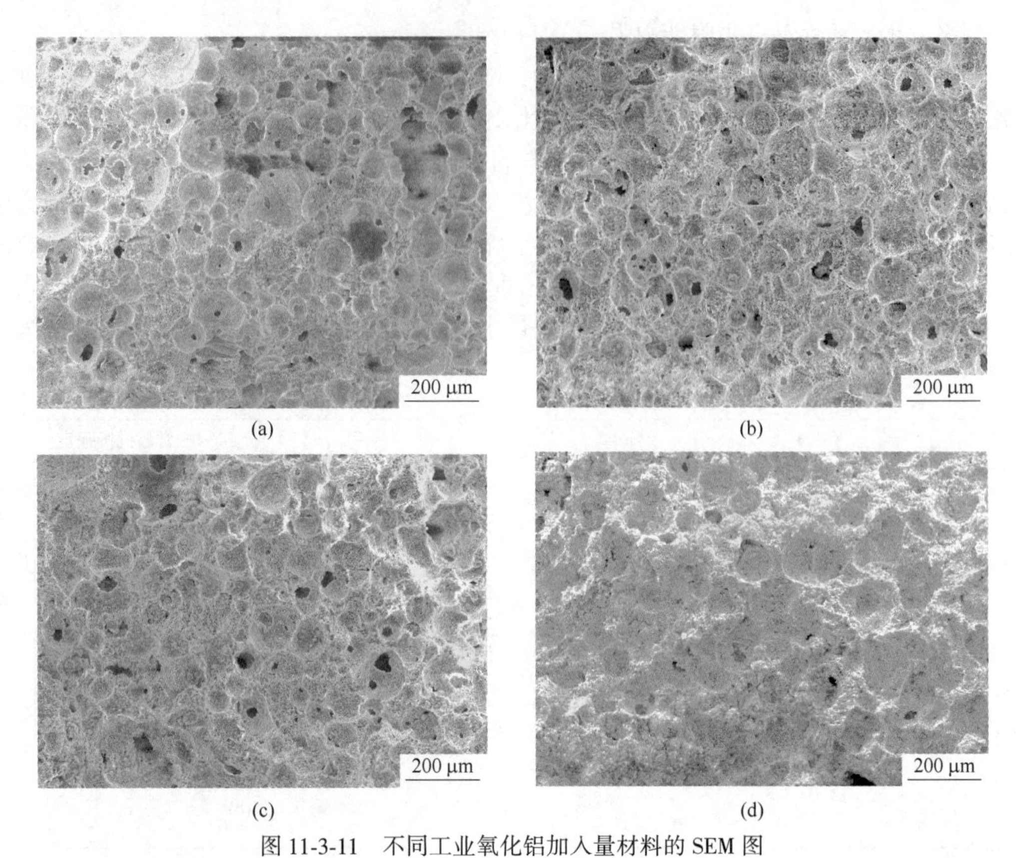

图 11-3-11　不同工业氧化铝加入量材料的 SEM 图
(a) 工业氧化铝含量 0%; (b) 工业氧化铝含量 15%; (c) 工业氧化铝含量 30%; (d) 工业氧化铝含量 45%

采用泡沫法可制备出 Al_2O_3 含量为 85%~95%、体积密度 0.8~1.2 g/cm^3、常温耐压强度 2~12 MPa、900 ℃的导热系数 0.266~0.342 W/(m·K) 的 Al_2O_3-MA 多孔隔热材料，其性能和 Al_2O_3 空心球制品可媲美。

11.3.2　原位分解制备 Al_2O_3-MA 多孔隔热耐火材料

11.3.2.1　实验设计过程及性能表征

采用 $Al(OH)_3$ 和碱式碳酸镁为原料，其化学成分见表 11-3-1。将 $Al(OH)_3$ 和碱式碳酸镁依次过筛，取 200~270 目 (0.074~0.053 mm) 中间部分。将筛好的原料结合表 11-3-1 中的数据按表 11-3-2 的配比混合，将混合物在聚氨酯滚筒中以无水乙醇为介质利用刚玉球混合 30 min 然后晾干，在 50 MPa 压力下压制成 ϕ20 mm×20 mm 圆柱体，于 110 ℃下烘干 24 h，然后 1500 ℃×3 h 高温处理。

表 11-3-1　原料的化学成分分析　(质量分数,%)

成　料	SiO_2	Al_2O_3	Fe_2O_3	CaO	MgO	K_2O	Na_2O	TiO_2	IL
碱式碳酸镁	0.05	0.19	0.02	0.04	42.69	—	—	—	57.06
$Al(OH)_3$	0.002	66.85	0.041	0.15	0.04	0.013	0.039	—	32.60
煤系高岭土	44.52	36.48	0.21	0.15	0.15	0.084	0.028	0.43	17.89

表 11-3-2　各组成材料的原料配方　（质量分数，%）

材料组成	1号	2号	3号
$Al(OH)_3$	65	80	90
碱式碳酸镁	37	20	10
尖晶石理论生成量	100	50	24

热分析由差热热重综合分析仪（NETZSCH STA449C）测量；粒度分布通过激光粒度分析仪（Matersizer 2000）检测；气孔分布由压汞法（AutoPore Ⅳ 9500，Micromeritics Instrument Corporation）测出。

球形度（Carman 形状因数）定义是一个与待测的颗粒体积相等的球形体的表面积与该颗粒的表面积之比。气孔的球形度为一个与待测的气孔体积相等的球形体的表面积与该气孔的表面积之比，气孔球形度 Φ 的计算公式为：

$$\Phi = \frac{S_{球}}{S} = \frac{\sqrt[3]{36\pi V^2}}{S} \tag{11-3-1}$$

式中，$S_{球}$为与待测的气孔体积相等的球形体的表面积；S 为测得气孔的表面积；V 为测得气孔的体积。

用无标样定量法测定材料在各温度点烧后镁铝尖晶石的相对含量。在无标样的情况下，利用 Zevin 公式计算各烧后材料内物相的相对含量。Zevin 公式如下：

$$\begin{cases} \sum_{i=1}^{n}\left[\left(1-\frac{I_{iJ}}{I_{iK}}\right)x_{iK}\mu_{mi}\right]=0 \\ \sum_{i=1}^{n}x_{iK}=1 \end{cases} \tag{11-3-2}$$

式中，I_{iJ}和 I_{iK}分别为 J 和 K 样品中 i 相的衍射强度；x_{iK}为 K 样品中 i 相的质量分数；μ_{mi}为 i 相的质量吸收系数。

11.3.2.2　$Al(OH)_3$ 加入量

从图 11-3-12 各粉料的差热失重分析曲线可以看出，碱式碳酸镁于 200 ℃左右开始分解，在 235 ℃附近出现第一个吸热峰，在 430 ℃左右出现第二个吸热峰。这是因为碱式碳酸镁中主要成分为 $Mg(OH)_2$ 和 $MgCO_3$，这两种物质的分解温度不同。2 号混合粉体于 1255 ℃左右出现一放热峰，该峰对应尖晶石形成时的放热反应。

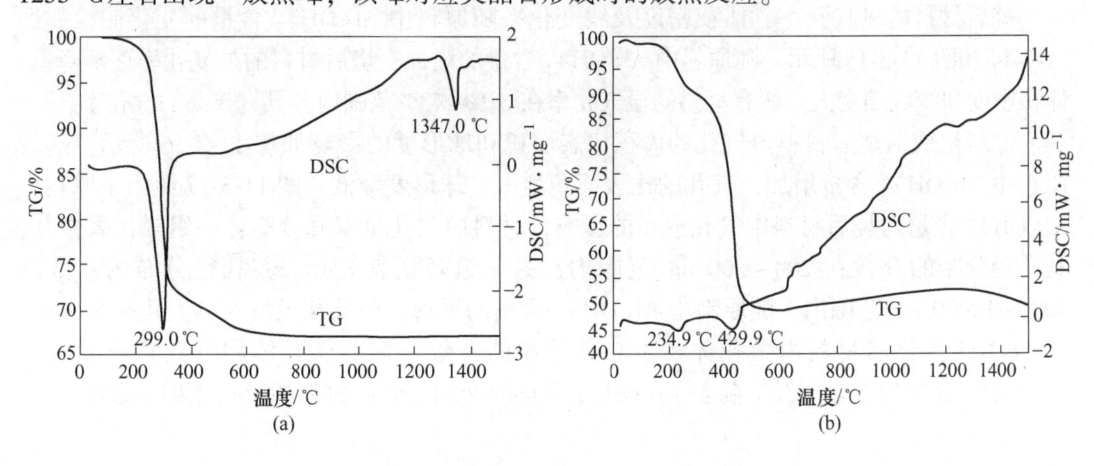

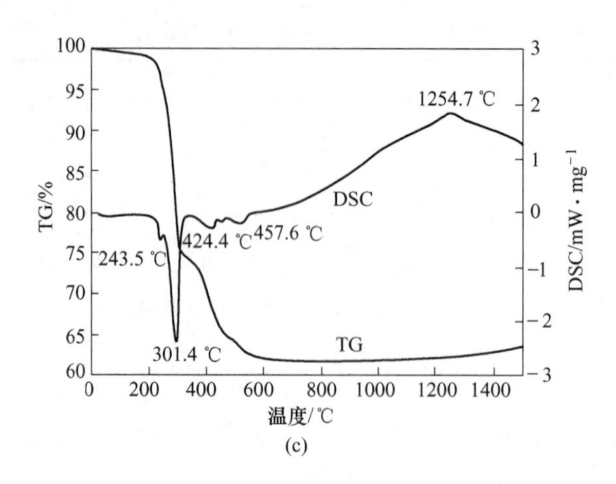

(c)

图 11-3-12 实验用原料的差热失重分析曲线

(a) $Al(OH)_3$；(b) 碱式碳酸镁；(c) 2号粉末

$Al(OH)_3$ 和碱式碳酸镁原料的显微组织如图 11-3-13 所示，$Al(OH)_3$ 粉体为 $Al(OH)_3$ 团聚体的松散堆积，每个团聚体为多个 $Al(OH)_3$ 单晶的聚集体；而碱式碳酸镁粉体中的团聚体尺寸相差很大，大部分团聚体的尺寸较小，也有少量较大的团聚体存在。

(a) (b)

图 11-3-13 原料的显微组织

(a) $Al(OH)_3$；(b) 碱式碳酸镁

烧后材料的显气孔率、体积密度及线变化率随原料中 $Al(OH)_3$ 含量的变化曲线如图 11-3-14 和图 11-3-15 所示。随原料中 $Al(OH)_3$ 含量的增加，烧后材料的显气孔率逐渐降低，体积密度和线收缩变大。所有材料的显气孔率在 67%~73%范围内，具有较高的气孔率。

原料组成对烧后材料内气孔的体积比表面积和球形度的影响如图 11-3-16 所示。随着原料中 $Al(OH)_3$ 含量增加，气孔的比表面积增大，球形度降低。图 11-3-17 给出了原料中 $Al(OH)_3$ 含量对烧后材料中气孔分布的影响，材料内气孔呈双峰分布：一组峰代表微孔，其孔径分布的众数在 200~300 nm 范围内；另一组峰代表大孔，其孔径分布的众数在 4000~10000 nm 范围内。随原料中 $Al(OH)_3$ 含量的增加，微孔孔径增大且大孔孔径减小。图 11-3-18 为烧后材料内微孔体积占总孔体积的分数（简称微孔体积分数）随原料中 $Al(OH)_3$ 含量的变化曲线，随着 $Al(OH)_3$ 含量的增加，烧后材料的微孔体积分数增大。

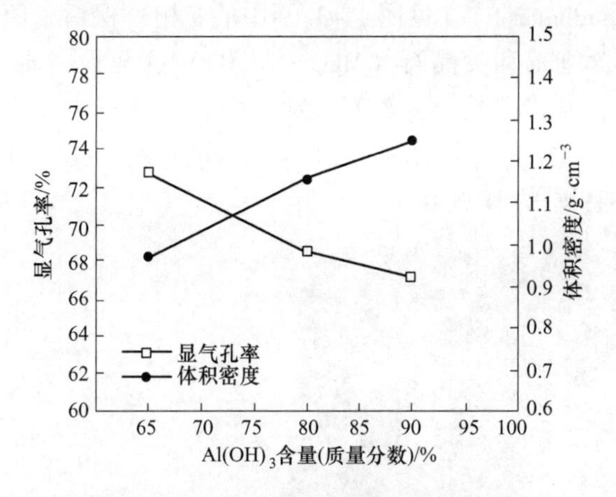

图 11-3-14 烧后材料的显气孔率和体积密度随原料组成的变化

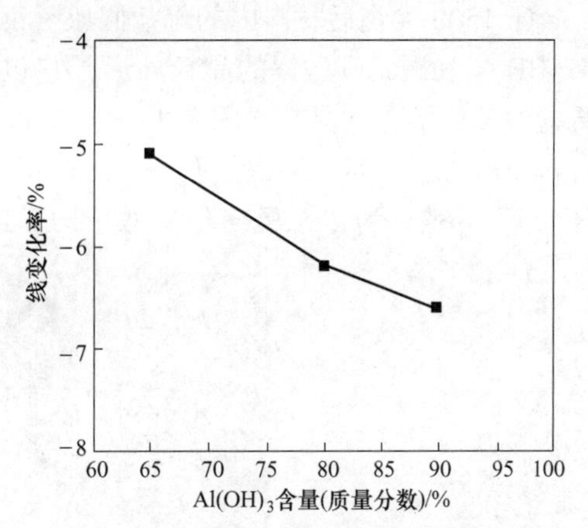

图 11-3-15 烧后材料的线变化率随原料组成的变化

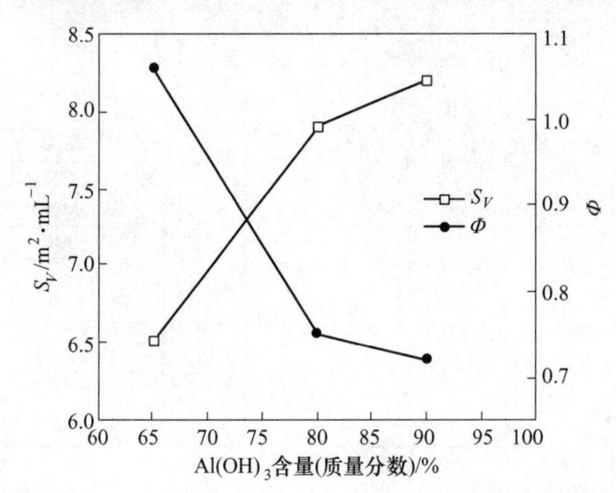

图 11-3-16 烧后材料内气孔的体积比表面积 S_V 和球形度 Φ 随原料组成的变化

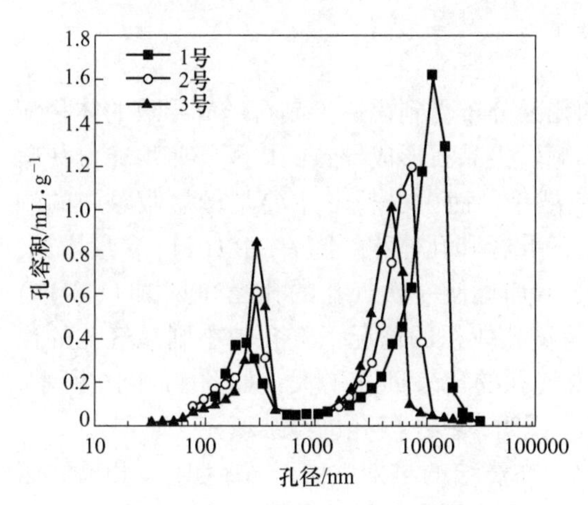

图 11-3-17 原料中 $Al(OH)_3$ 含量对 1500 ℃×3 h 烧后材料气孔分布的影响

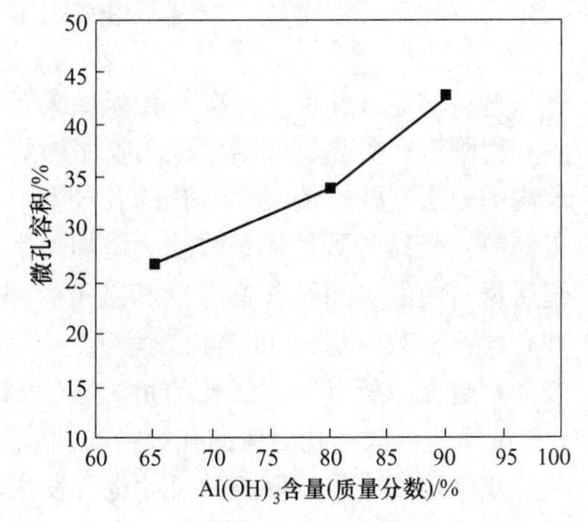

图 11-3-18 原料中 $Al(OH)_3$ 含量对 1500 ℃×3 h 烧后材料内微孔体积分数的影响

于1500 ℃烧后材料内的母盐假象（pseudomorph）（见图11-3-19中的a相）保留了原$Al(OH)_3$和碱式碳酸镁的晶粒外形，它包含刚玉和尖晶石（$MgO \cdot Al_2O_3$）这两种物质。母盐假象内的一次晶粒之间是由$Al(OH)_3$和碱式碳酸镁分解而形成的微孔（孔径小于或等于300 nm），即“一次气孔”，如图11-3-19中的c所示；二次晶粒之间的大气孔（孔径大于1 μm）为“二次气孔”，如图11-3-19中的b所示。

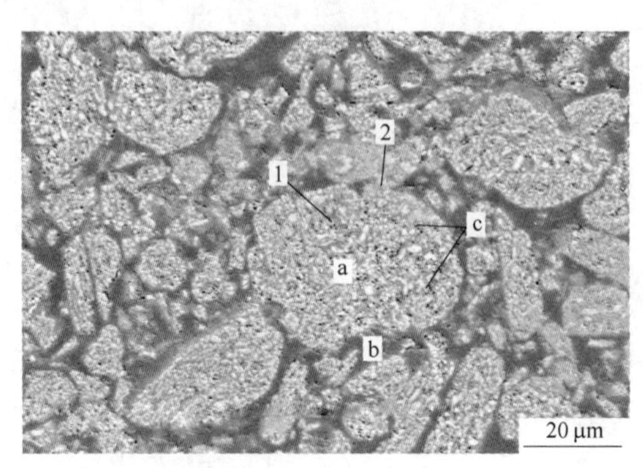

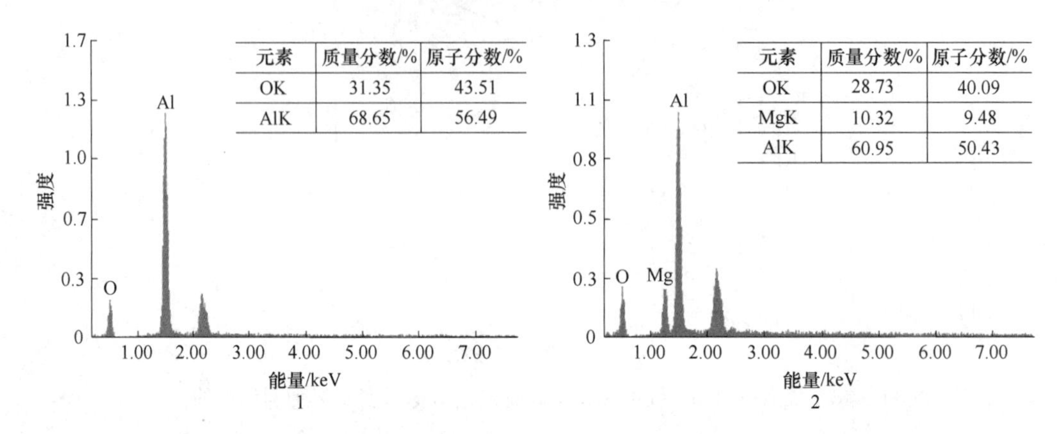

元素	质量分数/%	原子分数/%
OK	31.35	43.51
AlK	68.65	56.49

元素	质量分数/%	原子分数/%
OK	28.73	40.09
MgK	10.32	9.48
AlK	60.95	50.43

图11-3-19 2号材料于1500 ℃×3 h烧后的SEM照片和EDAX分析结果

a—二次晶粒；b—二次气孔；c——次气孔

材料的显气孔率、一次气孔和二次气孔的孔径分布受到镁铝尖晶石形成导致的体积膨胀和由刚玉、尖晶石烧结导致的收缩的双重影响。尖晶石形成导致的体积膨胀填充母盐假象内的一次气孔，使一次气孔的孔径和孔体积减小；而由晶粒（主要是母盐假象中的刚玉晶粒）烧结导致的体积收缩会增加一次气孔的孔径和孔体积。随着$Al(OH)_3$含量增加，烧后材料内的尖晶石含量降低和刚玉含量逐渐增加也使一次气孔的孔径（见图11-3-17）和孔体积分数（见图11-3-18）增大。因为在等量孔体积的情况下气孔越小则总气孔的比表面积越大，所以一次气孔的量增多使材料内气孔的比表面积增大，如图11-3-16所示。1号试样内一次气孔对应的孔径分布曲线较宽，说明一些小气孔已经被填充。

烧结过程中母盐假象的尺寸也会发生变化。在烧结的早期，由于$Al(OH)_3$和碱式碳酸镁的分解和母盐假象中MgO和Al_2O_3的烧结，母盐假象会发生收缩。收缩使材料内的母盐假象晶颗粒发生重排，进而使二次气孔的孔径和孔体积降低。随着原料中$Al(OH)_3$含量的增加，烧后材料内尖晶石含量降低；母盐假象的收缩增加使材料内母盐假象发生更多的重排，并导致二次气孔的孔径减小（见图 11-3-17），材料内气孔的球形度发生变化，如图 11-3-16 所示。

基于上述结果，2 号试样因其具有较高的显气孔率（69%）和微孔体积分数（34%），以下研究均以 2 号配方为基准。

11.3.2.3　烧成温度

选用表 11-3-2 中的 2 号原料的配方。将原料同 11.3.2.1 节所述方法混合，在成型干燥后分别于 1200 ℃、1300 ℃、1400 ℃、1500 ℃和 1600 ℃保温 3 h。

图 11-3-20 和图 11-3-21 示出了 2 号试样的显气孔率、体积密度和线变化率随烧成温度的变化情况；温度对气孔的体积比表面积和球形度的影响如图 11-3-22 所示；气孔分布-温度曲线如图 11-3-23 所示，微孔体积所占总气孔体积分数与温度的关系如图 11-3-24 所示。比较图 11-3-20~图 11-3-24 可以看出，各性能随着温度的变化曲线均可分为三个阶段：（1）1200~1300 ℃，显气孔率迅速增大，微孔孔径变化较小，微孔的体积分数颇有降低，而大孔孔径增大，气孔的比表面积和球形度变化很小；（2）1300~1500 ℃，显气孔率增大，微孔体积分数稍有降低，而微孔和大孔的孔径均呈增大趋势，内气孔的比表面积逐渐减小，气孔球形度增加；（3）1500~1600 ℃，显气孔率迅速减小，微孔孔径增大，大孔孔径和微孔体积分数降低，气孔的比表面积继续减小，气孔球形度显著增大。

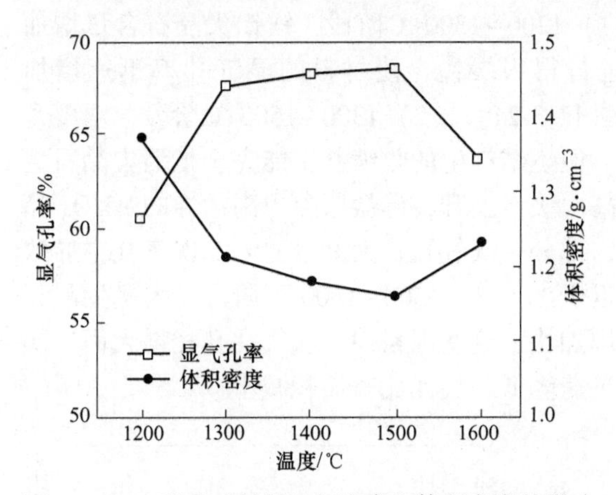

图 11-3-20　温度对材料显气孔率和体积密度的影响

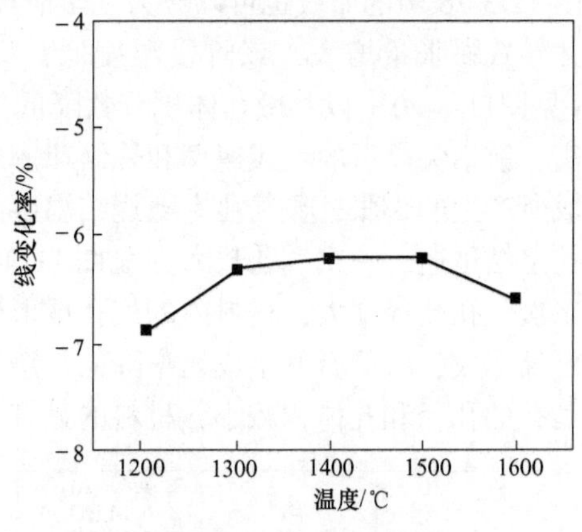

图 11-3-21　温度对材料线变化率的影响

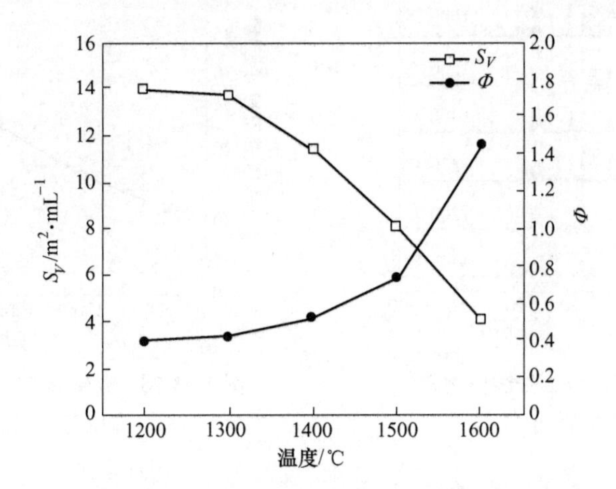

图 11-3-22　材料内气孔的体积比表面积 S_V 和球形度 Φ 随温度的变化

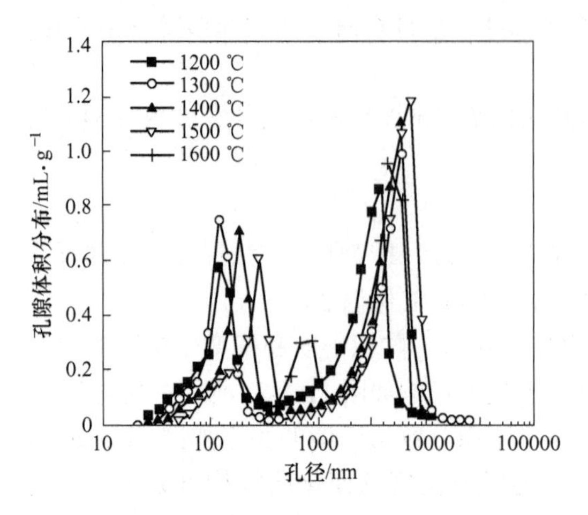

图 11-3-23　温度对气孔孔径分布的影响

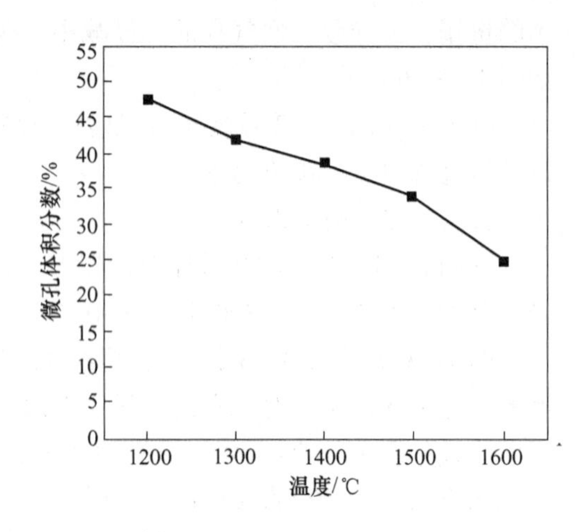

图 11-3-24　温度对微孔体积分数的影响

图 11-3-25 为 2 号试样于不同温度处理后 X 射线衍射谱图。图 11-3-26 为各温度下 2 号试样内镁铝尖晶石的相对含量。由图 11-3-25 及图 11-3-12 可知，尖晶石在 1250 ℃左右大量生成，在 1300 ℃下已有足够量的镁铝尖晶石生成。对应图 11-3-20 ~ 图 11-3-24，图 11-3-26 中的曲线也可以分为三个阶段：（1）1200~1300 ℃阶段，镁铝尖晶石含量增加并导致膨胀量增大，该阶段温度低，烧结进行得很缓慢，使材料的显气孔率迅速增加（见图11-3-20）以及微孔体积分数降低（见图 11-3-24）。（2）1300~1500 ℃阶段，温度升高，镁铝尖晶石的生成速率和烧结速率加快。但烧结产生的收缩并不能完全抵消尖晶石生成所产生的膨胀，显气孔率随烧结温度的提高而缓慢上升，母盐假象中高活性的 Al_2O_3 晶粒烧结迅速。一次气孔长大（见图 11-3-23），部分一次气孔长大并且并入二次气孔中导致二次气孔孔径增大，材料内的气孔球形度接近于 1。（3）1500~1600 ℃阶段，大量尖晶石已经形成，尖晶石的生成速率降低，烧结作用加快，这些因素使一次气孔孔径增大而二次气孔的孔径和孔体积减小，材料的显气孔率迅速降低，气孔比表面积减小。

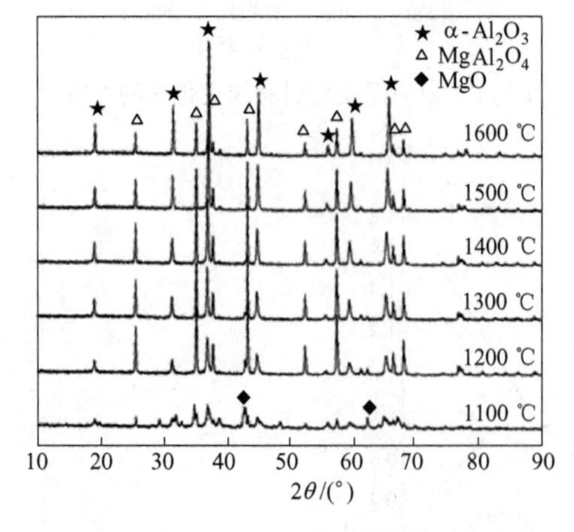

图 11-3-25　温度对 2 号试样物相组成的影响

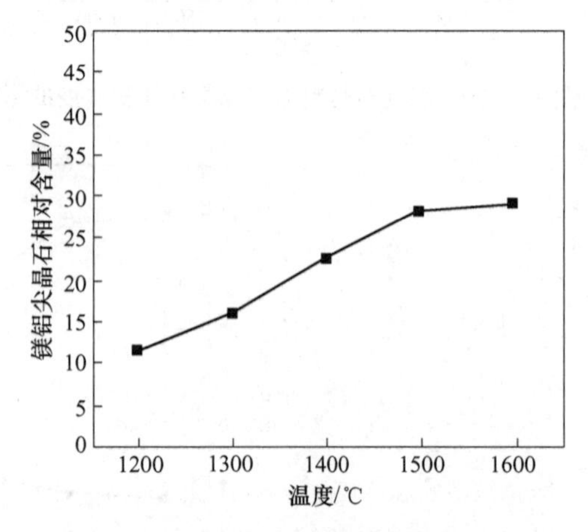

图 11-3-26　温度对 2 号试样内镁铝尖晶石相对含量的影响

11.3.2.4 原料粒度

对 $Al(OH)_3$ 进行球磨，研究其粒径大小对原位分解制备 Al_2O_3-MA 多孔陶瓷孔结构的影响。

(1) 实验过程。按 11.3.2.1 节前述方法过筛后（200~270 目中间部分）的 $Al(OH)_3$ 在行星磨中以 240 r/min 转速，以无水乙醇为研磨介质，利用刚玉球（球料比为 2：1）球磨 2~6 h 后在空气中自然晾干、待用。将磨好的粉体按表 11-3-3 的方式以原 2 号配方来配料并在行星磨中利用刚玉球（球料比为 2：1，刚玉球直径为 8 mm，转速为240 r/min）以无水乙醇为介质混合 30 min。材料的制备和性能表征同 11.3.2.1 节，1500 ℃×3 h 高温处理。

表 11-3-3 原料球磨时间及平均粒径

项　目	2号	4号	5号	6号
$Al(OH)_3$ 球磨时间/h	0	2	4	6
碱式碳酸镁（200~270 目）球磨时间/h	0	0	0	0
球磨后混合粉的体积平均粒径/μm	26.61	9.26	7.81	5.66
球磨混合粉的表面积平均粒径/μm	7.78	3.77	3.29	2.72
球磨混合粉体的 d_{50}/μm	21.56	8.00	6.52	4.74

从表 11-3-3 可以看出，过筛后的 $Al(OH)_3$ 是否经过球磨对原料混合体的粒度有很大影响。含球磨过 $Al(OH)_3$ 的原料与过筛后的原料粒度（d_{50}）相差了一个数量级，并且随着 $Al(OH)_3$ 球磨时间的延长，原料的粒度不断减小，如图 11-3-27 所示。

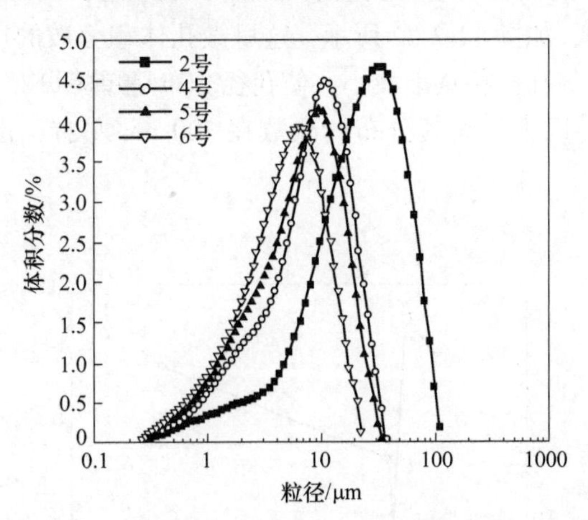

图 11-3-27 各组原料的粒度分布

(2) 原料粒度对常温物理性能的影响。图 11-3-28 和图 11-3-29 为原料的粒度对材料显气孔率、体积密度和线变化率的影响。原料的粒度对材料的致密化产生较大影响，减小原料的粒度可使烧后材料的体积密度迅速增加，显气孔率大幅度减小，线收缩增大。当原料的粒度在 8 μm 范围内时，粒度的影响较显著；当原料粒度（d_{50}）降为 4.7 μm 时，烧后材料的显气孔率为 56%。

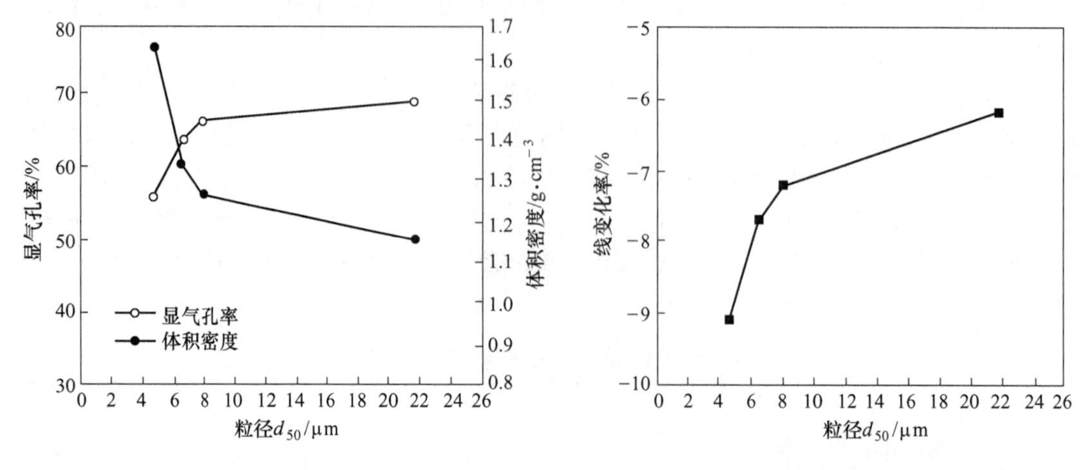

图 11-3-28　显气孔率和体积密度随原料粒度的变化

图 11-3-29　材料烧前烧后的线变化率随原料粒度的变化

（3）原料粒度对孔径分布的影响。原料粒度对材料内气孔的体积比表面积和球形度的影响如图 11-3-30 所示。图 11-3-31 和图 11-3-32 为原料的粒度对烧后材料内气孔孔径分布的影响。从图 11-3-31 可见，随着原料粒度的减小，材料内的大孔向孔径减小的方向移动，微孔对应的分布峰逐渐减弱。只有 $Al(OH)_3$ 未经球磨的 2 号试样呈明显的双峰分布，而 $Al(OH)_3$ 经球磨 6 h 后的材料基本上呈单峰分布。孔径小于 400 nm 的气孔占总气孔的体积分数先减小后增加，如图 11-3-32 所示，这里微孔体积分数的增加并不代表一次气孔的增多，而是由于二次气孔孔径逐渐减小，使孔径分布呈单峰分布。6 号试样中，大部分气孔的孔径在 1000 nm 以下，而其分布的众数在 700 nm 左右，是一种孔径较小的多孔陶瓷。

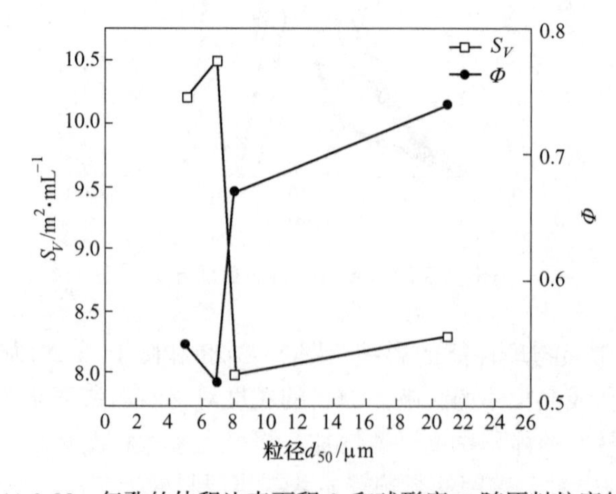

图 11-3-30　气孔的体积比表面积 S_V 和球形度 Φ 随原料粒度的变化

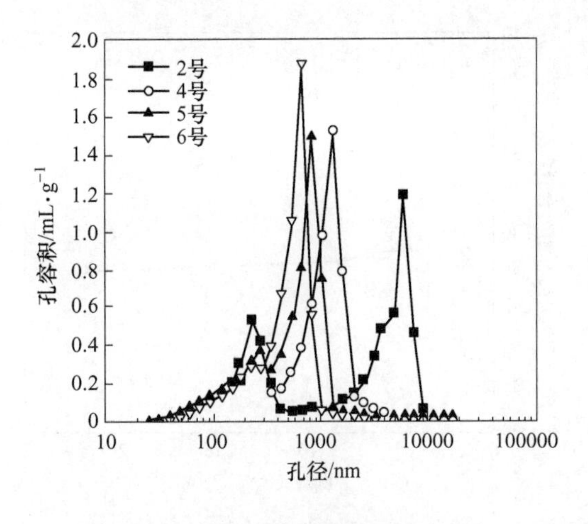

图 11-3-31 原料粒度对气孔分布的影响

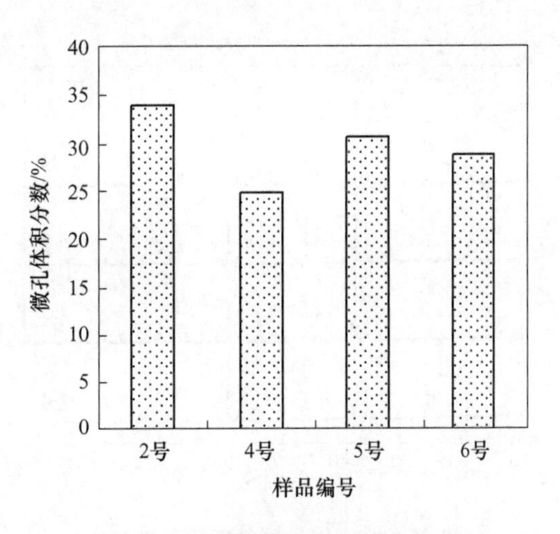

图 11-3-32 原料粒度对材料内微孔占总孔体积分数的影响

（4）显微结构与物相组成。图 11-3-33 示出了分别以未经球磨（2 号）及经过球磨 6 h（6 号）后的 $Al(OH)_3$ 与碱式碳酸镁混合粉料烧后材料的显微结构。在经球磨的试样中，气孔孔径比未经球磨的试样要小很多，气孔孔径及在试样中的分布都更加均匀。图 11-3-34 为 2 号试样于不同温度下烧结后的 X 射线衍射分析谱图。图 11-3-35 为利用 XRD 谱线相对强度计算出的各烧结温度下材料内尖晶石的相对含量。从图 11-3-35 中可以看出，在原料粒度为 8 μm 范围时，烧后材料内尖晶石的相对含量随原料粒度减小而显著增加；但当原料粒度大于 8 μm 时镁铝尖晶石的生成量随原料粒度的减小而增加的速度减慢。

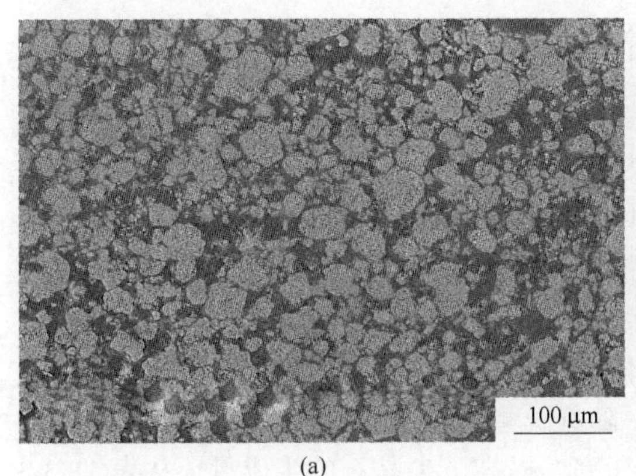

(a)

(b)

图 11-3-33 2 号(a)和 6 号(b)试样的 SEM 图

（5）原位反应机理。Al_2O_3 与 MgO 形成尖晶石的固相反应是 Al^{3+}和 Mg^{2+}向相互方向扩散的过程。根据 Wagner 理论，如图 11-1-6 所示，在尖晶石形成过程中，O^{2-}的位置不动，为了保持电价平衡，3 个 Mg^{2+}向 Al_2O_3 侧扩散，而 2 个 Al^{3+}向 MgO 侧扩散。因此，在 MgO 侧 4 个 MgO 转化成一个 $MgO \cdot Al_2O_3$，在 Al_2O_3 侧 4 个 Al_2O_3 转化为 3 个 $MgO \cdot Al_2O_3$。

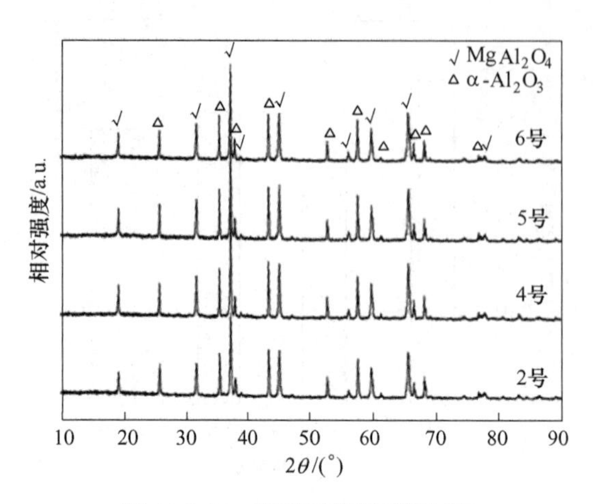

图 11-3-34 以不同粒度原料制备材料的 XRD 谱图

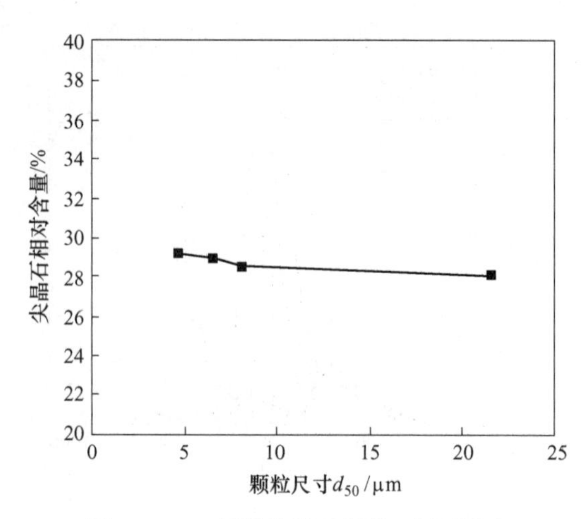

图 11-3-35 原料粒度对烧后 2 号试样内尖晶石相对含量的影响

对于固态晶体物质，宏观的扩散现象是微观迁移导致的结果，为了实现离子的跃迁，体系必须达到一个较高的能量状态，固态中的离子跃迁一般认为主要是空位机制，即大部分离子脱离格点后，并不在晶体内部构成填隙离子，而是跑到晶体表面上正常格点的位置，构成新的一层。与晶体内部的结构相比，这一层的结构无序化，即粉磨初期的无定形化过程。激活能 ε 为空位的形成能 ΔE_f和迁移能 ΔE_m两者之和。

$$\varepsilon = \Delta E_f + \Delta E_m \tag{11-3-3}$$

在高能球磨过程中粉末在较高能量碰撞作用下产生大量的缺陷，这样空位的形成能就降低，根据式（11-3-3），扩散要求的总激活能也就降低。根据式（11-3-4）可知：

$$D_0 = \exp\left(-\frac{\varepsilon}{RT}\right) \tag{11-3-4}$$

减小激活能等价于温度提高的效果，因此在球磨过程中通过降低 E_f使 ε 显著降低，从而提高扩散系数；同时，在球磨过程中，使原料的晶粒尺寸变小，这样可以增加反应物之间的接触面积，促进了反应的进行。实验中，在对 $Al(OH)_3$ 高能球磨的过程中，对其施加了一定的作用力，即压力和摩擦力。$Al(OH)_3$ 在受到这种外界所输入机械能的作用后，粉体发生了很大的变化：（1）粉碎生成新表面，粒度减小，比表面积增大，活性增强；（2）表层结构发生破坏，并趋于无定形化，内部储存了大量能量，使表面层能位升高，因而活化能更小，表面活性更强。因此，随着研磨时间的延长，提高了尖晶石形成反应以及烧结的速度，降低了烧后材料的显气孔率，提高了尖晶石的生成量。从表 11-3-3 及图 11-3-27 可以看出，在研磨时间从 2 h 提高到 4 h 时，研磨的效果比较明显。因而，显气孔率下降，烧后线收缩率增加以及莫来石生成量提高显著。

另外，在行星式球磨机中球磨可将 $Al(OH)_3$ 的颗粒磨细，同时使表面结构活化，这样将大大减少 $Al(OH)_3$ 母盐假象的尺寸与其存在的条件。一旦母盐假象不再存在，一次粒子与一次气孔也就没有存在的条件，整个显微结构的均匀性大大提高。一次气孔与二次气孔的界线不再明显，即出现了 6 号试样的情况。

此外，随着研磨时间的延长，$Al(OH)_3$ 颗粒尺寸变小。由它们堆积而形成的二次气孔的尺寸变小，即二次气孔孔径分布向小孔方向移动，如图 11-3-31 所示。

11.3.2.5 SiO_2 的影响

研究 SiO_2 对原位分解成孔制备 Al_2O_3-MA 多孔材料性能及孔径分布的影响，对于天然料（例如，低品位菱镁矿）的利用以及材料的强度有指导意义。本节主要探讨 $Al(OH)_3$ 与碱式碳酸镁混合物中 SiO_2 添加量（SiO_2 由煤系高岭土引入，化学分析见表 11-3-1）对烧后材料中气孔的影响。

（1）实验过程及设计。在表 11-3-2 中的 2 号原料粉末中按表 11-3-4 配比添加过筛后煤系高岭土细粉（200~270 目中间部分），表 11-3-4 中括号内的数字为按煤系高岭土成分计算得到的引入 SiO_2 的含量。煤系高岭土中还含有 Al_2O_3，由于材料中含有大量 Al_2O_3，因此煤系高岭土引入的 Al_2O_3 只会对尖晶石的理论含量产生很小的影响。同时煤系高岭土中杂质含量很高（化学成分见表 11-3-1），SiO_2 为最重要的氧化物引入者。材料的制备和性能表征见 11.3.2.1 节，热处理条件为 1500 ℃×3 h。

表 11-3-4 配料组成 （质量分数,%）

原料组成	2号	7号	8号	9号
$Al(OH)_3$	80	80	80	80
碱式碳酸镁	20	20	20	20
煤系高岭土（折合为烧后 SiO_2）	0	1.1(0.5)	2.3(1)	3.4(1.5)

（2）常规物理性能。从图 11-3-36 和图 11-3-37 中可以看出，外加 SiO_2 对材料的显气孔率、体积密度和线变化率有很大的影响。1500 ℃烧后的材料其显气孔率由不含外加 SiO_2 的 69%左右降低至原料中含 1.5% SiO_2 时的 64%。随着原料中外加 SiO_2 含量的增多，烧后材料的收缩逐渐增大。

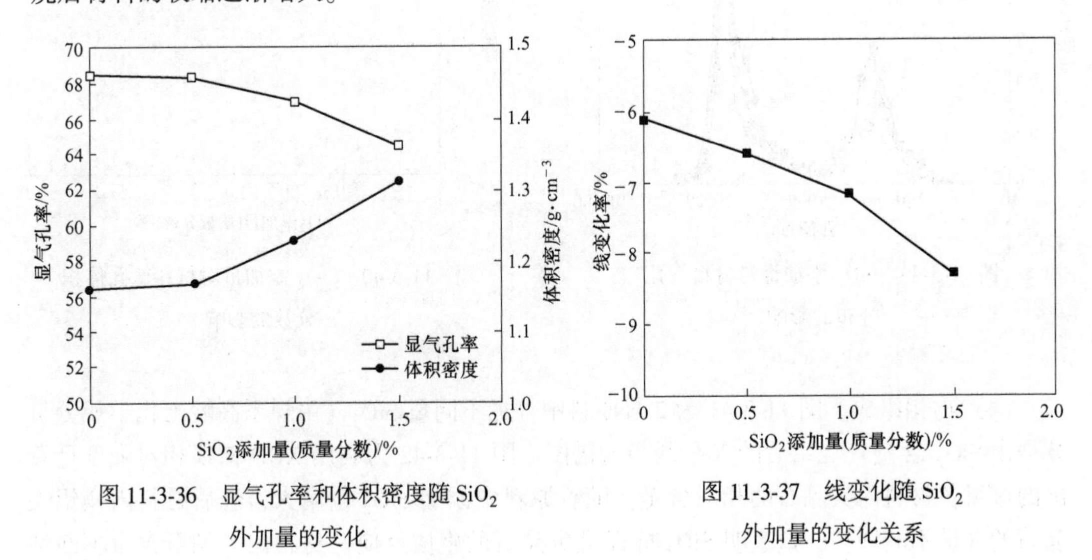

图 11-3-36 显气孔率和体积密度随 SiO_2 外加量的变化

图 11-3-37 线变化随 SiO_2 外加量的变化关系

（3）孔径分布。添加 SiO_2 的量对烧后材料气孔体积比表面积和球形度的影响如

图 11-3-38 所示，对气孔孔径分布的影响如图 11-3-39 所示，SiO_2 添加量对烧后材料微孔体积分数的影响如图 11-3-40 所示。随着添加 SiO_2 量的增加，材料内气孔的比表面积降低，球形度增大，大孔与微孔的量都逐渐减少，微孔体积分数降低。在添加 SiO_2 的量达到 1.5%时，烧后材料内的微孔孔径有增大的趋势。SiO_2 提高了液相量，促进烧结，降低了气孔率，进而使材料致密。同时，也促进尖晶石形成与晶粒长大，并使微孔孔径减小。

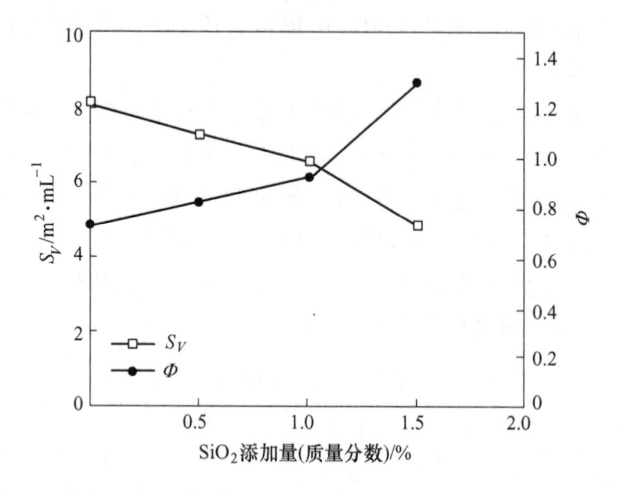

图 11-3-38 原料中 SiO_2 添加量对烧后材料气孔的体积比表面积和球形度的影响

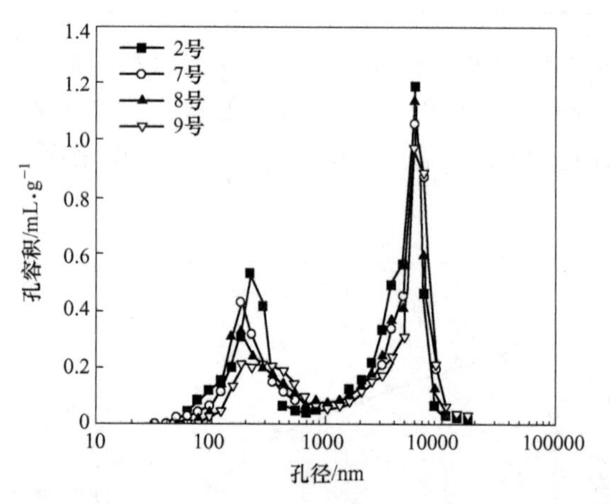

图 11-3-39 SiO_2 添加量对材料气孔分布的影响

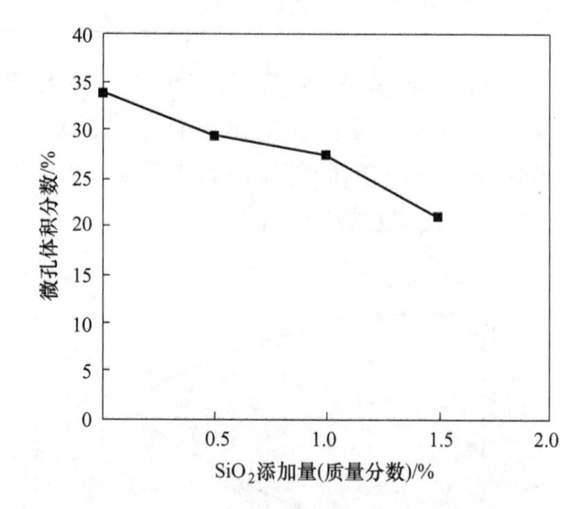

图 11-3-40 SiO_2 添加量对材料微孔体积分数的影响

（4）物相组成。图 11-3-41 为 2 号原料中外加不同量 SiO_2（由煤系高岭土化学成分折算得出 SiO_2 含量）烧结后的 X 射线衍射谱图。图 11-3-42 为利用 XRD 谱线相对强度计算出的该组各材料内尖晶石的相对含量。随着原料中添加 SiO_2 量增大，烧后材料内镁铝尖晶石的含量不断增多，这表明 SiO_2 能促进尖晶石的生成反应。材料内尖晶石含量不断增多则尖晶石形成导致的体积膨胀增大，使更多的一次气孔被填充，导致材料内微孔体积分数降低，一次气孔逐渐合并并且气孔长大。另外，加入 SiO_2 增加了液相量，促进了烧结，进而使材料致密，显气孔率降低、体积密度增大（见图 11-3-36）、二次气孔减少。因此，一次气孔和二次气孔的量都减少使试样气孔比表面积降低。

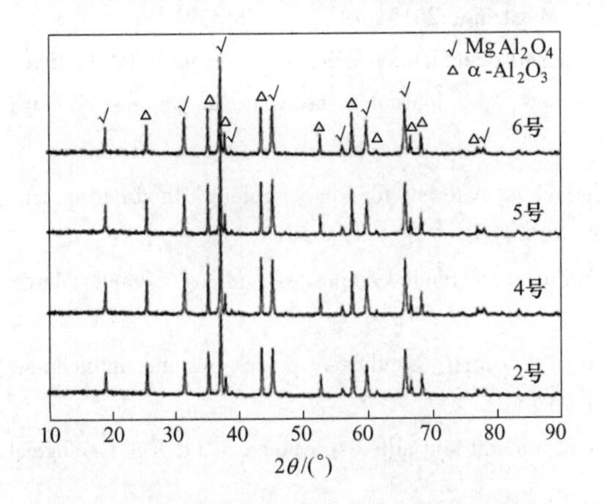

图 11-3-41 不同添加 SiO_2 含量对材料物相组成的影响

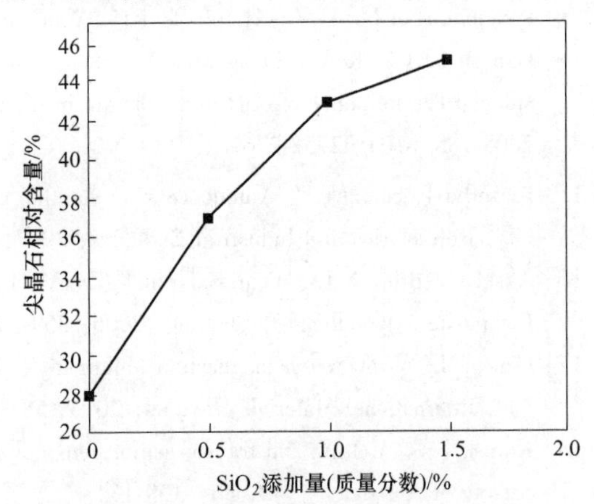

图 11-3-42 添加 SiO_2 含量对烧后材料中尖晶石相对含量的影响

参 考 文 献

[1] Ganesh I, Olhero S M, Rebelo A H, et al. Formation and densification behavior of $MgAl_2O_4$ spinel: The influence of processing parameters [J]. Journal of the American Ceramic Society, 2008, 91 (6): 1905-1911.

[2] Ghosh C, Ghosh A, Haldar M K. Studies on densification, mechanical, micro-structural and structure-properties relationship of magnesium aluminate spinel refractory aggregates prepared from Indian magnesite [J]. Materials Characterization, 2015, 99: 84-91.

[3] Sarkar R. Refractory technology: Fundamentals and Applications [M]. CRC Press, 2016.

[4] Schacht C. Refractories handbook [M]. CRC Press, 2004.

[5] Li B, Chen H, Chen J, et al. Improvement of thermal shock performance by residual stress field toughening in periclase-hercynite refractories [J]. Ceramics International, 2017, 44 (1): 24-31.

[6] 李淑静. 原位分解成孔制备多孔陶瓷的研究 [D]. 武汉: 武汉科技大学, 2006.

[7] Li S J, Li N. Effects of composition and temperature on porosity and pore size distribution of porous ceramics prepared from $Al(OH)_3$ and kaolinite gangue [J]. Ceramics International, 2007, 33 (4): 551-556.

[8] Waples D W, Waples J S. A review and evaluation of specific heat capacities of rocks, minerals, and subsurface fluids. Part 1: Minerals and nonporous rocks [J]. Natural Resources Research, 2004, 13 (2): 97-122.

[9] Shi Z, Zhao Q, Guo B, et al. A review on processing polycrystalline magnesium aluminate spinel ($MgAl_2O_4$): Sintering techniques, material properties and machinability [J]. Materials & Design, 2020, 193: 108858.

[10] Ganesh I, Bhattacharjee S, Saha B P, et al. An efficient $MgAl_2O_4$ spinel additive for improved slag erosion and penetration resistance of high-Al_2O_3 and MgO-C refractories [J]. Ceramics International, 2002, 28 (3): 245-253.

[11] Jeon J, Kang Y, Park J H, et al. Corrosion-erosion behavior of $MgAl_2O_4$ spinel refractory in contact with high MnO slag [J]. Ceramics International, 2017, 43 (17): 15074-15079.

[12] Ko Y C, Chan C F. Effect of spinel content on hot strength of alumina-spinel castables in the temperature

range 1000-1500 ℃ [J]. Journal of the European Ceramic Society, 1999, 19 (15): 2633-2639.

[13] Nestola F, Periotto B, Anzolini C, et al. Equation of state of hercynite, $FeAl_2O_4$, and high-pressure systematics of Mg-Fe-Cr-Al spinels [J]. Mineralogical Magazine, 2015, 79 (2): 285-294.

[14] Ganesh I, Teja K A, Thiyagarajan N, et al. Formation and densification behavior of magnesium aluminate spinel: The influence of CaO and moisture in the precursors [J]. Journal of the American Ceramic Society, 2005, 88 (10): 2752-2761.

[15] Szczerba J, Śnieżek E, Antonovič V. Evolution of refractory materials for rotary cement kiln sintering zone [J]. Refractories and Industrial Ceramics, 2017, 58: 426-433.

[16] Aksel C, Riley F L. Magnesia-spinel ($MgAl_2O_4$) refractory ceramic composites [M] //Ceramic-Matrix Composites. Woodhead Publishing, 2006: 359-399.

[17] Ganesh I. A review on magnesium aluminate ($MgAl_2O_4$) spinel: Synthesis, processing and applications [J]. International Materials Reviews, 2013, 58 (2): 63-112.

[18] Kracek F C. Melting and transformation temperatures of mineral and allied substances [J]. The Geological Society of America, 1942, 36: 139-174.

[19] Brik M G, Suchocki A, Kaminska A. Lattice parameters and stability of the spinel compounds in relation to the ionic radii and electronegativities of constituting chemical elements [J]. Inorganic Chemistry, 2014, 53 (10): 5088-5099.

[20] Roth W L. Magnetic properties of normal spinels with only AA interactions [J]. Journal de Physique, 1964, 25 (5): 507-515.

[21] Ghanbarnezhad S. New development of spinel bonded chrome-free basic brick [J]. Journal of Chemical Engineering & Materials Science, 2013, 4 (1): 7-12.

[22] Bosi F, Biagioni C, Pasero M. Nomenclature and classification of the spinel supergroup [J]. European Journal of Mineralogy, 2018, 31 (1): 183-192.

[23] Hossain S S, Roy P K. Preparation of multi-layered (dense-porous) lightweight magnesium-aluminum spinel refractory [J]. Ceramics International, 2021, 47 (9): 13216-13220.

[24] Sarkar R. Refractory applications of magnesium aluminate spinel [J]. InterCeram: International Ceramic Review, 2010 (1): 11-14.

[25] Mouyane M, Jaber B, Bendjemil B, et al. Sintering behavior of magnesium aluminate spinel $MgAl_2O_4$ synthesized by different methods [J]. International Journal of Applied Ceramic Technology, 2019, 16 (3): 1138-1149.

[26] Braulio M A L, Rigaud M, Buhr A, et al. Spinel-containing alumina-based refractory castables [J]. Ceramics International, 2011, 37 (6): 1705-1724.

[27] Li X, Hui Q, Shao D Y, et al. Stability and electronic structure of $MgAl_2O_4$ (1 1 1) surfaces: A first-principles study [J]. Computational Materials Science, 2016, 112: 8-17.

[28] Jastrzębska I, Bodnar W, Witte K, et al. Structural properties of Mn-substituted hercynite [J]. Nukleonika, 2017, 62 (2): 95-100.

[29] Jastrzębska I, Szczerba J, Błachowski A, et al. Structure and microstructure evolution of hercynite spinel ($Fe_2Al_2O_4$) after annealing treatment [J]. European Journal of Mineralogy, 2017, 29 (1): 63-72.

[30] Batulin R, Cherosov M, Kiiamov A, et al. Synthesis and single crystal growth by floating zone technique of $FeCr_2O_4$ multiferroic spinel: Its structure, composition, and magnetic Properties [J]. Magnetochemistry, 2022, 8 (8): 86.

[31] Jafarnejad E, Khanahmadzadeh S, Ghanbary F, et al. Synthesis, characterization and optical band gap of pirochromite ($MgCr_2O_4$) nanoparticles by stearic acid sol-gel method [J]. Current Chemistry Letters, 2016, 5 (4): 173-180.

[32] Klemme S, O' Neill H S C, Schnelle W, et al. The heat capacity of $MgCr_2O_4$, $FeCr_2O_4$, and Cr_2O_3 at low temperatures and derived thermodynamic properties [J]. American Mineralogist, 2000, 85 (11/12): 1686-1693.

[33] Klemme S, Miltenburg J C. Thermodynamic properties of hercynite ($FeAl_2O_4$) based on adiabatic calorimetry at low temperatures [J]. American Mineralogist, 2003, 88 (1): 68-72.

[34] 师素环. 大型干法水泥窑用无铬耐火材料与窑料的反应机理研究 [D]. 西安: 西安建筑科技大学, 2006.

[35] 中华人民共和国国家质量监督检验检疫总局. 镁铝尖晶石: GB/T 26564—2011 [S]. 2011.

[36] 徐庆斌. 镁铝尖晶石复合耐火材料的发展 [J]. 耐火与石灰, 2010, 35 (2): 19-29.

[37] 马北越, 徐建平, 陈敏, 等. 镁铝尖晶石质耐火材料的合成 [J]. 材料与冶金学报, 2005, 4 (4): 269-271.

[38] 周玉军, 唐建洪, 唐大才, 等. 镁铝尖晶石质耐火材料的开发与应用 [J]. 中国金属通报, 2018 (8): 193-194.

[39] 崔庆阳, 薛群虎, 寇志奇, 等. 水泥回转窑烧成带用耐火材料的最新研究 [J]. 耐火与石灰, 2011, 36 (1): 1-4.

[40] 黄世谋, 薛群虎. 水泥回转窑烧成带用耐火砖无铬化研究进展 [J]. 耐火材料, 2014, 48 (1): 70-73.

[41] 周芬. 水泥窑烧成带用方镁石—铁铝尖晶石质耐火材料研究 [D]. 武汉: 武汉科技大学, 2014.

[42] 陈肇友, 柴俊兰, 李勇. 氧化亚铁与铁铝尖晶石的形成 [J]. 耐火材料, 2005, 39 (3): 207-210.

[43] 刘会林, 沈建萍, 刘雄章, 等. 水泥窑烧成带用镁铁铝尖晶石砖的研制 [J]. 耐火材料, 2004, 38 (6): 414-416.

[44] 马北越. 镁铝尖晶石耐火材料的合成及其性能研究 [D]. 沈阳: 东北大学, 2005.

[45] 陈哲宁. 轻质镁铝尖晶石陶瓷的制备、结构与性能研究 [D]. 杭州: 浙江大学, 2021.

[46] 陈俊红, 封立杰, 孙加林, 等. 铁铝尖晶石的合成及镁铁铝尖晶石砖的性能与应用 [J]. 耐火材料, 2011, 45 (6): 457-461.

[47] 朱玉婷. 铁铝尖晶石制备的方法研究 [D]. 太原: 太原理工大学, 2015.

[48] Wu H, Chen Z, Yan W, et al. A novel lightweight periclase-composite ($Mg_{8-x}Fe_{x+y}O_{32}$) spinel refractory material for cement rotary kilns [J]. Ceramics International, 2022, 48 (1): 615-623.

[49] Peng W, Chen Z, Yan W, et al. Advanced lightweight periclase-magnesium aluminate spinel refractories with high mechanical properties and high corrosion resistance [J]. Construction and Building Materials, 2021, 291: 123388.

[50] Ramezani A, Emami S M, Nemat S. Effect of waste serpentine on the properties of basic insulating refractories [J]. Ceramics International, 2018, 44 (8): 9269-9275.

[51] Klym H, Ingram A, Shpotyuk O, et al. Extended defects in insulating $MgAl_2O_4$ ceramic materials studied by PALS methods [C] //IOP Conference Series: Materials Science and Engineering. IOP Publishing, 2010, 15 (1): 012044.

[52] Yan W, Chen J, Li N, et al. Preparation and characterization of porous MgO-Al_2O_3 refractory aggregates using an in-situ decomposition pore-forming technique [J]. Ceramics International, 2015, 41 (1): 515-520.

[53] Ma B, Li Y, Liu G, et al. Preparation and properties of Al_2O_3-$MgAl_2O_4$ ceramic foams [J]. Ceramics International, 2015, 41 (2): 3237-3244.

[54] Yin H F, Xin Y L, Dang J L, et al. Preparation and properties of lightweight corundum-spinel refractory with density gradient [J]. Ceramics International, 2018, 44 (16): 20478-20483.

[55] 任威力, 杨道媛, 王瑞, 等. 发泡法制备镁铝尖晶石空心球隔热材料 [J]. 耐火材料, 2022, 56 (2): 117-122.

[56] 李沅铮 . 尖晶石质保温隔热耐火材料的制备与性能研究 [D]. 湘潭：湖南科技大学, 2016.
[57] 孙丽枫, 于景坤, 姜茂发 . 添加轻烧氧化镁及氧化铝微粉对镁铝尖晶石轻质耐火材料烧结性能的影响 [J]. 工业加热, 2005, 34 (2)：61-63.
[58] 李启伟, 李楠, 鄢文 . 碱性隔热耐火材料的组成、结构与性能研究 [J]. 硅酸盐通报, 2014, 33 (7)：1758-1761, 1768.
[59] 孙丽枫 . 镁铝尖晶石轻质耐火材料的合成 [D]. 沈阳：东北大学, 2005.
[60] 冯志源, 石干, 张伟 . 镁铝尖晶石原料组成对尖晶石隔热材料性能的影响 [J]. 耐火材料, 2014 (6)：439-442.
[61] 玄伟建 . 轻量耐火材料的研究现状与发展趋势 [J]. 智能城市, 2020, 6 (4)：193-194.
[62] 孙丽枫, 于景坤 . 添加轻烧氧化镁对镁铝尖晶石轻质耐火材料烧结性能的影响 [J]. 材料与冶金学报, 2004, 3 (2)：121-123.
[63] 李楠, 顾华志, 等 . 耐火材料学 [M]. 北京：冶金工业出版社, 2010.
[64] 李晓星 . 氧化铝基轻质隔热材料的制备及性能研究 [D]. 武汉：武汉科技大学, 2012.

12　$MgO-SiO_2$质多孔隔热耐火材料

$MgO-SiO_2$ 质耐火材料是指以 MgO 和 SiO_2 为主要成分的耐火材料，其天然矿物主要包括橄榄石、蛇纹石、滑石和镁质黏土（海泡石）等，$MgO-SiO_2$ 系主要耐火制品为镁橄榄石结合镁砖、镁橄榄石砖等。本章主要讨论 $MgO-SiO_2$ 系的天然矿物和镁橄榄石制品。

12.1　$MgO-SiO_2$ 矿物原料

12.1.1　橄榄石族矿物

橄榄石（Olivine）族矿物包括一组成分类似、同属斜方晶系的矿物，一般化学式用 $R_2(SiO_4)$表示。R^{2+}主要为二价的 Mg^{2+}、Fe^{2+}、Mn^{2+}。

由于二价的正离子半径相近似（Mg^{2+}半径为 0.080 nm，Fe^{2+}半径为 0.086 nm，Mn^{2+}半径为 0.091 nm），故它们可以广泛形成类质同象系列：$Mg_2SiO_4-Fe_2SiO_4-Mn_2SiO_4$，如图 12-1-1 所示。

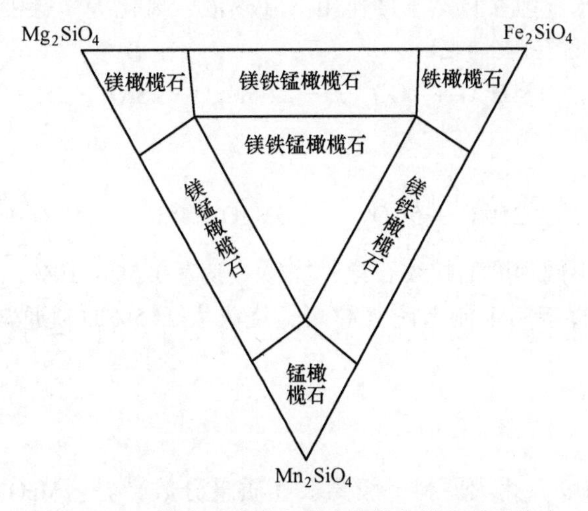

图 12-1-1　橄榄石族最主要矿物的化学组成及命名

Ca^{2+}也可以作为其组成，但 Ca^{2+}半径较大（Ca^{2+}半径为 0.108 nm），与 Mg^{2+}、Fe^{2+}、Mn^{2+}等在结构中的位置不能任意取代，因而通常与它们形成复盐，如橄榄石族中含 Ca^{2+}的矿物有钙铁橄榄石 $CaFeSiO_4$、钙镁橄榄石 $CaMgSiO_4$、钙锰橄榄石 $CaMnSiO_4$（也称绿粒橄榄石）等。

自然界中最常见的为镁橄榄石（forsterite）与铁橄榄石（fayalite）系列：$Mg_2SiO_4-Fe_2SiO_4$。此系列的端元矿物为镁橄榄石和铁橄榄石，两者可形成连续固溶，熔点由镁橄榄石的 1890 ℃到铁橄榄石的 1205 ℃之间变化（见图 12-1-2），矿物密度从镁橄榄石的 3.22 g/cm^3 变化到 4.32 g/cm^3（见图 12-1-3）。镁橄榄石与铁橄榄石的中间产物镁铁橄榄石 $(Mg \cdot Fe)_2SiO_4$ 又称普通橄榄石或橄榄石，它在自然界分布最广。

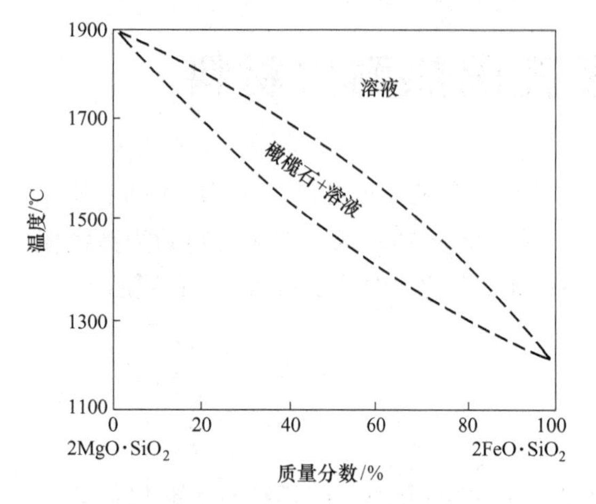

图 12-1-2　Mg_2SiO_4-Fe_2SiO_4 系相图

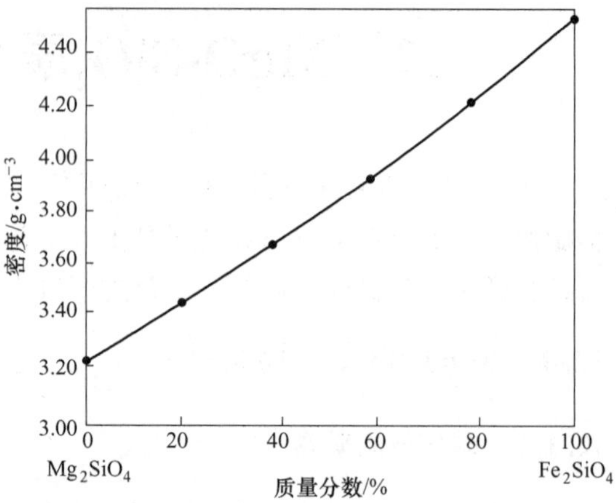

图 12-1-3　Mg_2SiO_4-Fe_2SiO_4 系矿物的密度

富镁的镁橄榄石常见于镁矽卡岩中，含镁量中等和含镁量低的橄榄石常见于各种基性和超基性岩浆岩和变质岩中，富铁的铁橄榄石见于酸性或碱性火山岩中。

橄榄石不含结晶水，但在自然条件作用下（热液、风化等）会变成蛇纹石、滑石等，见反应式（12-1-1）和式（12-1-2）。

$$4(2MgO \cdot SiO_2) + 4H_2O + 2CO_2 \longrightarrow 2(3MgO \cdot 2SiO_2 \cdot 2H_2O) + 2MgCO_3 \quad (12\text{-}1\text{-}1)$$

$$4(2MgO \cdot SiO_2) + 2H_2O + 5CO_2 \longrightarrow 3MgO \cdot 4SiO_2 \cdot 2H_2O + 5MgCO_3 \quad (12\text{-}1\text{-}2)$$

橄榄石存在均有不同程度的蛇纹石化，烧失一般为 0.5%～10%。烧失小于 5%的橄榄岩，可不经过预烧而直接用来制造耐火材料；烧失大于 5%时，通常需经煅烧处理才能使用。

12.1.2　镁橄榄石

镁橄榄石（forsterite）耐火原料一般要求（质量分数）是：MgO 45%～50%，且越高越好；Al_2O_3 小于 2.0%，CaO 小于 1.0%，Fe_2O_3 小于 10%。因此耐火材料用橄榄石，都是 MgO 含量高的镁橄榄石。

12.1.2.1　镁橄榄石的组成、结构与性能

在 MgO-SiO_2 系相图中（见图 12-1-4）有两种化合物，一是硅酸镁（即镁橄榄石，$2MgO \cdot SiO_2$，简写 M_2S），是一致熔融化合物，熔点约 1890 ℃；另一种是偏硅酸镁（$MgO \cdot SiO_2$，简写 MS），偏硅酸镁有三种晶型，分别是顽火辉石、原顽辉石和斜顽辉石。偏硅酸镁是不一致熔融化合物，于约 1557 ℃发生分解；偏硅酸镁在耐火材料中是有害组分，应尽量避免生成，可在生产中加入 MgO 与 MS 反应生成 M_2S。

镁橄榄石属于岛状结构硅酸盐类矿物，图 12-1-5 为镁橄榄石的晶体结构。

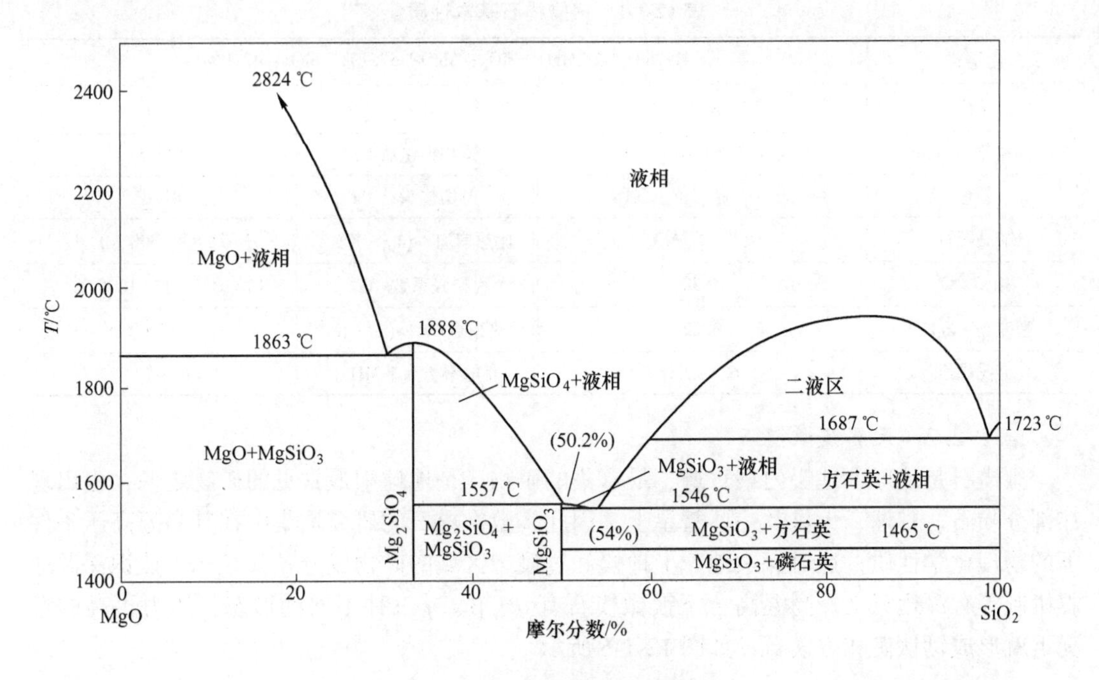

图 12-1-4 $MgO-SiO_2$ 系相图

镁橄榄石属于斜方晶系，多呈短柱形粒状，结构非常紧密（密度 3.22 g/cm^3），Mg—O 键和 Si—O 键之间键能较强，整体结构比较稳定。镁橄榄石的晶体结构中（见图 12-1-5），阴离子 O^{2-} 作接近六方最紧密堆积，阳离子 Si^{4+} 充填在阴离子 O^{2-} 堆积形成的四面体空隙之中，但只有 1/8 个四面体空隙被充填，因单位晶胞中有 4 个 "$Mg_2(SiO_4)$单元"，$Mg_8(Si_4O_{16})$ 有 32 个四面体空隙，Si^{4+} 充填了 4 个四面体空隙；阳离子 Mg^{2+} 充填在 1/2 个八面体空隙之中，即有 8 个八面体空隙为 Mg^{2+} 所填充。在 $Mg_2[SiO_4]$ 的结构中，存在有两种多面体：[SiO_4] 四面体和 [MgO_6] 八面体，[SiO_4] 四面体是孤立的，相互之间不是通过桥氧来联结，而是通过阳离子 Mg^{2+} 联结在一起，即每一个阴离子 O^{2-} 除与一个 Si^{4+} 相连之外，还和三个阳离子 Mg^{2+} 相连，或者说，每个 [SiO_4] 四面体与三个 [MgO_6] 八面体共用一个角顶。

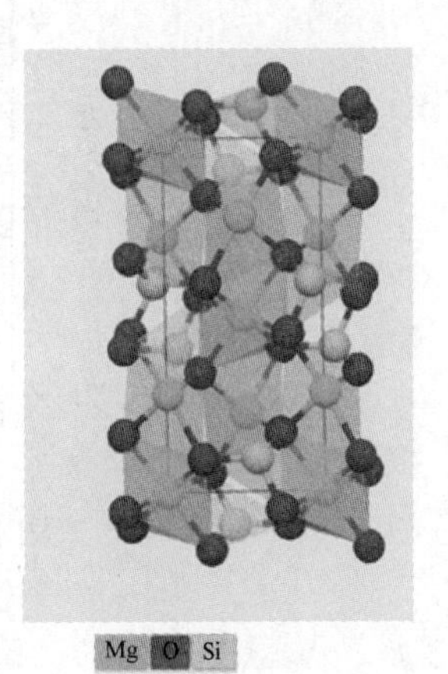

图 12-1-5 镁橄榄石的晶体结构

镁橄榄石是常压下 $MgO-SiO_2$ 系中唯一稳定的耐火相，常压下镁橄榄石由室温到熔点无晶型转变，晶型稳定，是优良的耐火组成矿物。镁橄榄石的线膨胀系数较大，100～1000 ℃时，$\alpha=12.0\times10^{-6}$ ℃$^{-1}$，且具有各向异性，20～600 ℃之间的线膨胀系数为 X 轴方向 13.6×10^{-6} ℃$^{-1}$、Y 轴方向 12×10^{-6} ℃$^{-1}$、Z 轴方向为 7.6×10^{-6} ℃$^{-1}$，镁橄榄石体膨胀系数为 33.8×10^{-6} ℃$^{-1}$，导热系数低，是 MgO 的 1/4～1/3；不发生水化，对 Fe_2O_3 的侵蚀具有较强的抵抗性，具有一定的抗碱性渣侵蚀能力，见表 12-1-1。

表 12-1-1 镁橄榄石基本性质

化学式	Mg_2SiO_4 或 $2MgO \cdot SiO_2$；MgO：57.1%，SiO_2：42.9%		
晶系	斜方	K_{IC}/MPa · $m^{1/2}$	2.0
晶格常数/nm	a=0.475，b=1.019，c=0.598	体积模量/GPa	129.5
颜色	无色、绿、黄、黄绿	剪切模量/GPa	81.6
结晶习性	板状、短柱状	比热容/J · $(kg \cdot K)^{-1}$	约 850(300 K)
熔点/℃	1890	线膨胀系数/$℃^{-1}$	13×10^{-6}（27~1870 ℃）
密度/g · cm^{-3}	3.22	导热系数/W · $(m \cdot K)^{-1}$	7.3（20 ℃）
莫氏硬度	6.5~7.0	介电常数（1 MHz）	67~72

12.1.2.2 天然镁橄榄石

橄榄石是地球上地幔内最普遍、最富集的矿物，是地球中最常见的矿物之一，也出现在部分陨石、月球、火星及一些彗星上。因此多数橄榄石的研究均集中在其高温高压条件下的物理化学性质，这对探索地球上地幔和过渡态区域的矿物成分及其结构、认识深源地震机制等有深远意义。高温高压下镁橄榄石有 α、β、γ 三种不同的形态，压力再高的情况下就形成钙钛矿和方镁石，如图 12-1-6 所示。

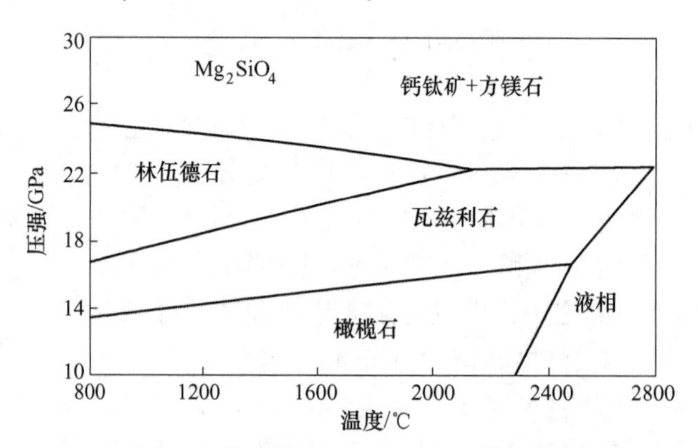

图 12-1-6 不同温度与压力下镁橄榄石的三种形态
（α 相，Olivine-橄榄石；β 相，Wadsleyite-瓦兹利石；
γ 相，Ringwoodite-林伍德石，也称尖晶橄榄石）

橄榄石是一种镁与铁的硅酸盐，主要成分是铁、镁、硅，同时可含有锰、镍、钴等元素；晶体呈现粒状，在岩石中呈分散颗粒或粒状集合体，属于岛状硅酸盐。橄榄石可蚀变形成蛇纹石或菱镁矿。

目前世界上橄榄石矿（包括蛇纹石）主要分布在欧洲的挪威（>10 亿吨）、西班牙（>1.5 亿吨）、意大利（>1 亿吨），亚洲的日本和北美洲的美国（>19 亿吨）。我国橄榄石矿分布较广，产地主要集中在湖北宜昌、陕西商南、河南西峡及辽宁等地。挪威是世界上橄榄石产量最大的国家，钢铁行业是镁橄榄石消耗最大的，世界钢铁用橄榄石和蛇纹石的产量见表 12-1-2。不同国家的橄榄石成分见表 12-1-3，挪威的橄榄石中 MgO 含量最高，而 Fe_2O_3 含量最低，这使其用于耐火材料工业中极为理想。此外，低烧失率也表明该材料在高温下变化的可能性极小，这种橄榄石中的 MgO 与 SiO_2 的含量总和为 89%~93%，表明其纯度极高。印度的橄榄石 MgO 含量最低，氧化铁含量最高。此外，高烧失率也表明其高温下变化的可能性较大。

表 12-1-2 钢铁用橄榄岩和蛇纹石的世界产量 （万吨/年）

国家和地区	产　量	国家和地区	产　量
挪威	350	意大利	25
日本	200	土耳其	15
西班牙	70	墨西哥	15
韩国	50	美国	10
中国大陆	35~50	澳大利亚	8
中国台湾	40	奥地利	2
巴西	35	总产量	870

表 12-1-3 不同国家橄榄石的典型成分 （质量分数，%）

成分	挪威（阿海姆）	美国（卡罗莱纳州）	中国	俄罗斯（库兹涅茨克阿拉陶）	印度（塞勒姆）
SiO_2	41~43	41.5~43	40~44	42~44	38~40
Al_2O_3	<1.0	<0.5	<1.0	1~1.5	2~3
Fe_2O_3	6.8~7.4	8~9	7~10	8~10	11~13
CaO	<0.5	<0.5	<0.4	<0.5	微量
MgO	48~50	46~48	44~48	43~45	42~45
LOI	0.5~1.2	0.8~1.4	<3.0	2~3	<3.0

天然橄榄石均有不同程度的蛇纹石化和铁橄榄石固溶体（见图 12-1-7 和图 12-1-8），橄榄石的加热性质主要基于两点：一是镁铁橄榄石加热变化；二是蛇纹石的分解，主要反应如下：

（1）在氧化气氛中，橄榄石在 800 ℃时分解，形成 $2MgO \cdot SiO_2$、Fe_2O_3 和非晶质 SiO_2；而在还原气氛中，橄榄石则在 1000 ℃时发生反应，生成 $2MgO \cdot SiO_2$、Fe 和非晶质

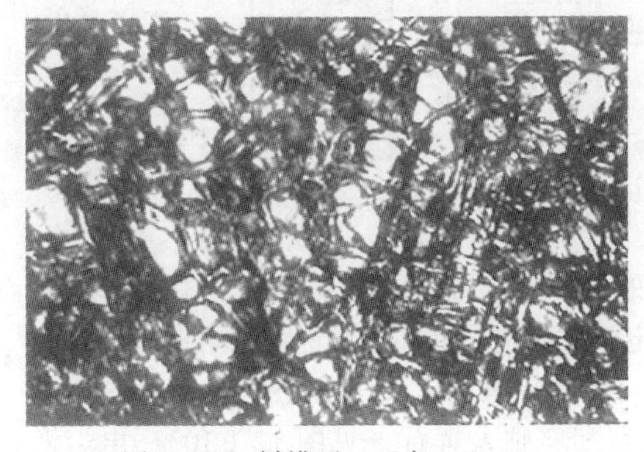

图 12-1-7 橄榄石（正交，100×）

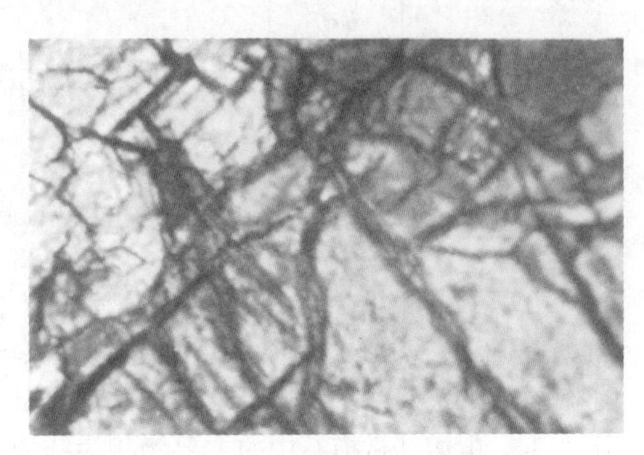

图 12-1-8 蛇纹石化橄榄石（正交，100×）

SiO_2。反应式如下：

$$2(Mg,Fe)O \cdot SiO_2 \xrightarrow{\text{氧化气氛，800 ℃}} 2MgO \cdot SiO_2 + SiO_2(\text{非晶质}) + Fe_2O_3 \quad (12\text{-}1\text{-}3)$$

$$2(Mg,Fe) \cdot O \cdot SiO_2 \xrightarrow{\text{还原气氛，1000 ℃}} 2MgO \cdot SiO_2 + SiO_2(\text{非晶质}) + Fe \quad (12\text{-}1\text{-}4)$$

铁橄榄石中的 FeO 在 800 ℃左右时会氧化为 Fe_2O_3，在 1150～1480 ℃会形成高铁玻璃，且镁橄榄石开始进行强烈的重结晶。开始生成的 Fe_2O_3 局部转变为 Fe_3O_4，部分 Fe_2O_3 与 $2MgO \cdot SiO_2$ 作用生成 $MgO \cdot SiO_2$（偏硅酸镁）和 $MgO \cdot Fe_2O_3$ 固溶体，这一转化过程伴随较大的体积效应。

橄榄石分解出的 $2MgO \cdot SiO_2$ 与部分 SiO_2 在 1080 ℃可反应生成 $MgO \cdot SiO_2$，反应如下：

$$2MgO \cdot SiO_2(\text{镁橄榄石}) + SiO_2 \xrightarrow{1080\ ℃} MgO \cdot SiO_2(\text{顽火辉石}) \quad (12\text{-}1\text{-}5)$$

（2）蛇纹石在 700 ℃左右脱水分解，800 ℃左右再转变为 $2MgO \cdot SiO_2$ 和 $MgO \cdot SiO_2$，在 1300 ℃时开始结晶。反应式如下：

$$3MgO \cdot 2SiO_2 \cdot 2H_2O \xrightarrow{700\ ℃} 3MgO \cdot 2SiO_2(\text{蛇纹石脱水产物}) + 2H_2O\uparrow \quad (12\text{-}1\text{-}6)$$

$$3MgO \cdot 2SiO_2(\text{蛇纹石脱水产物}) \xrightarrow{800\ ℃} 2MgO \cdot SiO_2 + MgO \cdot SiO_2 \quad (12\text{-}1\text{-}7)$$

12.1.2.3 合成镁橄榄石

由于天然橄榄石含有铁橄榄石固溶体和蛇纹石，导致其高温性能下降、使用过程中有大的体积变化，因此在耐火材料使用中对天然橄榄石进行高温处理以期获得高温稳定的橄榄石。具体方法：一种是对天然镁橄榄石进行熔融还原，另一种是对天然橄榄石进行煅烧处理。

（1）电熔镁橄榄石。天然镁橄榄石在电弧炉中，经过高温熔融还原除铁，而得到的高纯度镁橄榄石为电熔镁橄榄石，工艺流程图如图 12-1-9 所示。

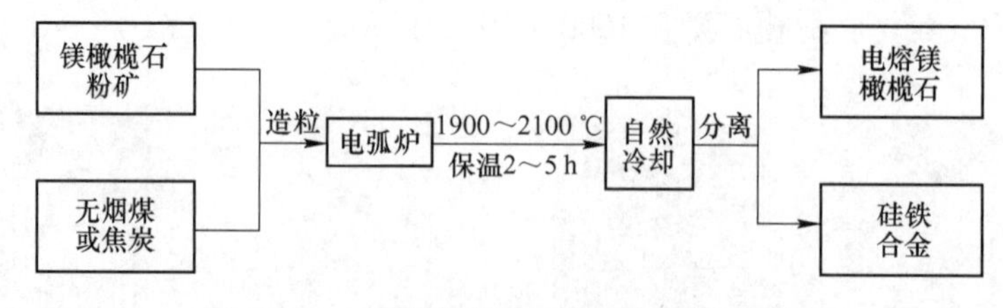

图 12-1-9 电熔镁橄榄石的生产工艺流程图

由表 12-1-4 可以看出，电熔镁橄榄石中的 Fe_2O_3 含量已由 9%减少至 0.32%，但 Al_2O_3 和 CaO 杂质的含量有所增加，这会影响电熔镁橄榄石的高温性能；电熔镁橄榄石的 M/S 质量比为 1.23，大于天然镁橄榄石的 M/S（M/S 质量比 1.02）但小于理论 M/S 质量比 1.34。电熔镁橄榄石中的主要物相为镁橄榄石和斜顽火辉石（见图 12-1-10），电熔镁橄榄石的体积密度为 3.10 g/cm^3，吸水率 1.0%，真密度为 3.14 g/cm^3。

表 12-1-4　电熔镁橄榄石的化学组成　（质量分数,%）

项　目	SiO_2	Al_2O_3	Fe_2O_3	CaO	MgO	IL	M/S 质量比
天然镁橄榄石	43.14	0.4	9.0	0.64	44.08	2.48	1.02
电熔镁橄榄石	43.52	0.68	0.32	1.02	53.62	0.25	1.23
纯镁橄榄石	42.71	—	—	—	57.29	—	1.34

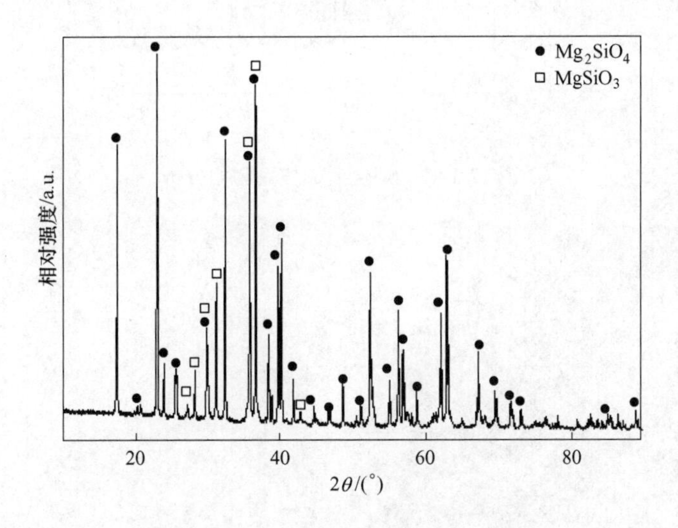

图 12-1-10　电熔镁橄榄石的 XRD 谱图

（2）煅烧镁橄榄石。天然镁橄榄石或蛇纹石化的橄榄石经高温煅烧（一般 1100 ℃左右）后，可得到煅烧橄榄石，其物相和外观如图 12-1-11～图 12-1-13 所示。

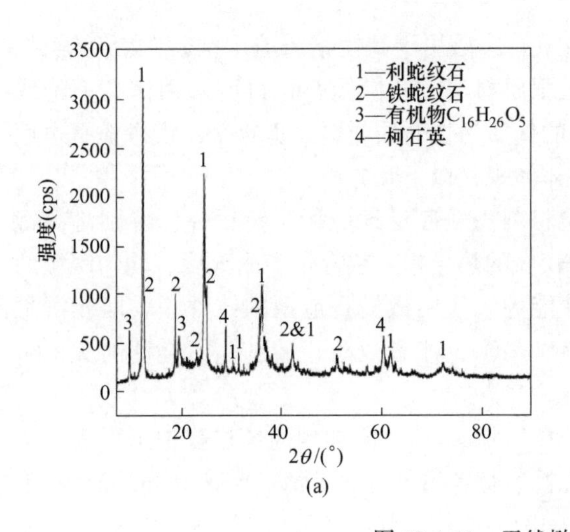

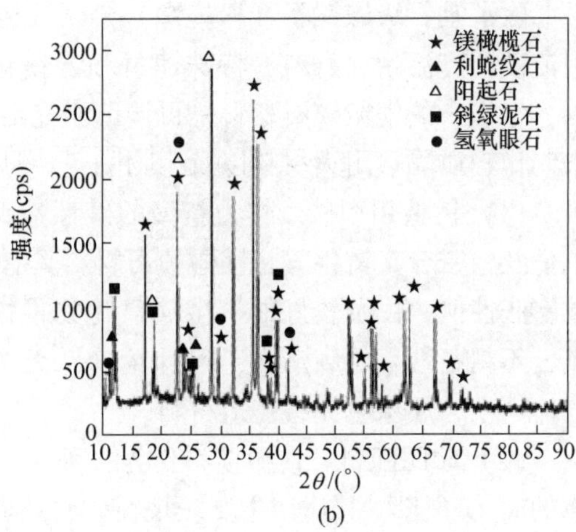

图 12-1-11　天然橄榄石的物相分析

（a）蛇纹石化程度高；（b）蛇纹石化程度低

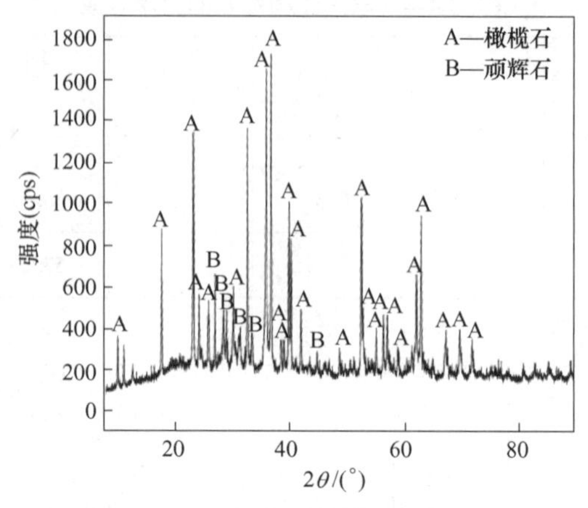

图 12-1-12 煅烧后橄榄石物相分析

(a)

(b)

图 12-1-13 天然橄榄石(a)和煅烧橄榄石(b)

12.1.2.4 镁橄榄石的主要用途

除了宝石级橄榄石（橄榄绿）外，镁橄榄石广泛用于高锰钢铸造用型砂、冶金辅料、引流砂、高温耐火材料、特殊建材和含镁化肥原料等；镁橄榄石材料也常用作高频绝缘器，铬掺杂的镁橄榄石材料是可调谐激光器的优质活性介质材料。近年来，镁橄榄石也用来制作轻质隔热耐火材料以及生物陶瓷。具体体现在以下几方面：

（1）铸造用型砂。作为新型的碱性造型材料，较广泛地应用于铸钢件，特别是高锰钢件及精密合金铸件等，镁橄榄石材料具有较高的热导率、热容量、耐火度、均匀缓慢的热膨胀性能，以及较好的抗金属氧化物侵蚀能力。使用橄榄石造型的铸件，表面光滑平整，不粘石沙，轮廓清晰，尺寸精确，无游离 SiO_2，能有效防止矽肺病，浇注时无 CO_2 气体产生，属绿色无害铸造材料。

（2）球团配料。镁橄榄石作为一种无 CaO 富 MgO 源，添加到高炉过程中可以提高炉渣的 MgO 含量，其作用主要表现在矿石还原性、炉料透气好、炉渣稳定性好和炉渣脱硫、排碱能力提高等方面，这些都有助于促进高炉冶炼顺行，同时还可以抑制高炉中碱金属的一些有害循环。国外已有许多高炉以镁橄榄石做高炉熔剂，其添加量正逐年上升。

（3）引流砂。钢包引流砂作为钢包底部水口填充材料，其主要作用是引导钢水自开。

填充于钢包水口中的引流砂上表面在钢水的热作用下产生了较薄的烧结层，形成“壳体”，一旦滑板打开，水口内绝大多数未烧结的砂体自由下落，同时由钢水的静压力压破“壳体”，钢水自动流出。镁橄榄石是四种常见引流砂（镁橄榄石、硅砂、锆英砂、铬铁矿）之一，其价格低廉，镁橄榄石引流砂为弱碱性砂，主要适用于高锰钢、合金钢等钢种，自动开浇率高，可达95%以上。

（4）蓄热材料。镁橄榄石材料本身比热容大，熔点高，热膨胀系数和导热系数较低，化学稳定性好以及高温下绝缘性能优异，且耐高温熔盐腐蚀，是优良的相变蓄热基体材料。因此，镁橄榄石质耐火材料常用于热风炉、玻璃窑、石灰窑等各种工业窑蓄热室的格子砖。

（5）不定形耐火材料。镁橄榄石经常在中间包工作衬干式捣打料/涂抹料、转炉喷补料、钢包或中间包永久衬等耐火浇注料中部分取代镁砂，具有很好的成本优势。

（6）生物陶瓷。镁橄榄石陶瓷的断裂韧性高于羟基磷灰石，研究表明，在镁橄榄石陶瓷表面有显著的成骨细胞黏附、扩散和生长，具有生物活性。因而镁橄榄石陶瓷是一种具有高力学性能和良好生物相容性的生物陶瓷，可适用于硬组织的修复；镁橄榄石纤维有望成为一种生物可溶性纤维。

（7）环保。近年来，研究发现橄榄岩可以吸收储存大量 CO_2，可以帮助缓解全球变暖的环境问题。当 CO_2 接触到橄榄岩时就会转化为固体矿物 $MgCO_3$，而且这种自然发生的过程比人为的快 100 万倍，所产生的固体矿物每年能永久地储藏 20 多亿吨二氧化碳。目前，不少国家已经启动了橄榄岩的碳储存进程，即在橄榄岩上打钻孔，然后注入收集到的作加压处理的 CO_2 热水，让 CO_2 永久地封存在橄榄岩中。

12.1.3 蛇纹石

12.1.3.1 蛇纹石的组成与结构

蛇纹石（serpentine）是一种含水的富镁硅酸盐矿物的总称，如叶蛇纹石（antigorite）、利蛇纹石（lizardite）、纤蛇纹石（chrysotite）等。它是由橄榄石变质产生出来的绿色矿物，也是构成蛇纹岩的主要矿物。蛇纹石颜色一般为绿色调，如深绿色、黑绿色、黄绿色，但也有少量为浅灰、白色或黄色等。蛇纹石的断面结构通常是卷曲状，颜色青绿相间像蛇皮一样，故此得名。

蛇纹石主要成分是硅酸镁，常伴生有铁、镍、钴、铬等元素。在一些蛇纹石矿中 Mg^{2+} 被 Al^{3+}、Ni^{2+}、Cr^{3+}、Fe^{2+}、Fe^{3+}、Mn^{2+} 等金属离子置换，形成各种不同蛇纹石。

蛇纹石是一类化学组成相同的水合硅酸镁矿物的总称，主要成分为 MgO 和 SiO_2，理想分子式是 $Mg_3(Si_2O_5)(OH)_4$，即 $3MgO \cdot 2SiO_2 \cdot 2H_2O$。蛇纹石是由［$SiO_4$］四面体和“氢氧镁石”［$MgO_2(OH)_4$］八面体按 1∶1 复合而成的 1∶1 型三八面体层状硅酸盐，结构如图 12-1-14 所示。在［SiO_4］四面体连接形成的网状 $(Si_2O_5)_n$ 层中，所有四面体结构的朝向相同，同时与［$MgO_2(OH)_4$］层相连；由［$MgO_2(OH)_4$］构成的八面

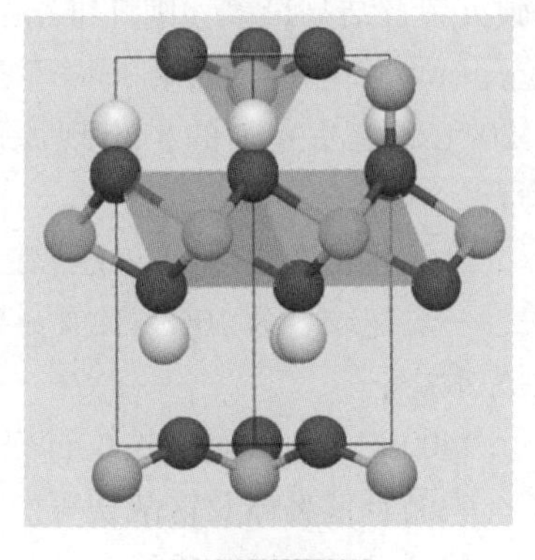

图 12-1-14　蛇纹石的晶体结构

体 [$MgO_2(OH)_4$] 层任一方向上每3个羟基中有2个被 [SiO_4] 四面体顶角上的活性氧所取代。根据网状 $(Si_2O_5)_n$ 四面体层的 O—O 的平移周期与氢氧镁石层中 O(OH)—O(OH) 的平移周期不同，分为纤蛇纹石、叶蛇纹石和利蛇纹石三种形式。

蛇纹石主要属单斜晶系，具有油脂或蜡状光泽，纤蛇纹石为丝绢光泽。叶蛇纹石有六方多形体，有一组平行（001）面的完全解理；而纤蛇纹石则有斜方多形体，块状蛇纹石具有贝壳状或参差状断口，莫氏硬度为2.5~3.5，密度为2.50~2.62 g/cm^3。

12.1.3.2 蛇纹石的加热变化

蛇纹石含有13.0%的结构水，因此所有类型蛇纹石的DTA曲线在600~800 ℃间有很强的吸热效应，这是蛇纹石脱水引起晶格破坏而形成新的物相所造成的。新物相的形成途径存在如下两种观点：

(1) $$2(3MgO\cdot 2SiO_2\cdot 2H_2O)\xrightarrow{700\sim 800\ ℃}3(2MgO\cdot SiO_2)+2SiO_2+4H_2O\uparrow \tag{12-1-8}$$

$$3(2MgO\cdot 2SiO_2)+SiO_2\xrightarrow{1060\sim 1080\ ℃}2(2MgO\cdot SiO_2)+2(MgO\cdot SiO_2) \tag{12-1-9}$$

(2) $$2(3MgO\cdot 2SiO_2\cdot 2H_2O)\xrightarrow{700\sim 800\ ℃}2(2MgO\cdot SiO_2)+2(MgO\cdot SiO_2)+4H_2O\uparrow \tag{12-1-10}$$

$$2(2MgO\cdot SiO_2)+2(MgO\cdot SiO_2)\xrightarrow{1050\ ℃}2(2MgO\cdot SiO_2)+2(MgO\cdot SiO_2) \tag{12-1-11}$$

但蛇纹石受热分解的最终产物是镁橄榄石和顽火辉石的混合相，而不产生游离SiO_2。

蛇纹石的脱水温度与蛇纹石的种类有关，一般来说脱水温度：叶蛇纹石 > 利蛇纹石 > 结晶好的纤蛇纹石 > 结晶差的纤蛇纹石。纤蛇纹石的脱水实际上在200~300 ℃即缓慢开始，400 ℃相对明显，600~650 ℃脱水速度加快，大约840 ℃时结晶水全部脱出。

叶蛇纹石、利蛇纹石和结晶完善的纤蛇纹石加热到600~800 ℃时结构被破坏，开始出现镁橄榄石；加热到放热终点时为镁橄榄石和非晶质顽火辉石；790~840 ℃时，产生镁橄榄石和顽火辉石的结晶，顽火辉石量的多少可作为纤蛇纹石结晶完善程度的补充标志（顽火辉石结晶量多，则纤维结晶程度减弱）；850~1260 ℃间有弱的放热反应，生成镁橄榄石+顽火辉石的混合相，而不是镁橄榄石+ SiO_2；加热到1350 ℃（结晶不完善的）和1450 ℃（结晶完善的）出现原顽辉石；加热至1400 ℃冷却后，原顽辉石转变为斜顽辉石。

除上述相变化外，蛇纹石在1300~1400 ℃发生剧烈收缩，收缩程度与蛇纹石含量有关，一般蛇纹岩为10%~12%，高者可达20%~25%。因此，以蛇纹岩做耐火原料时须经预先煅烧。

1400~1500 ℃时，蛇纹石完全烧结。熟料中除镁橄榄石、斜顽辉石外，还含有磁铁矿、尖晶石包裹体及铁酸镁等。

12.1.3.3 蛇纹石的应用

蛇纹石具有优良的抗张强度，热稳定性较好，热敏感性差，热导率低，隔热效果好，吸水率小，电阻率高，绝缘性强，且对常见的强酸和强碱都有一定的抗腐蚀能力。蛇纹石由于自身所具有的耐磨、耐热、隔热、隔音、耐腐蚀和伴生矿物富含多种金属元素等理化性质，以及丰富的储量，主要应用于以下几个方面：

（1）耐火材料。蛇纹石用于耐火材料时，由于其熔点较低，而且煅烧后含有斜顽辉石、磁铁矿等低熔点矿物相，因而须加入 MgO（烧结镁砂或轻烧镁粉）使之转化为高熔点的镁橄榄石相和对系统耐火度影响不大的铁酸镁相；按照理论计算加入 12.7%的 MgO，即可将蛇纹石转化生成的顽火辉石转变为镁橄榄石。

蛇纹石也可用于合成堇青石熟料，其特点是在反应过程中不产生游离 SiO_2，开始生成堇青石的温度低，堇青石生成量大。由于含杂质较多，特别是含铁量较高，会造成堇青石熟料的颜色较深，因此不适宜用作高档堇青石-莫来石窑具原料。

蛇纹石和白云石（$CaCO_3 \cdot MgCO_3$）一同煅烧可以制得以方镁石为主、以硅酸二钙和硅酸三钙为结合相的镁钙质耐火材料，耐火度可达 1680 ℃以上。

（2）制造化肥。蛇纹石研磨成细粉，直接施用于农作物，其所含的 Si 和 Mg 以及少量矿物元素即可产生一定的肥效；蛇纹石与磷灰石等混合煅烧，还可制成钙镁磷肥；蛇纹石酸解后，与硫酸铵、磷酸铵、硫酸钾、尿素等进行复混，再采用氨酸法造粒，可制得复合硅镁肥。

（3）用于医药。蛇纹石中富含 Mg 元素，经过酸解分离等流程后，可制备泻利盐（$MgSO_4 \cdot 7H_2O$）、胃酸抑制剂三硅酸镁以及六硅酸镁等医药产品。

（4）吸附剂。由于蛇纹石的晶体结构特征，在其断裂面上存在大量的不饱和结构，如［—O—Si—O—Si—］、$—Mg^{n+}$、OH^-等，使得蛇纹石具有很高的化学活性。大量的 OH^-容易与重金属离子结合，或者使其沉淀，或者以离子键形式将其固定在矿物表面，可以利用蛇纹石粉矿制备具有高吸附性的重金属离子吸附剂。

（5）润滑自修复剂。蛇纹石具有硬度小、耐磨性好、摩擦系数极低、耐高温、热膨胀系数与黑色金属相近的物理特点，不会改变油的黏度与性质，也不会与润滑油或润滑脂等油品产生化学反应，且不会产生具有毒副作用的物质，对人体和环境基本无害，尤其在机械运转过程中能形成不易脱落的修复膜，提高抗磨和减摩性能，是制备润滑自修复剂的理想材料。

12.1.4 滑石

滑石（talc）是一种具有层状结构的含水镁硅酸盐矿物，化学式为 $3MgO \cdot 4SiO_2 \cdot H_2O$，理论含 SiO_2 63.4%、MgO 31.9%、H_2O 4.7%。因为它硬度小（莫氏硬度 1），易于切割并富有滑腻感，故名滑石。滑石的用途十分广泛，世界上开采的滑石约有 35%用于陶瓷工业，19%用于油漆涂料，18%用于造纸，6%用于防水材料，4%用于塑料工业，3%用于化妆品，其余的 15%用于其他行业。在耐火材料工业中，滑石主要用于合成堇青石熟料和生产堇青石-莫来石窑具。

12.1.4.1 滑石的组成与结构

滑石的分子式为 $Mg_3[Si_4O_{10}](OH)_2$，滑石是 2∶1 型三八面体层状结构的硅酸盐矿物，和 2∶1 型二八面体层状结构叶蜡石 $Al_2[Si_4O_{10}](OH)_2$ 有许多相似之处，如图 12-1-15 所示。滑石的单元层是由上、下两层［SiO_4］四面体层，中间夹一层镁氧八面

体 [$MgO_4(OH)_2$] 层所组成。由于八面体空隙全部被 Mg^{2+} 所充填，故滑石属于典型的三八面体型结构。这种由两层 [SiO_4] 四面体和一层 [$MgO_4(OH)_2$] 八面体所构成的结构单元层内部，电价平衡，结合牢固，结构与成分最简单。

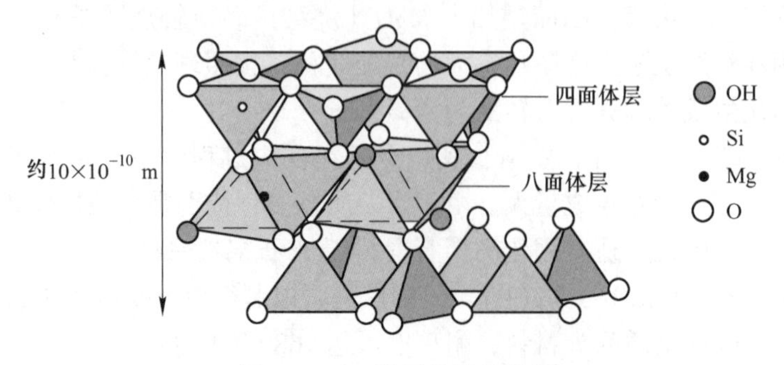

图 12-1-15 滑石的晶体结构

滑石属单斜晶系，单位晶胞尺寸为 $a_0=0.527$ nm，$b_0=0.912$ nm，$c_0=1.885$ nm，$\beta=100°00'$。结构单元层之间是靠微弱的分子键相联系，故滑石具有极完全的片状解理，硬度低（莫氏硬度为 1）。

滑石是典型的热液型矿物，一般是由富镁岩石如橄榄石、辉石岩、白云岩等经热液蚀变而成，其反应式如下：

$$\underset{\text{橄榄石}}{2(Mg,Fe)O\cdot SiO_2} + H_2O + CO_2 \longrightarrow \underset{\text{滑石}}{3MgO\cdot 4SiO_2\cdot H_2O} + \underset{\text{菱镁矿}}{MgCO_3} + Fe_2O_3 \tag{12-1-12}$$

$$\underset{\text{白云石}}{CaCO_3\cdot MgCO_3} + SiO_2 + H_2O \longrightarrow \underset{\text{滑石}}{3MgO\cdot 4SiO_2\cdot H_2O} + \underset{\text{方解石}}{CaCO_3} + CO_2 \tag{12-1-13}$$

由式（12-1-12）和式（12-1-13）可知，滑石常与菱镁矿、方解石等伴生。国外一般将滑石类型分为四类：一是块滑石，致密块状，可以加工成一定大小的不同形状块体，杂质少，滑石含量在 70%以上；二是片状软滑石，为碳酸镁质岩石的一种蚀变产物，常见伴生矿物是绿泥石，是用途最广泛的矿石；三是透闪石滑石，也称硬滑石，块状或层状的一种岩石，透闪石、直闪石、方解石、白云石、蛇纹石等伴生矿物含量不同，这类矿石 CaO 含量较高（6%～10%）；四是混合滑石，一种含有滑石、白云石、方解石、蛇纹石、绿泥石等的片状岩石，色白，易碎。

12.1.4.2 滑石的化学性质和加热性质

在滑石的晶体结构中，四面体中的 Si^{4+} 常被 Al^{3+} 或 Ti^{4+} 置换，八面体中的 Mg^{2+} 可以被 Fe^{2+} 及少量的 Mn^{3+}、Ni^{2+}、Al^{3+} 代替；在结构单元层之间，有少量的 K^+、Na^+、Ca^{2+} 存在，因而滑石的实际成分与理论成分稍有差别。此外，因滑石是由富镁矿物热液蚀变而成，所以其 MgO 含量可超过理论成分，如我国辽宁海城滑石中 MgO 含量可达 32%以上。

滑石中的 CaO 主要来自方解石或白云石，通常含量小于 1%；Fe_2O_3 通常由黄铁矿、磁铁矿等引起，是滑石中极其有害的杂质；Al_2O_3 一般来源于绿泥石，LOI 与 CaO 含量有一定关系，CaO 含量高，则往往 LOI 较大。

滑石脱水后，晶格被破坏，一部分 SiO_2 离析出来，生成高温稳定的原顽辉石，反应式如下：

$$3MgO \cdot 4SiO_2 \cdot H_2O \longrightarrow 3(MgO \cdot SiO_2)(\text{原顽辉石}) + SiO_2 + H_2O\uparrow \quad (12\text{-}1\text{-}14)$$

待冷却到 700 ℃时，原顽辉石缓慢地转变为斜顽辉石。顽火辉石的多晶转变及相对密度（括号内的数字）变化如下：

$$\underset{(3.190)}{\text{顽火辉石}} \xrightarrow{1260\ ℃} \underset{(3.085)}{\text{原顽辉石}} \xrightarrow{700\ ℃} \underset{(3.274)}{\text{斜顽辉石}}$$

在上述转变过程中，都伴有较大的体积变化，且转化十分缓慢，这是滑石瓷存放开裂、发生老化的一个根本原因。

12.1.4.3 滑石的用途

滑石主要应用于陶瓷、造纸、涂料和塑料，占滑石总消费量的 80%左右。其中造纸和陶瓷的滑石消费量各占 30%，橡胶、防水材料及其他建筑材料滑石消费量约占 10%，油漆涂料滑石消费量占 10%以上，化妆品、医药和食品加工等市场滑石消费量虽然不大，但质量要求高，价值也高。滑石应用主要体现如下：

（1）陶瓷。滑石瓷是由优质块滑石碎料与黏结剂及其他配料混合，制成各种构型的陶坯零件，再经 1300 ℃高温烧结。块滑石瓷具有良好的介电性能和机械强度，是高频和超高频电瓷绝缘材料，这种瓷耐高温，故可用作飞机、汽车、火花塞等的喷嘴材料。

（2）造纸。滑石在造纸中可用于造纸填料、造纸涂布、树脂控制、再生纸脱墨四个方面。造纸填料曾是滑石最大的应用领域，主要集中在欧洲和亚洲造纸业，作为纸张填料，起着填充剂作用、控制树脂添加剂、改善纸张光泽和不透明度等重要作用。

（3）塑料。滑石在塑料行业中主要用于 PP 塑料填料、PE、尼龙、不饱和聚酯材料的填料，以及塑料薄膜的防黏剂。滑石作为塑料的主要填充剂，可改善塑料的化学稳定性、耐热性、尺寸稳定性等性能。

（4）涂料。滑石的分散性、吸附性、覆盖力可以控制涂料的适宜稠度，增强涂料的层膜均匀性，有强遮盖力，防止涂层下垂，控制涂料的光泽度。

滑石不同的使用领域，对滑石的技术要求是不一样的。在耐火材料领域，滑石粉主要用于合成堇青石原料或堇青石结合莫来石窑具等。由于堇青石由 MgO、Al_2O_3、SiO_2 三组分组成的化学式为 $2MgO \cdot 2Al_2O_3 \cdot 5SiO_2$，滑石主要提供 MgO 和 SiO_2 两种组分。滑石在合成堇青石过程中，通过不经煅烧而直接使用。但滑石具有片状结构，加工过程易产生片状颗粒，在挤出成型工艺过程中容易沿挤出方向定向排列，导致烧成过程中制品收缩具有各向异性而使坯体开裂。为了减少坯体开裂，可采用熟滑石或将不同类型、不同产地的滑石混用，利用原料结构性质的差异，补偿单一原料结构上的缺点。

12.1.5 海泡石

海泡石（sepiolite）理论分子式为 $Mg_8Si_{12}O_{30}(OH)_4(H_2O)_4 \cdot 8H_2O$，由两层［$SiO_4$］四面体，通过一个中心 O 原子和一层不连续的镁原子八面体连接组成，海泡石属于 2∶1 型层链状结构的黏土矿物材料（见图 12-1-16），其层状结构类型的小单元分布在链状结构中，属斜方晶系或单斜晶系。单元层之间的孔道存在差异，其单元层的孔洞能达到 ϕ0.56 nm×1.1 nm，可以允许更多的水分子存在，而且由于海泡石中 Si—O—Si 键和三维立体键结构可以把分子链结合在一起，该独特晶体形态可以沿一方向延长，所以形貌呈现出纤维状或者棒状。

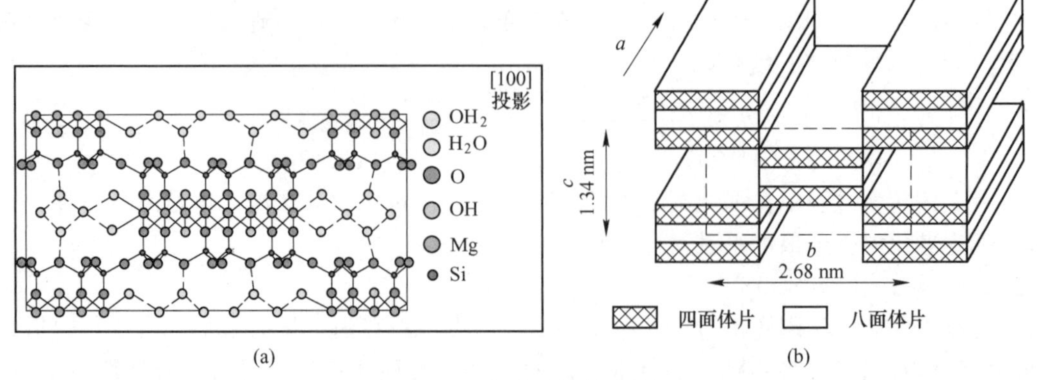

图 12-1-16 海泡石的晶体结构

海泡石的结构包含三个吸附/修饰位点：(1) 四面体片上的氧离子；(2) 少量的阳离子交换位点；(3) 沿着纤维轴的 Si—OH 基团。海泡石的结构特征使其成为良好的吸附剂之一。然而，由于天然海泡石含有方解石、滑石和石英等杂质，因此始终以纤维簇的形式存在，这使得海泡石的比表面积有所降低。因此，需要精炼天然海泡石并对精炼后的海泡石进行一些改型处理，以制备海泡石纤维，天然海泡石与海泡石纤维的 SEM 图如图 12-1-17 所示。

图 12-1-17 天然海泡石(a)和海泡石纤维(b)的 SEM 图

海泡石呈长纤维状，径向为 0.05~0.2 μm 宽，长度一般大于 10 μm，它通常呈白、浅灰、浅黄等颜色，不透明也没有光泽，风化后具有光泽，手感略微有些光滑，密度一般在 2.0 g/cm^3 左右，莫氏硬度在 2.0~2.5 级，质轻，吸水能力强，吸水后具有黏结性，在水中具有悬浮性。海泡石的应用十分广泛，经过提纯、超细加工、改性等一系列处理的海泡石，可作为吸附剂、净化剂、除臭剂、补强剂、悬浮剂、触变剂和填充剂等。

海泡石也是镁质黏土的一种，镁质黏土既有较高的 MgO，又具有黏土的工艺性质，镁质黏土中的主要矿物有滑石、游离石英、海泡石、伊利石等。海泡石质镁质黏土经常与滑石质镁质黏土伴生，但不妨碍滑石质黏土在陶瓷工业中的应用，因为在 450~500 ℃时，海泡石会转化为滑石，反应式如下：

$$6(4MgO \cdot 6SiO_2 \cdot 7H_2O) \longrightarrow 8(3MgO \cdot 4SiO_2 \cdot H_2O) + 4SiO_2 + 34H_2O\uparrow \quad (12\text{-}1\text{-}15)$$

镁质黏土相对密度为 2.41~2.72，可塑性指数 17%~24%，耐火度大于 1500 ℃，有的可达 1730 ℃，干燥收缩 7%~8.6%，烧成收缩 1.4%~16%。镁质黏土主要用于陶瓷、耐火材料匣钵等，由于镁质黏土属于天然原料，成分波动大，国内均化加工水平有限，不宜用作生产高档耐火窑具的原料。

12.2 镁橄榄石质耐火材料

12.2.1 镁橄榄石耐火原料

对比天然 $MgO\text{-}SiO_2$ 矿物可以发现，镁橄榄石烧失最小，其熔点也最高，见表 12-2-1。镁橄榄石、蛇纹石和滑石都是天然矿物，因不同产地它们都含有不同杂质，加热后其中的镁橄榄石相、液相量均有差异，如图 12-2-1 所示。从图可以看出，加热到 1600 ℃时，镁橄榄石还没有液相出现，而蛇纹石相平衡中有镁橄榄石、斜顽辉石和液相，滑石中除一点石英外，基本上都是液相，因此镁橄榄石耐火材料多由天然橄榄石（烧失低时也可不经煅烧）和蛇纹石煅烧为主要原料制备而成。我国黑色冶金行业标准 YB/T 4702—2018《耐火材料用不烧镁橄榄石》和 YB/T 4449—2014《耐火材料用烧结镁橄榄石》分别对耐火材料用镁橄榄石作了一些规定，见表 12-2-2 和表 12-2-3。

表 12-2-1 主要天然 $MgO\text{-}SiO_2$ 矿物的比较

材 料	橄榄石	蛇纹石	滑石
分子式	$(Mg,Fe)_2SiO_4$	$3MgO \cdot 2SiO_2 \cdot 2H_2O$	$3MgO \cdot 4SiO_2 \cdot H_2O$
相对密度	3.26~3.40	2.50~2.65	2.7~2.8
莫氏硬度	6.5~7.0	2.5~4.0	1.0~1.5
晶系	正交（斜方）	单斜	单斜
颜色	橄榄绿，灰绿，土黄色	灰色，绿色，棕色	白色，灰色
熔点/℃	1750~1760	1557	1543
烧失/%	0.5~3	13~15.6	3.7~7.0

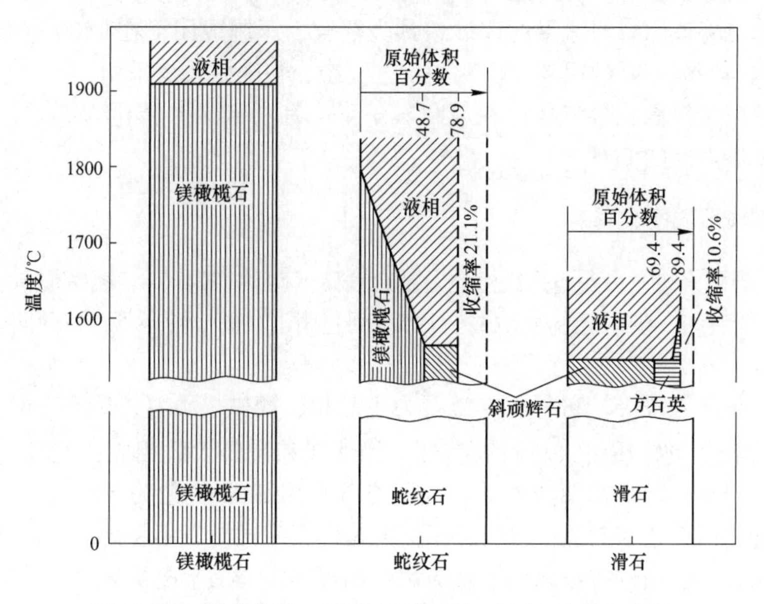

图 12-2-1 镁橄榄石、蛇纹石和滑石加热行为的相平衡图

表 12-2-2 耐火材料用不烧镁橄榄石化学成分（YB/T 4702—2018）

牌号	化学成分（质量分数）/%					灼减/%
	MgO	SiO_2	CaO	Fe_3O_4	Al_2O_3	
F40	≥40.0	≤42.0	≤2.0	11.0	≤2.0	≤3.5
F45A	≥45.0	≤41.0	≤2.0	10.0	≤2.0	≤3.0
F45B	≥45.0	≤41.0	≤2.0	10.0	≤2.0	≤1.0

注：F 为镁橄榄石英文 Forsterite 的首字母。

表 12-2-3 耐火材料用煅烧镁橄榄石的理化指标（YB/T 4449—2014）

牌号	化学成分（质量分数）/%					灼减/%	颗粒体积密度 $/g\cdot cm^{-3}$
	MgO	SiO_2	CaO	Fe_3O_4	Al_2O_3		
F45	≥45.0	≤42.0	≤2.0	≤10.0	≤2.0	≤3.0	≥2.35
F48	≥48.0	≤40.0	≤1.0	≤9.0	≤1.0	≤1.0	≥2.40
F50	≥50.0	≤39.0	≤1.0	≤8.0	≤1.0	≤1.0	≥2.55
F53	≥53.0	≤38.0	≤1.0	≤8.0	≤1.0	≤1.0	≥2.65

12.2.2 镁橄榄石质耐火材料生产要点

镁橄榄石质耐火材料的生产工艺与普通镁砖类似。对于镁橄榄石质耐火材料，最有害的杂质氧化物为 CaO 和 Al_2O_3，一般控制在 1.5%~2.0%以内。为了保证制品中的低温相全部转化为高温耐火相，在配料中应当配入镁砂，镁砂的配入量应使全部 MS 转化成 M_2S、MF 等其他物相，同时保证在镁橄榄石质耐火材料的平衡矿物中有 MgO 存在。镁砂加入量由制品的平衡矿物组成及原料成分计算得出。用橄榄岩作原料时加入 10%左右的镁砂，生产不重要的制品也可不加镁砂。用纯橄榄岩作原料时，镁砂加入量应在 10%~15%，甚至达 20%~25%。以蛇纹岩作原料时，镁砂加入量 15%~20%。

镁砂通常是以细粉形式加入配料中，起到强化基质作用。用蛇纹岩、纯橄榄岩、滑石等原料时，如能将该原料与适量的镁砂粉预先混合、压制成团，在 1400~1450 ℃下煅烧则可得到结构与性能更好的原料，但这种工艺复杂，在国内较少采用。

烧成气氛应选择氧化性气氛。在氧化气氛下，有利于 Fe^{2+} 转化为 Fe^{3+}，而在还原气氛下，易生成熔点低的 FeO。

12.2.3 镁橄榄石质耐火材料

镁橄榄石质耐火材料主要包括镁橄榄石结合镁砖（也称镁硅砖）、镁橄榄石、高纯橄榄石砖、镁橄榄石锆砖和一些不定形耐火材料（如中间包用干式捣打料）等，下面简要叙述。

12.2.3.1 镁硅砖

镁硅砖又称高硅镁砖，它是以方镁石为主晶相、镁橄榄石（$2MgO\cdot SiO_2$）为第二晶相（主要结合相）的镁质耐火材料。镁硅砖的性能和镁砖大致相同，但其荷重软化开始温度比一般镁砖高，但抗碱性渣较差。为了充分利用 SiO_2 含量为 5%~11%的高硅镁砂，按制造镁砖的生产工艺来制造镁硅砖，不同的是由于镁橄榄石不易烧结，因此镁硅砖的烧成温度应适当提高。镁硅砖可以用于玻璃熔窑的蓄热室、冶金电炉炉底、炉墙和有色金属冶炼炉的炉衬。

对于玻璃窑蓄热室温度在700~1000 ℃的区域对格子体来说是最关键的部位，硫酸钠及气态 SO_3 的凝结会严重侵蚀格子体材料。多年来，RHI（奥镁）公司的镁锆砖砌筑于这一区域在整个窑龄期表现出了非常出色的性能。由于大颗粒方镁石主晶相在砖的烧制过程中形成被镁橄榄石（$2MgO \cdot SiO_2$）及氧化锆（ZrO_2）的保护相包围，形成了对抗冷凝区硫酸盐侵蚀的良好微观结构，但由于氧化锆的原料储量有限及昂贵的价格，不含锆的镁橄榄石结合镁砖因此而开发。镁硅砖中镁橄榄石结合相为基质，包围着保护大颗粒方镁石主晶相，如图12-2-2所示，镁硅砖中的主晶相方镁石被镁橄榄石相保护，而镁橄榄石不受硫酸盐及 SO_3 侵蚀。因此，提高了镁砖的抗硫酸盐侵蚀能力。镁橄榄石结合相镁砖已经被证实可用于冷凝区域直至底部，RHI公司的镁硅砖的理化指标见表12-2-4。

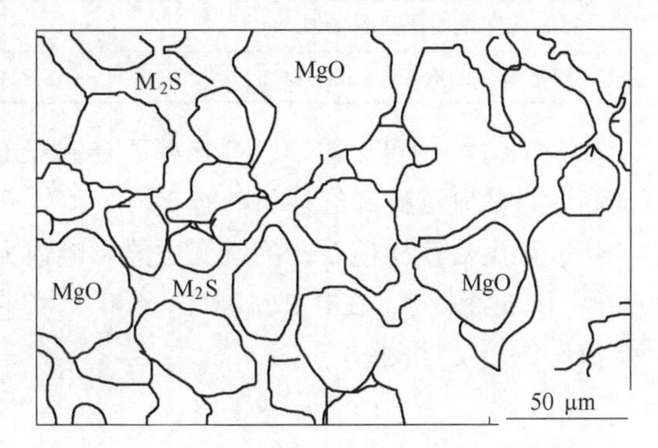

图12-2-2 镁橄榄石结合镁砖的显微结构示意图

表12-2-4 镁橄榄石结合镁砂的理化性能

品牌	SiO_2 /%	MgO /%	CaO /%	Fe_2O_3 /%	体积密度 /$g \cdot cm^{-3}$	荷重软化温度 /℃	常温耐压强度 /MPa
GV	4.0	93.2	1.5	1.0	2.94	1600	100
EF	10.0	85.9	1.5	2.1	2.85	1570	50

注：GV代表Radex-GV-CN，应用于蓄热室冷凝区格子体，中/下部墙体；EF代表Radex-EF-CN，应用于蓄热室冷凝区格子体；荷重软化温度：0.5%的变形温度（$T_{0.5}$）。

12.2.3.2 镁橄榄石砖

镁橄榄石砖一般都是用经过煅烧的橄榄石（当灼减低时也可不经煅烧）、蛇纹岩等为主要原料生产的镁硅质耐火材料。为了提高其高温性能，通常加入镁砂20%~40%，经配料、成型、高温烧成即为镁橄榄石砖。

典型的镁橄榄石耐火材料有烧成砖、化学结合砖和树脂结合含碳砖，其性能见表12-2-5。M. Kolterman近年来广泛地研究了镁橄榄石耐火材料，在开发不同结合的镁橄榄石砖的同时，将其性能与许多耐火材料制品做比较。

表12-2-5 镁橄榄石耐火材料的性能

种类		烧成砖	化学结合砖	含碳砖
化学组成（质量分数）/%	SiO_2	31.8	36.0	33.3
	Al_2O_3	2.6	0.9	0.7
	Fe_2O_3	6.1	6.3	5.1
	MgO	55.6	54.0	58.7
	CaO	0.6	0.4	0.6
	Cr_2O_3	3.7	0.3	—

续表 12-2-5

种　　类	烧成砖	化学结合砖	含碳砖
体积密度/g·cm^{-3}	2.75	2.84	2.75
气孔率/%	18	13	7
常温耐压强度/MPa	35	80	80
1500 ℃下的耐压强度/MPa	15	30	5
线变化率（1500 ℃，12 h）/%	+0.5	+0.1	+0.3

从表 12-2-5 中可以看出，镁橄榄石砖在 1500 ℃氧化气氛中的耐压强度为 5~30 MPa，可与高质量的刚玉砖和红柱石砖媲美。

烧成温度对镁橄榄石砖的蠕变性能影响很大，图 12-2-3 示出了在 1500 ℃、1550 ℃和 1600 ℃下的烧成砖，在 0.2 MPa 下 1600 ℃×24 h 的蠕变特征；图 12-2-4 还比较了几种不同烧成砖的蠕变性能。

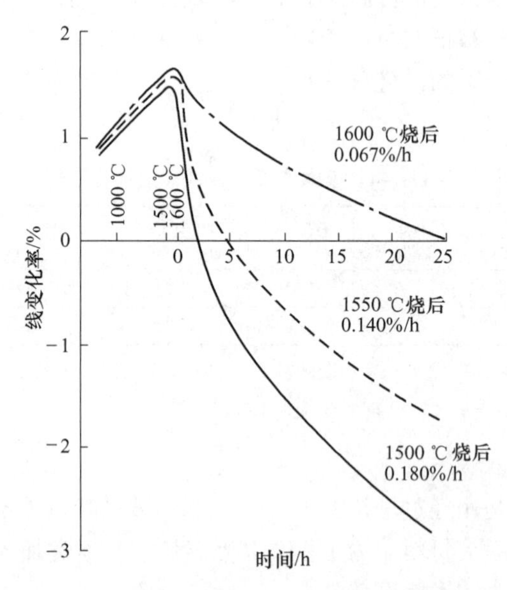

图 12-2-3　不同烧成温度下镁橄榄石的蠕变性能

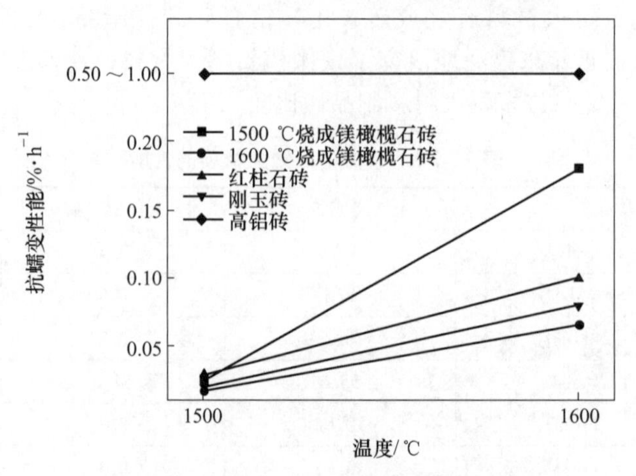

图 12-2-4　不同烧成耐火砖抗蠕变性能的比较

由图 12-2-4 可看出，高质量镁橄榄石砖抗蠕变性与红柱石砖和刚玉砖相当，比高铝矾土砖好。镁橄榄石砖在 1700 ℃×2 h 加热永久线变化率与其他各类耐火材料的比较如图 12-2-5 所示。镁橄榄石砖的导热系数比黏土砖和红柱石砖稍差，而比高铝砖和白云石砖好得多，如图 12-2-6 所示。

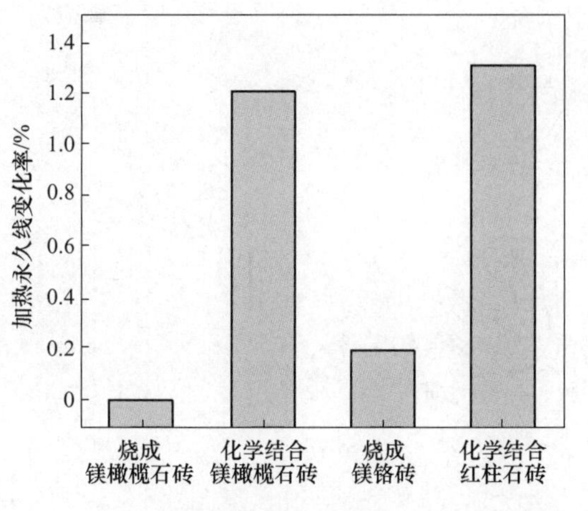

图 12-2-5　不同烧成制品的加热永久线变化率比较

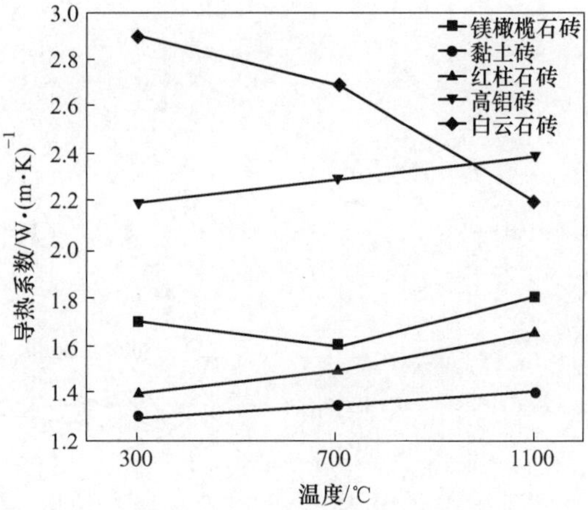

图 12-2-6　几种耐火砖的导热系数

12.2.3.3　高纯镁橄榄石砖

采用天然 MgO 原料制成的镁硅砖、镁橄榄石砖，因含杂质多，限制了其性能的提高和应用。在开发玻璃窑蓄热室无铬碱性砖时，高纯镁橄榄石砖得到更充分的重视。高纯镁橄榄石砖采用预合成镁橄榄石为原料，具有 MgO 和 SiO$_2$ 含量高、杂质少、耐蚀性强、高温性能好等特点。目前合成高纯镁橄榄石主要有两种技术途径：（1）以 MgO 和 SiO$_2$ 为原料，采用电熔或烧结法合成高纯镁橄榄石；（2）通过碳热熔融还原天然镁橄榄石，去除天然镁橄榄石中 Fe$_2$O$_3$ 等杂质，主晶相 M$_2$S 达 95%～98%，其性能见表 12-2-6；12.1.2.3 节中电熔镁橄榄石是河南西峡橄榄石熔融还原的电熔镁橄榄石，见表 12-1-4。

表 12-2-6　电熔镁橄榄石耐火材料性能

项　　目		电熔料制品		天然料烧结制品
成分（质量分数）/%	MgO	55.9	56.1	59.68
	SiO$_2$	42.3	42.1	25.92
	Fe$_2$O$_3$	0.5	0.7	7.86
耐压强度/MPa		135.3	99.8	43.4
显气孔率/%		8.9	14.7	20.6
体积密度/g·cm^{-3}		2.88	2.85	2.65
抗热震性（1300 ℃水冷）/次		—	4	3
加热线变化/%		0	0	+0.5
荷重软化温度/℃		—	1750	1600

12.2.3.4　镁橄榄石锆砖

镁橄榄石锆砖也称为镁锆砖，它是一种改性的镁橄榄石砖，其主要物相为方镁石、镁橄榄石和 ZrO_2。从 $MgO-ZrO_2-SiO_2$ 三元系相平衡图来看（见图 12-2-7），该三元系中没有三元化合物，为 $MgO-M_2S-ZrO_2$ 共存系统，结合基质为镁橄榄石和 ZrO_2。

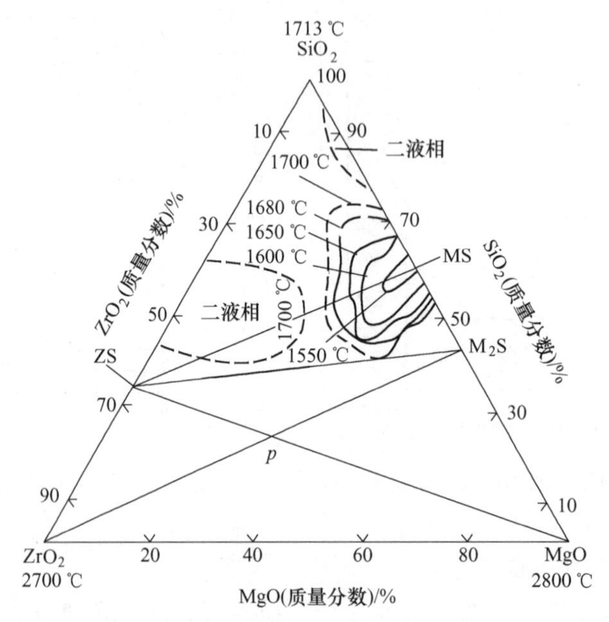

图 12-2-7　$MgO-ZrO_2-SiO_2$ 三元系相图

镁锆砖采用（质量分数）80%镁砂和 20% $ZrSiO_4$（锆英石），通过下列反应形成镁橄榄石与 ZrO_2 复合材料。

$$ZrSiO_4 + 2MgO \longrightarrow Mg_2SiO_4 + ZrO_2 \quad (12\text{-}2\text{-}1)$$

镁锆砖用作玻璃窑蓄热室中部格子砖具有极好的抗侵蚀性能。因为细颗粒的 $ZrSiO_4$ 和细颗粒的 MgO 反应生成镁橄榄石和 ZrO_2，提高了抗热震性与抗侵蚀性。此外，MgO 粗颗粒的边缘也由于类似的反应形成羽绒状的镁橄榄石和 ZrO_2 组成的覆盖层，此层可以保护氧化镁而不受到侵蚀。同时，镁锆砖的显气孔率比一般碱性砖低 2%～3%，低气孔率的砖有较好的抗渗透性与抗侵蚀性，国内外典型的镁橄榄石锆砖理化指标见表 12-2-7。

表 12-2-7　镁橄榄石锆砖的理化性能

理化性能		国内 A 公司	国内 B 公司	德国狄迪尔公司	日本品川公司
成分（质量分数）/%	MgO	77.5	76.7～77.48	73.0～75.0	76.0
	ZrO_2	12.6	13.3～13.9	13.0～13.5	13.3
	SiO_2	6.6	7.2	9.5～11.0	8.7
显气孔率/%		12	12.8	14～15	12.8
体积密度/$g \cdot cm^{-3}$		3.20	3.24	3.10～3.12	3.02
耐压强度/MPa		90	136	90～100	89
荷重软化温度/℃		1700	1730	1570～1630	—

12.3 镁橄榄石质多孔隔热耐火材料

和镁橄榄石重质耐火材料一样，镁橄榄石多孔隔热耐火材料的合成制备主要途径为：(1) 人工合成，MgO 主要来源菱镁矿（$MgCO_3$）、氢氧化镁（$Mg(OH)_2$）和轻烧氧化镁（MgO）等，SiO_2 主要来自天然石英；为了避免引入外来杂质，结合剂可选用镁盐（$MgSO_4$、$MgCl_2$ 等）和硅溶胶等；成孔方法为原位分解（$MgCO_3$、$Mg(OH)_2$）或造孔剂法；这种人工合成方法主要用来制备镁橄榄石轻质耐火骨料。(2) 天然料合成，MgO 和 SiO_2 主要来源于 $MgO-SiO_2$ 质天然矿物，如镁橄榄石、蛇纹石和滑石等，成孔方法为原位分解（蛇纹石或滑石分解）或造孔剂法，这种方法可以直接制备出镁橄榄石多孔隔热耐火材料，也可以制备镁橄榄石轻质耐火骨料。下面主要总结天然料合成镁橄榄石多孔隔热耐火材料。

12.3.1 泡沫法制备镁橄榄石多孔隔热材料

本节以河南西峡的天然镁橄榄石细粉、轻烧氧化镁、电熔镁砂为主要原料，采用泡沫法制备镁橄榄石多孔隔热材料，研究了 $MgCl_2$、轻烧氧化镁和电熔镁砂等加入量对泡沫泥浆稳定性和材料性能的影响。

12.3.1.1 实验过程

实验主要原料为镁橄榄石细粉，其化学成分见表 12-1-4，物相分析如图 12-1-11 所示；轻烧氧化镁和电熔镁砂的化学成分见表 12-3-1；结合剂为羧甲基纤维素钠和 SiO_2 微粉。

先将原料按一定配比倒入搅拌锅中，配入减水剂、结合剂等，加水混合，外加发泡剂所制成的泡沫，搅拌均匀后，在 160 mm×40 mm×40 mm 的模具中浇注成型；试样经自然干燥（室温 20 ℃下，自然放置 30 h）后脱模，放入恒温烘箱进行低温烘烤处理，然后在 1550 ℃×3 h 烧成。

表 12-3-1 实验原料的主要化学组成 （质量分数,%）

成 分	SiO_2	Al_2O_3	Fe_2O_3	CaO	MgO	TiO_2	K_2O	Na_2O	IL
轻烧 MgO	1.45	0.19	0.88	3.47	80.06	0.001	0.06	0.47	13.22
电熔镁砂	0.77	0.22	0.51	1.61	95.81	—	—	—	0.30

通过探讨减水剂、反絮凝剂的种类和加入量对泡沫泥浆的稳定性、加水量等性能的影响，确定了减水剂为六偏磷酸钠，添加质量分数 0.2%为宜；反絮凝剂为柠檬酸钠，添加 0.15%最佳。

12.3.1.2 不同 $MgCl_2$ 溶液加入量对试样性能的影响

为了提高泡沫法制备镁橄榄石多孔隔热材料的生坯强度，在泡沫料浆中引入 $MgCl_2$ 溶液（密度 1.31 g/cm³），和轻烧 MgO 在泡沫料浆中形成 $MgO-MgCl_2-H_2O$ 三元反应体系，通过迅速形成复盐来提高生坯的强度。在添加水量和泡沫加入量相同的条件下，试样的常温性能如图 12-3-1 所示。

如图 12-3-1（a）所示，随着 $MgCl_2$ 溶液的引入，试样的体积密度明显增大，但加热永久线变化率变化不大，均在-0.20%～-0.30%之间。从图 12-3-1（b）可以发现，试样的常温抗折强度、耐压强度随着 $MgCl_2$ 溶液的增加呈现明显的上升趋势，这是由于用 $MgCl_2$ 溶液代替水来调制 MgO 时，可以加速其水化过程，并与之作用形成新的水化物相，这

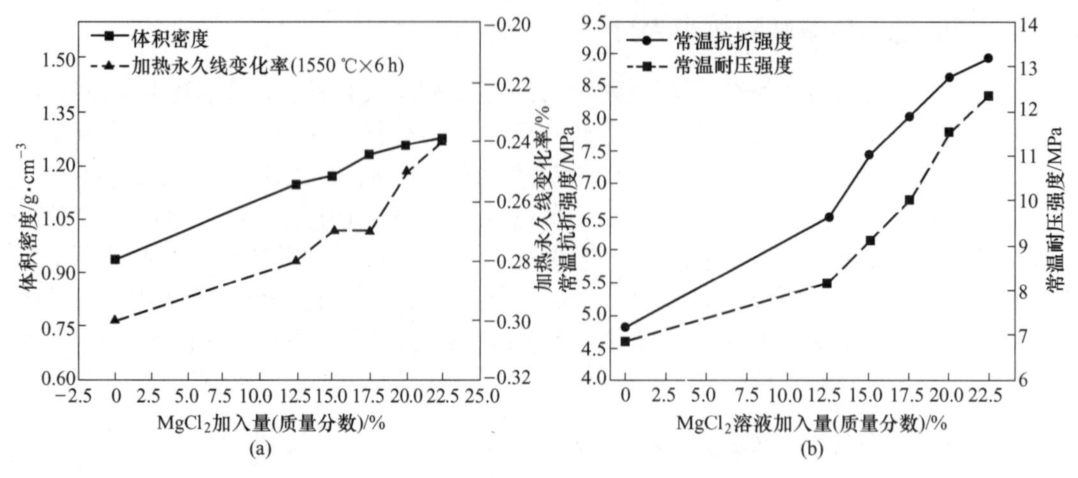

图 12-3-1　不同 $MgCl_2$ 溶液引入量对试样的常温性能的影响

（a）体积密度和加热永久线变化率；（b）常温抗折强度和耐压强度

种新水化物相的平衡溶解度比 $Mg(OH)_2$ 高，因而其过饱和度也相应降低，见式（12-3-1）~式（12-3-4）。在 SiO_2 存在条件下，还含有水合硅酸镁 $Mg_3Si_8O_{10}(OH)_2$ 和 $Mg_6Si_4O_{10}(OH)_8$，而且随着温度上升，水合硅酸镁晶体也增加，进而导致试样的常温抗折强度和耐压强度也明显提高。

$$MgO + H_2O \rightleftharpoons Mg(OH)_2 \qquad (12\text{-}3\text{-}1)$$

$$Mg(OH)_2 \rightleftharpoons Mg^{2+} + 2OH^- \qquad (12\text{-}3\text{-}2)$$

$$6Mg^{2+} + 2Cl^- + 10OH^- + 8H_2O \rightleftharpoons 5Mg(OH)_2 \cdot MgCl_2 \cdot 8H_2O \qquad (12\text{-}3\text{-}3)$$

$$5Mg(OH)_2 \cdot MgCl_2 \cdot 8H_2O + 2Mg(OH)_2 \rightleftharpoons 7Mg(OH)_2 \cdot MgCl_2 \cdot 8H_2O \qquad (12\text{-}3\text{-}4)$$

对 $MgCl_2$ 溶液加入量为 22.5 mL/kg 和未加 $MgCl_2$ 溶液试样进行了显微结构分析和对比，如图 12-3-2 所示，其中图 12-3-2（c）和（d）为图 12-3-2（a）中的局部放大图，图 12-3-2（b）为未加 $MgCl_2$ 溶液试样的显微结构。由图 12-3-2 对比可知：相比不加入 $MgCl_2$ 溶液的试样，加入 $MgCl_2$ 溶液的试样气孔圆度较好，以椭圆形为主；大气孔较少，气孔以中、小气孔为主，且气孔分布较为均匀。

12.3.1.3　轻烧氧化镁加入量

轻烧 MgO 具有较高的比表面积和晶格变形度，活性很高，常温下就极易与水反应，形成水化物 $Mg(OH)_2$ 在空气中即可硬化，提高生坯强度，因此研究了轻烧 MgO 的加入量对材料常规物理性能和导热系数的影响。

如图 12-3-3（a）所示，随着轻烧 MgO 加入量的增加，试样的体积密度增大，而加热永久线变化率则先增大而后稳定；从图 12-3-3（b）可知，试样的常温抗折强度和耐压强度均呈现先逐步上升后有减小的趋势，这是因为轻烧 MgO 的活性越高，促进了材料的烧结；当轻烧 MgO 加入量为 30%时，试样的常温抗折、耐压强度明显减小，这可能是因为随着轻烧 MgO 的增加会导致加水量的增多，减小了泡沫的表面张力，破坏了一些细小泡沫的泡沫结构，使得大气孔变多，强度下降。

图 12-3-3（c）为不同轻烧 MgO 加入量下试样在 300 ℃、600 ℃以及 800 ℃的导热系

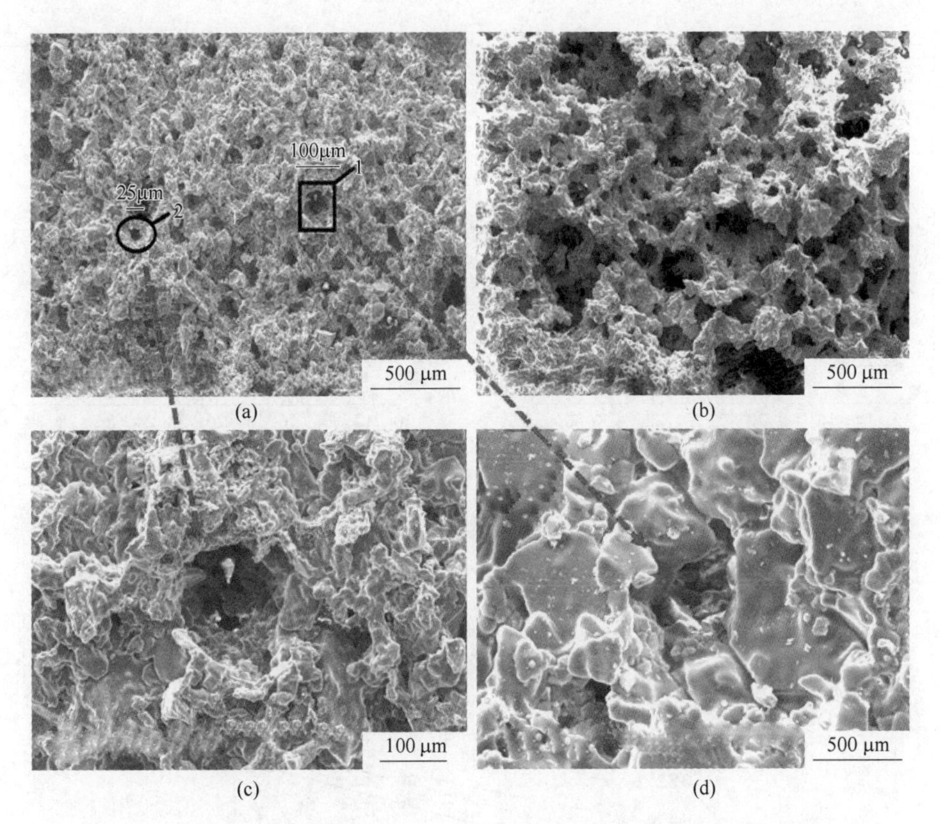

图 12-3-2 $MgCl_2$ 溶液加入量为 22.5 mL/kg 和未加 $MgCl_2$ 溶液试样的 SEM 图
（a）（c）（d）$MgCl_2$ 溶液加入量为 22.5 mL/kg 时 SEM 图（放大倍数分别为 50、200 和 500）；
（b）未加 $MgCl_2$ 溶液试样时 SEM 图（放大倍数为 50）

数，随着温度的升高，试样的导热系数均明显上升；随着轻烧 MgO 加入量的增加，导热系数总体上呈现增大的趋势，而轻烧 MgO 加入量为 25%的试样较为反常，其导热系数明显低于轻烧 MgO 加入量为 20%及 30%的试样，且导热系数随着温度的升高，其变化趋势不明显。

12.3.1.4 电熔镁砂的影响

和轻烧 MgO 相比，电熔镁砂晶粒发育良好，结构致密，活性极低。本节通过电熔镁砂替代部分轻烧 MgO，研究电熔镁砂对材料性能的影响。

如图 12-3-4（a）所示，随着电熔镁砂的引入，试样体积密度明显增加，而所需的外加水量明显减少。这是因为相比轻烧氧化镁，电熔镁砂晶粒比表面积较小，水化活性很小，常温下难与水反应生成 $Mg(OH)_2$，使得外加水量减少。

由图 12-3-4（b）可知，随着电熔镁砂加入量的提高，试样的常温抗折强度和耐压强度均呈现先上升后下降的趋势。其原因在于电熔镁砂的引入降低了轻烧氧化镁的活性，延长了水化时间，获得了较高的强度；后期强度下降则是因为随着电熔镁砂加入量的继续增加，料浆中轻烧 MgO 含量过低，导致水化反应活性过小而影响了强度。综合考虑，电熔镁砂的加入量在 10%左右、轻烧 MgO 为 15%左右为宜。

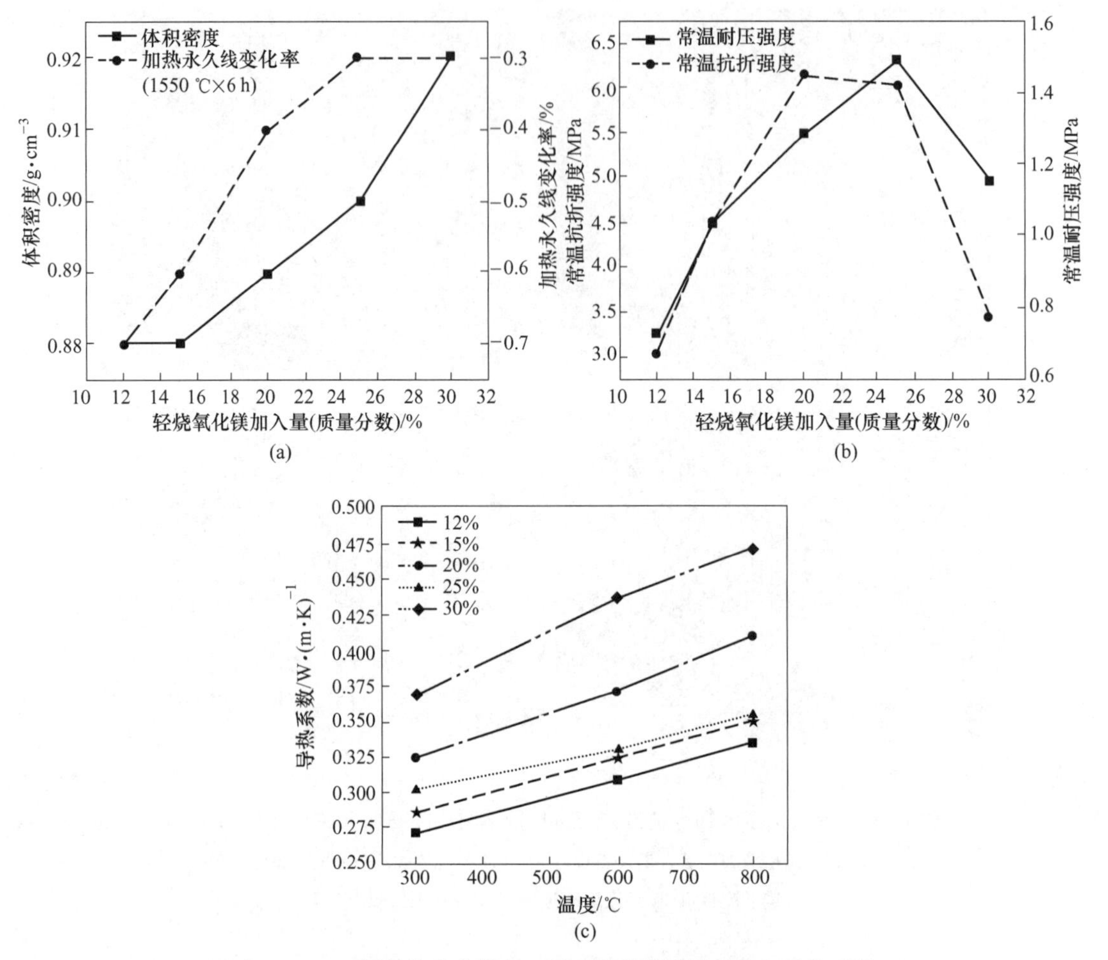

图 12-3-3　不同轻烧氧化镁加入量下试样的常温性能和导热系数

（a）体积密度和加热永久线变化率；（b）常温抗折强度和耐压强度；（c）导热系数

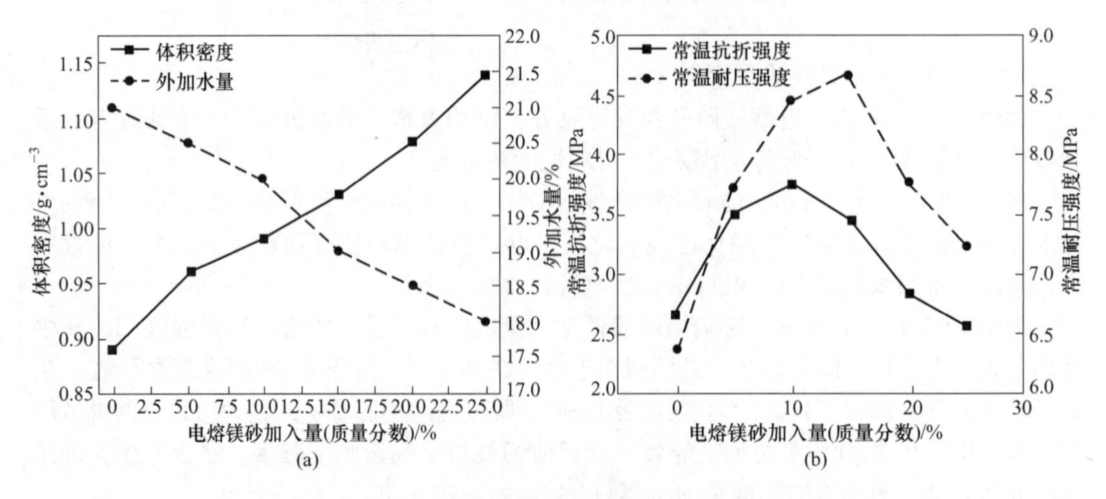

图 12-3-4　不同电熔镁砂替代轻烧氧化镁加入量下试样的常温性能

（a）体积密度和外加水量；（b）常温抗折强度和耐压强度

12.3.1.5 SiO_2 微粉的影响

镁橄榄石（质量分数，下同）占 75%、MgO（轻烧、电熔）为 25%为基本配料，在添加水量和泡沫加入量相同的条件下，研究不同 SiO_2 微粉加入量对镁橄榄石多孔隔热材料结构与性能的影响。

由图 12-3-5（a）可知，随着 SiO_2 微粉的加入，材料体积密度呈现明显的下降，而加热永久线变化率变大；SiO_2 微粉为 3.0%时，材料的常温抗折强度和耐压强度均达到最大值，如图 12-3-5（b）所示。

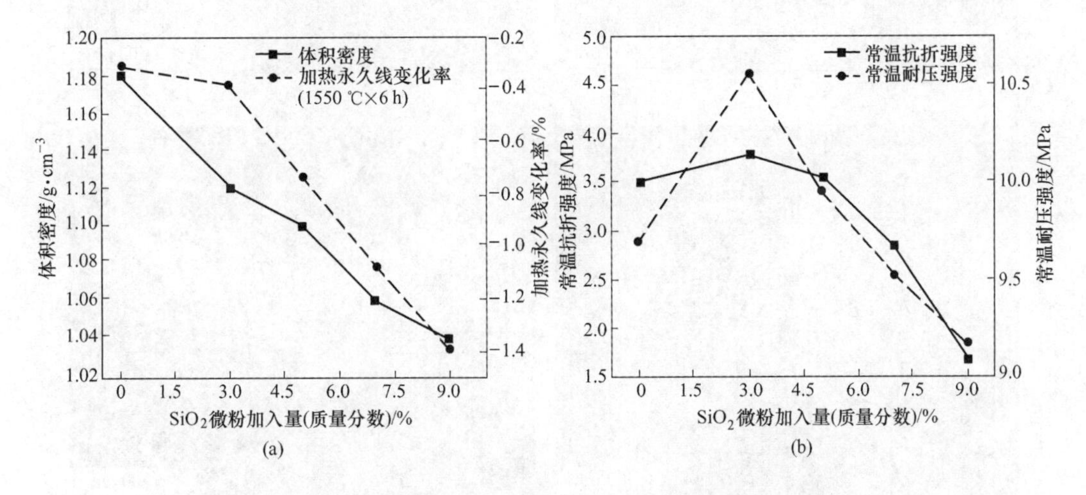

图 12-3-5 不同 SiO_2 微粉加入量对试样常温性能的影响

（a）体积密度和加热永久线变化率；（b）常温抗折强度和耐压强度

对 SiO_2 微粉分别为 0%、3%、5%、9%材料的显微结构进行了分析，如图 12-3-6 所示。对比图 12-3-6（a）~（c）可以看出，随着 SiO_2 微粉增加，材料气孔数目逐渐变多，气孔孔径变大，而未加入 SiO_2 微粉的试样，气孔较少，且大小分布不均匀；SiO_2 微粉加入量 3%时，气孔以中气孔为主，孔径在 50 μm 左右；SiO_2 微粉加入量为 5%时，气孔以中、大气孔为主。综合材料常温性能及其微观显微结构，认为 SiO_2 微粉引入量以 3%为宜。

采用泡沫法制备的镁橄榄石多孔隔热材料的体积密度为 1.0~1.2 g/cm³，常温耐压强度约 10 MPa，常温抗折强度在 1.5~3.5 MPa，300 ℃下导热系数在 0.30 W/(m·K)，1550 ℃×6 h 的重烧线变化率为 0.2%~-1.4%。

12.3.2 植物造孔剂法制备镁橄榄石多孔隔热材料

以镁橄榄石、轻烧氧化镁、电熔氧化镁及硅微粉为主要原料，添加适量的造孔剂，采用挤出成型的方式制备镁橄榄石多孔隔热耐火材料，研究烧成温度、造孔剂和结合剂对材料结构与性能的影响。

12.3.2.1 实验设计及过程

实验用各原料的主要组分见表 12-3-2。

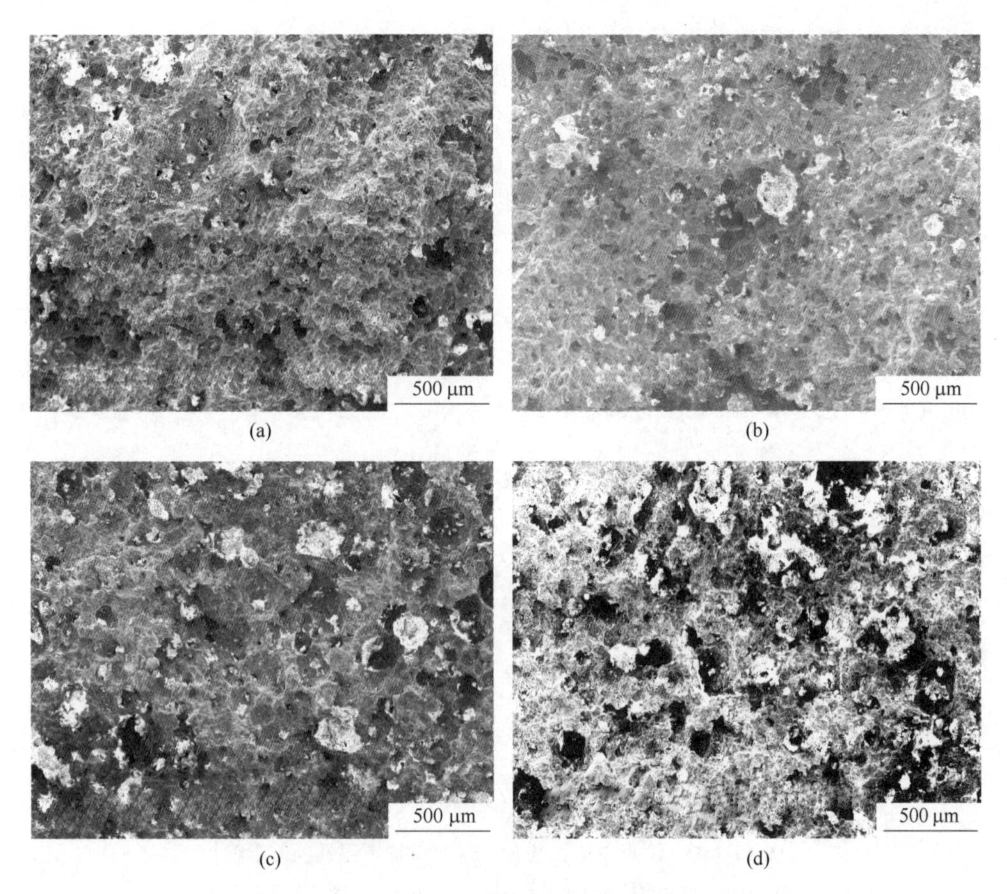

图 12-3-6 不同 SiO_2 微粉加入量下试样的 SEM 图

（a）未加入 SiO_2 微粉；（b）SiO_2 微粉加入量为 3%；

（c）SiO_2 微粉加入量为 5%；（d）SiO_2 微粉加入量为 9%

表 12-3-2 实验原料的主要化学组成 （质量分数,%）

原料	镁橄榄石细粉	轻烧 MgO	电熔氧化镁	SiO_2 微粉	稻壳灰
Fe_2O_3	9	0.88	0.51	0.2	0.2
MgO	44.08	80.06	95.81	1.1	0.5
SiO_2	43.14	1.45	0.77	92.9	93.1

镁橄榄石由于结构紧密、静电键强、晶格能高，是碱性耐火材料中一种优良的组成矿物，具备极为优良的高温使用性能。由于天然镁橄榄石基本上都含铁橄榄石（$2FeO \cdot SiO_2$），由图 12-3-7 可以看出，镁橄榄石和铁橄榄石之间可以形成连续固溶体，因此镁橄榄石可表示为 $2(Mg,Fe)O \cdot SiO_2$；但是铁橄榄石的熔点较低，仅 1205 ℃，不利于制品的高温使用性能。因而在制备镁橄榄石质制品时，需要控制镁橄榄石内 Fe 元素含量尽可能低。综合考虑生产成本等因素，本实验设定（质量分数，下同）Fe_2O_3 小于 6%，MgO 大于 54%，SiO_2 在 30%~35%之间；设定镁橄榄石加入量为 X，轻烧 MgO 加入量为 Y，电熔氧化镁加入量为 Z，SiO_2 微粉加入量为 E，确定基本配比（质量分数）$R=X:Y:Z:E=$

60∶20∶16∶4。稻壳作为造孔剂外加使用，加入量为 8%~16%；糊精作为结合剂外加使用，加入量为 1%~5%。

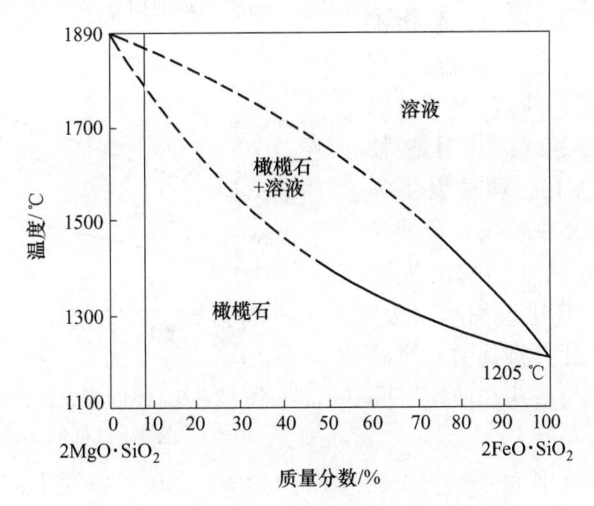

图 12-3-7 $2MgO \cdot SiO_2$-$2FeO \cdot SiO_2$ 系相图

将配料放入滚筒式球磨机中，在球磨机上以 400 r/min 转速研磨 12 h，混合均匀后加水搅拌 8~12 min 后困料 30~60 h，挤出成型；试样经自然干燥（室温 20 ℃下，自然放置 12 h 后），放入恒温烘箱进行低温烘烤处理，而后在 1350~1550 ℃保温 3 h。

12.3.2.2 烧成温度影响

试样在 1430 ℃、1500 ℃以及 1550 ℃温度下烧成后材料的物理性能如图 12-3-8 和图 12-3-9 所示。

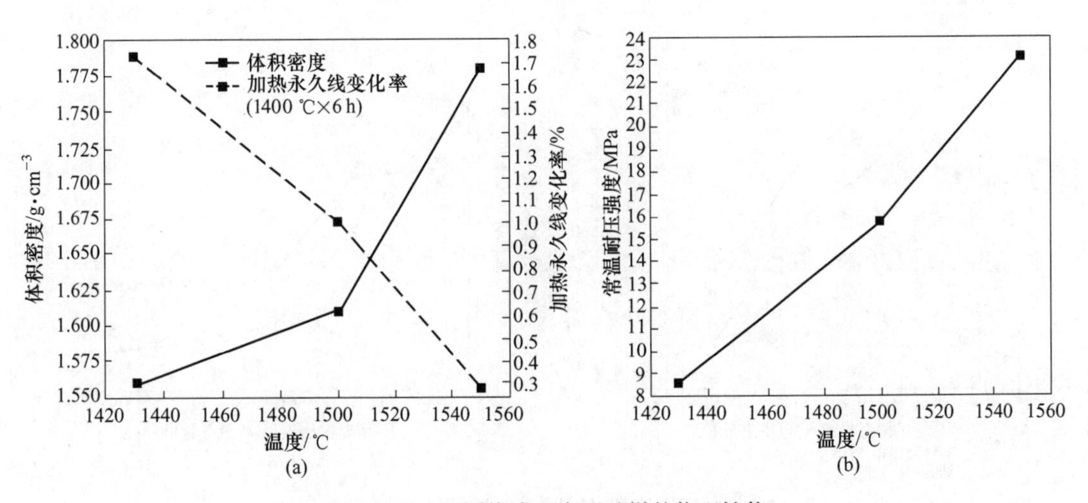

图 12-3-8 不同烧成温度下试样的物理性能

（a）体积密度和加热永久线变化率；（b）常温耐压强度

从图 12-3-8 可以看出，随着烧成温度的升高，体积密度明显增大，加热永久线变化率为 1.7%~0.3%，常温耐压强度明显上升。由图 12-3-9 看出，随着烧成温度的升高，导热系数也逐渐升高。

12.3.2.3　造孔剂的影响

作为造孔剂的稻壳中富含 SiO_2，主要分布在稻壳的外表内层，以生物矿化方式、无定形状态存在。低温热处理下稻壳灰（质量分数，下同）中 90%以上为 SiO_2（见表 12-3-2），并且这种 SiO_2 仍以无定形态存在，颗粒大小为 50 nm 左右，松散黏聚并形成大量纳米尺度孔隙。这种具有纳米结构的生物 SiO_2 可以廉价制得，且比表面积很大，具有极高的火山灰活性，将其引入镁硅系统使用时，既可作为造孔剂使用，同时也可提供 SiO_2 源。

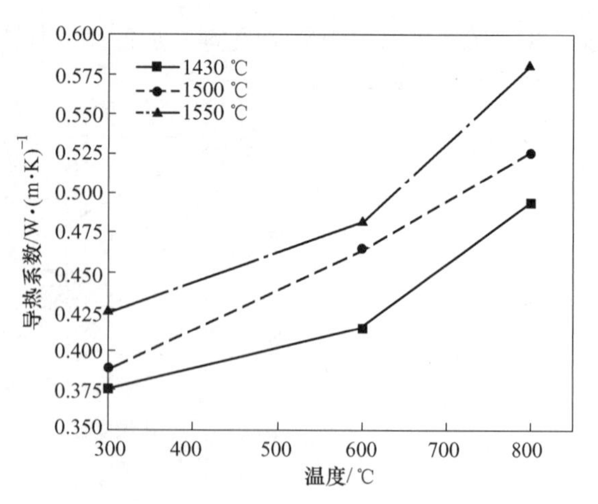

图 12-3-9　不同烧成温度下经不同温度处理后试样的导热系数

稻壳粉的加入量分别为 8%、10%、12%、14%、16%，研究不同稻壳粉加入量对材料的结构与性能的影响。

如图 12-3-10 所示，随着稻壳粉加入量的提高，体积密度、加热永久线变化率、常温抗折强度以及常温耐压强度整体上都呈下降的趋势。体积密度由 1.82 g/cm^3 降至 1.57 g/cm^3，常温抗折、耐压强度均高于 6 MPa，1400 ℃保温 6 h 后试样的加热永久线变化率在 -0.1%～-0.8%之间，具有良好的体积稳定性。从图 12-3-10（a）可看出，稻壳粉加入量在 12%及以上时，试样的收缩率加剧；从图 12-3-10（b）可发现，稻壳粉加入量在 12%以后，常温抗折、耐压强度下降趋势缓慢。综合考虑，稻壳粉的加入量控制在 10%～12%较好，材料既有一定的强度，也保证了材料在使用过程中的体积稳定性。

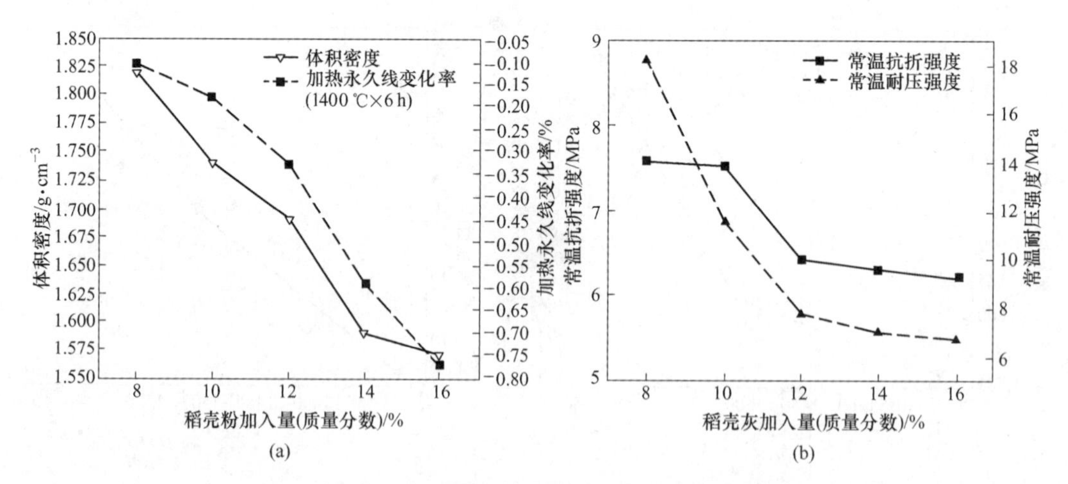

图 12-3-10　不同稻壳粉加入量对材料常温性能的影响

（a）体积密度和加热永久线变化率；（b）常温抗折强度和耐压强度

图 12-3-11（a）～(c）为稻壳粉加入量为 8%、10%、12%时材料的显微结构图，图 12-3-11（d）为图 12-3-11（b）标注处（10%稻壳粉）放大 500 倍的孔洞显微结构。

对比图 12-3-11（a）～(c）看出，随着稻壳粉加入量的增多，试样内稻壳粉形成的针

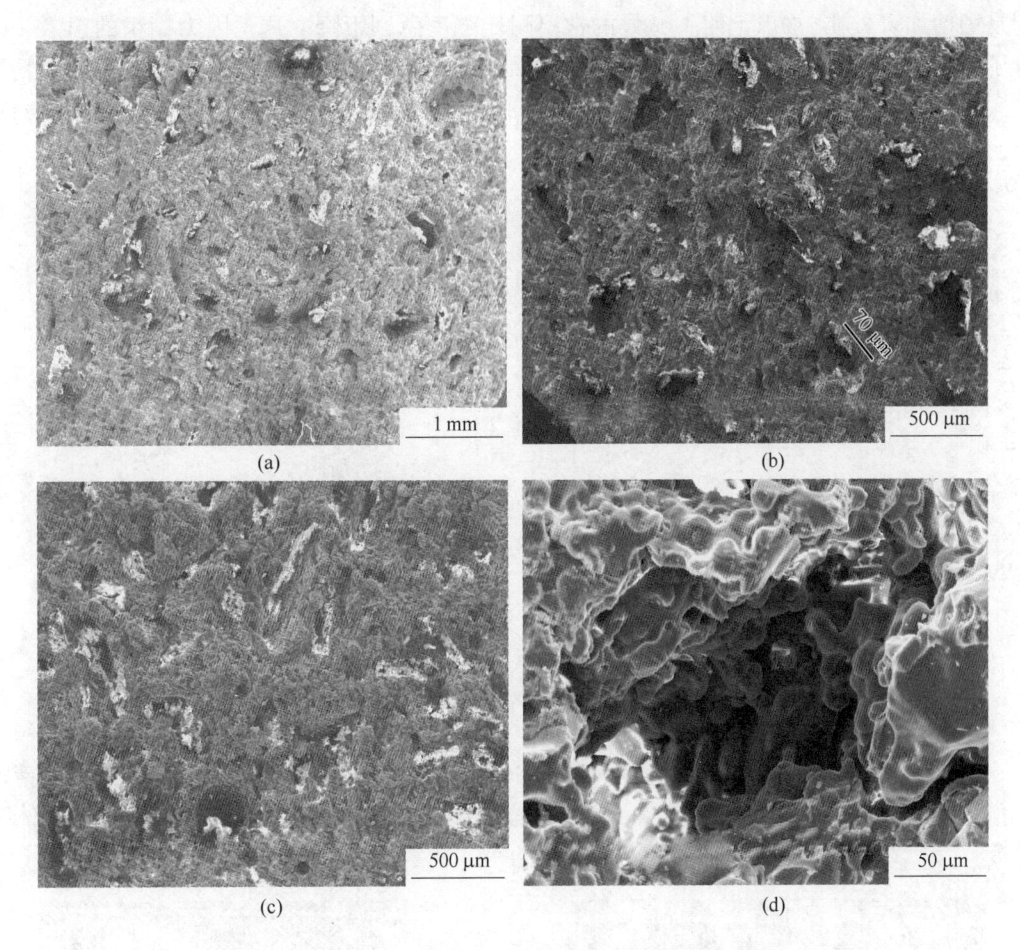

图 12-3-11 不同稻壳粉加入量下试样的 SEM 图
(a) 8%稻壳粉；(b) 10%稻壳粉；(c) 12%稻壳粉；(d) 图(b)的局部放大图

状孔洞也增多，试样的体积密度越小。从图 12-3-11（d）可以观察到，气孔尺寸在 70 μm 左右，形状不规则，空洞有的呈椭圆形、呈针状等形状。

12.3.2.4 糊精加入量对试样性能的影响

淀粉在受到加热或淀粉酶作用下发生分解时，分子量较大的淀粉首先转化成为分子量较小的中间物质，此时的中间物质即为糊精。它是一种黄白色的粉末，不溶于酒精，而易溶于水，溶解在水中具有很强的黏性。基于它的这种性能，在非 Al_2O_3-SiO_2 系耐火材料或纯度较高的耐火材料体系中，糊精经常替代黏土作为增塑剂和结合剂。

实验在原料基本配比基础上，添加（质量分数，下同）10%的稻壳粉，糊精的加入量分别为 1%、2%、3%、4%、5%，以期借助糊精来改善泥料的可塑性，并在制品内部形成许多细小气孔，以期保持强度的同时降低体积密度。

如图 12-3-12（a）所示，随着糊精加入量的增加，试样的体积密度下降趋势明显，而加热永久线变化率有所上升；这是因为糊精在作为可塑剂使用的同时还会在试样内形成许多细小气孔，从而提高试样的气孔率，降低其体积密度。从图 12-3-12（b）可以看出，随着糊精加入量的提高，试样的常温抗折强度和耐压强度均呈现先上升后下降的趋势，特别是糊精加入量在 3%以上时，试样的常温耐压强度急剧下降。这是因为糊精的引入，改善了生料的可塑性，使得原料与造孔剂之间结合性较好，提高了试样的强度；过量糊精的引入，会导致外加水量的增加，反过来又降低了泥团的可塑性，使得烧后的试样结构疏松，降低了试样的整体性能。

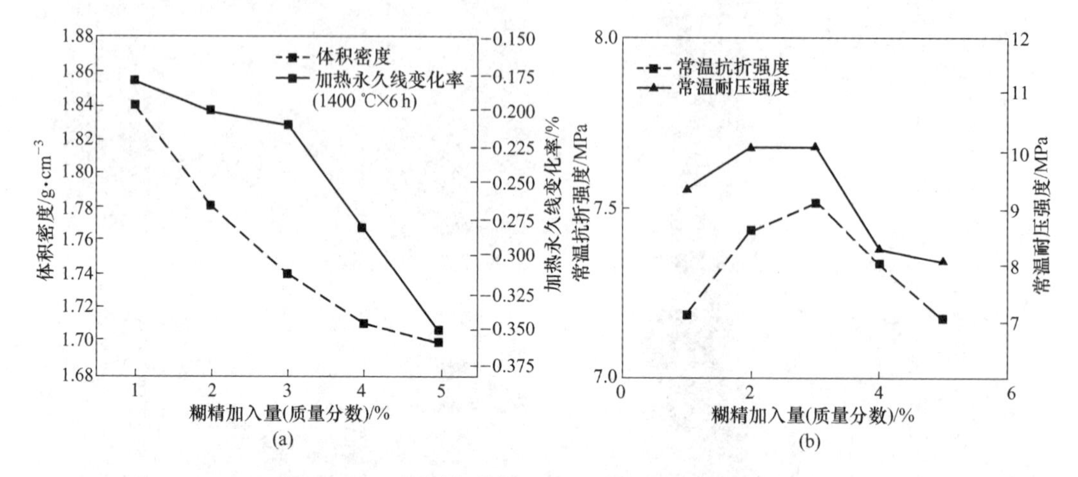

图 12-3-12　不同糊精加入量对试样常温性能的影响

（a）体积密度和加热永久线变化率；（b）常温抗折强度和耐压强度

图 12-3-13 为对应糊精加入量为 1%和 3%的试样显微结构。由图可见，相比糊精加入量为 1%的试样，糊精加入量为 3%的试样表面有更多细小孔洞，降低了材料的体积密度。

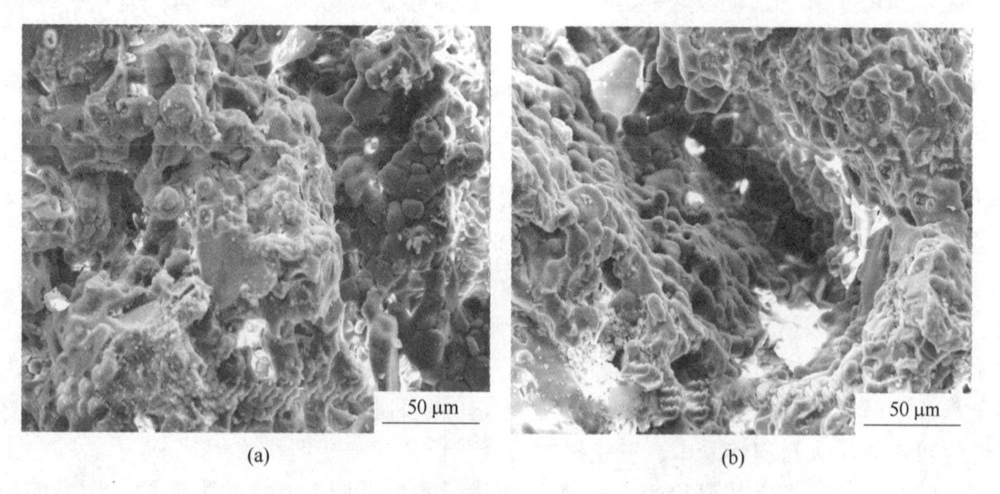

图 12-3-13　不同糊精加入量下试样的 SEM 图

（a）1%的试样；（b）3%的试样

采用植物造孔剂法、挤泥成型制备出的镁橄榄石轻质隔热材料的体积密度为 1.6~1.8 g/cm^3，常温耐压强度为 8.0~10.0 MPa，常温抗折强度为 6.0~8.0 MPa，300 ℃下导热系数为 0.35 W/(m·K)，1400 ℃×6 h 的加热永久线变化率为-0.1%~-0.75%。

12.4　镁橄榄石质多孔隔热耐火材料的工业应用

和重质镁橄榄石耐火材料一样，镁橄榄石多孔隔热耐火材料也常用于玻璃窑隔热保温。营口青花耐火材料公司曾经以镁橄榄石、镁砂为主要原料，菱镁矿为造孔剂，结合剂为卤水和亚硫酸纸浆等，用机压成型方法制备出体积密度为 1.84 g/cm^3、显气孔率 43%、常温耐压强度 10 MPa、800 ℃下导热系数在 0.63 W/(m · K) 的多孔隔热耐火材料，该材料已在玻璃窑上使用。

根据 12.3.2 节中植物造孔剂法制备镁橄榄石多孔隔热材料的研究，采用如图 12-4-1 所示的工艺流程，规模化生产出体积密度为 1.68 g/cm^3、常温耐压强度大于 8 MPa、加热永久线变化率小于 0.6%（1400 ℃×6 h）、导热系数小于 0.48 W/(m · K)（600 ℃）的镁橄榄石多孔隔热材料。2011 年 5 月，广州钢铁股份有限公司炼铁总厂在高炉铁水包隔热层试用了镁橄榄石轻质砖取代高铝砖，施工现场如图 12-4-2 所示，红色的砖为镁橄榄石多孔隔热耐火材料。产品使用期间，性能稳定，强度高，高温使用下线变化率很小，隔热效果明显，包壁温度平均下降 30~50 ℃，降低了铁水温降率，减少了铁水包单重，有利于铁水包的节能降耗。

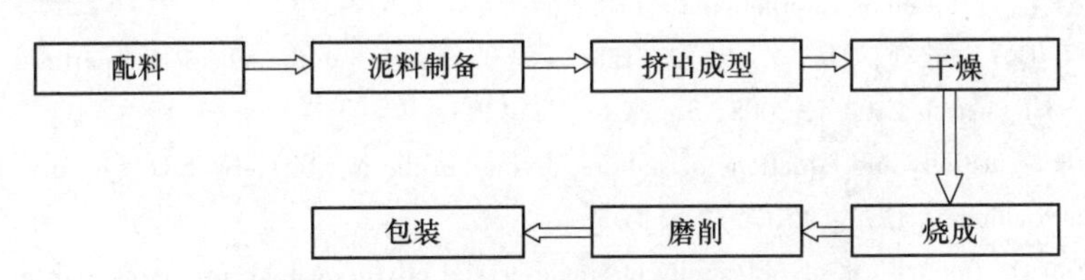

图 12-4-1　镁橄榄石多孔隔热砖生产工艺流程

图 12-4-2　镁橄榄石质轻质砖现场施工图（书后有彩图）

参 考 文 献

[1] Eckes M, Gibert B, De Sousa Meneses D, et al. High-temperature infrared properties of forsterite [J]. Physics and Chemistry of Minerals, 2013, 40: 287-298.

[2] Bei R, Geith M, Majcenovic C, et al. Postmortem analysis of magnesia and magnesia zircon checkers after one campaign in a soda-lime glass melting furnace [J]. RHI Bulletin, 2014 (2): 31-37.

[3] Wentzcovitch R M, Stixrude L. Crystal chemistry of forsterite: A first-principles study [J]. American Mineralogist, 1997, 82 (7/8): 663-671.

[4] Cheng T W, Ding Y C, Chiu J P. A study of synthetic forsterite refractory materials using waste serpentine cutting [J]. Minerals Engineering, 2002, 15 (4): 271-275.

[5] Elmaghraby M S, Ismail A I M, Abd El Ghaffar N I. Atalla Egyptian serpentinite for producing forsterite and its thermo-mechanical behavior [J]. International Journal of Research Studies in Science, Engineering and Technology, 2015, 2 (7): 137-146.

[6] Nguyen M, Sokolář R. Corrosion resistance of novel fly ash-based forsterite-spinel refractory ceramics [J]. Materials, 2022, 15 (4): 1363.

[7] Birle J D, Gibbs G V, Moore P B, et al. Crystal structures of natural olivines [J]. American Mineralogist: Journal of Earth and Planetary Materials, 1968, 53 (5/6): 807-824.

[8] Sarkar R, Sinha R K. Development of forsterite refractories from Indian olivine [J]. Transactions of the Indian Ceramic Society, 2002, 61 (1): 20-25.

[9] Liu L, Du J, Liu H, et al. Differential stress effect on the structural and elastic properties of forsterite by first-principles simulation [J]. Physics of the Earth and Planetary Interiors, 2014, 233: 95-102.

[10] Ramezani A, Emami S M, Nemat S. Effect of waste serpentine on the properties of basic insulating refractories [J]. Ceramics International, 2018, 44 (8): 9269-9275.

[11] Jacobsen S D, Jiang F, Mao Z, et al. Effects of hydration on the elastic properties of olivine [J]. Geophysical Research Letters, 2008, 35 (14): L14303.

[12] Chung D H. Elasticity and equations of state of olivines in the Mg_2SiO_4-Fe_2SiO_4 system [J]. Geophysical Journal International, 1971, 25 (5): 511-538.

[13] Mao Z, Fan D, Lin J F, et al. Elasticity of single-crystal olivine at high pressures and temperatures [J]. Earth and Planetary Science Letters, 2015, 426: 204-215.

[14] Kullatham S, Sirisoam T, Lawanwadeekul S, et al. Forsterite refractory brick produced by talc and magnesite from Thailand [J]. Ceramics International, 2022, 48 (20): 30272-30281.

[15] Robie R A, Hemingway B S, Takei H. Heat capacities and entropies of Mg_2SiO_4, Mn_2SiO_4, and Co_2SiO_4 between 5 and 380 K [J]. American Mineralogist, 1982, 67 (5/6): 470-482.

[16] Trots D M, Kurnosov A, Boffa Ballaran T, et al. High-temperature structural behaviors of anhydrous wadsleyite and forsterite [J]. American Mineralogist, 2012, 97 (10): 1582-1590.

[17] Scheunis L. Mitigating Chemical Degradation of Magnesia-chromite Bricks in Contact with a PbO Based Slag [M]. KU Leuven, Science, Engineering & Technology, 2014.

[18] Sarkar R. Olivine—The potential industrial mineral: An overview [J]. Transactions of the Indian Ceramic Society, 2002, 61 (2): 80-82.

[19] Harvey F A, Birch R E. Olivine and Forsterite Refractories in American [J]. Industrial & Engineering Chemistry, 1938, 30 (1): 27-32.

[20] Goldschmidt V M. Olivine and forsterite refractories in Europe [J]. Industrial & Engineering Chemistry, 1938, 30 (1): 32-34.

[21] Gatta G D, Merlini M, Valdrè G, et al. On the crystal structure and compressional behavior of talc: A mineral of interest in petrology and material science [J]. Physics and Chemistry of Minerals, 2013, 40: 145-156.

[22] Hossain S K S, Mathur L, Singh P, et al. Preparation of forsterite refractory using highly abundant amorphous rice husk silica for thermal insulation [J]. Journal of Asian Ceramic Societies, 2017, 5 (2): 82-87.

[23] Sadek H E H, Khattab R M, Zawrah M F. Preparation of porous forsterite ceramic using waste silica fumes by the starch consolidation method [J]. Interceram-International Ceramic Review, 2016, 65: 174-178.

[24] Acar I. Sintering properties of olivine and its utilization potential as a refractory raw material: Mineralogical and microstructural investigations [J]. Ceramics International, 2020, 46 (18): 28025-28034.

[25] Zha C S, Duffy T S, Downs R T, et al. Sound velocity and elasticity of single-crystal forsterite to 16 GPa [J]. Journal of Geophysical Research: Solid Earth, 1996, 101 (B8): 17535-17545.

[26] Wang S, Qi X, Qi D, et al. Study on the properties of periclase-forsterite lightweight heat-insulating refractories for ladle permanent layer [J]. Ceramics International, 2022, 48 (14): 20275-20284.

[27] Rani A B, Annamalai A R, Majhi M R, et al. Synthesis and characterization of forsterite refractory by doping with kaolin [J]. International Journal of ChemTech Research, 2014, 6 (2): 1390-1397.

[28] Oliveira T R C, Paiva M P. Technological characterization of talc ore from Caçapava do Sul, RS-Brazil for development of a process route [J]. HOLOS, 2017, 6: 147-161.

[29] Smyth J R, Hazen R M. The crystal structures of forsterite and hortonolite at several temperatures up to 900 ℃ [J]. American Mineralogist: Journal of Earth and Planetary Materials, 1973, 58 (7/8): 588-593.

[30] Sumino Y. The elastic constants of Mn_2SiO_4, Fe_2SiO_4 and Co_2SiO_4, and the elastic properties of olivine group minerals at high temperature [J]. Journal of Physics of the Earth, 1979, 27 (3): 209-238.

[31] Jacobs M H G, Oonk H A J. The Gibbs energy formulation of the α, β, and γ forms of Mg_2SiO_4 using Grover, Getting and Kennedy's empirical relation between volume and bulk modulus [J]. Physics and Chemistry of Minerals, 2001, 28: 572-585.

[32] Wang W B, Shi Z M, Wang X G, et al. The synthesis and properties of high-quality forsterite ceramics using desert drift sands to replace traditional raw materials [J]. Journal of the Ceramic Society of Japan, 2017, 125 (3): 88-94.

[33] Cynn H, Carnes J D, Anderson O L. Thermal properties of forsterite, including C_V, calculated rom αK_T through the entropy [J]. Journal of Physics and Chemistry of Solids, 1996, 57 (11): 1593-1599.

[34] Gouriet K, Carrez P, Cordier P. Ultimate mechanical properties of forsterite [J]. Minerals, 2019, 9 (12): 787.

[35] Costa G C C, Jacobson N S, Fegley Jr B. Vaporization and thermodynamics of forsterite-rich olivine and some implications for silicate atmospheres of hot rocky exoplanets [J]. Icarus, 2017, 289: 42-55.

[36] 中华人民共和国工业和信息化部. 耐火材料用烧结镁橄榄石: YB/T 4449—2014 [S]. 2014.

[37] 中华人民共和国工业和信息化部. 耐火材料用不烧镁橄榄石: YB/T 4702—2018 [S]. 2018.

[38] Heindl R A, Mong L E. Young's modulus of elasticity, strength, and extensibility of refractories in tension [J]. Journal of Research of the National Bureau of Standards, 1936, 17: 463-482.

[39] 陈少一. 玻璃窑蓄热室用方镁石-镁橄榄石质耐火材料结构与性能研究 [D]. 武汉: 武汉科技大学, 2018.

[40] 郑连营, 王健东, 李英, 等. 玻璃窑用轻质镁橄榄石砖的研制 [J]. 耐火材料, 2012, 46 (2): 129-131.

[41] Birch R E, Harvey F A. Forsterite and other magnesium silicates as refractories [J]. Journal of the American Ceramic Society, 1935, 18 (1-12): 176-192.

[42] 王纯. MgO-ZrO$_2$ 质耐火材料的制备及抗渣侵蚀机理研究 [D]. 沈阳: 东北大学, 2013.

[43] 陈勇. 镁橄榄石合成及应用研究 [D]. 沈阳: 东北大学, 2014.

[44] 孙晓婷, 田琳, 陈树江, 等. 不同造孔剂对方镁石-镁橄榄石隔热材料性能的影响 [J]. 耐火材料, 2018, 52 (2): 122-125.

[45] 宋云飞．多孔镁橄榄石轻量化材料的气孔特性与导热性能的相关性研究［D］. 武汉：武汉科技大学，2017.
[46] 杨力．镁橄榄石轻质隔热材料制备、结构和性能的研究［D］. 武汉：武汉科技大学，2012.
[47] 孟庆新，周宁生，刘昭，等．高纯镁橄榄石质轻质微孔原料的制备［J］. 耐火材料，2020，54（1）：56-60.
[48] 张小红，陈海山，卢咏明，等．含镁橄榄石中间包涂抹料的研究与应用［J］. 耐火与石灰，2021，46（1）：33-35.
[49] 潘俊安．基于海泡石的锂硫电池正极材料研究［D］. 湘潭：湘潭大学，2017.
[50] 王广峰．基于镁橄榄石结合相的镁砖［C］//2010年全国玻璃窑炉技术研讨交流会论文集，2010：110-111.
[51] 孟庆新，于冰坡，高磊，等．基于正交设计优化镁橄榄石轻质球形骨料的制备工艺［J］. 耐火材料，2022，56（3）：226-230.
[52] 马征明．精炼钢包水口引流砂的研制与应用［J］. 耐火材料，2002，36（1）：51.
[53] 黄宏道．利用高寺台蛇纹石试制镁橄榄石砖的研究［J］. 河北冶金，1989（5）：25-29.
[54] 孟超，孟庆新，李晓龙，等．利用天然镁橄榄石制备轻质原料的工艺研究及其应用［J］. 耐火材料，2021，55（3）：230-234.
[55] 郭宗奇．镁橄榄石耐火材料的发展［J］. 耐火材料，1994，28（6）：357-360.
[56] 李晓明，刘宏伟．镁橄榄石不烧砖的研究［J］. 四川冶金，1992（4）：63-66.
[57] 王广峰．镁橄榄石结合相的镁砖［J］. 中国玻璃，2013（1）：3-4.
[58] 陈铁军，张一敏．镁橄榄石用于铁矿球团的试验研究［J］. 矿产保护与利用，2005（3）：43-48.
[59] 孟庆新，周宁生，郭鹏伟，等．镁橄榄石质轻质球形骨料的制备［J］. 耐火材料，2019，53（1）：46-49.
[60] 徐善兵．镁橄榄石砖在浮法玻璃熔窑上的应用［J］. 中国玻璃，2018，43（3）：33-35.
[61] 刘昭，王俊涛，叶亚红，等．镁锆砖的生产与应用［C］//第十二届全国耐火材料青年学术报告会论文集，2010：278-280.
[62] 袁广亮，蒋明学．轻质镁橄榄石砖的研制［J］. 耐火材料，2010，44（5）：375-376.
[63] 王榕榕，张建良，刘征建，等．球团配加镁橄榄石代替氧化镁粉应用分析［J］. 冶金能源，2018，37（4）：9-13.
[64] 王杏，董喆，王君君，等．镁源种类对熔盐法合成镁橄榄石的影响［J］. 耐火材料，2017，51（2）：140-142.
[65] 李晨旭．镁橄榄石-蛭石复合材料的制备研究［D］. 武汉：武汉科技大学，2010.
[66] 苗梦梦．镁铝尖晶石-镁橄榄石复相材料的合成与性能研究［D］. 郑州：郑州大学，2017.
[67] 赵明涛．轻质镁橄榄石的合成及其在镁硅轻质浇注料中的应用研究［D］. 洛阳：河南科技大学，2012.
[68] 陈鸣．蛇纹石有效成分的综合利用［D］. 武汉：湖北工业大学，2018.
[69] 周亮．天然镁橄榄石制备型隔热材料［D］. 武汉：武汉科技大学，2011.
[70] 韩春晖．无机盐/镁橄榄石复合相变蓄热材料的制备与性能研究［D］. 武汉：武汉科技大学，2015.
[71] 贺俊海．新型钢包引流砂的研制与应用［D］. 武汉：武汉科技大学，2013.
[72] 孟超，孟庆新，李晓龙，等．天然镁橄榄石在耐火行业的应用现状及展望［J］. 耐火与石灰，2021，46（4）：29-33，36.
[73] 李纪伟．添加电熔镁锆合成料的镁锆不烧砖组成、结构和性能的研究［D］. 洛阳：河南科技大学，2008.
[74] 平增福，郭宗奇．我国蛇纹石原料制作耐火材料的开发和应用前景［J］. 河南冶金，1994（3）：8-

11, 7.
[75] 赵凯, 黄军同, 刘睿, 等. 西峡镁橄榄石矿的显微结构特征和高温体积稳定性 [J]. 耐火材料, 2006, 40 (4): 314.
[76] 相变对橄榄石耐火原料中铁扩散的影响 [J]. 耐火与石灰, 2015 (4): 41-43.
[77] Standard specification for serpentine dimension stone: ASTM C1526—2008 [S]. 2014.
[78] 符剑刚, 王晖, 陈立, 等. 蛇纹石矿的开发利用现状及发展趋势 [J]. 湿法冶金, 2007, 26 (3): 132-135.
[79] 曾颖. 蛇纹石矿的综合利用研究 [D]. 上海: 上海大学, 2006.
[80] 王林. 用蛇纹石等生产耐火材料的试验研究 [J]. 矿产综合利用, 2003, 6: 47-51.
[81] 中华人民共和国国家质量监督检验检疫总局. 非金属矿产品词汇 第2部分: 滑石: GB/T 5463.2—2013 [S]. 2013.
[82] 中华人民共和国国家质量监督检验检疫总局. 滑石: GB/T 15341—2012 [S]. 2012.
[83] Biza P. Talc—A modern solution for pitch and stickies control [J]. Paper Technology (1989), 2001, 42 (3): 22-24.
[84] 周永生. 合成堇青石原料的研究及应用 [D]. 西安: 西安建筑科技大学, 2006.
[85] Poppe L J, Paskevich V F, Hathaway J C, et al. A laboratory manual for X-ray powder diffraction [J]. US Geological Survey Open-file Report, 2001, 1 (41): 1-88.
[86] Electrothermal Section of the Electrotechnical Laboratory. Electrically Fused Forsterite-olivine. Ⅰ-Ⅱ [J]. Journal of the American Ceramic Society, 1943, 26 (12): 405-408.
[87] 田鹏杰. 含石棉型滑石矿浮选除杂技术研究 [D]. 沈阳: 东北大学, 2011.
[88] 段祖勤. 海泡石基无机/有机复合颜料的研究 [D]. 湘潭: 湘潭大学, 2016.
[89] Qiu Y, Yu S, Song Y, et al. Investigation of solution chemistry effects on sorption behavior of Sr (Ⅱ) on sepiolite fibers [J]. Journal of Molecular Liquids, 2013, 180: 244-251.
[90] Gilmour C M, Freemantle J, Daly M G. Thermal conductivity of asteroid analogue material [C] //51st Annual Lunar and Planetary Science Conference, 2020 (2326): 2354.
[91] Bouhifd M A, Andrault D, Fiquet G, et al. Thermal expansion of forsterite up to the melting point [J]. Geophysical Research Letters, 1996, 23 (10): 1143-1146.
[92] 田浩然, 徐良旭, 李娜娜, 等. 高压下单晶橄榄石的电导率 [J]. 高压物理学报, 2019, 33 (6): 20-28.
[93] 田利云. 橄榄石含水、铁弹性性质的第一性原理研究 [D]. 大连: 大连理工大学, 2013.
[94] 朱国臣, 马麦宁, 周晓亚, 等. 橄榄石矿物弹性研究进展 [J]. 地球物理学进展, 2013, 28 (1): 89-101.
[95] Veld H, Roskam G D, Van Enk R. Desk study on the feasibility of CO_2 sequestration by mineral carbonation of olivine [R]. TNO Built Environment and Geosciences, 2009.
[96] 郭海珠, 余森. 实用耐火原料手册 [M]. 北京: 中国建材工业出版社, 2000.
[97] 林彬荫, 吴清顺. 耐火矿物原料 [M]. 北京: 冶金工业出版社, 1992.
[98] 李楠, 顾华志, 赵惠忠, 等. 耐火材料学 [M]. 北京: 冶金工业出版社, 2010.
[99] 李红霞. 耐火材料手册 [M]. 北京: 冶金工业出版社, 2009.

13 其他多孔隔热耐火材料

13.1 钙长石多孔隔热耐火材料

13.1.1 Al_2O_3-SiO_2-CaO 三元系

在 Al_2O_3-SiO_2-CaO 三元系相图中（见图 13-1-1 和图 13-1-2），只有两个一致熔融的三元化合物：CAS_2（钙长石，anorthite）和 C_2AS（钙黄长石，gehlenite），钙长石属于长石类矿物。

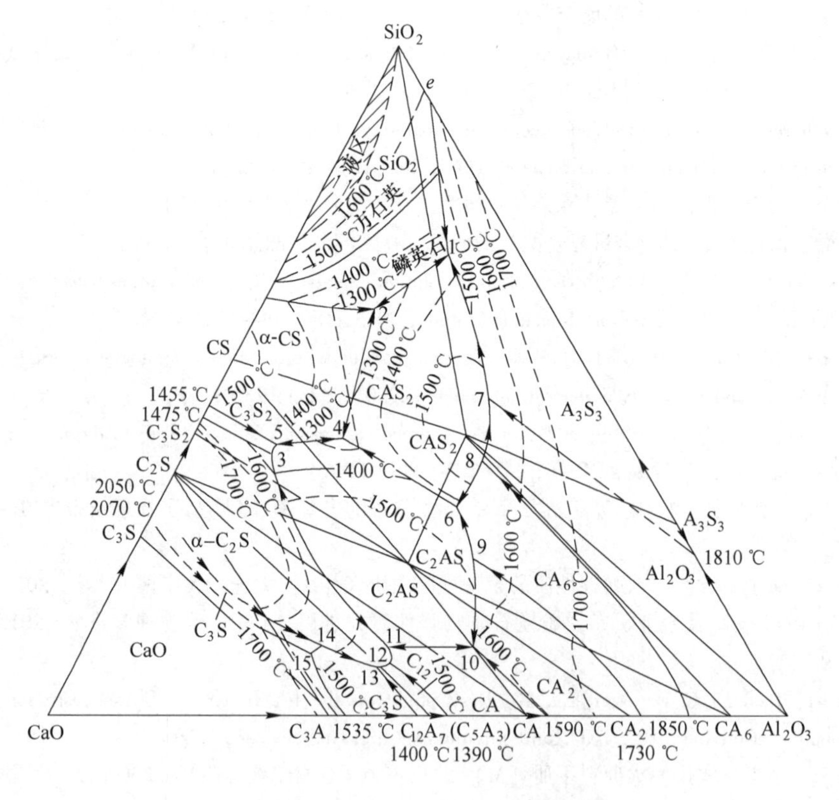

图 13-1-1 CaO-Al_2O_3-SiO_2 系相图

13.1.2 长石

长石（feldspar）是长石族矿物的总称，是地壳中最重要的造岩矿物，占地壳矿物组成的60%左右。长石的一般化学式可用 M[T_4O_8] 表示，其中 M 为 Na、K、Ca、Ba 等，T 主要为 Si、Al 等。一般认为长石为钾长石（K[$AlSi_3O_8$]，Orthoclase 或 Or），钠长石

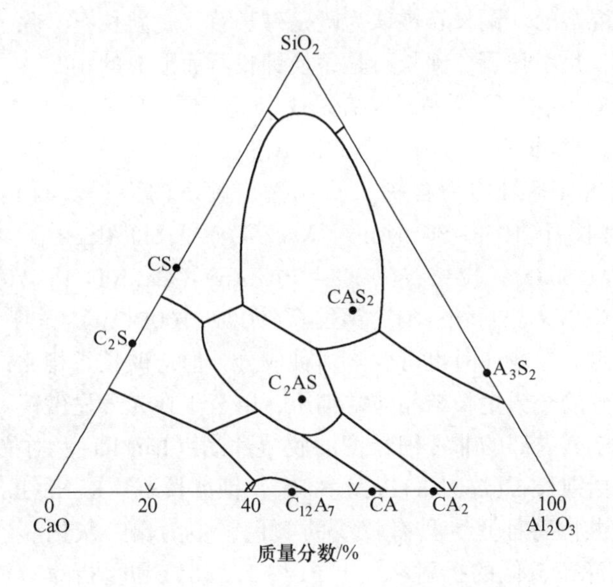

图 13-1-2 $CaO-Al_2O_3-SiO_2$ 系计算相图

（$CS = CaO \cdot SiO_2$，$C_2S = 2CaO \cdot SiO_2$，$CAS_2 = CaO \cdot Al_2O_3 \cdot 2SiO_2$，$C_2AS = 2CaO \cdot Al_2O_3 \cdot SiO_2$，$C_{12}A_7 = 12CaO \cdot 7Al_2O_3$，$CA = CaO \cdot Al_2O_3$，$CA_2 = CaO \cdot 2Al_2O_3$）

（$Na[AlSi_3O_8]$，Albite 或 Ab）、钙长石（$Ca[Al_2Si_2O_8]$，Anorthite 或 An）这三种端元（endmember）矿物彼此混溶形成的不同类质同象系列矿物，如图 13-1-3 所示。

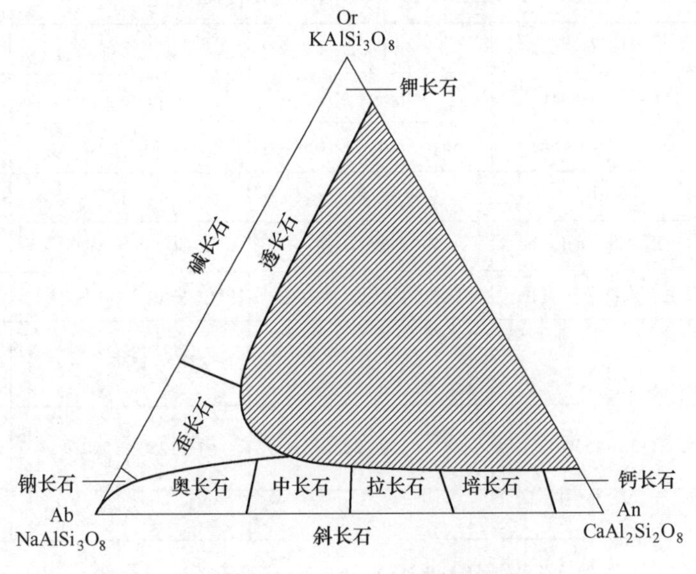

图 13-1-3 Or-Ab-An 固溶相图

钾长石与钠长石可以在高温下混溶，形成的固溶体被称为碱长石。钠长石与钙长石可以任意比例混溶，形成连续固溶体，称为斜长石。钾长石与钙长石仅存在有限的混溶，不形成矿物系列，如图 13-1-3 所示。对于碱长石与斜长石两种固溶体，在地壳内部常见的温度下，两者是难混溶的。钠长石被认为既是碱长石又是斜长石。除了钠长石，钡长石也被认为既是碱长石又是斜长石。钡长石是替换钾长石而形成的。

碱长石系列包括：钾长石(单斜)-$KAlSi_3O_8$，透长石(单斜)-$(K,Na)AlSi_3O_8$，微斜长石(三斜)-$KAlSi_3O_8$，歪长石（三斜）-$(Na,K)AlSi_3O_8$。

斜长石系列包括（括号内为含钙长石比例，剩下的为钠长石）：钠长石（0~10% An)-$NaAlSi_3O_8$，奥长石(10%~30% An)-$(Na,Ca)(Al,Si)AlSi_2O_8$，中长石(30%~50% An)-$NaAlSi_3O_8$-$CaAl_2Si_2O_8$，拉长石(50%~70% An)-$(Ca,Na)Al(Al,Si)Si_2O_8$，培长石(70%~90% An)-$(NaSi,CaAl)AlSi_2O_8$，钙长石(90%~100% An)-$CaAl_2Si_2O_8$。

斜长石的中间组分在冷却时也可脱溶两种成分，但与碱长石相比，脱溶的扩散速度非常慢，最终两种成分的交错生长结晶非常细小，以至于在光学显微镜下也观察不到。拉长石的可见色彩是由于其内部的非常细粒度的脱溶片晶（lamellae）对光的影响。钡长石一族是单斜晶的，包括钡长石(celsian)$BaAl_2Si_2O_8$，钡冰长石（$(K,Na,Ba)(Al,Si)_4O_8$）。

长石族矿物的共同特征是，具有较浅的颜色，多为白、灰白、乳白、肉红、浅绿、浅褐等色，玻璃光泽，较低的折射率（1.514~1.588）和重折率（0.006~0.013），二轴正晶或负晶；小的相对密度（2.5~2.7），中等的硬度（6~6.5）；板状的晶体，有两组平行｛001｝和｛010｝的完全解理，主要长石的物理性质见表13-1-1。长石是在侵入火成岩或喷出火成岩中岩浆的结晶体，形成矿脉，也可存在于多种变质中，具有宝石学意义的长石矿物则主要来自伟晶岩。在低温水热作用或地表环境下，长石常转变为黏土矿物。

表13-1-1 长石的种类及性质

名称	钾长石	钠长石	钙长石	钡长石
英文名称	Orthoclase (Or)	Albite (Ab)	Anorthite (An)	Celsian (Ce)
化学式	$K_2O \cdot Al_2O_3 \cdot 6SiO_2$	$Na_2O \cdot Al_2O_3 \cdot 6SiO_2$	$CaO \cdot Al_2O_3 \cdot 2SiO_2$	$BaO \cdot Al_2O_3 \cdot 2SiO_2$
晶系	单斜	三斜	三斜	单斜
晶体结构式	$K[AlSi_3O_8]$	$Na[AlSi_3O_8]$	$Ca[Al_2Si_2O_8]$	$Ba[Al_2Si_2O_8]$
颜色	白色、浅红色、黄色	白色到灰色，淡蓝色	白色/灰色/淡红色/无色	无色、白色或黄色
始熔温度/℃	1150	1100	1550	1725
熔融范围/℃	1130~1530	1120~1250	1250~1550	—
熔体黏度	大	低	低	—
混熔性	碱长石系列：$KAlSi_3O_8$-$NaAlSi_3O_8$；斜长石系列：$NaAlSi_3O_8$-$CaAl_2Si_2O_8$			
密度/$g \cdot cm^{-3}$	2.55~2.63	2.60~2.65	2.74~2.76	3.10~3.39
莫氏硬度	6.0~6.5	6.0~6.5	6.0~6.5	6.0~6.5

13.1.3 钙长石

13.1.3.1 钙长石的结构

钙长石是属于铝硅酸盐架状结构的硅氧四面体或者铝氧四面体通过共顶方式相连在三维空间内连接成架状结构，由［SiO_4］和［AlO_4］构建基本的骨架结构，因 Al^{3+} 取代 Si^{4+} 会有剩余负电荷，这时一般离子半径大而电荷较低的阳离子如 K^+、Na^+、Ca^{2+}、Ba^{2+} 就填充在架状结构的大空隙中。钙长石中 Ca^{2+} 填充在架状结构的大空隙中，这种结构使得晶体在受热或冷却时变形程度较小，有很好的化学及热稳定性，图 13-1-4 为钙长石的晶体结构示意图。

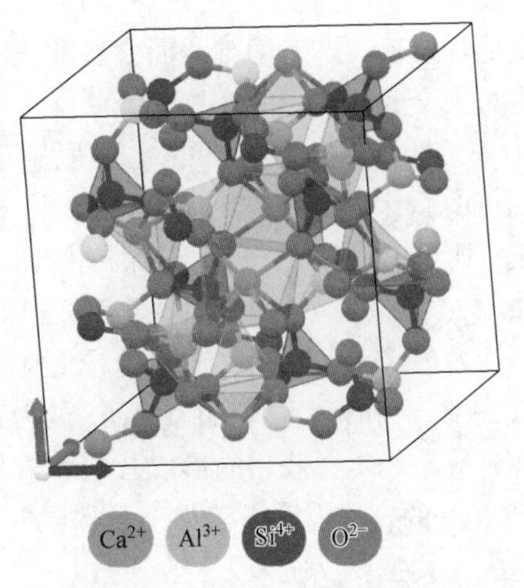

图 13-1-4 钙长石的晶体结构

钙长石（$CaO \cdot Al_2O_3 \cdot 2SiO_2$）具有三种结构型式，且均是由［$AlO_4$］和［$SiO_4$］为基本结构单元、以顶角相连的方式构成有序的网络结构，Ca^{2+} 处于网络间隙。(1) 正交晶型，熔点为1180 ℃，低温下稳定；(2) 六方晶型，熔点为 1300 ℃，中温下稳定；(3) 三斜晶型，熔点为 1550 ℃，高温下稳定。三斜与六方晶型的转变是可逆的，因为六方晶型加热到转变温度会转变为三斜晶型，而高温稳定的三斜晶型冷却到转变温度下又会转变成六方晶型，正交晶型是介稳态。

三斜晶系的钙长石，晶体形貌为板状或者板柱状，在集合体中常为半自形至他形粒状，其晶胞参数为：$a = 8.1768 \times 10^{-10}$ m，$b = 12.8768 \times 10^{-10}$ m，$c = 14.1690 \times 10^{-10}$ m，$\alpha = 93.17°$，$\beta = 115.85°$，$\gamma = 92.22°$，$Z = 8$。

13.1.3.2 钙长石的性能与应用

钙长石的熔点可达 1550 ℃，而钾长石、钠长石则低得多，这是钙长石可以作为中温耐火材料的基础。钙长石具有密度小、导热系数低等特点，理论密度为 2.74～2.76 g/cm³，介电常数为 6.2，线膨胀系数为 4.82×10^{-6} K^{-1}。钙长石室温下导热系数为 3.67 W/(m·K)，低于莫来石的导热系数，使其在轻质耐火材料方面具有更广泛的应用，同时钙长石轻质隔热材料具有抗热震性能好、抗还原性气氛的特点。

与目前研究最广泛的几种氧化物多孔陶瓷（Al_2O_3、ZrO_2、莫来石及钛酸铝等）相比，钙长石有其特殊之处。例如，Al_2O_3 导热系数偏高且密度偏大，不易满足超轻及超低导热系数的要求；莫来石密度及热膨胀系数较小，但导热系数相对偏高；ZrO_2 本身导热系数很低，但密度及热膨胀系数较高，不易满足超轻及良好热稳定性的要求；钛酸铝导热系数较低，但高温下不稳定容易分解，不能满足耐高温的要求。钙长石具有较低的理论密度、较低的导热系数和较小的热膨胀系数，且熔点较高，有望满足超轻、高温隔热要求；钙长石也因具有介电常数小、热膨胀系数低、体积密度小、比强度高、烧结温度低等优点，应用领域正在不断扩大，如电子工业、热交换器工业和生物医学材料等方面。

13.1.4 钙长石基多孔隔热材料

尽管钙长石是自然界分布最广的矿物之一，然而由于钙长石与其他长石如钠长石、钾长石等呈类质同象存在，单一的纯钙长石很少富集成矿。钙长石与其他伴生矿物的物理性质比较接近，选矿困难，而含有杂质的钙长石耐火度受影响，因此工业上采用的钙长石均为人工合成。

工业上合成钙长石的主要原料有含钙和含铝硅化合物，其中钙源主要有 $CaCO_3$、$Ca(OH)_2$、$CaSiO_4 \cdot 2H_2O$ 和硅灰石（$CaSiO_3$）等，铝源和硅源以铝硅系矿物为多，如黏土、矾土、“三石”等，铝源和钙源以铝酸钙水泥为主，纯铝源有 $Al(OH)_3$、工业氧化铝和 α-Al_2O_3 等，单纯硅源主要为石英和无定形 SiO_2。

一般来说，钙长石的合成过程中（以 $CaCO_3$、Al_2O_3 和 SiO_2 为原料），硅灰石（$CaSiO_3$）和钙铝黄长石（C_2AS）为钙长石（CAS_2）生成的中间产物，随着温度的升高会有液相产生，液相的形成及饱和析晶是钙长石形成的主要机制，板状钙长石晶体可以在1400 ℃的合成温度下获得，且保温时间越长，钙长石晶体的析出程度越大，晶粒尺寸也越大。其主要反应如下：

$$CaCO_3 = CaO + CO_2\uparrow \tag{13-1-1}$$

$$CaO + SiO_2 = CaSiO_3 \tag{13-1-2}$$

$$CaSiO_3 + CaO + Al_2O_3 = 2CaO \cdot Al_2O_3 \cdot SiO_2 \tag{13-1-3}$$

$$Ca_2Al_2SiO_7 + Al_2O_3 + 3SiO_2 = 2(CaO \cdot Al_2O_3 \cdot 2SiO_2) \tag{13-1-4}$$

为了降低钙长石多孔隔热耐火材料的原料成本，一般 CaO 源为 $CaCO_3$ 或熟石灰，Al_2O_3 和 SiO_2 源为高岭土，其反应如下：

$$Al_2O_3 \cdot 2SiO_2 \cdot 2H_2O + CaCO_3 \longrightarrow CaO \cdot Al_2O_3 \cdot 2SiO_2 + 2H_2O\uparrow + CO_2\uparrow \tag{13-1-5}$$

由于式（13-1-5）过程中有大量水蒸气和 CO_2 挥发，反应的收缩量可达24.4%，产品容易开裂，因此在合成制备过程中可用煅烧高岭土（$Al_2O_3 \cdot 2SiO_2$）、硅灰石来降低反应收缩，也可添加 α-Al_2O_3 与 SiO_2 生成莫来石产生膨胀或蓝晶石生成莫来石膨胀抵消收缩等，反应如下：

$$Al_2O_3 \cdot 2SiO_2 + CaSiO_3 \longrightarrow CaO \cdot Al_2O_3 \cdot 2SiO_2 + SiO_2 \tag{13-1-6}$$

钙长石轻质多孔隔热材料的主要成孔方法有造孔剂法、泡沫法、原位分解法、凝胶注模法等，成型方法主要有注浆法、浇注法、挤出法、机压法等。钙长石多孔隔热耐火材料早期由美国、日本和法国等公司生产开发，CaO 含量（质量分数）在 11%~16%的体积密度一般小于0.5 g/cm^3，导热系数为 0.12~0.2 W/(m·K)，常温耐压强度为 1.0~2.0 MPa，使用温度为1100~1260 ℃，表 13-1-2 为摩根公司生产的JM23 系钙长石多孔隔热砖的典型理化指标。为了得到更轻的体积密度和更低的导热系数，工业上一般采用浇注法来成型钙长石隔热耐火砖。

表 13-1-2 摩根公司钙长石隔热耐火砖（JM23）的理化指标

<table>
<tr><td colspan="7">分类温度/℃</td></tr>
<tr><td colspan="7">1260</td></tr>
<tr><td colspan="7">常 温 性 能</td></tr>
<tr><td colspan="3">密度/g · m^{-3}</td><td colspan="2">耐压强度/MPa</td><td colspan="2">抗折强度/MPa</td></tr>
<tr><td colspan="3">0.480</td><td colspan="2">1.2</td><td colspan="2">1.0</td></tr>
<tr><td colspan="7">高 温 性 能</td></tr>
<tr><td colspan="3">加热永久线变化（1230 ℃×24 h，ASTM C210）/%</td><td colspan="2">蠕变率（90 min 后变形量，ASTM C16，1100 ℃，0.034 MPa 压力）/%</td><td colspan="2">可逆线性热膨胀率（最大值）/%</td></tr>
<tr><td colspan="3">-0.2</td><td colspan="2">0.1</td><td colspan="2">0.5</td></tr>
<tr><td colspan="7">导热系数（平均温度，ASTM C182）/W · (m · K)$^{-1}$</td></tr>
<tr><td colspan="2">400 ℃</td><td colspan="2">600 ℃</td><td colspan="2">800 ℃</td><td>1000 ℃</td></tr>
<tr><td colspan="2">0.12</td><td colspan="2">0.14</td><td colspan="2">0.17</td><td>0.19</td></tr>
<tr><td colspan="7">化学成分（质量分数）/%</td></tr>
<tr><td>Al_2O_3</td><td>SiO_2</td><td>Fe_2O_3</td><td>TiO_2</td><td>CaO</td><td>MgO</td><td>K_2O+Na_2O</td></tr>
<tr><td>37.0</td><td>44.4</td><td>0.7</td><td>1.2</td><td>15.2</td><td>0.3</td><td>1.1</td></tr>
</table>

除了钙长石多孔隔热耐火材料，近年来对钙长石复合多孔隔热材料的研究也比较多。由于钙长石（CAS_2）属于 Al_2O_3-SiO_2-CaO 三元系，SiO_2-CaO 二元系中硅酸钙容易水化且存在晶形转变，不太适合复合钙长石多孔隔热耐火材料，所以复合得比较多的是 Al_2O_3-SiO_2 系中的莫来石和 Al_2O_3-CaO 系的 CA_6，即莫来石/钙长石、六铝酸钙/钙长石复合多孔隔热材料。

13.2 蛭石多孔隔热耐火材料

13.2.1 蛭石及膨胀蛭石

蛭石（vermiculite）是一种复杂的镁、铁含水铝硅酸盐，具有 2 : 1 型（TOT 型）三八面体的层状矿物（见图 13-2-1），蛭石矿物是与蒙脱石和云母相似的含水层状硅酸矿物，主要由 Si、Al、Mg、Fe 等元素组成，通常是由黑云母、金云母或绿泥石在低温热液、地下水淋滤作用或风化作用下蚀变而成。

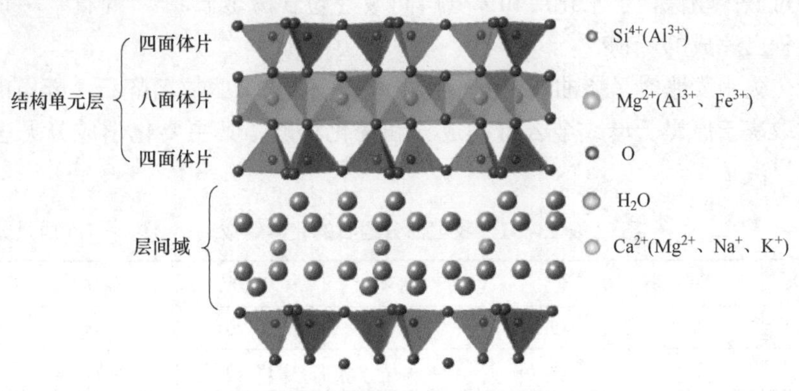

图 13-2-1 蛭石的矿物晶体结构

蛭石是一种天然存在于水云母群中的矿物，在自然条件下，它通过镁质和镁铁云母（黑云母和金云母）的水化作用和其他次生转变形成，其结构式有两种形式，分别为 $22MgO \cdot 5Al_2O_3 \cdot Fe_2O_3 \cdot 22SiO_2 \cdot 4H_2O$ 或 $4.5H_2O \cdot MgO_{0.3\sim0.4}(Al_2Si_6)(Mg,Fe,Al)_6O_{20}(OH)_4$。图 13-2-2 为金云母、黑云母和蛭石的结构示意图。金云母由两层硅氧四面体单元和由羟基、镁离子组成的一层结合而形成紧密的云母包。当 Si^{4+} 被 Al^{3+} 取代后，每个云母包出现一个多余的负电荷，由夹在相邻云母包之间的两个 K^+ 中和。

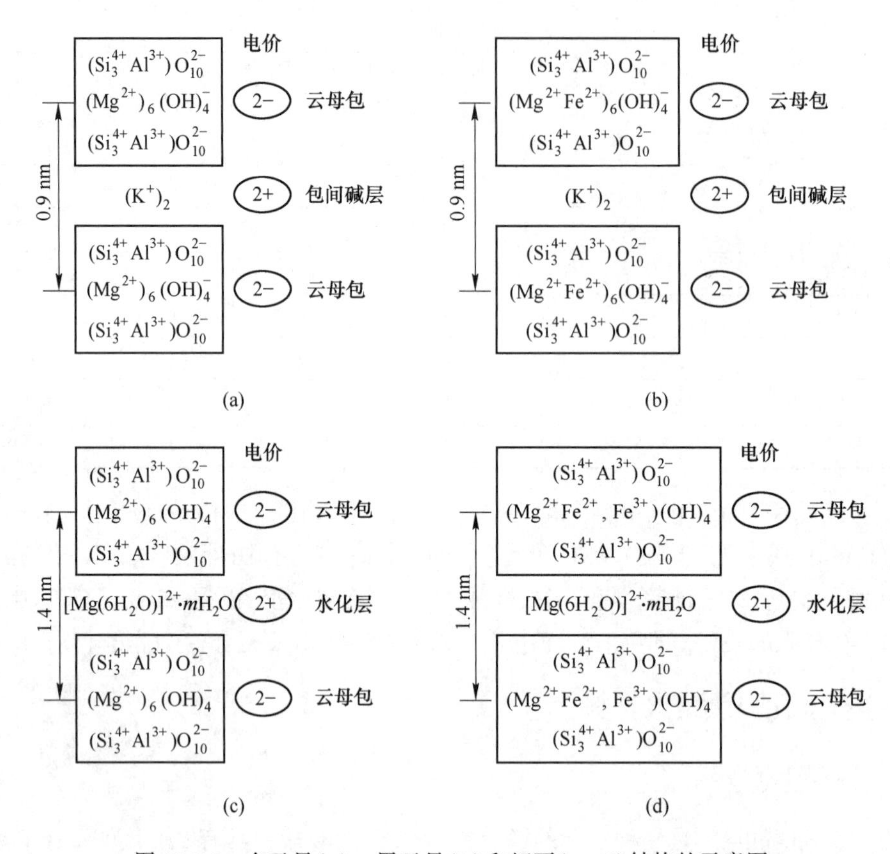

图 13-2-2　金云母(a)、黑云母(b)和蛭石(c，d)结构的示意图

黑云母和金云母转化为蛭石是一个渐进的过程，涉及一系列处于不同转化阶段的过渡产物。这些过渡产物保留了水化层和部分层间域（包含碱金属），“蛭石”一词是指云母矿物水化过程已完成的产物。

因其受热失水膨胀时呈挠曲状，形似水蛭（俗称蚂蟥），故名蛭石。蛭石的化学成分波动较大，取决于原黑云母或金云母的成分和变化程度，其主要化学成分见表 13-2-1 和表 13-2-2。

表 13-2-1　我国部分蛭石的化学组成　　（质量分数，%）

矿　物	SiO_2	Al_2O_3	Fe_2O_3	MgO	CaO	灼减
河南灵宝	38.76	15.24	13.73	20.26	3.44	5~11
河北灵寿	42.22	12.76	4.67	17.20	9.71	11.51

续表 13-2-1

矿 物	SiO_2	Al_2O_3	Fe_2O_3	MgO	CaO	灼减
新疆尉犁	41.20	12.68	4.06	24.22	0.96	12.15
蛭石（中国）	37~43	9~17	5~24	11~23	—	0.5~9

表 13-2-2 金云母、黑云母和蛭石的化学组成 （质量分数,%）

矿 物	SiO_2	Al_2O_3	Fe_2O_3	FeO	MgO	K_2O	H_2O
金云母	37.8~45.0	10.8~17.0	—	—	21.4~29.4	7.0~10.0	0.3~5.4
黑云母	32.8~44.9	9.4~31.7	0.13~20.6	2.7~27.6	0.3~28.3	6.2~11.4	0.9~4.6
蛭石	37.0~42.0	10.0~13.0	5.0~17.0	1.0~3.0	12.0~14.0	—	8.0~18.0

全球的蛭石主要在南非的帕拉博拉矿（Palabora)、中国新疆的尉犁县且干布拉克矿、俄罗斯的科夫多尔矿（Kovdorsky)、美国蒙大拿州利比矿（Libby)、澳大利亚和津巴布韦等地。我国蛭石矿主要分布在新疆尉犁、河北灵寿、陕西潼关、江苏东海、河南灵宝等地，其中以新疆尉犁和河北灵寿两地开采较多。

工业上的蛭石，一般也称“间层蛭石”，是指一类由蛭石矿物与金云母、黑云母或绿泥石组成的间层矿物，这种间层矿物既不是严格矿物学意义上的蛭石，也不是金云母或黑云母，而是这两类矿物晶层的组合。间层蛭石因含有蛭石矿物晶层，在许多方面的性质与蛭石矿物相似，如受热膨胀性等。工业上将这类加热时能产生剧烈体积膨胀的“间层蛭石”层状硅酸盐矿物也称为“蛭石”或“工业蛭石”。

蛭石颜色为金黄色、黄色、褐色，油脂或珍珠光泽，如图 13-2-3 所示。蛭石具有片状晶形，{001} 面完全解理，但完全程度远逊于云母，其光泽、硬度均较黑云母弱。其物理性质见表13-2-3。

图 13-2-3 蛭石

表 13-2-3 蛭石的主要物理性质

项　目	指　标	项　目	指　标
外观	片状、鳞片状、鳞片无弹性	晶系	单斜
颜色与光泽	金黄、褐（珍珠光泽）、褐绿（油脂光泽）、暗绿（无光泽）、黑色（表面暗淡）及杂色（多种光泽）	耐压强度/MPa	100~150
		松装密度/g·cm^{-3}	1.1~1.2
密度/g·cm^{-3}	2.2~2.8	pH 值	7~8
莫氏硬度	1.0~1.5	加热性质	加热时体积膨胀
熔点/℃	1300~1370	耐腐蚀性	耐碱不耐酸
折射率	1.525~1.561		

蛭石具有特殊的结构和丰富的表面基团使其具有优异的表面活性，如荷电性、表面酸性和表面极性。蛭石通过酸活化、热活化和有机改性（插层）的结构调控后，其微结构发生变化，衍生出优异的表面性质和物理化学性能，例如大比表面积、低体积密度、强的表面酸性和疏水性等。这些性能的增加提高了蛭石的应用，使其从传统的建筑和农业等领域拓展到了能源、聚合物纳米材料和环境等领域。目前，对蛭石的改性通常采用热处理、酸处理和有机改性（插层）等方法对蛭石结构进行调控，本节主要对蛭石的膨胀性作一些叙述。

工业上使用的是膨胀后的蛭石，一般来说膨胀蛭石的制备方法有两种，即物理法和化学法。物理法制备膨胀蛭石利用了蛭石在被灼烧时会产生膨胀的性质，得到的产物称为热膨胀蛭石（thermal expanded vermiculite，简称 TEV）；化学法利用蛭石在化学药剂作用下产生膨胀的性质对蛭石进行改性，称为化学膨胀蛭石（chemical expanded vermiculite，简称 CEV）。不同的膨胀方法对同一蛭石的膨胀性能也有影响，相同大小的蛭石，其膨胀蛭石的导热系数分别排序：一般加热法>微波加热法>插层法>插层+微波加热法，见表 13-2-4。

表 13-2-4 不同膨胀方法所得到膨胀蛭石的导热系数

片径/mm	导热系数/W·(m·K)$^{-1}$			
	一般加热法	微波加热法	插层法	插层+微波加热法
0.3~1	0.115	0.112	0.087	0.090
1~2	—	0.092	—	0.054
2~4	0.096	0.089	0.076	0.063
4~8	0.091	0.085	0.074	0.061

加热膨胀法是蛭石成膨胀蛭石最早最为广泛的一种方法，蛭石经烘干、破碎、焙烧（650~950 ℃），体积膨胀 8~30 倍，此时片层被一个个薄薄的气孔隔开并剥离成“手风琴”状（见图 13-2-4），形成多孔、低体积密度、低导热系数的膨胀蛭石，其外观如图 13-2-5 所示，不同颜色是因为蛭石所含的其他杂质元素不一样所致。

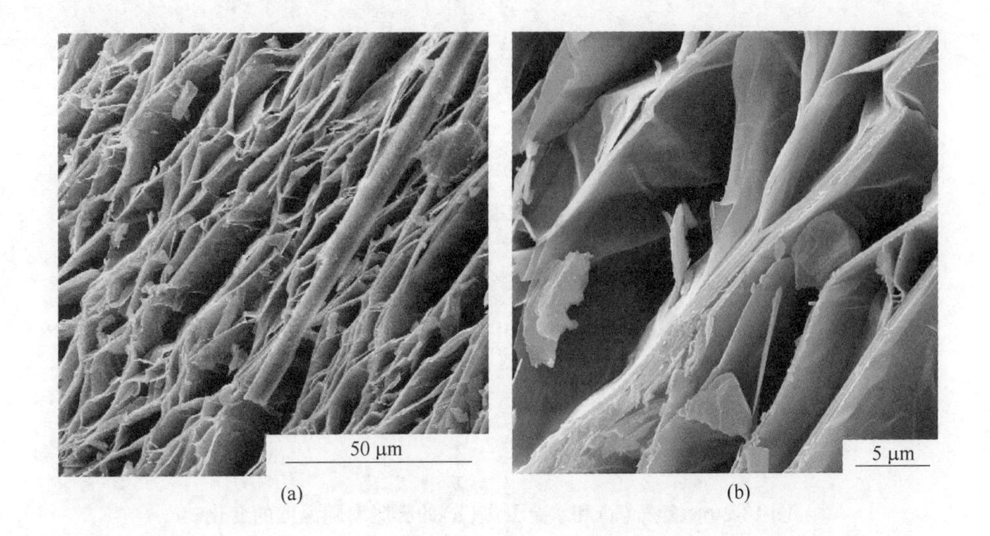

(a)　(b)

图 13-2-4　膨胀蛭石的显微结构

（a）SEM 照片；（b）放大的 SEM 照片

(a)　(b)　(c)　(d)

图 13-2-5　膨胀蛭石的外观

（天然矿物不同产地具有不同的颜色和形态，即使是同一产物，也有不同的颜色和形态）

膨胀蛭石的体积密度主要取决于蛭石的品质、颗粒大小和加热工艺（加热温度、加热速率、加热时间、冷却速率等），膨胀蛭石的体积密度随着颗粒粒径减少而增大；一般来说加热速率增加，蛭石的膨胀率增大，如图 13-2-6 所示。膨胀蛭石的导热系数与体积密度和颗粒粒径均成反比，如图 13-2-7 和图 13-2-8 所示，温度越高、颗粒越大，膨胀蛭石的脆性越大，如图 13-2-9 所示。膨胀蛭石的主要物理性质见表 13-2-5。

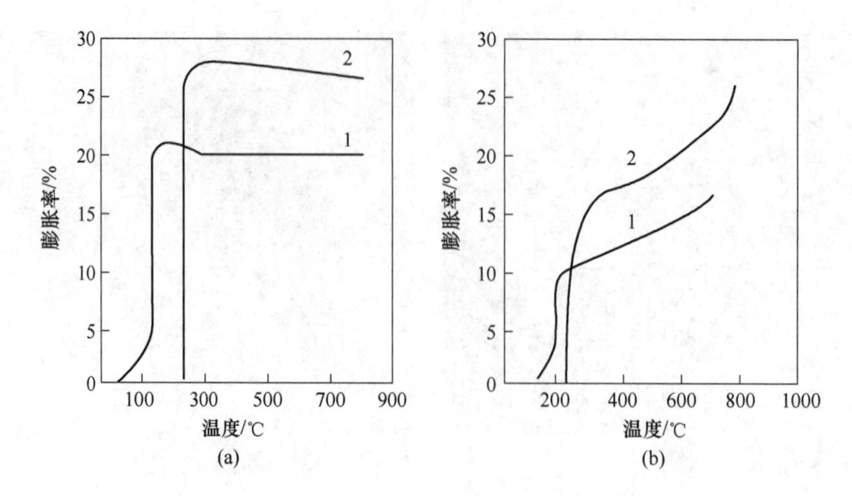

图 13-2-6　蛭石(a)和水金云母(b)的膨胀率随温度的变化

1—加热速率为 50 K/min；2—加热速率为 100 K/min

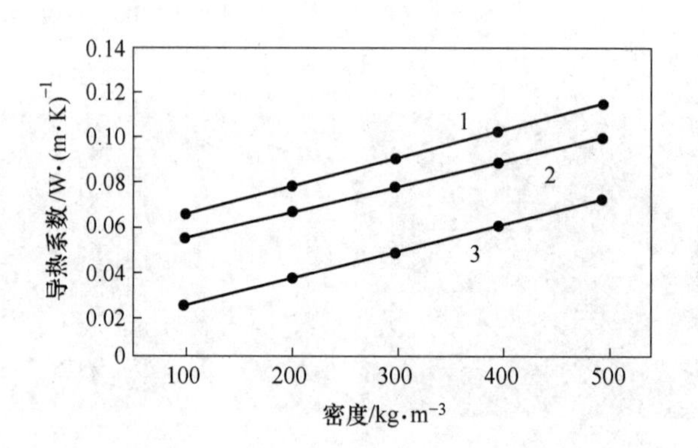

图 13-2-7　蛭石的导热系数与密度的函数关系

(1~3 分别为不同的三种蛭石矿)

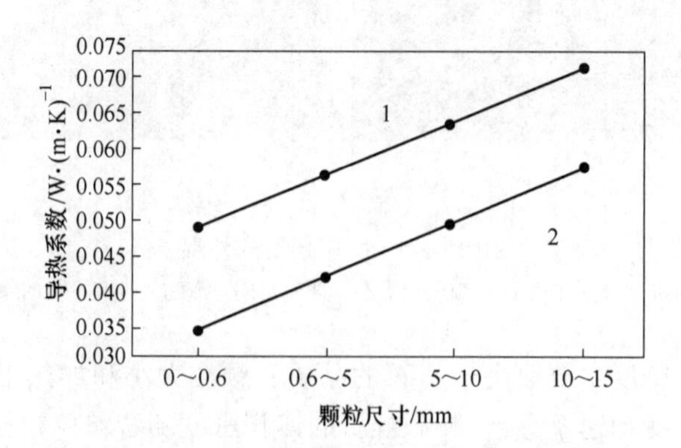

图 13-2-8　蛭石导热系数与颗粒尺寸的关系

(1、2 分别为不同的蛭石矿)

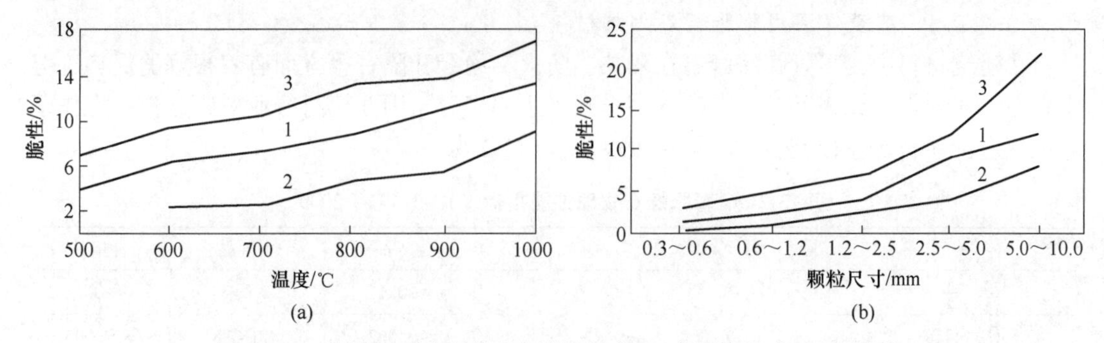

图 13-2-9　膨胀蛭石变形能力与膨胀温度(a)和颗粒尺寸(b)的关系
(1~3 为不同的蛭石矿)

表 13-2-5　膨胀蛭石的主要物理性质

项　目	指　标	项　目	指　标
体积密度/g·cm^{-3}	0.06~0.30	熔点/℃	1240~1430
比表面/m^2·g^{-1}	3.965±0.0112 (BET)	极限温度/℃	-260~1000
孔容/cm^3·g^{-1}	0.017253	安全使用温度/℃	<900
孔径/nm	133.638 (BET)	导热系数/W·(m·K)$^{-1}$	0.05~0.09 (25 ℃)
孔隙率/%	79.97	吸湿性/%	≤3% (98%湿度下)
耐压强度/kPa	约 50	吸声系数	0.7~0.8 (1 kHz 频率)

13.2.2　膨胀蛭石多孔隔热材料

蛭石通过酸活化、热活化和有机改性的结构调控后，微结构发生变化，衍生出优异的表面性质和物理化学性能。蛭石主要应用于：

(1) 储热材料。蛭石或经过热处理获得的膨胀蛭石具有丰富的多级孔道，其空间可以装载一定量的相变材料制备成蛭石基复合相变储热材料。

(2) 环境材料。蛭石及改性后复合功能材料利用其层间的水分子和阳离子与污染环境中的重金属离子进行交换，从而进行重金属土壤修复等。

(3) 催化材料。把催化剂负载于多孔蛭石中，可以增加催化剂与反应物的接触面积，增大化学反应速率。

(4) 隔热材料。多孔、低密度、低导热的膨胀蛭石，具有良好的保温性能，与其他材料混合加工后可制备出性能更优异的隔热保温材料，蛭石保温材料广泛应用于建筑、冶金、化工等领域。

(5) 隔声材料。膨胀蛭石具有较好的吸声性能，声波在蛭石中传播时，声波在蛭石的不同层间多次反射、透射而使能量衰减。

在这些应用领域中，膨胀蛭石在建筑材料中的应用份额至少要占到 50%以上，而且主要应用于保温材料。

目前膨胀蛭石多用于中低温（<1000 ℃），在此使用环境下能取得较好的隔热效果；但在温度相对较高、使用环境更为恶劣高温行业，应用较少。

13.2.2.1 建筑保温用膨胀蛭石隔热材料

在建筑材料中，尽管膨胀蛭石在隔热、防火、绝缘和隔音等方面有着很好的优势，但也存在一些缺点，如强度低、孔隙率高导致吸水率高等。因此建材行业对膨胀蛭石也作了标准规定，建材行业标准 JC/T 441—2009 见表 13-2-6。

表 13-2-6 膨胀蛭石物理性能指标（JC/T 441—2009）

项　目	优等品	一等品	合格品
密度/g·cm^{-3}	≤0.1	≤0.2	≤0.3
导热系数（平均温度 25 ℃±5 ℃）/W·(m·K)$^{-1}$	≤0.062	≤0.078	≤0.095
含水率/%	≤3	≤3	≤3

国内外对于膨胀蛭石的研究主要集中在两方面：（1）直接将膨胀蛭石颗粒作为填料，制作保温砂浆、绝热涂层；（2）以膨胀蛭石为主要轻质骨料（light-weight aggregate），外加各种黏结材料（水泥、水玻璃、石膏、磷酸盐等），制备各种隔热板材或者隔热砖。以水泥结合膨胀蛭石为例，其物理性能见表 13-2-7，即建材标准 JC/T 442—2009 所规定，但水玻璃膨胀蛭石制品和沥青膨胀蛭石制品的各项物理性能指标没有规定。

表 13-2-7 水泥膨胀蛭石制品的物理性能（JC/T 442—2009）

项　目	优等品	一等品	合格品
抗压强度/MPa	≥0.4	≥0.4	≥0.4
密度/kg·m^{-3}	≤350	≤480	≤550
含水率/%	≤4	≤5	≤6
导热系数（平均温度 25 ℃±5 ℃）/W·(m·K)$^{-1}$	≤0.090	≤0.112	≤0.142

13.2.2.2 膨胀蛭石多孔隔热耐火材料

膨胀蛭石多孔隔热耐火材料，即蛭石隔热耐火材料，主要是以蛭石轻质骨料，掺和一定量的耐火骨料，以耐火级黏土等为结合剂，经混合、成型、干燥和烧成等工艺制备出来的隔热耐火材料。其成孔方法多为多孔材料法，和硅藻土、珍珠岩、漂珠隔热耐火材料生产方式类似。但是，生产工艺上也需要注意以下几点：

（1）膨胀蛭石的选择。蛭石是天然矿物，伴生许多矿物，成分的复杂性会影响其高温性能，一般来说熔点越高，耐火性能就越高。配料组成的成分影响着高温性能：增加膨胀性蛭石含量时往往会导致材料熔点下降，高温强度下降，并且在使用时引起制品的收缩；增加耐火结合剂和骨料的含量时，会提高熔体的熔点，提高制品的高温强度，并可防止制品在使用时出现收缩。

（2）膨胀蛭石的低强度。和膨胀珍珠岩一样，膨胀蛭石强度低，成型过程中容易碎，因此需要注意在混合和成型工艺过程中膨胀蛭石的破碎问题，同时也要考虑在成型过程中膨胀蛭石的弹性后效问题。

（3）膨胀蛭石的高吸水率。膨胀蛭石的吸水率可高达 200%，有的甚至达到 700%，有的生产工艺在配料中先将干粉混合均匀，然后用液体结合剂湿润，并加以混合直至形成塑性物料，制备好的塑性物料在挤泥机中预成型，最后再在压砖机中压制成制品。由于生坯中水分含量大，干燥过程中要低温长时间烘烤，以免干燥速度过快、温度过高致使坯体开裂。

蛭石中的“鳞片”方向混乱（与图13-2-4中类似的鳞片），导致不规则的多孔蛭石颗粒的大量热流具有反射能力；这样，材料中不仅存在大量导热系数低的微孔蛭石颗粒，而且其表面还具有反射能力（蛭石颗粒的表面可使热辐射受到反射），因此蛭石隔热耐火材料有着较低的导热系数。

多数的蛭石隔热耐火材料的体积密度为0.4~1.0 g/cm^3，常温耐压强度0.8~1.8 MPa，常温抗折0.49~0.56 MPa，荷重软化开始温度1000~1150 ℃（0.05 MPa），1150 ℃×12 h永久线收缩率小于2%，350 ℃导热系数为0.09~0.16 W/(m·K)，使用温度低于1000 ℃，典型的膨胀蛭石多孔隔热耐火材料理化指标见表13-2-8。

表13-2-8 典型膨胀蛭石多孔隔热耐火材料的理化指标

牌号		RUS-440	RUS-620	RUS-860	RUS-1000
体积密度/g·cm^{-3}		0.42~0.50	0.60~0.64	0.85~0.90	1.00~1.10
耐压强度/MPa		0.9~1.0	1.0~1.4	1.4~1.7	2.0~2.4
开口气孔率/%		80~82	75~78	65~68	62~65
永久线变化（1150 ℃×12 h）/%		−1.4~−1.5	−1.2~−1.4	−1.1~−1.3	−1.0~−1.2
荷重软化开始点（0.05 MPa）/℃		1109	1119	1135	1140
线膨胀系数（20~900 ℃）/℃$^{-1}$		9.33×10^{-6}	9.03×10^{-6}	9.24×10^{-6}	9.35×10^{-6}
导热系数（热线法）/W·(m·K)$^{-1}$	平均温度200 ℃	0.090	0.120	0.183	0.230
	平均温度380 ℃	0.120	0.139	0.194	0.250
抗热震性（1000 ℃，空气冷却）/次		>100	>100	>100	>100

蛭石隔热耐火材料应用广泛，例如在电解槽基底隔热层中使用，可有效降低阳极和阴极的热损失；在烧成黏土砖用隧道窑车的下部数层砌体内采用蛭石隔热制品，可使热损失下降70%，延长了窑车使用寿命等。尽管蛭石隔热耐火材料应用广泛，但也因其来自天然矿物，存在杂质成分高、质量容易波动等问题而使其应用受限，加上可替代的硅酸铝纤维隔热制品的兴起，蛭石隔热耐火材料的使用逐渐在减少。

13.2.2.3 改性膨胀蛭石复合隔热材料

膨胀蛭石具有“鳞片”状的片层结构（见图13-2-4），片层间的孔隙较大，导致高温时对流传热加剧，会影响材料的高温隔热性能，同时较大的片层孔隙，也不利于膨胀蛭石的支撑结构。因此采用Al_2O_3凝胶在膨胀蛭石片层结构中进行复合，减小膨胀蛭石复合材料的结构孔隙，即微孔化，同时也提高其强度和高温隔热性能。

图13-2-10和图13-2-11为改性的膨胀蛭石在900 ℃和1000 ℃高温处理后的SEM图，由图可见，Al_2O_3凝胶在经过高温处理后依然保持完整的纳米孔结构，没有出现结构的收缩破坏。这主要是因为Al_2O_3改性的膨胀蛭石在900 ℃煅烧后，其中的Al_2O_3凝胶结构骨架还是由球形的Al_2O_3颗粒相互聚结而成，但有部分已经从体型分枝结构向线型分枝结构开始转化。当煅烧温度为1000 ℃时，Al_2O_3凝胶的结构骨架基本由线型分枝结构Al_2O_3颗粒构成，且Al_2O_3颗粒为片叶状结构。由于线型分枝结构构成的孔径尺寸较大，Al_2O_3凝胶的孔径分布变得不均匀，这种结构有利于减少Al_2O_3颗粒之间的接触面积，降低Al_2O_3的扩散，从而有效地阻止高温烧结，增强了Al_2O_3凝胶的高温热稳定性。

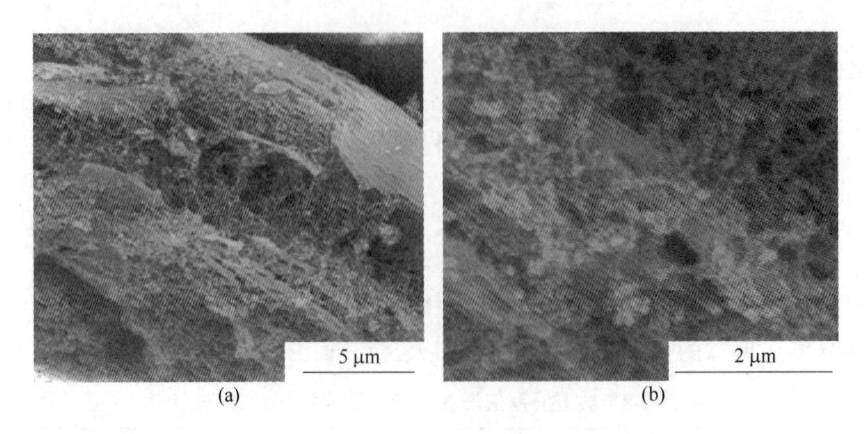

(a)　(b)

图 13-2-10　Al_2O_3 凝胶原位改性的膨胀蛭石（900 ℃×4 h）

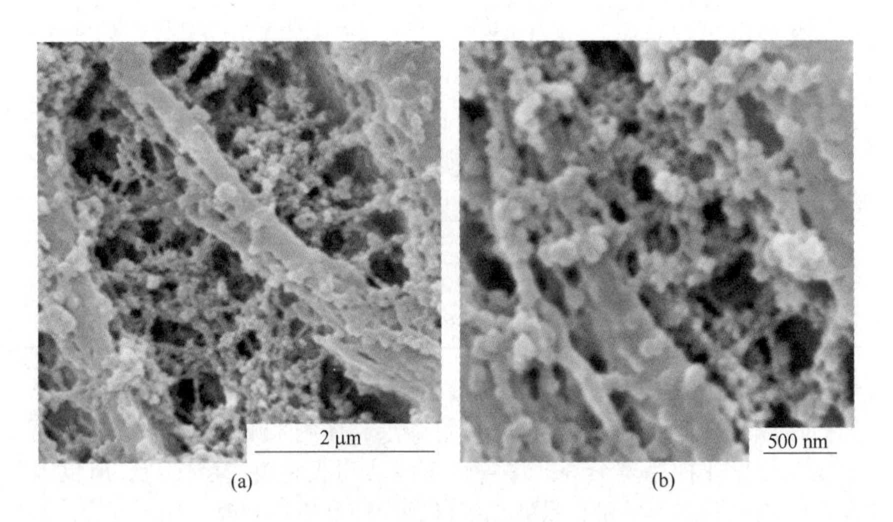

(a)　(b)

图 13-2-11　Al_2O_3 凝胶原位改性的膨胀蛭石（1000 ℃×4 h）

将改性膨胀蛭石与未改性膨胀蛭石加入蛭石/镁橄榄石复合隔热材料中对比发现，改性膨胀蛭石加入量越大，复合材料的强度越高。当改性膨胀蛭石加入量为 50%，复合材料常温抗折强度为 11. 6 MPa、常温耐压强度为 22. 8 MPa；与未加改性膨胀蛭石的复合材料相比，抗折强度增加 24%、耐压强度提升 45%，如图 13-2-12 所示。

相比较普通膨胀蛭石，改性膨胀蛭石不仅能提高蛭石复合隔热材料的强度，而且还能进一步降低复合材料的导热系数，如图 13-2-13 所示。加入改性膨胀蛭石为 50%时，蛭石/镁橄榄石复合隔热材料不同温度下的导热系数均比未加改性膨胀蛭石复合材料的降低了 20%～45%。其原因为，复合材料中的膨胀蛭石经改性后，形成具有微孔化的骨架结构（见图 13-2-14），Al_2O_3 凝胶骨架由近球形的 Al_2O_3 颗粒相互聚结而成，粒度均匀，平均粒径约为 40 nm，经 1000 ℃×4 h 后纳米粒子嵌入膨胀蛭石层间，微孔化膨胀蛭石不仅提高了强度，而且还降低了导热系数。表 13-2-9 为改性膨胀蛭石复合多孔隔热材料与 Pyroteck 公司同类产品的性能比较。

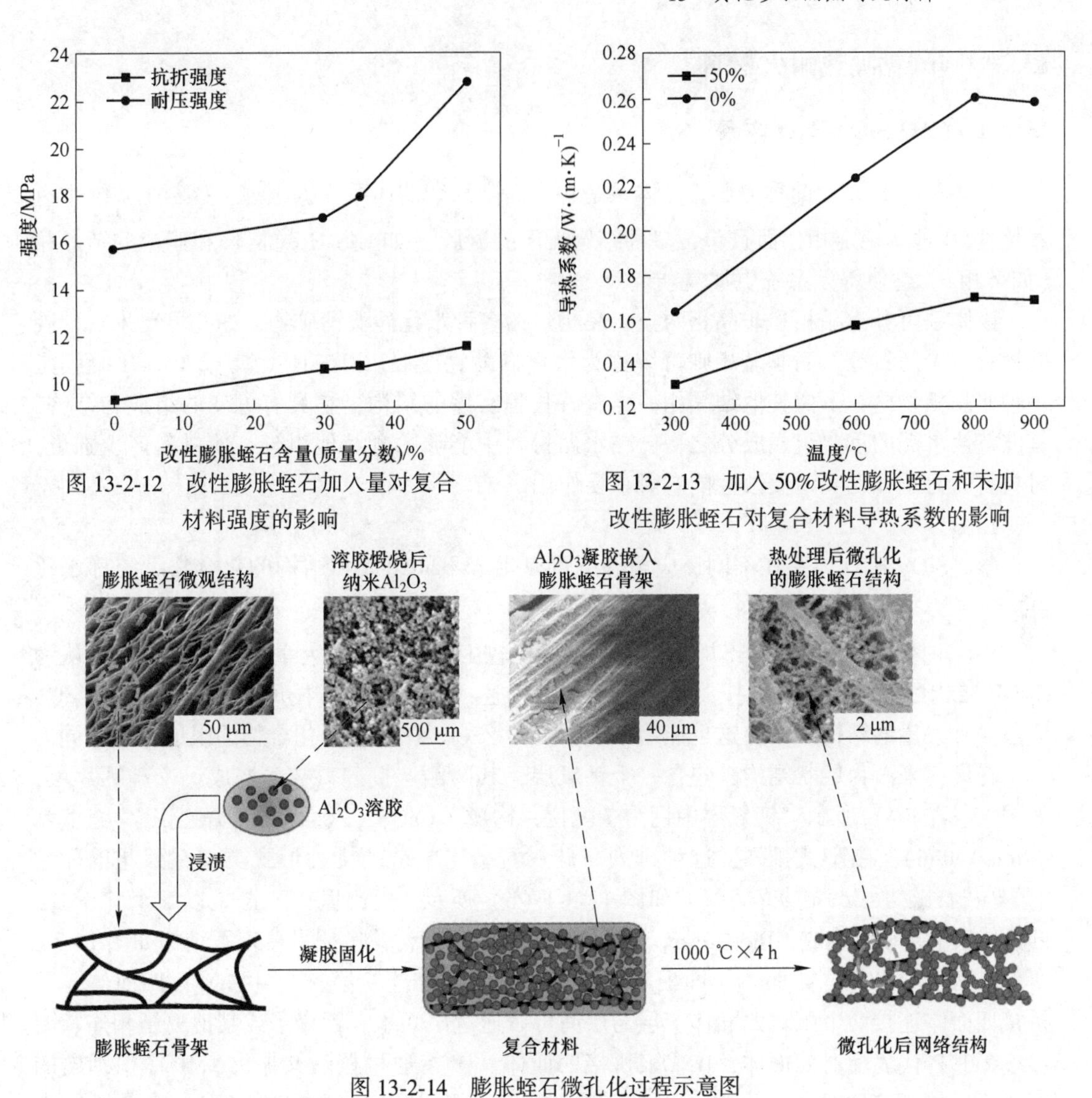

图 13-2-12 改性膨胀蛭石加入量对复合材料强度的影响

图 13-2-13 加入 50%改性膨胀蛭石和未加改性膨胀蛭石对复合材料导热系数的影响

图 13-2-14 膨胀蛭石微孔化过程示意图

表 13-2-9 改性膨胀蛭石复合多孔隔热材料与 Pyroteck 公司同类产品的性能比较

指标		项目产品	Pyroteck ISOMAG 70 XCO
体积密度/g·cm^{-3}		1.2	1.2
显气孔率/%		47.1	53.5
导热系数/W·(m·K)$^{-1}$	300 ℃	0.13	0.24（315 ℃）
	600 ℃	0.157	0.31
	800 ℃	0.169	—
抗折强度/MPa		11.55	13.1
耐压强度/MPa		22.8	15.1
1000 ℃永久线变化/%		−1.8	−1.64（ASTM C113）

注：Pyroteck 公司导热系数采用标准为 BS 1902 sec. 5. 5：1991，而本项目产品的导热系数采用 YB/T 4130—2005。

13.3 硅酸钙隔热耐火材料

13.3.1 $CaO-SiO_2-H_2O$ 体系

$CaO-SiO_2-H_2O$（简称 C-S-H）体系是一个高度复杂的体系。据报道，C-S-H 系统中有着超过 30 种的稳定相，而且包含多种结构无序的凝胶（如 C-S-H 凝胶）和亚稳的结晶相（如 Z 相），这使得该系统更加复杂。

该体系可分为晶相和非晶相两类，晶相包括多种水化硅酸钙矿物，如托贝莫来石、硬硅钙石、尖乃石等，而非晶相则可统称为水化硅酸钙凝胶（C-S-H 凝胶）。C-S-H 凝胶是一种非晶相物质，不像其他结晶相一样有着长程有序的结构，它具有可变的组成和结构，是波特兰水泥的重要组成成分之一。在水泥材料中能够黏合其他组分，使材料产生强度，对材料的力学强度和耐侵蚀性能有着重要作用。

13.3.1.1 C-S-H 结构

$CaO-SiO_2-H_2O$ 体系在不同反应条件下可以生成不同组成和结构的化合物，统称水化硅酸钙，表示为 C-S-H，“-”表示没有特定成分。

C-S-H 体系的复杂性使得详细描述其结构比较困难，但经过大量研究，现在普遍认为 C-S-H 结构可以用一种缺陷托贝莫来石结构来描述；这种结构与托贝莫来石的结构类似，但包含有大量的结构缺陷，这也能用来解释为什么 C-S-H 体系中化合物的组成各不相同。

托贝莫来石为层状结构，包含一个钙氧层，其两侧连接硅氧链，构成一个硅钙片层，如图 13-3-1（a）所示。钙氧层中钙为 7 配位，构成［CaO_7］八面体，硅氧链以“德里克（dreierketten）”链形式排列，这种排列与硅灰石结构中链的排列形式类似，因此也称为“类硅灰石链”或“硅灰石链”，如图 13-3-1（b）所示。“德里克”链是以三个［SiO_4］四面体为重复单元构成，Richardson 对该结构进行了详细讨论。托贝莫来石结构如图 13-3-2 所示：两个［SiO_4］四面体，即配对四面体与钙氧层相连，第三个［SiO_4］四面体，即桥接四面体连接两个配对四面体，层与层间可以通过层间水、钙离子或其他离子相连。图 13-3-2 中 P 代表配对四面体，B 代表桥接四面体。Q^n 指通过核磁共振（NMR）识别出的 Si 原子所处环境位置，Q^1 指 Si 原子处于链的末端（仅连接 1 个相邻四面体），Q^2 为链中间（连接 2 个相邻四面体），Q^{2P} 是连接两个［SiO_4］四面体的配对位置，Q^{2b} 指连接两个［SiO_4］四面体的桥接位。不同硅钙片层之间含有大量钙（或其他）离子和水分子，并通过这些离子和分子相连。

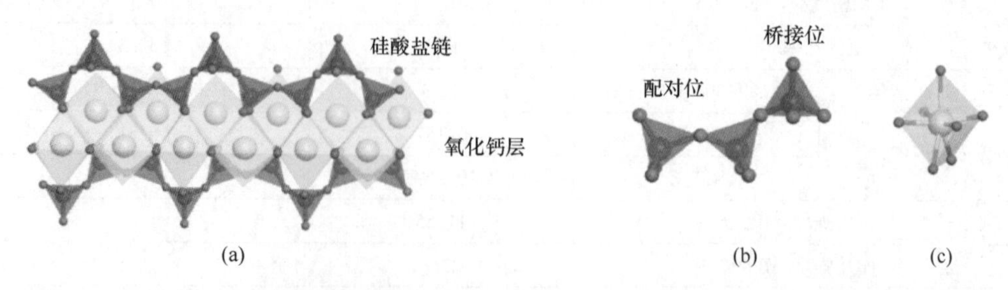

图 13-3-1 缺陷托贝莫来石结构硅钙片层(a)、“德里克”链(b)和[CaO_7]八面体(c)示意图

13.3.1.2 C-S-H 合成方法

硅酸盐水泥体系中 C-S-H 通常和其他水化产物，如铝酸钙（$C_{12}A_7$、CA、CA_2 等）、铁铝酸钙、氢氧化钙等混合在一起，很难通过表征手段得到 C-S-H 中单个物相的准确信息。因此，为了揭示水泥体系中最主要水化产物 C-S-H 的特征，通常采用合成的方法制备与水泥体系中 C-S-H 凝胶具有相似结构的 C-S-H。

人工合成的 C-S-H 更加纯净且稳定，为其结构的准确表征带来了便利。人工合成 C-S-H 方法主要有火山灰反应法、双分解法、溶胶凝胶法和硅酸钙水化法。

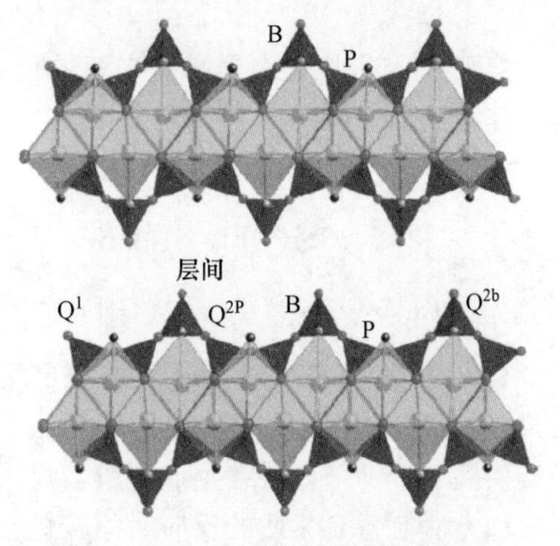

图 13-3-2 托贝莫来石结构示意图

A 火山灰反应法

火山灰反应法为 $Ca(OH)_2$、SiO_2 和水形成硅酸钙水合物的化学反应，反应式如下：

$$xCa(OH)_2 + ySiO_2 + zH_2O \longrightarrow xCaO \cdot ySiO_2 \cdot (x+z)H_2O \qquad (13\text{-}3\text{-}1)$$

火山灰反应法的原材料主要为 CaO 和 SiO_2，通过由 C-S-H 系统的溶解度给出范围内的起始材料比率，火山灰反应允许控制 C/S（即 CaO/SiO_2）的摩尔比，其中 SiO_2 源在粒度和结晶度方面可以变化（如：无定形 SiO_2 或石英玻璃），最终 C-S-H 产物的结晶度以及反应时间由所采用的具体工艺参数决定。

火山灰反应法根据反应条件的不同，可将该方法分为三种：

（1）常规合成法，也称直接混合法。将原料以所需的 C/S 摩尔比称好与水进行简单混合后，置于密闭容器中，同时通入惰性气体以免产物碳化。该方法制备 C-S-H 操作简单，是应用最为广泛的方法。该体系一般 7 天即可基本达到平衡，获得高结晶度的 C-S-H 需要数星期到数月的反应时间。

（2）机械化学法。利用研磨机在水中对原材料进行研磨，大大加快 C-S-H 的生成速率。该法反应完全的时间在几小时到几天的范围内，周期长短取决于研磨设备。此法在常规合成法的基础上，在反应釜内部辅以研磨机连续工作，使得该法比前者的水固比低。在研磨过程中，在 SiO_2 表面形成的反应产物钝化层被反复除去，将未参与反应的 SiO_2 暴露在反应体系中，从而加速了整体的反应速率。

（3）水热合成法。一般在密封的水热釜中进行，反应温度一般在 100~190 ℃，原材料和常规合成法相同，其中高温和高压是形成晶相的关键。水热法生成的结晶态产品性能可通过 C/S 摩尔比进行调节，其完全反应时间从几天到几周不等。

B 双分解法

双分解法又被称为沉淀反应法或化学反应法，该方法是通过混合碱硅酸盐（主要是 Na_2SiO_3）溶液和钙盐（$Ca(NO_3)_2$ 和 $CaCl_2$）溶液，这两种溶液混合后会迅速反应析出水化硅酸钙。目标产物的 C/S 摩尔比可以通过调节反应溶液的比例和体系 pH 值来改变。双分解法合成 C-S-H 相具有快速、廉价、简单的特点，但是这种方法中可用于调整产品性质的影响因素较少，尤其是在粒径控制方面困难重重。

C 溶胶凝胶法

溶胶-凝胶合成是金属醇盐水解的聚缩合反应，此方法中的钙源常为乙醇钙、硅源常为正硅酸乙酯（TEOS），其反应如下：

$$Si(OEt)_4 + nH_2O \longrightarrow Si(OEt)_{4-n}(OH)_n + nEtOH \tag{13-3-2}$$

$$2Si(OEt)_{4-n}(OH)_n \longrightarrow (OEt)_{4-n}Si\text{-}O\text{-}Si(OEt)_{4-n} + nH_2O \tag{13-3-3}$$

$$Ca^{2+} + 2Si(OEt)_{4-n}(OH)_n \longrightarrow ((OEt)_{4-n}Si\text{-}O\text{-})_2Ca + 2H^+ \tag{13-3-4}$$

首先是TEOS在水诱导下发生缩合反应生成聚硅酸乙酯（$(OEt)_{4-n}Si\text{-}O\text{-}Si(OEt)_{4-n}$），见式（13-3-2）和式（13-3-3）。然后引入钙盐，钙离子可以通过与弱酸性硅烷醇基的离子交换插入硅网络，最终生成凝胶，见式（13-3-4）。

该方法制备C-S-H的反应时间较短，一般持续数个小时到数天，反应时间取决于反应温度、C/S摩尔比、原材料中水和TEOS的用量比。该方法制备的C-S-H结晶性较差，常呈现无定形状态。

13.3.1.3 C-S-H体系中的主要矿物

C-S-H体系中一些主要结晶矿物有白钙沸石（gyrolite）、针硅钙石（hillebrandite）、柱硅钙石（afwillite）、托贝莫来石（tobermorite）、硬硅钙石（xonotlite）和尖乃石（jennite）等，现在简单介绍如下：

（1）白钙沸石（gyrolite）。化学式为$Ca_8(Si_4O_{10})_3(OH)_4 \cdot 6H_2O$，是一种很少在自然界中存在的片状硅酸盐矿物，在120~200 ℃范围内的饱和蒸气压下是稳定相。白钙沸石与托贝莫来石等其他C-S-H化合物类似，有一定的阳离子交换能力。Miyake等人认为白钙沸石可以用作分离和废弃物处理，也可作为离子交换剂从水溶液或污染物中分离碱金属氢氧化物。

（2）针硅钙石（hillebrandite）。化学式为$Ca_2SiO_3(OH)_2$，是C-S-H体系中自然存在的一种矿物，通常为白色纤维状。在空气气氛下加热时，大约在500 ℃时开始分解，生成$\beta\text{-}Ca_2SiO_3$。

（3）柱硅钙石（afwillite）。化学式可表示为$Ca_3(SiO_3(OH))_2 \cdot 2H_2O$，通常用石灰和$SiO_2$在高于100 ℃下水热合成，Fumio Salto等人在室温下使用机械化学合成法成功合成出了Afwillite。

（4）托贝莫来石（tobermorite）。化学式可表示为$(CaO)_5(SiO_2)_6(H_2O)_n$，该结构的C/S摩尔比约为0.83，式中n表示结构水数量，该值直接决定结构的层间距；托贝莫来石的层间距包括三种，分别是0.9 nm（9×10^{-10} m）、1.1 nm（11×10^{-10} m）、1.4 nm（14×10^{-10} m）。

（5）硬硅钙石（xonotlite）。化学式为$6CaO \cdot 6SiO_2 \cdot H_2O$，是一种天然存在的水化硅酸钙矿物，也可以人工合成，以C/S摩尔比为1的混合物在150~400 ℃水热处理，经生成C-S-H（Ⅱ）、C-S-H（Ⅰ）和托贝莫来石等中间产物后形成，在所有的水化硅酸钙矿物中其结晶水含量最低、耐温性最好，没有层间水。

（6）尖乃石（jennite）。在结构上与托贝莫来石具有很高的相似性，其化学式可以表示为$(CaO)_9(SiO_2)_6(H_2O)_{11}$，相比于托贝莫来石，尖乃石具有更高的C/S摩尔比。尖乃石在结构上和托贝莫来石最大的区别在于，其主层中只有一半的氧原子和硅链连接，另一半氧原子形成-OH 基团，而托贝莫来石中主层的氧原子均与硅链连接。

C-S-H 凝胶存在多种类型，目前，最为人们所接受和认同的分类就是 C-S-H 凝胶分为低密度 C-S-H（Ⅰ）型凝胶（或称为 LD C-S-H 凝胶）和高密度 C-S-H（Ⅱ）型凝胶（或称为 HD C-S-H 凝胶），在 C-S-H（Ⅰ）和 C-S-H（Ⅱ）中，前者的 C/S 摩尔比小于 1.5，后者大于 1.5。C-S-H（Ⅰ）可以通过火山灰反应、双分解反应、硅酸钙水化反应获得；延长反应时间、增大水固比可制备出 C-S-H（Ⅱ）。在结构和组成上，C-S-H（Ⅰ）与托贝莫来石更相近，而 C-S-H（Ⅱ）与尖乃石更相近。相比于托贝莫来石和尖乃石，C-S-H（Ⅰ）和 C-S-H（Ⅱ）的结构更加无序，可看作是有缺陷的托贝莫来石和尖乃石结构。在托贝莫来石和尖乃石结构的基础上，通过改变桥接［SiO_4］四面体的数量、层间钙离子的含量、Si-OH 基团上氢原子数量，可以得到具有较高 C/S 摩尔比的 C-S-H（Ⅰ）和 C-S-H（Ⅱ）结构。

Hong 等人给出了在水热条件下一些纯相形式矿物的合成条件，见表 13-3-1。

表 13-3-1 部分硅酸钙矿物的合成条件

矿　物	CaO/SiO_2 摩尔比	温度/℃	固化时间/d	压力
11×10^{-10} m 托贝莫来石	约 0.83	140	90	饱和蒸气压
硬硅钙石	1.0	200	90	饱和蒸气压
尖乃石	1.45	85	540	—
柱硅钙石	1.5	85	240	—
针硅钙石	2.0	180	56	饱和蒸气压

C-S-H 体系中各相的组成结构不同，导致其性质有所差异，不同相的稳定条件也不同，其中一些相的稳定条件如图 13-3-3 所示；不同相的形貌也不一样，见表 13-3-2。

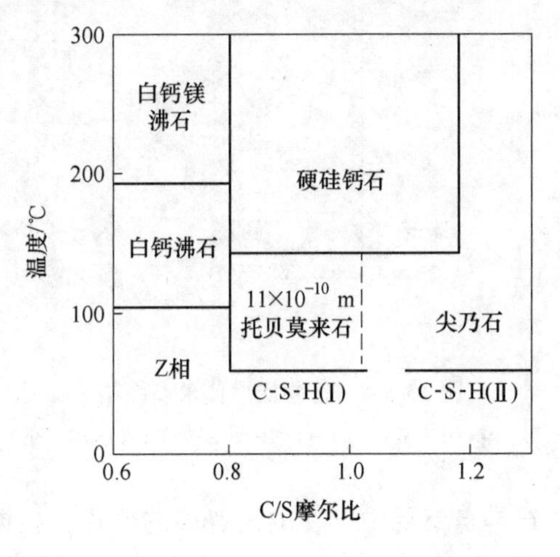

图 13-3-3 水热条件下水化硅酸钙稳定性示意图

表 13-3-2　不同 C/S 摩尔比水化硅酸钙的组貌

矿物组成	化学式	C/S 摩尔比	显微形貌
硬硅钙石	C_6S_6H	1	纤维状、针状或板条状
托贝莫来石	$C_5S_6H_{5.5}$	0.83	片状、纤维状、板状
C-S-H（Ⅰ）	—	0.8~1.5	变形的箔片状
C-S-H（Ⅱ）	—	1.7~2.0	纤维状

13.3.2　硅酸钙绝热材料

硅酸钙绝热材料，又称微孔硅酸钙保温材料，它是以 SiO_2（石英粉、硅藻土等）、CaO（也有用消石灰、电石渣等）和无机纤维（如石棉、玻璃纤维等）为主要原料，经过搅拌、加热、凝胶化、成型、蒸压硬化、干燥等工序制成的一种绝热材料。硅酸钙保温材料具有低密度、低导热、较高的抗折强度和耐压强度等优点，广泛应用于化工、矿业、电力和冶金建筑等行业。目前普遍应用的硅酸钙保温材料分为两种，一种是以合成托贝莫来石为主要成分的 T 型硅酸钙保温材料，其使用温度可达 650 ℃，大量使用于石化工业；另一种是以合成硬硅钙石为主要成分的 X 型硅酸钙保温材料，使用温度可达 1000 ℃，广泛应用于建材、冶金、化工等高温行业。

13.3.2.1　T 型硅酸钙绝热材料

T 型硅酸钙绝热材料主要物相以托贝莫来石为主，托贝莫来石又称雪硅钙石（crestmorite），托贝莫来石（$Ca_5Si_6O_{16}(OH)_2 \cdot nH_2O$，$n=0$，4，7）共有三种晶型结构，以其沿 c 轴方向的层间距命名为 14×10^{-10} m、11×10^{-10} m、9×10^{-10} m 托贝莫来石，托贝莫来石晶体的层间距受其结构单元中水分子数量的影响，图 13-3-4 是三种托贝莫来石的结构示意图。

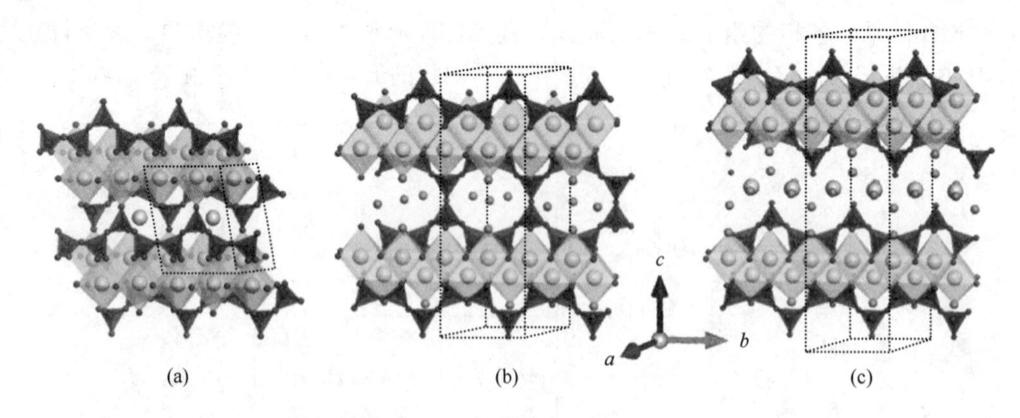

图 13-3-4　三种托贝莫来石结构

（a）9×10^{-10} m；（b）11×10^{-10} m；（c）14×10^{-10} m

11×10^{-10} m 托贝莫来石是自然界中存在的最普遍的形式，根据其去水化行为又可以分为“正常（normal）”和“异常（anomalous）”两种结构。“正常”结构在大约 300 ℃时脱水，导致 c 轴方向的层间距降低，形成 9×10^{-10} m 托贝莫来石。而“异常”结构托贝莫来石虽然也在相同条件下脱水，其 c 轴方向的层间距却不会显著改变。关于这种现象的一种解释是，在“异常”托贝莫来石结构中，相邻两个硅酸盐层存在“交联”，形成 Si-O-Si 连接，减小了托贝莫来石结构失水后层间距的收缩。

托贝莫来石的结构由［CaO_7］八面体和［SiO_4］四面体构成，［CaO_7］八面体在中间，在 c 轴方向上的两侧通过共享氧原子与［SiO_4］四面体相连，如图 13-3-2 所示。每三个［SiO_4］四面体以“德里克（dreierketten）”链形式排列，组成一个单元，如图 13-3-1（b）所示。硅链在［CaO_7］八面体两侧沿 b 轴方向无限重复，与钙氧层共同组成一个托贝莫来石片层，不同片层之间通过层间钙离子和水分子相连，如图 13-3-5（a）和图 13-3-6 所示。

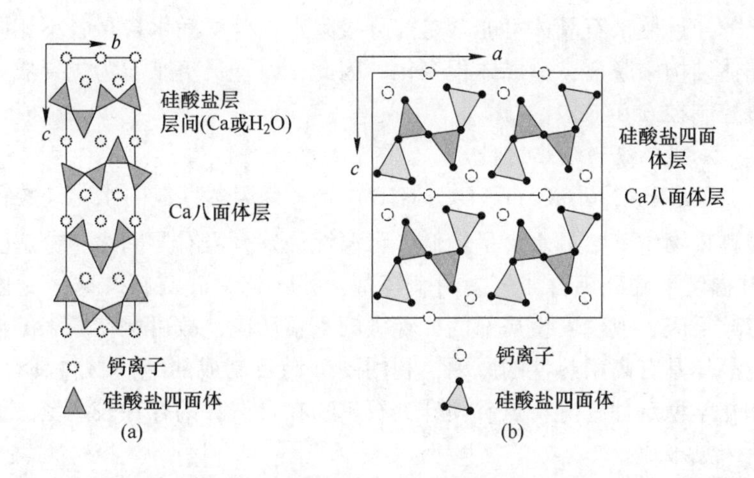

图 13-3-5　托贝莫来石结构在 bc 面(a)和硬硅钙石结构在 ac 面(b)的投影

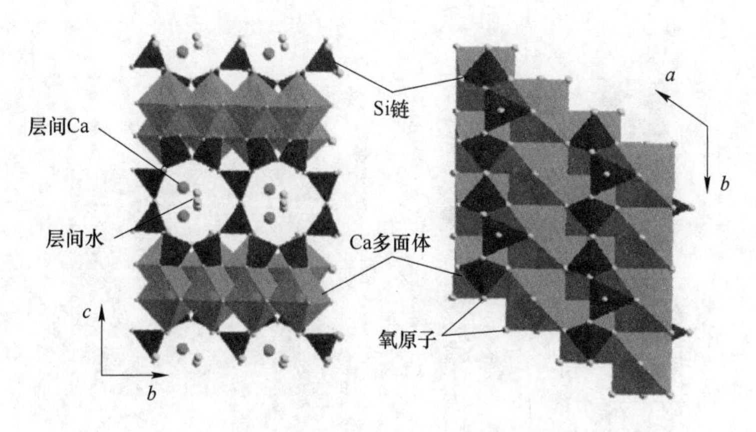

图 13-3-6　11×10^{-10} m 托贝莫来石结构

水热法是合成托贝莫来石应用最广泛的方法，另外微波辅助合成法、机械化学合成法、溶胶凝胶法和双分解法（共沉淀法）等，也成功应用于合成托贝莫来石。天然存在的托贝莫来石和硬硅钙石的一些物理性质见表 13-3-3。

表 13-3-3 托贝莫来石与硬硅钙石的矿物性质

性 质	11×10^{-10} m 托贝莫来石	硬硅钙石
化学式	$Ca_5Si_6O_{16}(OH)_2 \cdot 4H_2O$	$Ca_6(Si_6O_{17})(OH)_2$
矿物颜色	白色，浅粉色	白色，灰色，浅粉色，无色
莫氏硬度	2.5	6.5
晶系	单斜	单斜
密度/$g \cdot cm^{-3}$	2.423~2.458（测量） 2.49（计算）	2.70~2.72（测量） 2.71（测量）

托贝莫来石晶体在 700 ℃时会发生结构重排，向硅灰石晶体转变，产生较大的体积变化。结晶不好的托贝莫来石晶体可能含有部分吸附水，且层间水含量各不相同，受热时这些水分将从晶体结构中脱离，造成体积变化。因此，以托贝莫来石为主要成分的耐火制品使用温度一般控制在 650 ℃以内。

13.3.2.2 X 型硅酸钙绝热材料

硬硅钙石（xonotlite，$6CaO \cdot 6SiO_2 \cdot H_2O$）是一种天然存在的水化硅酸钙矿物，在所有的水化硅酸钙矿物中其结晶水含量最低、耐温性最好，没有层间水，分解温度为 1050~1100 ℃，在此温度下硬硅钙石才失去两个羟基，并转化为硅灰石。这一变化不会发生晶体的破坏和重整反应，或仅发生局部的、轻微的重整反应，故可保持原来的体积不变，这就是硬硅钙石晶体具有高耐热性的原因，利用硬硅钙石制成的绝热材料具有体积密度小、导热系数低和化学稳定性好等特点。硬硅钙石矿物在自然界的存在较广泛，但有开采价值的工业矿床还未见报道。

硬硅钙石晶体结构与托贝莫来石相似，但与托贝莫来石不同的是，硬硅钙石结构沿 *b* 轴方向有两个平行的双链，在 *ab* 面形成层，而托贝莫来石在 *b* 轴方向只有一个单链，如图 13-3-5（b）和图 13-3-7 所示。

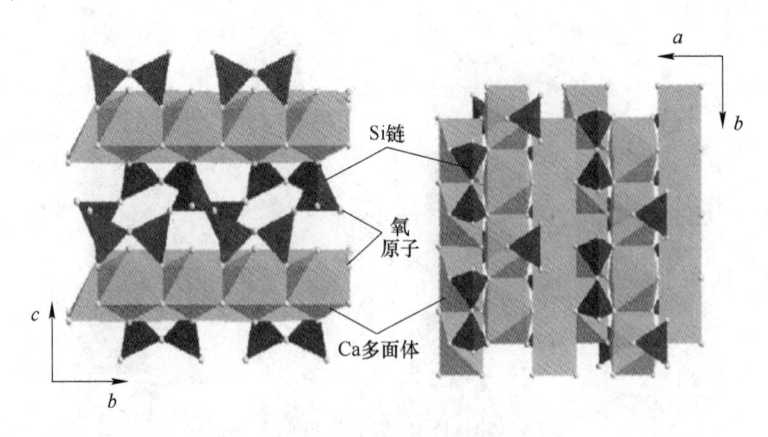

图 13-3-7 硬硅钙石结构

天然存在的硬硅钙石化学组分与其理想分子式差异不大，偶尔会有少量 Fe、Mn 和 Na 等元素掺入。天然存在的硬硅钙石比较稀少，因此多采用人工合成的方式获得硬硅钙石。目前常使用 CaO 和 SiO_2 在高于 180 ℃，C/S 摩尔比为 1 的条件下，采用水热合成的方式获得硬硅钙石。在低于180 ℃时，通常伴有托贝莫来石共同出现，托贝莫来石向硬硅钙石的转变温度大约在140 ℃。C. F. Chan等人研究认为，托贝莫来石是合成硬硅钙石过程中的一种中间相，反应过程大致包括如下几步：

$Ca(OH)_2$ + SiO_2 → 富钙C-S-H + SiO_2(120 ℃) → 低结晶度托贝莫来石(140 ℃) → 高结晶度托贝莫来石(180 ℃) → 硬硅钙石(180 ℃)

X型硅酸钙绝热材料主要成分为硬硅钙石，传统制备硬硅钙石分为静态法和动态法两种。静态法是按配方将所需原料计量放入带有搅拌器的凝胶罐中，边搅拌、边升温，使硅质原料与石灰在水热条件下反应，形成一定数量的水化硅酸钙凝胶C-S-H（Ⅱ）。凝胶反应结束后，将料浆放入贮浆罐中，然后用压制法脱水成型，再送入高压釜按一定的蒸压制度进行蒸压反应，蒸压后的制品经干燥、检验即可得到成品。动态法是在静态法的基础上，对料浆不停搅拌，促进硬硅钙石的生成。硬硅钙石一般呈针状或纤维状，随着反应的原料和反应条件的不同，纤维的直径可以从几微米到小于100 nm，这些纤维互相交错、连生、相互缠绕形成具有类似鸟窝结构的中空二次粒子。在二次粒子内部并不是完全中空而是稀疏的，硬硅钙石纤维纵横交织分布，把内部分割成更小的空间。在二次粒子的外部，硬硅钙石纤维较为密集，形成紧密坚实的外壳。部分纤维外延生长，形成伸向外壳的尖刺，因此这些硬硅钙石二次粒子又称为毛栗状二次粒子，如图13-3-8所示。这些二次粒子的直径一般为十几微米到几十微米，超轻硬硅钙石型硅酸钙制品就是这种二次粒子紧密堆积而成的，这种特殊的材料结构使其具有密度小、强度高、导热系数低、耐高温和化学稳定性强等特性。目前对于硬硅钙石绝热材料的研究，总体趋势是朝着超轻质、高强度以及高绝热性能的方向发展的，由于静态法制品的密度较高，因此工业上通常采用动态水热合成法制备硬硅钙石。

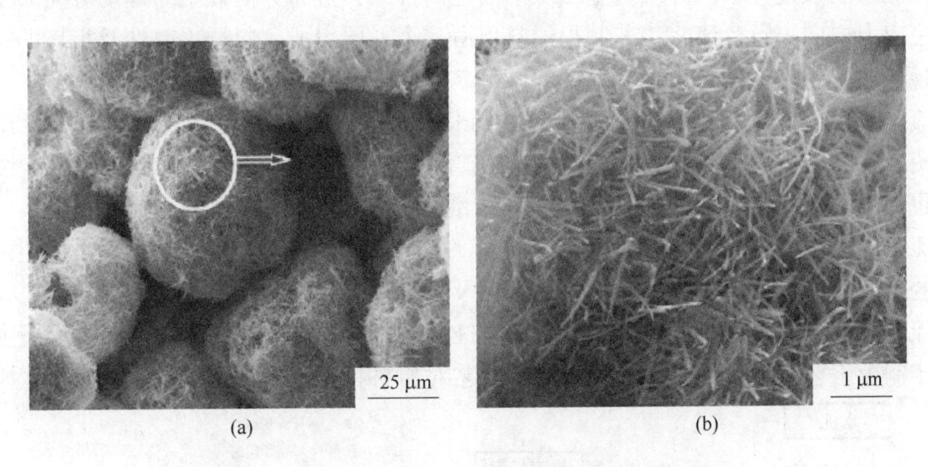

(a) (b)

图13-3-8 动态水热法合成硬硅钙石晶须结构图

（a）低倍组织；（b）高倍组织

13.3.2.3 生产工艺

生产硅酸钙绝热材料的原料通常为硅质原料、钙质原料、增强纤维、添加剂和水。生产工艺主要有抄取法、流浆法、模压法和真空挤出法四种，其中最常见的是抄取法和流浆法。托贝莫来石相比于硬硅钙石更易合成，对原料的纯度和生产工艺的要求也没有合成硬硅钙石严格。在蒸压养护时，T 型材料蒸煮温度通常为 160～180 ℃，X 型材料为 180～220 ℃。

A 抄取法

抄取法是一种利用网箱中旋转网轮的内外压差将料浆悬浮液过滤，在网轮上形成初料层传递到毛布，经脱水并连续缠绕到成型筒上压实制得料坯的生产工艺。

在抄取制板过程中，纤维多呈二维平面定向排列，排布方向以顺圆网转向为主，与板的主应力方向一致，并能通过其他协助手段实现纤维排列方向的调整，从而生产不同的产品。

抄取工艺的优点是：纤维在水泥基材中均匀分布；制品的均质性较好；纤维在基体中呈二维分布，纤维的分布趋向于制品的主要受力方向，纤维的利用率高；流水线连续生产，产能高。

抄取工艺的缺点是：抄取制板线需要有庞大的回水处理系统，回水沉淀池底部需进行定期的排水和排渣，容易造成环境污染；原料中增强纤维必须对水泥有较强的吸附性，否则难以成型；每个料层由多个小料层堆叠形成，制品的层状结构对其稳定性及耐久性能均不利。

B 流浆法

流浆法是一种利用流浆箱将料浆均匀地铺在运行的毛布上，形成连续的料浆层，经脱水并连续缠绕到成型筒上压实制得料坯的生产工艺。

流浆法工艺与抄取法工艺的不同之处在于，料浆不经网箱过滤而直接由流浆箱流至毛布上，为保证料浆的均匀性和稳定性，流浆箱中应设置搅拌装置。

在流浆制板过程中，纤维多呈二维平面定向排列，排布方向以毛布运动方向为主，与板的主应力方向一致。流浆工艺制得的料层由多个料层组成，料层平整性及板坯的密实度均较抄取法工艺差。

流浆法工艺的优点是：(1) 生产线主机构造简单，主机设备制造成本低，生产线设备投资较低；(2) 同为湿法工艺，流浆工艺生产过程中回水量相应较低，废水、废渣排出量也相应降低；(3) 纤维在制品中呈二维乱向分布，其利用率较高。

流浆法工艺的缺点是：(1) 板坯的密实性较抄取法生产板坯的低；(2) 板坯由多个料层叠加而成，依然属于层状结构，耐久性及稳定性均较低。

流浆法生产硅酸钙板的主要工艺流程与抄取法大致相同，如图 13-3-9 所示。主要区别在于制板工艺设备不同，从而导致两种工艺对原材料要求和添加剂的选择有所区别。

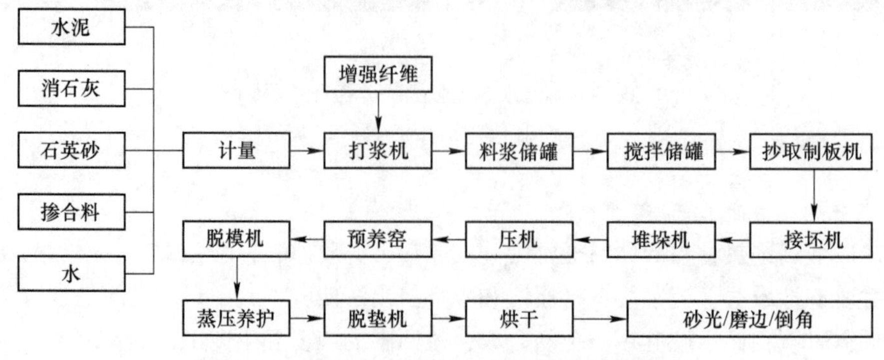

图 13-3-9 抄取法/流浆法生产线典型工艺流程图

C 模压法

模压法工艺属于半干法成型工艺，模压工艺生产纤维水泥制品是指在混合料中加入满足水泥水化用水量的前提下，尽量少使用水泥、其他组分、增强纤维等在混合后达到干硬性状态，即“手捏成团，落地开花”。经铺装、模压并锁紧模框，使板坯中的胶凝材料在受压状态下进行凝结和固化，后经拆模、养护后进行后加工。生产线工艺流程如图 13-3-10 所示。

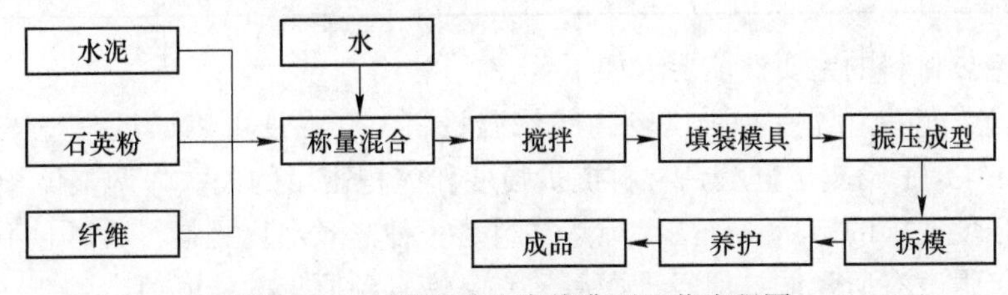

图 13-3-10 模压法生产线典型工艺流程图

与传统的湿法成型工艺相比，模压法工艺的特点是：操作过程简单，废品率低，工业用水量少；纤维在水泥基材中呈三维分布，制品的均质性好，纤维的利用率较湿法的低；生产线无须消耗大量的工业用水，因为无须利用庞大的废水回收处理系统，板材生产能耗低；板坯在模框中加压成型，其制品密度高、强度高；板坯为一次压制成型，整个板坯为均一整体，制品的耐久性好。

由于模压法特别的模框锁紧养护工艺，导致模压法生产周期较长，为达到制品的初始强度，制品在 60~80 ℃条件下要养护 5~8 h；生产线辅助设施多、前期投入大，模框垫板及垫板运输、清理及锁紧装置维护等，会占据较大的车间检修面积；模压法生产的制品为堆垛成批生产，板材在厚度方向存在较大的公差，后续工艺需要对板材进行砂光处理，不适合进行复杂制品的生产。

D 真空挤出法

真空挤出法成型工艺目前多用于黏土、陶瓷、塑料制品的成型，由于纤维水泥制品独特的水化硬化特性，因此真空挤出工艺进行纤维水泥制品的生产需要加入适量的高分子增塑剂并进行连续成型。

真空挤出法成型纤维水泥板通常以普通硅酸盐水泥、磨细石英砂与水组成的砂浆为基体，以纤维素纤维与高分子纤维为增强材料，以纤维素醚为增塑剂。所用纤维素纤维多是纸浆板（经硫酸盐处理），高分子纤维的分散性、耐热性佳且弹性模量高。

13.3.2.4 硅酸钙绝热材料的应用

A 硅酸钙绝热材料的性能与应用

硅酸钙绝热材料中使用的增强纤维材料，过去以石棉纤维为主，由于石棉对人的健康有害，因而出现了采用玻璃纤维、硅酸铝纤维或纸浆等无石棉硅酸钙绝热材料。硅酸钙绝热材料是一种性能优异的保温材料，其体积密度要求也是不断向轻质方向发展，例如在日本标准 JISA 9510—80 标准中，体积密度规定指标为 0.28 g/cm^3，而后分别修订为 0.22 g/cm^3 和 0.13 g/cm^3，目前规模化生产体积密度为 0.10~0.13 g/cm^3，最轻可达 0.04 g/cm^3。表 13-3-4 中给出了硅酸钙绝热材料的性能。

表 13-3-4　硅酸钙保温材料的特性

项　　目	Tobermorite	Xonotlite
体积密度/$g \cdot cm^{-3}$	约 0.20	约 0.20
抗折强度/MPa	≥0.40	≥0.40
导热系数/$W \cdot (m \cdot K)^{-1}$	$0.0117t + 0.0525$	$0.0001t + 0.0509$
加热线变化/%	≤2.0（650 ℃×16 h）	2.0（1000 ℃×16 h）
安全使用温度/℃	650	1000

硅酸钙绝热材料的主要性能要求如下：

（1）强度。硅酸钙是一种强度较高的保温材料，其强度可以通过调整体积密度来进行调节。图 13-3-11 给出了硅酸钙材料抗折强度和体积密度的关系，调整体积密度可以制备满足各种强度要求的制品；硅酸钙绝热材料是一种蒸煮水化材料，所以它不会因水浸煮沸而破坏，仅强度有所降低；但经干燥后，它又恢复到原来的强度值。

（2）导热系数。硅酸钙绝热材料是一种多孔状隔热保温材料，包含大量气孔，导热系数低。图 13-3-12 给出了硅酸钙绝热材料体积密度和导热系数的关系，随体积密度增加，导热系数迅速增大，多数硅酸钙绝热材料的导热系数都控制在 0.1 W/(m · K) 以下。

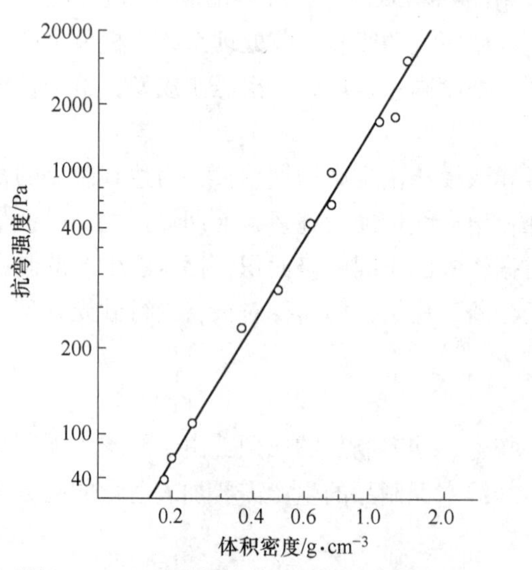

图 13-3-11　硅酸钙绝热材料的抗弯强度和体积密度的关系

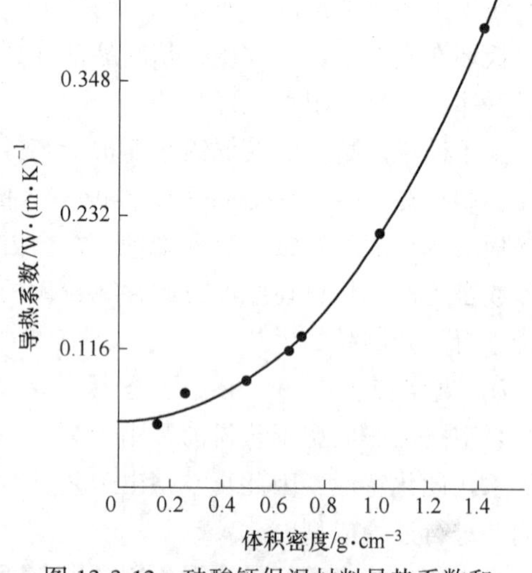

图 13-3-12　硅酸钙保温材料导热系数和体积密度的关系

（3）安全使用温度。硅酸钙绝热材料的安全使用温度主要取决于加热永久线变化率，图 13-3-13 给出了托贝莫来石和硬硅钙石两种材料的加热线变化率曲线。由图 13-3-13 可见，托贝莫来石在 650 ℃左右，硬硅钙石在 1000 ℃左右即发生大的收缩，因此它们的使用温度分别定为 650 ℃和 1000 ℃。对于同一组成的硬硅钙石材料，它的体积密度也与安全使用温度有关，例如 0.20 g/cm^3 体积密度的 X 型硅酸钙绝热制品的安全使用温度为 1000 ℃，而体积密度为 0.15 g/cm^3 的 X 型硅酸钙制品的安全使用温度只有 850 ℃。

硅酸钙产品广泛应用于隔热耐火材料、建筑材料、吸附材料、造纸填料、陶瓷、橡胶等行业，随着科技发展，硅酸钙在催化、生命科学、生物材料以及复合材料等高新技术领域的应用也日益增多。硅酸钙绝热材料除了具有强度高、隔热性能好以及耐水性好等优点

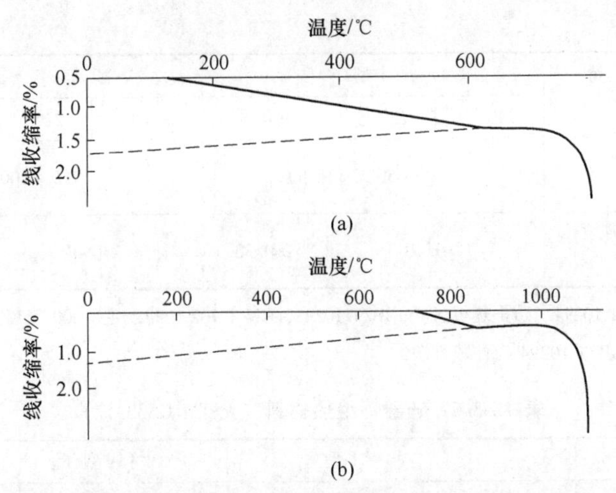

图 13-3-13 硅酸钙绝热材料不同温度下加热线收缩率曲线

(a) 托贝莫来石；(b) 硬硅钙石

外，它还具有易加工等特性。

B 硅酸钙绝热材料行业标准

国家标准 GB/T 10699—2015《硅酸钙绝热制品》中规定，硅酸钙绝热制品适用于热面温度不高于 1000 ℃的各类设备、窑炉、管道及其附件用材料，按照材料的最高使用温度分为Ⅰ型（650 ℃）和Ⅱ型（1000 ℃）。按产品密度Ⅰ型分为 240 号、220 号和 170 号，Ⅱ型分为 270 号、220 号、170 号和 150 号，其物理性能见表 13-3-5。美国 ASTM 标准 ASTM C533-17 “Standard specification of calcium silicate block and pipe thermal insulation” 见表 13-3-6，日本 JIS A9510—2016 “Inorganic porous thermal insulation materials” 中硅酸钙绝热材料的规定见表 13-3-7。对比中国、美国 ASTM 和日本 JIS 这三个标准对硅酸钙绝热材料的规定可以看出，它们相同点主要是把硅酸钙绝热材料分成两大类：一类是使用温度低于 650 ℃，另一类是使用温度低于 1000 ℃；导热系数均采用防护热板法（guarded hot plate method）测量，取其平均温度的表观导热系数；差异比较大的是加热线变化中的保温时间，我国标准为 16 h，ASTM 标准 24 h，而 JIS 标准 3 h，这也是我们需要特别注意的。

表 13-3-5 硅酸钙绝热制品物理性能（GB/T 10699—2015）

类别		Ⅰ型			Ⅱ型			
		240 号	220 号	170 号	270 号	220 号	170 号	150 号
密度（最大）/g·cm^{-3}		0.24	0.22	0.17	0.27	0.22	0.17	0.15
抗压强度/MPa		≥0.65		≥0.40	≥0.65		≥0.40	
抗折强度/MPa		≥0.33		≥0.20	≥0.33		≥0.20	
导热系数 /W·(m·K)$^{-1}$	100 ℃	≤0.065		≤0.058	≤0.065		≤0.058	
	200 ℃	≤0.075		≤0.069	≤0.075		≤0.069	
	300 ℃	≤0.087		≤0.081	≤0.087		≤0.081	
	400 ℃	≤0.100		≤0.095	≤0.100		≤0.095	
	500 ℃	—		—	≤0.115		≤0.112	
	600 ℃	—		—	≤0.130		≤0.130	

续表 13-3-5

类　别		Ⅰ型			Ⅱ型			
		240号	220号	170号	270号	220号	170号	150号
匀温灼烧性能	线收缩率/%	≤2（650 ℃×16 h）			≤2（1000 ℃×16 h）			
	剩余抗压强度/MPa	≥0.40		≥0.32	≥0.40		≥0.32	

注：导热系数按 GB/T 10294（防护热板法）、GB/T 10295、GB/T 10296 的规定，300 ℃以上的导热系数可按 GB/T 10297 的规定。GB/T 10294 为仲裁方法。

表 13-3-6　硅酸钙绝热材料（ASTM C533-17）

类　型		Ⅰ型	ⅠA型	Ⅱ型
形状		块体和管状样	块体	块体
使用温度（最大值）/℃		649	649	927
密度（干燥）/$g \cdot cm^{-3}$		0.24	0.352	0.352
抗折强度（最小值）/kPa		344	344	344
加热线收缩率（最大）/%		2（649 ℃×24 h）	2（649 ℃×24 h）	2（927 ℃×24 h）
导热系数（平均温度下的最大值）/$W \cdot (m \cdot K)^{-1}$	38 ℃	0.059	0.072	0.072
	93 ℃	0.065	0.078	0.078
	149 ℃	0.072	0.084	0.084
	204 ℃	0.079	0.088	0.088
	260 ℃	0.087	0.092	0.092
	316 ℃	0.095	0.097	0.097
	371 ℃	0.102	0.101	0.101
	427 ℃			0.105
	482 ℃			0.108
	538 ℃			0.111

注：导热系数测试方法：块体样品根据标准 ASTM C177（guarded hot plate method），C518 或 C1114；管状样品根据标准 ASTM C3335。

表 13-3-7　硅酸钙绝热材料（日本标准 JIS A9510—2016，无机多孔隔热材料）

性　能	型　号		
	No. 1-15 平板或管状	No. 1-22 平板或管状	No. 2-17 平板或管状
密度（最大）/$g \cdot cm^{-3}$	0.155	0.220	0.270
抗折强度（最小）/MPa	0.20	0.30	0.20
耐压强度（最小）/MPa	0.30	0.45	0.30
加热线收缩率（最大）/%	2（1000 ℃×3 h）		2（650 ℃×3 h）

续表 13-3-7

性能		型号		
		No. 1-15 平板或管状	No. 1-22 平板或管状	No. 2-17 平板或管状
平均温度下导热系数 /W·(m·K)$^{-1}$	200 ℃	0.066	0.077	0.070
	300 ℃	0.079	0.088	0.088
	400 ℃	0.095	0.106	0.113
	500 ℃	0.114	0.127	0.146
	600 ℃	0.137	0.152	—

注：导热系数的测试方法为 JIS A1412-1 和 JIS A1412-2 规定的保护热板法和热流计法。

13.4 堇青石隔热耐火材料

13.4.1 堇青石的组成结构

堇青石（cordierite）属于硅酸盐矿物，其化学式为 $2MgO \cdot 2Al_2O_3 \cdot 5SiO_2$，理论化学组成为：MgO 13.7%；$Al_2O$ 34.9%；SiO_2 51.4%。堇青石为 $MgO\text{-}Al_2O_3\text{-}SiO_2$ 系统中的三元化合物，三元相图如图 13-4-1 所示。在此三元系中共四个二元化合物，例如前面讲述

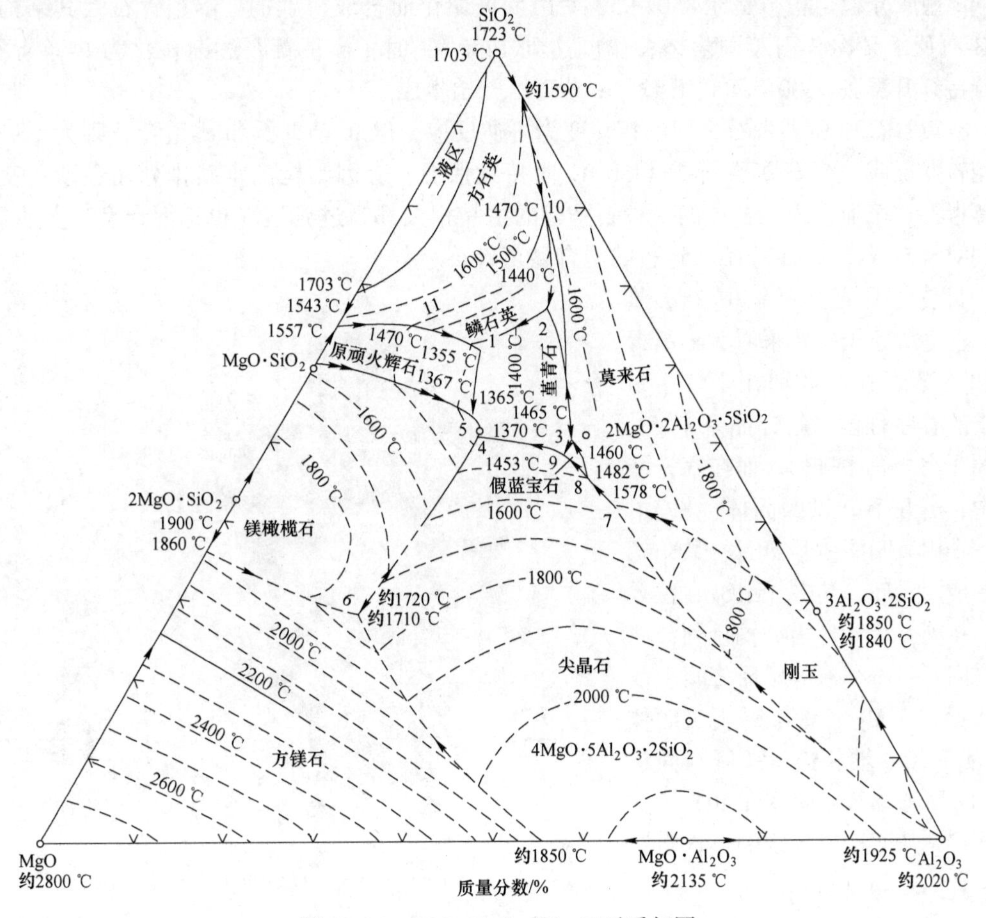

图 13-4-1 $MgO\text{-}Al_2O_3\text{-}SiO_2$ 三元系相图

的莫来石（A_3S_2）、镁铝尖晶石（MA）、镁橄榄石（M_2S）和顽火辉石（MS）；两个三元合物堇青石（$M_2A_2S_5$）和假蓝宝石（$M_4A_5S_2$），两者均为不一致熔融化合物，堇青石在 1465 ℃分解成莫来石和液相，假蓝宝石在 1482 ℃分解成尖晶石、莫来石和液相。

堇青石有三种变体，即 α 型、β 型和 μ 型，其晶体结构参数见表 13-4-1。α 型属于高温型堇青石，又称印度石（indialite），人们最初将人工合成的 α-堇青石和天然产的 α-堇青石视为相同，但后来研究发现两者有所区别，之后在印度发现了相当于人工合成的 α-堇青石，因此命名为印度石，以区别天然产的 α-堇青石。α-堇青石相对稳定温度为1450～1465 ℃，其晶体结构为六方晶系，其结构中 Si、Al 是无序的。

表 13-4-1　堇青石的晶型及晶体结构数据

晶型	矿物名称	晶系	晶胞参数/nm
α	高温堇青石、印度石	六方	a=0. 9771，c=0. 9345
β	低温堇青石、堇青石	斜方	a=1. 7079，b=0. 9730，c=0. 9356
μ	β-石英固溶体	六方	a=0. 52，c=0. 5435

β 型为天然产低温堇青石，即一般称呼的堇青石，为低温稳定相，其相对稳定温度在 1450 ℃以下，其结构中 Si、Al 是有序的，为斜方晶系，在 1000～1050 ℃加热会转变成 α 型。

μ 型属介稳定相，是在 850～950 ℃由反玻璃化而合成得到的，μ-堇青石因其结构类似 β-石英，又称 β-石英固溶体；温度达到 1200 ℃ 时，μ-堇青石逐渐转化为 β-堇青石；随着持续升温到 1300～1400 ℃时，α-堇青石开始生成。

α-堇青石和 β-堇青石之间的相转变为可逆反应，但 μ-堇青石和 α-堇青石则为不可逆的相转变反应。当 α-堇青石在 1450 ℃ 时持续保温，会因结构的重新排列而逐渐转变为 β-堇青石。工业上人工合成的堇青石陶瓷的主晶相大都为过渡型（也称混合型）堇青石，即同时含有 α-堇青石和 β-堇青石的混合型堇青石。

目前的研究主要集中在 α-堇青石上。从原子排布来看，α-堇青石和 β-堇青石的区别在于 Al、Si 原子的有序程度，斜方晶系中 Al、Si 原子完全有序排列。而在六方结构中，由五个硅氧四面体［SiO_4］和一个铝氧四面体［AlO_4］共角相连形成六元环，其中［AlO_4］位置随机排列，六元环沿 c 轴排列，两层之间互错 π/6，六元环之间由镁氧八面体［MgO_6］与铝氧四面体［AlO_4］沿 c 轴相连，镁氧八面体［MgO_6］与铝氧四面体［AlO_4］共棱连接，从而构成稳定的堇青石结构，如图 13-4-2 所示。

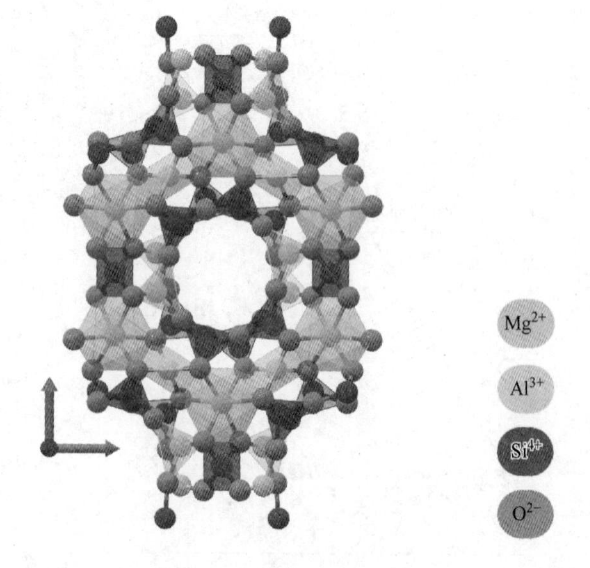

图 13-4-2　堇青石晶体结构图

六方晶系的堇青石其六元环内径为0.58 nm，该晶体结构中存在着两种平行 c 轴的空穴 C_1 和 C_2，C_2 位于四面体形成的六元环中心，直径约为0.25 nm；C_1 位于上下两个六元环之间，直径约为0.5 nm。这样，沿 c 轴方向上下迭置的六元环内便形成了一个空腔，离子受热后振幅增大，由于能够向结构空隙中膨胀，所以不发生明显的体积膨胀，它的线膨胀系数较小。实验测定 α-堇青石和 β-堇青石的线膨胀系数（0~800 ℃）分别为 1.0×10^{-6}/℃和 2.3×10^{-6}/℃。

13.4.2　堇青石的热膨胀性能

堇青石具有较低的热膨胀系数和介电常数，应用最广泛和成熟的为堇青石窑具和堇青石蜂窝陶瓷，堇青石的另一个研究热点是低温共烧陶瓷（LTCC），即堇青石玻璃陶瓷用于集成电路的基板，堇青石玻璃陶瓷主要是因为它的低膨胀系数和低的介电常数。堇青石的应用领域不同，对使用要求和合成原料也不同，因此其性能上也有很多差异。例如，耐火材料中的堇青石主要是用天然料合成的，一般低于1450 ℃烧成，其物相中混有 α-堇青石和 β-堇青石。堇青石的理论密度在2.60~2.66 g/cm³，莫氏硬度为7~7.5，折射率为1.542~1.551，其力学性能和热学性能由于所合成材料的密度、堇青石结晶状态等不尽一致，很难有准确的描述。表13-4-2列出摩根热陶瓷公司的生产的堇青石陶瓷性能，仅供参考。

表13-4-2　堇青石陶瓷的物理性质

化学式	$2MgO\cdot2Al_2O_3\cdot5SiO_2$		
密度/g·cm^{-3}	2.40	线膨胀系数/℃$^{-1}$	3.0×10^{-6}(20 ℃)
孔隙率/%	0.0	导热系数/W·(m·K)$^{-1}$	2.0(20 ℃)
弹性模量/GPa	110(20 ℃)		3.0(400 ℃)
抗弯强度/MPa	88.1(20 ℃)	比热容/J·(kg·K)$^{-1}$	950
耐压强度/MPa	500(20 ℃)	热震温差/℃	300
介电常数	5.0(1 MHz)	最高使用温度/℃	1100

注：有报道抗弯强度为245 MPa。

堇青石晶体结构的特殊性，决定了它在受热（<800 ℃）时，沿 c 轴方向产生微量收缩，而沿 a 轴方向产生微量膨胀，多晶材料低的热膨胀系数是这些微小晶粒膨胀与收缩的综合体现。堇青石具有广泛的应用前景，是因为它有低的和可调控的热膨胀系数。

堇青石的热膨胀系数与结晶状态、反应历程、同一反应不同的组成等因素有关，图13-4-3为天然单晶堇青石（β-堇青石）、天然两种单晶印度石的轴向热膨胀率与温度的关系。由图13-4-3可以看出，尽管 β-堇青石为斜方晶系，其 c 轴方向仍表现为收缩；β-堇青石单晶与天然印度石单晶相比，有较高的热膨胀系数，这可能与天然堇青石单晶含有较多的杂质粒子、天然 β-堇青石的斜方对称或骨架内 Si^{4+} 和 Al^{3+} 的有序度有关。图13-4-4为固相反应和玻璃重结晶而生成的 α-堇青石晶体的热膨胀曲线，400 ℃以上固相反应生成的堇青石 a 轴的热膨胀系数和 c 轴的热收缩系数都比玻璃重结晶的大。图13-4-5为不同玻璃相的堇青石玻璃陶瓷的热膨胀系数，由图可知，不同 K_2O 含量对热膨胀系数-温度曲线的影响不一样，而 Cs_2O 对堇青石玻璃陶瓷的热膨胀影响很大。

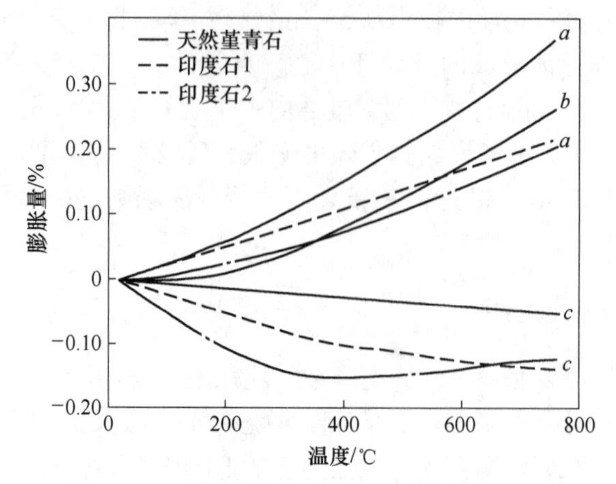

图 13-4-3　天然堇青石和印度石的热膨胀曲线

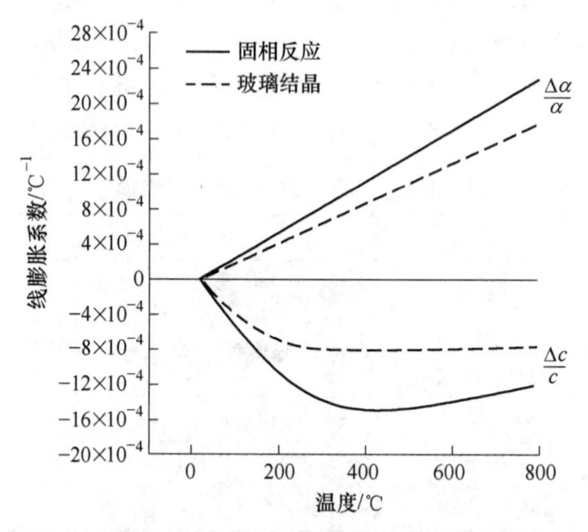

图 13-4-4　固相反应的堇青石和玻璃结晶得到的堇青石的轴向线膨胀系数

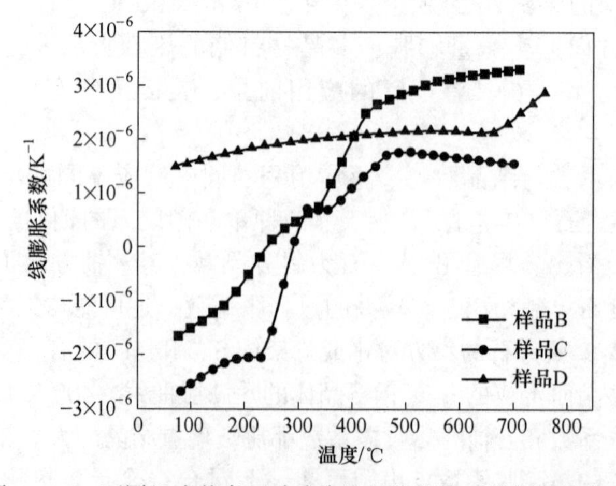

图 13-4-5　不同组成堇青石玻璃陶瓷的线膨胀系数与温度曲线

（B 样品：K_2O 含量 4%；C 样品：K_2O 含量 8%；D 样品：Cs_2O 含量 19.6%）

堇青石膨胀的各向异性在挤出成型合成堇青石熟料（多晶体）中也很明显，例如以滑石和高岭土为原料，在 1400 ℃下烧成后不同成型方法所得到的堇青石膨胀系数（25～1000 ℃）也不尽相同，（1）平行于挤出方向线膨胀系数为 0.7×10^{-6} ℃$^{-1}$；（2）垂直于挤出方向线膨胀系数为 1.9×10^{-6} ℃$^{-1}$；（3）等静压成型（无方向）线膨胀系数为 1.3×10^{-6} ℃$^{-1}$。这是由于挤出成型使层状原料滑石产生沿挤出方向的定向排列，造成的堇青石结晶方向与滑石的定向排列一致。

13.4.3 堇青石的合成

堇青石性能优异，在诸多领域得到广泛应用，但天然优质的堇青石极少。工业上所有的堇青石基本为人工合成，主要方法有天然矿物高温固相反应法、人工合成氧化物高温固相反应法、湿化学法、熔融玻璃结晶法等，由于天然矿物原料合成堇青石具有生产成本低、大规模化生产等优势，因此本节主要阐述天然料合成堇青石的过程及特点。

13.4.3.1 合成堇青石的组成设计

图 13-4-6 的 $MgO-Al_2O_3-SiO_2$ 三元系相图中，点 2 是鳞石英-堇青石-莫来石副三角形 $\triangle MCS$ 的无变量点（双升点 2：$A_3S_2+L \rightleftharpoons M_2A_2S_5+S$），在点 2 和 A_3S_2 组成点的连线上，只有鳞石英和莫来石，而无堇青石；在 AM 连线之下的组成，则 S 只有堇青石和莫来石，而无 SiO_2 结晶相；同样，点 3 是副三角形-假蓝宝石（$M_4A_5S_2$）-堇青石（$M_2A_2S_5$）-莫来石（A_3S_2）的无变量点（双升点3：$A_3S_2+L \rightleftharpoons M_2A_2S_5+M_4A_5S_2$），在点3 和 A_3S_2 组成点的连线之下，只有莫来石和假蓝宝石，而无堇青石。因此合成堇青石配料组成点应该落在

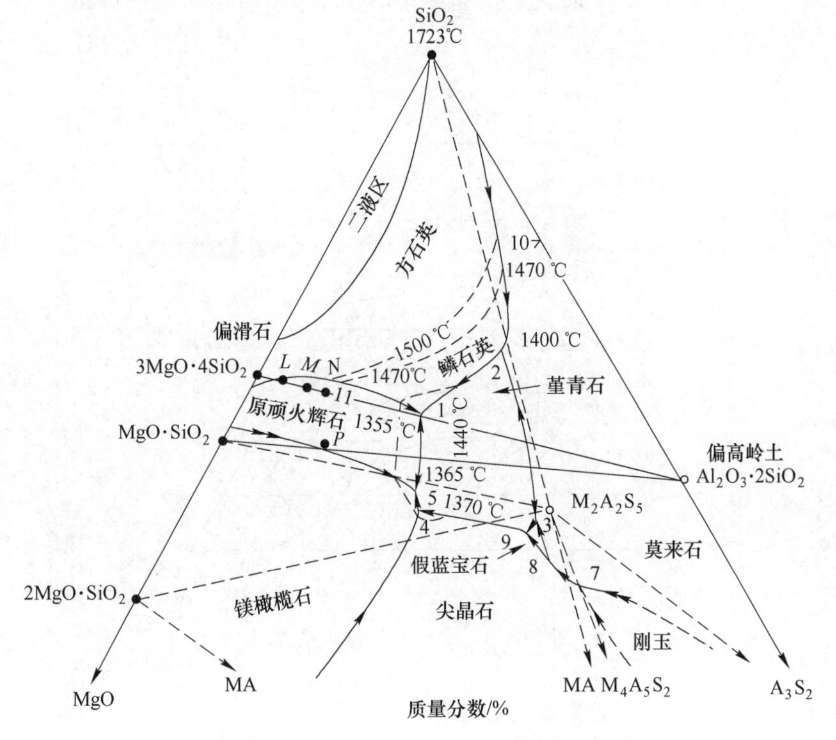

图 13-4-6 $MgO-Al_2O_3-SiO_2$ 相图的富硅部分

点2和A_3S_2组成点的连线之下、点3和A_3S_2组成点的连线之上的区域内。实践也证明：只要配料组成点在堇青石组成点附近，都能得到以堇青石为主晶相、膨胀系数低的材料，如图13-4-7和图13-4-8所示。为了提高合成原料的高温性能，有时候希望堇青石熟料中含有一定量的莫来石，且玻璃相少，此时的配料组成点应该位于堇青石组成点3和A_3S_2组成点连线上；但随着莫来石相含量增大，合成堇青石熟料的强度和热膨胀系数也会增大。

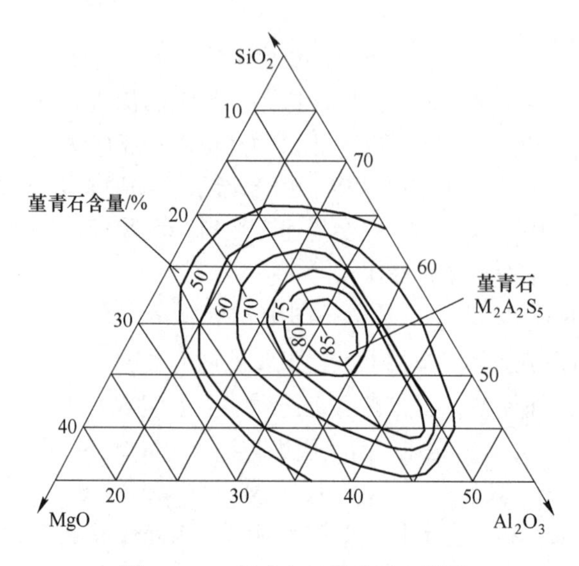

图13-4-7 组成点与堇青石含量图

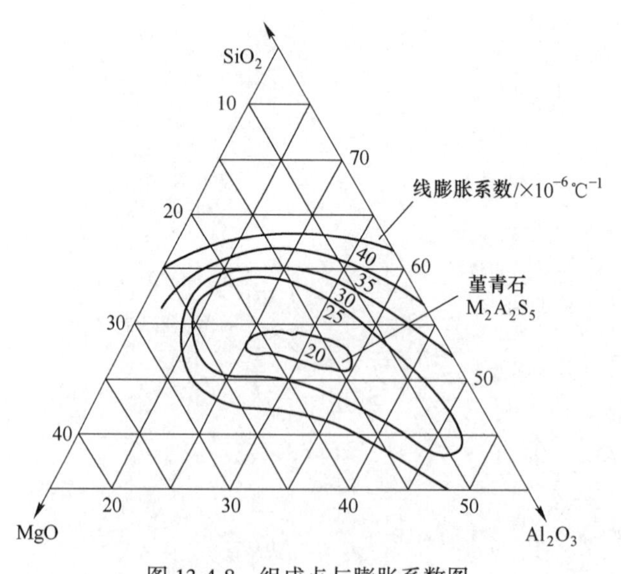

图13-4-8 组成点与膨胀系数图

13.4.3.2 天然料合成堇青石反应过程

堇青石比较容易生成，几乎只要将各种形式含MgO、Al_2O_3、SiO_2的原料进行配料使其组成点位于堇青石组成点附近，高温固体反应都可以合成堇青石熟料。由于堇青石是三元氧化物，其高温固相反应常用的原料有：（1）一元氧化物 MgO、Al_2O_3、SiO_2 纯氧化物或者相对应的水合氧化物或碳酸盐等；（2）二元化合物，一类是提供 MgO 和 SiO_2 的滑石、蛇纹石、镁质黏土等，另一类是提供 Al_2O_3 和 SiO_2 的黏土（高岭土、累托石等）、铝矾土、“三石”和一些含 Al_2O_3、SiO_2 为主的工业固体废弃物（粉煤灰等）；（3）三元化合物绿泥石，提供 MgO、Al_2O_3、SiO_2。

为了满足使用要求，或采用不同生产工艺，对上述原料组合的选择需要考虑杂质含量对合成堇青石的烧成温度、高温性能，原料成本等综合影响。表 13-4-3 为合成堇青石常用原料的组合，其中工业上比较常见的原料组合滑石为 MgO 源与 Al_2O_3-SiO_2 系天然料的基本组合，以下简要叙述不同天然料体系原料组合反应生成堇青石的过程。

表 13-4-3 天然料合成堇青石常用原料组合

含 MgO 原料	含 Al_2O_3 或 SiO_2 原料	烧成温度/℃	特 点
滑石	高岭土，氧化铝	1390	最常采用的原料组合
	矾土，黏土	1380	价格便宜，但熟料颜色为淡黄色
	蓝晶石，黏土	1400	强度高
绿泥石-滑石	高岭土或黏土	1350	价格便宜，配料简单
绿泥石	高岭土或黏土	1330	合成温度低，价格便宜
蛇纹石	高岭土或黏土	1350	熟料使用温度较低
镁质黏土	高岭土，矾土	1390	价廉，熟料呈淡黄色
菱镁矿	高岭土，石英砂	1400	质纯，合成温度高，烧结范围窄

A 一元氧化物纯体系

一元氧化物纯体系合成堇青石，有研究以分析纯的工业氧化铝、轻烧 MgO 和石英为原料，以堇青石的理论组成配料为例，温度从 1000~1360 ℃分析不同温度段下出现的物相，分析如下：

在 1000~1200 ℃，主要物相有石英，还有少量 α-Al_2O_3 和镁铝尖晶石，α-Al_2O_3 是工业氧化铝中的 γ-Al_2O_3 转化而成；同时 Al_2O_3 和轻烧 MgO 开始化合反应生成 $MgAl_2O_4$，此温度段内未见其他二元化合物（莫来石、顽火辉石或镁橄榄石），这可能是由石英活性比轻烧 MgO 小得多导致的。

在 1240~1300 ℃，堇青石开始出现并随着温度升高缓慢增加，$MgAl_2O_4$ 开始增多而后随温度升高而不变，石英一直保持不变，α-Al_2O_3 相逐渐变少；此温度段内也未见除 $MgAl_2O_4$ 外的其他二元化合物（莫来石、顽火辉石或镁橄榄石），也未见有 MgO。

在 1320~1380 ℃，石英转化为方石英且随温度升高而增加，堇青石也随温度升高而缓慢增加，$MgAl_2O_4$ 保持不变，也未见其他二元化合物。

在 1400~1440 ℃，堇青石增多，$MgAl_2O_4$ 和方石英逐渐减少。

另外，有研究表明在 1200 ℃一元氧化物体系合成堇青石过程中会出现 MgO 衍射峰，但也未见含 SiO_2 二元化合物，如莫来石、顽火辉石或镁橄榄石等，只发现有 $MgAl_2O_4$ 和方石英，如图 13-4-9 所示。

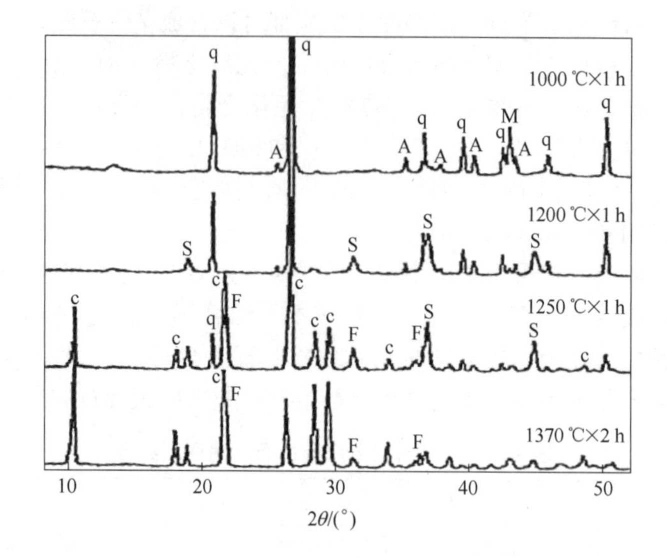

图 13-4-9　一元氧化物合成堇青石不同温度下的物相组成

q—石英；M—MgO；A—α-Al_2O_3；S—尖晶石；F—方石英；c—α-堇青石

以工业氧化铝、轻烧 MgO 和石英为原料合成堇青石的反应过程如图 13-4-10 所示，该反应过程中过渡相二元化合物相仅发现镁铝尖晶石。

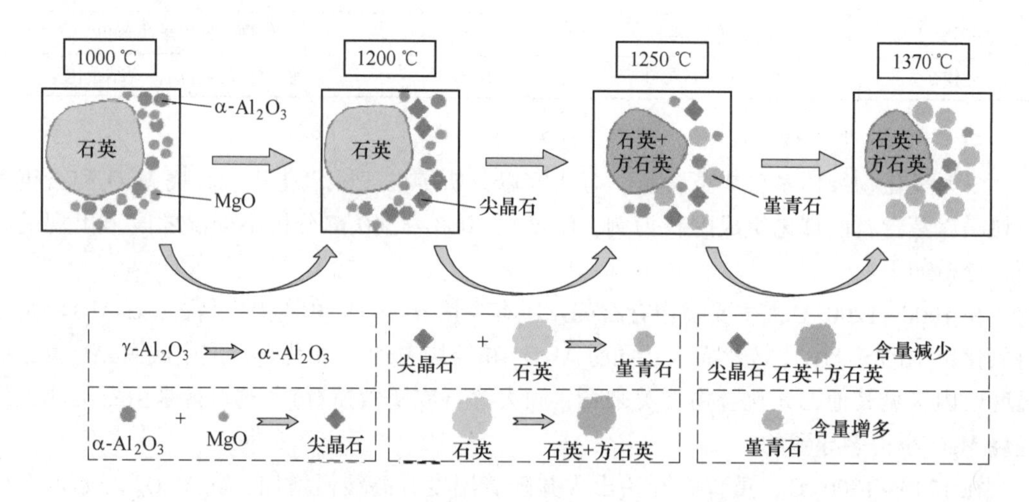

图 13-4-10　以工业氧化铝、轻烧 MgO 和石英为原料合成堇青石的反应过程

作者以纳米氧化铝、MgO、纳米 SiO_2 为原料，将三种原料以摩尔质量比为 $n(MgO):n(Al_2O_3):n(SiO_2)=2:2:5$ 称取，以无水乙醇为介质，球磨干燥后压制成块，分别在 1000 ℃、1100 ℃、1200 ℃、1300 ℃下保温 3 h。由图 13-4-11 可知，1100 ℃时有堇青石生成，并且伴有二元氧化物顽火辉石和尖晶石生成，直到 1300 ℃顽火辉石消失，尖晶石仍然存在，其反应过程如图 13-4-12 所示。在一元氧化物合成堇青石体系中，出现何种过渡二元氧化物（尖晶石、顽火辉石、莫来石），主要取决于三种氧化物的反应活性，但以上未发现莫来石中间相。

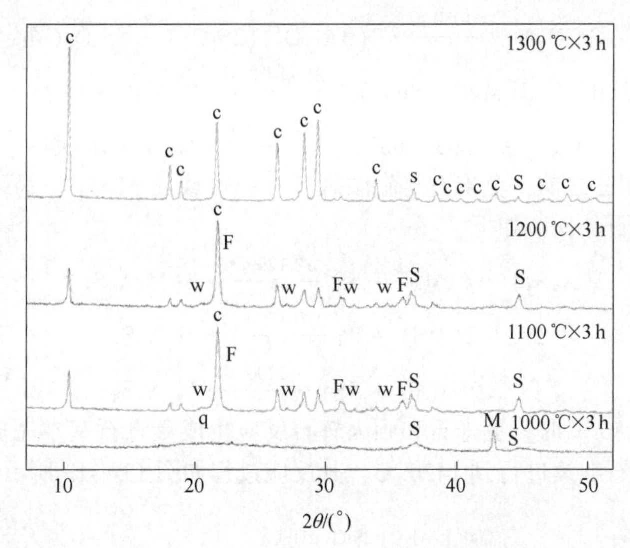

图 13-4-11 以纳米氧化铝、MgO、纳米 SiO_2 为一元氧化物合成堇青石不同温度下的组成

q—石英；M—MgO；S—尖晶石；F—方石英；c—α-堇青石；w—顽火辉石

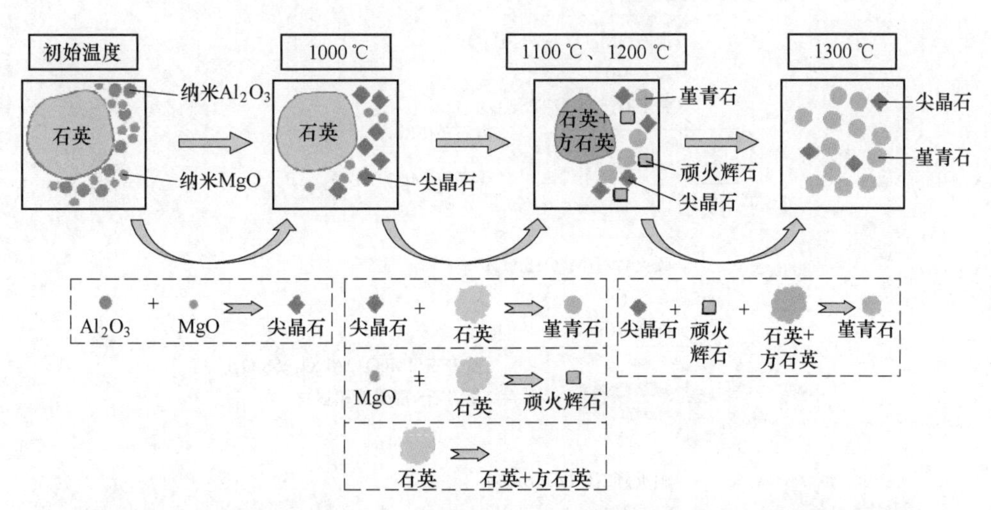

图 13-4-12 以纳米氧化铝、MgO、纳米 SiO_2 为主要原料合成堇青石过程机理示意图

B 滑石-高岭土-氧化铝体系

在滑石-高岭土-氧化铝体系中，首先存在起始反应物相为滑石、高岭土原料在 1100 ℃之前经过脱羟基、相变、固相反应生成斜顽辉石（MS）、莫来石（A_3S_2）、石英（S）和镁铝尖晶石（MA），反应如下：

$$3MgO \cdot 4SiO_2 \cdot H_2O \xrightarrow{600 \sim 1000\ ℃} 3(MgO \cdot SiO_2)(\text{斜顽辉石}) + SiO_2 + H_2O\uparrow \quad (13\text{-}4\text{-}1)$$

$$2(Al_2O_3 \cdot 2SiO_2) \xrightarrow{925 \sim 1050\ ℃} 2Al_2O_3 \cdot 3SiO_2(\text{Al-Si 尖晶石}) + SiO_2(\text{无定形}) \quad (13\text{-}4\text{-}2)$$

$$3(2Al_2O_3 \cdot 3SiO_2) \xrightarrow{\geq 1050\ ℃} 2(3Al_2O_3 \cdot 2SiO_2) + 5SiO_2(\text{无定形}) \quad (13\text{-}4\text{-}3)$$

$$3Al_2O_3 \cdot 2SiO_2 + 3(MgO \cdot SiO_2) \xrightarrow{925 \sim 1050\ ℃} 3(MgO \cdot Al_2O_3) + 5SiO_2 \quad (13\text{-}4\text{-}4)$$

$$Al_2O_3 + MgO \cdot SiO_2 \xrightarrow{925 \sim 1050\ ℃} MgO \cdot Al_2O_3 + SiO_2 \quad (13\text{-}4\text{-}5)$$

当温度在 1200 ℃之前，莫来石与斜顽辉石、SiO_2 或 $\alpha\text{-}Al_2O_3$ 与斜顽辉石、SiO_2 与尖晶石反应生成堇青石，反应如下：

$$2(A_3S_2) + 6(MS) + 5S \xrightarrow{\text{约 } 1200\ ℃} 3(M_2A_2S_5) \quad (13\text{-}4\text{-}6)$$

$$2A + 2(MS) + 3S \xrightarrow{\text{约 } 1200\ ℃} M_2A_2S_5 \quad (13\text{-}4\text{-}7)$$

$$2(MA) + 5S \xrightarrow{\text{约 } 1200\ ℃} M_2A_2S_5 \quad (13\text{-}4\text{-}8)$$

当温度高于 1250 ℃时，莫来石和顽火辉石反应生成堇青石基本完成，镁铝尖晶石与石英反应生成堇青石继续进行到 1420 ℃，其反应过程如图 13-4-13 所示。

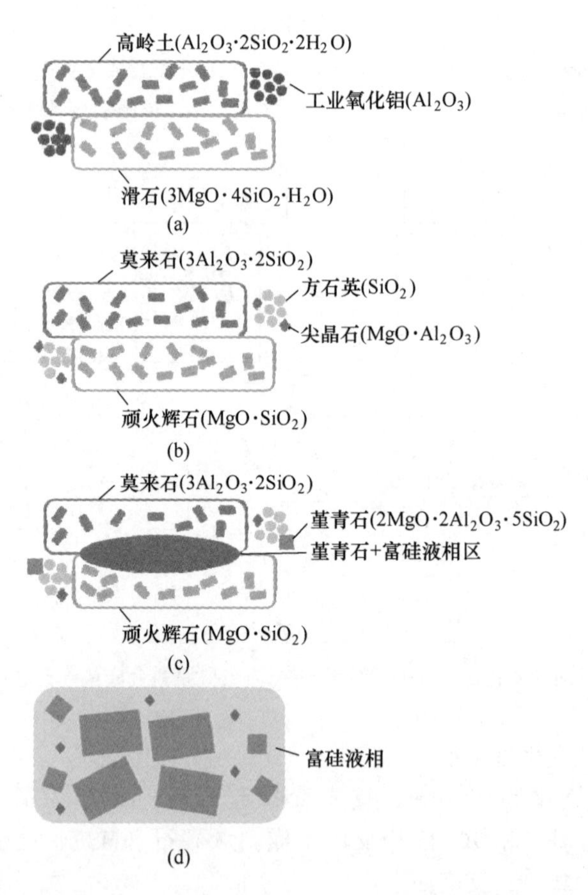

图 13-4-13　滑石-高岭石-氧化铝体系合成堇青石的机理图

（a）原料状态；（b）约 1100 ℃；（c）约 1150 ℃；（d）约 1300 ℃

对纯氧化物体系研究发现，镁铝尖晶石与方石英合成堇青石的温度高于 1300 ℃，而滑石-高岭土-氧化铝体系在 1200~1280 ℃时尖晶石与石英反应生成堇青石；纯氧化物合成堇青石过程中，镁铝尖晶石作为中间相一直存在，也发现顽火辉石（$MgO \cdot SiO_2$）作为中间相的，但未见莫来石作为过渡相的；而滑石-高岭土-氧化铝体系中有中间相顽火辉石（$MgO \cdot SiO_2$）、莫来石出现过。

C 滑石-铝矾土体系

滑石-铝矾土体系中，根据铝矾土中 Al_2O_3 含量，添加一定量黏土或石英补足 SiO_2；与滑石-高岭土-氧化铝体系不同的是，铝矾土中一水铝石（$Al_2O_3 \cdot H_2O$）会发生分解反应：

$$Al_2O_3 \cdot H_2O \xrightarrow{400\sim600\ ℃} \gamma\text{-}Al_2O_3 + H_2O\uparrow \tag{13-4-9}$$

除了该反应外，根据不同铝矾土类型，有不同其他矿物的反应，例如 DK 型铝矾中有高岭石、DP 型铝矾土中有叶蜡石等加热分解反应，这些黏土类矿物分解最终成莫来石和石英，同时滑石分解成斜顽辉石（见式（13-4-1））；大约 1000 ℃，滑石-铝矾土-石英/黏土体系中主要物相为 α-Al_2O_3、莫来石、顽火辉石和方石英，其中 α-Al_2O_3 和莫来石来自铝矾土原料，顽火辉石和方石英来自滑石分解，温度继续升高，莫来石与顽火辉石反应生成镁铝尖晶石（见式（13-4-4）），此后和滑石-高岭土-氧化物体系类似；随着温度进一步升高，存在堇青石生成的三个途径：（1）莫来石与顽火辉石、石英反应生成堇青石（见式（13-4-6））；（2）α-Al_2O_3 与顽火辉石、石英反应生成堇青石（见式（13-4-7））；（3）镁铝尖晶石与石英反应生成堇青石（见式（13-4-8））。

D 滑石-蓝晶石体系

滑石-蓝晶石体系中，和滑石-铝矾土体系类似，由于蓝晶石 Al_2O_3 含量大多在 55%～58%之间，一般和滑石混合后还需要补足一些石英才能达到堇青石的组成点。其反应过程大体如下：

约 1200 ℃，滑石分解斜顽辉石和非晶态 SiO_2；蓝晶石在 1100 ℃开始从表面分解成莫来石和非晶态 SiO_2，同时莫来石和斜顽辉石开始反应生成堇青石；随着温度的升高，在 1250 ℃时，莫来石消失，物相只有堇青石、镁铝尖晶石和方石英；随着温度进一步提升，镁铝尖晶石和方石英也逐步反应生成堇青石。

总之，在滑石为 MgO 源的这几个体系合成堇青石反应过程中，基本上是在 1250 ℃之前，滑石分解的斜顽辉石，黏土或"三石"分解成莫来石和石英，铝矾土分解成 α-Al_2O_3、莫来石等，同时伴有反应式（13-4-4）和式（13-4-5）生成镁铝尖晶石，反应式（13-4-6）和式（13-4-7）生成堇青石；约 1250 ℃后，反应式（13-4-8）生成堇青石居多。

由于天然原料中常含有 Na_2O、K_2O、CaO、TiO_2、Fe_2O_3 等杂质氧化物，容易产生一定量的液相，这些液相会影响堇青石的合成温度，因此堇青石合成的温度需要根据具体原料来确定。

研究表明，合成堇青石中间产物的晶体结构基因会遗传到合成堇青石的过程中，合成堇青石过程的中间产物的晶体结构决定了 Si/Al 有序性。镁铝尖晶石和石英反应合成的堇青石 Si/Al 有序性高，顽火辉石和莫来石合成堇青石 Si/Al 有序性低。高岭土原料的 SiO_2/Al_2O_3 质量比越小，合成堇青石 Si/Al 有序性低。莫来石晶体结构的 Si/Al 无序性遗传到合成堇青石的结构中。不同高岭土中的高岭石晶体结构有序性通过影响莫来石晶体结构，进而影响到堇青石的 Si/Al 有序性，存在高岭石结构→莫来石结构→堇青石结构之间的结构基因遗传关系。

在耐火材料生产中，主要是以天然料如高岭石、滑石等为原料来合成堇青石，一般合成温度在1400 ℃左右。有研究认为，在1450 ℃以下稳定态的堇青石应为斜方对称的β-堇青石，因此认为耐火材料中的堇青石应多为β-堇青石；但因为α-堇青石与β-堇青石的物理性能差别不大且两者的X射线衍射峰难以区分，因此，多数材料工作者对两者不作区分。近年来，有研究者利用XRD、FTIR和^{29}Si NMR研究了以不同高岭土原料合成的堇青石晶体结构的Si/Al有序性，从结构演变过程的角度揭示合成堇青石的机理，认为滑石-高岭土-氧化铝体系和纯氧化物体系合成的均为α-堇青石。

13.4.3.3　天然料合成堇青石的工艺要点

工业上用天然料烧结法合成堇青石的工艺方式主要有三种：（1）干法工艺，即将配料干法混合，半干法机压成型成荒坯，然后烧成，该方法难以保证混合原料的均匀性，达不到所设计的矿物组成，一般不建议此方法；（2）湿法工艺，即配料在球磨机中加水湿磨，泥浆经压滤脱水，在真空挤出成型成泥坯，然后烧成，这种方法最为常见；（3）两步法，第一步按湿法工艺将生坯轻烧（约1000 ℃），第二步轻烧后的砖坯经破碎细磨成粉，然后压制成型，再经烧成，这种方法致密度高，但工序复杂，成本高。图13-4-14为不同制备工艺对堇青石熟料线膨胀率的影响（1390 ℃×4 h）。

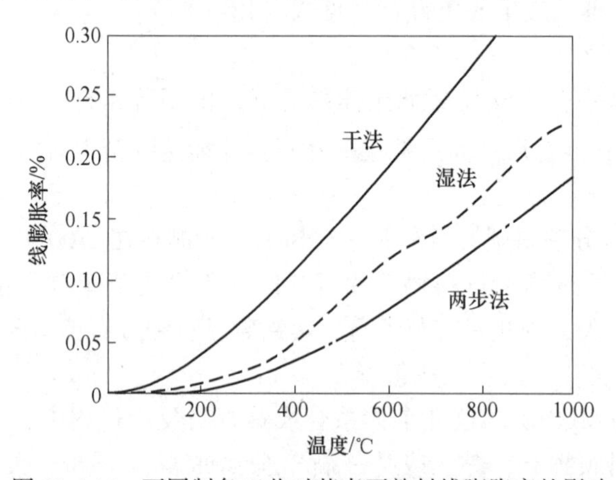

图13-4-14　不同制备工艺对堇青石熟料线膨胀率的影响

A　温度

堇青石的烧成温度与原料纯度及原料组合类型有关。一般来说，堇青石的生成温度范围比较宽，从1100~1380 ℃，甚至范围更宽；而其烧结温度范围比较窄，约30 ℃，甚至更窄。如果窑温控制不当，工业上经常会出现要么欠烧、要么过烧的现象。

目前，扩大堇青石的烧结温度范围有三种方法：（1）添加剂法，在合成堇青石材料时常会添加ZrO_2或$ZrSiO_4$、TiO_2、Li_2CO_3、$BaCO_3$、WO_3、$PbSiO_3$等。为了保证高温性能且又能扩大堇青石的烧结温度范围，其中添加ZrO_2或$ZrSiO_4$是常用的方法，添加15%~30%的$ZrSiO_4$可将烧成温度范围扩大至60 ℃，且不影响堇青石的热震稳定性。（2）晶核剂法，即在堇青石配料中添加已合成的堇青石粉作为晶核（也称晶种），适量的晶核剂会大大促使高温下堇青石的形成和发育，从而改善试样的烧结状况。研究表明，添加10%堇青石熟料为晶种，合成堇青石晶粒呈明显短粗状，平均4 μm，大的可达7 μm，而同样工艺配方条件下的堇青石晶粒细小，为2~3 μm。添加晶核剂还能降低坯体的烧成收缩率和膨胀系数，如图 13-4-15 所示。（3）两步法，也称两步煅烧法。研究表明，1000℃煅烧比不煅烧时试样的线膨胀系数低，因为滑石或高岭土进行预煅烧，避免了合成中脱水时比较大的体积变化，利于物料间充分反应，对降低堇青石材料线膨胀系数有利。一般来说经两步煅烧后材料中的堇青石晶粒发育良好，晶粒尺寸变大。

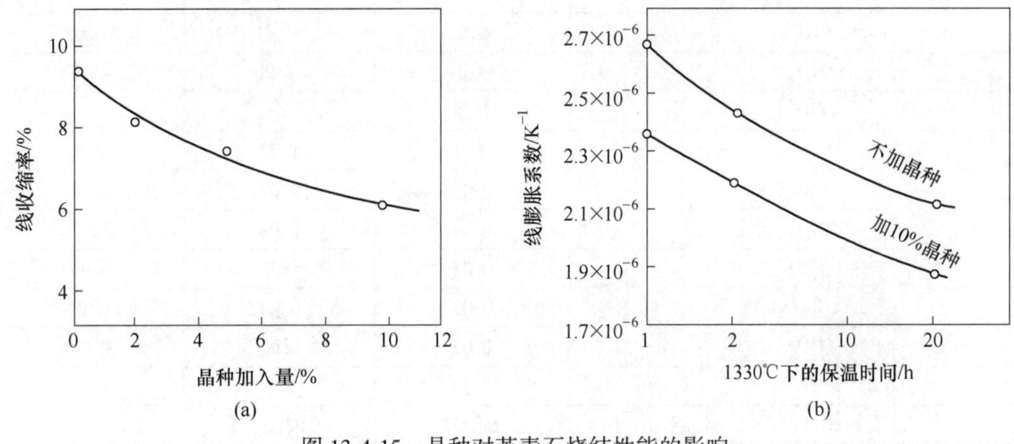

图 13-4-15　晶种对堇青石烧结性能的影响

B　保温时间

在确定的烧成温度下，保温时间对合成堇青石的影响也很大。一般来说随着保温时间的延长，堇青石含量增加，结晶趋于完善，线膨胀系数下降。但在实际生产中往往过长的保温时间会导致堇青石分解成莫来石和液相，线膨胀系数反而会增大，大多数天然料合成堇青石的保温时间在 6~8 h；而对于一元氧化物体系合成堇青石来说，保温时间延长，其线膨胀系数会降低，如图 13-4-16 所示。

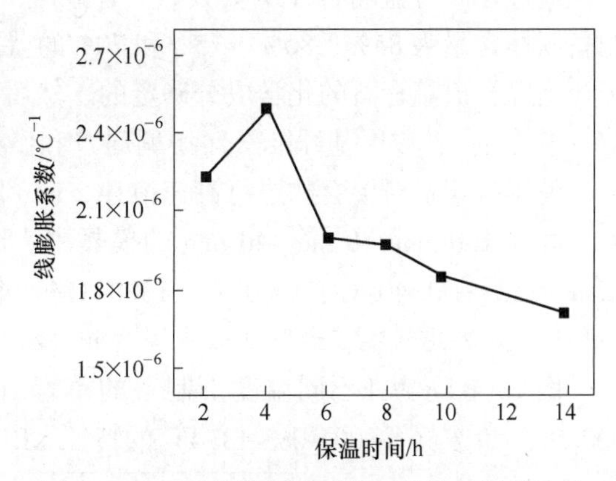

图 13-4-16　平均线膨胀系数与保温时间的关系

13.4.4　堇青石多孔隔热耐火材料

堇青石多孔陶瓷既具有堇青石线膨胀系数低、化学稳定性好、介电性能好等特性，又具有多孔陶瓷低体积密度、高渗透率、抗腐蚀、耐高温、隔热优良等性能，是一种用途广泛的多孔陶瓷。它主要用于催化剂载体、过滤分离、耐火材料和红外材料等方面，常用的成孔方法有颗粒堆积法、造孔剂法、挤出成型法、凝胶注模法、有机泡沫浸渍法、直接发泡法和热发泡法等。以下介绍采用含锆蓝晶石和滑石为主要原料，发泡法制备堇青石多孔隔热耐火材料。

13.4.4.1　泡沫法制备堇青石泡沫陶瓷

A　实验设计及过程

制备堇青石泡沫陶瓷的原料是蓝晶石尾矿（中国海南），其主要物相成分是蓝晶石和锆英石；黏土粉（中国江苏）和滑石粉（中国广西），它们的化学组成和粒度见表13-4-4。

添加剂，如聚羧酸酯（分散剂）、聚乙烯醇和硅溶胶（黏合剂）、羧甲基纤维素（增稠剂）和微孔形成剂，皆为市售的分析纯试剂。

表 13-4-4　原料的化学成分和粒径

化学成分（质量分数）/%	蓝晶石尾矿	黏土	滑石
Al_2O_3	50.02	34.81	0.03
SiO_2	39.06	47.90	41.34
ZrO_2	7.25	—	—
Fe_2O_3	0.91	1.22	0.43
CaO	0.02	0.07	0.37
MgO	0.79	0.08	38.16
K_2O	0.01	0.58	0.005
Na_2O	0.03	0.02	0.01
TiO_2	0.02	0.07	0.002
IL	0.23	15.51	19.64
粒度 D_{50}/μm	25.722	67.63	58.36

通过球磨将蓝晶石（质量分数）尾矿粉（31%）、黏土粉（34%）和滑石粉（35%）制备固体含量为 85%、80%、75%和 70%的蓝晶石尾矿-黏土-滑石浆料，各种原料的质量配比是以合成堇青石的化学成分确定的。然后，将聚羧酸盐（分散剂）、聚乙烯醇和硅溶胶（黏合剂）、羧甲基纤维素（增稠剂）和微孔形成剂添加到蓝晶石尾矿-黏土-滑石浆料中，使用打浆机对混合物进行高速搅拌 2 min 以产生泡沫，将掺入大量泡沫的每种浆料倒入尺寸为 160 mm×40 mm×40 mm 的模具中。试样在室温下干燥 24 h，然后在 80 ℃干燥 12 h，最后在 1340 ℃、1360 ℃、1380 ℃和 1400 ℃下烧成 3 h。

B　泡沫法制备堇青石泡沫陶瓷物相分析

图 13-4-17 为在不同温度下制备的堇青石泡沫陶瓷的 XRD 谱图。分析堇青石（96-900-56）和锆英石（01-083-1374）的特征 XRD 峰结果表明，以堇青石为主要物相的堇青

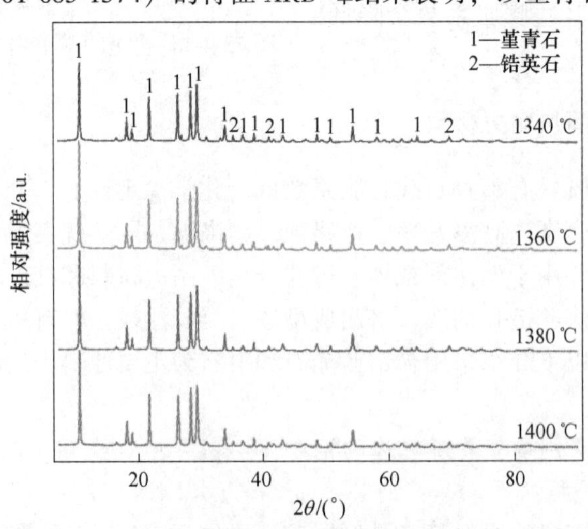

图 13-4-17　不同温度下制备的堇青石泡沫陶瓷的 XRD 谱图

石泡沫陶瓷可以在1340℃下合成。在1400℃的较高热处理温度下，材料的物相没有变化。除了含有少量锆英石外，合成的堇青石泡沫陶瓷为高纯度的堇青石。

图13-4-18显示了烧结过程中蓝晶石尾矿-黏土-滑石粉的热重/示差扫描量热（TG-DSC）图。当温度升高到448 ℃和613 ℃时，滑石失去其结构羟基。温度继续上升到946℃，释放出黏土和蓝晶石尾矿中的结晶水。

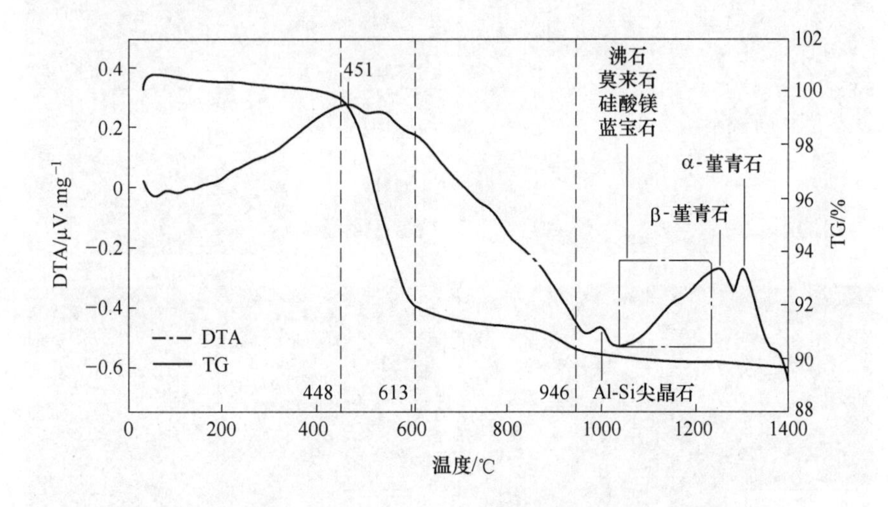

图13-4-18 热处理过程中蓝晶石尾矿-黏土-滑石粉的TG-DSC图

在1000 ℃左右，发生了黏土和蓝晶石尾矿生成Al-Si尖晶石反应（见式（13-4-2）），

在1020~1240 ℃，发生尖晶石与各相（方石英、莫来石和硅酸镁）的反应见式（14-4-3）、式（13-4-8）、式（13-4-10）。

$$5(MgO\cdot SiO_2)+3Al_2O_3\cdot 2SiO_2+2Al_2O_3+3SiO_2 \longrightarrow 2(2MgO\cdot 2Al_2O_3\cdot 5SiO_2)+MgO\cdot Al_2O_3 \quad (13\text{-}4\text{-}10)$$

在1260 ℃和1310 ℃左右，放热峰分别是由于堇青石的β和α同素异形体引起的。

制备堇青石泡沫陶瓷的反应机理如下：

（1）在整个固相反应过程中，只有蓝晶石尾矿中的蓝晶石参与反应。锆石在高达1400℃的温度下进行热处理时不参与反应。

（2）蓝晶石尾矿中的蓝晶石提供氧化铝和氧化硅，与滑石（在堇青石中提供氧化镁）和黏土（调节堇青石中Al_2O_3、MgO和SiO_2比例的化学成分）反应产生堇青石。

C 泡沫法制备堇青石泡沫陶瓷的物相微观结构和孔径分布

不同固体含量和热处理温度下样品的微观结构和孔径分布如图13-4-19所示。使用显微图像分析和处理系统（MIAPS）软件测量试样孔径分布。图13-4-19中，在相同的热处理温度下，堇青石泡沫陶瓷的平均孔径随浆料固体含量的增加而减小；与此同时，在相同的固体含量下，平均孔径随热处理温度的升高而逐渐增大。对于相同的微孔形成剂添加量和热处理温度，较高的固体含量对应较小的孔径。通过调节浆料的固体含量和热处理温度，可以实现对堇青石泡沫陶瓷微观结构的控制。

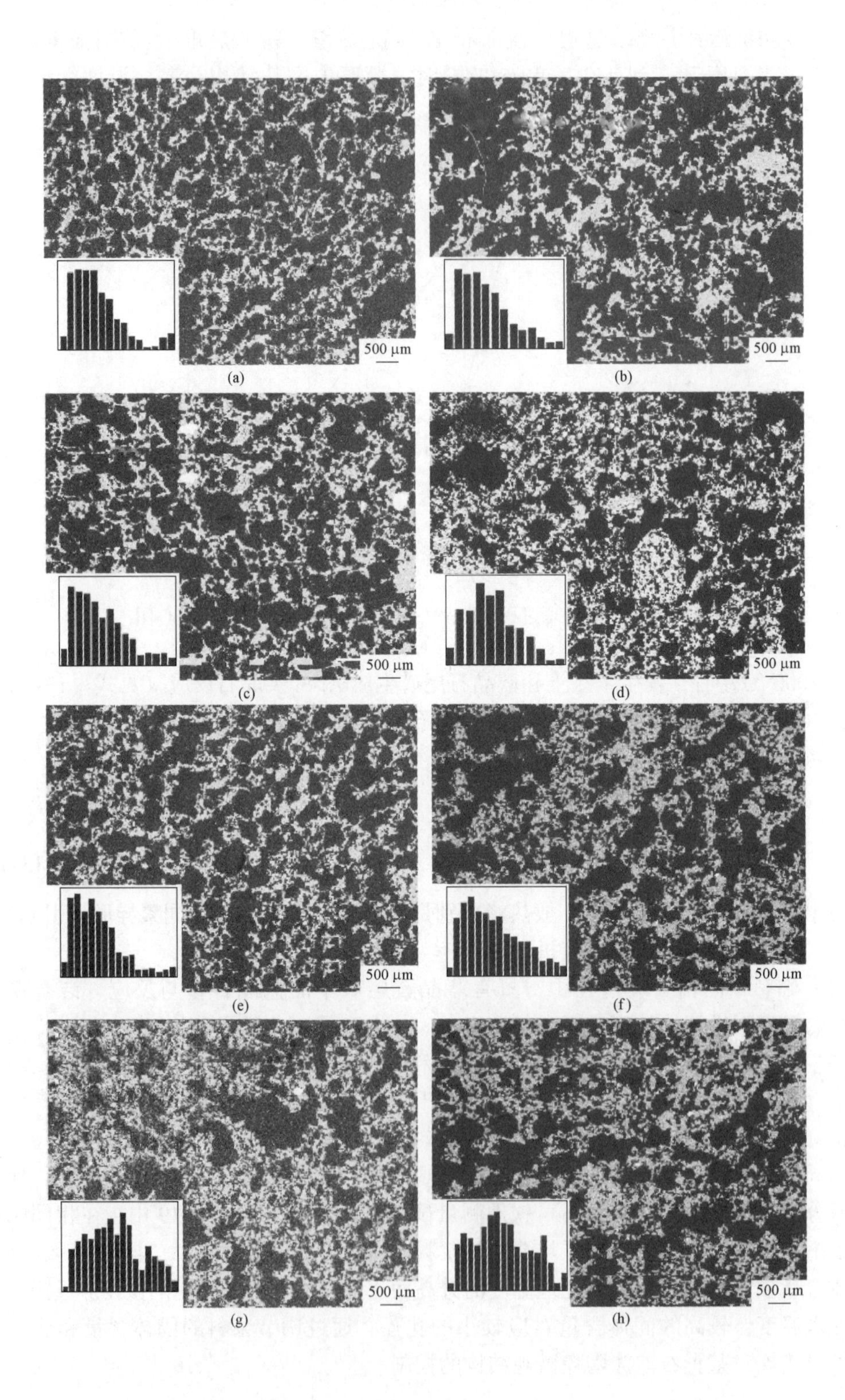

(a)　(b)　(c)　(d)　(e)　(f)　(g)　(h)

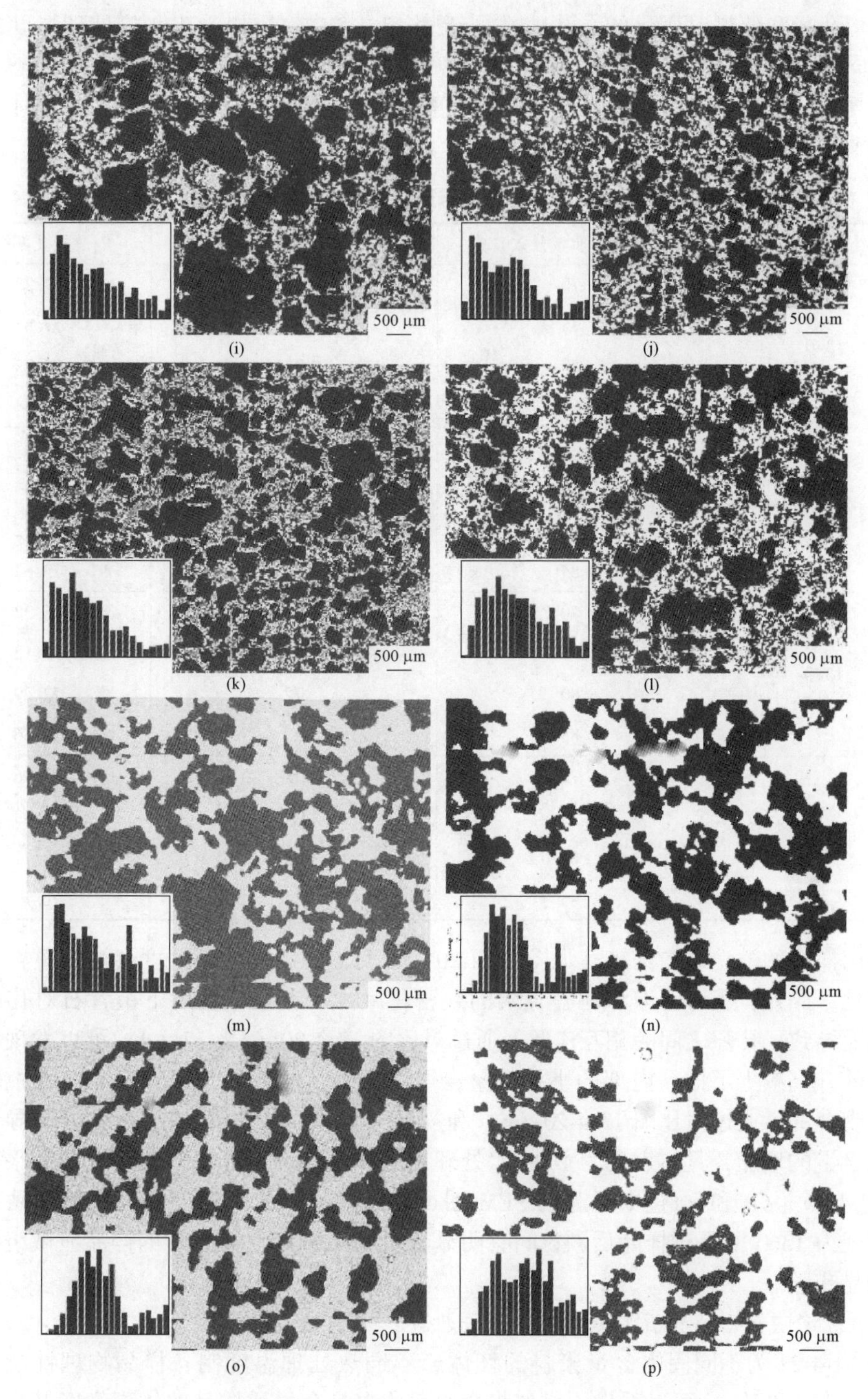

图 13-4-19　试样的微观结构和孔径分布与固体含量和热处理温度的关系

(a) 1340 ℃, 70%; (b) 1340 ℃, 75%; (c) 1340 ℃, 80%; (d) 1340 ℃, 85%;
(e) 1360 ℃, 70%; (f) 1360 ℃, 75%; (g) 1360 ℃, 80%; (h) 1360 ℃, 85%;
(i) 1380 ℃, 70%; (j) 1380 ℃, 75%; (k) 1380 ℃, 80%; (l) 1380 ℃, 85%;
(m) 1400 ℃, 70%; (n) 1400 ℃, 75%; (o) 1400 ℃, 80%; (p) 1400 ℃, 85%

平均孔径和随热温变化的总孔隙率列于表13-4-5中。可以看出，热处理温度的升高导致相同固体含量样品的平均孔径和总孔隙率增加。产生这一结果的主要原因是热处理温度的升高使样品的烧结和致密化行为更加严重，图13-4-20可以证明这一点，固体含量的增加导致样品的平均孔径和总孔隙率减小。

表13-4-5 平均孔径和孔隙率与热处理温度和浆料固含量的关系

热处理温度/℃	固含量（质量分数）/%	平均孔径/μm	总气孔率/%
1340	70	53	79.23
	75	50	77.86
	80	47	75.73
	85	46	74.54
1360	70	81	78.65
	75	75	75.63
	80	67	73.72
	85	54	73.62
1380	70	83	76.32
	75	78	75.12
	80	72	72.29
	85	69	71.56
1400	70	103	75.96
	75	102	74.83
	80	100	70.71
	85	95	70.13

不同样品的微观结构比较（见图13-4-20）表明，提高热处理温度会增强堇青石骨架的致密化。此外，堇青石泡沫陶瓷骨架的致密化减少了在较低温度下堇青石对孔隙的支撑，进而导致了孔隙之间的相互连通。通过对比图13-4-20（a）和（d）可以发现，热处理温度的升高减少了样品内部的小孔数量，增加了大孔的数量，这与表13-4-5中的数据是相互吻合的。通过对比图13-4-20（b）和（e）可以发现，热处理温度的升高导致样品玻璃相含量的增加，具体表现为1400 ℃处理后的样品表面更光滑，断裂表面更平整。对比图13-4-20（c）和（f）中样品的SEM图可以发现，热处理温度的升高使样品更加致密，表现为1360 ℃处理样品后颗粒间有明显的间隙，1400 ℃处理后的样品显微组织中未发现明显孔隙。

D 泡沫法制备堇青石泡沫陶瓷的物理性能

图13-4-21为不同固体含量浆料的坯体经不同热处理温度制备样品物理性能。由图13-4-21（a）和（b）可以看出，增加浆料的固体含量会导致样品的体积密度升高和总孔隙率下降。此外，升高热处理温度会促进样品的致密化，进而增加样品的体积密度并降低总孔隙率，样品的体积密度和总孔隙率分别为0.55~0.71 g/cm^{3}和70.1%~79.2%。

吸水率是建筑外墙保温材料的重要性能指标，对材料能否达到生产和应用预期具有决定性作用。高吸水率会导致与雨水直接接触的外墙保温材料的质量过度增加，如果保温材

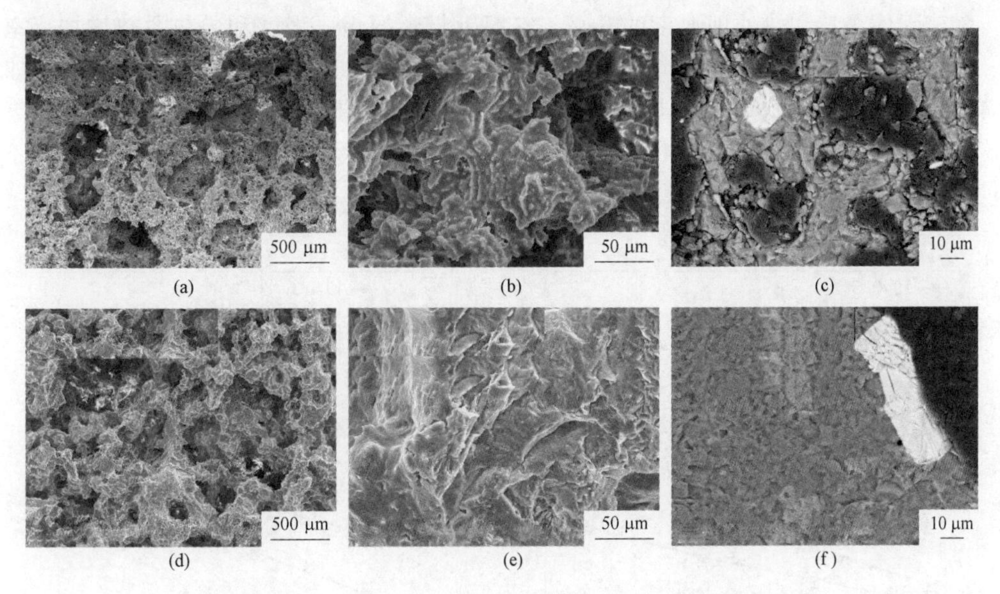

(a) (b) (c)
(d) (e) (f)

图 13-4-20 试样的微观结构与固含量和热处理温度的关系
(a)~(c) 1360 ℃, 80%; (d)~(f) 1400 ℃, 80%

料与墙体结合不牢，便会造成墙体保温材料从高处掉落并威胁路过人员的安全。本研究结果表明，固体含量为85%的1400℃热处理样品吸水率为46.2%，如图13-4-21（c）所示。

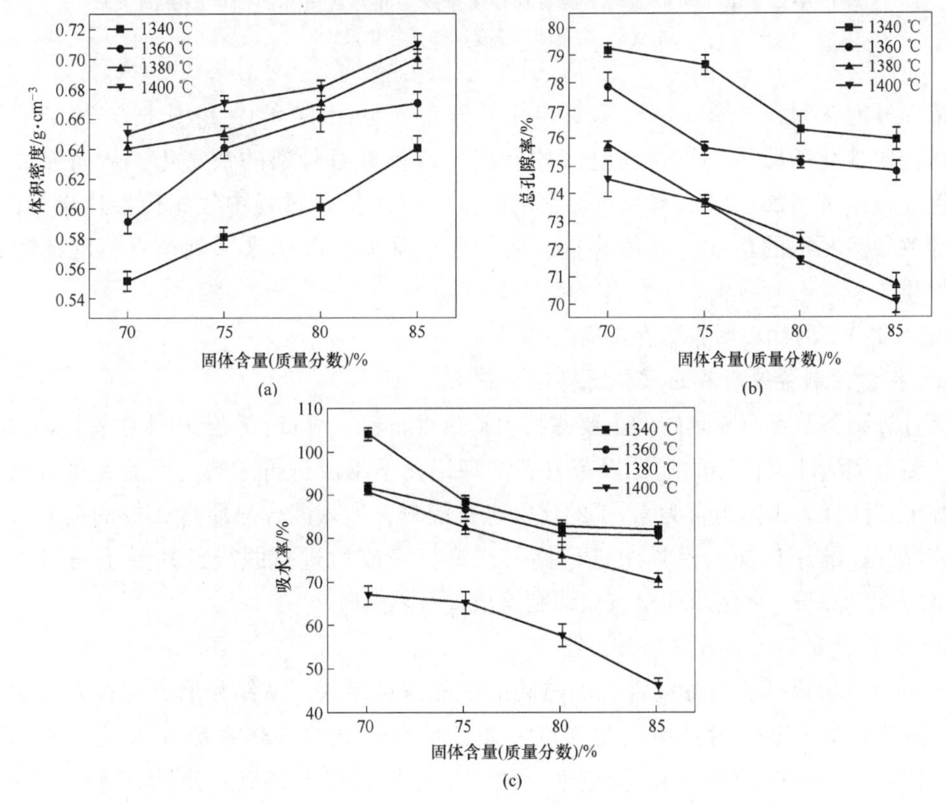

(a) (b) (c)

图 13-4-21 试样的物理性质变化与固体含量和热处理温度的关系
(a) 体积密度; (b) 总孔隙率; (c) 吸水率

随着固体含量和热处理温度的升高，室温下材料的耐压强度和导热系数增加。室温下，材料的耐压强度为 0.92～6.89 MPa，导热系数为 0.047～0.201 W/(m · K)，如图 13-4-22 所示。随着固体含量和热处理温度的升高，试样的致密化程度提高，具有更高的强度和更高的导热系数。在本工作中，提供了强度和导热系数的不同组合，可以满足不同的使用要求。

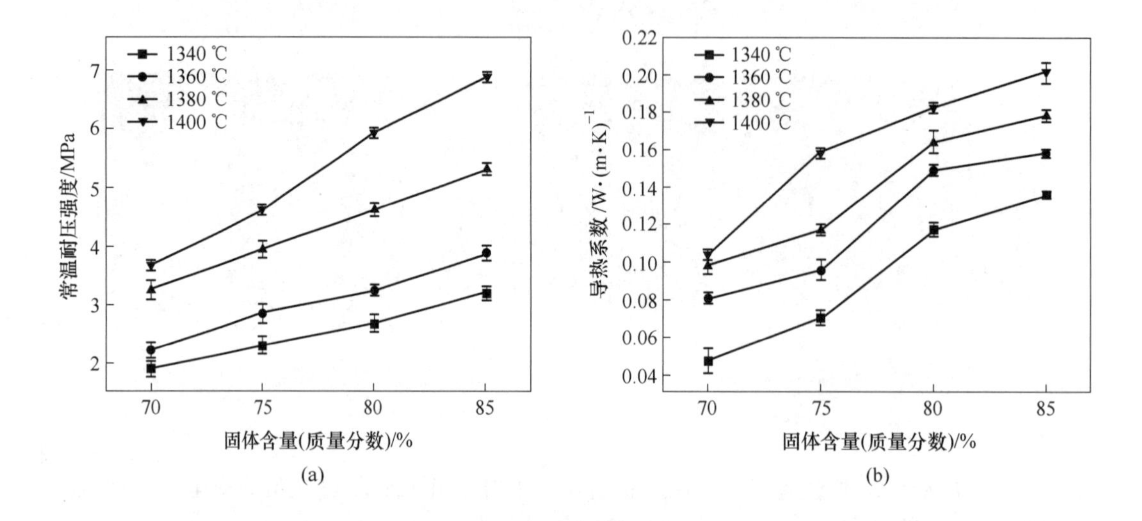

图 13-4-22　试样的常温耐压强度和导热系数与固体含量和热处理温度的关系

（a）常温耐压强度；（b）导热系数

堇青石泡沫陶瓷的微观结构演变和孔径分布（见图 13-4-19 和图 13-4-20）解释了其物理性质变化的原因。热处理温度的升高导致堇青石骨架的致密化，从而导致其体积密度和强度的增加，吸水率和孔隙率的降低，以及传热过程中气相传导比例的降低，从而导致导热系数的增加。固体含量的增加通过降低孔隙率来影响堇青石泡沫陶瓷的物理性质。

13.4.4.2　捣打法制备堇青石隔热砖

A　捣打法制备堇青石的原料及制备方法

捣打法制备堇青石隔热砖的主要原料包括堇青石粉、滑石、黏土和活性氧化铝，其中滑石、黏土和活性氧化铝的配比以堇青石的理论化学组成进行配料，然后将堇青石：滑石、黏土和活性氧化铝组合为 1∶1 的比例进行混料，加入混合料质量 25%的锯末再次混合。将混合好的原料加入模具中进行捣打，捣打完成后进行脱模，并置于马弗炉中在 1480 ℃热处理 3 h，自然冷却至室温即制得堇青石隔热砖。

B　捣打法制备堇青石隔热砖的性能

表 13-4-6 为捣打法制备堇青石隔热砖的性能测试结果。从结果看，这种方法制备的堇青石隔热砖满足窑炉内衬使用的强度，并且具有较低的导热系数（即较好的隔热性能）。此外，其具有较好的热震稳定性、化学稳定性较好的特点，并且具有一定的应用前景。

表 13-4-6　捣打法制备堇青石隔热砖的性能

性　　能	平均值
体积密度/$g \cdot cm^{-3}$	0.79
总气孔率/%	71.42
抗折强度/MPa	2.18
耐压强度/MPa	5.82
导热系数（400 ℃）/$W \cdot (m \cdot K)^{-1}$	0.212
导热系数（600 ℃）/$W \cdot (m \cdot K)^{-1}$	0.233
1000 ℃自然冷却热震稳定性/次	>19

C　捣打法制备堇青石隔热砖的物相及显微结构

捣打法制备的堇青石隔热砖的 XRD 谱图及分析结果如图 13-4-23 所示。从图中可以看出，捣打法制备堇青石隔热砖的主要物相为α-堇青石和莫来石。

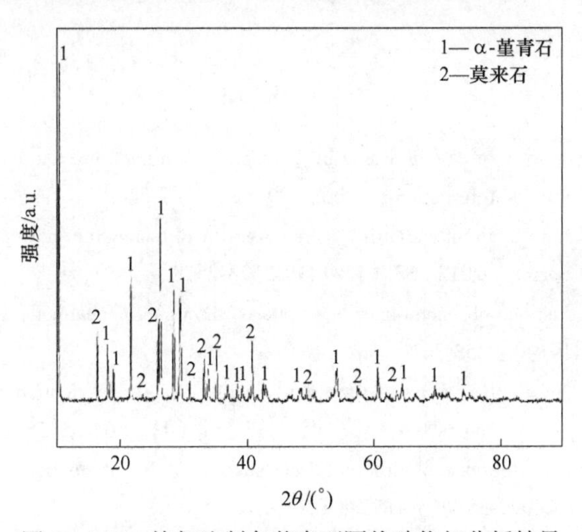

图 13-4-23　捣打法制备堇青石隔热砖物相分析结果

捣打法制备的堇青石隔热砖的扫描电镜图及 EDS 能谱分析结果如图 13-4-24 所示。由图可知，捣打法制备的堇青石隔热砖的孔大多为球状孔，这既有利于隔热砖在高温服役时的强度和热震稳定性，又有利于提高隔热砖的隔热性能。此外，堇青石的显微结构表现为玻璃相，晶粒边界不明显；莫来石少量存在且晶粒边界不明显，可能是由于莫来石化反应不完全或莫来石晶粒未完全发育。

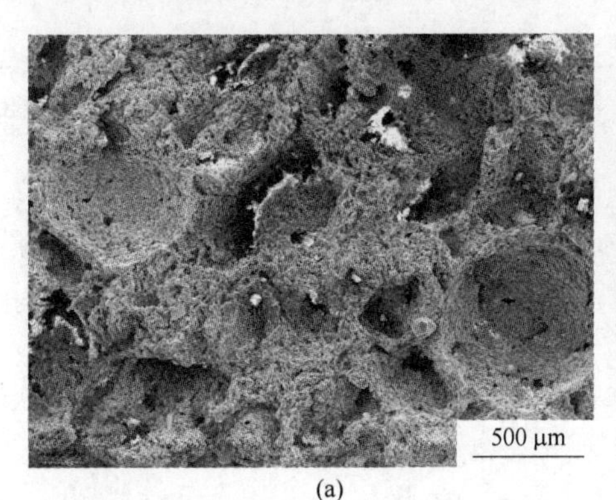

(a)

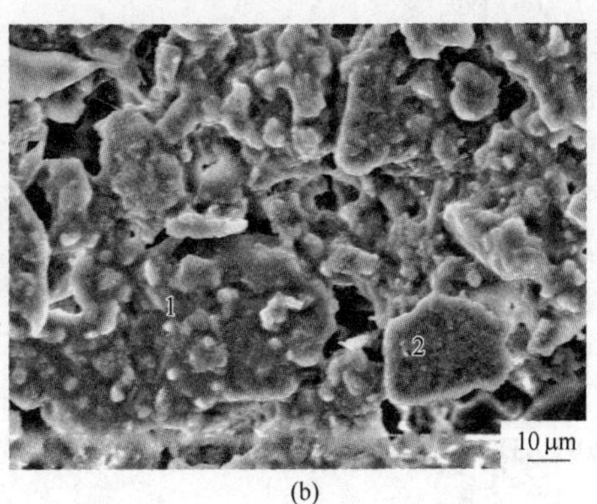

(b)

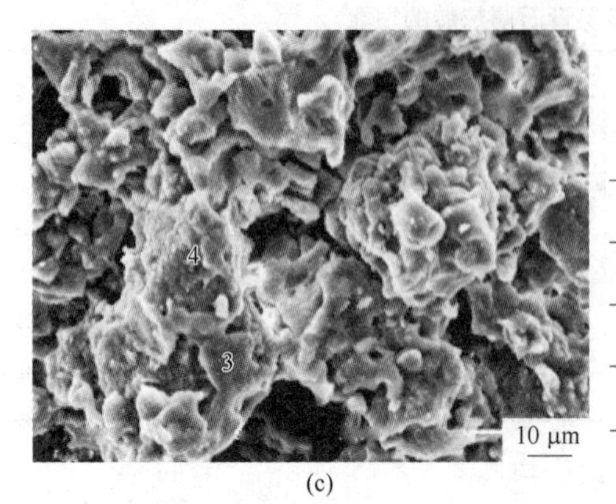

(c)

元素	1	2	3	4
O	48.49	47.53	42.52	48.04
Al	20.51	33.10	25.12	33.38
Si	19.14	14.57	20.96	14.83

(d)

图 13-4-24 捣打法制备的堇青石隔热砖的扫描电镜图及 EDS 能谱分析结果
(a) 50×; (b) 1000×; (c) 1000×; (d) 各点 EDS 结果 (质量分数,%)

参 考 文 献

[1] Mergen A. Low-temperature fabrication of anorthite ceramics from kaolinite and calcium carbonate with boron oxide addition [J]. Ceramics International, 2003, 29 (6): 667-670.

[2] Han Y, Li C, Bian C, et al. Porous anorthite ceramics with ultra-low thermal conductivity [J]. Journal of the European Ceramic Society, 2013, 33 (13/14): 2573-2578.

[3] Ceylantekin R. Production of mono-anorthite phase through mechanical activation [J]. Ceramics International, 2015, 41 (1): 353-361.

[4] Qin J, Cui C, Cui X, et al. Recycling of lime mud and fly ash for fabrication of anorthite ceramic at low sintering temperature [J]. Ceramics International, 2015, 41 (4): 5648-5655.

[5] Kurama S, Ozel E. The influence of different CaO source in the production of anorthite ceramics [J]. Ceramics International, 2009, 35 (2): 827-830.

[6] 黄朝晖, 黄赛芳, 冷先锋, 等. 钙长石/莫来石复相耐高温材料的物相设计 [J]. 稀有金属材料与工程, 2009, 38 (z2): 1252-1254.

[7] 刘强, 潘志华, 李庆彬, 等. 钙长石系轻质隔热砖的制备及钙长石形成过程 [J]. 硅酸盐通报, 2010, 29 (6): 1269-1274.

[8] 董伟霞, 包启富, 顾幸勇, 等. 工艺制备对钙长石/莫来石复合材料力学性能的影响 [J]. 陶瓷学报, 2011, 32 (2): 216-220.

[9] 夏光华, 谢穗, 何婵. 泡沫胶凝法制备轻质钙长石耐火材料的工艺研究 [J]. 耐火材料, 2011, 45 (3): 187-190.

[10] 黄敏, 顾幸勇, 陈云霞. 溶胶凝胶法合成钙长石的研究 [J]. 陶瓷学报, 2009, 30 (2): 200-203.

[11] 山东鲁阳浩特高技术纤维有限公司. 一种钙长石轻质耐火材料及其制备方法: CN202010986835. 4 [P]. 2022-03-18.

[12] 胡建辉. 新型钙长石/莫来石复相轻质耐高温材料的制备及性能研究 [D]. 北京: 中国地质大学, 2010.

[13] 董伟霞, 包启富, 顾幸勇, 等. 原位生长钙长石/莫来石复合材料的制备 [J]. 电子元件与材料, 2011, 30 (5): 12-14.

[14] 包启富, 董伟霞, 顾幸勇, 等. 原位生长莫来石增强钙长石复合材料的制备 [J]. 硅酸盐通报, 2012, 31 (4): 809-812.

[15] Goldsmith J S. The melting and breakdown reactions of anorthite at high pressures and temperatures [J]. American Mineralogist, 1980, 65: 222-284.

[16] Hojamberdiev M, Torrey J D, Beltrao M S D S, et al. Cellular Anorthite Glass-Ceramics: Synthesis, Microstructure and Properties [J]. Journal of the American Ceramic Society, 2010, 92 (11): 2598-2604.

[17] Liska M, Danek V. Computer calculation of the phase diagrams of silicate systems [J]. Ceramics-Silikity, 1990, 34: 215-228.

[18] Eriksson G, Pelton A D. Critical evaluation and optimization of the thermodynamic properties and phase diagrams of the $CaO-Al_2O_3$, $Al_2O_3-SiO_2$, and $CaO-Al_2O_3-SiO_2$ systems [J]. Metallurgical Transactions B, 1993, 24 (5): 807-816.

[19] Ouali A, Sahnoune F, Belhouchet H, et al. Effect of CaO addition on the sintering behaviour of anorthite formed from kaolin and CaO [J]. Acta Physica Polonica A, 2017, 131 (1): 159-161.

[20] Kavalci S, Yalamac E, Akkurt S. Effects of boron addition and intensive grinding on synthesis of anorthite ceramics [J]. Ceramics International, 2008, 34 (7): 1629-1635.

[21] Li Y E, Cheng X, Gong L, et al. Fabrication and characterization of anorthite foam ceramics having low thermal conductivity [J]. Journal of the European Ceramic Society, 2015, 35 (1): 267-275.

[22] 黄龙. 烧结助剂对钡长石（$BaAl_2Si_2O_8$）基陶瓷结构与微波介电性能的影响 [D]. 成都: 西华大学, 2019.

[23] Dresen G, Wang Z, Bai Q. Kinetics of grain growth in anorthite [J]. Tectonophysics, 1996, 258 (1/2/3/4): 251-262.

[24] Marques V M F, Tulyaganov D U, Agathopoulos S, et al. Low temperature synthesis of anorthite based glass-ceramics via sintering and crystallization of glass-powder compacts [J]. Journal of the European Ceramic Society, 2006, 26 (13): 2503-2510.

[25] Robie R A, Hemingway B S, Wilson W H. Low-temperature heat capacities and entropies of feldspar glasses and of anorthite [J]. American Mineralogist, 1978, 63 (1/2): 109-123.

[26] Wu L, Li C, Li H, et al. Preparation and characteristics of porous anorthite ceramics with high porosity and high-temperature strength [J]. International Journal of Applied Ceramic Technology, 2020, 17 (3): 963-973.

[27] Kaya V S, Sutcu M, Yalamac E. Preparation and characterization of anorthite ceramics from sugar production solid waste: a statistical analysis of grinding parameters [J]. Journal of the Australian Ceramic Society, 2022, 58 (3): 1025-1037.

[28] Zong Y, Wan Q, Cang D. Preparation of anorthite-based porous ceramics using high-alumina fly ash microbeads and steel slag [J]. Ceramics International, 2019, 45 (17): 22445-22451.

[29] Zhang D Y, Qu L, Yuan W J. Preparation of lightweight mullite-anorthite refractories by different routes [C] //Solid State Phenomena. Trans Tech Publications Ltd, 2018, 281: 150-155.

[30] Sutcu M, Akkurt S, Bayram A, et al. Production of anorthite refractory insulating firebrick from mixtures of clay and recycled paper waste with sawdust addition [J]. Ceramics International, 2012, 38 (2): 1033-1041.

[31] Yurkov A L, Aksel'rod L M. Properties of heat-insulating materials (a review) [J]. Refractories and Industrial Ceramics, 2005, 46 (3): 170-174.

[32] Tychanicz-Kwiecień M, Wilk J, Gil P. Review of high-temperature thermal insulation materials [J]. Journal of Thermophysics and Heat Transfer, 2019, 33 (1): 271-284.

[33] Li C, Han Y, Wu L, et al. Synthesis and growth of anorthite crystal during in situ preparation of porous anorthite ceramics by foam-gelcasting [J]. International Journal of Applied Ceramic Technology, 2017, 14

(5): 957-962.
[34] 付梦丽. 环境友好的泡沫注凝法制备钙长石多孔陶瓷 [D]. 北京: 北京交通大学, 2021.
[35] Sass, J. H. The thermal conductivity of fifteen feldspar specimens [J]. Journal of Geophysical Research, 1965, 70 (16): 4064-4065.
[36] 武令豪. 莫来石晶须/钙长石多孔陶瓷的制备、结构及性能研究 [D]. 北京: 北京交通大学, 2020.
[37] 王传运, 张亚忠, 周宁生, 等. 不同氧化铝起始物料对合成钙长石多孔材料性能的影响 [J]. 陶瓷学报, 2015 (2): 166-171.
[38] 冯芙蓉. 用镁渣制备钙长石-氧化铝多孔隔热材料的研究 [D]. 太原: 太原科技大学, 2012.
[39] 史新明. 钙长石轻质耐火砖及其制备方法: CN201410119393. 8 [P]. 2014-06-04.
[40] 莱州明发隔热材料有限公司. 钙长石质轻质隔热耐火材料及其制备方法: CN201010100314. 0 [P]. 2010-07-21.
[41] 山东鲁阳浩特高技术纤维有限公司. 一种不易出现裂纹的钙长石轻质耐火材料及其制备方法: CN202010987128. 7 [P]. 2020-11-27.
[42] 徐荣浛. 一种钙长石轻质隔热砖及其制备方法: CN201710064279. 3 [P]. 2017-08-18.
[43] 合肥科斯孚安全科技有限公司. 一种轻质钙长石基保温材料的制备方法: CN201410124873. 3 [P]. 2014-07-23.
[44] 严煌. 钙长石/莫来石复相材料的制备及其轻质化 [D]. 武汉: 武汉科技大学, 2016.
[45] 林亚梅. 钙长石/莫来石复相多孔陶瓷的制备与性能研究 [D]. 北京: 北京交通大学, 2011.
[46] 李帅, 张快, 李运刚. 钙长石材料的研究现状综述 [J]. 中国陶瓷, 2022, 58 (4): 16-21.
[47] 秦娟, 崔崇, 崔晓昱, 等. 钙长石晶体的形成机制研究 [J]. 人工晶体学报, 2016, 45 (5): 1153-1157.
[48] 刘杰. 新型钙长石轻质耐火材料的制备工艺研究 [D]. 景德镇: 景德镇陶瓷学院, 2010.
[49] 韩耀. 钙长石基多孔陶瓷的结构设计、制备及性能研究 [D]. 北京: 北京交通大学, 2014.
[50] 于小静, 姚春战. 钙长石质隔热耐火砖的研制 [C] //2014年六省市金属学会耐火材料学术研讨会论文集. 2014: 1-4.
[51] 顾幸勇, 马光华. 钙长石质轻质隔热材料研制 [J]. 陶瓷学报, 1998 (3): 144-148.
[52] 普罗迈特有限公司. 用于具有高的钙长石份额的轻质耐火砖的组合物: CN200980158944. 9 [P]. 2012-04-25.
[53] 耿浩洋, 潘志华. 化学发泡法制备钙长石系轻质隔热砖坯体 [J]. 硅酸盐通报, 2013, 32 (5): 814-818.
[54] 谢欣. 利用石膏废料制备钙长石/莫来石相陶瓷的研究 [D]. 广州: 华南理工大学, 2014.
[55] 倪文, 刘凤梅, 李翠伟. 利用天然原料合成钙长石轻质耐火砖的研究 [J]. 地质找矿论丛, 1998, 13 (2): 1-9.
[56] 邱龚. 六铝酸钙/钙长石轻质耐火材料的制备及其性能研究 [D]. 太原: 太原科技大学, 2013.
[57] 边超. 莫来石晶须增强钙长石多孔陶瓷的结构设计, 制备及性能研究 [D]. 北京: 北京交通大学, 2015.
[58] 孙庚辰, 王守业, 李建涛, 等. 轻质隔热耐火材料——钙长石和六铝酸钙 [J]. 耐火材料, 2009, 43 (3): 225-229.
[59] Pal M, Das S, Das S K. Anorthite porcelain: synthesis, phase and microstructural evolution [J]. Bulletin of Materials Science, 2015, 38: 551-555.
[60] 李传常, 杨立新, 肖桂雨, 等. 蛭石改型及其功能化研究进展 [J]. 硅酸盐通报, 2017, 36 (4): 1203-1208.
[61] 彭同江, 孙红娟, 罗利明, 等. 工业蛭石的矿物学属性及在“双碳”战略中的作用 [J]. 矿产保护

与利用, 2021, 41 (6): 1-8.

[62] Wi S, Yang S, Park J H, et al. Climatic cycling assessment of red clay/perlite and vermiculite composite PCM for improving thermal inertia in buildings [J]. Building and Environment, 2020, 167: 106464.

[63] Shkatulov A, Ryu J, Kato Y, et al. Composite material "$Mg(OH)_2$/vermiculite": A promising new candidate for storage of middle temperature heat [J]. Energy, 2012, 44 (1): 1028-1034.

[64] Shmuradko V T, Panteleenko F I, Reut O P, et al. Composition, structure, and property formation of heat insulation fire-and heat-reflecting materials based onvermiculite for industrial power generation [J]. Refractories and Industrial Ceramics, 2012, 53: 254-258.

[65] Wang S, Gainey L, Marinelli J, et al. Effects of vermiculite on in-situ thermal behaviour, microstructure, physical and mechanical properties of fired clay bricks [J]. Construction and Building Materials, 2022, 316: 125828.

[66] Suvorov S A, Skurikhin V V. High-temperature heat-insulating materials based on vermiculite [J]. Refractories and Industrial Ceramics, 2002, 43 (11/12): 383-389.

[67] Valášková M, Martynková G S, Smetana B, et al. Influence of vermiculite on the formation of porous cordierites [J]. Applied Clay Science, 2009, 46 (2): 196-201.

[68] Kathait D S . Ladle Furnace Refractory Lining: A review [J]. International Journal of Latest Engineering Research and Applications, 2016, 1 (4): 5-12.

[69] Benli A, Karatas M, Toprak H A. Mechanical characteristics of self-compacting mortars with raw and expanded vermiculite as partial cement replacement at elevated temperatures [J]. Construction and Building Materials, 2020, 239: 117895.

[70] Costa J A C, Martinelli A E, do Nascimento R M, et al. Microstructural design and thermal characterization of composite diatomite-vermiculite paraffin-based form-stable PCM for cementitious mortars [J]. Construction and Building Materials, 2020, 232: 117167.

[71] Chung O, Jeong S G, Kim S. Preparation of energy efficient paraffinic PCMs/expanded vermiculite and perlite composites for energy saving in buildings [J]. Solar Energy Materials and Solar Cells, 2015, 137: 107-112.

[72] Yurkov A L, Aksel'rod L M. Properties of heat-insulating materials (a review) [J]. Refractories and Industrial Ceramics, 2005, 46 (3): 170-174.

[73] Lv P, Liu C, Rao Z . Review on clay mineral-based form-stable phase change materials: Preparation, characterization and applications [J]. Renewable & Sustainable Energy Reviews, 2017, 68 (Pt. 1): 707-726.

[74] Li M, Shi J. Review on micropore grade inorganic porous medium based form stable composite phase change materials: Preparation, performance improvement and effects on the properties of cement mortar [J]. Construction and Building Materials, 2019, 194: 287-310.

[75] Yang W, Zheng Y, Zaoui A. Swelling and diffusion behaviour of Na-vermiculite at different hydrated states [J]. Solid State Ionics, 2015, 282: 13-17.

[76] Zhang H, Zhu J, Zhou W, et al. Synthesis and thermal properties of a capric acid-modified expanded vermiculite phase change material [J]. Journal of Materials Science, 2019, 54 (3): 2231-2240.

[77] Tikhomirova I N, Makarov A V, Htet Z M . Thermal insulation materials based on expanded vermiculite and foamed liquid glass [J]. Refractories and Industrial Ceramics, 2020, 61 (4): 451-455.

[78] 王春风. 蛭石及其复合隔热材料的组成、结构与性能 [D]. 武汉: 武汉科技大学, 2012.

[79] 刘景林, 李连洲. 炼铝生产用耐火材料 [J]. 国外耐火材料, 2001, 26 (2): 37-42.

[80] 李晨旭. 镁橄榄石-蛭石复合材料的制备研究 [D]. 武汉: 武汉科技大学, 2010.

[81] 章灿林，汪婷，杨光，等. 膨胀蛭石/水泥发泡保温材料的性能研究 [J]. 砖瓦，2015 (3)：5-8.
[82] 中华人民共和国工业和信息化部. 膨胀蛭石：JC/T 441—2009 [S]. 2009.
[83] Rashad Alaa M. Vermiculite as a construction material—A short guide for Civil Engineer [J]. Construction & Building Materials，2016，125：53-62.
[84] 中华人民共和国工业和信息化部. 膨胀蛭石制品：JC/T 442—2009 [S]. 2009.
[85] 夏海江，鲁雪艳，迪里夏提·买买提. 膨胀蛭石——综合性能超凡的高温隔热材料 [J]. 西部探矿工程，2008，20 (2)：111-112.
[86] 王坚，赵健. 水玻璃膨胀蛭石保温绝热制品的研究 [J]. 新型建筑材料，2005 (3)：56-58.
[87] 周飞. 膨胀蛭石/镁橄榄石复合隔热材料性能改进研究 [D]. 武汉：武汉科技大学，2014.
[88] 方小林. 膨胀蛭石复合阻燃保温材料的制备与性能研究 [D]. 天津：天津工业大学，2016.
[89] 巩彦如. 蛭石隔热材料隔热性能的实验与数值模拟研究 [D]. 上海：东华大学，2010.
[90] 苏非丽. 蛭石及其加工产物的吸附性能研究 [D]. 绵阳：西南科技大学，2011.
[91] 胡光锁. 蛭石膨胀机理及膨胀蛭石性质的研究 [D]. 北京：北京工商大学，2006.
[92] 方勇. 蛭石珍珠岩复合耐火材料的研究 [D]. 沈阳：东北大学，2008.
[93] 中华人民共和国工业和信息化部. 蛭石：JC/T 810—2009 [S]. 2009.
[94] 王丽娟. 蛭石的改性与应用研究进展 [J]. 中国粉体技术，2015 (6)：96-100.
[95] 霍素真. 以蛭石为基质的高温隔热材料 [J]. 耐火与石灰，2003，(3)：18-22.
[96] 周飞，顾华志，王春风. 原位凝胶改性的膨胀蛭石的制备与性能 [C]//国际耐火材料会议. 中国硅酸盐学会；中国金属学会，2012.
[97] Ehsani A，Ehsani I. Usage of vermiculite as a high-temperature insulating refractory material [J]. Artıbilim：Adana Bilim ve Teknoloji Üniversitesi Fen Bilimleri Dergisi，2018，1 (2)：13-19.
[98] Palco S，Frechette M H，Rigaud M，et al. New insulation concept for steelmaking ladle-tundish systems [J]. Interceram，2004：58-61.
[99] 王春风. 蛭石及其复合隔热材料的组成，结构与性能 [D]. 武汉：武汉科技大学，2012.
[100] 杨阳，李政一. 蛭石膨胀工艺研究进展 [J]. 世界科技研究与发展，2010，32 (3)：345-347.
[101] 彭慧蕴，陈吉明，罗利明，等. 膨胀蛭石的微波法制备及在建筑节能减碳中的应用 [J]. 矿产保护与利用，2022，42 (4)：30-37.
[102] 武汉科技大学，上虞市自立工业新材料有限公司. 一种轻质绝热板及其制造方法：CN200810197090. 2 [P]. 2009-02-18.
[103] 刘景林. 综合型蛭石耐火隔热材料 [J]. 国外耐火材料，2005，30 (5)：6-13.
[104] Suvorov S A，Skurikhin V V. Vermiculite—A promising material for high-temperature heat insulators [J]. Refractories & Industrial Ceramics，2003，44 (3)：186-193.
[105] 苏小丽. 河北灵寿蛭石的结构与表面性质调控及其反应机理 [D]. 北京：中国科学院大学，2019.
[106] Mukherjee S，Mukherjee S. Industrial Mineralogy：Mineral Processing，Beneficiations and other related mineral usage [J]. Applied Mineralogy：Applications in Industry and Environment，2011：428-489.
[107] Schulze D G. An introduction to soil mineralogy [J]. Soil Mineralogy with Environmental Applications，2002，7：1-35.
[108] Schackow A，Effting C，Folgueras M V，et al. Mechanical and thermal properties of lightweight concretes with vermiculite and EPS using air-entraining agent [J]. Construction and Building Materials，2014，57：190-197.
[109] Taddeo M. Optimising ladle furnace operations by controlling the heat loss of casting ladles [J]. SEAISI Q，2013，42：40-46.
[110] Duque-Redondo E，Bonnaud P A，Manzano H. A comprehensive review of CSH empirical and

computational models, their applications, and practical aspects [J]. Cement and Concrete Research, 2022, 156: 106784.

[111] Harris M, Simpson G, Scrivener K, et al. A method for the reliable and reproducible precipitation of phase pure high Ca/Si ratio (>1.5) synthetic calcium silicate hydrates (CSH) [J]. Cement and Concrete Research, 2022, 151: 106623.

[112] Jennings H M. A model for the microstructure of calcium silicate hydrate in cement paste [J]. Cement and Concrete Research, 2000, 30 (1): 101-116.

[113] Li X, Chang J. A novel hydrothermal route to the synthesis of xonotlite nanofibers and investigation on their bioactivity [J]. Journal of Materials Science, 2006, 41: 4944-4947.

[114] Miyake M, Iwaya M, Suzuki T, et al. Aluminum-Substituted Gyrolite as Cation Exchanger [J]. Journal of the American Ceramic Society, 1990, 73 (11): 3524-3527.

[115] Lothenbach B, Nonat A. Calcium silicate hydrates: Solid and liquid phase composition [J]. Cement and Concrete Research, 2015, 78: 57-70.

[116] El-Korashy S A. Cation exchange of alkali metal hydroxides with some hydrothermally synthesized calcium silicate compounds [J]. Journal of Ion Exchange, 2004, 15 (1): 2-9.

[117] Dai Y, Post J E. Crystal structure of hillebrandite: A natural analogue of calcium silicate hydrate (CSH) phases in Portland cement [J]. American Mineralogist, 1995, 80 (7/8): 841-844.

[118] Yang Z, Kang D, Zhang D, et al. Crystal transformation of calcium silicate minerals synthesized by calcium silicate slag and silica fume with increase of C/S molar ratio [J]. Journal of Materials Research and Technology, 2021, 15: 4185-4192.

[119] Qi F, Cao J, Zhu G, et al. Crystallization behavior of calcium silicate hydrate in highly alkaline system: Structure and kinetics [J]. Journal of Crystal Growth, 2022, 584: 126578.

[120] Shaw S, Henderson C M B, Komanschek B U. Dehydration/recrystallization mechanisms, energetics, and kinetics of hydrated calcium silicate minerals: an in situ TGA/DSC and synchrotron radiation SAXS/WAXS study [J]. Chemical Geology, 2000, 167 (1/2): 141-159.

[121] Różycka A, Kotwica Ł. Effect of alkali on the synthesis of single phase gyrolite in the system CaO-quartz-H_2O [J]. Construction and Building Materials, 2020, 239: 117799.

[122] NocuÒ-Wczelik W. Effect of Na and Al on the phase composition and morphology of autoclaved calcium silicate hydrates [J]. Cement and Concrete Research, 1999, 29 (11): 1759-1767.

[123] Tan W, Zhu G, Liu Y, et al. Effects and mechanism research of the crystalline state for the semi-crystalline calcium silicate [J]. Cement and Concrete Research, 2015, 72: 69-75.

[124] 中华人民共和国国家质量监督检验检疫总局. 硅酸钙绝热制品: GB/T 10699—2015 [S]. 2015.

[125] Shaw S, Clark S M, Henderson C M B. Hydrothermal formation of the calcium silicate hydrates, tobermorite ($Ca_5Si_6O_{16}(OH)_2 \cdot 4H_2O$) and xonotlite ($Ca_6Si_6O_{17}(OH)_2$): an in situ synchrotron study [J]. Chemical Geology, 2000, 167 (1/2): 129-140.

[126] Moorehead D R, Mccartney E R. Hydrothermal formation of calcium silicate hydrates [J]. Journal of the American Ceramic Society, 2010, 48 (11): 565-569.

[127] Jauberthie R, Temimi M, et al. Hydrothermal transformation of tobermorite gel to 10 Å tobermorite [J]. Cement & Concrete Research, 1996, 26 (9): 1335-1339.

[128] Matsui K, Kikuma J, Tsunashima M, et al. In situ time-resolved X-ray diffraction of tobermorite formation in autoclaved aerated concrete: Influence of silica source reactivity and Al addition [J]. Cement and Concrete Research, 2011, 41 (5): 510-519.

[129] Van N D, Imasawa K, Hama Y. Influence of hydrothermal synthesis conditions and carbonation on

physical properties of xonotlite-based lightweight material [J]. Construction and Building Materials, 2022, 321: 126328.

[130] Kunther W, Ferreiro S, Skibsted J. Influence of the Ca/Si ratio on the compressive strength of cementitious calcium-silicate-hydrate binders [J]. Journal of Materials Chemistry A, 2017, 5 (33): 17401-17412.

[131] Greenberg S A, Chang T. N. Investigation of the colloidal hydrated calcium silicates, Ⅱ. Solubility relationships in the calcium oxide-silica-water system at 25° [J]. Journal of Physical Chemistry, 1965, 69: 182-188.

[132] Chen M X, Lu L C, Wang S D, et al. Investigation on the formation of tobermorite in calcium silicate board and its influence factors under autoclaved curing [J]. Construction and Building Materials, 2017, 143: 280-288.

[133] Chan C F, Sakiyama M, Mitsuda T . Kinetics of the CaO quartz H_2O reaction at 120 ℃ to 180 ℃ in suspensions [J]. Cement & Concrete Research, 1978, 8 (1): 1-5.

[134] Guan W, Ji F, Fang Z, et al. Low hydrothermal temperature synthesis of porous calcium silicate hydrate with enhanced reactivity SiO_2 [J]. Ceramics International, 2014, 40 (3): 4415-4420.

[135] Saito F, Mi G, Hanada M. Mechanochemical synthesis of hydrated calcium silicates by room temperature grinding [J]. Solid State Ionics, 1997, 101: 37-43.

[136] Do C T, Bentz D P, Stutzman P E. Microstructure and thermal conductivity of hydrated calcium silicate board materials [J]. Journal of Building Physics, 2007, 31 (1): 55-67.

[137] Miyake M, Niiya S, Matsuda M. Microwave-assisted Al-substituted tobermorite synthesis [J]. Journal of Materials Research, 2000, 15 (4): 850-853.

[138] Liu X, Asai A, Sato T, et al. Mineral Synthesis in Si-Al-Ca Systems and Their Iodide Sorption Capacity under Alkaline Conditions [J]. Water, Air, & Soil Pollution, 2013, 224: 1-13.

[139] Richardson I G. Model structures for C-(A)-S-H(I) [J]. Acta Crystallographica Section B: Structural science, crystal engineering and materials, 2014, 70 (6): 903-923.

[140] Biagioni C, Bonaccorsi E, Merlino S, et al. New data on the thermal behavior of 14 Å tobermorite [J]. Cement and Concrete Research, 2013, 49: 48-54.

[141] Mitsuda T, Taylor H F W. Normal and anomalous tobermorites [J]. Mineralogical Magazine, 1978, 42 (322): 229-235.

[142] Huang X, Jiang D L, Tan S H, et al. Novel hydrothermal synthesis of tobermorite fibers using Ca (Ⅱ) -EDTA complex precursor [J]. Journal of the European Ceramic Society, 2003.

[143] John E, Matschei T, Stephan D. Nucleation seeding with calcium silicate hydrate—A review [J]. Cement and Concrete Research, 2018, 113: 74-85.

[144] Hong S Y, Glasser F P. Phase relations in the $CaO-SiO_2-H_2O$ system to 200 ℃ at saturated steam pressure [J]. Cement and Concrete Research, 2004, 34 (9): 1529-1534.

[145] 张瑞芝. 硬硅钙石型硅酸钙纤维的合成和应用 [D]. 长沙: 长沙理工大学, 2010.

[146] Taylor H F W . Proposed structure for calcium silicate hydrate gel [J]. Journal of the American Ceramic Society, 2010, 69 (6): 464-467.

[147] Frost R L, Mahendran M, Poologanathan K, et al. Raman spectroscopic study of the mineral xonotlite $Ca_6Si_6O_{17}(OH)_2$—A component of plaster boards [J]. Materials Research Bulletin, 2012, 47 (11): 3644-3649.

[148] 曹建新. SiO_2 气凝胶——硬硅钙石型硅酸钙复合纳米孔超级绝热材料的制备与表征 [D]. 广州: 华南理工大学, 2008.

[149] Lothenbach B, Jansen D, Yan Y, et al. Solubility and characterization of synthesized 11 Å Al-tobermorite [J]. Cement and Concrete Research, 2022, 159: 106871.
[150] Chen J J, Thomas J J, Taylor H F W, et al. Solubility and structure of calciumsilicate hydrate [J]. Cement and Concrete Research, 2004, 34 (9): 1499-1519.
[151] 胡秀らん, 柳澤和道, 恩田歩武, 等. Stability and phase relations of dicalcium silicate hydrates under hydrothermal conditions [J]. Journal of the Ceramic Society of Japan (日本セラミックス協会学術論文誌), 2006, 114 (1326): 174-179.
[152] Borrmann T, Johnston J H, McFarlane A J, et al. Structural elucidation of synthetic calcium silicates [J]. Powder Diffraction, 2008, 23 (3): 204-212.
[153] Churakov S V, Mandaliev P. Structure of the hydrogen bonds and silica defects in the tetrahedral double chain of xonotlite [J]. Cement and Concrete Research, 2008, 38 (3): 300-311.
[154] Black L, Garbev K, Stumm A. Structure, bonding and morphology of hydrothermally synthesised xonotlite [J]. Advances in Applied Ceramics, 2009, 108 (3): 137-144.
[155] Churakov S V, Mandaliev P. Structure of the hydrogen bonds and silica defects in the tetrahedral double chain of xonotlite [J]. Cement and Concrete Research, 2008, 38 (3): 300-311.
[156] Zou J, Guo C, Jiang Y, et al. Structure, morphology and mechanism research on synthesizing xonotlite fiber from acid-extracting residues of coal fly ash and carbide slag [J]. Materials Chemistry and Physics, 2016, 172: 121-128.
[157] 张志豪. 硬硅钙石动态水热合成工艺对过滤分离过程的影响 [D]. 天津: 天津大学, 2017.
[158] Ogur E, Botti R, Bortolotti M, et al. Synthesis and additive manufacturing of calcium silicate hydrate scaffolds [J]. Journal of Materials Research and Technology, 2021, 11: 1142-1151.
[159] El-Hemaly S A S, Mitsuda T, Taylor H F W. Synthesis of normal and anomalous tobermorites [J]. Cement & Concrete Research, 1977, 7 (4): 429-438.
[160] Agnieszka Róycka, Kotwica U, Maolepszy J. Synthesis of single phase gyrolite in the CaO-quartz-Na_2O-H_2O system [J]. Materials Letters, 2014, 120 (2): 166-169.
[161] Harris A W, Manning M C, Tearle W M, et al. Testing of models of the dissolution of cements—leaching of synthetic CSH gels [J]. Cement & Concrete Research, 2002, 32 (5): 731-746.
[162] Horgnies M, Fei L, Arroyo R, et al. The effects of seeding C3S pastes with afwillite [J]. Cement and Concrete Research, 2016, 89: 145-157.
[163] Valori A, McDonald P J, Scrivener K L. The morphology of C-S-H: Lessons from 1H nuclear magnetic resonance relaxometry [J]. Cement and Concrete Research, 2012, 49: 65-81.
[164] Davies R H, Gisby J A, Dinsdale A, et al. Thermodynamic modelling of phase equilibria in cement systems: multiple sublattice model for solids in equilibrium with non-ideal aqueous phase [J]. Advances in Applied Ceramics, 2014, 113 (8): 509-516.
[165] Galvánková L, Másilko J, Solný T, et al. Tobermorite synthesis under hydrothermal conditions [J]. Procedia Engineering, 2016, 151: 100-107.
[166] 王淑萍. 非晶态水化硅酸钙接触硬化过程动力学及胶凝机理研究 [D]. 重庆: 重庆大学, 2016.
[167] 李犇. 水化硅酸钙 (C-S-H) 凝胶的细观力学机理研究 [D]. 哈尔滨: 哈尔滨工程大学, 2018.
[168] 曹贞源, 梁军. 不同硅质原料对水化硅酸钙形成的影响 [J]. 新型建筑材料, 1992 (6): 13-17.
[169] 李懋强, 陈玉峰, 夏淑琴, 等. 超轻微孔硅酸钙绝热材料的显微结构和工艺控制 [J]. 硅酸盐学报, 2000, 28 (5): 401-406.
[170] 陈小佳. 超轻硬硅钙石的制备与性能研究 [D]. 武汉: 武汉理工大学, 2007.
[171] 陈淑祥, 倪文, 江翰, 等. 超轻硬硅钙石型硅酸钙绝热材料制备技术国内外研究现状 [J]. 新型建

筑材料，2004（1）：53-55.
[172] 李阳，王丽娜，刘晓琴，等．动态法制备硅酸钙绝热材料的研究［J］．混凝土世界，2019（12）：64-67.
[173] 梁宏勋．动态水热法合成硬硅钙石球形团聚体形成机理的研究［D］．北京：中国建筑材料科学研究总院，2001.
[174] 曹永丹．协同利用硅钙基固废制备硅酸钙板及其水化机理研究［D］．包头：内蒙古科技大学，2020.
[175] 吕松青．粉煤灰制备托贝莫来石晶须工艺及其机理［D］．北京：北京化工大学，2015.
[176] 肖宇，彭忠泽，封金鹏．钙硅原料对水热合成纳米硬硅钙石纤维的影响［J］．矿产保护与利用，2018（6）：94-97，102.
[177] 廖雯丽．锆渣制备硅酸钙绝热材料的研究［D］．南京：南京理工大学，2007.
[178] 倪文．硅钙石型硅酸钙保温材料的特点与发展趋势［J］．新材料产业，2002（11）：32-35.
[179] 李彦鑫．硅灰-电石渣-粉煤灰等固废资源制备硅酸钙板的试验研究［D］．包头：内蒙古科技大学，2018.
[180] 张文生，张江涛，叶家元，等．硅酸二钙的结构与活性［J］．硅酸盐学报，2019，47（11）：1663-1669.
[181] 王华，宋存义，曹贞源，等．硅酸钙保温材料的原料选择依据［J］．墙材革新与建筑节能，1999，（4）：37-38.
[182] 郝明，普连仙，刘畅．硅酸钙保温材料发展研究进展［J］．建材发展导向（下），2014，12（8）：29-31.
[183] 张寿国，谢红波，李国忠．硅酸钙保温材料研究进展［J］．建筑节能，2006，34（5）：28-30.
[184] 杨海龙，倪文，孙陈诚，等．硅酸钙复合纳米孔超级绝热板材的研制［J］．宇航材料工艺，2006，36（2）：18-22.
[185] 徐国强．硅酸钙复合纳米孔超级绝热钢结构防火板的研制［D］．北京：北京科技大学，2007.
[186] 郑远林．硅酸钙绝热材料［J］．四川建材，1989（3）：23-28.
[187] 中华人民共和国工业和信息化部．纤维增强硅酸钙板　第 1 部分：无石棉硅酸钙板：JC/T 564. 1—2008［S］.
[188] 蔡子明．硅酸钙制品的性能及应用［J］．保温材料与节能技术，1996（4）：25-30.
[189] 陈烜．环保型耐高温硅酸钙防火材料的研制［D］．贵阳：贵州大学，2010.
[190] 陈莎．介孔托贝莫来石催化剂的制备及物化性质调控［D］．贵阳：贵州大学，2019.
[191] 郭武明．利用固体废弃物制备硅酸钙绝热材料及性能研究［D］．南京：南京理工大学，2013.
[192] 苗福生，马海龙，郭武明，等．利用固体废弃物制备硅酸钙绝热材料综述［J］．宁夏工程技术，2018，17（2）：177-182.
[193] 石兴，李懋强．耐高温、低导热、柔性微孔硅酸钙材料的研究［J］．稀有金属材料与工程，2007，36（z1）：560-563.
[194] 姜亦飞．耐温隔热型硅酸铝纤维纸成纸特性及纸页结构的研究［D］．济南：齐鲁工业大学，2008.
[195] 曾德意，韩跃伟，江晓君．水化硅酸钙晶种的合成方法综述［J］．混凝土世界，2022（7）：87-90.
[196] 张海东，韦江雄，赵志广，等．水化硅酸钙晶种对 $CaO-SiO_2-H_2O$ 蒸压体系强度的影响及其机理分析［J］．材料导报，2017，31（14）：122-126，137.
[197] 雷永胜．水化硅酸钙微结构及其对粉煤灰免烧砖性能影响的研究［D］．太原：中北大学，2014.
[198] 刘新，冯攀，沈叙言，等．水泥水化产物——水化硅酸钙（C-S-H）的研究进展［J］．材料导报，2021，35（9）：9157-9167.

[199] 刘飞. 水热合成硬硅钙石晶须及其在超轻质硅酸钙材料中应用的研究 [D]. 广州: 华南理工大学, 2010.

[200] 张庆彬. 低 Ca/Si 比 CSH 凝胶的稳定性及其在抑制 ASR 中的作用 [D]. 南京: 南京工业大学, 2007.

[201] 曹俊雅, 孙健, 朱干宇, 等. 纤维增强多孔硅酸钙防火板制备及性能调控 [J]. 硅酸盐通报, 2020, 39 (8): 2416-2424.

[202] 刘巧玲. 碳纳米管增强水泥基复合材料多尺度性能及机理研究 [D]. 南京: 东南大学, 2015.

[203] 赵秦仪, 王志增, 许欣, 等. 托贝莫来石晶体结构、热行为与合成研究现状 [J]. 硅酸盐学报, 2020, 48 (10): 1536-1551.

[204] 焦志强. 托贝莫来石型硅酸钙 [J]. 房材与应用, 1996, 3: 25-29.

[205] Kim Y J, Kriven W M, Mitsuda T. TEM study of synthetic hillebrandite ($Ca_2SiO_4 \cdot H_2O$) [J]. Journal of Materials Research, 1993, 8 (11): 2948-2953.

[206] 冯立平, 纤维水泥板与硅酸钙板 [M]. 武汉: 武汉理工大学出版社, 2020: 55-64.

[207] Banjuraizah J, Mohamad H, Ahmad Z A. Crystal structure of single phase and low sintering temperature of α-cordierite synthesized from talc and kaolin [J]. Journal of Alloys and Compounds, 2009, 482 (1/2): 429-436.

[208] Lane D L, Ganguly J. Al_2O_3 solubility in orthopyroxene in the system $MgO-Al_2O_3-SiO_2$: A reevaluation, and mantle geotherm [J]. Journal of Geophysical Research: Solid Earth, 1980, 85 (B12): 6963-6972.

[209] Oliveira F A C, Dias S, Vaz M F, et al. Behaviour of open-cell cordierite foams under compression [J]. Journal of the European Ceramic Society, 2006, 26 (1/2): 179-186.

[210] Gökçe H, Ağaoğulları D, Öveçoğlu M L, et al. Characterization of microstructural and thermal properties of steatite/cordierite ceramics prepared by using natural raw materials [J]. Journal of the European Ceramic Society, 2011, 31 (14): 2741-2747.

[211] Ikawa H, Otagiri T, Imai O, et al. Crystal structures and mechanism of thermal expansion of high cordierite and its solid solutions [J]. Journal of the American Ceramic Society, 1986, 69 (6): 492-498.

[212] Gan C, Zhang H, Zhao H, et al. Effect of aggregate particle content on sintering and corrosion resistance of hibonite-cordierite saggar [J]. Ceramics International, 2023, 49 (1): 907-917.

[213] Qin M L, Wang X T, Wang Z F, et al. Effect of WO_3 on the Performances of Cordierite Ceramics Synthesized by Using Kyanite as Raw Materials [J]. Solid State Phenomena, 2018, 281: 99-104.

[214] Shi Z M, Liang K M, Gu S R. Effects of CeO_2 on phase transformation towards cordierite in $MgO-Al_2O_3-SiO_2$ system [J]. Materials Letters, 2001, 51 (1): 68-72.

[215] Gagliardi M. Materials with market value: Global ceramic and glass industry poised to reach $ 1 trilion [J]. American Ceramic Society Bulletin, 2017, 96 (3): 27-37.

[216] Suzuki H, Ota K, Saito H. Mechanical properties of alkoxy-derived cordierite ceramics [J]. Journal of Materials Science, 1988, 23: 1534-1538.

[217] 周士杰, 王峰, 贺智勇, 等. 堇青石陶瓷结构及性能研究进展 [J]. 陶瓷学报, 2022, 43 (2): 196-206.

[218] Camerucci M A, Urretavizcaya G, Cavalieri A L. Sintering of cordierite based materials [J]. Ceramics International, 2003, 29 (2): 159-168.

[219] Hochella Jr M F, Brown Jr G E. Structural mechanisms of anomalous thermal expansion of cordierite-beryl and other framework silicates [J]. Journal of the American Ceramic Society, 1986, 69 (1): 13-18.

[220] Wang H, Li Y, Yin B, et al. Synthesis of cordierite foam ceramics from kyanite tailings and simulated application effects [J]. Materials Today Communications, 2022, 33: 104510.

[221] Senthil Kumar M, Elaya Perumal A, Vijayaram T R. Synthesis, characterization and sintering behavior influencing mechanical, thermal and physical properties of pure cordierite and cordierite-ceria [J]. Journal of Advanced Ceramics, 2015, 4: 22-30.
[222] Putnis A, Bish D L. The mechanism and kinetics of Al, Si ordering in Mg-cordierite [J]. American Mineralogist, 1983, 68 (1/2): 60-65.
[223] Goren R, Ozgur C, Gocmez H. The preparation of cordierite from talc, fly ash, fused silica and alumina mixtures [J]. Ceramics International, 2006, 32 (1): 53-56.
[224] Suzuki H, Saito H, Hayashi T. Thermal and electrical properties of alkoxy-derived cordierite ceramics [J]. Journal of the European Ceramic Society, 1992, 9 (5): 365-371.
[225] Rohan P, Neufuss K, Matějíček J, et al. Thermal and mechanical properties of cordierite, mullite and steatite produced by plasma spraying [J]. Ceramics International, 2004, 30 (4): 597-603.
[226] Evans D L, Fischer G R, Geiger J E, et al. Thermal expansions and chemical modifications of cordierite [J]. Journal of the American Ceramic Society, 1980, 63 (11/12): 629-634.
[227] Hirose Y, Doi H, Kamigaito O. Thermal expansion of hot-pressed cordierite glass ceramics [J]. Journal of Materials Science Letters, 1984, 3 (2): 153-155.
[228] 孟县耐火材料行业协会. 耐火原料 堇青石: T/YXNX 005—2021 [S]. 2021.
[229] 袁旭暄, 贾德昌. 烧结保温时间对堇青石多孔陶瓷性能的影响 [J]. 稀有金属材料与工程, 2005 (增刊2): 1043-1046.
[230] 陆成龙. 不同高岭土原料合成堇青石的机理及其改性研究 [D]. 武汉: 武汉理工大学, 2018.
[231] 方斌正. 煅烧铝矾土合成堇青石及其在太阳能储热材料中的应用研究 [D]. 武汉: 武汉理工大学, 2013.
[232] 白佳梅. 堇青石蜂窝陶瓷的研究 [D]. 南京: 南京工业大学, 2004.
[233] 秦梦黎. 堇青石合成及晶须原位增强堇青石质隔热材料的研究 [D]. 武汉: 武汉科技大学, 2018.
[234] 胡成. 太阳能热发电输热管道用堇青石-锂辉石复合陶瓷材料的研究 [D]. 武汉: 武汉理工大学, 2017.
[235] 张银凤. 太阳能热发电用堇青石基陶瓷-PCM 复合储热材料的研究 [D]. 武汉: 武汉理工大学, 2017.
[236] 张会, 薛群虎, 张红. 堇青石多孔陶瓷的制备及研究进展 [J]. 耐火材料, 2020, 54 (5): 448-451.
[237] 王露露, 马北越, 刘春明. 堇青石多孔陶瓷制备及其性能优化研究进展 [J]. 耐火材料, 2022, 56 (1): 82-87.
[238] 夏熠, 石凯. 堇青石合成过程中的物相及结构演变 [J]. 硅酸盐通报, 2018, 37 (9): 2802-2805.
[239] 倪文, 陈娜娜. 堇青石矿物学研究进展—— Ⅱ 人工合成堇青石的物理性质 [J]. 矿物岩石, 1997, 17 (2): 110-119.
[240] 倪文, 陈娜娜. 堇青石矿物学研究进展—— Ⅰ 堇青石的结构与化学成分 [J]. 矿物岩石, 1996, 16 (4): 126-134.
[241] 王露露, 马北越, 刘春明, 等. 堇青石陶瓷晶体结构及其致密化研究新进展 [J]. 耐火与石灰, 2022, 47 (3): 16-21.
[242] 段满珍, 杨立荣, 陈嘉庚. 影响合成堇青石材料热膨胀系数的因素 [J]. 耐火材料, 2007, 41 (3): 201-204.
[243] Li Y, Wang J, Sun L, et al. Mechanisms of ultralow and anisotropic thermal expansion in cordierite $Mg_2Al_4Si_5O_{18}$: Insight from phonon behaviors [J]. Journal of the American Ceramic Society, 2018, 101

(10): 4708-4718.

[244] Zhang J H, Ke C M, Wu H D, et al. Preparation and anisotropic lattice thermal expansion of hexagonal cordierite [J]. Key Engineering Materials, 2017, 726: 470-477.

[245] 代刚斌, 李红霞, 杨彬, 等. 绿泥石对堇青石材料烧成和性能的影响 [J]. 陶瓷, 2003 (2): 44-47.

[246] 倪文, 刘凤梅. 煤矸石菱镁矿合成堇青石-莫来石隔热砖研究 [J]. 矿产综合利用, 1999 (1): 35-38.

[247] 李昊, 李翠伟, 汪长安. 轻质高强堇青石多孔陶瓷的制备与表征 [J]. 陶瓷学报, 2021, 42 (4): 632-638.

[248] 段满珍. 低膨胀堇青石材料的研究 [D]. 唐山: 河北理工大学, 2002.

[249] 李智强. 低热膨胀堇青石质陶瓷材料制备与特性研究 [D]. 西安: 西安理工大学, 2006.

[250] 杨崔月. 多孔堇青石材料的制备及其性能研究 [D]. 西安: 陕西科技大学, 2021.

[251] 李俊文. 环境友好泡沫注凝法制备堇青石多孔陶瓷 [D]. 北京: 北京交通大学, 2020.

[252] 孙园园. 堇青石多孔陶瓷的制备及结构与性能研究 [D]. 济南: 山东大学, 2018.

[253] 马宇. 具有可控孔结构堇青石陶瓷的制备及性能研究 [D]. 北京: 中国地质大学 (北京), 2017.

[254] 魏闯, 康鑫, 何思瑶, 等. 锂辉石对堇青石-莫来石质匣钵材料性能的影响 [J]. 中国陶瓷, 2021, 57 (11): 40-45.

[255] 徐晓虹, 吴建锋, 孙淑珍, 等. 用累托石和滑石粉合成堇青石的研究 [J]. 硅酸盐学报, 2002, 30 (5): 593-596.

[256] Gibbs G V. The polymorphism of cordierite Ⅰ: The crystal structure of low cordierite [J]. American Mineralogist: Journal of Earth and Planetary Materials, 1966, 51 (7): 1068-1087.

[257] 郭海珠, 余森. 实用耐火原料手册 [M]. 北京: 中国建材工业出版社, 2000.

[258] 林彬荫, 吴清顺. 耐火矿物原料 [M]. 北京: 冶金工业出版社, 1992.

[259] 李楠, 顾华志, 赵惠忠, 等. 耐火材料学 [M]. 北京: 冶金工业出版社, 2010.

[260] 李红霞. 耐火材料手册 [M]. 北京: 冶金工业出版社, 2009.

14 轻质耐火骨料及隔热耐火浇注料

不定形耐火材料（monolithic（unshaped）refractory），是指由耐火骨料、细粉、结合剂与添加剂组成的湿状、或半湿状、或干状的混合物，可直接用于现场使用的耐火材料。和烧成定形耐火制品不同，它可以形成无接缝整体内衬耐火材料，所以欧美也称为 monolithic refractory（整体耐火材料）。由于不定形耐火材料制备工艺和施工方式也和建筑上混凝土相似，因此俄罗斯和东欧一些国家称之为 refractory concrete（耐火混凝土）。

按施工工艺不定形耐火材料可分为浇注料（castable）、喷射料（gunning refractory）、可塑料（plastic refractory）、捣打料（ramming mix）、涂抹料（coating refractory）等；按致密度不定形耐火材料分为致密不定形耐火材料（dense）、轻质不定形耐火材料（light-weight），由于轻质不定形耐火材料多数用于隔热保温，因此也称为隔热不定形耐火材料（insulating monolithic refractory）。轻质不定形耐火材料中多以轻质浇注料为主，在轻质浇注料中轻质骨料占比大且关键，因此轻质耐火浇注料也称为轻骨料耐火浇注料（lightweight aggregate refractory castable）。由于轻质浇注料主要用于隔热保温，因而也称为隔热轻质耐火浇注料（insulating lightweight castable）或隔热耐火浇注料，本章主要阐述轻质骨料及隔热耐火浇注料。

14.1 轻质耐火骨料

轻质骨料，也称轻质集料（lightweight aggregate）。轻质耐火骨料是轻质耐火浇注料的重要组成部分，占轻质耐火浇注料体积的60%~75%，主要起到骨架填充、限制结合剂在凝结硬化和使用过程的体积变形，保证轻质耐火浇注料的高温体积稳定性和隔热性能等。

14.1.1 轻质耐火骨料的种类

轻质耐火骨料的种类很多，主要依据所使用温度和导热系数来确定。轻质骨料一般分为天然轻质骨料和人工合成轻质骨料，见表14-1-1。天然轻质骨料主要有浮石（海底火山喷发的岩浆冷却后形成的一种矿物质）、火山渣、硅藻土、珍珠岩、蛭石等，其中浮石、火山渣、硅藻土可以直接使用；而珍珠岩、蛭石需要加热膨胀后形成膨胀珍珠、膨胀蛭石，也有文献将具有加热膨胀性的珍珠岩、蛭石等归为人工合成轻质骨料。浮石和火山渣一般应用于建筑隔热保温材料；硅藻土、膨胀珍珠岩和膨胀蛭石均可作为隔热保温材料应用于建筑和耐火行业。人工合成的轻质骨料主要有：（1）烧结法合成的轻质耐火骨料，包括黏土、高铝矾土、莫来石、六铝酸钙、镁橄榄石等轻质骨料；（2）电熔喷吹的空心球，例如 Al_2O_3空心球、$MgAl_2O_4$、ZrO_2 等空心球；（3）工业副产品，如漂珠；（4）隔热耐火砖的加工余料，如切削和磨削料等。

表 14-1-1　轻质骨料主要分类与特征

类型	制备工艺	品　名	孔特征	常用温度/ ℃	堆积密度 /g·cm^{-3}
天然轻质骨料	直接使用	浮石	多孔	<500	0.6~0.8
		火山渣	蜂巢状	<500	1.0~1.2
		硅藻土	多孔	<1000	0.35~0.65
	加热膨胀	膨胀珍珠岩	多孔	<1000	0.03~0.4
		膨胀蛭石	层状多孔	<1000	0.06~0.3
		发泡黏土	多孔	<900	0.3~0.7
人工合成轻质骨料	高温熔融发泡	烧胀陶粒	多孔	<500	0.4~0.6
	采用颗粒堆积、原位分解、造孔剂等成孔方法，经造粒、挤泥和压块等，干燥烧结法	黏土、高铝、莫来石、CA_6 和 M_2S 等多数耐火材料，轻质骨料	多孔	1100~1500	0.5~1.3
	电熔后喷吹成空心球	Al_2O_3 空心球	中空球	1600~1750	1.2~1.8
		ZrO_2 空心球	中空球	<2200	1.6~3.0
	煤高温悬浮燃烧后副产品，主要是高温熔融发泡	漂珠	中空球	约 1000	0.25~0.45

一般来说浮石、火山渣、膨胀珍珠岩、膨胀蛭石、发泡黏土、人工合成的烧胀陶粒和漂珠，它们都有一个共同特征：玻璃质软化。具有一定塑性时，材料内发泡组分产生气体膨胀，冷却后稳定气泡，且这些气泡封闭孔居多，因此它们具有很好的隔热保温性；耐高温性较低，一般使用温度低于 1000 ℃，即使这些轻质骨料也有高耐火度的，但因其源于自然矿产，产品组分波动大，质量不易控制，同时这些加热膨胀的自然矿产也面临资源短缺问题。随着现代高温工业发展，质轻、隔热保温的耐火浇注料也越来越受到重视，作为轻质耐火浇注料的主要组成部分的轻质耐火骨料合成与制备倍受耐火材料研究工作者的关注。

14.1.2　烧结法合成轻质耐火骨料

和隔热耐火砖相比，轻质耐火骨料只是粉状、粒状的多孔隔热耐火材料，其制备的成孔方法、成型方式和隔热耐火砖生产工艺基本相同。由于线收缩、外观形状和尺寸等要求不一样，轻质耐火骨料和轻质耐火砖的生产工艺还是有一些区别的，因此本节主要阐述烧结法制备轻质耐火骨料，而不是熔融喷吹生产空心球（见 7.2.1 节）。

轻质耐火骨料生产主要有如下两种方式：

（1）造粒法（granulation）。生产出一定尺寸的粒状或球状骨料，然后经干燥、烧成制备出一定粒径的轻质耐火骨料，这种方式主要成孔方法为颗粒堆积、造孔剂法和原位分解法，由于粉体需要造粒，发泡法一般不用于此法；造粒方法多为团聚造粒（圆盘造粒或回转滚筒造粒），也有挤出滚动造粒的；高温烧成多为回转窑或装有匣钵的隧道窑。

(2)压坯法。类似隔热耐火砖的生产方法，首先将配料混合均匀，压制或挤出成型为一定尺寸大小的坯体（近似标准砖大小），经干燥烧成，然后破碎成一定粒度的骨料，成孔方法可以是颗粒堆积、造剂法、原位分解以及常温发泡法；成型方式可以是挤出法、模压法，也可以是浇注法。

尽管几乎所有的耐火材料都可以制备出轻质耐火骨料，但目前轻质耐火骨料的材质仍以 Al_2O_3-SiO_2 系为主，因而各种黏土、铝矾土和一些工业固体废弃物（如粉煤灰、煤系高岭土）等均可作为轻质耐火骨料的原料。图 14-1-1 为以 Al_2O_3-SiO_2 系为原料，造粒法生产轻质耐火骨料的示意图。

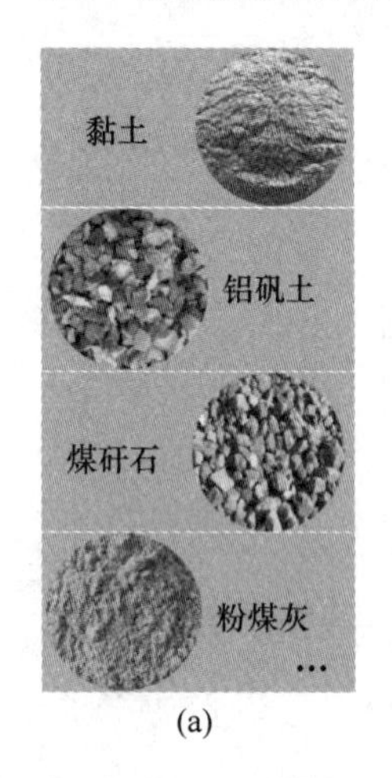

(a)

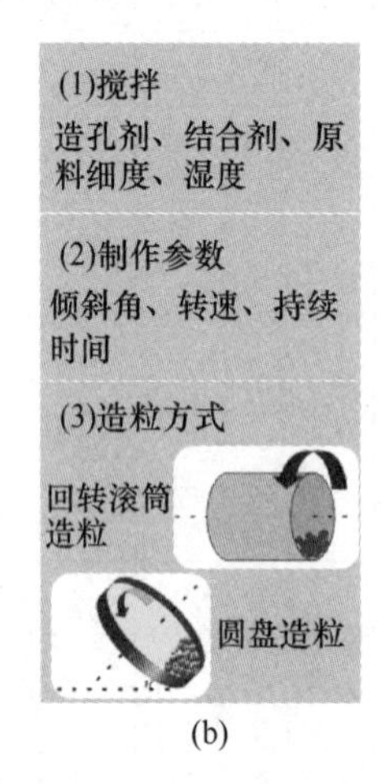

(b)

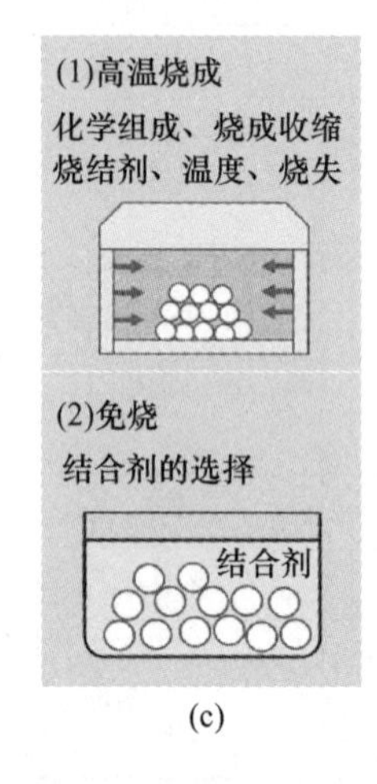

(c)

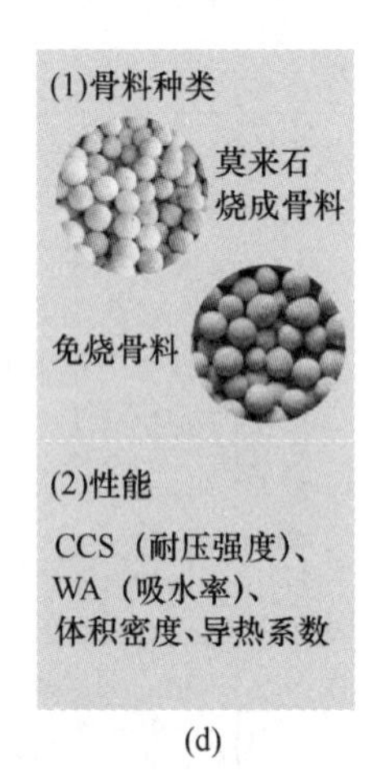

(d)

图 14-1-1 典型造粒法生产轻质耐火骨料的示意图

（a）原料；（b）造粒；（c）硬化；（d）骨料

14.1.3 烧结法制备轻质耐火骨料的结构

14.1.3.1 外观形状

轻质耐火骨料的外观形状朝着球形骨料发展，球形耐火骨料的加入可以减少物料之间的摩擦力（滚动摩擦阻力低于滑动摩擦力）。对于轻质耐火浇注料来说，球形骨料可提高浇注料的流动性、降低加水量，如图 14-1-2 所示。球形电熔陶瓷粒砂对高铝浇注料加水

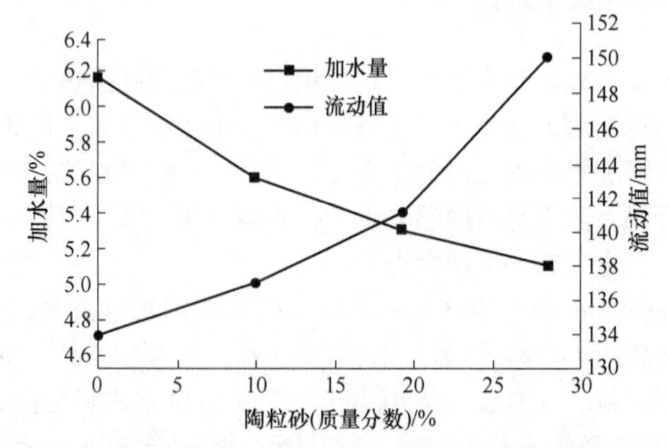

图 14-1-2 球形骨料对高铝浇注料加水量和流动性的影响

量和流动性的影响（流动值为跳桌法所测定），浇注料加水量由6.2%下降到5.0%，流动值却从134 mm增加到150 mm。从紧密堆积角度看，球形骨料的堆积比粒状骨料要紧密，如图14-1-3所示；球形骨料的引入也会提高轻质耐火浇注料的可泵送性、致密度和强度。

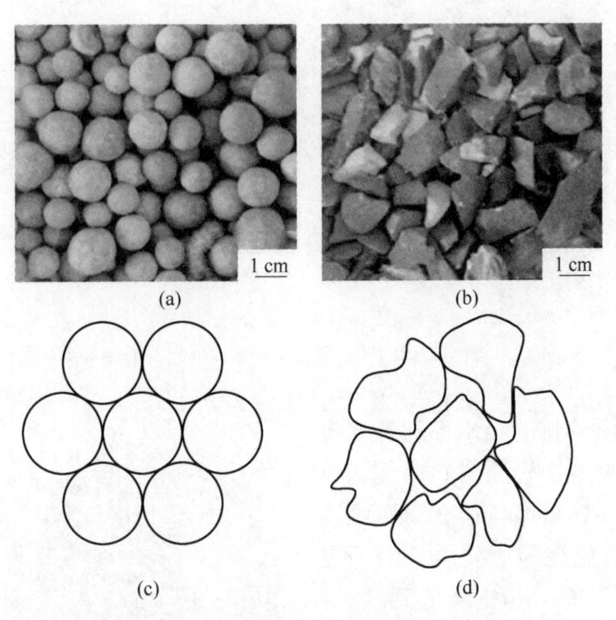

图14-1-3 颗料表面形貌对堆积的影响

（a）球形颗粒；（b）粒状颗粒；（c）球形堆积；（d）粒状堆积

14.1.3.2 气孔类型

轻质耐火骨料中的气孔类型也是影响材料性能的重要因素，骨料中均匀分布的闭气孔有利于提高强度，降低导热系数；反之，骨料中大量的开口气孔会导致基质中细粉和水等液体进入，降低材料的孔隙率，增大细粉消耗。因此，具有均匀分布、微细封闭气孔的耐火骨料是耐火材料研究工作者所追求的目标。从目前实际生产研究来看，轻质耐火骨料气孔类型主要有三种：

（1）中空球（bubble）。以Al_2O_3空心球为典型代表的类型，这种中空球是经高温熔体熔融喷吹而成的，主要材料为Al_2O_3、矾土（Al_2O_3含量约为90%）、ZrO_2、$MgAl_2O_4$等，如图14-1-4所示。一般来说，Al_2O_3-SiO_2系中SiO_2含量高的时候，熔融液由于黏度高，通常很难吹出空心球，例如莫来石。

（2）多孔球（porous aggregate）。目前人工合成比较多的轻质耐火骨料，也称多孔耐火骨料。主要成孔方法为原位分解或造孔剂法，由于材料中大量原位分解气体或造孔剂分解、燃烧气体排出，因此会有许多连通孔的通道存在，吸水率高，影响轻质耐火浇注料的性能。

（3）核-壳结构（core-shell structure）。无论是人工合成的中空球，还是多孔耐火骨料，其强度都不高，因此它们的使用也会有一些局限。为了既不降低导热系数，又能提高轻质骨料的强度，特别是降低多孔耐火骨料的吸水率，核-壳结构的轻质耐火骨料开始受到关注。所谓核-壳结构，就是采用包壳技术在轻质耐火骨料表层进行壳层强化（见图14-1-5），

(a)　(b)　(c)

图 14-1-4　空心球

（a）Al_2O_3空心球；（b）矾土空心球；（c）ZrO_2 空心球

从而大幅度降低轻质骨料的吸水率和适当提高其强度。以建筑材料中轻质骨料为例，例如堆积密度为 0.61～0.86 g/cm^3、筒压强度为 3.0～9.0 MPa 的免烧轻质骨料，经壳层强化后，吸水率从 22%～44%降低到 3%～32%，吸水率降幅在 90%～30%之间，而强度增加 10%。

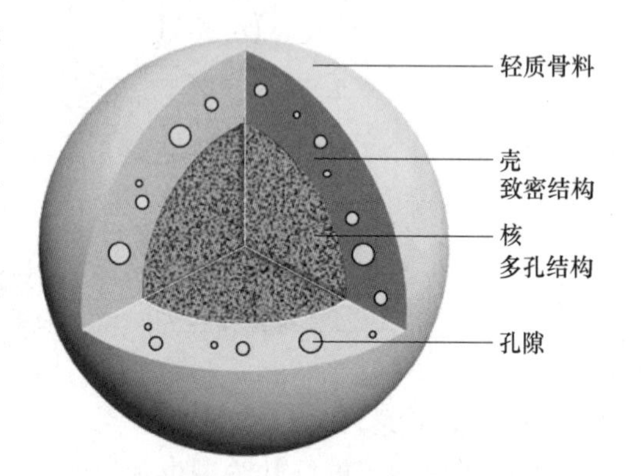

图 14-1-5　具有核-壳结构轻质骨料示意图

14.1.4　烧结法制备轻质耐火骨料的强度

轻质耐火骨料除了具有低的导热系数、好的高温体积稳定性外，还需要高的耐压强度和低的吸水率，特别是在作为轻质耐火砖和耐火浇注料的骨料时，其耐压强度和吸水率对轻质耐火砖和轻质耐火浇注的混合、成型、施工、干燥等性能有着重要影响。

由于轻质耐火骨料在分类、物理性能检测等方面没有标准，因此主要借鉴国家标准 GB/T 17431.1—2010《轻集料及其试验方法　第 1 部分：轻集料》和 GB/T 17431.2—2010《轻集料及其试验方法　第 2 部分：轻集料试验方法》，这两个标准主要针对建筑材料用的轻集料。轻集料（lightweight aggregate），是堆积密度不大于 1.20 g/cm^{3}的粗、细集料的总称。它主要包括：（1）人造轻集料（artificial lightweight aggregate），采用无机材料经加工制粒、高温焙烧而制成的轻粗集料（陶粒等）及轻细集料（陶砂等）；（2）天然轻集料（natural lightweight aggregate），由火山爆发形成的多孔岩石经破碎、筛分而制成的轻集料，如浮石、火山渣等；（3）工业废渣轻集料（industrial waste slag lightweight aggregate），由工业副产品或固体废弃物经破碎、筛分而制成的轻集料。

吸水率（water absorption，WA）的表达式为：

$$W_a = \frac{m_0 - m_1}{m_1} \times 100\% \quad (14\text{-}1\text{-}1)$$

式中，W_a为粗集料 1 h 或 24 h 吸水率；m_0为浸水试样质量；m_1为烘干试样质量。

轻质骨料的强度问题，不像块状材料一样，直接用压力除受压面积就可以。由于轻质骨料是粒状颗粒，受压面积很难测量，因此对于轻质骨料强度测量主要有以下几种可供参考的标准规定。

（1）筒压强度。用承压筒法测定轻粗集料颗粒的平均相对强度指标，在一定尺寸的圆柱形内装入一定数量规定粒径的轻集料，冲压模压入一定深度时（国家标准 GB/T 17431—2010 中为 20 mm）的压力加上冲压的质量，就是筒压强度，其原理如图 14-1-6 所示；该标准中规定粒径为 5~20 mm，但 10~15 mm 含量应占 50%~70%。

（2）筒压强度及破碎率。除了这种用承压筒表示的强度外，还有一种压裂支撑剂破碎率的表征方式。石油天然气行业标准 SY/T 5108—2014《水力压裂和砾石充填作业用支撑剂性能测试方法》中规定，一定压力下，检测支撑剂颗粒压坏的破碎率，一般压力范围为 14~103 MPa，粒径范围为 3. 35~0. 1 mm，这种方法适用于比较小的颗粒，至少小于 5 mm。

（3）抗等静压法（水压法或气压法）。主要针对空心玻璃微珠，其原理为：一定质量空心玻璃微球在一定气体或液体恒等静压力下会发生破损，测定破损前后密度变化再用质量除以密度得到体积变化。在一定恒等压力下检测空心玻璃微球的体积变化率，此时相应的气体或液体恒等静压力为该空心玻璃微球在该破损率下的抗恒等静压强度。建材行业标准 JC/T 2284—2014《空心球玻璃微珠抗等静压强度（水压法）、吸油率及漂浮率的测定方法》中阐述了空心玻璃微珠强度的测试方法。

（4）破碎率。在规定的条件下，试样置于装有钢球的滚筒中，通过滚筒机械转动，试样被磨损。测定被磨损破碎试样粒度的变化情况，用保留在筛上的试样质量占原试样质量的分数作为试样强度，见国家标准 GB/T 7702. 3—2008《煤质颗粒活性炭试验方法　强度的测定》。

（5）单颗粒强度。用一定粒径的颗粒，在压力机上进行抗压强度，由于接触面积难以定量，所以给出的是压力值（见图 14-1-7）。这种单颗粒测试也在许多标准中体现，例如 ASTM E382-20 “Standard Test Method for Determination of Crushing Strength of Iron Ore Pellets and Direct-Reduced Iron”。由于颗粒强度的弥散性，为了保证数据的准确性，抗压测试的颗粒数量要比较多，例如 ASTM E382-20 中要求至少要有 60 个样本。

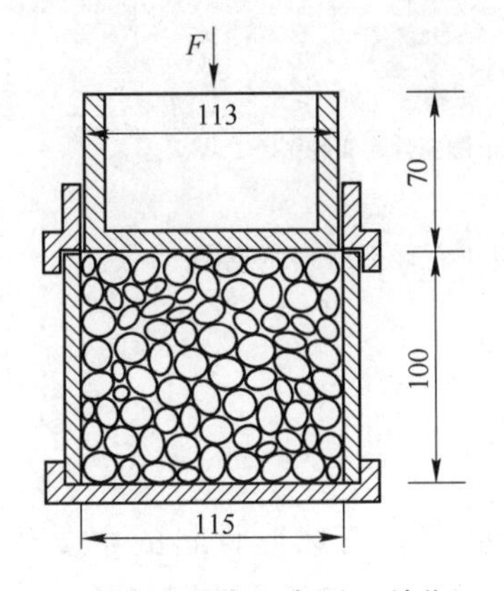

图 14-1-6　筒压强度示意图（单位：mm）

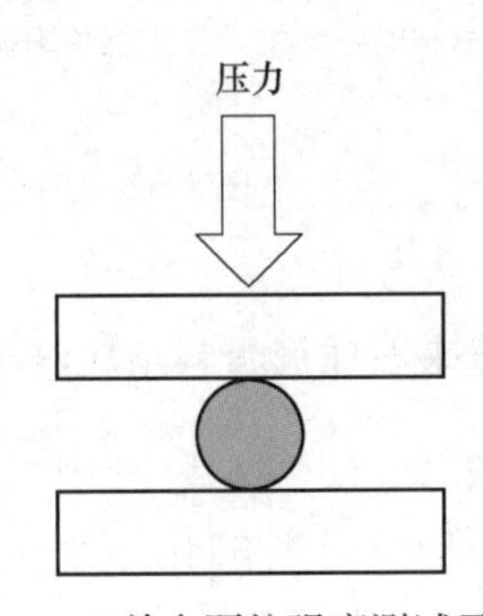

图 14-1-7　单个颗粒强度测试示意图

轻质耐火骨料的吸水率、强度等指标也没有现成的标准，可借鉴建材等其他行业的规范和标准，但也需要对轻质耐火骨料进行一些标准化的研究工作。目前我国建筑材料用轻质骨料在吸水率和强度等指标得到较大幅度提升，但与日本等先进技术相比，我国现在高强轻质骨料仍存在吸水率高（>5%）、强度偏低（筒压强度<8 MPa）等问题。

14.2　两步法团聚造粒制备莫来石球形骨料

莫来石轻质耐火骨料是人工合成耐火骨料中应用最为广泛的耐火骨料之一，其制备方法主要为造粒法和压坯法，本节主要阐述湖南嘉顺华新材料有限公司莫来石轻质球形骨料的制备、结构、性能和应用。

14.2.1　两步法团聚造粒合成莫来石耐火骨料

这里所说的两步法是首先将铝矾土等混合，采用团聚造粒法，制备出微小颗粒，之后在 1100 ℃下轻烧处理成陶瓷耐火微球，然后再将微球二次团聚造粒成球，烧成后得到莫来石球形骨料，如图 14-2-1 所示。

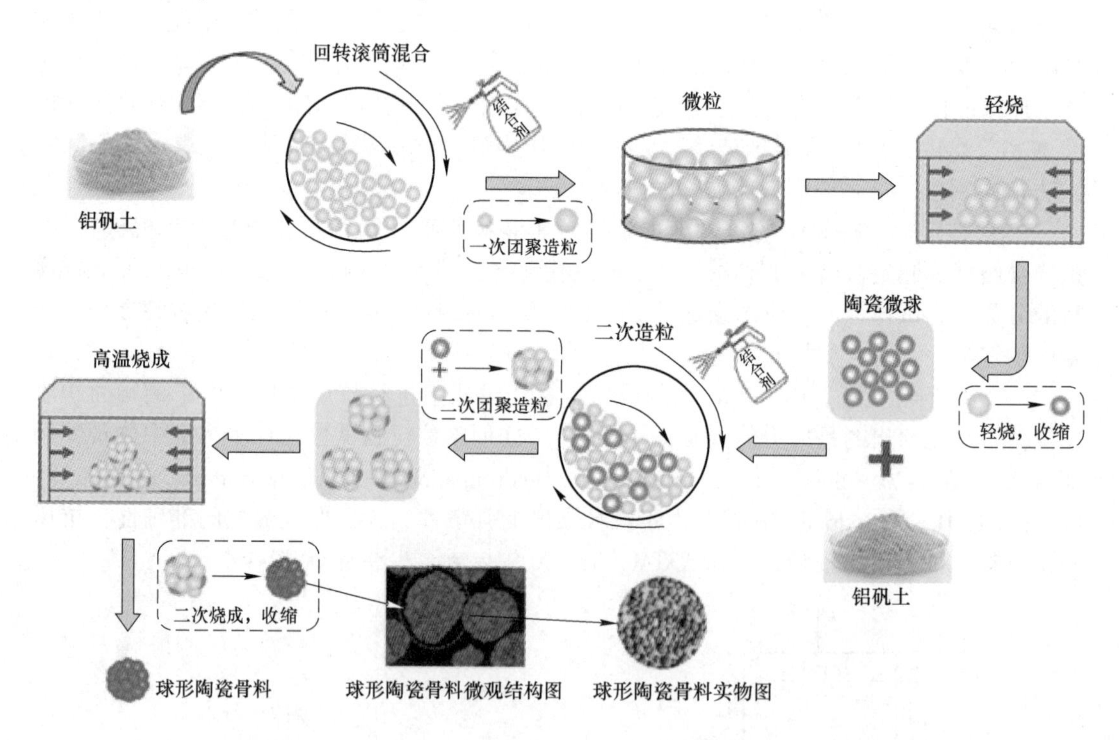

图 14-2-1　两步法团聚造粒制备莫来石球形骨料示意图

14.2.2　莫来石球形骨料组成结构

14.2.2.1　化学组成

莫来石球形骨料的化学组成见表 14-2-1。两种莫来石球形骨料的主要化学成分为 Al_2O_3和 SiO_2，兼有少量的 TiO_2、Fe_2O_3、碱金属和碱土金属氧化物等杂质，TiO_2 是天然原料矾土引入，这些杂质在高温下的熔点较低，可以同部分 SiO_2 形成低共熔点相，促进烧结过程中莫来石球形骨料的莫来石化。由表 14-2-1 可知，莫来石球形骨料 1 号和 2 号的 A/S 质量比分别为 2.07 和 1.86，均小于理论莫来石的 A/S 质量比（2.55），TiO_2 和 Fe_2O_3等杂质成分能和部分 SiO_2 形成玻璃相。莫来石球形骨料 1 号和 2 号玻璃相含量分别为 16.74%、15.55%。玻璃相的形成能够使其覆盖在莫来石球表面，增大莫来石球的闭口气孔率，而闭气孔的存在有利于降低材料的导热系数和吸水率。

表 14-2-1 莫来石球形骨料的化学分析结果 （质量分数,%）

样品名称	SiO_2	Al_2O_3	Fe_2O_3	CaO	MgO	K_2O	Na_2O	TiO_2	玻璃相
骨料 1 号	30.25	62.54	2.35	0.22	0.22	0.28	0.13	2.76	16.74
骨料 2 号	32.51	60.55	2.39	0.24	0.38	0.19	0.03	2.56	15.55

14.2.2.2 物相组成

图 14-2-2 为莫来石球形骨料的 X 射线衍射谱图，结果表明：两种骨料中的物相均为单一的莫来石相，未观察到刚玉相和石英相的衍射峰；结合化学组成（见表 14-2-1）中莫来石球形骨料 1 号和 2 号的玻璃相含量可以推测出，莫来石球 1 号、2 号原料中的莫来石相含量分别为 83.26%、84.45%。由图 14-2-2 还可看出，莫来石球的主峰强度较大，可以推测莫来石球中的莫来石晶体发育较好。

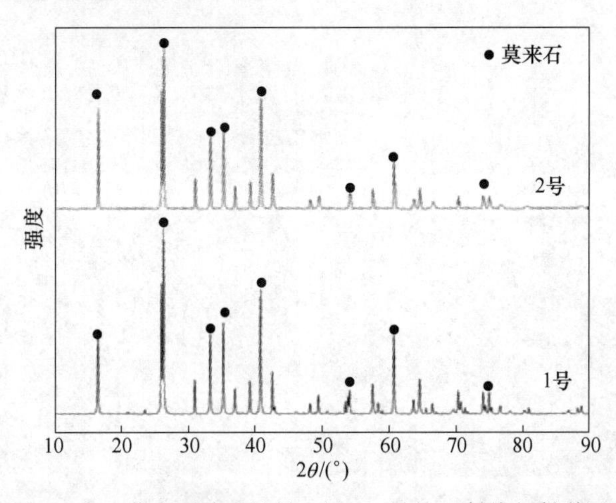

图 14-2-2 莫来石球形骨料 1 号、2 号的 X 射线衍射谱图

14.2.2.3 显微结构

图 14-2-3 为莫来石球形骨料的外观形貌，图 14-2-4 为其在光学显微镜下的微观形貌图。由图 14-2-3 可以看出，莫来石球形骨料的结构较为疏松多孔，在一些破碎颗粒内部的断面上，其表面的粗糙感和孔隙较为明显。由图 14-2-4 可知：在光学显微镜下观察到的莫来石球大多呈现出较好的圆球状，两种莫来石球形骨料均具有较好的球形度，1 号和 2 号的球形度分别为 0.93 和 0.92。由于莫来石球中 Fe_2O_3、TiO_2 等杂质含量有所差异，导致轻质莫来石球在光学显微镜下呈现不同的颜色。结合化学和物相分析的结果认为，颗粒闪亮部分可能是玻璃相，也可能是由于颗粒的各个部位在光学显微镜下的折射率不同而造成的现象。

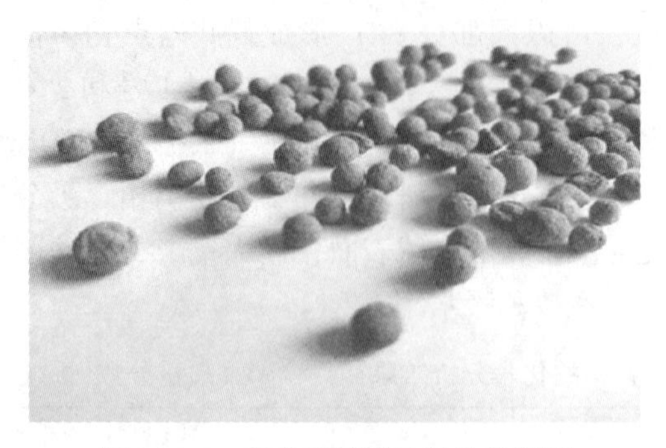

图 14-2-3　莫来石球形骨料的外观图

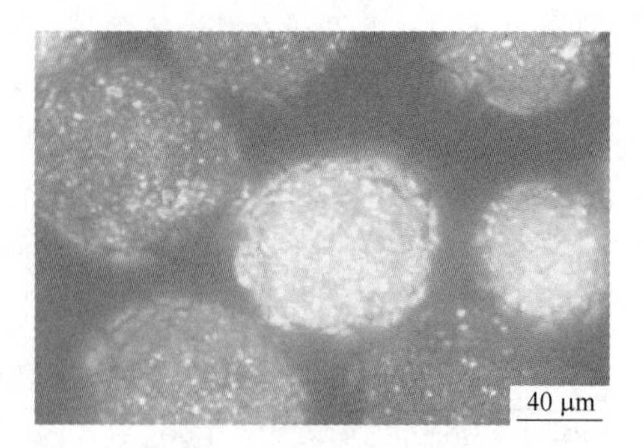

图 14-2-4　莫来石球形骨料在光学显微镜下的形貌图

莫来石球形骨料的显微结构如图 14-2-5 和图 14-2-6 所示。

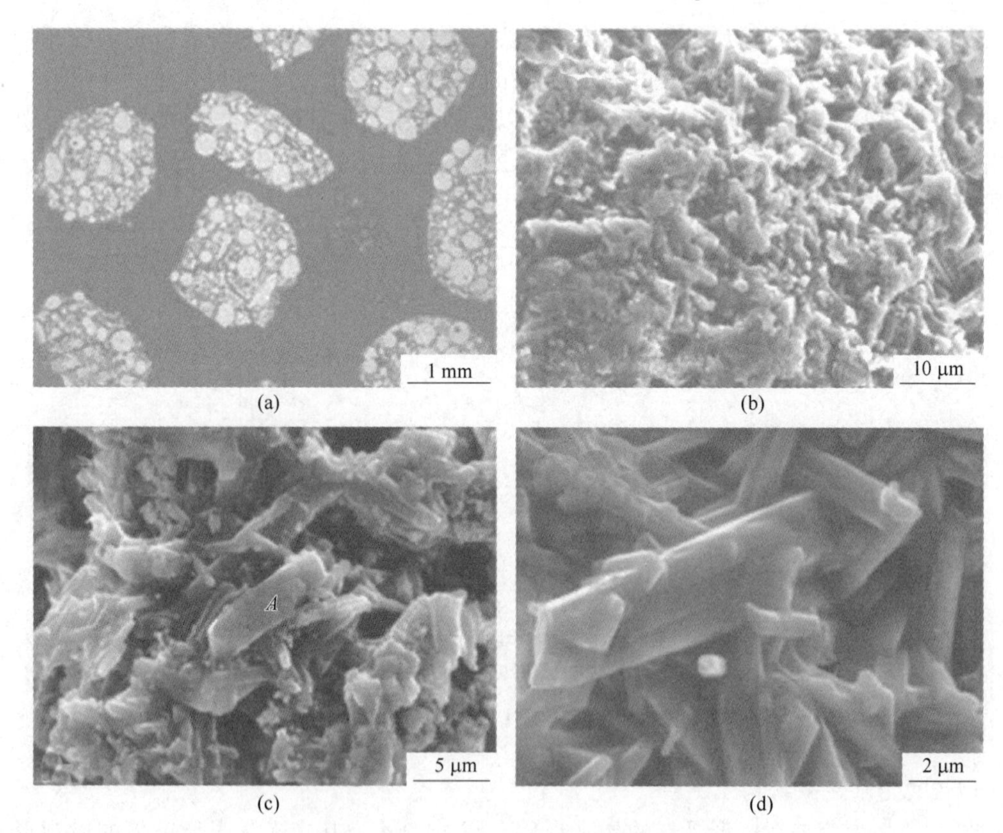

图 14-2-5　莫来石球形骨料 1 号的显微结构图

(a) 23×；(b) 2000×；(c) 4000×；(d) 20000×

图 14-2-5 (a) 为莫来石球颗粒断面放大 23 倍后的背散射电子像，由图可以知：莫来石球由骨料颗粒和基质两部分组成，颗粒内部存在一些狭长的气孔或裂纹。

由图 14-2-5 (b) 和图 14-2-6 (b) 可以看出：莫来石球表面的莫来石柱状晶粒互相交织成网状结构，但晶体分布的均匀度和连续性并不高，在颗粒表面能够看到明显的气孔

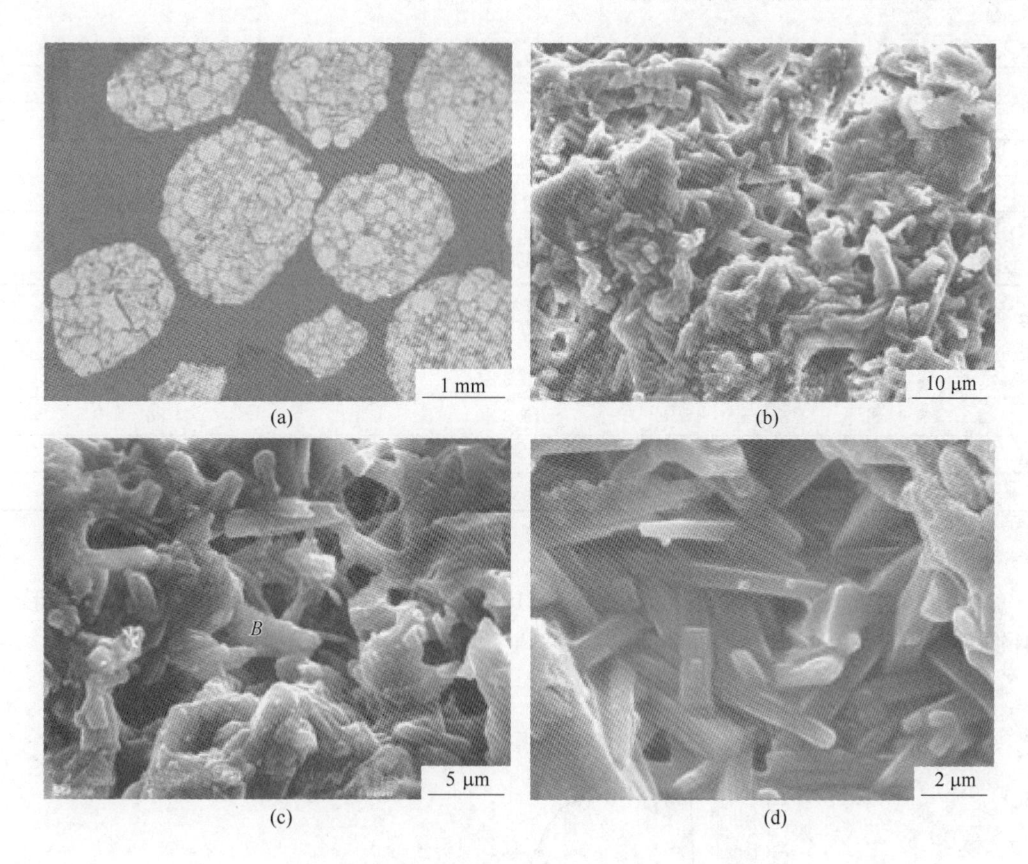

图 14-2-6　莫来石球形骨料 2 号的显微结构图
（a）23×；（b）2000×；（c）4000×；（d）20000×

和少量发育得不是很好的莫来石晶体。在莫来石球表面覆盖有一定 SiO_2 和 TiO_2、Fe_2O_3 等杂质形成的玻璃相，这些玻璃相可以存在于莫来石球的内部或表面：若存在于莫来石球内部，玻璃相填充于莫来石晶体之间，降低了其气孔率，增加了其体积密度；若覆盖在莫来石球表面，起到了封闭作用，有利于莫来石球内闭气孔的形成。由于闭口气孔主要以热传导为主，对流传热的能力更强，故闭口气孔的存在可以有效降低莫来石球的导热系数，增加其保温隔热效果。

由图 14-2-5(c) 和（d）和图 14-2-6(c) 和（d）可知，莫来石球表面莫来石晶体呈柱状发育，无其他明显的杂质相，且莫来石晶体间形成的交错网络结构有利于提高其强度。

结合能谱分析对图 14-2-5（c）中的 *A* 点和 14-2-6（c）中的 *B* 点处进行元素分析，结果见表 14-2-2 和表 14-2-3，1 号莫来石球的晶体中只有 Al、Si 和 O 以及极少量的 Ti 元素，2 号莫来石球还增加了极少量的 Fe 元素。结合 XRD 结果和 SEM 图分析，可进一步证明两种莫来石球形骨料中主要物相为莫来石。

表 14-2-2　图 14-2-5(c) 中的 *A* 点处 EDS 能谱分析结果

元　素	质量分数/%	原子分数/%
O	42.25	55.80

续表 14-2-2

元　素	质量分数/%	原子分数/%
Al	41.91	32.83
Si	14.00	10.54
Ti	1.85	0.81

表 14-2-3　图 14-2-6(c) 中的 *B* 点处 EDS 能谱分析结果

元　素	质量分数/%	原子分数/%
O	47.10	60.95
Al	36.38	27.91
Si	13.37	9.86
Ti	1.82	0.79
Fe	1.33	0.49

14.2.2.4　孔特征

莫来石骨料的孔径分布由 AutoPore Iv 9510 压汞仪上测试，图 14-2-7 为莫来石球形骨料的孔径分布。

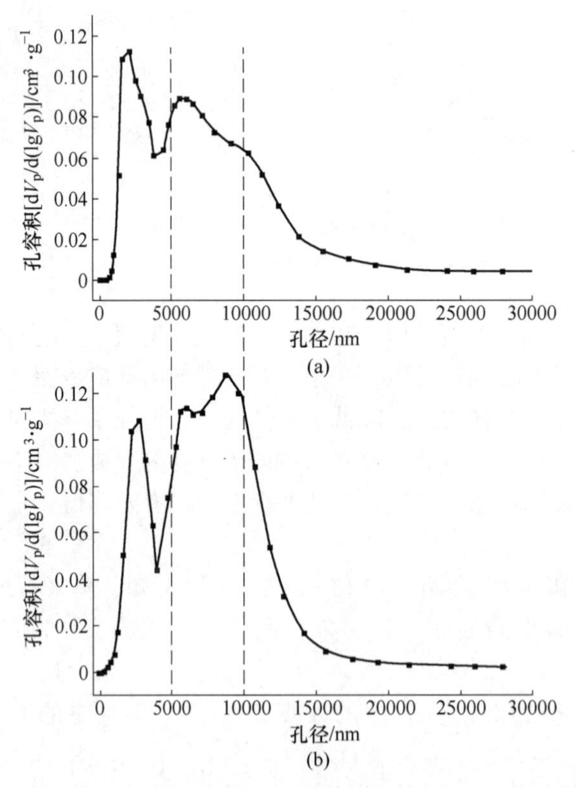

图 14-2-7　莫来石球形骨料 1 号(a)、2 号(b)的孔径分布

由图 14-2-7 可知：莫来石球 1 号的孔径分布图中存在一个明显的尖峰和具有一定弧度的峰；莫来石球 2 号的孔径分布图中存在两个较为明显的峰。两种峰的存在表明了两种莫来石球形料的孔径范围分布较为宽泛，莫来石球 1 号的孔径主要集中在 2.5 μm 左右，

存在一定数量6.5~8 μm的孔，其余孔径更大的孔则存在于颗粒中的数量都较少；相比之下，莫来石球2号的孔径分布范围更广，孔径主要集中在2.5 μm和6.5~10 μm。数据分析可知：莫来石球1号和2号的平均孔径分别为3.34 μm和3.75 μm，总孔容值分别为0.1016 mL/g和0.0981 mL/g，这些微孔有利于降低莫来石骨料的导热系数。

14.2.3 物理性能

14.2.3.1 常规物理

莫来石球形骨料的常规物理性能见表14-2-4。

表14-2-4 莫来石球形骨料的常规物理性能

样品名称	堆积密度 /g·cm^{-3}	真密度 /g·cm^{-3}	颗粒密度 /g·cm^{-3}	吸水率 /%	显气孔率 /%
莫来石球形骨料1号	1.30	3.089	2.19	12.3	27
莫来石球形骨料2号	1.28	3.078	2.18	12.0	26

14.2.3.2 耐火度

将骨料制成三角锥试样后与标准锥一起置于锥台上，然后放入耐火炉中在一定的升温制度下开始升温，检测莫来石球形骨料的耐火度，如图14-2-8和图14-2-9所示。其中，实验中涉及到的标准锥温度分别为1800 ℃、1780 ℃、1760 ℃。

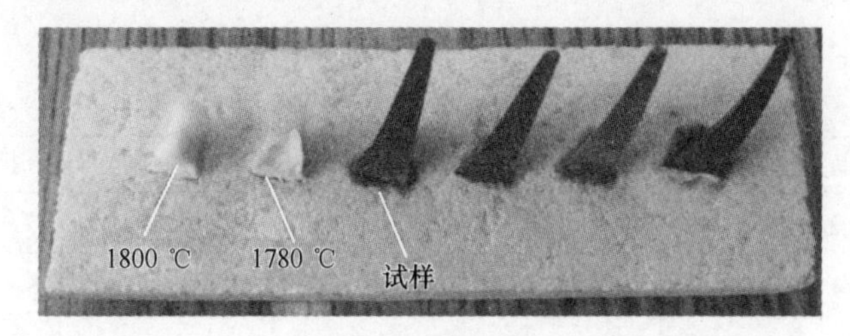

图14-2-8 莫来石球形骨料1号的耐火度测试结果

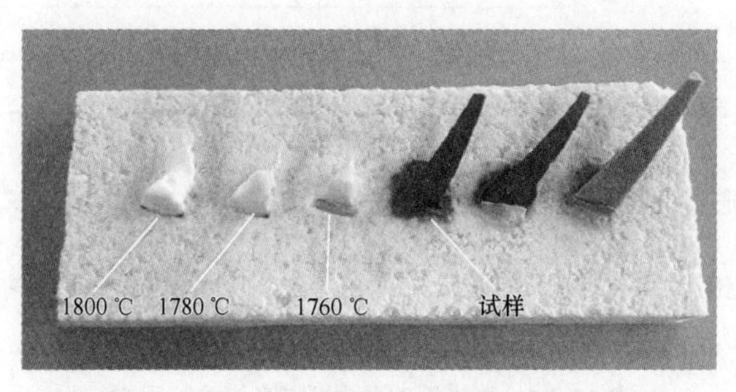

图14-2-9 莫来石球形骨料2号的耐火度测试结果

由图14-2-8看到，两个标准锥均弯倒，而试样锥仍未弯倒。因此得出结论，莫来石球1号的耐火度大于1800 ℃。

由图14-2-9看到，三个标准锥均弯倒，而试样锥仍未弯倒。因此得出结论，莫来石球2号的耐火度也大于1800 ℃。

根据Al_2O_3-SiO_2二元相图，莫来石的熔点处于1800~1900 ℃范围内，结合化学分析和扫描电镜图的分析观察，莫来石球中存在较多的玻璃相，因此，莫来石球的耐火度值将小于其熔点值。由于实验室条件的限制，故只能得出莫来石球的耐火度大于 1800 ℃的初步结论。相关研究表明，对于铝硅系耐火材料，Al_2O_3含量在 20%～80%范围内，其耐火度可以根据式（14-2-1）近似估算出。由式（14-2-1）计算得出：莫来石球 1 号和 2 号的耐火度分别为 1828 ℃和 1815 ℃。

$$T = 1580 + 4.386(M - R) \tag{14-2-1}$$

式中，T 为耐火度；M 为 Al_2O_3质量分数,%；R 为杂质质量分数,%。

14.2.3.3　压碎指标

压碎指标（筒压强度）表示原料抵抗压碎的能力，可间接推测原料相应的强度。球形莫来石骨料的强度按 GB/ T 14684—2011 用压碎指标表征。所测得数据是将球形莫来石骨料置于 20 MPa 压力下破碎，以相应粒径的下限筛进行筛分，称出试样的筛余量和通过量，精确至 1 g。压碎指标可按式（14-2-2）计算得出。

$$Y_i = \frac{G_2}{G_1 + G_2} \times 100 \tag{14-2-2}$$

式中，Y_i 为第 i 单级砂样的压碎指标；G_1为试样的筛余量；G_2 为试样的通过量。

由表 14-2-5 可知，两种莫来石球形骨料的压碎指标值接近，可推测两种骨料强度相差不大。

表 14-2-5　莫来石球形骨料的压碎指标

样 品 名 称	粒径/mm	压碎指标/%
莫来石球形骨料 1 号	1～3	37
	3～5	42
	5～8	49
莫来石球形骨料 2 号	1～3	41
	3～5	42
	5～8	51

14.2.4　莫来石球形骨料耐火浇注料

以莫来石球形骨料为主要原料制备耐火浇注料，其基本配方见表 14-2-6，性能见表 14-2-7。

表 14-2-6　莫来石球形骨料制备浇注料配方

品　名	规格	配比(质量分数)/%	
		M1	M2
球形莫来石骨料 1 号	5～8 mm	19	19
	3～5 mm	16	16
	1～3 mm	17	17

续表 14-2-6

品　名	规格	配比(质量分数)/%	
		M1	M2
板状刚玉	0~1 mm	8	8
	200 目	27	28
α-Al_2O_3微粉		6	6
SiO_2 微粉	96%	3	3
铝酸钙水泥	Secar 71	4	3
减水剂（外加）		0.125	0.125

表 14-2-7　莫来石球形骨料制备耐火浇注料的性能

性　能	实 验 条 件	M1	M2
体积密度/$g \cdot cm^{-3}$	1450 ℃×3 h	2.55	2.55
显气孔率/%	1450 ℃×3 h	21.2	20.6
耐压强度/MPa	110 ℃×24 h	37.1	32.4
	1450 ℃×3 h	79.5	91.2
抗折强度/MPa	110 ℃×24 h	4.9	4.9
	1450 ℃×3 h	14.4	15.5
线变化率/%	1450 ℃×3 h	-0.4	-0.25
热震后强度保持率/%	1100 ℃，风冷 5 次	36	40
导热系数/$W \cdot (m \cdot K)^{-1}$	300 ℃	0.769	0.356
	500 ℃	0.814	0.502
	700 ℃	0.850	0.639
	900 ℃	0.933	0.815

由表 14-2-7 可知，以球形莫来石为主要骨料制备浇注料的导热系数较低，具有较好的保温性能，同时强度较高。

14.3　电瓷废料制备轻质骨料及其在浇注料中的应用

本节主要以低压电瓷废料（low voltage insulated ceramic waste，LVICW）和高压电瓷废料（high voltage insulated ceramic waste，HVICW）为主要原料，采用烧结法制备轻质耐火骨料并应用于隔热耐火浇注料中。

14.3.1　实验过程及设计

14.3.1.1　实验原料

实验原料主要为低压电瓷、高压电瓷、黏土等，其化学成分见表 14-3-1。

表 14-3-1　低压电瓷、高压电瓷废料和黏土的化学分析　（质量分数，%）

类　别	SiO_2	Al_2O_3	K_2O	TiO_2	Fe_2O_3	IL
LVICW	70.09	24.37	2.66	0.50	1.60	0.37
HVICW	37.31	54.75	3.04	1.71	—	0.06
黏土	30.99	45.98	0.71	0.10	1.82	19.10

低压电瓷废料主要化学成分为 SiO_2、Al_2O_3、K_2O，主要物相是石英、玻璃相、莫来石和少量 α-Al_2O_3相，由于 SiO_2 含量高，虽然有 K_2O，也熔入了玻璃相，如图 14-3-1 所示；而高压电瓷废料主要物相为 α-Al_2O_3、莫来石、石英和玻璃相和少量的钾长石，如图 14-3-2 所示。

软化点、半球点由 GX-Ⅲ高温物性测定仪测量，低压电瓷废料的软化点和半球点测试结果如图 14-3-3 所示，其软化温度（熔融至原高度的 3/4）为 1501 ℃、半球点温度为 1518 ℃；高压电瓷废料的软化点和半球点测试结果如图 14-3-4 所示，其软化温度为 1498 ℃、半球点温度为 1502 ℃。

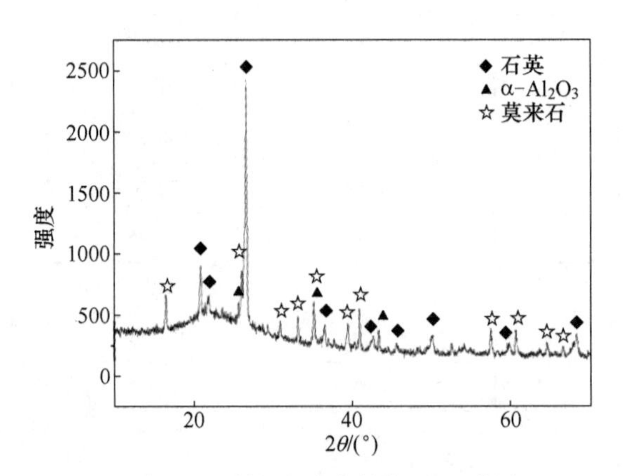

图 14-3-1　低压电瓷废料的 XRD 谱图

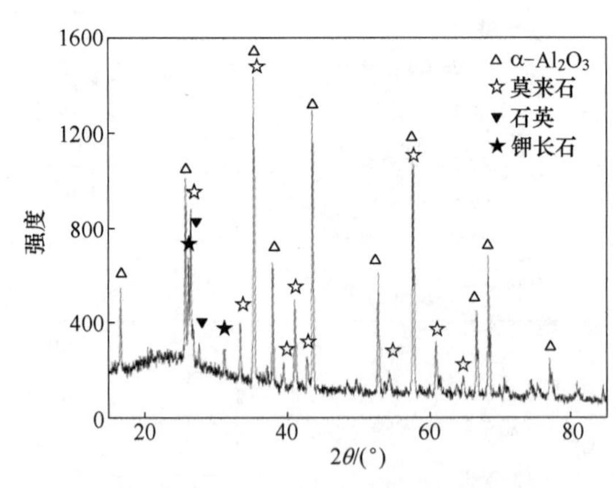

图 14-3-2　高压电瓷废料的 XRD 谱图

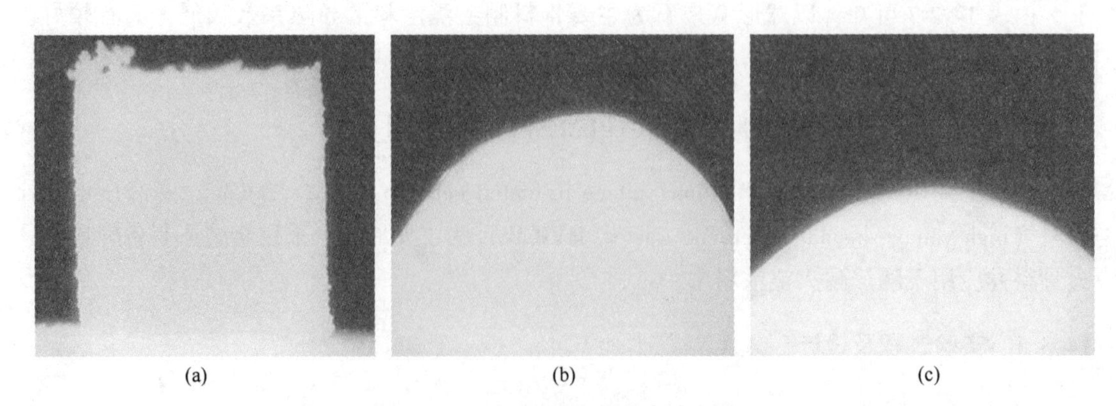

图 14-3-3　低压电瓷废料的半球点测试

（a）试样初始状态室温；（b）软化点 1501 ℃；（c）半球点 1518 ℃

(a)
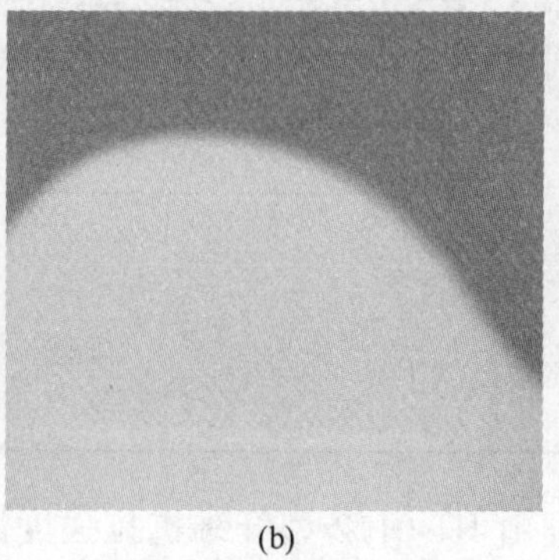
(b)
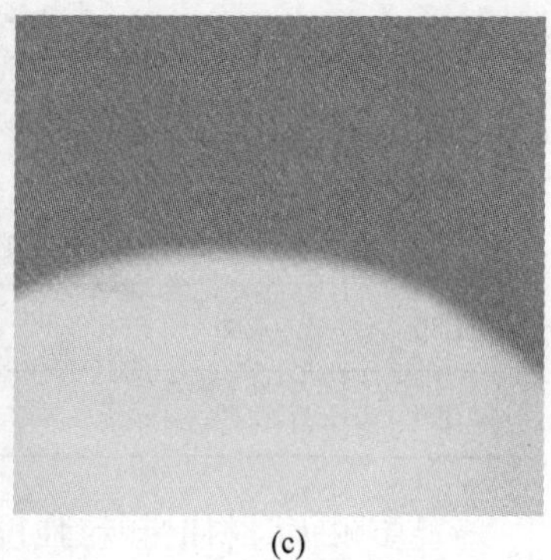
(c)

图 14-3-4 高压电瓷废料的半球点测试

（a）试样初始状态室温；（b）软化点 1498 ℃；（c）半球点 1502 ℃

对比高、低压电瓷废料半球点测试结果可以发现，低压电瓷废料的软化点和半球点均高于高压电瓷粉废料。从图 14-3-1 中得知，低压电瓷废料中石英相较多，在高温下形成高黏度 SiO_2 玻璃熔体，使样品在高温下不易坍塌，因而低压电瓷废料的软化点与半球点均高于高压电瓷废料。

14. 3. 1. 2 轻质骨料方案设计

以聚乙烯醇或糊精作为结合剂，以锯末作为造孔剂，将粉煤灰和黏土作为辅助原料，与 200 目的低压电瓷废料按表 14-3-2 中的比例分别均匀混合；困料 24~48 h，经圆盘造粒成型制得粒状素坯，于 110 ℃干燥 24 h，分别于 1100 ℃、1200 ℃和 1300 ℃保温 3 h 烧成，冷却至室温，检测其理化性能。

表 14-3-2 低压电瓷废料制备轻质骨料实验方案 （质量分数,%）

编号	LVICW	粉煤灰	黏土	外加物		
				水	锯末	有机结合剂
D50	50	40	10	10~15	500 mL/kg	5~10
D60	60	30				
D70	70	20				

将高压电瓷粉料（180 目）与其他粉体按表 14-3-3 中的比例分别均匀混合，以聚乙烯醇或糊精作为结合剂（见表 14-3-4），以不同粒度的造孔剂进行造孔；困料 24~48 h，经造粒成型制得粒状素坯，将粒状素坯在 110 ℃保温 24 h 后分别于 1300 ℃、1400 ℃和 1500 ℃保温 3h 烧成，冷却至室温，而后检测其相应性能。

表 14-3-3 不同造孔剂的实验配比 （质量分数,%）

造孔剂	黏土	HVICW	外加量	
			结合剂	造孔剂
锯末	20	80	2~5	500 mL/kg
细锯末	20	80		
糠	20	80		

表 14-3-4 高压电瓷废料制备轻质骨料实验方案 （质量分数，%）

编号	HVICW	黏土	外加量	
			结合剂	造孔剂
H70	70	30	2~5	500 mL/kg、1000 mL/kg、1500 mL/kg
H80	80	20		
H90	90	10		

轻质耐火骨料的颗粒强度由 HT-0112 型纤维抗拉强度测试仪，单个颗粒强度测试示意图见图 14-1-7，用孔径为 5 mm 的筛子筛分出粒径为 5 mm 的颗粒，随机取样 30 粒颗粒进行测试。导热系数采用冶金标准 YB/T 4130—2005《耐火材料导热系数试验方法（水流量平板法）》来检测，其中轻质骨料用尽量少的 CA 水泥结合制成 ϕ180 mm×20 mm 圆盘来检测。

14. 3. 2 低压电瓷废料制备轻质骨料

依照表 14-3-2 的实验方案，将低压电瓷废料、粉煤灰与黏土以不同的质量百分比进行混合，外加锯末作为造孔剂和适量结合剂，均匀混合后造粒成型，分别在 1100 ℃、1200 ℃和 1300 ℃条件下热处理 3 h，检测低压电瓷废料加入量、烧成温度对低压电瓷废料制备轻质骨料性能的影响。

14. 3. 2. 1 常规物理性能

D50、D60 及 D70 组中的低压电瓷废料含量分别为 50%、60%和 70%，分析烧成温度及低压电瓷废料加入量对轻质骨料性能的影响，如图 14-3-5 所示。

由图 14-3-5 可知，随着烧成温度的升高，D50、D60、D70 组轻质骨料强度均增加，堆积密度和体积密度随之增加，显气孔率和总气孔率则随之下降。随着低压电瓷废料含量的增加，体积密度和堆积密度都随之上升，显气孔率和总气孔率随之降低。综合比较认为，低压电瓷废料含量（质量分数）为 60%（D60），烧成温度为 1200 ℃骨料综合性能较佳。

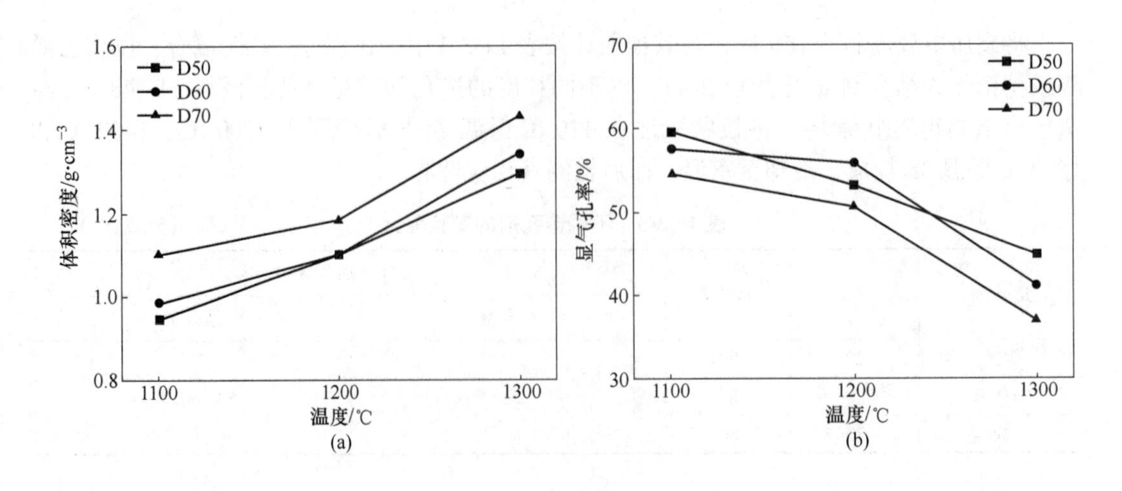

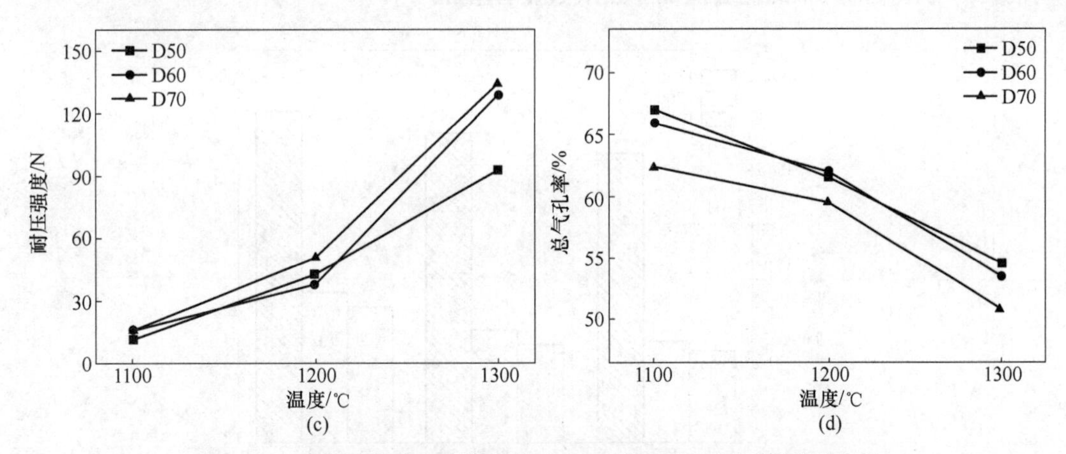

图 14-3-5 低压电瓷废料含量及烧成温度对轻质骨料物理性能的影响

（a）体积密度；（b）显气孔率；（c）耐压强度；（d）总气孔率

14.3.2.2 XRD 分析

图 14-3-6 为 D60 组试样经不同温度烧成后的 XRD 谱图。随着烧成温度的上升，试样中石英相和方石英数量减少，莫来石相的特征峰增多且峰值增加。试样中莫来石相的含量随温度上升而增加，且晶体发育也随温度上升而长大。石英与方石英的含量显著减少，可能是由于部分石英相和方石英在高温过程中与体系中其他的铝源发生反应形成莫来石，或者是在高温处理的过程中熔融形成玻璃相。同时，从图 14-3-6 中也可以看出玻璃相的峰随温度升高越发明显。

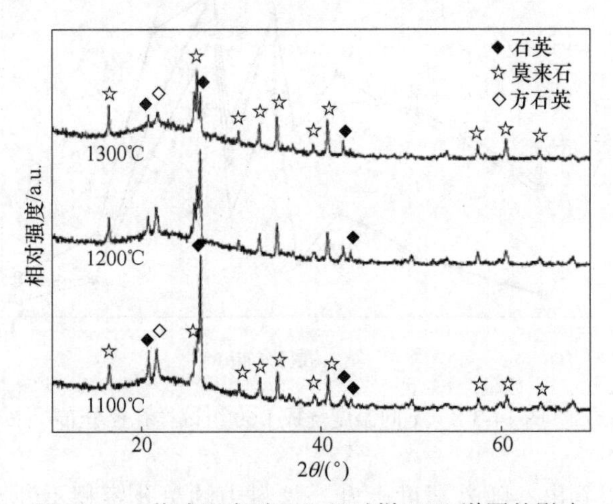

图 14-3-6 烧成温度对 D60 组试样 XRD 谱图的影响

14.3.2.3 导热系数

图 14-3-7 为 D60 组试样不同温度烧成后的导热系数测试结果。由图 14-3-7 可知，烧成温度由 1100 ℃升至 1200 ℃，D60 组骨料的导热系数涨幅较小；当烧成温度由 1200 ℃升至 1300 ℃时，导热系数显著增加。由图 14-3-5（d）所示的总气孔率变化规律可知，烧成温度由 1200 ℃升至 1300 ℃，总气孔率由 60.1%降至 51.3%，气孔率对材料导热系数影

响很大，气孔率的大幅降低会造成导热系数显著增加。

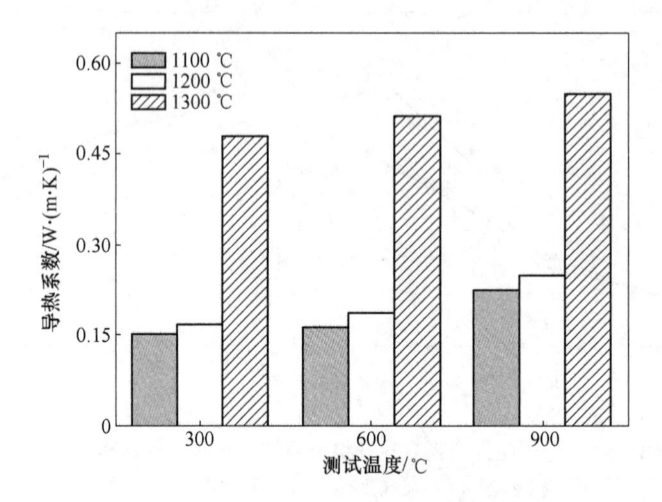

图 14-3-7　烧成温度对 D60 组骨料导热系数的影响

14. 3. 2. 4　孔径分布

气孔分布由压汞法（AutoPore Ⅳ 9500，micromeritics instrument corporation）测出，图 14-3-8 为 D60 试样经不同温度热处理后的孔径分布图。

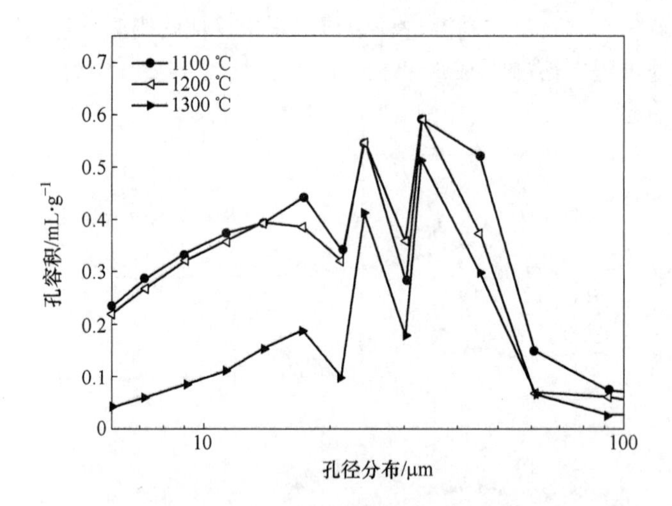

图 14-3-8　不同温度烧成 D60 组试样孔径分布

由图 14-3-8 可以看出，随着温度上升，骨料中的总孔容积不断减小。材料中的孔呈现多峰分布，不同孔径的孔有不同的收缩程度，孔径越小的孔收缩程度越大；反之，孔径越大的孔，则呈现出收缩不明显的趋势。在升温的过程中，由于低压电瓷废料中石英相及其他杂质低熔相熔融形成液相，故能填补部分小气孔，使平均孔径增大。

14. 3. 2. 5　显微结构

图 14-3-9 为烧后 D60 组试样分别在 1100 ℃、1200 ℃、1300 ℃温度烧成后骨料的显微结构及能谱分析。

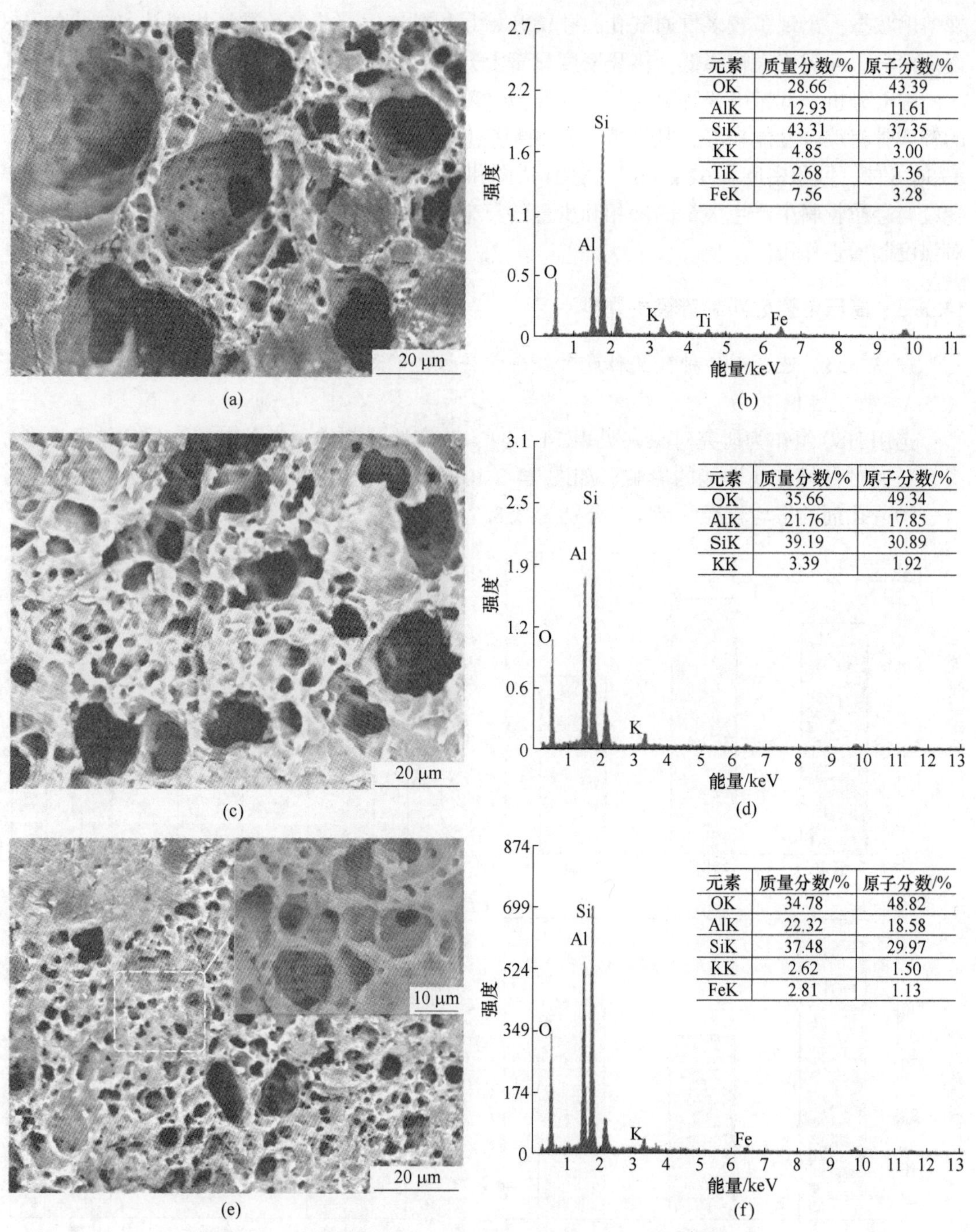

元素	质量分数/%	原子分数/%
OK	28.66	43.39
AlK	12.93	11.61
SiK	43.31	37.35
KK	4.85	3.00
TiK	2.68	1.36
FeK	7.56	3.28

元素	质量分数/%	原子分数/%
OK	35.66	49.34
AlK	21.76	17.85
SiK	39.19	30.89
KK	3.39	1.92

元素	质量分数/%	原子分数/%
OK	34.78	48.82
AlK	22.32	18.58
SiK	37.48	29.97
KK	2.62	1.50
FeK	2.81	1.13

图 14-3-9 烧成温度对 D60 组试样显微结构及能谱的影响

（a）（b）1100 ℃；（c）（d）1200 ℃；（e）（f）1300℃

1100 ℃烧成后材料孔隙疏松且大，孔壁上分布有大量微孔，这些微孔会显著降低骨料孔壁的致密度，从而影响骨料的强度；温度为 1200 ℃时，材料中的孔整体开始收缩，孔隙尺寸明显减小，孔壁上的微孔数量也开始减少，孔壁的致密度稍有增加，利于骨料强度的增大，并且骨料的孔隙形态仍然呈均匀分布的状态；1300 ℃时，由于骨料内部已出现熔融状态，出现了较多贯通气孔，孔壁开始互相黏连，部分气孔被液相填补，较小的孔逐渐消失，孔隙率大幅降低，体积密度显著上升。

综上分析，低压电瓷废料含量（质量分数）为 60%、烧成温度为 1200 ℃时，所制备的轻质骨料综合性能较好，其性能：单颗粒强度 35. 3 N、体积密度 1. 10 g/cm^3、显气孔率 56. 6 %、堆积密度 0. 62 g/cm^3。XRD 谱图和 SEM 显微结构图表明：热处理后的低压电瓷废料轻质骨料中产生大量的液相和少量的莫来石相，液相烧成反应促进试样的致密化并对强度起增强作用。

14. 3. 3　高压电瓷废料制备轻质骨料

14. 3. 3. 1　造孔剂的种类及粒度对轻质骨料性能的影响

A　物理性能

选用 H80 组作为研究对象（见表 14-3-3），改变造孔剂的种类及粒度，研究造孔剂种类及粒度对骨料各项性能的影响，如图 14-3-10 所示。造孔剂分别为锯末、细锯末和糠，这三种造孔剂的平均粒径（$d_{0.5}$）分别为 258. 7 μm、213. 1 μm 和 251. 1 μm。

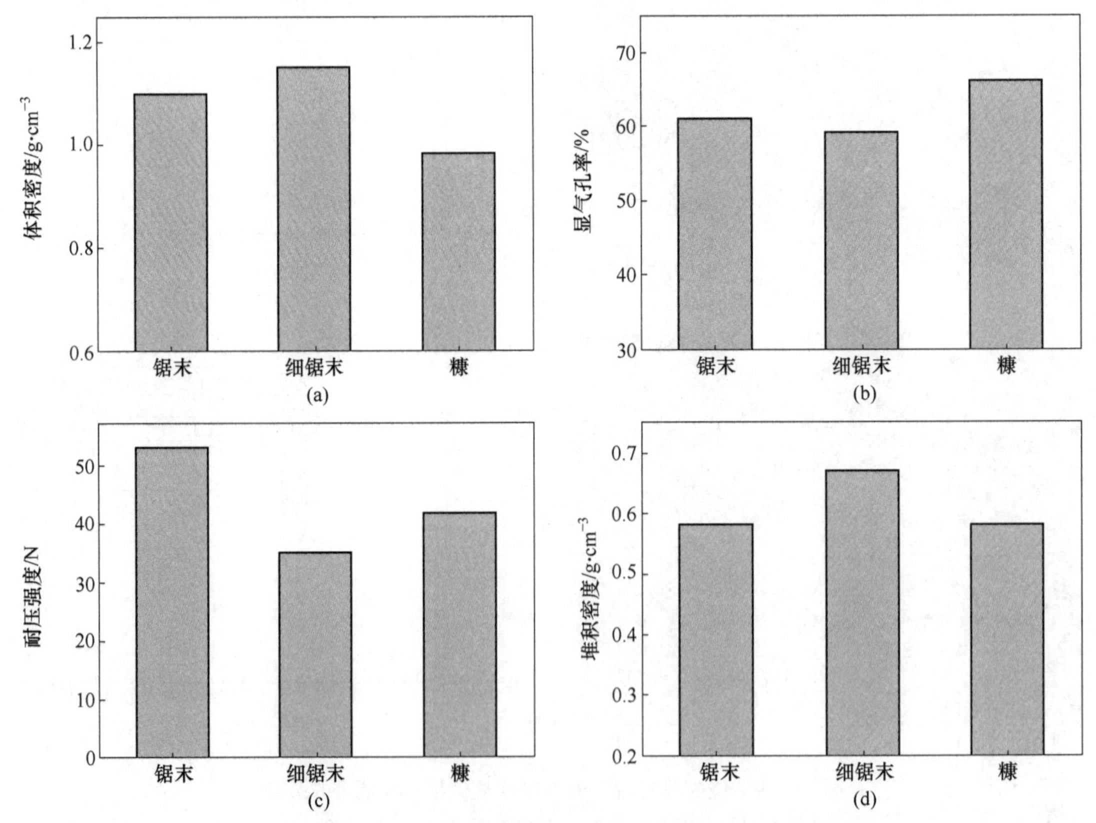

图 14-3-10　造孔剂的种类及粒度对 H80 轻质骨料性能的影响

（a）体积密度；（b）显气孔率；（c）耐压强度；（d）堆积密度

由图 14-3-10 可知，以糠作为造孔剂所制备的 H80 轻质骨料强度较高、体积密度和堆积密度最小、显气孔率最高，综合性能较好。以糠作为造孔剂的 H80 轻质骨料颗粒强度、堆积密度均居于细锯末和锯末之间，且显气孔率最大，体积密度最小，因此选取糠是较为适宜的造孔剂。

B 显微结构

图 14-3-11 为以锯末、细锯末、糠作为造孔剂制备的轻质骨料显微结构图，造孔剂的加入量均为 1000 mL/kg。

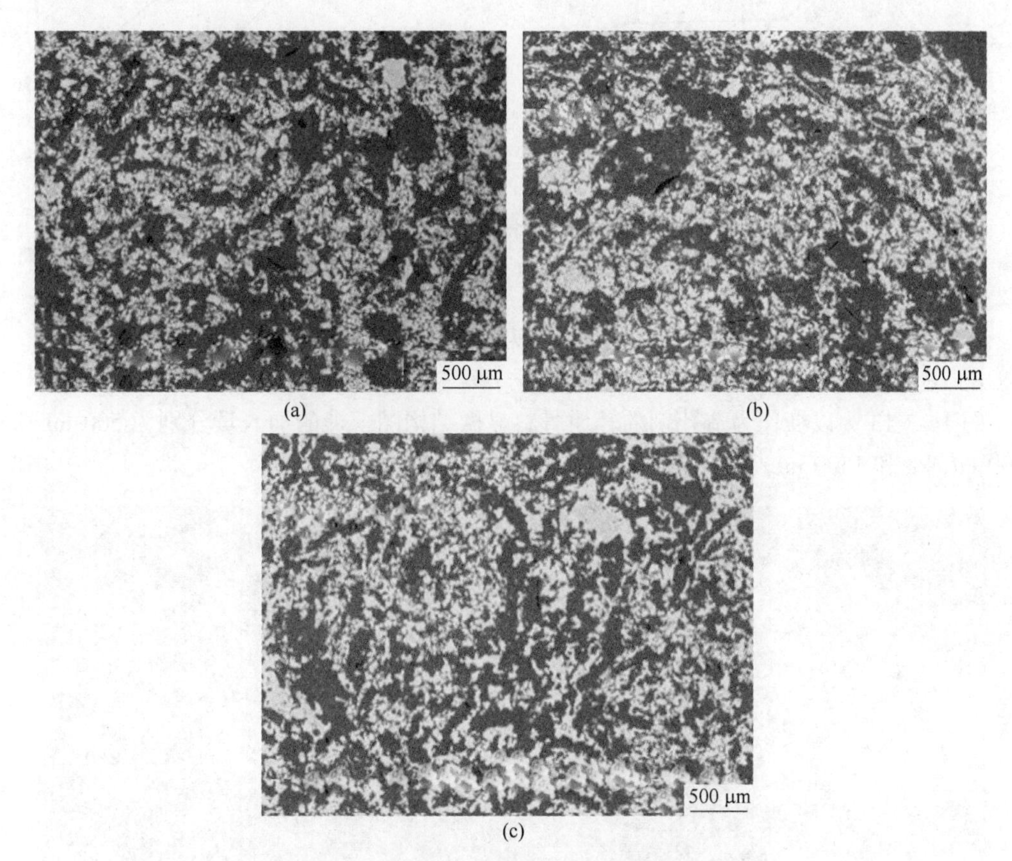

(a) (b) (c)

图 14-3-11 造孔剂对 H80 轻质骨料显微结构的影响

（a）锯末；（b）细锯末；（c）糠

由图 14-3-11 可以看出，以锯末作为造孔剂的轻质骨料中的孔径最大，但分布均匀；以细锯末作为造孔剂的轻质骨料孔径相对锯末明显减小，但孔径大小分布不均匀，对骨料的性能有不利的影响；以糠作为造孔剂的骨料孔径较小，且分布均匀，孔隙间的基质部分厚度较大，对骨料的强度能起到更好的支撑作用。

14.3.3.2 造孔剂加入量对轻质骨料性能的影响

A 常规物理性能

基于对轻质骨料造孔剂种类及粒度的研究，进一步改变造孔剂的添加量，研究造孔剂添加量对轻质骨料性能的影响，测得骨料的性能如图 14-3-12 所示。

由图 14-3-12 可知，随着造孔剂糠的加入量由 500 mL/kg、1000 mL/kg、1500 mL/kg 依次增加，骨料强度减小，堆积密度减小，显气孔率增加，体积密度减小。

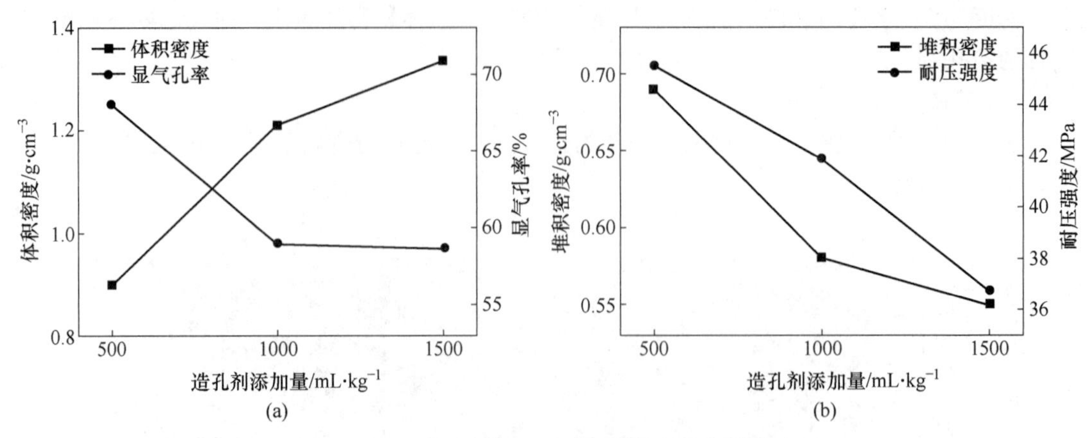

图 14-3-12 造孔剂加入量对轻质骨料性能的影响

（a）体积密度与显气孔率；（b）堆积密度与耐压强度

比较轻质骨料的各项性能，选取糠是较为适宜的造孔剂，其加入量为 1000 mL/kg。

B 显微结构

图 14-3-13 为以糠作为造孔剂的轻质骨料显微结构图，糠的加入量分别为 500 mL/kg、1000 mL/kg 和 1500 mL/kg。

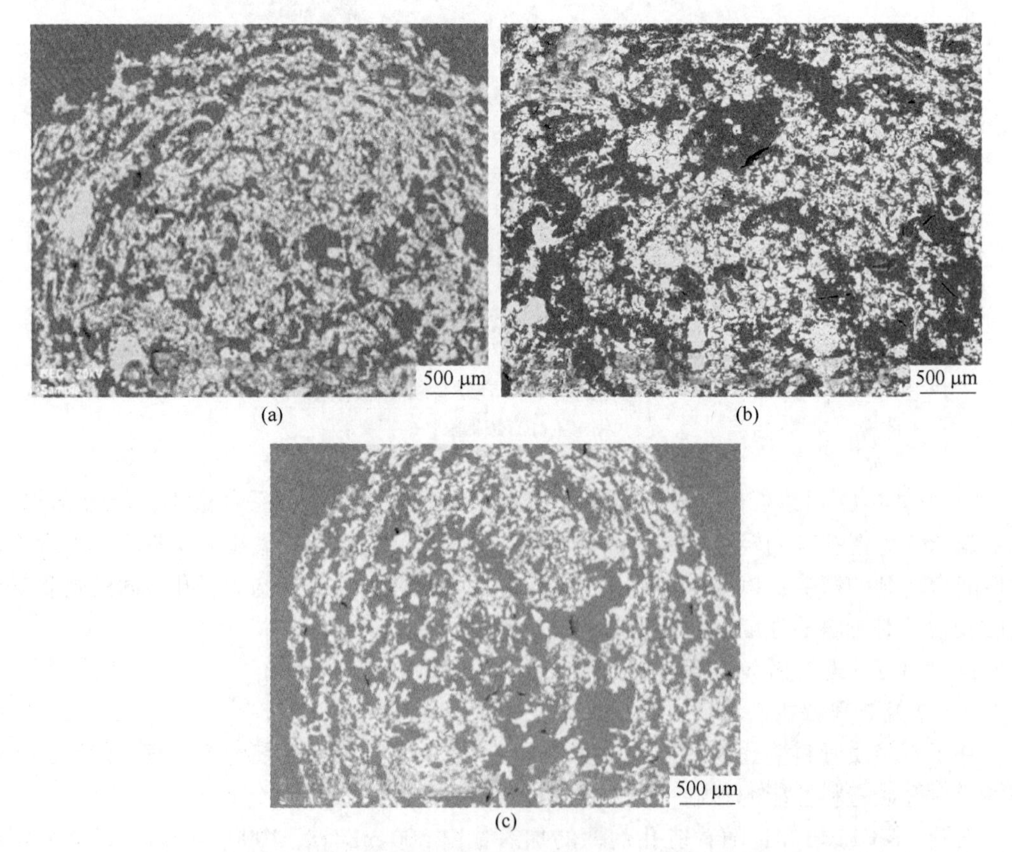

图 14-3-13 造孔剂的加入量对轻质骨料显微结构的影响

（a）500 mL/kg；（b）1000 mL/kg；（c）1500 mL/kg

由图 14-3-13 可知，轻质骨料的孔隙结构随造孔剂的加入量增大而更加疏松，造孔剂的团聚和分布不均的现象随之加剧，降低了轻质骨料的强度。综合比较，造孔剂的加入量选 1000 mL/kg 较为合适。

14.3.3.3　高压电瓷废料含量及烧成温度的影响

A　常规物理性能

烧成温度及高压电瓷废料含量对合成轻质骨料性能的影响，如图 14-3-14 所示。依据表 14-3-4 的实验方案，70%、80%、90%的高压电瓷废料含量（质量分数）分别编号为 H70、H80、H90。

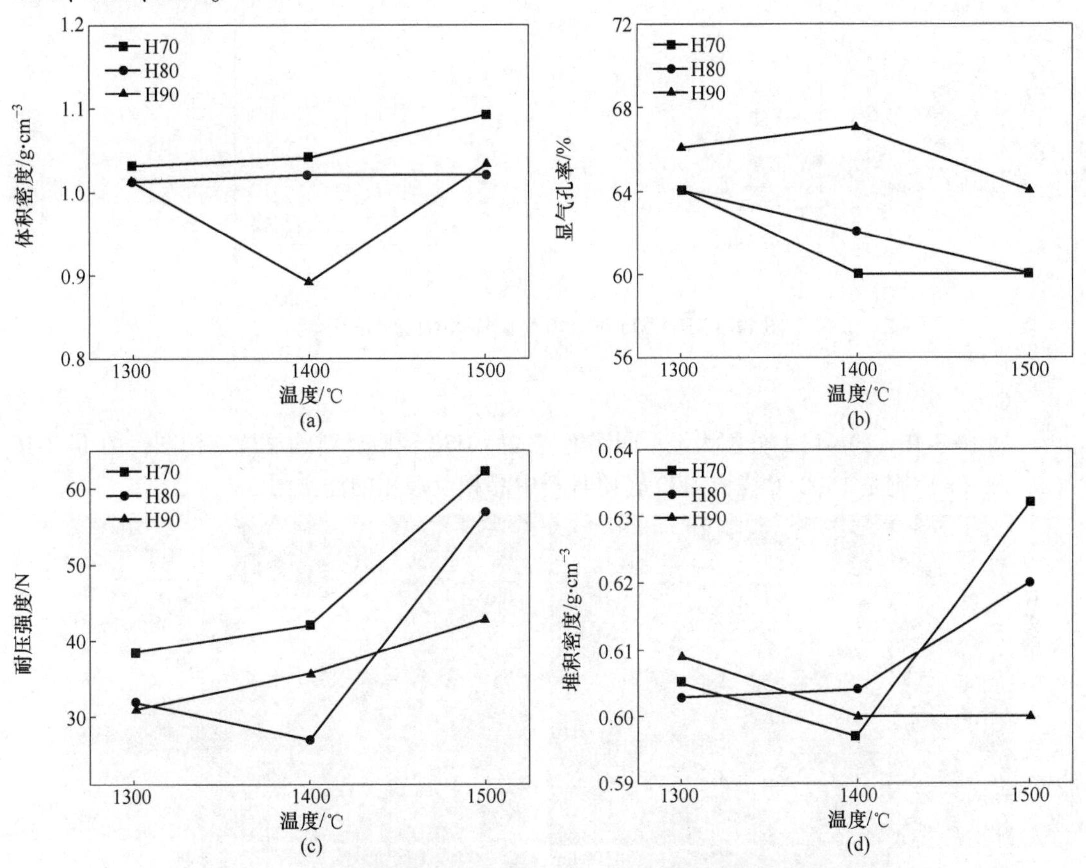

图 14-3-14　烧成温度及高压电瓷废料含量对轻质骨料物理性能的影响

（a）体积密度；（b）显气孔率；（c）耐压强度；（d）堆积密度

由图 14-3-14 可知，随着烧成温度的提升，骨料的显气孔率下降，体积密度、堆积密度和颗粒强度均有所提高；随着高压电瓷废料利用率的提高，骨料的显气孔率上升，而体积密度、堆积密度和颗粒强度均有所下降。

综合比较轻质骨料的各项性能，优先选取 H70 组（高压电瓷废料含量为 70%）、烧成温度为 1400 ℃的骨料进行隔热耐火浇注料的制备及性能测试。

B　物相分析

图 14-3-15 为 H70 组试样经不同温度热处理后的 XRD 谱图。从图 14-3-15 中可看出，1300 ℃烧后材料主要物相为莫来石、刚玉和石英三种晶相。随着烧成温度的上升，轻质

骨料中石英相和刚玉相减少、莫来石相增多；当温度升至1500 ℃时，XRD谱图中主要是莫来石衍射峰。莫来石相的含量随温度上升而增加，石英相与刚玉相的含量显著减少，石英相和刚玉相在高温过程中发生反应形成莫来石。

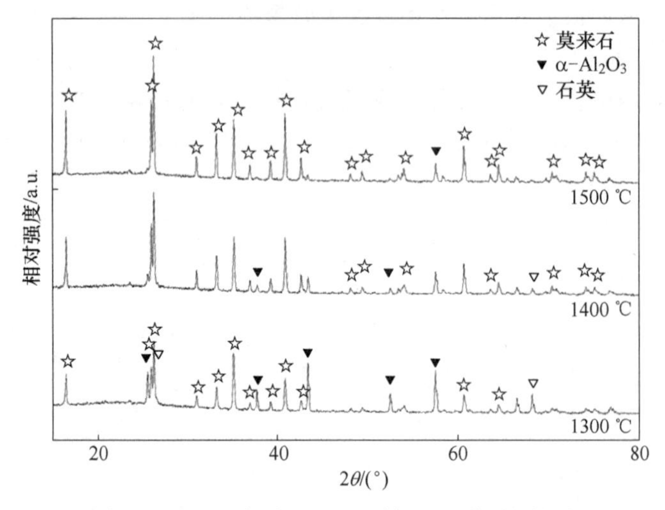

图 14-3-15　温度对H70组试样XRD谱图的影响

C　显微结构

图14-3-16（a）~（f）分别为经不同温度烧成后H70轻质骨料的显微结构图，图14-3-16（g）和（h）则是1500 ℃烧成H70轻质骨料中晶相及液相的能谱图。

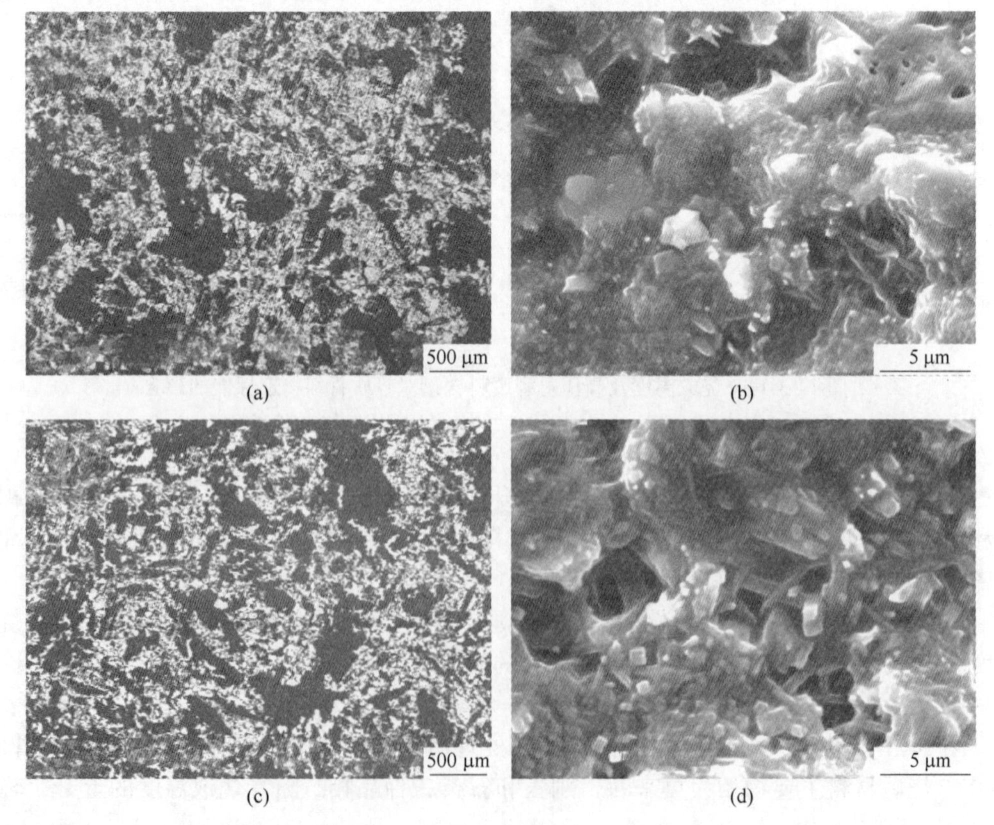

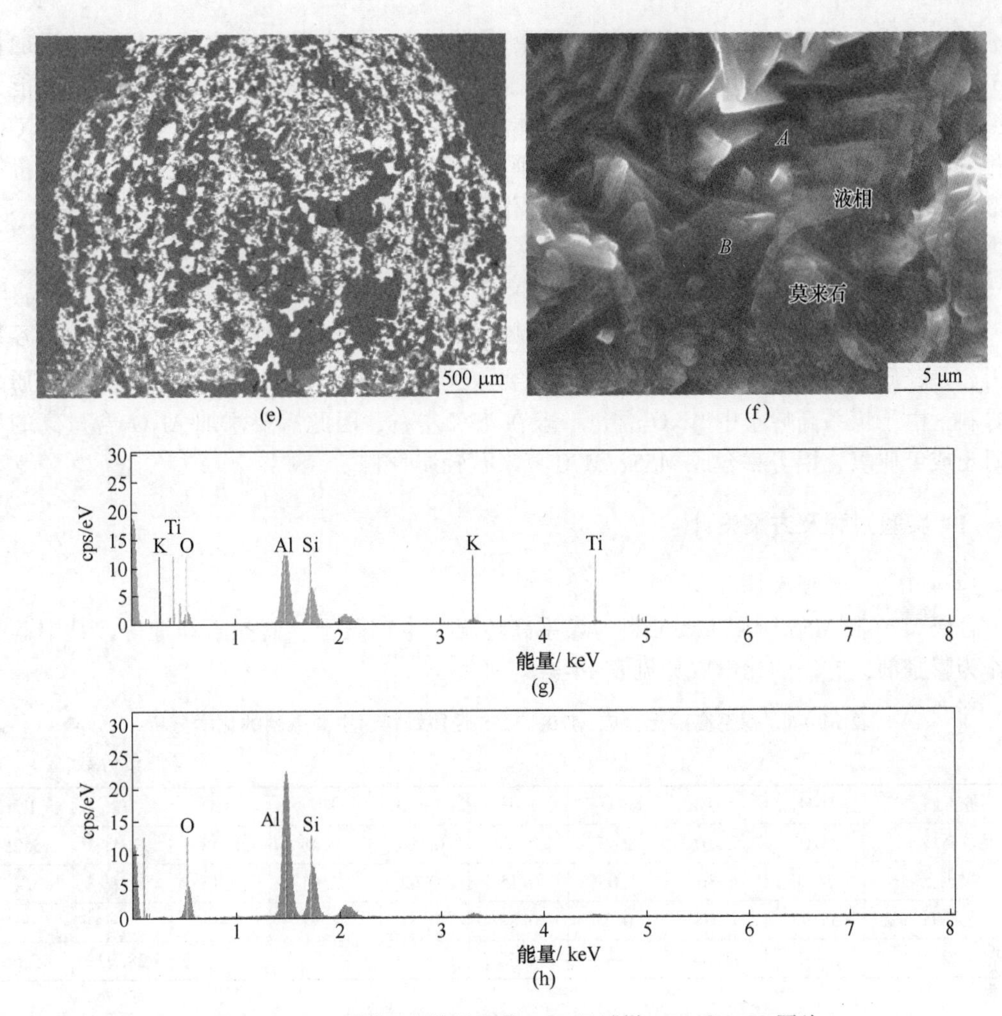

图 14-3-16 不同温度热处理的 H70 组试样 SEM 和 EDS 图片

(a) 1300 ℃×3 h，30×；(b) 1300 ℃×3 h，5000×；(c) 1400 ℃×3 h，30×；(d) 1400 ℃×3 h，5000×；(e) 1500 ℃×3 h，30×；(f) 1500 ℃×3h，5000×；(g) 图(f)中液相点 *A* 的 EDS 能谱；(h) 图(f)中莫来石点 *B* 的 EDS 能谱

从不同温度烧成后骨料的 30 倍光学显微结构图可以看出，1300 ℃烧成的 H70 骨料气孔偏大且分布均匀（见图 14-3-16(a)）；1400 ℃时，液相烧结促进材料的致密化，使得气孔变小，基质部分开始致密化（见图 14-3-16(c)）；1500 ℃时，液相烧结反应更加完全，基质的致密化增加（见 14-3-16(e)）。从不同温度烧成后骨料的 5000 倍显微结构图可以看出，1300 ℃下材料液相中已有细密的针状晶体析出（见图 14-3-16(b)），1400 ℃下材料中晶粒已由短针状逐渐生长为长柱状结构（见图 14-3-16(d)），1500 ℃时晶粒已生长为粗大的柱状结构（见图 14-3-16(f)）。

图 14-3-16（g）和（h）则是图 14-3-16（f）中所标注的液相和莫来石两点的 EDS 能谱，*A* 点处于液相处而 *B* 点处于晶粒处。*A* 点成分以 Al、Si 和 O 为主，同时伴随有大量的低熔物成分，如 K、Ti；*B* 点晶体的成分则只有 Al、Si 和 O，同时其化学计量比与莫来石的化学计量比相吻合。

综合对比，高压电瓷废料含量为（质量分数）70%、造孔剂选取糠、且糠的添加量为 1000 mL/kg、烧成温度为 1400 ℃时，高压电瓷废料所造骨料综合性能较优，其性能为颗粒强度 42.1 N、堆积密度 0.60 g/cm^3、体积密度 0.96 g/cm^3、显气孔率 65.8%。XRD 物相分析和 SEM 显微结构结果表明：热处理后的高压电瓷废料轻质骨料中产生了大量结晶形态完好的莫来石相，对强度起到了支撑作用。

14.4　煤系高岭土制备轻质耐火骨料

9.1.1.3 节提到，我国有丰富的煤系高岭土，其 Fe_2O_3、TiO_2 含量低于 1.0%，容易获得，是轻质耐火骨料的主要原料。本节主要叙述以煤系高岭土为原料制备莫来石轻质耐火骨料，由于煤系高岭土中 Al_2O_3 含量一般在 45%左右，因此需要添加 Al_2O_3 含量高的如铝矾土或工业氧化铝等来合成 M55、M70 莫来石轻质骨料。

14.4.1　实验过程及方案设计

14.4.1.1　实验原料

合成 M70 和 M55 所用主要原料为煤系高岭土、生铝矾土、蓝晶石和糠等，其中蓝晶石作为膨胀剂，它们的化学成分见表 14-4-1。

表 14-4-1　煤系高岭土合成 M70、M55 轻质骨料用主要原料的化学分析

（质量分数，%）

原　料	Al_2O_3	SiO_2	Fe_2O_3	K_2O	Na_2O	TiO_2	MgO	C	IL
煤系高岭土	38.07	55.07	0.43	0.23	0.032	0.48	0.48	1.41	15.25
生矾土	74.4	6.86	1.05	0.15	0.02	2.91	0.17	—	13.49
蓝晶石	55.93	37.79	0.3	0.88	0.31	1.41	—	—	—
糠	—	11.84	—	0.56	—	—	—	38.92	86.66

14.4.1.2　实验方案及性能表征

将煤系高岭土、工业氧化铝和矾土按表 14-4-2 的 M70 骨料配方进行配料，将配好的原料置入球磨机滚筒中以 400 r/min 研磨 5~12 h，再将混匀后的原料倒入 BY-500 荸荠式糖衣机内，加入 25%~35%的水，雾化成球，自然干燥后于 110 ℃×24 h 烘干，然后置于高温炉内分别在 1300 ℃×3 h、1400 ℃×3 h、1450 ℃×3 h 和 1550 ℃×3 h 处理。

表 14-4-2　M70 轻质骨料的配比　（质量分数，%）

成　分	C30	C40	C50	C60
煤系高岭土	30	40	50	60
工业氧化铝	25	25	25	25
生矾土	40	30	20	10
蓝晶石	5	5	5	5
糠（外加）	16	16	16	16

M55 配比为：煤系高岭土∶铝矾土∶结合剂 = 10∶10∶1，糠作为造孔剂使用，加入量为 16%；采用 M70 的工艺流程，于 1100 ℃、1200 ℃、1300 ℃和 1350 ℃下保温 3 h 处理。轻质耐火骨料导热系数的检测按 YB/T 4130—2005《水流量平板法》测定试样分别在

300 ℃、600 ℃和 900 ℃保温 50 min 的导热系数，其中轻质骨料用尽可能少的 CA 水泥结合制成 ϕ180 mm×20 mm 圆盘来检测。

14.4.2 M70 轻质骨料的合成

14.4.2.1 烧成温度对 M70 合成的影响

将煤系高岭土、工业氧化铝和铝矾土等原料按表 14-4-2 中 C40 编号配料，探讨不同烧成温度（1100 ℃、1200 ℃、1300 ℃、1400 ℃、1450 ℃和 1550 ℃）对 M70 轻质骨料性能的影响。

A 烧成温度对 M70 轻质骨料常温物理性能的影响

图 14-4-1 示出了烧成温度对 M70 骨料体积密度、吸水率和耐压强度的影响。

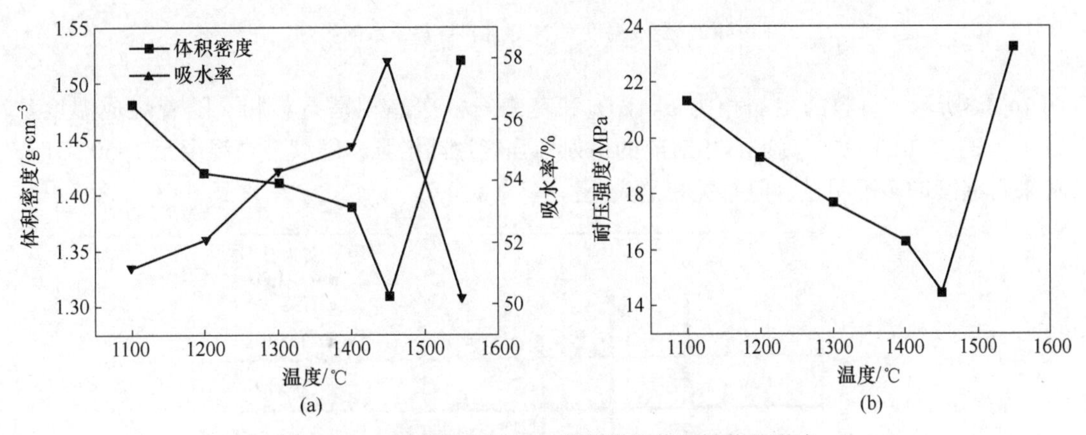

图 14-4-1 烧成温度对 M70 骨料常温物理性能的影响

（a）体积密度和吸水率；（b）耐压强度

由图 14-4-1（a）可知，材料的体积密度随烧成温度升高先减小后增大，当烧成温度为 1450 ℃，体积密度达到最小，为 1.31 g/cm^3；当烧成温度为 1550 ℃时，体积密度则略有升高，骨料的吸水率随烧成温度的变化规律则与体积密度相反；当烧成温度为 1450 ℃，吸水率达到最高，为 57.9%。

由图 14-4-1（b）可知，随烧成温度升高，试样的耐压强度先减小后增大，和体积密度的变化相一致。当烧成温度从 1100 ℃升至 1450 ℃时，骨料的耐压强度从 21.3 MPa 降至 14.5 MPa，达到最小；到 1550 ℃时，耐压强度略微升高，为 23.3 MPa。分析认为，这可能是在 1450 ℃时，莫来石化达到最大，膨胀量也达到最大值。

B 烧成温度对 M70 骨料导热系数的影响

图 14-4-2 为烧成温度对 M70 骨料导热系数的影响，由图可知，经 1100 ℃、1200 ℃和 1400 ℃处理后，骨料的导热系数相差较小；经 1300 ℃和 1550 ℃烧成，骨料的导热系数偏大；在 1450 ℃时，其导热系数最小。经 1450 ℃保温 3 h 处理后，M70 骨料在 300 ℃、600 ℃和 900 ℃导热系数分别为 0.394 W/(m·K)、0.406 W/(m·K)、0.412 W/(m·K)。

C 烧成温度对 M70 骨料物相组成的影响

经 1300 ℃、1400 ℃、1450 ℃和 1550 ℃保温 3h 处理后 M70 骨料的 XRD 谱图如

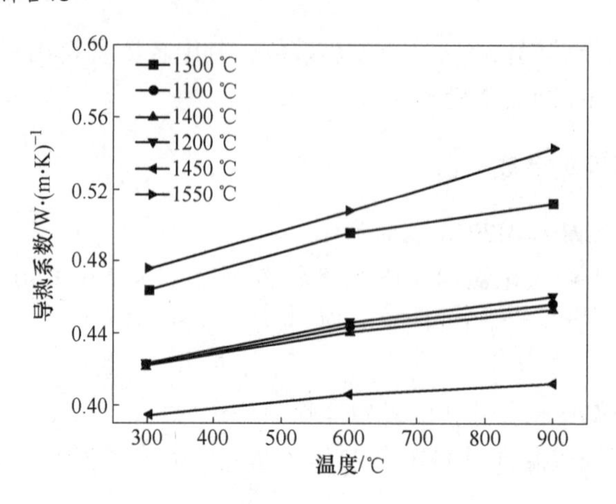

图 14-4-2 烧成温度对 M70 骨料导热系数的影响

图 14-4-3所示，骨料的主晶相为 α-Al_2O_3 和莫来石，次晶相是石英相。随着烧成温度从 1100 ℃升至 1450 ℃，莫来石相对应的衍射峰强度逐渐增强，继续升高温度至 1550 ℃时，莫来石继续增多不明显，但石英相消失。

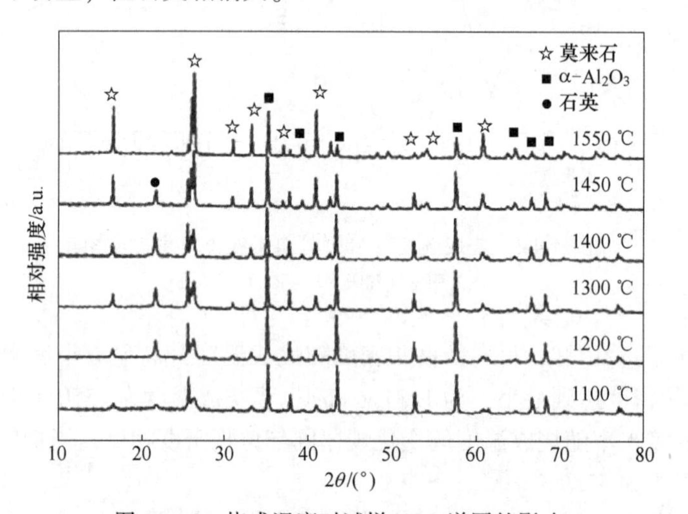

图 14-4-3 烧成温度对试样 XRD 谱图的影响

14.4.2.2 煤系高岭土加入量对 M70 骨料性能的影响

将煤系高岭土、铝矾土和工业氧化铝按表 14-4-2 配比进行配料。

A 煤系高岭土加入量对 M70 骨料常温物理性能的影响

图 14-4-4 为煤系高岭土加入量对 M70 体积密度、吸水率、堆积密度和耐压强度的影响。

由图 14-4-4（a）可知，随着煤系高岭土加入量（质量分数）从 30%增至 60%，骨料的体积密度先降低后增高。当煤系高岭土加入量为 50%时，体积密度达到最小，为 1.21 g/cm^3；吸水率的变化则和体积密度相反，随着煤系高岭土加入量增多先升高后降低，当煤系高岭土加入量为 50%时，试样的吸水率达到 53.7%。

图 14-4-4（b）可知，当煤系高岭土加入量从 30%增至 60%，骨料堆积密度先降

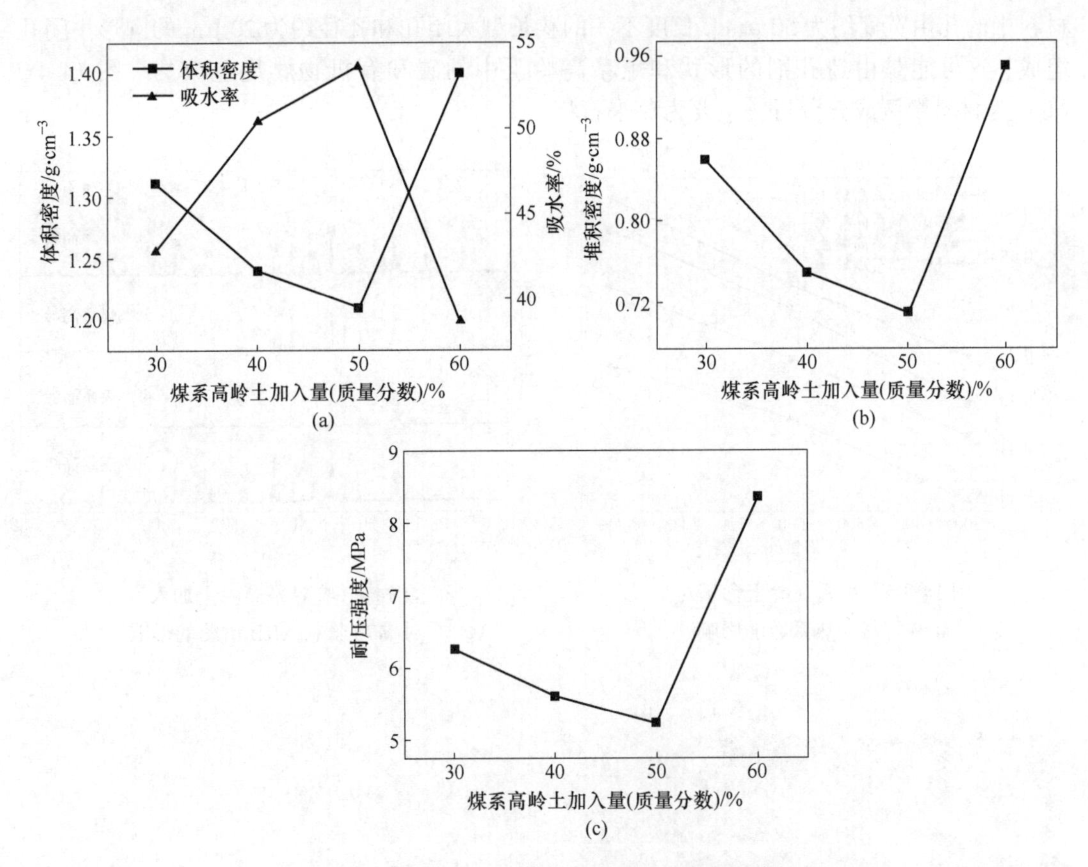

图 14-4-4　煤系高岭土加入量对 M70 骨料常温物理性能的影响

（a）体积密度和吸水率；（b）堆积密度；（c）耐压强度

低后升高。当煤系高岭土加入量为 50%，M70 骨料的堆积密度达到最小，为 0.71 g/cm^3。

由图 14-4-4（c）可知，随着煤系高岭土加入量的增加，骨料的耐压强度先降低后升高。当煤系高岭土加入量为 50%，耐压强度最小，为 5.2 MPa。

B　煤系高岭土加入量对 M70 骨料导热系数的影响

煤系高岭土加入量对 M70 骨料导热系数影响如图 14-4-5 所示。由图可知，随着煤系高岭土加入量从 30%增至 60%，导热系数先降低后升高。当煤系高岭土加入量为 50%，试样在 300 ℃、600 ℃和 900 ℃的导热系数均最小，分别为 0.297 W/(m·K)、0.349 W/(m·K) 和 0.383 W/(m·K)。

C　煤系高岭土加入量对 M70 骨料物相组成的影响

图 14-4-6 为不同煤系高岭土含量制备 M70 骨料的 XRD 谱图，由图可知，骨料的主晶相为莫来石和 α-Al_2O_3。随着煤系高岭土加入量 30%增至 50%，莫来石相衍射峰增强，α-Al_2O_3 衍射峰减弱；当煤系高岭土加入量超过 50%，骨料中开始出现石英的衍射峰。

D　煤系高岭土加入量对 M70 骨料显微结构的影响

图 14-4-7 为煤系高岭土含量为 50%时 M70 骨料的显微结构。由图 14-4-7（a）可知，

材料中的孔由宽度约为 50 μm、长度不一的狭长型大闭孔和孔径约为 20 μm 的圆形小闭孔组成，这可能是由造孔剂的形状和煤系高岭土中的碳和有机物燃烧造成的。图 14-4-7（b）为材料微区成分分析，主要为莫来石相。

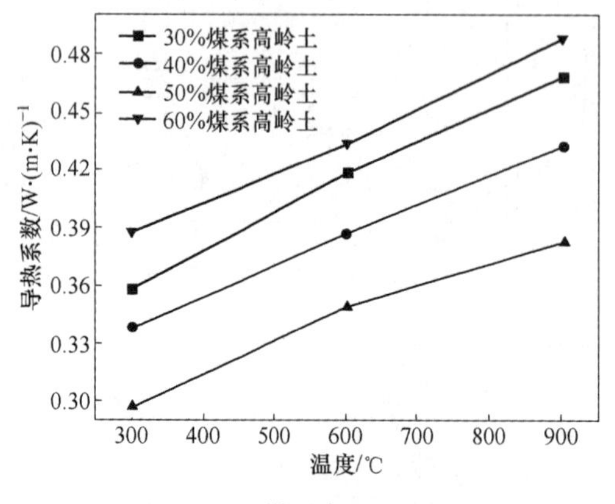

图 14-4-5　煤系高岭土含量对 M70 骨料导热系数的影响

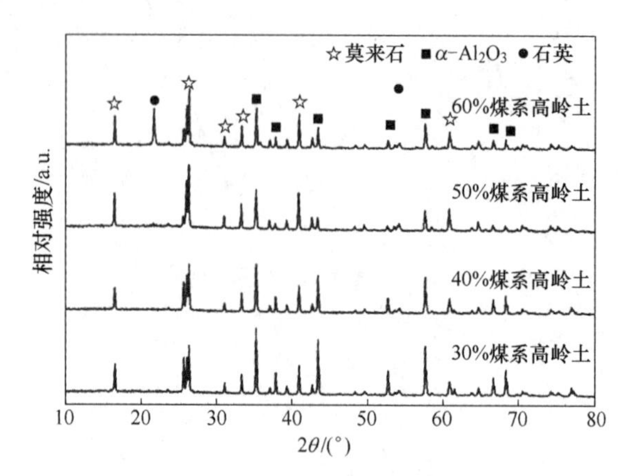

图 14-4-6　煤系高岭土加入量对 M70 骨料 XRD 谱图的影响

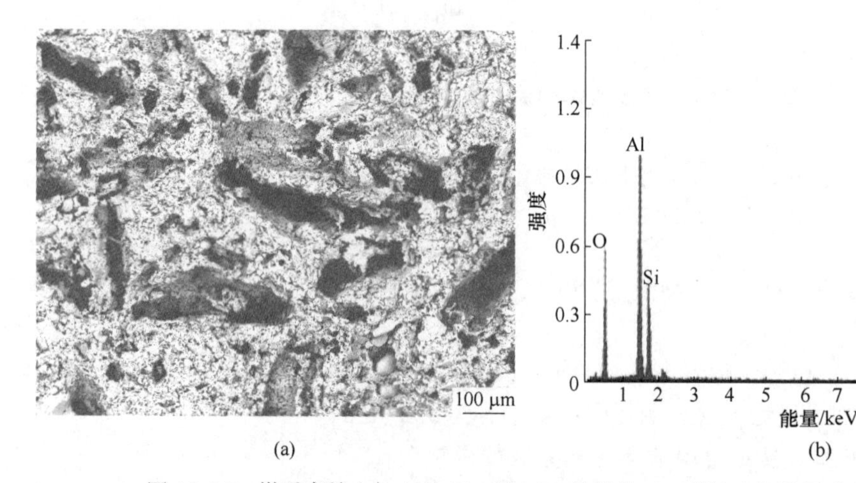

图 14-4-7　煤系高岭土加入量 50%时 M70 骨料的 SEM 图(a)与微区成分分析(b)

14.4.3　M55 轻质骨料的合成

14.4.3.1　烧成温度对 M55 常温物理性能的影响

图 14-4-8 为 1100 ℃、1200 ℃、1300 ℃和 1350 ℃保温 3 h 处理后 M55 的体积密度、吸水率、堆积密度和耐压强度。

由图 14-4-8（a）可知，当烧成温度从 1100 ℃增至 1300 ℃时，M55 骨料的体积密度从 1.51 g/cm^{3}降至 1.32 g/cm^3，吸水率从 30.3%升高至 40.1%，继续提高烧成温度，骨料的体积密度升高，吸水率降低。

由图 14-4-8（b）可知，堆积密度随烧成温度的变化趋势和体积密度的相一致，即随着烧成温度从 1100 ℃升高至 1300 ℃，骨料的堆积密度从 0.97 g/cm³降至 0.90 g/cm³，继续升高温度至 1350 ℃，骨料的堆积密度略微增加。

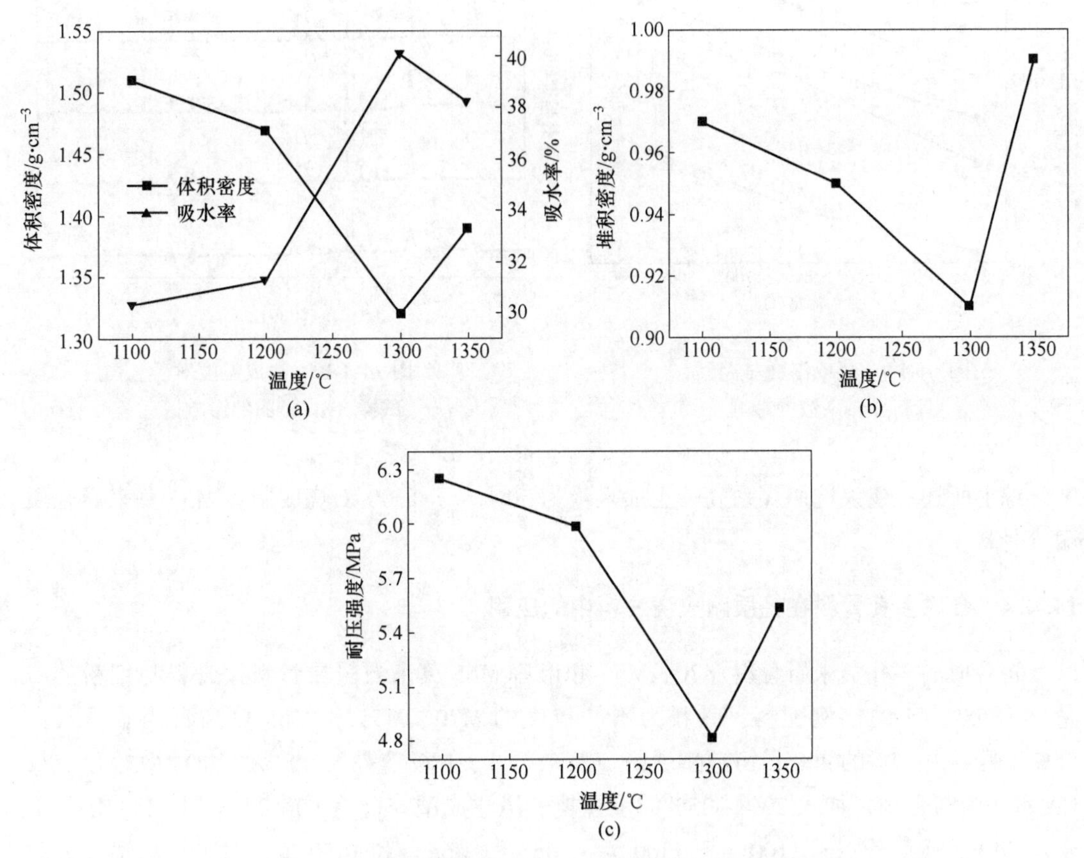

图 14-4-8 烧成温度对 M55 骨料常温物理性能的影响

（a）体积密度和吸水率；（b）堆积密度；（c）耐压强度

由图 14-4-8（c）可知，随着烧成温度的升高，M55 骨料的耐压强度先降低后升高，当烧成温度为 1300 ℃，骨料的耐压强度达到最小，为 4.3 MPa。

14.4.3.2 烧成温度对 M55 骨料导热系数的影响

烧成温度对 M55 骨料导热系数的影响如图 14-4-9 所示，在 300 ℃、600 ℃和 900 ℃时的导热系数均随着烧成温度的提高先降低后升高。当烧成温度从 1100 ℃增至 1300 ℃时，300 ℃时的导热系数从 0.303 W/(m·K) 降至 0.187 W/(m·K)，继续升高烧成温度至 1350 ℃，300 ℃时的导热系数增至 0.276 W/(m·K)。

14.4.3.3 烧成温度对 M55 骨料物相组成的影响

图 14-4-10 为不同烧成温度处理后骨料的 XRD 衍射谱图，由图可知，骨料主晶相为莫来石相，次晶相为 $\alpha\text{-}Al_2O_3$。随着烧成温度从 1100 ℃增至 1300 ℃，莫来石相衍射峰强度增加，$\alpha\text{-}Al_2O_3$ 衍射峰强度也略有增加；当烧成温度从 1300 ℃增至 1350 ℃时，物相的衍射峰强度无明显变化，故当烧成温度为 1300 ℃莫来石化已经完成了反应过程。

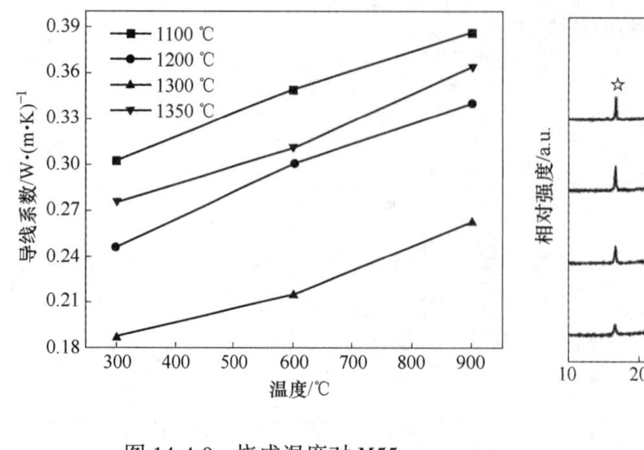

图 14-4-9　烧成温度对 M55
骨料导热系数的影响

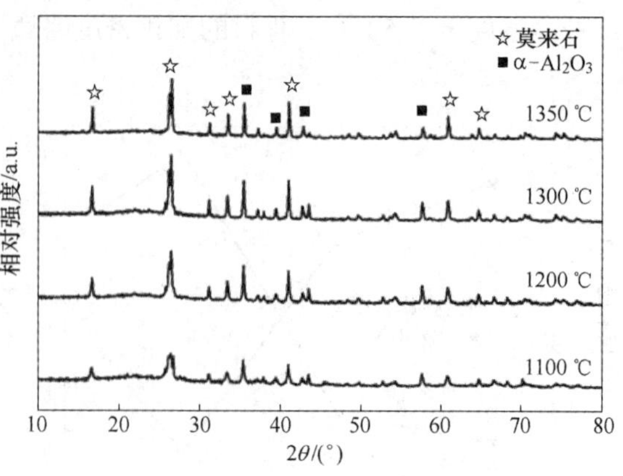

图 14-4-10　烧成温度对
试样 XRD 谱图的影响

综上所述，建议选用煤系高岭土加入量为 50%，于 1300 ℃烧成制备 M55 莫来石轻质耐火骨料。

14.4.4　合成多孔骨料在轻质耐火浇注料中的应用

将合成的多孔莫来石骨料 M70、M55 和市售 M65 莫来石轻质骨料按骨料与细粉的质量比为 55 : 45 的比例配料，骨料为不同粒度的 M70、M55 和 M65 莫来石轻质骨料占 55%，粉料由 17%的 200 目铸造型砂粉（莫来石）、10%蓝晶石、8%的 SiO_2 微粉和 10% CA 水泥为结合剂，加入 20%～25%的水搅拌，浇注成型，自然干燥 24 h，再于 110 ℃下干燥 24 h，然后分别于 1100 ℃、1300 ℃（M55 和 M65）和 1450 ℃（M70）高温下处理 3 h。

三种莫来石轻质浇注料的性能见表 14-4-3。由表可知，三种浇注料分别经 110 ℃×24 h烘后，1100 ℃×3 h、1300 ℃×3 h（M55 和 M65）和 1450 ℃×3 h（M70）烧结后的体积密度相差不大，显气孔率多在 40%左右；三种浇注料经 110 ℃×24 h、1100 ℃×3 h、1300 ℃×3 h 烧结后强度差别不大；三种浇注料的导热系数相差也不大，其中 M70 和 M55 在900 ℃的导热系数略低于 M65，如图 14-4-11 所示。

表 14-4-3　三种莫来石多孔耐火骨料制备轻质浇注料性能比较

性　能		M70 浇注料	M65 浇注料	M55 浇注料
体积密度 /g · cm^{-3}	110 ℃	1. 83	1. 74	1. 63
	1100 ℃	1. 75	1. 64	1. 70
	1300 ℃	—	1. 69	1. 67
	1450 ℃	1. 78	—	—

续表 14-4-3

性　能		M70 浇注料	M65 浇注料	M55 浇注料
显气孔率/%	110 ℃	33.5	39.0	46.7
	1100 ℃	40.3	43.9	42.2
	1300 ℃	—	43.7	43.1
	1450 ℃	41.6	—	—
常温耐压强度/MPa	110 ℃	9.5	11.7	9.3
	1100 ℃	28.2	20.2	22.7
	1300 ℃	—	28.1	28.6
	1450 ℃	29.5	—	
导热系数/W·(m·K)$^{-1}$		0.513（900 ℃）	0.539（900 ℃）	0.515（900 ℃）
线变化率/%		−0.18（145 ℃×3 h）	1.74（1300 ℃×3 h）	0.98（1300 ℃×3 h）

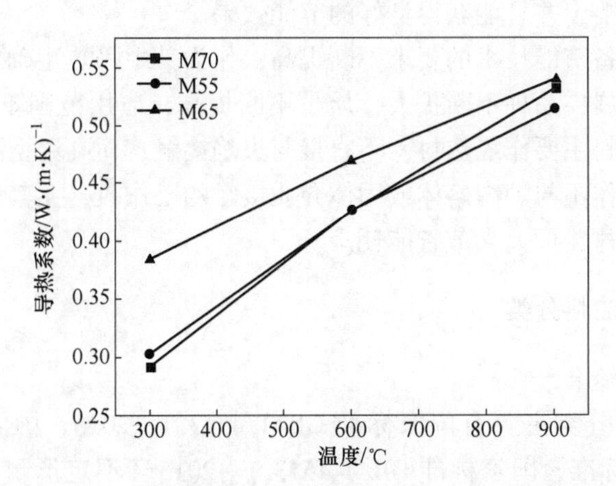

图 14-4-11　三种莫来石多孔骨料的轻质浇注料导热系数

14.5　隔热耐火浇注料

隔热耐火浇注料，称为轻质耐火浇注料（insulating castable 或 lightweight castable）或轻质隔热耐火浇注料，是指由耐火轻质骨料、细粉、结合剂与添加剂组成的混合物，一般体积密度小于 1.8 g/cm^3，或者总孔率大于 45%，在指定温度下保温 5 h（ASTM C401-12，国家标准 GB/T 4513.1—2015 为保温 12 h），烧成线收缩率小于 1.5%的浇注料。国内一般将结合剂或结合剂与添加剂的混合物单独包装，材料到达现场后将单独包装的结合剂或结合剂与添加剂的混合物和预混合的其他成分现场混合后使用；国外先进工艺一般将水泥和添加剂等预混合在骨料、细粉中，以交货状态直接使用。隔热耐火浇注料一般以散料的形式送到现场，以浇注、涂抹和喷涂等方法施工制作或修补炉衬。隔热耐火浇注料的优点包括如下几个方面：

（1）隔热性能好，可有效降低窑炉热量散失，有利于节能减排；

（2）质量轻，可有效降低装置质量，蓄热小；

（3）生产过程中不需要成型、干燥与烧成，有利于节能减排且生产工艺简单，劳动效率高；

（4）可以机械化施工；

（5）相当部分产品可使用回收料进行生产，有利于耐火材料生命周期形成闭环。

和重质浇注料相同，隔热耐火浇注料存在的主要问题同样也是现场施工条件和烘烤条件不易控制，影响窑炉衬里的质量。但与重质浇注料相比，隔热耐火浇注料一般更容易发生返碱。为减少这一情况，隔热耐火浇注料同样可以在生产车间加工成预制件，经烘烤处理后送至现场使用。随着技术的进步，越来越多的项目开始在制造厂统一模块化施工和烘烤，当确实不具备烘烤条件时，会在隔热耐火浇注料表面涂刷抗返碱涂料进行预防。制造厂完成模块化施工后，会将模块运输到现场进行组装或直接组装完成后进行整体运输。

在使用范围方面，由以前的只能作为高温窑炉隔热层砌筑材料，发展到目前能砌筑 1800 ℃以下火焰窑炉工作衬的隔热耐火浇注料。例如，在炉温为 1400 ℃的轧钢加热炉均热段和加热段上，采用体积密度为 1.5~1.60 g/cm^{3}的隔热耐火浇注料进行工作衬的浇注，使用寿命超过 2 年以上，并且能获得良好的节能效果。

随着窑炉热工设备节能技术的要求不断提高，作为其中隔热型砌筑材料的隔热耐火浇注料得到了迅速的发展，品种不断扩大，质量不断提高，应用范围不断拓宽。一般低温、中温型隔热耐火浇注料主要作隔热衬，不直接与火焰接触；而高温型隔热耐火浇注料，有很大部分是直接用于作不与炉内熔体或固体介质接触的工作衬，尤其是可用于作各种加热炉和热处理炉的工作衬，可大大节省能耗。

14.5.1 隔热耐火浇注料分类

14.5.1.1 分类标准

隔热耐火浇注料分类主要有国家标准 GB/T 4513.1—2015、国际标准 ISO 1927-1:2012（E）和 ASTM 标准，国家标准 GB/T 4513.1—2015《不定形耐火材料 第 1 部分：介绍和分类》根据线收缩率（分类温度×12 h）小于 1.5%，把隔热不定形耐火材料分为 900 ℃、1000 ℃、1100 ℃、1200 ℃、1300 ℃、1400 ℃、1500 ℃、1600 ℃、1700 ℃和大于 1700 ℃这 10 类，其中低于 900 ℃不适用于隔热不定形耐火材料；ISO 标准与国家标准类同。

按照 ASTM C401-12 标准，仅对 Al_2O_3和 Al_2O_3-SiO_2 质隔热耐火浇注料进行分类。隔热耐火浇注料按浇注成的试样干后体积密度和试样在规定温度下烧后的体积稳定性来分类，具体分类见表 14-5-1。

表 14-5-1 Al_2O_3和 Al_2O_3_SiO_2 隔热耐火浇注料的分类（ASTM C401-12（2022））

种类	最大体积密度 /lb · ft^{-3}（g · cm^{-3}）	永久加热线变化(不超过 1.5%，加热 5 h)的温度
N	55（0.88）	1700 ℉（925 ℃）
O	65（1.04）	1900 ℉（1040 ℃）

续表 14-5-1

种类	最大体积密度 /lb·ft^{-3} (g·cm^{-3})	永久加热线变化(不超过 1.5%，加热 5 h)的温度
P	75 (1.20)	2100 ℉ (1150 ℃)
Q	90 (1.44)	2300 ℉ (1260 ℃)
R	95 (1.52)	2500 ℉ (1370 ℃)
S	95 (1.52)	2700 ℉ (1480 ℃)
T	100 (1.60)	2900 ℉ (1595 ℃)
U	105 (1.68)	3000 ℉ (1650 ℃)
V	105 (1.68)	3200 ℉ (1760 ℃)

14.5.1.2 按体积密度分类

隔热耐火浇注料按体积密度可分为下列几种：

(1) 超轻隔热耐火浇注料，110 ℃烘干后体积密度小于0.6 g/cm^{3}的隔热耐火浇注料；

(2) 常规隔热耐火浇注料，110 ℃烘干后体积密度大于或等于至0.6 g/cm^{3}小于或等于1.2 g/cm^{3}的隔热耐火浇注料；

(3) 半隔热耐火浇注料，110 ℃烘干后体积密度大于 1.2 g/cm^{3}至小于或等于1.8 g/cm^{3}的隔热耐火浇注料。

14.5.1.3 按使用温度分类

按使用温度隔热耐火浇注料可分为下列几种：

(1) 低温隔热耐火浇注料。最高长期使用温度600~900 ℃，配制低温隔热耐火浇注料所用的原料主要有膨胀蛭石、膨胀珍珠岩、硅藻土和低温陶粒等，可采用的结合剂有普通硅酸盐水泥、铝酸盐水泥和水玻璃等。配制膨胀蛭石浇注料时，膨胀蛭石颗粒通常为1~8 mm，膨胀蛭石集料与水泥（硅酸盐水泥或铝酸盐水泥）的质量比可根据体积密度和耐压强度要求不同来调整（珍珠岩：水泥=（35~50）:（50~65）)，其体积密度随膨胀蛭石含量的提高而降低，与此同时强度和导热系数也降低。用膨胀蛭石可配制烘干后体积密度在0.4~0.6 g/cm^3、耐压强度为0.5~0.9 MPa、导热系数（700 ℃）在0.08~0.15 W/(m·K)的隔热耐火浇注料。

(2) 中温隔热耐火浇注料。最高长期使用温度900~1200 ℃，配制中温隔热耐火浇注料所用的原料主要有粉煤灰漂珠、黏土质多孔熟料、轻质黏土砖料、页岩陶粒、黏土质陶粒，以及硅酸铝纤维等。配制漂珠隔热耐火浇注料的结合剂可采用铝酸钙水泥或磷酸二氢铝。用铝酸钙水泥作结合剂时，可掺入少量氧化硅微粉（烟尘硅），配比大致为漂珠55%~70%、轻质黏土砖料为10%~20%、铝酸钙水泥15%~25%、二氧化硅微粉3%~5%和微量的外加剂，漂珠隔热耐火浇注料的体积密度、耐压强度和热导率也是随着浇注料中漂珠含量的提高而降低的。

中温隔热耐火浇注料除漂珠浇注料、多孔熟料浇注料使用较多外，还有陶粒（页岩陶粒、黏土陶粒）浇注料和由几种中温轻质骨料复合配制成的隔热耐火浇注料。此外，也可以采用硅酸铝短纤维加黏土熟料粉，用铝酸钙水泥或磷酸二氢铝加促硬剂而制成超轻质中温浇注料。

（3）高温隔热耐火浇注料。最高长期使用温度大于1200 ℃，配制可在1200 ℃以上使用的高温隔热耐火浇注料的原料有高铝质、莫来石质、刚玉质、硅质和镁质等多孔熟料或轻质废砖料，氧化铝、氧化锆和莫来石质空心球，含铬或含锆硅酸铝质纤维，多晶莫来石纤维等。但是，由于原料来源和价格等问题所限，目前工业上采用较多的还是高铝质、莫来石质多孔熟料，少量特殊使用要求的采用氧化铝或氧化锆空心球以及高铝纤维与氧化铝纤维，配制高温隔热耐火浇注料的结合剂有纯铝酸钙水泥、磷酸二氢铝、硫酸铝、硅溶胶、铝溶胶、二氧化硅微粉等。

14.5.1.4 按主要材质分类

按主原料材质分类，隔热耐火浇注料可分为下列几种：

（1）珍珠岩质隔热耐火浇注料。以珍珠岩为主要骨料的隔热耐火浇注料，是所有隔热耐火浇注料中应用量最多的，多用于隔热保温，具有优良的保温隔热性能和施工方便、价格低廉的特点，在炉窑的保温隔热之中得到了广泛应用，如热处理炉和石化管式加热炉等，是中低温炉衬的理想内衬保温材料。这类浇注料是用硅酸盐水泥、CA-50矾土水泥、水玻璃、磷酸铝和硫酸铝等材料作结合剂的，使用结合剂比例最多的是CA-50矾土水泥；珍珠岩质隔热耐火浇注料的体积密度在0.50~1.5 g/cm^{3}之间，随着水泥用量的增加，体积密度会增大，强度提高，热导率反而降低；由于水泥用量的增加，珍珠岩用量会随之减少，施工时用水量也会随之减少。目前浇注料生产厂家会适量增加粉煤灰漂珠，因其能提高耐火浇注料的强度，但体积密度有所增大，导热系数略有提高。珍珠岩质隔热耐火浇注料的使用温度一般为600~1000 ℃。例如石油化工行业普遍使用的高强低导浇注料，具体指标见表14-5-2。

表14-5-2 高强低导轻质浇注料技术指标

项目		牌号					
		GD125-1.0	GD120-0.9	GD110-0.8	GD100-0.7	GD090-0.6	GD080-0.5
分级温度①/℃		1250	1200	1100	1000	900	800
体积密度(110 ℃×24 h)/g·cm^{-3}		0.96~1.03	0.86~0.93	0.76~0.83	0.66~0.73	0.57~0.63	0.46~0.53
耐压强度/MPa	3 d	≥5.5	≥4.5	≥3.5	≥3.0	≥2.5	≥2.0
	110 ℃×24 h	≥5.0	≥4.0	≥3.0	≥2.5	≥2.0	≥1.5
导热系数/W·(m·K)$^{-1}$	平均350 ℃	≤0.17	≤0.16	≤0.15	≤0.14	≤0.13	≤0.12
	平均450 ℃	≤0.18	≤0.17	≤0.16	≤0.15	≤0.14	≤0.13
	平均550 ℃	≤0.19	≤0.18	≤0.17	≤0.16	≤0.15	≤0.14
烧后线变化率（不同温度下烧3 h后）/%		≤-0.5（815 ℃）	≤-0.6（815 ℃）	≤-0.65（815 ℃）	≤-0.65（815 ℃）	≤-0.55（540 ℃）	≤-0.6（540 ℃）

①加热永久线变化率（5 h）不超过1.5%的试验温度。

（2）蛭石质隔热耐火浇注料。以膨胀蛭石为主要骨料的隔热耐火浇注料，使用温度为600~1000 ℃。体积密度在0.6~1.2 g/cm^3，特点是隔热性能较好。这类隔热耐火浇注料的配制与珍珠岩隔热耐火浇注料的基本相同。以下为市售典型蛭石轻质浇注料，具体指标见表 14-5-3。

表 14-5-3 蛭石轻质浇注料性能指标

分级温度/℃		1100	1100	1000	900	800
体积密度（110 ℃×24 h）/g·cm^{-3}		0.95	0.7	0.80	0.60	0.60
耐压强度/MPa	110 ℃×24 h	2.5	1.0	0.9	1.0	0.8
	815 ℃×5 h	2.0	0.7	0.6	0.8	0.5
导热系数（平均 350 ℃）/W·(m·K)$^{-1}$		0.22	0.13	0.13	0.15	0.15
烧后线变化率/（不同温度下烧 5 h 后）/%		−0.5 （815 ℃）	−0.9 （815 ℃）	−0.8 （815 ℃）	−1.0 （540 ℃）	−1.0 （540 ℃）

（3）轻质莫来石浇注料。以轻质莫来石为骨料的隔热耐火浇注料，最高使用温度可达 1500 ℃以上，如果在轻型的炉衬使用，可以直接作为工作层使用。

（4）氧化铝空心球隔热耐火浇注料。以氧化铝空心球为骨料的隔热耐火浇注料，体积密度一般为 1.4~1.8 g/cm^3，其使用温度最高，使用温度甚至可达 1816 ℃，可以直接作为工作层使用。表 14-5-4 为典型氧化铝空心球隔热浇注料的性能。

表 14-5-4 典型氧化铝空心球隔热浇注料的性能

分级温度/℃		1816	1700	1700	1700	1700
体积密度（110 ℃×24 h）/g·cm^{-3}		1.6	1.40	1.5	1.6	1.7
耐压强度/MPa	110 ℃×24 h	18	12	11	15	16
	815 ℃×5h	15	10	7	12	13
导热系数（平均 350 ℃）/W·(m·K)$^{-1}$		1.2	0.47	0.55	0.53	0.58
烧后线变化率（815 ℃×5 h）/%		−0.2	−0.3	−0.2	−0.2	−0.2

（5）陶瓷纤维质隔热耐火浇注料。使用温度为 1000~1300 ℃，可用于热处理炉和电阻炉的工作衬，既可浇注成型也可手工涂抹施工，还能做成预制块使用。随着轻型化和节能化炉型的出现，耐火纤维配制的隔热耐火浇注料品种会不断增加，使用性能也随之会提高，而且应用范围也会扩大，耐火纤维配制的隔热耐火浇注料是隔热耐火浇注料的一个重要发展方向。对于炼钢用钢包，近几年来有的生产厂家还开发了体积密度为 1.8~2.0 g/cm^{3}的隔热耐火浇注料，隔热性能、抵抗侵蚀，以及使用炉次不低于重质浇注料的使用炉次。表 14-5-5 为纤维隔热耐火浇注料的性能。

表 14-5-5 纤维隔热耐火浇注料的性能

厂　　家	厂家 A	厂家 B	厂家 C	厂家 D
分级温度/℃	1050	1260	1360	1430
导热系数（平均 350 ℃）/W·(m·K)$^{-1}$	0.21	0.20	0.19	0.18
烧后线变化率（815 ℃×5 h）/%	−2.6	−2.5	−0.26	−0.28

按使用环境分类，隔热耐火浇注料可分为耐酸隔热耐火浇注料、耐碱隔热耐火浇注料、耐磨隔热耐火浇注料和抗还原气氛隔热耐火浇注料等。

14.5.2 隔热耐火浇注料的生产与应用

14.5.2.1 隔热耐火浇注料的生产

隔热耐火浇注料按骨料品种分类，常用的有珍珠岩、蛭石、陶粒、漂珠、轻质莫来石、轻质砖砂、多孔熟料、空心球等。

隔热耐火浇注料结合剂主要有矾土水泥、纯铝酸钙水泥、生黏土和磷酸等，隔热耐火浇注料的水硬性结合浇注料在常温下凝结硬化并通过水化作用而硬化，主要品种有硅酸盐、普通铝酸钙、电熔纯铝酸钙水泥浇注料等；化学结合浇注料在常温下通过加入促硬剂形成化学反应而硬化，主要品种有水玻璃、硫酸铝、磷酸盐浇注料等；凝聚结合浇注料为在煅烧中经烧结作用硬化。

A 隔热耐火浇注料中的添加剂

隔热耐火浇注料中的添加剂主要有减水剂、促凝剂和缓凝剂。减水剂是隔热耐火浇注料的重要添加剂，其目的是保证施工性能的前提下减少隔热浇注料的用水量、提高流动性和增加强度，也能改善隔热耐火浇注料的和易性，可减少水泥用量。减水剂按化学成分可分为无机类和有机类，无机类常见的有三聚磷酸钠、四聚磷酸钠、六偏磷酸钠、硅酸钠等；有机类常见的有木质素磺酸盐及其衍生物、多元醇复合体及羟基羧酸及其盐类等。促凝剂是指能促进浇注料凝结与硬化，缩短凝结与硬化时间的添加剂；缓凝剂是指能延缓浇注料凝结与硬化的添加剂。

B 隔热耐火浇注料的生产与性能

隔热耐火浇注料的配制过程，与重质耐火浇注料不同的是，其轻质骨料强度相对较低，容易破碎，现在生产过程中推荐使用在混合过程中不容易破碎骨料的搅拌机，如V形搅拌机，以保证其轻质骨料完整性和稳定性。

隔热耐火浇注料主要物理性能指标有分类温度、体积密度、烧后线变化率、抗压强度、抗折强度、导热系数和荷重软化温度等，以下主要介绍体积密度、强度与导热系数。

(1) 体积密度。隔热耐火浇注料的体积密度主要由轻质骨料的堆积密度、基质密度和加水量决定。在隔热耐火浇注料的生产中，轻质骨料的堆积密度除了与骨料本身的密度和气孔率有关外，还与其颗粒尺寸分布有关。一般情况下，越符合紧密堆积原则其堆积密度越大。基质的密度对浇注料的体积密度有一定影响，调整基质的粒度组成，或者加入细小空心球，例如漂珠等轻质材料，均可降低浇注料的体积密度。加水量也对体积密度有影响，由于轻质骨料中含有大量气孔，而且轻质浇注料中水泥等结合剂的加入量较大，因而用水量也较大。水分蒸发或水化物脱水后形成较多气孔，提高了气孔率，降低了体积密度。但是，进入多孔骨料气孔中的水分并不影响浇注料热处理后的体积密度，但会影响其干燥时间。

(2) 强度。隔热耐火浇注料的强度主要取决于骨料的强度与基质结合强度。如果骨料的强度小于基质结合强度，断裂过程中则出现骨料断裂；如果骨料强度高于基质结合强度，则断裂中裂纹扩展在基质中或者沿基质与颗粒的界面进行。通常情况下，可以通过增加结合剂的量或改变粒度组成来提高强度。近年来研究表明，采用微孔的轻质骨料作为颗粒，由于骨料与基质之间的紧密咬合和断裂路径复杂，材料的强度会得到明显提高。此外，加水量等其他因素也会对强度产生影响。

（3）导热系数。隔热耐火浇注料的导热系数取决于其成分、气孔率和气孔尺寸分布。在隔热耐火浇注料中，由于基质部分通常不是多孔的，减轻质量提高气孔率的主要贡献源于轻质骨料的体积密度与粒度组成。因此，轻质骨料的体积密度，气孔尺寸大小与分布对导热系数有较大影响。

14.5.2.2　隔热耐火浇注料的行业应用

隔热耐火浇注料的体积密度轻、导热系数低，因此具有良好的隔热保温性能。同时，其强度增加快、抗渗性强、易于确保砌体灰缝的密实丰满，整体性好。另外，能显著提高衬里衬壁的气密性、整体性和内衬的防腐蚀性能，也是高温烟囱、高温烟道和风道内衬的理想材料。目前，隔热耐火浇注料主要用于石油化工、有色冶金、电力、建材、机械热处理和新能源等各行业高温窑炉和热工设备。

传统隔热耐火浇注料由于性能限制，在高温窑炉中一般只用在隔热层，很少直接接触火焰用于工作层。随着技术和材料的不断进步，隔热耐火浇注料不仅是用在高温窑炉的隔热层，也可应用在工作层和承重部件。

轻质隔热耐火浇注料与其他不定形耐火材料比较，结合剂和水分含量较高，流动性较好，故而运用规划较广，可根据运用条件对所用材料和结合剂加以选择，可以现场浇注或在工厂制成预制件。

典型的隔热耐火浇注料的性能指标见表14-5-6。从表14-5-6可以看出，和致密浇注料不同的是，隔热耐火浇注料体积密度在0.5~1.8 g/cm^3，加水量15%~90%，有的甚至超过90%；为了提高强度，隔热耐火浇注料中加入大量的结合剂，如铝酸钙水泥，因此水泥结合的隔热耐火浇注料中的CaO含量要比致密浇注料要高。

表14-5-6　宜兴摩根热陶瓷有限公司生产的部分隔热耐火浇注料理化性能

材　料		Kaolite 2000-LI	Kaolite 2300-LI	Kaolite 2500-LI	Kaolite 2600-LI	Kaolite 2800 Cast
最高使用温度/℃		1093	1260	1371	1427	1538
推荐加水量（振动浇注）/%		78~90	46~54	38~47	29~35	16~22
体积密度（ASTM C134）（104 ℃×24 h）/g·cm^{-3}		0.58~0.75	0.99~1.17	1.15~1.33	1.36~1.54	1.70~1.86
抗折强度（ASTM C 133）（104 ℃×24 h）/MPa		0.41~0.83	0.83~1.38	1.21~1.90	2.07~3.45	2.76~5.52
最高使用温度（5 h）/℃		0.52~1.03	1.03~1.72	1.38~2.41	2.75~5.52	5.52~10.34
常温耐压（ASTM C133）/MPa	104 ℃×24 h	1.55~2.76	2.41~4.13	4.14~8.82	5.86~11.03	11.0~24.1
	816 ℃×5 h	1.21~2.41	2.41~6.21	3.79~7.59	6.20~11.0	11.72~24.1
最高使用温度（5 h）/℃		1.38~2.59	2.76~6.89	5.52~9.65	8.28~13.79	10.3~34.5
永久线收缩率（ASTM C113）/%	104 ℃×24 h	0~-0.2	0~-0.2	0~-0.2	0~-0.2	0~-0.2
	816 ℃×5 h	-0.6~-1.3	-0.1~-0.55	-0.1~-0.4	-0.1~-0.4	-0.4~-0.9
最高使用温度（5 h）/℃		-1.5~-3.0	-1.0~-2.0	-0.5~-1.5	-0.5~-1.5	-0.1~+1.0

续表 14-5-6

材料		Kaolite 2000-LI	Kaolite 2300-LI	Kaolite 2500-LI	Kaolite 2600-LI	Kaolite 2800 Cast
导热系数（ASTM C201）/W·(m·K)$^{-1}$	260 ℃	0.14	0.21	0.25	0.39	0.5
	538 ℃	0.19	0.23	0.28	0.42	0.55
	815 ℃	0.22	0.26	0.31	0.43	0.58
	1093 ℃	—	0.28	0.34	0.46	0.62
	1371 ℃	—	—	—	—	0.69
化学分析（烧后质量）/%	Al_2O_3	30	40	44	47	57
	SiO_2	46	38	36	36	36
	Fe_2O_3	1.4	0.9	0.9	1	0.7
	TiO_2	1	1.4	1.4	1.5	1.5
	CaO	16	18（10）	17（11）	13（10）	3.9
	MgO	0.5	0.2	0.2	0.2	0.1
碱性物质，（如 Na_2O 和 K_2O）		4.5	1.2	1	0.8	1

14.5.2.3 隔热耐火浇注料的施工

隔热耐火浇注料由于其特殊的配方及应用设计，可采取涂抹施工、立模振动浇注、机械喷涂和制成预制构件等多种施工的方式。目前，隔热耐火浇注料一般有如下施工要求。

A 施工前准备及严格检查内容

（1）除锈。浇注料施工前应对施工表面进行除锈，将与衬里接触的钢板表面的油污、铁锈及其他附着物清理干净，除锈的质量等级应符合国家标准 GB/T 8923.1—2011 中规定的 St2 级或 Sa1 级。除锈后的金属表面，应采取防止雨淋和受潮的措施，并应尽快实施衬里。

（2）锚固钉焊接、检查。应焊接牢固、无裂纹、咬肉现象，且与器壁垂直。锚固钉焊接完毕后，用 0.5 kg 的铁锤进行敲击检查。

（3）浇注料搅拌用水量。应符合 GB 5749 的规定，如使用其他洁净水，氯化物的含量不应大于 200 mg/L，pH 值应为 6.5~8.5。当浇注料位于不锈钢表面时，氯化物含量应不大于 50 mg/L。

上述经验验收合格，并且确保不中断施工。

B 施工要求

（1）制模。用钢板或硬木板制成，钢板涂脱模剂，木板要刷防水漆应不漏浆，要有足够的强度，浇注料与砖直接接触时应做好防吸水措施。

（2）搅拌。用强制式搅拌机，按厂家提供的施工说明顺序及时间进行搅拌，搅拌加水量宜少不宜多。

（3）振捣。倒入模内的浇注料应立即用振动棒分层振实，不得漏振和在同一位置久振和重振，避免浇注料产生离析和孔洞。搅拌好的浇注料必须从加水到用完在 20~30 min 之内，初凝料要抛弃。膨胀缝按设计预留，也可在浇注后切割。

（4）养护。浇注料施工完并且初凝后（即用手指轻捺衬里表面不沾手），立即应喷水养护 24 h 后脱模，每 30 min 喷淋一次，再自然养护 7 天即可搬运。

（5）烘干。浇注料养护完成后，在试车前应按设计要求进行烘炉，烘炉的目的是去除浇注料里的结合水、结构水、结晶水。烘炉的好坏直接关系到窑炉的使用寿命，因此一定要严格按照烘炉曲线进行。

C 隔热耐火浇注料施工的注意事项

（1）浇注料在施工搅拌时应运用强制式搅拌机混料，严禁人工拌料。搅拌机必须在洁净下运用，不要混入水泥、石灰、沙和其他碎片。

（2）如果是添加磷酸盐的混合物，每次使用前和使用后必须立即清洗设备。

（3）根据搅拌机的大小和数量规范施工，每次混合数量宜少于 200 kg。

（4）在规定的加水量情况下，要保证浇注料有足够的流动性，并且尽量少加水。

（5）浇注料有必要整筒整袋使用。

（6）严格控制加水量，冬天施工室温必须大于 5 ℃，并有一定的防冻措施，必要时需要采取防返碱措施。

（7）锚固钉必须加膨胀帽或刷沥青漆等。

（8）不同牌号或品牌的产品严禁混配使用。

（9）在浇注料存储期内使用，国内一般隔热耐火浇注料保存期为 3 月，部分先进企业采取特殊工艺可以使隔热耐火浇注料保存期长达 12 月。

参考文献

[1] Chang C T, Hong G B, Lin H S. Artificial lightweight aggregate from different waste materials [J]. Environmental Engineering Science, 2016, 33 (4): 283-289.

[2] Standard Test Method for Lightweight Particles in Aggregate: ASTM C123/C123M-14 [S]. 2014.

[3] Standard Specification for Lightweight Aggregates for Insulating Concrete: ASTM C332—2017 [S].

[4] 刘云鹏, 申培亮, 何永佳, 等. 特种骨料混凝土的研究进展 [J]. 硅酸盐通报, 2021, 40 (9): 2831—2855.

[5] Standard Test Method for Determination of Crushing Strength of Iron Ore Pellets: ASTM E382—1992 [S].

[6] Mielniczuk B, Jebli M, Jamin F, et al. Characterization of behavior and cracking of a cement paste confined between spherical aggregate particles [J]. Cement and Concrete Research, 2016, 79: 235-242.

[7] 中华人民共和国国家质量监督检验检疫总局. 建设用砂: GB/T 14684—2011 [S]. 2011.

[8] 中华人民共和国国家质量监督检验检疫总局. 轻集料及其试验方法 第 2 部分: 轻集料试验方法: GB/T 17431. 2—2010 [S]. 2010.

[9] 中华人民共和国国家质量监督检验检疫总局. 煤质颗粒活性炭试验方法 强度的测定: GB/T 7702. 3—2008 [S]. 2008.

[10] 中华人民共和国国家质量监督检验检疫总局. 轻集料及其试验方法 第 1 部分: 轻集料: GB/T 17431. 1—2010 [S]. 2010.

[11] Zhang Z, Yan W, Li N, et al. Influence of spherical porous aggregate content on microstructures and properties of gas-permeable mullite-corundum refractories [J]. Ceramics International, 2019, 45 (14): 17268-17275.

[12] Wang S, Yan W, Yan J, et al. Microstructures and properties of microporous mullite-corundum aggregates for lightweight refractories [J]. International Journal of Applied Ceramic Technology, 2022, 19 (6): 3300-3310.

[13] 中华人民共和国工业和信息化部．空心玻璃微珠抗等静压强度（水压法）、吸油率及漂浮率的测定方法：JC/T 2284—2014 [S]. 2014.

[14] Rashad A M. Lightweight expanded clay aggregate as a building material-An overview [J]. Construction and Building Materials, 2018, 170: 757-775.

[15] Shang X, Li J. Manufacturing and performance of environment-friendly lightweight aggregates with core-shell structure [J]. Journal of Cleaner Production, 2020, 276: 123157.

[16] Pei J, Pan X, Qi Y, et al. Preparation and characterization of ultra-lightweight ceramsite using non-expanded clay and waste sawdust [J]. Construction and Building Materials, 2022, 346: 128410.

[17] 庞超明，吕梦媛，孙友康．核壳结构免烧轻骨料的制备与性能研究 [J]. 硅酸盐通报，2016，35（7）：2121-2127.

[18] Tajra F, Abd Elrahman M, Lehmann C, et al. Properties of lightweight concrete made with core-shell structured lightweight aggregate [J]. Construction and Building Materials, 2019, 205: 39-51.

[19] Ren P, Ling T C, Mo K H. Recent advances in artificial aggregate production [J]. Journal of Cleaner Production, 2021, 291: 125215.

[20] Fu L, Gu H, Huang A, et al. Slag resistance mechanism of lightweight microporous corundum aggregate [J]. Journal of the American Ceramic Society, 2015, 98 (5): 1658-1663.

[21] 国家能源局．水力压裂和砾石充填作业用支撑剂性能测试方法：SY/T 5108—2014 [S]. 2014.

[22] Balapour M, Rao R, Garboczi E J, et al. Thermochemical principles of the production of lightweight aggregates from waste coal bottom ash [J]. Journal of the American Ceramic Society, 2021, 104 (1): 613-634.

[23] Yang L, Liu J, Ma X, et al. Use of bauxite tailing for the production of fine lightweight aggregates [J]. Journal of Cleaner Production, 2022, 372: 133603.

[24] 耐火材料 氧化锆空心球砖：YB/T 4763—2019 [S]. 2019.

[25] 刘军，李振林，张伟卓，等．工业固体废弃物材料制作冷粘结人造轻骨料的研究进展 [J]. 材料导报，2023（18）：1-31.

[26] 刘鹏程，于仁红，马亚西，等．不同粒度莫来石球形骨料对 Al_2O_3-SiO_2 浇注料性能的影响 [J]. 耐火材料，2018，52（4）：256-260.

[27] 覃显鹏，李远兵，杨政宏，等．电熔陶粒砂对高铝浇注料性能的影响 [J]. 耐火材料，2008，42（4）：254-257.

[28] 薛慧君，申向东，邹春霞，等．浮石及浮石轻骨料混凝土材料研究进展 [J]. 硅酸盐通报，2016，35（5）：1536-1540，1546.

[29] 谢曙钊，胥会祥，区汉东，等．造粒方法及设备的研究进展 [J]. 化工装备技术，2022，43（1）：10-14.

[30] 刘浩，刘文元，王玺堂，等．含尖晶石空心球的刚玉-尖晶石材料制备及性能 [J]. 钢铁研究学报，2022，34（1）：52-57.

[31] 肖力光，杜永鸿．火山渣轻骨料混凝土及其应用的研究进展 [J]. 混凝土，2022（7）：78-82，86.

[32] 彭小波，王芸，彭程．空心玻璃微珠抗压强度检测方法及原理 [C]//2013全国玻璃科学技术年会论文集，2013：194-198.

[33] 桑迪，王爱国，孙道胜，等．利用工业固体废弃物制备烧胀陶粒的研究进展 [J]. 材料导报，2016，30（9）：110-114.

[34] 孟庆新，周宁生，郭鹏伟，等．镁橄榄石质轻质球形骨料的制备 [J]. 耐火材料，2019，53（1）：46-49.

[35] 庞超明，周杨帆，郦培娟，等．免烧轻集料的研究现状和发展综述 [J]. 硅酸盐通报，2022，41

(6)：1849-1860.

[36] 王彩辉，牛涵，李克艳，等．轻骨料的制备及其应用进展［J］. 国防交通工程与技术，2022，20（5）：1-6.

[37] 陈哲宁，陈慧子，王家邦．轻质尖晶石空心球陶瓷的制备、结构与性能［J］. 材料科学与工程学报，2022，40（3）：412-417，422.

[38] 施敏蛟，林忠财．人造骨料制造与养护工艺研究概述［J］. 混凝土，2019（9）：56-61.

[39] 童思意，刘玉林，刘长淼．陶粒原料对烧胀陶粒膨胀性能的影响［J］. 非金属矿，2022，45（2）：6-9.

[40] 石稳民，黄文海，罗金学，等．污泥资源化制备轻质陶粒研究进展［J］. 工业用水与废水，2020，51（2）：5-10.

[41] Zingoni A. Structural Engineering，Mechanics and Computation：SEMC 2001（2 Volume Set）［M］. Elsevier，2001.

[42] 舒小妹，桑绍柏，伍书军，等．高岭土制备轻质莫来石骨料及其对莫来石-碳化硅耐火材料性能的影响［J］. 耐火材料，2020，54（1）：19-23.

[43] 刘光平，李媛媛，朱冬冬，等．莫来石骨料对高强度轻质隔热浇注料性能的影响［C］//2021年全国耐火原料学术交流会论文集，2021：1-6.

[44] 赵鹏达，赵惠忠，张德强，等．莫来石轻质球形料结构与性能［J］. 人工晶体学报，2017，46（11）：2154-2158.

[45] 易萍．莫来石质微球的性能及其高强隔热耐火材料的制备研究［D］. 武汉：武汉科技大学，2019.

[46] 王司言，程殿勇，宋连足．轻质莫来石骨料在不定形耐火材料中的应用［C］//2013耐火材料综合学术会议、第十二届全国不定形耐火材料学术会议、2013耐火原料学术交流会论文集．2013：106-107.

[47] 刘瑞明．硅橡胶原位固化氧化铝空心球轻质陶瓷隔热材料制备及性能研究［D］. 天津：天津大学，2018.

[48] 刘静静．煤矸石合成莫来石轻质隔热材料及性能研究［D］. 武汉：武汉科技大学，2013.

[49] 严婷．纳米氧化铝及其氧化铝空心球的制备［D］. 南京：南京理工大学，2016.

[50] 杜博．轻量化骨料制备及其在铝镁浇注料中的应用研究［D］. 武汉：武汉科技大学，2012.

[51] 方义能．轻质微孔矾土骨料的制备研究［D］. 武汉：武汉科技大学，2011.

[52] 山国强．微孔轻质莫来石合成料性能影响因素的研究［D］. 洛阳：河南科技大学，2010.

[53] 尹述伟．氧化铝空心球的表面改性及其在轻质浇注料中的应用［D］. 杭州：浙江大学，2013.

[54] 徐娜娜．废弃电瓷制备轻质隔热材料的结构与性能［D］. 武汉：武汉科技大学，2015.

[55] Hossain S S，Bae C J，Roy P K. A replacement of traditional insulation refractory brick by a waste-derived lightweight refractory castable［J］. International Journal of Applied Ceramic Technology，2021，18（5）：1783-1791.

[56] Standard Classification of Alumina and Alumina-Silicate Castable Refractories ：ASTM C401-12［S］. 2012.

[57] Abyzov V A，Abyzov A N. Cellular refractory concrete based on phosphate bonds and aggregates of wastes production and processing of aluminum［J］. Refr. and Tech. Ceram，2015，4：69-73.

[58] Adhikary S K，Ashish D K，Rudžionis Ž. Expanded glass as light-weight aggregate in concrete-a review［J］. Journal of Cleaner Production，2021，313：127848.

[59] 中华人民共和国国家质量监督检验检疫总局．不定形耐火材料　第1部分：介绍和分类：GB/T 4513. 1—2015［S］. 2015.

[60] 罗巍，欧阳德刚，朱善合，等．一种轻质隔热耐火浇注料的研制与应用［J］. 冶金能源，2017，36

(A01): 124-126.
[61] 范昌龙. 轻量微孔矾土熟料的制备与性能研究 [D]. 武汉: 武汉科技大学, 2015.
[62] Abyzov V A. Lightweight refractory concrete based on aluminum-magnesium-phosphate binder [J]. Procedia Engineering, 2016, 150: 1440-1445.
[63] Bayoumi I M I, Ewais E M M, El-Amir A A M. Rheology of refractory concrete: An article review [J]. Boletín de la Sociedad Española de Cerámica y Vidrio, 2022, 61 (5): 453-469.
[64] Wöhrmeyer C, Parr C, Gudovskikh P, et al. SECAR® 41-Anew calcium aluminate cement for regular and insulating castables [J]. Materiały Ceramiczne, 2009, 61 (4): 228-232.
[65] Davraz M, Koru M, Akdağ A E. The effect of physical properties on thermalconductivity of lightweight aggregate [J]. Procedia Earth and Planetary Science, 2015, 15: 85-92.
[66] Kudžma A, Antonovič V, Stonys R, et al. The investigation of properties of insulating refractory concrete with portland cement binder [C] //IOP Conference Series: Materials Science and Engineering, 2015, 96 (1): 012015.
[67] 常艳丽. 铝矾土、煤系高岭土轻烧骨料对 Al_2O_3-SiO_2 系浇注料性能的影响 [D]. 洛阳: 河南科技大学, 2013.
[68] Vighnesh R K, Ravi M R. Usage of insulated refractory castable furnace for making joint-less bangles [J]. Materials Today: Proceedings, 2021, 46: 3174-3179.
[69] 全荣. 防止全球变暖的耐火材料 [J]. 耐火与石灰, 2012, 37 (4): 21-25.
[70] 吕冰, 全荣. 高温用高性能隔热浇注料 [J]. 耐火与石灰, 2013, 38 (2): 30-31.
[71] 孟超, 孟庆新, 李晓龙, 等. 利用天然镁橄榄石制备轻质原料的工艺研究及其应用 [J]. 耐火材料, 2021, 55 (3): 230-234.
[72] 郭海珠, 余森. 实用耐火原料手册 [M]. 北京: 中国建材工业出版社, 2000.
[73] 林彬荫, 吴清顺. 耐火矿物原料 [M]. 北京: 冶金工业出版社, 1992.
[74] 李楠, 顾华志, 赵惠忠, 等. 耐火材料学 [M]. 北京: 冶金工业出版社, 2010.
[75] 李红霞. 耐火材料手册 [M]. 北京: 冶金工业出版社, 2009.

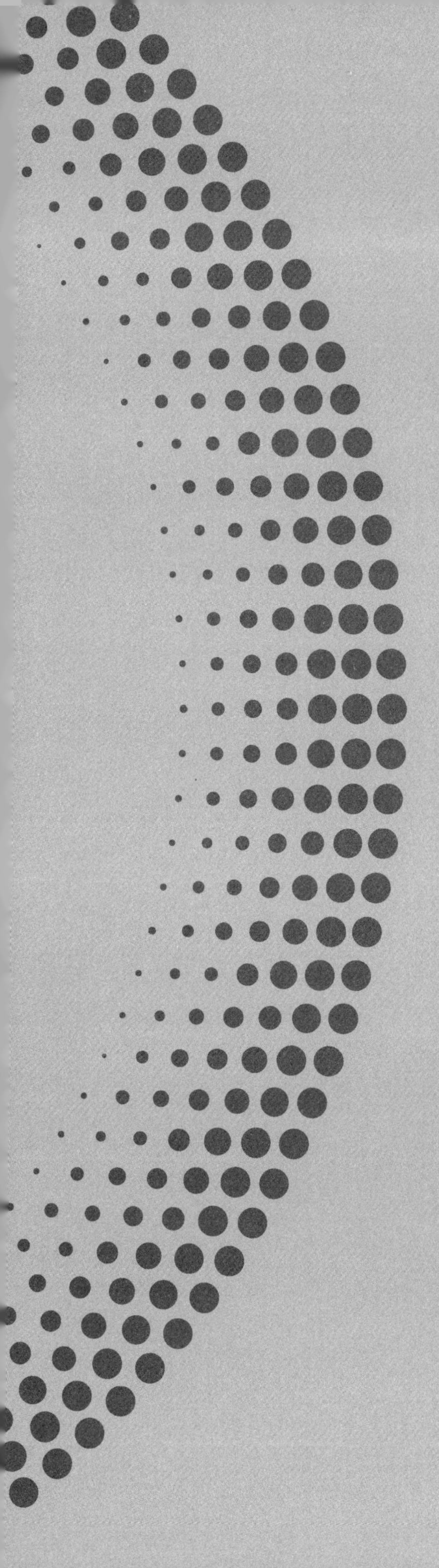

第4篇

YINGYONG

应 用

15　多孔隔热耐火材料的侵蚀

15.1　耐火材料损毁

耐火材料的损毁（degradation，deterioration）主要由热应力、化学侵蚀、机械应力这三者共同作用的结果，英文称为“thermal，chemical and mechanical couplings”，即热-化-力的耦合作用。热应力（thermal stress）是因使用过程中的温度梯度引起的，化学侵蚀（corrosion）是使用过程的化学环境造成的，机械应力（mechanical stress）则是设计过程机械约束所引起的。一个工业窑炉的耐火材料炉衬结构设计会涉及许多学科领域，因此耐火材料的损毁是一个多物理场的问题。此外，如图 15-1-1 所示，产生重要作用的物理场也不会在同一尺度上发生，说明耐火材料的损毁也是一个多尺度问题，因而耐火材料损毁问题需要多个领域的研究者合力去解决。

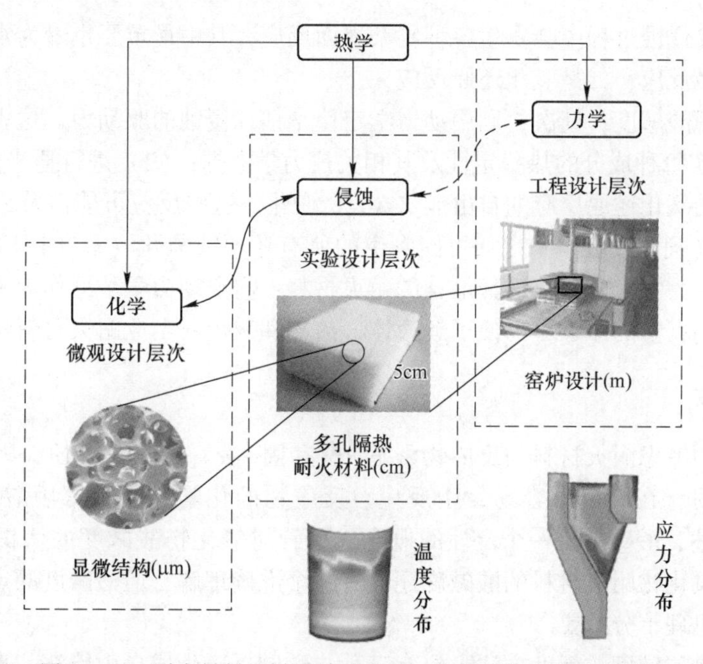

图 15-1-1　耐火材料炉衬设计示意图：多物理场和多尺度设计

早期对耐火材料的损毁主要集中在它的化学侵蚀方面，由于冶金行业耐火材料用量最大（见图 15-1-2），因此研究金属熔体/渣对耐火材料的影响就起步早、数量大、比较成熟。耐火材料是具有多相、多孔、多尺度特征的非均质材料，其微结构与材料参数关系复杂，且化学、力学和热学性能间的关联性很强；耐火材料的损毁不仅和材料微观机制有关，而且还与耐火材料的宏观状态与部件密切相关。

近 20 多来年，许多耐火材料的损毁研究工作开始关注于热应力方面问题，也取得了很多成就；随着有限元法（FEM）和热化学软件的发展，可以预见到耐火材料炉衬的模拟仿真设计，既要考虑到热机械分析，也要考虑到热化学侵蚀问题，如何耦合耐火材料使用过程中所受热应力、化学侵蚀和机械应力，这将是耐火材料损毁机理研究的热点与难点。

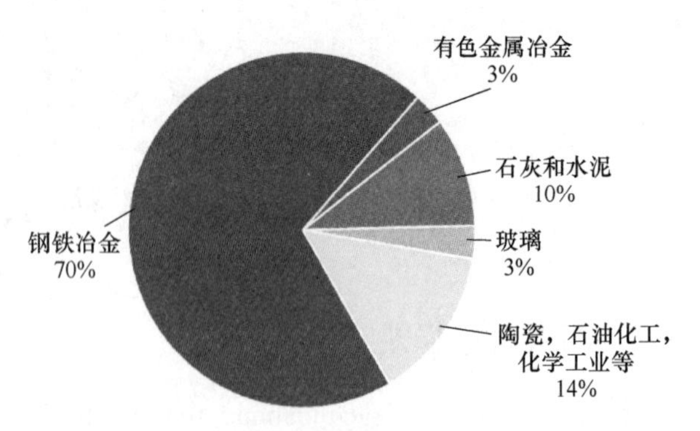

图 15-1-2　不同高温工业所消耗耐火材料的占比

耐火材料的化学侵蚀主要包括固-液反应（耐火材料与金属熔体、渣反应等）、固-气反应（耐火材料与高温气体，如水蒸气、氢气、O_2、硫化物、氯化物、各类碱金属氧化物的挥发分等）。多数轻质隔热耐火材料不作为工作层与熔体或渣等直接接触，它们的侵蚀大部分是与高温气体或高温粉尘发生反应造成的，以下主要叙述耐火材料在高温气体环境的侵蚀行为。

15.2　耐火材料侵蚀的基本原理

耐火材料在侵蚀过程中会发生各种复杂界面反应，其中最重要也最为常见的两大类型反应：一是酸碱反应，二是氧化还原反应。

首先，考虑酸碱度；其次，利用动力学定律来估计侵蚀的驱动力。这也应分两个步骤进行：（1）核实每种成分的热稳定性及其相关热力学数据；（2）进行适当的热力学计算，估计所有可能的氧化还原反应的自由能（ΔG_f）变化，这些反应可能涉及成分本身、成分之间以及环境（气体或液体）之间可能发生的所有还原或氧化（氧化还原）反应。为了了解侵蚀过程并为特定的应用选择最佳的耐火材料，需要动力学数据作为支撑。下面将介绍渗透、溶解和剥落的原理，以便了解液体、热气和灰尘对工业耐火材料侵蚀的特征。

15.2.1　酸碱度

本研究必须考虑耐火材料与反应物（固-气和固-液）的化学性质，因为不同化学性质的材料接触时，在高温下容易发生反应。反应物的化学性质通常用酸碱度（acidity-basicity）来描述，酸碱度是一个定性的概念，尽管对氧化物酸碱度的认识经验成分比较多，对高温下氧化物耐火材料的酸碱度还没有一个准确理解，但酸碱度的定量描述对深入了解界面反应机理十分重要。

简单氧化物酸碱度的标度方法主要有三种：酸碱反应生成自由能法、离子参数法和氧的电荷分数法。前两种标度方法需要大量数据、计算复杂或抽象难理解，因此实际应用受到限制。氧的电荷分数法是根据 Sanderson 电负性均衡原理，按氧化物中氧的电荷分数对一元氧化物酸碱度进行定量标度的方法，氧原子在氧化物中电子云的分布情况对氧化物的酸碱度有直接影响，其结果更接近实际情况。氧的电荷分数法计算简单、适用性强、原理上更接近酸碱反应的实质，但以前对氧化物酸碱度的标度以 H_2O 为标准中性物质，即 H_2O 为酸碱的分界，但用于高温化学反应时其结果与实际有差别。

有研究根据现在的酸碱度标度方法和高温简单氧化物的特点，给出简单氧化物氧的电荷分数（δ_0）与氧化物的酸碱度存在一定的关系，这个关系由以前的线性关系优化到二次方关系，即简单氧化物的碱度指数 B_s 可以表示为：

$$B_s = A\delta_0^2 + B\delta_0 + C \tag{15-2-1}$$

在耐火材料简单氧化物中，Al_2O_3是典型的中性或两性氧化物，将 Al_2O_3作为标准中性物质，即将 B_s 值定为 0，Al_2O_3中氧的电荷分数 δ_0为 - 0.318，则有：

$$0 = A \times (-0.318)^2 + B \times (-0.318) + C \tag{15-2-2}$$

另外，铯是除放射性元素钫（非常罕见）以外碱性最强的金属，将其氧化物 Cs_2O 的碱度指数定为 100，Cs_2O 中氧的电荷分数 δ_0为-1.03055，则有：

$$100 = A \times (-1.03055)^2 + B \times (-1.03055) + C \tag{15-2-3}$$

此外，绝大多数氧化物中氧的电荷分数 δ_0均接近零，故将 δ_s的电荷分数为 0 时的碱度指数定为-100，此时氧化物具有最强的酸性，那么有：

$$-100 = A \times (0)^2 + B \times (0) + C \tag{15-2-4}$$

联合式（15-2-2）~式（15-2-4）可得到三个常数 $A = -168.85$，$B = -368.08$，$C = -100$,那么，碱度指数 B_s 的计算公式可表示为：

$$B_s = -168.85\delta_0^2 - 368.08\delta_0 - 100 \tag{15-2-5}$$

只要根据氧化物各组元的电负性计算出氧化物中氧的电荷分数 δ_0，便可以用式(15-2-5)计算出该氧化物碱度指数 B_s。

根据表 15-2-1 可以归纳出，简单氧化物酸碱度大致分类：（1）$B_s \geqslant 50$，为强碱性氧化物；（2）$B_s = 30 \sim 50$，为中强碱性氧化物；（3）$B_s = 10 \sim 30$，为弱碱性氧化物；（4）$B_s = -10 \sim 10$，为中性氧化物两性氧化物；（5）$B_s = -10 \sim -30$，为弱酸性氧化物；（6）$B_s = -30 \sim -50$，为中强酸性氧化物；（7）$B_s \leqslant -50$，为强酸性氧化物。同时，也可以得出一般规律：所有非金属的氧化物都是酸性的，所有金属的低价氧化物都是碱性的，所有两性氧化物都是金属氧化物，金属元素的价态越高氧化物的酸性越强。由于桑德逊电负性均衡原理不仅适于一元氧化物，同样也适于复杂氧化物，如硅酸盐、铝酸盐、硼酸盐等含氧酸盐，因此式（15-2-5）对很多复杂氧化物也适用。用式（15-2-5）对耐火材料及常见矿物的酸碱度进行计算，结果列于表 15-2-2。

表 15-2-1　简单氧化物的碱度指数 B_s

氧化物	B_s	氧化物	B_s	氧化物	B_s
Mn_2O_7	-118.34	Nb_2O_3	-7.96	Mo_2O_3	31.62
CrO_3	-91.13	TiO_2	-1.42	Ag_2O	31.62
Mn_2O_3	-86.62	Al_2O_3	0	ZrO_2	32.38
CoO_2	-76.81	CuO	0.83	MgO	39.07
MnO_2	-61.09	HfO_2	0.97	CrO	43.47
As_2O_3	-58.1	CoO	2.01	CeO	45.32
P_2O_5	-57.2	Cr_2O_3	2.96	CaO	59.8
V_2O_5	-56.99	NiO	3.18	Y_2O_3	61.26
TeO_2	-55.63	MoO_2	3.91	MoO	62.23
Ni_2O_3	-53.7	PbO	4.35	NbO	69.19

续表 15-2-1

氧化物	B_s	氧化物	B_s	氧化物	B_s
Co_2O_3	-44.95	BeO	10.78	WO	71.29
SnO_2	-40.94	NbO_2	12.11	SrO	71.76
Bi_2O_3	-33.6	CeO_2	14.51	VO	73.38
SiO_2	-33.38	Cr_3O_4	16.66	BaO	73.74
B_2O_3	-30.08	V_2O_3	17.97	TiO	75.96
Fe_2O_3	-26.13	MnO	19.5	Li_2O	80.4
VO_2	-21.33	FeO	20.65	Na_2O	82.49
ZnO_2	-13.51	Ce_2O_3	28.35	K_2O	95.63
Mn_3O_4	-11.11	SnO	29.28	Rb_2O	98.61
Fe_3O_4	-10.67	La_2O_3	30.01	Cs_2O	100

表 15-2-2 常见矿物及耐火材料的碱度指数

材料名称	分 子 式	B_s
石英	SiO_2	-33.38
叶蜡石	$2Al_2O_3 \cdot 8SiO_2 \cdot 2H_2O$	-22.62
地开石	$Al_4Si_4O_{10}(OH)_8$	-17.1
高岭石	$Al_4Si_4O_{10}(OH)_8$	-17.1
蓝晶石	$Al_2O_3 \cdot SiO_2$	-11.48
硅线石	$Al_2O_3 \cdot SiO_2$	-11.48
红柱石	$Al_2O_3 \cdot SiO_2$	-11.48
莫来石	$3Al_2O_3 \cdot 2SiO_2$	-8.64
滑石	$3MgO \cdot 4SiO_2$	-3.27
钠长石	$Na_2O \cdot Al_2O_3 \cdot 6SiO_2$	-1.73
刚玉	Al_2O_3	0
锆英石	$ZrSiO_4$	4.6
白云母	$K_2O \cdot 3Al_2O_3 \cdot 6SiO_2 \cdot 2H_2O$	6.74
钛铁矿	$FeTiO_3$	8.01
铬铁矿	$FeO \cdot Cr_2O_3$	8.35
钾长石	$K_2O \cdot Al_2O_3 \cdot 6SiO_2$	9.21
镁铝尖晶石	$MgAl_2O_4$	13.02
镁橄榄石	$2MgO \cdot SiO_2$	14.24
硅灰石	$CaO \cdot SiO_2$	16.2
钙长石	$CaO \cdot Al_2O_3 \cdot 2SiO_2$	26.73
方镁石	MgO	39.07

注：由于氧化物的酸碱反应发生在高温，因此计算时要先将结晶水扣除。

15.2.2 氧化还原反应

对于耐火材料中熔化、固–液（S-L）反应或固-气（S-G）反应，热力学计算是描述耐火材料稳定性的有力工具，特别是对耐火氧化物在还原性气氛中还原性、非氧化物耐火材料组分（如含碳耐火材料的 C、SiC 耐火材料等）的氧化性。热力学计算可通过热力学软件如 Factsage、Thermo-calc、Pandat 等来研究多组分系统，简单的系统类型“$S_1+G_1 \rightarrow S_2+G_2$”，通常用 Ellingham 图、挥发相图和区域优势图来描述。

热力学上，耐火氧化物的稳定性，可以由标准生成自由能 $\Delta G_f^{\ominus}$ 来表达，其中 $\Delta G_f^{\ominus}/n$ 为每当量化合物的生成自由能，其中 n 为每摩尔化合物的氧化-还原当量数。

图 15-2-1 为简单二元氧化物的 $-\Delta G_f^{\ominus}/n$ 与温度曲线，纵坐标刻度为 $-\Delta G_f^{\ominus}/n$，最稳定的化合物在上面。在任何情况下，斜率下降的主要原因是因为 O_2 分压随温度呈线性增加，MgO 和 CaO 曲线的转折点发生在金属沸点处，反映了金属标准状态的变化以及温度高于该变化时 Mg 和 Ca 标准生成自由能的改变，在大多数曲线的末端表示化合物的熔点。

图 15-2-2 为部分三元耐火氧化物每当量的标准生成焓与温度曲线图，这些三元耐火氧化物大多数是硅酸盐，而且这些硅酸盐都比 SiO_2 更为稳定。

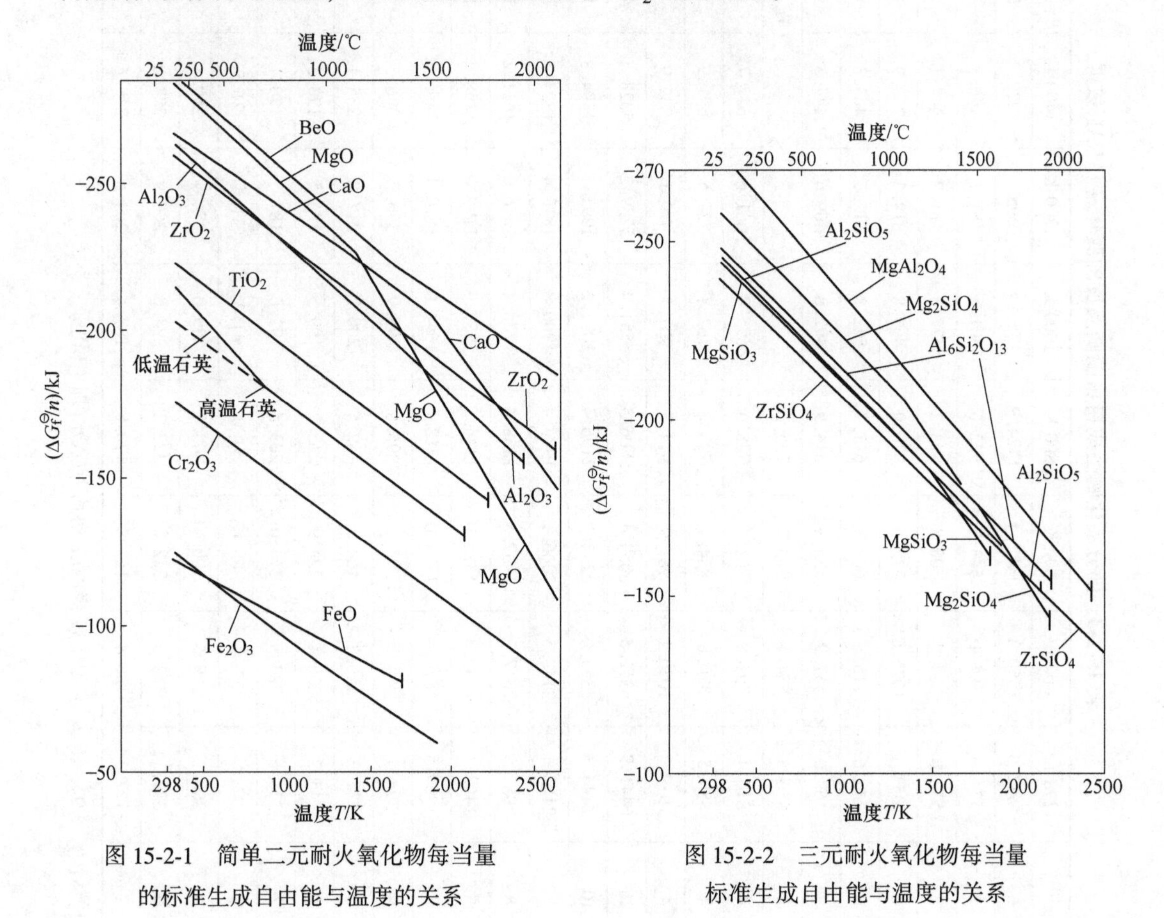

图 15-2-1 简单二元耐火氧化物每当量的标准生成自由能与温度的关系

图 15-2-2 三元耐火氧化物每当量标准生成自由能与温度的关系

表 15-2-3 给出了一些耐火氧化物和耐火材料相关氧化物在不同温度下的 $-\Delta G_f^{\ominus}$，该表分为三组氧化物：二元耐火氧化物、三元耐火氧化物、非耐火材料。高温石英的数据对于在高温下的方石英来说是足够的，因为它们的自由能很接近。TiO_2 的数据用于金红石，Al_2O_3 的数据用于刚玉，另一组主要是由耐火材料使用环境中的气体所组成，加上 SiO(g) 和 $Fe_{0.95}O$(s)（称为“FeO”或“方铁矿”）。

表 15-2-3 部分氧化物生成自由能随温度的变化（JANAF 数据） （kJ/mol）

氧化物	熔点/K	n①	298 K	400 K	600 K	800 K	1000 K	1200 K	1400 K	1600 K	1800 K	2000 K	2400 K
Al_2O_3	2327	6	1582. 3	1550. 3	1487. 4	1424. 9	1361. 4	1295. 1	1229. 2	1163. 7	1098. 5	1033. 7	(liq.)
BeO	2723	2	574. 7	564. 1	543. 3	522. 6	501. 8	481. 1	460. 3	439. 6	423. 9	408. 3	377. 1
CaO	3200	2	533. 0	524. 7	508. 8	493. 2	477. 6	461. 2	444. 1	427. 3	407. 8	374. 0	307. 5
Cr_2O_3	2603	6	1053. 1	1025. 6	972. 6	920. 9	869. 8	819. 3	768. 9	718. 4	667. 8	616. 8	508. 8
Fe_2O_3	1838	6	743. 6	715. 8	662. 8	611. 7	562. 2	512. 7	463. 3	414. 4	365. 7	(liq.)	
MgO	3125	2	569. 0	557. 9	536. 3	514. 9	492. 8	469. 6	444. 3	402. 7	361. 5	320. 7	239. 9
SiO_2（低温）		4	856. 5	834. 1	790. 2	735. 2	(Tr. 约 873K)						
SiO_2（高温）	1996	4	810. 4	792. 8	761. 2	728. 6	695. 8	661. 6	627. 7	590. 6	551. 1	(liq.)	
TiO_2	2130	4	889. 5	870. 6	834. 1	798. 2	762. 8	727. 5	691. 9	656. 6	621. 6	586. 1	(liq.)
ZrO_2	2988	4	1039. 7	1020. 1	981. 9	944. 3	907. 1	870. 1	832. 9	796. 4	750. 4	724. 5	650. 0
$Al_6Si_2O_{13}$	2193	26	6441. 9	6312. 5	6058. 4	5806. 3	5551. 4	5289. 2	5028. 5	4769. 4	4504. 8	4236. 6	(liq.)
Al_2SiO_5	2143	10	2444. 5	2394. 0	2294. 7	2196. 4	2097. 2	1995. 7	1894. 8	1794. 6	1691. 7	1587. 0	(liq.)
$MgAl_2O_4$	2408	8	2182. 1	2148. 5	2066. 1	1984. 4	1900. 8	1813. 4	1724. 3	1619. 6	1515. 8	1412. 9	1209. 9
Mg_2SiO_4	2183	8	2057. 9	2017. 2	1937. 5	1858. 4	1778. 4	1696. 6	1611. 2	1493. 7	1373. 9	1252. 7	(liq.)
$MgSiO_3$	1830	6	1462. 1	1432. 3	1374. 0	1316. 1	1257. 9	1199. 0	1138. 4	1061. 8	982. 2	(liq.)	
$ZrSiO_4$	2673	8	1909. 5	1870. 4	1794. 0	1718. 6	1644. 0	1570. 1	1496. 3	1423. 0	1346. 7	1268. 2	1109. 3
CO_2	气体	4	394. 4	394. 7	395. 2	395. 6	395. 9	396. 2	396. 3	396. 4	396. 4	396. 4	396. 3
CO	气体	2	137. 2	146. 3	164. 5	182. 5	200. 2	217. 8	235. 1	252. 2	269. 2	286. 0	319. 2
$Fe_{0.95}O$	1642	2	245. 2	238. 1	224. 9	212. 2	199. 5	186. 5	173. 5	160. 8	(liq.)		
H_2O	气体	2	228. 6	223. 9	214. 0	203. 5	192. 6	181. 5	170. 1	158. 7	147. 2	135. 6	112. 3
H_2S	气体	2	33. 4	37. 4	44. 4	51. 0	41. 3	31. 4	21. 5	11. 7	1. 8	−8	−27. 6
SO_2	气体	4	300. 2	299. 5	300. 4	303. 7	289. 0	274. 4	259. 8	245. 3	230. 9	216. 4	187. 7
SO_3	气体	6	371. 1	362. 3	342. 8	327. 2	294. 0	260. 9	228. 0	195. 4	162. 8	130. 4	65. 9
SiO	气体	2	127. 3	136. 4	153. 8	170. 8	187. 4	203. 6	219. 6	235. 3	247. 4	256. 7	274. 7

① NH_3，NO_x（N_2O，NO，N_2O_3，NO_2，N_2O_5）：温度高于 400 K 时均为负数（即不稳定）。

鉴于耐火材料在高温气体环境中的腐蚀具有广阔的应用前景，需要对其进行研究，以确定潜在的腐蚀机制和潜在的减缓策略。M. K. Mahapatra 认为在气体环境中腐蚀的耐火材料可分为四种类型：酸性（二氧化硅、耐火黏土和高铝质耐火材料）、碱性（氧化镁、含钙的耐火材料和铬铁矿）、中性（莫来石和碳质耐火材料）和特殊材料（氧化锆、碳化硅和氮化硅）。同样，气体也可以分为三类：酸性（CO_2 和 SO_x）、碱性（碱蒸气）和中性（VO_x）。一般来说，“酸碱”反应促进酸性耐火材料和碱性气体之间的相互作用，反之亦然。然而，腐蚀机理要复杂得多，取决于耐火材料的成分和环境，以及耐火材料炉衬的温度梯度，甚至局部温度梯度。

气体环境中耐火材料的腐蚀主要有三种机制：（1）挥发性物质的形成和蒸发导致耐火材料炉衬的衰退；（2）低温区气流中杂质凝结沉积引起的沉积腐蚀；（3）耐火材料的分解。对于这些侵蚀机理，将在以下研究中讨论。

15.3 耐火材料在高温气体中的侵蚀

15.3.1 碱侵蚀

含碱化合物作为杂质存在于各种天然原料中，这些原料被用于不同的加工过程，如硅酸盐水泥、石灰煅烧、陶瓷烧成、水煤浆汽化等；含碱化合物也被用作某些加工工业的原材料，如玻璃；它也通过固体燃料进入反应器或熔炉，如煤、生物燃料、生活垃圾等。碱在窑内循环，浓度逐渐增加。以水泥回转窑为例，碱从高温区蒸发后被带到低温区凝结，然后又随着喂料被带到高温区并蒸发，如此循环往复，如图 15-3-1 所示。

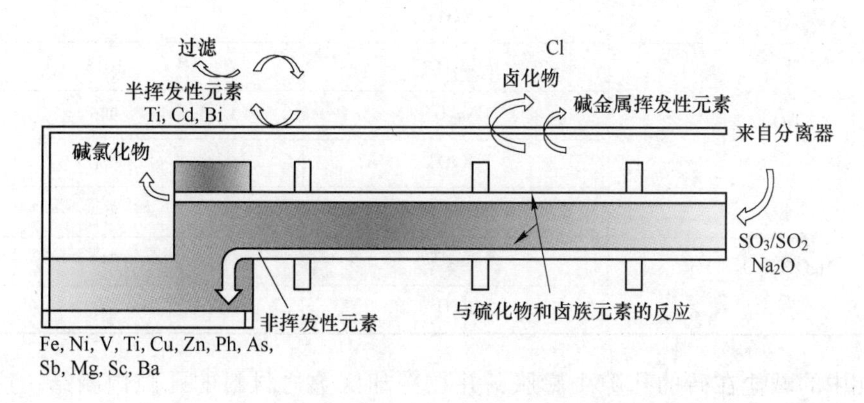

图 15-3-1 水泥回转窑中的碱循环示意图

耐火材料与碱相互作用的破坏机理如图 15-3-2 所示。窑炉中的碱与氯和硫的氧化物结合形成碱氯化物和硫酸盐，它们的混合物在高温下与耐火材料反应形成低熔点液相，见表 15-3-1。这些液体在耐火材料的孔隙内形成一个热性能变质致密层，在加热和冷却过程中，在未变质材料的连接处形成裂缝，导致耐火材料内衬逐渐破坏。

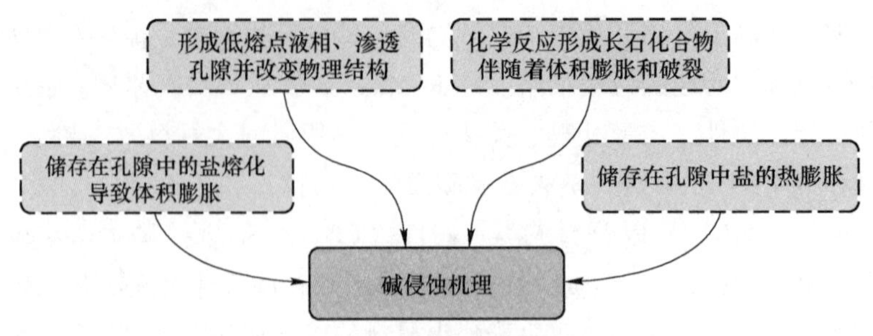

图 15-3-2　耐火材料被碱侵蚀的机理图

表 15-3-1　碱金属盐混合物的熔化行为

高熔点氧化物	碱性化合物	熔化温度/℃
Al_2O_3	Li_2O	1475
	Na_2O	1410
	K_2O	1450
SiO_2	Li_2O	820
	Na_2O	789
	K_2O	742
$Al_2O_3+SiO_2$	Li_2O	750
	Na_2O	732
	K_2O	695
$CaO + SiO_2$	Na_2O	725
	K_2O	720
TiO_2	Li_2O	1015
	Na_2O	986
	K_2O	950
	$K_2SO_4+K_2O$	804
$MgO + SiO_2$	Na_2O	713
	K_2O	685

气相中的碱盐在砖的孔隙中膨胀，并在冷却区炉衬材料的孔隙内凝结。这些盐类(见表 15-3-2) 的热膨胀远高于炉衬耐火材料，在加热和冷却过程中，它们容易对耐火材料产生应力，导致产生裂纹。这些盐和液体在炉衬材料中的孔隙中膨胀，并改变其物理变化，降低其弹性模量和改变其热膨胀系数，使耐火材料更脆、更容易热剥落。

表 15-3-2　不同碱金属化合物及其混合物的线膨胀系数

固　体　盐	α_{lin}测定系数（20~600 ℃）/K^{-1}
KCl	52×10^{-6}

续表 15-3-2

固　体　盐	α_{lin}测定系数（20~600 ℃）/K^{-1}
K_2SO_4	90×10^{-6}
K_2CO_3	58×10^{-6}
$CaSO_4$	16×10^{-6}
K_2SO_4-K_2CO_3	58×10^{-6}
K_2SO_4-K_2CO_3-KCl	50×10^{-6}
K_2SO_4-K_2CO_3-KCl-$CaSO_4$	34×10^{-6}

固态和液态碱金属盐的密度存在差异，并伴随着体积变化，见表 15-3-3。研究表明，加热和冷却时，有沉积在耐火材料孔隙中的固体碱金属盐，其熔化和凝固会对耐火材料产生膨胀和收缩而造成机械应力，重复这种现象会导致耐火材料开裂。

表 15-3-3　固态和液态碱金属盐的密度

固体盐	固体密度/g · cm^{-3}	熔体密度/g · cm^{-3}	体积膨胀/%
KCl	1. 99	1. 52	31
K_2SO_4	2. 66	1. 89	41
K_2CO_3	2. 43	1. 96	24

碱金属盐在高温下与 Al_2O_3、SiO_2 和莫来石反应，形成不同的长石化合物，具有较大的体积膨胀，最终破坏耐火材料，见表 15-3-4。如果碱含量很高，没有被硫或氯等平衡，它们离开窑炉就会非常困难；碱将继续在窑炉内再循环，这样会影响窑炉内产品质量和耐火炉衬材料的安全。

表 15-3-4　铝硅酸盐耐火材料碱反应产物的密度

高熔点氧化物	密度/g · cm^{-3}	与碱反应后生成新的化合物	密度/g · cm^{-3}	体积变化/%
Al_2O_3	3. 99	$(N,K)_{1,\cdots,6}A_{1,\cdots,11}$	2. 63~2. 42	+17~ +52
SiO_2	2. 65	$(N,K)_{1,\cdots,3}S_{1,\cdots,4}$	2. 26~2. 96	-10~ +17
$3Al_2O_3$，…，$2SiO_2$	3. 17	$(N,K)_{1,\cdots,3}AS_{1,\cdots,6}$	2. 26~2. 96	+21~ +32
		$N_3CA_3S_6\cdot(SO_4)$		

热力学计算表明，在存在碱蒸气的高温条件下，α-Al_2O_3 和 β-Al_2O_3 比二氧化硅更稳定。

碱性耐火材料的主要成分与碱反应形成低熔点液相，这些液体渗透到砖孔内部，并使耐火材料的热面致密化，表 15-3-5 显示了液相的组成和熔化温度。

表 15-3-5　碱与碱性耐火材料反应产物的熔点

耐火氧化物（熔点）	碱性化合物	熔化温度
MgO(2840 ℃)	Li_2O	无互溶性
	Na_2O	无互溶性
	K_2O	无互溶性
	Na_2SO_4	1067 ℃
	K_2CO_3	895 ℃
CaO(2580 ℃)	Li_2O	无互溶性
	Na_2O	无互溶性
	K_2O	无互溶性
	NaCl + KCl	645 ℃
	CaO + $CaSO_4$	1365 ℃
Cr_2O_3(2200 ℃)	K_2O	669 ℃
	KCl + K_2O	366 ℃
MgO + SiO_2(1543 ℃)	Na_2O	713 ℃
	K_2O	685 ℃
CaO + SiO_2(1436 ℃)	Li_2O	1026
	Na_2O	725 ℃
	K_2O	720 ℃

MgO-K_2SO_4的共晶温度为 1067 ℃，MgO-K_2CO_3的共晶温度为 895 ℃，因此，MgO 基耐火材料并不是真的耐碱。碱性耐火材料的成分与碱发生反应，有些与相当大的体积变化有关（见表 15-3-6)，导致耐火材料的破坏。

表 15-3-6　碱性耐火材料中碱与不同矿物反应引起的膨胀

高熔点氧化物	密度/g · cm^{-3}	形成的反应产物	密度/g · cm^{-3}	体积变化率/%
Cr_2O_3	5. 25	Na_2CrO_4	4. 36	+20
MgO · Al_2O_3	3. 55~3. 70	$NM_{0.8,\cdots,4.0}A_{5,\cdots,15}$	3. 28~3. 33	+7 ~ +13
2MgO · SiO_2	3. 22	$(N,K)_{1,\cdots,2}M_{1,\cdots,5}$	2. 56~3. 28	−2 ~ +23
CaO · SiO_2	2. 92	$(N,K)_{1,\cdots,2}C_{1,\cdots,23}S_{1,\cdots,12}$	2. 72~3. 36	−13 ~ +7

15. 3. 2　酸侵蚀

15. 3. 2. 1　与硫和氯化物的相互作用

耐火材料的酸侵蚀主要包括硫、氯等化合物在高温下对耐火材料炉衬的侵蚀。硫最初来源于煤和石油，或两者其他相关产物，如冶金焦、煤制气、石油焦等。硫在氧气存在的条件下主要以 SO_2、SO_3形式存在。以水泥回转窑耐火材料炉衬为例，SO_3不仅与碱性耐火材料颗粒和基质反应，而且还在 700 ℃以上与尖晶石相（镁铁尖晶石、镁铝尖晶石）反应，反应式如下：

$$MgO + SO_3 = MgSO_4 \quad (15\text{-}3\text{-}1)$$

$$2SO_2 + O_2 = 2SO_3 \quad (15\text{-}3\text{-}2)$$

$$MgCr_2O_4 + SO_3 = MgSO_4 + Cr_2O_3 \quad (15\text{-}3\text{-}3)$$

$$MgCr_2O_4 + 4SO_3 = MgSO_4 + Cr_2(SO_4)_3 \quad (15\text{-}3\text{-}4)$$

$$MgFe_2O_4 + SO_3 = MgSO_4 + Fe_2O_3 \quad (15\text{-}3\text{-}5)$$

$$MgFe_2O_4 + 4SO_3 = MgSO_4 + Fe_2(SO_4)_3 \quad (15\text{-}3\text{-}6)$$

$$MgAl_2O_4 + SO_3 = MgSO_4 + Al_2O_3 \quad (15\text{-}3\text{-}7)$$

$$MgAl_2O_4 + 4SO_3 = MgSO_4 + Al_2(SO_4)_3 \quad (15\text{-}3\text{-}8)$$

在水泥窑的燃烧带，SO_3还侵蚀碱性耐火材料中的含钙硅酸盐，如 CaO 含量高的硅酸二钙（C_2S）、分解成低熔点的硅酸盐（例如镁硅钙石（C_3MS_2）、钙镁橄榄石（CMS）等），一旦 CaO 被释放，耐火材料中的 MgO 就会被吸收（见式（15-3-9）~式(15-3-11)），而释放出的 CaO 则和 SO_3 反应生成 $CaSO_4$，即脱水石膏，这类反应会产生体积膨胀 27.5%，破坏了耐火材料的结构，降低了材料的耐火度。

$$2C_2S + MgO + SO_3 \longrightarrow CaSO_4 + C_3MS_2 \quad (C_3MS_2 \text{ 熔点 } 1575\ ℃) \quad (15\text{-}3\text{-}9)$$

$$C_3MS_2 + MgO + SO_3 \longrightarrow CaSO_4 + 2CMS \quad (CMS \text{ 熔点 } 1500\ ℃) \quad (15\text{-}3\text{-}10)$$

$$CMS + MgO + SO_3 \longrightarrow CaSO_4 + M_2S \quad (M_2S \text{ 熔点 } 1890\ ℃) \quad (15\text{-}3\text{-}11)$$

原料中 Cl 元素在燃烧过程主要以 HCl 的形态释放出来，HCl 气体的化学性质非常活泼，很可能与燃料、炉衬中的 Na、K、Fe、Al、Si、Mg、Ca 等元素发生化学反应生成低熔点氯化物（NaCl 熔点 801 ℃，KCl 熔点 770 ℃，$FeCl_2$ 熔点 670 ℃，$FeCl_3$熔点 306 ℃，$MgCl_2$ 熔点 714 ℃，$CaCl_2$ 熔点 772 ℃，$AlCl_3$熔点 190 ℃）和挥发性的$SiCl_4$等，这些氯化物在窑内循环，在低温区凝聚，与 Al_2O_3-SiO_2 系耐火材料主要有如下反应：

$$3Al_2O_3 \cdot 2SiO_2 + 26HCl = 6AlCl_3 + 2SiCl_4 + 13H_2O \quad (15\text{-}3\text{-}12)$$

$$Al_2O_3 + 6HCl = 2AlCl_3 + 3H_2O \quad (15\text{-}3\text{-}13)$$

$$SiO_2 + 4HCl = SiCl_4 + 2H_2O \quad (15\text{-}3\text{-}14)$$

Weinberg 等人研究了暴露在室内恶劣气氛（H_2O、O_2、CO_2、SO_2、HCl、碱蒸气等）下 50 个月的黏土和铝硅质耐火材料的腐蚀。930~1000 ℃的操作温度下将耐火材料内表面加热到 950 ℃，外表面加热到 750 ℃，X 射线衍射显示，碱和硫化合物与耐火材料都发生了反应，热力学计算确定了关键的化学反应。研究结果显示了一个连续的腐蚀机制，首先是硫酸钠（Na_2SO_4）冷凝，其次是游离 SiO_2 的溶解，最后是莫来石的分解。具体来说，热化学反应发生在硫酸钠（Na_2SO_4）和 SiO_2 或莫来石之间。游离的 SiO_2 是第一个“受害者”，形成液态硅钠石（$Na_2Si_2O_5$），它使耐火砖产生蠕变。与莫来石的反应形成膨胀相，即钠霞石（$NaAlSiO_4$）和方石（$Na_8Al_6Si_6O_{28}S$），它们是造成耐火砖突然破裂的原因。

Na_2SO_4的形成是由气态盐、氧化硫、氧气和水蒸气之间的反应产生的，反应式如下：

$$2NaCl(g) + SO_2(g) + \frac{1}{2}O_2 + H_2O(g) \longrightarrow Na_2SO_4(s,l) + 2HCl(g) \quad (15\text{-}3\text{-}15)$$

$$2NaCl(g) + SO_3(g) + H_2O(g) \longrightarrow Na_2SO_4(s,l) + 2HCl(g) \qquad (15\text{-}3\text{-}16)$$

$$2NaF(g) + SO_2(g) + \frac{1}{2}O_2 + H_2O(g) \longrightarrow Na_2SO_4(s,l) + 2HF(g) \qquad (15\text{-}3\text{-}17)$$

$$2NaF(g) + SO_3(g) + H_2O(g) \longrightarrow Na_2SO_4(s,l) + 2HF(g) \qquad (15\text{-}3\text{-}18)$$

在砖的加热面大约 950 ℃时，冷凝的 Na_2SO_4 是液体，因为其熔化温度为 884 ℃。非加热面的温度约为 750 ℃，此时，Na_2SO_4 会凝结成固体。图 15-3-3（a）和（c）示出了主要腐蚀性气体 NaCl(g) 和 $SO_2(g)$ 的冷凝机理。值得注意的是，冷凝开始于小孔，然后填充到大孔中，这是由于在弯曲表面的凹面的压力增加引起的。

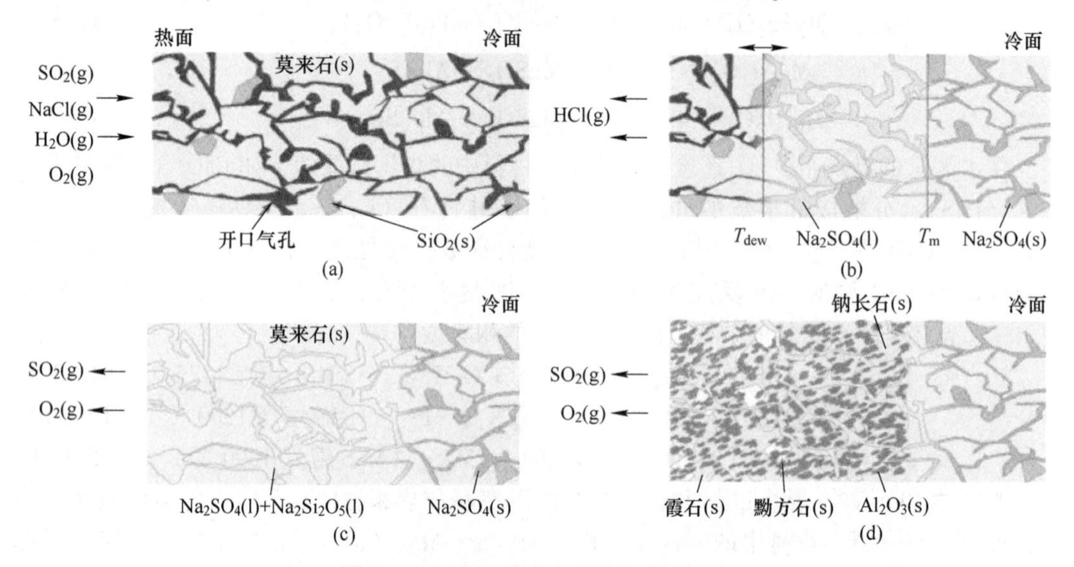

图 15-3-3　黏土质耐火砖的热腐蚀机理

（a）气体渗透；（b）$NaSO_4$ 沉积，反应式（15-3-15）；（c）游离 SiO_2 溶解，反应式（15-3-19）；（d）莫来石分解

游离 SiO_2 是腐蚀的第一个“受害者”；其次是结晶二氧化硅，以方石英、鳞石英或石英的形式出现，接下来会受到侵蚀，式（15-3-19）是与游离 SiO_2 的溶解最相关的。

$$Na_2SO_4(l) + 2SiO_2(s) \longrightarrow Na_2Si_2O_5(l) + SO_2(g) + \frac{1}{2}O_2(g) \qquad (15\text{-}3\text{-}19)$$

这表明，硫酸钠作为一种助熔剂，将游离的二氧化硅溶解到液相中。热的硫酸钠与低熔点的硅钠石（$Na_2Si_2O_5$，$T_m = 775$ ℃）结合，形成大量的液相。因此，耐火材料可能会变形，失去机械强度和抗蠕变性，材料中游离 SiO_2 的存在意味着更高的风险。一旦游离 SiO_2 被消耗，莫来石就会受到分解。在耐火黏土砖中，上一步形成的液相硅钠石（$Na_2Si_2O_5$）与莫来石反应，形成钠长石（$NaAlSi_3O_8$）和氧化铝。钠长石与添加的 Na_2SO_4 进一步反应，形成钠霞石（$NaAlSiO_4$）。最重要的方面是由低密度霞石引起的体积膨胀，这种膨胀会导致膨胀和开裂。在极端的情况下，这种膨胀甚至会导致砖块衬里的完全破裂。同时，Na_2SO_4 可能与莫来石直接反应，形成方石。鉴于方石和钠霞石的结构相似的特点，认为方石会产生同样的有害影响，即破坏性膨胀。

15.3.2.2　与氧化钒的相互作用

V、Na 和 S 元素主要作为杂质存在于燃油中，特别是燃油的残留物。在燃烧过程中，随着温度的升高，这些元素形成了氧化物，如 V_2O_5、Na_2O 和 SO_3 等。在适当的空气气氛中，也会存在 V 的多种价态的氧化物。在低的氧分压下，V_2O_2、V_2O_3、V_2O_4 等都有可能形成，它们的熔点分别为 1790 ℃、1970~2070 ℃和 1545~1967 ℃，具有较高的耐火度；但 V_2O_5 的熔点只有 650~690 ℃，和 Na_2O 反应生成 $Na_2O \cdot 3V_2O_5$ 和 $Na_2O \cdot 6V_2O_5$，这两种化合物的熔化温度随着氧分压的升高而降低。

V_2O_5 对 Al_2O_3-SiO_2 系耐火材料具有强烈助熔剂的作用，由相图 V_2O_5-Al_2O_3（见图 15-3-4）和 V_2O_5-SiO_2（见图 15-3-5）可以看出，V_2O_5 与 Al_2O_3 形成低共熔化合物 $AlVO_4$，其熔点仅 640 ℃，Al_2O_3 与 $AlVO_4$ 共熔温度也只有 695 ℃，微量 V_2O_5 就会导致 Al_2O_3 熔化温度急剧下降；V_2O_5 与 SiO_2 低共熔点为 649 ℃，且液相线也非常陡峭，说明微量的 V_2O_5 也会导致 SiO_2 出现液相；莫来石也会因 $NaVO_3$ 而分解，反应如下：

$$3Al_2O_3 \cdot 2SiO_2 + 2NaVO_3 \longrightarrow Na_2O \cdot Al_2O_3 \cdot 2SiO_2 + 2Al_2O_3 + V_2O_5 \quad (15\text{-}3\text{-}20)$$

$$\frac{11}{3}(3Al_2O_3 \cdot 2SiO_2) + NaVO_3 \longrightarrow Na_2O \cdot 11Al_2O_3 + \frac{22}{3}SiO_2 + V_2O_5 \quad (15\text{-}3\text{-}21)$$

$$3(3Al_2O_3 \cdot 2SiO_2) + 2NaVO_3 \longrightarrow Na_2O \cdot Al_2O_3 \cdot 6SiO_2 + 8Al_2O_3 + V_2O_5 \quad (15\text{-}3\text{-}22)$$

同样，“三石”（蓝晶石、红柱石和硅线石）、刚玉和 $NaVO_3$ 反应如下：

$$2(Al_2O_3 \cdot SiO_2) + 2NaVO_3 \longrightarrow Na_2O \cdot Al_2O_3 \cdot 2SiO_2 + Al_2O_3 + V_2O_5 \quad (15\text{-}3\text{-}23)$$

$$11(Al_2O_3 \cdot SiO_2) + 24NaVO_3 \longrightarrow Na_2O \cdot 11Al_2O_3 + 11Na_2O \cdot SiO_2 + 12V_2O_5 \quad (15\text{-}3\text{-}24)$$

$$11Al_2O_3 + 2NaVO_3 \longrightarrow Na_2O \cdot 11Al_2O_3 + V_2O_5 \quad (15\text{-}3\text{-}25)$$

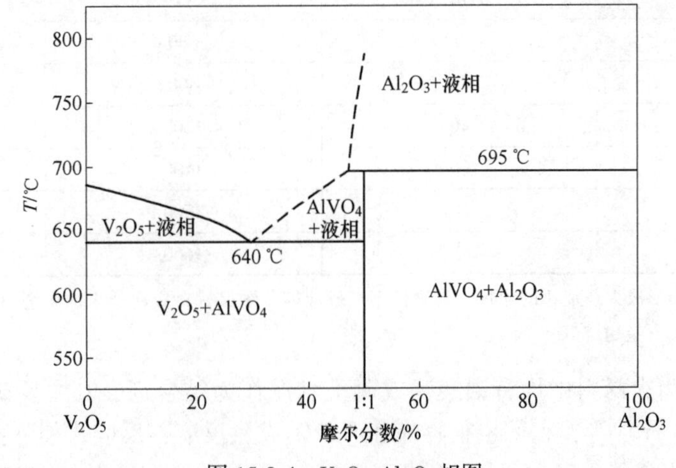

图 15-3-4　V_2O_5-Al_2O_3 相图

V_2O_5 能够减少 Na_2O 直接与耐火材料的反应量，因为 V_2O_5 能够与 Na_2O 反应生成 $NaVO_3$，但是 $NaVO_3$ 作为低熔物和矿化剂，和 Al_2O_3-SiO_2 耐火材料中组分反应生成的液相量要比 V_2O_5 或 Na_2O 单独反应生成的液相量更多。实际上，在 V_2O_5 和 Na_2O 共存条件下，霞石形成的温度为 800 ℃，而在仅 Na_2O 存在情况下，霞石形成的温度要高于 900 ℃；同样，在仅 Na_2O 存在情况下，钠长石也不能形成，而 $NaVO_3$ 与 Na_2O 共存条件下，钠长石可以生成。

$NaVO_3$ 是 Al_2O_3-SiO_2 系耐火材料最强熔剂之一，研究发现 $Na_2O+V_2O_5$ 的含量超过

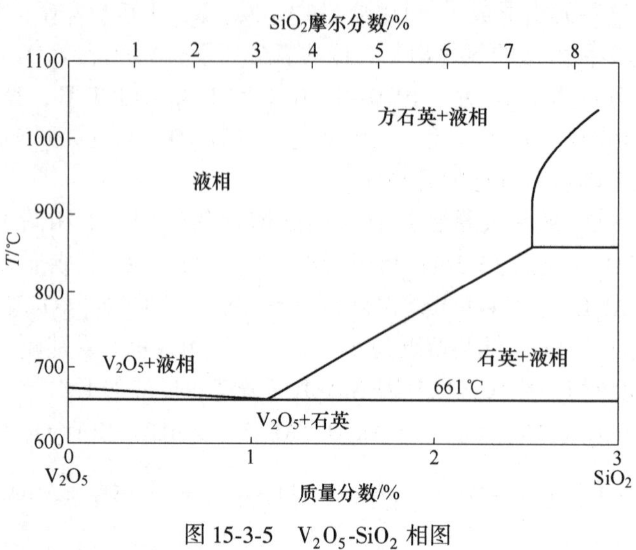

图 15-3-5 V_2O_5-SiO_2 相图

10%时，Na_2O 和 $Na_2O+V_2O_5$对不同组成 Al_2O_3-SiO_2 系耐火材料形成大量液相的熔融温度见表 15-3-7。

表 15-3-7 不同含量 Na_2O 和 $Na_2O+V_2O_5$对不同组成 Al_2O_3-SiO_2 耐火材料熔融温度的影响

组成（质量分数）/%		熔融温度/℃	
氧化硅	氧化铝	Na_2O	$Na_2O+V_2O_5$
100	0	800	900
80	20	800	900
60	40	1000	900
40	60	1400	1200
20	80	1500	1300
0	100	1600	1500

注：熔融温度是指形成大量液相的温度，为确保不形成液体，耐火材料应在低于助熔剂 100 ℃ 的温度下使用；$Na_2O+V_2O_5$的含量超过 10%。

许多不定形耐火材料中均有铝酸钙或矾土水泥作为结合剂，其主要矿物为 CA、CA_2 和 C_2AS（钙黄长石）等，它们也很容易和 $NaVO_3$发生反应，反应式如下：

$$2(CaO \cdot Al_2O_3) + 2NaVO_3 \longrightarrow 2CaO \cdot V_2O_5 + Na_2O \cdot Al_2O_3 + Al_2O_3 \quad (15\text{-}3\text{-}26)$$

$$2(CaO \cdot 2Al_2O_3) + 2NaVO_3 \longrightarrow 2CaO \cdot V_2O_5 + Na_2O \cdot Al_2O_3 + 3Al_2O_3 \quad (15\text{-}3\text{-}27)$$

$$4(2CaO \cdot Al_2O_3 \cdot SiO_2) + 8NaVO_3 \longrightarrow 4(2CaO \cdot V_2O_5) + Na_2O \cdot Al_2O_3 \cdot 4SiO_2 + 3(Na_2O \cdot Al_2O_3) \quad (15\text{-}3\text{-}28)$$

$NaVO_3$不仅是 Al_2O_3-SiO_2 系耐火材料最强熔剂之一，而且也是其他耐火材料的强熔剂，（见图 15-3-6 ~ 图 15-3-9），V_2O_5-CaO 相图、V_2O_5-MgO 相图、V_2O_5-Cr_2O_3 相图、V_2O_5-ZrO_2 相图中最低共熔点分别为 618 ℃、639 ℃、670 ℃和 670 ℃，均不超过 700 ℃，相比这些单个氧化物的熔点均在 2000 ℃以上，相差很大。

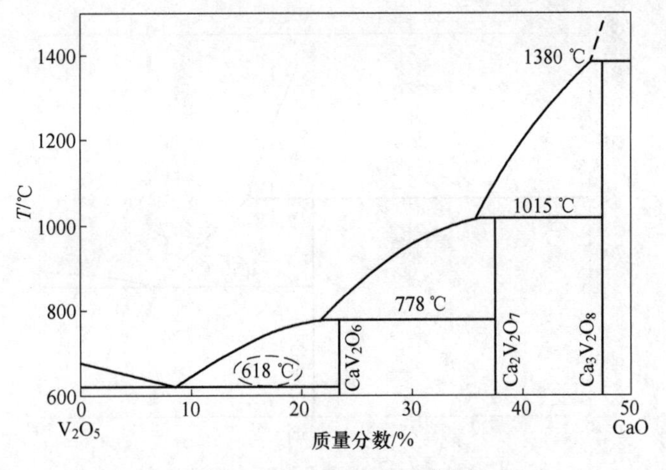

图 15-3-6 V_2O_5-CaO 相图

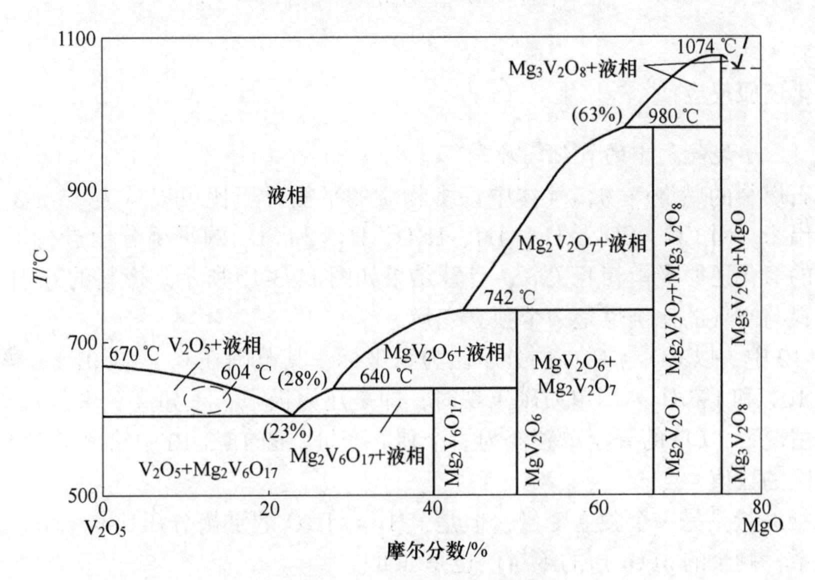

图 15-3-7 V_2O_5-MgO 相图

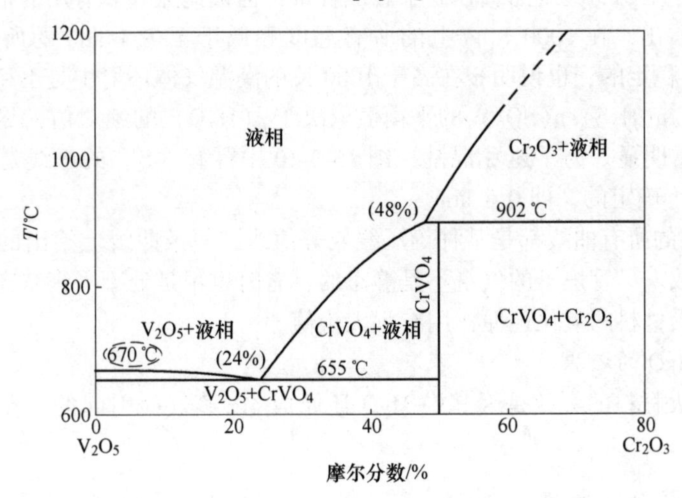

图 15-3-8 V_2O_5-Cr_2O_3相图

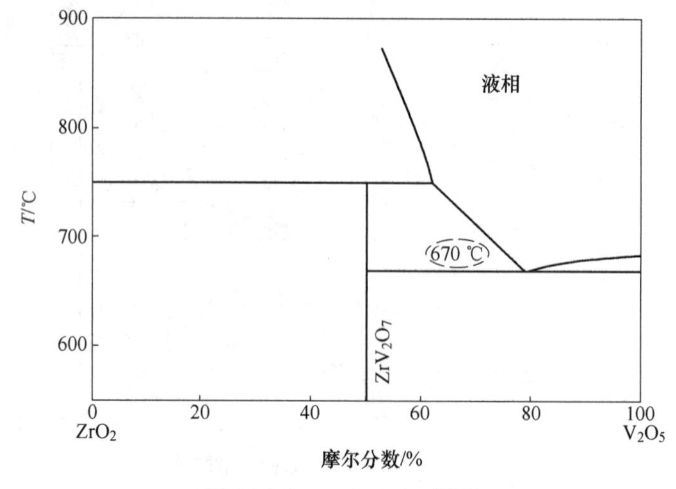

图 15-3-9 V_2O_5-ZrO_2 相图

15.3.3 氧化还原反应

15.3.3.1 燃烧气氛中的氧化还原剂

对于化石燃料的燃烧产物，气体中许多物质的平衡分压比可以从表 15-2-3 中的自由能数据计算出来。对 CO、CO_2、O_2、H_2、H_2O、H_2S 和 SO_2 的平衡分压进行了计算，所有这些物质的氧化还原平衡相互关联，计算结果如图 15-3-10 所示。燃料的 C/H 摩尔比是可变的，燃料与空气的比例也是一个独立变量。

图 15-3-10 中，以 CO 与 CO_2 的分压比为纵坐标，其范围在 0.1～0.01 atm[1] 的 O_2 分压之间，即 10%和 1% O_2。当单质碳出现时，即是还原极限，正如高炉中焦炭存在一样。在这种极端情况下，CO 的分压单独变为一个独立变量，图 15-3-10 中给出了在 1～0.1 atm 之间较宽范围的数值。

H_2O 的绝对量是另一个独立变量；但是，H_2 与 H_2O 的平衡分压比与 CO/CO_2 的比例有固定的关系，剩余的 $p(O_2)$ 的绝对值也是如此。

H_2S 与 SO_2 分压比的虚线曲线独立于总硫含量，但被掩盖许多有用的信息。首先，从表 15-2-3 很容易看出，在 1000 K 以上的所有温度和低于至少 1 atm 的所有 $p(O_2)$ 下，SO_3在气相中是不稳定的，也说明 S 在高于 1000 K 的潮湿气体环境中是不稳定的，将会歧化为 H_2S 和 SO_2。$p(H_2S)/p(SO_2)$ 的平衡值取决于 $p(H_2O)$ 的绝对值，尽管在绘制的对数刻度上并不非常明显。为了避免混乱，图 15-3-10 中标有“S”的虚线是在一个合理的固定值 $p(H_2O)$ 下确定的，即 0.1 atm。

图 15-3-10 中的所有曲线都是某种等压线或等值线，每条曲线上给出的指数是其代表的压力函数的对数。尽管炉子的气氛不是静态的，有时也不是处于平衡状态，但这些曲线对理解和预测耐火材料的氧化还原作用有很大价值。

15.3.3.2 MgO 的还原

MgO 碱性耐火材料的失效是因其中 MgO 还原成 Mg 蒸气而引起的。在炼钢炉中广泛

[1] 1 atm = 101325 Pa。

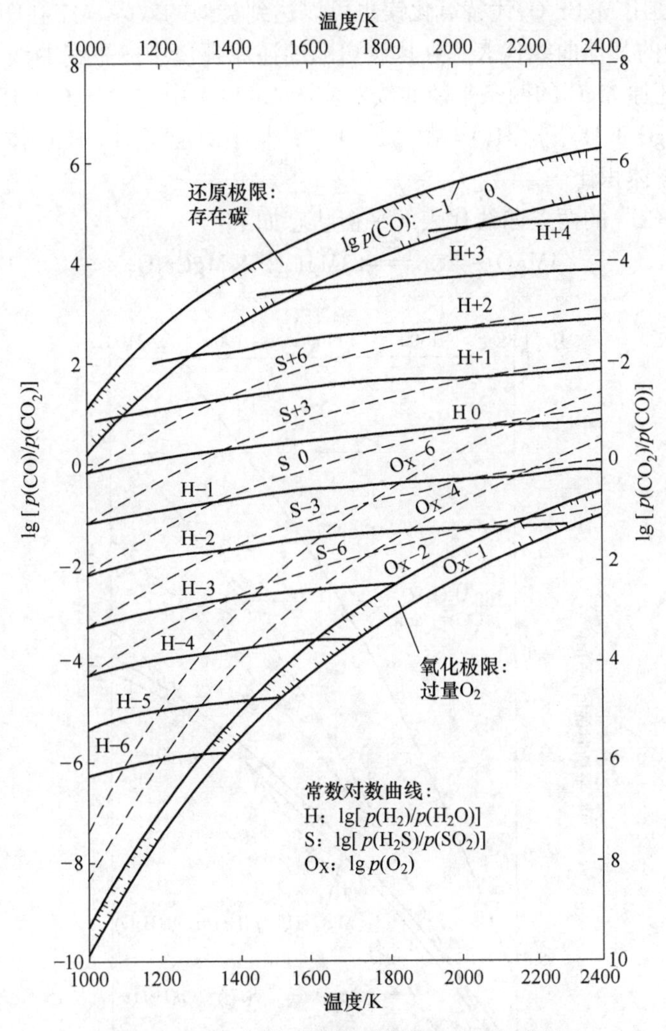

图 15-3-10　气体在燃烧环境中的分压平衡比

使用着 MgO-C 耐火材料，这就使得这种材料除了热面附近发生自行还原反应而失效外，而且有可能在 BOF、AOD、EAF 或其他地方被环境中的 CO 或其他试剂还原。

图 15-3-11 显示了 MgO 的相关平衡曲线，当 $p(CO)=1$ atm，位于图 15-3-11 左上方第一条曲线代表平衡状态为：$MgO = Mg(g)+CO(g)$，设定条件 $p(CO)=1$ atm 表示 $p(Mg)$。

图 15-3-11 中左上方第一条曲线斜率非常大，1500 ℃时 $p(Mg)$ 约为 10^{-3} atm，1700 ℃时约为 0.1 atm，表明镁容易挥发。幸运的是，对于使用中的耐火材料来说，有以下因素缓解了镁的蒸发：(1) 熔渣和其他影响扩散的因素阻碍了传质；(2) 大部分镁蒸气在耐火材料内重新氧化，或者在遇到还原性较低的气氛和炉渣携带的氧化剂（例如 FeO 或 Fe_2O_3）。然而，当氧化镁与碳接触时，氧化镁易被还原的属性会限制其使用温度。

图 15-3-11 中左上方第二条虚线曲线表明用稳定的尖晶石代替氧化镁可以降低这种易还原性（提高材料的使用温度）。在相同的 $p(Mg)$ 下，镁铝尖晶石的使用温度比 MgO 提

高了约 200 ℃，使用 $MgCr_2O_4$ 代替氧化镁也可以达到类似的效果（未在图中显示）。

图 15-3-11 中的其他曲线代表了在比碳更弱的还原环境中的平衡曲线（碱性耐火材料稳定存在）。H_2 还原 MgO 的两条平衡曲线对应图 15-3-11 中的“$MgO + H_2$，$p(H_2) = 100p(H_2O)$”和“$MgO + H_2$，$p(H_2) = 10p(H_2O)$”，其中对应了 H_2/H_2O 体积比，从中观察可以找到 CO/CO_2 体积比。

标有“MgO+Cr”的两条曲线代表的平衡状态如下：

$$4MgO + 2Cr \longequal 3Mg(g) + MgCr_2O_4 \tag{15-3-29}$$

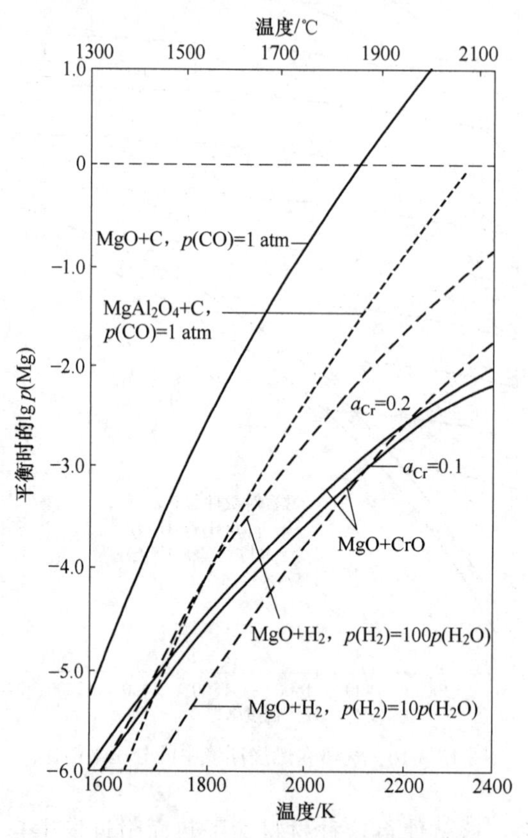

图 15-3-11 MgO 还原分解平衡图
（1 atm = 101325 Pa）

在生产不锈钢时，铬熔化于钢液中。图 15-3-11 中的两个 a_{Cr} 是熔融不锈钢中的 Cr 活度。在合理的工艺温度下，不锈钢还原 MgO 似乎不是问题，这一结论与实际经验一致。

15. 3. 3. 3 SiO_2 的还原

碳或 CO 还原 SiO_2 可以生成 SiO(g)、Si(l) 或 SiC(s)。在低于 SiO_2 熔点时，由于动力学因素，只会生成 SiO(g)。图 15-3-12 为 SiO_2 还原分解平衡图，图中实线描述 SiO_2 还原分解的平衡状态，即反应 $SiO_2+CO(g) = SiO(g)+CO_2(g)$，图中取 SiO_2 的熔点为 1723 ℃或 1996 K。比较图 15-3-11 和图 15-3-12，可知，SiO 在远低于 MgO 的温度下被碳还原分解。

图 15-3-12 中的虚线是莫来石与 $CO-CO_2$ 气氛平衡曲线组，反应式如下：

$$\frac{1}{2}Al_6Si_2O_{13} + CO(g) \xlongequal{\quad} \frac{3}{2}Al_2O_3 + SiO(g) + CO_2(g) \qquad (15\text{-}3\text{-}30)$$

相同 $SiO(g)$ 分压下，其温度在 SiO_2 和莫来石间相差约 200 ℃；这与图 15-3-11 中 MgO 和 $MgO \cdot Al_2O_3$间的增值相同，这种碱性耐火材料中的发现在硅酸盐也有类似情况。

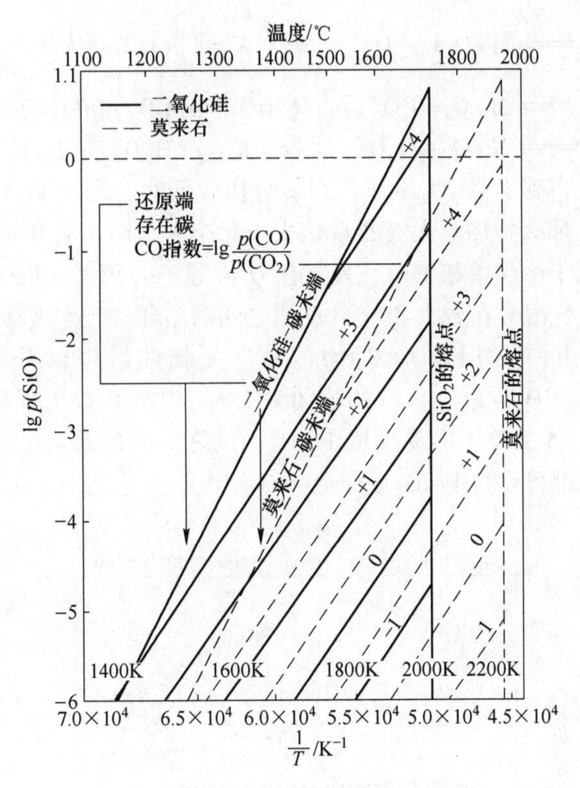

图 15-3-12　SiO_2 还原分解平衡图

15.3.3.4　铁氧化物的氧化还原

氧化铁是耐火材料中的杂质组分，氧化铁主要有三种形式：FeO、Fe_3O_4、Fe_2O_3，铁氧化物是铁在氧化程度较高的大气中逐步形成的，其性能见表 15-3-8。磁铁矿的分子式为 Fe_3O_4，每摩尔 Fe 的体积与 Fe_2O_3相近；只存在于大气中氧化能力较弱的范围中，即它大致相当于 FeO+Fe_2O_3的平衡状态。耐火材料中铁氧化物的价态随着气氛中氧分压的变化而变化，从而产生体积膨胀或收缩，这与铁氧化物固体的尺寸不稳定性有关。

表 15-3-8　铁氧化物的基本性能

铁氧化物	晶型	相对分子质量	体积密度 /g·cm^{-3}	摩尔体积 /cm^3	每摩尔 Fe 的体积/cm^3	颜色	稳定性
FeO	立方	71.85	5.7	12.6	12.6	黑色	不稳定
Fe_3O_4	立方	231.55	5.18	44.70	14.90	黑色	稳定
Fe_2O_3	六方	159.70	5.24	30.48	15.24	红棕色	稳定

表 15-3-8 中 FeO 和 Fe_2O_3在室温下的单位体积变化为 15.24/12.6≈1.21 或增加 20%

以上；从 FeO 到 Fe_3O_4 的体积变化也差不了多少，增大约为 18%，在高温下这种体积变化的幅度持续存在。固体体积在材料的非塑性温度范围内迅速变化，1% 的体积变化可能是灾难性的。目前这种数量级更大的体积变化会导致材料微观结构破裂，它发生在大气氧化或还原能力哪个范围，可以讨论以下的化学平衡来解决。

$$Fe_2O_3 \xlongequal{} 2FeO + \frac{1}{2}O_2 \qquad Q = K = [p(O_2)]^{1/2} \tag{15-3-31}$$

$$Fe_2O_3 + CO \xlongequal{} 2FeO + CO_2 \qquad Q = K = p(CO_2)/p(CO) \tag{15-3-32}$$

$$Fe_2O_3 + H_2 \xlongequal{} 2FeO + H_2O \qquad Q = K = p(H_2O)/p(H_2) \tag{15-3-33}$$

当氧分压较高时，利于 Fe_2O_3 生成；当氧分压较低时，利于 FeO 相稳定。也就是说，如果得到每个 K 值，那么施加给大气的 Q 值大于每个 K 值时将有利于生成单相 Fe_2O_3，而 Q 值小于 K 值将有利于生成单相 FeO。只有在 Q 值等于 K 值时，FeO 和 Fe_2O_3 才能共存。如果结合动力学，大气成分在较大和较小 Q 值之间的循环将产生破坏性的体积变化。

图 15-3-13 中，由“FeO-Fe_2O_3 和 CO(g)”平衡曲线可以看出，整个温度 600～2000 K 范围内，$\lg[p(CO_2)/p(CO)]$ 的值约为 1.65，773 K 以上保持稳定。稍微过量的空气燃烧，反应式（15-3-32）容易生成 Fe_2O_3；反之，如果动力学条件允许，任何程度的还原性火焰或气氛都可以将 Fe_2O_3 还原成 FeO。

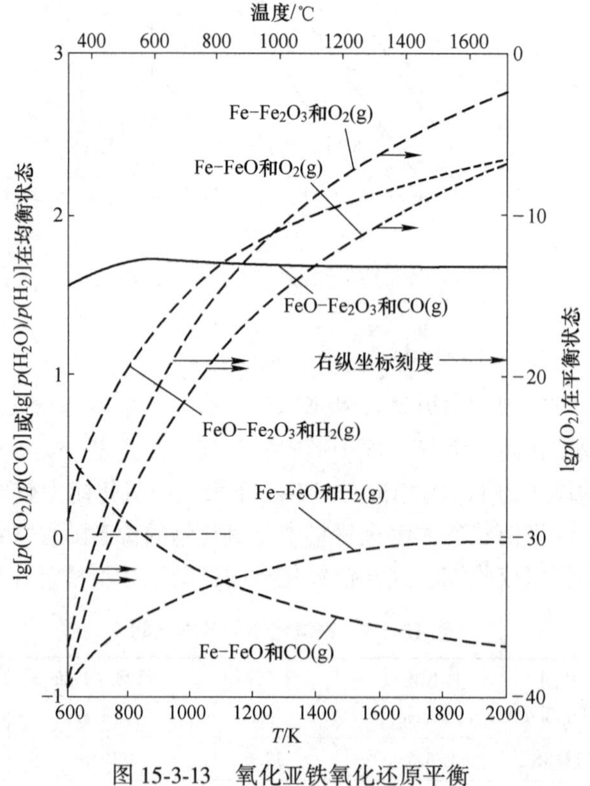

图 15-3-13 氧化亚铁氧化还原平衡

在氧化性气氛下，进行燃烧的窑炉和熔炉中，Fe_2O_3 是相对稳定的。在这种情况下，耐火黏土和黏土-氧化铝耐火材料的性能表现出色，可以达到其软化温度极限，并有效地阻止其他形式的侵蚀。

在还原性气氛下，耐火材料中的Fe_2O_3被还原成FeO。在这种情况下，黏土耐火材料表面是否软化，取决于使用温度。但还原性气体可以轻易地渗透到多孔耐火材料内部生成FeO，而后又暴露在空气中，FeO被再次氧化，导致材料的颗粒分离，这个过程不断重复，逐渐造成材料的损毁。对于黏土耐火材料而言，最严重的损坏温度范围可能在500~1000 ℃之间，低于该温度范围，氧化还原反应变得越来越缓慢；而高于该温度，材料具有足够的塑性，可以承受体积变化而不会使颗粒分离。

综上所述，黏土耐火材料不应该在还原过程的环境中使用。但是，有很多措施可以缓解这种情况，例如控制制品中氧化铁的含量、调节氧化还原循环的频率/温度和速度、热面涂釉（阻止气体进入）等措施。

氧化还原循环不仅对黏土耐火材料有害，而且对其他材料也有影响。在含有较少SiO_2的碱性耐火材料（如方镁石）中，FeO容易和MgO形成固溶体。再度氧化时，Fe_2O_3不溶于MgO，但可形成$MgFe_2O_4$，铁以$MgFe_2O_4$的形式脱溶，导致体积变化。

为了解决FeO与Fe_2O_3氧化还原循环造成耐火材料体积变化问题，一般在耐火材料中增加尖晶石相作为氧化铁的主要载体。在碱性耐火材料中，这种尖晶石相以固溶体的形式存在：(Mg，Ca，Fe)(Cr，Fe)$_2$O$_4$；尽管其化学成分复杂，但可以通过调节Fe^{3+}/Fe^{2+}比率来控制，而不会对相或体积变化产生明显的影响，并且不会出现明显的FeO进入相关的MgO相。在高铝耐火材料中，尖晶石的化学式可表示为$(Mg,Ca,Fe)(Cr,Fe,Al)_2O_4$，但其原理与碱性耐火材料中的尖晶石相同。

15.4　三元锂离子电池正极材料与莫来石多孔隔热材料界面反应机理

在三元锂离子电池正极材料（LNCM）前驱体的高温焙烧过程中产生的碱性气氛，对莫来石炉衬材料产生化学侵蚀。莫来石隔热材料与LNCM前驱体挥发物质发生化学反应形成侵蚀层、产生新的物相，因热膨胀系数的不同，在有温度差情况下，会造成侵蚀层的剥落。炉衬的侵蚀不仅影响窑炉的安全高效生产，而且侵蚀层的剥落会导致剥落物混入LNCM中，对LNCM造成污染，降低产品质量和性能，增加生产成本。

本节主要针对莫来石隔热材料在LNCM前驱体的高温焙烧过程中受到侵蚀出现的一系列问题，探明莫来石隔热材料侵蚀机理，为提高莫来石隔热材料使用寿命提供指导。

15.4.1　实验过程

实验中用到的原料有：(1) 宜兴摩根热陶瓷有限公司生产的TJM30型号的莫来石隔热材料，其化学成分及物理性能列于表15-4-1中；(2) 贵州中伟正源新材料有限公司生产的镍钴锰氢氧化物（化学式为$Ni_{0.8}Co_{0.1}Mn_{0.1}(OH)_2$），其化学成分及理化特性列于表15-4-2中。

表15-4-1　莫来石隔热材料的化学成分及物理性能

性　能		检测条件	典型值	检测方法
化学成分（质量分数）/%	Al_2O_3		73	GB/T 6900
	Fe_2O_3		0.6	GB/T 6900

续表 15-4-1

性　能		检测条件	典型值	检测方法
物理性能	体积密度/$g \cdot cm^{-3}$		1.0	GB/T 2998
	常温耐压强度/MPa		3.0	GB/T 5072
	常温抗折强度/MPa		2.0	GB/T 3001
	加热永久线变化/%	1570 ℃×12 h	-1.0	GB/T 5988
	导热系数/$W \cdot (m \cdot K)^{-1}$	400 ℃	0.38	YB/T 4130

表 15-4-2　镍钴锰氢氧化物的化学成分及理化特性

项　目			检　测　值
理化特性	粒度/μm	D_{min}	1.1
		D_{50}	10.5
		D_{max}	32.0
	比表面积/$m^2 \cdot g^{-1}$		11.3
	振实密度/$g \cdot cm^{-3}$		1.8
	pH 值		8.5
化学成分（质量分数）/%	主含量	NiO	82.4
		CoO	10.3
		MnO	7.3
	杂质		0.041

侵蚀原料的制备：将无水 LiOH 与 $Ni_{0.8}Co_{0.1}Mn_{0.1}(OH)_2$ 按 1∶8 的配比预混合后置于聚氨酯球磨罐中，按球料比为 2.5∶1 的比例加入不同尺寸的钢球，密封后置于滚筒式球磨机上以 30 r/min 的速度球磨混合 3 h 后取出备用。

侵蚀材料的制备：将宜兴摩根热陶瓷有限公司生产的 TJM30 型号的莫来石隔热材料经过切割打磨后制得高 20 mm、直径 60 mm 的圆柱体样品；然后，在其中一个圆面上，以距离圆心位置 17 mm 为半径打磨出 1~2 mm 宽、深度为 1~2 mm 的凹槽以减少侵蚀源气体的挥发，如图 15-4-1 所示。

将侵蚀原料置于小坩埚中，将侵蚀材料盖在小坩埚上，再将坩埚-材料组合放入大坩埚中，并在上面铺撒刚玉颗粒与细粉以减少气氛挥发。按照 5 ℃/min 的升温速率升至实验方案设定的温度，保温 3 h，对侵蚀材料进行测试及分析，如图 15-4-2 所示。

蠕变测试材料的制备：将宜兴摩根热陶瓷有限公司生产的 TJM30 型号的莫来石隔热材料经过切割打磨后制得高 60 mm、直径 68 mm 的圆柱体样品，如图 15-4-3 所示。

将侵蚀原料置于坩埚中，将侵蚀材料放入坩埚中，然后铺撒刚玉颗粒以减少气氛挥发。按照 5 ℃/min 的升温速率升至实验方案设定的温度，保温 3 h，如图 15-4-4 所示。将侵蚀材料进行切割打磨为中间带孔的圆柱体样品，尺寸为直径 50 mm、高 50 mm，中心通孔直径 12 mm 并与圆柱体同轴（参考 GB/T 5073—2005《耐火制品压蠕变试验方法》）。

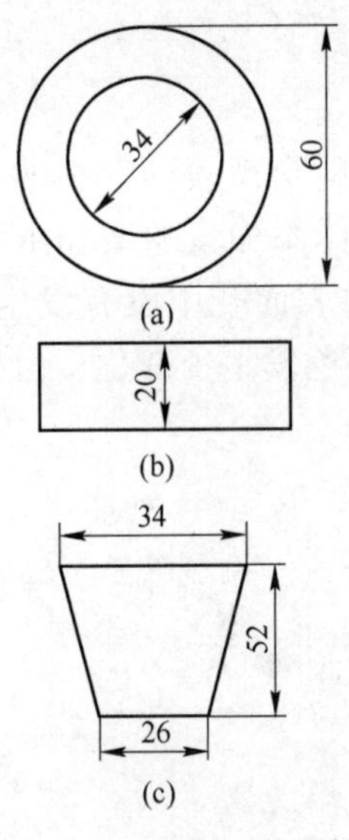

图 15-4-1　坩埚-盖组件

（a）试块俯视图；（b）试块侧视图；（c）致密氧化铝坩埚

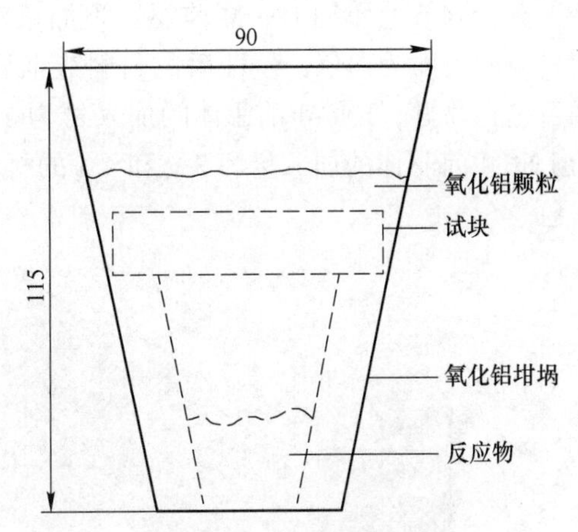

图 15-4-2　耐火保温坩埚图

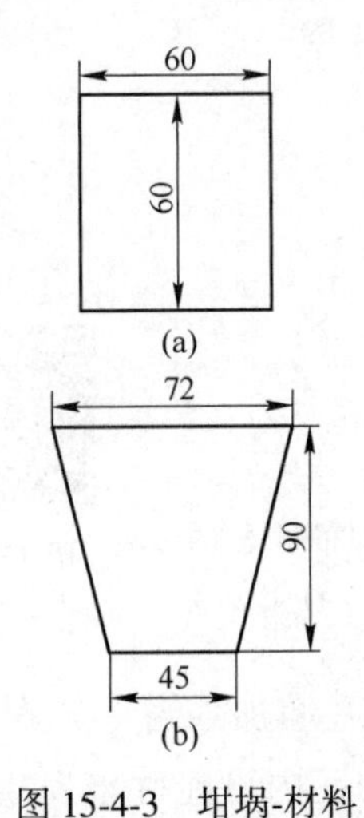

图 15-4-3　坩埚-材料

（a）试块侧视图；（b）致密氧化铝坩埚

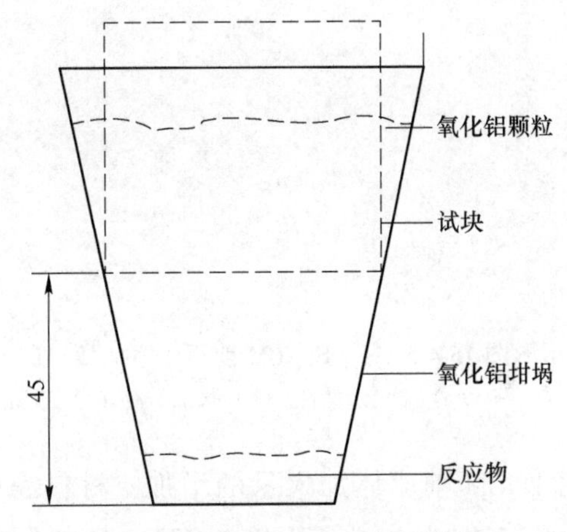

图 15-4-4　蠕变用耐火保温坩埚图

研究侵蚀源的添加量、煅烧温度与煅烧次数对莫来石隔热材料的影响，侵蚀实验方案见表 15-4-3。

表 15-4-3　侵蚀实验方案

变量 （不变量）	侵蚀源的添加量 （1100 ℃×1 次）	煅烧温度 （2 g［4 g］×1 次）	煅烧次数 （1100 ℃×2 g［4 g］）
方案 1	1 g［2 g］	1000 ℃	1 次
方案 2	2 g［4 g］	1100 ℃	2 次
方案 3	3 g［6 g］	1200 ℃	3 次
方案 4	4 g［8 g］	1300 ℃	4 次

注：［ ］中为蠕变材料的侵蚀源添加量。因蠕变材料与侵蚀气氛直接接触面积为普通材料的 2 倍，所以侵蚀源添加量也为 2 倍关系。

15. 4. 2　LNCM 前驱体添加量对莫来石隔热材料的影响

图 15-4-5 是不同 LNCM 前驱体添加量对莫来石隔热材料宏观表面形貌的影响。侵蚀前材料的表面为白色，侵蚀后的材料表面随着 LNCM 前驱体添加量的增加由淡黄色变为橘黄色；并且，LNCM 前驱体的加入量为 1 g 和 2 g 的材料表面孔中没有发生颜色变化，而 LNCM 前驱体的加入量为 3 g 和 4 g 的材料表面孔中的颜色发生了变化，由白色变为淡黄色。

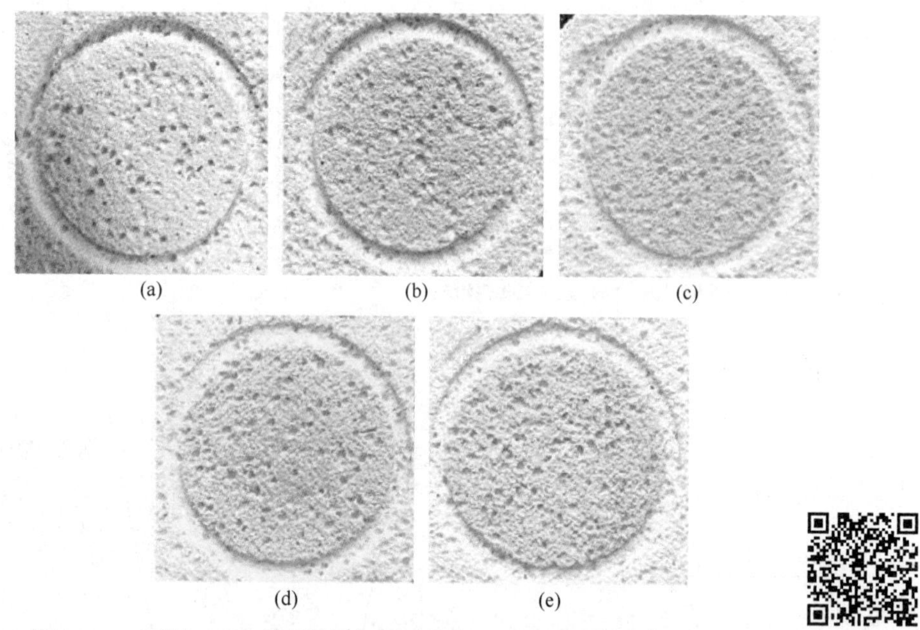

图 15-4-5　不同 LNCM 前驱体添加量对莫来石隔热材料宏观表面形貌的影响
(a) 未侵蚀材料；(b) 添加 1 g；(c) 添加 2 g；(d) 添加 3 g；(e) 添加 4 g

图 15-4-5
彩图

随着 LNCM 前驱体加入量的增加，材料表面侵蚀程度随之增加；当 LNCM 前驱体的加入量为 1 g 和 2 g 时，莫来石隔热材料表面的孔内可能并未发生变化，或受侵蚀程度相对较低；当 LNCM 前驱体的加入量为 3 g 和 4 g 时，莫来石隔热材料表面的孔内明显发生变化，侵蚀程度较前两者要深。

15. 4. 2. 1　质量变化与 Li 元素含量

图 15-4-6 是不同 LNCM 前驱体加入量侵蚀后的莫来石隔热耐火材料质量变化与其表面 1 mm 厚度材料中 Li 元素的含量。莫来石隔热材料在被 LNCM 前驱体侵蚀后，质量和 Li 元素的含量都有所增加，其增加的趋势表现为：随着 LNCM 前驱体加入量的增加，质量和 Li 元素的含量增加明显。

15. 4. 2. 2　物相组成与显微结构

莫来石隔热材料经不同 LNCM 前驱体添加量侵蚀表面 1 mm 厚度材料的 XRD，结果如图 15-4-7 所示。从图中可以看出，未侵蚀材料的物相主要由莫来石和刚玉组成，而侵蚀后的材料表面产生了新的物相锂铝硅酸盐。

从莫来石隔热材料侵蚀前后 XRD 结果的对比可以看出，与莫来石隔热材料化学反应

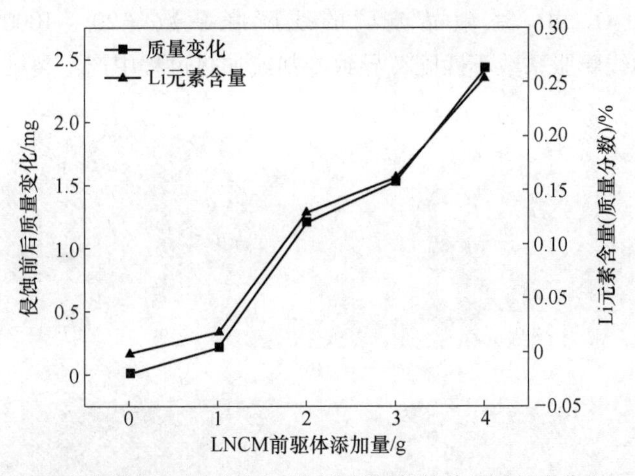

图 15-4-6 不同 LNCM 前驱体添加量对莫来石隔热材料侵蚀前后质量变化和 Li 元素含量的影响

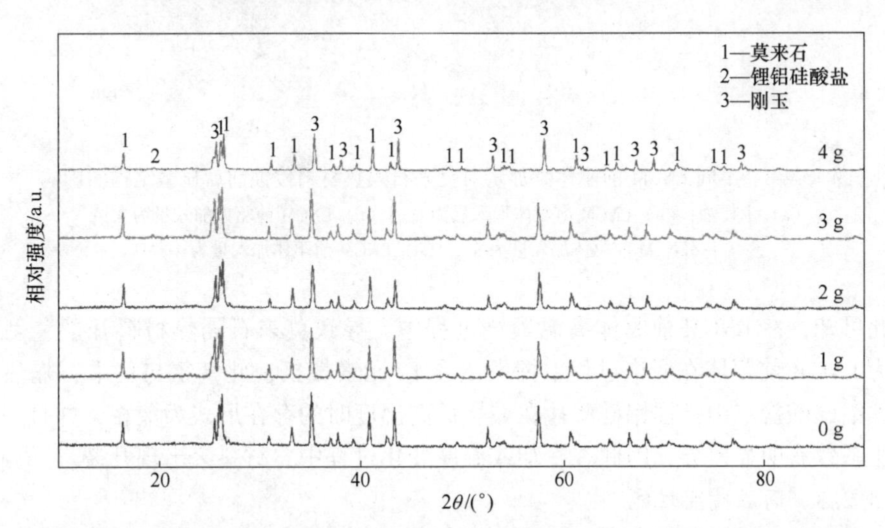

图 15-4-7 不同 LNCM 前驱体添加量对莫来石隔热材料侵蚀前后物相组成的影响

的元素为锂，而 LNCM 前驱体中的镍、钴、锰并未与莫来石隔热材料发生化学反应，即 LNCM 前驱体在高温煅烧过程中挥发的气氛主要组成为含 Li 元素的物质。

随着 LNCM 前驱体添加量的增加，在高温下锂的挥发越多，与莫来石隔热材料反应越剧烈，莫来石隔热材料侵蚀更严重。

图 15-4-8 为莫来石隔热材料经不同 LNCM 前驱体添加量侵蚀后材料表面的 SEM 图。由图可知，未侵蚀的莫来石隔热材料的显微结构的晶粒为柱状，并且晶粒之间的界限较为明显。经过 LNCM 前驱体侵蚀后出现玻璃相，晶粒间由玻璃相连接。随着 LNCM 前驱体添加量的增加，玻璃相含量随之增加，晶粒逐渐被玻璃相包裹，逐渐表现为莫来石晶粒完全浸没在锂铝硅酸盐玻璃相中，如图 15-4-8（e）所示。

材料随着 LNCM 前驱体添加量的增加，莫来石隔热材料中原有的孔被玻璃相填充，并且孔的形貌由多棱角状逐渐转变为圆状。当侵蚀物的加入量为 3 g 及更高的 4 g 时，莫来石隔热材料表面出现明显裂纹。莫来石的线膨胀系数（20 ~ 1000 ℃）为 5.16×

10^{-6} ℃$^{-1}$，Li_2O-Al_2O_3-SiO_2 系微晶玻璃的线膨胀系数（20～1000 ℃）小于 1.2×10^{-6} ℃$^{-1}$，两者的线膨胀系数不匹配，导致冷却或加热过程中产生裂纹。

图 15-4-8 不同 LNCM 前驱体添加量对莫来石隔热材料侵蚀前后显微结构的影响
（a）未侵蚀；（b）LNCM 前驱体加入量为 1 g；（c）LNCM 前驱体加入量为 2 g；
（d）LNCM 前驱体加入量为 3 g；（e）LNCM 前驱体加入量为 4 g

由此可知，在 LNCM 前驱体高温煅烧过程中，导致莫来石隔热材料开裂、剥落的主要原因为 LNCM 前驱体在煅烧过程中挥发出含 Li 元素气氛，此气氛与莫来石隔热材料反应生成锂铝硅酸盐。由于锂铝硅酸盐在煅烧最高温度时的存在形式为液相，并且与莫来石的热膨胀系数有明显差异，因此在冷却或温度变化过程中，材料会出现开裂。

15.4.2.3 高温蠕变性能

莫来石隔热材料经不同 LNCM 前驱体添加量侵蚀前后材料的蠕变率如图 15-4-9 所示。由图可知，侵蚀后材料的蠕变率明显增大，并且随着 LNCM 前驱体添加量的增加，蠕变率也在增大。以 25 h 的蠕变率为例，未侵蚀材料的蠕变率为-0.061%，LNCM 前驱体的添加量为 2 g、4 g、6 g、8 g 的蠕变率分别为-0.335%、-0.374%、-0.398%、-0.439%。

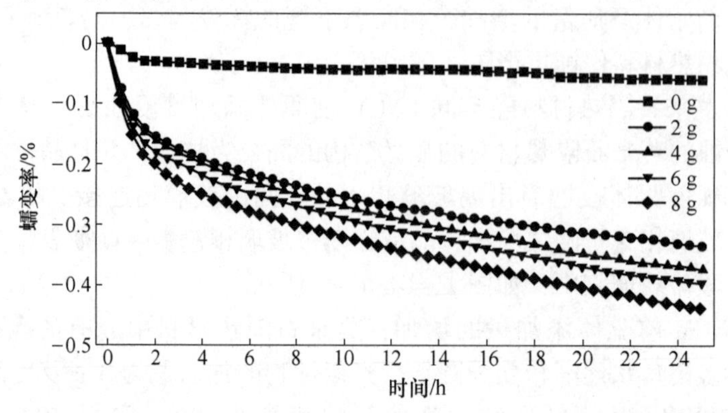

图 15-4-9 不同 LNCM 前驱体添加量对莫来石隔热材料侵蚀前后高温蠕变性能的影响

蠕变率的变化可从材料的SEM图得到解释：材料表面有玻璃相存在，并且玻璃相在高温下对莫来石表现为润湿，在载荷下会导致莫来石晶相在玻璃相中的移动；而莫来石作为莫来石隔热材料的主晶相，莫来石晶相在液相中的移动会进一步导致有玻璃相存在处的致密化，这种致密化便会导致蠕变率的增大，降低材料的高温蠕变性能。因此，随着侵蚀物的加入，材料中玻璃相含量增加，导致了材料蠕变率增大。

15.4.3　不同煅烧温度下LNCM前驱体对莫来石隔热材料的影响

图15-4-10是LNCM前驱体在不同煅烧温度下对莫来石隔热材料宏观表面形貌的影响。从图中可以看出，侵蚀前材料的表面为白色，当温度为1000 ℃时，材料表面颜色并未发生明显的变化；当温度高于1100 ℃时，侵蚀后的材料表面随着煅烧温度的提高由淡黄色变为褐色；温度为1000 ℃和1100 ℃时，莫来石隔热材料表面的孔内可能并未发生侵蚀，或者被侵蚀程度相对较低；温度为1200 ℃时，莫来石隔热材料表面的孔内明显发生了侵蚀；温度为1300 ℃时，材料表面颜色呈深褐色，侵蚀严重。

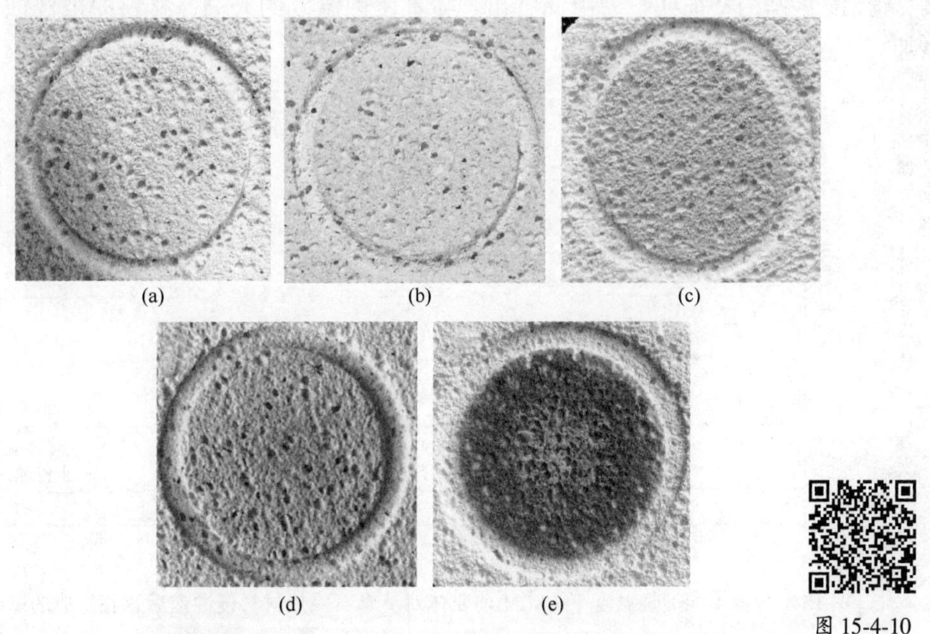

图15-4-10 彩图

图15-4-10　不同煅烧温度下LNCM前驱体对莫来石隔热材料宏观表面形貌的影响
(a) 未侵蚀；(b) 1000 ℃；(c) 1100 ℃；(d) 1200 ℃；(e) 1300 ℃

15.4.3.1　质量变化与Li元素含量

由图15-4-11可知，随着温度的升高，侵蚀后材料的质量变化和表面的Li元素含量也在不断增加。

15.4.3.2　物相组成与显微结构

莫来石隔热材料在不同煅烧温度经LNCM前驱体侵蚀前后材料的表面1 mm厚度材料的XRD结果如图15-4-12所示。从图中可以看出，未侵蚀材料的物相主要由莫来石和刚玉组成，而侵蚀后的材料表面产生了新的物相锂铝硅酸盐，化学式为 $(LiAlSiO_4)_{0.5}$。1000 ℃时，未见明显锂铝硅酸盐的特征峰；1200 ℃时，出现了石英物相并且随着温度的升

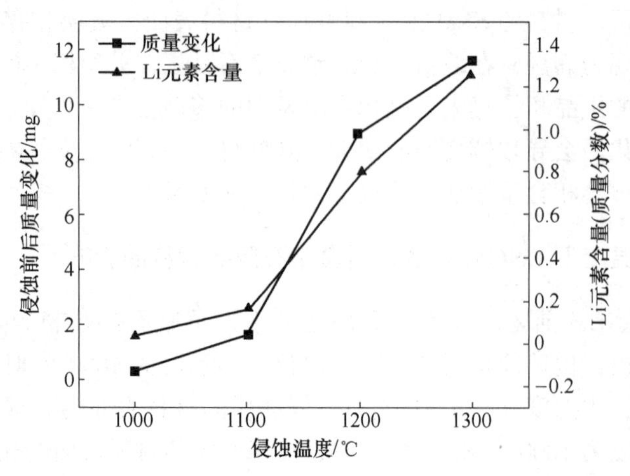

图 15-4-11　不同煅烧温度下 LNCM 前驱体对莫来石隔热材料侵蚀前后质量变化和 Li 元素含量的影响

高，锂铝硅酸盐的特征明显。由此看出，随着侵蚀温度的升高，材料的被侵蚀程度明显增加。

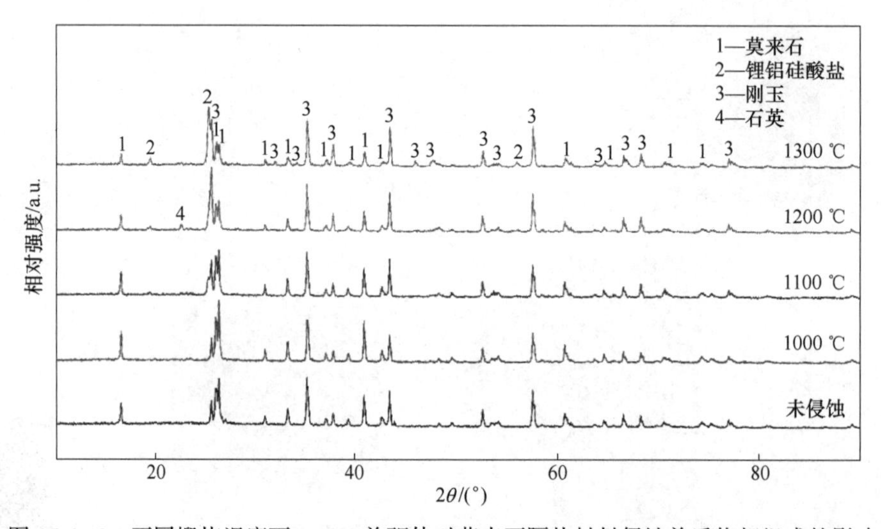

图 15-4-12　不同煅烧温度下 LNCM 前驱体对莫来石隔热材料侵蚀前后物相组成的影响

图 15-4-13 为莫来石隔热材料在不同温度经 LNCM 前驱体侵蚀前后材料表面的 SEM 图。由图可知，未侵蚀莫来石隔热材料的显微结构的晶粒为柱状，并且晶粒之间的界限较为明显。经过 LNCM 前驱体侵蚀后的材料表面出现玻璃相，晶粒之间被玻璃相黏结在一起。随着煅烧温度的升高，玻璃相含量随之增加，晶粒逐渐被玻璃相所包裹，逐渐表现为莫来石晶粒完全浸没在锂铝硅酸盐玻璃相中，如图 15-4-13(d)和(e)所示。

15.4.3.3　蠕变性能

莫来石隔热材料经 LNCM 前驱体在不同煅烧温度侵蚀后材料的蠕变率如图 15-4-14 所示。侵蚀后材料的蠕变率明显增大，并且煅烧温度升高，材料的蠕变率也在增大。以 25 h 的蠕变率为例，未被侵蚀材料的蠕变率为-0.061%，LNCM 前驱体侵蚀温度为 1000 ℃、1100 ℃、1200 ℃、1300 ℃时的蠕变率分别为-0.374%、-0.439%、-0.596%、-0.713%。

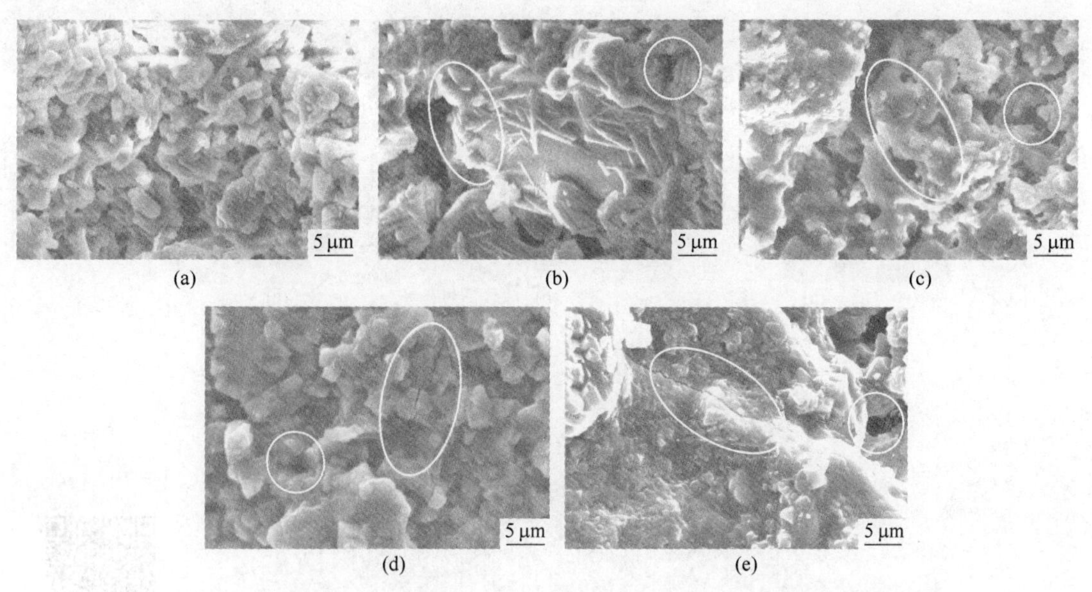

图 15-4-13 不同煅烧温度下 LNCM 前驱体对莫来石隔热材料侵蚀前后显微结构的影响
（a）未侵蚀；（b）1000 ℃；（c）1100 ℃；（d）1200 ℃；（e）1300 ℃

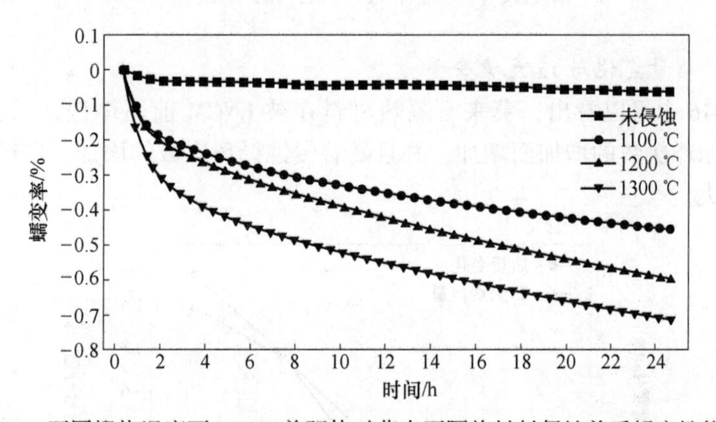

图 15-4-14 不同煅烧温度下 LNCM 前驱体对莫来石隔热材料侵蚀前后蠕变性能的影响

15.4.4 侵蚀循环次数对莫来石隔热材料的影响

图 15-4-15 是不同侵蚀循环次数对莫来石隔热材料表面颜色的影响。

从图 15-4-15 中可以看出，侵蚀前材料的表面为白色，侵蚀后的材料表面随着侵蚀实验重复次数的增加由淡黄色变为橘黄色再减淡；并且实验循环 1 次的材料表面孔中是没有发生颜色变化的，而实验循环 2 次、3 次和 4 次的材料表面孔中的颜色也发生了变化。

由图 15-4-15（b）~（d）可以看出，随着侵蚀循环次数的增加，侵蚀程度随之增加；循环次数为 1 次时，莫来石隔热材料表面的孔内可能并未发生侵蚀，或者侵蚀程度相对较低；当侵蚀实验循环次数为 2 次、3 次、4 次时，莫来石隔热材料表面的孔内明显发生变化；当侵蚀循环次数为 4 次时，可以看出材料表面原本存在的孔由侵蚀前的多棱角状变为被侵蚀后的圆状。

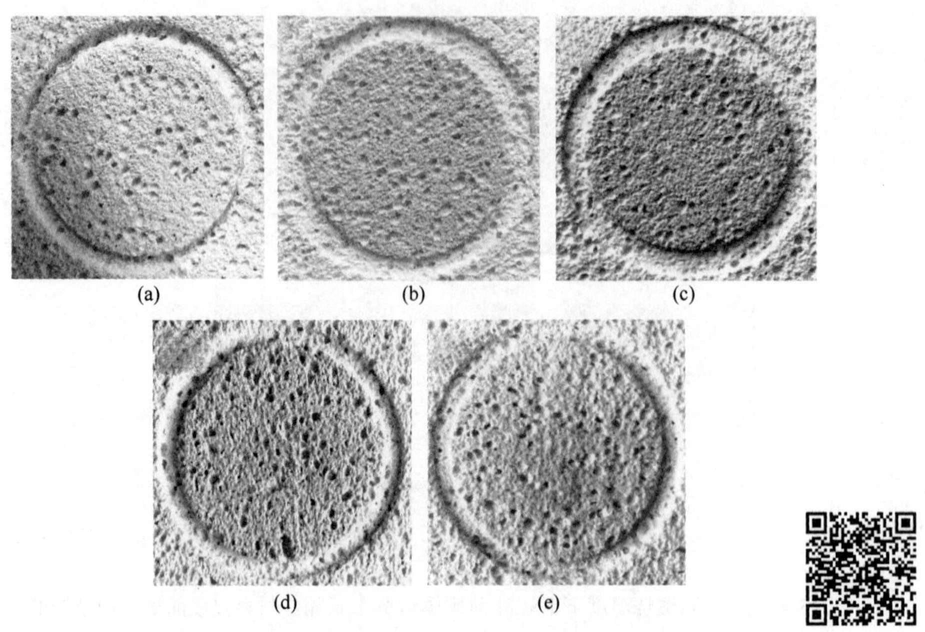

图 15-4-15 不同侵蚀实验循环次数对莫来石隔热材料宏观表面形貌的影响

(a) 未侵蚀；(b) 1 次；(c) 2 次；(d) 3 次；(e) 4 次

图 15-4-15 彩图

15.4.4.1 质量变化与 Li 元素含量

从图 15-4-16 中可以看出，莫来石隔热材料在被 LNCM 前驱体侵蚀后，质量随着侵蚀循环次数的增加而增加，并且随着侵蚀循环次数的增加，侵蚀后材料表面的 Li 元素含量增大。

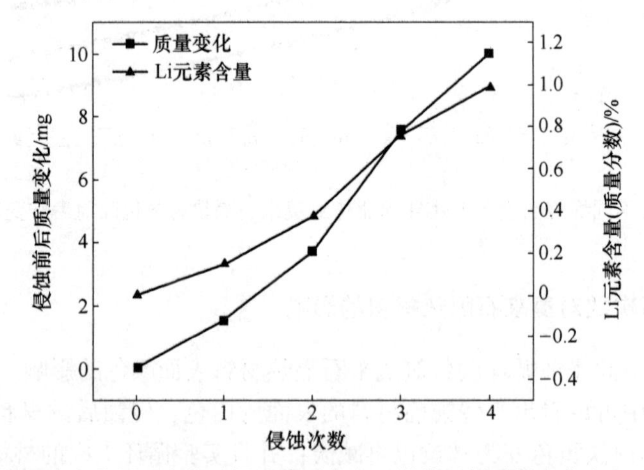

图 15-4-16 不同侵蚀实验循环次数对侵蚀前后莫来石隔热材料质量变化和 Li 元素含量的影响

15.4.4.2 物相组成与显微结构

莫来石隔热材料经 LNCM 前驱体在不同侵蚀循环次数后材料表面 1 mm 厚度内材料的 XRD，如图 15-4-17 所示。从图中可以看出，未侵蚀材料的物相主要由莫来石和刚玉组成，而被侵蚀后的材料表面产生了新的物相锂铝硅酸盐，化学式为 $(LiAlSiO_4)_{0.5}$。随着侵蚀循环次数的增加，新物相锂铝硅酸盐的特征峰明显增加。

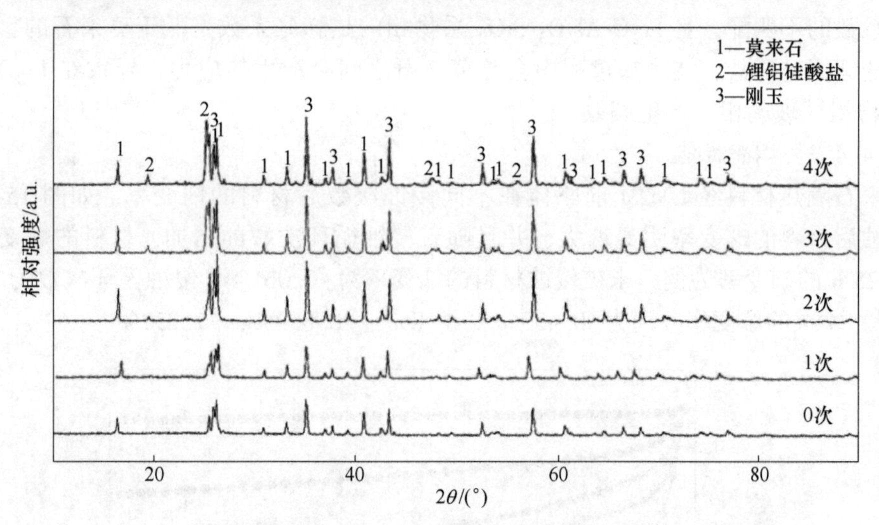

图 15-4-17 不同侵蚀循环次数对侵蚀前后莫来石隔热材料物相组成的影响

图 15-4-18 是莫来石隔热材料经不同侵蚀循环次数后材料表面的 SEM 图，未侵蚀的莫来石隔热材料的显微结构的晶粒为柱状，并且晶粒之间的界限较为明显。经过 LNCM 前驱体侵蚀后的材料表面出现玻璃相，晶粒之间由玻璃相黏结在一起。随着侵蚀循环次数的增加，玻璃相含量随之增加，晶粒逐渐被玻璃相所包裹，逐渐表现为莫来石晶粒完全浸没在锂铝硅酸盐玻璃相中（当侵蚀重复次数为 2 次时，已出现这种现象）。

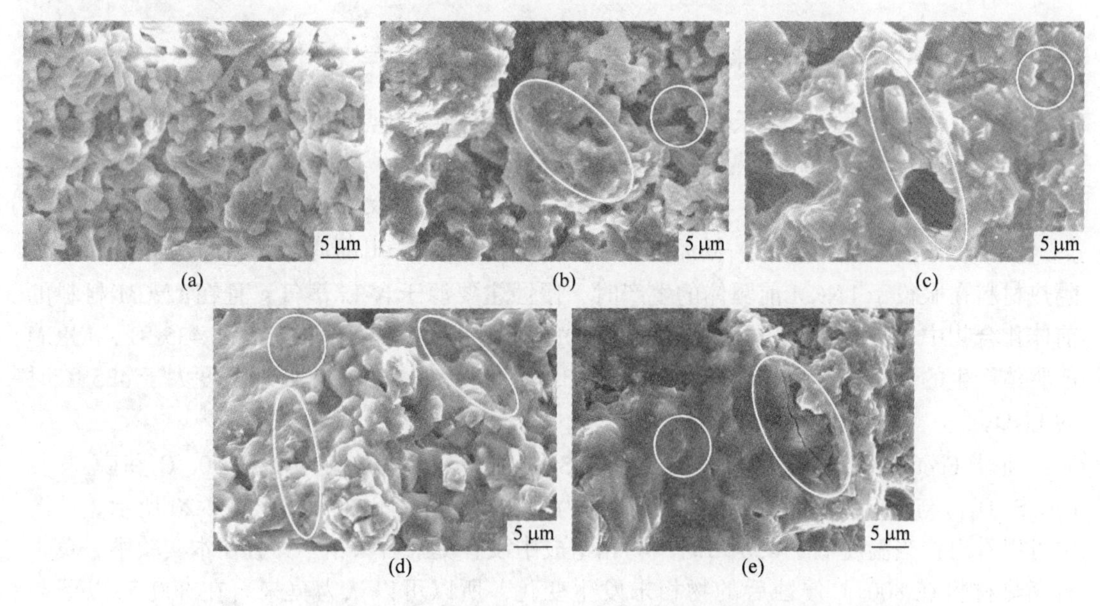

图 15-4-18 不同侵蚀循环次数对侵蚀前后莫来石隔热材料显微结构的影响

（a）未侵蚀；（b）循环次数为 1 次；（c）循环次数为 2 次；（d）循环次数为 3 次；（e）循环次数为 4 次

值得注意的是，出现玻璃相的材料随着侵蚀实验循环次数的增加，莫来石隔热材料中原本存在的孔被玻璃相填充，并且孔的形貌由多棱角状逐渐转变为圆状。当侵蚀实验重复次数为2次以上时，莫来石隔热材料的表面出现了明显的裂纹。如前面所述，由于两者的热膨胀系数的不匹配，且 Li_2O-Al_2O_3-SiO_2 系物相的热膨胀系数是低于莫来石的，在高温下生成的锂铝硅酸盐，在冷却过程中会与莫来石之间会产生热应力，导致在 Li_2O-Al_2O_3-SiO_2 系物相（玻璃相）产生裂纹。

15.4.4.3 蠕变性能

莫来石隔热材料经 LNCM 前驱体在不同侵蚀次数后材料的蠕变率，如图 15-4-19 所示。侵蚀后材料的蠕变率明显增大，并且随着侵蚀循环次数的增加，材料的蠕变率也增大。以 25 h 的蠕变率为例，未被侵蚀材料的蠕变率为-0.061%，侵蚀循环次数为1次、2次、3次、4次的蠕变率分别为-0.439%、-0.8%、-0.899%、-1.252%。

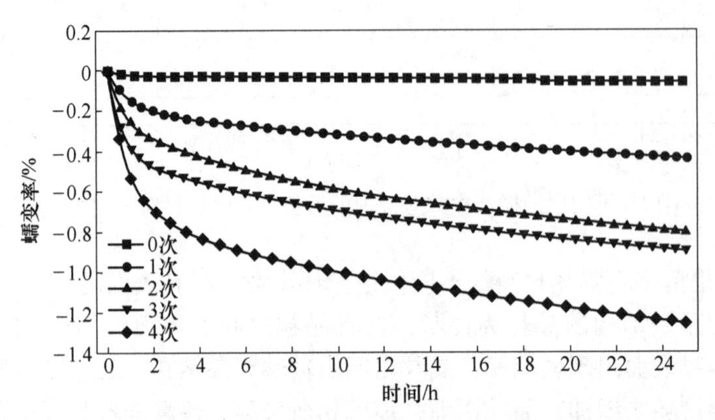

图 15-4-19 不同侵蚀循环次数对侵蚀前后莫来石隔热材料蠕变率的影响

15.4.5 LNCM 前驱体与莫来石隔热材料界面反应热/动力学

通过前面三种不同侵蚀条件下的实验结果，进一步采用热力学、动力学计算等方法探究 LNCM 前驱体与莫来石隔热材料的界面反应机理。

15.4.5.1 LNCM 前驱体与莫来石隔热材料界面反应热力学

LNCM 前驱体由 $Ni_{0.8}Co_{0.1}Mn_{0.1}(OH)_2$ 和 LiOH 组成，由前面物相分析可知，莫来石隔热材料在服役于 LNCM 前驱体的生产时，侵蚀主要源于含 Li 蒸气，且在 LNCM 材料的前体化合物中，只有 LiOH 具有挥发性。LiOH 熔化和分解温度是 411 ℃和 435 ℃，LNCM 前驱体产生的侵蚀气氛在热处理温度小于 435 ℃时为 LiOH，在热处理温度大于 435 ℃时为 Li_2O。

通过 Factsage^{TM} 研究了莫来石（$Al_6Si_2O_{13}$）与 LiOH 在 100～450 ℃和莫来石（$Al_6Si_2O_{13}$）与 Li_2O 在 450～1350 ℃、压强为 1.026 atm 的相图，如图 15-4-20 所示。从图中可以看出，当温度低于 450 ℃时，物相组成中没有莫来石物相，并且在本实验中，莫来石隔热材料在 800 ℃侵蚀后的物相未发生变化，所以可以认为莫来石在 800 ℃以下与 LiOH 不发生反应。

随着焙烧温度的升高，LiOH 发生如下分解反应：

$$2LiOH \longrightarrow Li_2O + H_2O \tag{15-4-1}$$

当温度高于 450 ℃时，莫来石与 Li_2O 的热力学相图如图 15-4-20 所示。当温度大于

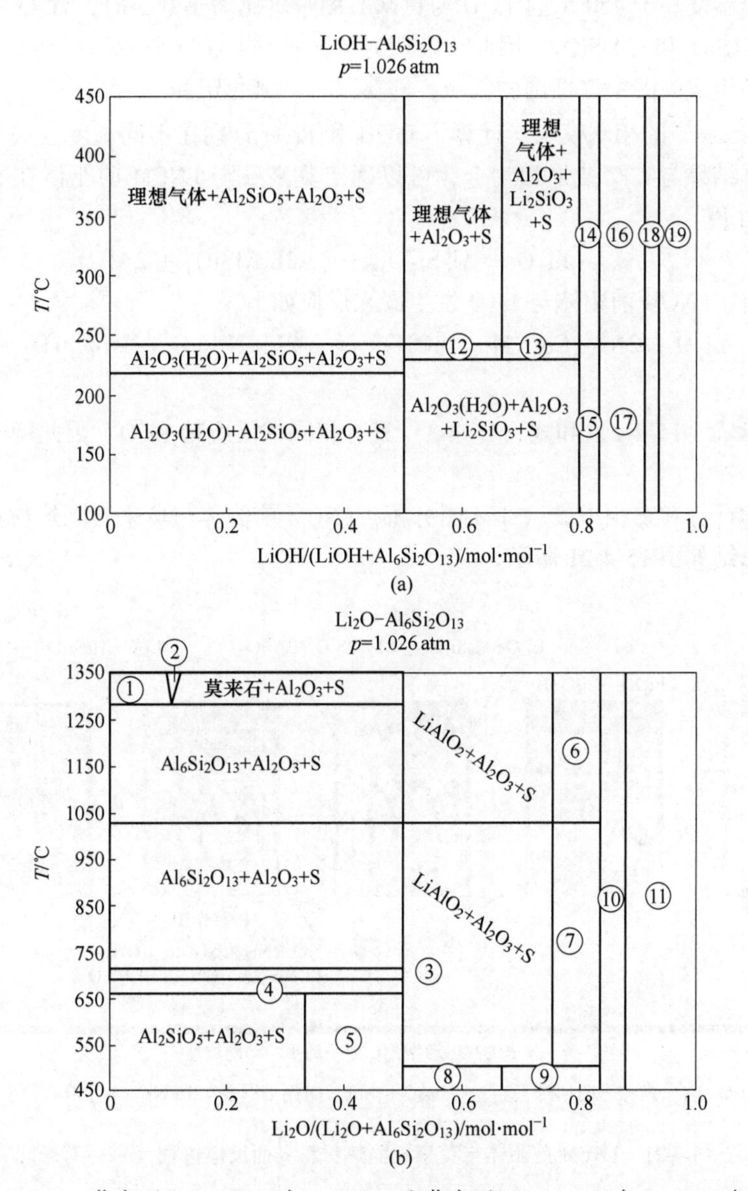

图 15-4-20 莫来石($Al_6Si_2O_{13}$)与 LiOH(a)和莫来石($Al_6Si_2O_{13}$)与 Li_2O(b)相图

S—$Li_2O(Al_2O_3)(SiO_2)_2$；①—莫来石+$Al_6Si_2O_{13}$+S；②—莫来石+S；③—莫来石+Al_2O_3+S；④—Al_2O_3+Al_2SiO_5+S；⑤—Al_2O_3+S；⑥—$LiAlO_2$+Li_2SiO_3+S；⑦—$LiAlO_2$+Li_2SiO_3+S；⑧—Al_2O_3+Li_2SiO_3+S；⑨—Al_2O_3+$LiAlO_2$+Li_2SiO_3；⑩—$LiAlO_2$+Li_2SiO_3+(Li_2O)(SiO_2)；⑪—Li_2O+$LiAlO_2$+(Li_2O)(SiO_2)；⑫—Al_2O_3+Al_2O_3(H_2O)+S；⑬—Al_2O_3+Al_2O_3(H_2O)+Li_2SiO_3+S；⑭—理想气体+Al_2O_3+$LiAlO_2$+Li_2SiO_3；⑮—Al_2O_3+Al_2O_3(H_2O)+$LiAlO_2$+Li_2SiO_3；⑯—理想气体+Al_2O_3+$LiAlO_2$+Li_2SiO_3；⑰—理想气体+Al_2O_3(H_2O)+$LiAlO_2$+Li_2SiO_3；⑱—理想气体+$LiAlO_2$+Li_2SiO_3+(Li_2O)(SiO_2)；⑲—理想气体+LiOH+$LiAlO_2$+(Li_2O)(SiO_2)

图 15-4-20
彩图

680 ℃时，出现莫来石，可以认为此温度为莫来石与 Li_2O 的反应温度。同时，从相图中可以看出，当温度高于 450 ℃且 Li_2O 与莫来石的摩尔比大于 0.5 时，含 Li 物相组成大致为 $LiAlO_2$、Li_2SiO_3 和 $LiAlSiO_4$。因此，在探究莫来石受 LNCM 前驱体侵蚀的焙烧温度的影响中，物相的组成为图中红框内的区域，即莫来石、氧化铝和 $LiAlSiO_4$。

通过 Factsage^{TM} 的相图模块，计算了 LiOH 和 Li_2O 分别在不同温度区间与莫来石的物相组成。计算结果与实验结果相吻合，可以确定莫来石与 LNCM 前驱体在高温焙烧状态下发生反应如下：

$$Li_2O + Al_6Si_2O_{13} \longrightarrow 2LiAlSiO_4 + 2Al_2O_3 \tag{15-4-2}$$

与此同时，LNCM 前驱体与 Li_2O 发生嵌入反应如下：

$$Li_2O + 2Ni_{0.8}Co_{0.1}Mn_{0.1}(OH)_2 \longrightarrow 2Li(Ni_{0.8}Co_{0.1}Mn_{0.1})O_2 + 2H_2O \tag{15-4-3}$$

可以看出式（15-4-2）和式（15-4-3）具有相同的反应物 Li_2O，因此两个反应存在着竞争关系。

经热力学计算和物相组成、SEM 图分析，LNCM 前驱体与莫来石隔热材料界面反应进程大致可以总结如图 15-4-21 所示。

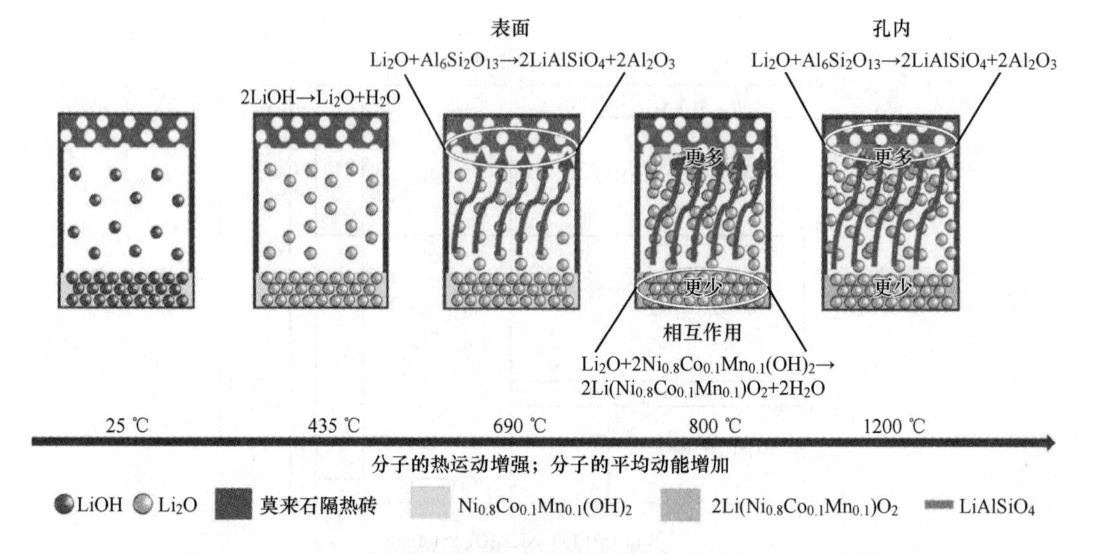

图 15-4-21 LNCM 前驱体与莫来石隔热材料界面反应进程（书后有彩图）

从室温（25 ℃）到 435 ℃，LNCM 前驱体挥发出气氛主要为 LiOH，在此温度范围内 LiOH 与莫来石隔热材料并不会发生反应；随着温度进一步升高到 690 ℃，此时 LiOH 发生分解反应，LNCM 前驱体挥发出气氛主要为 Li_2O，同时 Li_2O 会与莫来石发生反应生成锂铝硅酸盐（式（15-4-2）），由于锂铝硅酸盐在高温时形式为液相，并且与莫来石的热膨胀系数有明显差异，因此在冷却或温度变化过程中，锂铝硅酸盐会出现开裂；当温度升高到 800 ℃时，Li_2O 与镍钴锰氢氧化物发生反应（式（15-4-3）），生成 LNCM 材料；在温度继续升高的过程中，Li_2O 与莫来石的相互反应相较于 Li_2O 与镍钴锰氢氧化物的相互反应占据优势，于是 LNCM 前驱体挥发出的含 Li_2O 气氛对莫来石隔热材料的侵蚀作用加剧。在本研究中，经 3 g LNCM 前驱体侵蚀 1 次，温度为 1200 ℃时，莫来石隔热材料的孔内发生侵蚀反应。

由此可知，侵蚀实验中 LNCM 前驱体的添加量对莫来石隔热材料被侵蚀程度的影响是通过增加在气氛中存在的 Li_2O 含量；温度升高增大反应物浓度，使得反应式（15-4-2）持续向右进行。

15.4.5.2　LNCM 前驱体与莫来石隔热材料界面反应动力学

采用图 15-4-1 和图 15-4-2 的实验装置，测定莫来石隔热材料在不同温度和时间下，经 LNCM 前驱体侵蚀后的质量增加量，结果见表 15-4-4。以时间（单位为 h）为横坐标，以质量增加量（单位为 g/m^2）为纵坐标作图，进行线性拟合后，如图 15-4-22 和表 15-4-4 所示。

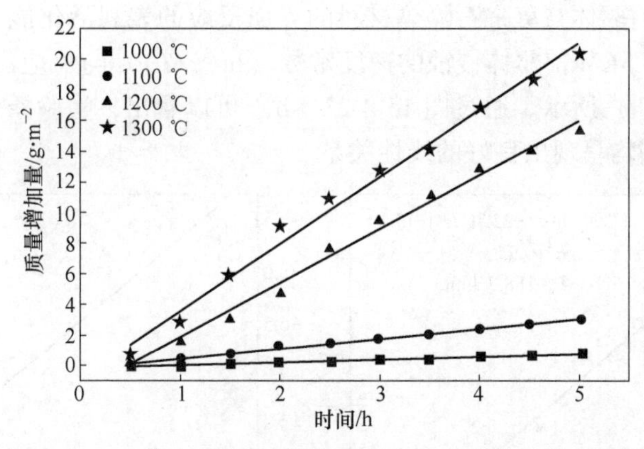

图 15-4-22　莫来石隔热材料被侵蚀后质量变化及拟合曲线

确定 LNCM 前驱体与莫来石隔热材料界面反应在 1000 ℃、1100 ℃、1200 ℃、1300 ℃的反应速率为 0.183 $g/(m^2 \cdot h)$、0.643 $g/(m^2 \cdot h)$、3.555 $g/(m^2 \cdot h)$、4.367 $g/(m^2 \cdot h)$。从图 15-4-22 中可以看出，温度升高加剧了 LNCM 前驱体与莫来石隔热材料的界面反应速度。

表 15-4-4　不同温度和焙烧时间下经 LNCM 前驱体侵蚀后材料的单位面积质量增加量（g/m^2）

时间/h	1000 ℃	1100 ℃	1200 ℃	1300 ℃
0.5	2.533	5.066	15.970	63.001
1.0	9.472	49.894	150.343	294.629
1.5	16.742	78.751	299.806	586.726
2.0	27.095	128.645	473.389	909.111
2.5	32.822	153.648	768.349	1098.774
3.0	38.549	168.517	947.219	1266.631
3.5	48.352	201.779	1109.789	1420.278
4.0	64.763	239.668	1287.338	1682.526
4.5	72.473	260.375	1395.827	1870.869
5.0	87.012	315.556	1525.794	2042.360

由 XRD 及热力学计算分析可知：(1) 发生在 LNCM 前驱体与莫来石轻质材料的界面反应是化学侵蚀，化学反应最初主要发生在其表面；(2) 莫来石隔热材料的孔结构，增

大了含锂气氛与莫来石隔热材料的接触面积；（3）温度的升高增大了气氛中含锂分子的平均分子动能，进而使得含锂分子与莫来石隔热材料的碰撞概率增大；（4）由莫来石隔热材料被侵蚀后材料的SEM图可以看出，在实验温度下LNCM前驱体与莫来石隔热材料反应产物为液相，液相传输也会增大两者的反应速率。

莫来石隔热材料被LNCM前驱体侵蚀的侵蚀速度常数（$\ln k$）与反应温度（$1/T$）之间的关系如图15-4-23（a）所示。由图15-4-23（a）可以看出，实验条件下$\ln k$与$1/T$之间均呈现出良好的线性关系。

根据阿伦尼乌斯（Arrhenius）方程：

$$\ln k = \ln A - E_a/RT \tag{15-4-4}$$

可计算得出LNCM前驱体与莫来石隔热材料的界面反应的表观活化能E_a为188.7 J/mol。莫来石隔热材料抗LNCM前驱体侵蚀的速度常数（$\ln(k/T)$）与反应温度（$1/T$）之间的关系如图15-4-23（b）所示。通过图15-4-23（b）可以看出，实验条件下$\ln(k/T)$与反应温度（$1/T$）之间均呈现出良好的线性关系。

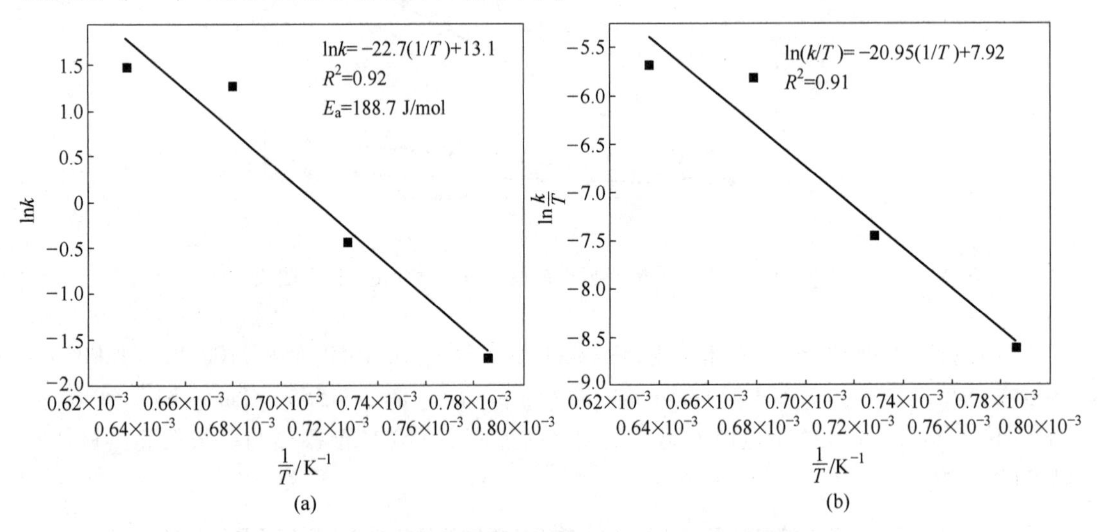

图15-4-23　莫来石隔热材料被LNCM前驱体侵蚀的侵蚀速度常数与反应温度之间的关系

（a）$\ln k$-$\frac{1}{T}$；（b）$\ln\frac{k}{T}$-$\frac{1}{T}$

根据艾琳（Eyring）方程式：

$$\ln\frac{k}{T} = -\frac{\Delta H}{R}\times\frac{1}{T} + \ln\frac{k_B}{h} + \frac{\Delta S}{R} \tag{15-4-5}$$

可计算得出莫来石隔热材料被LNCM前驱体侵蚀的反应焓为174.18 J/mol，反应熵为−131.61 J/mol。

15.5　莫来石多孔隔热耐火材料抗CO侵蚀

15.5.1　实验过程

莫来石多孔隔热耐火材料抗CO侵蚀实验如图15-5-1所示，将样块置于如图15-5-1所示的装置中，在不同温度下保温。

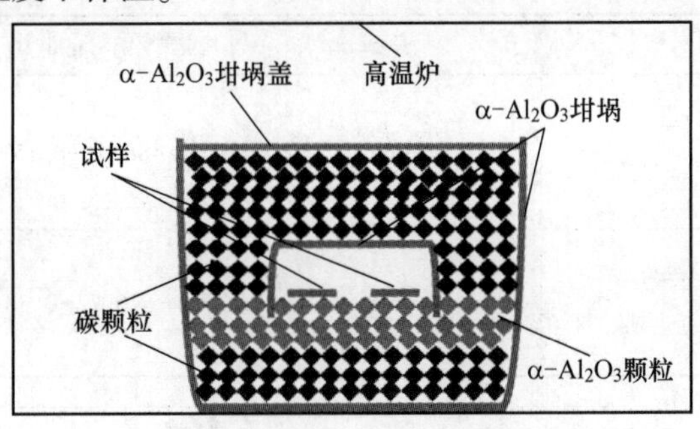

图 15-5-1　高温 CO 处理装置示意图

15.5.2　莫来石高温 CO 气氛下的组成和结构演变

表 15-5-1 是莫来石在高温 CO 气氛下体系中可能发生的主要化学反应，根据平衡状态时反应的标准吉布斯自由能变化和平衡常数之间的关系，得到了不同温度下各主要气体分压之间的函数关系。在本实验装置的气氛即埋碳气氛条件下，可认为气氛由 35% CO 和 65% N_2 组成（埋碳气氛），则 CO 气体的分压为 0.35 atm❶。1100 ℃、1200 ℃、1300 ℃和 1400 ℃条件下，体系中的氧分压分别为 $10^{-18.6}$ atm、10^{-18} atm、$10^{-17.5}$ atm、$10^{-17.1}$ atm，图 15-5-2 是莫来石在不同环境温度下于 CO 气氛中的优势区图。由图 15-5-2 可以看出，CO 气氛中，环境温度为1100 ℃、1200 ℃、1300 ℃和 1400 ℃时，莫来石可以稳定存在；但随着温度的增加，莫来石保持稳定所需要氧气分压上升，莫来石稳定存在区域的面积减小。不同环境温度下体系中的氧分压均位于莫来石稳定存在的区域，即 CO 气体分压为 0.35 atm，环境温度为1100 ℃、1200 ℃、1300 ℃和 1400 ℃时，体系中的氧分压均能够满足莫来石稳定存在的需要。

表 15-5-1　反应(1)~(6)的平衡常数和标准吉布斯自由能变化

序号	反应式	K	$\Delta G^{\ominus}$/kJ·mol^{-1}	方程式
(1)	$2C(s)+O_2(g)=2CO(g)$	$\frac{(p_{CO})^2}{p_{O_2}}$	$\Delta G_1^{\ominus}=-213.68-0.182T$	$\lg p_{O_2}=2\lg p_{CO}-\frac{11176}{T}-9.52$
(2)	$C(s)+O_2(g)=CO_2(g)$	$\frac{p_{CO_2}}{p_{O_2}}$	$\Delta G_2^{\ominus}=-395.35-0.0006T$	$\lg p_{O_2}=\lg p_{CO_2}-\frac{20656}{T}-0.031$
(3)	$2CO(g)=CO_2(g)+C(s)$	$\frac{p_{CO_2}}{(p_{CO})^2}$	$\Delta G_3^{\ominus}=-175.55+0.178T$	$\lg p_{CO_2}=2\lg p_{CO}+\frac{9172}{T}-9.3$
(4)	$3Al_2O_3\cdot 2SiO_2(s)+2CO(g)=3Al_2O_3(s)+2SiO(g)+2CO_2(g)$	$\frac{(p_{CO_2})^2\cdot(p_{SiO})^2}{(p_{CO})^2}$	$\Delta G_4^{\ominus}=1030.04-0.335T$	$\lg p_{SiO}=\lg p_{CO}-\lg p_{CO_2}-\frac{26908}{T}+8.75$

❶　1 atm = 101325 Pa。

续表 15-5-1

序号	反应式	K	$\Delta G^{\ominus}$/kJ · mol^{-1}	方程式
(5)	$SiO_2(s)+CO(g)=SiO(g)+CO_2(g)$	$\dfrac{p_{CO_2}\cdot p_{SiO}}{p_{CO}}$	$\Delta G_5^{\ominus}=488.91-0.159T$	$\lg p_{CO}=\lg p_{CO_2}+\lg p_{SiO}+\dfrac{25544}{T}-8.31$
(6)	$SiO(g)+CO(g)=SiO_2(s)+C(s)$	$\dfrac{1}{p_{SiO}\cdot p_{CO}}$	$\Delta G_6^{\ominus}=-676.72+0.331T$	$\lg p_{SiO}=-\lg p_{CO}-\dfrac{35356}{T}+17.29$

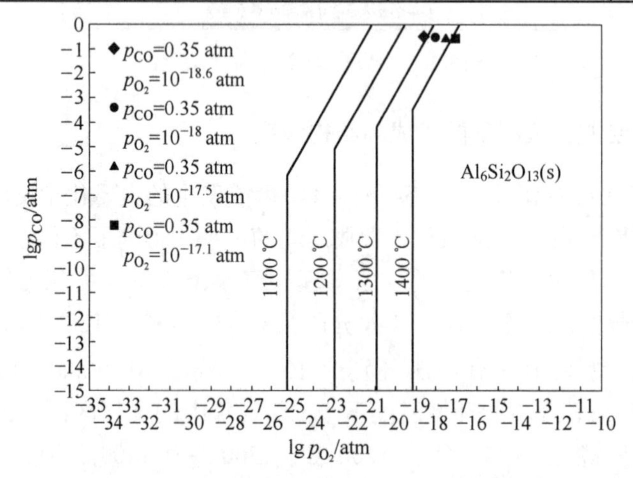

图 15-5-2 不同温度下 Al-Si-C-O 体系的优势区图

图 15-5-3 是在 CO 气氛下 1000～1600 ℃热处理前后莫来石块体试样表面的物相组成。经检测莫来石多孔隔热耐火试样的表面基本由莫来石组成，在 1000 ℃和 1200 ℃热处理后试样表面的物相组成未出现改变。当热处理的温度达到 1400 ℃，刚玉开始出现。当处理温度达到 1600 ℃时，与莫来石相关的峰完全消失，仅剩下刚玉相。由热力学计算的结果可知，当热处理温度为 1400 ℃时，在本研究的气氛中，莫来石是能够稳定存在的。

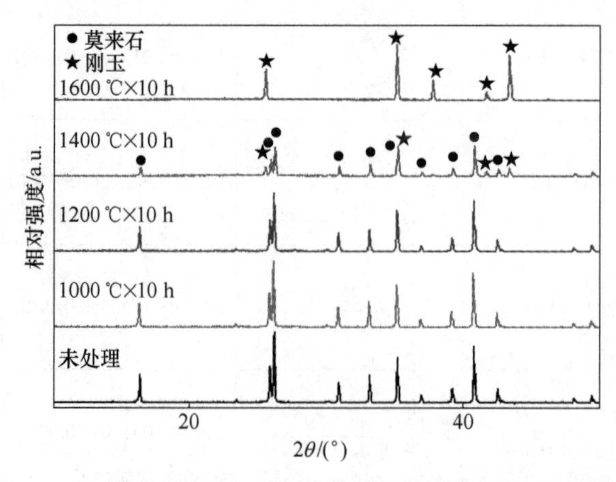

图 15-5-3 莫来石高温 CO 气氛热处理前后表面的 XRD 谱图

图 15-5-4 为莫来石样品在高温 CO 气氛热处理前后的显微结构。由图 15-5-4（a）可

知，制得的莫来石块体试样的莫来石晶界处存在玻璃相。图 15-5-4（b）和（c）为 1000 ℃和 1200 ℃温度下 CO 气氛侵蚀后试样的微观结构，与图 15-5-4（a）未侵蚀的莫来石试样表面的微观结构进行对比，由于经过 1000 ℃和 1200 ℃高温 CO 气氛侵蚀后莫来石晶粒保持了其原有的组成和微结构，因而材料表面的结构相似，这与热力学计算的结果相符合（即在埋碳气氛中，当环境温度为 1000 ℃和 1200 ℃时，莫来石能够稳定存在）。与图 15-5-4（a）相比，经过 1000 ℃和 1200 ℃高温 CO 气氛侵蚀后试样的晶界处存在差异，这可能是晶界处的 SiO_2 受到 CO 的侵蚀所致，见式（15-5-1）。分析认为，这可能是由于活化能的不同造成晶界处的玻璃相比莫来石更易受到 CO 气体的侵蚀。

$$SiO_2(s) + CO(g) \longrightarrow SiO(g) + CO_2(g) \tag{15-5-1}$$

1400 ℃处理后试样表面的组成和结构发生了显著的变化，试样的表面变得不均匀。图 15-5-4（d）中 A、B、C 区域的 EDS 分析结果表明，A 区域中 Al 与 O 的比值为 2∶3，未检测到其他元素，结合物相组成表明 A 区域为 $\alpha\text{-}Al_2O_3$。图 15-5-4（d）中 $\alpha\text{-}Al_2O_3$晶粒尺寸超过 30 μm，刚玉晶粒周围的玻璃相 B 区域含有 SiO_2、Al_2O_3、Na_2O、MgO、K_2O 和 CaO，可以认为，刚玉晶粒是由铝硅酸盐玻璃相中析晶形成。C 区域晶粒的 EDS 分析表明，玻璃相分散存在残留的莫来石晶粒。当处理温度升高到 1600 ℃时，CO 与液相中 SiO_2 的反应加快，该温度下热处理后试样的表面基本由刚玉和少量的玻璃相组成，与物相检测结果一致。将 1400 ℃下保温时间缩短至 1 h，试样表面微结构如图 15-5-4（f）所示。莫来石晶粒之间的玻璃相区增厚，表明侵蚀最初发生在由玻璃相构成的晶界处，晶界处玻璃相中 SiO_2 被 CO 消耗后导致杂质成分的富集，促进了液相的产生，液相进一步侵蚀莫来石晶粒。

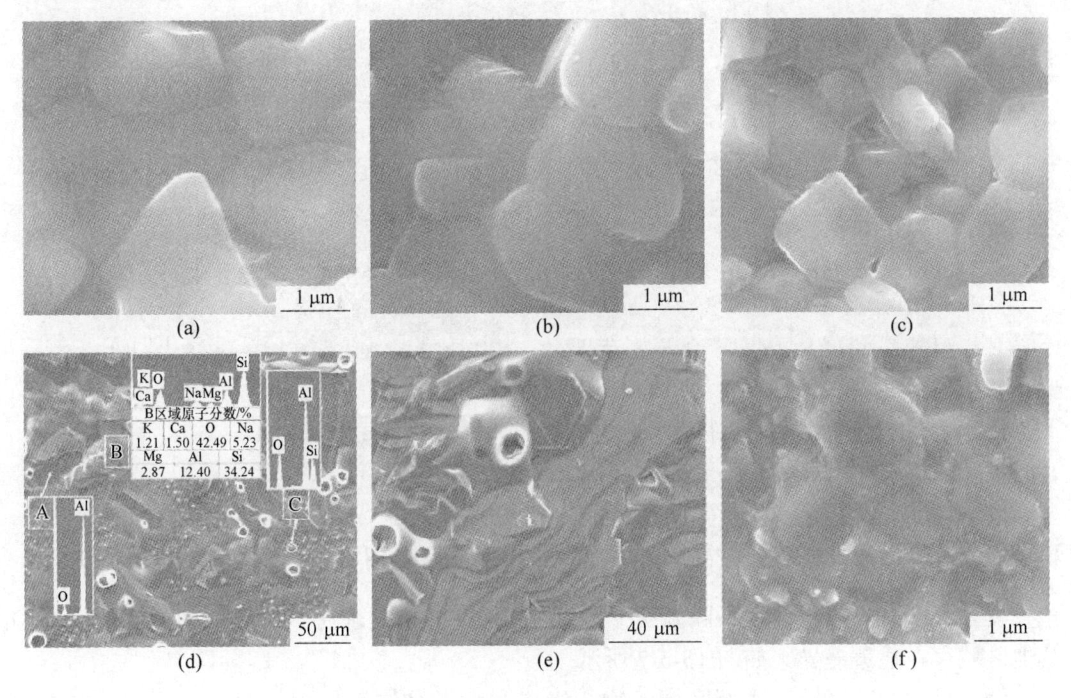

图 15-5-4　莫来石试样表面的显微结构

（a）未处理；（b）1000 ℃ × 10 h；（c）1200 ℃ × 10 h；（d）1400 ℃ × 10 h；（e）1600 ℃ × 10 h；（f）1400 ℃ × 1 h

图 15-5-5 为上述莫来石多孔隔热耐火材料在高温下受到 CO 气体侵蚀在不同阶段的示意图。

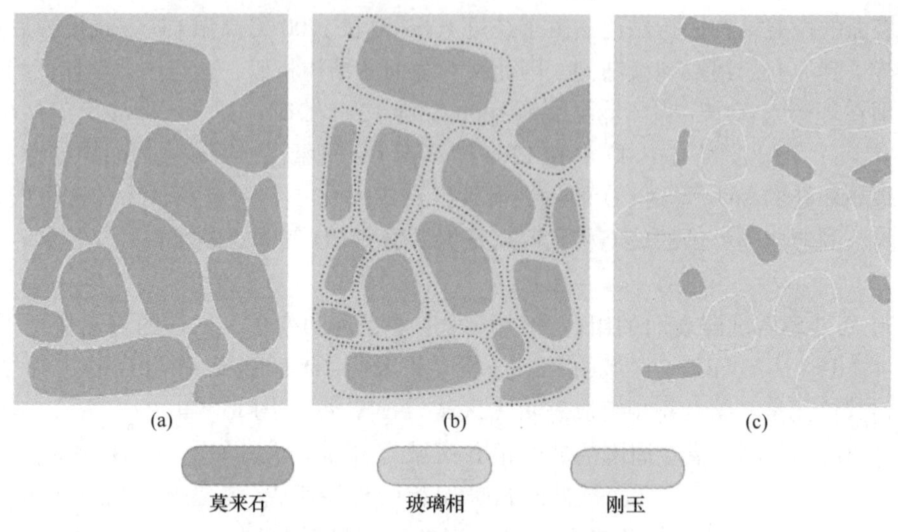

图 15-5-5　不同侵蚀阶段的示意图

图 15-5-6 为 1400 ℃和 1600 ℃处理后侵蚀试样横切面的显微结构。1600 ℃热处理试样中的孔洞相较于 1400 ℃下处理的明显增大。CO 气体进入试样中与 SiO_2 反应形成 SiO 和内部孔洞，SiO 向外部的扩散导致表面孔洞的形成。

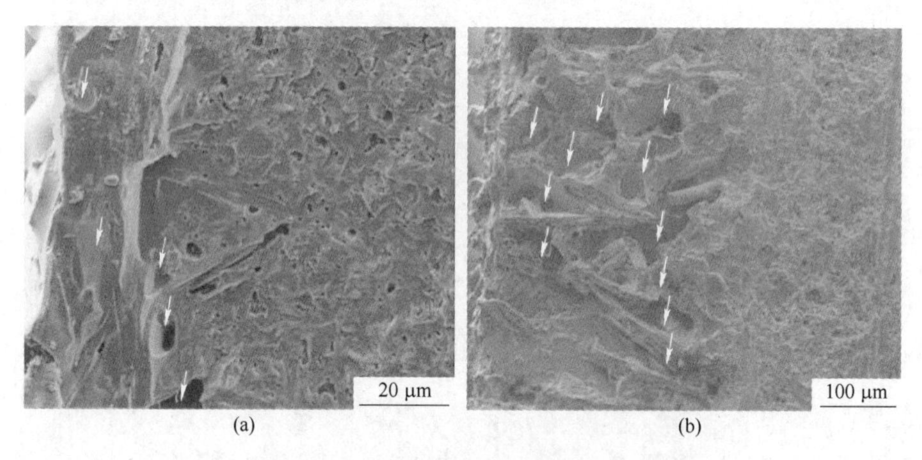

图 15-5-6　侵蚀后试样横切面的显微结构

(a) 1400 ℃；(b) 1600 ℃

15.5.3　莫来石多孔隔热材料高温 CO 气氛下的组成与结构演变

莫来石多孔隔热材料在不同温度下经过高温 CO 气氛处理后，材料侵蚀的底部区域与其他区域存在显著差异，如图 15-5-7 所示。

侵蚀材料中部区域和底部区域的物相组成和显微结构，分别如图 15-5-8 ~ 图 15-5-11 所示。

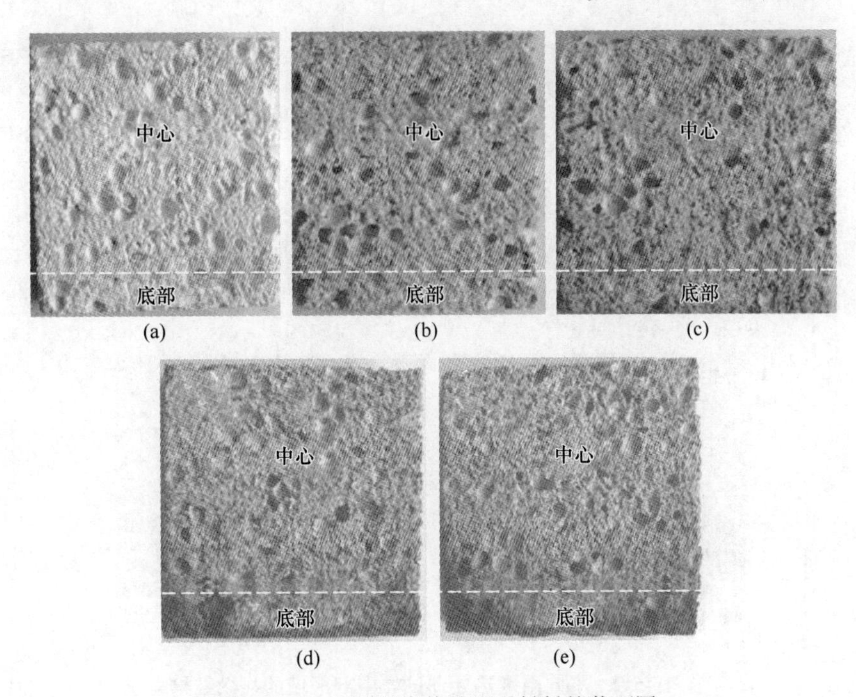

图 15-5-7　不同温度热处理后材料的截面图

（a）未处理；（b）1100 ℃；（c）1200 ℃；（d）1300 ℃；（e）1400 ℃

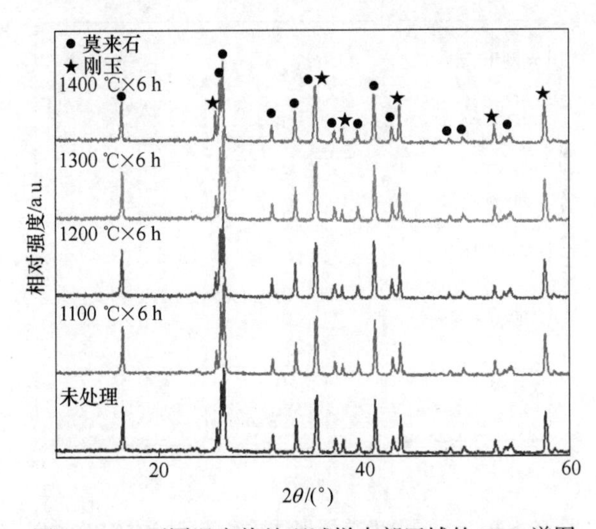

图 15-5-8　不同温度热处理试样中部区域的 XRD 谱图

图 15-5-8 和图 15-5-9 中，高温 CO 气氛下的热处理对试样中部区域的物相组成基本没有影响，不同热处理温度下试样的中心区域主要成分为莫来石和刚玉。不同温度处理后试样中心区域也表现出相似的结构，莫来石晶粒形成的网状结构被包裹在玻璃相中。对于底部区域（见图 15-5-10），当热处理温度为 1100 ℃时，与未经处理的试样相比，物相组成的变化不大。当温度升至 1200 ℃试样莫来石的 XRD 衍射峰值开始发生变化；当热处理温度达到 1300 ℃和 1400 ℃时，莫来石的峰值强度显著降低，莫来石含量明显降低，被严重地侵蚀。

图 15-5-9　不同温度热处理试样中部区域的显微结构

（a）未处理；（b）1100 ℃ × 6 h；（c）1200 ℃ × 6 h；（d）1300 ℃ × 6 h；（e）1400 ℃ × 6 h

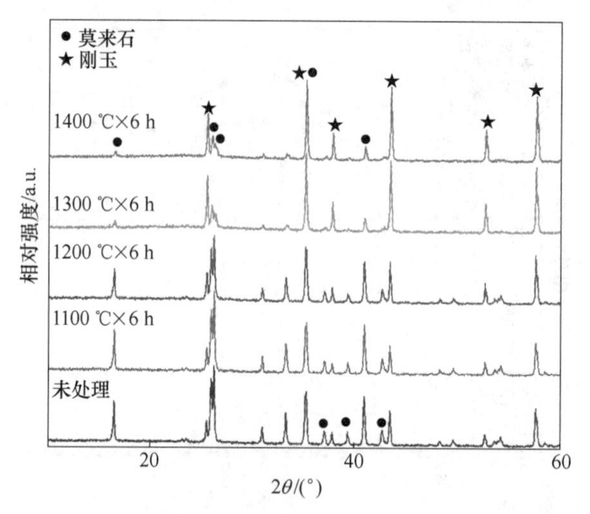

图 15-5-10　不同温度热处理试样底部区域的 XRD 谱图

经过 1200 ℃、1300 ℃和 1400 ℃侵蚀后试样底部的显微结构，如图 15-5-11 所示。经过 1200 ℃高温 CO 气氛热处理后，试样底部大部分区域的结构仍为莫来石晶粒形成网状结构同时被玻璃相包裹，但在局部区域形成了刚玉晶粒，通过能谱分析发现，刚玉晶粒附近的玻璃相中存在 Na 元素。经过 1300 ℃热处理后，试样中的大部分区域形成了刚玉相、莫来石相和玻璃相同时存在，与 1200 ℃处理样品相似的是，在刚玉晶粒附近的区域检测到一定的 Na 元素。经过 1400 ℃处理的试样中基本由刚玉相和玻璃相组成，能谱分析的结果表明，玻璃相中除 Na 元素外，还检测到杂质元素 Fe、Ca、Mg 和 K，这可能是由于在

1400 ℃下，玻璃相中的 SiO_2 被大量消耗导致。

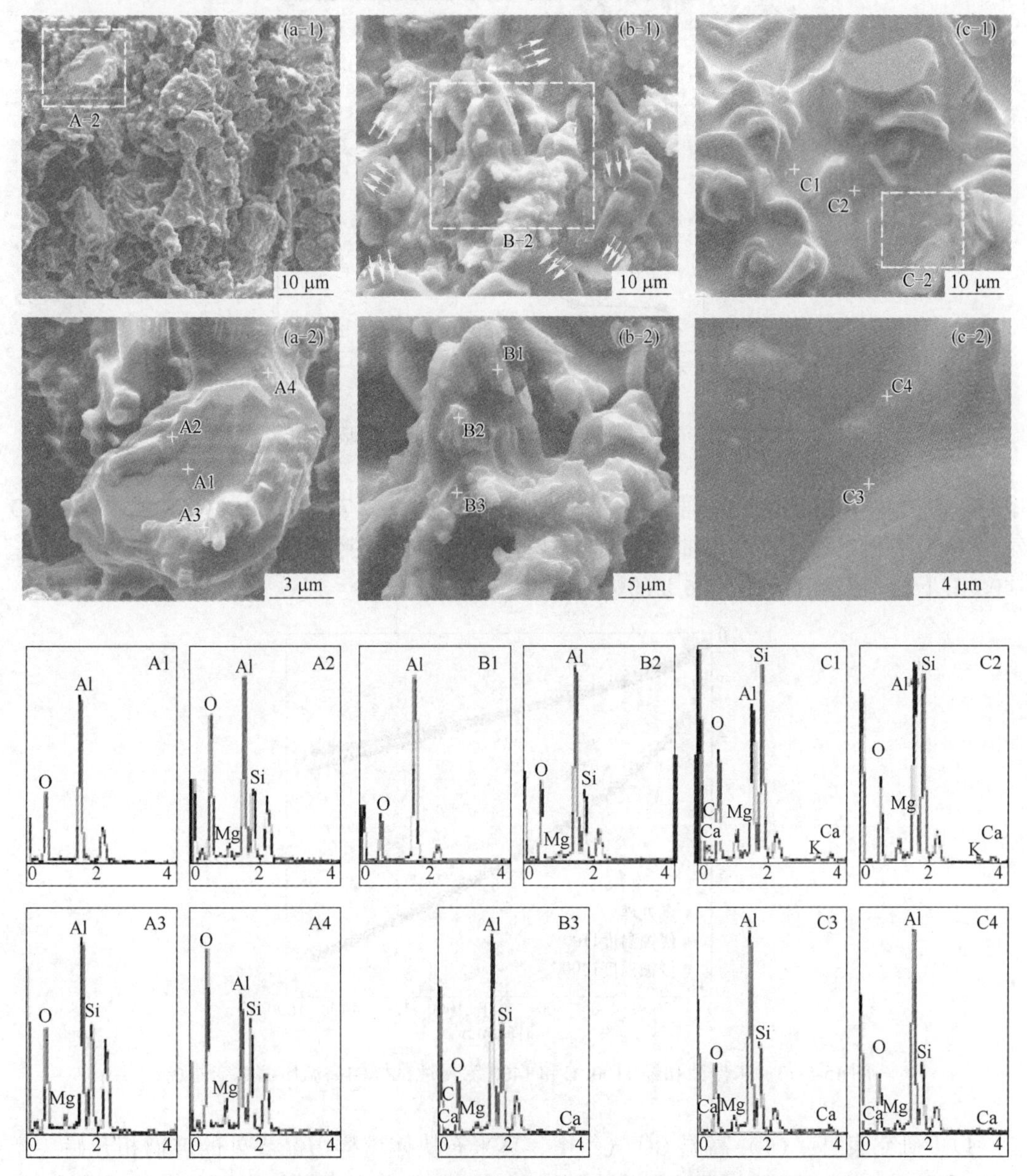

图 15-5-11 不同温度热处理试样底部区域的显微结构

（a-1）（a-2）1200 ℃ × 6 h；（b-1）（b-2）1300 ℃ × 6 h；（c-1）（c-2）1400 ℃ × 6 h

采用氢氟酸腐蚀检测不同侵蚀温度下试样底部区域玻璃相含量，如图 15-5-12 所示。未处理的试样中玻璃相的含量（质量分数，下同）为 7.47%，在温度达到 1200 ℃之前，含量变化不大。当测试温度升高到 1300 ℃时，玻璃相含量由 10.32%增加到 20.39%。1400 ℃处理的试样中玻璃相的含量达到 21.36%。

图 15-5-13 为未侵蚀试样与 1100 ℃、1400 ℃侵蚀试样的蠕变率与蠕变时间的关系。三种试样均未出现蠕变变形的第二阶段，即稳态蠕变。不同时间 1100 ℃侵蚀试样的蠕变

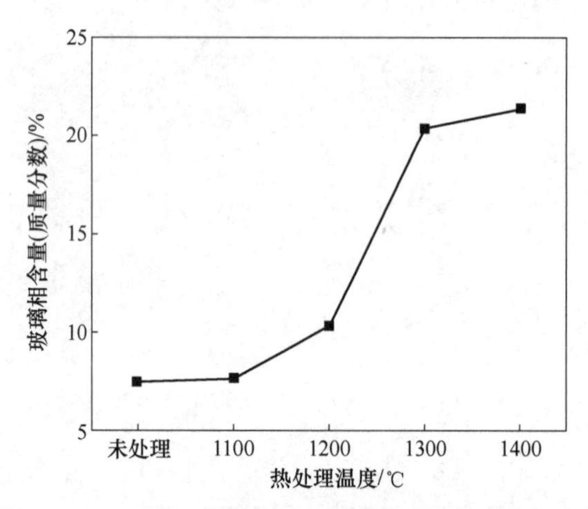

图 15-5-12　不同温度热处理试样底部区域的玻璃相含量

率与未侵蚀试样的蠕变率基本相同，最大蠕变率分别为-2.74%和-2.47%。试样经过 CO 气氛 1400 ℃侵蚀后，蠕变率曲线出现了显著的差异，蠕变变形明显高于另外两个样品。1400 ℃下 CO 侵蚀后试样在 25 h 的蠕变率为-6.70%。

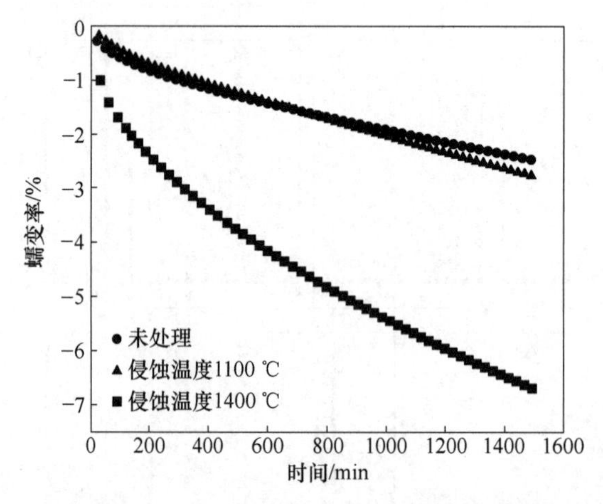

图 15-5-13　未侵蚀和经 1100 ℃和 1400 ℃侵蚀试样的高温压缩蠕变曲线

以上研究表明：(1) 高温 CO 气氛下，莫来石块体试样由晶界处的玻璃相开始，经 1400 ℃和 1600 ℃处理后，侵蚀产物为刚玉和玻璃相，并在试样的表面和内部形成孔洞；(2) CO 气氛下莫来石轻质砖的侵蚀在 1200 ℃时开始，在 1400 ℃热处理后试样底部区域的玻璃相含量为 21.36%，导致高温压缩蠕变明显加速。

15.6　CA_6多孔隔热耐火材料抗 Li_2O 侵蚀

第 10 章中讲述了 CA_6是一种新型、具有前景的碱性耐火材料，本节主要阐述 CA_6 (六铝酸钙)、氧化铝空心球砖和莫来石多孔隔热耐火材料的抗 Li_2O 侵蚀性，表征了三种隔热耐火材料在侵蚀前后的相组成和微观结构。

15.6.1　实验设计及过程

氧化铝空心球、莫来石和CA_6隔热耐火材料由中国宜兴摩根热陶瓷有限公司提供，三种隔热耐火材料的化学成分和产品性能分别列于表15-6-1和表15-6-2。LNCM前驱体混合物粉末是由市售的$Ni_{0.8}Co_{0.1}Mn_{0.1}(OH)_2$（由中国海安志川电池材料科技有限公司提供，纯度(质量分数)≥99.0%）和$LiOH \cdot H_2O$（上海阿拉丁生化科技有限公司，无水，纯度(质量分数)≥99.0%)粉末按1：1.05的摩尔比混合制备而成。

表15-6-1　三种隔热耐火材料的化学组成

化学组成（质量分数）/%	Al_2O_3空心球	莫来石	CA_6
Al_2O_3	98.13	73.41	90.55
SiO_2	0.92	23.69	0.240
CaO	0.157	0.151	8.33
Na_2O	0.584	0.324	0.398
K_2O	0.07	0.516	—
Fe_2O_3	0.04	0.442	0.05
TiO_2	0.03	0.229	0.01
MgO	—	0.043	0.077
ZrO_2	—	0.307	—

表15-6-2　三种隔热耐火砖的性能

性　能		Al_2O_3空心球	莫来石	CA_6
体积密度/$g \cdot cm^{-3}$		1.45	0.97	0.97
冷压强度/MPa		10	3.5	3.5
冷断裂模量/MPa		3.5	2.0	2.0
加热永久性线性变化率（1570 ℃×12 h）/%		-0.2	-0.3	-0.21
导热系数（不同测试温度情况）/$W \cdot (m \cdot K)^{-1}$	400 ℃	0.75	0.35	0.23
	800 ℃	0.90	0.39	0.27

（1）隔热耐火材料粉体与LNCM相互作用试样的制备。所有隔热耐火材料首先被粉碎并过筛（100目），以准确分析隔热耐火材料粉体和LNCM材料之间的侵蚀反应。将隔热耐火材料粉末和LNCM前驱体混合物粉末按1：1的质量比混合，并放入聚氨酯球磨罐中。在罐子中加入锆球（直径4~6 mm），球：粉的质量比为2：1，密封罐子并以300 r/min的速度球磨4 h。随后，将质量分数6%的聚乙烯醇（PVA，浓度8%）加入到混合粉中并充分搅拌。混合物在50 MPa的压力下被单轴压制成圆柱体（直径为25 mm，高为8 mm，质量为15 g）。将得到的圆柱形试样放入炉子里，在950 ℃下热处理10 h。其工艺流程如图15-6-1（a）所示。

（2）隔热耐火材料制品侵蚀试验样品的制备。在样品砖上切下一个边长为50 mm的立方体隔热耐火材料（工业隔热耐火砖），在样品的一个表面的中心钻一个直径为

22 mm、深度为 25 mm 的孔。此外，为每个样品切割一个 50 mm×50 mm×6 mm 的盖子。然后，对氧化铝空心球、莫来石和 CA_6 隔热耐火材料进行了侵蚀试验。将大约 8 g LNCM 前驱体混合物粉末放入不同的立方体中并用盖子覆盖。此后，将含有 LNCM 混合粉末的隔热耐火材料立方体置于马弗炉中在空气气氛下于 950 ℃热处理 10 h，然后自然冷却。上述侵蚀试验重复 10 次。侵蚀试验后，对切割立方体后样砖的纵向截面外观进行检查，分析底部形态并测量反应层的厚度。其工艺流程如图 15-6-1（b）所示。

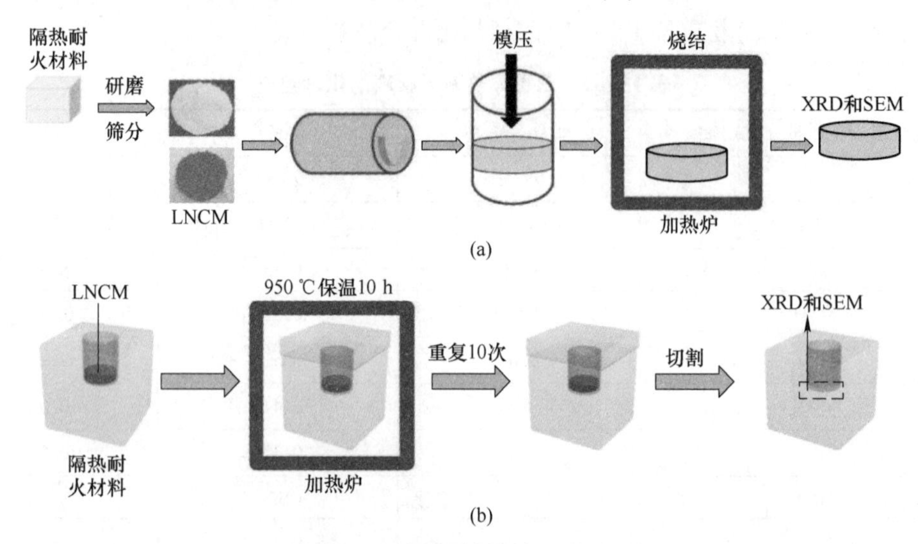

图 15-6-1　侵蚀试样制备工艺流程

（a）隔热耐火材料粉体与 LNCM 相互作用试样的制备；（b）隔热耐火材料制品侵蚀试样的制备

15.6.2　三种隔热耐火材料侵蚀前的性能分析

三种隔热耐火材料的物相组成如图 15-6-2 所示，Al_2O_3 空心球的物相组成为 α-Al_2O_3，莫来石多孔隔热耐火材料的物相为莫来石和 α-Al_2O_3。CA_6 样品的主要物相为 $CaAl_{12}O_{19}$，并观察到少量的 α-Al_2O_3。

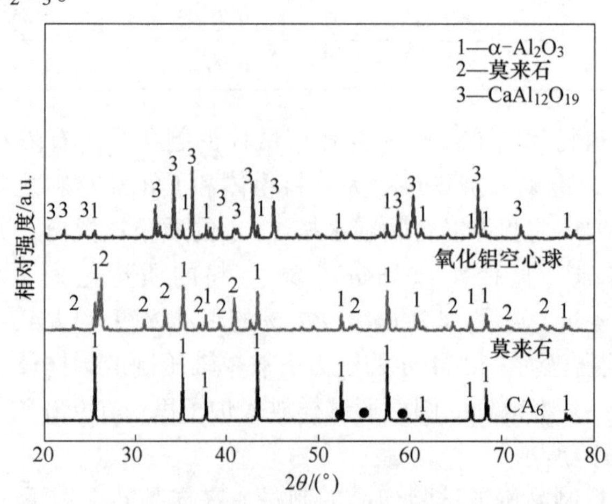

图 15-6-2　三种隔热耐火材料的 XRD 谱图

图 15-6-3 为三种隔热耐火材料的 SEM 图。氧化铝空心球样品的晶粒大小分布比较均匀，晶粒之间存在一定的孔隙，并形成不同大小的孔隙；莫来石样品的微观结构显示出类似的组成和结构，晶粒是柱状的，而且晶粒之间形成了封闭的网络结构。CA_6 样品的整体形态相似，大部分是板状晶体，板状晶粒的堆积形成了稳定开孔结构。

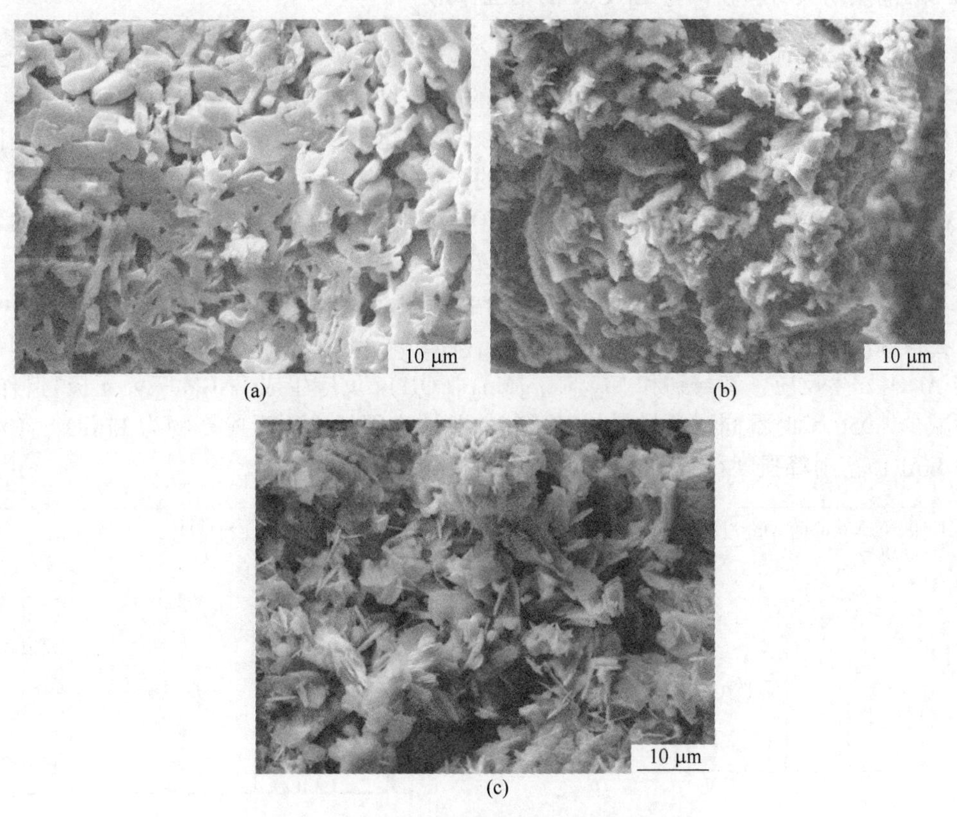

图 15-6-3　三种隔热耐火材料的 SEM 图

（a）氧化铝空心球；（b）莫来石；（c）CA_6 样品

图 15-6-4 为三种隔热耐火材料的孔径分布。氧化铝空心球样品的孔径从 2～200 μm 不

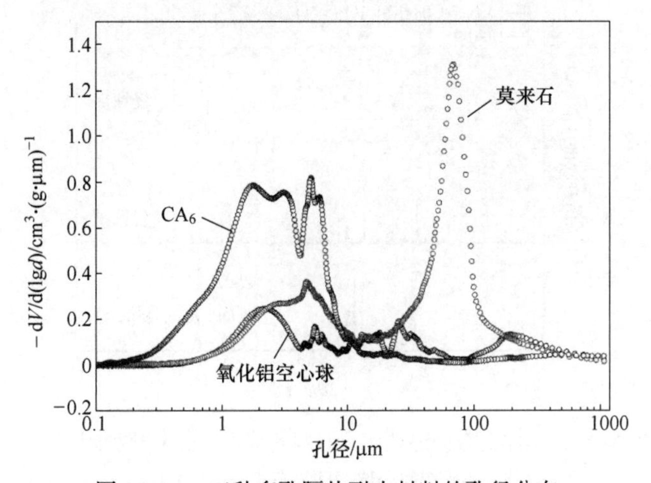

图 15-6-4　三种多孔隔热耐火材料的孔径分布

等，说明孔径分布范围很广，存在较多大孔。莫来石样品的孔隙主要分布在 5～70 μm 之间，并集中在 5 μm 或 70 μm 处。CA_6样品的孔径主要分布在 2～5 μm 之间，说明 CA_6样品孔径较小且分布较窄。

15.6.3 隔热耐火材料粉体与 LNCM 的相互作用

三种多孔隔热耐火材料粉体与 LNCM 混合样品在 950 ℃热处理 10 h 的物相如图15-6-5 所示。对比三种隔热耐火材料粉体侵蚀前后的 XRD 谱图可知，与隔热耐火材料粉体发生化学反应的是 Li 元素，而 Ni、Co、Mn 未与之发生化学反应，出现这种情况可能是因为 LNCM 前驱体中只有 LiOH 易挥发。LiOH 的熔融和分解温度分别为 411 ℃和 435 ℃，LNCM 在低于 435 ℃时产生的侵蚀气氛为 LiOH，高于 435 ℃时产生的侵蚀气氛为 Li_2O，与三种多孔隔热材料中 α-Al_2O_3相（见图 15-6-2）发生反应如下：

$$Al_2O_3 + Li_2O \xlongequal{} 2LiAlO_2 \qquad (15\text{-}6\text{-}1)$$

在侵蚀后样品中检测到了 $Ni_{0.8}Co_{0.1}Mn_{0.1}(OH)_2(x<1)$ 相，主要是由于 LiOH 中部分 Li 与 Al_2O_3发生反应，参与到和 $Ni_{0.8}Co_{0.1}Mn_{0.1}(OH)_2$ 反应生成 LNCM 三元正极材料的 Li 元素减少。950 ℃时不同耐火材料与 LNCM 前驱体之间的主要反应产物为 $LiAlO_2$。CA_6样品中 $LiAlO_2$ 衍射峰强度在三种多孔隔热耐火材料粉体中较低。

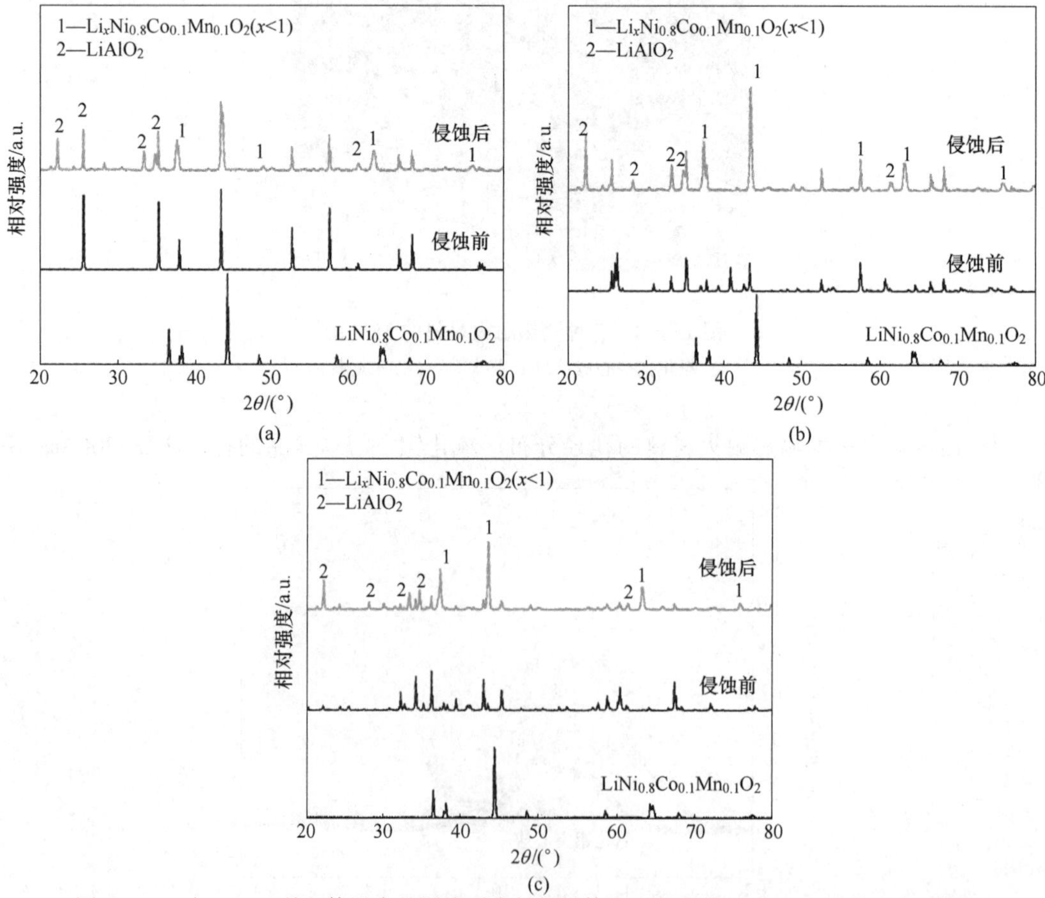

图 15-6-5 与 LNCM 前驱体混合的隔热耐火材料粉体在 950 ℃热处理 10 h 后的 XRD 谱图

（a）氧化铝空心球；（b）莫来石；（c）CA_6

图 15-6-6 为三种多孔隔热耐火材料粉体与 LNCM 粉末混合样品在 950 ℃热处理 10 h 的显微结构。亮白色部分是 LNCM 前驱体反应生成的物相，灰色部分是不同隔热耐火材料。氧化铝空心球和莫来石样品的 LNCM 团聚物和隔热耐火材料晶粒尺寸明显大于 CA_6样品。在图 15-6-6（b）和（d）中，LNCM 与氧化铝空心球或莫来石样品发生反应（箭头所指处），反应将导致裂纹的形成。图 15-6-7 为莫来石样品的 EDS 图。所有的元素都已经相互扩散，证实了莫来石和 LNCM 之间的反应。然而，LNCM 团聚体和 CA_6晶粒分别分布

图 15-6-6　950 ℃热处理 10 h 后 LCNM 前驱体与隔热耐火材料粉体之间的 SEM 图

(a) 氧化铝空心球样品；(b) 图(a)的放大图；(c) 莫来石样品；
(d) 图(c)的放大图；(e) CA_6样品；(f) 图(e)的放大图

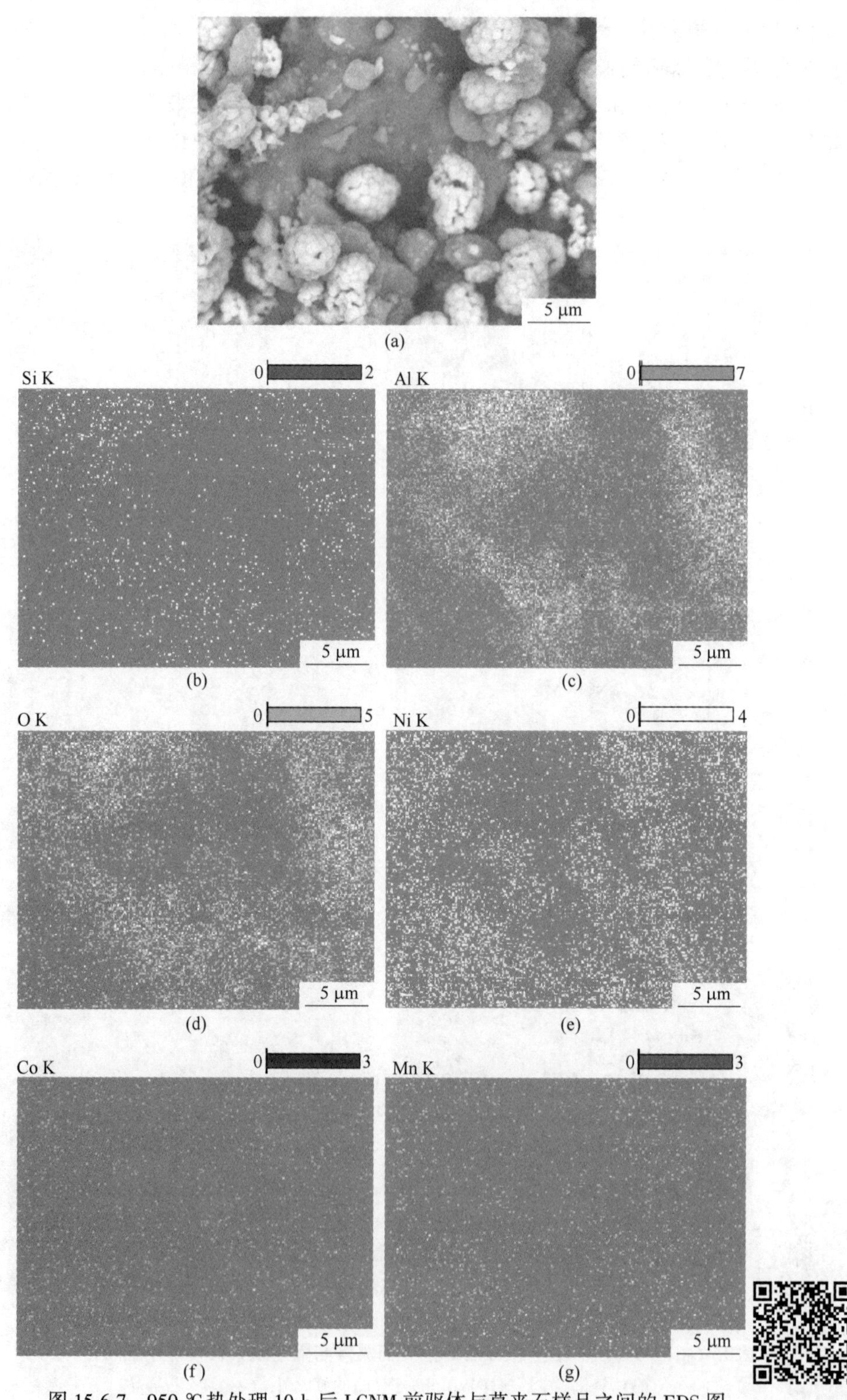

图 15-6-7　950 ℃热处理 10 h 后 LCNM 前驱体与莫来石样品之间的 EDS 图

图 15-6-7 彩图

在样品中，它们之间的界面很清晰（见图 15-6-6（f）），这表明 LNCM 和 CA_6之间没有明显的反应。XRD 特征和 SEM 观察表明，在三个样品中，CA_6样品与 LNCM 的反应程度最小，它对 LNCM 具有良好的耐侵蚀性。

15.6.4 不同多孔隔热耐火材料制品的耐侵蚀性

图 15-6-8 为三种隔热耐火材料制品经过 10 次侵蚀后的截面宏观图。与未被侵蚀的部分（样品的外部）相比，氧化铝空心球和莫来石样品产生明显的侵蚀。在图 15-6-8（a）中，LNCM 和氧化铝空心球样品的界面附近有许多大的孔隙，LNCM 已经严重侵蚀到氧化铝空心球样品中。在图 15-6-8（b）中，LNCM 和莫来石样品的界面附近出现了不同颜色的层。在图 15-6-8（c）中，LNCM 和 CA_6样品的界面相对清晰，没有发现特别明显的侵蚀。

图 15-6-8 10 次侵蚀后隔热耐火材料制品截面的宏观图
（a）Al_2O_3空心球；（b）莫来石；（c）CA_6

图 15-6-9 显示了样品底部反应层的截面颜色图，以便进一步比较，对样品的侵蚀深度在图中进行了测量。氧化铝空心球样品的侵蚀深度约为 3.6 mm，并且大孔的数量随着侵蚀深度的增加而减少。莫来石样品的侵蚀层颜色随着侵蚀深度的增加从黑色变为绿色，再变为褐色，侵蚀深度约为 3.1 mm。CA_6样品的侵蚀深度只有约 1 mm。因此，氧化铝空心球和莫来石样品被 LNCM 严重侵蚀，而 CA_6样品只被轻微侵蚀。

对不同的隔热耐火材料制品的不同区域侵蚀层进行 SEM 观察的结果如图 15-6-10 所示。图 15-6-10（a）~（d）是氧化铝空心球样品的 SEM 结果。在图 15-6-10（a）中，微观结构是多孔的，表明反应层是相对松散的。在图 15-6-10（b）和（c）中，随着侵蚀深度的增加，微观结构变得致密。在侵蚀过程中，原始样品和反应产物的体积密度是不同的。新相 $LiAlO_2$（见图 15-6-5）的体积密度为 2.61 g/cm^3，而氧化铝空心球样品的密度为 1.45 g/cm^3（见表 15-6-2），反应过程中的体积变化将导致反应层变得松散甚至发生剥落。同时，Li_2O 的渗透性极强，很容易沿着孔隙扩散到样品中。随着反应温度的升高和持续，扩散速度加快，侵蚀反应继续进行。氧化铝空心球样品的大孔隙（见图15-6-4）也可能促进扩散。在图 15-6-10（b）和（c）中，渗透层中的颗粒与基体结合，颗粒的边缘模糊。反应产生的新相填充了孔隙，降低了渗透层的孔隙率，这种结构可以抑制 Li_2O 扩散和内部结构的进一步反应，减少侵蚀反应对隔热耐火材料的进一步破坏。图 15-6-10（d）显

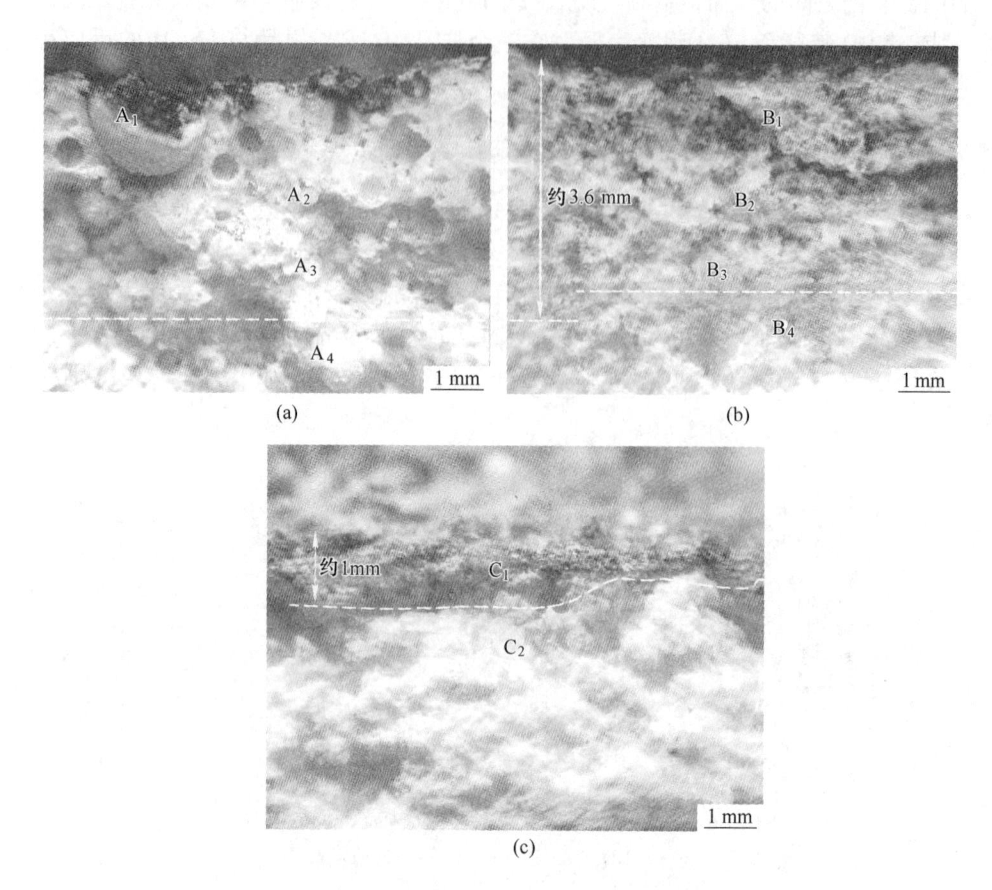

图 15-6-9 样品底部反应层剖面颜色图

（a）氧化铝空心球；（b）莫来石；（c）CA_6样品

示了多孔结构，这与原耐火砖是一致的。在莫来石样品中，与 LNCM 直接接触的反应层是最松散和多孔的（见图 15-6-10（e）），随着侵蚀深度的增加，其结构从多孔（见图 15-6-10（f））变为致密（见图 15-6-10（g））。在图 15-6-10（g）中，颗粒和基体相互融合，莫来石样品的大孔隙（主要集中在 70 μm）也可能促进 Li_2O 的渗透，导致致密化；结构也相对松散，容易脱落。图 15-6-10（h）显示了原耐火砖的多孔结构。总的来说，莫来石的耐侵蚀性比氧化铝空心球要好，这与 XRD 的结果一致（见图 15-6-5（a）和（b））。然而，CA_6样品的侵蚀深度只有约 1 mm，如图 15-6-9（c）所示。图 15-6-10（i）中的微观结构是相对致密的，颗粒之间的界面是相对清晰的，图 15-6-10（i）中的微观结构与图 15-6-10（j）中的基体结构相似。这一发现表明，CA_6样品具有良好的耐侵蚀性，这种现象可能是由两个原因造成的：第一个原因是 Li_2O 和 CA_6之间只发生了最小的反应（见图 15-6-5（c）），表明几乎没有新相的形成。另一个原因是，CA_6的小孔（见图 15-6-4）会抑制 Li_2O 的渗透，发生少量渗透，小孔可以获得较大的比表面积，从而使 LNCM 的稀释面积更大，耐侵蚀性能更好。上述结果进一步证实，CA_6样品在三种隔热耐火材料中具有最好的耐侵蚀性。

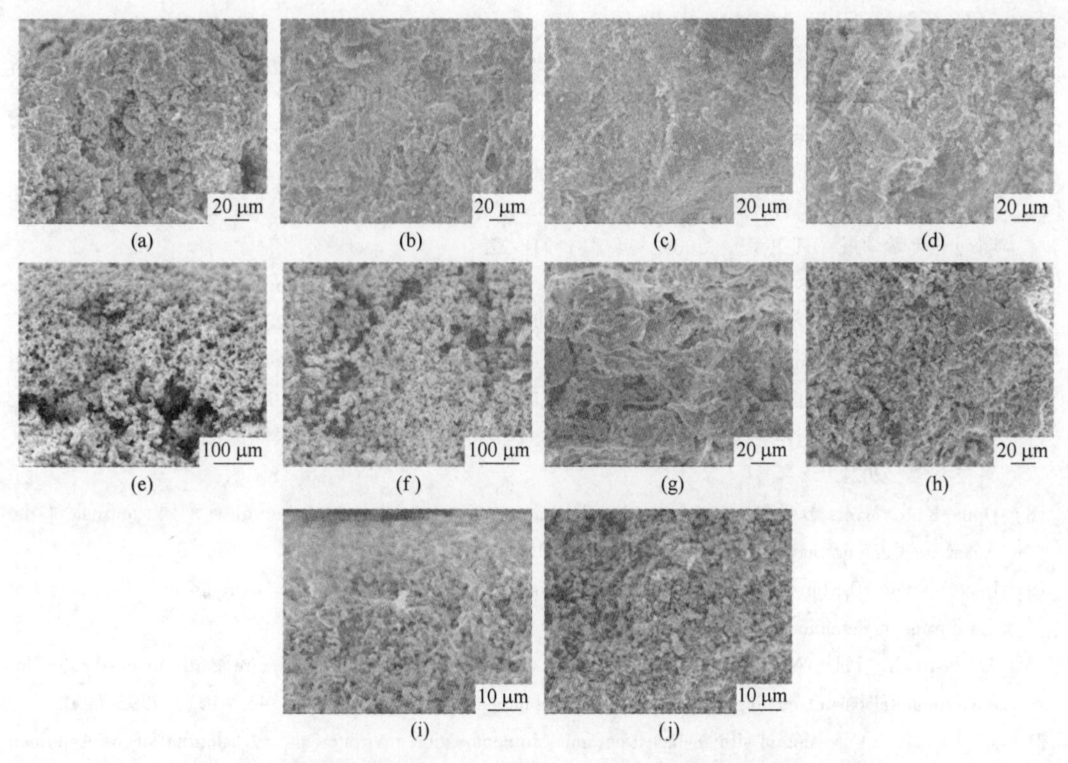

图 15-6-10　隔热耐火材料制品侵蚀 10 次后不同截面积的扫描电镜图

参 考 文 献

[1] Blond E, Nguyen A K, Sayet T, et al. Thermo-chemo-mechanical modelling of refractories at high temperatures: basics, keypoints and new numerical developments [C] //Cimtec 2018.

[2] Sengupta P. Refractories for the Chemical Industries [M]. Springer International Publishing, 2020.

[3] 韩晓光. 高炉煤气中 HCl 对耐火材料侵蚀过程的研究 [D]. 唐山: 河北联合大学, 2013.

[4] Xiang R, Li Y, Li S, et al. Corrosion degradation of mullite subject to carbon monoxide atmosphere at 1000~1600 ℃ [J]. International Journal of Applied Ceramic Technology, 2020, 17 (4): 1688-1692.

[5] Xiang R, Li Y, Li S, et al. Insight into the corrosion failure of mullite thermal insulation materials in carbon monoxide [J]. International Journal of Applied Ceramic Technology, 2021, 18 (5): 1792-1800.

[6] Iso S T, Pask J A. Reaction of silicate glasses and mullite with hydrogen gas [J]. Journal of the American Ceramic Society, 1982, 65 (8): 383-387.

[7] Naghizadeh R, Golestani-Fard F, Rezaie H R. Stability and phase evolution of mullite in reducing atmosphere [J]. Materials Characterization, 2011, 62 (5): 540-544.

[8] 王华, 张云鹏, 孙博. 氢气气氛下 SiC 纤维的热稳定性 [J]. 材料工程, 2009 (12): 26-29.

[9] Prigent P, Bouchetou M L, Poirier J. Andalusite: An amazing refractory raw material with excellent corrosion resistance to sodium vapours [J]. Ceramics International, 2011, 37 (7): 2287-2296.

[10] Chen D, Huang A, Gu H, et al. Corrosion of Al_2O_3-Cr_2O_3 refractory lining for high-temperature solid waste incinerator [J]. Ceramics International, 2015, 41 (10): 14748-14753.

[11] Ren B, Li Y, Nath M, et al. Enhanced alkali vapor attack resistance of bauxite-SiC refractories for the working lining of cement rotary kilns via incorporation of andalusite [J]. Ceramics International, 2018, 44

(18): 22113-22120.

[12] Başpınar M S, Kara F. Optimization of the corrosion behavior of mullite refractories against alkali vapor via $ZrSiO_4$ addition to the binder phase [J]. Ceramics-Silikaty, 2009, 53 (4): 242-249.

[13] Mahapatra M K. Review of corrosion of refractory in gaseous environment [J]. International Journal of Applied Ceramic Technology, 2020, 17 (2): 606-615.

[14] 丁跃华，罗志俊，宁哲，等. 有害元素 (K, Na, Zn, Pb) 对高炉用耐火砖的侵蚀实验 [J]. 昆明理工大学学报 (理工版), 2009, 34 (1): 18-22.

[15] Wang H, Li Y, Li S, et al. Corrosion of Li-ion battery cathode materials on mullite insulation materials during calcination [J]. Ceramics International, 2022, 48 (14): 20220-20227.

[16] Zhai P, Chen L, Yin Y, et al. Interactions between mullite saggar refractories and Li-ion battery cathode materials during calcination [J]. Journal of the European Ceramic Society, 2018, 38 (4): 2145-2151.

[17] 王海路. 三元锂离子电池正极材料与莫来石轻质材料界面反应机理及表面涂覆 [D]. 武汉：武汉科技大学, 2021.

[18] Opila E J, Myers D L. Alumina volatility in water vapor at elevated temperatures [J]. Journal of the American Ceramic Society, 2004, 87 (9): 1701-1705.

[19] Ueno S, Ohji T, Lin H T. Corrosion and recession of mullite in water vapor environment [J]. Journal of the European Ceramic Society, 2008, 28 (2): 431-435.

[20] Al Nasiri N, Patra N, Jayaseelan D D, et al. Water vapour corrosion of rare earth monosilicates for environmental barrier coating application [J]. Ceramics International, 2017, 43 (10): 7393-7400.

[21] Jacobson N S. Corrosion of silicon-based ceramics in combustion environments [J]. Journal of the American Ceramic Society, 1993, 76 (1): 3-28.

[22] Davis R F, Aksay I A, Pask J A. Decomposition of mullite [J]. Journal of the American Ceramic Society, 1972, 55 (2): 98-101.

[23] Gerle A, Podwórny J, Wojsa J, et al. High temperature gaseous corrosion resistance of MgO-containing refractories-A comparative study [J]. Ceramics International, 2016, 42 (14): 15805-15810.

[24] Jacobson N, Myers D, Opila E, et al. Interactions of water vapor with oxides at elevated temperatures [J]. Journal of Physics and Chemistry of Solids, 2005, 66 (2/3/4): 471-478.

[25] Tschöpe K, Rutlin J, Grande T. Chemical degradation map for sodium attack in refractory linings [J]. Light Metals, 2010: 871-876.

[26] Poirier J, Smith J D, Jung I H, et al. Corrosion of refractories: the fundamentals [M]. Baden-Baden, Germany: Göller Verlag, 2017.

[27] Yin B, Li Y, Wang S, et al. Corrosion resistance of calcium hexaaluminate insulating firebrick for synthesising ternary lithium-ion battery cathode materials [J]. Journal of Alloys and Compounds, 2023, 942: 168953.

[28] McNallan M J, Ip S Y, Park C, et al. Effects of chlorine and alkali chlorides on corrosion of silicon carbide based ceramics in combustion environments [J]. High Temperature Materials and Processes, 1996, 15 (1/2): 1-26.

[29] Aksel'rod L M. Steelmaking. Use of refractory materials. Correction of trends. Predictions [J]. Refractories and Industrial Ceramics, 2012, 53 (2): 82-93.

[30] Demirsan V, Buyukcayir I. Study of Refractory bricks with improved alkali resistance for the cement industry [J]. Refractories Worldforum, 2013, 5 (1): 87-92.

[31] Spear K E, Allendorf M D. Thermodynamic analysis of alumina refractory corrosion by sodium or potassium hydroxide in glass melting furnaces [J]. Journal of the Electrochemical Society, 2002, 149

(12): B551.

[32] Wei G C, Tennery V J. Impact of alternate fuels on industrial refractories and refractory insulation applications. An Assessment [R]. Oak Ridge National Lab. (ORNL), Oak Ridge, TN (United States), 1976.

[33] 付国燕，丁剑，魏连启，等. 氯化冶金炉耐火材料腐蚀、黏附行为研究 [J]. 黄金科学技术，2015 (5): 99-104.

[34] Xiang K, Li S, Li Y, et al. Interactions of Li_2O volatilized from ternary lithium-ion battery cathode materials with mullite saggar materials during calcination [J]. Ceramics International, 2022, 48 (16): 23341-23347.

[35] Lugisani P. Identification of refractory material failures in cement kilns [D]. Johannesburg: University of Witwatersrand, 2016.

[36] 刘璐. 碱金属与耐火材料反应特性研究 [D]. 保定：华北电力大学，2016.

[37] 潘葱英. 垃圾焚烧炉内过热器区 HCl 高温腐蚀研究 [D]. 杭州：浙江大学，2004.

[38] 张琳，魏锡文. 氧化物碱标与 sanderson 电荷分数 [J]. 应用化学，1998 (4): 83-85.

[39] Nickel K G. Corrosion of non-oxide ceramics [J]. Ceramics International, 1997, 23 (2): 127-133.

[40] Weinberg A V, Varona C, Chaucherie X, et al. Corrosion of Al_2O_3-SiO_2 refractories by sodium and sulfur vapors: A case study on hazardous waste incinerators [J]. Ceramics International, 2017, 43 (7): 5743-5750.

[41] Schaafhausen S, Yazhenskikh E, Walch A, et al. Corrosion of alumina and mullite hot gas filter candles in gasification environment [J]. Journal of the European Ceramic Society, 2013, 33 (15/16): 3301-3312.

[42] R. Winston Revie. Uhlig's Corrosion Handbook [M]. Canada: John Wiley & Sons, Inc., 2011.

[43] Xiang K, Li S J, Li Y B, et al, Interactions of Li_2O volatilized from ternary lithium-ion battery cathode materials with mullite saggar materials during calcination [J]. Ceramics International, 2022, 48: 23341-23347.

[44] Fritsch M, Klemm H, Herrmann M, et al. Corrosion of selected ceramic materials in hot gas environment [J]. Journal of the European Ceramic Society, 2006, 26 (16): 3557-3565.

[45] Schmitt N, Hernandez J F, Lamour V, et al. Coupling between kinetics of dehydration, physical and mechanical behaviour for high alumina castable [J]. Cement and Concrete Research, 2000, 30 (10): 1597-1607.

[46] Lee W E, Moore R E. Evolution of in situ refractories in the 20th century [J]. Journal of the American Ceramic Society, 1998, 81 (6): 1385-1410.

[47] Herbell T P, Hull D R, Garg A. Hot hydrogen exposure degradation of the strength of mullite [J]. Journal of the American Ceramic Society, 1998, 81 (4): 910-916.

[48] Gentile P S, Sofie S W. Investigation of aluminosilicate as a solid oxide fuel cell refractory [J]. Journal of Power Sources, 2011, 196 (10): 4545-4554.

[49] Chun C M, Desai S, Hershkowitz F, et al. Materials challenges in reverse-flow pyrolysis reactors for petrochemical applications [J]. International Journal of Applied Ceramic Technology, 2014, 11 (1): 106-117.

[50] Blond E, Schmitt N, Poirier J. Multi-physical analysis for refractory's design. Case of slag impregnated refractory [C] //10th Exhibition and Conference of the European Ceramic Society, 2007.

[51] Blond E, Merzouki T, Schmitt N, et al. Multiphysics modelling applied to refractory behaviour in severe environments [J]. Advances in Science and Technology, 2014, 92: 301-309.

[52] Poirier J, Blond E, de Bilbao E, et al. New advances in the laboratory characterization of refractories: Testing and modelling [J]. Metallurgical Research & Technology, 2017, 114 (6): 1-16.

[53] Opila E J. Oxidation and volatilization of silica formers in water vapor [J]. Journal of the American Ceramic Society, 2003, 86 (8): 1238-1248.

[54] Gardner R A. The kinetics of silica reduction in hydrogen [J]. Journal of Solid State Chemistry, 1974, 9 (4): 336-344.

[55] Fritsch M, Klemm H. The water-vapour hot gas corrosion behavior of Al_2O_3-Y_2O_3 materials, Y_2SiO_5 and $Y_3Al_5O_{12}$-Coated alumina in a combustion environment [J]. Advanced Ceramic Coatings and Interfaces: Ceramic Engineering and Science Proceedings, 2006, 27: 148-159.

[56] Blond E, Nguyen A K, de Bilbao E, et al. Thermo-chemo-mechanical modeling of refractory behavior in service: Key points and new developments [J]. International Journal of Applied Ceramic Technology, 2020, 17 (4): 1693-1700.

[57] Rashkeev S N, Glazoff M V, Tokuhiro A. Ultra-high temperature steam corrosion of complex silicates for nuclear applications: A computational study [J]. Journal of Nuclear Materials, 2014, 444 (1/2/3): 56-64.

[58] Caniglia S, Barna G L. Handbook of industrial refractories technology—Principles, types, properties and applications [M]. USA: Noyes Publication, 1992.

[59] 尹洪基. 六铝酸钙在侵蚀环境下的优点 [J]. 耐火与石灰, 2012, 37 (6): 20-23.

[60] 胡宾生, 滕艾均, 贵永亮, 等. 煤气中 HCl 对高炉耐火材料侵蚀过程的研究 [J]. 材料与冶金学报, 2014 (1): 20-23.

[61] 范沐旭, 侯晓静, 冯志源, 等. 耐火材料抗碱蒸气侵蚀性研究 [J]. 耐火材料, 2021, 55 (4): 296-301.

[62] 杨杨. 氢气气氛下耐火材料的性能 [J]. 耐火与石灰, 2009, 34 (6): 29-32.

[63] Schnabel M, Buhr A, Buchel G, et al. Advantages of calcium hexaluminate in a corrosive environment [J]. Refractories World Forum, 2011, 3 (4): 87-94.

[64] Hailu Wang, Yuanbing Li, Shujing Li, et al. Damage mechanism and corrosion resistance improvement of corundum-mullite kiln furniture during calcining of Li-ion cathode materials [J]. Journal of the European Ceramic Society, 2023, 43 (12): 5390-5397.

[65] Wang H L, Li Y B, Yin B, et al. Synthesis and application evaluation in lithium battery furnace of mullite insulating refractory bricks from tailings [J]. International Journal of Applied Ceramic Technology, 2023, 20 (5): 3237-3245.

[66] Wang H L, Li Y B, He X H, et al. Anti-corrosion effect of insulating firebrick coated with CA_6 in the calcination of lithium-ion cathode materials [J]. Ceramics International, 2022, 48: 36723-36730.

[67] 宋会宗. 酸碱度理论及其在涂料设计中的应用 [C]//2012 年中国铸造活动周论文集, 2012: 798-805.

16 多孔隔热耐火材料的设计与安装

早期的隔热耐火材料，对其结构支撑的要求不高，主要强调其隔热保温功能。近年来，全球能源环境日趋紧张，“双碳”目标（中国力争2030年前实现碳达峰，2060年前实现碳中和的目标）对隔热耐火材料提出了更高的要求，许多隔热耐火材料开始直接作为热工设备的工作衬耐火材料使用，隔热耐火材料也由单一的隔热保温功能向结构支撑、耐高温、高耐磨和高抗蚀等多功能复合发展。尽管如此，隔热保温还是隔热耐火材料的首要功能，为了正确选择和使用隔热耐火材料，以获得最佳的应用和节能效果，通常需对各种因素加以考虑。

16.1 隔热耐火材料的设计

为了达到理想的隔热厚度，隔热耐火材料设计需要考虑以下因素。

(1) 窑炉的工艺过程：化学反应和物理参数（温度、压力等）；

(2) 窑炉的设计和类型：圆柱形或方形，平行或垂直；

(3) 燃料：热值、燃烧产物、灰分等，燃烧产物与灰分和炉衬材料的可能反应；

(4) 炉况的连续性：连续加热/冷却、间歇性炉况对炉衬材料的热震稳定性影响很大；

(5) 炉内气氛：氧化、还原或中性气氛，一般耐火材料在还原性气氛下不太稳定；

(6) 产品的物质状态：固体颗粒的运动会对炉衬造成磨损，液体或气体会侵蚀渗透炉衬等；

(7) 环境条件：温度、风速和湿度等因素会影响传热；

(8) 窑炉外壳设计温度：这对选择隔热耐火材料类型和隔热层厚度很重要；

(9) 隔热耐火材料的性能特点：包括分类温度、导热系数、强度、荷重软化温度、耐酸耐碱性等物理化学性能；

(10) 隔热耐火材料的经济设计厚度：包括价格成本、施工难易性和耐久性。

以上10类因素中，(1)~(8) 为隔热耐火材料的应用要求，(9) 为隔热耐火材料的性能特点，(10) 为总体经济效益，以下主要从隔热耐火材料的性能特点及炉衬设计的经济厚度来讨论如何进行隔热耐火材料的选择设计。

16.1.1 隔热耐火材料的性能特点

16.1.1.1 隔热耐火材料导热系数的选择

和重质耐火材料相比，隔热耐火材料一般具有体积密度小（孔隙率达45%以上）、强度低、高温体积稳定性差、导热系数低等特点，尽管低导热、耐高温、高强度和高耐蚀等多功能化也一直是多孔隔热耐火材料的发展方向，但导热系数一直是隔热耐火材料的重要指标。

在生产和应用过程中，人们往往用一些简单的方法判断导热系数的大小，例如用体积密度的大小简单判断导热系数高低、用常温导热系数推测高温下导热系数的大小，但它们和导热系数之间的关系并不是简单的线性关系。

图 16-1-1 为不同体积密度硬硅钙石的导热系数与温度之间的关系。由图可知，在 300 ℃以内，低密度隔热材料的导热系数低，随着体积密度的提高，从 0. 1 g/cm³ 提高到 0. 13 g/cm³、0. 25 g/cm³，导热系数逐渐增大；300 ℃以后，导热系数与体积密度的关系与上述情况正好相反，即体积密度大的材料，其导热系数小，体积密度小的材料随着温度进一步升高，其导热系数反而大大高于体积密度高的材料。图 16-1-1 中，300 ℃后，体积密度为 0. 1 g/cm³ 的导热系数-温度曲线的斜率最陡，这表明，在选择隔热耐火材料时，不能只追求低体积密度、高气孔率的材料，而需根据使用温度来选择体积密度合适的材料。也有一些多孔隔热耐火材料的导热系数对温度不敏感（如 CA_6），随着温度升高其导热系数反而略有下降（见图 10-4-10），因而不能用常温下的导热系数简单判断高温下的导热系数。

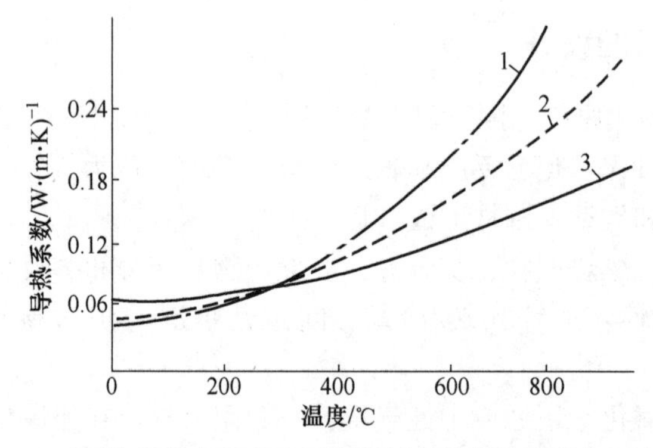

图 16-1-1　不同体积密度硬硅钙石隔热材料的导热系数与温度的关系

1—体积密度为 0. 1 g/cm³；2—体积密度为 0. 13 g/cm³；3—体积密度为 0. 25 g/cm³

即使是同一分类的多孔隔热耐火材料，不同的成型工艺，其体积密度与导热系数也不是简单的线性关系，如图 16-1-2 所示；它们的物理性能也会存在差异，见表 16-1-1。

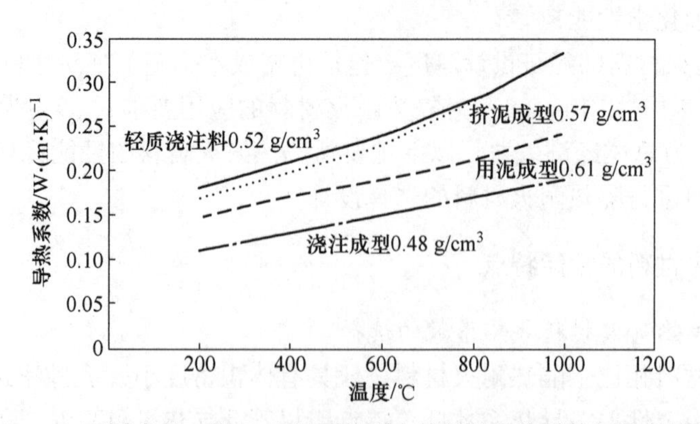

图 16-1-2　不同成型工艺下 23 级隔热耐火材料的导热系数与温度的关系

（图中数字为体积密度）

表 16-1-1　不同成型工艺下 23 级隔热耐火材料的部分物理性能

成 型 工 艺	浇注成型	甩泥法	挤泥法	轻质浇注料
体积密度/$g \cdot cm^{-3}$	0.48	0.61	0.57	0.52
常温抗折强度（ASTM C93）/MPa	1	0.7	0.9	1.2
常温耐压强度（ASTM C93）/MPa	1.2	0.9	1.1	2
加热永久线变化率（1230 ℃×24 h，ASTMC 210）/%	-0.2	0	-0.2	0
最大可逆线膨胀率/%	0.5	0.6	0.6	0.6
压蠕变率(1100 ℃×90 min，0.034 MPa，ASTM C16)/%	0.1	0	0.1	0.1

16.1.1.2　还原气氛下隔热耐火材料的性能变化

随着耐火材料技术的发展和节能减排的要求，直接作为工作内衬的隔热耐火材料也越来越多。同时，为了提高产品质量和一些工艺要求，许多烧结炉、气化炉、裂解炉和热处理炉等都需要各种气氛保护，如惰性气体、CH_4、NH_3、CO、CO_2 和 H_2 等，这些气体中，H_2 的还原性最强，对隔热耐火材料影响很大。本书 15.5 节主要叙述了 CO 对莫来石多孔隔热耐火材料的侵蚀，因而本节主要讲述 H_2 对隔热耐火材料的影响。

2.5.2 节阐述了气体对多孔隔热耐火材料的影响，因 H_2 相对分子质量小，容易扩散，其导热系数最高。为了防止导热系数高的 H_2 扩散渗入气孔中造成材料隔热性能降低，在 H_2 气氛中使用的隔热耐火材料最好选用封闭气孔结构型隔热耐火材料，如 Al_2O_3空心球制品等。

金属氧化物（MO）在氢气中加热时存在化学平衡关系：$MO+H_2 \rightleftharpoons M+H_2O$，其部分耐火材料氧化物的平衡状态图如图 16-1-3 所示。

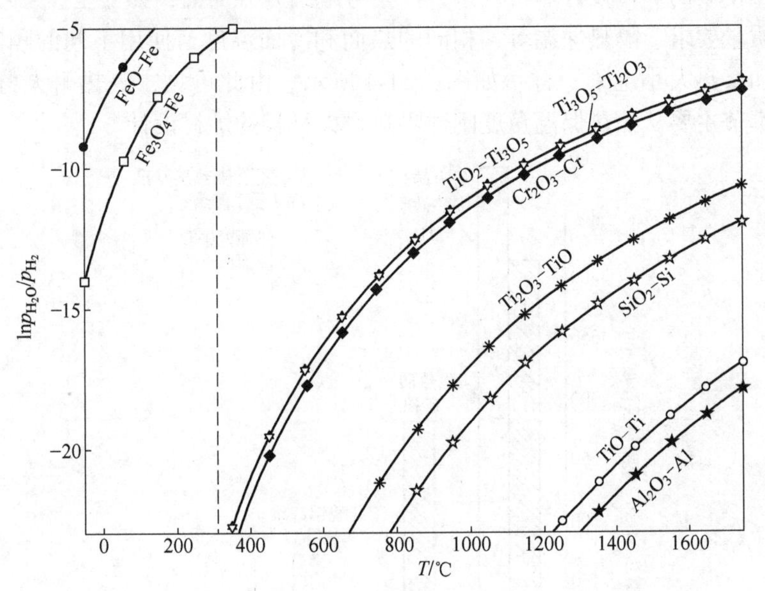

图 16-1-3　金属-金属氧化物系统在纯氢气中的平衡状态图

（Factsage™热力学软件计算）

常见隔热耐火材料中，SiO_2 和 Al_2O_3为主要成分，还含有一些 Fe_2O_3、TiO_2、CaO 和 MgO 等杂质。在热处理炉中，为了防止金属工件被氧化，常常利用 H_2 等气氛控制热处理过程。但是，从耐火材料炉衬的使用方面来考虑，耐火材料中的组分可能会被还原，破坏材料的组织结构，使炉衬材料损毁。如图 16-1-3 所示，耐火材料中的 SiO_2 很容易被还原成单质 Si 并伴有水蒸气生成。Al_2O_3在 H_2 中很稳定，在 1600 ℃以上的 H_2 中也不易被还原，仍然保持稳定状态。由此可以得出，在 Al_2O_3-SiO_2 隔热耐火材料中，还原性气氛条件下使用的炉衬材料，最好选用以 Al_2O_3为主要成分的材料或纯 Al_2O_3材料，但也要综合考虑其他性能和经济成本。

在一般轻质隔热耐火材料中，常常还含有一些杂质，如 Fe_2O_3、TiO_2、CaO 和 MgO 等。从图 16-1-3 可以看到，Fe_2O_3和 FeO 在约 300 ℃下很容易逐渐被还原成金属铁，TiO_2的还原温度高些，可逐渐被还原：$TiO_2 \rightarrow Ti_3O_5 \rightarrow Ti_2O_5 \rightarrow TiO \rightarrow Ti$。铁和钛的氧化物在炉内气氛作用下发生的氧化-还原反应为可逆反应，当气氛和温度发生改变时，可导致氧化-还原反应循环，这种体积变化可造成材料的结构崩溃。因此，在还原性气氛中的隔热耐火材料，要求其杂质含量低，特别是 Fe_2O_3含量。

在普通硅酸铝耐火纤维中，为了阻止耐火纤维材料在使用过程中的析晶过程和提高耐火纤维的使用温度，在熔吹纤维时加入 3%~4% Cr_2O_3。但从材料的稳定性来看，Cr_2O_3在 H_2 中易被还原，因而含 Cr_2O_3硅酸铝耐火纤维，不宜在还原性气氛下作为内衬使用。

近年来出现的新型隔热耐火材料如 CA_6和 CA_2等，在还原性气氛中比较稳定，具有很好的抗 H_2还原前景。

16.1.2 隔热耐火材料的炉衬隔热设计

尽管热工窑炉的炉衬设计非常复杂，需要考虑到方方面面，如安全、生产工艺的稳定高效、产品质量要求、隔热保温等，相同的热面和冷面温度，使用不同的隔热耐火材料，其炉衬厚度和蓄热大小也不一样，如图 16-1-4 所示。由此可见，隔热耐火材料的重要性与复杂性，本节主要从隔热保温角度阐述隔热耐火材料的炉衬设计。

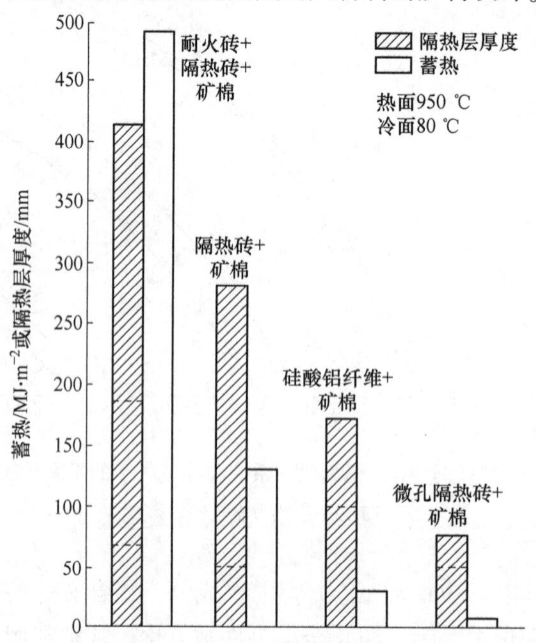

图 16-1-4 对比相同热面和冷面温度下的炉衬厚度和蓄热情况

16.1.2.1 隔热方式

窑炉的隔热方式大致有三类：冷面隔热、热面隔热和复合隔热（见图 16-1-5），复合隔热就是热面隔热的冷面也用耐火纤维（一般用多晶纤维）替代，如图 16-1-5（c）所示，即两层耐火纤维中间夹有重质或轻质耐火砖。表 16-1-2 和表 16-1-3 分别列出了加强冷面隔热和加强热面隔热对热流（散热）和蓄热的影响的比较。在冷面加强隔热的情况下，随着隔热的加强，散热损失显著降低，由于炉衬的平均温度升高，因此炉衬的蓄热逐渐增加。在热面加强隔热时，散热和蓄热都将随着强化隔热而降低。

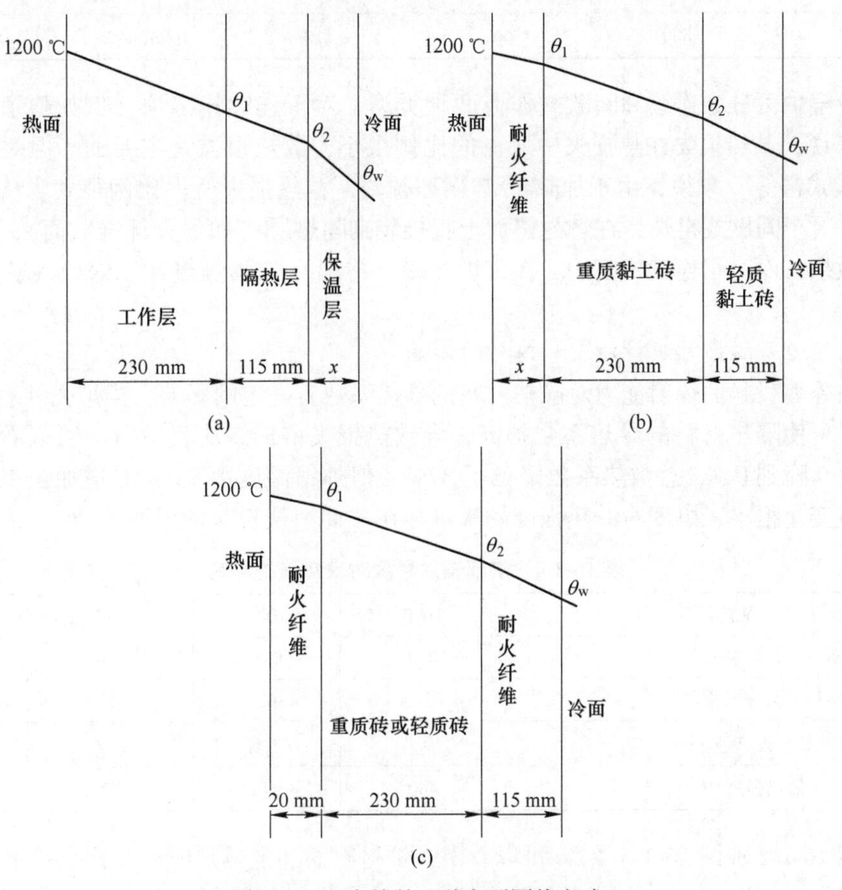

图 16-1-5 窑炉的三种主要隔热方式

（a）冷面隔热；（b）热面隔热；（c）复合隔热

表 16-1-2 冷面隔热中隔热层厚度与散热、蓄热的关系

隔热层厚度 x/mm	界面温度/℃			热流/W·m^{-2}	蓄热/MJ·m^{-2}
	θ_1	θ_2	θ_w		
0	901		142	1700（100%）	509（100%）
25	984	512	118	1253（74%）	574（108%）
50	1012	677	105	1001（59%）	568（112%）
75	1058	776	93	837（49%）	582（114%）
100	1078	842	85	720（42%）	593（117%）

表 16-1-3 热面隔热中隔热层厚度与散热、蓄热的关系

隔热层厚度 x/mm	界面温度/℃			热流/W · m^{-2}	蓄热/MJ · m^{-2}
	θ_1	θ_2	θ_w		
0	1200	910	142	1700(100%)	510(100%)
25	1100	834	133	1519(89%)	474(93%)
50	1027	771	125	1360(80%)	442(87%)
75	951	714	116	1219(72%)	413(81%)
100	880	661	110	1093(64%)	386(76%)

工业窑炉可分为连续和间歇式作业两种类型，对于连续式窑炉（例如隧道窑、辊道窑等）来说，蓄热损失在热损失中所占的比例很小，散热损失是主要的。但对间歇式窑炉（如梭式窑等）来说，由于加热-冷却循环频繁，蓄热损失所占比例很大。从节能的角度分析，对于间歇式窑炉，在炉衬热面上直接装砌隔热层（如耐火纤维贴面），可达到好的节能效果；而对于连续式窑炉，在窑炉外壁（冷面）加强隔热优于内壁（热面）隔热的效果。

16.1.2.2 隔热对炉衬外表和内衬的影响

炉衬外表材料的辐射能力对隔热材料的导热系数有一定的影响，当炉壳外表材料的黑度高时，可使隔热材料的导热系数提高，导致热损失增加。从表 16-1-4 可以看出，炉墙黑度由 0.9 降到 0.1，总散热系数降低了 37%，但外壁温度由 73.4 ℃增加至 100 ℃，而散热强度变化很小，黑度对散热强度的影响存在“此消彼长”的矛盾。

表 16-1-4 炉墙辐射黑度对散热量的影响

热面温度/℃	1000	1000	1000	1000
炉墙黑度	0.9	0.6	0.4	0.1
外壁温度/℃	73.4	80.7	87	100.0
总散热系数/W · (m^2 · ℃)$^{-1}$	10.0	8.6	7.7	6.3
散热强度/W · m^{-2}	480	478	476	473

从表 16-1-2 和图 16-1-5（a）可以看出，炉衬冷面加强隔热时，工作层冷面温度（隔热层的热面温度）θ_1、隔热层的冷面温度（也是保温层的热面温度）θ_2 和保温层的冷面温度 θ_w 都会升高，即各层的平均温度都随着保温层厚度的增加而升高。值得注意的是，单纯降低保温层的导热系数，而不考虑保温层和隔热层用耐火材料的安全使用温度，往往会造成保温层和隔热层炉衬耐火材料过热而损毁，从而导致整个炉衬耐火材料安全问题。近些年来，微孔隔热板（纳米隔热耐火材料，见 8.3 节）因导热系数低，甚至低于静止空气的导热系数（空气导热系数 0.026 W/(m · K)）而得到广泛使用。工程应用中，炉衬隔热设计中往往只考虑微孔隔热板带来的隔热保温效果，却忽略其自身的安全使用温度，造成“自己烧自己”，往往会给炉衬安全带来隐患。

16.1.3 炉衬隔热耐火材料的经济厚度

工业上，隔热保温材料的应用在很大程度上受经济效益的制约。在设计隔热保温工程

时，可通过计算比较，寻求更经济的隔热方案，如图 16-1-6 所示。当选定了某种隔热材料时，通过加大保温层的厚度可使热损失减少，但与此同时，保温隔热材料费用会随之增加，除此之外，也要考虑设备、资金等。因此，保温隔热材料厚度的确定，取决于隔热工程费用与采取保温隔热措施后的能源费用两大因素。

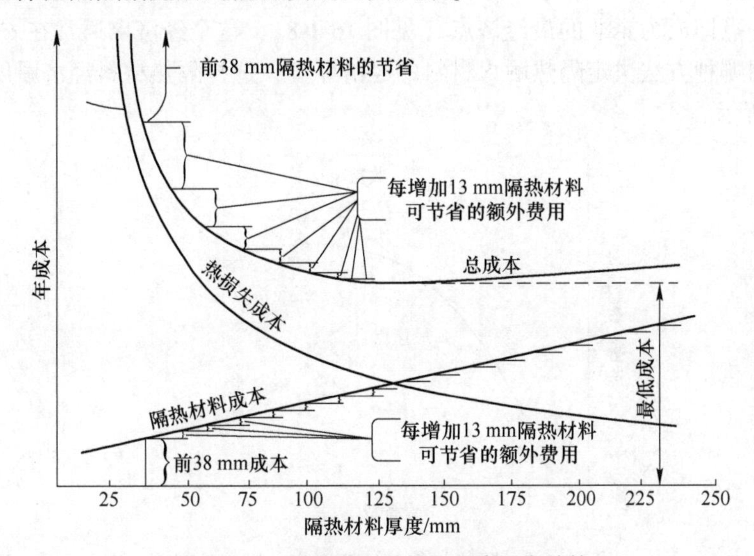

图 16-1-6　隔热耐火材料的经济厚度计算

（注：成本因素包括热能和隔热材料两项。(1) 热能：燃料费、资本投资、资金成本、利息、贬值、保养、操作小时数；(2) 隔热材料：资本投资、资金成本、利息、贬值、保养）

假设采取隔热保温后的热损失相当的能源费用为 C_1(元/年)，而购买隔热材料以及隔热工程施工等所需的投资折旧费为 C_2(元/年)，则 C_1与 C_2 之和最小时就是最经济点，称为最低投入法，如图 16-1-7（a）所示。设定因使用隔热材料节约的能源费为 C_3(元/年)，则扣除投资折旧费用之后的纯节约为 $C_4=C_3-C_2$，C_4为最大值时就是最经济点，称为节能效益法，如图 16-1-7（b）所示。

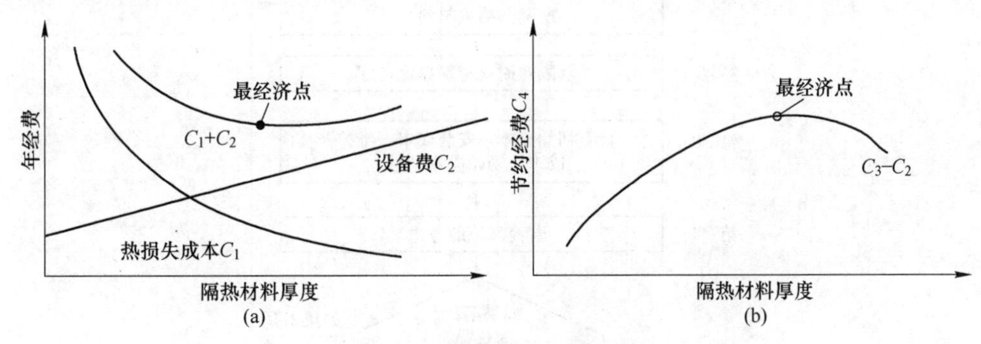

图 16-1-7　隔热材料的经济厚度

（a）最低投入法；（b）节能效益法

从节能的角度分析，用上述方法确定的最经济点大体上是最佳的。但是，投资的收益率在工业上是很重要的，所以有时也采用与上述方法略有不同的方法进行评估。

如果隔热材料内衬每增加一单位厚度，导致设备的费用增加为 dC_2，同时真正节约的效益增加为 dC_4，则比值 dC_4/dC_2 就是收益率。如果此数值低于该企业的收益率 η，则把 dC_2 的资金投到隔热材料上就失去意义了，即把 dC_2 的资金投到其他项目上，可以得到比 dC_4更大的收益。因此，只有当 $dC_4/dC_2 \geqslant \eta$ 时，对隔热工程的投资（即增加厚度）才是可取的，这一点即成为企业的最经济点（见图 16-1-8），这个经济点通常在 C_4最大值的左侧。无论采用哪种方法决定隔热耐火材料的经济厚度，选择隔热材料经济厚度的一般步骤如图 16-1-9 所示。

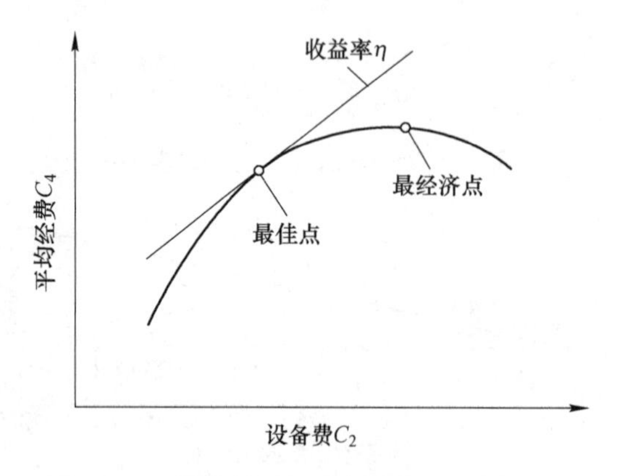

图 16-1-8 隔热材料的经济厚度：投资效益法

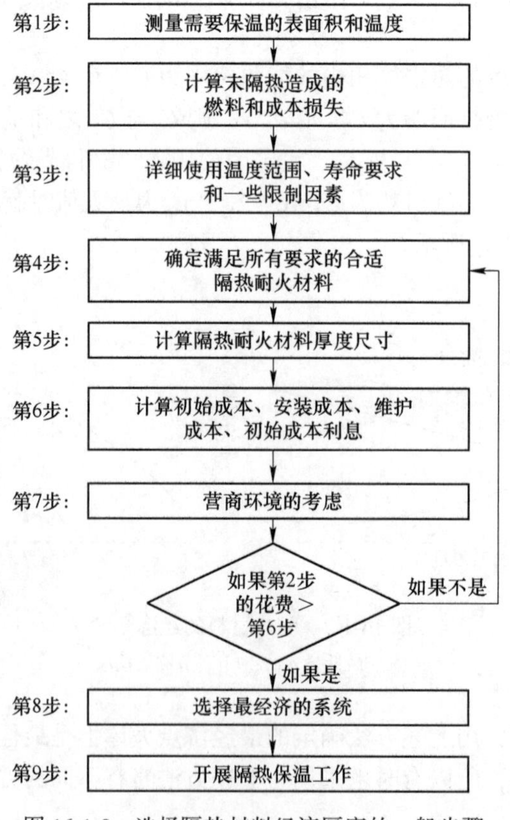

图 16-1-9 选择隔热材料经济厚度的一般步骤

16.2 隔热耐火材料炉衬设计案例

16.2.1 工业炉窑

国家标准 GB/T 17195—1997《工业炉名词术语》中，对工业炉的定义为“在工业生产中利用燃料燃烧所产生的热量或电能转化的热量将物料或工件在其中进行加热或熔炼、烧结、热处理、保温、干燥等热加工的设备”，而窑（kiln）定义为“在工业生产中利用燃料燃烧所产生的热量或电能转化的热量将非金属材料进行烧成、熔融或烘焙等的工业炉”。

工业炉窑种类繁多，如燃料炉是以燃料燃烧产生的热量为热能来源的工业炉；火焰炉是在炉膛空间内利用燃料燃烧形成的火焰及高温炉气释放的热量直接对物料或工件进行加热的工业炉；竖炉是指炉身直立，炉内大部分装满物料，热交换在料层内进行的工业炉；电炉是指利用电能转换成热能对物料或工件进行热加工的工业炉。另外，也有直接加热和间接加热的，直接加热炉是指火焰或炉气直接接触物料的工业炉，间接加热炉是指火焰或炉气不直接接触物料的工业炉。还有的分间歇式和连续式，间歇式炉是指物料分批加入炉内，实行周期式加热，炉温随工艺要求而定的工业炉；连续式炉是指物料连续进出，炉内按工艺要求分区，加热过程中各区炉温基本不变的工业炉。本节归纳了一些工业炉窑的分类，见表 16-2-1。由表中可以看出，工业炉窑主要用于金属的冶炼加工，非金属煅烧、烧成或熔融，石油化工行业的反应，供热锅炉等。也有的将工业炉窑分为 15 个大类，分别是熔炼炉、熔化炉、加热炉、石化用炉、热处理炉（<1000 ℃）、烧结炉（黑色冶金）、化工用炉、烧成窑、干燥炉（窑）、熔煅烧炉（窑）、电弧炉、感应炉（高温冶炼）、炼焦炉、焚烧炉和其他窑炉。

表 16-2-1 工业炉窑的分类

工业炉窑类型	亚 类	子 类
钢铁及有色金属用炉	行业性炉	冶金炉、有色冶金炉、铸造用炉、锻造用炉
	熔炼炉	冶炼炉、熔炼炉、精炼炉、熔化炉、高炉、混炼炉、平炉、转炉、吹炼转炉、冲天炉、坩埚炉、反射炉、鼓风炉、竖罐蒸馏炉、闪速炉、烟化炉、混合炉、塔式精馏炉、镁精炼炉、镁还原炉、熔铝炉
	加热炉	加热炉、均热炉、手锻炉、室式炉、开隙式炉、贯通式炉、推杆式炉、网眼式炉、台车式炉、转壁式炉、转底式炉、环形炉、推钢式连续加热炉、步进式炉、链式炉、斜底式炉、快速加热炉等
	热处理炉	热处理炉、淬火炉、退火炉、正火炉、回火炉、时效炉、渗碳炉、渗氮炉、氰化炉、井式炉、升降式炉、罩式炉、马弗炉、网带式炉、振底式炉、辊底式炉、水封式炉、气垫式炉
	保温炉	保温炉、铝液保温炉、坑式炉
	其他	烧结炉、热风炉、钎焊炉、镁氯化炉、垂熔炉

续表 16-2-1

工业炉窑类型	亚 类	子 类
非金属用炉	陶瓷、耐火材料、瓦砖窑	陶瓷窑、耐火材料窑、隧道窑、推板窑、辊底窑、倒焰窑、梭式窑、罩式窑、蒸笼窑、轮窑
	水泥窑	水泥窑、回转窑、窑外分解炉、立窑
	玻璃熔窑	玻璃熔窑、池窑、坩埚窑、退火窑、烤花窑
	电子行业用炉	稳定炉、封接炉、排气炉、扩散炉、外延炉、单晶炉、外热式回转窑
	其他	马蹄形搪烧炉、电极焙烧炉、碳素煅烧炉、石墨化电炉、滚筒式炉、干燥炉（室）
石化及化工用炉	管式炉	管式炉、圆筒炉、箱式炉、立式炉、侧烧炉、底烧炉、顶烧炉、对流式炉、辐射室炉、辐射对流型炉
	接触反应炉	接触反应炉、转化炉、一段转化炉、二段转化炉
	其他	热载体加热炉、石灰窑、焚烧炉、煅烧炉、裂解炉、沸腾炉、电石炉
供热	锅炉	循环流化床锅炉

16.2.2 钢包炉衬耐火材料的隔热设计

钢包不但是暂储、运输和浇注钢液的容器，也是炉外精炼用的反应容器，由于钢水需要在钢包中进行多项技术工艺处理（见图 16-2-1），其在钢包的滞留时间显著延长，钢水温度下降较快。为了保证生产顺利进行，需要采用多种方式进行温度补偿。

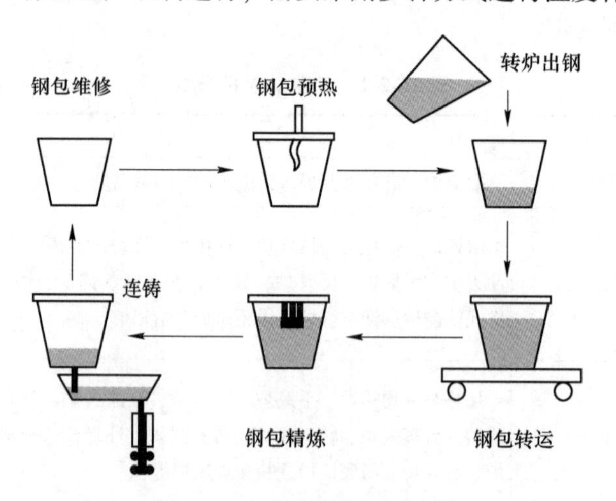

图 16-2-1 钢包的循环示意图

钢包中的温度补偿，使钢包中钢水温度明显提高，会导致钢包内衬的使用条件更为恶劣，迫使传统的钢包内衬耐火材料被碱性含碳耐火材料代替。虽然这对提高钢包寿命起到明显作用，同时造成包壁耐火材料的导热率成倍增加，但是使钢包散热损失更显突出，钢水温降进一步增大，不得不再次采用提高钢水温度的做法，造成恶性循环。

提高钢水温度的必然结果是：一方面是加速钢包包衬损失进程，降低包龄，减少钢产量；另一方面是过热的钢水会加速金属氧化，促使耐火材料进入钢液中，形成非金属夹杂，影响钢材质量，增加能耗，提高生产成本。另外，由于钢液温度较高，散热较快，造成钢包外壳温度较高，从而引起材料的蠕变变形和开裂，严重时导致包壳报废。

为了实现钢包安全高效地保温，针对钢包内衬温度梯度分布及各级内衬材料的高温特性（见表16-2-2），对各级材料的结构参数与钢包内衬的整体隔热进行一体化协同设计，形成安全系数高、节能效果好的钢包内衬。

表16-2-2　钢包用耐火材料的特点

材　料	优　　点	缺　　点
耐火砖	（1）高强度、稳定的炉料； （2）性能容易判断（施工稳定情况下）	（1）比耐火板或毯厚，占用钢包容量； （2）砖缝可能会被钢水渗透； （3）需要熟练的施工技术
浇注料	（1）高强度稳定炉衬，性能会受施工影响； （2）整体性好，无接缝，减少钢水渗透	（1）比耐火板或毯厚，占用钢包容量； （2）需要熟练的施工
耐火板	（1）中等强度，优于耐火毯； （2）可以做得很薄，钢包容量大； （3）易施工	（1）强度不够高，取决于工艺温度； （2）耐火度低和接缝少，钢水容易渗透
耐火毯	（1）可以做得很薄，钢包容量大； （2）易于施工	（1）强度小，隔热或强度容易衰减； （2）耐火度低，钢水容易渗透
微孔板	（1）可以做得很薄，钢包容量大； （2）易于施工	（1）强度小，隔热或强度容易衰减； （2）耐火度低，钢水容易渗透

由于钢包服役时，装满钢水的钢包静压力大、钢水温度高（可达1650 ℃以上），同时钢包在热态下容易变形，导致炉衬材料局部应力集中，容易出现裂缝导致蹿火而局部温度过高，这些都会造成炉衬材料损毁，因此钢包炉衬材料，特别是隔热耐火材料需要强度高、高温体积稳定好。本书作者针对某钢铁公司150 t钢包包衬进行了隔热设计，选择钢包包衬用耐火材料部分物理性能见表16-2-3，设计方案及温度场计算结果见表16-2-4，各层之间的温度场计算如图16-2-2所示。

表16-2-3　某钢铁公司钢包包衬用耐火材料的部分性能与参考价格

炉衬耐火材料	25 ℃下导热系数 /W·(m·K)$^{-1}$	体积密度 /g·cm^{-3}	耐压强度 /MPa	长期使用温度 /℃	参考价格 /元·吨$^{-1}$
永久层-叶蜡石砖	1.0	2.20	—	—	5000
永久层-浇注料	1.6	2.85	—	—	4000
工作层-无碳预制块	2.5	3.05	—	—	8400
永久层-微孔半轻质砖	0.6	1.6	22	1450	7000
保温层-纳米绝热板	0.026	0.40	>1.0	900	200000
保温层-硬质纤维板	0.13	0.85	>1.5	1260	15200
工作层后端-刚玉-尖晶石轻质砖	0.35	1.22	10	1600	11000

表 16-2-4　某钢铁公司 150 t 钢包包衬耐火材料设计

项　目		原有模式	方案一	方案二	方案三	方案四	方案五
工作层-预制块/mm		180	180	180	180	180	150
刚玉-尖晶石轻质砖/mm		—	—	—	—	—	30
永久层/mm	浇注料	60	60	60	—	—	—
	叶蜡石砖	30	—	—	—	—	—
	微孔半轻质砖	—	—	—	60	60	60
保温层/mm	硬质纤维板	—	30	25	30	25	25
	纳米绝热板	—	—	5	—	5	5
钢壳/mm		40	40	40	40	40	40
新包钢壳温度/℃		341	300	262	270	223	149
旧包钢壳温度/℃		415	328	271	280	228	157
钢壳平均温降/℃		378	64	112	103	153	226
单包增加成本/元		按 500 次计	+3456	26580	+7056	+24980	+3396
吨钢成本/元			+0. 046	+0. 36	+0. 094	+0. 34	+0. 046
钢包单重增加/t			-2. 4	-2. 6	-6. 0	-6. 1	-9. 0
降低钢包衬蓄热量/%			至少 8	至少 20	至少 15	至少 30	至少 35

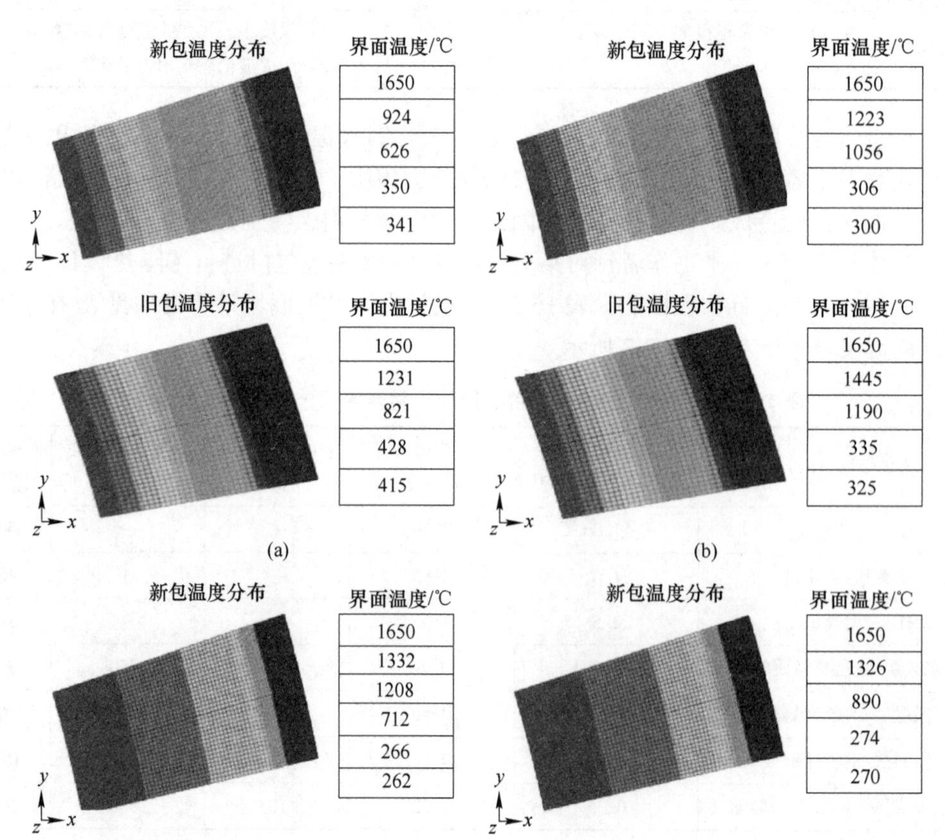

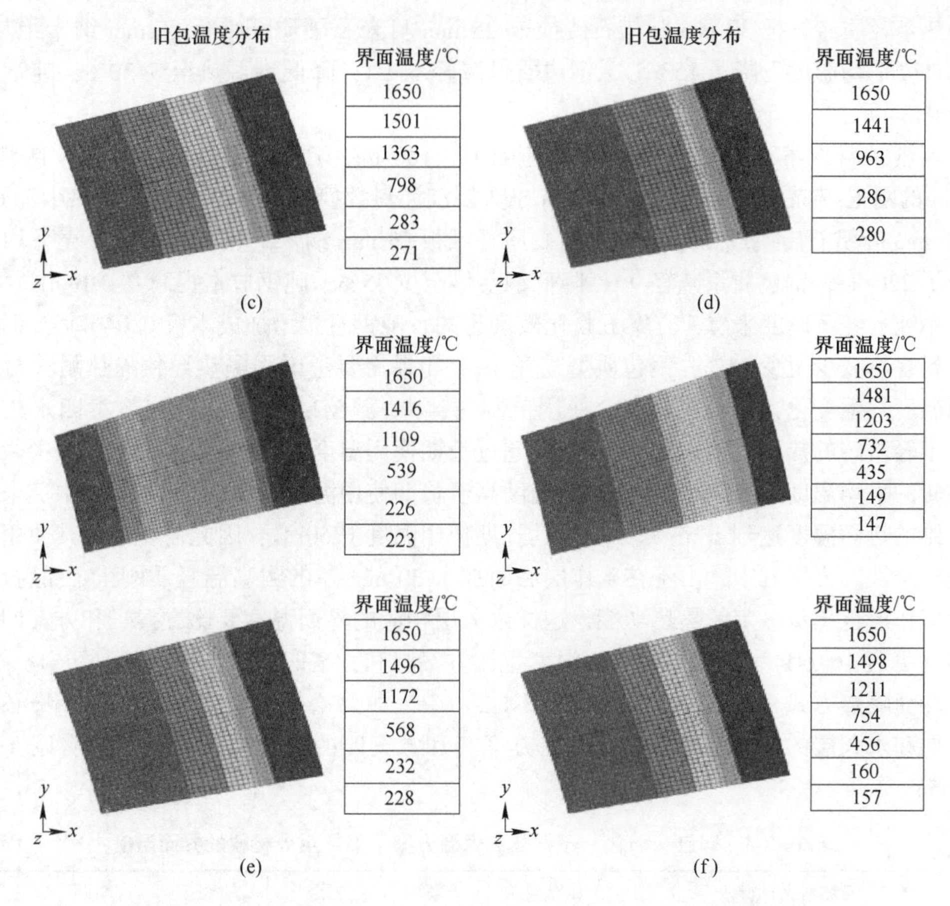

图 16-2-2 某钢铁公司 150 t 钢包包衬不同炉衬材料设计条件下的温度场
(a) 现有方案；(b) 方案一；(c) 方案二；(d) 方案三；(e) 方案四；(f) 方案五

从表 16-2-4 可以看出，钢包内衬原有模式是工作层厚 180 mm，依次为 60 mm 高铝砖、30 mm 叶蜡石砖。由表 16-2-3 可知，这些炉衬耐火材料的常温导热系数均大于 1 W/(m·K)，都不是具有隔热保温功能的耐火材料。刚开始上线的钢包称新包（工作层 180 mm），其钢壳外表温度 341 ℃。工作层拆除时的钢包称旧包（工作层 50 mm），各层界面温度由仿真模拟软件 ANSYS 计算（见图 16-2-2），隔热保温炉衬设计方案如下：

隔热保温方案一：在现有模式的基础上，把 30 mm 叶蜡石砖换成 30 mm 莫来石硬质纤维板，钢包外壳平均温度下降了 64 ℃，钢包质量减轻 2.4 t，降低钢蓄热至少 8%，吨钢成本提高 0.046 元；

隔热保温方案二：在现有模式的基础上，把 30 mm 叶蜡石砖换成 25 mm 莫来石硬质纤维板+5 mm 纳米绝热板（8.3 节中所述的纳米 SiO_2 隔热材料），钢包外壳平均温度下降了 112 ℃，钢包质量减轻 2.6 t，降低钢蓄热至少 20%，吨钢成本提高 0.36 元；

隔热保温方案三：在现有模式的基础上，把 60 mm 永久层浇注料替换成 60 mm 的微孔隔热半轻质砖，把 30 mm 叶蜡石砖换成 30 mm 的硬质纤维板，钢包外壳平均温度下降了 103 ℃，钢包质量减轻 6.0 t，降低钢蓄热至少 15%，吨钢成本提高 0.094 元；

隔热保温方案四：在现有模式的基础上，把 60 mm 永久层浇注料替换成 60 mm 的微孔隔热半轻质砖，把 30 mm 叶蜡石砖换成 25 mm 莫来石硬质纤维板+5 mm 纳米绝热板，钢包外壳平均温度下降了 153 ℃，钢包质量减轻 6. 1 t，降低钢蓄热至少 30%，吨钢成本提高 0. 34 元；

隔热保温方案五：在现有模式的基础上，180 mm 工作层替换成 150 mm 预制块+30 mm的刚玉-尖晶石轻质砖，把 60 mm 永久层浇注料替换成 60 mm 的微孔隔热半轻质砖，把 30 mm 叶蜡石砖换成 25 mm 莫来石硬质纤维板+5 mm 纳米绝热板，钢包外壳平均温度下降了 226 ℃，钢包质量减轻 9 t，降低钢蓄热至少 35%，吨钢成本提高 0. 046 元。

单纯从经济厚度来看，方案五是比较理想的，吨钢直接增加成本仅 0. 046 元，钢包耐火材料蓄热减少至少 35%，钢包质量减轻 9 t；如果需要考虑因隔热导致隔热耐火材料的界面温度发生变化，是否在其安全使用范围内，由表 16-2-5 中可以看出方案四永久层用微孔半轻质砖的热面温度达到 1496 ℃，超过长期使用温度 1450 ℃；尽管该方案中微孔半轻质砖的平均温度为 1334 ℃，但热面温度高于长期使用温度近 50 ℃。方案二中莫来石硬质纤维的热面温度达到 1363 ℃，超过其长期使用温度 1260 ℃，因此需要注意其使用过程中的安全性。方案五中，由于在工作层后面加了 30 mm 厚的耐高温轻质刚玉-尖晶石，相当于工作层也担负一定的隔热功能，这样永久层相应的界面温度要比方案三和方案四要低得多（见表 16-2-5），保温层的界面温度也比方案三和方案四低。

冷面隔热方式（见图 16-1-5 和表 16-1-2）中，如果增加冷面的隔热性能，势必导致保温层和永久层的界面温度升高，这在方案三和方案四的对比结果表现非常明显（见表 16-2-5）。

表 16-2-5　钢包（旧包）不同隔热保温方案下隔热耐火材料的界面温度　（℃）

隔热耐火材料	原有模式	方案一	方案二	方案三	方案四	方案五
永久层-微孔半轻质砖（长期使用温度 1450 ℃）	热面温度	—	—	1441	1496	1211
	冷面温度	—	—	963	1172	754
保温层-硬质纤维板（长期使用温度 1260 ℃）	热面温度	1190	1363	963	1172	754
	冷面温度	335	798	286	568	456
保温层-纳米绝热板（长期使用温度 900 ℃）	热面温度	—	798	—	568	456
	冷面温度	—	283	—	232	160

16. 2. 3　水泥窑炉衬耐火材料的隔热设计

2020 年我国建材工业 CO_2 排放 14. 8 亿吨，其中水泥工业 12. 3 亿吨，水泥工业碳排放占建材工业的约 84%，约占全国总碳排放的 13. 5%。据统计，水泥行业散热损失占总能耗的 10%左右，而水泥窑的大部分散热损失集中在烧成带，因此需要通过优化材料气孔结构组成、整体材质的复合设计、多层材料复合等多种形式，研究开发多种水泥窑用低导热节能材料。

和前面所述的钢包炉衬隔热耐火材料不一样，由于水泥回转窑长期处于运动状态，工作层、隔热层和保温层必须要牢固结合在一起，否则在旋转过程中容易造成工作层脱落而导致停窑。

郑州瑞泰耐火科技有限公司对水泥回转窑炉衬隔热设计进行了详细研究，其基本思路为：基于有限元分析，开展工作层、隔热层和保温炉衬材料界面与层间热-结构耦合优化设计（见图 16-2-3），结合材料界面热态结合强度高通量测试及数年工业应用监测，提出高性能低导热复合材料界面结合强度的判据，解决炉衬材料在动态运行过程中的开裂及脱落难题。以下主要阐述郑州瑞泰耐火科技有限公司对水泥回转窑炉衬隔热耐火材料的设计思路。

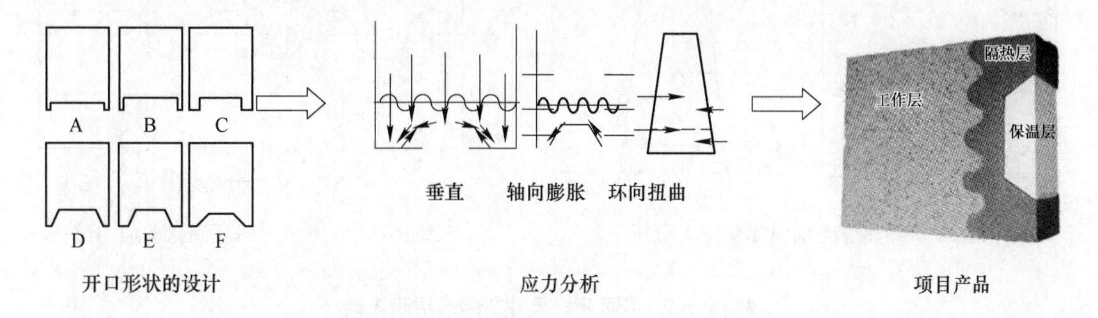

图 16-2-3　基于结合部位受力分析的开口形状设计

16.2.3.1　隔热层与保温层界面形状设计

根据工作层用耐火砖的尺寸，确定隔热层与保温层界面合适的底面积（见图16-2-4），产品的保温效果不仅与隔热材料表面积有关，还与其厚度有着重要关系。隔热材料越厚，保温效果越好，但支撑脚也会越高且脆弱。当隔热层受到来自水泥熟料重力产生的垂直应力影响时，中间部位及相邻两边的应力会沿 45°夹角向边缘部位分散，使中间部位不因悬空而被破坏，如图 16-2-5 所示。当隔热层受到砖与砖之间的轴向膨胀应力挤压时，其余部位压力直接作用于砖的中心，支撑脚部位部分压力沿 45°角向中间扩散，减少了支撑脚因应力过大而折断的概率，如图 16-2-6 所示。当隔热层受到砖与砖之间环向扭曲应力时，由于支撑脚的 45°角，与普通直角相比增加了 50%的接触面积，从而降低了支撑脚因环向扭曲应力而产生的断裂，如图 16-2-7 所示。

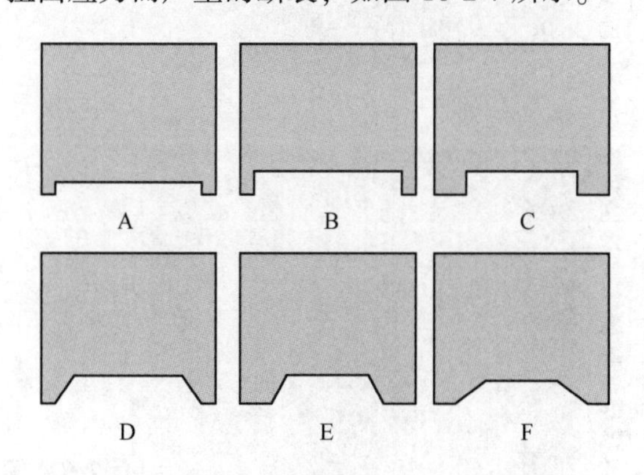

图 16-2-4　隔热层与保温层的界面形状设计

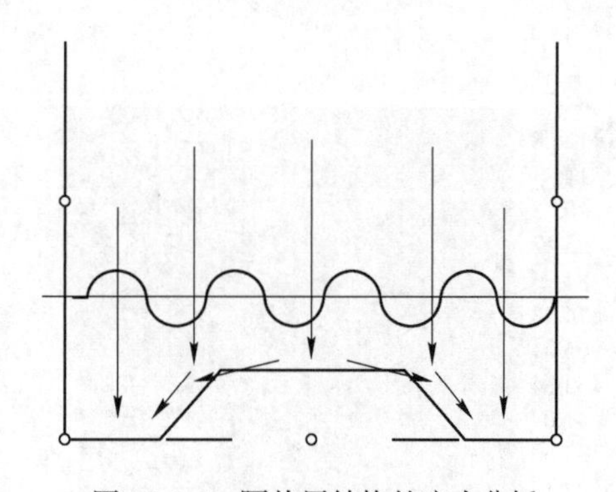

图 16-2-5　隔热层结构的应力分析

根据隔热层的应力分析，采用尺寸为 198 mm×200 mm×69/74 mm、显气孔率 20%、体积密度 2.69 g/cm^3、常温耐压强度 70 MPa、抗折强度 15.5 MPa、导热系数 2.4 W/(m·K)

和热膨胀率为 1.1%的耐火砖，针对开口尺寸（见表 16-2-6）和开口形状，采用有限元法进行了应力分析。

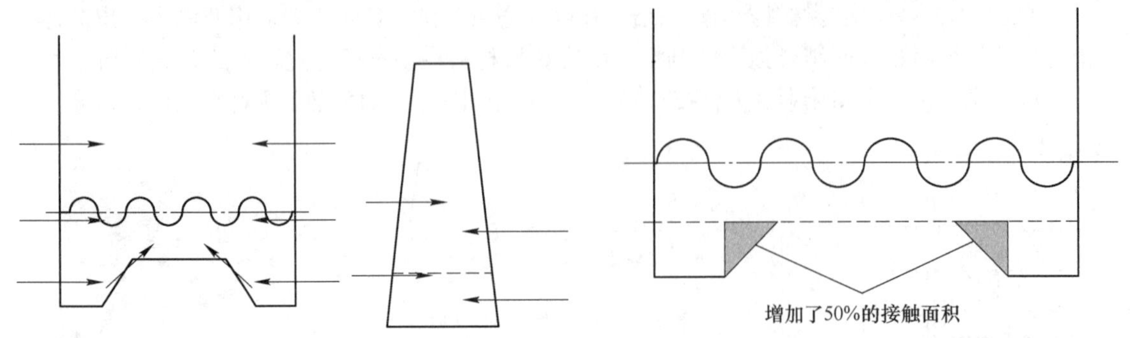

图 16-2-6　隔热层的轴向膨胀应力分析　　图 16-2-7　隔热层的环向扭曲应力分析

表 16-2-6　不同开口尺寸的隔热层耐火砖

编　号	1	2	3	4
开口长度/mm	0	150	130	120
开口高度/mm	0	20	20	30

如图 16-2-8 所示，用计算机模拟了不同开口尺寸下产品的应力分布情况，随着开口

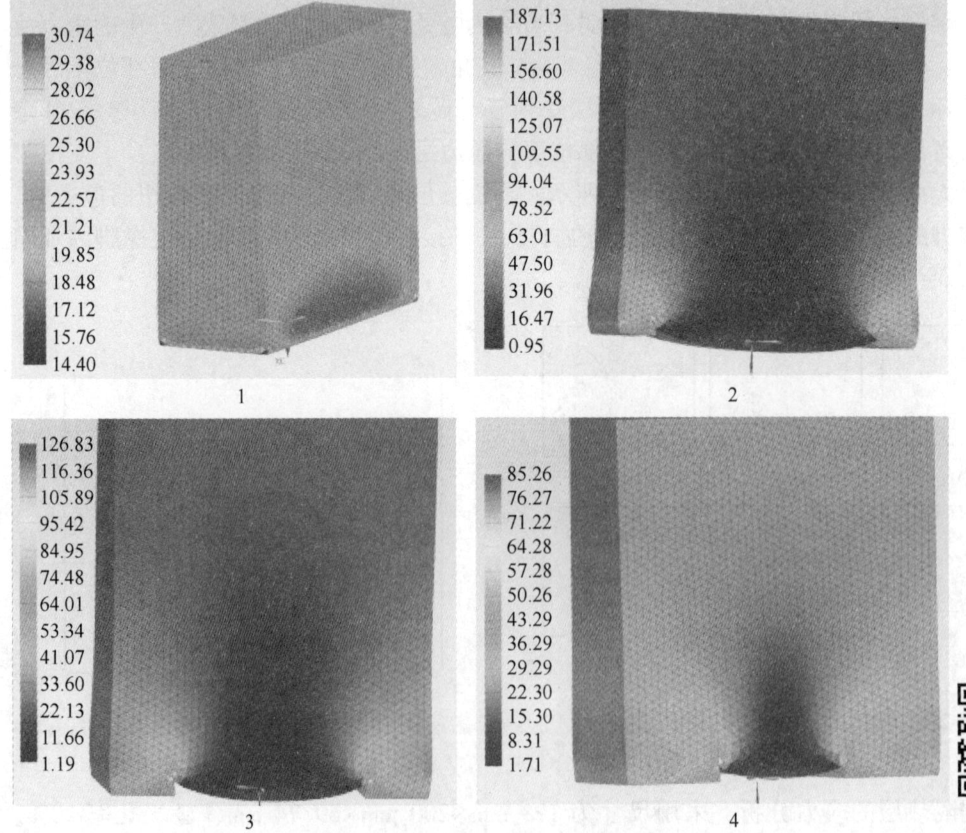

图 16-2-8　隔热层不同开口尺寸应力分析

图 16-2-8
彩图

尺寸的增加，应力集中在开口内侧两端。开口尺寸为 120 mm×30 mm 时，开口形状如图 16-2-9 所示，不同开口形状下，应力集中点有所不同，其中以梯形受力最为均匀，效果最好。

图 16-2-9　开口尺寸为 120 mm×30 mm 时不同开口形状应力分析

(a) 直角；(b) 圆角；(c) 45°角；(d) 60°角

图 16-2-9 彩图

16.2.3.2　水泥回转窑烧成带与过渡带隔热设计

现有水泥窑烧成带大多使用镁铁铝尖晶石砖，使用寿命一般在 12 个月左右。但镁铁铝尖晶石砖导热系数太大（≥3.3 W/(m·K)），在使用过程中会出现部分烧成带筒体外壁温度较高（新砖使用 3 个月后平均 340 ℃左右，最高时能达 400 ℃）。

筒体外壁温度高，一方面使窑筒体散热增加，从而加大熟料热耗，引起熟料单位成本增加；另一方面极易使筒体受热膨胀，致使窑 1 档、2 档托轮瓦温度升高，磨损加快，尤其是在内衬使用后期或夏季给设备运行带来隐患。此外，筒体过热增加了机械设备的损坏概率，加速了筒体变形，筒体变形又加速了内衬的机械破坏，其结果是掉砖、停窑，影响水泥回转窑的运转率。

如前面所述，炉衬耐火材料要达到高效隔热保温效果，工作层、隔热层和保温层需要各自承担一些隔热保温功能，因此在水泥窑工作层用镁铁铝尖晶石砖也需要低导热化，对镁铁铝尖晶石砖进行优化设计，从以前的 3. 15 W/(m · K) 降低到 2. 80 W/(m · K)，如图 16-2-10 所示。当镁铝尖晶石加入 10%时，其常温耐压强度和热震稳定性都达到最高，如图 16-2-10（a）所示；而导热系数由 3. 15 W/(m · K) 降到 2. 85 W/(m · K) 时，工作层的导热系数降低了 11%，如图 16-2-10（c）所示。

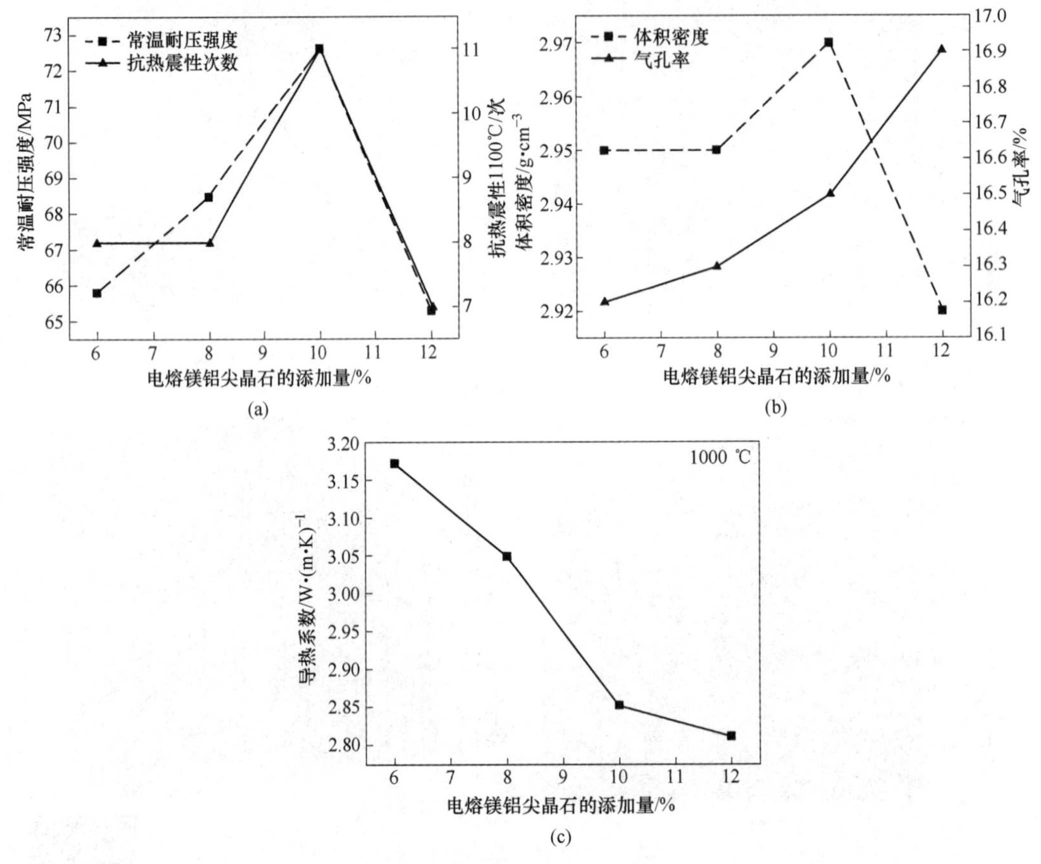

图 16-2-10 电熔镁铝尖晶石添加量对镁铁铝尖晶石砖性能的影响

（a）常温耐压强度和抗热震性次数（1100 ℃水冷）；（b）体积密度和气孔率；（c）导热系数

除了烧成带工作层设计外，还对隔热层和保温层进行了坚固设计，如图 16-2-11（a）所示；过渡带工作衬主要为莫来石-碳化硅材料（导热系数约 2. 4 W/(m · K)，也称硅莫砖，加入红柱石后称为硅莫红砖），其隔热层可选用导热低的莫来石砖（导热系数为 1. 6 W/(m · K)），保温层则用莫来石质硬质纤维板（导热系数为 0. 15 W/(m · K)）。

16. 2. 4 锂离子正极材料焙烧窑炉炉衬耐火材料隔热设计

新能源汽车的发展对于解决我国环境、能源安全、经济发展等问题具有重要意义，锂离子动力电池是新能源汽车的能源供应系统最核心的部件。我国成为全球最大的锂电池生产国（全球77%）和消费国（全球60%），而且市场份额还将进一步提升。锂离子正极材

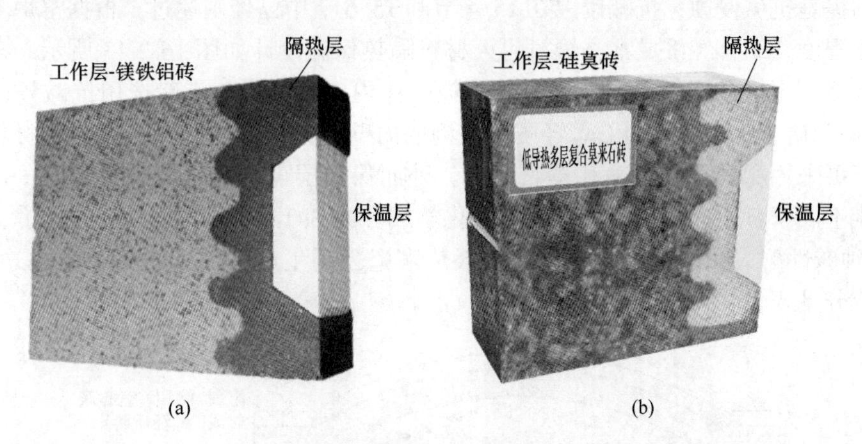

图 16-2-11　水泥回转窑烧成带(a)与过渡带(b)隔热设计示意图

料占电极材料中的比重约 50%，工业上 80%的锂离子电池正极材料的焙烧多在辊道窑、推板窑内高温固相合成，高温焙烧过程发生分解、化合和扩散等反应（见图 16-2-12），对正极材料的质量和性能至关重要。

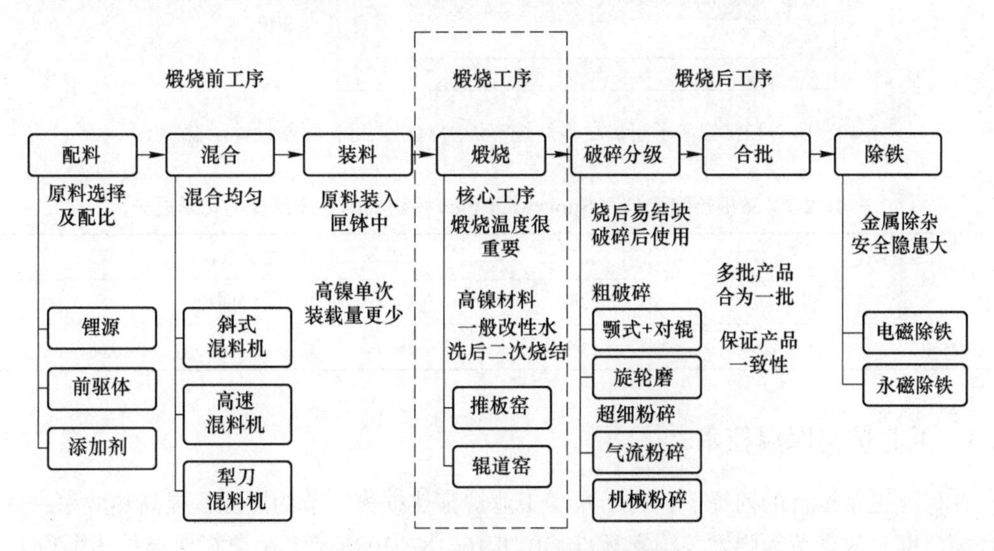

图 16-2-12　锂离子电池三元正极材料制备工序

在焙烧过程中，高温下含锂化合物因强碱蒸气会与炉衬发生反应，造成炉衬材料剥落和匣钵破坏，不仅对正极材料造成污染、降低电池的质量，而且还影响焙烧装备安全高效稳定运行。

在锂离子正极材料焙烧过程中，作为主要的炉衬耐火材料，传统的莫来石轻质砖由于受到前驱体挥发气氛的侵蚀，产生剥落，炉衬寿命降低，不仅影响生产安全同时也降低了生产效率，提高了生产成本；同时，剥落的炉衬材料落入锂离子电池正极材料中，并与之发生反应，将会降低产品质量。

每种窑炉工艺特点不一样，其隔热保温设计也需要遵从一些前提原则，水泥回转窑的隔热保温设计是工作层、隔热层和保温层之间必须紧密结合，而锂离子正极焙烧窑炉隔热设计的前提是抗碱侵蚀，抗碱侵蚀在 15.4 节和 15.6 节中已经阐述过。根据窑炉不同部位的碱侵蚀程度，结合经济成本，炉衬耐火材料隔热保温设计如图 16-2-13 所示。窑顶内壁部分被碱蒸气侵蚀最厉害，剥落后容易污染匣钵内正极材料，一般选用抗碱侵蚀优良的 Al_2O_3空心球砖，也可以使用 CA_6轻质砖；侧墙内壁，侵蚀情况较轻且对正极材料污染影响不大，可采用“28”型的微孔莫来石砖，外面保温层可用抗碱纤维棉或毯，这种抗碱耐火纤维不同于普通硅酸铝纤维，它主要化学成分为 SiO_2、CaO 和 MgO，Al_2O_3含量低于 1%，是种碱性耐火纤维，典型产品为摩根热陶瓷公司生产的“Superwool Plus 短切棉”，其化学成分见表 16-2-7。

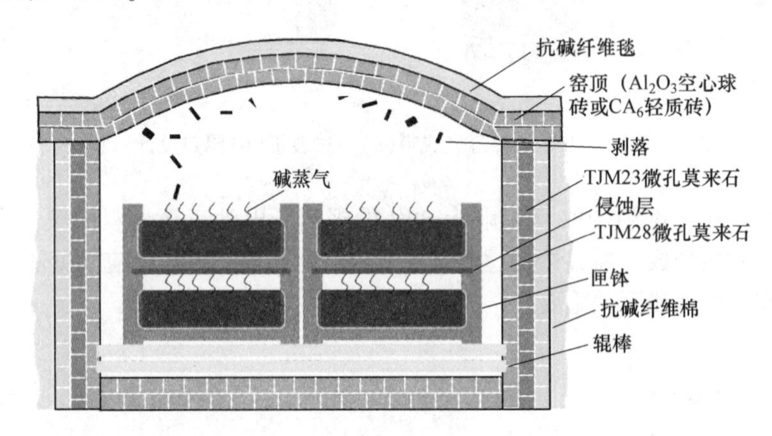

图 16-2-13 锂离子正极材料焙烧窑炉炉衬耐火材料隔热设计示意图

表 16-2-7 摩根热陶瓷公司 Superwool Plus 短切棉的分类温度与化学成分

项 目	分类温度/℃	成分（质量分数）/%			
		SiO_2	CaO	MgO	Al_2O_3
指标值	1200	64.8	28.9	5.7	0.4

16.3 工业炉窑保温技术

在保证正常运行的前提下，为了减少工业炉窑热损失、节约能源，提高热效率，并降低环境温度，改善劳动强度，国家标准 GB/T 16618—1996《工业炉窑保温技术通则》中对一些专用术语、隔热保温设计及结构选择、保温层厚度计算、保温材料的选择以及施工等方面做了一些规定，以下对该标准做一些描述。

16.3.1 术语

16.3.1.1 保温

保温（或称隔热、绝热，thermal insulation）是指为减少工业炉窑及其排烟、余热回收系统向周围环境散热并改善操作条件，对其砌体采取增加热阻降低外表面温度的措施。尽管“保温”“隔热”和“绝热”这三个词具有相同的意思，但三者还是有一些差别，“保温”一词比较通用，但一般对耐火材料来说，多用“隔热”一词，有高温保温的含义，例如国家标准 GB/T 18930—2020《耐火材料术语》中一般称隔热耐火材料，是指具有低导热系数和低热容量的耐火材料；而“绝热”一词，多用于温度较低情况下的保温，常见于建筑行业，例如国家标准 GB/T 4132—2015《绝热材料及相关术语》中绝热材料是指用于减少热传递的一种功能材料，其绝热性能取决于化学成分和（或）物理结构。

16.3.1.2 砌体

砌体（lining）是指工业炉窑用耐火保温材料砌筑的炉体部分（包括炉顶、炉墙、炉底）及其排烟和余热回收设施的内衬，而国家标准 GB/T 18930—2020《耐火材料术语》对“砌体（brickwork）”一词的解释是用定形、不定形、耐火陶瓷纤维等耐火材料砌筑成的实体。

16.3.1.3 工作层、保温层和保护层

砌体各部位沿厚度方向一般用不同的材料组成，内部靠近高温的一层为耐火层（refractory lining，也称工作层），其外为保温层（insulation lining，也称隔热层）。按需要，有时保温层用不同的材料组成，可有两层或两层以上的保温层；有时保温层兼作工作层（耐火层）。保温层外用钢板或其他坚实材料保护，称为保护层（outer protecting lining，也称外层）。

对于炉衬耐火材料层的划分，不同行业可能都有不同称谓，例如钢铁行业中钢包（16.2.2 节），炉衬耐火材料一般分为工作层、永久层和保温层，按照隔热保温功能来说，永久层和保温层都具有隔热保温功能，根据国家标准 GB/T 16618—1996《工业炉窑保温技术通则》中所规定的，钢包的永久层和保温层，也可称为隔热层（保温层）。也有人将炉衬耐火材料分为工作层、隔热层和绝热层（保温层），这三层由里到外温度依次降低，也符合高温、中温和低温的一致性。不同行业，炉衬耐火材料有着不同的应用场景，也有一些约定成俗的叫法，因此需要注意炉衬耐火材料层的划分和称谓。

16.3.1.4 交界面温度

交界面温度（interface temperature）是指炉窑工作时，砌体不同材质分界处的温度。交界面温度，也称界面温度，不同炉衬耐火材料的界面温度，按温度的高低来分可称热面和冷面。以钢包耐火材料内衬（一般分为工作层、永久层和保温层）来说，工作层的冷面温度就是永久层的热面温度，永久层的冷面温度即保温层的热面温度。

16.3.2 保温设计及结构选择

保温设计及结构选择主要注意以下几点：

（1）工业炉窑在选用耐火材料作为砌体工作层的同时，要配合选用适当保温隔热材料。

（2）工业炉窑，以减少向周围环境散热为主要目的时，宜将保温隔热材料作为砌体的隔热层；以减少砌体蓄热为主要目的时，宜将保温隔热材料作为砌体的工作层。这也是 16.1.2.1 节中讲述冷面隔热和热面隔热的隔热方式。

（3）工业炉窑及其排烟和余热回收设施，各部位砌体的耐火层和保温层应按不同的工作温度选用不同的材料，并采用不同施工方法进行砌筑。保温后炉体外表面温度不得超过国家标准 GB/T 3486—93《评价企业合理用热技术导则》附录 A 中表 A6 规定的温度值，见表 16-3-1。

（4）炉体保温层一般不考虑承受外力。当炉墙过高、在工作温度下保温层自重超过

材料所能承受的负荷时，应采取分层承托或吊挂等措施，以减少其自重的影响。竖墙底部、拱脚砖背后及其他受力部位均应选用有足够强度和相应使用温度的材料。

(5) 高温火焰炉炉体上的门、孔、洞及贯通缝周围，应采用适当的耐火材料砌筑，其保温层不得外露。

(6) 炉墙及需要保持砌体牢固与严密部位的保温层外部应设钢板壳及必要的钢结构，或其他保护层。

表 16-3-1 国家标准 GB/T 3486—93 中工业炉窑炉体外表面最高温度 (℃)

炉内温度	外表面最高温度	
	侧 墙	炉 顶
700	60	80
900	80	90
1100	95	105
1300	105	120
1500	120	140

注：1. 表中数值是在环境温度为 20 ℃时，正常工作的窑炉外表面平均温度（不包括窑炉的特殊部分）。

2. 本表不适用于工业窑炉：(1) 额定热负荷低于 0.85×10^6 kJ/h；(2) 炉壁强制冷却；(3) 回转窑。

16.3.3 保温层厚度计算

尽管 16.1.3 节主要叙述了炉衬隔热耐火材料经济厚度的设计原则，本节还是根据国家标准 GB/T 16618—1996《工业炉窑保温技术通则》阐述以下保温层计算的主要注意事项：

(1) 工业炉窑在炉体热平衡中作炉体的传热计算。根据砌体组成及初选的各层厚度计算交界面温度、外表面温度及散热损失，验证所选材料及厚度是否满足要求，并对不同的耐火材料及保温层的组合进行多方案的技术经济比较，求得优选效果。一般应使用多层砌体传导传热计算软件，以求迅速精确。

(2) 间歇生产的工业炉窑，应作蓄热计算。

(3) 保温层交界面的最高温度不应超过该保温材料的最高安全使用温度，并必须留有适当余量。

16.3.4 保温材料选择

保温材料的选择，一般遵循以下规定：

(1) 应选用导热系数较低，并有明确的、随温度变化的导热系数方程式或导热系数数据表的材料。对松散或可压缩的保温材料及制品，应具备在使用条件下的导热系数方程式或导热系数数据表。

(2) 硬质成型制品的抗压强度，应能满足使用条件的要求。

(3) 保温材料及其制品的性能中应注明最高安全使用温度。

(4) 应采用非燃烧性材料，必要时尚需注明含水率、吸湿率、热膨胀系数、收缩率、抗折强度、腐蚀性及耐腐蚀性等性能。

(5) 所选用的保温材料，其性能应符合相应的国家标准或行业标准的规定，并按有关标准规定的方法执行。

16.4　隔热耐火砖的生产与应用

隔热耐火材料主要分为定形和不定形隔热耐火材料两种，第 14 章阐述了不定形隔热耐火材料，本节主要讲述定形隔热耐火材料的生产与应用。

定形隔热耐火材料主要指隔热耐火砖（insulating firebricks，IFB），是一种很早便广泛应用的多孔隔热耐火材料，其发展历史见 1.4.3 节，本节主要叙述 Al_2O_3-SiO_2 系隔热耐火砖的生产与应用。

16.4.1　隔热耐火砖的生产

任何隔热材料生产过程的目的，就是尽可能多地造成微小的封闭气孔以达到隔热效果。气孔周边的材料从隔热的角度来说是无用的，其作用在于提供结构强度。隔热耐火砖中成孔方法和成型方式见本书第 3 章。

隔热耐火砖中的主要结合材料是黏土或混合黏土，用以形成砖的外形。IFB 需要高质量的黏土，要保证高温使用条件下隔热耐火砖仍具有很高的结构强度，必须采用高纯度的黏土。在更高温度级别的隔热耐火砖中则需要另外加入高纯的 Al_2O_3，与黏土一起制成砖块。IFB 主要成孔方法为烧失法（燃烬物法），黏土和烧失材料混合在一起通过不同的成型方式制成砖坯，其中最常见的是通过挤泥法以获得需要的坯体密度，另外的方法则是通过甩泥或浇注成型。

采用大尺寸的砖坯或小尺寸砖坯成型的方式决定了生产能力的大小。所有采用烧失工艺生产的隔热耐火砖都会在烧成时产生收缩，因此成型泥坯体积必须大于成品砖的体积。小尺寸砖坯是指不再切分的单块（标）砖坯，大尺寸的砖坯是指可切成四块或更多块标砖的大坯。

大尺寸或小尺寸砖坯都需要先干燥，然后在连续工作的隧道窑内在一定的温度下烧成，以达到所需要求的性能，通常来说烧成是隔热耐火砖生产中的最关键环节。

磨切加工也是隔热耐火砖生产的一道主要工序。大小尺寸的砖坯通过全自动磨切后形成各种尺寸和形状的砖形，这种产品比干压成型的重质耐火砖的尺寸公差更小。

磨切加工后的隔热耐火砖随后被小心装入包装纸箱，并用托盘码放（也可采用收缩膜）以便运往施工现场。现在已有多种包装方式可以满足不同现场条件下的特殊需求，有些方法适用于大型的施工现场。

不同的隔热耐火砖生产商采用的工艺、原料和成型方法各不相同，因此，耐火材料的用户应注意不同厂商所产隔热耐火砖的区别。正因为有多种性能不同的高质量产品可供选择，用户可研究这些产品并根据特殊使用要求作出最佳的选择。

16.4.2　隔热耐火砖的优缺点

和重质耐火砖相比较，隔热耐火砖具有以下一些优点：

(1) 隔热耐火砖具有很好的隔热性能，扩展了传统耐火材料的功能。

（2）隔热耐火砖质量轻，因而蓄热很低，而质量轻又使得砌筑更方便。除此以外，基础结构和钢结构都可减轻且费用降低，其总质量可降低80%。

（3）在隔热耐火材料系列中，隔热耐火砖具有最高的耐压强度，高温下具有自我支撑强度。隔热耐火砖可与重质耐火砖混砌，以增加整体结构的强度。

（4）隔热耐火砖需经磨切加工成最终形状，因此比重质耐火砖的尺寸公差更小。这样可使砌筑体更紧凑，减少通过砖缝的热损失，并且砌筑速度更快。

（5）大多数的隔热耐火砖中杂质含量很低，而杂质含量会在很多应用领域影响砖的使用性能。隔热耐火砖可应用于很多含氢气氛的炉窑炉中。

（6）隔热耐火砖可以有各种形状，或者是生产商直接提供的异形砖，或者是没有砖缝的大块砖。

（7）隔热耐火砖在施工现场锯切很方便。

隔热耐火砖具有以下一些局限性：

（1）一般来说隔热耐火砖强度低于重质耐火砖，这一点对大型结构的砌筑会有影响。在高温荷重情况下，隔热耐火砖更容易产生变形而损毁。

（2）隔热耐火砖的抗磨损能力也较低，不宜用于烟道砌筑，因为烟道中有高速气流和产生磨损的固体介质。不过在水泥窑炉中的应用例外。

（3）比起其他多数重质耐火材料来说，隔热耐火砖的抗热剥落和机械剥落性能要差一些，因此在一些很苛刻的环境下隔热耐火砖的应用受到限制。比如，在厚板坯加热炉中，热震和机械振动均很剧烈。

（4）隔热耐火砖不能应用于会使 Al_2O_3-SiO_2耐火材料熔蚀的化学环境中。

16.4.3 隔热耐火砖的产品类型与规格

16.4.3.1 隔热耐火砖的温度级别

现有的ASTM C155-97（2013）分类标准中表1-4-3以密度（导热系数的参考依据）和加热永久线变化为依据进行分类。

此外，应注意加热永久线变化试验温度是以建议的最高使用温度减50 ℉（约30 ℃）。比如说23级砖，也即2300 ℉（1260 ℃）级砖，其加热永久线变化测试温度为2250 ℉（1230 ℃），要求收缩率最大值不超过2%。事实上，从说明书上的性能指标中就会发现所列隔热耐火砖的加热永久线变化率远小于2%，见表5-2-6。

值得注意的是，在加热永久线变化测试时砖的6个面均受热，因此收缩值比实际应用中的砖（单面受热）的收缩值要大得多。在2250℉（1230 ℃）温度下收缩率小于2%的砖，可以认为在氧化气氛下，单面能够直接承受2300 ℉（1260 ℃）的温度。当用于背衬层时，如果砖的大部分所承受的温度较低，且强度仍足够大时，其中一小部分所承受温度略高于通常建议的使用温度时也是安全的。

除上述因素外，其他因素如高温荷重变形也是需要考虑的。在特殊的应用领域，必须考虑砖的平均温度（即中心点温度），以确保高温载荷下变形不成为安全问题。

16.4.3.2 隔热耐火砖的规格

一般隔热耐火砖有标准砖形和特殊砖形两种。

（1）标准砖形（standard size brick）系列。目前标准砖形64 mm和76 mm两种系列

(厚度）的砖都在使用。采用 76 mm 的砖砌筑速度更快，运到现场的砖数更少，砖缝也要少 1/6，故而耐火砌筑体的热损失也相应减少。但是，目前国内由于设计规范和传统习惯还是使用 65 mm 的砖形更普遍些。

（2）特殊砖形。例如，侧厚楔形砖，俗称刀口砖（side wedge bricks）；竖厚楔形砖，俗称斧形砖（end wedge bricks）和圆环形砖（circle brick）等。与重质耐火砖不同的是，隔热耐火砖可加工成特殊的规格。例如，异形刀口砖可用于砌拱顶，整个拱顶只用一种规格的刀口砖，简化了现场工作，而且砌筑体更加稳定。

隔热耐火砖的厚度通常建议不超过 100 mm，大于这一厚度的砖由于其本身的隔热性能使得烧成比较困难，因此大于 100 mm 厚的砖可由胶泥黏结而成。生产非常大块的砖通常是先用高黏结强度的胶泥将特殊形状的隔热耐火砖黏结好，然后再进行切割加工。很显然，由大砖坯黏结成的特大形砖，砖缝会更少。

异形砖的加工设备通常是多功能的。采用磨、锯和钻可加工出任意形状的隔热耐火砖。在砖形设计中需注意避免太小的锐角，因为容易折断。另外，就是要避免太小的断面。

16.4.3.3　隔热耐火砖的砌筑方式

隔热耐火砖主要应用在高温工业热工设备的热面衬体和隔热背衬，这些设备广泛应用于采用高温热处理工艺的领域，如金属冶炼、金属加工、压力阀加工、锻造和铸造等。其他主要的应用领域有炼油和石化，在此行业中原油和其他化工原料需被加热到一定的工艺温度。所以，在这些热工设备中需要研究隔热耐火砖的应用方式和砌筑方式。

（1）强度与成本。对隔热耐火砖来说，存在一个在砌筑上需实际考虑的问题，基本上耐火材料的用户总是希望尽可能使用强度最高的耐火制品。通常说来隔热耐火砖的温度级别越高，其强度越高。但是，其价格也越高，且隔热性能更低。所以，砌筑上对强度的要求越高则成本越高。在隔热耐火砖的选用和砌筑方法的设计中需要全面考虑，兼顾砌筑成本、砖的使用寿命以及整个项目寿命期内的燃料消耗。

（2）等效标准砖（equivalent standard brick，以下简称等效标砖）。耐火材料工业，无论是生产重质耐火砖还是生产隔热耐火砖，对砖的外形都制定了标准。由于耐火砖在尺寸规格上与建筑用砖有所不同，耐火材料工业用了一个专门的名词来说明什么是“一块砖”，这么做是因为工程上使用的砖的总块数需要有一个标准的说法来界定，这个标准的说法就是“等效标砖（BE）”。

230 mm×114 mm×65 mm 的规格就是一块等效标砖，依此类推 230 mm×114 mm×76 mm的规格就是 1.20 等效标砖。一段砖墙可能需要 1200 块等效标砖，那么它可能由 1200 块 230 mm×114 mm×65 mm 的标砖或 1000 块 230 mm×114 mm×76 mm 的砖砌成，甚至可能由 400 块 295 mm×230 mm×76 mm 的砖砌成，因为这一规格的 1 块砖相当于 3 块等效标砖。

等效标砖的概念对于估算砖的用量是很有用的，计算时可先算出等效标砖数，然后折算成各种实用砖形的具体数目。计算不同厚度墙体的等效标砖数时，用表 16-4-1 中的倍乘系数进行计算。曲面墙按同样方法计算，但需采用曲面的外圆尺寸。

表 16-4-1　每平方米等效标砖

墙体厚度/mm	等效标砖/BE
65	38.1
114	66.9
230	135.0

注：1 m^3 = 586.75 BE；1 BE = 1.7 dm^3。

（3）胶泥（mortar）和砌筑方法。隔热耐火砖需要用合适的胶泥砌筑，胶泥选择错误不仅会降低砌筑速度，而且还会损害砌筑体的强度和使用寿命。

1）良好的保水性能。胶泥的第一重要性能是具有较长的保水时间，隔热耐火砖是多孔材料，能很快将一般胶泥中的水分吸掉，这一过程通常很快以至于泥瓦工来不及砌砖并挤出多余的胶泥，最坏的情况是砖与砖之间会很快黏牢使得砖无法滑入合适的位置。这样的结果是砖缝很厚，胶泥松脆无强度并且几乎没有黏结性能，大多数的隔热耐火砖生产商都能提供具有良好保水性能的胶泥。

2）高强度气硬性胶泥。胶泥还应具有气硬性能以使得砌筑体具有强度和稳定性，如果砖之间黏结不牢，则砌筑体会松动并鼓凸，导致返工。

使用气硬性胶泥是因为它是强度最高的胶泥。另一个使用气硬性胶泥的原因是，大多数情况下隔热耐火砖的使用温度没有高到足以使热硬性胶泥产生强度的程度。应当知道，即便是工作温度高达 1430 ℃时，由于墙体温度在隔热耐火砖炉墙厚度方向急剧下降，有利于形成陶瓷结合的高温仅存在于砖的热面的 1.25～2.5 cm 处，而墙体的其余部分仍未被黏结。胶泥使用时，隔热耐火砖的结合缝应越薄越好，最好的状况是使砖的表面相接触而仅在凹陷处填充胶泥。

3）黏浆法砌缝（mortar masonry）。最常用的也是最好的胶泥用法是所谓的“黏浆法”，胶泥被稀释到均匀一致并开始具有流动性的乳脂状，将砖先浸渍到此胶泥中，然后砌筑。供应的湿态胶泥通常为适用于抹浆的稠度，达到乳脂状的稠度需要额外加水。浸渍砖块时需小心避免胶泥附着在砖的热面，因为这一附着层容易剥落。

4）抹浆法砌缝（plastering method）。采用抹浆法将胶泥在隔热耐火砖上抹得很薄是一件困难的工作，这种砌砖法非常普遍，但不应提倡，因为需要较高的技能，而这种技能仅有少数的泥瓦匠才能掌握。合格的泥瓦匠才能熟练地砌筑薄砖缝的墙体。不过对于炉窑炉的圆顶，通常仍采用抹浆法砌筑。

5）砌砖（brickwork）。砌砖的工作应当组织有序，胶泥桶应当放在泥工顺手的位置以方便砌砖，这样不仅可加快砌砖的速度，而且能保证胶泥在砌砖时仍然润滑并有可塑性。通常的砌筑方式是先将砖落放在离最终位置一手指宽的地方，然后将砖滑入到位。如果采用的不是高保水性胶泥，则隔热耐火砖应首先在很稀的胶泥液中浸湿，然后再采用黏浆法砌筑，这种方式的不利之处是砌好的炉衬需要很长的烘烤时间。隔热耐火砖也可以干砌，对于某些特殊的应用领域，干砌是最好的方法。干砌的好处之一是每块砖的接缝处都可以允许产生膨胀移动，若砌了胶泥以后，膨胀则只能集中在膨胀缝处。用在背衬层的隔热耐火砖经常采用干砌的方法。

16.5　墙的砌筑

16.5.1　平直墙

平直墙的结构类型如图 16-5-1 所示，IFB 的最常用砌筑方式是全顶面砌或顶面顺面交错砌法，除非有其他因素的影响，这两种砌法是通常推荐的砌法。

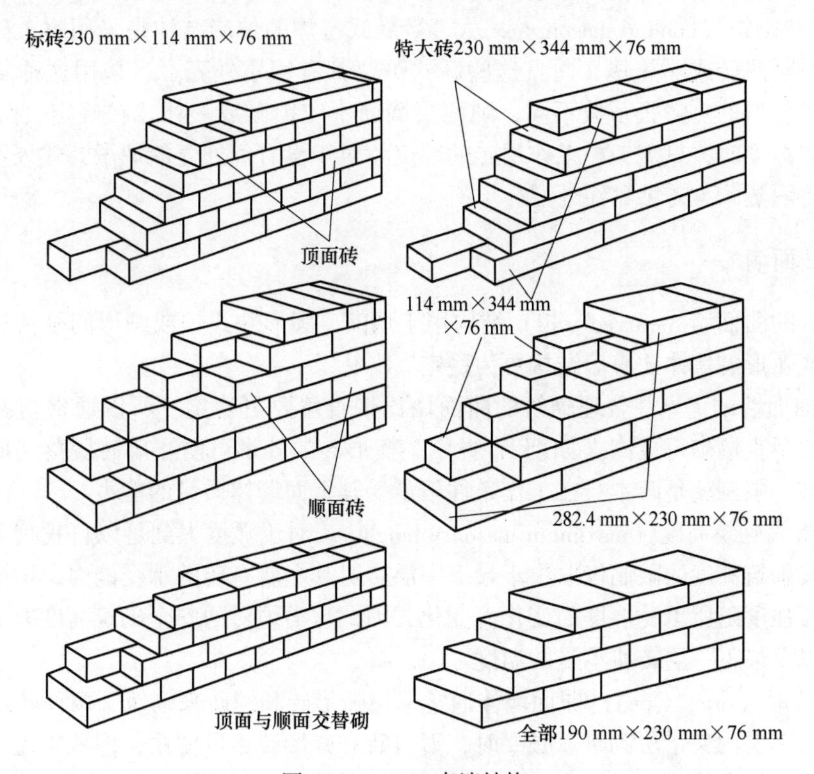

图 16-5-1　IFB 直墙结构

（1）最大允许的无支撑砌砖高度。114 mm 厚无支撑墙体的高度不应大于 0. 9 m。230 mm厚，采用砖钩的交错砌墙体，高度可允许达到 2. 4 m。同样砌法，344 mm 厚的墙体，高度可允许达到 3. 66 m。

（2）顶面砌法（top masonry）。

1）全顶面砌。很多 230 mm 厚的砖墙采用这一砌法，比如说罩式退火炉。这种结构的优点之一是稳定可靠，背衬砖（backing brick）所处的温度较低。因而，对于工作温度接近砖的极限使用温度的环境来说，这是一种经常采用的结构。

2）大部顶面砌。这种砌筑体具有全顶面砌体的大多数优点，但更为坚固，这种砌法通常是三层或四层顶面砌夹一层顺面砌。

3）顺面砌法（stretcher courses）和全顺面砌（total stretcher courses）。此砌法不太坚固亦不推荐这种砌法，除非墙体高度低于 0. 9 m 或有其他方式支撑，比如采用砖钩或者是采用胶泥在炉壳与重质耐火砖墙体间黏结。不过即使是高度低于 0. 9 m 的墙体，其他砌筑方式也仍是首先推荐的。

4）大部顺面砌（most stretcher courses）。这种砌筑体广泛用在工作层耐火砖承受熔渣或其他化学物侵蚀的领域，其优点是 114 mm 厚的工作衬砖可维修更换，此层砖通过非工作衬砖固定。

5）顶面与顺面交错砌法（altemate headers and stretchers）。厚度为 230 mm 和 344 mm,以顶面和顺面交错方式砌筑的结构非常牢固，并被认为是“好方法”。这种砖墙常见于加热/热处理炉中，尤其是在与重质耐火砖混用时。

6）黏结砌筑（bonded masonry）。大多数新式窑炉的炉墙结构是采用耐火砖或隔热耐火砖加背衬隔热砖或隔热块，而且这些新式炉窑都有钢质外壳。当采用这种复合衬结构时，若两种材料的热膨胀系数不同，则两层墙面不应锁砌成一体。在确定（无支撑）最大允许墙体高度时，只需考虑工作层砖的厚度。对于没有钢外壳的炉子，建议不要采用黏结的方式将隔热耐火砖粘贴在外层砖上。

16.5.2　曲面墙

大多数的曲面墙（curved wall）结构用于烟囱、圆形井式炉或圆形间歇窑炉等。一般来说，砌成弧形的墙体比直墙结构更为稳定。

（1）曲面墙的优点。合理砌筑的曲面墙比平直墙要更稳定，所以通常情况下曲面墙可以允许比平直墙砌得更高（如烟囱内衬）。楔形砖的外形可防止墙砖脱落，所以对于墙体高度的唯一限制就是砖本身在工作条件下承受其上面墙体质量的能力。

（2）最大砌筑高度（maximum masonry height）。对于弧度大到足以自我咬合的墙体结构来说，其砌筑高度的限制仅取决于最下一层砖对其上所有砖的承受能力。由于所有耐火材料的耐压强度随所承受温度的变化而变化，因此这类炉衬的安全砌筑高度取决于选用的砖的级别以及最下一层砖所承受的温度。

（3）砖形（brick type）。曲面墙体通常采用弧形砖和锁砖来砌筑，两种砖或采用层间交错，或采用层内交错法砌筑。必要时，刀口砖和斧形砖也可使用，但效果差很多。当用隔热耐火砖砌筑曲面墙（见表 16-5-1）或顶时，最好采用异形刀口砖砌弧，而不应像重质耐火砖的习惯砌法一样采用标砖和标准楔形砖砌筑。

表 16-5-1　曲面墙砌筑

墙体厚度/mm	建议砖形	其他可用砖形
114	环形砖	有时也用刀口砖 171 mm 代替 114 mm 环形砖，但不建议采用
230	锁砖	环形砖和锁砖的组合，与砌直墙的组合一样。砌大直径衬体时全部用锁砖
344	锁砖	与 230 mm 厚墙体砌法一样。必要时可用斧形砖或重质耐火砖砌墙体的下部，但并不建议这种砌筑方式

（4）砌筑指南区段支撑的弧形墙（sectionally supported curved walls）。如果墙体太高或者是墙体的下部可能会先于墙体上部进行维修，则曲面墙可采用水平支撑分段砌筑，水平支撑如图 16-5-2 所示。支撑角钢的宽度应尽可能窄，但限度是确保被支撑的隔热耐火砖不至于因压强过大而破损。采用这种方式，角钢所承受的力垂直向下，不会产生向窑炉内方向的力。

(5) 曲面墙膨胀缝 (curved wall expansion joints)。曲面墙不需要有垂直的膨胀缝。事实上，膨胀缝会损害曲面墙的特殊优点。不过曲面墙总会产生热膨胀，对大直径的曲面墙来说这将是一个问题，比如说间歇操作的圆形窑炉。一个证明有效的方法是在 IFB 和钢质炉壳之间采用有弹性的背衬隔热材料，这种弹性材料会吸收 IFB 墙体的热膨胀。

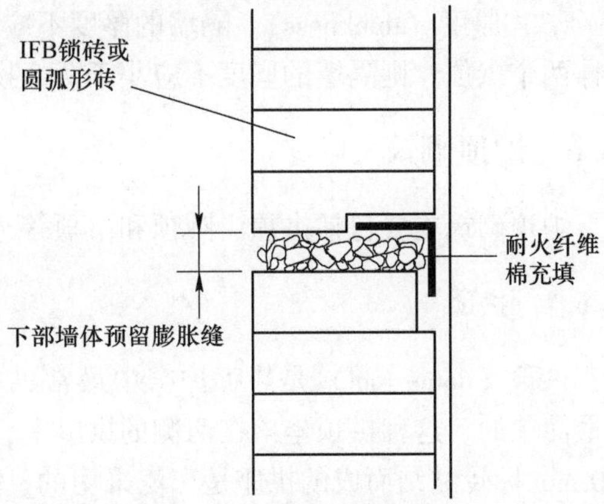

图 16-5-2　区段支撑的曲面墙

16.5.3　隔墙

有时炉子也会被砌成共用一个炉墙的双燃烧室结构，这种隔墙 (partition) 通常比两个单独的炉墙造价更高，下面介绍其缺陷。

(1) 工作温度 (operating temperature)。在普通的单燃烧室炉子中，炉墙只有一面被加热，因而从炉子的内壁到炉外壁有很大温差。在砖的热面可能接近其软化温度的情况下，冷面的强度仍然很高。由于隔墙承受的温度更高，要求砌隔墙的砖比炉内其他衬砖有更高的热态强度。此外，砌在隔墙内部的砖与迎火面的砖将承受相同的温度，所以其温度等级应与迎火面的砖一致。

支撑角钢被牢固地焊在炉子的钢壳内壁，对角钢最热（里）端所承受的温度应作监测，某些情况可能需要采用耐热角钢。角钢的焊缝应饱满连续，以便角钢能将热量通过炉壁散发。

(2) 砌筑 (bricklaying)。图 16-5-3 (a) 中拱座由一排耐火砖支撑，图 16-5-3 (c) 中拱座由处在隔缝砖上的槽钢支撑。无论是否有烟道，这种结构便于在维修一个拱顶时不会影响另一个炉顶。总之，需要将支撑砖间断地砌筑以便热量排出。

砌在隔墙中间的烟道（见图 16-5-3 (b)）可将热量排到炉外。烟道在砌筑隔墙时留出，可砌成水平的、垂直的或复合型的。若烟道为水平的，则热空气需要采用机械设备不断地排出，或连通到垂直烟道，烟囱排出。

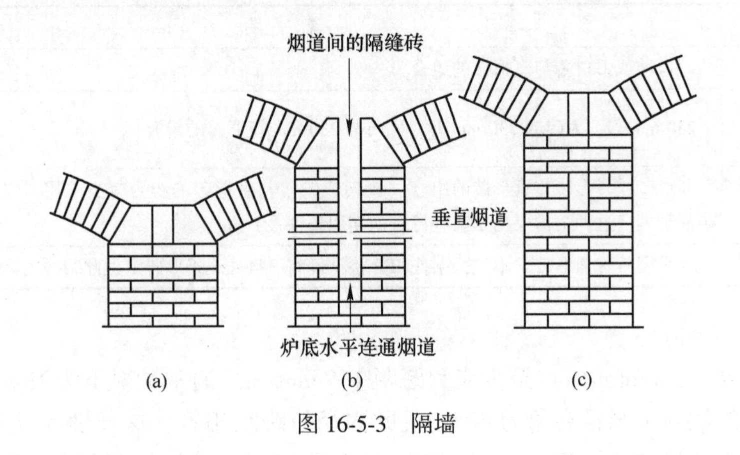

图 16-5-3　隔墙

(3) 厚度 (thickness)。隔墙的厚度不应小于114 mm，比一般炉墙要厚。如果隔墙需支撑两个拱顶，则隔墙的厚度不应小于两个拱座砖的厚度。

16.6 炉顶砌筑

炉顶砌筑主要包括拱顶、圆顶和吊顶等，下面分别介绍。

16.6.1 拱顶

拱顶 (dome roof) 是热工炉窑中最常见的炉顶结构，它砌筑简便，机械支撑结构也是最简单的。这种拱顶坐落在两侧的拱座上，通过拱座将力传递到炉子的承重部件上。由230 mm标砖黏结而成的拱座是广泛采用的，但整块拱座也很常用。由于拱座的任何移动将会导致拱顶垮塌，所以窑炉必须砌筑坚固。

拱顶的热面可用隔热耐火砖或重质耐火砖砌筑，拱顶的砌筑规范对两种砖均适用。尽管隔热耐火砖的强度可能低于某些重质耐火砖，但也大量用于炉顶，因为更轻的质量和更精确的外形尺寸可以弥补强度方面的不足。机加工过的IFB的尺寸更均匀一致，使得拱顶的负荷能均匀地分布到拱顶结构内的每一块砖上。对于异形砖，应由厚度大的一端承受更大的负荷。砌拱顶还要求有熟练的砌砖和抹灰技巧。

16.6.1.1 建议的最大IFB拱顶跨距

建议的最大IFB拱顶跨距：114 mm顶厚跨距1.5 m，230 mm顶厚跨距2.6 m，344 mm顶厚跨距4.5 m。

16.6.1.2 采用砖形

由于重质耐火砖是模压的并且不便于机加工，所以刀口砖、斧形砖和锁砖都采用了标准尺寸，分别标为1号、2号和3号等。砌筑时，拱顶采用这些砖加上一定数量的标砖来砌弧。

不过，隔热耐火砖在烧成后可切割成需要的尺寸，所以无论何种特殊拱顶，都可以按需要的楔形尺寸供货，这有利于砌筑坚固的结构并简化砌砖工作，原因是只用一种砖形即可。比起标砖来，楔形砖不容易从拱顶脱落。必要时，如果没有时间获得准确加工的异形砖，也可采用标砖砌筑。用于砌筑不同厚度拱顶的砖形及其组合见表16-6-1。

表16-6-1 拱顶的砖形与组合

厚度/mm	说　明
114	刀口砖或刀口砖与直形砖的组合
171 190	230 mm刀口大砖或230 mm刀口大砖与230 mm直形砖的组合
230	斧形砖或斧形砖与直形砖的组合（锁砖或锁砖与直形砖的组合较少采用，因为负荷会集中在砖的窄端，这种结构仅用于某些特殊的使用条件下）
>230	需采用特殊斧形砖。不过，某些IFB生产商将344 mm斧形砖定为此结构的标准用砖

16.6.1.3 拱高

拱顶的拱高 (rise of arch) 至少应为跨距125 mm/m，通常情况下为134 mm/m，因为这一拱高对应的拱内圆半径夹角为60°，且此内径与跨距相等，这种设计可简化绘图工作并简化砖的数量和尺寸的计算。不过对较宽的跨距来说，建议拱高尽量做到146 mm/m。

在高温下，大于1430 ℃时拱高应当要低一些，降至125 mm/m。

最大拱高一般被定在250 mm/m，再高则拱顶会变得不稳定。因此，理想的拱高范围应当是125~208 mm/m。

16.6.1.4 拱顶类型

拉梁（bonded）拱是最常采用的炉顶设计，并且在大多数的使用条件下效果最好，原因是整个结构被拉紧成一体。如果有一块或几块砖损坏，此处的负荷会被两边的砖承受且拱顶仍会保持原样直至大修。

对于环形（ring）拱顶来说，如果其中的一块砖损坏，则整个拱顶会塌落，导致维修困难。这种拱顶的主要优点是砌筑方便，尤其是在使用统一规格的砖形砌筑时更是这样。

加肋（ribbed）拱顶主要用于内衬砖易被磨损的工作环境。肋层砖对拱顶起加强作用，并在内层砖被磨损时起到稳固的作用。

平拱很少采用，一般用于开孔/开口的顶部。原因是其造价高，且比起其他类型的拱顶，优势较少。图16-6-1为拱顶类型示意图。

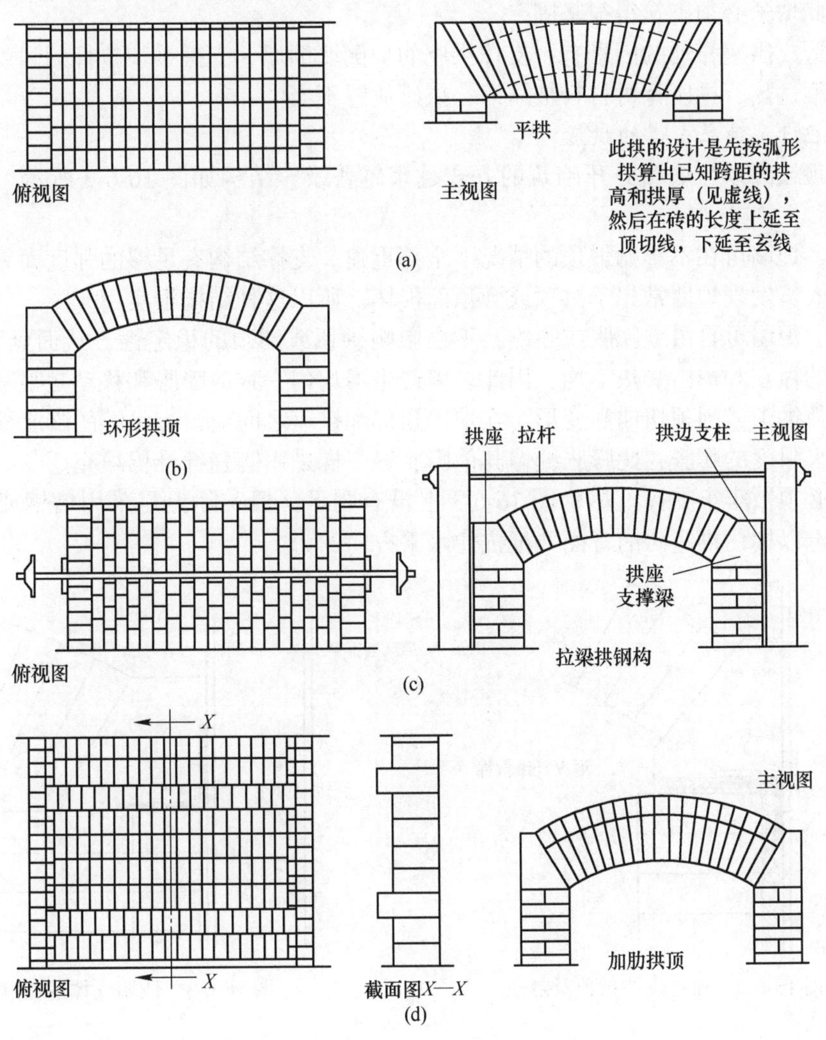

图16-6-1 拱顶的类型

（a）平拱结构；（b）环形拱顶结构；（c）拉梁拱钢构；（d）加肋拱顶结构

16.6.1.5 拱顶和圆顶的砖衬剥落

隔热耐火砖砌筑的拱顶和圆顶在其内表面和外表面之间有很大的温差，内表面的膨胀会大于外表面，这样由于应力负荷施加在砖的窄端内表面上而引起小块剥落，实际上就相当于砖的内表面一端所承受的热态荷重变形。当拱顶和圆顶冷却下来时，这种剥落就表现为砖的热面结合缝上的开裂。当剥落严重时，顶部的整个热面将会脱落。

高强度的胶泥结合缝可帮助消除这一问题。另一种方法是在拱顶或圆顶的外表上加一层保温层，这样顶部内外表面的温差会小一些。当采用这一方法时，必须缓慢地对拱顶或圆顶升降温，以使得热量能充分地进入到砖的内部。快速的升降温会在冷面砖充分吸热并产生膨胀之前，使砖的内表面膨胀过大而受到挤压。

16.6.2 拱座

拱座（skewback）由小块砖砌成，各个面具有一定的坡度和角度，并由钢结构支撑。拱顶坐落在拱座上并由此座砖将力传递到炉子的支撑梁上。由于拱座的移动会导致拱顶的破坏，因此炉子必须砌筑得很坚固。

可能造成拱座移动的因素有：支撑拱座的炉侧墙倒塌，支撑梁、拉杆的强度或刚度不够，支撑梁过热，拱座背衬材料被压缩，拱座放置不当。

16.6.2.1 独立支撑的拱座

将拱顶或圆顶与炉墙分开砌筑的方式越来越普及，结构如图 16-6-2 所示。它有两个优点。

第一，炉墙可在不影响炉顶的情况下全部重建。支撑结构有足够的强度而无需借助炉墙。工作人员发现炉墙常先于拱顶或圆顶而损坏，所以这种结构很实用。

第二，炉墙可自由地膨胀或收缩，不会影响拱顶或圆顶的稳定性，从而延长其寿命。由于烧嘴的存在和炉内受热不均，因此炉墙产生不均匀一致的膨胀和移动是很常见的。但是，这会使拱顶或圆顶扭曲和变形。在炉墙顶部和拱座之间应留有足够的膨胀缝，以便炉墙产生最大限度的膨胀，此膨胀缝像其他膨胀缝一样采用陶瓷纤维棉填充。

拱座必须被牢牢支撑。尽管图 16-6-3 上没有明示，但实际上是采用槽钢或角钢焊接在支撑梁上以撑住拱座砖的背面并抵抗住水平方向的力。

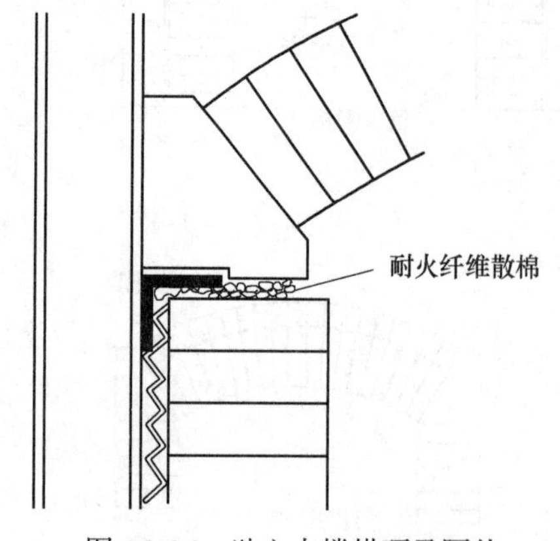

图 16-6-2 独立支撑拱顶及隔热

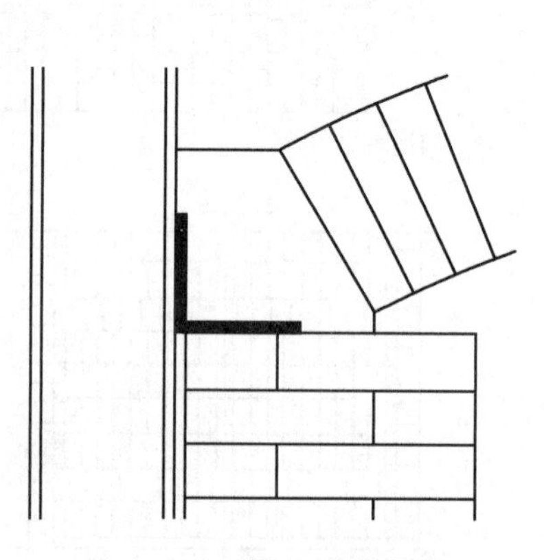

图 16-6-3 侧墙支撑的拱座

其他示意图都表示拱座直接落在炉墙上，这种结构也是可行的，但需要知道其拱顶或圆顶的寿命将会缩短，因为炉墙的移动会导致炉顶的移动。有些结构借助于角钢来承重，如图 16-6-3 所示。但需指出的是，当侧墙向上膨胀时，会使拱座扭曲而失去稳定。尽管这种采用角钢来支撑垂直和水平力的结构比较经济，但在技术上并不提倡。

16.6.2.2 有保温层的侧墙

当炉子的侧墙采用可压缩的材料作为背衬保温层时，必须将保温材料安装到拱座的底部以下。拱座应当像图 16-6-2 和图 16-6-3 所示坐落在金属支架上。如果保温材料砌到了拱座的背后，那么拱顶会因外推力压缩此保温材料而产生移动，导致可能的坍塌。

16.6.2.3 拱座的砌放

当炉墙与拱顶的厚度一致时，拱座的宽度应与炉墙的厚度一样并直接砌放在炉墙上。当炉墙的厚度大于拱顶的厚度时，拱座的宽度应与拱顶的厚度一致，并紧靠拱座梁砌放在炉墙顶上，如图 16-6-3 所示。图 16-6-4 所示的结构是不可取的，尤其是炉温接近砖的极限使用温度时，原因是拱坐落在了炉墙的热面部分。现砌的拱座（见图 16-6-5），其效果不如图 16-6-2 所示的结构耐用。

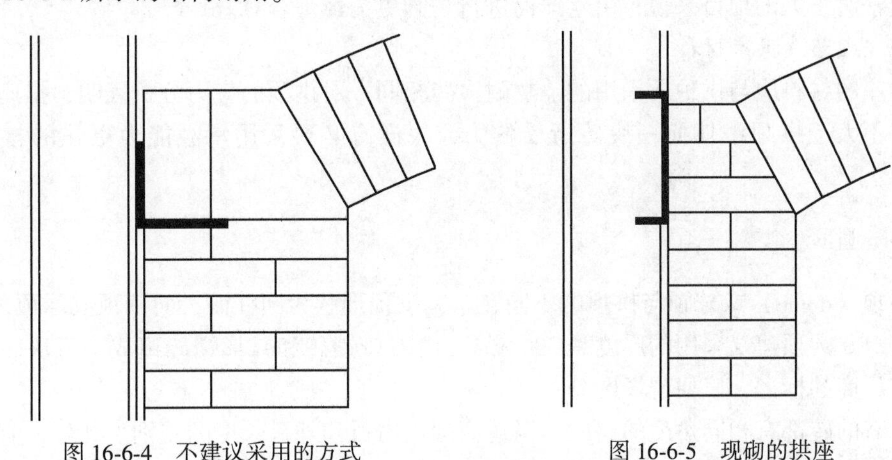

图 16-6-4 不建议采用的方式　　图 16-6-5 现砌的拱座

16.6.2.4 拱座的规格

图 16-6-6 和图 16-6-7 分别为针对 114 mm 和 230 mm 厚度，不同拱高的拱顶所需的各种拱座砖形。对于其他的使用条件，拱座的斜面坡度可以采用拱顶设计的专用公式进行计算。隔热耐火砖拱座可针对任何拱高设计加工。条件允许的情况下，拱座应尽量采用 76 mm 厚的砖来砌筑，以减少砌砖数量。

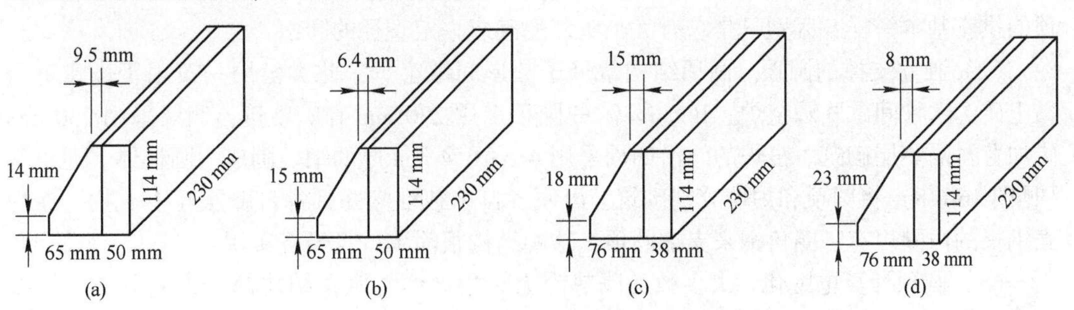

图 16-6-6 114 mm 厚拱顶的拱座砖

每英尺（0.3 m）跨距的拱高：（a）38 mm；（b）39 mm（60°拱）；（c）44 mm；（d）50 mm

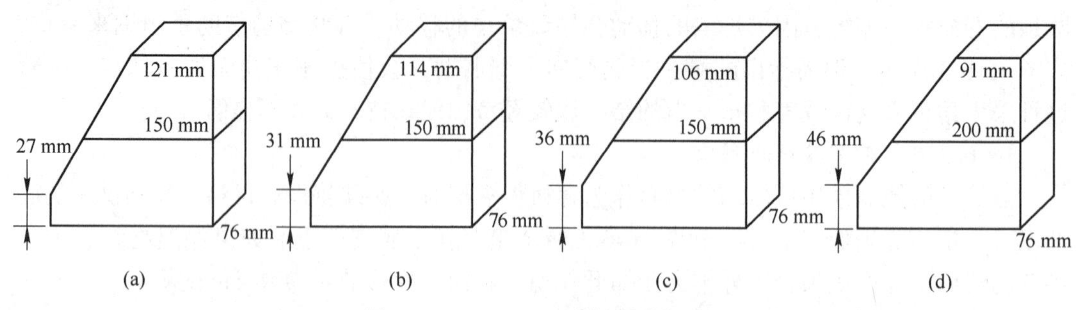

图 16-6-7　230 mm 厚拱顶的拱座砖

（拱座可由下面两种规格的砖砌成：（1）230 mm×230 mm×76 mm；（2）230 mm×114 mm×76 mm）

每英尺（0.3 m）跨距的拱高：（a）38 mm；（b）39 mm（60°拱）；（c）44 mm；（d）50 mm

在设计拱座时应尽量避免出现容易断裂的尖角，必要时采用切割方式切出支撑面的角度，如图 16-6-2 和图 16-6-3 所示。这种切割可在生产厂进行，因为施工现场难以控制精度。通常对于大的项目来说，由生产商进行切割更为经济合算。

16.6.2.5　拱座材料

拱座的材料应与拱顶所采用的隔热耐火砖相同。对拱顶的应力分析表明，拱座所承受的力并不大于拱顶中任何一块砖所受的力，故没有必要采用承载能力更强的材料制造拱座。

16.6.3　圆顶

圆顶（dome）或球顶与拱顶的不同在于，拱顶形状为圆柱面，而圆顶或球顶是球面。

对 IFB 圆顶建议采用的厚度是 230 mm，由刀口锁砖和斧形锁砖组成。每块砖的大头面都有厂商的标记，以便现场区分。

所有的砖都有相同角度的斜面，以适应圆拱内弧和外弧长度的差别。此外，有些砖也有斧形斜面，而另一些砖有刀口形斜面。所有的砖以 114 mm 厚度方向环状砌放直至圆顶砌完（圆顶中央留一孔），砌圆顶时不必像砌拱顶那样支模，因为胶泥有足够的黏结力将砖粘牢直至砌完整圈砖。砌筑时，通常会用一个定位靠板，此靠板由一块木板和位于圆顶中心下面的垂直钢管组成。木板可以垂直钢管为中心转动，其上沿与球顶的内表面相吻合，可对每圈砖的砌筑起到导向作用。

（1）典型的圆顶座砖。图 16-6-8 为典型的圆顶座砖（dome seat brick），此座砖与拱顶的拱座基本一样，区别只是它有大小头以便砌成一定直径的圆面。

（2）独立支撑的圆顶。圆顶结构常见于圆形间歇窑炉，此类窑炉一般用于烧建筑用黏土砖。这种间歇式圆窑炉“Beehine”的圆顶采用 230 mm IFB 砌筑，侧墙采用 230 mm 砖加背衬隔热层砌筑。窑炉的外沿四周采用 4.8~6.4 mm 厚的钢板围成一圆柱体。通常是（见图 16-6-8）将圆顶和炉墙分别砌筑，以便各自单独维修并且各自膨胀互不干扰。在炉壳钢板的内圈焊有一圈角钢来支撑圆顶，这种结构很简单，且经济实用。

（3）圆顶计算电脑化。大多数的隔热耐火砖生产商对圆顶结构都提供充分的应用指导和服务，高质量的圆顶采用楔形和机加工异形砖砌筑，圆顶结构的材料清单可建立于生产商提供的计算结果。

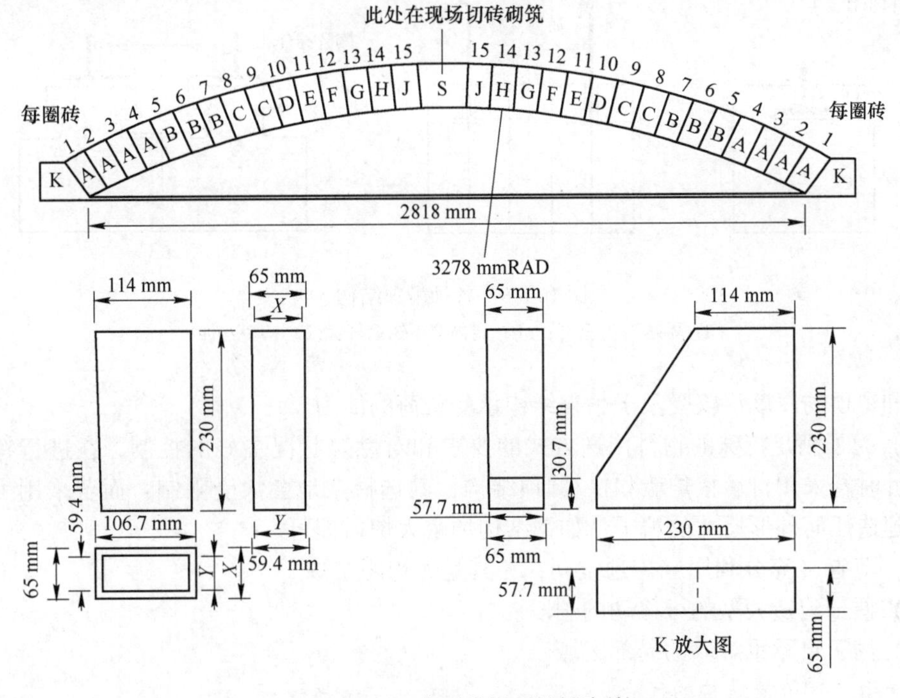

图 16-6-8 典型的圆顶材料清单

（每 1000 块 230 mm×114 mm×65 mm 标砖砌筑大约用 Blakite®胶泥约 230 kg，标记为 S。所有砖用字母标记，给出的砖数不含余量）

很多生产商也有圆顶电脑计算程序。将圆顶设计数据输入到计算机，便可得到所有的砖形尺寸数据，然后可形成购货合同中的材料清单。这种电脑计算材料单的方式已很普及，原因是采用手算方式费时费力。

（4）圆顶胶泥（dome mastic）。砌圆顶时一定要用胶泥，因为砖的表面是平直面，砌圆弧时在相邻圈之间会有小的缝隙形成，胶泥可有效地填充这些缝隙，避免热量的大量散失，同时也帮助形成受力均匀的结构，避免应力集中。此处胶泥采用抹浆法较适宜。

16.6.4 吊顶和挂墙

吊顶（suspended ceiling）或挂墙（hanging wall）是一种非自支撑（承重）结构，是通过机械吊挂来定位的，这种支撑一般是采用金属挂钩穿过砖孔、砖套或者砖上的保护附件来实现连接。在某些结构中，也采用一些特殊的陶瓷件作为吊挂件。尽管吊挂件结构的类型可以有几百种之多，但通常采用的有：穿管型、T-型、穿杆型和特殊型（三角齿钩型），图 16-6-9 为其中一些常见类型。目前应用最广泛的是穿杆型，原因是制作方便，不过仍需注意它的不足之处。陶瓷挂钩的优点则是有利于炉衬结构采用较重的背衬层。

挂墙结构有两种：空冷，即在工作耐火衬的背面砌有夹层以便空气流通；隔热背衬，即在工作耐火衬的背面直接砌隔热材料，两种方式均是为了保护金属结构免受高温。

采用吊顶和挂墙结构的主要原因有：

（1）可以建造大跨距平顶和轻质薄墙，同时保持高隔热性能和高稳定的结构，炉墙

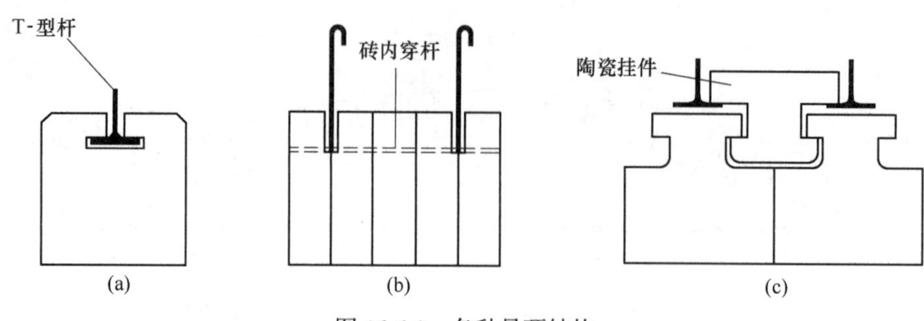

图 16-6-9 各种吊顶结构

（a）不锈钢 T-型杆；（b）砖内穿不锈钢杆；（c）陶瓷挂件

的高度和炉顶的厚度仅仅受限于吊挂结构承受负荷的能力。

（2）为了满足特殊的物料传送方式的要求和对燃烧状况更好的控制，在进行特殊炉型的设计时若采用自承重炉墙和拱/圆顶结构，其选择余地会大受限制；而若采用吊挂结构则可建造任何外形尺寸的炉子，如钢结构加耐火炉衬即可。

（3）节省（充分利用）炉顶空间，尤其是大跨距窑炉。

（4）便于建造大型的可移动的炉段。

（5）用于自承重炉墙的局部区域。

16.6.4.1 吊挂结构的优点

（1）维修费用要低一些，因为更换砖很方便，而且可以单独更换损坏的某一块砖。在某些情况下，更大的优点在于维修可以在不停炉的情况下进行。

（2）比起自承重拱顶和炉墙来说，吊顶的质量主要由吊挂钢结构承担，而耐火材料本身则受力较小，在高温下的变形趋势也要小一些。在膨胀方面，可在水平方向和垂直方向作出一定的预留，以避免应力造成的破坏。必要时，也可采用通风与水冷的技术措施。如果炉顶的质量由吊挂结构承担，则炉墙最顶上一排砖可能需要采用金属钩或夹子固定在炉壳上，以免砖衬朝内倾斜。

16.6.4.2 吊挂结构的缺点

（1）吊挂结构的缺点主要是造价高。对于同样厚的衬体，大多数的吊挂结构要比自承重结构造价要高。这不仅涉及承重钢结构的造价，也包括加工特殊砖形的额外费用。许多吊挂结构相比自承重结构来看，其抗机械外力破坏的能力也要差一些。

（2）抗剥落性较差的砖不宜用于吊顶结构，因为此结构会加速砖的剥落。

16.6.4.3 衬体厚度

吊顶和挂墙砖材的厚度取决于设备的制造能力。然而，114 mm 和 230 mm 规格的砖是最常用的，只有极少数的吊顶或挂墙的砌筑厚度会小于 114 mm 或大于 230 mm。

16.6.4.4 砖形尺寸

吊顶和挂墙砖的砖形尺寸（brick size）必须要求严格一致以保证砌筑时严丝合缝，否则可能导致冷空气进入或热空气泄漏。尽管有很多吊挂结构采用 230 mm 的大砖，但最常用的砖形还是 76 mm 厚的标砖。采用大砖可减少砖钩和钢结构的数量，一般情况下，大砖比 76 mm 的标砖可减少钢结构、人工和耐火材料的综合费用。

16.6.4.5 背衬隔热

吊挂顶和墙结构在采用背衬隔热（backing insulation）层时必须非常小心，大多数的锚固和吊挂件是金属材料，有一定的使用温度极限，金属锚固/挂件的损毁原因有高温氧化、蠕变或者机械破坏。

一般来说，可以使用的背衬材料是25~50 mm厚的轻质浇注料或耐火纤维毯，而这一隔热层更主要是为了对炉顶起热密封作用。采用任何隔热背衬层时，必须仔细地进行传热计算以确保金属锚固/吊挂件不会承受过高的温度。需要注意，对陶瓷吊挂件来说，则没有这方面的限制。

16.6.4.6　*薄墙和薄顶*

吊挂结构也可砌筑63.5~75 mm厚的顶和墙。图16-6-10为此种结构，不过由于薄墙（thin walls）的散热损失较大，这种结构较少采用。有些间歇操作的退火炉采用此结构，这种炉子的主要特性是制造成本低、耐高温、轻质和可移动，操作费用相对是次要的，这种结构较多用在高温排烟口结构中。

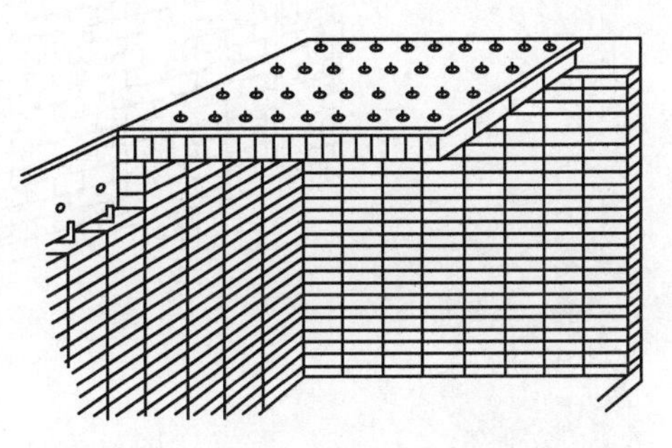

图16-6-10　114 mm（4.5 in）厚吊顶和挂墙IFB炉衬

16.6.4.7　*炉门*

通常来说炉门（furnace door）总是比炉子其他部位的使用条件更苛刻，因此，炉门上的耐火材料总是要求锚固得更牢。由于使用了较多的挂钩和锚固件，充分锚固的炉门结构的造价常常要高很多，其结果是在多数情况下采用了折中方案。如果用临时性锚固件，但这会使得砖衬在工作中很快损毁，或者采用浇注料，但又会使炉门太重，而且隔热性能会降低。

16.6.4.8　*分段支撑炉墙结构*

图16-6-11所示的炉墙设计是非常实用的，而且具有一些重要的特性，这种设计适合于砌较高的墙，也可砌无支撑的矮墙。砖钩上的角钢是可移动的，因而整个炉墙都是活动的。

现场施工很简单，无须采用特殊的砖形。砖槽可用手电锯边砌边锯。金属件可在施工地当地制作，工程图纸也不是必需的。

16.6.4.9　*建议采用的炉顶砖钩*

用于隔热耐火砖最常见的吊钩有A、B、C、D四种，如图16-6-12所示。尽管还有很多其他种类的吊钩，但这几种是既适用又经济的，不逊色于其他更贵和被认为性能更好的类型。隔热耐火砖可以通过机加工以适合其中的任一种吊钩，但一些受专利保护的吊钩类型除外。

应当说明的是，吊钩结构没有比较统一的设计规范，需要针对每一个窑炉进行单独的规划、制图、批准和制定材料单。因此，此种炉型的用户应尽量将具体的要求标准化，以减少不必要的费用支出。

A型吊钩（hanger）的强度不如B、C和D型，但可用任何大于1.5 mm厚的钢板制造。

B型吊钩是一种铸钢件并非常适合于吊挂隔热耐火砖。它要求的砖槽与A型钩一样，由于是铸件，与砖槽吻合更好，因而在承受砖的质量时，受力更为均衡一致。如果有能够

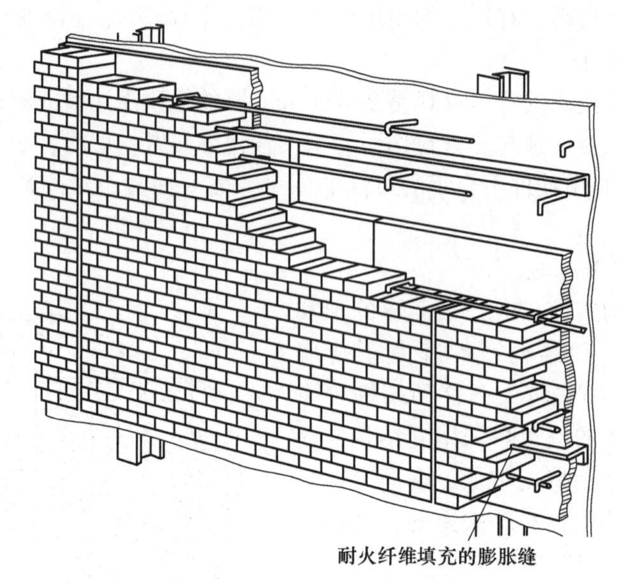

图 16-6-11 分段支撑炉墙结构

（标准砖和水平穿杆锚固设计）

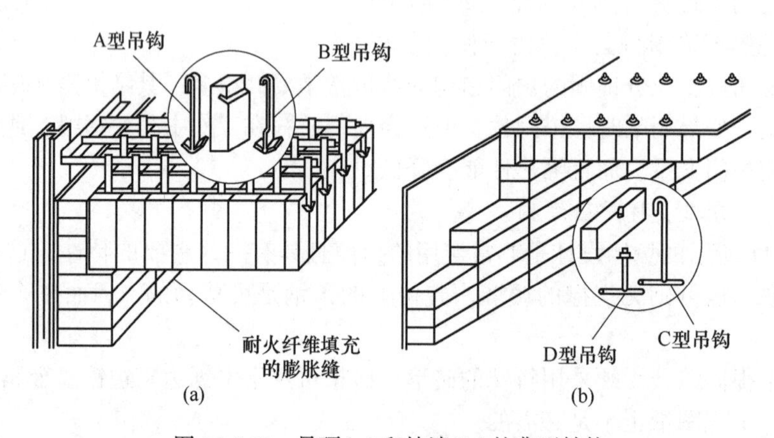

图 16-6-12 吊顶(a)和挂墙(b)的典型结构

重复使用的模具以及很大的订货量，B 型吊钩是图 16-6-12 中 4 种吊钩中最便宜的一种（见图 16-6-13）。从质量和性能方面考虑，可以说在 B、C 和 D 型吊钩之间没有多少优劣之分，具体用哪种主要取决于供货的方便程度和用户的喜好程度。

C 型和 D 型吊钩（见图 16-6-14 和图 16-6-15），是采用圆钢棒焊接而成。它们之间的区别在于 D 型吊钩的杆体有螺纹，穿中钢板上的圆孔用螺帽固定；而 C 型吊钩的杆体上端是一弯钩，挂在钢结构（通常是钢管）上即可。这类吊钩的主要优点之一就是在设计上的灵活性。在成本变化不大的前提下，杆体可以是螺纹式、弯钩式，并制成任意需要的长度。这一点与 B 型吊钩形成对比，对 B 型来说，任何变化则意味着新模具的昂贵费用，而且只能采用过渡连接杆和改变炉顶钢结构才能达到设计上的灵活性。

C 型或 D 型吊钩用量大时，可以采用比电弧焊和乙炔焊更便宜的电阻焊来制作。当用

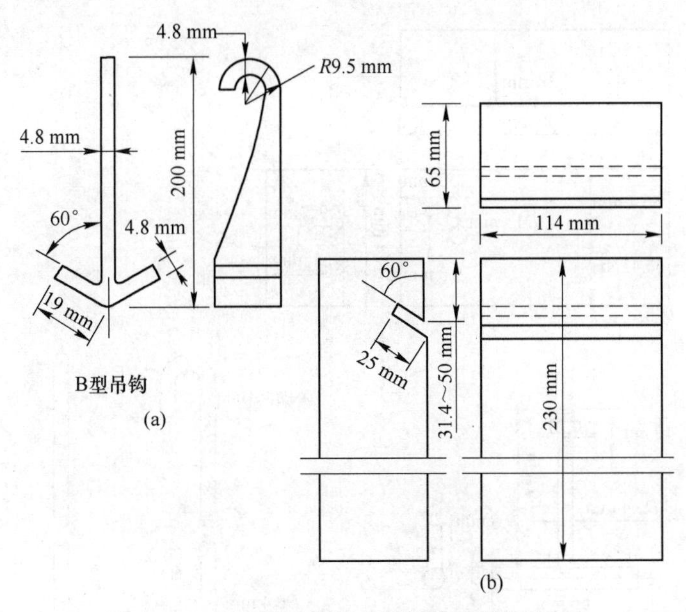

图 16-6-13　230 mm 厚吊顶结构的 B 型吊钩和砖

（a）韧性钢砖钩；（b）砌拱顶时需磨切

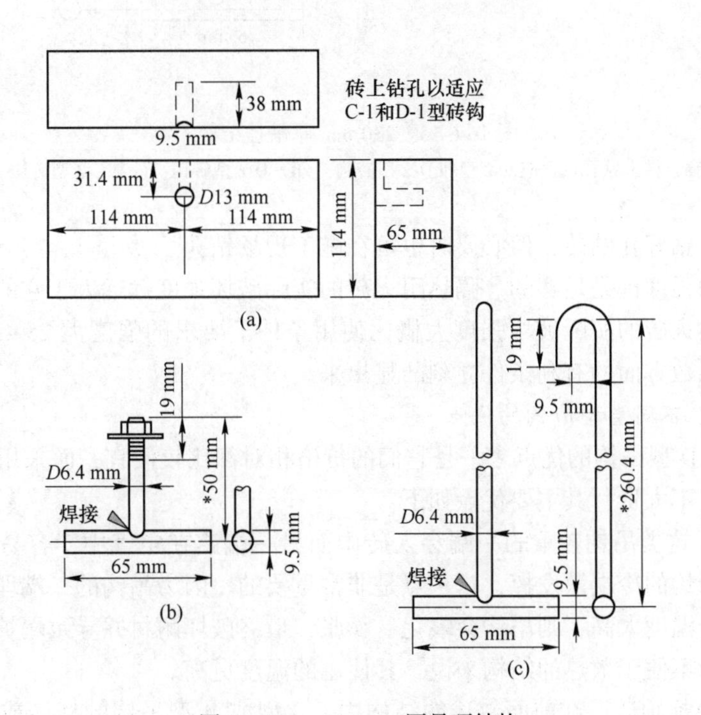

图 16-6-14　114 mm 厚吊顶结构

（a）D-2 型砖钩；（b）D-1 型砖钩（＊需要时长度可调）；（c）C-1 型砖钩

量小或临时急用时，则可采用任何常用的焊接方法或者工厂现有的设备来制作。C 型吊钩主要用于炉顶，而 D 型则更多用于排烟口和隔热罩。

为适应 C 型和 D 型吊钩，对砖进行的钻孔也是一件很简单的操作。所以，尽管可从

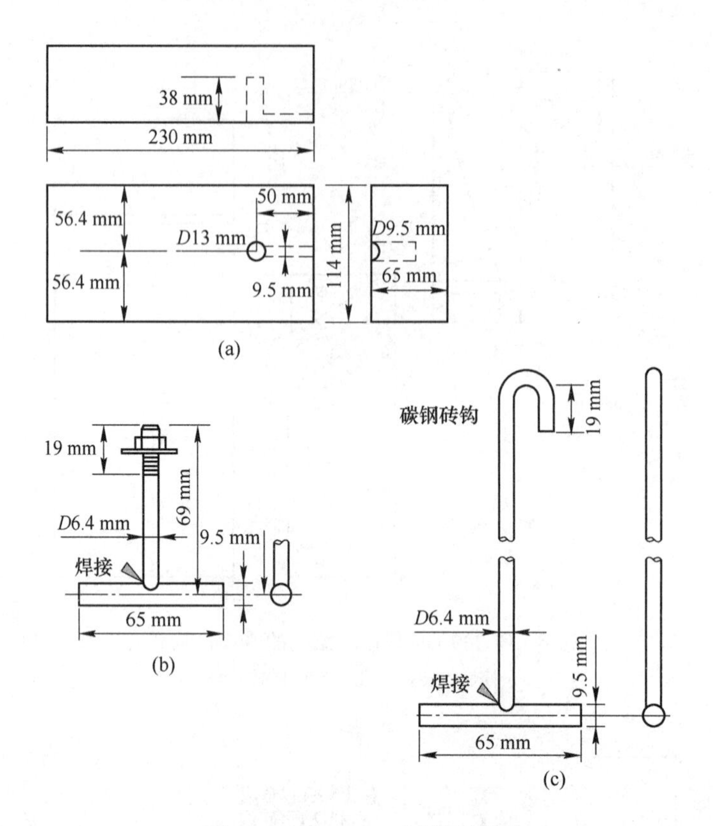

图 16-6-15　230 mm 厚吊挂结构

(a) 砖上钻孔以适应 C-2 型和 D-2 型砖钩；(b) D-2 型砖钩；(c) C-2 型砖钩

工厂直接购买已钻好孔的砖，但必要时也可在施工现场钻孔。

这些吊钩的强度都是足够的。隔热耐火砖的实际破坏强度远远大于它的最低要求的强度。估算隔热耐火砖的实际破坏强度大概比使用条件下要求的强度大 25～50 倍，所以这种吊钩在安全系数方面的有利条件立刻凸显出来。

16.6.4.10　不同类型吊钩的优点

A、B、C、D 型吊钩的优点之一是它们的价格相对都比较便宜，而采用的隔热耐火砖砖形在加工上也不太贵，其主要优点如下：

(1) 散热。这类吊钩较重的一端穿入砖中而另一端露在空气中，容易将传给吊钩热端的热量迅速由钩的冷端散发掉，这一点是非常重要的。因为吊钩的一端埋在砖中并承受高温，如果所受温度太高，则吊钩会氧化、膨胀，最终破坏耐材并导致塌炉。便于散热的钢结构和吊钩比不便于散热的结构来说，其使用的温度更高。

(2) 方便更换顶砖。在前面叙述的结构中，C 型或 B 型吊钩的杆体或过渡连接杆应当有足够的长度，以便单块砖可以拉出更换。这就意味着吊钩钢架的底部和炉拱砖的顶部之间有至少 125 mm 的距离，此距离大于拱顶的砖厚。

(3) 便宜的不锈钢材料（stainless steel material）。这类吊钩用的钢材量很少，必要时也可用便宜的不锈钢制作，不过对隔热耐火砖来说，采用不锈钢吊钩的情况并不多。如果隔热炉衬足够厚并且散热损失适当，则普碳钢或铸钢便足以承受所处的温度，只有当需要背衬隔热层时才会用到不锈钢。

(4) 应用灵活。所有提到的吊钩就已知的应用领域来说都是可灵活应用的，事实上三种基本类型吊钩中的任何一种均可用于图 16-6-9 的结构和其他更多的炉衬结构中，并建成理想的吊顶、挂墙和炉门结构。

(5) 与贯穿杆挂件结构的比较。与在砖中的贯穿挂件结构（见图 16-6-9）相比，A、B、C、D 型吊钩的主要优点是可以将热量带走并散发。而在贯穿杆挂件结构中，金属材料没有将冷端和热端联通，故热端聚集的热量不容易被带走。采用 A、B、C、D 型吊钩在炉衬有损坏时，可以方便地更换任何两块砖，而不影响其他砖。对贯穿杆结构来说，则必须更换整排或整段砖。

16.6.4.11 活动型分段支撑墙

图 16-6-16 为采用改进型 D 型吊钩结构所获得的全活动炉衬结构，这种墙体也可像图 16-6-11 所示的那样作分段支撑。

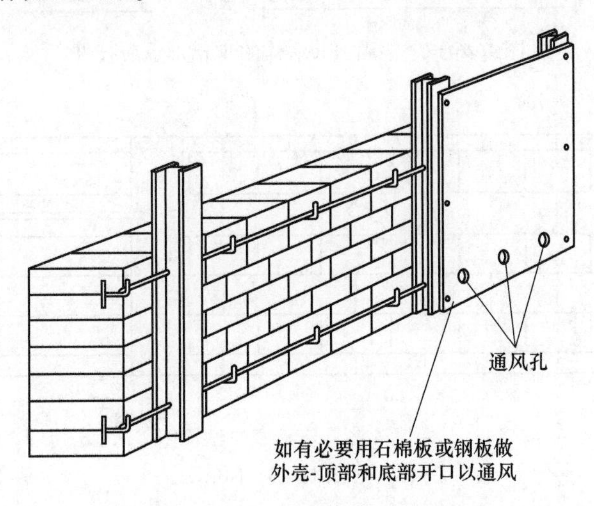

图 16-6-16 挂墙的全活动结构

16.6.4.12 与 T-槽形挂件的比较

T-槽形挂件原本是为重质耐火砖设计的，对于吊挂轻质隔热材料来说并不适用，原因是材料的抗拉强度太低。

除此之外，采用 T-槽形挂件要求耐火材料中的开槽是由模具形成的。对于 IFB 来说，其开槽只能是后加工出来的。而 T-型开槽的加工比起采用 A、B、C、D 型吊钩结构的机加工来，费用要高得多。

不过，可以采用合适温度等级的重质耐火砖作为 T-槽形挂件来固定 IFB 墙体，如图 16-6-17 所示。当隔热耐火砖墙体的使用条件较苛刻时，这种锚固系统是相当有效的。当然，高强度的胶泥也是必需的，重质耐火砖挂件可按要求合理分布在整个墙体结构中。

16.6.4.13 穿墙螺钉结构

穿墙螺钉结构（through wall screw structure）如图 16-6-18 所示。它对于维修损坏的炉墙或对锚固件用量不大的区域，特别适用。然而，其使用温度应不超过 1200 ℃（2200 ℉）。

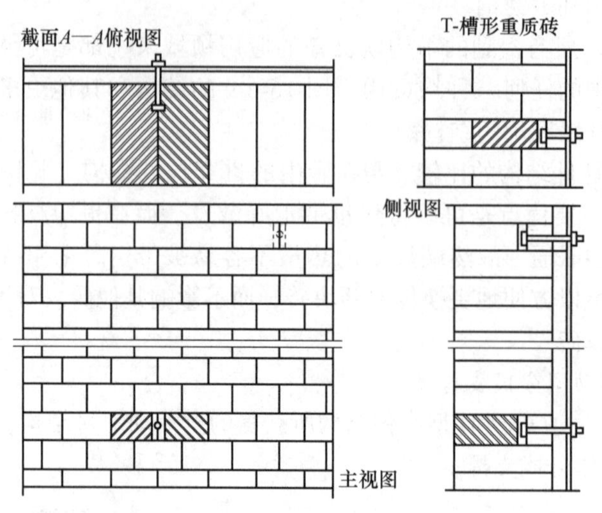

图 16-6-17 锚固 IFB 墙体的 T-槽形重质挂件

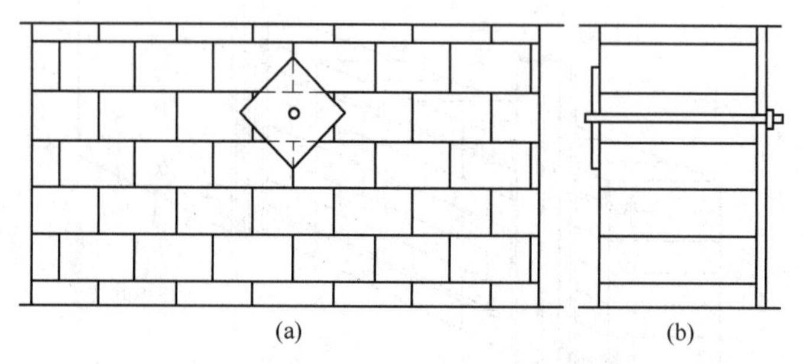

图 16-6-18 穿墙螺钉结构图

（a）主视图；（b）侧视图

16.6.4.14 陶瓷挂件

陶瓷挂件（ceramic hanger）价格很贵，一般用于承受较高的温度环境，比如采用隔热背衬层的重质耐火衬里结构。

不过，在高温炉窑炉中，需要大量采用隔热背衬材料，并用隔热耐火砖取代重质耐火砖。而采用陶瓷挂件可实现这两方面的应用要求，陶瓷挂件可用各种材料以各种方式制作生产，隔热耐火砖也可任意加工成合适的形状以适应吊挂要求。

16.7 膨胀缝

当耐火材料被加热时会出现两种不同的体积变化：一种是永久性的体积变化，另一种是可逆的体积变化。永久体积变化或称“加热永久线变化”，是指耐火材料被加热到高温后又冷却至室温过程中出现的体积变化。这是因为在耐火材料中产生了陶瓷化并因此产生收缩或膨胀，这一性能数据通常在产品说明中会给出。一般来说，加热永久线变化的结果是收缩，但在某些高氧化铝含量的产品中，也可能产生膨胀。对于耐火黏土砖，在设计膨胀缝（expansion joint）时通常不会考虑永久体积变化这一因素。然而，对于加热永久线变化很大的产品，设计者必须小心谨慎。

16.7.1 可逆热膨胀

像大多数的建筑材料一样，耐火材料在加热时会产生膨胀。由于在冷却过程中产生了等量的收缩，故已产生的膨胀被称为可逆热膨胀（reversible thermal expansion）。在耐火炉衬中设计膨胀缝的目的就是为了适应这种往复的膨胀与收缩，可逆热膨胀的大小取决于材料本身的性能和它所承受的温度。

隔热耐火砖比重质耐火砖的强度要低，并具有孔隙结构，这使得它自身可吸收一部分的膨胀。因此，当使用隔热耐火砖时，只需考虑相当于重质耐火砖一半的膨胀量即可。

16.7.2 设计膨胀缝的经验方法

设计膨胀缝的经验方法是在1100 ℃温度下每305 mm炉墙或炉顶预留1.4~3.46 mm的膨胀缝，另一经验是同一温度下每3.05 m留19~22 mm的膨胀缝。在这一基础上，炉温每升高或降低260 ℃，膨胀缝相应每3.05 m增加或减少3.2 mm。

16.7.3 拱顶和圆顶的膨胀

大多数的拱顶和圆顶在膨胀时仅仅是顶部上升而已，所以在此方向无须留膨胀缝，若是必须保持固定的上升高度，则需要使用可调节的拉杆。不过，线性的热膨胀量需要预留，预留量与上面所述相同。

与拱顶跨距垂直的膨胀缝难以充填（除非用下面提到的办法），并且缝两边的砖容易脱落和剥落。由于这一原因，对于弧长小于6.06 m的拱顶来说，建议将膨胀缝设计在拱的端头。采用这样的结构，拱顶可能会开裂而在中间形成膨胀，但这一点是可以接受的，因为在炉顶中间设计膨胀缝则可能会产生上面提到的问题。

16.7.4 传统的膨胀缝砌筑方式

新的并且效果良好的膨胀缝设计和砌筑方式是采用各种耐火陶瓷纤维作填充材料。在讨论这种结构之前，还是应先说明传统应用的方法和原则，以便在现场施工时可能用到。《耐火材料手册》上有大量这方面的介绍，所以在本书中只是略作叙述。

16.7.5 膨胀缝的数量

大量小的膨胀缝比起少量大的膨胀缝更为可取。比如说，采用三个6.4 mm的膨胀缝而不是一个大的19 mm膨胀缝。当然，很多情况下膨胀缝的预留介于上述两种情况之间。当膨胀缝太大时，为了在大跨距范围内将膨胀集中在这些缝上，炉墙可能会产生较大的移动并在大胀缝之间开裂而产生自身的胀缝。而用较小的膨胀缝，则通过此缝的辐射热损失会降低，并大大减少炉衬的任何部分在膨胀和收缩时产生移动的距离。大量小的膨胀缝对于后者尤其重要，比如对辊道窑炉就是如此，此窑炉的结构是炉辊穿过炉墙衬体。

16.7.6 小胀缝减轻剥落

IFB在两面承受高温时比重质耐火砖更容易产生开裂剥落，这一点可通过减少膨胀的宽度并将缝充分填充到与热面齐平来改善。当胀缝处于衬体拐角的两边并离拐角顶很近时需特别小心。需要说明的是，若采用耐火陶瓷纤维填充，膨胀缝可留在正好拐角顶的位置，并且这是一种理想的结构。

16.7.7 膨胀缝的砌筑方法

砌砖时留出膨胀空间是一件较困难的事。习惯的方式是在膨胀缝的位置塞入一种其他的材料，这种材料在炉衬砌好后可抽走，或者是在炉子升温时烧掉，常用的材料有隔热板或瓦楞纸。砌重质耐火砖衬时也可用木板，但砌隔热耐火砖衬时不能用木板，除非事后人工抽掉；原因是隔热耐火砖衬厚度方向温差很大，衬体背面温度太低不足以将木板烧掉，而残留的木板可能会阻碍炉衬自由膨胀。

图16-7-1为一些迷宫式膨胀缝结构，这种结构无须耐火陶瓷纤维填充。《耐火材料手册》有很多这方面的介绍，这种错位缝可以确保炉内的温度不会直接辐射到炉壳上。

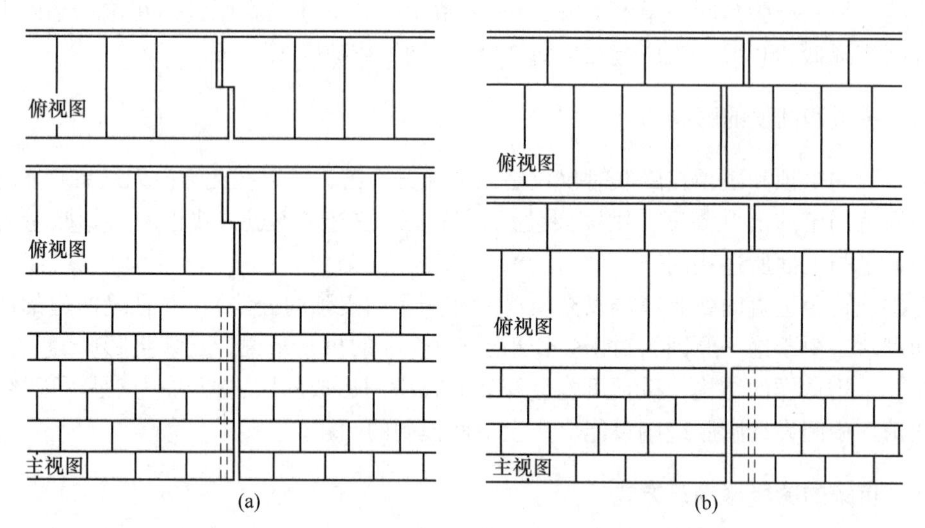

图16-7-1 230 mm以及344 mm隔热耐火砖墙体中垂直迷宫式伸缩缝的设置方法

（a）230 mm IFB墙体结构；（b）344 mm IFB墙体结构

在图16-7-1的结构中需要注意的是，为确保膨胀缝能充分闭合，胀缝转折处的两块砖之间要能滑动自如。要保证胶泥不会落在这条滑缝中是一件很困难的事，因此有专门的规范规定，在此滑缝间夹一层蜡纸（油纸）以确保胶泥不会把砖黏住。一旦此处的砖被黏住，那么砖块便会开裂以形成自己的胀缝。

16.7.8 耐火纤维填充的膨胀缝

过去20多年里采用耐火纤维填充膨胀缝，使得膨胀缝的设计和砌筑产生了革命性的变化。耐火纤维填缝的好处有：

（1）没有被填充的膨胀缝，使缝口拐角处的砖在受到热冲击时容易开裂剥落。

（2）被填充的缝可防止热量直接辐射到炉壳上，不再需要迷宫或错位结构，简单的直通对接接缝可免去所有这方面的麻烦。

（3）敞开的膨胀缝需要经常性地进行清理以保持长期有效，而填充的膨胀缝则没有这方面的烦恼。

16.7.9 耐火纤维充填膨胀缝的类型

用耐火纤维（refractory fiber）填充膨胀缝基本上采用以下两种方法。

第一种方法是先砌出膨胀缝然后再填充，此方法的缺陷是泥瓦匠需要先小心地砌出平直均匀的胀缝，优点则是填充用纤维是最便宜的，用纤维散棉即可。很多耐火纤维公司已开发出一种特殊散棉，专门用于膨胀缝填充，填充时只需将纤维尽量塞到膨胀缝中，塞紧塞满为止，也可使用纤维毯，将毯折起后塞入缝中。

第二种方法是采用耐火纤维胀缝板或毯，先将此板或毯放到位，然后在它的两边砌砖，这种方式大大减少了炉衬的砌筑时间。由于耐火纤维已放到位，塞棉的工作便彻底免除了。

针对这一用途开发了一种专用产品。这种产品是一种纤维毯，其中加有相当量的有机结合剂，因而有一定刚性且拿放方便。高温下纤维毯中的结合剂会被烧掉，而纤维便会膨胀而挤住膨胀缝。

耐火纤维的使用，实现了分段支撑炉墙上所必需的水平对接接缝的设计以及独立支撑的拱顶和圆顶结构的设计。所有的支撑结构可采用纤维进行隔热充填，充填膨胀缝的耐火纤维也可用在高于其使用温度极限的炉窑炉中。当纤维承受过高的温度时，将会收缩并粉化。但用在膨胀缝中不会有大问题，原因是炉衬厚度方向温降很大，从膨胀缝内的某处开始，纤维仍具有柔性和弹性，并能起到填充作用。

16.7.10 吊顶

耐火纤维胀缝板或毯能可靠地固定在炉顶膨胀缝中。在砌膨胀缝时，用耐热不锈钢钢钉将纤维板钉在隔热耐火砖上，确保纤维材料固定在位并且不会脱落。

16.7.11 膨胀带来的问题

膨胀在各个方向都会发生。当耐火材料炉墙被加热时，它在厚度、高度以及长度方向都会膨胀。厚度方向的膨胀通常不会有什么问题，但垂直方向的膨胀会在炉子的冷面表现为一条水平的裂缝。炉衬热面的膨胀大于冷面上的膨胀，由于整个炉墙是一个砌筑整体，因而炉内墙体带着外墙体一起上抬，导致了外墙体上水平裂缝的产生。

如果炉子钢结构的周边没有留出足够的空间，那么耐火材料的膨胀则可能会挤住钢结构，并承受部分本该由钢结构所承担的力。

炉墙热面的热膨胀，无论是水平方向还是垂直方向，会产生一种将炉衬向内拉的力，这种力可能会将顶面砌砖（与炉壁垂直将炉衬内层和外层拉在一起）拉松或拉断。墙体的整个内层也可能会被拉倒，导致炉子完全损坏。

如果没有设计合理的膨胀缝，炉墙将会开裂，这种裂缝不仅破坏了炉衬结构，也会降低炉衬的隔热效果。通过裂缝，热量会跑掉，冷空气也会侵入。膨胀缝预留不够，也会导致热面耐火砖的挤压和剥落、拱座梁弯曲，甚至导致炉子基础的开裂。

16.7.12 隔热耐火砖的切割

对于一个施工项目来说，预先加工好所有尺寸的砖形是不现实的，通常情况下总是有少量的砖需在现场切割。当订购的隔热耐火砖尺寸准确时，可省去大量的现场切割工作。然而，在极端情况下，可能会需要将库存的标型砖紧急切割成砌炉顶用的各种刀口砖和斧形砖。隔热耐火砖容易切割，无需专用工具。与此相反，重质耐火砖则必须用砂轮磨切至要求的尺寸，不过所有用于重质耐火砖的切割工具都适用于隔热耐火砖。

对于现场手工切割来说，手工锯便很适用，这种锯的锯齿排列使得锯子不易被卡住。这种锯也方便锯切背衬隔热材料，木工锯或键槽锯也同样适用。木工常用的圆盘锯在换成薄砂轮片以后，也可用于切割隔热耐火砖。

当仅需要将隔热耐火砖的尺寸减小一点时，可将砖相互摩擦或用砂纸/砂布来磨削，也可使用木工锉。

参 考 文 献

[1] Aksel'Rod L M, Mizin V G, Filyashin M K, et al. The steelmaking ladle—Ways towards saving heat [J]. Refractories and Industrial Ceramics, 2003, 44 (3): 123-126.

[2] Taddeo M. Ladle refractory design enhanced with structural insulation [J]. Steel Times International, 2005, 29 (6): 38-42.

[3] 中华人民共和国国家发展和改革委员会. 化学工业炉耐火、隔热材料设计选用规定: HG/T 20683—2005 [S]. 2005.

[4] 任燕明, 王丕轩, 王中华. 隔热耐火材料选用技术经济问题的思考与探索 [J]. 河北冶金, 2003 (2): 36-38.

[5] Vighnesh R K, Ravi M R. Usage of insulated refractory castable furnace for making joint-less bangles [J]. Materials Today: Proceedings, 2021, 46: 3174-3179.

[6] Tychanicz-Kwiecień M, Wilk J, Gil P. Review of high-temperature thermal insulation materials [J]. Journal of Thermophysics and Heat Transfer, 2019, 33 (1): 271-284.

[7] Wynn A, Marchetti M, Magni E. Insulating firebrick-maximising energy savings through product selection [J]. Industrial Ceramics, 2011, 31 (2): 153-157.

[8] Schmidtmeier D, Kockegey-Lorenz R, Buhr A, et al. Material design for new insulating lining concepts [C] //Proceedings of the 55th International Colloquium on Refractories, Aachen, Germany, 2012: 156-159.

[9] Nandy R N, Jogai R K. Selection of proper refractory materials for energy saving in aluminium melting and holding furnaces [J]. International Journal of Metallurgical Engineering, 2012, 1 (6): 117-121.

[10] Sun Y, Tian J, Jiang D, et al. Numerical simulation of thermal insulation and longevity performance in new lightweight ladle [J]. Concurrency and Computation: Practice and Experience, 2020, 32 (22): e5830.

[11] El-Shiekh T M, Elsayed A A, Zohdy K. Proper selection and applications of various insulation materials [J]. Energy Engineering, 2009, 106 (1): 52-61.

[12] Santos D P, Pelissari P I B G B, de Oliveira B S, et al. Materials selection of furnace linings with multi-component refractory ceramics based on an evolutionary screening procedure [J]. Ceramics International, 2020, 46 (4): 4113-4125.

[13] Jonker A. Insulating refractory materials from inorganic waste resources [D]. Tshwane：Tshwane University of Technology，2006.

[14] Hemrick J G，Griffin R. Novel refractory materials for high alkali，high temperature environments [R]. Oak Ridge National Lab.（ORNL），Oak Ridge，TN（United States），2011.

[15] Kaplan F S，Aksel'rod L M，Puchkelevich N A，et al. Selection of heat-insulating materials for aluminum electrolyzers [J]. Refractories and Industrial Ceramics，2003，44（6）：357-363.

[16] Jahan A，Ismail M Y，Sapuan S M，et al. Material screening and choosing methods—A review [J]. Materials & Design，2010，31（2）：696-705.

[17] 徐平坤．热工设备用耐火材料的选择与使用寿命 [J]. 工业炉，2011，33（2）：48-52.

[18] 刘永先．现代陶瓷窑炉特点及耐火材料的选择 [J]. 陶瓷，2001（4）：30-31.

[19] 叶成梁，张美杰，顾华志，等．工业窑炉炉衬设计和传热计算微信小程序开发 [J]. 工业炉，2021，43（6）：41-47.

[20] 李志新，曹晓晖．炉衬材料数据库及炉衬优化设计软件的开发 [C]//全国工业炉暨电热学术会议论文集．北京：中国机械工程学会，2000：429-432.

[21] 刘东奇，杨杨校．基于新隔热炉衬配比的材料设计 [J]. 耐火与石灰，2016，41（2）：31-35.

[22] 李治岷，魏玉文．强辐射传热多功能炉衬加热炉 [C]//全国能源与热工学术年会论文集．北京：中国金属学会，2004：236-241.

[23] 张需鹏，杨军卫．管式加热炉散热损失影响因素探讨 [J]. 齐鲁石油化工，2015（4）：317-320.

[24] 杨道媛，毋娟，朱凯，等．从热传导机理看隔热材料的选取与设计原则 [J]. 材料导报，2009，23（12）：75-77.

[25] 苏文生，王世刚，李鹏飞．基于热平衡的锂电池材料烧结辊道炉节能技术 [J]. 工业炉，2018，40（5）：52-54，71.

[26] 李宪营，张志刚，卜素梅，等．高黑度复合型炉衬与节能 [J]. 工业加热，2007，36（1）：65-67.

[27] 陈佳宜．蓄热式轧钢加热炉热工特性及节能降耗研究 [D]. 西安：西安建筑科技大学，2017.

[28] Bahadori A，Vuthaluru H B. A simple correlation for estimation of economic thickness of thermal insulation for process piping and equipment [J]. Applied Thermal Engineering，2010，30（2/3）：254-259.

[29] Kaynakli O. A review of the economical and optimum thermal insulation thickness for building applications [J]. Renewable and Sustainable Energy Reviews，2012，16（1）：415-425.

[30] 国家技术监督局．工业炉窑保温技术通则：GB/T 16618—1996 [S]. 1996.

[31] 国家技术监督局．工业炉名词术语：GB/T 17195—1997 [S]. 1997.

[32] 中国建材数字报网．水泥窑各部位耐火材料如何选择 [J]. 建材发展导向（下），2015（8）：100.

[33] 袁林，陈松林，王俊涛，等．水泥窑过渡带用低导热多层复合砖研究（Ⅰ）：多层复合结构的设计 [J]. 耐火材料，2017，51（5）：366-369.

[34] 陈哲宁．轻质镁铝尖晶石陶瓷的制备、结构与性能研究 [D]. 杭州：浙江大学，2021.

[35] 中华人民共和国国家质量监督检验检疫总局．绝热材料及相关术语：GB/T 4132—2015 [S]. 2015.

[36] 国家市场监督管理总局．耐火材料术语：GB/T 18930—2020 [S]. 2020.

[37] 国家技术监督局．评价企业合理用热技术导则：GB/T 3486—1993 [S]. 1993.

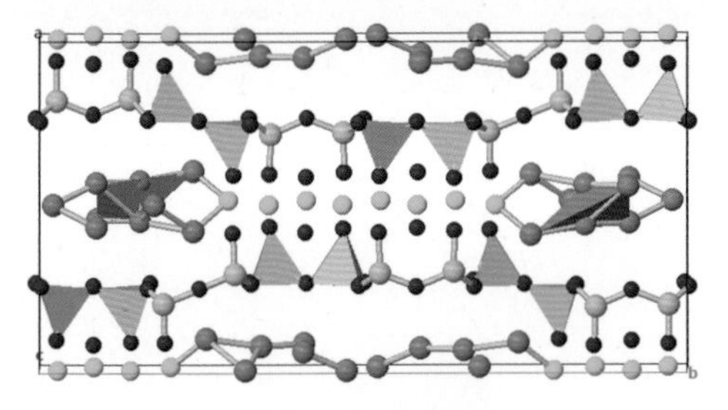

海泡石晶体结构

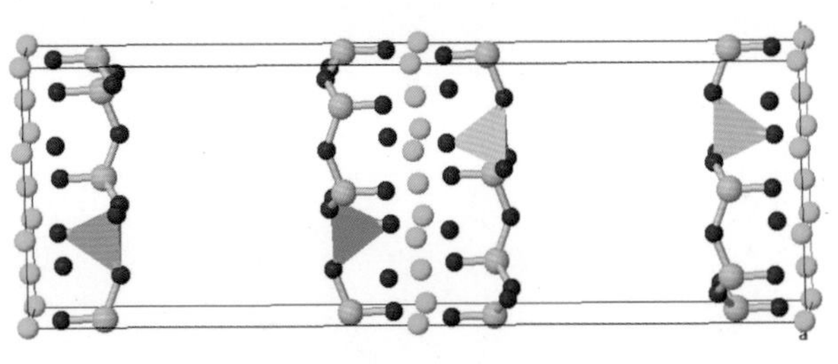

蛭石晶体结构

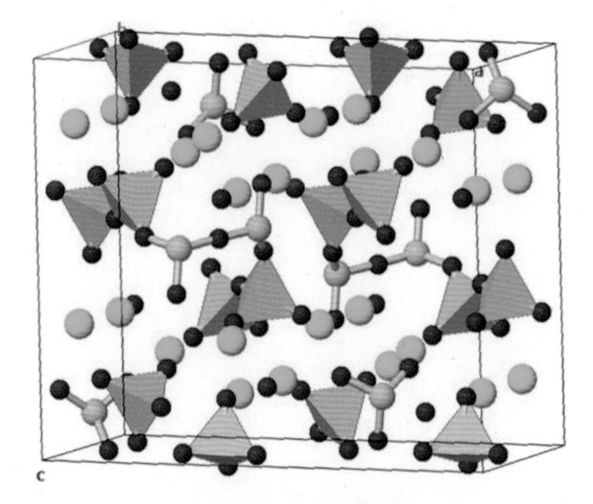

Xonotlite 晶体结构

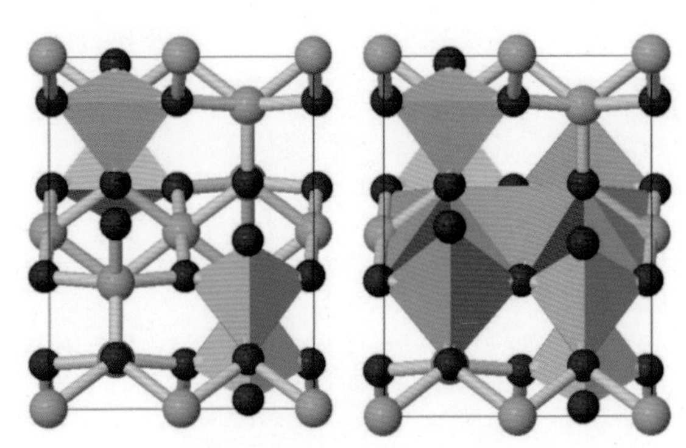

硅线石中的 $[AlO_4]$ + $[SiO_4]$

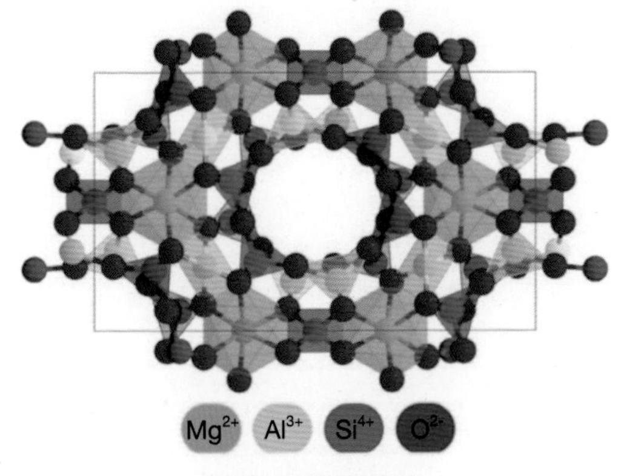

堇青石晶体结构

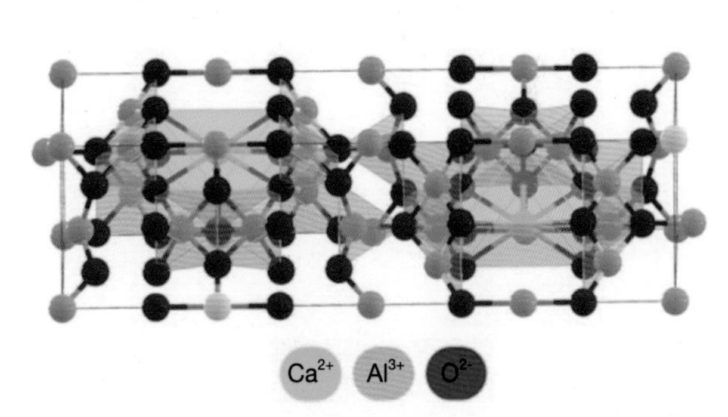

六铝酸钙晶体结构图

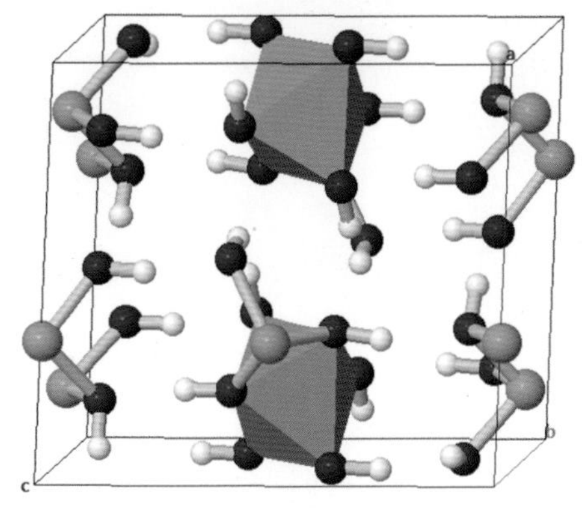

三水铝石

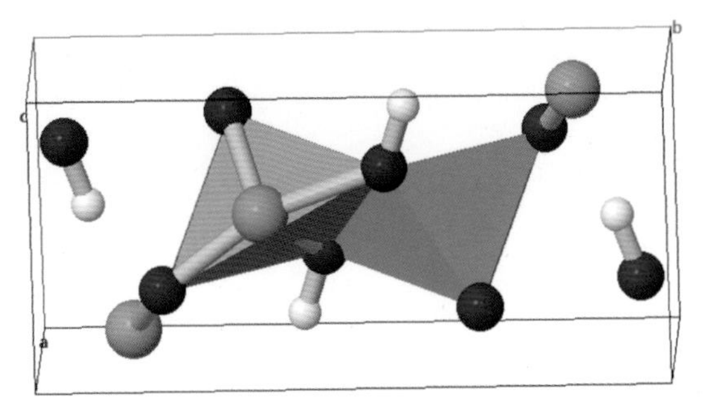

一水硬铝石

部分显微结构

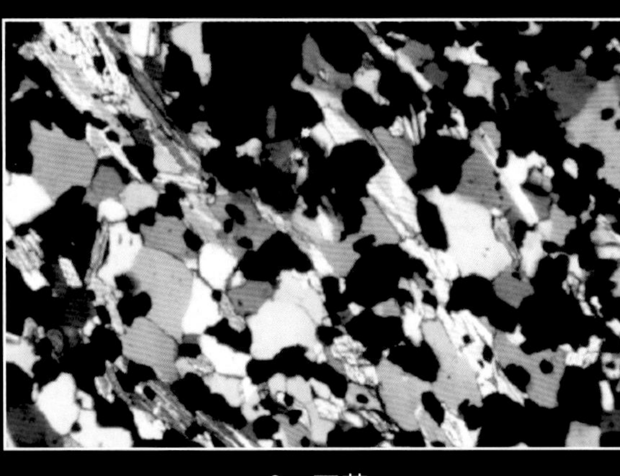

β－石英

正交，120×，镁橄榄石，$2MgO·SiO_2$，粒状，单偏光下为无色，高突起，干涉色二级顶部

正交，120×，蛇纹石化橄榄石，橄榄石颗粒被叶片状蛇纹石蚀变，形成网络状结构

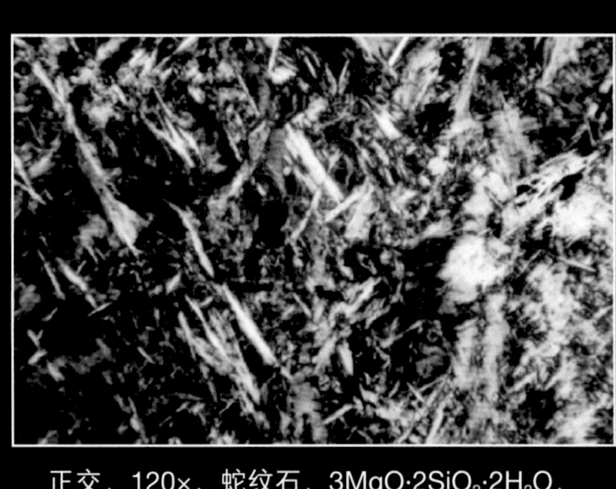

正交，120×，蛇纹石，$3MgO·2SiO_2·2H_2O$，纤维状呈集合体，平行消光

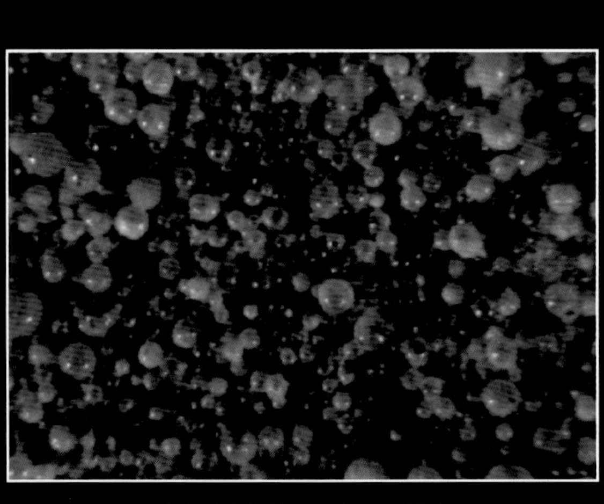

立体显微镜，60×，漂珠

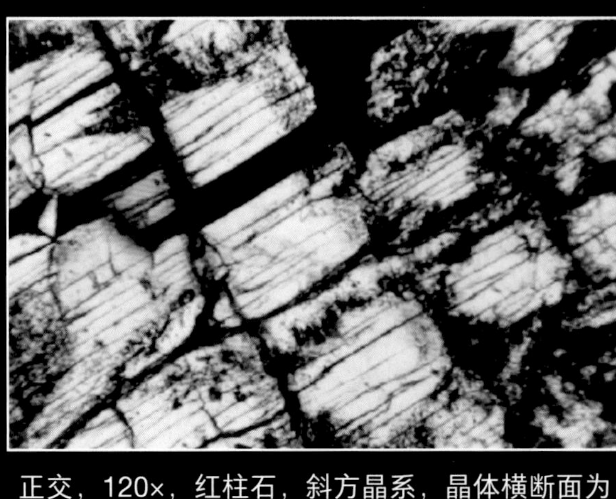

正交，120×，红柱石，斜方晶系，晶体横断面为

部分矿物形貌

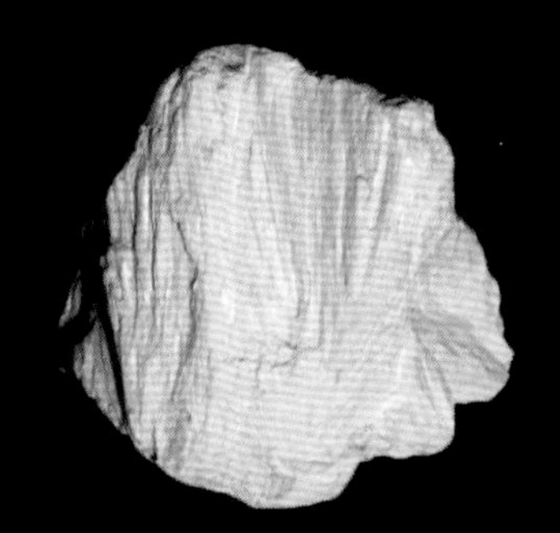

纤维状蓝晶石

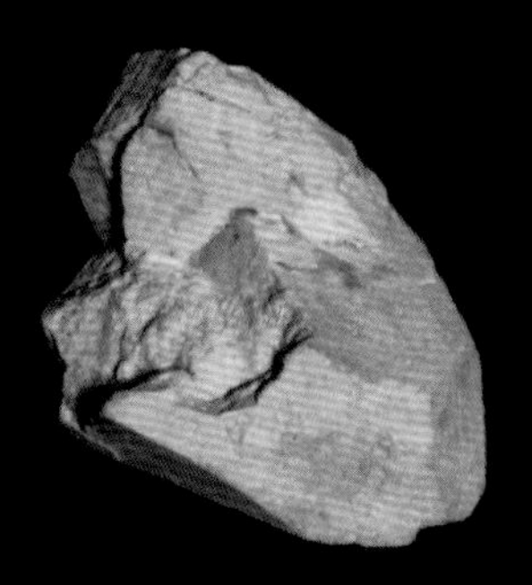

蓝晶石双晶晶体

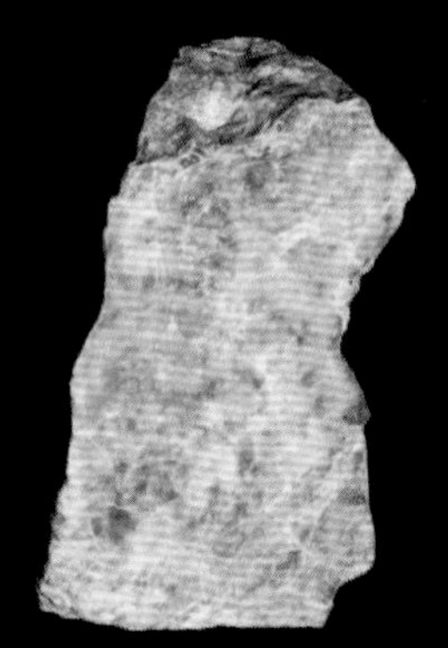

黄玉（蓝晶石伴生）

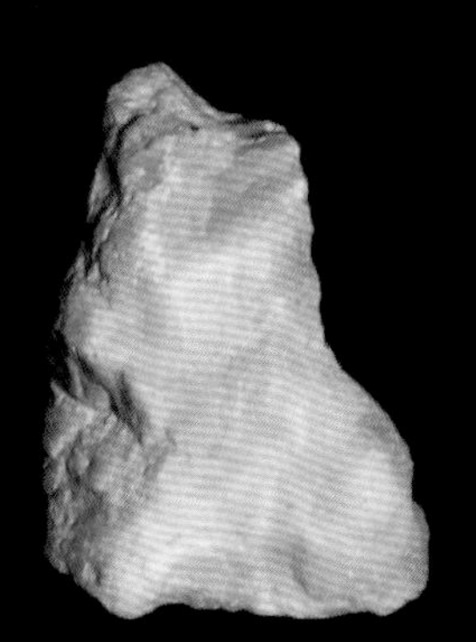

天然水镁石

天然刚玉

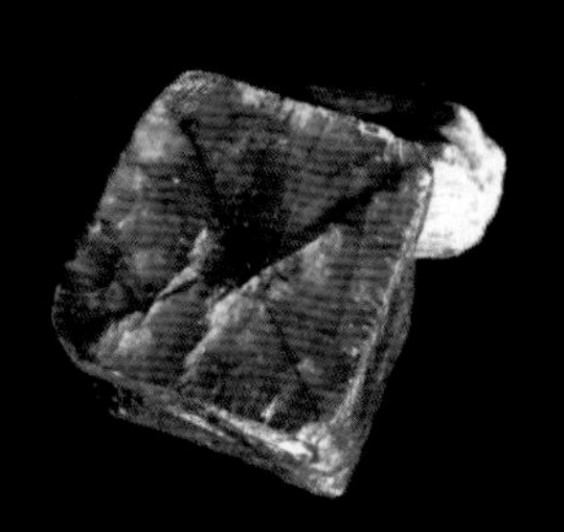

红柱石

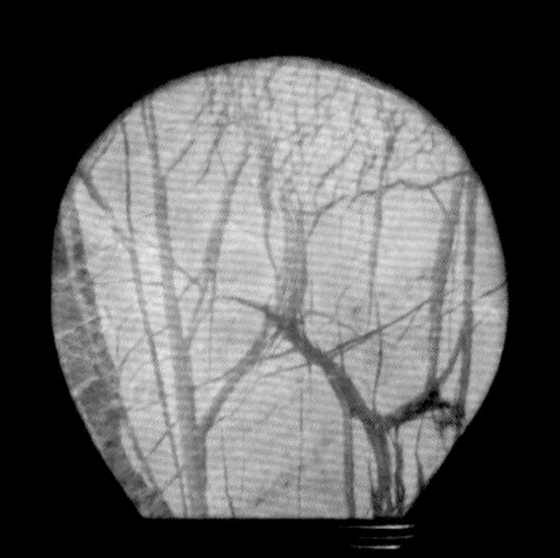

抛光打磨后的蛇纹石

方解石（冰洲石）

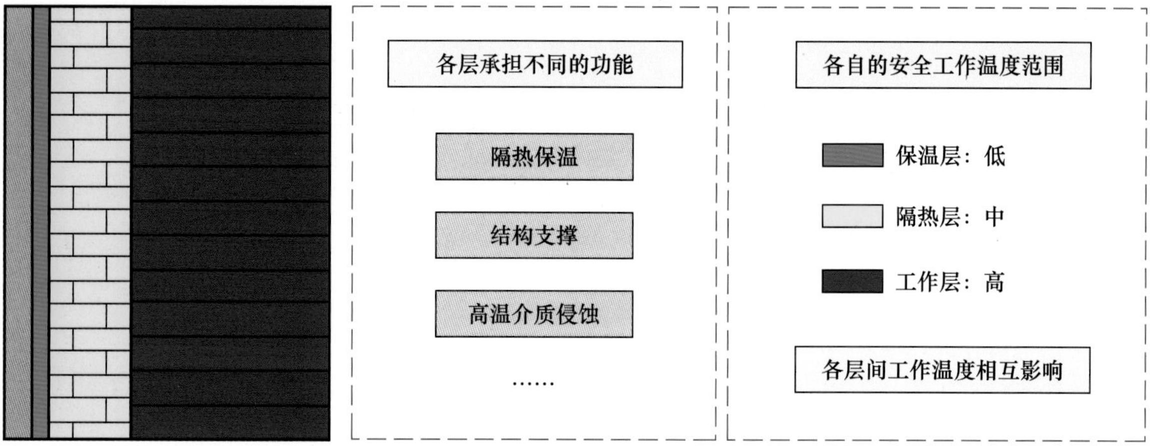

各层承担不同的功能

隔热保温

结构支撑

高温介质侵蚀

……

各自的安全工作温度范围

保温层：低

隔热层：中

工作层：高

各层间工作温度相互影响

图 1-4-1　典型工业窑炉复合炉衬结构

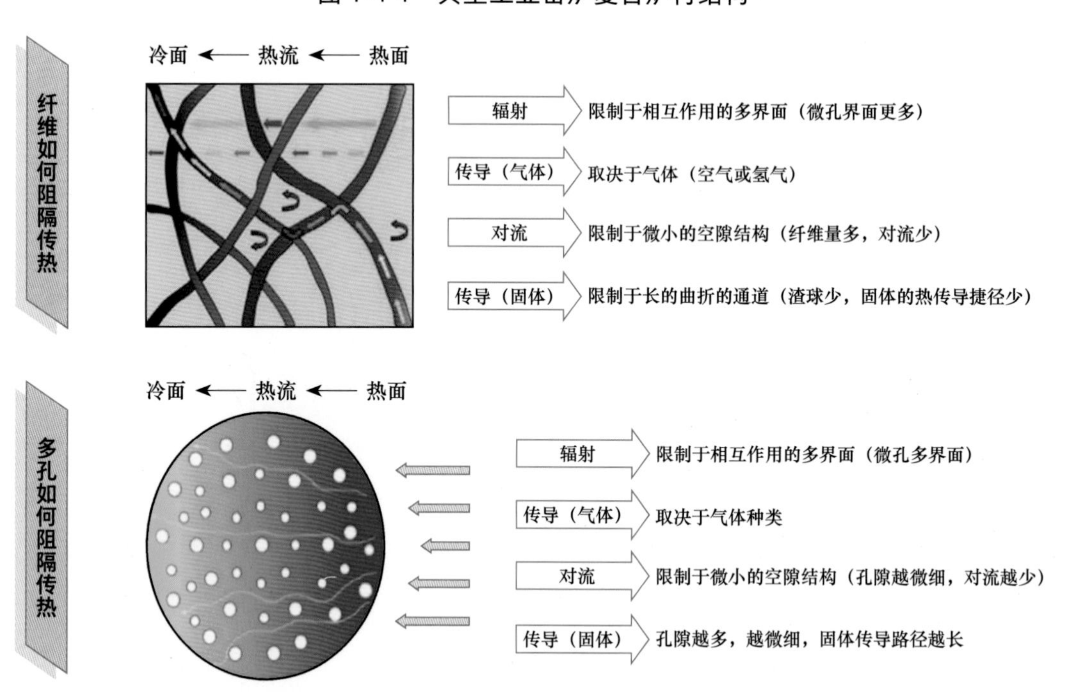

图 2-3-2　纤维状和多孔状隔热耐火材料传热示意图

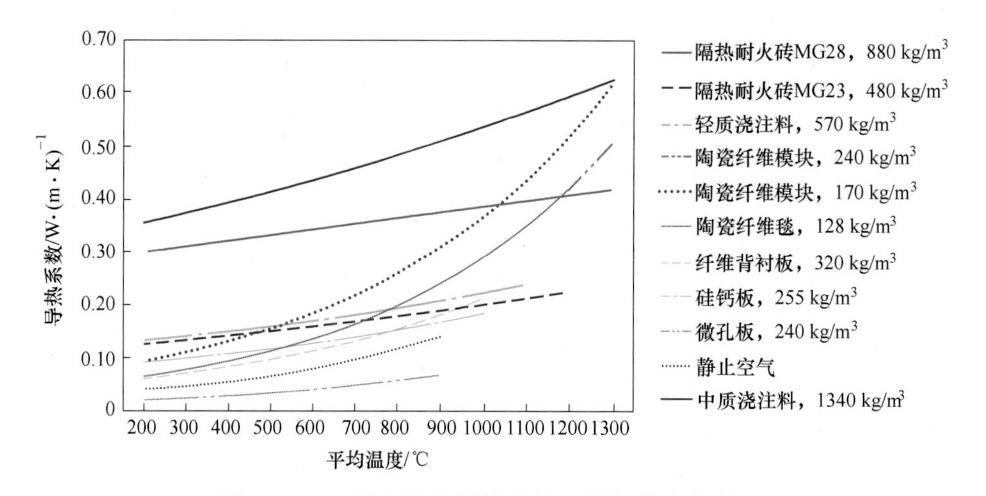

图 2-6-13　常见隔热材料导热系数与温度的关系

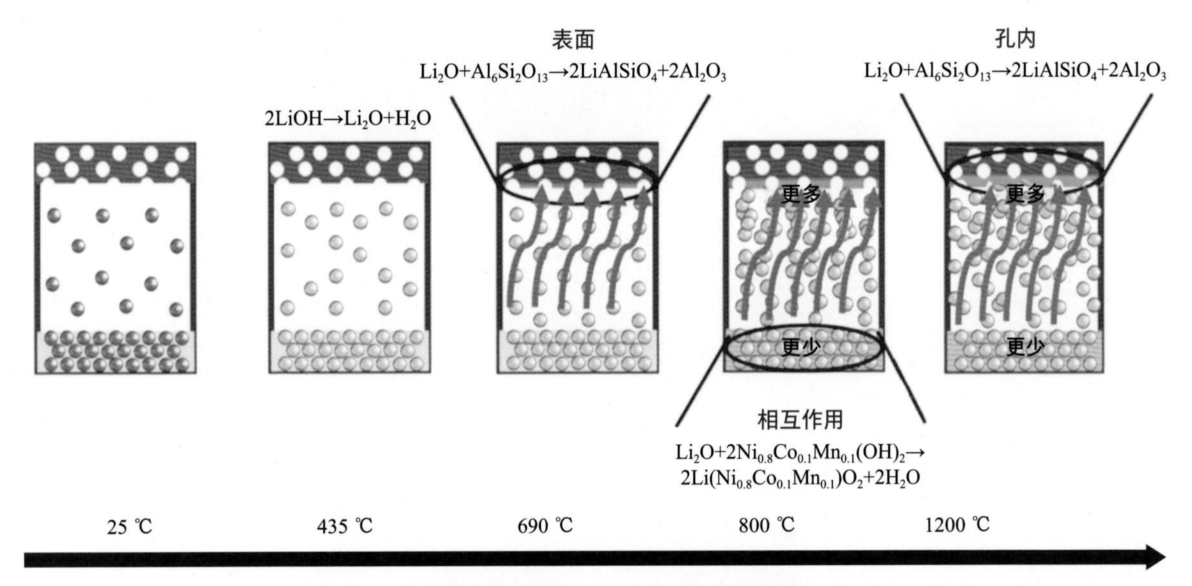

图 15-4-21 LNCM 前驱体与莫来石隔热材料界面反应进程

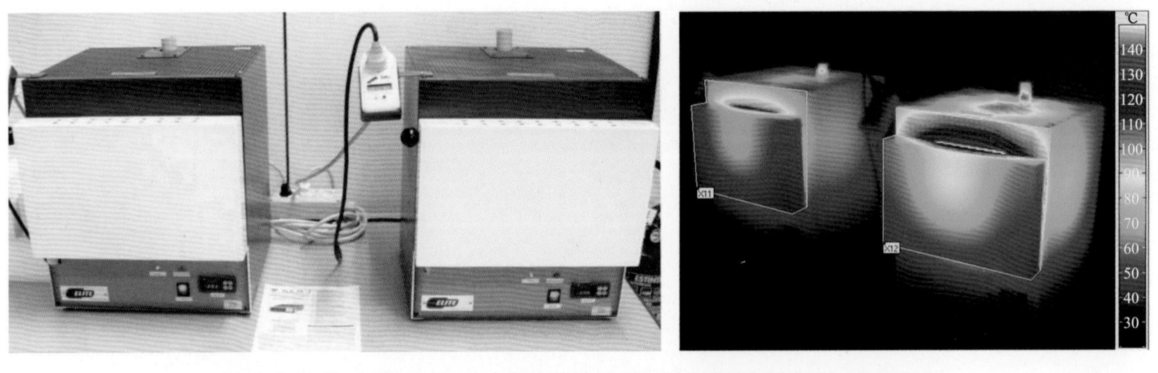

试验电炉热成像对比图（直观展现隔热材料隔热效果差异影响）

TJM PLUS 多孔隔热耐火砖

TJM 氧化铝空心球砖

高温胶泥粘接组合
异形隔热耐火砖

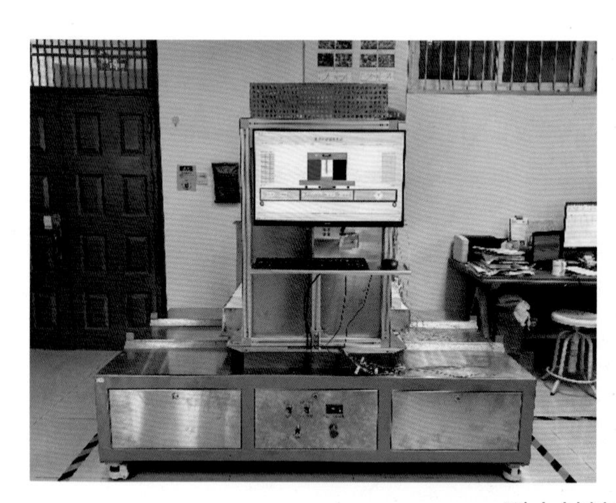

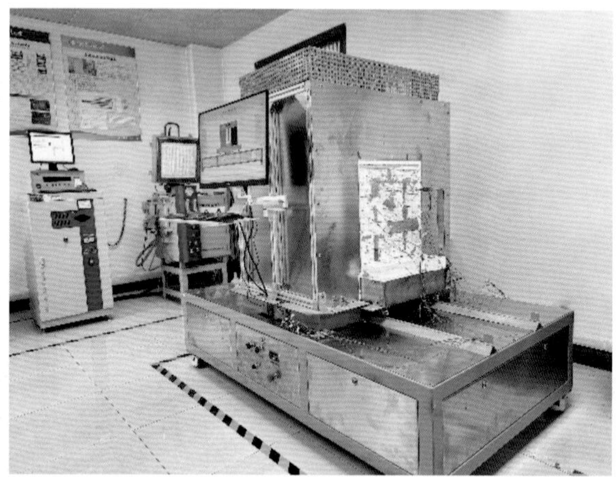

耐火材料热模拟仪

高温耐压测量仪

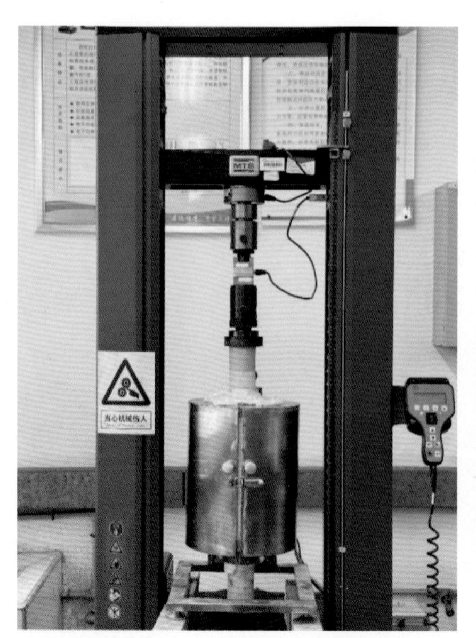

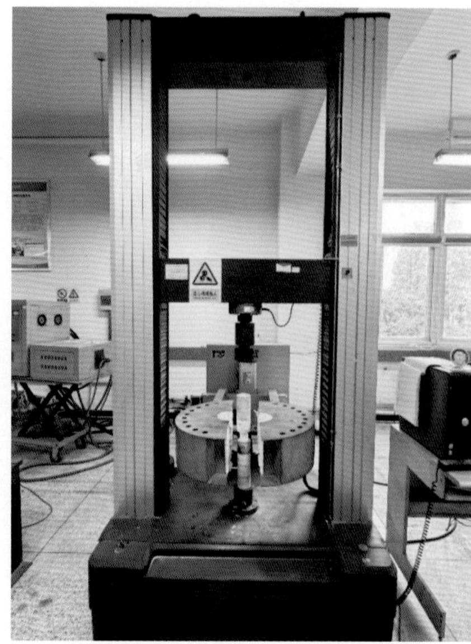

全自动耐火材料透气度测试仪

石化行业乙烯裂解炉对流段
（隔热浇注料）

乙烯裂解炉炉底

防火测试炉及其施工

电加热锂电正负极材料辊道窑用隔热耐火砖

燃气加热陶瓷辊道窑用隔热耐火砖

图 12-4-2　镁橄榄石质轻质砖现场施工图

李远兵（右）和殷波（左）在宜兴摩根热陶瓷有限公司 5 号绿色智能自动化产线现场